सस्य विज्ञान के सिद्धान्त

(PRINCIPLES OF AGRONOMY)

द्वितीय संस्करण

डॉ. आर. एल. आर्य

(एम.एस.सी. सस्य विज्ञान, पी.एच.डी. पूसा,
भारतीय कृषि अनुसंधान परिषद्, नई दिल्ली)

पूर्व वरिष्ठ वैज्ञानिक (सस्य विज्ञान)
केन्द्रीय तम्बाकू अनुसंधान संस्थान, राजमुन्दरी (आन्ध्र प्रदेश)

और

डॉ. आर. एस. कुरील

[एम.एस.सी. (एग्री.) सस्य विज्ञान, पी.एच.डी.]

पूर्व कुलपति
डॉ. बी.आर. अम्बेडकर सामाजिक विज्ञान विश्वविद्यालय,
मऊ, इन्दौर (मध्य प्रदेश)

प्रकाशक

साईन्टिफिक पब्लीशर्स (इण्डिया)

5-ए, न्यू पाली रोड, पो. बा. नं. 91

जोधपुर-342 001 (राज.)

टेलिफोन : 0291-2433323

E-mail: info@scientificpub.com

Website : http://www.scientificpub.com

ISBN: 978-93-90495-22-1

eISBN: 978-93-90495-23-8

भारत में मुद्रित

प्राक्कथन

भारत कृषि प्रधान देश है जहाँ कि लगभग 70 प्रतिशत जनसंख्या कृषि पर आधारित होने के बावजूद भी कृषि की दशा शोचनीय है। स्वतन्त्रता प्राप्ति के पश्चात सन् 1951 में देश में कुल खाद्यान्न उत्पादन 51 मिलियन टन था जिसके कारण हमें विदेशों से खाद्यान्न मंगाना पड़ता था। वर्तमान में देश में 294 मिलियन टन से भी अधिक खाद्यान्न का उत्पादन कर हम आत्मनिर्भर तो हो गये है परन्तु भविष्य में देश की तीव्रगति से बढ़ती हुई जनसंख्या के लिए खाद्यान्न की आपूर्ति एक चुनौती बनी हुई हैं क्योंकि इस समय फसलों की उत्पादकता में ठहराव आ गया है। यदि देश में उत्पादकता में इस ठहराव को शीघ्र समाप्त नहीं किया गया तो निश्चित रूप से पूर्व जैसी स्थिति उत्पन्न हो जायेगी। फसलों की उत्पादकता में वृद्धि उन्नतशील जलवायु सहिष्णु, कीट/बीमारी अवरोधी तथा अधिक उपज देने वाली फसलों की प्रजातियों का विकसित करना, खादों एवं उर्वरकों का सन्तुलित मात्रा में प्रयोग, सिंचाई के साधनों का विकास, पौधरक्षण रसायनों की उपलब्धता, अनाजें का सही भण्डारण आदि द्वारा ही सम्भव है।

उन्नतिशील सस्य पद्धतियाँ न केवल खाद्यान्न उत्पादन बढ़ने में सहायक है बल्कि उत्पादकता के ठहराव को भी समाप्त करने में उपयोगी है। इसके साथ-साथ समस्याग्रस्त क्षेत्रों जैसे- शुष्क/बारानी, बंजर, ऊबड़-खाबड़, अम्लीय-क्षारीय आदि की उत्पादकता बहुत कम है, इन क्षेत्रों को सुधार करके तथा इन भूमियों में उन्नतशील कृषि पद्धतियों द्वारा कुल उत्पादन में वृद्धि की जा सकती है। देश में शहरीकरण तथा औद्योगिकीकरण के कारण भी कृषि उत्पादन पर प्रतिकूल प्रभाव पड़ रहा है। ऐसी स्थिति में उन्नत सस्य क्रियाओं द्वारा ही खाद्यान्न उत्पादन में वृद्धि की जा सकती है। कृषि में उत्पादकता बढ़ाने के लिए विविधीकरण एक विकल्प है साथ ही फसल चक्र में दलहनी फसलों का समावेश, पौध रक्षा रसायनों का प्रयोग, सन्तुलित मात्रा में खादों एवं उर्वरकों का प्रयोग, फसलोंकी उन्नतिशील प्रजातियाँ, सिंचाई के साधनों का विकास आदि का भी महत्व है।

कृषि में स्थायित्व प्रदान करने तथा कृषि की समस्याओं के निराकरण करने के लिए यह पुस्तक **''सस्य विज्ञान के सिद्धान्त''** लिखी गई है। इस पुस्तक में खाद्यान्न उत्पादन बढ़ाने हेतु विभिन्न कृष्य विधियों को समायोजित कर मौलिक जानकारी दी गई है। इस पुस्तक में कृषि एवं सस्य विज्ञान, कृषि मौसम विज्ञान, भू सूचना प्रणाली, परिशुद्ध खेती, फसलें एवं उनका वर्गीकरण, बीज एवं बुआई, फसल पद्धतियाँ, भूपरिष्करण, पादप पोषण, खाद एवं उर्वरक, मृदाएं, सिंचाई प्रबन्ध, खरपतवार प्रबन्ध, कृषि वानिकी, शुष्क कृषि एवं टिकाऊ खेती अध्यायों को सम्मिलित किया है। यह पुस्तक उत्तर भारत में हिन्दी भाषी क्षेत्रों में राज्य कृषि विश्वविद्यालय,

कृषि विद्यालयों में अध्ययनरत स्नातक एवं स्नातकोत्तर विद्यार्थियों को सस्य विज्ञान विषय में आई.सी.ए.आर. के नवीनतम पाठ्यक्रम के अनुसार तैयार की गई है।

यह पुस्तक ने केवल सस्य विज्ञान में अध्ययनरत कृषि के स्नातक तथा परास्नातक छात्रों के लिए ही नहीं बल्कि प्रसार कार्यकत्ताओं, नीति निर्धारक, कृषि में अध्यापन कर रहे शिक्षकों एवं कृषकों के लिए भी उपयोगी सिद्ध होगी। इस पुस्तक के माध्यम से छात्रों को सस्य विज्ञान की आधुनिकतम जानकारी प्रदान करने की पूरी चेष्ठा की गई है। कृषि विज्ञान के सस्य विज्ञान विषय में विभिन्न प्रतियोगी परीक्षाओं जैसे *संघ लोक सेवा आयोग, राज्य लोक सेवा आयोग में विभिन्न पदों के लिए, बैंको में कृषि अधिकारी, कृषि वैज्ञानिक भर्ती बोर्ड में कृषि वैज्ञानिकों के लिए, राज्य में कृषि विभाग में विभिन्न पदों के लिए, आई.सी.ए.आर. में नेट आदि* के चयन के लिए भी विशेष रूप से उपयोगी है। हमें आशा है कि यह पुस्तक आप सभी के लिए उपयोगी साबित होगी।

इस पुस्तक को तैयार करने में जिन पुस्तकों, पत्र–पत्रिकाओं, मैगजीन, समाचर–पत्रों आदि का सहयोग लिया है, लेखकगण उनका आभार व्यक्त करते हैं। लेखकगण मै. साइंटिफिक पब्लिशर्स (इण्डिया), जोधपुर के भी आभारी है जिनके सहयोग एवं अथक प्रयास से इस पुस्तक को तैयार करके विभिन्न कॉलेजो एवं विश्वविद्यालयों में अध्ययनरत विद्यार्थियों को उपलब्ध कराया है। लेखकगण उन सभी का भी आभार व्यक्त करते है जिन्होंने इस पुस्तक को तैयार करने में प्रत्यक्ष एवं परोक्ष रूप से सहयोग प्रदान किया है। इस पुस्तक को तैयार करने में यदि कोई त्रुटि हो अथवा इसको और अधिक उपयोगी बनाने के लिए कोई सुझाव हो तो लेखकों को अवगत कराने का कष्ट करें जिससे आगामी संस्करण में इनको सम्मिलित कर इसे और अधिक उपयोगी बनाया जा सके।

– डॉ. आर. एल. आर्य

– डॉ. आर. एस. कुरील

अनुक्रमणिका

कृषि एवं सस्य विज्ञान
(AGRICULTURE AND AGRONOMY)

मनुष्यों की मूलभूत आवश्यक आवश्यकताएं रोटी, कपड़ा और मकान है जिनके बिना मनुष्यों एवं जीवधारियों का जीवन अधूरा एवं असम्भव है। मनुष्यों की इन मूलभूत आवश्यकताओं की पूर्ति केवल कृषि द्वारा ही सम्भव है। विभिन्न प्रकार के उद्योगों को चलाने के लिए कृषि एक प्राथमिक उत्पाद है। कृषि द्वारा प्राप्त पदार्थ जैसे रेशा, चारा, ईंधन तथा इमारती लकड़ी आदि प्राप्त होती है। इसके अतिरिक्त बाढ़ नियंत्रण, पर्यावरण संरक्षण तथा विकास के साथ-साथ राष्ट्रीय सम्पत्ति, सहयोग, सहअस्तित्व तथा भिन्नतावर्धन का माध्यम भी कृषि ही है। कृषि एवं कृषि पदार्थ जैसे चाय, कहवा, तम्बाकू, कपास, शक्कर आदि नकदी फसलों से देश को बहुत अधिक मात्रा में विदेशी मुद्रा भी प्राप्त होती है जो राष्ट्रीय सम्पदा का एक प्रमुख घटक है। उदाहरणत: सन् 2012-13 में अकेले तम्बाकू के निर्यात से देश को 2100 करोड़ की विदेशी मुद्रा प्राप्त हुई है। अत: हम कह सकते हैं कि कृषि उत्पादन से राष्ट्र समृद्ध होता है तथा देश की सामाजिक, आर्थिक तथा राजनैतिक दशा में सुधार होता है।

कृषि (Agriculture) शब्द की उत्पत्ति लेटिन भाषा के 'एगर (Ager)' शब्द से हुई है जिसका अर्थ भूमि अथवा खेती से है तथा 'कल्चरा (Cultura)' शब्द का अर्थ कर्षण क्रियाओं से है। इस प्रकार कृषि भूमि पर की जाने वाली समस्त कृष्य क्रियाएं जो फसलोत्पादन तथा पशुपालन व्यवसाय के लिए आवश्यक है, करने की कला एवं विज्ञान है। कृषि व्यावहारिक विज्ञान की एक शाखा है।

कृषि के अन्तर्गत पेड़-पौधे, जीव-जन्तुओं तथा वनस्पतियों का पालन पोषण होता है इसके माध्यम से प्रकृति में जैविक सन्तुलन बनाये रखने में सहायता मिलती है। इस प्रकार कृषि प्रदत्त बहुमूल्य उपहार जैसे प्रकाश, ताप, वायु, जल, भूमि आदि को समन्वित करके प्राथमिक इकाई (पौधों) में परिवर्तित करने की एक प्रक्रिया है जो मानव के लिए आवश्यक है। इसके अतिरिक्त गौण इकाई से प्राप्त माँस, अन्डा, खाल, दूध, दही, शहद, रेशम, मछली, झींगा, पर्ल (मोती), लाख आदि का उत्पादन होता है। कृषि से मानव संस्कृति हेतु कपड़ा, मकान, औषधि तथा मनोरंजन के साधन भी विकसित होते हैं। इस प्रकार कृषि मानव जीवन का मुख्य आधार है। कृषि को निम्न प्रकार से विभाजित किया गया है-

(अ) प्राथमिक इकाई (Primary Unit)

1. फसल विज्ञान (Crop Science)
2. सस्य विज्ञान (Agronomy)
3. वन विज्ञान (Silviculture)
4. रोपण फसलें (Plantation Crop)
5. मसाले की फसलें (Condiments and Spices)
6. जीवाणु, कवक तथा शैवाल (Agriculture Mycology)
7. वृक्ष एवं झाड़ी उत्पादन (Arboriculture)
8. उद्यान विज्ञान (Horticulture)

(i) पुष्प विज्ञान (Floriculture)
(ii) शाकभाजी विज्ञान (Olericulture)
(iii) फल विज्ञान एवं फल संरक्षण (Pomology and Fruit preservation)

(ब) द्वितीयक इकाई (Secondary Unit)

पशु विज्ञान (Animal Science)

1. गाय, भैंस तथा घोड़े पालन (Cattle rearing)
2. भेड़ तथा बकरी पालन (Gottery and Sheep rearing)
3. सुअर पालन (Piggery)
4. मुर्गी, बतख तथा तीतर पालन (Poultry, duck rearing)
5. मधुमक्खी पालन (Bee keeping)
6. लाख उत्पादन (Lac culture)
7. रेशम पालन (Sericulture)
8. मछली तथा झींगा पालन (Fish culture and Prawan culture)

कृषि का विकास एवं इतिहास
(Development and History of Agriculture)

प्राचीनकाल में मनुष्य का जीवन जानवरों का शिकार एवं पेड़-पौधों से प्राप्त फल एवं फूलों पर ही निर्भर था। जनसंख्या के बढ़ने के साथ ही जब मानव के ज्ञान में परिवर्तन तथा आहार की आवश्यकता बढ़ी तो प्रकृति से प्राप्त फलों के साथ फसलों की खेती प्रारम्भ हुई। विश्व में कृषि का इतिहास मानव सभ्यता के साथ ही जुड़ा है। लगभग 10 हजार वर्ष पूर्व मानव का फैलाव सर्वप्रथम उष्ण क्षेत्रों में एवं इसके पश्चात शीतोष्ण क्षेत्रों में हुआ। प्रारम्भ में आदि मानव वन्य जीवों का शिकार करके खाते थे। हजारों वर्ष पूर्व आग के प्रयोग का ज्ञान होने पर वह पशुओं के मांस को भूनकर खाने लगे। इस समय मनुष्य वन्य पशुओं के मांस के अतिरिक्त फल, फूल, कन्द मूल, बीजों तथा पत्तियों का संग्रह करके उन्हें खाद्य पदार्थों के रूप में प्रयोग करता था। कृषि विकास से सम्बन्धित घटनाओं का विवरण निम्नवत है–

समय	घटनाएं
10000 ईसा पूर्व	वन्य जीवों का शिकार तथा पेड़-पौधों से प्राप्त फल-फूल
8700 ईसा पूर्व	भेड़ पालन
7700 ईसा पूर्व	बकरी पालन
7500 ईसा पूर्व	गेहूँ एवं जौ की खेती
6000 ईसा पूर्व	गाय एवं सूअर पालन
4400 ईसा पूर्व	मक्का की खेती
3500 ईसा पूर्व	आलू की खेती
2900 ईसा पूर्व	हल का निर्माण एवं सिंचाई के साधन
2700 ईसा पूर्व	रेशम कीट पालन
2300 ईसा पूर्व	अरहर, नाशपाती, सरसों तथा कपास की खेती
2200 ईसा पूर्व	मुर्गी तथा भैंस पालन एवं धान की खेती
1800 ईसा पूर्व	मंडुआ की खेती

समय	घटनाएं
1725 ईसा पूर्व	ज्वार की खेती
1500 ईसा पूर्व	गन्ने की खेती
15वीं शताब्दी	संतरा, बैंगन तथा अनार की खेती
16वीं शताब्दी	आलू, शकरकन्द, तम्बाकू, पपीता, टमाटर, अमरुद, मूँग, मिर्च, रबर, कसावा, शरीफा, अनानास, अमेरिकन कपास, सुपारी आदि की खेती

मानव सभ्यता एवं कृषि विकास एक दूसरे के पूरक हैं। मानव सभ्यता के उदय का मूल मंत्र कृषि ही था। जैसे-जैसे मानव की सभ्यता के साथ-साथ आवश्यकताएं बढ़ी वैसे-वैसे ही विकास ने गति पकड़ी। कृषि विकास की गाथा कई युगों के दौर से होकर गुजरी और मानव की अनेक सभ्यताओं का इसमें योगदान रहा। मानव सभ्यताओं में कृषि का योगदान निम्नवत रहा।

पूर्व ऐतिहासिक कृषि

कृषि के विकास की नींव नवीन पाषाण युग में ईसा से लगभग 6000 वर्ष पूर्व पड़ी। पाषाण युग की सभ्यता का आरम्भ दक्षिण-पश्चिमी एशिया (ईरान, ईराक, इजराइल, जार्डन, सीरिया तथा तुर्किस्तान), दक्षिण-पूर्वी एशिया (थाईलैण्ड), नील नदी के तट पर मिश्र (इजिप्ट) यूरोप में दनुबे नदी के साथ और मेसिडोसिया, एथेन्स और थिस्साली में हुआ। उस समय चीन में हवांग-हो नदी के क्षेत्र, भारत में सिन्धु नदी घाटी (अब पाकिस्तान), मैक्सिको में तेहोकन की घाटी पूर्व-कृषि के केन्द्र रहे। पाषाण युग की कृषि क्रान्ति का जन्म स्थल इजराइल, जॉर्डन, आस्ट्रेलिया, ईराक, कैस्पियन बेसिन और निकटवर्ती ईरान का क्षेत्र माना गया। इन स्थलों पर गेहूँ, जौ आदि मुख्य खाद्यान्नों के अतिरिक्त बकरी, भेड़, सूअर तथा गाय पाले जाते थे। जिनका प्रयोग माँस, दूध, खाल तथा बाल के रूप में होता था।

उस समय जार्डन के लोग कृषि के लिए हड्डियों से निर्मित दराँती (हँसिया) का भी प्रयोग करते थे। इस प्रकार अलिकोश (ईरान), जैरिको (जॉर्डन) तथा जर्मो (ईराक) पृथ्वी पर सर्वप्रथम कृषि के साक्षी रहे। इन क्षेत्रों से पाषाण युग की संस्कृति निकटवर्ती क्षेत्रों जैसे इजिप्ट, रूस, फ्रांस, ब्रिटेन, इटली, स्पेन तथा भारत में पहुंची।

पाषाण युग में मुख्य धान्य फसलें जैसे गेहूँ, जौ, चावल, बाजरा तथा मक्का की फसलों का योगदान रहा। इसी युग में अलसी के रेशे और ऊन के कपड़े बनाने का कार्य इजिप्ट, एशिया तथा यूरोप में हुआ। पाषाण युग में ही कृषि तकनीकी, आग और ऊर्जा के प्रयोग का आविष्कार हुआ। पाषाण युग के पश्चात् ताम्रयुग की क्रान्ति का समय आया जो ईसा से 3000-1700 वर्ष पूर्व का माना जाता है। इस युग में मानव सभ्यता नील तथा गंगा नदी के मध्य की पट्टी में दृष्टिगोचर हुई। इस अवधि में मानव ने बैल तथा वायु शक्ति के प्रयोग का ज्ञान सीख लिया। ताम्रयुगीन क्रान्ति मेसोपोटामिया में ईसा के लगभग 3000 वर्ष पूर्व आई। यहाँ से यह इजिप्ट तथा सिन्धु की घाटी पहुंची। ताम्रयुग में गेहूँ की पूर्वकालीन किस्में पहाड़ी क्षेत्रों से मैदानी क्षेत्रों तक फैली। इस प्रकार अन्य धान्य फसलें अपने परम्परागत मौलिक स्थान से निकलकर इधर-उधर के अन्य क्षेत्रों में फैल गई। बैलचालित लकड़ी के हल के प्रयोग से जलोढ़ मृदाओं में फसलें लहलहाने लगी। छोटी-छोटी क्यारियों में की जाने वाली खेती बड़े-बडे खेतों में की जाने लगी। इस प्रकार ताम्रयुग में खेती का जन्म तथा साथ में पृथ्वी पर अलग-अलग निम्न सभ्यताएं भी उभरने लगी थीं।

सिंधु घाटी की सभ्यता

सिंधु घाटी की सभ्यता 5000 वर्ष पूर्व भारतीय प्रायद्वीप के उत्तर-पश्चिमी भाग में विकसित हुई जिसे हड़प्पा की सभ्यता के नाम से जाना जाता है। इस समय नदियों के तट पर बने अनाज भण्डार कक्षों में कृषि के विकास का प्रमाण

मिलता है। इससे 2300–1660 वर्ष ईसा पूर्व ताम्रयुग में मानव की सम्पन्नता इस सभ्यता के पूर्व विकसित होने का प्रमाण भी है। 2900 वर्ष ईसा पूर्व में सुमेरियन के लोगों ने लकड़ी के हल का विकास कर लिया जिसका हड़प्पा के लोगों ने प्रयोग किया। हड़प्पा के लोग गेहूँ, जौ, तिल, मटर, राई, सरसों, खरबूजा, तरबूज, पिण्ड खजूर आदि उगाते थे। जंगली जानवरों तथा पक्षियों से फसल की रक्षा रस्सी से ढेला फेंककर किया करते थे। गाय, भेड़, बकरी, सूअर, ऊँट, गधा आदि को पालकर अपनी जीविका का निर्वाहन करते थे जिनका प्रयोग माँस, दूध, ऊन तथा बोझा ढोने के काम में करते थे। सिंधु घाटी में पहिए वाली गाड़ी का प्रचलन 2300 वर्ष ईसा पूर्व हो जाने से बैलों तथा भैंसे को बोझा ढोने के काम में लाते थे।

मैसोपोटामिया की सभ्यता

मैसोपोटामिया ग्रीक भाषा का शब्द है जिसका अभिप्राय दो नदियों के बीच की भूमि से है। ईराक में यूफ्रेटस तथा टिगरिस नदियों के मध्य 3000–538 वर्ष ईसा पूर्व में इस सभ्यता का विकास हुआ। इस क्षेत्र में ही सुमेरियन, बेबिलोनियन तथा असीरियन सभ्यताएं एक के बाद एक पनपी जिसको सम्मिलित करके मैसोपोटामिया की सभ्यता के नाम से जाना गया। मैसोपोटामिया में ताम्रयुगीन क्रान्ति की शुरुआत ईसा पूर्व चौथी सहस्राब्दी में हुई। यहाँ से यह क्रान्ति मिस्र (इजिप्ट) तथा इसके पश्चात् सिंधु घाटी में पहुंची। टिगरिस तथा यूफ्रेटस नदियों की घाटी की भूमि उपजाऊ थी। इन नदियों के मध्य में रहने वाले सुमेरियन व्यक्ति, मिट्टी के बर्तन बनाने तथा नुकीले हथियार से खेती करने में निपुण थे। मैसोपोटामिया में तांबा न पाये जाने के कारण फारस की खाड़ी से मंगाकर कांसा आदि धातु मिश्रित कर हल बनाते थे। इस समय हल के विकास से कृषि में क्रान्ति का उदय हुआ।

मैसोपोटामिया और इसके निकटवर्ती क्षेत्रों में फसलों की उत्पत्ति के तीन प्रमुख केन्द्र माने जाते हैं। मध्य एशिया गेहूँ, मटर, बाकला, मसूर, चना तथा कपास का जन्म स्थान रहा। संसार में प्रसिद्ध पश्चिमी बगीचों के फल, अंगूर, खुमानी, चैरी, बादाम, अखरोट तथा पिस्ता आदि का जन्म स्थान निकट पूर्व क्षेत्र रहा है। तरबूज, खरबूजा, रिजका, मैंथी तथा चारे वाली फसलों का केन्द्र बिन्दु तुर्की, ईरान तथा मध्य एशिया रहा। ग्रीक तथा रोम सभ्यताओं के फैलाव के समय इस क्षेत्र से ही अंगूर, गेहूँ, अंजीर, बेल, सजावटी तथा छायादार वृक्षों का प्रसार हुआ।

नीलघाटी की सभ्यता

इजिप्ट को नील नदी का उपहार कहा जाता है। यहाँ पर उत्तर से आये लीबिया तथा फिलीस्तीन के लोगों का मुख्य योगदान है। फिलीस्तीनी भेड़पालन, मिट्टी तथा पत्थर के उपयोग की तकनीकी तथा धातु की जानकारी लेकर आये थे। नील नदी के किनारे 3000–325 वर्ष ईसा पूर्व एक सम्पन्न सभ्यता का विकास हो चुका था इसलिए यहाँ की उर्वर मिट्टी ने लोगों का ध्यान आकर्षित किया। इन लोगों द्वारा खेती में नहर की सिंचाई करने की प्रथा का प्रचलन शुरु हुआ। नील तथा यूफ्रेटस नदियों के बाढ़ के जल को बाँधों द्वारा रोककर सिंचाई के काम में लाते थे। इसलिए ताम्रयुग को सिंचित खेती का युग कहा जाता है। सिंचाई की सुविधा का कारण कालान्तर में जलाक्रान्त तथा लवणता की समस्या खड़ी हुई जिसके परिणामस्वरूप 1700 वर्ष ईसा पूर्व तक गेहूँ की खेती उस क्षेत्र से लुप्त हो गई। इजिप्ट के लोग गेहूँ, जौ, तिलहन, फल, पिण्ड खजूर उगाते थे तथा बकरी, सुअर, कुत्ता, गधा आदि पालते थे। बैल कृषि कार्य के लिए जबकि घोड़े रथ खींचने के काम में आते थे। इस अवधि में शहरों का विकास ही कृषि उत्पादन में तकनीकी उत्थान का द्योतक है।

चीन की सभ्यता

लगभग 5000 वर्ष ईसा पूर्व से ही चीन की सभ्यता पनपने लगी थी और गांव स्थापित होने लगे थे। अन्य सभ्यताओं की तरह चीन में भी यांगजे तथा हवांग हो नदियों की घाटी में मानव सभ्यता पनपी, परन्तु यांगजे नदी में बाढ़ के कारण फसलों को क्षति हो जाती थी। वैसे तो चीन की सभ्यता का विकास 1500 वर्ष ईसा पूर्व से हुआ। ये लोग नुकीले

पत्थरों से खेत की जुताई करते थे। पालतू पशुओं में घोड़ा तथा बकरी मुख्य थे। चीनी लोगों ने लगभग 2700 वर्ष ईसा पूर्व रेशम की खोज कर ली थी। तभी से चीन में रेशम उद्योग का विकास हुआ। उस समय के शासकों ने सिंचाई के लिए नहर, जल विकास तथा जलमार्ग की सुविधाओं का विकास किया था। यहाँ के कृषक मोटे अनाज, जौ, चावल, गेहूँ और चाय की खेती करते थे।

रोम की सभ्यता

रोम की सभ्यता का विकास इटली में 509 वर्ष ईसा पूर्व से 476 ई. तक हुआ। इस सभ्यता में इटली, फ्रांस, एशिया माइनर, इंग्लैण्ड, ग्रीस हैं। रोम के लोग विज्ञान तथा कला में निपुण थे। युद्ध में बन्दी बनाये गये बन्दियों से खेती कराई जाती थी। बन्दियों की संख्या में कमी होने से किरायेदारी के रूप में खेती कराई जाने लगी। रोम में ज्ञान तथा विज्ञान में विकास इस बात का प्रमाण है कि अनेक खनिजों, पौधों, पशु तथा पक्षियों के नाम आज भी लेटिन भाषा में विद्यमान है। रोम ने स्वतंत्र कृषकों के लिए ग्रामीण कृषि समाज की स्थापना की। शहर स्थापित होने के बाद कृषि से पूंजीवाद की स्थापना हुई जोकि ईसा युग में अपनी पराकाष्ठा तक पहुँची। रोम साम्राज्य के पतन के बाद जागीरदारी कृषि का उदय हुआ।

आर्य सभ्यता

दक्षिण रूस आर्यों का मूल स्थान माना जाता है। ऐसा मानना है कि आर्य 1800-1600 वर्ष ईसा पूर्व सूखा तथा अकाल से तंग आकर अपने पैतृक स्थान को छोड़कर झुण्ड के रूप में पूर्वी तथा पश्चिमी देशों की तरफ प्रस्थान कर गये। भारत में ये लोग बलूचिस्तान तथा अफगानिस्तान के रास्ते से आकर सर्वप्रथम पंजाब में बस गये और हड़प्पा की सभ्यता पर हावी हो गये। ढालू भूमियों में सीढ़ीदार खेती तथा नदियों के जल से सिंचाई करते थे। ऊँचे स्थानों का प्रयोग पशुओं को चराने के काम में होता था। गाय के साथ-साथ घोड़ा भी इनका पालतू पशु था जिसका प्रयोग गाड़ी तथा रथ खींचने में होता था। अत: आर्यों का जीवन ऋग्वैदिक युग (1500-1000 वर्ष ईसा पूर्व) में चरवाहे के रूप में था। इनका मुख्य भोजन दूध, घी आदि था। पंजाब में स्थापित होने के पश्चात् आर्यों ने जंगल काटकर घर बनाये तथा उसके आस-पास जौ की खेती करने लगे। पूर्व वैदिक काल में जौ, तिल, गन्ना, खीरा, लौकी आदि प्रमुख फसलें थी। उत्तर भारत की भूमि सात नदियों से सम्पन्न होने के कारण फसलों के लिए सिंचाई करते थे। आर्य लोग कुएं खोदकर पानी का प्रयोग पीने तथा सिंचाई के लिए करते थे।

उत्तर-वैदिक युग (1000-600 वर्ष ईसा पूर्व) के पश्चात् लोहे की तकनीक का विकास हो गया था। ये लोग हल में लोहे की फाल तथा लोहे की कुल्हाड़ी का प्रयोग करने लगे थे। बैलों से हल खींचने का काम लिया जाता था। गाय तथा बैलों के गोबर का प्रयोग खाद के रूप में किया जाता था। वैदिक युग में कृषकों को भूमि की उर्वरता, फसलचक्र, बुआई का समय, बीज का चुनाव, सिंचाई, कटाई आदि के बारे में अच्छा ज्ञान था। ये लोग जौ के स्थान पर गेहूँ, बाकला, मक्का, तिल, कंगनी, मोटे अनाज, चावल, बाजरा, चौलाई आदि फसलों को उगाने लगे थे। इन लोगों को भी सूखा, बाढ़, जंगली पशु-पक्षियों आदि से फसल नष्ट होने का डर लगा रहता था।

अरब का योगदान

कृषि के विकास में अरब के लोगों का काफी योगदान है। ये बागवानी फसलों में गूँटी (कलम) चढ़ाना, फल तथा फूलों की नई किस्मों को उगाना जानते थे। भारत में मुगल गार्डन, निशात बाग और शालीमार बाग अरब संस्कृति का ही नमूना है। इजिप्ट में नहरों द्वारा फसलों में सिंचाई करके बंजर तथा बेकार पड़ी भूमि पर अधिक उत्पादन करने का अच्छा ज्ञान था। इन लोगों ने अपनी तीर्थस्थली मक्का तक पहुँचने के लिए नील नदी तथा लाल सागर तक गेहूँ पहुँचाने के लिए नहर बनाई थी। यहाँ से ही संतरा, नींबू, आड़ू, लीची, खुमानी, केला, पालक, चुकन्दर, चावल, गन्ना, खरबूजा,

तरबूज, केसर, गुलाब तथा अनेक सुगन्धित फूल यूरोप पहुँचे। ये लोग रेशम के कीड़े पालने के लिए शहतूत की खेती में निपुण थे। खजूर की खेती दो स्तरीय की जाती थी। खजूर के पौधों के नीचे जैतून, बादाम, अखरोट, आड़ू, संतरा, नींबू आदि के फलदार वृक्ष जबकि उनके नीचे सब्जी तथा फूलों की खेती की जाती थी।

वैज्ञानिक खेती का विकास

16वीं शताब्दी से ही यूरोप की जनसंख्या बढ़ने से कृषि उत्पादन को बढ़ाने की आवश्यकता महसूस होने लगी। नये युग में वैज्ञानिक क्रान्ति के बाद यूरोप के देशों में कृषि पर अनुसंधान किया जाने लगा जिसके फलस्वरूप फसलों की उन्नत प्रजातियों तथा गाय और भेड़ों की उन्नतिशील नस्लों का विकास हुआ। गाय की ग्वैरंसी नस्लें आज भी अधिक दूध देने के लिए उत्तम मानी जाती है। उपनिवेशीय खेती के अन्तर्गत जनता की खाद्यान्न की आवश्यकता की पूर्ति के साथ-साथ नकदी फसलें उगाई जाने लगी। इसलिए उपनिवेश देशों में गन्ना, कपास, तम्बाकू, चाय, ऊन तथा खाल के उत्पादन पर अधिक ध्यान दिया जाने लगा। विक्टोरिया के शासन काल तक भूमि मालिक के साथ कृषक, फसल उत्पादन तथा भूमिहीन श्रमिकों पर कृषि आधारित थी। औद्योगिक क्रान्ति से खेती में मशीनीकरण का प्रचलन बढ़ा। प्रौद्योगिकी द्वारा कृषि में 18वीं शताब्दी के प्रारम्भ में जो प्रयोग हुए उनमें से मुख्य रूप से वर्ष 1779 में लोहे के मिट्टी पलटने वाले हल का विकास हुआ। 18वीं सदी के शुरु में एक अंग्रेज कृषक ने बुआई की मशीन विकसित की। 1831 में साइप्रस में फसल की कटाई की मशीन तैयार की। 19वीं सदी के अन्त तक हल खींचने का कार्य भाप के इंजन द्वारा किया जाने लगा था।

विज्ञान प्रौद्योगिकी का प्रयोग कृषि उत्पादन बढ़ाने के लिए किया जाने लगा। 19वीं सदी में कीट, बीमारियों तथा खरपतवारों के नियंत्रण के लिए कृषि रसायनों का प्रयोग किया जाने लगा। फसलों की कीट रोगरोधी किस्में विकसित की गई। यातायात के साधनों के विकसित होने से कृषि उत्पाद के विशिष्ट उत्पादन को बढ़ावा मिला तथा विश्व व्यापार अधिक सुदृढ़ हुआ। कृषि उत्पादन के साथ-साथ पशुपालन व्यवसाय भी पूर्ण विकसित हुआ। दूसरे गृहयुद्ध के पश्चात् जनसंख्या में अधिक वृद्धि के कारण कृषि उत्पादन को बढ़ाने पर अधिक ध्यान देने के कारण फसलों की उन्नत तथा संकर किस्में, सघन फसल प्रणाली की कृषि प्रौद्योगिकियाँ और हरित क्रान्ति का उदय हुआ। कृषि के इस विकास के परिणामस्वरूप भारत जैसे कई विकासशील देश खाद्यान्न की अपनी आवश्यकताओं की पूर्ति के साथ-साथ कृषि उत्पादों का निर्यात भी कर रहे हैं।

इस प्रकार पाषाण युग का मानव खाद्य पदार्थों को बटोरने, शिकार करने और आवश्यकताओं के कुछ पौधे और पशुपालन की प्रक्रिया के साथ आगे बढ़ा। कृषि का विकास विभिन्न युगों और सभ्यताओं के दौर से गुजरकर आज की आधुनिक कृषि के रूप में उपलब्ध है।

प्रारम्भ में मनुष्यों को भूमि पर खेती करने की आवश्यकता महसूस नहीं हुई, क्योंकि उस समय उसे अपना पेट भरने के लिए दो स्रोत उपलब्ध थे पहला जंगली जानवरों का शिकार तथा दूसरा फल-फूल वाले पेड़-पौधे। उस समय मनुष्य पेड़-पौधों के कन्द मूल, फल तथा फूलों को खाकर अपना पेट भरता था। जैसे-जैसे जनसंख्या में वृद्धि होती गई तथा प्राकृतिक खाद्य सामग्री की कमी होती गई, तब मनुष्यों ने लम्बे समय तक जीवन निर्वाह करने के लिए पशुओं को पालने की आवश्यकता महसूस की। इन पशुओं को मनुष्य समूह में रखकर पालता था। इस युग को पशुपालन युग (Pestoral age) के नाम से पुकारा जाता है। पशुओं को खाने पीने के लिए मनुष्य ऐसे स्थानों को खोजता था जहाँ पर कोई जल स्रोत जैसे तालाब, नदी, झील आदि हो। इसके साथ-साथ इनके चारे के लिए प्राकृतिक वनस्पति तथा चरागाह को भी ध्यान में रखता था। मनुष्य पशुओं के झुंड को उस स्थान पर तब तक रोके रखता था जब तक कि वहाँ पर जल तथा चारे की उपलब्धता रहती थी। प्रारम्भ में चारे को विकसित किया जाता था क्योंकि पशुओं के लिए चारे का प्रबन्ध करना मनुष्य का मुख्य उद्देश्य था। उस समय जनसंख्या कम थी और भोजन सामग्री प्रचुर मात्रा में उपलब्ध थी। इस तरह शताब्दियों तक मनुष्य का काम चलता रहा, परन्तु बाद में जनसंख्या की वृद्धि के साथ भोजन सामग्री घटती गई जिसके परिणामस्वरूप

मनुष्य ने फसलों की खेती करना प्रारम्भ कर दिया। इसके साथ-साथ मनुष्य ने अपने स्थाई ठिकाने भी बनाने शुरु कर दिये। प्रारम्भ में जंगलों को काटकर अथवा जलाकर इसी राख में बीज बिखेरकर फसलें पैदा हो जाती थी तथा इसके बाद नंगी भूमियों में लकड़ी, हड्डियों तथा पत्थर के औजारों से भूमि की खुदाई करके बीज बोने का कार्य करता था। जब उस स्थान पर फसलों की उपज कम होने लगती थी तो वह उस स्थान को छोड़कर अन्य स्थान पर चला जाता था और वहाँ पर पूर्व की भाँति खेती करने लगता था। इस प्रकार की खेती की इस पद्धति को स्थानान्तरी कृषि (Shifting Cultivation) कहा जाता था। कृषि के इतिहास में इस स्थानान्तरी कृषि का बड़ा महत्व रहा है। कृषि की यह पद्धति एशिया तथा अफ्रीका के कुछ भागों में आज भी प्रचलित है। इस प्रकार जैसे-जैसे जनसंख्या में वृद्धि होती गई और आवश्यकताएं बढ़ती गई मनुष्य जंगलों को साफ करके खेती के अन्तर्गत भूमि को बढ़ाता गया तथा अपनी खाद्य समस्या को हल करता गया। धीरे-धीरे जनसंख्या के अत्यधिक दबाव के कारण स्थानान्तरी कृषि करना सम्भव नहीं हो सकता तो स्थाई कृषि (Permanent agriculture) पद्धति का विकास हुआ।

स्थानान्तरी कृषि पद्धति में ही भूमि की खुदाई करके बीज बोने का कार्य किया जाने लगा था परन्तु फसलों के उगाने से सम्बन्धित पूर्ण, स्थाई तथा क्रमबद्धज्ञान स्थाई कृषि करने से ही प्रारम्भ हुआ। इसके पश्चात् कृषकों ने अधिक उपज प्राप्त करने के उद्देश्य से भूमि को परती (Fallow) भी छोड़ना प्रारम्भ कर दिया। परती छोड़ने का मुख्य उद्देश्य भूमि में उगे हुए खरपतवारों आदि को जोतकर मिट्टी में मिला देने से मृदा की उर्वराशक्ति में वृद्धि हो जाती है। कृषि का यह ज्ञान मनुष्य को वर्षों तक स्थाई खेती करने से प्राप्त हुआ। इसके पश्चात् मनुष्य को यह भी अनुभव हुआ कि यदि भूमि में कुछ अपशिष्ट पदार्थ (Waste material) मिलाये जाये तो उससे भी उपज में वृद्धि हो जाती है। इस प्रकार मृदा की उर्वरता बढ़ाने के उद्देश्य के लिए राख, पशु खाद, कम्पोस्ट आदि का प्रयोग करने लगा। इसके कुछ समय पश्चात् उसको यह भी अनुभव हुआ कि जिस खेत में पहले दलहनी फसलें बोई हुई हैं उसमें अन्न फसल की अधिक उपज प्राप्त होती है। इस प्रकार दलहनी फसलें क्रमानुरूप पद्धति से भूमि में उगाई जाने लगी, जिसमें नत्रजन की सीधे वायुमण्डल से एकत्रित करने वाली दलहनी फसलों को इस क्रम में रखा गया ताकि उसके बाद अन्न वाली फसल की पैदावार अधिक हो। कृषक कीटों का नियंत्रण हाथ से करता था तथा फसलों का बीमारियों से नष्ट होने पर इसे दैवीय प्रकोप मानकर जादू-टोना तथा पूजा-पाठ आदि द्वारा इनके निवारण हेतु ईश्वर से प्रार्थना करता था। इस समय फसलों में सिंचाई का ज्ञान अवश्य था परन्तु खेती वर्षाधीन थी। अतिवृष्टि, सूखा, असामयिक वर्षा आदि की दशा को ईश्वरीय प्रकोप समझता था और इसके लिए पूजा-अर्चना के अतिरिक्त उसके पास कोई विकल्प नहीं था। प्राचीनकाल में मनुष्य के पास फसल पैदा करने का कोई वैज्ञानिक ज्ञान नहीं था और उस समय जो कुछ भी सीखा वह सदियों के अनुभव के आधार पर था। इस प्रकार पीढ़ी दर पीढ़ी खेती के ज्ञान का अनुसरण करके तथा पिछली भूलों को सुधारते हुए कृषि को स्थाई बनाने के लिए निम्न पद्धतियाँ अपनाई गई-

(i) उपयुक्त फसल का चुनाव करना।

(ii) चुनी गई फसल के बीजों को एकत्रित करना तथा इनका सुरक्षित भण्डारण करना।

(iii) खेत की बुआई के लिए मृदा की जुताई करना।

(iv) उचित मौसम आने पर बीजों से खेत की बुआई करना।

(v) मृदा उर्वरता संरक्षित रखने के लिए खरपतवारों के नियंत्रण के लिए खेत को परती छोड़ना।

(vi) मृदा नमी को संरक्षित रखने के लिए खेत में मेड़बन्धी तथा क्यारियाँ बनाना एवं आवश्यक जुताई करना।

(vii) खेत में उगने वाली अवांछित वनस्पतियों (खरपतवारों) का नियंत्रण करना।

(viii) भूमि की उर्वरता में वृद्धि के लिए गोबर तथा कम्पोस्ट की खादों का प्रयोग करना।

(ix) दलहनी फसलों पर आधारित फसल चक्र अपनाना।

(x) फसल में कीटों एवं बीमारियों के नियंत्रण के लिए प्रयास करना।

सस्य विज्ञान (Agronomy)

सस्य विज्ञान कृषि की वह शाखा है, जिसमें फसल उत्पादन तथा मृदा प्रबन्ध के सिद्धान्तों एवं कृष्य क्रियाओं का अध्ययन किया जाता है। अंग्रेजी में 'एग्रोनोमी' (Agronomy) शब्द जोकि लैटिन भाषा के 'AGRONOMS' से लिया गया है। यह दो शब्दों एग्रोस (Agros) + नोमोस (Nomos) से मिलकर बना है। एग्रोस शब्द का अर्थ 'खेत या भूमि' तथा नोमोस शब्द का अर्थ 'प्रबन्ध' से होता है। इस प्रकार दोनों शब्दों का अर्थ भूमि प्रबन्ध है। सस्य विज्ञान की व्यापकता केवल भूमि प्रबन्ध तक ही सीमित नहीं है परन्तु यह कृषि विज्ञान की एक महत्वपूर्ण शाखा है, जिसमें भूमि प्रबन्ध के साथ-साथ फसल उत्पादन की आधुनिक विधियों तथा सिद्धान्तों का विस्तृत रूप से अध्ययन किया जाता है इस प्रकार दूसरे शब्दों में सस्य विज्ञान फसल उत्पादन के साधन के रूप में भूमि, पानी, श्रम एवं अन्य आवश्यक उत्पादन के उपादानों के उचित प्रयोग द्वारा मृदा उर्वरता तथा फसलोत्पादन में वृद्धि करने की कला तथा व्यावहारिक विज्ञान है। सस्य विज्ञान खाद्यान्न, चारे, रेशे तथा वाणिज्यिक फसलों के उत्पादन करने पर प्रक्षेत्रीय अध्ययन, प्रक्रिया तथा माध्यम है।

सस्य विज्ञान का प्रमुख अभिप्राय भूमि-फसल-वातावरण (Soil-plant-environment) के सम्बन्धों पर आधारित है इसलिए इसको कृषि की समस्त शाखाओं में अत्यन्त महत्वपूर्ण तथा सभी का केन्द्र बिन्दु माना जाता है। कृषि में सस्य विज्ञान को प्राथमिक इकाई के रूप में जाना जाता है। सस्य विज्ञान के प्रमुख घटकों में फसल विज्ञान, मृदा विज्ञान तथा जलवायु विज्ञान और परिस्थिति के व्यावहारिक पक्षों का सम्मिलित रूप है। भूमि तथा फसलें एक दूसरे से इस प्रकार जुड़ी हुई है कि किसी एक के अभाव में कृषि महत्वहीन हो जाती है। सस्य विज्ञान का मूल आधार फसलें हैं जो वातावरण के विभिन्न प्रभावों द्वारा विशेष रूप से नियंत्रित होती है। वैज्ञानिक विधियों द्वारा फसल उत्पादन के अन्तर्गत फसलों का विकास, उन्नत सस्य क्रियाएं तथा फसलों के जीवनकाल में स्थानीय फसल-पारिस्थितिकी का संवर्धन सम्मिलित होता है। अत: सस्य विज्ञान के अन्तर्गत वह समस्य क्रियाएं सम्मिलित की जाती है जिनसे फसलोत्पादन प्रभावित होता है। सस्य विज्ञान का मुख्य अभिप्राय भूमि-फसल-वातावरण के सह-सम्बन्ध एवं पारस्परिक प्रतिक्रिया के अध्ययन से है।

सस्य विज्ञान की परिभाषा (Definition of Agronomy)

सस्य विज्ञान को निम्न प्रकार से परिभाषित किया गया है -

1. ''सस्य विज्ञान कृषि की वह शाखा है जिसमें फसलोत्पादन तथा भूमि प्रबन्ध के सिद्धान्तों के वैज्ञानिक तथा प्राविधिक स्थितियों को ध्यान में रखकर कम लागत से अधिक से अधिक उत्पादन प्राप्त करना है''।
2. ''सस्य विज्ञान कृषि की वह शाखा है जो फसल उत्पादन तथा भूमि प्रबन्ध के सिद्धान्तों एवं क्रियाओं से सम्बन्धित है''।
3. ''वैज्ञानिक विधियों द्वारा मृदा प्रबन्धन एवं फसलों को उगाना ही सस्य विज्ञान कहलाता है''।
4. ''सस्य विज्ञान कृषि की वह शाखा है जिससे प्रति इकाई क्षेत्र से एक निश्चित समय में मृदा की उर्वरता के ह्रास हुए बिना फसल उत्पादन के सिद्धान्तों एवं क्रियाओं के द्वारा अधिकतम उत्पादन करना है''।
5. **सी.आर. बाल** के अनुसार - ''सस्य विज्ञान वह कला एवं विज्ञान है जिसके अन्तर्गत भूमि तथा पौधों को वैज्ञानिक विधि से इस प्रकार उगाना तथा प्रबन्ध किया जाता है कि जिससे भूमि, जल तथा प्रकाश की प्रत्येक इकाई के कम से कम व्यय के साथ-साथ भूमि की उर्वरा शक्ति को स्थिर रखकर अधिक से अधिक तथा उत्तम गुणवत्ता का ऐच्छिक फसलोत्पादन प्राप्त किया जा सके''।
6. **महातिम सिंह** के अनुसार - ''किसी क्षेत्र विशेष में फसलोत्पादन हेतु वैज्ञानिक विधि द्वारा पौध, मृदा, जल, वातावरण तथा फसल उत्पादन के कारकों का समन्वित प्रयोग करके आर्थिक उत्पादन किया जा सके''।
7. **रजत** डे के अनुसार - ''सस्य विज्ञान फसलोत्पादन की वह कला है जिसके अन्तर्गत वैज्ञानिक सिद्धान्तों पर फसल उत्पादन प्राप्त करना होता है''।
8. **एन.के. अनन्तराव** के अनुसार - ''सस्य विज्ञान फसलोत्पादन विज्ञान एवं तकनीक है''।

सस्य विज्ञान का इतिहास (History of Agronomy)

जे.वी. वोसिंगाल्ट नामक वैज्ञानिक ने एसेल्स नामक स्थान पर पहला केन्द्र 1834 में स्थापित किया जहाँ पर सस्य विज्ञान में वैज्ञानिक अनुसंधान का कार्य प्रारम्भ हुआ। यद्यपि इसके पूर्व भी फसल तथा भूमि सम्बन्धी अनेकों परिणाम, अनुभवों तथा परीक्षणों के आधार पर किये जा चुके थे। कृषि विज्ञान की एक अलग शाखा के रूप में सस्य विज्ञान विषय की मान्यता 1900 में दी गई। जब सस्य विज्ञान एक विज्ञान के रूप में लोगों के सामने आया तब इसका विकास विज्ञान के रूप में हुआ। इस प्रकार सस्य विज्ञान के अस्तित्व में आने के उपरान्त 1908 में अमेरिकन सोसायटी ऑफ एग्रोनोमी की स्थापना की गई तथा इसकी स्थापना के साथ ही सस्य विज्ञान के विकास में तेजी से वृद्धि हुई। तदुपरान्त फसलों का कार्य करने वाले कुछ अन्य वैज्ञानिक जो पौधों के विकास तथा उत्पादन से सम्बन्धित थे सस्य वैज्ञानिक के रूप में पहचाने जाने लगे। फसलों पर लिखित साहित्य वनस्पति विज्ञान अभिलेखों से प्राप्त हुआ। आधुनिक व्यवस्थित वनस्पति विज्ञान के बाद में पादप विज्ञान प्रकाश में आया। कृषि रसायन विज्ञान का उद्भव सन् 1813 में हम्फी डेवी की पुस्तक ''इसेन्सियल्स ऑफ एग्रीकल्चरल कैमिस्ट्री'' नामक पुस्तक के प्रकाशन से हुआ। इस प्रकार भौतिक विज्ञान प्राचीन दर्शनशास्त्र से विकसित हुआ।

इस सदी के प्रारम्भिक वर्षो से पूर्व सामान्यत: फसलों पर परीक्षण करने वाले, वनस्पति तथा रसायन शास्त्रियों को सामान्यत: कृषि शास्त्री के रूप में प्रशिक्षण दिया जाता था अथवा कृषि में रुचि रखने वाले कृषक, माली तथा अन्य व्यक्ति जो पौधों से सम्बन्धित अध्ययन एवं कार्यों में रुचि रखते थे, काम करते-करते विशेषज्ञ के रूप में उनकी पहचान हुई। जिसके परिणामस्वरूप प्राकृतिक एवं जैविक विज्ञान, कृषि में किये गये अनुभवों एवं परीक्षणों के लिखित अभिलेखों, किये गये नियंत्रित प्रयोग के समन्वय तथा एकीकरण से ही विज्ञान की एक बिल्कुल नई शाखा सस्य विज्ञान का विकास हुआ। दूसरे शब्दों में हम यह कह सकते हैं कि प्राकृतिक तथा जैव विज्ञान सम्बन्धी मिश्रित ज्ञान के आधार पर सस्य विज्ञान का जन्म हुआ।

सस्य विज्ञान के सिद्धान्त (Principles of Agronomy)

सस्य विज्ञान एक व्यावहारिक विज्ञान है। व्यावहारिक विज्ञान में कौन, कितना, किसे, कब तक आदि तथ्यों का विस्तृत रूप में प्रयोग किया जाता है तथा इनको प्रकाशित भी किया जाता है। इसका तात्पर्य यह है कि सस्य विज्ञान एक व्यावहारिक विज्ञान है जो फसलों से सम्बन्धित है अत: फसल उत्पादन में प्रयुक्त समस्त उत्पादन के साधनों से सम्बन्धित सभी मान्यताओं, समय, प्रयोगविधि एवं मात्रा के निर्धारण में इनका हल ढूँढने के पश्चात् ही आर्थिक दृष्टि से उत्पादन करना सम्भव होता है।

सस्य विज्ञान के सिद्धान्त का तात्पर्य उन वैज्ञानिक नियमों से है जो प्राकृतिक क्रियाओं से सम्बन्धित है। इस तरह सस्य विज्ञान में वैज्ञानिक सिद्धान्त तथा भूमि-फसल-वातावरण के उचित प्रबन्ध के परिणामस्वरूप एक निश्चित समय में प्रति इकाई क्षेत्रफल पर अधिक से अधिक उत्पादन प्राप्त करने का साधन है। फसल उत्पादन को प्रभावित करने वाले कारकों में वातावरण प्रमुख है जिस पर मनुष्य का कोई नियंत्रण नहीं है जबकि अन्य कारक मनुष्य द्वारा निर्मित तथा नियंत्रित होते हैं। फसल उत्पादन को प्रभावित करने वाले वातावरण के कुछ घटकों को कुछ सीमा तक तो नियंत्रित किया जा सकता है परन्तु इनका सम्पूर्ण नियंत्रण सम्भव नहीं है। फसलों को सूखे के प्रभाव से बचाने के लिए जीवन रक्षक सिंचाई के माध्यम से पौधों को केवल मरने से बचाया जा सकता है परन्तु स्वस्थ पौधा नहीं बन सकता है। इस प्रकार वायुरोधी पट्टियों द्वारा तूफान से फसलों पर होने वाली हानि को कुछ कम किया जा सकता है परन्तु तूफान पर नियंत्रण करना असम्भव है।

फसलोत्पादन के प्रमुख सिद्धान्त मुख्य रूप से विभिन्न प्रकार की कृषि प्रणाली जैसे मिश्रित खेती, बहुखन्डी खेती, विशिष्ट खेती, परिशुद्ध खेती आदि तथा भौतिक सुविधाओं की उपलब्धता जैसे वर्षाधीन खेती, सिंचित खेती, शुष्क खेती आदि पर निर्भर रहते हैं।

सस्य विज्ञान के कुछ प्रमुख मूलभूत सिद्धान्त निम्न हैं –

1. वर्षा, तापमान, वायुमण्डलीय आर्द्रता, सूर्य के प्रकाश आदि के अनुरूप कार्यक्रम निर्मित एवं उनका क्रियान्वयन करना।
2. किसी विशेष परिस्थिति में अधिकतम उत्पादन प्राप्त करने के लिए विभिन्न प्रकार की कृषि जलवायु, मृदा उर्वरा, मौसम एवं सस्य पद्धतियों के लिए फसलों एवं उनकी उपयुक्त प्रजातियों का चयन करना।
3. प्रतिकूल परिस्थितियों में भी फसलोत्पादन को सुनिश्चित करने के लिए बहुफसली खेती तथा मिश्रित/अन्त: फसल पद्धति का प्रयोग करना।
4. विभिन्न प्रकार की भूपरिष्करण क्रियाओं जैसे समतलीकरण, मृदा संरक्षण, बाँधों एवं मेड़ों का निर्माण, सिंचाई एवं जलनिकास की नालियाँ बनाना आदि के द्वारा भूमि का उचित प्रबन्ध करना।
5. फसलों की उचित वृद्धि एवं विकास के लिए अन्त:कर्षण क्रियाओं का प्रबन्ध करना।
6. समन्वित पोषक तत्व प्रबन्धन के अन्तर्गत जीवांशमय खादों, गोबर की खाद, कम्पोस्ट की खाद, हरी खाद, वर्मी कम्पोस्ट, बायोडाइनिमिक खाद, फसल के अवशेष, जीवाणु खादों आदि के प्रयोग से मृदा उर्वरता तथा उत्पादकता को टिकाऊ बनाये रखने में मदद करना।
8. बीज एवं बुआई की सही तकनीक के द्वारा प्रति इकाई क्षेत्र में स्वस्थ पौधों का उचित पौध घनत्व बनाये रखना।
9. भूमि तथा जलवायु के अनुसार फसलों की विभिन्न अवस्थाओं में जल तथा सिंचाई का प्रबन्ध करना, मृदा जल को संचित करना, अतिरिक्त जल के निकास का उचित प्रबन्ध करना, प्रतिकूल परिस्थितियों में जीवन रक्षक सिंचाई, पौधों को क्रान्तिक अवस्था में सिंचाई, अपरम्परागत सिंचाई की व्यवस्था करना तथा फसलोत्पादन के समय मृदा में वर्षा–जल को संरक्षित करना।
10. फसलों में उगे हुए अवांछित पौधों (खरपतवारों) का नियंत्रण करना।
11. फसलों को कीटों, बीमारियों तथा रोग जनक जीवाणुओं एवं जलवायु सम्बन्धी खतरों से बचाव के लिए आवश्यकतानुसार इसके नियंत्रण की विधियों को अपनाना।
12. मृदा विकारों का नियंत्रण तथा टिकाऊ मृदा प्रबन्धन की व्यवस्था करना।
13. फसलों की कटाई के उपरान्त की क्रियाओं को विकसित करना जिससे उत्पाद की कम से कम क्षति हो।
14. फसल कटाई के उपरान्त मृदा में उपलब्ध नमी, पोषक तत्व तथा अन्य पदार्थों का उचित प्रबन्धन करना।

सस्य विज्ञान के क्षेत्र (Scope of Agronomy)

भारत कृषि प्रधान देश होने के कारण यहाँ पर सस्य विज्ञान का क्षेत्र बहुत ही विस्तृत है। देश की बढ़ती हुई जनसंख्या के लिए खाद्यान्न एक प्रमुख आधारभूत आवश्यकताओं में से एक है जिसकी पूर्ति खाद्यान्न फसलों को उगाकर पूरी की जाती है। इस समस्या के समाधान मुख्यत: दो विधियों द्वारा किया जा सकता है।

1. कृषि के अन्तर्गत भूमि बढ़ाने को क्षैतिजिक वृद्धि (Horizontal growth) कहते हैं जिससे कृषि के सकल उत्पादन में वृद्धि हो सके। परन्तु इस समस्या का समाधान करना बहुत ही कठिन है क्योंकि भूमि सीमित है। अत: इस विधि द्वारा अधिक समय तक खाद्यान्न की पूर्ति करना सम्भव नहीं है।
2. प्रति इकाई क्षेत्रफल पर एक निश्चित समय में सघन फसल पद्धतियों द्वारा अधिक उपज प्राप्त करने को लम्बवत् वृद्धि (Vertical growth) कहते हैं। वर्तमान समय में देश की बढ़ती हुई जनसंख्या को खाद्यान्न की आपूर्ति इसी विधि द्वारा सम्भव हो सकती है।

सस्य विज्ञान का क्षेत्र निम्न प्रकार से विस्तृत रूप से समझाया जा सकता है –

(अ) खाद्यान्न की उपलब्धता (Availbility of food) : देश की बढ़ती हुई जनसंख्या को खाद्यान्न की आपूर्ति सघन पद्धतियों, जलवायु तथा मृदा के अनुकूल फसलों एवं इसकी प्रजातियों को उगा कर ही पूरी की जा सकती है। इस समस्या का समाधान विभिन्न प्रकार की फसलों जैसे धान, गेहूँ, मक्का, ज्वार, दलहनी एवं तिलहनी फसलों को उगा कर किया जाता है।

(ब) पशुओं के लिए चारे की उपलब्धता (Availbility of fodder for animals) : आधुनिक कृषि प्रणाली के अपनाने से कृषि पशुओं पर ही आधारित है। मशीनीकरण होने के बावजूद हमारे देश में अभी इन यंत्रों का प्रचलन कई विशिष्ट कारणों से होना सम्भव नहीं हो पा रहा है। पशुओं की चारे की व्यवस्था भी सस्य विज्ञान द्वारा सम्भव है।

(स) वस्त्रों की आपूर्ति (Availbility of cloths) : मनुष्य को तीन आधारभूत आवश्यकताएँ जैसे रोटी, कपड़ा और मकान में वस्त्र का दूसरा महत्वपूर्ण स्थान है जिसका समाधान हम रेशे वाली फसलें जैसे जूट, कपास, सनई, अलसी आदि को उगा कर सकते हैं।

(द) उद्योगों के लिए कच्चे माल की आपूर्ति (Availbility of raw materials for industries) : कृषि आधारित उद्योग धन्धे जैसे चीनी, कपड़ा, तेल, चमड़ा आदि के लिए कच्चे माल की पूर्ति कृषि एवं पशु उत्पादों द्वारा ही सुनिश्चित होती है। किसी भी देश का विकास कृषि आधारित उद्योग धन्धों द्वारा ही होती है। जिस देश में कच्चे माल की आपूर्ति विदेशों से आयात करके की जाती है वहाँ पर यह उद्योग धन्धे पूर्ण रूप से विकसित नहीं हो पाते। इस प्रकार हम यह कह सकते हैं कि किसी भी देश की उन्नति वहाँ पर चालू उद्योग धन्धों के पूर्ण रूप से विकसित होने पर ही सम्भव होती है। जो सस्य विज्ञान की उन्नति पर ही आधारित है।

(य) बेरोजगारी की समस्या (To eliviate the problems of unemployment) : सस्य विज्ञान द्वारा व्यक्तियों को प्रत्यक्ष अथवा परोक्ष रूप से रोजगार प्राप्त होता है। प्रत्यक्ष रूप से उन व्यक्तियों को रोजगार प्राप्त होता है जो सस्य विज्ञान की क्रियाओं जैसे कृषक, खेतीहर मजदूर आदि कार्यों में लगे हुए हैं। अप्रत्यक्ष रूप से ऐसे व्यक्तियों को रोजगार प्राप्त होता है जो कृषि पर आधारित उद्योग धन्धों जैसे बढ़ई, लोहार, कृषि उपज के व्यापारी आदि कार्यों से जुड़े हुए हैं।

(र) मृदा उर्वरता में वृद्धि (Increase in Soil fertility) : विभिन्न फसल उत्पादन विधियाँ जैसे दलहन आधारित फसल चक्र, उचित फसल पद्धतियाँ, हरी खाद, जैविक उर्वरकों का प्रयोग आदि के सहयोग से मृदा की उर्बरा शक्ति का संरक्षण तथा वृद्धि भी करती है। इसके अतिरिक्त मृदा में जीवांश पदार्थ, मृदा क्षारीयता, मृदा संरचना, मृदा अपरदन आदि द्वारा मृदा में उर्वरा शक्ति को संरक्षित करके सफल फसलोत्पादन प्राप्त किया जा सकता है।

(ल) जीवन स्तर में वृद्धि (Increase in economic status) : फसल उत्पादन द्वारा मनुष्यों की आय में वृद्धि होती है यह रहन–सहन के स्तर को ऊँचा रखती है।

(य) राष्ट्रीय आय में वृद्धि (Increase in national income) : फसल उत्पादन द्वारा कृषकों की आय में वृद्धि होने के साथ कृषि उत्पादन से सम्बन्धित विभिन्न कर जैसे मालगुजारी, सिंचाई कर, उत्पाद कर आदि से प्रदेशीय तथा केन्द्रीय सरकार को आय प्राप्त होती है। इसके अतिरिक्त कुछ फसलों जैसे तम्बाकू, जूट, चाय, चीनी, कहवा, रबर आदि के निर्यात से राष्ट्र को काफी अधिक मात्रा में विदेशी मुद्रा प्राप्त होती है।

आधुनिक कृषि (Modern Agriculture)

विज्ञान एवं तकनीकी ज्ञान के विकास के साथ–साथ आधुनिक कृषि का जन्म हुआ। पुरानी कृषि परम्पराओं के स्थान पर अब एक नई कृषि का विकास हुआ। आधुनिक समय में कृषकों ने कृषि में नये अनुसंधानों के परिणामों को पूर्ण

रूप से अपनाने के साथ-साथ कृषकों को लाभ भी मिलना प्रारम्भ हो गया है जैसे सिंचाई की नई विधियाँ, कीटों एवं बीमारियों को प्राकृतिक प्रकोप न मानकर उनके नियंत्रण हेतु कृषि रसायनों की उपलब्धता सुनिश्चित हुई है, पुरानी तथा कम उपज देने वाली प्रजातियों के स्थान पर नई तथा अधिक उपज देने वाली प्रजातियाँ, नई फसलें, खाद एवं उर्वरक, नई कृषि विधियाँ तथा नये कृषि प्रबन्ध उपलब्ध है। आज तक जीविकोपार्जन के रूप में समझी जाने वाली खेती ने व्यावहारिक खेती के रूप में स्थान ग्रहण कर लिया है। अब मृदा केवल उर्वरता का स्रोत न रहकर वृद्धि का एक महत्वपूर्ण माध्यम समझी जाने लगी है।

कृषि विज्ञान में प्राप्त अनुभवों के अध्ययन तथा परीक्षणों के आधार पर वर्तमान स्वरूप में सस्य विज्ञान में प्राचीन परम्पराओं एवं अंधविश्वास को छोड़कर प्रत्येक समस्याओं के कारण एवं निराकरण के वैज्ञानिक आधार पर नई-नई प्रौद्योगिकी को विकसित करके कृषि उत्पादन किया जाने लगा है। इस प्रकार सिंचाई, जल निकास एवं मृदा जल के संरक्षण तथा उन्नत कृषि विधियाँ विकसित की गई है। मृदा उर्वरता को अधिक टिकाऊ बनाये रखने के लिए खाद एवं उर्वरकों तथा भूमि सुधारकों को विकसित किया गया। कृषि पद्धतियाँ, भूमि प्रबन्ध तथा फसल प्रबन्ध के नये आयाम विकसित किये गये।

सस्य क्रियाओं में सर्वप्रथम भूपरिष्करण (जुताई) की क्रियाएं ही सम्मिलित थी। सदियों से यह धारणा थी कि खेत की अधिक जुताई करने से फसल की उपज में वृद्धि हो जाती है। परन्तु अनुसंधान द्वारा जुताई के बारे में हमारे दृष्टिकोण में क्रान्तिकारी परिवर्तन कर दिया है। शाकनाशी रसायनों के प्रयोग से फसलों में जुताई द्वारा खरपतवार नियंत्रण की आवश्यकता समाप्त हो गई है जिससे भूपरिष्करण की उपरोक्त धारणाओं को निर्मूल मानने लगे हैं। जिसके कारण अब न्यूनतम अथवा शून्य भू-परिष्करण (Minimum or zero tillage) के सिद्धान्त पर अधिक जोर दिया जाने लगा है। खरपतवारों के प्रभावी नियंत्रण के लिए निराई-गुड़ाई के साथ-साथ खरपतवारनाशी रसायनों के प्रयोग करने से समेकित खरपतवार प्रबन्धन (Integrated weed management) अपनाया जाने लगा है।

भूमि उर्वरता में वृद्धि हेतु खेत को परती छोड़ना, हरी खाद का प्रयोग करना तथा फसल पद्धतियों में दलहनी फसलों के समावेश को आजकल अधिक महत्व नहीं दिया जाता है। वर्तमान समय में कृषि के परिप्रेक्ष्य में यह क्रियाएं प्रासंगिक हैं। इसका यह अर्थ नहीं है कि यह क्रियाएं निर्मूल अथवा हानिकारक नहीं होती है। वर्तमान परिप्रेक्ष्य में प्रति इकाई क्षेत्रफल पर प्रति इकाई समय में कम लागत में अधिकतम फसलोत्पादन प्राप्त करना ही सस्य विज्ञान का मुख्य उद्देश्य है। आजकल कृषि रसायनों एवं उर्वरकों के प्रयोग से मृदा उर्वरता को बनाये रखकर अधिक उत्पादन प्राप्त करना सम्भव हो गया है। फसलों को हानि पहुँचाने वाले कीटों, बीमारियों तथा खरपतवारों के नियंत्रण के लिए कृषि रसायन उपलब्ध हैं जिनका प्रयोग करके इनका समय से नियंत्रण किया जा सकता है। इसके अतिरिक्त मृदा एवं पौधों में जल संरक्षण हेतु कई प्रकार के रसायन भी विकसित किये जा चुके हैं। पौधों की दैहिक क्रिया में परिवर्तन एवं आनुवांशिक उत्परिवर्तन के लिए भी कृषि रसायन उपलब्ध है। फसल उत्पादन पद्धति के विकास एवं पारिस्थितिकीय अध्ययन के परिणामस्वरूप सस्य क्रिया में परिवर्तन की सम्भावना में अधिक उपज देने वाली फसलों, कम समय में तैयार होने वाली फसलें एवं उनकी प्रजातियाँ, सूखारोधी, कीट एवं बीमारी अवरोधी प्रजातियाँ विकसित की जा चुकी हैं। विभिन्न क्षेत्रों की कृषि उत्पादन पद्धतियों के लिए अनुकूल दीप्तिकाल प्रभावहीन फसलें विकसित होने के कारण खरीफ मौसम में उगाई जाने वाली फसलें अब रबी अथवा जायद ऋतु में भी उगाई जाने लगी हैं। फसल की कटाई के पश्चात् तथा अगली फसल की बुआई के पूर्व खाली समय में कम समय में तैयार होने वाले फसलें तथा प्रजातियाँ उगाई जाने लगी हैं जिसके कारण प्रति इकाई क्षेत्रफल पर अधिक से अधिक उत्पादन प्राप्त किया जा रहा है। इस प्रकार अन्त: फसल पद्धति, समानान्तर फसल पद्धति, अविराम फसल पद्धति, ओवरलेपिंग फसल पद्धति आदि अनेक फसलोत्पादन पद्धतियों के द्वारा प्रति इकाई क्षेत्रफल पर अधिक से अधिक उत्पादन प्राप्त करना सम्भव हो सका है।

सिंचाई, जल-निकास, मृदा संरक्षण, पौध-संरक्षण आदि की नवीनतम विकसित पद्धतियों द्वारा कृषकों की विचारधारा में परिवर्तन हुआ है। इसी विचारधारा ने कृषकों को अन्धविश्वास से मुक्त कर प्रगति की नई दिशा प्रदान की

है। जिसके परिणामस्वरूप नई–नई फसलों एवं प्रजातियों के प्रयोग से कृषि को व्यावसायिक स्वरूप प्रदान करने में यह नवीन विचारधारा सहायक सिद्ध हुई है।

आजकल कृषकों की रुचि, आधुनिक ढंग से खेती के तरीकों की तरफ बढ़ता जा रहा है वह अच्छे किस्म के बीजों की बुआई समय पर करता है, उचित बीज दर तथा आवश्यकतानुसार सिंचाई करता है, संतुलित मात्रा में पौधों के पोषक तत्वों को जुटाने के लिए विभिन्न खाद–उर्वरकों का प्रयोग करता है, खरपतवारों तथा बीमारियों के प्रभावी नियंत्रण के लिए विभिन्न प्रकार के कृषि रसायनों का प्रयोग आरम्भ कर दिया है। समय पर निराई–गुड़ाई तथा कटाई करके अच्छी उपज प्राप्त की जा सकती है। इसके अतिरिक्त विभिन्न कृषि के पहलुओं पर अनुसंधान जारी है जो कि भविष्य में कृषि के लिए एक वरदान सिद्ध हो सकते हैं।

सस्य विज्ञान का भविष्य (Agronomy in Future)

कृषि में सस्य विज्ञान सदैव ही एक महत्वपूर्ण विषय रहा है। हमारे देश में अधिकांश जनसंख्या का भोजन सस्य विज्ञान पर ही निर्भर है। देश की निरन्तर बढ़ रही जनसंख्या से इसका और अधिक महत्व हो गया क्योंकि यहाँ की अधिकांश जनसंख्या शाकाहारी है जो कृषि पदार्थों पर आधारित है। देश की जनसंख्या के भरण पोषण के लिए प्रति इकाई क्षेत्रफल से एक निश्चित समय में अधिकतम उत्पादन प्राप्त करने से ही सम्भव है। इस समस्या के निराकरण कृषि क्षेत्र के विस्तार से ही सम्भव हो सका है परन्तु वनों की अन्धाधुन्ध कटाई के कारण पर्यावरण प्रदूषण, अतिवृष्टि, अनावृष्टि, बाढ़ तथा अनेक समस्याएं हमारे सामने हैं। इस प्रकार सस्य विज्ञान ही न केवल खाद्य समस्या का समाधान करने में समर्थ होगी बल्कि यह अनेकों उद्योगों के लिए कच्चा माल प्रदान कर विकसित करने की महत्वपूर्ण भूमिका का निर्वाह भी करेगी।

उन्नतशील बीजों, कृषि पद्धतियों, कृषि यंत्रों, संसाधनों और उर्वरकों की प्राथमिकी जानकारी कृषकों को उपलब्ध होना आवश्यक है जिससे वह कृषि तकनीकी का पूरा लाभ उठा सके और अपनी फसल की पैदावार बढ़ाकर राष्ट्र के विकास में अपना योगदान दे सके। भविष्य में सस्य वैज्ञानिकों को आधारभूत विज्ञान जैसे – जीव विज्ञान, रसायन विज्ञान, भौतिक विज्ञान, गणित आदि का अच्छा ज्ञान कराया जाना चाहिए जिससे वह कृषि सम्बन्धी समस्याओं का सही हल ढूंढ सके।

सस्य विज्ञान की प्रगति के साथ–साथ प्रयोगशाला का लाभ दूरदराज के गांव में रह रहे कृषकों तक पूर्णरूप से नहीं पहुंच पाया है। अतः उन्नतशील बीजों, कृषि पद्धतियों, उर्वरकों तथा कृषि रसायनों के प्रयोग का ज्ञान कृषकों को देकर उन्हें रूढ़िवादी विचारधाओं से मुक्त कराकर आज की विचारधारा से जोड़ना होगा जिससे अपने खेतों में फसलों का उत्पादन बढ़ाकर देश की समृद्धि एवं विकास में अपना महत्वपूर्ण योगदान कर सकें। अधिकतम फसलोत्पादन हेतु पौधों में आनुवांशिक गुणों को भी विकसित करना भी आवश्यक है।

शिक्षा के प्रचार–प्रसार द्वारा कृषक शिक्षित, जिज्ञासु तथा फसलोत्पादन के प्रति सजग होगा जिससे सम्पूर्ण सस्योत्पादन पद्धतियों जैसे बीज दर, खाद एवं उर्वरक की मात्रा, बुआई की विधि तथा अन्तरण आदि परिवर्तित तथा परिवर्द्धित होगी तथा कृषि रसायनों का प्रयोग दीर्घकालीन तथा टिकाऊ व्यवस्था से सम्बन्धित होगा। सिंचाई के साधन विकसित करके सिंचाई जल उपयोग तथा सिंचाई जल क्षमता में वृद्धि के नये आयाम खोजे जायेंगे। आज तक फसलोत्पादन से सम्बन्धित अनुसंधान खाद तथा उर्वरक की मात्रा, बोने का समय एवं विधि, पौध घनत्व, बीज की मात्रा, सिंचाई की संख्या आदि पर किये गये हैं। जो फसलों की नई विकसित प्रजातियों के साथ–साथ निष्प्रभावी साबित हो रहे हैं। अतः भविष्य में फसल पद्धतियों पर आधारित अनुसंधान को ऐसी दिशा देनी होगी जिससे इस समस्या का स्थाई निराकरण हो सके। भविष्य में उत्पादन बढ़ाने वाले कारकों का प्रयोग तथा उसमें आपस में सह–सम्बन्ध भी स्थापित करना होगा। इस प्रकार कल का कृषक एक शिक्षित, जिज्ञासु तथा सचेतक होगा और वह फसलों का उत्पादन नवीनतम वैज्ञानिक ढंग से करेगा।

सस्य विज्ञान का अन्य विज्ञानों से सम्बन्ध (Relationship of agronomy with other sciences)

सस्य विज्ञान मौलिक (Basic) तथा व्यावहारिक (Applied) विज्ञान पर मुख्यरूप से आधारित है। मौलिक विज्ञान के अन्तर्गत प्राकृतिक रहस्यों तथा वास्तविकता का अध्ययन किया जाता है। जिसके अन्तर्गत रसायन विज्ञान, वनस्पति विज्ञान, जन्तु विज्ञान तथा गणित आदि को सम्मिलित किया जाता है। कृषि में इन विज्ञानों के प्रयोग के लिए इनकी मूलभूत वास्तविकता को जानना बहुत आवश्यक है। व्यावहारिक विज्ञान के अन्तर्गत मौलिक विज्ञान के सिद्धान्तों एवं नियमों को व्यावहारिक विज्ञान समस्याओं के समाधान के लिए प्रयोग किया जाता है। जैसे कृषि रसायन विज्ञान में मृदा, पादप, खाद एवं उर्वरक तथा दुध रसायन विज्ञान का अध्ययन करते हैं। यह विज्ञान भौतिक रसायन विज्ञान से ही विकसित किया गया है। पादप व्याधि विज्ञान (Plant Pathology) तथा कीट विज्ञान (Entomology) का विकास क्रमश: मौलिक वनस्पति विज्ञान तथा जन्तु विज्ञान द्वारा किया गया है। कृषि का अन्य विषयों के साथ सह-सम्बन्ध निम्न चित्र में दर्शाया गया है-

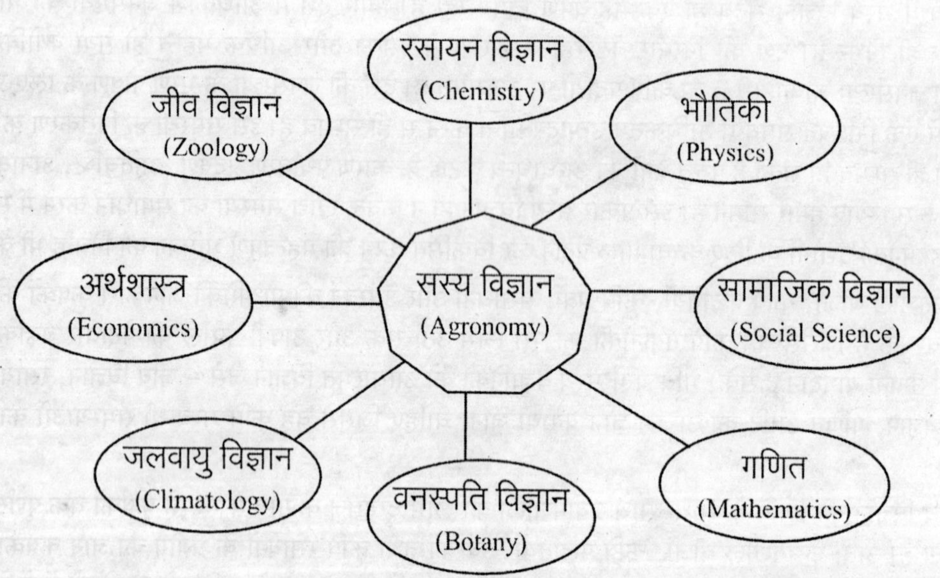

इस प्रकार से कृषि विज्ञान के विषयों का विकास 1930 के पश्चात् ही हो पाया। सभी विज्ञान एक दूसरे के निकटतम सम्बन्धित विज्ञान के सहयोग के बिना उन्नति नहीं कर सकती है। सस्य विज्ञान के अन्तर्गत मृदा प्रबन्ध एवं फसल उत्पादन के सिद्धान्तों एवं क्रियाओं से सम्बन्धित है। अत: सस्य विज्ञान में उर्वरकों के प्रयोग में मृदा रसायन विज्ञान (Soil Chemistry), अम्लीय, लवणीय तथा क्षारीय भूमियों के सुधार में मृदा विज्ञान (Soil Science), कीटों के नियंत्रण के लिए कीट विज्ञान (Entomology), बीमारियों के नियंत्रण के लिए पादप रोग विज्ञान (Plant Pathology), लागत तथा लाभ के आंकलन के लिए कृषि अर्थशास्त्र (Agricultural Economics) आदि की सहायता लेनी पड़ती है। किसी मृदा जलवायु क्षेत्र के लिए फसल की प्रजाति के चुनाव एवं विकसित करने के लिए पादप प्रजनन विज्ञान (Plant breeding) की सहायता लेनी पड़ती है। उपरोक्त समस्त विज्ञानों में कृषि में जलवायु विज्ञान (Agricultural Climatology) का एक महत्वपूर्ण स्थान है इसकी सहायता से फसलोत्पादन में काफी वृद्धि की जा सकती है। जलवायु की अनुकूल परिस्थितियों में फसल को उगाने में अधिक उत्पादन प्राप्त होता है। मौसम की प्रतिकूल परिस्थितियों में आवश्यक कृष्य क्रियाएं करने में फसल की सुरक्षा हो जाती है, जिससे कृषकों को अधिक से अधिक लाभ प्राप्त हो जाता है।

सस्य वैज्ञानिक के कर्त्तव्य (Role of Agronomics)

कृषि विज्ञान में दूसरे विशेषज्ञों जैसे पादप प्रजनन वैज्ञानिक, पादप रोग विशेषज्ञ, मृदा विशेषज्ञ, कृषि जलवायु विशेषज्ञ, कृषि अर्थशास्त्री आदि द्वारा प्राप्त अनुसंधानों का खेत के अन्दर उपयुक्तता एवं पूर्ण रूपेण अन्तिम परिणाम सस्य वैज्ञानिक ही खोजता है। इस प्रकार सस्य वैज्ञानिक दूसरे कृषि वैज्ञानिकों के अनुसंधान में आपस में समन्वय स्थापित करता है। इस प्रकार सस्य वैज्ञानिक की तुलना किसी भी डॉक्टर से कर सकते हैं जो विभिन्न प्रकार की बीमारियों के प्रभावी नियंत्रण के लिए उपयुक्त एवं उचित दवाई देता है और आवश्यकता पड़ने पर वह बीमारी के बारे में अन्य विशेषज्ञों से सलाह विमर्श भी ले लेता है तथा आवश्यकतानुसार वह दूसरे विशेषज्ञों के पास भी भेज देता है। इस प्रकार सस्य वैज्ञानिक, फसल की पैदावार पर विभिन्न कारकों जैसे मृदा, मौसम, फसल की प्रजाति, पौधों की बीमारियाँ, फसल पर कीटों का प्रकोप, फसल की बुआई का समय तथा विधि, बीज दर, सिंचाई की मात्रा तथा समय, खाद एवं उर्वरकों की मात्रा, समय तथा प्रयोग विधि, खरपतवार नियंत्रण, फसल की कटाई के उपरान्त भण्डारण तथा रख-रखाव आदि का आपस में सम्बन्ध स्थापित करके फसल से अधिक उपज प्राप्त करने के लिए अनुसंधान करता है।

कृषि शिक्षा, अनुसंधान एवं प्रसार (Agriculture Education, Research and Extension)

शिक्षा, अनुसंधान और प्रसार प्रणाली के समन्वित, अन्तर्बद्ध और अटूट अवयव है। प्रत्येक एक दूसरे की गतिविधियों को उत्प्रेरण तथा सहयोग देता है। मूलत: शिक्षा ज्ञान प्रदान करने और इसका ज्ञान व्यवसाय अथवा व्यापार प्रयोग करने की प्रक्रिया है। अनुसंधान परीक्षित परिकल्पना और खोज तथा तथ्यों का निरुपण, नवीनता, परिष्करण तथा तकनीकी का उत्पादन और प्रौद्योगिकियाँ और प्रसार, वास्तव में विभिन्न परिस्थितियों और प्रौद्योगिकियों के विस्तृत प्रयोग को बढ़ावा देता है। शिक्षण, अनुसंधान और प्रसार के समन्वय की प्रक्रिया में केन्द्रीय कोर शिक्षा कृषि शिक्षा है। यह कहा जाता है कि शिक्षा, अनुसंधान तथा प्रसार की एक आवश्यकता है।

भारत ने राष्ट्रीय कृषि अनुसंधान प्रणाली (NARS) के सबसे बड़े नेटवर्क का निर्माण किया है। इस प्रणाली द्वारा विकसित मानव ने हरित, पीली, नीली, लाल, भूरी, श्वेत आदि क्रान्तियों द्वारा कृषि की काया पलटने में एक महत्वपूर्ण भूमिका निभाई है और किसानों को खुशहाल करने में सहायता पहुँचाई है। एक तरफ शिक्षण अनुसंधान तथा प्रसार के समाकलन की प्रणाली तो दूसरी तरफ भारतीय कृषि अनुसंधान परिषद के संस्थानों, राज्य कृषि विश्वविद्यालयों, वैज्ञानिक संस्थाओं, कृषि विज्ञान केन्द्रों, गैर सरकारी संस्थाओं, पंचायती राज तथा ग्रामीण आधारित संगठनों के मध्य सम्बन्ध विकसित करने के कारण काफी लाभ प्राप्त हुआ।

कृषि शिक्षा का इतिहास (History of Agriculture Education)

कृषि शिक्षा स्नातक डिग्री स्तर पर अनेको कृषि महाविद्यालयों के रूप में संगठित की गई थी। ये महाविद्यालय सामान्य विश्वविद्यालय से सम्बन्ध थे तथा शिक्षा मंत्रालय के अधीन रखे जाते थे। प्रारम्भ में अनुसंधान और प्रसार के लिए अधिदेश काफी सीमित था। इन महाविद्यालयों में से पांच महाविद्यालय जैसे कोयम्बटूर (1905), कानपुर (1905), लायलपुर (1905), पुणे (1907) तथा साबोर (1907) में स्वतंत्रता पूर्व में ही स्थापित किये गये थे। निजी महाविद्यालयों सहित कुछ महाविद्यालयों की संख्या 1947 में 17 थी वह 1962 में बढ़कर 50 हो गई। कृषि विज्ञान में स्नातकोत्तर शिक्षा भारतीय कृषि अनुसंधान संस्थान तक ही सीमित थी जिसने मास्टर की उपाधि के समकक्ष 2 वर्षीय डिप्लोमा कोर्स प्रस्तुत किया।

राष्ट्रीय कृषि विद्यालय प्रणाली में 54 राज्य कृषि विश्वविद्यालय, दो केन्द्रीय कृषि विश्वविद्यालय, 5 मानद विश्वविद्यालय (जिसमें 4 भारतीय कृषि अनुसंधान परिषद के राष्ट्रीय संस्थान), सुदूरण कृषि संकाय वाले 4 केन्द्रीय विश्वविद्यालय सम्मिलित हैं। इसके अन्तर्गत निजी क्षेत्र एवं सामान्य विश्वविद्यालय से जुड़े सरकारी संस्थाओं से वित्त

पोषित 60 महाविद्यालय हैं। भारतीय कृषि अनुसंधान परिषद एक ऐसा शीर्षस्थ संगठन है जो अपने संस्थानों के नेटवर्क से अनुसंधान कार्य करने, बढ़ावा देने तथा समन्वय के कार्य की जिम्मेदारी निभाता है। भारतीय कृषि अनुसंधान परिषद के 94 अनुसंधान संस्थान है, जिसमें से 4 का स्तर मानित विश्वविद्यालय (Deemed University) हैं। 6 ब्यूरो, एक कृषि अनुसंधान प्रबन्ध अकादमी, 20 परियोजना निदेशालय, 19 राष्ट्रीय अनुसंधान केन्द्र तथा 82 अखिल भारतीय अनुसंधान परियोजनाएं हैं। भारतीय कृषि अनुसंधान परिषद का एक सशक्त प्रौद्योगिकी हस्तांतरण नेटवर्क (प्रयोगशाला से खेत तथा खेत से प्रयोगशाला) है जिसमें देश में 643 कृषि विज्ञान केन्द्र, 17 संस्थान ग्राम सम्पर्क तथा 40 कृषि प्रौद्योगिकी सूचना केन्द्र (एटिक) सम्मिलित हैं। ये सभी केन्द्र किसानों के खेतों के स्थानान्तरण से पहले कृषि प्रौद्योगिकी का मूल्यांकन तथा परिशोधन (Evaluation and refinement) पर बल देते हैं। इसी तरह विस्तार के लिए भारतीय कृषि अनुसंधान परिषद तथा राज्य कृषि विश्वविद्यालय नवीन कार्यक्रमों जैसे राष्ट्रीय प्रदर्शन, व्यावहारिक अनुसंधान परियोजना, कृषि विज्ञान केन्द्र, प्रशिक्षण केन्द्र, प्रयोगशाला से खेत तक कार्यक्रम और संस्थान सम्पर्क कार्यक्रमों में हाथ से हाथ मिलाकर कार्य करते हैं। वैश्वीकरण से कदम से कदम मिलाकर चलने के लिए कृषि शिक्षा में सुधार लाने हेतु निम्न नीतियां बनानी चाहिए–

1. उच्च शिक्षा के लिए पुन: मॉडल
2. संस्थागत सम्पर्क
3. सुधार प्रक्रिया में स्टॉक होल्डर का शामिल होना
4. देशभर में प्रत्ययन कार्यक्रम

तालिका : देश में कृषि शिक्षा तथा विकास की कुछ महत्वपूर्ण घटनाएं

वर्ष	घटना
	शिक्षा एवं अनुसंधान
1869	भारतीय कृषकों को कपास उत्पादन की प्रक्रिया सिखाने के लिए ईस्ट इंडिया कम्पनी 12 अमेरिकी कपास उत्पादकों को भारत लाई।
1862	सेना पशु चिकित्सा महाविद्यालय की पूना में स्थापना हुई।
1864	मृदा की उचित जुताई के प्रशिक्षण के लिए मद्रास सरकार ने स्टीप प्लाऊ तथा कई उपकरण आयात किये।
1880	गणित सूखा आयोग की स्थापना की गई। यह आयोग एक प्रकार का पहला आयोग था जिसे कृषि में सुधार के संभावित तरीकों का अध्ययन करने की जिम्मेदारी सौंपी गई।
1883	भूमि सुधार ऋण अधिनियम लाया गया।
1884	कृषि वित्त ऋण अधिनियम लाया गया।
1889	पुणे में इम्पीरियल जीवाणु विज्ञान प्रयोगशाला की स्थापना की गई। 1895 में उसे भुवनेश्वर में स्थानान्तरित किया गया तथा बाद में बरेली के प्रमुख परिसर में ले जाया गया। इसके साथ–साथ मुम्बई, कोलकाता, चेन्नई तथा लाहौर (अब पाकिस्तान) में पशु चिकित्सा महाविद्यालय स्थापित किये गये।
1901	गणित सूखा आयोग की कृषि के विकास में महत्वपूर्ण भूमिका रही है। आयोग में विशेषज्ञ कर्मचारियों की सहायता से प्रदेशों में कृषि विभागों में सुदृढ़ बनाने की सिफारिश की। आयोग ने यह पाया कि कृषि समस्याओं के निदान में विशिष्ट अनुसंधान का उपयोग समय की मांग है।
1903	कृषि अनुसंधान संस्थान स्थापित करने पर विचार किया गया जिसके परिणामस्वरूप 1905 में इम्पीरियल कृषि अनुसंधान के अतिरिक्त प्रदेशों में कृषि महाविद्यालय तथा परीक्षण फार्म स्थापित किये गये। इस योजना

वर्ष	घटना
	के अन्तर्गत पूना, कानपुर, लायलपुर, कोयम्बटूर तथा साबोर में कृषि महाविद्यालय स्थापित किये गये। तीन वर्षीय पाठ्यक्रम चलाने के लिए उन्हें प्रशिक्षित स्टॉफ भी उपलब्ध कराया गया।
1905	पंजाब (लाहौर) में पहला सिविल पशु चिकित्सा विद्यालय खोला गया जिसमें पहले दो वर्षीय डिप्लोमा पाठ्यक्रम तथा बाद में चार वर्षीय डिग्री पाठ्यक्रम आरम्भ किया गया।
1928	कृषि सम्बन्धी शाही आयोग का गठन हुआ जिससे भारतीय कृषि पर दीर्घकालीन प्रभाव पड़ा।
1929	देश में कृषि अनुसंधान के समन्वय, सहयोग एवं इसे बढ़ावा देने के लिए सर्वोच्च संस्था के रूप में इम्पीरियल कृषि अनुसंधान परिषद (ICAR) की स्थापना की गई।
1957	कृषि प्रौद्योगिकियों में बहुस्थलीय परीक्षणों के अन्तर्गत – संस्थागत सहयोग हेतु अखिल भारतीय समन्वित कृषि अनुसंधान परियोजना (AICRP) की स्थापना की गई।
1958	भारतीय कृषि अनुसंधान संस्थान को पहले मानित विश्वविद्यालय की संज्ञा मिली।
1960	संयुक्त भारतीय अमरीकी दलों की सिफारिशों के अनुसार राज्य कृषि विश्वविद्यालय की स्थापना आरंभ की गई।
1962	गोविन्द वल्लभ पंत कृषि एवं प्रौद्योगिकी विश्वविद्यालय, पंत नगर की स्थापना की गई।
1966	भारतीय कृषि अनुसंधान परिषद ने केन्द्रीय अनुसंधान संस्था तथा जिन्स समितियों के प्रशासनिक नियंत्रण का कार्य अपने हाथ में लिया।
1973	क्षेत्रीय आवश्यकताओं की पूर्ति हेतु क्षेत्रीय समितियों की स्थापना के साथ भारतीय कृषि अनुसंधान परिषद का पुनर्गठन किया गया। भा.कृ.अनु.प. को अधिक स्वायत्तता देने के लिए कृषि अनुसंधान एवं शिक्षा विभाग (DARE) की स्थापना तथा कृषि अनुसंधान सेवा (ARS) तथा कृषि वैज्ञानिक चयन मंडल (ASRB) की स्थापना की गई।
1979	अनुसंधान को अधिक टिकाऊ बनाने के उद्देश्य से विश्व बैंक के सहयोग से राष्ट्रीय कृषि अनुसंधान परियोजना (NARP) को आरम्भ किया गया।
1987	भा.कृ.अनु.प. की कार्यप्रणाली को पुनर्गठित करने के लिए जी.बी.के.राव समिति की सिफारिशों को लागू किया गया।
1995	टाटा कंसलटेन्सी सर्विसेज ने भा.कृ.अनु.प. मुख्यालय में ढांचागत सुधार लाने का सुझाव दिया। कुछ चुने हुए राज्य कृषि विश्वविद्यालय ने अनुसंधान तथा शिक्षा में संलग्न विद्यालय जनशक्ति विकसित करने के लिए विश्व बैंक के सहयोग से कृषि मानव संसाधन विकास कार्यक्रम (AHRD) का आरम्भ किया।
1998	प्रौद्योगिकी मूल्यांकन तथा परिष्करण पर ध्यान केन्द्रित करने के लिए विश्व बैंक के सहयोग से राष्ट्रीय कृषि प्रौद्योगिकी परियोजना (NATP) का आरम्भ हुआ।
2006	कृषकों को कृषि सम्बन्धी सूचना, भ्रमण, प्रदर्शन, फार्म स्कूल आदि के लिए आत्मा (ATMA) का शुभारम्भ हुआ।
	विस्तार
1920	ग्रामीण पुनर्गठन के लिए गांधीवादी प्रयोग आरम्भ किये गये।
1942	खाद्यान्न उत्पादन बढ़ाओ अभियान चलाया गया।
1945	ग्राम उत्थान योजना आरम्भ की गई।
1952	सामुदायिक विकास कार्यक्रम आरम्भ किया गया।

वर्ष	घटना
1953	राष्ट्रीय विस्तार सेवा आरम्भ की गई।
1959	पंचायती राज की स्थापना की गई।
1960	सघन कृषि जिला कार्यक्रम (IADP) आरम्भ किया गया।
1964	सघन कृषि क्षेत्र कार्यक्रम (IAAP) आरम्भ किया गया।
1964	राष्ट्रीय प्रदर्शन (National Demonstration) कार्यक्रम आरम्भ किया गया।
1974	कृषि विज्ञान केन्द्रों (KVK) की स्थापना की गई।
1975	प्रायोगिक अनुसंधान परियोजनाएं आरम्भ की गई।
1979	प्रयोगशाला से खेत परियोजना आरम्भ की गई।
1995	संस्थान ग्राम-सम्पर्क कार्यक्रम भा.कृ.अनु.प. के संस्थानों में आरम्भ की गई।
1998	प्रौद्योगिकी मूल्यांकन तथा परिष्करण के लिए विश्व बैंक के सहयोग से राष्ट्रीय कृषि प्रौद्योगिकी परियोजना (NATP) आरम्भ की गई।
2007	राष्ट्रीय खाद्य सुरक्षा मिशन योजना का आरम्भ हुआ।
2008	त्वरित दलहन उत्पादन परियोजना का शुभारम्भ हुआ।
2016	प्रधानमंत्री सिंचाई योजना का आरम्भ हुआ।

कृषि विकास (Agricultural Development)

स्वतंत्रता के पश्चात 50 वर्ष की अल्पावधि में भारत खाद्यान्न उत्पादन के क्षेत्र में न केवल आत्मनिर्भर हुआ बल्कि प्राकृतिक आपदाओं से निपटने के लिए अपार सुरक्षित भण्डारण भी है। इसके अतिरिक्त कुछ फसलों का उत्पादन कर निर्यात की क्षमता भी विकसित कर ली है। यह परिवर्तन समेकित कृषि प्रणाली की संकल्पना से ही सम्भव हो पाया है। बढ़ती हुई जनसंख्या के साथ-साथ राष्ट्रीय स्रोतों के श्रेणीकरण, उन्नयन, गैर-परम्परागत पुनर्नवीकरणीय ऊर्जा स्रोतों के निर्माण, खेती के लिए प्रति व्यक्ति उपलब्ध भूमि सम्बन्धी चुनौतियों का सामना करने की क्षमता और योग्यता के साथ-साथ कृषि प्रणाली को सुदृढ़ और स्थिर करने में भारत का विश्वास बढ़ा।

निवेश प्रणाली

अनुसंधान एवं शिक्षा में औसत सार्वजनिक निवेश 1960 में 5.4 प्रतिशत है। उत्साहवर्धक वृद्धि होने के बावजूद भी कृषि सकल घरेलू उत्पाद में से आर एण्ड डी का केवल 0.46 प्रतिशत है जबकि अन्य विकासशील देशों में 2.4 प्रतिशत है। छठे दशक के शुरु में कृषि सकल घरेलू उत्पाद का 0.9 प्रतिशत थी जो नब्बे के दशक में बढ़कर 1.50 प्रतिशत तक हो गई थी। इस प्रकार 9वीं पंचवर्षीय योजना में कृषि योजना में कृषि विकास की वृद्धि दर 3.3 प्रतिशत थी, 10वीं पंचवर्षीय योजना में 2.4 प्रतिशत तथा 11वीं पंचवर्षीय योजना में यह वृद्धि दर 3.3 प्रतिशत थी जबकि 12वीं पंचवर्षीय योजना में कृषि विकास का वृद्धि दर 4.0 प्रतिशत रखी गई है।

इस प्रकार समेकित संकल्पनाओं के माध्यम से कृषि में प्राप्त की गई उपलब्धियाँ उल्लेखनीय हैं और इससे हरित, श्वेत, पीली, नीली, लाल, भूरी आदि क्रान्तियाँ सफल बनाने में सहायता मिली है। विज्ञान के लाभ कृषि क्षेत्र को प्राप्त होते रहे हैं फिर भी ये क्रान्तियाँ चुनौतियों से भरी हैं। इसके अतिरिक्त प्राकृतिक संस्थानों के निम्नीकरण, जलवायु सम्बन्धी परिवर्तन, विश्व व्यापारीकरण तथा उदारीकरण से सम्बन्धित समस्याओं के समाधान करने में तथा शिक्षा और अनुसंधान की भी महत्वपूर्ण भूमिका तय करनी होगी। कुल खाद्यान्न उत्पादन में तीव्र गति से वृद्धि हुई तथापि उत्पादन की

उच्च लागत के साथ–साथ हमारी उत्पादकता का स्तर बहुत नीचा है तथा खाद्यान्नों की अतिरिक्तता का प्रमुख कारण उत्पादन की अनिवार्य तथा अनियंत्रित आर्थिक कार्यप्रणालियों का होना है जिसके कारण लाभ का बड़ा हिस्सा बिचौलिए खा जाते हैं। इन्हीं के कारण आज भी घरेलू पोषण सुरक्षा एक पेचीदा समस्या बनी हुई है।

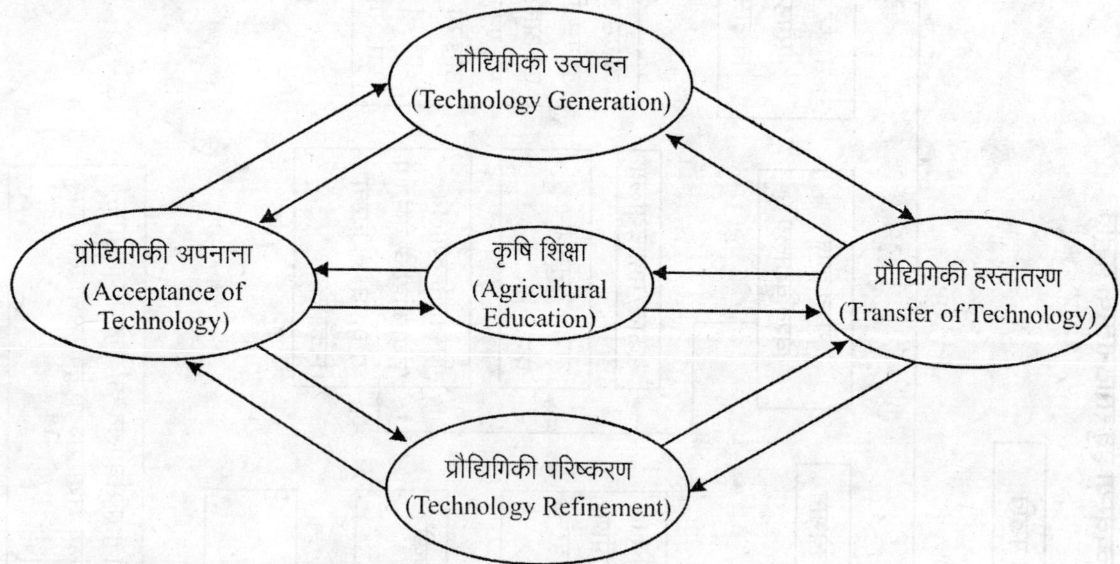

अनुसंधानकर्त्ताओं द्वारा किये गये दावों और किसान के खेतों पर वास्तविक उपज के बीच की खाई को पाटने की दृष्टि से प्रौद्योगिकी के उत्पादकों (अनुसंधानकर्त्ताओं) तथा प्रौद्योगिकीविदों (प्रसार कार्यकर्त्ताओं) के स्थानान्तरण के बीच बेहतर समन्वय और सम्पर्क विकसित किया जाना चाहिए। अध्यापन के प्रभावी एकीकरण अनुसंधान तथा विस्तार के लिए प्रणाली में कई विधियों को विकसित किया जाना है परन्तु इन संस्थाओं की कार्यक्षमता और प्रभावोत्पादकता से सम्बन्धित कुछ तकनीकी मुद्दे हैं। यह सर्वथा सत्य है कि विकसित की गई प्रौद्योगिकियाँ मुश्किल से एक तिहाई अथवा कुछ ही वास्तविक रूप में कृषकों तक पहुँच पाती हैं। बारानी कृषि में तो यह स्थिति और भी अधिक गम्भीर है।

कृषि तथा कृषि व्यापार में उद्यमिता के विकास के लिए छात्रों को तैयार करने हेतु शिक्षा में परिवर्तन लाने की आवश्यकता है इसलिए पाठ्यक्रमों को लचीला बनाना होगा, शिक्षण में भागीदारी तथा संकल्प के लिए उपयुक्त मानव संसाधन विकास को विकसित करना होगा। इस समय डिग्री कार्यक्रमों को इस विधि से तैयार किये जाने की आवश्यकता है कि पहले दो वर्षो के लिए शिक्षा और कृषि विज्ञान से सम्बन्धित किसी सामान्य पाठ्यक्रम को पढ़ने के बाद इन कार्यक्रम को दो मुख्य धाराओं अर्थात् शैक्षिक तथा व्यावसायिक रूप में विभाजित किया जाए। उच्च शिक्षा के उद्देश्य को इस तरीके से परिभाषित तथा संरक्षित किया जाए कि हमारे शैक्षिक तथा अनुसंधान कार्यक्रम टिकाऊ बने और खाद्य सुरक्षा की चुनौतियों का मुकाबला कर सके।

कृषि शिक्षा की केन्द्रीय भूमिका

अनुसंधान एवं प्रौद्योगिकियों को इस प्रकार से विकसित करने की आवश्यकता है कि उनमें कृषि की भागीदारी, खेतों का उपयोग किये जाने तक की समस्याओं के समाधान का प्रयास, बहु विषयी लाभ लेने के प्रयास रहे तथा प्रौद्योगिकी को विकसित करने में कम लागत आये, विस्तार कार्यक्रमों को दो तरफा (वैज्ञानिक एवं कृषकों के बीच आदान–प्रदान) संचार व्यवस्था बनाये जाने की आवश्यकता है तथा खेती की पद्धति विस्तार पर आधारित है। कार्यनीति बनाते समय कृषकों को केन्द्र बिन्दु में रखा जाना चाहिए। जिससे कृषकों को अपनी फसल से भरपूर उत्पादन प्राप्त हो सके तथा उनको भरपूर लाभ मिल सके।

कृषि अनुसंधान, शिक्षा तथा विस्तार में एकीकृत व्यवस्था हेतु संगठनात्मक पद्धति

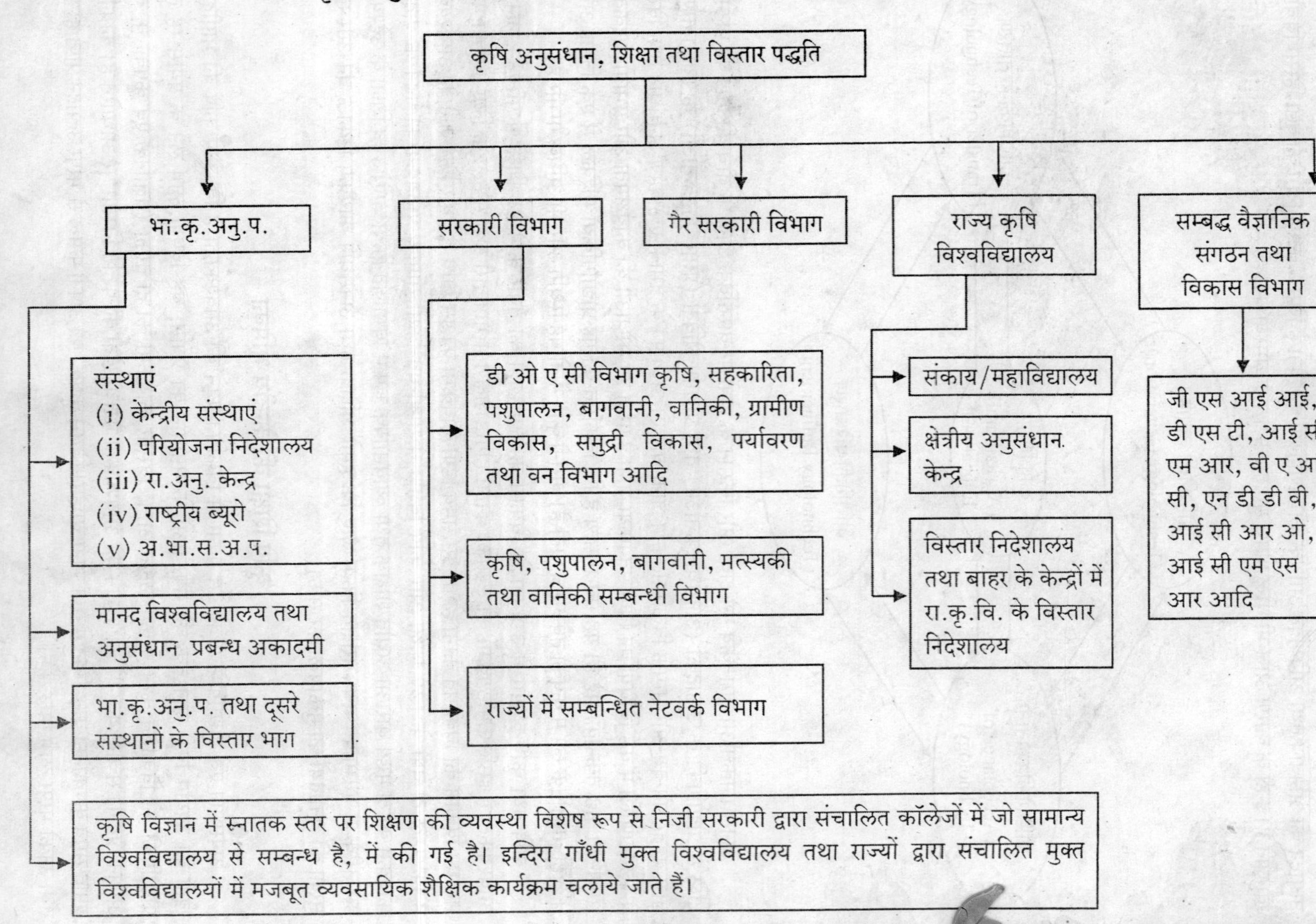

2

कृषि मौसम विज्ञान
(AGRICULTURAL METEOROLOGY)

मनुष्यों की दैनिक क्रिया कलापों पर पर्यावरण के जिन तत्वों का प्रभाव पड़ता है उनमें मौसम सर्वोपरि है। मनुष्य चूंकि भूतल पर निवास करता है अत: उस पर भौतिक वातावरण का प्रभाव पड़ना स्वाभाविक है। मानव की मूलभूत आवश्यकताओं जैसे व्यवसाय, कृषि, खनन, पशुचारण, उद्योग, व्यापार, मानसिक एवं शारीरिक स्वास्थ्य तथा सभ्यता आदि सभी तत्व मौसम से किसी न किसी प्रकार से प्रभावित होते हैं। जलवायु के द्वारा ही हमारी विभिन्न प्रकार की आवश्यकताएं जैसे रोटी, कपड़ा, मकान आदि निर्धारित होती है। समय के साथ मनुष्य ने मौसम के जटिल रहस्यों को उद्घाटित करने का प्रयास किया है और वह आज भी इस दिशा में सतत प्रयत्नशील है। पृथ्वी को मुख्यरूप से तीन वर्गों में विभक्त किया गया है जो निम्न हैं –

1. स्थल मण्डल अर्थात् पृथ्वी का सुदृढ़ एवं चट्टानी खण्ड
2. जलमण्डल अर्थात् जल खण्ड–सागर, महासागर
3. वायुमण्डल अर्थात् जलवायु के तत्व

उपरोक्त सभी तत्वों में वायुमण्डल अर्थात् जलवायु एवं मौसम के अध्ययन के लिए गैसीय तत्व सबसे अधिक महत्वपूर्ण है। प्राचीन काल से ही वर्षा, हिमपात, ओले, ओस, आंधी–तूफान आदि जलवायु के पराभौतिक शक्ति के अंग माने जाते हैं। कृषक, चरवाहे, शिकारी आदि समूह प्रकृति से अपना स्थाई सम्बन्ध बनाये रखते हैं। पशु, पक्षी, वृक्ष, आकाश, वायु प्रवाह आदि तत्वों द्वारा मौसम का पूर्वानुमान किया जाता रहा है। इसी प्रकार मनुष्य के भीतर मौसम के रूप में अन्तर्निहित प्रकृति के रहस्यों के ज्ञान की जिज्ञासा ने मौसम विज्ञान को जन्म दिया। वर्तमान समय में मौसम विज्ञान के प्रयोग से मानव जीवन को सुखद, सुलभ, सुगम एवं सुरक्षित बनाने के लिए प्रयास किया जा रहा है।

मानव जीवन पर जलवायु का प्रभाव प्रत्यक्ष एवं अप्रत्यक्ष दोनों ही रूपों में पड़ता है। इस प्रकार मानवीय जीवन के अतिरिक्त वानस्पतिक जगत, कृषि, जीवजन्तु तथा जीविकोपार्जन के विभिन्न व्यवसायों के चुनाव के लिए जलवायु की विभिन्नताओं का भी आंकलन किया जाता है। कृषि एवं जलवायु के सहसम्बन्ध इस प्रकार हैं कि उन्हें एक दूसरे से पृथक् कर एक के अस्तित्व की कल्पना निराधार होगी। फसलों की वृद्धि एवं विकास जलवायु से अटूट रूप से जुड़ी हुई है। जलवायु का प्रभाव मनुष्य के स्वास्थ्य, फसल प्रारूप, मृदा उत्पादकता तथा वितरण प्रक्रिया, व्यावसायिक भिन्नता अर्थात् जीवन के अनेकानेक क्षेत्रों में व्यापक ढंग से पड़ता है। फसलोत्पादन में जलवायु द्वारा बीज की बुआई हेतु खेत की तैयारी से लेकर फसल की कटाई ही नहीं परन्तु कटाई उपरान्त की क्रियाएं भी प्रभावित होती है। इस प्रकार जलवायु सम्बन्धी विभिन्न घटकों एवं उन घटकों के फसलोत्पादन पर प्रभाव का वृहद् ज्ञान अच्छी कृषि के लिए अत्यन्त आवश्यक है।

बोलचाल की सामान्य भाषा में मौसम एवं जलवायु एक ही अर्थ में प्रयोग किये जाते हैं परन्तु वास्तव में दोनों भिन्न-भिन्न अर्थों को दर्शाते हैं तथा उनमें अन्तर भी स्पष्ट रूप से दृष्टिगोचर होते हैं।

मौसम (Weather)

मौसम का मुख्य तात्पर्य वायुमण्डल के भौतिक अवयवों द्वारा उसमें घटित होने वाली विभिन्न घटनाओं की व्याख्या करना है अर्थात् इसके अन्तर्गत जलवायु के विभिन्न तत्वों का वैज्ञानिक विश्लेषण किया जाता है। इस प्रकार मौसम ने ही मौसम विज्ञान को जन्म दिया। मौसम विज्ञान का उद्भव अरस्तू के प्रसिद्ध ग्रन्थ मिटियोरोलोजिका (Meteorologica) से हुआ है जिसका तात्पर्य ऊपर की वस्तुओं का अध्ययन करने से है। मौसम विज्ञान वायुमण्डलीय विज्ञान का पर्यायवाची माना जाता है।

मौसम को निम्न प्रकार से परिभाषित किया गया है –

''मौसम वायुमण्डल की अल्पकालिक अवस्था को प्रकट करता है।''

ट्रिवार्था के अनुसार– ''किसी स्थान की अल्पकालीन समय में वायुमण्डल की दशाओं–तापक्रम, वायुदबाव, वायु आर्द्रता तथा वर्षा को मौसम कहते हैं।''

प्रो. जे.एम. आस्टिन के अनुसार– ''किसी भी स्थान के मौसम का तात्पर्य उस स्थान एवं समय में वायुमण्डल सम्बन्धी परिवर्तनशील तत्वों जैसे तापक्रम, वायुदाब, पवन, आर्द्रता, वर्षा एवं आकाश की दशाओं से है''।

एस.पी. पालनियाप्पन के अनुसार– ''किसी स्थान एवं समय विशेष पर जलवायु में होने वाले भौतिक परिवर्तन को मौसम कहते हैं।''

ब्लेयर के अनुसार– ''वायुमण्डल तथा उसकी उन सभी घटित घटनाओं को मौसम कहा जाता है, जिसका अध्ययन करने वाले विज्ञान को मौसम विज्ञान कहा जाता है। किसी विशेष समय में वायुमण्डल के ताप, वायु की दिशा, गति एवं दाब वायुमण्डल में तापमान के परिणाम तथा वर्षा आदि के प्रभाव को मौसम कहते हैं।''

किसी समय में किसी स्थान विशेष में पाई जाने वाली सभी वायुमण्डलीय अवस्था को मौसम कहते हैं। मौसम वायुमण्डल की निचली परत में होने वाला दैनिक परिवर्तन है। इस प्रकार मौसम किसी स्थान का वायुमण्डल की अल्पकालिक अवस्था को प्रकट करता है। मौसम के मुख्य तत्व तापमान, वायुदाब, वायुदिशा, वायुगति, वर्षा, आर्द्रता तथा बादल आदि हैं। इन तत्वों में तापमान आधारभूत तथा सर्वाधिक महत्वपूर्ण है क्योंकि इनमें परिवर्तन होने से अन्य सभी तत्व स्वत: ही परिवर्तनीय हो जाते हैं। जिसके फलस्वरूप मौसम में परिवर्तन हो जाता है। इस प्रकार हम यह कह सकते हैं कि मौसम अत्यन्त ही गतिशील है। अत: हम एक ही दिन में कई–कई मौसमों का आनन्द उठा सकते हैं। कृषि सम्बन्धी सभी कार्य मौसम के परिवर्तनों पर ही निर्भर होते है। विश्व के सभी राष्ट्रों के कृषक भी मौसमी परिस्थितियों के अनुकूल ही कृषि क्रियाएं करते हैं जिससे उन्हें फसलों की भरपूर उपज मिलती है। मनुष्य का भोजन, वस्त्र, आवास एवं स्वास्थ्य भी मौसम द्वारा ही विशेष रूप से प्रभावित होता है। इसलिए मौसम के विभिन्न घटकों की जानकारी प्राप्त करना मानव के लिए अत्यन्त आवश्यक है।

भारतवर्ष में मौसम सम्बन्धी जानकारी प्राप्त करने का श्रेय एशियाटिक सोसायटी ऑफ बंगाल (Asiatic Society of Bengal) को है जिसने सरकार का ध्यान इस ओर आकर्षित किया। इसी की प्रेरणा से भारत सरकार ने सन् 1864 में शिमला में भारतीय मौसम विज्ञान विभाग (Meteorological Department of India) की स्थापना की गई। इसके पश्चात् इसका प्रमुख कार्यालय पूना तथा दिल्ली में है। भारतवर्ष में मौसम की जानकारी प्राप्त करने के लिए देश को पांच क्षेत्रों जैसे दिल्ली, मुम्बई, नागपुर, चैन्ने तथा कोलकाता में विभक्त किया गया है। पूना में विभिन्न क्षेत्रों से प्राप्त हुई मौसम की जानकारी पर आधारित मौसम मानचित्र प्रकाशित किये जाते हैं। इन वेधशालाओं को भी पांच श्रेणियों में विभक्त किया गया है।

- प्रथम श्रेणी की वेधशालाओं में स्वत: अभिलेखी यंत्र (Self Recording Instruments) लगे होते हैं। मानचित्र प्रकाशित करने वाली वेधशालाओं की सूचनाएं दिन में दो बार भेजी जाती हैं।
- द्वितीय श्रेणी की वेधशालाओं में स्वत: अभिलेखी यंत्र नहीं लगे होते हैं, परन्तु तार का सम्बन्ध किया गया है ये दिन में दो बार सूचनाएं भेजते हैं।
- तृतीय श्रेणी में केन्द्रों से केवल दिन में एक बार ही सूचना भेजी जाती है।
- चतुर्थ श्रेणी के केन्द्र वर्षा तथा तापमान की सूचनाएं एकत्रित करते हैं।
- पांचवी श्रेणी के केन्द्र केवल एक दिन की वर्षा की सूचनाएं प्रात: 8 बजे भेजते हैं।
- प्रतिदिन नियत समय पर प्रथम, दूसरी तथा तृतीय श्रेणी वाली वेधशालाओं में तापमान एवं वायुदाब को पढ़ा जाता है तथा बादल एवं वर्षा के विषय में चौबीस घंटे का विवरण सांकेतिक भाषा (Code) में मौसम पूर्वानुमान वेधशालाओं (Weather forecasting observatories) को भेजा जाता है। चौथी तथा पांचवी वैधशालाओं की सूचना को सम्मिलित करके केन्द्रीय कार्यालय में ऋतु दशाओं को अंकित करने वाली तालिकायें बनाई जाती हैं जिन्हें ऋतु चार्ट (Weather chart) कहते हैं। इन आंकड़ों के आधार पर सारे देश के मौसम दर्शाने वाले मानचित्रों का प्रकाशन किया जाता है जिन्हें मौसम मानचित्र (Weather Map) कहते हैं।

इसके अतिरिक्त विश्व में मौसम एवं जलवायु की जानकारी प्रदान करने के लिए अन्तर्राष्ट्रीय मौसम विज्ञान संगठन (World Meteorological Organisation [WMO]) की स्थापना सन् 1951 में जिनेवा (स्विट्जरलैण्ड) में हुई यह संयुक्त राष्ट्र की एक संस्था है। इस संस्था की स्थापना में अन्तर्राष्ट्रीय मौसम विज्ञान परिषद् (International Meteorological Organisation) ने अपना बहुमूल्य योगदान दिया है जिसकी स्थापना 1878 में की गई।

कृषि मौसम विज्ञान (Agricultural Meteorology)

कृषि मौसम विज्ञान में मौसम सम्बन्धी ज्ञान एवं तथ्यों के द्वारा भूमि उपयोग, उत्पादन में वृद्धि एवं मौसम के प्रतिकूल प्रभाव से फसलों को बचाने में सहायता प्रदान करता है। कृषि मौसम विज्ञान को जलवायु विज्ञान भी कहा जाता है। कृषि मौसम वैज्ञानिक का कार्य मौसम विज्ञान के प्रासंगिक कौशल को कृषि में गुणात्मक तथा परिणामात्मक वृद्धि के लिए उपलब्ध भौतिक वातावरण के दक्षतापूर्ण उपयोग हेतु किसानों को सहयोग करना होता है। कृषि मौसम वैज्ञानिकों की मास्को (1915) की बैठक में कृषि मौसम विज्ञान को इस प्रकार परिभाषित किया कि इसमें मौसमी दशाओं का कृषि से प्रत्यक्ष सम्बन्ध है। इस प्रकार हम कह सकते हैं कि जलवायुवीय क्रियाकलापों के सापेक्ष सार्थक प्रतिक्रिया होती है।

कृषि मौसम विज्ञान का क्षेत्र (Scope of Agrometeorology)

फसलों की अच्छी वृद्धि एवं विकास के लिए उपयुक्त जलवायु का होना आवश्यक है। पौधे की आवश्यकताओं की पूर्ति के लिए जलवायु ऐसी होनी चाहिए जिससे पौधे के जीवन की विभिन्न गतिविधियों के व्यवस्थित संचालन हेतु न्यूनतम आवश्यक आवश्यकताओं की पूर्ति होती रहे एवं फसल उत्पादन की सीमाकारी कारकों (Limiting Factors) के बाधावरोध उपस्थित करने की उपयुक्त स्थितियां सुलभ न हो सके। मौसमी घटनाक्रम के द्वारा भौतिक वातावरण एवं जैविक क्रियाकलापों से प्राकृतिक वातावरण के साथ सामंजस्य स्थापित होता है जो फसलों की वृद्धि के लिए आदर्श स्थिति का निर्माण करता है। इस प्रकार का सामंजस्य नियंत्रणशील मौसमी एवं जलवायु सम्बन्धी घटकों को परिवर्तित कर कृषि उत्पादन में सहयोग करते हैं। कृषि उत्पादन को प्रभावित करने वाले मौसमी कारकों में सूर्य का प्रकाश, तापमान, आर्द्रता, वर्षा एवं वायु प्रमुख हैं। इनमें से कुछ मौसमी कारकों का फसल उत्पादन में प्रत्यक्ष अथवा कुछ अप्रत्यक्ष कारकों का सम्मिलित प्रभाव पड़ता है। इस प्रकार जलवायु से फसलों की वृद्धि एवं विकास ही नहीं प्रभावित होती है बल्कि इससे फसलों का अनुकूलन (Adaptation), वितरण (Distribution) तथा चयन (Selection) भी प्रभावित होता है।

कृषि मौसम विज्ञान का मुख्य उद्देश्य मौसम सम्बन्धी कारकों का अन्वेषण करना होता है जो फसल उत्पादन के लिए उपयोगी तथा आवश्यक हो, क्योंकि मौसम एवं जलवायु फसलों क लिए आवश्यक घटक है। इस प्रकार कृषि मौसम विज्ञान फसलों के लिए निम्न रूप से उपयोगी है –

- मौसम विज्ञान की सहायता से कृष्य क्रियाएं जैसे खेत की तैयारी, बुआई, सिंचाई, खाद प्रबन्ध, कटाई के उपरान्त की क्रियाएं करने में सहायता मिलती है। इस प्रकार अनुकूल मौसम द्वारा कृषक अधिक लाभ प्राप्त करते हैं जबकि प्रतिकूल मौसम होने की दशा में फसलों की सुरक्षा करने में सहायक है।
- मौसम द्वारा फसलोत्पादन के अल्पकालिक अथवा दीर्घकालिक योजना एवं पूर्वानुमान द्वारा फसलों एवं उनकी अनुकूलतम प्रजातियों के चयन में सहायता मिलती है जिससे मौसम के अनुरूप फसल योजना बनाई जा सकती है।
- मौसम की सूचनाओं के आधार पर भू–प्रयोग योजना, जलवायु सम्बन्धी खतरों का विश्लेषण, उत्पादन एवं कटाई की क्रियाओं का समायोजन तथा अन्य प्रकार के फसल वातावरण को फसलों के अनुकूलन एवं उत्पादन से सम्बद्ध किया जा सकता है।
- मौसम विज्ञान की सहायता से फसलों को कीटों, बीमारियों, मृदारक्षण, पाला, कोहरा, ओला, सूखा आदि प्रतिकूल परिस्थितियों से बचाया जा सकता है।
- मौसम के ज्ञान से प्रति इकाई क्षेत्रफल पर अधिक से अधिक उत्पादन प्राप्त कर प्रक्षेत्र की सकल आय में वृद्धि की जा सकती है।
- मौसम की प्रतिकूल परिस्थितियों को ध्यान में रखकर फसलों की अच्छी गुणवत्तायुक्त उत्पाद प्राप्त करके अन्तर्राष्ट्रीय बाजार में भारतीय उत्पाद को प्रतिस्पर्धा के रूप में प्रदर्शित किया जा सकता है।

जलवायु (Climate)

जलवायु मौसम का वृहद रूप है जो किसी वृहद क्षेत्र की मौसमी घटनाओं की दीर्घकालिक स्थिति को व्यक्त करता है। इस प्रकार किसी प्रदेश, देश, उपमहाद्वीप की लम्बी अवधि (महीना, वर्ष, कई वर्षों) की मौसमी घटनाओं को जलवायु कहा जाता है। इस शब्द की उत्पत्ति जल तथा वायु के परस्पर सम्बन्ध से हुई है जिसका शाब्दिक अर्थ वायुमण्डल के जल एवं वायु से है अर्थात् यह शब्द वायुमण्डल के संघटन का द्योतक है। अंग्रेजी भाषा के शब्द (Climate) की उत्पत्ति ग्रीक भाषा के शब्द क्लाइमा (Klima) से हुई जिसका शाब्दिक अर्थ दिन–रात की अवधि अर्थात् सूर्य की किरणों की कोणीय घटनाओं (Angle of incidence of sunlight) से है। अरस्तू नामक दार्शनिक ने क्लाइमा शब्द का प्रयोग अक्षांश पेटियों के संदर्भ में किया था। किसी क्षेत्र की दिन–प्रतिदिन के मौसम की दीर्घकालीन अवस्था को जलवायु कहते हैं। जिस प्रकार मौसम वायुमण्डल की अल्पकालिक अवस्थाओं का बोध कराता है उसी प्रकार जलवायु मौसम के तत्वों की दीर्घकालिक अवस्थाओं का बोध कराता है। सामान्य बोलचाल की भाषा में लोगों को यह कहते सुना जाता है कि आज या अमुक समय में मौसम बहुत अच्छा था अथवा बहुत खराब मौसम होने के कारण अमुक कार्य सम्भव अथवा सम्पन्न नहीं हो सका। परन्तु यह सुनने में नहीं आता कि अमुक समय में अमुक स्थान की जलवायु बहुत अच्छी थी। इसलिए जलवायु शब्द का प्रयोग व्यापक अर्थों में किया जाता है।

जलवायु की परिभाषा जलवायु वैज्ञानिकों ने निम्न रूप से व्यक्त की है –

मोंक हाउस के अनुसार – ''किसी स्थान विशेष पर लम्बे समय तक मौसम की दशा को जलवायु कहते हैं''।

ट्रिवार्था के अनुसार – ''जलवायु मौसम की दीर्घकालीन अवस्था का विस्तृत रूप है''।

कोन्डयू के अनुसार – ''वर्षभर दिन–प्रतिदिन के मौसम की सामान्य दशाओं को जलवायु कहा जाता है''।

अन्तर्राष्ट्रीय मौसम विज्ञान संगठन (World Meteorological Organisation) के अनुसार - जलवायु के लिए 31 वर्षों की अवधि के मौसम के तत्वों के दीर्घकालीन अवस्था को जलवायु कहते हैं परन्तु जलवायु को औसत मौसम मान लेना युक्तिसंगत प्रतीत नहीं होता क्योंकि मौसम के विभिन्न तत्वों के मध्यमान से विचलन उतना ही महत्वपूर्ण होता है जितना कि उनका मध्यमान या औसत होता है। इस प्रकार वायुमण्डल का तापमान, आर्द्रता तथा वायु की गति एवं दशाओं आदि के तथ्यों के समन्वयन को जलवायु कहते हैं। सामान्यत: मौसम तथा जलवायु के मूलभूत तत्वों में कोई अन्तर नहीं होता है। तापमान, वायुदाब, आर्द्रता, वृष्टि, मेघ, वायुवेग एवं दिशा, तडित, झंझा, कोहरा, ओला वृष्टि, तूफान आदि जलवायु के मुख्य तत्व होते हैं।

जलवायु को मुख्यत: तीन प्रकार से विभक्त किया जाता है -

(1) **वृहद् जलवायु (Macro climate) :** मौसम से सम्बन्धित निरीक्षण से स्थानीय प्रभाव को समाप्त करने के लिए खुले स्थानों पर मृदातल से 2.00 मीटर ऊपर से लिए जाते हैं। इस प्रकार अंकित किये गये निरीक्षणों को सारांशीय जलवायु निरीक्षण (Synoptic Meteorological Observation) कहते हैं तथा इन निरीक्षणों पर आधारित जलवायु को वृहद् जलवायु (Macro Climate) कहते हैं।

(2) **सूक्ष्म जलवायु (Micro climate) :** वनस्पतियां स्थानीय स्तर पर व्यापक रूप से स्थानीय जलवायु को प्रभावित करती हैं तथा खड़ी फसलों के मध्य जलवायु के संघटकों का रूप सर्वथा भिन्न पाया जाता है अत: स्थानीय जलवायु (Local climate) को सूक्ष्म जलवायु (Micro climate) कहते हैं।

इस प्रकार सूक्ष्म जलवायु न केवल पृथ्वी के सतह के समीप की वायु परत में जलवायु संघटकों की अवस्था को व्यक्त करता है बल्कि मृदातल के नीचे की अवस्थायें भी सम्मिलित की जाती हैं। ढालू एवं खड़े ढाल की भूमियों में सूक्ष्म जलवायु में विषमता पाई जाती है।

(3) **स्थूल जलवायु (Topo climate) :** खड़े ढाल वाले स्थानों पर सौर ऊर्जा विकिरण एवं वर्षण समतल स्थलाकृति वाले स्थानों की अपेक्षा भिन्न मात्रा में उपलब्ध जलवायु को स्थूल जलवायु कहा जाता है। ऐसे भू प्रदेशों में ढाल का ऊपरी भाग, घाटी एवं पार्श्व भाग के तापक्रम, मृदाताप एवं वायुप्रदेश सामान्य से अपेक्षाकृत भिन्न पाये जाते हैं।

जलवायु विज्ञान (Climatology)

जलवायु विज्ञान अर्थात् क्लाइमेटोलोजी (Climatology) शब्द की उत्पत्ति ग्रीक भाषा के क्लाइमा (Klima) तथा लॉगोस (Logos) से मिलकर हुई है जिसका शाब्दिक अर्थ पृथ्वी के ढाल से है। पृथ्वी के ढाल का तात्पर्य विभिन्न स्थानों एवं प्रदेशों की भिन्न-भिन्न अक्षांशीय स्थितियों से है। इस प्रकार पृथ्वी तल पर पाई जाने वाली जलवायु का अध्ययन करने वाली विज्ञान को जलवायु विज्ञान कहा जाता है। जलवायु विज्ञान का मौसम विज्ञान से घनिष्ठ सम्बन्ध है। जलवायु विज्ञान के अन्तर्गत वायुमण्डलीय प्रक्रमों के जनित परिणामों का विस्तृत अध्ययन किया जाता है।

आस्टिन मिलर के अनुसार - "जलवायु विज्ञान मौसम की सामान्य दशाओं का वर्णन करता है जो एक दीर्घकालिक (15 से 25 वर्ष का औसत) निरीक्षण के परिणाम होते हैं।"

क्रचफील्ड के अनुसार - "जलवायु विज्ञान वह विज्ञान है जो जलवायु की प्रकृति का वर्णन तथा उसकी व्याख्या करता है"।

हावरविट्ज एवं **आस्टिन** के अनुसार - "जलवायु विज्ञान पृथ्वी पर पाई जाने वाली जलवायु की दशाओं की विवेचना अथवा अध्ययन करता है।"

कैन्ट जालार के अनुसार - "धरातल के किसी विशेष प्रदेश अथवा विशेष स्थान पर किसी निश्चित अवधि में वायुमण्डल की सामान्य पराकाष्ठाओं को प्रकट करने वाले मौसम के तत्वों को संयुक्त रूप में अध्ययन करने वाले विज्ञान को जलवायु विज्ञान कहते हैं।"

जलवायु विज्ञान की उपरोक्त परिभाषाओं से स्पष्ट है कि पृथ्वी पर पाई जाने वाली वायुमण्डलीय दशाओं के प्रादेशिक विवरण का विश्लेषण किया जाता है। इस प्रकार जलवायु एक महत्वपूर्ण भौगोलिक कारक है जिसमें जलवायु विज्ञान वेत्ता का प्रमुख उद्देश्य विभिन्न प्रकार की जलवायुवीय दशाओं तथा उनके प्रकारों को स्थानीय रूप से निरुपित करता है। जलवायु के निर्माण में कुछ दिनों अथवा कुछ ही वर्षों के मौसम का योग नहीं होता बल्कि इसके अन्तर्गत अनेकों वर्षों (31 वर्षों) तक निरन्तर वर्षा होती रहे तो उस समय इस प्रदेश का मौसम आर्द्र कहलायेगा परन्तु इस प्रदेश की जलवायु फिर भी शुष्क ही कहलायेगी क्योंकि कुछ दिनों की वर्षा एक सामान्य घटना है जो जलवायु के अन्तर्गत सम्मिलित नहीं की जा सकती है। अत: जलवायु विज्ञान तथा औसत अथवा सामान्य मौसम विज्ञान है।

जलवायु विज्ञान का वर्गीकरण (Classification of climatology)

क्रचफील्ड के अनुसार जलवायु विज्ञान की प्रमुख तीन शाखायें हैं जो निम्नवत् हैं–

1. भौतिक जलवायु विज्ञान (Physical climatology)
2. व्याख्यात्मक अथवा प्रादेशिक जलवायु विज्ञान (Descriptive or Regional climatology)
3. व्यावहारिक जलवायु विज्ञान (Applied climatology)

(1) भौतिक जलवायु विज्ञान : जलवायु के भौतिक तत्वों का अध्ययन करने वाली विज्ञान को भौतिक जलवायु विज्ञान कहा जाता है। जलवायु के मुख्य कारक जैसे तापमान, आर्द्रता, वायुदाब, मेघ, वायुवेग तथा दिशा आदि के सभी तथ्यों का अध्ययन किया जाता है। इस सभी कारकों के आंकड़े मौसम सम्बन्धी उपकरणों द्वारा एकत्रित किये जाते हैं। इसे सांख्यिकी जलवायु विज्ञान (Statistical climatology) भी कहते हैं। इसका मुख्य उद्देश्य जलवायु की ऐतिहासिक विवेचना करना होता है। इसके अन्तर्गत जलवायु के विभिन्न तत्वों का अध्ययन कर उनकी विवेचना तथा विश्लेषण किया जाता है। भौतिक जलवायु विज्ञान में मौसम विज्ञान के विभिन्न कारकों का अध्ययन एवं विश्लेषण किया जाता है जो जलवायु का भौतिक आधार है।

(2) व्याख्यात्मक अथवा प्रादेशिक जलवायु विज्ञान : जलवायु विज्ञान की इस शाखा के अन्तर्गत जलवायु के विभिन्न कारकों जैसे तापमान एवं वर्षा को आधार मानकर विश्व का प्रादेशिक विभाजन करके अध्ययन किया जाता है। भिन्न-भिन्न प्रदेशों में वहाँ की जलवायु के तत्वों का वहाँ की कृषि अर्थव्यवस्था तथा प्राकृतिक वनस्पति पर क्या प्रभाव पड़ता है, यह जलवायु विज्ञान वेत्ताओं एवं फल संरक्षण विभाग के लिए अति महत्वपूर्ण है। इन सभी तत्वों का ज्ञान प्राप्त करने के लिए विभिन्न प्रकार की मौसम वेधशालाएं स्थापित की गई हैं। जलवायु प्रदेशों के आकार एवं विस्तार के दृष्टिकोण से विश्व को वृहद् जलवायु प्रदेशों (Macro-climate regions), मध्यम जलवायु प्रदेशों (Meso-climate regions) तथा सूक्ष्म जलवायु प्रदेशों (Micro-climatic Regions) में बांटा गया है। इस प्रकार वर्गीकृत किये गये प्रदेशों की जलवायु विशेषताओं का प्रादेशिक जलवायु विज्ञान द्वारा अध्ययन किया जाता है।

(3) व्यावहारिक जलवायु विज्ञान : इस शाखा के अन्तर्गत जलवायु विज्ञान की अन्य शाखाओं से पारस्परिक सम्बन्ध स्थापित किया जाता है। जीवन को और अधिक सार्थक बनाने के लिए जलवायु सम्बन्धी तत्वों का उपयोग किस प्रकार से किया जाए यह व्यावहारिक जलवायु विज्ञान का मूल उद्देश्य है। इसके अन्तर्गत जलवायु में होने वाले आंशिक परिवर्तनों तथा जलवायु के विभिन्न कारकों के संशोधन एवं परिभाजन से मानवीय उपयोगिता के लिए अनुकूलतम अवस्थाओं को स्थापित करने वाली समस्याओं तथा उसकी जटिलताओं पर विचार किया जाता है।

इस प्रकार की जलवायु की अनेक शाखाएं विकसित हो गई जैसे कृषि जलवायु विज्ञान (Agro climatology), पादप जलवायु विज्ञान (Plant climatology), चिकित्सा जलवायु विज्ञान (Medical climatology), नगरीय जलवायु विज्ञान (Urban climatology), वन जलवायु विज्ञान, औद्योगिक जलवायु विज्ञान, जैव जलवायु विज्ञान, वास्तुशिल्पकला जलवायु विज्ञान आदि अनेकों शाखाओं ने जलवायु के महत्व को और बढ़ा दिया तथा इसे

अधिकाधिक मानव उपयोगी बनाये जाने के प्रयास भी किये गये। इस प्रकार व्यावहारिक जलवायु विज्ञान मानव के विज्ञान के जीवन तथा उसके क्रियाकलापों को प्रत्यक्ष तथा अप्रत्यक्ष दोनों ही प्रकार से प्रभावित कर रहा है।

जलवायु को प्रभावित करने वाले कारक (Factors affecting climate)

पृथ्वी पर एक समान न तो जलवायु होती है और न ही एक समान जलवायु के तत्त्व होते हैं। जलवायु के विभिन्न कारकों के कारण एक स्थान से दूसरे स्थान की जलवायु में भिन्नता पाई जाती है। इसलिए जिन कारकों के कारण मौसम तथा जलवायु में प्रादेशिक एवं अल्प तथा दीर्घकालिक परिवर्तन होते हैं। उन्हें मौसम अथवा जलवायु के कारक अथवा नियंत्रक के नाम से जाना जाता है। जलवायु को प्रभावित करने वाले निम्न कारक हैं –

(1) अक्षांशीय एवं देशान्तरीय स्थिति (Position of altitude and longitude) : भूमध्य रेखा जोकि ग्लोब को दो बराबर भागों में विभाजित करती है पर सूर्य की किरणें सदैव सीधी पड़ती हैं जिसके फलस्वरूप उसके आसपास का स्थल अधिक उष्णता ग्रहण करता है जैसे-जैसे उत्तरी एवं दक्षिणी गोलार्द्धों में उच्च अक्षांशों की ओर बढ़ते हैं, सूर्य की किरणें तिरछी पड़ती जाती हैं। जिसके फलस्वरूप इन स्थानों में तापमान की कमी आ जाती है। इस प्रकार धरातल पर तापमान का निर्धारण अक्षांशों द्वारा होता है। अत: अक्षांश रेखाएं सूर्य के किरणों की दिशा का निर्धारण करके जलवायु पर सूर्य की उष्णता की तीव्रता में कमी आती रहती है। इस प्रकार कर्क एवं मकर रेखाओं के मध्य भाग में सबसे अधिक तापमान रहता है। अक्षांशों के अनुसार ही भिन्न-भिन्न स्थानों में दिन-रात छोटे तथा बड़े होते हैं और समयान्तर बढ़ता जाता है। सूर्याभिताप के कारण ही भूमध्यरेखीय क्षेत्रों में वार्षिक तापान्तर बहुत ही कम होता है तथा ज्यों-ज्यों भूमध्य रेखा से उत्तरी एवं दक्षिणी ध्रुवों के तरफ बढ़ते हैं तापान्तर बढ़ता जाता है।

देशान्तरीय स्थिति भी जलवायु को प्रभावित करती है। देशान्तरीय स्थिति के कारण ही पृथ्वी तल पर दिन एवं रात का तापमान निर्धारित होता है जिससे तापान्तर में भी कमी पाई जाती है। जैसे-जैसे देशान्तरीय स्थिति ध्रुवों की ओर बढ़ती जाती है, तापमान में कमी आती जाती है। सूर्य की उत्तरायण एवं दक्षिणायण स्थितियों का प्रभाव भी तापमान पर पड़ता है। जब सूर्य उत्तरायण में होता है तब उत्तरी गोलार्द्ध ऊष्मा ग्रहण करता है परन्तु जब सूर्य दक्षिणायन में होता तो दक्षिणी गोलार्द्ध में अत्यधिक तापमान ग्रहण होता है। इस प्रकार दिन-रात के होने से भी तापमान में कमी या वृद्धि होती रहती है।

(2) स्थल एवं जल का वितरण (Distribution of land and water) : स्थल खण्ड जल खण्ड की अपेक्षा शीघ्र गर्म तथा शीघ्र ठंडा हो जाता है। इसके विपरीत जल खण्ड देर से गर्म तथा देर से ठण्डा होता है अत: अपनी गुप्त ऊष्मा (Latent heat) को देर से (Release) निर्मुक्त करता है। इस प्रकार स्थल एवं जलखण्डों का प्रभाव किसी स्थान विशेष की जलवायु पर पड़ना स्वाभाविक है। जलीय प्रभाव के कारण समुद्र तटीय भागों में समुद्री जलवायु (Marine climate) एवं आन्तरिक महाद्वीपीय भागों में तापान्तर अधिक होने के कारण महाद्वीपीय जलवायु (Continental climate) मिलती है। धरातलीय संरचना का भी जलवायु पर विशेष प्रभाव पड़ता है। इसी कारण पर्वत, पठार एवं मैदानों की जलवायु में काफी अन्तर पाया जाता है। इसके अतिरिक्त मरुस्थलीय जलवायु अपनी अलग ही विशेषता रखती है। एशिया महाद्वीप में स्थल-खण्ड अधिक होने के कारण जहाँ की जलवायु महाद्वीपीय जलवायु से अच्छी है जबकि यूरोप में जल खण्ड अधिक होने के कारण महाद्वीपीय प्रभाव से अधिक युक्त है अत: इस महाद्वीप की जलवायु को समुद्री जलवायु के नाम से भी जाना जाता है।

(3) समुद्र तल की ऊँचाई (Altitude) : समुद्र तल से ऊँचाई तापमान एवं वर्षा को नियंत्रित करती है अर्थात् किसी प्रदेश में पर्वतों की उपस्थिति जलवायु की भिन्नता को प्रकट करती है। समुद्र तल से ऊँचाई बढ़ने के साथ-साथ वायु में भी हल्कापन आता जाता है। साधारणत: धरातल से ऊपरी वायुमण्डल के प्रति 1000 मीटर की ऊँचाई पर तापमान 1 डिग्री सेंटीग्रेड कम होता जाता है। इसलिए ऊँचाई वाले भाग शीत प्रधान जलवायु के होते हैं। पर्वतीय भागों में पवनों की गति में अवरोध उत्पन्न होता है या फिर उनकी दिशा में परिवर्तन हो जाता है। नमीयुक्त गर्म हवाएं हिमालय पर्वत

के सम्मुख ढाल से टकराकर दक्षिणी भागों में अत्यधिक वर्षा करती हैं परन्तु यह हवाएं जब हिमालय पर्वत को पार कर जाती हैं तो इनमें नमी बहुत कम रह जाती है जिसके कारण बहुत कम वर्षा होती है। एक निश्चित ऊँचाई तक वर्षा की मात्रा बढ़ती जाती है इसके पश्चात पुन: घटना प्रारम्भ कर देती हैं। 5000 मीटर से अधिक ऊँचाई वाले भागों में तापमान की कमी के कारण वर्षा बौछारों के रूप में न होकर हिम के रूप में परिवर्तित हो जाती है।

(4) पर्वतीय अवरोध (Mountain barrier) : पर्वतों की उपस्थिति का हवाओं की दिशा पर विशेष प्रभाव पड़ता है। हिमालय की उपस्थिति के कारण उत्तरी ध्रुव प्रदेश से आने वाली शीत हवाएं पर्वतीय अवरोध के कारण दक्षिणी ढाल को स्पर्श नहीं कर पाती जिससे इस ढाल के तापमान में उतनी कमी नहीं आ पाती जितना कि उत्तरी ढाल पर। इसी प्रकार सतपुड़ा की उच्च भूमि से नागपुर के पठारों तक का साधारण ढाल दक्षिण की ओर होने के कारण यह क्षेत्र सूर्य की किरणों द्वारा अधिक गर्म हो जाता है। परन्तु इसके विपरीत पश्चिमी घाट के खड़े ढाल जिनकी दिशा पश्चिम से समुद्र की ओर है, बहुत ही कम गर्म हो पाते हैं। वर्षा का मुख्य कारण वाष्पीय पवनों के मार्ग में पर्वतीय अवरोध की उपस्थिति का होना है। इस प्रकार पर्वतों का विभिन्न दिशाओं की ओर उपस्थिति अवरोध उत्पन्न कर जलवायु को प्रभावित करता है।

(5) वायुदाब (Air pressure) : सूर्य की स्थिति उत्तरायण में होने के कारण अत्यधिक गर्मी पड़ने के कारण उत्तरी गोलार्द्ध के स्थल खण्ड गर्म हो जाने के फलस्वरूप निम्न वायु दाब की उत्पत्ति होती है जबकि दक्षिणी गोलार्द्ध में सूर्य की किरणों के तिरछी पड़ने के कारण उच्च वायु दाब की उत्पत्ति होती है जिससे निम्न वायुदाब उच्च वायुभार को अपनी ओर आकर्षित करती है जिसके फलस्वरूप भारी वर्षा होती है क्योंकि उच्च वायु भार महासागरों से आने के कारण वाष्पयुक्त होती है। निम्न वायुभार एवं उच्च वायुभार की उत्पत्ति के कारण ही वायु सदैव उच्च वायुभार से निम्न वायुभार की ओर प्रवाहित होती है जिसे 'पवन' कहते हैं। वायुदाब चक्रवातों को उत्पन्न करने में भी सहायक होती हैं जो जलवायु को प्रत्यक्ष रूप से प्रभावित करती है।

(6) वायु राशियाँ (Air masses) : वायु राशियों में दिशा एवं वेग में भिन्नता के कारण जलवायु प्रभावित होती है। शीत प्रदेशों से आने वाली पवनें तापमान कम कर देती है जबकि उष्ण क्षेत्रों में आने वाली पवनें तापमान को बढ़ा देती है। महाद्वीपों के तटीय भागों में इन पवनों का विशेष प्रभाव पड़ता है। मानसून पवनों की एक निश्चित दिशा एवं क्रम होती है तथा जिन भागों से होकर यह गुजरती हैं वहाँ पर एक समान जलवायु होती है। भूमध्यसागरीय प्रदेशों में वायु राशियां एवं वायु पुंज फसलोत्पादन में सहायक होती है। इस प्रकार उष्ण जलवायु वाली वायु राशियां जलवायु को गर्म तथा शीत प्रधान वायु राशियां जलवायु को ठंडा करने में सहायक होती हैं।

(7) महासागरीय धारायें (Oceanic currents) : महासागरों तथा सागरों में चलने वाली गर्म तथा ठण्डी धारायें अपने ऊपर चलने वाली हवाओं के तापमान को प्रभावित करती हैं। गर्म धाराओं के ऊपर बहने वाली धारायें शीत एवं उष्ण होती है। इस प्रकार गर्म जल धारायें शीत प्रधान प्रदेशों में तथा ठण्डे जल की धारायें गर्म प्रदेशों में प्रवेश करती है तो वहाँ की जलवायु में व्यापक परिवर्तन हो जाता है।

(8) वायुमण्डलीय विक्षोभ (Atmospheric disturbances) : वायुमण्डल में होने वाली गतिविधियों जैसे आंधी, तूफान, ओलावृष्टि, वर्षा आदि वायु की दिशा एवं गति में परिवर्तन कर देती हैं जिसके कारण जलवायु प्रभावित होती है। महाद्वीपों के आन्तरिक भागों में ग्रीष्मकाल में तापमान में एकाएक वृद्धि हो जाने से दोपहर के उपरान्त एक विशेष प्रकार की गर्म एवं शुष्क हवाएं चलती हैं जिसे 'लू' के नाम से पुकारा जाता है, जो जलवायु को प्रभावित करती है। इस प्रकार की वायुमण्डली विक्षोभ समय-समय पर जलवायु परिवर्तन में सहायक होते हैं।

उपरोक्त जलवायु को प्रभावित करने वाले प्रमुख कारकों के अतिरिक्त कुछ गौण कारक भी जलवायु को प्रभावित करते हैं जो निम्न हैं –

1. समुद्र से दूरी (Distance from sea)
2. धरातलीय दशा (Relief condition)
3. मृदा किस्म (Soil condition)
4. प्राकृतिक वनस्पति (Natural vegetations)

जलवायु का कृषि पर प्रभाव (Effect of climate on agriculture)

मिट्टी एवं वनस्पति की उत्पत्ति जलवायु के द्वारा हुई है अत: भौतिक कारकों में जलवायु का सर्वाधिक महत्व है। प्रत्येक पौधा एक निश्चित जलवायु में ही वृद्धि एवं विकास करता है। इस प्रकार जलवायु भिन्नता तथा उनका विभिन्न उपजों पर प्रभाव पड़ना भी महत्वपूर्ण स्थान रखता है। कुछ जलवायु विज्ञान वेत्ताओं ने अनेक प्रदेशों के आधार पर विश्व की जलवायु को विभाजित किया है। बैनेट ने फसल जलवायु का मानचित्र तैयार किया है। विभिन्न विद्वानों ने कृषि उत्पादन पर जलवायु के प्रभाव तथा उनके सम्बन्धों को स्थापित किया है। भूमध्य रेखीय प्रदेशों में अत्यधिक वर्षा के कारण वनस्पति का आवरण छाया हुआ (सदाबहार) रहता है इसलिए कुछ छिटपुट क्षेत्रों में सीमित खाद्यान्न उत्पादन को छोड़कर आखेट एवं कंदमूल कृषि व्यवस्था के प्रमुख आधार हैं। ध्रुवीय तथा टुन्ड्रा के शीत प्रधान देशों में हिमावरण के कारण जीवों का आखेट किया जाता है परन्तु ग्रीष्म ऋतु में जब बर्फ पिघलती है तो वहाँ के निवासी मछलियों का शिकार करते हैं। शीतोष्ण कटिबन्धीय क्षेत्रों में कहीं-कहीं पर आर्द्रता अधिक होने के कारण अधिक मात्रा में गेहूँ उत्पादन किया जाता है। जहाँ वर्षा की मात्रा शीतोष्ण कटिबन्धीय क्षेत्रों में अधिक होती है परन्तु धरातल ऊँचा-नीचा तथा पठारी भाग अधिक होने के कारण अकाल पड़ने की सम्भावना अधिक रहती है। समशीतोष्ण एवं शीतोष्ण कटिबन्धीय क्षेत्रों में स्थित अधिकांश देश विकसित है जबकि उष्ण कटिबन्धीय प्रदेशों में संसाधनों की बहुलता होते हुए भी विषम जलवायु के कारण अधिकांश देश अविकसित हैं। इस प्रकार कृषि प्रारूप में भिन्नता भी जलवायु परिस्थितियों की विषमता के कारण होती है।

भारतवर्ष में वर्ष पर्यन्त कृषि योग्य भूभाग का तापमान इतना कम नहीं हो पाता कि कृषि कार्य सम्पन्न न हो सके। ग्रीष्मकालीन (मई-जून) समय में तापमान अत्यधिक होने के कारण कृषि कार्य सम्पन्न नहीं हो पाते। परन्तु जल की उपलब्धता के कारण सिंचाई करके इन महीनों में भी कृषि उत्पादन प्राप्त किया जा सकता है। मानसूनी जलवायु का प्रभाव कृषि कार्यों को प्रभावित करता है। गंगा-जमुना के मैदानों में वर्षा न होने पर देश का अधिकांश भाग मरुस्थल में बदल जाता है। इस प्रकार जलवायु की विषमता विभिन्न फसलों की विविध उत्पादन के लिए अनुकूल वातावरण उपलब्ध कराती है। पंजाब एवं उत्तर प्रदेश की जलवायु गेहूँ उत्पादन के लिए उपयुक्त है, पश्चिम बंगाल में धान एवं जूट, मध्यप्रदेश तथा महाराष्ट्र में कपास, दक्षिण भारत में गन्ना उत्पादन के लिए उपयुक्त जलवायु है। ग्रीष्मकालीन मौसम में तापमान की अधिकता के कारण फसलों की शीघ्र वृद्धि होकर पक जाती है। अत: फसलें गुणात्मक (Qualitative) न होकर मात्रात्मक (Quantative) होती हैं। देश के 100 सेमी से अधिक वर्षा वाले क्षेत्र में धान, गन्ना, जूट आदि की फसलें उगाना उपयुक्त हैं जबकि 50-100 सेमी वर्षा वाले क्षेत्र में गेहूँ, मक्का आदि फसलें उगाई जाती हैं। 25-50 सेमी वर्षा वाले क्षेत्र मोटे अनाजों की खेती के लिए उपयुक्त हैं। जबकि 25 सेमी से कम वर्षा वाले क्षेत्र कृषि के लिए अनुपयुक्त होते हैं। यहाँ पर केवल छोटी-छोटी कंटीली झाड़ियां ही उग सकती हैं। वर्षा ऋतु (जून, जुलाई तथा अगस्त माह) में अधिक वर्षा के कारण शीघ्र बढ़ने वाली फसलें जैसे मक्का, ज्वार, बाजरा आदि फसलें उगाई जाती हैं। वर्षा की अनिश्चितता का प्रभाव भारतीय कृषि पर अत्यधिक पड़ता है इसलिए भारतीय कृषि ''मानसून का जुआ'' कहलाती है।

सूखा एवं अकाल की स्थिति एक आम बात है। भारतीय मानसून के बारे में एक सर्वधारणा है कि प्रत्येक तीन साल में एक बार सूखा, पांच साल में दो बार सूखा तथा 12 साल में एक बार अकाल पड़ता है। इसके अतिरिक्त वर्षा की अधिकता के कारण बाढ़ आने से भी फसल नष्ट हो जाती है। जिसके फलस्वरूप कृषि उत्पादन में बहुत अधिक क्षति हो जाती हैं। कभी-कभी मानसून का देरी से आना तथा मानसून समय से पूर्व आने से खरीफ की फसलों की बुआई समय से नहीं हो पाने के कारण कृषकों का सिंचाई के साधनों का सहारा लेकर वर्षा की कमी को पूरा करके फसलोत्पादन सम्भव हो जाता है। मानसून का बीच में सूखा पड़ना भी एक स्वाभाविक है जिसके कारण फसलों के उत्पादन पर प्रतिकूल प्रभाव पड़ता है। फसल के उगाने के समय अत्यधिक वर्षा एवं सूखे की स्थिति फसल उत्पादन को बहुत अधिक प्रभावित करती है। मानसून जल्दी समाप्त हो जाने पर जहाँ पर खरीफ की फसलों को पकते समय पर्याप्त मात्रा में नमी उपलब्ध नहीं हो

पाने से फसलों में दाना सही ढंग से विकसित नहीं हो पाता साथ ही साथ रबी फसलों की बुआई के लिए मृदा में पर्याप्त मात्रा में नमी संचित न रह पाने से रबी की फसलें प्रभावित हो जाती हैं। अत: मानसूनी वर्षा की अनिश्चितता के कारण सूखे एवं अकाल की स्थिति बन जाती है। इस प्रकार हम कह सकते हैं कि जलवायु का वितरण तथा विनिमय प्रत्यक्ष एवं अप्रत्यक्ष दोनों ही रूप में कृषि उत्पादन को प्रभावित करता है।

जलवायु का कृषि पर प्रभाव निम्न प्रकार से पड़ता है –

1. ग्रीष्मकाल में तापमान में अचानक वृद्धि होने से फसलें शीघ्रता से पक जाती हैं। जिसके कारण उत्पादन खराब गुणवत्ता का तथा कम होता है। इसलिए भारत गुणवत्ता उत्पादक न मानकर परिमाणात्मक उत्पादन की श्रेणी में आता है। शीतकालीन तथा ग्रीष्मकालीन दोनों ही फसलों के पकने का समय ग्रीष्मकाल ही होता है।
2. देश में वर्षा कुछ ही माह होती है जिससे वर्ष का अधिकांश भाग शुष्क रहता है इसलिए भारत में चारागाह नहीं पाये जाते हैं जिससे वर्ष भर चारे की कमी रहती है। इसके अतिरिक्त कुछ क्षेत्रों में चारे का उत्पादन होता भी है परन्तु बहुत घटिया किस्म का।
3. भारत में शीत ऋतु में कुछ क्षेत्रों को छोड़कर तापमान बहुत अधिक नहीं गिरता बल्कि प्रत्येक भाग में काफी उष्णता रहती है, इसलिए कृषि के लिए पर्याप्त समय मिल जाता है। पाला तथा कोहरा भी कई भागों को अधिक प्रभावित नहीं कर पाता है। इसी कारण शीत ऋतु में शीतोष्ण कटिबन्धीय फसलें जबकि ग्रीष्म ऋतु में उष्ण कटिबन्धीय फसलें उगाई जाती हैं।
4. जिस वर्ष वर्षा कम होती है वहाँ पर सूखा पड़ जाता है। इसके विपरीत वर्षा की अधिकता से नदियों में बाढ़ आ जाती है जिससे वृहद स्तर पर फसलें नष्ट हो जाती हैं।
5. देश के अधिकांश भागों में वर्षा जून, जुलाई तथा अगस्त माह में होती है जिससे ज्वार, बाजरा, मक्का, दलहनी तथा तिलहनी फसलें उगाई जाती हैं जिनकी वृद्धि शीघ्रता से होती है तथा फसल जल्दी पककर तैयार हो जाती है। इस समय उष्ण एवं नम जलवायु के कारण पौधों की वृद्धि शीघ्रता से होने के कारण पशुओं के लिए चारा कम समय में तथा उत्तम किस्म का प्राप्त हो जाता है।
6. देश में वर्षा केवल वर्षा ऋतु में ही सीमित होती है तथा वह भी अनिश्चित है। इसीलिए शीतकाल में फसलों के फसल उत्पादन के लिए सिंचाई की आवश्यकता होती है। इस प्रकार कृषि सिंचाई तथा उसके विभिन्न साधनों पर निर्भर रहती है।
7. अत्यधिक वर्षा वाले प्रदेशों में बाढ़ें आ जाती हैं जिसका प्रभाव कृषि फसलों एवं पशुओं पर पड़ता है। शीतकालीन चक्रवातीय वर्षा के कारण खड़ी फसलें नष्ट हो जाती हैं। जिसके कारण पशुओं तथा फसलों को भारी हानि उठानी पड़ती है।
8. मानसूनी प्रभाव के कारण विभिन्न प्रकार की फसलें उगाई जाती हैं। यदि पूरे देश में वर्षा का वितरण तथा तापमान समान हो तो देश में कुछ फसलें ही उगाई जा सकती हैं।

प्रतिकूल मौसम एवं बचाव (Abnormal weather and their mitigation)

मौसमी स्थितियां सदैव स्थिर तथा एक समान नहीं रहती हैं। इनमें अचानक परिवर्तन होने से कृषि एवं फसलों पर प्रतिकूल प्रभाव पड़ता है। जिसे असामान्य या प्रतिकूल मौसम (।इदवतउस ूमंजीमत) कहते हैं। अत्यधिक वर्षा या बाढ़, सूखा, असामयिक वर्षा, चक्रवातीय तूफान, ओला वृष्टि, शीत लहर, धूल के तूफान, तीव्र वायुवेग, कम या अधिक सूर्याभिताप, उष्ण वायु, लू चलना, बिजली की गड़गड़ाहट आदि असामान्य मौसम की स्थितियां पैदा होती हैं।

(1) अत्यधिक वर्षा तथा बाढ़ (Excessive rain and floods) : अत्यधिक एवं तीव्र वेग से वर्षा होने पर पानी की भूमि के अन्दर प्रवेश की गति धीमी हो जाती है जिसके फलस्वरूप पानी भूमि की ऊपरी सतह पर बहने लगता है जिसे अपवाह (Runoff) कहते हैं। इस अपवाह के कारण नदियों के जलस्तर में वृद्धि होना प्रारम्भ हो जाती है। लगभग वर्षा होने के कारण नदियों के प्रवाह मार्ग में अधिक जल समा नहीं पाता जिससे जल का बाहर की ओर फैलना आरम्भ हो जाता है तथा बाढ़ आ जाती है। बाढ़ आने का प्रमुख कारण वनों की अंधाधुन्ध कटाई तथा नदियों पर बाँधों का निर्माण है। बाढ़ के कारण ऊपर फैलकर बहने वाला पानी भयंकर रूप धारण करके आसपास के खेतों, सड़कों, रेल लाइनों एवं बस्तियों में फैल जाता है। बाढ़ से खड़ी फसलें डूब जाती हैं, सड़कें, बाँध, पुल एवं रेल लाइनें टूट जाती हैं। भयंकर बाढ़ से मनुष्यों एवं पशुओं का जीवन संकटमय हो जाता है तथा अनेक प्रकार की बीमारियों का भी प्रकोप हो जाता है। बाढ़ के लिए बहुउद्देशीय बाँधों का निर्माण, बाढ़ क्षेत्र प्रबन्धन एवं वृक्षारोपण करके इस पर नियंत्रण पाया जा सकता है। इसके अतिरिक्त खेतों से पानी के निकास का समुचित प्रबन्ध करना चाहिए, खेत से पानी निकालने के लिए समुचित जलनिकास की नालियों की व्यवस्था होनी चाहिए, फसल चक्र (Crop rotation) में ऐसी फसलों को उगाना चाहिए जो अधिक नमी को सहन कर सके तथा खेतों में जल्दी भूमि की जुताई योग्य दशा में लाने के लिए उन्हें उथला जोत कर खुला छोड़ देना चाहिए।

(2) अनावृष्टि एवं सूखा (Scanty rain and drought) : न्यूनतम वर्षा वाले क्षेत्रों में सूखा अथवा जलाभाव की स्थिति है जिसके कारण पर्याप्त नमी के अभाव में फसलें सूख जाती हैं अथवा फसलों की वृद्धि रुक जाती है। दक्षिणी पठारी प्रदेशों में वर्षा की कमी तथा अनियमितता प्राय: पाई जाती है। सूखे की स्थिति प्राय: देर से मानसून प्रारम्भ होने, कम वर्षा होने, वर्षा ऋतु के बीच अधिक अन्तराल तक वर्षा न होने तथा मानसून के जल्दी समाप्त हो जाने के कारण उत्पन्न होती है। फसलों पर सूखे के प्रभाव को निम्न विधियों द्वारा कम किया जा सकता है –

1. मृदा में जीवांश खादों/हरी खादों/कार्बनिक खादों के प्रयोग से मृदा की भौतिक तथा रासायनिक दशा में सुधार होने से मृदा की जल धारण क्षमता में वृद्धि हो जाती है।
2. खेतों को समतल, मेड़ बन्धी करना आदि जल संरक्षण की विधियों को अपना कर जल के अपवाह को कम करना जिससे वर्षा का जल मृदा में अधिक से अधिक सोख सके।
3. सूखा सहन करने वाली फसलो एवं उनकी प्रजातियों को उगाना।
4. मृदा की दशा के अनुरूप भूमि के वैकल्पिक उपयोग जैसे घासवाड़ी तथा कृषि वानिकी पद्धतियों का प्रयोग करना।
5. मृदा के ढाल के विपरीत कृष्य क्रियाएं तथा फसलों की बुआई करने से फसलों को मृदा जल काफी समय तक मिलता रहता है।
6. मिश्रित/अन्त: फसल पद्धतियों को अपनाना।
7. पलवार, वायुरोधी पट्टियाँ तथा वाष्पीकरण तथा उत्स्वेदन कम करने वाले रसायनों का प्रयोग करके वाष्पीकरण तथा उत्स्वेदन को कम करना।
8. फसल में सूखा की स्थिति उत्पन्न होने की दशा में पौध घनत्व कम कर देना चाहिए।
9. सूखा सहिष्णु फसलों तथा उनकी प्रजातियों को उगाना चाहिए।

(3) चक्रवातीय तूफान एवं कम दबाव (Cyclonic storm and Depression) : मौसम विज्ञान विभाग चक्रवातीय तूफान तथा कम दबाव की सूचना अथवा अन्य किसी प्रकार के भारी तूफान आने से पूर्व सूचना टेलीविज़न, रेडियो तथा अखबारों की सहायता से देता रहता है। जिससे राष्ट्रीय स्तर पर इन आपदाओं से पशुओं तथा फसलों की सुरक्षा के लिए समय मिल जाता है। इस प्रकार इन तूफानों से नुकसान कम हो सकता है तथा कृषि फसलें, पशुओं, मनुष्यों

तथा अन्य प्रकार की आर्थिक नुकसान से इनकी सुरक्षा की जा सकती है। इस प्रकार की पूर्व सूचनाओं के आधार पर उत्तर भारत में विशेषकर खरीफ फसलों की कटाई तथा रबी फसलों की बुआई के एक साथ होने के कारण कृषक इनके आधार पर फसलों की बुआई आदि में विलम्ब कर देते हैं तथा अन्य फसलों का चुनाव करके हानि से बच जाते हैं। इसके अतिरिक्त रबी फसलों की बुआई को रोककर पकी हुई खरीफ की फसलों की कटाई पहले समाप्त कर लेने से इससे होने वाली हानि से बचा जा सकता है।

(4) गर्म वायु (Hot waves) : गर्म वायु की लहरें जलवायु पर और अधिक प्रभाव डालकर अधिक उष्णता प्रदान करती है। दक्षिण भारत तथा राजस्थान के मरुस्थलों में इस प्रकार की हवा चलने से फसलों तथा जन जीवन को बहुत अधिक प्रभावित करती हैं तथा यह मानसून के प्रारम्भ होते–होते समाप्त हो जाती हैं। इस प्रकार की गर्म हवा सामान्यत: अप्रैल, मई तथा जून माह में चलती हैं जिससे फूलों के परागकण सूख जाते हैं फलत: निषेचन नहीं होने पाता तथा फूलों एवं फलों का झड़ना शुरु होने से फसल की उपज में भारी कमी हो जाती है। गर्म हवा से फसलों को निम्न प्रकार से बचाया जा सकता है –

1. खेत के चारों तरफ गर्म वायु को रोकने के लिए वायुरोधी पेड़ों अथवा झाड़ियों की पट्टियां बना देना चाहिए जिससे वायु की गति में कमी आ जाती है।
2. ऐसी फसलें बोई जानी चाहिए जो भूमि की सतह पर अधिक से अधिक वानस्पतिक आच्छादन कर सके जैसे उर्द, मूँग, लोबिया आदि। ताप लहर से बचाव के लिए विशेषरूप से सब्जियों तथा अन्य शाकाहारी पौधों के ऊपर लकड़ी, प्लास्टिक अथवा फाइबर की पट्टियों से छाया कर देना चाहिए।
3. यदि सिंचाई के समुचित साधन उपलब्ध हो तो जल्दी–जल्दी तथा कम मात्रा में सिंचाई करनी चाहिए।
4. ऐसे मौसम में फसलें जैसे कद्दू, लौकी, खरबूजा, तरबूज, मूँग आदि बोयें जो गर्म हवाओं को सहन कर सकें।
5. मृदा में नमी संरक्षित रखने के लिए पलवार का प्रयोग करना चाहिए जिससे मृदा ताप कम होने से वाष्पीकरण की क्रिया कम होती है।

(5) तीव्र वायु (High winds) : तीव्र वायु से न केवल फसलें ही गिरती हैं बल्कि फसलों के फल एवं फूल झड़ जाते हैं तथा इसके अतिरिक्त वाष्पोत्सर्जन प्रक्रिया अधिक होने से फसलों में अनेक प्रकार की दैहिक क्षति पहुँचाने से उपज में काफी हानि हो जाती है। तीव्र गति से गर्म वायु चलने से पौधे सूख जाते हैं, मृदा नमी का वाष्पीकरण तीव्र गति से होता है तथा वायु अपरदन भी अधिक होता है। तीव्र वायुवेग के कारण पेड़ों की टहनियाँ तथा सम्पूर्ण पेड़ गिर जाता हैं जिसके कारण इमारती लकड़ी की गुणवत्ता खराब हो जाती है। गेहूँ की फसल पकने के समय हवा की गति तीव्र हो जाने से गेहूँ का दाना छोटा हो जाता है जिससे फसल की उपज तथा गुणवत्ता दोनों पर बुरा प्रभाव पड़ता है। तीव्र हवा से फसलों को बचाने के लिए निम्न उपाय अपनाने चाहिए –

1. तीव्र हवा के झोकों से फसलों को बचाने के लिए खेत के चारों तरफ वायु अवरोधी पौधों की पट्टियां लगा देने से वायु द्वारा मृदा अपरदन कम होगा तथा पौधों में वाष्पीकरण की क्रिया भी कम होगी।
2. यूकेलिप्टस वृक्ष को फार्म के किनारे चारों तरफ मेड़ों पर लगाये जाने से फसलों को तीव्र वायु से सुरक्षा भी प्रदान होगी साथ ही ईंधन के लिए लकड़ी भी प्राप्त होगी।
3. फार्म के पश्चिम दिशा में बाग या वृक्षों की कतारें विकसित करने से तीव्र वायु प्रवाह को काफी हद तक कम किया जा सकता है।
4. इस प्रकार की रक्षक पट्टियों के अतिरिक्त वायु पट्टियों में फसल उगाकर (Wind Strip Cropping) तथा वीथी सस्योत्पादन (Alley Cropping) भी अधिक उपयोगी पाई गई है।

(6) तड़ित झंझावात, धूल के तूफान तथा ओले (Thunder Storm, Dust Storm and Hail Storm) : यद्यपि इस प्रकार की मौसमी घटनायें स्थानीय रूप से ही होती है। जो प्राय: मानसून के प्रारम्भ होने से पूर्व अथवा वापस होने के पश्चात् घटित होती हैं। अत: मौसम की यह घटनायें मानसून के सक्रिय काल में नहीं घटित होती हैं तथा इसका प्रभाव भी बहुत थोड़े समय के लिए ही होता है। परन्तु जब इनका सम्बन्ध चक्रवातों से होता है तब यह बहुत थोड़े समय के लिए इनका प्रभाव काफी विस्तृत एवं घातक हो जाता है। वायुमण्डल में जब आर्द्रता कम होती है तब धूल के तूफान आते हैं परन्तु जब वायुमण्डल में आर्द्रता अधिक होती है तब यही तूफान ओले तथा गर्जन का रूप धारण कर लेते हैं। इन तूफानों के साथ आने वाले ओलों का व्यास 7.5 सेमी तथा वजन 500 ग्राम तक होता है। शीत ऋतु में ओलों के तूफान कम आते हैं परन्तु ग्रीष्म ऋतु में इनकी संख्या में वृद्धि हो जाती है। इन मौसमी घटनाओं के कम समय में ही काफी अधिक नुकसान हो जाता है क्योंकि इन तूफानों की गति 120-160 किलोमीटर प्रति घंटा तक होती है। उदाहरण के लिए दिसम्बर, 2004 में भारत तथा पड़ोसी देशों में आये समुद्री तूफान (सुनामी) ने मनुष्य, पशु, पक्षी, फसलों को बहुत भारी क्षति पहुँचाई इस तूफान की गति भी 100-120 किलोमीटर प्रति घंटा थी। इसी प्रकार अगस्त 2005 में अमेरिका में केटरीना के प्रभाव से भयंकर क्षति हुई। परन्तु दक्षिणी भारत में मानसून के आरम्भ तथा बाद में आने पर वर्षा होने के कारण फसलों को फायदा होता है। इस वर्षा के साथ यदि ओले पड़ते हैं तो फसलों एवं पशुओं को काफी हानि हो जाती है। पश्चिम बंगाल तथा मध्य प्रदेश के निचले भागों में इस प्रकार के तूफान सामान्यत: आते रहते हैं।

इस प्रकार से मौसम की जानकारी न होने पर बचाव कार्य बहुत ही कठिन होता है। परन्तु इनकी जानकारी होने से पकी फसलों को काटकर सुरक्षित स्थान पर रखने से हानि को कम किया जा सकता है। बागों एवं उद्यानों के चारों तरफ वायुरोधक वृक्षों की पट्टियां लगाकर इसके प्रभाव को कम किया जा सकता हे।

(7) शीतलहर एवं कुहरा (Cold Wave and Fog) : उत्तर भारत में अधिकांश राज्यों में शीतकालीन मौसम में शीतलहर एवं कोहरे का प्रकोप रहता है। इस अवधि में तापमान शून्य डिग्री सेन्टीग्रेड से नीचे पहुँच जाने के कारण खड़ी फसलों को भारी क्षति हो जाती है। उष्ण एवं शीतोष्ण प्रदेशों में कुछ फसलें एवं पौधे शून्य डिग्री तापमान के कम होने पर मरने लगते हैं। शीत ऋतु में पछुआ हवाओं के साथ शीत लहरें भी आती हैं जो गंगा सतलुज के मैदान एवं मध्यवर्ती भागों से होती हुई उत्तर-पूर्वी सीमान्त क्षेत्र की ओर बढ़ जाती है। इनके प्रभाव से बादल छाये रहते हैं तथा वायु का प्रभाव दक्षिण की ओर हो जाने से तापमान में एकाएक कमी हो जाती है। जिसके फलस्वरूप वर्षा प्रारम्भ हो जाती है तथा वायुमण्डल में अधिक आर्द्रता होने के कारण कोहरा पड़ना प्रारम्भ हो जाता है। इसके पश्चात् तापमान में पुन: गिरावट होने से शीत प्रधान हवाएं उत्तर अथवा उत्तर-पश्चिम से पूर्व दिशा की तरफ प्रवाहित होने लगती हैं। जिसका प्रभाव बहुत बड़े क्षेत्र पर पड़ता है। इसके प्रभाव से शीत ऋतु में पाला तथा कोहरा पड़ने लगता है। शीत लहर तथा कोहरे का प्रभाव गेहूँ एवं गन्ने की फसल पर विशेष रूप से पड़ता है जबकि पर्वतीय प्रदेशों में तापमान की कमी के कारण बर्फ और अधिक कठोर हो जाती है। इसका प्रभाव फलदार वृक्षों जैसे सेव, नाशपाती आदि पर पड़ने के कारण उनकी उत्पादकता तथा गुणों पर विपरीत प्रभाव पड़ता है। इसलिए इन फलों को निचली घाटियों में उगाया जाता है। शीत लहर एवं पाले के प्रभाव को कम करने के लिए निम्न उपाय अपनाने चाहिए –

1. पाले तथा शीतलहर का बचाव करने के लिए फसलों में सिंचाई करना लाभदायक होता है।
2. पौधों को पुआल, कागज, कपड़े एवं पॉलीथीन से शाम के समय ढक देना चाहिए तथा प्रात:काल के समय हटा देना चाहिए।
3. खेतों में फसलों के चारों तरफ पुआल, घास, कागज एवं अन्य पदार्थों को जला देने से धुएं द्वारा तापमान बढ़ जाने से फसलों पर पाले का प्रभाव कम होता है।
4. खेत में पानी भरकर ऊष्मा क्षमता एवं संचालकता में वृद्धि करके पाले के प्रभाव को कम किया जा सकता है।
5. तीव्र गति से चलने वाले पंखों द्वारा फसलों के आसपास की ठंडी हवाओं को ऊपर उठाते रहना चाहिए।

6. पाले के प्रभाव को कम करने के लिए फसलों में गर्म वायु का संचार किया जाता है।
7. हीटर आदि जलाकर विकिरण द्वारा नष्ट ऊर्जा को वापस लाने का प्रयास किया जाना चाहिए।
8. पलवार के प्रयोग से मृदा में नमी सुरक्षित रहती है तथा मृदा ताप भी नियंत्रित रहता है। इस प्रकार पलवार पाले द्वारा होने वाली फसल की हानि को कम करती है। इस प्रकार पलवार के रूप में पुआल, घास, फसल अवशेष अथवा पॉलीथीन पलवार का प्रयोग करना चाहिए।

8. असामयिक वर्षा (Untimely rains) : सफल फसलोत्पादन के लिए सामयिक तथा नियमित वर्षा का होना अत्यन्त आवश्यक है। यदि असामयिक वर्षा होती है तो फसलोत्पादन पर विपरीत प्रभाव पड़ता है क्योंकि इससे फसलों की बुआई में विलम्ब होता है अथवा पकी हुई फसलों में काफी हानि हो जाती है। मानसून के समय से पूर्व समाप्त हो जाने से जहाँ पर खरीफ की फसलों में बालियाँ लगती हैं ऐसी स्थिति में मृदा में नमी की कमी हो जाने से बालियों में दाना सही रूप से नहीं पड़ने के कारण उपज में काफी हानि हो जाती है। रबी की फसलों की बुआई के लिए नमी की कमी होने के कारण फसलों की बुआई तथा बीजों का जमाव भी प्रभावित होता है। असामयिक वर्षा में रबी की फसलों के लिए पर्याप्त मात्रा में नमी संचित हो जाती है।

असामयिक वर्षा से निम्न विधियों द्वारा फसलों की सुरक्षा की जा सकती है –

1. मानसून के प्रारम्भ होने से पूर्व खेत को भली-भांति तैयार कर लेना चाहिए जिससे मानसून के प्रारम्भ होते ही समय से फसलों की बुआई की जा सके।
2. कम वर्षा वाले क्षेत्रों में एकल फसल पद्धति (Mono cropping) के स्थान पर मिलवाँ/ अन्त: फसल पद्धति (Mixed intercropping) को अपनाने से कम से कम एक फसल के नष्ट होने पर दूसरी फसल से उपज प्राप्त हो जाती है।
3. जिन क्षेत्रों में असामान्य मौसम की स्थिति आती रहती है वहाँ पर वैकल्पिक फसल पद्धति को अपनाना चाहिए।
4. मौसम की स्थिति के अनुरूप फसलें तथा फसल पद्धतियाँ अपनानी चाहिए।
5. यदि बुआई के तुरन्त पश्चात वर्षा हो जाती है सम्भव हो तो पुन: फसल बुआई कर देनी चाहिए अथवा उसी में कृष्य क्रियाएं आदि करके बीजों के जमाव को सुनिश्चित कर लेते हैं।
6. फसल पकने के समय वर्षा होने पर खेत का पानी तुरन्त निकाल देना चाहिए।
7. खेत में फसल काटकर उसे खलिहान में इस प्रकार रखना चाहिए कि बालियाँ ऊपर की तरफ उठी रहे जिससे वे जल्दी सूख जाये।

वायुमण्डल (Atmosphere)

वायुमण्डल में पृथ्वी के चारों तरफ से ढकने वाली गैसें जो रंगहीन, गन्धहीन तथा स्वादहीन होती हैं जिनकी अनुभूति नहीं की जा सकती, की एक घनी परत होती है। गैसों की यह परत पृथ्वी से लगभग 1600 किलोमीटर की ऊँचाई तक पाई जाती हैं। परन्तु वायुमण्डल का 90 प्रतिशत भाग पृथ्वी से केवल 40 किमी की ऊँचाई तक पाया जाता है तथा वायुमण्डल पृथ्वी पर समान रूप से वितरित रहता है। पृथ्वी पर जीवों का अस्तित्व वायुमण्डल से ही है। वायुमण्डल के अभाव में वायु प्रवाह, आर्द्रता, तापमान, वर्षा, बादल, जल प्रवाह, ओला, पाला, तूफान आदि सभी नष्ट हो जायेंगे। वायुमण्डल में स्थित इन गैसों की कुल मात्रा 56×10^{14} टन आंकी गई है। वायुमण्डल में उपस्थित दो गैसें जैसे ओजोन तथा कार्बन डाई ऑक्साइड ही मौसम निर्धारण तथा नियमन में प्रमुख भूमिका निभाती हैं।

''पृथ्वी के चारों तरफ के घेरे हुए अदृश्य गैसों की परत को वायुमण्डल कहते हैं।'' समताप मण्डल की यह परत पृथ्वी के लिए सुरक्षा कवच का कार्य करती है। सूर्य से आने वाली प्रकाश में उपस्थित पराबैंगनी किरणों को वायुमण्डल

का यह भाग अवशोषित कर लेता है जिसके कारण यह किरणें पृथ्वी पर नहीं आने पाती हैं। यदि यह किरणें पृथ्वी पर पहुँच जाये तो मानव जीवन खतरे में पड़ जायेगा। वर्तमान समय में मानवीय गतिविधियों के बढ़ने के कारण वायुमण्डल में उपस्थित समताप मण्डल पर विपरीत प्रभाव पड़ रहा है। जिससे वहाँ पर उपस्थिति ओजोन गैस की मात्रा में कमी हो रही है। साथ ही साथ प्रदूषण भी बढ़ रहा है। मौसम से हुए अचानक परिवर्तन मानवीय क्रियाकलापों की देन ही दिखलाई पड़ती है। इस प्रकार वायुमण्डल को सन्तुलित बनाये रखने के लिए प्रदूषण को कम करना तथा वृक्षारोपण करना एक महत्वपूर्ण कदम हो सकता है अन्यथा ऐसा न हो कि मौसम परिवर्तन के कारण खाद्यान्नों का उत्पादन घट जाये और मानवीय जीवन अस्त–व्यस्त हो जाये।

वायुमण्डल का संघटन (Composition of Atmosphere)

वायुमण्डल में विभिन्न प्रकार की गैसे मिश्रित अवस्था में होती है। इन मिश्रित गैसों में आयतन के आधार पर सबसे अधिक लगभग 78 प्रतिशत नत्रजन होती है। इसके पश्चात लगभग 21 प्रतिशत ऑक्सीजन, 0.9 प्रतिशत आर्गन, 0.03 प्रतिशत कार्बन डाई आक्साइड गैसों की मात्रा पाई जाती है। इसके अतिरिक्त कुछ अन्य गैसें जैसे हाइड्रोजन, क्रिप्टान, नियॉन तथा हीलियम भी सूक्ष्म मात्रा में उपस्थित रहती हैं। वायुमण्डल में पाई जाने वाली प्रमुख गैसों की मात्रा की सारणी 2.1 दर्शायी गई है।

सारणी 2.1 : वायुमण्डल में पाई जाने वाली प्रमुख गैसों की मात्रा

गैसें	आयतन में	भार में
1. नत्रजन	78.088	75.527
2. ऑक्सीजन	20.949	23.134
3. आर्गन	0.93	1.282
4. कार्बन डाई ऑक्साइड	0.03	0.0456
5. हाइड्रोजन	0.01	–
6. नियान	0.0018	–
7. अन्य	सूक्ष्म मात्रा में	सूक्ष्म मात्रा में

वायुमण्डल में कार्बन डाई आक्साइड कम मात्रा में पाई जाती है परन्तु यह पृथ्वी पर उपस्थिति जीवधारियों तथा वनस्पतियों के अस्तित्व के लिए बहुत ही महत्वपूर्ण है। वर्तमान समय में कोयले तथा पेट्रोल आदि के बढ़ते हुए प्रयोग से वायुमण्डल में कार्बन डाई ऑक्साइड की मात्रा बढ़ रही है जिसके कारण पृथ्वी का तापमान बढ़ रहा है। कार्बन डाई ऑक्साइड सूर्य की किरणों को पृथ्वी से टकराकर वापस लौटने में रुकावट डालती हैं। यदि पृथ्वी का तापमान 1 से 3 डिग्री सेंटीग्रेड बढ़ जाता है तो ध्रुवीय प्रदेश तथा अन्टार्कटिक महाद्वीप की बर्फ पिघल जायेगी जिससे समुद्र तल में पानी के स्तर में काफी वृद्धि होने से पृथ्वी का एक बहुत बड़ा भू भाग जलमग्न हो जायेगा। इसके अतिरिक्त कार्बन डाई ऑक्साइड की वृद्धि से वर्षा का समय तथा मात्रा भी अनियमित हो जायेगी। इस प्रकार पृथ्वी तल से वायुमण्डल में कार्बन डाई ऑक्साइड 20 किलोमीटर, नत्रजन तथा ऑक्सीजन 100 किलोमीटर, हाइड्रोजन 125 किमी तथा अन्य हल्की गैसें हीलियम, नियॉन, जीनोन, ओजोन आदि 125 किलोमीटर से भी अधिक की ऊँचाई पर पाई जाती हैं।

वायुमण्डल का वर्गीकरण (Classification of atmosphere)

वायुमण्डल को रासायनिक गैसों की उपस्थिति तथा तापमान के आधार पर मुख्यत: दो प्रकार से वर्गीकृत किया गया है –

(अ) वायुमण्डल का रासायनिक वर्गीकरण (Chemical classification of atmosphere) : वायुमण्डल में उपस्थिति गैसों के आधार पर निम्न दो प्रकार से वर्गीकृत किया गया है –

(1) सममण्डल (Homosphere) : वायुमण्डल में विद्यमान गैसों के एक समान मात्रा में उपलब्ध होने के कारण इसे सममण्डल कहा जाता है जो समुद्र तल से 90 किलोमीटर की ऊँचाई तक स्थित है। सममण्डल वायुमण्डल की सबसे निचली परत होती है इसी कारण पर्यावरणीय के समस्त प्रभावी तत्व इसी मण्डल में उपस्थित रहते हैं। इस प्रकार वायुमण्डल की सभी घटनायें जैसे आँधी, तूफान, वर्षा, पाला, कोहरा आदि इस मण्डल में ही होती है। तापमान में अन्तर के आधार पर सममण्डल को तीन स्तरों में विभाजित किया गया है जैसे अधोमण्डल (Troposphere), समताप मण्डल (Stratosphere) तथा मध्य मण्डल (Mesosphere)।

(2) विषम मण्डल (Heterosphere) : सममण्डल के ऊपर 90 से 10000 किलोमीटर की ऊँचाई तक विषम मण्डल उपस्थित रहता है। विषम मण्डल में विद्यमान गैसों के आधार पर चार वर्गों में विभक्त किया गया है (1) आण्विक नत्रजन परत (Molecular nitrogen layer), (2) परमाणविक ऑक्सीजन परत (Atomic oxygen layer), (3) परमाणविक हाइड्रोजन परत (Atomic hydrogen layer) तथा (4) हीलियम परत (Hilium layer)। वायुमण्डल में पाई जाने वाली इन गैसों की परत उनके भार के आधार पर होती है। हाइड्रोजन गैस सबसे हल्की होने के कारण वायुमण्डल के सबसे ऊपरी स्तर पर जबकि नत्रजन सबसे भारी होने के कारण सबसे निचले स्तर पर पाई जाती है। वायुमण्डल में नत्रजन गैस 90–200 किलोमीटर तक, ऑक्सीजन गैस 200 से 700 किलोमीटर तक, हीलियम गैस 700 से 1100 किलोमीटर तक तथा हाइड्रोजन गैस 1100 से भी ऊपर पाई जाती है।

(ब) वायुमण्डल का सामान्य वर्गीकरण (General classification of atmosphere): वायुमण्डल में वायुदाब के क्षैतिज वितरण तथा तापमान के आधार पर निम्न चार भागों में वर्गीकृत किया गया है –

1. परिवर्तन मण्डल (Tropospher)
2. समतापमण्डल (Stratosphere)
3. आयनमण्डल (Ionosphere)
4. बहिर्मण्डल (Exosphere)

(1) परिवर्तन मण्डल (Troposphere) : सामान्य एवं ग्रीष्म काल में इस मण्डल की ऊँचाई में वृद्धि तथा शीतकाल में कमी पाई जाती है। जलवायु सम्बन्धी सभी घटनाएं इसी मण्डल में घटित होती है। ऊँचाई के साथ-साथ तापमान में कमी एवं वायुप्रवाह में वृद्धि इसकी प्रमुख विशेषता है। इस मण्डल में जलवाष्प भी पाई जाती है। इस मण्डल में ओजोन गैस नहीं पाई जाती है। वायुमण्डल में इसकी ऊँचाई भूमध्य रेखा पर 18 किलोमीटर जबकि ध्रुवों पर 8 किलोमीटर पाई जाती है।

(2) समताप मण्डल (Stratosphere) : परिवर्तन मण्डल के ऊपर स्थित मण्डल को समताप मण्डल कहा जाता है। इस मण्डल में ओजोन गैस मुख्य रूप से पाई जाती है। ओजोन गैस की सबसे अधिक मात्रा 15 से 35 किलोमीटर तक होती है। इसकी ऊँचाई 50 से 60 किलोमीटर तक होती है। सामान्यत: तापमण्डल (Thermosphere) 80–100 किलोमीटर में ऑक्सीजन के अणु सूर्य की पराबैंगनी किरणों से टूटकर ऑक्सीजन के साथ मिलकर ओजोन की रचना करते हैं।

$$O_2 \rightarrow O + O$$

$$O_2 + O + M \rightarrow O_3 + M$$

ओजोन एक अस्थाई यौगिक होता है जो नष्ट होकर पुन: ऑक्सीजन का रूप धारण कर लेता है। इस प्रकार समताप मण्डल की यह परत पृथ्वी के लिए सुरक्षा कवच का कार्य करती है। सूर्य से आने वाले प्रकाश में उपस्थित अधिकांश पराबैंगनी किरणों को वायुमण्डल का यह भाग अवशोषित कर लेता है। कुछ वैज्ञानिकों के अनुसार ओजोन की उपस्थिति के कारण वायुमण्डल से 30 से 60 किलोमीटर क्षेत्र को ओजोन मण्डल (Ozonosphere) कहते हैं। इसके अतिरिक्त इसको उष्ण मण्डल (Mesosphere) भी कहते हैं। इस मण्डल में वायुमण्डल में प्रमुखता से रासायनिक क्रियाओं के घटित होने के कारण इसे रसायन मण्डल (Chemosphere) भी कहते हैं। परिवर्तन मण्डल तथा समताप मण्डल के मिश्रित मण्डल को सम मण्डल (Homosphere) कहते हैं।

(3) आयन मण्डल (Ionosphere) : इस मण्डल की ऊँचाई 60 से 500 किलोमीटर के मध्य है। समताप मण्डल तथा ओजोन मण्डल के ऊपर आयन मण्डल पाया जाता है। ओजोन मण्डल के समाप्त होते ही वायुमण्डल में तापमान कम होने लगता है। यह तापमान 50 किलोमीटर की ऊँचाई पर घटकर 38 डिग्री से 0 डिग्री सेन्टीग्रेड रह जाता है वायुमण्डल में तापमान लगभग 700 डिग्री सेन्टीग्रेड है।

(4) बहिर्मण्डल (Exosphere) : सामान्यत: इस परत की ऊँचाई 500-1000 किलोमीटर तक मानी जाती है। वायुमण्डल की सबसे ऊपरी परत को बहिर्मण्डल कहते हैं जिसमें हाइड्रोजन तथा हीलियम गैसें प्रमुख रूप से पाई जाती हैं।

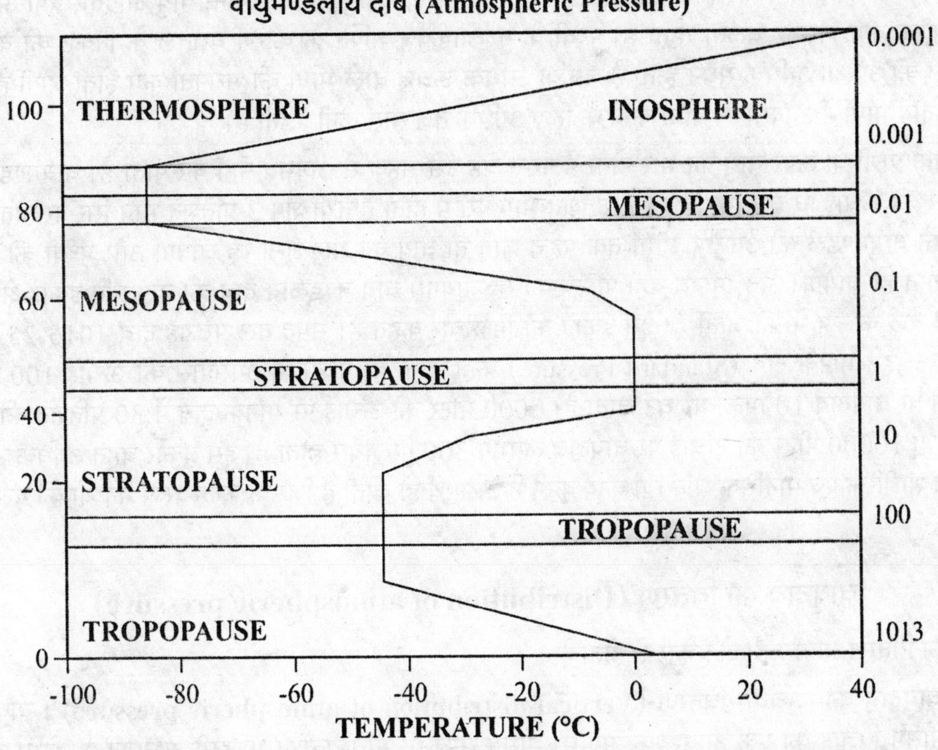

चित्र 2.1 : वायुमण्डल की संरचना तथा 110 किलोमीटर तक ताप एवं दाब का क्षैतिज वितरण

वायुमण्डल में विभिन्न गैसों का यान्त्रिक सम्मिश्रण होता है। प्रत्येक गैसों का अपना भार होता है इसलिए यह गैसें अपने इस भार के अनुरूप पृथ्वी के धरातल पर दबाव डालती है। वायुमण्डल में होने वाले इस दाब को ही वायुमण्डलीय दाब या वायुदाब कहते हैं। वायुमण्डल में वायुदाब प्रत्येक स्थान पर परिवर्तनशील होता है। वायुम०७ल की निचली परत में गैसों का घनत्व अधिक होने एवं ऊपर स्थित गैसों के दाब के कारण यह परत सर्वाधिक दाब डालती है। वायुमण्डल के

इस दाब को मानव सहज में अनुभव नहीं कर पाते हैं। परन्तु विपरीत के लम्बवत परिवर्तन को मानव सहज ही अनुभव कर लेते हैं। सामान्य रूप से पृथ्वी तल पर मानवीय शरीर के आन्तरिक वायुदाब तथा बाह्य वायुमण्डल के दाब में संतुलन की स्थिति पाई जाती है परन्तु जैसे-जैसे ऊँचाई बढ़ती जाती है यह संतुलन बिगड़ता जाता है। इस प्रकार धरातल के प्रति वर्ग सेंटीमीटर क्षेत्रफल पर वायु का उर्ध्वाधर दाब 2.7 किलोग्राम होता है। वायुमण्डल में ऊँचाई बढ़ने के साथ-साथ वायुदाब में कमी आती रहती है किन्तु यह कमी स्थिर नहीं होती है। वायु का वास्तविक घनत्व, तापमान, जलवाष्प की मात्रा एवं गुरुत्वाकर्षण बल से वायुदाब प्रभावित होता है। वायुमण्डलीय दाब के असंतुलन अर्थात् कमी एवं वृद्धि से ही पृथ्वी पर वायुचक्र स्थापित हो पाता है। वायुदाब वायुमण्डल के तापमान द्वारा निर्धारित होता है। तापमान के अधिक हो जाने के कारण वायु का प्रसार होता है तथा वायुदाब कम हो जाता है। निकटवर्ती क्षेत्रों में वायु के प्रसार के कारण वायुदाब में वृद्धि हो जाती है। इस प्रकार तापमान में परिवर्तन के साथ-साथ वायु का घनत्व भी प्रभावित होता है अर्थात् वायुदाब घटता-बढ़ता रहता है।

पृथ्वी की परिभ्रमण गति तथा वायुदाब में परिवर्तन के कारण पवनें छः माह तक ग्रीष्म काल में जल से थल की ओर तथा शीतकाल में छः माह तक थल से जल की तरफ चलती हैं। ग्रीष्मकाल समय में जल की तरफ से चलने वाली हवायें आर्द्रतायुक्त होती हैं। जो स्थल भाग में घनीभूत होकर वर्षा के रूप में परिवर्तित हो जाती हैं। वायुदाब तथा वायु प्रवाह ही पृथ्वी पर वर्षा का नियमित वितरण करते हैं। इस प्रकार वायुमण्डल में वायुदाब, तापमान, वायु आर्द्रता, वर्षा आदि तत्वों का पारस्परिक क्रम निरन्तर चलता रहता है। पृथ्वी के गुरुत्वाकर्षण शक्ति के कारण धरातल के निकट की वायु ऊपरी वायुमण्डल की अपेक्षा अधिक सघन होती है जबकि अधिक ऊँचाई वाले भागों की सघनता कम होती जाती है। जिसके कारण पर्वतीय भागों में ऑक्सीजन प्राप्त करने के लिए अधिक तेज सांस लेनी पड़ती है।

प्रत्येक प्राणी के ऊपर वायु का भार होता है परन्तु वह उसे सहज से अनुभव नहीं कर पाता है। वायुमण्डल में 28 किलोमीटर की ऊँचाई पर वायु भार का 97 प्रतिशत भाग पैरों में होता है तथा शेष 3 प्रतिशत भाग सिर पर होता है। यदि कोई व्यक्ति वायुमण्डल की अन्तिम सीमा तक पहुंच जाये तो वायु का भार शून्य रह जायेगा और पृथ्वी की आकर्षण शक्ति समाप्त हो जायेगी। अतः मानव वहीं पर लटका रह जायेगा। वायु मण्डलीय दाब की माप प्रति इकाई क्षेत्रफल पर पड़ने वाले बल के रूप में की जाती है। इस इकाई को मिलीबार कहते हैं। समुद्र तल पर यह दाब 1013.25 मिलीबार होता है अतः इसे मानक दाब (Standard Pressure) कहा जाता है। पृथ्वी के आसपास की ऊँचाई 100 मीटर का अन्तर होने पर वायुदाब 10 मिलीबार घट जाता है। 3000 मीटर की ऊँचाई पर मानक दाब में 30 प्रतिशत की कमी हो जाती है तथा 10000 मीटर की ऊँचाई पर वायुदाब लगभग 300 मिलीबार होता है। इस प्रकार बहुत अधिक ऊँचाई पर मनुष्यों की शारीरिक एवं मानसिक शक्तियां कार्य करने में असमर्थ हो जाती हैं जिसके फलस्वरूप मनुष्यों की मृत्यु तक हो जाती है।

वायुदाब का वितरण (Distribution of atmospheric pressure)

वायुदाब का वितरण सामान्यतः दो प्रकार से होता है –

1. वायुदाब का लम्बवत वितरण (Vertical distribution of atmospheric pressure) : वायुदाब का अध्ययन मौसम विज्ञान का एक आवश्यक अंग है। मौसम सम्बन्धी भविष्यवाणी भी इसी अध्ययन पर निर्भर करती है। समुद्र तल तथा ऊपरी वायुमण्डल से वायुदाब वितरण में पर्याप्त अन्तर पाया जाता है। यह वायुदाब ऊँचाई में वृद्धि के साथ-साथ कम होता है। वायुमण्डल के सबसे नीचे वाला भाग अधिक घनत्व का होता है। शीतकाल में उत्तरी गोलार्द्ध में धरातल से लगभग 3 किमी. की ऊँचाई पर भूमध्य रेखा से ध्रुवों की ओर हटने पर वायुभार में क्रमशः कमी होती जाती है। मध्य अक्षांशों में इस ऊँचाई पर वायुदाब सबसे अधिक पाया जाता है। कर्क तथा मकर रेखा के आसपास अक्षांशीय क्षेत्रों में वायुदाब में थोड़ी वृद्धि हो जाती है।

वायुमण्डल की ऊपरी सतह पर 305 मीटर की ऊँचाई पर 34 मिलीबार वायुदाब कम हो जाता है, परन्तु अधिक ऊँचाई पर वायुदाब शीघ्रता से कम होने लगता है। लगभग 5.5 किलोमीटर की ऊँचाई पर यह दाब आधा रह जाता है जबकि 11 किलोमीटर पर यह वायुदाब एक चौथाई रह जाता है। घनत्व, तापमान, आर्द्रता तथा शक्ति आदि सभी वायुमण्डल के वायुदाब के लम्बवत वितरण को प्रभावित करने वाले मुख्य कारक हैं।

2. वायुदाब का क्षैतिज वितरण (Horizontal distribution of atmospheric pressure) : पृथ्वी पर पड़ने वाले गुरुत्वाकर्षण शक्ति के प्रभाव के कारण वायुमण्डल के दाब को क्षैतिज दाब कहते हैं। वायुदाब तथा तापमान का आपस में विपरीत सम्बन्ध होता है। विषुवत रेखीय भागों में अत्यधिक तापमान के कारण वायुदाब निम्न होता है। विषुवत रेखा से उत्तरी तथा दक्षिणी ध्रुवों की ओर जाने पर वायुमण्डलीय दाब में वृद्धि होती जाती है। उच्च भागों में समदाब रेखाएं अक्षांश रेखाओं के समानान्तर होती हैं। भूमध्यरेखा के आसपास के क्षेत्रों में अत्यधिक तापक्रम के कारण वहाँ की वायु के गर्म होकर ऊपर उठ जाने के कारण निम्न वायुदाब का क्षेत्र विकसित हो जाता है। पृथ्वी के उत्तरी गोलार्द्ध में स्थल क्षेत्र अधिक है। अत: निम्न वायुदाब का यह क्षेत्र भूमध्य रेखा के कुछ उत्तर की तरफ दिखाई पड़ता है, जिसे निम्न दाब पट्टी अथवा डोलड्रम (Doldrums) कहते हैं। भूमध्य रेखा पर निम्न वायु दाब पट्टी का विस्तार भूमध्य रेखा के दोनों ओर 50 डिग्री अक्षांशों तक पाया जाता है।

उपोष्ण उच्च वायुदाब पट्टियां (Supertropical-High air pressure belt) उत्तरी तथा दक्षिणी गोलार्द्धों में 30 से 35 डिग्री अक्षांशों के मध्य तथा ध्रुवीय निम्न वायुदाब की पट्टियां (Polar-high air pressure belt) मिलती हैं। धरातलीय बनावट में परिवर्तन के कारण ये रेखाएं अन्तर प्रकट करती हैं। इसके साथ ही उत्तरी एवं दक्षिणी गोलार्द्ध की समदाब रेखाओं में अन्तर पाया जाता है। इसके मुख्य कारण यह है कि उत्तरी गोलार्द्ध में थल भाग तथा दक्षिणी गोलार्द्ध में जल भाग की अधिकता है। दक्षिणी गोलार्द्ध में जल भाग की अधिकता के कारण तापमान का वितरण सरल पाया जाता है अत: समदाब रेखायें भी अक्षांश रेखाओं के समानान्तर होने की प्रवृत्ति रखती है। उत्तरी गोलार्द्ध में जल थल की अधिक विषमता के कारण समदाब रेखाओं में भी घटत-बढ़त हो जाती है।

वायुदाब पेटियां (Pressure belt)

पृथ्वी के वायुमण्डल में वायुदाब असमान रूप से वितरित रहता है। इस प्रकार वायुदाब का अध्ययन समदाब रेखाओं (Isobars) के द्वारा किया जाता है। तापमान, आर्द्रता तथा पृथ्वी की परिभ्रमण गति आदि वायुदाब को प्रभावित करते हैं। सामान्यत: वायुदाब दो रूपों में वितरित मिलता है –

1. उच्च वायुदाब (High air pressure) तथा उससे प्रभावित क्षेत्रों को प्रति चक्रवात (Low air pressure) अथवा उच्च वायुदाब के नाम से पुकारते हैं।
2. निम्न वायुदाब (Dynamic factors) तथा उससे प्रभावित क्षेत्रों को चक्रवात या गर्त (Thermal pressure belt) अथवा निम्न वायुदाब के नाम से पुकारते हैं।

निम्न वायुदाब तथा उच्च वायुदाब के क्षेत्र में एक निश्चित प्रणाली के द्वारा वितरित मिलते हैं। यदि पृथ्वी के धरातल पर या तो स्थल ही स्थल हो या फिर जल ही जल हो तो वायुदाब की पेटियां एक निश्चित क्रम में फैली हुई मिल सकती हैं। दक्षिणी गोलार्द्ध में जहाँ पर जल की अधिकता होती है वहाँ पर जनवरी-फरवरी के वायुदाब मानचित्रों द्वारा देखी जा सकती है परन्तु उत्तरी गोलार्द्ध में जहाँ पर स्थल भाग की अधिकता होती है, वायुदाब की व्यवस्था की क्रमबद्धता भंग हो जाती है। वायुदाब की उत्पत्ति में तापमान एक महत्वपूर्ण कारक ही नहीं है परन्तु गतिक कारक (Dynamic factors) भी महत्वपूर्ण होते हैं। पृथ्वी के गोले पर वायुदाब की सात पेटियां पाई जाती हैं। उत्पत्ति के आधार पर इन पेटियों को दो समूहों में बांटा गया है –

(अ) **तापजन्य वायुदाब पेटी (Thermal pressure belt) :** तापजन्य-वायुदाब के अन्तर्गत भूमध्य रेखीय निम्न वायुदाब तथा ध्रुवीय उच्च वायुदाब की पेटियों को सम्मिलित किया जाता है। अत: इन पेटियों पर तापक्रम का स्पष्ट प्रभाव पड़ता है।

(ब) **गतिक वायुदाब पेटी (Dynamic pressure belt) :** गतिक वायुदाब पेटियों में उपोषण उच्च वायुदाब तथा उपध्रुवीय निम्न वायुदाब को सम्मिलित किया जाता है। अत: वायुदाब की इन पेटियों पर पृथ्वी की परिभ्रमण गति का प्रभाव पड़ता है।

वायुदाब की इन पेटियों का विवरण निम्न है -

(1) विषुवत रेखीय निम्न वायुदाब पेटी (Equatorial low air pressure belt) : इन पेटियों का विस्तार विषुवत रेखा के दोनों ओर 50 उत्तरी एवं दक्षिणी अक्षांशों के मध्य पाया जाता है। परन्तु इस स्थिति में स्थायित्व नहीं होता है क्योंकि सूर्य के उत्तरायण एवं दक्षिणायन दिशाओं में परिवर्तन होने के कारण इन पेटियों में ऋतु के अनुसार स्थानान्तरण होता रहता है। इस पेटी के दोनों तरफ स्थित उपोष्ण वायुदाब कटिबन्धों से विषुवत रेखा की ओर व्यापारिक पवनें चलती हैं तथा धरातलीय वायु में गति कम होने के कारण यह शान्त तथा अनिश्चित दिशा में चलती हैं। इसी कारण इस पेटी को डोलड्रम (Doldrum) अथवा शान्त प्रदेश की पेटी (Region of Calm belt) भी कहते हैं।

(2) उपोष्ण कटिबन्धीय उच्च वायुदाब पेटी (Sub-tropical high pressure belt) : विषुवत रेखा के दोनों तरफ गोलार्द्धों में 30 से 35° अक्षांशों के मध्य उपोष्ण कटिबन्धीय उच्च वायुदाब पेटी का क्षेत्र विस्तृत है। यह वायुदाब गतिजन्य (Dynamic) होती है इसलिए इस पेटी में उच्च वायुदाब एवं स्वच्छ आकाश पाया जाता है। वायुदाब की इस पेटी को अश्व अक्षांश (Horse latitude) के नाम से पुकारा जाता है क्योंकि प्राचीन काल में पाल से चलने वाले जलयान स्पेन से घोड़े लेकर उत्तरी अमेरिका की तरफ जाते थे तो वायु के शान्त होने के कारण जलयान के आगे बढ़ना कठिन हो जाता है। जलयानों की गति बहुत ही मन्द हो जाती है। इसलिए जलयानों का बोझ हल्का करने के लिए कुछ घोड़े समुद्र में फेंक दिये जाते थे इसलिए इन्हें अश्व-अक्षांशों के नाम से पुकारा जाने लगा।

(3) उपध्रुवीय निम्न वायुदाब पेटी (Sub polar low air pressure belt) : उत्तरी तथा दक्षिणी गोलार्द्धों में 600 से 650 अक्षांशों के मध्य वायुदाब की इस पेटी का विस्तार है। इसका विस्तार उत्तर में आर्कटिक तथा दक्षिण में अन्टार्कटिक वृत्तों के समीप है। इस पेटी में निम्न वायुदाब मिलता है। उप ध्रुवीय निम्न वायुदाब पेटी में अनेक केन्द्र पाये जाते हैं जिसके निम्न कारण हैं-

(i) इन पेटियों के समुद्री भागों से गर्म जलधारायें चलती हैं जिनसे तापमान में वृद्धि हो जाती है और वायुदाब निम्न हो जाता है।

(ii) इन पेटियों के दोनों तरफ निम्न वायुदाब की पेटियां स्थित हैं। ये पेटियां ध्रुवीय भागों में अधिक शीत के कारण तथा मध्य अक्षांशों में पृथ्वी की परिभ्रमण गति के कारण विकसित हुई हैं।

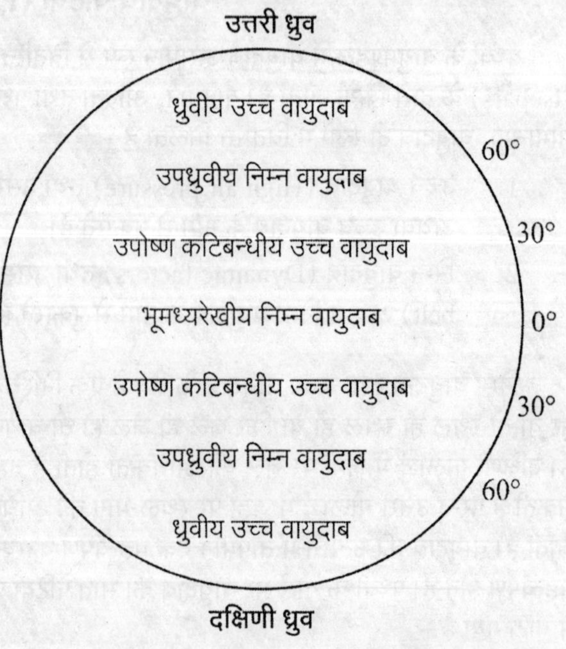

चित्र 2.2 : विश्व की वायु दाब पेटियाँ

(iii) पृथ्वी की गत्यात्मकता के कारण ध्रुवों के ऊपरी भागों में भवरें (Whirl) उत्पन्न हो जाती हैं जिसके फलस्वरूप ध्रुवों के ऊपर वायु की कमी के कारण निम्न वायुदाब उत्पन्न हो जाता है, परन्तु इस भाग में शीत अधिक पड़ने के कारण पृथ्वी का प्रभाव तापक्रम की अपेक्षा अधिक रहता है। तापक्रम में कमी के कारण ध्रुवों पर सदैव उच्च वायुदाब की उत्पत्ति होती है तथा बाहर की तरफ वायुदाब निम्न रहता है।

इस प्रकार इस पेटी का निर्माण पृथ्वी की घूर्णन गति के कारण होती है। न्यून वायुदाब पेटी पर तापमान का बहुत कम प्रभाव पड़ता है।

(4) ध्रुवीय उच्च वायुदाब पेटी (Polear high pressure belt) : उत्तर तथा दक्षिण ध्रुवीय वृत्तों पर उच्च वायुदाब पेटी का विस्तार मिलता है। ध्रुवीय प्रदेशों एवं उनके निकटवर्ती क्षेत्रों में विषुवत रेखीय प्रदेशों में प्राप्त सूर्याभिताप का केवल 40 प्रतिशत भाग ही प्राप्त होता है। पूरे वर्ष तापमान निम्न रहने के कारण यह क्षेत्र बर्फ से ढका रहता है, जिसके कारण धरातलीय वायुदाब भारी तथा शीतल होता है। यद्यपि इस प्रदेश में पृथ्वी की परिभ्रमण गति के कारण वायु धारायें पतली हो जाती हैं परन्तु अधिक शीतलता तथा भारी होने के कारण वर्ष भर उच्च वायुदाब रहता है। इस उच्च वायुदाब की उत्पत्ति में पृथ्वी की परिभ्रमण गति की अपेक्षा तापमान का अत्यधिक प्रभाव पड़ता है। ध्रुवीय प्रदेशों में वायुदाब में समानता पाई जाती है क्योंकि सम्पूर्ण प्रदेश वर्ष भर बर्फ से ढका रहता है। उच्च वायुदाब वाले इन ध्रुवीय प्रदेशों से विषुवत रेखा की ओर ठंडा वातावरण रहता है। अत: इन वायु राशियों को उत्तरी तथा दक्षिणी गोलार्द्धों में क्रमश: उत्तर-पूर्वी तथा दक्षिणी-पूर्वी पवनों के नाम से पुकारा जाता है, क्योंकि पृथ्वी के आन्तरिक बल के कारण ये वायुराशियां मुड़ जाती हैं। सामान्यत: इन वायु राशियों को ध्रुवीय पूर्वी पवनों (Polar Easterlies) के नाम से पुकारा जाता है। इस प्रकार इन क्षेत्रों में वर्ष भर उच्च वायुदाब बना रहता है।

समदाब रेखा मानचित्र (Isobar Maps)

समान वायुदाब को मिलाने वाली रेखाओं को समदाब रेखायें कहते हैं। ऐसे मानचित्रों को समदाब रेखा मानचित्रों के नाम से पुकारते हैं। समदाब रेखा मानचित्रों का प्रदर्शन करते समय ग्रीष्म ऋतु में जुलाई तथा शीत ऋतु में जनवरी माह को प्रतिनिधि महीना माना जाता है क्योंकि अधिकांश वायुदाब सम्बन्धी परिवर्तन इन्हीं महीनों में अंकित किये जाते हैं। इस प्रकार शीतकालीन एवं ग्रीष्मकालीन समदाब रेखा मानचित्रों की निम्न विशेषताएं होती हैं।

शीतकालीन समदाब रेखा मानचित्र (Winter Isobar Maps)

(अ) शीतकालीन वायुदाब के वितरण की निम्न मुख्य विशेषताएं हैं –

1. शीत ऋतु में सूर्य के दक्षिणायन में होने के कारण भूमध्यरेखीय निम्न वायुदाब पेटी कुछ दक्षिण की तरफ खिसक जाती है जिससे इस पेटी का केन्द्र विषुवत रेखा के दक्षिण में पाया जाता है।
2. उत्तरी गोलार्द्ध में सूर्य की किरणें तिरछी पड़ने के कारण शीत ऋतु होती है। इस ऋतु में उपोष्ण कटिबन्धीय उच्च वायुदाब पेटी का विस्तार महाद्वीप के आन्तरिक भागों में हो जाता है, जिससे यहाँ पर उच्च वायुभार पेटी का निर्माण होता है।
3. उत्तरी गोलार्द्ध में स्थलखण्ड की अधिकता के कारण उपध्रुवीय निम्न वायुदाब की सततता विच्छिन्न हो जाती है। उत्तरी अटलांटिक महासागर एवं उत्तरी प्रशान्त महासागर में निम्न वायुदाब केन्द्र स्थापित हो जाते हैं। दक्षिणी गोलार्द्ध में स्थल खण्ड की कमी के कारण उपध्रुवीय निम्न वायुदाब पेटी पृथ्वी की धरातल के चारों ओर फैल जाती है।
4. दक्षिणी गोलार्द्ध में 650 दक्षिणी अक्षांशों से आगे वायुदाब में क्रमश: वृद्धि होती जाती है। एशिया महाद्वीप के मध्य भाग में अधिक स्थलखण्ड की आन्तरिक स्थिति के कारण पूर्ण विकसित उच्च वायुदाब केन्द्र की स्थापना होती है

इसका मुख्य कारण इस प्रदेश का अधिक शीत प्रधान होना है। उत्तरी अमेरिका में इन्हीं अक्षांशों में उच्च वायुदाब का केन्द्र स्थापित हो जाता है परन्तु एशिया महाद्वीप की अपेक्षा उत्तरी अमेरिका महाद्वीप का विस्तार कम होने के कारण अपेक्षाकृत महाद्वीप पर उच्च वायुभार का क्षेत्र अधिक विकसित नहीं होने पाता है।

(ब) ग्रीष्मकालीन समदाब रेखा मानचित्र (Summer Isobar Maps) : ग्रीष्मकालीन वायुदाब वितरण की निम्न विशेषताएं होती हैं –

1. इस ऋतु में सूर्य की स्थिति उत्तरायण में होने के कारण उत्तरी गोलार्द्ध में ग्रीष्म ऋतु होती है। वायुभार पेटियां उत्तरी भागों की ओर खिसक आती हैं। भूमध्यरेखीय निम्न वायुदाब की पेटी भी भूमध्य रेखा के उत्तर में खिसक जाती है।
2. शीत ऋतु की भांति उपध्रुवीय वायुदाब पेटी दक्षिण गोलार्द्ध में पृथ्वी के चारों ओर पाई जाती है परन्तु उत्तरी गोलार्द्ध में यह पेटी अनियत हो जाती है।
3. दक्षिण गोलार्द्ध में अपेक्षाकृत सूर्य की किरणें तिरछी पड़ने के कारण शीत ऋतु होती है। आस्ट्रेलिया महाद्वीप पर उच्च वायुदाब की एक अन्य पेटी विकसित हो जाती है। कर्क रेखा के निकट, उत्तरी अटलांटिक तथा उत्तरी प्रशान्त महासागर पर उच्च वायुदाब स्थापित हो जाता है जिसका विस्तार दक्षिण की तरफ हो जाता है।
4. इस ऋतु में एशिया महाद्वीप का मध्यवर्ती विशाल स्थलखण्ड अत्यधिक ताप के कारण तृप्त हो उठता है जिससे यहाँ पर निम्न वायुदाब उत्पन्न हो जाता है, जिसका केन्द्र बैकाल झील के समीप विकसित होता है। उपोष्ण कटिबन्धीय उच्च वायुभार की पेटी तापीय प्रभाव के कारण निम्न वायुभार में परिवर्तित हो जाती है।

वायुदाब के परिवर्तन से मौसम का पूर्वाभास

वायुमण्डल में दाब में तीन प्रकार के परिवर्तन होते हैं –

(i) ऋतु सम्बन्धी परिवर्तन (Seasonal variations) : सर्दी में गर्मी की अपेक्षा दाब अधिक और वर्षा ऋतु में गर्मी से कुछ कम दाब होता है। पानी की वाष्प वायु से हल्की होती है इसलिए जल वायुमण्डल में पानी का वाष्प अधिक होगी तब दाब कम होगा।

(ii) मौसम सम्बन्धी परिवर्तन (Weather variation) : कभी–कभी एक ही ऋतु में बैरोमीटर का पारा चढ़ जाता है अथवा गिर जाता है। इस प्रकार एकदम परिवर्तन होना खराब मौसम का संकेत देता है। यदि वर्षा ऋतु में दाब एकदम कम हो जाये तो शीघ्र ही वर्षा की सम्भावना होती है। यदि ग्रीष्म ऋतु में दाब एकाएक कम हो जाये तो शीघ्र ही आँधी आने की सूचना देता है। शीत ऋतु में एकदम दाम कम हो जाए तो वर्षा की सम्भावना व्यक्त की जाती है।

(iii) ऊँचाई में परिवर्तन (Altitude variations) : ऊँचाई के कारण भी दाब में परिवर्तन हो जाता है। इस प्रकार बैरोमीटर के द्वारा दाब को मापकर किसी स्थान की ऊँचाई अथवा गहराई का अनुमान भी लगाया जा सकता है।

वायुदाब को प्रभावित करने वाले कारक (Factors affecting atmospheric pressure)

वायुमण्डल के दाब पर अनेक कारकों का प्रभाव पड़ता है। वायुदाब के प्रभावी कारकों में तापमान, आर्द्रता, पृथ्वी का चक्रमण, समुद्र तल से ऊँचाई, दैनिक परिवर्तन की गति आदि प्रमुख हैं।

(1) तापमान (Temperature) : वायुमण्डल में तापमान द्वारा गर्म प्रदेशों की वायु गर्म होकर फैलती है फलस्वरूप यह भार में हल्की होकर ऊपर उठने लगती है जिसके कारण वहाँ पर वायुदाब कम हो जाता है। इसके विपरीत तापमान में गिरावट होने से यह स्थिति विपरीत हो जाती है तथा वायु सघन एवं भारी होकर बैठने लगती है जिसके फलस्वरूप वायुदाब बढ़ जाता है शीत प्रदेशों में ताप का हिमांक बिन्दु (Freezing point) पर होने के कारण सदैव उच्च दाब बना रहता है। जिसके कारण ध्रुवीय प्रदेशों में तापमान बहुत कम होने से सदैव बर्फ जमी रहती है। इस प्रकार बर्फ द्वारा

सूर्य की ऊष्मा का 8.5 प्रतिशत भाग परावर्तित हो जाता है तथा विकिरण द्वारा बर्फ गर्मी को नष्ट कर देती है। तापमान बढ़ने तथा घटने से व्युत्क्रमानुपाती रूप से वायुदाब में परिवर्तन होता रहता है।

(2) आर्द्रता (Humidity) : वायुमण्डल में किसी स्थान विशेष में वायु दाब को प्रभावित करने वाले कारकों में आर्द्रता प्रमुख है। वायुमण्डल में अधिक आर्द्रता के कारण वायुभार में वृद्धि होने से वायुदाब बढ़ जाता है। समुद्र के ऊपर पाई जाने वाली वायु में अधिक वाष्प मिले रहने के कारण स्थल पर पाई जाने वाली वायु की तुलना में अधिक भारी होती है। अधिक आर्द्रता युक्त वायु पृथ्वी से अधिक ऊँचाई पर पाई जाती है।

(3) पृथ्वी का चक्रमण (Rotation of Earth) : पृथ्वी के चक्रमण के कारण गुरुत्वाकर्षण शक्ति उत्पन्न होती है। इस गुरुत्वाकर्षण बल के कारण विषुवत रेखा की गर्म वायु ऊपर उठती है तथा पुनः ठण्डी होकर नीचे आ जाती है। ध्रुवीय प्रदेशों में भी यही स्थिति होती है जिसके कारण ध्रुवीय अक्षांशों पर वायुदाब अधिक होता है।

(4) समुद्रतल से ऊँचाई (Altitude) : धरातल के आसपास वायु में धूलकण, जलवाष्प एवं विभिन्न गैसों की उपस्थिति के कारण वायुभार बढ़ जाता है। समुद्र तल से 900 फीट की ऊँचाई पर वायुदाब 34 मिलीबार घट जाता है। इस प्रकार ऊँचाई बढ़ने के साथ ही वायुदाब में कमी आ जाती है। जबकि समुद्रतल पर वायुदाब सर्वाधिक पाया जाता है। भूमध्य रेखा पर पृथ्वी की सतह से ऊँचाई बढ़ने के साथ-साथ वायुदाब में वृद्धि होने लगती है। वायुदाब में होने वाली यह वृद्धि 35° अक्षांशों पर समाप्त हो जाती है। भूमध्य रेखा से 50° अक्षांशों तक 10 किलोमीटर की ऊँचाई तक वायु का दाब घटता बढ़ता रहता है। वायुमण्डल में लगभग 5 किलोमीटर ऊपर वायुदाब में 50 प्रतिशत कमी आ जाती है।

(5) दैनिक परिवर्तन (Daily Variation) : दैनिक वायुदाब का तात्पर्य 24 घण्टे के भीतर पाये जाने वाले वायुदाब एवं तापक्रम में परिवर्तन से है। दिन में सूर्य की गर्मी के कारण तापमान अधिक हो जाता है जबकि रात्रि में शीतलता के कारण कम हो जाता है। इस प्रकार तापमान में दैनिक उतार-चढ़ाव होता रहता है अथवा सौर ऊर्जा के कारण वायुदाब में परिवर्तन होता रहता है। विषुवत रेखा के समीप उष्ण कटिबन्धीय प्रदेशों में समुद्र तल के समान ऊँचाई पर स्थित भूखण्डों में उच्च अक्षांशों पर स्थित भू प्रदेशों की अपेक्षा वायुदाब कम पाया जाता है। समुद्र तट के निकटवर्ती प्रदेशों में दिन की अपेक्षा रात्रि में अधिक परिवर्तन होता है। इसी प्रकार मैदानी तथा पठारी भागों में भी वायुदाब में अन्तर पाया जाता है। दैनिक वायुदाब के परिवर्तनों को स्थानीय कारक जैसे चक्रवात, प्रति चक्रवात, आँधी-तूफान आदि प्रभावित करते हैं।

ऋतुएँ (Seasons)

''बहुत दिनों तक मौसम सम्बन्धी घटनाओं का सार ही ऋतु है।'' जब एक सा मौसम अधिक दिनों तक बना रहता है तो उसे ऋतु कहते हैं। इस प्रकार जब अधिक दिनों तक गर्मी अथवा सर्दी पड़ती है तब हम कहते हैं कि ग्रीष्म ऋतु आ गई अथवा शीत ऋतु प्रारम्भ हो गई। कभी ग्रीष्मकाल के किसी दिन ठण्डक हो जाती है। उस समय हम यह नहीं कहते कि शीत ऋतु आ गई वरन् हम कहते हैं कि आज मौसम ठण्डा है।

मौसम और ऋतु में अन्तर तालिका 2.2 में दर्शाया गया है –

तालिका 2.2 : मौसम और ऋतु में अन्तर

क्र.सं.	मौसम	ऋतु
1.	किसी स्थान पर किसी समय विशेष में वातावरण की अवस्था को मौसम कहते हैं।	ऋतु बहुत दिनों की मौसम सम्बन्धी घटनाओं का सार है
2.	एक जैसा मौसम बहुत थोड़े समय तक रहता है।	ऋतु अपेक्षाकृत लम्बे समय तक रहती है और एक ही ऋतु में कई मौसम पाये जा सकते हैं।

क्र.सं.	मौसम	ऋतु
3.	मौसम वातावरण की दिन प्रतिदिन की घटनाओं पर निर्भर रहती है।	ऋतु सूर्य की गति पर निर्भर रहती है।

तालिका 2.3 : ऋतुओं की नामावली

क्र.सं.	ऋतु का नाम	हिन्दी महीने	अंग्रेजी महीने
1.	बसन्त ऋतु	चैत्र–वैशाख	मार्च–अप्रैल
2.	ग्रीष्म ऋतु	ज्येष्ठ–आषाढ़	मई–जून
3.	वर्षा ऋतु	श्रावण–भाद्रपद	जुलाई–अगस्त
4.	शरद ऋतु	आश्विनी–कार्तिक	सितम्बर–अक्टूबर
5.	हेमन्त ऋतु	मार्गशीर्ष–पौष	नवम्बर–दिसम्बर
6.	शिशिर ऋतु	माघ–फाल्गुन	जनवरी–फरवरी

सामान्यतः हमारे देश में छः ऋतुएं हैं। देश के दक्षिणी भागों को छोड़कर शेष मैदानी भाग होने के कारण ऋतुएं अधिक स्पष्ट होती हैं।

फसल की वृद्धि एवं उनके विकास के लिए अनुकूल मौसम होना अत्यन्त आवश्यक है। मौसमी स्थितियाँ फसल की इष्टतम वृद्धि एवं विकास के अनुकूल होती हैं। इस प्रकार किसी फसल के वृद्धिकाल को वर्ष की उस अवधि के रूप में परिभाषित कर सकते हैं।

बसन्त ऋतु का मौसम सुहावना रहता है। इस ऋतु में न अधिक जाड़ा तथा न ही अधिक गर्मी रहती है। इस समय रबी की अधिकांश फसलें पककर तैयार हो जाती हैं तथा कुछ फसलों की कटाई भी प्रारम्भ हो जाती है।

बसन्त ऋतु के पश्चात् ग्रीष्म ऋतु का आगमन होता है। गर्मी क्रमशः जून तक बढ़कर अपनी चरम सीमा पर होती है। उत्तर भारत के अनेक राज्यों में इस मौसम में लू चलना प्रारम्भ हो जाती है। कृषक अपने कृषि कार्यों में व्यस्त रहते हैं। इस मौसम में फसल कट जाती है। अधिक गर्मी पड़ने के कारण फसल खलिहान में भलीभाँति सूख जाती है। इस प्रकार फसलों की मड़ाई करके अनाज को अच्छी तरह सुखाकर भण्डारण कर देते हैं।

ग्रीष्म ऋतु समाप्त होते ही वर्षा ऋतु आरम्भ हो जाती है। इस ऋतु में मौसम बड़ा ही अनिश्चित रहता है क्योंकि कभी कड़ी धूप, कभी बादल तथा कभी वर्षा। वर्षा ऋतु के प्रारम्भ होते ही कृषक खरीफ ऋतु की फसलों की बुआई के लिए खेतों की तैयारी, फसलों की बुआई, कृष्य क्रियाएं आदि करने लगता है।

वर्षा ऋतु के समाप्त होने पर शरद ऋतु आती है जो बड़ी ही सुहावनी होती है जब जाड़े का प्रारम्भ होता है तब मौसम और भी अधिक सुहावना हो जाता है। इस मौसम में कृषक अधिक व्यस्त रहते हैं क्योंकि खरीफ फसलों की कटाई–मड़ाई तथा रबी की फसलों की बुआई का समय होता है।

हेमन्त ऋतु में पतझड़ होता है। जाड़ा खूब पड़ता है तथा एक–दो बार शीतकालीन वर्षा भी हो जाती है जो असिंचित क्षेत्रों की फसलों के लिए विशेषकर लाभदायक होती है। इस ऋतु में रबी फसलों में कृष्य क्रियाएं, सिंचाई, उर्वरकों का खड़ी फसल में छिड़काव आदि क्रियाएं सामान्य रूप से होती हैं।

शिशिर ऋतु के प्रारम्भ में तो अधिक जाड़ा पड़ता है परन्तु अन्तिम समय अधिक सुहावना हो जाता है। इस ऋतु में रबी की अधिकांश फसलों में फूल तथा फल आ जाते हैं। रबी की कुछ फसलें जैसे सरसों, आलू, गन्ना आदि की कटाई प्रारम्भ हो जाती है।

उपर्युक्त ऋतुओं के वर्गीकरण को देश के प्रत्येक भागों में स्पष्ट रूप से नहीं देखा जाता है। परन्तु हमारे देश में तीन ऋतुएं सर्वत्र दृष्टिगोचर होती है।

1. ग्रीष्म ऋतु – मार्च से जून तक
2. वर्षा ऋतु – जुलाई से अक्टूबर तक
3. शरद ऋतु – नवम्बर से फरवरी तक

1. ग्रीष्म ऋतु (Summer Season)

इस अवधि में तापमान अधिक रहता है। उत्तर भारत का तापमान दक्षिण भारत की अपेक्षा अधिक रहता है। 21 मार्च के उपरान्त सूर्य का रूख विषुवत रेखा के उत्तर की ओर होना प्रारम्भ हो जाता है। इस प्रकार सूर्य के उत्तर की ओर बढ़ने से गर्मी की प्रचण्डता बढ़ने लगती है। अप्रैल में सूर्य की किरणें दक्षिण भारत पर सीधी पड़ने लगती है इसलिए यह महीना वहाँ पर गर्म रहता है। मध्य प्रदेश में मई के महीने में सूर्य की किरणें सीधी पड़ती हैं इसलिए यहाँ मई माह में सबसे अधिक गर्मी पड़ती है। जून के महीने में सूर्य की किरणें कर्क रेखा (Tropics of Cancer) पर सीधी पड़ने लगती हैं। पहाड़ी भागों को छोड़कर शेष भागों में तापमान 35-50° सेन्टीग्रेड रहता है।

इस प्रकार मई महीने में थार रेगिस्तान से छोटा नागपुर के पठारी भाग के आसपास कम दबाव का क्षेत्र विकसित हो जाता है। इस सम्पूर्ण क्षेत्र के चारों ओर स्थानीय वायु का चक्रमण प्रारम्भ हो जाता है। कभी-कभी जलवाष्प भरी हवाएं इस क्षेत्र में आकर्षित होकर स्थानीय रूप से प्रचण्ड तूफान उत्पन्न करती है। यह स्थिति उन क्षेत्रों में सामान्य रूप से उत्पन्न होती है जब समुद्र से चलने वाली आर्द्र वायु का शुष्क स्थानीय वायु से मिलन होता है। उत्तर भारत में शाम के समय धूल भरी शीतल वायु प्रवाहित होती है। ग्रीष्मकालीन समय में होने वाली वर्षा ग्रीष्मकालीन जुताई के लिए विशेषरूप से लाभदायक होती है। इस ऋतु में ग्रीष्मकालीन गहरी जुताई करने से सूत्रंकृमि तथा खरपतवार एवं उनके बीज नष्ट हो जाते हैं। इसके अतिरिक्त मृदा में वर्षा का जल भी खूब सोखता है जिससे मृदा की जलधारण क्षमता बढ़ जाती है।

2. वर्षा ऋतु (Rainy Season) :

हमारे देश में वर्षा मानसूनी हवाओं के चलने से प्रारम्भ होती है।

(1) **दक्षिणी-पश्चिम मानसून (South-West Monsoon) :** देश की कुल वर्षा का दो-तिहाई (66 प्रतिशत) इसी मानसून द्वारा होता है।

(2) **उत्तरी-पूर्वी मानसून (North-East Monsoon) :** देश की कुल वर्षा का एक तिहाई (33 प्रतिशत) इसी मानसून द्वारा होता है। इसे उत्तर-मानसून काल (Post monsoon period) अथवा उत्तर वर्षाकाल (Post rainy season) भी कहते हैं।

ये हवायें हिन्द महासागर से उत्तर भारत की ओर चलने लगती है। मई के अन्त में हिन्द महासागर की ट्रेड हवायें (Trade winds) आगे बढ़कर अरब सागर से बंगाल की खाड़ी में फैल जाती है। ये हवायें भारत के पूर्वी-पश्चिमी तटों के निकट जून के मध्य तक पहुँचती हैं। अरब सागर की ये मानसून हवायें पश्चिमी घाट को पार करके प्रायद्वीप में घुसती हैं और पश्चिमी घाट के पश्चिमी ढाल पर खूब वर्षा करती है। अरब सागर की एक शाखा उत्तर में काठियावाड़ और राजस्थान की ओर चली जाती है। लेकिन इस प्रदेश में ताप बहुत ऊँचा होने के कारण और इन पवनों को कोई पहाड़ द्वारा रुकावट न होने के कारण यह बिना वर्षा किये आगे बढ़ जाती हैं। बंगाल की खाड़ी की मानसून असम और बर्मा की पहाड़ियों से टकराकर उस प्रदेश की ओर वर्षा करती हैं। इसके पश्चात् मानसून पश्चिम की ओर मुड़कर बंगाल तक पानी बरसता है। उधर अरब सागर से मानसून हवाओं की एक शाखा मध्य भारत में होती हुई बंगाल की खाड़ी के मानसून में मिल जाती है। ये हवायें फिर उत्तर प्रदेश तथा पंजाब पर वर्षा करती हुई पश्चिम की ओर चली जाती हैं।

जुलाई के महीने में मानसून प्राय: सम्पूर्ण देश में फैल जाता है। उत्तर प्रदेश के साथ–साथ उत्तर भारत के अन्य राज्यों में जुलाई–अगस्त के महीने में खूब वर्षा होती है। सितम्बर के अन्त तक वर्षा प्राय: समाप्त हो जाती है।

3. शीत ऋतु (Winter season) :

भारत के अधिकतर भागों में शीत ऋतु नवम्बर से फरवरी माह तक होती है। दिसम्बर तक सूर्य विषुवत रेखा के दक्षिण में पहुँच जाता है अत: उत्तर से सूर्य की किरणें तिरछी पड़ने के कारण देश में ठण्ड पड़ने लगती है। दिसम्बर और जनवरी देश के सर्वाधिक ठण्डे महीने होते हैं। इस अवधि में दक्षिण भारत की अपेक्षा उत्तर भारत में तापमान में ज्यादा कमी रहती है। दक्षिणी भारत में मद्रास एवं कालीकट में 20–25 डिग्री सेन्टीग्रेड तापमान की अपेक्षा उत्तर भारत के दिल्ली में तापमान 10–12 डिग्री सेन्टीग्रेड रहता है। गंगा के बेसिन तथा मध्य पठार में ताप की यह सीमा 13 से 21 डिग्री सेन्टीग्रेड के बीच रहती है। सामान्यत: इस ऋतु में वर्षा नहीं होती है। शुष्क क्षेत्रों में मानसून की समाप्ति पर सितम्बर एवं अक्टूबर से संचित मृदा नमी में रबी फसलें जैसे खाद्यान्न, तिलहनी एवं दलहनी फसलों की बुआई भी की जाती है। कभी–कभी इस मौसम में बहुत कम वर्षा तथा फुहारें ही पड़ती हैं। जो कि रबी की फसलों के लिए बहुत ही लाभदायक होती हैं। यदि यह वर्षा जनवरी के अन्तिम सप्ताह तथा फरवरी में होती है तो फसलों के फल एवं फूल झड़ जाते हैं, कपास में गूलर गिर जाते हैं। तम्बाकू के पत्तों की गुणवत्ता खराब हो जाती है तथा फसलों के विभिन्न प्रकार के कीटों एवं बीमारियों का प्रकोप शुरु हो जाता है। इस ऋतु में उत्तर भारत में कभी–कभी ओले पड़ने से फसल में बहुत अधिक क्षति हो जाती है। उत्तर भारत के लगभग सभी राज्यों में कोहरा भी पड़ता है जो कुछ फसलों की वृद्धि के लिए अनुकूल होता है परन्तु फूल आने की अवस्था में यह हानिकारक भी है।

मौसम पूर्वानुमान (Weather Forecasting)

भारतीय कृषकों का मौसम सम्बन्धी भविष्यवाणी पर अति प्राचीन काल से ही विश्वास है इसलिए समय–समय पर वह मौसम सम्बन्धी घटनाओं जैसे वर्षा, वायु, आँधी, पाला, ओले आदि के सम्बन्ध में पंडितों एवं पांचांग से जानकारी हासिल करता रहता है। हिन्दू पंचांगों (Hindu Calenders) में इस सम्बन्ध में कई सूचनाएं अंकित रहती हैं। लेकिन ये सूचनाएं किसी स्थान विशेष से सम्बन्धित न होने के कारण प्राय: सही नहीं उतरती थी। यह भी सच है कि मौसम की भविष्यवाणी के लिए आज तक कोई स्पष्ट नियम नहीं बनाये जा सके हैं। यही कारण है कि मौसम सम्बन्धी जानकारी के लिए अनुमान सूचक शब्दों जैसे लगभग, प्राय:, सम्भवतया आदि शब्दों का प्रयोग किया जाता है। इस समस्या का वैज्ञानिक ढंग से उपाय के लिए हमारे देश के विभिन्न नगरों में शासन ने जलवायु सम्बन्धी अनुसंधानशालायें स्थापित की हैं। इन अनुसंधानशालाओं में विभिन्न यंत्रों की सहायता से प्रत्येक दिन यानी पिछले 24 घण्टों में हुई वर्षा, अधिकतम तथा न्यूनतम तापमान, आर्द्रता, हवा की गति तथा उसकी दिशा, सूर्य के प्रकाश के घण्टे आदि केन्द्रीय वेधशाला पूना में भेजी जाती हैं और वहाँ से मौसम सम्बन्धी आंकड़ों का विस्तृत अध्ययन करने के पश्चात् यह सूचनाएं देश के विभिन्न स्थानों तथा शहरों एवं सूचना प्रसार माध्यमों द्वारा देश के हर कोने में भेज दी जाती हैं। इसके अतिरिक्त प्रत्येक दिन विभिन्न रेडियो स्टेशनों एवं दूरदर्शन के राष्ट्रीय चैनलों द्वारा मौसम सम्बन्धी समस्त सूचनाएं प्रकाशित तथा प्रसारित की जाती हैं। अनुभवी अन्तरिक्ष वैज्ञानिक ही मौसम की ठीक–ठाक भविष्यवाणी करने में सक्षम होते हैं। मौसम सम्बन्धी भविष्यवाणी करना एक बड़ा ही कठिन कार्य है क्योंकि मौसमी दशाओं के शीघ्र परिवर्तन की कोई निश्चित विधि नहीं अपनाई जा सकी है क्योंकि मौसम अस्थाई होता है तथा दिन में किसी भी समय कई बार बदल सकता है। पश्चिमी यूरोप में मौसमी अवस्थायें बहुत ही शीघ्रता से परिवर्तित होती रहती है। अत: प्रत्येक देश का मौसम पूर्वानुमान अलग–अलग होता है। अमेरिका अंतरिक्ष संस्थान (NASA) द्वारा वायुमण्डल में विभिन्न ऊँचाई पर उपग्रहों तथा विभिन्न देशों द्वारा विकसित रडार के कारण आज अधिक विकसित एवं 40–95 प्रतिशत मौसम सम्बन्धी सही सूचनायें भेजी जाती हैं। इन सूचनाओं का अध्ययन एवं विश्लेषण करके मौसमी सूचनायें प्रसारित की जाती है।

इस प्रकार वर्तमान एवं भूतकाल की मौसमी दशाओं के आधार पर आगामी मौसमी दशाओं का निर्णय सम्भव हो पाता है। मौसम सम्बन्धी भविष्यवाणी को मौसम पूर्वानुमान (Weather forecasting) कहते हैं। अमेरिका में आये केटरीना तथा रीटा जैसे प्रलयंकारी तूफानों के बारे में पूर्वानुमान कर देने से वहाँ पर होने वाले भारी जन–धन की हानि से बचाया जा सका। परन्तु कुछ प्रलयंकारी समुद्री तूफानों जैसे सुनामी के बारे में मौसम विज्ञान की भविष्यवाणी न हो पाने के कारण इण्डोनेशिया सहित भारत जैसे तमाम देशों में भारी जन–धन की हानि हुई।

मौसम के पूर्वानुमान के लिए स्थानीय तथा निकटतम प्रदेशों के मौसम सम्बन्धी सम्पूर्ण जानकारी का होना आवश्यक होता है अन्यथा मौसम के पूर्वानुमान में अशुद्धि हो सकती है। वायुदाब के प्रभाव को विशेषरूप से ध्यान में रखना अत्यन्त आवश्यक है क्योंकि चक्रवात तथा प्रतिचक्रवात की गति वायुदाब द्वारा ही प्रभावित होती है। मौसम का पूर्वानुमान दो प्रकार का होता है – अल्पकालिक मौसम पूर्वानुमान तथा दीर्घकालिक मौसम पूर्वानुमान। अल्पकालिक मौसम पूर्वानुमान 24 घण्टे अथवा कम समय में होने वाली मौसमी घटनाओं का होता है जबकि दीर्घकालीन मौसम पूर्वानुमान बहुत समय / वर्षों के आंकड़ों के आधार पर यह अनुमान लगाया था कि यूरोप में 7 वर्षों तक शुष्क तथा आर्द्र मौसम की स्थिति बनी रहेगी। आजकल मौसम का पूर्वानुमान इन्सैट–1 बी तथा सी द्वारा प्राप्त बादलों के चित्र की स्थिति को प्रतिदिन प्रसारित करता है। मौसम पूर्वानुमान के लिए निम्न बातों का ध्यान रखना आवश्यक है –

(i) स्थानीय तथा निकटवर्ती प्रदेशों का मौसम सम्बन्धी ज्ञान

(ii) तन्त्रों में परिवर्तन का ज्ञान

(iii) स्थानीय स्थलाकृति का ज्ञान

(iv) वायुदाब एवं उसके संचालन का ज्ञान

(v) वायु के प्राकृतिक तत्वों में परिवर्तन का ज्ञान

मौसम पूर्वानुमान की विधियाँ (Methods of weather forecasting)

मौसम का पूर्वानुमान करने के लिए स्थानीय मौसम सम्बन्धी तत्वों के अतिरिक्त निकटवर्ती प्रदेशों में हो रही मौसमी गतिविधियों के अतिरिक्त बीते दिनों की मौसम सम्बन्धी सूचनाओं की जानकारी होना आवश्यक है। इस प्रकार मौसम के पूर्वानुमान के लिए वर्तमान एवं भूतकाल दोनों ही समयों की जानकारी होने से तुलनात्मक विश्लेषण द्वारा सही निष्कर्ष पर पहुँचने में सहायक होती है। मौसम पूर्वानुमान की जानकारी प्राप्त करने के लिए निम्न विधियां प्रयोग की जाती हैं –

(1) मार्ग विधि (Path methods) : इस विधि में सर्वप्रथम वायुदाब के भ्रमण पथ को निर्धारित किया जाता है इसके पश्चात् इसके लिए वायुदाब तन्त्रों के केन्द्रों की स्थिति सुनिश्चित करनी होती है। इन्हीं केन्द्रों को मिलाने पर चक्रवात पर पथ भ्रमण ज्ञात होता है कि यह मार्ग सीधा अथवा वक्र हो सकता है। यदि चक्रवात मार्ग सीधा तथा कई दिनों तक अन्तर बराबर रहता है तो इसका तात्पर्य असमान और दूरी कम होती जाती है। इसका मतलब यह है कि चक्रवात की गति धीमी होती जाती है। मौसम विशेषज्ञ चक्रवात के मार्ग एवं उनकी गति के आधार पर आगामी 12 घण्टे अथवा 24 घण्टे की मौसमी दशाओं का अनुमान लगा सकते हैं। इस अवधि में कई मौसम मानचित्रों के उपलब्ध होने पर अच्छे परिणाम प्राप्त हो सकते हैं।

(2) समदाब प्रवणता विधि (Isobaric gradient method) : समदाब के चार्ट विधि द्वारा पिछले 24 घण्टे के वायुदाब के परिवर्तन का पता लग जाता है। इससे उच्च एवं निम्न वायुदाब की स्थिति एवं गति की जानकारी प्राप्त होती है। इस प्रकार मौसम के मानचित्रों के आधार पर वायुदाब जानकारी सुगमता से हो जाती है। वायुदाब प्रवणता के एक समान होने पर वायुदाब रुकने लगता है परन्तु वायुदाब प्रवणता के परिवर्तनशील होने पर वायुदाब में भी गतिशीलता आ जाती है। इस प्रकार वायुदाब तन्त्रों के आधार पर अग्रिम मौसम का पूर्वानुमान करना सम्भव हो जाता है।

(3) भूविपेक्षी वायु विधि (Geostrophic wind method) : यह विधि मध्य अक्षांशों में स्थित प्रदेशों के लिए अधिक उपयुक्त है। इस विधि द्वारा पहले चक्रवातों के भ्रमण पथ को ज्ञान किया जाता है। प्राय: उनकी भ्रमण गति वही होती है जो चक्रवातों के अग्रवाताग्र की होती है। परन्तु अग्रवाताग्र की गति भूविपेक्षी वायु से धीमी होती है इसका प्रमुख कारण है कि अग्रवाताग्र की गति घर्षण एवं उर्ध्वगति के कारण कुछ मन्द पड़ जाती है। उष्ण वाताग्र से शीत वाताग्र की गति कुछ अधिक होती है जो मौसम के पूर्वानुमान में निम्न प्रकार से सहायक है –

(i) उष्ण वाताग्र की गति भूविपेक्षी वायु की गति की अपेक्षा 60 से 80 प्रतिशत अधिक होती है।

(ii) चक्रवात की गति उष्ण वाताग्र से बढ़ती है परन्तु शीत वाताग्र से धीमी होती है।

(iii) शीत वाताग्र की गति भूविपेक्षी वायु की गति से 70 से 90 प्रतिशत अधिक होती है।

(4) सांख्यिकी विधि (Statistical method) : इस विधि में मौसम का पूर्वानुमान करने के लिए समाश्रयण समीकरण (Regression equation) अथवा अन्य सांख्यिकी विधियों द्वारा मौसम के विभिन्न घटकों की तीव्रता एवं परिवर्तन के मध्य सह सम्बन्ध (Correlation) स्थापित किया जाता है। इस विधि द्वारा मौसम की अल्पकालिक (Short range) तथा दीर्घकालिक (Long range) दोनों प्रकार की भविष्यवाणी की जाती है। इस भविष्यवाणी के आधार पर वायुदाब, तापमान तथा आर्द्रता में परिवर्तन के द्वारा वर्षा, वायु प्रवाह आदि की परिकल्पना की जाती है। इस विधि द्वारा वार्षिक वर्षा का पूर्वानुमान करने के लिए विभिन्न 16 घटकों (Parameters) पर आधारित बहुआयामी समाश्रयण समीकरण (Multiple regression equation) विकसित किये गये हैं। इस प्रकार मौसमी घटकों का पूर्वानुमान करने के लिए विभिन्न प्रकार के मॉडल भी विकसित किये गये हैं।

(5) आंकिक विधि (Numerical method) : इस विधि में विभिन्न मौसम के घटकों जैसे वायु का संचलन, वायुदाब, आर्द्रता, तापमान आदि के भौतिक नियमों के आधार पर वायुमण्डलीय परिवर्तनों से सम्बन्धित समीकरण तैयार किये जाते हैं जिनके आधार पर मौसम की भविष्यवाणी की जाती है। मौसम पूर्वानुमान की यह विधि मध्यकालिक पूर्वानुमान (Medium range forecast) के लिए अधिक उपयुक्त है।

(6) उपग्रह विधि (Satellite method) : उपग्रह द्वारा दृश्य एवं अवरक्त वर्णक्रम में पृथ्वी तथा वायुमण्डल के चित्र लेकर उसका पारेषण (Transmission) धरातल के मौसमी उपग्रह सूचना संकलन केन्द्रों को दिया जाता है। अवरक्त प्रतिबिम्बों द्वारा धरातल के तापमान, बादलों की ऊँचाई आदि का निर्धारण किया जाता है। दृश्य कार्यक्रम के चित्रों की सहायता से बादलों का निर्माण दिखाया जाता है तथा सूक्ष्म बादलों के टुकड़ों द्वारा वायु की गति का संकेत मिलता है। इस प्रकार कम अन्तराल पर प्राप्त होने वाले बादलों को चित्रों की सहायता से बादलों के बनने तथा उनके संचलन, बादलों के प्रकार एवं ऊँचाई, तापमान, वायु की गति आदि के सम्बन्ध में सूचना प्राप्त होती है। इस प्रकार विभिन्न मौसमी घटनाओं के घटित होने के सम्बन्ध में संक्षिप्त चार्ट एवं बादलों के चित्रों को ध्यान में रखकर अधिक शुद्ध एवं यथार्थ पूर्वानुमान किया जा सकता है।

मौसमी पूर्वानुमान के प्रकार (Type of forecasting)

मौसम के पूर्वानुमान सूचनाओं की वैधता के आधार पर पूर्वानुमान मुख्यत: तीन प्रकार के होते हैं, जो निम्न हैं –

(अ) अल्पकालिक मौसम पूर्वानुमान (Short range weather forecasting) : मौसम का अल्पकालिक पूर्वानुमान प्राय: 12 से 48 घण्टों के मध्य किया जाता है। प्रतिदिन मौसमी अवस्था स्थानीय परिस्थितियों के कारण परिवर्तित होती है इसलिए यह कुछ कठिन होता है। भारतीय मौसम विभाग द्वारा प्रकाशित कुछ तथ्यों के विवरण का सारांश निम्न प्रकार से है –

1. निम्न वायुदाब क्षेत्र की दिशा उत्तर भारत में पवनों के प्रवाह की तरह होती है जिससे मैदानी भागों में वर्षा कम

होती है मानसून पवनों की क्रमबद्धता टूट जाती है। मौसम में होने वाली इस प्रकार की अवस्थायें जून-जुलाई में कुछ दिनों के लिए तथा अगस्त-सितम्बर में कुछ सप्ताहों के लिए हो सकती है।

2. यदि समदाब रेखायें पश्चिमी तट को पारकर स्थल खण्ड की ओर झुकती हैं तो अगले दिन पवनों की गति मन्द पड़ जाती है। यदि समदाब रेखायें सरल हैं तो मानसून प्रबल तथा वर्षा करने वाला होता है।
3. अरब सागर तथा बंगाल की खाड़ी से उठने वाले गर्त मानसून पवनों को शक्तिशाली अथवा शक्तिहीन बनाने में सहायक होते हैं। बंगाल की खाड़ी में अरब सागर की अपेक्षा अधिक गर्त आते हैं।
4. इस प्रकार बंगाल की खाड़ी में जो गर्त जून माह में बनते हैं वे उत्तर-पश्चिम दिशा में चलते हुए पर्वतीय भागों तक पहुँच जाते हैं। इसकी दिशा को निम्न कारक प्रभावित करते हैं –
   (i) गर्त उस दिशा में जायेगा जहाँ पर वायुदाब निकट हो।
   (ii) साधारण वायुदाब अवस्था की दिशा पर पर्याप्त प्रभाव पड़ता है।
   (iii) अरब सागरीय गर्त अधिक दूरी तक नहीं जा सकते।
   (iv) पर्वतीय भागों में उच्च दाब बन जाने से गर्त के वेग में बाधा होती है।
5. अरब सागरीय गर्तों की आयु बहुत कम होती है जो बलोचिस्तान से आते हैं।
6. गर्त अधिकतर नियमित भागों पर चलते हैं। बंगाल की खाड़ी के गर्त उड़ीसा, नागपुर के पठारी क्षेत्रों, मध्यप्रदेश, थार रेगिस्तान तथा हिमाचल प्रदेश तक जाते हैं। यहाँ पर यह गर्त अरब सागरीय गर्त में मिल जाते हैं जो मुम्बई, नीमच तथा जयपुर होते हुए आते हैं।
7. बंगाल की खाड़ी के गर्त उड़ीसा, असम, बंगाल में पर्याप्त वर्षा करते हैं। इसके अतिरिक्त निकटवर्ती क्षेत्रों में वर्षा करते हैं। अरब सागर तक पहुँचते ही यह गर्त अरब सागरीय गर्त इनमें मिल जाते हैं तथा इनकी दिशा उत्तर की ओर हो जाती है।

इस प्रकार उपरोक्त आधार पर भारत में अल्पकालिक मौसम पूर्वानुमान की सम्भावनायें कुछ अनियमितता के आधार पर व्यक्त की जाती हैं।

(ब) मध्यकालीन मौसम पूर्वानुमान (Medium range weather forecasting) : इस प्रकार के मौसम पूर्वानुमान की वैधता 3 से 10 दिनों तक के लिए होती है। मौसम विभाग द्वारा इस प्रकार की सूचनायें साप्ताहिक पत्र-पत्रिकाओं के माध्यम से प्रकाशित की जाती है। मध्यकालीन मौसम पूर्वानुमान में निम्न बातों का समावेश किया जाना आवश्यक होता है –

(1) जितने दिनों का समाचार प्रसारित किया जा रहा है उसके प्रारम्भिक काल से लेकर अन्तिम समय तक का मौसम सारांश होता है।

(2) खड़ी फसलों की दशा एवं वृद्धि की अवस्थाओं में आने वाली संभावित विकृतियां होती हैं।

(3) फसलों की वृद्धि एवं कृष्य क्रियाओं पर मौसमी पूर्वानुमान से आशंकित स्थितियां प्रभावित होने की जानकारी होती है।

(स) दीर्घकालीन मौसम पूर्वानुमान (Long range weather forecasting) : दीर्घकालीन मौसम पूर्वानुमान 10 दिनों से अधिक अथवा पूरे मौसम अथवा इससे अधिक समय के लिए प्रभावी होते हैं। दीर्घकालीन पूर्वानुमान के अन्तर्गत किसी क्षेत्र की सामान्य मौसमी गतिविधियों को पूर्व के मौसम की तुलना करके आगामी 5-6 महीनों के मौसम का पूर्वानुमान किया जाता है। कभी-कभी इन अवस्थाओं में किसी निश्चित क्षेत्र की जलवायु के घटकों की विश्व के अन्य भागों की विगत जलवायु से तुलना करके निष्कर्ष निकाला जाता है। इस प्रकार मौसम के विभिन्न घटकों में सह सम्बन्ध स्थापित करके आगामी मानसून का पूर्वानुमान किया जाता है।

कृषकों के लिए मौसम की सम्भावनायें तैयार करना
(Preparation of farmers weather outlook)

विभिन्न मौसम वेधशालाओं से अंकित आंकड़ों के आधार पर फसल मौसम पंचांग, संक्षिप्त चार्ट तथा कृषि जलवायु मान नियमावली तैयार करने के लिए किया जाता है।

(1) फसल मौसम पंचांग (Crop weather calender) : फसल मौसम पंचांग की सहायता से किसी क्षेत्र विशेष के लिए किसी निश्चित अवस्था में फसलों की वृद्धि पर पड़ने वाले प्रभाव का पूर्वानुमान किया जाता है। इस प्रकार के संक्षिप्त मौसमी चार्ट को चित्रों द्वारा प्रदर्शित करते हैं। इस पंचांग के प्रमुख तीन भाग होते हैं, जो निम्न हैं –

(अ) आधार भाग (Bottom part) : आधार भाग का तात्पर्य फसल की वृद्धि की विभिन्न अवस्थाओं अथवा बुआई से कटाई के मध्य की घटनाओं जैसे बुआई, अंकुरण, पौध रोपण, कल्ले निकलना, फूल निकलना, दाने बनना एवं कटाई का सांकेतिक चित्रीय प्रदर्शन होता है।

(ब) मध्य भाग (Middle part) : मध्य भाग द्वारा फसल वृद्धिकाल में आवश्यक मौसमी अवस्थाओं का उल्लेख होता है। वर्षा, वर्षा के दिन, अधिकतम तथा न्यूनतम तापमान, प्रदीप्तकाल आदि मध्य भाग के कई उपखण्ड होते हैं।

(स) शीर्ष भाग (Top part) : शीर्ष भाग द्वारा असामान्य मौसमी अवस्था से सम्बन्धित सूचना अथवा पूर्वानुमान केन्द्र द्वारा निर्गत की जाने वाली चेतावनी की प्रकृति एवं समय का मुख्यरूप से विवरण होता है। इस भाग के अन्तर्गत सूखा की अवधि, तीव्र वायुवेग, भारी वर्षा, बदली का मौसम आदि विभिन्न उपखण्डों में विभक्त रहता है।

(2) संक्षिप्त चार्ट (Synoptic chart) : मौसमी घटनाओं से सम्बन्धित निरीक्षणों का संक्षिप्त, सांकेतिक तथा साररूप में अंकित किये गये आंकड़ों को संक्षिप्त चार्ट कहते हैं। इसलिए संक्षिप्त चार्ट को मौसमी चार्ट भी कहते हैं। क्षेत्रीय वेधशालाओं द्वारा एक निश्चित समय के प्राप्त आंकड़ों को अंकित करने के एक घण्टे के अन्दर निर्दिष्ट मौसम विज्ञान कार्यालय को भेज दिये जाते हैं जहाँ पर अन्तर्राष्ट्रीय नियमावली, संकेत तथा निरीक्षणों का उपयोग करके प्राप्त सूचनाओं के आधार पर भारत के मानचित्र पर अंकित कर दिया जाता है। संक्षिप्त चार्ट में समान वायुमण्डलीय दाब वाले स्थानों को प्रदर्शित करने वाली रेखाओं को पतली तथा काली लाइनों द्वारा प्रदर्शित किया जाता है तथा रेखा के अन्तिम किनारे पर वायुदाब को मिलीबार में अंकित कर दिया जाता है। चार्ट में वर्षा की स्थिति छाया चित्रों द्वारा तथा वायुप्रभाव की अभिव्यक्ति गगन दिशा में तीरों के अनुबेधन (Arrow pointing) द्वारा व्यक्त की जाती है। इस प्रकार बादलों का प्रदर्शन छायाचित्रों द्वारा छोटे वृत्तों में किया जाता है।

यह पूर्वानुमान मुख्यत: वायुदाब में परिवर्तन, आर्द्रता, वायुमण्डल के ऊपरी तथा निचली परत में वायु की दिशा, वर्तमान मौसम की अवस्था तथा भूतकाल में मौसमी आंकड़ों के आधार पर किया जाता है। इस प्रकार मौसम के पूर्वानुमान का सम्पूर्ण विवरण दोपहर के 12 बजे तक तार अथवा फैक्स द्वारा प्रमुख केन्द्रों, अन्य संस्थाओं तथा अखिल भारतीय रेडियो केन्द्रों, आकाशवाणी दूरदर्शन एवं समाचार पत्र–पत्रिकाओं में भेज दिया जाता है। आँधी, चक्रवात, प्रति चक्रवात, तूफान, भारी वर्षा आदि की सूचनायें प्रभावित क्षेत्रों को विशेषरूप से प्रेषित कर दी जाती है जिससे प्रभावी बचाव/राहत कार्य समय से पूर्व सम्पन्न किया जा सके।

(3) कृषि जलवायु मानचित्रावली (Agro-climate Atlas) : इस मानचित्रावली के अन्तर्गत विभिन्न मौसम वेधशालाओं से प्राप्त सभी प्रकार की मौसम सम्बन्धी सूचनायें मानचित्रावली में अंकित कर दी जाती है। इस प्रकार सूचनायें कृषि अभियोजनकर्त्ता तथा पौध प्रजनकों के लिए विशेषरूप से उपयोगी हैं क्योंकि मानचित्रावली में विभिन्न फसलों में पुष्पविन्यास, बीज बनते समय आदि मौसमी अवस्थाओं का संकेत मिलता है।

भारत में मौसम का पूर्वानुमान (Weather forecasting in India)

प्राचीन भारत में मौसम के पूर्वानुमान के सम्बन्ध में लोकोक्तियां तथा स्थानीय प्रचलित गीतों के आधार पर किया जाता था। घाघ एवं भन्डरी कवि की कहावतें बहुत ही प्रसिद्ध है तथा आज भी दूरदराज के गाँवों में मौसम के पूर्वानुमान इन्हीं के आधार पर मान्य है। विश्व के विभिन्न देशों एवं भागों में इस प्रकार की कहावतें आज भी प्रचलित है। इन कहावतों की अवहेलना भी नहीं की जा सकती है क्योंकि ये कहावतें कई वर्षों के मौसम के निरीक्षणों के आधार पर बनाई गई है। आज भी विश्व के अनेक देशों में 'चन्द्रमा', 'आकाश', कीड़े-मकोड़े, जानवर तथा पक्षियों आदि की सहायता से पूर्वानुमान किये जाते हैं। वायुदाब मापी के सम्बन्ध में ऐसी लोकोक्तियां बहुत ही महत्वपूर्ण है जो आधुनिक अन्तरिक्ष ज्ञान से बहुत ही मिलती-जुलती हैं।

आज मौसम विज्ञान के सही पूर्वानुमान के लिए पर्याप्त वैज्ञानिक तकनीक विकसित हो गई है। भारतीय मौसम विज्ञान द्वारा प्रकाशित कुछ विवरणों जैसे रिपोर्ट, स्मरण शक्ति तथा वैज्ञानिक लेखों (Report, Memoires and Scientific notes) के आधार पर मौसम का पूर्वानुमान किया जाता है।

(अ) ग्रीष्मकालीन पूर्वानुमान सम्बन्धी संकेत (Symbols of summer forecasting) : भारत में ग्रीष्मकालीन मौसम पूर्वानुमान अमेरिका के वायुदाब के क्षेत्रों के आधार पर किया जाता है। वर्षा लाने वाली मानसूनों का जन्म ब्यूनस आयर्स, कारडोबा तथा सेन्टियागो (दक्षिणी अमेरिका) से पश्चिम की ओर चलने वाली वायुधाराओं से होता है। भारत तक पहुँचने में इन वायुधाराओं (Air currents) को 220 देशान्तर पार करने पड़ते हैं। इन वायुधाराओं की गति 650-800 किलोमीटर प्रतिदिन होती है जिन्हें भारत तक पहुँचने में लगभग एक माह लग जाता हैं। अत: दक्षिण अमेरिका के प्रेक्षण केन्द्रों पर वायुपथ में मेलागासी द्वीप के उच्च दाब तथा विषुवत वृत्त के निम्न वायुदाब के क्षेत्र पड़ते हैं इसलिए वायु के वेग में एक अवरोध उत्पन्न होता है यदि पवनें विषुवत वृत्त को साधारण समय के पूर्व ही पार कर जायें, जिससे पृष्ठ भाग से वायु प्रवाह का तारतम्य बंध जाता है तो निश्चित समय से पूर्व ही भारत में मानसून प्रारम्भ हो जाता है। इसका संकेत अरब सागर तथा बंगाल की खाड़ी के वायुदाब से मिलता है। जब भारत के पश्चिमी घाट की समदाब रेखाओं में अधिक मोड़ नहीं होते हैं तो अच्छे मानसून का आभास मिलता है। इसके विपरीत जब पठार की समदाब रेखाओं में अधिक मोड़ आ जाये तो निर्बल मानसून की उत्पत्ति होती है।

इस प्रकार ग्रीष्मकालीन के मौसम पूर्वानुमान के आधार पर मानसून के आने एवं वापसी का समय, फसल के जीवनकाल में अधिक समय तक वर्षा न होने वाले दिनों की संख्या, भारी वर्षा की सम्भावनाएं आदि व्यक्त की जाती हैं।

(ब) शीतकालीन पूर्वानुमान सम्बन्धी संकेत (Symbols of winter forecasting) : शीतकाल में गर्त उत्तर-पश्चिम से आते हैं जो केवल उत्तर-पश्चिमी क्षेत्रों से प्रभावित करते हैं। आगामी दिनों के मौसम का अनुमान इनकी प्रतिदिन की गति से किया जाता है। इसके पश्चात् ये गर्त पूर्व दिशा की ओर बढ़ते हैं तथा दो दिनों में यह 320 किलोमीटर पूर्व की ओर बढ़ जाते हैं। इस प्रकार आगामी दिनों का मौसम पूर्वानुमान इनकी गति के आधार पर किया जा सकता है।

भारतवर्ष में शीत ऋतु में बहुत कम परिवर्तन होता है। कभी-कभी अनुचक्रवातों से सामान्य वर्षा हो जाती है तथा कभी-कभी इनका छिटपुट प्रभाव बंगाल तक पहुँच जाता है। प्राय: यह शुष्क होती है। इस ऋतु में उच्च वायुदाब के विस्तृत क्षेत्र तथा फॉन बनते हैं। पश्चिमोत्तर भारत में अवदाब उत्पन्न हो जाते हैं जो छिछले तथा वी आकृति वाले होते हैं। इस ऋतु में कोहरा, धुन्ध, तुषार तथा उपल वृष्टि जैसी सामान्य घटनायें हो जाया करती हैं।

इस प्रकार तथ्यपूरक मौसमी पूर्वानुमान द्वारा कृषकों को कृषि की सम्भावित क्षति से बचाव कर अधिक उत्पादन करने में सहायक हो सकती है। मौसम सम्बन्धी पूर्वानुमान के द्वारा निम्न कृषि कार्य किये जा सकते हैं -

(i) मानसून से पूर्व होने वाली वर्षा के जल का उपयोग करके फसलों की उचित समय पर बुआई के लिए खेती की तैयारी करना।

(ii) फसलोत्पादन के लिए प्रयोग किये जाने वाले उपादानों की योजना निर्धारित करना।

(iii) खाद एवं उर्वरकों के प्रयोग की मात्रा तथा विधि का निर्धारण करना।

(iv) कोहरा पड़ने से फसलों में लगने वाले कीटों एवं बीमारियों से बचाव करना।

(v) फसलों की कटाई से सम्बन्धित क्षति से बचाने के लिए कटाई आदि में परिवर्तन करके बचाव करना।

कृषि मौसम वेधशाला (Agro-meteorological observatory)

मौसम के विभिन्न तत्वों का निरीक्षण करने के लिए जिस स्थान पर कई प्रकार के मौसमी उपकरण स्थापित किये जाते हैं, उसे कृषि मौसम वेधशाला कहते हैं। कृषि मौसम वेधशालायें प्रत्येक दिन के मौसम का विवरण (तापमान, वर्षा, वायुदाब, वायु दिशा, बादल तथा अन्य) तैयार करती है तथा आगामी दिन के मौसम का पूर्वानुमान करती हैं। मौसम का यह विवरण प्रतिदिन प्रात: 8 बजे तथा सायंकाल 5 बजे अंकित किया जाता हे। मौसम सम्बन्धी जानकारी प्राप्त करने के लिए भारत सरकार ने मौसम विज्ञान विभाग (Meteorological Department) की स्थापना की है। इस विभाग के अनेक उपकार्यालय हैं जहाँ पर वैज्ञानिक ढंग से मौसम सम्बन्धी आंकड़े एकत्रित किये जाते हैं। पूणे में स्थित केन्द्रीय मौसम वेधशाला (Central meteorological observatory) स्थापित है जहाँ पर सम्पूर्ण भारत के मौसम सम्बन्धी तत्वों के ज्ञान द्वारा विभिन्न मौसम वेधशालाओं का संचालन किया जाता है। केन्द्रीय सरकार ने आगरा, दिल्ली, कानपुर, जयपुर, इलाहाबाद, मद्रास आदि स्थानों पर मुख्य वेधशालायें स्थापित की हैं।

मौसम के पूर्वानुमान तथा जलवायु कृषि मौसम एवं जल मौसम जैसे अनेक अनुप्रयोगों, अध्ययन एवं दूसरी शाखाओं के लिए इस प्रकार प्रेक्षण (Observation) आवश्यक होते हैं। इस प्रकार प्राप्त प्रेक्षणों को अधिक शुद्ध तथा यथार्थपूरक रूप में प्रस्तुत करने के लिए सावधानीपूर्वक माप आवश्यक है। इस प्रकार प्रेक्षण लेते समय यह ध्यान रखना चाहिए कि प्रेक्षणों से लिए गए आंकड़े राष्ट्रीय स्तर पर ही नहीं परन्तु समस्त विश्वस्तरीय गुणवत्ता से भी उपयोगी हो। इस प्रकार किसी वेधशाला द्वारा आंकड़े संग्रह करने का कार्य सम्पूर्ण विश्व के मौसमी आंकड़ों के संग्रह का ही एक हिस्सा होता है।

मौसम वेधशालाओं का वर्गीकरण (Classification of observatory)

मौसम वेधशालाओं को मुख्यत: छ: भागों में विभक्त किया गया है –

(1) **श्रेणी I (Class - I) :** इस श्रेणी की वेधशालाओं में देखकर पढ़े जाने वाले तथा स्वलेखी (Self recording) दोनों ही प्रकार के उपकरण लगे होते हैं। इनमें दिन में नियमित रूप से दो बार प्रेक्षण लिये जाते हैं।

(2) **श्रेणी II (Class - II) :** इस प्रकार की वेधशालाओं में केवल पढ़े जाने वाले उपकरण लगे होते हैं। इनमें दिन में नियमित रूप से दो बार प्रेक्षण लिये जाते हैं।

(3) **श्रेणी III (Class - III) :** इस प्रकार की वेधशालाओं में श्रेणी II के समान ही उपकरण लगे होते हैं परन्तु इसमें नियमित समय में केवल दिन में एक बार ही प्रेक्षण लिये जाते हैं।

(4) श्रेणी **IV, V** तथा **VI (Class - IV, V & VI)** : इस श्रेणियों की वेधशालाओं में कम संख्या में उपकरण लगे होते हैं अथवा बिना उपकरणों की सहायता से ही प्रेक्षण लिये जाते हैं।

वेधशालाओं में स्थापित होने वाले उपकरण (Instrument / Equipment in observatory)

(अ) प्रधान वेधशालायें (Main Observatory)

(i) आवश्यक उपकरण (Essential Instrument)

1. अधिकतम तथा न्यूनतम तापमापी (Maximum and Minimum Thermometers)
2. आर्द्र एवं शुष्क बल्ब तापमापी (Wet and Dry Bulb Thermometer)
3. मृदा तापमापी (Soil Thermometer)
4. घास न्यूनतम तापमापी (Grass Minimum Thermometer)
5. वर्षामापी साधारण एवं स्वलेखी (Rain gauge Ordinary and Self recording)
6. पवन दिशा सूचक एवं वेगमापी (Wind Vane and Anemometer)
7. संयुक्त राज्य जल परिषद खुली सतह वाष्पमापी (U.S.W.B. Open Pan Evaporimeter)
8. सूर्य प्रकाश लेखी (Sunshine Recorder)
9. आसमैन आर्द्रतामापी (Ausman Hygrometer)
10. ओसमापी (Dew Gauge)
11. उष्ण जल लेखा चित्र (Thermo Hydrograph)
12. मृदा नमी उपकरण (Soil Moisture Equipments)
13. सौर विकरण उपकरण (Solar Radiation Instruments)

(ii) ऐच्छिक उपकरण (Optional Instruments)

1. लाइसीमीटर (Lysimeter)
2. विभवमापी (Potentiometer)
3. सूक्ष्म वोल्टमापी (Micro Voltmeter)

(ब) साधारण वेधशाला (General Observatory)

(i) आवश्यक उपकरण

1. अधिकतम तथा न्यूनतम तापमापी
2. आर्द्र एवं शुष्क बल्ब तापमापी
3. मृदा तापमापी
4. घास न्यूनतम तापमापी
5. साधारण तथा स्वलेखी वर्षामापी
6. पवन दिशा एवं गति सूचकमापी
7. संयुक्त राज्य जल परिषद खुली सतह वाष्पमापी
8. आसमैन आर्द्रतामापी

(ii) ऐच्छिक उपकरण

1. ओसमापी
2. सूर्य प्रकाशलेखी
3. स्वलेखी वर्षामापी
4. उष्ण जल लेखाचित्र

(स) सहायक वेधशालायें

(i) आवश्यक उपकरण

1. अधिकतम तथा न्यूनतम तापमापी
2. साधारण वर्षा मापी
3. आर्द्र एवं शुष्क बल्ब तापमापी

(ii) ऐच्छिक उपकरण

1. पवन दिशा सूचक एवं वेगमापी
2. ओसमापी

वेधशाला के लिए स्थान का चुनाव

वेधशाला का चुनाव एक महत्वपूर्ण कार्य है। प्रेक्षणों की गुणवत्ता वेधशाला की स्थिति से बहुत अधिक प्रभावित होती है। इस प्रकार वेधशाला का चुनाव करते समय निम्नलिखित बातें ध्यान में रखनी चाहिए –

1. वेधशाला सदैव समतल भूमि पर स्थित होनी चाहिए।
2. वेधशाला के लिए चुना गया स्थान उस क्षेत्र की अन्य भूमि के समान ही होना चाहिए। वह निकटवर्ती स्थान से न तो ऊँचा होना चाहिए और न ही नीचा होना चाहिए।
3. निकटवर्ती क्षेत्रों के भूमि का प्रकार भी एक ही होना चाहिए।
4. वेधशाला में किसी प्रकार के जलभराव की समस्या नहीं होनी चाहिए।
5. वेधशाला कृषि फार्म के बीचों बीच में स्थित होनी चाहिए।
6. वर्षा ऋतु का वेधशाला में आवागमन में किसी प्रकार की असुविधा न हो।
7. वेधशाला का चुना गया स्थान, सिंचाई के साधन, वृक्षों, पहाड़ी, टीले, बड़ी इमारतों से दूर होना चाहिए।

वेधशाला का विन्यास

वेधशाला के लिए चुने गये स्थान को भलीभांति समतल करके 4 से 6 इंच मोटी हल्की मिट्टी अथवा बालू से भर देना चाहिए जिससे पानी भरने की समस्या समाप्त हो जाये। इसके उपरान्त स्थान को चारों तरफ से कांटेदार तार से मजबूत घेरा बना देने से वेधशाला के उपकरणों की पशुओं आदि से सुरक्षा हो सके।

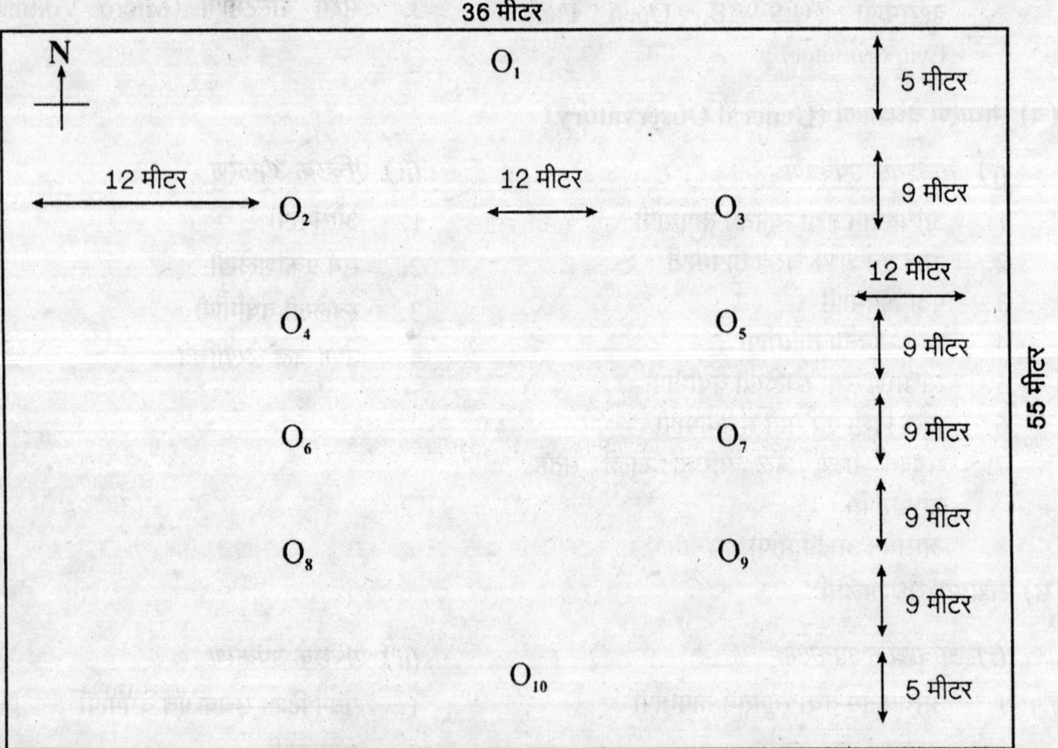

चित्र 2.3 : कृषि मौसम वेधशाला का विन्यास तथा स्थापित उपकरणों की स्थिति

वेधशाला के स्थापन का आकार यद्यपि कई बातों पर निर्भर करता है फिर भी 25 से 30 मीटर लम्बाई तथा 15 मीटर की चौड़ाई से कम आकार नहीं होना चाहिए। वेधशाला के लिए मानक लम्बाई 55 मीटर तथा चौड़ाई 36 मीटर होती है।

वेधशाला की प्रत्येक स्थिति में उत्तर-दक्षिण दिशा में लम्बाई तथा पूरब-पश्चिम दिशा में चौड़ाई रखी जाती है। वेधशाला में उपकरणों को स्थापित करते समय यह ध्यान रखना चाहिए कि सभी ऊँचे उपकरण उत्तर दिशा में स्थापित किये जाये जिससे उनकी छाया अन्य उपकरणों पर न पड़े। उपकरणों को एक दूसरे से निर्दिष्ट दूरी पर लगाना चाहिए जिससे प्रेक्षण अंकित करने में कोई असुविधा न हो। वेधशाला में लगाये जाने वाले उपकरणों का विवरण एवं विन्यास चित्र 2.3 में दर्शाया गया है।

कृषि मौसम वैधशाला का विन्यास तथा स्थापित उपकरणों की स्थिति

1.	सूर्य प्रकाश लेखी	2.	पवन दिशा मापी	3.	पवन वेग मापी
4.	एकाकी स्टीवेंसन्स स्क्रीन	5.	दोहरा स्टीवेंसन्स स्क्रीन	6.	साधारण वर्षामापी
7.	स्वलेखी वर्षामापी	8.	घास न्यूनतम तापमापी	9.	वाष्पमापी

प्रेषण का समय (Time of Observation)

किसी वेधशाला से प्रेक्षण लेने का समय उस स्थान की देशान्तरीय स्थिति पर निर्भर करता है। अतः भारत में यह स्थित किसी स्थान पर प्रेक्षण लेने का समय निर्धारित करने के लिए सन्दर्भ मानक देशान्तर 82.5 डिग्री पूर्व पर ग्रीनविच माध्य समय (Greenwich Middle Time) से 5.30 घण्टे आगे का समय होता है। चूंकि पृथ्वी अपनी धुरी पर एक घण्टे में 15 डिग्री देशान्तर में पश्चिम से पूरब की तरफ घूमती है अतः प्रति डिग्री देशान्तर के घूमने में 4 मिनट का समय लगता है। इस प्रकार पृथ्वी के घूमने के कारण एक डिग्री पूर्व देशान्तर में घूमने में सूर्योदय 4 मिनट विलम्ब से होता है। इसी प्रकार देशान्तर के पूरब स्थित स्थानों के लिए 4 मिनट समय घटा दिया जाता है तथा पश्चिम स्थित स्थानों में 4 मिनट का समय जोड़ दिया जाता है।

मौसम विज्ञान की वेधशालाओं में समय को घड़ी के 24 घण्टों में व्यक्त किया जाता है। अर्थात् अर्द्धरात्रि के बाद समय क्रमशः एक बजे से प्रारम्भ होकर अर्द्धरात्रि में ही 24 बजते हैं। इस प्रकार 5.30 बजे सायंकाल को 17.30 बजे अंकित किया जाता है। मौसम विज्ञान की वेधशालाओं में भारतीय मानक समय (Indian Standard Time) का ही प्रयोग किया जाता है। श्रेणी – I तथा श्रेणी – II की अधिकांश वेधशालाओं में भारतीय मानक समय के अनुसार नियमित रूप से 8.30 बजे तथा 17.30 बजे प्रेक्षण लिये जाते हैं। जबकि श्रेणी – III की मौसम वेधशालाओं में उपरोक्त दोनों समयों में से किसी एक समय ही प्रेक्षण लिये जाते हैं।

श्रेणी – I तथा श्रेणी – II की कुछ वेधशालाओं में भारतीय मानक समय के अनुसार 5:30, 11:30, 14:30, 20:30, 23:30 तथा 2:30 बजे भी नियमित रूप से अतिरिक्त प्रेक्षण लिये जाते हैं प्रातःकालीन प्रेक्षण (Morning Observation) तथा मध्यान्ह प्रेक्षण (Greenwich Middle Time) तथा अपरान्ह प्रेक्षण (Afternoon Observation) का अभिप्राय क्रमशः 8:30 एवं 2:30 बजे लिए जाने वाले प्रेक्षणों से होता हे।

विभिन्न मौसम केन्द्रों पर नियमित प्रेक्षणों के अतिरिक्त भी प्रेक्षण आवश्यक हो जाते हैं। इन प्रेक्षणों की दर्ज करने के लिए सर्वदा ग्रीनविच माध्य समय का ही प्रयोग करना चाहिए।

प्रेक्षणों का क्रम (Order of Observation) : वेधशाला में स्थापित सभी उपकरणों से एक बार में प्रेक्षण लेना सम्भव नहीं होता अतः यह प्रेक्षण एक निश्चित क्रम के अनुसार लेने चाहिए। इनमें वायुदाबमापी का निरीक्षण एक निश्चित समय पर ही करना चाहिए। अतः वायुदाब मापी से प्रेक्षण लेने के लिए प्रेक्षण लेने की शुरुआत निर्धारित समय से 10 मिनट पूर्व निम्न क्रम में निरीक्षण कर अंकित किया जाता है –

1. पवन दिशासूचक एवं गति सूचक (Wind Vane and Anemometer)
2. वर्षामापी (Rain Gauge)
3. तापमापी (Thermometer)
4. दाबमापी (Barometer)

बिना उपकंरणों की सहायता से लिए जाने वाले प्रेक्षण जैसे दृश्यता, धूलभरी आँधी, हिमवर्षा, सौर प्रभा मण्डल, सौर कान्ति मण्डल, चन्द्र प्रभामण्डल तथा चन्द्र कान्तिमण्डल आदि पवन वेगमापी के पूर्व एवं दूसरे पाठयांक के बीच में पड़ने वाले 5 मिनट के अन्तराल में करने होते हैं।

भारत में कृषि जलवायु क्षेत्र (Age-climatic zones in India)

भारत में वर्षा, तापमान, मृदा, धरातल की स्थिति, फसल एवं फसल पद्धतियाँ तथा जल संसाधनों की उपलब्धता की समानता के आधार पर 15 जलवायु क्षेत्रों में विभक्त किया गया है, जो निम्न हैं –

1. पश्चिमी हिमाचल क्षेत्र
2. पूर्वी हिमाचल क्षेत्र
3. गंगा के निचले मैदानी क्षेत्र
4. गंगा के मध्य मैदानी क्षेत्र
5. गंगा के ऊपरी मैदानी क्षेत्र
6. गंगा के मैदानी क्षेत्र
7. पूर्वी–पठारी एवं पर्वतीय क्षेत्र
8. मध्य–पठारी एवं पर्वतीय क्षेत्र
9. पश्चिमी–पठारी एवं पर्वतीय क्षेत्र
10. दक्षिणी पठारी एवं पर्वतीय क्षेत्र
11. पूर्वी समुद्र तट का मैदानी तथा पर्वतीय क्षेत्र
12. पश्चिमी समुद्र तटीय का मैदानी एवं घाट क्षेत्र
13. गुजरात के मैदानी एवं पर्वतीय क्षेत्र
14. पश्चिमी शुष्क क्षेत्र
15. द्वीप समूह क्षेत्र

1. पश्चिमी हिमाचल क्षेत्र (Western Himalayan Zone) : पश्चिमी हिमालय क्षेत्र मुख्यत: तीन उप क्षेत्रों जैसे जम्मू एवं कश्मीर, हिमाचल प्रदेश तथा उत्तरांचल की पहाड़ियों में विभक्त किया गया है। इस क्षेत्र की मृदायें सामान्य सिल्टी दोमट हैं। यह क्षेत्र मृदा अपरदन से बहुत अधिक प्रभावित होता है। धान, मक्का, मोटे खाद्यान्न, गेहूँ, जौ आदि इस क्षेत्र की मुख्य फसलें हैं। इस क्षेत्र में उगाई जाने वाली फसलों की उत्पादकता राष्ट्रीय औसत उत्पादकता से बहुत कम होती है। इसके अतिरिक्त अदरक, सेफ्रोन, फूलों एवं सब्जियों की खेती भी प्रमुखत: से की जाती है। इस क्षेत्र में कुल कृष्य भूमि के 45.3 प्रतिशत भाग में जंगल पाये जाते हैं। इस क्षेत्र में भण्डारण, यातायात, प्रसंस्करण तथा बाजार व्यवस्था को सुदृढ़ करके देश के अन्य भागों में फल तथा सब्जियाँ भेजी जा सकती है।

2. पूर्वी हिमालय क्षेत्र (Eastern Himalyan Zone) : पूर्वी हिमालय क्षेत्र के अन्तर्गत सिक्किम तथा दार्जिलिंग की पहाड़ियां, अरुणाचल प्रदेश, मेघालय, नागालैण्ड, मणिपुर, त्रिपुरा, आसाम तथा उत्तरी बंगाल की जलपाईगुडी तथा कूचबिहार जिले आते हैं। इस क्षेत्र में अधिक वर्षा (औसत वार्षिक वर्षा 3000 मिली) तथा घने जंगल होने के कारण झूम खेती (Shifting Cultivation) का प्रचलन बहुत अधिक है जिससे लगभग कुल कृषि भूमि का एक तिहाई भाग मृदा अपरदन से प्रभावित हो जाता है। इस क्षेत्र में कृषि, कृषि वानिकी तथा उद्यानिकी की प्रचुर सम्भावनायें हैं। इस क्षेत्र में धान, जूट, चाय, आलू, सरसों, तम्बाकू आदि फसलें प्रमुख हैं।

3. गंगा के निचले मैदानी क्षेत्र (Lower Gangetic Plain Zone) : देश के कुल धान उगाने के क्षेत्र का 12 प्रतिशत भाग इस क्षेत्र में उगाया जाता है। इस क्षेत्र के अन्तर्गत पश्चिम बंगाल राज्य है। इस क्षेत्र में बाढ़ प्राय: आती रहती है जिसके कारण धान की फसल को काफी नुकसान होता है। इसके अतिरिक्त तिल, जूट, सरसों, रबी मक्का तथा आलू की फसलें भी उगाई जाती हैं। इस क्षेत्र की प्रति व्यक्ति भूमि की उपलब्धता बहुत कम (0.095 हैक्टेअर) है जबकि देश

की औसत भूमि उपलब्धता 0.26 हेक्टेअर है। इस क्षेत्र में जनसंख्या का घनत्व बहुत (692 व्यक्ति प्रति किलोमीटर) अधिक है। इस क्षेत्र में चारा उत्पादन के साथ-साथ पशुपालन व्यवसाय का बहुत अधिक महत्व है। मछली पालन व्यवसाय को और अधिक विकसित किये जाने की आवश्यकता है।

4. गंगा के मध्य मैदानी क्षेत्र (Middle Gangetic Plain Zone) : इस क्षेत्र के अन्तर्गत पूर्वी उत्तर प्रदेश के 12 जिले तथा बिहार के 27 जिले आते हैं। इस क्षेत्र में वर्षा अधिक होती है तथा सिंचाई की उपलब्धता कुल कृषि भूमि की 30 प्रतिशत है। इस क्षेत्र में मृदा का बहुत बड़ा भाग क्षारों से प्रभावित है। इस क्षेत्र में धान की फसल मुख्यत: उगाई जाती है जिसमें जिंक की कमी पाई जाती है। यहाँ पर लगभग 61 प्रतिशत भूमि असिंचित है तथा सस्य गहनता 142 प्रतिशत है।

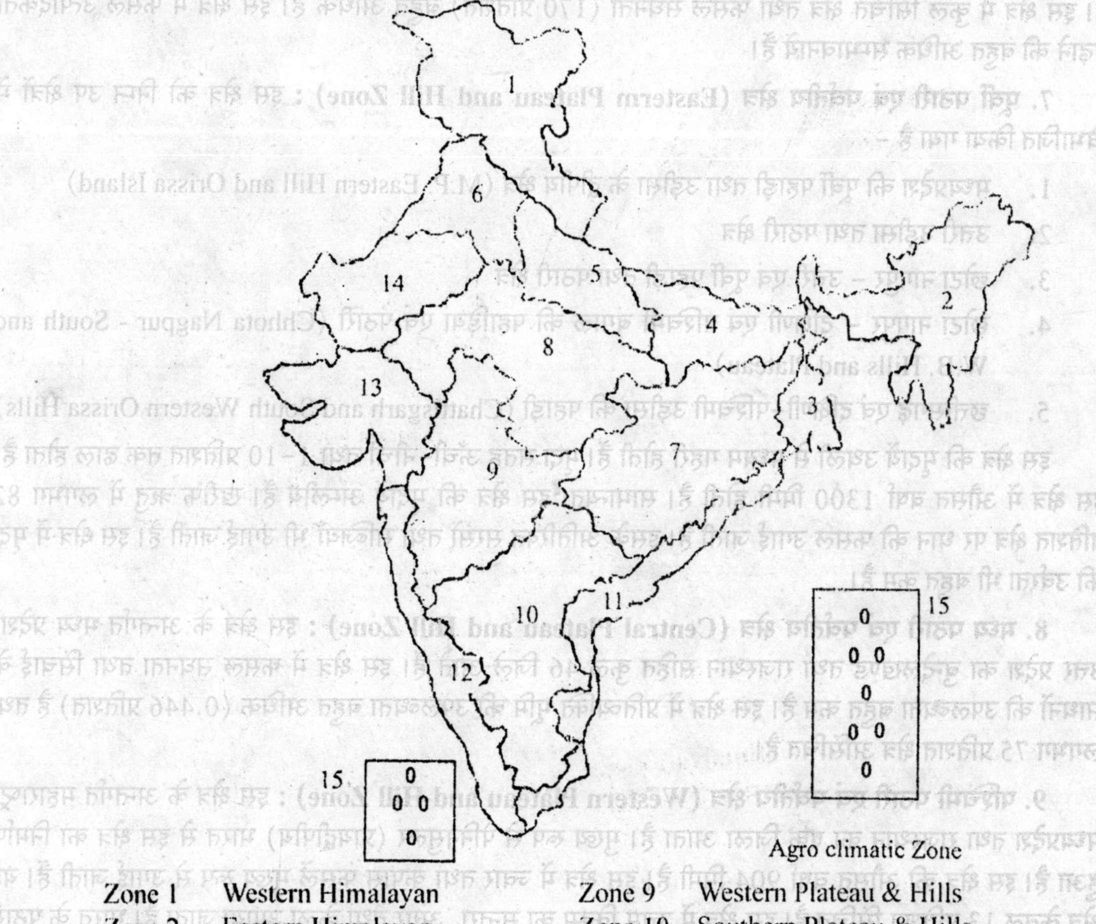

Zone 1	Western Himalayan	Zone 9	Western Plateau & Hills
Zone 2	Eastern Himalayan	Zone 10	Southern Plateau & Hills
Zone 3	Lower Gangetic plains	Zone 11	East Coast Plains & Hills
Zone 4	Middle Gangetic Plains	Zone 12	West Coast Plains & Hlills
Zone 5	Upper Gangetic Plains	Zone 13	West Coast Plains & Hills
Zone 6	Trans Gangetic plains	Zone 14	Gujarat plains & Hills
Zone 7	Eastern Plateau & Hills	Zone 15	Western Dry Region
Zone 8	Central Plateau & Hills		Islands Region

चित्र 2.4 : भारत के कृषि जलवायु क्षेत्र

5. गंगा के ऊपरी मैदानी क्षेत्र (Upper Gangetic Plain Zone) : इस क्षेत्र में उत्तर प्रदेश के 32 जिले आते हैं तथा फसल सघनता 144 प्रतिशत है। यहाँ पर सिंचाई मुख्य रूप से नहरों तथा ट्यूबवैल द्वारा की जाती है। बाढ़ से प्रभावित क्षेत्र (दियारा भूमियाँ) भी इस क्षेत्र के अन्तर्गत आती हैं। इस क्षेत्र में लगभग 9 लाख हेक्टेयर भूमि समस्याग्रस्त है। धान एवं गेहूँ मुख्य फसलें हैं जिनकी उत्पादकता बहुत अच्छी है। इस क्षेत्र में जल संसाधनों की उपलब्धता बहुत अधिक है।

6. गंगा के मैदानी क्षेत्र (Trans Gangetic Plain Zone) : इस क्षेत्र के अन्तर्गत पंजाब, हरियाणा, दिल्ली, छत्तीसगढ़ तथा राजस्थान का श्रीगंगानगर जिला आता है। इस क्षेत्र में धान-गेहूँ फसल पद्धति मुख्य रूप से अपनाई जाती है। इस क्षेत्र में कुल सिंचित क्षेत्र तथा फसल सघनता (170 प्रतिशत) बहुत अधिक है। इस क्षेत्र में फसल उत्पादकता बढ़ाने की बहुत अधिक सम्भावनायें हैं।

7. पूर्वी पठारी एवं पर्वतीय क्षेत्र (Easterm Plateau and Hill Zone) : इस क्षेत्र को निम्न उप क्षेत्रों में विभाजित किया गया है –

1. मध्यप्रदेश की पूर्वी पहाड़ी तथा उड़ीसा के द्वीपीय क्षेत्र (M.P. Eastern Hill and Orissa Island)
2. उत्तरी उड़ीसा तथा पठारी क्षेत्र
3. छोटा नागपुर – उत्तरी एवं पूर्वी पहाड़ी तथा पठारी क्षेत्र
4. छोटा नागपुर – दक्षिणी एवं पश्चिमी बंगाल की पहाड़ियां एवं पठारी (Chhota Nagpur - South and W.B. Hills and Plateau)
5. छत्तीसगढ़ एवं दक्षिणी-पश्चिमी उड़ीसा की पहाड़ी (Chattisgarh and South Western Orissa Hills)

इस क्षेत्र की मृदायें उथली से मध्यम गहरी होती हैं। मृदा सतह ऊँची-नीची तथा 1-10 प्रतिशत तक ढाल होता है। इस क्षेत्र में औसत वर्षा 1300 मिमी होती है। सामान्यत: इस क्षेत्र की मृदायें अम्लीय हैं। खरीफ ऋतु में लगभग 82 प्रतिशत क्षेत्र पर धान की फसल उगाई जाती है। इसके अतिरिक्त सरसों तथा सब्जियाँ भी उगाई जाती हैं। इस क्षेत्र में मृदा की उर्वरता भी बहुत कम है।

8. मध्य पठारी एवं पर्वतीय क्षेत्र (Central Plateau and Hill Zone) : इस क्षेत्र के अन्तर्गत मध्य प्रदेश, उत्तर प्रदेश का बुन्देलखण्ड तथा राजस्थान सहित कुल 46 जिले आते हैं। इस क्षेत्र में फसल सघनता तथा सिंचाई के साधनों की उपलब्धता बहुत कम है। इस क्षेत्र में प्रतिव्यक्ति भूमि की उपलब्धता बहुत अधिक (0.446 प्रतिशत) है तथा लगभग 75 प्रतिशत क्षेत्र असिंचित है।

9. पश्चिमी पठारी एवं पर्वतीय क्षेत्र (Western Plateau and Hill Zone) : इस क्षेत्र के अन्तर्गत महाराष्ट्र, मध्यप्रदेश तथा राजस्थान का एक जिला आता है। मुख्य रूप से पेनिनसुलर (प्रायद्वीपीय) भारत से इस क्षेत्र का निर्माण हुआ है। इस क्षेत्र की औसत वर्षा 904 मिमी है। इस क्षेत्र में ज्वार तथा कपास फसलें मुख्य रूप से उगाई जाती हैं। यह क्षेत्र केवल 13 प्रतिशत सिंचित है। इस क्षेत्र में उत्तम किस्म का सन्तरा, अंगूर तथा केला उगाया जाता है। भारत के पठारी भाग का बहुत बड़ा हिस्सा इस क्षेत्र के अन्तर्गत आता है।

10. दक्षिणी पठार एवं पर्वतीय क्षेत्र (Southern Plateau and Hill Zone) : आन्ध्रप्रदेश, कर्नाटक तथा तमिलनाडु के 35 जिले इस क्षेत्र के अन्तर्गत आते हैं। इस क्षेत्र की जलवायु मध्यम शुष्क है। इस क्षेत्र में 81 प्रतिशत भागों में बारानी कृषि की जाती है तथा फसल सघनता 111 प्रतिशत है। यहाँ पर मोटे खाद्यान्न जैसे रागी, कोदों आदि फसलें मुख्य रूप से उगाई जाती हैं।

11. पूर्वी समुद्री मैदानी तथा पर्वतीय क्षेत्र (East Coast Plains and Hill Zone) : यह क्षेत्र 6 उप क्षेत्रों में विभक्त किया गया है –

1. उड़ीसा का समुद्र तटीय (Orissa Coastal)
2. आन्ध्रप्रदेश का उत्तरी समुद्र तटीय
3. आन्ध्रप्रदेश का दक्षिणी समुद्र तटीय
4. तमिलनाडु का उत्तरी समुद्रतटीय
5. तन्जुवुर
6. तमिलनाडु का दक्षिणी तटीय

इस क्षेत्र में धान तथा मूँगफली की फसलें मुख्य रूप से उगाई जाती हैं। इस क्षेत्र का लगभग 70 प्रतिशत क्षेत्र असिंचित हैं। कुल सिंचित क्षेत्र के लगभग 20 प्रतिशत क्षेत्र में कुओं द्वारा सिंचाई की जाती है। आन्ध्रप्रदेश के दक्षिण समुद्रतटीय (कृष्णा तथा गोदावरी डेल्टा) तथा कावेरी में जलभराव की दशा में जलनिकास की व्यवस्था करना बहुत ही आवश्यक है। इस क्षेत्र में मछली पालन एक प्रमुख व्यवसाय है।

12. पश्चिमी समुद्री मैदानी एवं घाट क्षेत्र (West Coast Plains and Ghat Zone) : इस क्षेत्र के अन्तर्गत तमिलनाडु, केरल, कर्नाटक, महाराष्ट्र तथा गोवा का पश्चिमी समुद्र तटीय भाग आता है। इस क्षेत्र में कई प्रकार की फसल पद्धतियाँ, विभिन्न प्रकार की भूमि तथा वर्षा की भिन्नता आदि प्रमुख गुण हैं। इस क्षेत्र में धान, मूँगफली, नारियल, केला, मसाले वाली फसलें मुख्य रूप से उगाई जाती हैं। यहाँ की फसल सघनता लगभग 124 प्रतिशत है। धान, ज्वार, रागी फसलों की उत्पादकता बहुत कम है। इस क्षेत्र में बहुस्तरीय फसल पद्धति (Multi storeyed System) का बहुत ही महत्व है। यहाँ पर मध्यम उथली, लाल दोमट तथा लैटराइट प्रकार की भूमियाँ हैं।

13. गुजरात का मैदानी तथा पर्वतीय क्षेत्र (Gujarat Plains Hills Zone) : गुजरात के 19 जिले इस क्षेत्र के अन्तर्गत आते हैं। इस क्षेत्र की जलवायु शुष्क है तथा वर्षा बहुत कम होती है। इस क्षेत्र में केवल 22.5 प्रतिशत क्षेत्र सिंचित है जहाँ पर कुओं तथा ट्यूबवेल द्वारा सिंचाई की जाती है। इस क्षेत्र में मुख्यत: तिलहनी फसलें जैसे अण्डी, मूँगफली, दलहनी फसलें जैसे अरहर, मूँग, खाद्यान्न फसलें जैसे ज्वार, बाजरा आदि मुख्य रूप से उगाई जाती हैं। इस क्षेत्र की फसल सघनता 114 प्रतिशत है। इस क्षेत्र का लगभग 60 प्रतिशत क्षेत्र सूखा से प्रभावित रहता है।

14. पश्चिम शुष्क क्षेत्र (Western Dry Region) : इस क्षेत्र में राजस्थान के 9 जिले आते हैं जहाँ अनियमित वर्षा, बलुई भूमि, अधिक मात्रा में वाष्पोत्सर्जन, नदियों की कम संख्या तथा वनस्पति बहुत कम है। मृदा की अधोसतह में पानी बहुत गहराई पर तथा क्षारीय है। इस क्षेत्र में अकाल तथा सूखा एक सामान्य समस्या है जिसके कारण मनुष्य तथा पशु पानी, खाना तथा चारे की तलाश में एक स्थान से दूसरे स्थान पर जाते रहते हैं। इस क्षेत्र में औसत वार्षिक वर्षा 400 मिमी है तथा कुल कृष्य भूमि का केवल 6 प्रतिशत क्षेत्र सिंचित है। इस क्षेत्र की फसल सघनता 105 प्रतिशत है। बाजरा, ज्वार, खरीफ ऋतु में जबकि गेहूँ तथा चना रबी ऋतु में उगाई जाने वाली मुख्य फसलें हैं। इस क्षेत्र की उत्पादकता बहुत कम है तथा इस क्षेत्र की 42 प्रतिशत भूमियाँ कृषि योग्य नहीं हैं।

15 द्वीप समूह का क्षेत्र (Islands region) : इस क्षेत्र के अन्तर्गत अंडमान, निकोबार तथा लक्षद्वीप समूह आते हैं यहाँ पर वार्षिक औसत वर्षा 3000 मिमी जो 9 माह होती है। इस क्षेत्र के अन्तर्गत जंगल बहुत अधिक हैं। इस क्षेत्र की धान तथा नारियल प्रमुख फसलें हैं। यहाँ मध्यम से गहरी लाल दोमट तथा बलुई मृदायें पाई जाती हैं।

भारतीय वर्षा (Indian Rainfall)

पृथ्वी पर वायुमण्डल से जल हमें सामान्यत: दो रूपों में प्राप्त होता है – तरल एवं ठोस। इसे ही वर्षा अथवा अवक्षेपण (Rain or Precipitation) कहते हैं। वर्षा हमें जल, हिम, फुहार, ओलावृष्टि आदि के रूप में प्राप्त होती है इसके अतिरिक्त कोहरा, ओस तथा तुषार के रूप में भी बहुत कम मात्रा में प्राप्त होती है। परन्तु इसको वर्षा नहीं माना जाता है। वायुमण्डल में वाष्प की यह मात्रा संघनित होकर जलकणों में परिवर्तित हो जाती है। जब वायुमण्डल में इन जलकणों की अधिकता हो जाती है तो यह घनीभूत होकर वर्षा के रूप में पृथ्वी पर पड़ना प्रारम्भ कर देती है। वर्षा पर निम्न कारकों का प्रभाव पड़ता है –

(i) वायुमण्डल में पर्याप्त आर्द्रता होना।

(ii) मेघकणों के आकार में वृद्धि होना।

(iii) जलवाष्प की संघनन प्रक्रिया का होना।

यह प्रक्रिया निम्न बातों पर निर्भर करती है –

(अ) निम्न दाब से वायु का हल्का होकर ऊपर फैलना।

(ब) ध्रुव प्रदेशों से उष्ण प्रदेशों की ओर वायु का संचालन।

(स) निम्न वायुदाब का उच्च वायुदाब से सम्मिलित तथा उनका ठण्डी जलधाराओं के सम्पर्क में आना।

वर्षा के सिद्धान्त (Principles of Rainfall)

वर्षा के मुख्यत: दो सिद्धान्त होते हैं, जो निम्न हैं–

(1) हिमकण सिद्धान्त (Ice-Crystal Theory) : नार्वे के मौसम विज्ञानी टार बर्गरान ने 1933 में इस सिद्धान्त का प्रतिपादन किया था इसलिए इसे बर्गरान प्रक्रिया (Bergeron Process) के नाम से भी जाना जाता है। इस सिद्धान्त के अनुसार भारी वर्षा केवल ऐसी मेघ राशियों द्वारा होती है जिनमें हिमांक से नीचे तापमान पर हिम एवं जल कण एक साथ पाये जाते हैं। इनका मानना है कि सभी प्रकार की वर्षा का प्रारम्भ हिम के रूप में होता है। इसकी दूसरी मुख्य विशेषता यह है कि तापमान का हिमांक बिन्दु से नीचे गिरने पर जल और हिम के संतृप्त वाष्प दाबों में अन्तर उत्पन्न हो जाता है। वर्षा का यह सिद्धान्त मध्यस्थ अक्षांशों में होने के कारण यह सबसे अधिक लोकप्रिय है। वायु जैसे-जैसे ऊँची उठती है इसके परिणामस्वरूप वायु के पूर्ण संतृप्त होने पर मेघकणों पर जलवाष्प का संघनन होने से उनके आकार में भी वृद्धि हो जाती है। अनुमानत: 10 मिनट में 10 लाख मेघकणों से इतने बड़े हिमकण का निर्माण हो जाता है जिनका भार सम्भालने में मेघ असमर्थ हो जाते हैं अत: यह नीचे की ओर गिरना प्रारम्भ कर देते हैं। परन्तु जब ये बड़े-बड़े हिमकण किसी से टकराते हैं तब जल बूंदों में परिवर्तित हो जाते हैं।

(2) संलयन सिद्धान्त (Coalescence Theory) : आस्ट्रेलियन वैज्ञानिक बोवेन ने इस सिद्धान्त में ऐसे मेघों की वर्षा से तात्पर्य किया जो हिम स्तर से नीचे होते हैं। इनके अनुसार वर्षा की बूंदों का निर्माण मेघकणों के परस्पर सम्मिलन से होता है। आरेनबर्ग के अनुसार वायुमण्डली विक्षोभ के कारण ऐसा होता है। इस प्रकार बड़ी बूंदों के आकार में और अधिक वृद्धि होती जाती है। ट्रिवार्था के अनुसार जब मेघों में भिन्न-भिन्न आकार के जलकण होते हैं तो उनके नीचे गिरने की गति भी समान नहीं होती है। इस प्रकार गति में भिन्नता के कारण उनमें टकराव भी होना स्वाभाविक है। जब मेघ का निर्माण लघु एवं समान आकार वाले जलकणों से हुआ होगा तो मेघ स्थाई होंगे तथा उनमें वर्षा होने की सम्भावना नहीं रहेगी।

वर्षा का स्वरूप (Forms of Rainfall)

आर्द्रतायुक्त वायुराशियों की संघनन प्रक्रिया के फलस्वरूप धरातल को भिन्न-भिन्न रूपों में वर्षा प्राप्त होती है। संघनन की यह प्रक्रिया तीन प्रकार से सम्भव होती है–

(i) संवाहनिक क्रिया।

(ii) उच्च स्थल खण्ड (पर्वत) के अवरोध द्वारा।

(iii) निम्नदाब एवं उच्चदाब के वायुराशियों के परस्पर सम्मिलन से।

(1) संवाहनिक वर्षा (Convectional Precipitation) : धरातलीय ऊष्मा की विभिन्नता के कारण वायुमण्डल में उत्पन्न धाराओं द्वारा होने वाली वर्षा को संवाहनिक वर्षा कहते हैं। अत्यधिक ऊष्मा के कारण वायु गर्म होकर ऊपर की ओर फैल जाती है तथा यह समीपवर्ती वायु को वहाँ से धकेलती है। कुछ समय पश्चात यह वायु भी गर्म

होकर ऊपर उठती है। यह क्रम लगातार चलता रहता है जिससे जलज मेघों का निर्माण होता है। इस प्रकार की वर्षा उष्ण कटिबन्धीय प्रदेशों में अत्यधिक गर्मी के कारण होती है। ट्रिवार्था के अनुसार यही वर्षा उच्च एवं मध्य अक्षांशों में कृषि के लिए विशेष रूप से उपयोगी सिद्ध हुई है।

(2) पर्वतीय वर्षा (Orographic Precipitation) : वायु जब निम्न वायुभार वाली राशियों को अपनी ओर आकर्षित करती है और उच्च वायुभार राशि किसी जल आप्लावित क्षेत्रों से होकर गुजरती है तो वह आर्द्रतायुक्त हो जाती है। इनके मार्ग में कोई पर्वत शिखर या पठार अवरोधस्वरूप आ जाता है तो यह वायुराशि द्रवीभूत होकर वर्षा करने लगती है। आस्टिन मिलर के अनुसार पर्वतीय वर्षा उस समय होती है जब वायुमण्डल में आर्द्रता की मात्रा अधिक होती है। इस प्रकार भौतिक अवरोधों के कारण ऊपर उठी हुई वायुराशियों की संघनन प्रक्रिया से होने वाली वर्षा को पर्वतीय वर्षा कहते हैं। इसे उच्चावच वर्षा (Relief Precipitation) भी कहते हैं। वायुराशियों द्वारा अवरोध के सम्मुख वाले भाग में अधिक वर्षा होती है जबकि विमुख वाले भाग में पहुँचते-पहुँचते आर्द्रता समाप्त हो जाती है। इन क्षेत्रों को वृष्टि छाया प्रदेशों (Rain Shadow Area) के नाम से पुकारा जाता है।

(3) चक्रवातीय वर्षा (Cyclonic Precipitation) : जब विपरीत दिशाओं की शीतल एवं उष्ण वायुराशियां किसी स्थान पर एकत्रित होने लगती हैं तो वायु में अभिसरण (Convergence) की दशा उत्पन्न हो जाती है। ऐसी स्थिति में वायु राशियां धीरे-धीरे ऊपर की ओर उठने लगती हैं तथा इनमें अस्थिरता उत्पन्न हो जाती है। धरातल पर द्रोणियां निम्नदाब (Low Pressure Troughts) वायु के अभिसरण क्षेत्र होते हैं जिससे यह ऊपर उठकर कपासी मेघों का निर्माण करती हैं। चक्रवातीय वर्षा शीत एवं शीतोष्ण कटिबन्धीय क्षेत्रों में होती है जबकि उष्ण कटिबन्धीय क्षेत्रों में ग्रीष्मकाल में चक्रवातीय वर्षा होती है। अधिकांश चक्रवातीय वर्षा शीतकाल में ही होती है। समशीतोष्ण प्रदेशों में पछुआ वायु राशि के साथ अनेक चक्रवात पश्चिम से पूर्व की ओर चलते हैं। इस प्रकार चक्रवात अपने-अपने क्षेत्र में वर्षा को केन्द्रीभूत तथा घनीभूत करते हैं। इस प्रकार चक्रवातों द्वारा कभी-कभी बौछारी वर्षा होती है तो कभी-कभी मूसलाधार वर्षा होती है। यह स्थिति चक्रवातों की दशा पर निर्भर करती है।

भारतीय वर्षा की विशेषताएं (Characteristics of Indian Rainfall)

भारतीय वर्षा की निम्न विशेषताएं होती हैं –

1. भारतीय वर्षा का लगभग 75 प्रतिशत भाग दक्षिण-पश्चिमी मानसूनी पवनों द्वारा प्राप्त होता है अर्थात् वर्षा का 75 प्रतिशत भाग वर्षा ऋतु में, 13 प्रतिशत भाग शीत ऋतु में, 10 प्रतिशत भाग बसन्त ऋतु में तथा 2 प्रतिशत भाग शरद ऋतु में प्राप्त होता है।
2. भारतीय वर्षा एवं मानसून अनिश्चित है। कभी मानसून देर से आता है तो कभी जल्दी। इस प्रकार कभी-कभी सूखा पड़ जाता है तो कभी भयंकर बाढ़ आने से उस क्षेत्र की सम्पूर्ण फसलें नष्ट हो जाती हैं।
3. भारत में वर्षा का कोई निश्चित समय नहीं होता है। कभी-कभी काफी अन्तराल तक वर्षा नहीं होती है। कभी-कभी मूसलाधार वर्षा काफी समय तक होने से मृदा अपरदन की समस्या हो जाती है।
4. भारत में वर्षा के दिन बहुत कम होते हैं उदाहरणार्थ चैन्नई में 50 दिन, मुम्बई में 75 दिन, कोलकाता में 118 दिन तथा अजमेर में केवल 30 दिन वर्षा होती है।
5. पर्वतों के सम्मुख ढालों पर वर्षा अधिक होती है जबकि पर्वतों के विमुख ढालों पर वर्षा कम होती है जिससे इस स्थान पर आर्द्रता में कमी आ जाती है। यही कारण है कि पूर्वोत्तर भारत में वर्षा की मात्रा तथा दिन अधिक होते हैं जबकि हिमालय पर्वत के विमुख भाग में वर्षा की मात्रा तथा दिन कम होते हैं।
6. कुछ भागों में वर्षा बड़ी ही तीव्र गति से होती है तो कुछ स्थानों पर केवल बौछारें ही पड़ती हैं। बंगाल की खाड़ी से आने वाले चक्रवातों के कारण भारी वर्षा होती है।

7. कुल वर्षा का अधिकांश भाग (80 प्रतिशत) जून से सितम्बर के महीने में प्राप्त होता है अर्थात् वर्ष का दो-तिहाई भाग सूखा रहता है अत: इन दिनों फसलों में सिंचाई करनी पड़ती है।
8. भारतवर्ष में किसी न किसी महीने में वर्षा होती रहती है। जनवरी-फरवरी माह में शीतकालीन चक्रवातों के द्वारा उत्तर भारत में वर्षा होती है। मार्च में चक्रवात असम तथा पश्चिमी बंगाल में आते हैं।
9. भारतीय वर्षा का वितरण बड़ा असमान है। कुछ भागों में वर्षा 250 सेमी अथवा उससे अधिक है तथा कुछ क्षेत्रों में 12 सेमी से भी कम होती है। सम्पूर्ण देश के 11 प्रतिशत भाग में 190 सेमी से भी अधिक वर्षा, 21 प्रतिशत भाग में 125 से 190 सेमी, 37 प्रतिशत भाग में 75 प्रतिशत से 125 सेमी, 24 प्रतिशत भाग में 38 से 75 सेमी तथा 7 प्रतिशत भाग में 38 सेमी से कम वर्षा होती है।
10. भारतवर्ष में वर्षा कभी निश्चित समय से पूर्व ही शुरु होकर जल्दी समाप्त हो जाती है जिससे खरीफ फसलों की बुआई नहीं हो पाती है और फसल क्रान्तिक अवस्था में पानी की कमी हो जाती है। वर्षा निश्चित समय से पूर्व समाप्त होने पर रबी फसलों की बुआई भी सम्पन्न नहीं हो पाती है।
11. भारत के उत्तरी मैदानों के दक्षिणी क्षेत्रों में वर्षा की प्राप्ति असंदिग्ध रहती है क्योंकि इन क्षेत्रों में वर्षा हो भी सकती है अथवा नहीं भी।

उपरोक्त विशेषताओं से यह निष्कर्ष निकलता है कि भारत सरकार का बजट मानसून का जुआ है (Indian Budget is the Gambling of Monsoon)

भारतीय वर्षा का वितरण (Distribution of Indian Rainfall)

वर्षा की निश्चितता तथा अनिश्चितता के आधार पर देश को दो भागों में बांटा गया है –

(1) निश्चित वर्षा के क्षेत्र (Definite Rainfall Zone) : इसके अन्तर्गत पश्चिम बंगाल, असम, अरुणाचल प्रदेश, मेघालय, मिजोरम, नागालैण्ड, पश्चिमी मालावार तट तथा पश्चिमी घाट आदि क्षेत्र सम्मिलित किये जाते हैं।

(2) अनिश्चित वर्षा के क्षेत्र (Indefinite Rainfall Zone) : इसके अन्तर्गत पंजाब, हरियाणा, पश्चिमी उत्तरप्रदेश, उत्तर-पश्चिमी राजस्थान, उत्तरप्रदेश का सीमावर्ती भाग, मध्यवर्ती राजस्थान की मरुभूमि, गुजरात का मध्यवर्ती भाग, महाराष्ट्र, तमिलनाडु, दक्षिण-पश्चिमी आन्ध्रप्रदेश, कर्नाटक, उड़ीसा तथा बिहार आदि क्षेत्र सम्मिलित किये जाते हैं।

स्टाम्प ने भारत को वर्षा की दृष्टि से चार प्रदेशों में विभाजित किया है –

(1) अधिक वर्षा के भाग (Areas of Heavy Rainfall) : इन क्षेत्रों में 2000 मिमी. से भी अधिक वर्षा होती है। अधिक वर्षा वाले प्रदेशों में पश्चिमी घाट, पश्चिम बंगाल, बिहार, असम, उत्तराखण्ड के दक्षिणी भाग, नागालैण्ड, अरुणाचल प्रदेश, मिजोरम, त्रिपुरा राज्यों के अधिकांश भाग आते हैं। यहाँ की मुख्य फसल चावल तथा चाय है। इन क्षेत्रों से फसल की किसी भी अवस्था में पानी की कमी नहीं होती है। इन क्षेत्रों में उष्ण कटिबन्धीय सदाबहार वन पाये जाते हैं।

(2) मध्यम वर्षा के भाग (Areas of Medium Rainfall) : इसके अन्तर्गत पश्चिमी ढाल के पूर्वी भाग, भारत के अधिकांश उत्तरी मैदान, उड़ीसा, मध्य प्रदेश का पूर्वी भाग, पंजाब की संकीर्ण पेटी, बिहार तथा दक्षिण-पूर्वी उत्तर प्रदेश राज्यों के भाग सम्मिलित हैं। इस क्षेत्र में औसत वार्षिक वर्षा 1000-2000 मिमी तक होती है। इस क्षेत्र में मुख्य रूप से सभी प्रकार की फसलें उगाई जाती हैं। सूखे की स्थिति में सिंचाई द्वारा फसलों में होने वाली हानि को बचाया जाता है।

(3) न्यून वर्षा का क्षेत्र (Areas of Law Rainfall) : इस क्षेत्र में औसत वर्षा 500 से 1000 मिमी होती है। इस क्षेत्र के अन्तर्गत दक्षिण का प्रायद्वीप, पश्चिमी उत्तर प्रदेश, पश्चिमी मध्य प्रदेश, गुजरात, उत्तरी एवं दक्षिणी आन्ध्र

प्रदेश, कर्नाटक का कुछ भाग, पूर्वी राजस्थान, दक्षिणी पंजाब तथा दक्षिणी उत्तर प्रदेश आदि आते हैं। इस क्षेत्र में सिंचाई के समुचित साधन होने पर तिलहनी, दलहनी, कपास, गेहूँ, ज्वार, बाजरा आदि फसलें उगाई जाती हैं।

(4) अपर्याप्त वर्षा तथा मरुस्थलीय क्षेत्र (Areas of inadequate rainfall or desert areas) : इस क्षेत्र में औसत वर्षा 500 मिमी से भी कम होती है। यह भारतवर्ष का सबसे शुष्क प्रदेश है। पश्चिमी राजस्थान तथा आन्ध्रप्रदेश का रायलसीमा क्षेत्र इसके अन्तर्गत आता है। इस क्षेत्र में शुष्क मरुस्थलीय वनस्पति मुख्यत: कंटीली झाड़ियां उगती हैं। इन क्षेत्रों में मोटे अनाजों की ही खेती की जा सकती है अथवा समुचित वर्षा नहीं होने पर कम पानी चाहने वाली फसलें उगाई जाती हैं। इस क्षेत्र में सूखा पड़ना आम बात है।

मेघ तथा उनका निर्माण (Clouds and their formation)

धरातल से विभिन्न ऊँचाइयों पर जलवाष्प के संघनन के फलस्वरूप निर्मित जलसीकरों तथा हिमसीकरों के समूह को मेघ कहते हैं। इस प्रकार मेघ जलवायु के प्रमुख घटक होते हैं क्योंकि इन्हीं के द्वारा वर्षा होती है। पृथ्वीतल एवं समुद्रतल से लगातार जल का वाष्पीकरण होता रहता है तथा यह वायुमण्डल में विलीन होता रहता है। जब ऊपर उठती उष्णार्द्र वायु की एडियावेटिक ताप–पतन दर समीपवर्ती वायु की ताप–पतन दर से कम हो जाती हैं, तो वायु में अस्थिरता आ जाती है तथा ऊपर उठना प्रारम्भ कर देती है जिससे वह शीतल हो जाती है। ओसांक बिन्दु में पहुँचने के पश्चात् उसका संघनन प्रारम्भ हो जाता है। जब संघनन प्रक्रिया हिमांक बिन्दु से नीचे पहुँच जाती है तो जलवाष्प संघनित कोहरे के रूप में दिखलाई पड़ती है। परन्तु जब यह विस्तृत रूप से आकार में बढ़ने लगते हैं तथा ऊँचाई पर समूह के रूप में एकत्र होते हैं तो मेघों का निर्माण होता है। प्रारम्भ में इन जल सीकरों का आकार बहुत छोटा होता है और यह वायु में तैरते रहते हैं। परन्तु विभिन्न प्रक्रियाओं के फलस्वरूप जब इनका आकार बड़ा हो जाता है तब वायु इन्हें रोकने में असमर्थ हो जाती है और यह धरातल पर वर्षा के रूप में गिरना प्रारम्भ हो जाती है। इस प्रकार वाष्पीकरण की प्रक्रिया प्रारम्भ होकर वर्षा के रूप तक इसका जलचक्र (Hydrological Cycle) पूरा हो जाता है।

यह भी सत्य है कि सभी मेघों द्वारा वर्षा नहीं होती है परन्तु कुछ मेघों का वर्षा से पूर्व वायुमण्डल में पुन: वाष्पीकरण हो जाता है। शीतऋतु में आकाश मेघयुक्त रहता है तो उस रात्रि का तापमान अपेक्षाकृत अधिक रहता है क्योंकि ताप का विकिरण नहीं हो पाता है। इस प्रकार वर्षाकारी मेघ बहुत कम होते हैं जबकि वर्षारहित मेघ अधिक मात्रा में पाये जाते हैं और यह मेघ ऊष्मा का संतुलन बनाये रखने में सहायक होते हैं। मेघों की उत्पत्ति केवल अधोमण्डल तक ही होती है क्योंकि संवहन धारायें इसी मण्डल तक अपना प्रभाव रखती है।

मेघों का वर्गीकरण (Classification of Clouds)

वायुमण्डल में मेघ कई रूपों में दिखलाई पड़ते हैं। मेघों की धरातल से ऊँचाई, घनत्व तथा उनकी पारदर्शिता के अनुसार इनके भिन्न–भिन्न रूप दिखलाई पड़ते हैं। कुछ मेघों का विकास लम्बवत रूप में होता है तथा ये रूई की भांति दिखलाई पड़ते हैं इनकी उत्पत्ति वायु के झोकों के द्वारा होती है। परन्तु कुछ मेघों की उत्पत्ति वायु के धीरे–धीरे ऊपर उठने से ही होती है इस प्रकार के मेघ परतों में पाये जाते हैं। इस प्रकार मेघों की निर्माण प्रक्रिया तथा उनके रूप में घनिष्ठ सम्बन्ध पाया जाता है। मेघों की ऊँचाई के अनुसार इनको चार भागों में विभक्त किया गया है – (1) उच्च मेघ, (2) मध्य मेघ, (3) निम्न मेघ, (4) लम्बवत एवं विकसित मेघ।

मेघों के स्वरूप के आधार पर इन्हें चार भागों में विभाजित किया जा सकता है –

1. पक्षाभ मेघ; 2. कपासी मेघ; 3. स्तरी मेघ; 4. वर्षा मेघ

सन् 1932 में अन्तर्राष्ट्रीय मौसम विज्ञान परिषद ने मेघों को उनके वंश (Genera) के अनुसार दस वर्गों में विभाजित किया है –

(अ) उच्च मेघ (औसत ऊँचाई 5 से 13 किमी) – 1. पक्षाभ मेघ, 2. पक्षाभ–स्तरी मेघ, 3. पक्षाभ–कपासी मेघ

(ब) मध्य मेघ (औसत ऊँचाई 2 से 5 किमी) – 4. स्तरी–मध्य मेघ, 5. कपासी–मध्य मेघ

(स) निम्न मेघ (औसत ऊँचाई 2 किमी से कम) – 6. स्तरी–कपासी मेघ, 7. स्तरी मेघ, 8. वर्षा स्तरी मेघ

(द) लम्बवत विकसित मेघ (ऊँचाई 18 किमी. या उससे अधिक) – 9. कपासी मेघ, 10. कपासी–वर्षा मेघ

1. पक्षाभ मेघ (Cirrus Clouds) : पक्षाभ मेघों का निर्माण सर्वाधिक ऊँचाई पर तथा रचना हिमकणों जैसी होती है। इन मेघों से होकर सूर्य तथा चन्द्रमा दिखाई पड़ते हैं तथा इनका रंग सफेद होता है परन्तु साय के समय इनका रंग परिवर्तित हो जाता है। यह मेघ जब स्वच्छ आकाश में अनियमित क्रम में होते हैं तब स्वच्छ मौसम की सूचना देते हैं। परन्तु जब ये संगठित तथा नियमित रूप से विस्तृत क्षेत्र में फैले होते हैं तब खराब मौसम की सूचना भी देते हैं। कभी–कभी इनसे चक्रवात आने की भी सूचना मिलती है। जब आकाश में इन मेघों की मात्रा अधिक हो जाती है तो भारी वर्षा होती है। इन मेघों द्वारा भारी वर्षा होने के बाद सामान्यत: आकाश स्वच्छ हो जाता है।

2. पक्षाभ–स्तरी मेघ (Cirro-Stratus Clouds) : ये मेघ आकाश में सफेद रंग के होते हैं तथा सम्पूर्ण आकाश में पतली एवं सफेद चादर की भांति बिखरे रहते हैं जिसके कारण आकाश का रंग सफेद दूधिया हो जाता है। इन मेघों के आगमन से सूर्य तथा चन्द्रमा के चारों ओर प्रभामण्डल का विस्तार होने से चक्रवात आने का द्योतक होता है।

3. पक्षाभ–कपासी मेघ (Cirro-Cumulus Clouds) : इन मेघों का रंग सफेद तथा गोलाकार समूहों में मिलते हैं तथा कभी–कभी इनकी आकृति लहरदार हो जाती है। ये लहरें समुद्रतट पर बनी लहरों के समान होती है। इन मेघों की ऊँचाई 7.5 किमी तक होती है।

4. स्तरी–मध्य मेघ (Alto-Stratus Clouds) : इस प्रकार के मेघ नीले अथवा भूरे रंग के मोटे एवं मिश्रित पट्टियों के रूप में फैले रहते हैं। इन मेघों की सघनता बढ़ने पर सूर्य एवं चन्द्रमा भी स्पष्ट दिखाई नहीं पड़ते और न ही आकाश में प्रभामण्डल बनती है। इन मेघों से बहुत भारी वर्षा होती है।

5. कपासी–मध्य मेघ (Alto-Cumulus Clouds) : ये पतले एवं गोलाकार लहरों के रूप में सफेद अथवा भूरे रंग के मेघ होते हैं। ये सम्पूर्ण आकाश में पतली चादर के रूप में फैले रहते हैं। कभी–कभी ये बहुत ही सघन तथा इनका निर्माण पर्वत शिखरों पर होता है। इन मेघों को पताका मेघ भी कहते हैं।

6. स्तरी–कपासी मेघ (Strato-Cumulus Clouds) : सामान्यत: इन मेघों का रंग हल्का भूरा होता है परन्तु कभी–कभी काला भी हो जाता है। ये मेघ गोलाकार छल्लों के रूप में दिखलाई पड़ते हैं जिनमें लहरें अथवा पंक्तियां विकसित हो जाती हैं।

7. स्तरी मेघ (Stratus Clouds) : ये मेघ कई परतों में निम्न ऊँचाई पर पाये जाते हैं। इन मेघों का निर्माण शीत ऋतु में शीतोष्ण कटिबन्धीय प्रदेशों में दो विपरीत स्वभाव वाली वायुराशियों के पारस्परिक टकराव के कारण होता है। कोहरे की भांति दिखलाई पड़ने वाले यह मेघ सम्पूर्ण आकाश में छा जाते हैं। जब ये मेघ इधर–उधर बिखर जाते हैं तो आकाश नीला दिखाई देता है।

8. वर्षा–स्तरी मेघ (Nimbo-Stratus Clouds) : घने विकसित इन मेघों का रंग काला होता है अर्थात काली घटा के रूप में आकाश में छाये रहते हैं। इन मेघों से बहुत भारी वर्षा होने की सम्भावना व्यक्त की जाती है। इन मेघों की छाया से सूर्य की किरणें भी पृथ्वी पर दिखलाई नहीं पड़ती है। शीतोष्ण कटिबन्धीय चक्रवातों से इन मेघों का निर्माण होता है। कभी–कभी इन मेघों से वर्षा होने के पूर्व वाष्पीकरण हो जाता है जिसके कारण वायुमण्डल में आर्द्रता अधिक हो जाती है।

9. कपासी मेघ (Cumulus Clouds) : धुनी हुई रूई के समान दिखलाई पड़ने वाले इन मेघों का निर्माण लम्बवत होता है। इनका ऊपरी भाग गुम्बदाकार तथा फूलगोभी जैसा दिखाई पड़ता है। इन मेघों का रंग काला तथा चमकीला होता है। इनमें स्वच्छ मौसम का आभास होता है। कुछ विशेष परिस्थितियों में ये गरजने वाले मेघ बन जाते हैं।

10. कपासी-वर्षा मेघ (Cumulo-Nimbus Clouds) : कभी-कभी इन मेघों की ऊँचाई 18 किमी अथवा उससे भी अधिक होती है। इन मेघों का विकास अधिक उर्ध्वाधर रूप में होता है। इन मेघों का शीर्ष भाग पर्वताकार या गुम्बदाकार होता है। ये तीव्र गर्जना करने वाले मेघ हैं। इससे उपलवृष्टि तथा प्रबल झंझावात आते हैं। इनमें तीव्र विद्युत की चमक दिखलाई पड़ती है। इन मेघों से वर्षा की तेज बौछारें पड़ती हैं। ये काले तथा सघन रंग के होते हैं।

पवन (Winds)

पवन जलवायु का एक ऐसा कारक है जो तापक्रम तथा वर्षा पर अपना नियंत्रण रखता है। तापमान की विभिन्नता के कारण निम्न तथा उच्च वायुदाब की उत्पत्ति होती है जिसके फलस्वरूप लम्बवत तथा क्षैतिज अवस्था में वायु प्रवाहित होती है। इस प्रकार गतिशील वायु को पवन कहते हैं (Air in motion is called winds)। तापमान की भिन्नता के कारण कहीं पर वायु गरम तो कहीं पर ठण्डी होती है। वायु के गर्म एवं ठण्डे होने से पवन प्रवाह का सम्बन्ध है। वायुदाब के क्षैतिजीय वितरण में अन्तर एवं वायु घनत्व की भिन्नता के कारण धरातल पर पवन प्रवाह होता है। वायु के चलने से गतिज ऊर्जा (Kinetic energy) उत्पन्न होती है। वायु के प्रवाह से समुद्रतल पर चलने वाली लहरों के गुप्त ताप (Latent Heat) का संवहन होता है। वायुप्रवाह पृथ्वी तल पर क्षैतिज रूप से अधिक दाब वाले क्षेत्र से कम दाब वाले क्षेत्र की ओर होता है।

फिंच एवं ट्रिवार्था ने पवन के सम्बन्ध में कहा है कि ''पवन प्रकृति का वह प्रयास है जिससे वायुदाब की असमानता प्रदर्शित होती है।'' (It (wind) represents nature's attempt to correct pressure inequalities)

अर्थात्

'उच्च एवं निम्न अक्षांशों में विकिरण सम्बन्धी विभेद की अपेक्षा तापीय सन्तुलन बनाये रखने को पवन कहते हैं।' (The maintenance of heat balance between the higher and lower latitudes inspite of their relation imbalance)

वायुदाब का अन्तर धरातल पर पवन प्रवाह को प्रदर्शित करता है। पृथ्वी पर पड़ने वाले तापमान के कारण उच्च वायुभार तथा निम्न वायुभार की स्थिति पैदा होती है। इस तरह से धरातल पर वायु का गर्म होकर ऊपर उठना उसकी रिक्त स्थान की पूर्ति के लिए भारी वायु का आना तथा गर्म वायु का शीतल होकर पुन: वापस लौटने का क्रम अनवरत रूप से चलता रहता है। इस प्रकार से प्रवाहित वायु को स्थाई वायु (Permanent Wind), प्रचलित वायु (Prevailing Wind) तथा निश्चित वायु (Invariable Wind) कहते हैं। मौसम के अनुसार परिवर्तित होने वाली वायु को मौसमी वायु (Monsoon Wind) कहते हैं। इसी तरह वायु जिस दिशा में बहेगी उसी दिशा के आधार पर नामकरण किया गया है। उदाहरणार्थ पश्चिमी दिशा में बहने वाली वायु को पछुआ वायु के नाम से पुकारा जाता है जबकि पूर्व दिशा से बहने वाली वायु को पूर्वी वायु के नाम से जाना जाता है। पवन के सम्मुख वाले भाग को पवनाभिमुख (Wind Ward) जबकि पीछे वाले भाग को पवन विमुख (Wind Beward) कहते हैं।

पवनों का वर्गीकरण (Classification of Winds)

पवनों का मुख्यत: दो वर्गों में विभाजित किया गया है –

(1) स्थाई, ग्रहीय अथवा सनातनी पवनें (Permanent or Planetary Winds)

(2) सामयिक अथवा मौसमी पवनें (Periodic or Seasonal Winds)

(1) स्थाई, ग्रहीय अथवा सनातनी पवनें (Permanent or Planetary Winds) : इस तरह की वायु कुछ स्थानीय परिवर्तनों के दाब पर एक निश्चित दिशा में प्रवाहित होती रहती हैं। ये पवनें उच्च वायुदाब से निम्न वायुदाब की ओर प्रवाहित होती हैं। इन पवनों की उत्पत्ति तापमान तथा पृथ्वी के घूर्णन गति से उत्पन्न उच्च दाब एवं निम्न दाब से

होती है जिसके फलस्वरूप उच्च वायुदाब सदैव निम्न वायुदाब की तरफ आकर्षित होती है और यह क्रम पूरे वर्ष मौसम के अनुसार परिवर्तित होकर चलता रहता है। इनमें व्यापारिक पवनें (Trade Winds), ध्रुवीय पवनें (Polar Winds) तथा पछुआ पवनें (Westerly Winds) मुख्य हैं।

(अ) उष्ण प्रदेशों की पवनें (Winds of the tropics) : उष्ण प्रदेश सामान्यत: 30° उत्तरी अक्षांशों से 30° दक्षिणी अक्षांश के मध्य स्थित है। पूर्व के वैज्ञानिकों का मत था कि उपोष्ण उच्च वायुदाब से विषुवत रेखीय निम्न वायुदाब की तरह हवायें चलती हैं तथा उत्तरी गोलार्द्ध में इनकी दिशा उत्तर–पूर्वी तथा दक्षिणी गोलार्द्ध में दक्षिण–पूर्वी हो जाती हैं इस क्षेत्र में प्रवाहित होने वाली वायु भूमध्य रेखीय क्षेत्रों के समानान्तर बहती हैं तथा विषुवत रेखा के समीप ये हवायें अभिसरित हो जाती हैं। इस प्रदेश में ऊपरी वायुमण्डल की पवनें विपरीत दिशा में प्रवाहित होती हैं अत: इन पवनों को प्रति सन्मार्गी पवनें (Anti-trade Winds) कहते हैं। आजकल यह मानना है कि व्यापारिक पवनें स्थाई रूप से इस प्रदेश के पूर्वी हिस्से में ही चलती हैं तथा अधिक ऊँचाई पर अनावर्ती पवनें (Non-Periodic Winds) अधिक मात्रा में चला करती हैं। इस प्रदेश की समरूपता में बाधा उत्पन्न करने के लिए हरीकेन, टाइफून, चक्रवात, सागरीय तरंगे तथा तूफान आदि होते रहते हैं।

(i) विषुवत रेखीय पछुआ हवायें तथा शान्त पेटी (Equatorial Westerly Winds and Doldrum) : भूमध्य रेखा के 50° उत्तरी तथा दक्षिणी अक्षांशों में निम्न वायुदाब पेटी पाई जाती है। यहाँ पर हवायें शान्त रहती हैं इसलिये इसे शान्त पेटी (Doldrum) कहते हैं। उत्तरी तथा दक्षिणी अक्षांशों पर सूर्य की किरणें सीधी पड़ने के कारण यहाँ पर तापमान अधिक रहता है। इस प्रदेश में स्थल भाग अधिक होने के कारण तापमान अधिक रहता है जिसके कारण यहाँ पर वायु गर्म होकर ऊपर उठती रहती है तथा आर्द्रता युक्त भारी वायु स्थान ग्रहण करने से वायु का निरन्तर संवहन होता रहता है। इस प्रकार यहाँ पर निम्न वायुदाब का क्षेत्र सदैव बना रहता है। निम्न वायुदाब की इस पट्टी के दोनों तरफ स्थित उपोष्ण कटिबन्धों (Sub Tropical Region) से व्यापारिक हवायें सदैव भूमध्य रेखा की ओर बहती रहती हैं। इस प्रदेश में शान्त पेटी प्रत्येक स्थान पर समान रूप से नहीं पाई जाती है। सूर्य के उत्तरायण स्थिति में यह पट्टी उत्तरायण की तरफ खिसक जाती है जबकि दक्षिणायन में होने पर यह दक्षिणायन अथवा अपनी प्रारम्भिक अवस्था में आ जाती है। इसलिए मौसम परिवर्तन के अनुसार यह पेटी खिसकती रहती है। विषुवत रेखा के सहारे शान्त पेटी का विस्तार तीन क्षेत्रों में पाया जाता है।

हिन्द प्रशान्त शान्त पेटी (Indo-Pacific Doldrum) : इसका विस्तार अफ्रीका महाद्वीप के पूर्वी भाग से 180° देशान्तर तक एक तिहाई भाग में फैला हुआ है।

विषुवत रेखीय अफ्रीका के पश्चिमी भाग (Western portion of equatorial Africa) : इसका विस्तार अफ्रीका महाद्वीप के पश्चिमी भाग में अफ्रीका की खाड़ी से लेकर कनारी द्वीप के उत्तरी भाग तक फैला हुआ है।

विषुवत रेखीय मध्य अमेरिका के पश्चिमी भाग (Western portion of mid-equatorial America) : यह शान्त पेटी पश्चिम से पूर्व दिशा की तरफ धरातल पर चलती हैं। इस पेटी में दोपहर के बाद हवा का संवहन होता है तथा ठण्डी होकर गर्जन तर्जन के साथ भारी वर्षा करती है।

(ii) व्यापारिक पवनें (Trade winds) : दोनों गोलार्द्धों में उष्ण कटिबन्धीय क्षेत्रों से भूमध्य रेखीय निम्न वायुदाब की दिशा में चलने वाली हवाओं को व्यापारिक हवाओं (Trade winds) के नाम से जानते हैं। व्यापारिक पवनें दोनों ही गोलार्द्धों में 5° से 30° अथवा 10° से 35° अक्षांशों के बीच चला करती हैं। इस प्रकार की चलने वाली हवायें स्थाई एवं सतत एवं एक निश्चित दिशा से प्रवाहित होती रहती हैं। किसी कारणवश यदि ये हवायें प्रवाहित नहीं होती हैं तो व्यापार में भी बाधा पहुँचती है। इस कारण इन पवनों के

नाम व्यापारिक पवनें पड़ा। इन पवनों की दिशा उत्तरी गोलार्द्ध में उत्तर-पूर्व से दक्षिण-पश्चिम तथा दक्षिणी गोलार्द्ध में दक्षिण-पूर्व से उत्तर-पश्चिम होती है। सामान्यत: इन पवनों की गति 16 से 24 किमी प्रति घण्टा होती है।

(ब) अश्व अक्षांश (Horse latitude) : अश्व अक्षांश का विस्तार दोनों गोलार्द्धों से 30° से 45° के मध्य होता है। अश्व अक्षांश पेटी पछुआ एवं व्यापारिक धरातलीय पवनों के मध्य प्रतिरोध का कार्य करती है। इस वायु पट्टी में उपोष्ण उच्च वायुदाब होता है। यह वायुदाब भूमध्य रेखा पर गर्म वायु व्यापारिक पवनों के विपरीत दिशा में प्रवाहित होती हैं तथा ठण्डी होकर 30° से 35° अक्षांश पर वापस होने के कारण उच्च वायुदाब उत्पन्न हो जाता है। इसलिए यहाँ पर उत्पन्न उच्च वायुदाब के कारण कटिबन्धीय प्रतिचक्रवात उत्पन्न होते हैं जिससे वायुमण्डल में स्थिरता आ जाती है। इस प्रकार वायु प्रवाह शान्त तथा मौसम शुष्क एवं मेघरहित हो जाता है। इसी कारण प्रति चक्रवात सामान्यत: महाद्वीपों एवं महासागरों के पश्चिमी भागों में ही पाये जाते हैं। प्राचीन काल में जलयानों के संचालन का आधार पछुआ हवायें होती थी परन्तु अत्यधिक वायुदाब के कारण ये जलयान पानी में डूबने लगते थे इसलिए नाविक कुछ घोड़ों को अपने साथ ले जाते थे। अत: जलयानों का भार हल्का करने के लिए कुछ घोड़ों को समुद्र में फेंक देते थे। इसी कारण इन्हें अश्व अक्षांश के नाम से पुकारा जाने लगा।

(स) पछुआ पवनें (Westlies) : उपोष्ण उच्च वायुदाब पेटियों में 30° से 35° अक्षांशों से उपध्रुवीय निम्न वायुदाब पेटियों से 60° से 65° अक्षांशों के मध्य चलने वाली स्थाई पवनों को पछुआ पवनों के नाम से जाना जाता है। ये पवनें शीत एवं शीतोष्ण कटिबन्धों के बीच चला करती हैं एवं शीत प्रधान ध्रुवीय प्रदेशों से आने वाली वायु उष्णार्द्र पछुआ पवनों के सम्पर्क में आते ही वाताग्र (Frontal) उत्पन्न कर देती हैं जिन्हें शीतोष्ण वाताग्र (Subtropical Front) कहते हैं। पृथ्वी के घूर्णन गति के कारण उत्तरी गोलार्द्ध में इन पवनों की दिशा उत्तर-पूर्व तथा दक्षिणी गोलार्द्ध में दक्षिण-पूर्व की ओर होती है। इस पेटी में सामान्यत: वायु प्रवाह पश्चिम से पूर्व दिशा की ओर होता है तथा चक्रवात भी पश्चिम से पूर्व दिशा में प्रवाहित होते हैं। इन चक्रवातों के आने से मौसम परिवर्तित हो जाता है, आकाश बादलयुक्त हो जाता है तथा वर्षा होती है। महाद्वीप के पश्चिमी भागों में गर्जन के साथ वर्षा करती हैं तथा तूफानी भी हो जाती हैं। इसलिए समुद्री यात्री इन्हें गरजने वाला चालीसा (Roaring forties), क्रुद्ध पचासा (Furious fifties) तथा चीखती साठा (Shrinking Sixties) आदि नामों से पुकारते हैं। उत्तरी गोलार्द्ध में स्थलीय भाग की अपेक्षा दक्षिणी गोलार्द्ध में जलीय भाग अधिक होने से स्थानीय प्रतिरोध कम होने के कारण वायु प्रवाह की गति अपेक्षाकृत अधिक होती है।

(द) ध्रुवीय पवनें (Polar winds) : उत्तरी ध्रुवीय प्रदेशों में 60° से 65° अक्षांशों के मध्य चलने वाली पूर्वी पवनों को ध्रुवीय पवनें कहते हैं। ध्रुवीय प्रदेशों में उच्च वायुदाब से उपध्रुवीय निम्न वायुदाब की ओर चलने वाली पवनों को ध्रुवीय पवनें कहते हैं। ग्रीष्म ऋतु में दोनों गोलार्द्धों में इन अक्षांशों के मध्य निम्न वायुदाब रहता है परन्तु शीत ऋतु में समाप्त हो जाता है। इन पवनों की दिशा उत्तरी गोलार्द्ध में उत्तर-पूर्व तथा दक्षिणी गोलार्द्ध में दक्षिण-पूर्व की ओर होती है। इस प्रकार ध्रुवीय पवनें 70° से 80° अक्षांशों तक ही चलती हैं। ध्रुवों की ओर चलने वाली हवायें अधिक ठण्डी तथा गति तीव्र होती है। उत्तरी गोलार्द्ध में स्थल की अधिकता के कारण यह पवनें बहुत ही तीव्र गति से प्रवाहित होती है। जिन्हें नार-ईस्टर (Nor-Easter) के नाम से पुकारते हैं। शीतोष्ण कटिबन्धीय प्रदेशों में ध्रुवीय पवनों का सम्पर्क जब पछुआ हवाओं से होता है तो प्रलयकारी चक्रवात तथा प्रति चक्रवातों की उत्पत्ति होती है।

(2) सामयिक अथवा मौसमी पवनें (Periodic or seasonal winds) : पृथ्वी तल पर कुछ ऐसी पवनें प्रवाहित होती हैं जो ऋतु परिवर्तन के साथ उनकी दिशा एवं गति भी परिवर्तित होती रहती है जिन्हें सामयिक अथवा मौसमी पवनें कहते हैं।

(अ) समुद्री पवनें (Sea Breezes) : समुद्री भाग में अल्पकालिक उच्च वायुदाब के कारण समुद्र के तटवर्ती स्थल खण्ड से निम्न वायुदाब की ओर प्रवाहित होने वाली पवनों को समुद्री पवनें अथवा जलीय पवनें कहते हैं। समुद्री

पवनें प्राय: पूर्वान्ह 10 से 11 बजे चलना प्रारम्भ होती है जिनकी तीव्रता अपरान्ह 2–2.30 बजे तक तीव्रतम होती है। इसके पश्चात् इनकी गति में कमी आने लगती है जो 8 बजे रात्रि तक बिल्कुल समाप्त हो जाती है। समुद्री पवनें वायुमण्डल में बहुत कम ऊँचाई पर ही प्रवाहित होती हैं। इन पवनों की गति में काफी असमानता पाई जाती है। उष्ण कटिबन्धीय प्रदेशों में यह पवनें कभी–कभी तूफानी हो जाती हैं जबकि शीतोष्ण कटिबन्धीय प्रदेशों में इनकी गति 35 से 40 किलोमीटर प्रतिघण्टा तक होती है।

(ब) स्थलीय पवनें (Land breezes) : रात्रि में ताप विकिरण प्रक्रिया के कारण स्थल खण्ड जल खण्ड की अपेक्षा शीघ्रता से ठण्डा होता है जिसके फलस्वरूप स्थल खण्ड में उच्च वायुदाब जबकि समुद्र तल पर निम्न वायुदाब की उत्पत्ति हो जाती है अर्थात् वायुदाब स्थल से जल की ओर हो जाता है। इस प्रकार वायुदाब का सन्तुलन बनाये रखने के लिए वायु स्थल से समुद्र की तरफ प्रवाहित होने लगती है जिन्हें स्थलीय पवनें (Land breezes) कहते हैं।

(स) पर्वत एवं घाटी पवनें (Mountain and Valley breezes) : पर्वत एवं घाटी पवनें एक प्रकार की स्थानीय पवनें होती हैं जो दैनिक वायुभार की भिन्नता के कारण उत्पन्न होती हैं। पहाड़ों एवं घाटियों में तापमान के अन्तर के कारण दिन एवं रात्रि के समय क्रमश: आरोही एवं अबरोही पवनें चला करती हैं। दिन के समय सूर्य की किरणों से घाटी की वायु गरम होकर ऊपर उठने लगती है और हल्की हो जाती है। इस प्रकार दिन के समय घाटी से उठने वाली वायु को घाटी पवनें कहते हैं। रात्रि के समय तीव्र विकिरण प्रक्रिया के कारण पर्वतीय ढाल तीव्रता से ठण्डे हो जाते हैं तथा समीप की वायु भी ठण्डी हो जाती है। इस प्रकार उच्च दाब युक्त पवनें पर्वतों से घाटी की तरफ प्रवाहित होती हैं जिन्हें पर्वतीय पवनों के नाम से पुकारते हैं।

(द) स्थानीय पवनें (Local winds) : किसी स्थान विशेष में प्रवाहित होने वाली पवनें अपनी विशिष्ट गुणवत्ता के कारण स्थाई एवं प्रचलित पवनों के विपरीत प्रवाहित होती हैं जिन्हें स्थानीय पवनों के नाम से जाना जाता है। विशिष्ट धरातलीय बनावट एवं भू–आकृतियों के कारण ये पवनें शीतल, उष्ण, बर्फीली, धूल तथा बालुयुक्त हो सकती हैं। स्थानीय पवनें निम्न प्रकार की होती हैं –

(i) **चिनूक (Chinook) :** पर्वतीय ढालों पर प्रवाहित होने वाली उष्ण तथा शुष्क स्थानीय पवनों को कनाडा तथा संयुक्त राज्य अमेरिका में चिनूक के नाम से जानते हैं। रॉकी पर्वतों के पूर्वी भाग में गर्म एवं शुष्क पवनें स्थानीय रूप से उत्पन्न होती हैं तथा इनसे वर्षा नहीं होती है, परन्तु जब यहाँ पर आर्द्रतायुक्त चक्रवात प्रवेश करता है तो शुष्क वायु को अपनी ओर आकर्षित करके पश्चिमी ढालों पर वर्षा करती हैं।

(ii) **फॉन (Fohan) :** चिनूक की तरह एल्पस पर्वत के दक्षिणी ढाल के ऊपर से जब उत्तरी ढाल के सहारे नीचे की तरफ प्रवाहित होती हैं तो वह गर्म एवं शुष्क हो जाती हैं तो इन्हें फॉन के नाम से जानते हैं। ये हवायें शीत ऋतु के अन्त तथा बसन्त ऋतु के आरम्भ में चलती हैं। चक्रवातों के प्रभाव के कारण कभी–कभी इनसे वर्षा भी हो जाती है।

(iii) **सिराको (Siraco) :** भूमध्य सागरीय क्षेत्रों में गर्म, शुष्क एवं वायुयुक्त पवनें सहारा मरुस्थल से चलने वाली पवनों को सिराको के नाम से जाना जाता है। भूमध्य सागर के दक्षिणी तट पर ये हवायें अत्यन्त शुष्क, गर्म तथा बालूयुक्त आँधी के रूप में कुछ दिनों तक चलती हैं। इस प्रकार की पवनों को इटली में सिराको, स्पेन में लेवेश (Leveche), सहारा में लोस्ट (Loste), मिश्र में खमसिन (Khamsin), लीबिया में गिबली (Gibli), अरब के मरुस्थल में सिमूम (Simoom) आदि नामों से जाना जाता है। इस प्रकार की पवनों का कृषि तथा वनस्पतियों पर विनाशकारी प्रभाव पड़ता है।

(iv) **हरमट्टान (Harmattane) :** सहारा के रेगिस्तान से शुष्क एवं धूल भरी पवनें गिनी तट की तरफ प्रवाहित होने वाली पवनों को हरमट्टान पवनें कहते हैं। यह पवनें सहारा रेगिस्तान से प्रवाहित होने के कारण गर्म, शुष्क एवं धूलयुक्त होती हैं जिनमें लाल रेत अधिक होता है। इन पवनों के कारण इस क्षेत्र की कृषि एवं

वनस्पतियों को काफी नुकसान हो जाता है। अफ्रीका के पश्चिमी भाग में गिनी तट पर इनका प्रभाव शीतलकारी होता है यहाँ पर इन पवनों को डॉक्टर के नाम से पुकारते हैं। आस्ट्रेलिया के मरुस्थलीय प्रदेशों से प्रवाहित होने वाली इन पवनों को ब्रिक फील्डर (Brick fielder) कहते हैं। उत्तरी अमेरिका में प्रवाहित होने वाली दक्षिण-पश्चिमी तीव्र एवं धूल भरी वायु को ब्लैक रोलर (Black roller) के नाम से जानते हैं।

(v) **मिस्ट्रल (Mistral) :** ध्रुवीय प्रदेशों से उत्तर-पश्चिम दिशा की ओर चलने वाली पवनें भूमध्य सागर के उत्तर-पश्चिमी भाग में स्पेन तथा फ्रांस तक प्रवाहित होने वाली शीत प्रधान पवनों को मिस्ट्रल कहते हैं। शीत ऋतु में यूरोप के इन भागों में उच्च वायुदाब तथा भूमध्य सागर के समीपवर्ती भागों में निम्न वायुदाब के कारण उत्तर-पश्चिमी तथा पश्चिमी पवनों की उत्पत्ति होती है। ये स्थानीय पवनें दक्षिण-पूर्व दिशा में प्रवाहित होती हैं।

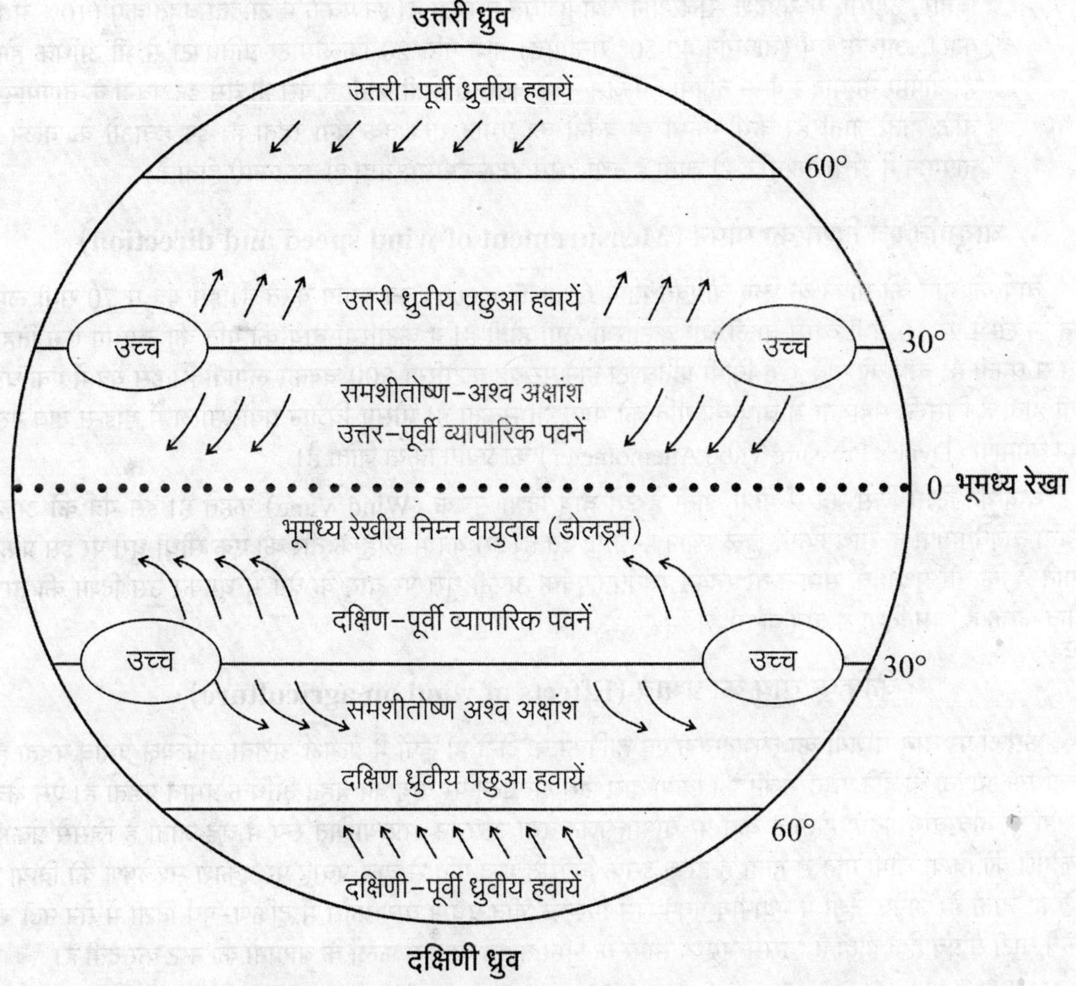

चित्र 2.5 : विश्व की प्रमुख वायु दाब पेटियाँ एवं पवनों के प्रकार

(vi) **बोरा (Bora) :** उत्तर-पूर्व दिशा में एड्रियाटिक सागर के उत्तरी तट पर प्रवाहित होने वाली तीव्र झोकों के साथ चलने वाली बोरा पवन शीतल एवं स्थानीय पवन है। इन पवनों की गति 130 से 200 किलोमीटर प्रतिघण्टे तक होती है।

(vii) हिम झंझावात : बर्फीली आंधियों को हिम झंझावात कहते हैं। कनाडा तथा अमेरिका में इन्हें नार्दन (Northen) तथा साइबेरिया में बुरान (Buran) के नाम से जानी जाती हैं। संयुक्त राज्य अमेरिका में रॉकी पर्वत के पूर्वी भाग से मैदानी भागों में बर्फीली पवनें प्रवाहित होती हैं। इन हवाओं में हिमकण उपस्थित रहते हैं। उच्च अक्षांशों में हिमकण युक्त पवनों को हिम झंझावात कहते हैं। इन पवनों की गति अधिक तीव्र (80–96 किलोमीटर प्रति घण्टा) होती है। इन पवनों के प्रवाहित होने पर ध्रुवीय प्रदेशों में बर्फ की तह जम जाती है।

(viii) लू (Loo) : उत्तर भारत के मैदानी क्षेत्रों में अप्रैल से जून माह में उत्तर–पश्चिमी तथा पश्चिम–पूर्वी दिशा की ओर प्रवाहित होने वाली उष्ण एवं शुष्क पवनों को लू कहते हैं। उत्तर भारत में इन हवाओं को ताप लहरें (Heat waves) भी कहा जाता है। उत्तर भारत में इन पवनों का प्रभाव पंजाब, हरियाणा, दिल्ली, उत्तर प्रदेश, बिहार, उड़ीसा, मध्यप्रदेश, राजस्थान तथा गुजरात में रहता है। इन पवनों में आर्द्रता बहुत कम (10% से भी कम), अधिक गर्म (तापमान 40-50° सेन्टीग्रेड) तथा गति 20 किलोमीटर प्रतिघण्टा से भी अधिक होती है। दोपहर के बाद सूर्य के तापमान में जैसे–जैसे बढोत्तरी होती जाती है वैसे ही वैसे इन पवनों के तापमान में वृद्धि होती जाती है। कभी–कभी इन पवनों का प्रभाव रात्रि तक बना रहता है। इन हवाओं के चलने से तापमान में अचानक वृद्धि हो जाती है तथा इससे उत्पन्न मौसम बड़ा ही कष्टकारी होता है।

वायुगति एवं दिशा का मापन (Measurement of wind speed and direction)

वायु की गति को मापने के लिए वायुवेग मापी (Anemometer) का प्रयोग करते हैं। इस यंत्र में 70 सेमी लम्बे धातु के खम्भे पर 10 सेमी व्यास वाली चार कटोरियाँ लगी होती हैं। ये कटोरियाँ वायु की गति की लगभग एक तिहाई गति से घूमती है। वायु की गति 1.6 किमी प्रतिघण्टा होने पर यह कटोरियाँ 500 चक्कर लगाती हैं। इस यंत्र में एक घड़ी लगी होती हैं जिसकी सहायता से वायु की गति को मापा जा सकता है। मौसम विज्ञान प्रयोगशाला में डाइन्स दाब नली पवन वेगमापी (Dyne's Pressure Tube Anemometer) का प्रयोग किया जाता है।

वायु की दिशा जिस यंत्र से मापी जाती है उसे वायु दिशा सूचक (Wind Vane) कहते हैं। इस यंत्र को अलग अथवा वायुवेगमापी के साथ किसी खुले स्थान पर लगा देते हैं। इस यंत्र में लोहे के तीर को एक सीधी धुरी पर इस प्रकार लगाते हैं कि तीर पृथ्वी के समानान्तर रहकर स्वतंत्रतापूर्वक अपनी धुरी पर वायु के वेग से घूमकर उस दिशा की तरफ संकेत करता है जिस दिशा से वायु बहती है।

कृषि पर वायु का प्रभाव (Effects of wind on agriculture)

फसलों पर वायु राशियों का लाभदायक एवं हानिकारक दोनों ही रूपों में प्रत्यक्ष अथवा अप्रत्यक्ष प्रभाव पड़ता है। अत्यधिक आर्द्रता के होने पर उत्सर्जन की क्रिया द्वारा फसलोत्पादन पर वायु का बहुत अधिक प्रभाव पड़ता है। ऐसे क्षेत्रों में जहाँ पर तीव्र वायु प्रवाह होता है वहाँ पर वाष्पोत्सर्जन तथा उत्सर्जन अप्रत्याशित रूप में बढ़ जाता है जिससे प्रकाश संश्लेषण की क्रिया धीमी गति से होती है परन्तु इसके विपरीत मन्द गति से वायु प्रवाह पर प्रकाश संश्लेषण की क्रिया में वृद्धि हो जाती है। अनेक देशों में स्थानीय पवनें जैसे मिस्ट्रल शीत प्रधान वायु फ्रांस में दक्षिण–पूर्व दिशा में रोन नदी की संकरी घाटी से प्रवाहित होती हैं जिससे भूमध्य सागर के निम्न तटीय भागों में फलों के बागानों को नष्ट कर देती है।

अत्यधिक तीव्र गति से पवनें चलने पर फसलें गिर जाती हैं। मरुस्थलीय प्रदेशों में तीव्र गति से वायु प्रवाह होने पर पवन बालू के कणों को अपने साथ ले जाकर रेत के टीले (Sand dunes) बन जाते हैं। तीव्र वायु प्रवाह वाले प्रभावित क्षेत्रों में फसलें बोने के पूर्व मृदा में नमी को संचित करने का विशेष ध्यान रखना पड़ता है। समुद्र तटीय क्षेत्रों में तीव्र गति से वायु प्रवाह होने के कारण फसलों के ऊपर लवण जमा हो जाने से लवण संवेदनशील फसलों पर हानिकारक प्रभाव पड़ता है।

एड्रियाटिक सागर तटीय भागों में बेरा नामक स्थानीय वायु के झोकों से पेड़-पौधे तक उखड़ जाते हैं। तीव्र वायु के कारण मृदा की उत्पादकता तथा पोषक तत्वों में ह्रास हो जाता है। शुष्क प्रदेशों की कृषि वाले भागों में अधिक वायु बहने से आर्द्रता प्राप्त करने के लिए खेतों को कुछ वर्षों तक परती छोड़ना पड़ता है। सामान्यत: 10 किमी प्रति घण्टा से अधिक वेग से वायु चलने पर फसलों के ऊपर प्रतिकूल प्रभाव पड़ता है। फसलों के फूल आने पर वर्षा के साथ तीव्र वायुप्रवाह होने पर परागकण नष्ट हो जाते हैं जिससे फसलों की उपज में काफी हानि हो जाती है।

उत्तरी अमेरिका के रॉकी पर्वतीय प्रदेश में 'चिनूक' उष्ण एवं शुष्क वायु प्रेयरीज प्रदेश की बर्फ पिघला देती है जिसके कारण वहाँ पर घास उग आती है और पशु व्यवसाय को बढ़ावा मिलता है। शुष्क क्षेत्रों में शान्त वायु प्रवाह होने पर फसलों के ऊपर ओस के कणों के संग्रह में सहायक होता है जिससे यहाँ पर उगाई जाने वाली फसलों पर लाभदायक प्रभाव पड़ता है। पर परागित पौधों में मन्द गति से वायु प्रवाह होने पर परागण दर में वृद्धि हो जाती है। इस प्रकार पत्तियों के पृष्ठतल के आसपास आर्द्र परत को वायु द्वारा हटा दिये जाने से पौधों में उत्स्वेदन दर बढ़ जाती है।

वायुमण्डलीय तापमान (Atmospheric temperature)

तापमान किसी पदार्थ की वह विशेषता है जो संचालन के द्वारा प्रवाह की दिशा निश्चित तथा ऊष्मा की मात्रा को प्रकट करता है। तापमान ऊष्मीय अवस्था को प्रकट करता है तथा वायुमण्डलीय ताप सूर्याताप पर निर्भर करता है। तापमान किसी पदार्थ में उष्णता तथा शीतलता की मात्रा के रूप में परिभाषित किया जाता है। इस प्रकार तापमान किसी पदार्थ की आणविक क्रियाशीलता के सम्मिलन से तत्वों की रचना होती है। ये स्थिर न होकर निरन्तर गतिशील होते हैं तथा आपसी ट्कराव के कारण गतिज ऊष्मा उत्पन्न करते हैं जो ऊष्मीय ऊर्जा में परिवर्तित हो जाते हैं। वायुमण्डल को ताप प्रत्यक्ष रूप से सूर्य विकिरण के द्वारा प्राप्त होता है। सूर्य की किरणों द्वारा पृथ्वी पर ऊष्मा का ग्रहण किये जाने को सूर्याभिताप (Isolation) कहते हैं। इन्हीं किरणों द्वारा वायुमण्डल को भी ऊष्मा मिलती है धरातल पर सूर्याताप की प्राप्ति सूर्य रश्मियों के रूप में जो ताप प्राप्त होता है उसे सौर ऊष्मा (Solar Heat) अथवा सौर ऊर्जा (Solar Energy) कहा जाता है।

ब्रेयर के अनुसार – क्षैतिज तल पर ताप सौर विकरण द्वारा प्रत्यक्ष रूप से प्राप्त होता है जिसे सूर्याभिताप (Isolation) कहते हैं।

"Isolation is the rate at which direct radiation or energy is received on a horizontal surface"

वायुमण्डल में निहित आर्द्रता द्वारा सौर ऊर्जा का 14 प्रतिशत भाग अवशोषित कर लिया जाता है। सौर ऊर्जा का विकिरण लघु तरंगों के रूप में होता है। इस प्रकार सौर विकिरण से प्राप्त ऊष्मा संचालन, संवहन तथा विकिरण की प्रक्रियाएं होती हैं। वायु का तापमान तापमापी (Thermometer) द्वारा मापा जाता है जिसे सेन्टीग्रेड अथवा फारेनहाइट अथवा रियूमर में प्रकट किया जाता है।

ऊष्मा स्थानान्तरण की प्रक्रिया (Process of heat transfer)

वायुमण्डल की ऊष्मा का स्थानान्तरण निम्नलिखित तीन विधियों द्वारा होता है – (1) संचलन (Conduction), (2) संवहन (Convection), (3) विकिरण (Radiation)

(1) संचलन (Conduction) : संचलन विधि द्वारा ऊष्मा का संचार अणुओं के पारस्परिक सम्पर्क के द्वारा होता है। धरातल पर आने वाली वायु इस प्रक्रिया द्वारा ऊष्मा ग्रहण करती है। इस प्रक्रिया में सर्वप्रथम ऊष्मा के सम्पर्क में आने वाले अणु गर्म होकर फैल जाते हैं तथा सम्पर्क में आने वाले अणुओं को ऊर्जा स्थानान्तरित करके गर्म करते हैं। इस प्रकार धरातल की निचली परत से ऊपरी परत में ऊष्मा का संचार होता है जिसके कारण धरातल से दूरी बढ़ने के साथ-साथ वायुमण्डल के तापमान में कमी होती जाती है। संचालन की क्रिया द्वारा प्रत्येक कण क्रियाशील हो जाते हैं जिससे बढ़ी हुई

ऊर्जा का समीपवर्ती कणों में परिवर्तन हो जाता है। वायु ऊष्मा का अच्छा चालक नहीं है जिससे धरातल के ऊपर एक मीटर तक का भाग अधिक गर्म हो पाता है। जबकि पृथ्वी का धरातल ताप का अच्छा चालक है जिससे ऊर्जा का विकिरण अधिक मात्रा में होता है।

(2) संवहन (Convection) : द्रव्य एवं गैसीय पदार्थों के बीच ऊर्जा स्थानान्तरण की प्रक्रिया को संवहन कहते हैं। संवहन की प्रक्रिया 45° उत्तरी एवं दक्षिणी अक्षांशों पर अधिक होती है। गर्म एवं ठण्डी वायु के आदान-प्रदान से वायुमण्डल ऊपर तक गर्म हो जाता है। इसे उर्ध्ववर्ती संवहन तरंग कहते हैं। इसी प्रकार उत्तरी धरातल पर क्षैतिजीय संवहन तरंग का अविर्भाव होता है। सूर्य के ताप की ऊष्मा से पृथ्वी तल गर्म हो जाता है जिससे भूतल पर प्रवाहित होने वाली वायु ऊपर फैलती है अर्थात उसके आयतन में वृद्धि हो जाती है। वायु ऊपर उठकर हल्की हो जाती है जिससे उसका घनत्व कम हो जाता है। उसका स्थान लेने के लिए ऊपरी भारी वायु नीचे उतरने लगती है। यह पुन: गर्म होकर ऊपर उठती है तथा ठण्डी होकर नीचे उतरती है। यही क्रम निरन्तर जारी रहने को संवहन प्रक्रिया (Convectional process) कहते हैं।

(3) विकिरण (Radiation) : प्रकाश की गति से चलने वाली तरंगों द्वारा ऊर्जा के स्थानान्तरण को विकिरण कहते हैं। कोई भी पदार्थ ऊष्मा ग्रहण करने के उपरान्त विभिन्न प्रकार की तरंगों का प्रसारण करता है। सूर्य से निकली इस ऊर्जा का 14 प्रतिशत भाग वायुमण्डल की आर्द्रता तथा धूलकणों में अवशोषित कर लिया जाता है। इस प्रकार केवल 48 प्रतिशत ऊष्मा ही वायुमण्डल को प्राप्त हो पाती है। यही ऊर्जा पुन: पृथ्वी के धरातल से विकिरण द्वारा वायुमण्डल में फैलती है अर्थात् धरातल पर उन विद्युत-चुम्बकीय लघुतरंगों (Electro-magnetic waves) को अवशोषित कर ऊष्मा में परिवर्तित कर देती है तथा धरातल पर इस ऊष्मा का विकिरण दीर्घ तरंगों अथवा अविरल किरणों में प्राप्त करता है। पृथ्वी तल से विकिरण क्रिया सतत् चलती रहती है अर्थात् धरातल से वायु की परतों में ऊष्मा का विकिरण तथा पुन: वायुमण्डल से उसका विकिरण होता रहता है। जब कोई पदार्थ ऊष्मा ग्रहण करने के उपरान्त विभिन्न तरंगों द्वारा अधिकतम विकिरण करता है तो उससे होने वाले विकिरण को कृष्णिका विकिरण (Black body radiation) कहते हैं। पृथ्वी तल पर इस प्रकार का विकिरण होता है। यदि यह पदार्थ उसी ऊष्मा पर निश्चित तरंगों का विकिरण करता है तो उसे वरणात्मक विकिरण (Selective radiation) कहते हैं। इस प्रकार वायुमण्डल लघुतरंगों द्वारा 14 प्रतिशत ऊर्जा का ही अवशोषण कर पाता है जबकि पार्थिव विकिरण दीर्घ तरंगों के रूप में 85 प्रतिशत भाग का अवशोषण कर लेता है।

वायुमण्डलीय तापमान का वितरण (Distribution of atmospheric temperature)

वायुमण्डल में तापमान का वितरण सामान्यत: दो प्रकार से होता है –

(i) तापमान का लम्बवत वितरण (Vertical distribution of temperature)

(ii) तापमान का क्षैतिजीय वितरण (Horizontal distribution of temperature)

(i) तापमान का लम्बवत वितरण (Vertical distribution of temperature) : जिस प्रकार भूमध्य रेखा से ध्रुवों की तरफ तापमान घटता है उसी प्रकार वायुमण्डल में लम्बवत रूप में भी तापमान घटता है। जैसा कि स्पष्ट है कि ऊँचाई बढ़ने के साथ-साथ तापमान का घटना एक सामान्य प्रक्रिया है। वायुमण्डल में प्रति 1000 फीट की ऊँचाई होने पर 3.60 डिग्री फारेनहाइट ताप कम हो जाता है। तापमान में इस ह्रास की दर को तापमान की उर्ध्वाधर-प्रवणता (Gradient of vertical temperature) कहते हैं। इसी कारण विश्व के अनेक पर्वतों जैसे हिमालय, एल्पस, रॉकी, एण्डीज आदि पर तापमान कम होने के कारण पर्वत श्रेणियां वर्ष भर हिमाच्छादित रहती हैं। वायुमण्डल में स्थित विभिन्न वायु की परतें धरातलीय ताप द्वारा ऊष्मा प्राप्त करती हैं। धरातल के समीप वाली वायु की परतें सघन, धूलकण, जलवाष्प आदि की मात्रा अधिक होने के कारण अधिक गर्म होती हैं। जबकि इसके विपरीत वायु की ऊपरी परत विरल, धूलकणों एवं जलवाष्प आदि के कारण विकिरण से प्राप्त ऊष्मा के अवशोषण की क्षमता कम होने के कारण तापमान कम हो जाता है।

तापमान के लम्बवत वितरण की निम्न विशेषताएं होती हैं –

(1) क्षोभमण्डल (Troposphere) में पृथ्वीतल के सभी स्थानों से सामान्य ताप में कमी की दर लगभग समान होती है।

(2) समतापमण्डल (Stratosphere) में तापमान का ह्रास होते–होते एकदम शून्य हो जाता है जिससे इस मण्डल में तापमान की कमी की दर में आकस्मिक परिवर्तन होता है।

(3) समतापमण्डल के निचले स्तर में सभी ऊँचाईयों पर तापमान समान रहता है।

(4) भूमध्य रेखा से ध्रुवों की तरफ समतापमण्डल की ऊँचाई में कमी आ जाती है जिससे तापमान बढ़ने लगता है।

(ii) तापमान का क्षैतिजीय वितरण (Horizontal distribution of temperature) : समुद्र तल से समान तापमान वाले स्थानों को मिलाने वाली रेखा को समताप रेखा (Isotherm) कहते हैं। ये रेखायें पूर्व से पश्चिम दिशा की ओर होती हैं जो प्राय: अक्षांश रेखाओं के समानान्तर होती हैं। इस प्रकार धरातल पर तापमान का वितरण समताप रेखाओं द्वारा प्रदर्शित किया जाता है। तापमान के क्षैतिजीय वितरण पर अक्षांशों का सबसे अधिक प्रभाव पड़ता है। दक्षिणी गोलार्द्ध में जलखण्ड की अधिकता के कारण समताप रेखायें दूर–दूर तथा सपाट होती हैं। समताप रेखाओं के समीप होने पर तापमान की तीव्रता प्रदर्शित होती है। भूमध्य रेखा से ध्रुवों की ओर तापमान में क्रमश: कमी आती जाती है। कर्क तथा मकर रेखाओं के उपरान्त अक्षांशों पर सूर्य की किरणें तिरछी पड़ती हैं इस प्रकार ध्रुवों पर सदैव न्यून तापमान रहता है अर्थात् निम्न अक्षांशों में उच्च तापमान जबकि उच्च अक्षांशों में निम्न तापमान होता है। इसी कारण कर्क तथा मकर रेखाओं के समीप अधिक तापमान रहता है।

समताप रेखाओं के आधार पर तापमान का क्षैतिजीय वितरण (Horizontal distribution of temperature based on Isotherm)

समताप रेखाओं के आधार पर तापमान के क्षैतिजीय वितरण को निम्न पांच ताप कटिबन्धों में विभाजित किया गया है –

(i) उष्ण कटिबन्ध (Tropical Zone)

(ii) उपोष्ण कटिबन्ध (Sub tropical Zone)

(iii) शीतोष्ण कटिबन्ध (Temperate Zone)

(iv) समशीतोष्ण कटिबन्ध (Sub temperate Zone)

(v) ध्रुवीय कटिबन्ध (Polar Zone)

तापमान के प्रादेशिक वितरण के आधार पर ताप कटिबन्धों को निम्न प्रकार से विभाजित किया गया है –

(i) भूमध्यरेखीय प्रदेश (Equatorial Region) : भूमध्य रेखा के दोनों ओर 5° उत्तर एवं दक्षिण अक्षांशों तक फैला है। इस प्रदेश में सूर्य का तापमान दो बराबर भागों में विभाजित हो जाने के कारण दिन रात बराबर होते हैं। सूर्य की किरणें लम्बवत पड़ने के कारण यहाँ का तापमान वर्ष भर अधिक रहता है। तापमान की अधिकता के कारण वायुमण्डल सदैव आर्द्रतायुक्त रहता है।

(ii) आन्तरिक उष्ण कटिबन्धीय प्रदेश (Inter-tropical Region) : भूमध्य रेखा के दोनों ओर 5° से 12° उत्तरी एवं दक्षिणी अक्षांशों तक इसका विस्तार है। वार्षिक तापमान सदैव अधिक रहता है। परन्तु ग्रीष्म तथा शीत ऋतु स्पष्ट रहते हैं। स्थलीय भाग ग्रीष्मकाल में अधिक गर्म तथा शीत ऋतु में अधिक ठण्डा रहता है। समुद्री भाग में तापमान में विशेष परिवर्तन नहीं होता है।

(iii) उष्ण कटिबन्धीय प्रदेश (Tropical Region) : उत्तरी तथा दक्षिणी गोलार्द्धों में 12° से 25° उत्तरी तथा दक्षिणी अक्षांशों के मध्य इस प्रदेश का विस्तार है। ग्रीष्म ऋतु में रात्रि 10 घण्टे तथा शीत ऋतु में 14 घण्टे की होती है। ग्रीष्मकाल में उत्तरी गोलार्द्ध में तथा शीतकाल में दक्षिणी गोलार्द्ध में सूर्य की किरणें लम्बवत चमकती हैं। इस प्रकार वर्ष भर में एक बार उच्चतम तथा न्यूनतम तापमान होता है।

(iv) उपोष्ण कटिबन्धीय प्रदेश (Sub tropical Region) : उपोष्ण कटिबंधीय प्रदेश 25° से 45° उत्तरी तथा दक्षिणी अक्षांशों के मध्य स्थित है। सूर्य की किरणें अत्यधिक तिरछी पड़ने के कारण तापमान में बहुत अधिक गिरावट हो जाती है। शीत ऋतु में तापमान हिमांक बिन्दु से नीचे गिर जाने के कारण अधिकतर क्षेत्रों में बर्फ पड़ती है। शीत तथा ग्रीष्म ऋतु में तापमान में अधिक अन्तर रहता है तथा दिन की अवधि भी बढ़ जाती है।

(v) शीतोष्ण कटिबन्धीय प्रदेश (Temperate Region) : दोनों गोलार्द्धों में 45° से 66 1/3° अक्षांशों के मध्य इस प्रदेश का विस्तार है। सूर्य की किरणें अत्यधिक तिरछी पड़ने के कारण तापमान में बहुत अधिक गिरावट हो जाती है। शीत ऋतु में तापमान हिमांक बिन्दु से नीचे गिर जाने के कारण अधिकतर क्षेत्रों में बर्फ पड़ती है। शीत तथा ग्रीष्म ऋतु में तापमान में अधिक अन्तर रहता है तथा दिन की अवधि भी बढ़ जाती है।

(vi) टुन्ड्रा प्रदेश (Tundra Region) : टुन्ड्रा प्रदेश का विस्तार शीतोष्ण कटिबन्ध तथा ध्रुवीय प्रदेशों के मध्य है। सूर्य की किरणें इतनी अधिक तिरछी हो जाती हैं कि वे पृथ्वी तल के समानान्तर हो जाती हैं जिससे न्यूनतम तापमान 40° फारेनहाइट तक हो जाता है। ग्रीष्म ऋतु में भी अधिकांश भागों की बर्फ पिघल नहीं पाती है।

(vii) ध्रुवीय प्रदेश (Polar Region) : उत्तरी तथा दक्षिणी ध्रुवों के चारों तरफ इस प्रदेश का विस्तार है। इस प्रदेश के अधिकांश भागों में सूर्य की किरणें दिखलाई नहीं पड़ती है। उत्तरी ध्रुव पर वर्ष भर बर्फ पड़ती है तथा जनवरी माह का तापमान −40° फारेनहाइट हो जाता है। वार्षिक तापान्तर 60° से 70° फारेनहाइट के मध्य रहता है। दक्षिणी ध्रुव पर शीतकाल में तापमान 80° फारेनहाइट तक कम हो जाता है। ध्रुवों पर तापान्तर भी नगण्य होता है। ध्रुवों पर 6 महीने के दिन तथा 6 महीने की रातें होती हैं।

तापान्तर (Range of temperature)

किसी स्थान के उच्चतम तथा न्यूनतम तापमान के अन्तराल को तापान्तर कहते हैं। दिन एवं रात्रि के अधिकतम तथा न्यूनतम के अन्तर को दैनिक तापान्तर, एक माह के उच्चतम तथा न्यूनतम को मासिक तापान्तर तथा एक वर्ष के उच्चतम तथा न्यूनतम तापमान को वार्षिक तापान्तर कहते हैं।

(अ) दैनिक तापान्तर (Daily range of temperature) : दैनिक तापान्तर के प्रमुख कारण निम्न हैं –

1. महाद्वीपों पर स्थलीय भाग अधिक होने के कारण तापान्तर अधिक होता है।
2. समुद्र तटवर्ती भागों में समुद्र के प्रभाव के कारण तापान्तर अधिक होता है।
3. मेघाच्छादन के समय मेघ सूर्य के ताप को अवशोषित करने के कारण तापान्तर कम होता है।
4. मरुस्थलीय भागों में आकाश की स्वच्छता के कारण दैनिक तापान्तर अधिक होता है।
5. सौर विकिरण के परावर्तन के कारण बर्फीले भागों का तापान्तर कम होता है।
6. उच्च पर्वतीय भागों में वायु के विरल होने से दिन में सूर्याभिताप को अधिक ग्रहण कर लिया जाता है परन्तु रात्रि में कम धरातलीय विकिरण के कारण तापान्तर अधिक होता है।
7. जिन क्षेत्रों में दिन के समय उष्ण वायु तथा रात्रि के समय शीतवायु प्रभावित होती है वहाँ तापान्तर अधिक होता है।

(ब) वार्षिक तापान्तर (Annual range of temperature) : वार्षिक तापान्तर की निम्न विशेषताएं होती हैं –

1. भूमध्यरेखीय कटिबन्धों में दिन–रात के तापमान में अधिक अन्तर न होने के कारण तापान्तर कम होता है।
2. समुद्र के तटीय भागों में सागरीय जल के प्रभाव के कारण तापान्तर रहता है।
3. कर्क तथा मकर रेखा में सूर्य के कोणिक झुकाव में अधिक अन्तर होने के कारण तापान्तर कम पाया जाता है।
4. तटवर्ती भागों में सागरीय गर्म धाराओं के प्रभाव के कारण तटवर्ती ठण्डे न हो पाने के कारण अधिक गर्म नहीं हो पाता है।
5. ग्रीष्म ऋतु में दक्षिण–पश्चिमी मानसूनी पवनों के कारण उत्तर भारत में तापान्तर कम हो जाता है।
6. सूर्य के उत्तरायण स्थिति कर्क रेखा पर सूर्य की किरणें सीधी पड़ने के कारण अधिक गर्मी पड़ती है जिससे दिन बड़े तथा रातें छोटी होती हैं इससे तापान्तर भी अधिक होता है। मकर रेखा पर सूर्य की किरणें अपेक्षाकृत तिरछी पड़ने के कारण तापान्तर कम रहता है।
7. ग्रीष्मकाल में वर्षा तथा बादल की मात्रा तापमान को कम कर देती है जबकि शीतकाल में इनका कोई विशेष प्रभाव नहीं पड़ता है।

तापमान का कृषि पर प्रभाव (Effect of temperature on agriculture)

कृषि के प्रत्येक कार्य तापमान से प्रभावित अथवा सम्पन्न होते हैं। बीज के जमने से लेकर पौधों की वृद्धि एवं पकने के लिए भिन्न–भिन्न प्रकार के तापमान की आवश्यकता होती है। रबी ऋतु में उगाई जाने वाली फसलों के बीजों के जमने के लिए 22° से 25° सेन्टीग्रेड तापमान उपयुक्त होता है तथा इन फसलों की वृद्धि के लिए ठण्डे मौसम की आवश्यकता होती है। जबकि पकने के समय तापमान 30°–35° सेन्टीग्रेड होना उपयुक्त होता है। खरीफ ऋतु में उगाई जाने वाली फसलों के बीजों के जमने के लिए 30°–35° सेन्टीग्रेड तापमान उपयुक्त होता है जबकि पकने के लिए 20°–25° सेन्टीग्रेड की आवश्यकता होती है। शीत ऋतु में उगाई जाने वाली फसलों के लिए कोहरा काफी लाभदायक होता है परन्तु कुछ फसलों पर पाला का प्रभाव बहुत अधिक पड़ता है। उष्ण कटिबन्धीय प्रदेशों में अधिक तापमान चाहने वाली फसलों को ही उगाया जाता है। अधिक तापमान वाले क्षेत्रों में वर्षा भी अधिक होती है इसलिए इन क्षेत्रों में वही फसलें उगाई जाती हैं जिनको अधिक तापमान तथा वर्षा की आवश्यकता होती है। इस प्रकार फसलोत्पादन में महाद्वीपीय तथा महासागरीय प्रभाव भी अधिक पड़ता है। मध्य एशिया के महाद्वीपीय प्रभाव के कारण शीत ऋतु अधिक तथा लम्बी होती है जिसके कारण फसल की अवधि कम होती है।

समुद्र तटीय भागों में समुद्र का प्रभाव फसलों पर बहुत अधिक पड़ता है। इसी कारण एक अक्षांश पर स्थित उत्तर पूर्वी एशिया, पश्चिमी यूरोप तथा पूर्वी कनाडा के तापमान में काफी अन्तर होने के कारण फसलोत्पादन पर व्यापक प्रभाव पड़ता है। उत्तरी गोलार्द्ध की अपेक्षा दक्षिणी गोलार्द्ध में फसलों की वृद्धि की अवधि कम होती है। महाद्वीपीय प्रभाव के कारण संसार में अधिकतम उपजाऊ कृषि प्रदेशों जैसे उत्तरी अमेरिका, सोवियत संघ का यूक्रेन प्रदेश, मध्य यूरोप का डेन्यूब बेसिन तथा भारतवर्ष के उत्तरी मैदानी भाग का विस्तार हुआ है। इसी प्रकार अफ्रीका, आस्ट्रेलिया तथा दक्षिणी अमेरिका में उष्ण कटिबन्धीय जलवायु के कारण फसलों की वृद्धि एवं विकास के लिए पर्याप्त समय मिल जाता है।

शीत ऋतु में तापमान में कमी के कारण कुछ फसलों के लिए लाभदायक तथा कुछ फसलों के लिए हानिकारक भी है। कोहरे के कारण अरब में यमन की पहाड़ियों पर कहवा की खेती सम्भव हो सकी है। कोहरा सूर्य की किरणों के तीक्ष्ण प्रभाव को कम कर देता है। कोहरे के कारण शीतकालीन मौसम में उगाई जाने वाली कुछ फसलों की वृद्धि एवं विकास अधिक होता है। कोहरे से फसलों को सूर्य का प्रकाश कम मात्रा में मिलने से प्रकाश संश्लेषण की गति कम हो जाती है। जिस कारण फसल पीली पड़ जाती हैं, वृद्धि रूक जाती है तथा पौधों को पोषक तत्वों की उपलब्धता बहुत कम हो जाने

से फसल उत्पादन क्षमता बहुत कम हो जाती है। इसी प्रकार पाला से फसल को सबसे ज्यादा हानि होती है। पाले से कुछ फसलें जैसे अरहर सूख जाती है तथा सरसों कुल की फसलों में फूल एवं फलियाँ मर जाती हैं। कैलीफोर्निया में फलों की खेती में पाले से भयंकर नुकसान हो जाता है। अत्यधिक तापमान के कारण मरुस्थलीय भागों में खेती नहीं की जा सकती है जबकि शीतकटिबन्ध प्रदेशों में वर्ष भर हिमाच्छादित रहने के कारण फसलोत्पादन नहीं किया जा सकता है। कुछ हिम प्रदेशों में तापमान के अधिक प्रभाव के कारण वहाँ पर बर्फ पिघल जाती है जिससे घास के मैदान विकसित हो जाने से पशुपालन व्यवसाय किया जा सकता है। इस प्रकार उपरोक्त तथ्यों के आधार पर हम कह सकते हैं कि तापमान का कृषि से बहुत ही निकट एवं घनिष्ठ सम्बन्ध है।

मृदा ताप (Soil temperature)

भूमि की ऊष्मा तथा भूमि के ताप का परस्पर निकट संम्बन्ध है लेकिन ये दोनों पर्यायवाची शब्द नहीं हैं। सूर्य की ऊष्मा से केवल वायु के तापमान में वृद्धि ही नहीं होती बल्कि मृदा के ताप में भी वृद्धि होती है। मृदा तापमान फसलों की वृद्धि एवं विकास को प्रभावित करने वाला एक प्रमुख कारक है। मृदा के आन्तरिक भाग एवं पृष्ठतल के बीच ऊष्मा विनिमय का स्पष्ट प्रभाव मृदातल के दैनिक तापान्तर पर पड़ता है।

मृदा की विशिष्ट ऊष्मा (Specific Heat of soil)

किसी भूमि के नियत भार की मृदा के ताप को 1° सेन्टीग्रेड बढ़ाने के लिए आवश्यक ऊष्मा तथा उसी भार के पानी के ताप को 1° सेन्टीग्रेड तक बढ़ाने के लिए आवश्यक ऊष्मा की मात्रा के अनुपात को उस भूमि की विशिष्ट ऊष्मा कहते हैं। उदाहरणार्थ यदि हम किसी भूमि के ताप को 1° सेन्टीग्रेड ऊँचा उठाने में 10 कैलोरी ऊष्मा व्यय होती है और उसी भार के पानी के ताप को 1° सेन्टीग्रेड ऊँचा उठाने में 50 कैलोरी ऊष्मा खर्च होती है तो हम कहेंगे कि पानी गर्म होने में भूमि की अपेक्षा 5 गुना समय लगा। परन्तु इसे हम ऐसे भी कह सकते हैं कि विशिष्ट ऊष्मा 10/50 या 0.2 है।

पानी की अपेक्षा भूमि पर ऊष्मा का शीघ्र प्रभाव पड़ता है। भूमि जल्दी गर्म तथा जल्दी ठण्डी हो जाती है। इस प्रकार एक बराबर ऊष्मा मिलने पर भूमि पानी की अपेक्षा पांच गुना गर्म हो जाती है। अत: भूमि की विशिष्ट ऊष्मा 0.2 है। सभी भूमियों में बराबर ऊष्मा मिलने से एक समान गर्म नहीं होती। बालू मटियार की अपेक्षा शीघ्रता से गर्म हो जाती है। जिस भूमि में जितना अधिक पानी होता है वह उतनी ही देर में गर्म होती है। जैविक पदार्थ युक्त तथा नम भूमि की आपेक्षिक ऊष्मा जैविक पदार्थ रहित सूखी मिट्टी की अपेक्षा अधिक होती है। भूमि की विशिष्ट ऊष्मा पर रन्ध्रावकाश का विशेष प्रभाव पड़ता है अधिक रन्ध्रावकाश वाली भूमियाँ प्राय: देर से गर्म होती हैं।

भिन्न-भिन्न प्रकार की भूमि की विशिष्ट ऊष्मा इस प्रकार होती है –

बलुई भूमि – 0.19, कंकरीली भूमि – 0.20, मटियार भूमि – 0.21

मृदा के ताप को प्रभावित करने वाले कारक (Factors affecting soil temperature)

मृदा ताप को प्रभावित करने वाले निम्न कारक हैं –

(1) **भूमि की विशिष्ट ऊष्मा (Specific heat of soil) :** जिस भूमि की विशिष्ट ऊष्मा कम होती है उसका ताप शीघ्र बढ़ जाता है।

(2) **मृदा संरचना (Soil texture) :** बलुई भूमि मटियार भूमि की तुलना में शीघ्र गर्म तथा शीघ्र ठण्डी हो जाती हैं।

(3) **भूमि का रंग (Colour of soil) :** एक प्रकार की मृदा संरचना होने पर भी उसके रंग में अन्तर होने पर भूमि के ताप में भी अन्तर हो जाता है। भूमि का रंग काला होने पर अधिक ऊष्मा ग्रहण करती है।

(4) **भूमि में जैविक पदार्थ की मात्रा (Organic matter in the soil) :** जिस भूमि में जितनी अधिक जैविक पदार्थ की मात्रा होगी उसकी उतनी ही अधिक सूर्य के ताप को ग्रहण करने की शक्ति होती है।

(5) **मृदा नमी (Soil moisture) :** भूमि से पानी भाप के रूप में उड़ता रहता है। पानी के भाप के रूप में बदलने से भूमि की काफी ऊष्मा नष्ट हो जाती है। इस प्रकार भूमि का तापमान घट जाता है।

(6) **मृदा में जैविक पदार्थों का सड़ना (Decomposition of organic matter) :** जब जैविक पदार्थ सड़ता है तो उसमें ऊष्मा उत्पन्न होती है। इस प्रकार जैविक पदार्थ के सड़ने से उतनी ही ऊष्मा उत्पन्न होती है जितनी उसके जलाने से होती है। अत: जिन भूमियों से जैविक पदार्थ मिलाया जाता है उसके सड़ने पर भूमि के तापमान को ऊँचा कर देता है।

(7) **मृदा का खुला होना (Soil exposure) :** खुली पृष्ठतल वाली भूमियों में तापमान का उतार-चढ़ाव शीघ्र होता है तथा इन भूमियों में अधिकतम एवं न्यूनतम ताप बिन्दु से नीचे आ जाता है।

(8) **भूपरिष्करण (Tillage) :** भूपरिष्करण की क्रियाएं जैसे जुताई, निराई, गुडाई आदि करने से भूमि के तापमान में वृद्धि हो जाती है। जुताई की गई मृदा की ऊपरी सतह तथा निचली सतह के बीच ऊष्मा का प्रवाह कम हो जाता है।

भूमि को ऊष्मा मिलने एवं उसके नष्ट होने के स्रोत

(अ) भूमि की ऊष्मा मिलने के स्रोत : भूमि को ऊष्मा निम्न प्रकार से मिलती है –

(1) सूर्य से – भूमि सूर्य की गर्मी को सोखकर अपने अन्दर ऊष्मा संचित कर लेती है।

(2) वर्षा से – बसन्त ऋतु में जब वर्षा का पानी भूमि में पहुँचता है तो वह भूमि को ऊष्मा प्रदान करता है।

(3) भूमि के अधो सतह से कुछ ऊष्मा ऊपर उठ जाती है और धरातल को गर्म कर देती है।

(4) मृदा में जैविक पदार्थों के सड़ने से ऊष्मा प्राप्त होती है।

(ब) भूमि से ऊष्मा नष्ट होने के स्रोत : भूमि से ऊष्मा नष्ट होने के निम्न मार्ग हैं –

(1) जिस प्रकार सभी गर्म वस्तुओं से ऊष्मा निकलती है उसी प्रकार भूमि से भी ऊष्मा निकलती है।

(2) कुछ ऊष्मा मृदा में उपस्थिति पानी को वाष्प बनाने में नष्ट हो जाती है।

(3) कुछ ऊष्मा भूमि के अन्दर की ठण्डी तहों अथवा बाहर की हवा में मिल जाती है।

बीज उगने तथा पौधों की बढ़वार का ऊष्मा से सम्बन्ध
(Relation of heat for germination and growth of plants)

शीतोष्ण क्षेत्र के पौधों के अतिरिक्त अन्य जीव जन्तुओं का जीवन 80 सेन्टीग्रेड से कम तापमान होने पर समाप्त हो जाता है इसलिए बीजों के उगने एवं पौधों की वृद्धि के लिए एक निश्चित तापमान की आवश्यकता होती है। विभिन्न फसलों को उगाने के लिए एक ही ताप उपयुक्त नहीं होता क्योंकि विभिन्न फसलें अलग-अलग ऋतुओं में बोई जाती हैं। इस प्रकार विभिन्न फसलों के बीजों के जमने के लिए एक निश्चित तापमान की आवश्यकता होती है जैसा कि तालिका 2.5 में दर्शाया गया है।

तालिका 2.5 : विभिन्न फसलों के बीजों के जमने के लिए उपयुक्त तापमान

क्र.सं.	फसलों के नाम	बीजों के जमने के लिए आवश्यक ताप (डिग्री सेन्टीग्रेड)		
		न्यूनतम	उपयुक्त	अधिकतम
1.	गेहूँ	5.0	25.0 से 31.1	43.3
2.	जौ	4.5	25.0 से 31.1	43.3
3.	जई	5.0	21.1 से 28.9	37.8
4.	मटर	5.0	20.0 से 32.0	45.0
5.	मक्का	9.4	31.7 से 35.6	46.1
6.	कद्दू, लौकी आदि	18.3	31.1 से 40.5	48.9

इस प्रकार पौधों की बढ़वार के लिए उपयुक्त तापमान की आवश्यकता होती है। एक निश्चित तापमान पर पौधों की बढ़वार सबसे अधिक होती है। उपयुक्त तापमान से कम अथवा अधिक होने पर पौधों की बढ़वार पर प्रतिकूल प्रभाव पड़ता है। विभिन्न फसलों की वृद्धि के लिए आवश्यक तापमान तालिका 2.6 में दर्शाया गया है।

क्र.सं.	फसलों के नाम	फसलों की वृद्धि के लिए आवश्यक ताप (डिग्री सेन्टीग्रेड)		
		न्यूनतम	उपयुक्त	अधिकतम
1.	सरसों	5.0	25.0 से 30.0	37.2
2.	जौ	5.0	25.0 से 30.0	37.7
3.	गेहूँ	5.0	25.0 से 30.0	42.5
4.	मक्का	9.4	30.0 से 35.0	46.1
5.	सेम	9.4	30.0 से 35.0	46.1
6.	कद्दू, लौकी आदि	18.3	20.0 से 25.0	43.9

वायुमण्डलीय आर्द्रता (Atmospheric Humidity)

वायुमण्डलीय आर्द्रता जलवायु तथा मौसम को प्रभावित करने वाला एक प्रमुख कारक है। वायुमण्डल अंग्रेजी भाषा के शब्द Atmosphere जो ग्रीक भाषा के शब्द Atmos से निर्गत हुआ है जिसका अर्थ वाष्प है अत: वायुमण्डल को वाष्पमण्डल कहना भी तर्क संगत होगा। यदि वायुमण्डल में उपस्थित सम्पूर्ण जलवाष्प घनीभूत होकर वर्षा के रूप में पृथ्वी पर गिर जाये तो 1 इंच वर्षा के बराबर होगी। इस प्रकार शुष्क वायु की तुलना में जलवाष्प 5/8 गुना भारी होती है। वायुमण्डल का तापमान जितना अधिक होगा उसमें जलवाष्प धारण करने की क्षमता उतनी ही अधिक होगी। वायुमण्डलीय आर्द्रता पर वर्षा, तापमान, वायुराशियों, तूफान, चक्रवात तथा प्रतिचक्रवात आदि का स्पष्ट प्रभाव देखा जा सकता है।

जल के वाष्प के रूप में परिवर्तित होने की क्रिया को वाष्पीकरण कहते हैं। वायुमण्डल की आर्द्रता का मुख्य स्रोत 70.8 प्रतिशत भाग में फैले सागर तथा महासागर हैं। इसके अतिरिक्त नदियों, झीलों, तालाबों, नमीयुक्त धरातल तथा वनस्पति के वाष्पीकरण द्वारा पर्याप्त मात्रा में जल वाष्प के रूप में मिलती रहती है। वाष्पीकरण की क्रिया द्वारा वायुमण्डल को निरन्तर आर्द्रता मिलती रहती है। समुद्रों पर वाष्पीकरण की प्रक्रिया तीव्रता से होती है। वाष्पीकरण की दर तथा तीव्रता वायु प्रवाह की गति, तापमान की प्रचण्डता तथा शुष्कता पर निर्भर करती है। उच्च तापमान तथा वायु की तीव्र गति पर

वायु जितनी शुष्क होगी वाष्पीकरण की गति भी उतनी ही तीव्र गति से होगी क्योंकि अधिक तापमान वाली शुष्क भूमियों में नमी धारण करने की क्षमता अधिक होती है। किसी निश्चित तापक्रम वाली वायु राशि द्वारा जलवाष्प धारित के अधिकतम बिन्दु पर पहुँचने को संतृप्त वायु कहते हैं अर्थात जब कोई वायु राशि जलवाष्प की इतनी मात्रा ग्रहण कर ले कि उससे अधिक ग्रहण करने में असमर्थ हो जाए। स्थिर वायु में वाष्पन होने के कारण वायु शीघ्र ही संतृप्त हो जाती है जबकि इसके विपरीत अस्थिर वायु का स्थानान्तरण होते रहने से वायु संतृप्त नहीं हो पाती है।

आर्द्रता के प्रकार (Types of humidity)

किसी निश्चित समय पर वायुमण्डल में अवरुद्ध जलवाष्प की मात्रा को तीन रूपों में व्यक्त करते हैं, जो निम्न हैं –

(1) निरपेक्ष आर्द्रता (Absolute humidity) : वायुमण्डल के निश्चित आयतन पर उसमें पाई जाने वाली नमी की मात्रा को निरपेक्ष आर्द्रता कहते हैं। वायुमण्डल की इस आर्द्रता की प्रति घन फुट अथवा प्रति घन सेन्टीमीटर में प्रकट किया जाता है। निरपेक्ष आर्द्रता की गणना निम्न सूत्र की सहायता से की जाती है –

$$\text{निरपेक्ष आर्द्रता (ग्राम प्रति घन सेमी)} = \frac{\text{जलवाष्प का भार}}{\text{वायु का आयतन}}$$

Absolute Humidity = Weight of water vapour / Volume of air

वायु के प्रसार या संकुचन के समय निरपेक्ष आर्द्रता में परिवर्तन हो जाता है अर्थात् निरपेक्ष आर्द्रता अस्थिर होती है। शीत ऋतु की अपेक्षा ग्रीष्म ऋतु में तथा रात्रि की अपेक्षा दिन में निरपेक्ष आर्द्रता अधिक होती है। भूमध्यरेखा के 300 उत्तरी तथा दक्षिणी अक्षांशों पर निरपेक्ष आर्द्रता कम होती है।

(2) सापेक्ष आर्द्रता (Relative humidity) : किसी निश्चित आयतन पर निश्चित तापमान वाली वायु की आर्द्रता तथा उसमें उपस्थित निरपेक्ष आर्द्रता के अनुपात को सापेक्ष आर्द्रता कहते हैं। वायु के किसी निश्चित तापमान तथा दाब पर जलवाष्प की एक निश्चित मात्रा ही समायोजित हो सकती है। इसके पश्चात जलवाष्प जल में परिवर्तित होने लगता है। वायु के तापमान एवं दाब के अनुसार जलवाष्प धारण करने की जो उसमें अधिकतम शक्ति होती है तथा जितने प्रतिशत जलवाष्प वायु में उपस्थित रहती है उसे उस वायु की सापेक्ष आर्द्रता कहा जाता है। सापेक्ष आर्द्रता को सामान्यतः प्रतिशत में व्यक्त करते हैं। सापेक्ष आर्द्रता को निम्न सूत्र की सहायता से ज्ञात करते हैं –

$$\text{सापेक्ष आर्द्रता} = \frac{\text{वायु में उपस्थित जलवाष्प की मात्रा}}{\text{वायु में आर्द्रता ग्रहण करने की क्षमता}} \times 100$$

$$\text{Relative Humidity} = \frac{\text{Water vapour present in Air}}{\text{Water vapour required for saturation}} \times 100$$

$$\text{अर्थात} = \frac{\text{वास्तविक वाष्पदाब}}{\text{संतृप्त वाष्पदाब}} \times 100$$

वायुमण्डल में सापेक्ष आर्द्रता की कमी होने पर वाष्पीकरण तथा उत्स्वेदन की क्रियाएं तीव्रगति से होती हैं जबकि सापेक्ष आर्द्रता अधिक होने पर यह दोनों क्रियाएं लगभग बन्द हो जाती हैं। प्रातःकाल तापमान में कमी रहने के कारण सापेक्ष आर्द्रता अधिक होती है परन्तु दोपहर में तापमान में अधिकता से सापेक्ष आर्द्रता में कमी हो जाती है। यदि किसी स्थान की सापेक्ष आर्द्रता 80 प्रतिशत है तो इसका तात्पर्य यह है कि उस स्थान की वायु संतृप्त करने के लिए 20 प्रतिशत जलवाष्प की आवश्यकता होगी।

(3) विशिष्ट आर्द्रता (Specific humidity) : प्रति इकाई जलवाष्पयुक्त वायु के भार में पाये जाने वाले वाष्प के भार को विशिष्ट आर्द्रता कहते हैं। विशिष्ट आर्द्रता एक किलोग्राम वायु भार में पाई जाने वाली जलवाष्प मात्रा (ग्राम में) व्यक्त की जाती है। इसको निम्न सूत्र की सहायता से ज्ञात करते हैं।

$$\text{विशिष्ट आर्द्रता} = \frac{\text{जलवाष्प का भार}}{\text{वाष्पयुक्त वायु का भार}}$$

$$\text{Specific Humidity} = \frac{\text{Weight of water vapour}}{\text{Weight of air including vapour}}$$

निरपेक्ष आर्द्रता तथा विशिष्ट आर्द्रता की माप करने में बड़ी कठिनाई होती है क्योंकि तापमान में परिवर्तन से निरपेक्ष आर्द्रता परिवर्तनशील होती है। निरपेक्ष आर्द्रता तथा विशिष्ट आर्द्रता का फसलों पर प्रभाव बहुत कम पड़ता है। इस प्रकार फसलोत्पादन से सम्बन्धित क्रियाओं के लिए निरपेक्ष तथा विशिष्ट आर्द्रता की तुलना में सापेक्ष आर्द्रता का प्रभाव बहुत अधिक होता है।

सापेक्ष आर्द्रता के निर्धारण से वर्षा की सम्भावना व्यक्त की जाती है। सापेक्ष आर्द्रता की उच्च प्रतिशतता पर वर्षा की सम्भावना तथा कमी होने पर शुष्क मौसम की अभिव्यक्ति की जाती है। सापेक्ष आर्द्रता अधिक होने पर वाष्पीकरण की प्रक्रिया कम होती है जबकि आर्द्रता कम होने पर वाष्पीकरण की प्रक्रिया अधिक होती है। सापेक्ष आर्द्रता अधिक एवं कम होने पर मानव स्वास्थ्य पर बुरा प्रभाव पड़ता है। सापेक्ष आर्द्रता का विद्युत यन्त्रों, रेडियो, टेलीविज़न, इमारतों के निर्माण, वस्तुओं के स्थायित्व आदि पर गहरा प्रभाव पड़ता है।

आर्द्रता का मापन (Measurement of humidity)

वायु की आर्द्रता शुष्कार्द्र बल्ब तापमापी द्वारा मापी जाती है। इस यन्त्र में दो तापमापी लगे होते हैं। तापमापी का एक बल्ब खुली हवा में रहता है जबकि दूसरे बल्ब को भीगे हुए मलमल के कपड़े से लपेट दिया जाता है। इस कपड़े का एक सिरा पानी में डूबा रहता है। यदि वायु की आर्द्रता कम हुई तो बल्ब का जल वाष्प बनकर उड़ेगा और बल्ब ठण्डा हो जायेगा, परिणामस्वरूप भीगे बल्ब वाले तापमापी का तापमान कम होगा। इस अन्तर को जानने के पश्चात एक विशेष प्रकार के चार्ट की सहायता से आर्द्रता ज्ञात की जाती है। खड़ी फसलों के मध्य सापेक्ष आर्द्रता की माप के लिए आसमैन्स साइक्रोमीटर का प्रयोग किया जाता है। कमरे के भीतर की सापेक्ष आर्द्रता ज्ञात करने के लिए हेयर–हाइग्रोमीटर का उपयोग करते हैं।

आर्द्रता का फसलों पर प्रभाव (Effect of humidity on crops)

वायुमण्डलीय आर्द्रता का फसलों की वृद्धि एवं विकास पर प्रत्यक्ष प्रभाव पड़ता है। यदि वायुमण्डल में आर्द्रता कम है तो पौधों में उपस्थित जल का उत्स्वेदन क्रिया द्वारा ह्रास बहुत तेजी से होता है जिसके कारण पौधों में पानी की कमी हो जाती है तथा पौधा सूख जाता है। इसी प्रकार मृदा से वाष्पीकरण की प्रक्रिया भी बड़ी तीव्र गति से होती है जिससे मृदा में भी जल संकट की स्थिति उत्पन्न हो जाती है। वायुमण्डल में आर्द्रता की पर्याप्त मात्रा से मृदा में उपलब्ध नमी का उपयोग कर पौधे की वृद्धि एवं विकास में सहायक होती है जिसके कारण फसलों की उपज में वृद्धि हो जाती है। वायुमण्डल में बहुत अधिक आर्द्रता होने पर फसलों में कीटों एवं बीमारियों का प्रकोप हो जाता है जिससे फसलों पर प्रतिकूल प्रभाव पड़ता है तथा उपज में कमी हो जाती है।

जलवाष्प का संघनन (Condensation of water vapour)

जलवाष्प का जल के गैसीय स्वरूप का जल में परिवर्तित होना ही संघनन प्रक्रिया कहलाती है। संघनन की क्रिया वाष्पीकरण के विपरीत होती है। यह जल के परिवर्तन की एक प्रक्रिया है। संघनन की प्रक्रिया होने के समय वायुमण्डल का तापमान ओसांक बिन्दु से कम तथा आर्द्रता शत प्रतिशत होती है। गुप्त ताप द्वारा जल का वायुमण्डल में वाष्पीकरण होता है। परन्तु जब संघनन की प्रक्रिया होती है तो यही ताप पुन: वायुमण्डल को प्राप्त हो जाता है। कुछ मौसम वैज्ञानिकों का मानना है कि ओसांक बिन्दु को संघनन की एक निश्चित सीमा नहीं मान सकते हैं। संघनन की प्रक्रिया वायु के पूर्ण संतृप्त होने के पूर्व भी प्रारम्भ हो सकती है। कभी-कभी ओसांक बिन्दु से कम तापमान पर भी यह प्रक्रिया प्रारम्भ नहीं हो पाती है।

निम्न ताप पर जलवाष्प बिना संघनन के ठोस रूप में परिवर्तित होने को उर्ध्वापतन कहते हैं। जब वायु का तापमान ओसांक बिन्दु से नीचे हो जाता है तो उसमें निहित जलवाष्प की मात्रा का संघनन प्रत्यक्ष रूप से हिम में परिवर्तित होने की क्रिया को क्रिस्टलीकरण कहते हैं।

संघनन की प्रक्रिया

समुद्र तल से जैसे-जैसे ऊँचाई बढ़ती जाती है तापमान में कमी होना शुरु हो जाती है। इसे सामान्य ताप ह्रास (Normal temperature lapse rate) दर अथवा तापमान की लम्बवत प्रवणता (Vertical temperature gradient) कहते हैं। किसी निश्चित आयतन की वायुराशि जब समुद्र से ऊपर उठती है तो उसके आयतन में वृद्धि हो जाती है जबकि उसी निश्चित वायु राशियों का नीचे उतरने पर उनका संकुचन प्रारम्भ हो जाता है। इस प्रकार वायु के ऊपर तथा नीचे लम्बवत रूप में चढ़ने तथा उतरने के कारण तापमान में वृद्धि अथवा कमी होती रहती है। तापमान के इस विनिमय के रूद्धोष्म ताप परिवर्तन (Adiabatic temperature change) कहते हैं। ऊपर उठी वायु के ठण्डी होने तक फैलने की दर 5.5° फॉरेनहाइट प्रति 1000 फीट होती है। इस प्रकार ऊपर उठी वायु के तापमान घटने की दर वास्तविक तापमान घटने की दर से अधिक होती है। तापमान में कमी होने की इस दर को शुष्क रूद्धोष्म ह्रास दर (Dry adiabatic lapse rate) कहते हैं। किसी संतृप्त वायुराशि लम्बवत रूप से संघनन से निर्गत गुप्त ऊष्मा (Latent heat of condensation) वायुमण्डल में मिल जाती है। यह शीतल होने की दर को संतृप्त रूद्धोष्म दर (Saturated adiabatic lapse rate) कहते हैं। यह दर 3° फॉरेनहाइट प्रति हजार फीट होती है। इन वायु राशियों की शीतलता की दर उसमें उपस्थिति जलवाष्प की मात्रा पर निर्भर करती है।

इस प्रकार वायुमण्डल में संघनन की प्रक्रिया के लिए निम्न तथ्य आवश्यक है –

1. वायुमण्डल में पर्याप्त आर्द्रता होनी चाहिए क्योंकि वायु में उपस्थित जलवाष्प का ही संघनन होता है।
2. वायुराशियों का तापमान ओसांक बिन्दु से नीचे गिरने से ही संघनन की प्रक्रिया प्रारम्भ हो जाती है।
3. जलवाष्प से संतृप्त वायुराशियों के ऊपर उठने के कारण रूद्धोष्म शीतलन द्वारा वायुदाब में कमी आनी चाहिए।
4. धरातल के समीप वायुराशियों को उस सीमा तक गर्म होना चाहिए जिससे उसमें ऊपर उठना, ठण्डी होना तथा संतृप्त होना सम्भव हो सके।

संघनन के रूप (Forms of condensation)

वायु के शीतल होने के कारण वायुमण्डल में उपस्थित जलवाष्प को संघनित होकर ओस, पाला (Frost), कोहरा (Fog) तथा मेघों (Clouds) के रूप में दिखलाई पड़ता है-

(1) ओस (Dew) : धरातल के निकटवर्ती वायुमण्डल में उपस्थित जलवाष्प के प्रत्यक्ष संघनम द्वारा मुख्यत: रात्रिकाल में विकिरण द्वारा शीतल हुए धरातल पर संचित जल की बूँदों को ओस कहते हैं।

''वह भाप जिसको हवा अपने में रोक नहीं सकती, पानी के कणों के रूप में बदल जाती है और घास, पात तथा अन्य वस्तुओं पर जम जाती है, पानी की ये बूँदें ओस कहलाती है''।

रात्रि में विकिरण क्रिया के द्वारा धरातल पर तापमान इतना कम हो जाता है कि निकटवर्ती वायु का तापमान ओसांक बिन्दू (Dew point) पर चला जाता है। इसके फलस्वरूप वायुमण्डल में उपस्थित जलवाष्प छोटी-छोटी बूँदों में परिवर्तित हो जाती है धरातल पर घास, वनस्पतियों पर जल की यह छोटी-छोटी बूँदें दिखलाई पड़ती हैं, इसे ओस कहते हैं। वातावरण के तापमान को जिस पर वायु के किसी आयतन में उपस्थित जलवाष्प की मात्रा उस आयतन को संतृप्त करने के लिए पर्याप्त होती है, हवा का ओसांक बिन्दू (Dew point) कहते हैं।

सामान्यत: स्वच्छ और शान्त मौसम में सूर्यास्त के पश्चात् पृथ्वी की सतह से ऊष्मा का विकिरण होता है जिसके फलस्वरूप तापमान गिरने लगता है और धरातल पर सब वस्तुएं ठण्डी हो जाती हैं जिससे उसमें उपस्थित समस्त नमी को अपने में रोक नहीं पाती है। भलीभांति ओस पड़ने के लिए स्वच्छ आकाश, शान्त वातावरण तथा जिस वस्तु पर ओस जमें वह अच्छा विकीर्णक और बुरा चालक होना चाहिए। ग्रीष्म ऋतु में दिन बड़े होने के कारण दिन की ऊष्मा का विकिरण उस दर से नहीं हो पाता है जिसके फलस्वरूप गर्मी बढ़ने के कारण वायु का तापमान ओसांक बिन्दु तक नहीं पहुँच पाता। इसके विपरीत शीत ऋतु में दिन छोटे होते हैं तथा ऊष्मा का विकिरण भी बड़ी शीघ्रता से होता है। इस मौसम में रात्रि दिन की अपेक्षा लम्बी होती है जिससे धरातल बहुत ही शीतल हो जाता है। फलत: इसके सम्पर्क में आने वाली वायु का तापमान ओसांक बिन्दु से भी कम हो जाता है जिससे कभी-कभी भारी मात्रा में ओस पड़ती है। ओस पड़ने के लिए निम्न दशायें आवश्यक होती हैं –

1. वायुमण्डल के स्वच्छ होने से वाष्पीकरण की क्रिया अधिक होती है।
2. वायु शान्त तथा स्थिर हो जिससे धरातल पर अधिक समय तक रुक सके।
3. वायु में आर्द्रता की मात्रा अधिक हो।
4. रात्रि की अवधि लम्बी हो जिससे धरातल शीतल होने में समय मिल सके।
5. रात्रि का तापमान अपेक्षाकृत कम होना चाहिए।

(2) तुषार या पाला (Frost) : जब धरातल का तापमान हिमांक बिन्दु (Freezing Point) से नीचे पहुँच जाता है तब वायु की नमी ओस में बदलकर बर्फ के छोटे-छोटे टुकड़ों में परिवर्तित हो जाती है जिसे पाला अथवा तुषार कहते हैं। ओस पड़ने के लिए वायुमण्डल का तापमान 30° फारेनहाइट से ऊपर होना चाहिए जबकि पाला पड़ने के लिए 30° फारेनहाइट से कम तापमान आवश्यक है। इस निम्न तापमान के कारण ही जलवाष्प बिना दृव्य में परिवर्तित हुए शीतल पदार्थों पर ठोस हिमकणों के रूप में संघनित हो जाती है। निम्नलिखित अवस्थायें पाला पड़ने के लिए आवश्यक है –

1. आकाश का स्वच्छ होना।
2. वायु का न बहना।
3. वायु में अधिक आर्द्रता का होना।
4. धरातल के निकट का तापमान शून्यांक (10° से.) से भी कम होना।

फसलों को पाला से काफी हानि पहुंचती है तथा कभी-कभी सम्पूर्ण फसल भी नष्ट हो जाती है, क्योंकि यह वायुमण्डल के तापमान को कम कर देती है। पाला पड़ने कीं दशा में पौधों की बाह्य कोशिका में बर्फ जमने के कारण कोशिकीय निर्जलीकरण हो जाता है। पौधों की कोशिकाओं में पानी की कम मात्रा होने पर कोशिका के भीतर बर्फ जम जाती है जिससे जीवदृव्य मर जाता है और पौधे मर जाते हैं।

(3) ओला (Hail storm) : जब वर्षा की बूँदें अधिक ठण्डी होकर जम जाती हैं तो उन्हें ओला कहते हैं। भयंकर तूफानों के समय होने वाली वर्षा ओलों के रूप में होती है। ओलों की उत्पत्ति घने मेघों के समय होती है। ओलों के कारण

फसलों को काफी नुकसान होता है। फसलों में नुकसान ओलों के व्यास एवं वजन पर निर्भर करता है। जब ओलों का व्यास तथा वजन अधिक होता है तो फसलें लगभग समाप्त हो जाती हैं कभी-कभी तो पशु, पक्षी तथा मनुष्य भी मर जाते हैं। फसल पकने के समय हल्के वजन के ओलों से फसल के बालियों के दाना निकल कर जमीन पर बिखर जाता है। चना, सरसों, मटर आदि फसलों पर ओला का सर्वाधिक प्रभाव पड़ता है।

(4) कोहरा (Fog) : कोहरा की उत्पत्ति धरातल के निकट, संचलन, विकिरण, उष्ण एवं शीत वायु राशियों का सम्मिश्रण तथा जलवाष्प की संघनन प्रक्रिया के फलस्वरूप होती है।

ट्रिवार्था के अनुसार - कोहरा एक ऐसा स्तरी मेघ है, जो धरातल के इतना अधिक निकट होता है जिससे वायुमण्डल की दृश्यता कम हो जाती है।

डॉन के अनुसार - कोहरा संघनन का एक सामान्य रूप है जो उस समय निर्मित होता है, जब धरातल के निकट की वायु का तापमान उसके मौलिक ओसांक बिन्दु से नीचे गिर जाता है।

अन्तर्राष्ट्रीय मौसम विज्ञान के अनुसार - कोहरे से जल की छोटी-छोटी बूँदे शरीर पर दिखलाई पड़ती है। जब इन कणों से युक्त वायुमण्डल की दृश्यता एक किलोमीटर से कम हो जाती है तो उसे कोहरा कहते हैं। जब कोहरा हल्का पड़ता है तो उसे कुहासा या धुन्ध या गीला धुन्ध कहते हैं।

निम्न कारकों के कारण कोहरे की उत्पत्ति होती है -

1. वायुमण्डल का तापमान ओसांक बिन्दु के नीचे होने पर।
2. वर्षा होने के पश्चात् अधिक मात्रा में वाष्पीकरण होने के कारण वायुमण्डल में पर्याप्त मात्रा में जलवाष्प प्राप्त होने पर।
3. जलवाष्प युक्त वायु का तापमान कम होने पर।
4. धरातल से ऊष्मा का विकिरण शीघ्रता से होने पर धरातल शीघ्र शीतल हो जाने पर।
5. वायुमण्डल में जलवाष्प की मात्रा अधिक होने पर।
6. वायु के ठण्डी होने की प्रक्रिया द्वारा वायुमण्डल में स्थिरता उत्पन्न होना।

कोहरा एक प्रकार से बादल का ही प्रतिरूप है क्योंकि इसके निर्माण की प्रक्रिया भी बादलों के समान होती है। भौतिक रूप से इन दोनों में कोई अन्तर नहीं है क्योंकि दोनों का निर्माण जल सीकरों द्वारा होता है। परन्तु कोहरा एवं मेघों की निर्माण प्रक्रिया एवं निर्माण स्थल में कुछ भिन्नता होती है।

तालिका 2.7 : कोहरा एवं बादल में अन्तर

क्र.सं.	कोहरा	बादल
1.	कोहरे का निर्माण धरातल के सम्पर्क में आने वाली वायु राशियों से होता है।	बादलों का निर्माण अधिक ऊँचाई पर होता है।
2.	कोहरे से वर्षा नहीं होती है।	बादलों से वर्षा होती है।
3.	कोहरे के जलकणों की मोटाई अपेक्षाकृत कम होती है।	बादलों से होने वाली वर्षा की मोटाई अधिक होती है।
4.	कोहरा वायुमण्डल में काफी घना दिखाई देता है क्योंकि कोहरे के जलकण प्रकाश को अधिक अवशोषित कर लेते हैं।	बादल वायुमण्डल में घने दिखाई नहीं पड़ते हैं।

क्र.सं.	कोहरा	बादल
5.	तापमान की कमी से कोहरे की निर्माण प्रक्रिया मन्द पड़ जाती है।	तापमान की कमी से बादलों की निर्माण प्रक्रिया मन्द नहीं पड़ जाती है।
6.	गर्म एवं ठण्डी जल राशियों के सम्मिलन से कोहरे की उत्पत्ति होती है।	इनसे बादलों का निर्माण नहीं होता है।

कोहरा का वर्गीकरण (Classification of fog)

दृश्यता के आधार पर कोहरे को निम्न चार भागों में विभाजित किया गया है –

1. हल्का कोहरा (Thin fog) : दृश्यता 1100 मीटर तक
2. साधारण कोहरा (Moderate fog) : दृश्यता 1100 से 500 मीटर तक
3. सघन कोहरा (Dense fog) : दृश्यता 500 से 330 मीटर तक
4. अति सघन कोहरा (Highly dense fog) : दृश्यता 330 मीटर से कम

सामान्यत: कोहरे को निम्न रूपों में विभाजित किया जाता है –

1. **विकिरण कोहरा (Radiation fog) :** रात्रि के धरातल के पास वायु की शीतलन से पड़ने वाले कोहरे को विकिरण कोहरा कहते हैं।
2. **अभिवहन/सम्पर्कीय कोहरा (Advectional fog) :** जो ऊष्ण एवं आर्द्र वायु के ठण्डी वायु अथवा बर्फ के ढके तल के ऊपर से गुजरने से पैदा होती है उसे अभिवहन अथवा सम्पर्कीय कोहरा कहते हैं।
3. **वाष्पीय कोहरा (Steam fog) :** जब शीतल वायु राशि ऊष्ण जल राशि के ऊपर से होकर गुजरने से जल के ऊपर की ऊष्ण वायु शीतल वायु के सम्पर्क में आने से संघनित होने लगती है, इसे वाष्पीय कोहरा कहते हैं।
4. **पहाड़ी कोहरा (Hill fog) :** जब स्थल भाग की उष्णार्द्र वायु पहाड़ी ढालों के सहारे ऊपर उठकर फैलती तथा शीतल हो जाती है जिससे संघनन की क्रिया प्रारम्भ हो जाती है, इसे पहाड़ी कोहरा कहते हैं।
5. **वाताग्र या सीमान्त कोहरा (Frontal fog) :** जब दो भिन्न-भिन्न स्वभाव की वायु राशियां विपरीत दिशा से आकर आमने सामने टकराती हैं तो वाताग्र या सीमान्त कोहरे की उत्पत्ति होती है।

कोहरे का कृषि पर प्रभाव : चाय या कहवा की फसल को छोड़कर कोहरे का हानिकारक प्रभाव लगभग सभी फसलों पर पड़ता है। कोहरा सूर्य की किरणों को बहुत अधिक मात्रा में अवशोषित कर लेता है जिससे पौधों में होने वाली प्रकाश संश्लेषण की क्रिया सुचारु रूप से सम्पन्न नहीं होने पाती है। पौधों में प्रकाश संश्लेषण की क्रिया के अभाव में पौधे पीले पड़ने लगते हैं जिससे उनकी वृद्धि एवं विकास पर हानिकारक प्रभाव पड़ता है।

कोहरे के कारण वायुयान, जलयान, रेल, सड़क यातायात आदि के संचालन में काफी बाधा पहुँचती है तथा दुर्घटना होने का सदैव भय बना रहता है।

फसलों के लिए जलवायु की स्थितियां (Climatic conditions for crops)

धान (Rice) : धान उष्ण जलवायु का पौधा है। भारत में धान की फसल 8° से 35° उत्तरी अक्षांशों में तथा समुद्र तल से 3000 मीटर से अधिक ऊँचाई पर उगाई जाती है। धान के पौधे को गर्म एवं आर्द्र जलवायु की आवश्यकता होती है। यह उन क्षेत्रों में अच्छी तरह उगता है जहाँ पर आर्द्रता अधिक, दिन लम्बे तथा पानी की उपलब्धता अधिक होती है। धान के पौधे को सामान्यत: औसत तापमान 21° से 37° सेन्टीग्रेड उपयुक्त होता है। धान के अंकुरण के लिए 28 से 32°

सेन्टीग्रेड तापमान उपयुक्त होता है। फूल आने के समय 26.5° से 29.5° सेन्टीग्रेड जबकि पकने के समय 20° से 25° सेन्टीग्रेड तापमान आवश्यक होता है। धान की फसल में पर्याप्त पानी उपलब्ध होने की दशा में 400 सेन्टीग्रेड से भी अधिक तापमान सहन कर लेता है। पुष्पन के समय रात्रि के तापमान में एकाएक कमी हो जाने से दाने कम बनते हैं। धान की फसल में वृद्धिकाल में औसतन 1250 मिमी वर्षा आवश्यक है। धान की कुछ प्रजातियाँ जलभराव वाले क्षेत्रों में भी उगाई जाती है। उपरवार भूमियों में उगाई जाने वाली धान की प्रजातियों को 100 मिमी जबकि निचली भूमियों में उगाई जाने वाली प्रजातियों को 200 मिमी मासिक वर्षा आवश्यक है। धान की फसल में पुष्पन से दूध बनने की अवस्था तक पौधे का निचला भाग पानी में डूबा रहने से उपज में वृद्धि हो जाती है।

मक्का (Maize) : विश्व में मक्का की खेती विभिन्न प्रकार की जलवायु में की जाती है। भारत में इसकी खेती खरीफ तथा रबी दोनों ही ऋतुओं में की जाती है। मक्का एक शीतोष्ण जलवायु का पौधा है। मक्का का पौधा सामान्यत: ग्रीष्मकाल में ही उगाया जाता है जिसकी खेती 58° उत्तरी अक्षांश से लेकर 40° दक्षिणी अक्षांश के मध्य समुद्र तल से 3000 मीटर की ऊँचाई तक की जाती है। पौधे को जमने से फूल आने तक पर्याप्त मात्रा में नमी तथा गर्म मौसम आवश्यक होता है। मक्का के बीजों के अंकुरण के समय 18 से 21° सेन्टीग्रेड तापमान उपयुक्त होता है। 18° सेन्टीग्रेड से कम तापमान पर बीजों का जमाव विलम्ब से जबकि 10° सेन्टीग्रेड से कम तापमान पर कम हो जाता है। मक्का की फसल में फूल आने के समय अधिक तापमान तथा कम आर्द्रता होने पर फूलों का बनना कम हो जाता है तथा परागकण झड़ जाते हैं जिसके परिणामस्वरूप दाना बहुत कम बनता है।

मक्का की फसल की वृद्धि के लिए 60–70 प्रतिशत आर्द्रता की आवश्यकता होती है। 50 से 75 सेमी वार्षिक वर्षा वाले क्षेत्र इसकी खेती के लिए उपयुक्त होते हैं। पूर्वोत्तर राज्यों एवं तराई क्षेत्रों में मक्का की खेती 250 से 350 सेमी वर्षा वाले क्षेत्रों में भी की जाती है मक्का की फसल के लिए स्वच्छ आकाश, बादल रहित मौसम तथा चमकीली धूप आवश्यक होती है। 50 सेमी से कम वर्षा वाले क्षेत्रों में सिंचाई की सुविधा होने पर इसकी खेती की जा सकती है। मक्का का पौधा जलभराव से बहुत अधिक प्रभावित होता है। इसलिए इसकी खेती ऐसे स्थानों पर करनी चाहिए जहाँ पर जलभराव की समस्या न हो।

गेहूँ (Wheat) : गेहूँ की फसल विश्व में लगभग समस्त भागों में उगाई जाती है। इसका पौधा उष्ण से उपोष्ण तथा शीतोष्ण जलवायु में 60° उत्तरी अक्षांश में उगाया जा सकता है। गेहूँ के पौधे में अत्यधिक शीत तथा हिमपात को भी सहने की शक्ति होती है। पौधों की वृद्धि के समय शीत तथा आर्द्र जलवायु जबकि पकने के समय शुष्क एवं गर्म जलवायु की आवश्यकता होती है। गेहूँ की खेती समुद्र तल से 3300 मीटर की ऊँचाई वाले क्षेत्रों में भी आसानी से की जा सकती है। बीजों के जमाव के समय 20 से 25° सेन्टीग्रेड तापमान उपयुक्त होता है। इससे कम अथवा अधिक तापमान होने पर बीजों का जमाव प्रभावित हो जाता है। पौधों की वृद्धि के समय 14 से 18° सेन्टीग्रेड तापमान युक्त होता है। फसल की वृद्धि के समय रातें ठण्डी तथा दिन चमकीला होना लाभदायक होता है। गेहूँ की फसल के पकने के समय 22 से 25° सेन्टीग्रेड तापमान उपयुक्त होता है। फसल पकते समय अधिक तापमान (30° सेन्टीग्रेड) तथा अधिक हवा चलने से वाष्पोत्सर्जन अधिक होने के कारण पौधे में पानी की कमी होने पर दाने सिकुड़ जाते हैं तथा फसल जल्दी पक जाती है। फसल पकते समय अधिक तापमान होने पर उत्स्वेदन तथा वाष्पोत्सर्जन की क्रियाएं तीव्रगति से होती है जिसके कारण पौधे को अधिक ऊर्जा खर्च करनी पड़ती है और पौधे शीघ्र पक जाते हैं। इस स्थिति में दाने पतले हो जाते हैं जिससे उपज भी काफी कमी हो जाती है।

गेहूँ की खेती 25 से 175 सेमी वार्षिक वर्षा वाले क्षेत्रों में सफलतापूर्वक की जाती है। परन्तु 75 से 125 सेमी वार्षिक वर्षा वाले क्षेत्र इसकी खेती के लिए अधिक उपयुक्त होते हैं। गेहूँ की फसल में सिंचाइयों की अधिक आवश्यकता होती है इसलिए वर्षा का कोई विशेष महत्व नहीं होता है। शीत ऋतु में वर्षा हो जाने पर सिंचाई की बचत हो जाती है। इसके अतिरिक्त शीत ऋतु में वर्षा उन क्षेत्रों के लिए विशेष उपयोगी होती है जहां पर गेहूँ की खेती असिंचित दशाओं में

की जाती है। फसल पकने के समय वर्षा होने पर उपज पर प्रतिकूल प्रभाव पड़ता है। गेहूँ की फसल के सम्पूर्ण जीवनकाल में 50-60 प्रतिशत आर्द्रता का रहना आवश्यक होता है।

ज्वार (Sorghum) : सामान्यत: ज्वार के पौधे को गर्म जलवायु की आवश्यकता होती है परन्तु यह विभिन्न प्रकार की जलवायु में भी आसानी से उगाया जा सकता है। ज्वार की फसल समुद्र तल से 1500 मीटर की ऊँचाई पर भी आसानी से उगाई जा सकती है। अन्य खाद्यान्न फसलों की अपेक्षा ज्वार का पौधा अपने पूरे वृद्धिकाल में अधिक तापमान को सहने की शक्ति रखता है। सूखा पड़ने की दशा में ज्वार के पौधे की वृद्धि निष्क्रिय हो जाती है परन्तु जैसे ही पानी की उपलब्धता हो जाती है तब पुन: सक्रिय होकर अपनी उचित वृद्धि ग्रहण कर लेता है। धान के अतिरिक्त ज्वार अन्य खाद्यान्नों की अपेक्षा जलभराव की दशा को भी सहन कर सकता है।

पश्चिम तथा दक्षिण भारत में ज्वार की फसल को खरीफ तथा रबी दोनों ही ऋतुओं में उगते हैं। परन्तु उत्तर भारत में इसे खरीफ ऋतु में उगाते हैं। ज्वार की बीजों के जमाव के समय न्यूनतम तापमान 70 से 100 सेन्टीग्रेड उपयुक्त होता है। पौधे की वृद्धिकाल के समय 26° से 30° सेन्टीग्रेड तापमान की आवश्यकता होती है। ज्वार के पौधों की 380 सेन्टीग्रेड से अधिक तापमान पर वृद्धि रुक जाती है परन्तु 48° सेन्टीग्रेड तापमान को भी आसानी से सहन कर लेता है। जिन क्षेत्रों में 600 से 1000 मिमी वार्षिक वर्षा होती है वहाँ पर इसकी खेती सफलतापूर्वक की जा सकती है। अधिक वर्षा वाले क्षेत्रों में ज्वार की फसल नहीं उगाई जा सकती है। पौधों के फूल आने के समय वर्षा हो जाने से परागकण धुल जाते हैं। ज्वार के पौधे की वृद्धि के लिए लम्बे दिन की आवश्यकता होती है। लम्बे दिनों में ज्वार में फूलों की मात्रा में वृद्धि हो जाती है जबकि छोटे दिनों में फूलों की मात्रा कम हो जाती है।

बाजरा (Bajra) : बाजरा की फसल को अधिक तापमान तथा कम वर्षा वाले क्षेत्रों में उगाया जाता है। बाजरा की फसल के लिए 40 से 75 सेमी वार्षिक वर्षा वाले क्षेत्र उपयुक्त हैं। ज्वार की तरह बाजरा की फसल में सूखा सहने की क्षमता अधिक होती है। फसल की वृद्धि के समय गर्म एवं आर्द्र मौसम लाभदायक होता है। फूल आने के समय वर्षा हो जाने पर परागकण धुल जाते हैं जिससे उपज में काफी हानि हो जाती है। बाजरा की फसल में हल्की वर्षा के पश्चात चमकीली धूप होना बहुत ही लाभदायक होता है जिन क्षेत्रों में अधिक तापमान तथा बहुत कम वर्षा होने के कारण ज्वार की फसल उगाना सम्भव नहीं होता है वहाँ पर बाजरा की फसल आसानी से उगाई जा सकती है। सिंचाई की पर्याप्त सुविधा होने पर 40 सेमी से कम परन्तु जलनिकास की उचित सुविधा होने पर 125 सेमी से अधिक वार्षिक वर्षा वाले क्षेत्रों में बाजरा की फसल उगाई जा सकती है। उत्तर भारत में बाजरा की फसल सामान्यत: खरीफ ऋतु में जबकि तमिलनाडु, कर्नाटक आदि दक्षिण के राज्यों में ग्रीष्म ऋतु में उगाई जाती है। बाजरा के पौधों की उचित वृद्धि के लिए 30°-35° सेन्टीग्रेड तापमान आवश्यक है। फसल के पकने के समय शुष्क मौसम आवश्यक है।

मूँगफली (Groundnut) : मूँगफली एक उष्ण कटिबन्धीय पौधा है इसको लम्बे समय तक गर्म मौसम की आवश्यकता होती है। मूँगफली की फसल उगाने के लिए 50 सेमी वर्षा समान रूप से वितरित होनी चाहिए। पौधे की उचित वृद्धि एवं विकास के लिए लम्बे समय तक उच्च तापमान एवं चमकीली धूप आवश्यक होती है। मूँगफली की अच्छी वृद्धि के लिए 21.5 से 26.5 सेन्टीग्रेड तापमान उपयुक्त होता है। कम अथवा अधिक तापमान का इसकी वृद्धि पर हानिकारक प्रभाव पड़ता है। मूँगफली की फसल पकने के समय शुष्क एवं गर्म जलवायु की आवश्यकता होती है। मूँगफली की खेती 50 से 125 सेमी वार्षिक वर्षा वाले क्षत्रों में आसानी से की जा सकती है। पाला, सूखा, खराब जलनिकास तथा अधिक समय तक खेत में पानी भरे रहने से इसकी फसल पर प्रतिकूल प्रभाव पड़ता है।

चना (Chickpea) : चना की फसल को शीत तथा शुष्क जलवायु उपयुक्त होती है। शीत ऋतु में पाला अथवा अधिक सर्दी पड़ना हानिकारक होता है। फूल आने के समय पाला पड़ने से समस्त फूल झड़ जाते हैं तथा फलियों के अन्दर दाने सिकुड़ जाते हैं। चना के बीजों के अंकुरण के लिए 15° से 25° सेन्टीग्रेड तापमान उपयुक्त होता है। फसल पकते समय 25° से 30° सेन्टीग्रेड तापमान उपयुक्त होता है। फसल पकते समय तापमान अधिक होने पर फसल शीघ्र

पक जाती है जिसके उपज में कमी हो जाती है। चना की खेती के लिए हल्की शीत की लम्बी अवधि, शुष्क तथा पाला विहीन जलवायु उपयुक्त होती है। सामान्यत: चना की फसल रबी ऋतु में असिंचित क्षेत्रों में उगाई जाती है। इसलिए कम वर्षा वाले क्षेत्र भी इसकी खेती के लिए उपयुक्त होते है। चना की फसल में फूल आते समय एक सिंचाई करने से उपज में वृद्धि हो जाती है।

अरहर (Arhar) : अरहर उष्ण तथा उपोष्ण जलवायु की फसल है। फसल की वृद्धि के समय गर्म तथा आर्द्र जलवायु उपयुक्त होती है। फसल में फूल तथा फलियाँ बनते समय शुष्क मौसम तथा चमकीली धूप होना लाभदायक होता है। फूल आने के समय पाला पड़ने की दशा में फसल में बहुत अधिक नुकसान हो जाता है। अरहर का पौधा पाला पड़ने से सूख जाता है। फूल आने के समय अधिक वर्षा तथा बादल होने से फसल की उपज पर प्रतिकूल प्रभाव पड़ता है। 50–75 सेमी वार्षिक वर्षा वाले क्षेत्र इसकी खेती के लिए उपयुक्त है। अरहर के पौधे में सूखा सहने की शक्ति अधिक होती है। जलभराव की दशा में अरहर की फसल उगाना सम्भव नहीं है।

सरसों (Mustard) : सरसों उपोष्ण से शीतोष्ण जलवायु की फसल है। इसका पौधा शुष्क एवं शीत मौसम में अच्छी तरह से वृद्धि करता है। रबी की अन्य फसलों की अपेक्षा इसका पौधा जलवायु के प्रति अतिसंवेदनशील है। सरसों के पौधों की उचित वृद्धि के लिए 15–25° सेन्टीग्रेड तापमान आवश्यक है। बीजों के अंकुरण के लिए उच्च तापमान (27° सेन्टीग्रेड) जबकि वृद्धि के समय कम तापमान की आवश्यकता होती है। फसल पकने के समय पर्याप्त मृदा नमी रहने से सरसों के बीजों में तेल की मात्रा बढ़ जाती है। शीत ऋतु में पाला गिरना इसके लिए बहुत ही हानिकारक होता है। 75–100 सेमी वार्षिक वर्षा सरसों की खेती के लिए उपयुक्त हैं परन्तु 15° सेमी से अधिक वर्षा वाले क्षेत्र इसकी खेती के लिए अनुपयुक्त होते हैं। जलभराव वाले क्षेत्रों में सरसों की फसल नहीं उगाई जा सकती है।

सोयाबीन (Soybean) : सोयाबीन का पौधा गर्म एवं आर्द्र जलवायु में अच्छी तरह बढ़ता है। सोयाबीन की फसल के लिए 26.5 से 30° सेन्टीग्रेड तापमान उपयुक्त होता है। 15.5° सेन्टीग्रेड से कम तापमान होने पर बीजों का जमाव देर से होता है, पौधों की वृद्धि भी अच्छी नहीं होती है तथा फूल भी देर से आते हैं।

60–75 सेमी वार्षिक वर्षा वाले क्षेत्र सोयाबीन की खेती के लिए उपयुक्त हैं। 60 सेमी से कम वर्षा वाले क्षेत्रों में इसकी सफल खेती के लिए सिंचाई की आवश्यकता होती है। पौधों की वृद्धि की किसी भी अवस्था में सूखा पड़ने से प्रतिकूल प्रभाव पड़ता है। पुष्पावस्था तथा फलियाँ बनने की दशा में सूखा पड़ने से फूल तथा फलियाँ झड़ने लगती हैं। सोयाबीन की खेती ऐसी भूमियों में करनी चाहिए जहाँ पर जलनिकास के समुचित साधन हों।

सूर्यमुखी (Sunflower) : सूर्यमुखी समशीतोष्ण जलवायु की फसल है। बीजों के जमने तथा पौधे की उचित वृद्धि के लिए ठण्डा मौसम आवश्यक होता है। सूर्यमुखी के पौधे की प्रारम्भिक वृद्धिकाल में जब 5–6 पत्तियाँ आ जाये तब अच्छी प्रकार पाला सहन कर लेता है। पौधों की वृद्धि से लेकर पुष्पावस्था तक अपेक्षाकृत गर्म मौसम की आवश्यकता होती है। पुष्पावस्था से पकने की अवस्था तक चमकीली धूप आवश्यक होती है। पुष्पावस्था के समय वर्षा होना तथा बादल रहने से इसमें बीज बहुत कम बनते हैं। फसल पकने के समय अधिक तापमान होने पर इसके तेल में लिनोलिक अम्ल की मात्रा घट जाती है। सूर्यमुखी की फसल में दिन की अवधि तथा मौसम का विशेष प्रभाव नहीं पड़ता है इसी कारण भारतवर्ष में इसकी खेती खरीफ, रबी तथा जायद तीनों ऋतुओं में की जाती है परन्तु इसकी खेती के लिए खरीफ का मौसम सबसे ज्यादा उपयुक्त होता है।

गन्ना (Sugarcane) : गन्ना उष्ण जलवायु का पौधा है। उत्तर भारत में इसकी खेती उपोष्ण जलवायु में भी की जाती है। गर्म एवं आर्द्र जलवायु में इसकी वृद्धि तब तक होती जाती है जब तक कि फूल आना प्रारम्भ नहीं हो जाते। 50° सेन्टीग्रेड से अधिक तथा 20° सेन्टीग्रेड से कम तापमान पर इसकी वृद्धि प्रभावित होती है। गन्ना के पौधे की उचित वृद्धि के लिए 26° से 32° सेन्टीग्रेड तापमान उपयुक्त होता है। जिन क्षेत्रों में 75 से 120 सेमी वार्षिक वर्षा होती है गन्ने की खेती के लिए उपयुक्त है। गन्ने की फसल के अंकुरण एवं पकने के समय अधिक तापमान की आवश्यकता होती है।

तापमान में उतार–चढ़ाव तथा दीप्तिकाल का चीनी की मात्रा पर अधिक प्रभाव पड़ता है। गन्ने के पौधे की उचित वृद्धि के लिए गर्म एवं आर्द्र जलवायु, पर्याप्त नमी तथा चमकीली धूप अति आवश्यक है। गन्ने के सम्पूर्ण जीवन काल में 50 से 90 प्रतिशत सापेक्ष आर्द्रता आवश्यक होती है। फसल के जीवनकाल में आँधी तथा तीव्र वायु चलने से फसल गिर जाती है जिससे गन्ने में शर्करा की मात्रा कम हो जाती है।

तम्बाकू (Tobacco) : तम्बाकू की फसल उगाने का समय बहुत छोटा होता है। यह एक उपोष्ण जलवायु का पौधा है जिसके पत्तों का प्रयोग तम्बाकू के रूप में करते हैं। तम्बाकू उष्ण कटिबन्ध से लेकर समशीतोष्ण कटिबन्ध तक उगाई जाती है। उष्ण कटिबन्धीय प्रदेशों में इसकी खेती जाड़े में की जाती है और समशीतोष्ण प्रदेशों में इसकी खेती बसन्तकाल में करते हैं। सामान्यत: तम्बाकू की खेती के लिए 20° से 25° सेन्टीग्रेड तापमान उपयुक्त रहता है। जिन क्षेत्रों में वार्षिक वर्षा 100 से 120 सेमी होती है तम्बाकू की फसल के लिए उपयुक्त है। जिन क्षेत्रों में वर्षा की कमी होती है वहाँ पर सिंचाई की आवश्यकता पड़ती है। तम्बाकू के पत्तों की आकृति एवं संरचना नमी की कमी से काफी प्रभावित होती है अधिक तेज धूप तथा तापमान से तम्बाकू के पत्तों की गुणवत्ता खराब हो जाती है। जलभराव वाली भूमियाँ तम्बाकू की खेती के लिए अनुपयुक्त होती हैं।

कपास (Cotton) : कपास समशीतोष्ण जलवायु का पौधा है। गर्म एवं शुष्क मौसम इसकी अच्छी वृद्धि के लिए आवश्यक है। कपास के पौधे की अच्छी वृद्धि के लिए 16° सेन्टीग्रेड से अधिक तापमान उपयुक्त होता हे। वर्षा, तापमान, सूर्य का प्रकाश, हवा की गति तथा आर्द्रता कपास की उपज तथा रेशे की गुणवत्ता को प्रभावित करती है। दैनिक न्यूनतम तापमान 16° सेन्टीग्रेड बीजों अंकुरण के लिए तथा 21 से 27° सेन्टीग्रेड पौधों की उचित वृद्धि के लिए आवश्यक है। कपास का पौधा 43° सेन्टीग्रेड से अधिक तापमान को आसानी से सहन कर लेता है। परन्तु 21° सेन्टीग्रेड से कम तापमान हानिकारक है। फूल तथा फल आने के समय ठण्डी रातें तथा दिन में तापमान 27 से 32° सेन्टीग्रेड उचित होता है। फसल में फूल आने के समय भारी वर्षा अथवा अधिक मात्रा में सिंचाई कर देने से फूल गिर जाते हैं। फसल पकते समय चमकीली धूप होने से उपज तथा रेशे की गुणवत्ता में काफी वृद्धि हो जाती है। कपास की खेती के लिए 60 से 110 सेंटीमीटर वार्षिक वर्षा वाले क्षेत्र उपयुक्त हैं। सिंचाई की सुविधा होने पर कम वर्षा वाले क्षेत्रों में भी इसकी खेती सफलतापूर्वक की जा सकती है। कपास की फसल पाला सहन नहीं कर पाती है। पौधों में फूल आते समय भारी वर्षा, तेज हवा, अत्यधिक नमी और सूखा की स्थिति में फूल झड़ जाने से गूलर कम बनते हैं।

जूट : जूट की खेती के लिए गर्म एवं आर्द्र जलवायु की आवश्यकता होती है। इसकी खेती 27 से 37 डिग्री सेन्टीग्रेड तापमान में अच्छी प्रकार से की जा सकती है। परन्तु 34 डिग्री सेन्टीग्रेड तापमान उपयुक्त होता है। कम तापमान होने की दशा में पौधों की वृद्धि रुक जाती है। जूट के पौधे को 55 से 90 प्रतिशत सापेक्ष आर्द्रता उपयुक्त होती है। समान वितरण वाले 100–150 सेमी वार्षिक वर्षा वाले क्षेत्र इसकी खेती के लिए उपयुक्त होते हैं। जूट के पौधों को पानी की अधिक आवश्यकता होती है इसलिए पश्चिम बंगाल के अधिक वर्षा वाले क्षेत्रों में इसकी खेती सफलतापूर्वक की जाती है। पौधों के वृद्धिकाल के समय पानी की कमी होने पर इसकी उपज तथा रेशे की गुणवत्ता पर विपरीत प्रभाव पड़ता है परन्तु फसल की प्रारम्भिक अवस्था में जलभराव होना हानिकारक होता है। सफेद जूट जलभराव की दशा में अच्छी उपज देती है परन्तु तोसा जूट के लिए यह स्थिति हानिकारक होती है।

✦

3

भू–सूचना विज्ञान
(GEO-INFORMATICS SCIENCE)

प्राकृतिक संसाधन मानव अस्तित्व और विकास का आधार है। इन संसाधनों की बढ़ती मांग और इनकी उपलब्धता में कमी के कारण इनके सतत प्रबंधन के लिए समन्वित दृष्टिकोण की तत्काल आवश्यकता है। प्राकृतिक संसाधनों का सदुपयोग और प्रबंधन प्रत्येक विशिष्ट संसाधन पर एक अंतर विषय दृष्टिकोण और समृद्ध ज्ञान के साथ ही साथ उनके उपयोग से संबंधित पारिस्थितिकी आर्थिक और सामाजिक संभावना की मांग करता है।

प्राकृतिक संसाधन प्रबंधन गतिविधियां कृषि उत्पादकता को बढ़ाने के लिए उन प्रोद्योगिकियों को अपनाना चाहती है जो प्राकृतिक संसाधन की दीर्घकालिक पारिस्थितिकी और जैविक अखंडता को बनाए रखते हैं ।इसलिए आजीविका सुरक्षा के लक्ष्य को पाने के लिए प्राकृतिक संसाधन आधारों का संरक्षण करना और खेती की आर्थिक व्यवस्था में सुधार करना महत्वपूर्ण है। भू–सूचना विज्ञान डिजिटल सूचनाओं से संबंधित हैं, जैसे– सूचनाएं एकत्र करना (सामान्यत: रिमोट सेंसिंग या क्षेत्र निरीक्षण से), प्रसंस्करण, भंडारण, संग्रहण, संरक्षण, पुनः प्राप्ति, फैलाना, आंकलन करना, प्रत्यक्ष दिखाना, विश्लेषण, संश्लेषण,सामने रखना और भू–सूचनाओं को प्रसारित करना।

भू–सूचना विज्ञान आधुनिक तकनीक है जो पर्यावरण की सीमा और परिवर्तन के प्रतिरूप तथा अन्य संबंधित जानकारियों को मापने का सटीक साधन उपलब्ध कराता है। भू सूचना विज्ञान दो मुख्य शब्दों से मिलकर बना है। भू का अर्थ पृथ्वी की सतह, भूमि या पर्यावरण से तथा सूचना विज्ञान का अर्थ किसी के बारे में तथ्य से है। इसलिए भू–सूचना विज्ञान वह विज्ञान और प्रौद्योगिकी है जो पृथ्वी की सतह के बारे में बताती है। इसे पृथ्वी की सतह पर होने वाले स्थानिक और अस्थाई परिवर्तनों के आकलन करने वाली मजबूत तकनीक के रूप में जाना जाता है। हाल के वर्षों में पृथ्वी की सतह और मानव की पृथ्वी पर गतिविधियों का इलेक्ट्रॉनिक प्रतिनिधि दर्शाने के लिए सूचना विज्ञान का प्रयोग किया गया है। भू सूचना विज्ञान विगत दो दशकों में रोमांचक बहुआयामी प्रयास के रूप में उभरा है। जैसे– भूगोल मानचित्र कला, रिमोट सेंसिंग, छवि निर्माण पर्यावरण और पर्यावरण के अध्ययन के कंप्यूटरीकृत पहलू आदि।

भू–सूचना विज्ञान को मुख्य रूप से स्थानिक जानकारी उसके अधिग्रहण, इसकी विशेषता और वर्गीकरण इसकी प्रोसेसिंग,भंडारण और प्रसार के माध्यम से काम करने वाली प्रौद्योगिकी और विज्ञान के संयोजन के रूप में परिभाषित किया जा सकता है। सूचना विज्ञान स्थानिक और गैर स्थानिक डाटा से सूचना प्राप्त कर एकत्र करने की प्रक्रिया का एकीकृत उपकरण है। सूचना विज्ञान रिमोट सेंसिंग (आर.एस.), ग्लोबल पोजिशनिंग प्रणाली (जी.पी.एस.), भौगोलिक सूचना प्रणाली और सापेक्ष डेटाबेस प्रबंधन प्रणाली (आर.डी.बी.एम.एस.) का उचित मिश्रण है। सामान्य रूप में भू–सूचना विज्ञान में विज्ञान और प्रौद्योगिकी में रिमोट सेंसिंग डाटा कार्यप्रणाली के अनुप्रयोग शामिल है। भौगोलिक सूचना

प्रणाली का संक्षिप्त रूप जी.आई.एस. (GIS) है तथा रिमोट सेंसिंग डाटा वह डाटा होता है जो विभिन्न उपकरणों के माध्यम से बिना मानव संपर्क के क्षेत्र में एकत्रित होते हैं। जीआईएस वास्तव में एक नया विकास नहीं है। हाल ही में इसे स्थानिक और गैर स्थानिक दोनों स्तर का आंकलन करने के लिए एक उपकरण के रूप में मान्यता मिली है। जीआईएस को शुरू में सहायक विशेषताओं के साथ व्यक्ति रूप में संग्रहित भूगोलीय घटकों के साथ सूचना प्रबंधन के रूप में संदर्भित किया गया है।

यह परिभाषा सॉफ्टवेयर में हुई प्रगति और हाल ही में पृथ्वी के बारे में डिजिटल जानकारियों के कारण बहुत सीमित हो गई है। जीआईएस में अस्थाई डेटा विश्लेषण शामिल है जो सॉफ्टवेयर, हार्डवेयर और व्यक्तियों का उपयोग कर मानव पर्यावरण के बारे में जानकारी देने के लिए डाटा का अधिग्रहण कर नवीनीकृत और कुशलतापूर्वक उपयोग करता है। जीआईएस को **डिजिटली** किया हुआ पर्यावरण और पर्यावरण वह मनुष्य के बीच पारस्परिक क्रिया के रूप में जाना जा सकता है। पर्यावरणीय बदलावों के विश्लेषण के लिए जीआईएस रिमोट सेंसिंग एवं गैर रिमोट सेंसिंग दोनों प्रकार के डाटा का प्रयोग कर लेता है। गैर रिमोट सेंसिंग डाटा में क्षेत्र अवलोकन, स्थलाकृति भूगर्भीय और खाद्य डाटा शामिल हो सकते हैं। इसमें डाटा के साथ-साथ ही सामाजिक-आर्थिक सर्वेक्षण डाटा और मानव पर्यावरण संबंध से संबंधित रिपोर्ट भी शामिल हो सकती है। हालांकि, गैर रिमोट सेंसिंग डाटा वह डाटा है जो रिमोट सेंसिंग दृष्टिकोण की तुलना में अन्य साधनों द्वारा अधिग्रहित किए जाते हैं। वह कभी-कभी पर्यावरणीय विशेषता की पहचान, व्याख्या और समय के साथ उनके महत्वपूर्ण परिवर्तन के लिए भू सूचना विज्ञान विश्लेषण में उपयोग किए जाते हैं। सामान्य तौर पर कई ताजा अध्ययनों में यह दिखाया गया है कि भू-सूचना विज्ञान न केवल सटीक पर्यावरणीय परिवर्तनों के आंकलन की तैयारी के लिए अच्छा है बल्कि यह लागत और समय प्रभावी होने से समय के नियमित अंतराल पर परिवर्तनों का अवलोकन करने के लिए भी अच्छी विधि है।

भू-सूचना विज्ञान में नई क्रान्ति ने कृषि निगरानी मूल्यांकन और निर्णय लेने में भू-सूचना विज्ञान लागू करने के नए अवसर और चुनौतियां उत्पन्न की है। भू-सूचना विज्ञान वर्तमान और भविष्य में वर्षा की तापान्तर स्थिति, फसल की उपज आदि की मानचित्र और परियोजना बनाने में अविश्वसनीय रूप से मददगार है। भौगोलिक क्षमता के मानचित्र द्वारा वैज्ञानिक और किसान एक साथ काम कर विश्व के उन भागों के लिए जहां फसल का उत्पादन व्यक्तियों की आवश्यकता के अनुसार कम है वहां उत्पादन वृद्धि करने की ज्यादा प्रभावी और किफायती कृषि तकनीक विकसित कर सकते हैं। आंकड़ों को वास्तविक कृषि विधियों के साथ प्रयोग कर अलग-अलग जलवायु के लिए आदर्श फसल का विश्लेषण एवं सतत कृषि के लिए मृदा की उर्वरता कैसे बनाए रख सकते हैं, इसका भी विश्लेषण करता है।

भू-सूचना विज्ञान के अनुप्रयोग में मानचित्रण के लिए भूमि कृषि नियोजन, फसल परिवर्तन शीलता आंकलन और प्रदर्शन पर नजर रखना पौधों के पोषण का मूल्यांकन, प्रक्षेत्र के अंदर पौधों के विज्ञान का चित्रण करना, सिंचाई और जल निकासी का मूल्यांकन, तूफान, पाला या आग से फसल क्षति का बीमा मूल्यांकन, फसल उपज प्रबंधन निगरानी और भविष्यवाणी, मिट्टी के संगठन का प्रभाव और रोगों का प्रबंधन स्थानिक प्रबंधन प्रणाली और डेटाबेस, सतत कृषि आदि सम्मिलित है। इस प्रकार से भू-सूचना विज्ञान किसानों की मदद कर उत्पादन बढ़ाकर लागत कम करके और उनकी भूमिका ज्यादा प्रभावी ढंग से प्रबंधन कर पूरे विश्व की कृषि में अपना महत्व बढ़ा रहा है। जबकि खेती में प्राकृतिक निवेशों को नियंत्रित नहीं किया जा सकता। उन्हें सूचना विज्ञान उपकरणों के साथ बेहतर तरीके से समझा और प्रतिबंधित किया जा सकता है। जलवायु परिवर्तन प्राकृतिक संसाधन के प्रबंधन में गंभीर चुनौती है जैसे- तापमान, वर्षा, जलवायु परिवर्तन, समुद्री पारिस्थितिकी तंत्र में परिवर्तन हो रहे हैं। पौधों और जानवरों की कुछ प्रजातियां पहले से ही जलवायु परिवर्तन के कारण वितरण को स्थानांतरित कर रही है और *फिनोलॉजी* (चक्रीय और मौसमी प्राकृतिक घटनाओं का अध्ययन, विशेष रूप से जलवायु और पौधे और पशु जीवन के सम्बन्ध में) में परिवर्तन पर स्थित पारिस्थितिकी संबंधों और जातियों के बीच पारस्परिक संबंधों को खराब कर रही है। जलवायु वर्तमान के वर्तमान संदर्भ में पूरे विश्व में फसल की उपज के कम होने की संभावना है।

भू–सूचना विज्ञान ने व्यापक रूप से माना है कि जलवायु परिवर्तन, वैश्विक जलवायु परिवर्तन और कम होते संसाधनों के सामने प्राकृतिक संसाधन प्रबंधन में एक महत्वपूर्ण भूमिका निभा सकता है। जिसने गतिशील और जटिल पृथ्वी प्रणाली और उसके पर्यावरण पर निर्भरता के बारे में हमारी समझ विकसित करने के लिए मजबूर किया है। वह सूचना विज्ञान इलेक्ट्रॉनिक नेटवर्क के माध्यम से डिजिटल डेटाबेस की अभूतपूर्व मात्रा और गणना करने की क्षमता का लाभ उठाने में सक्षम है। इस प्रकार यह एक सतत तरीके से प्राकृतिक साधनों के प्रबंधन के लिए पृथ्वी को गतिशील और जटिल प्रणाली के रूप में समझने के लिए बहु अंतः विशेष अनुसंधान और क्षमता की सुविधा देता है।

भू–कृषि सूचना विज्ञान कृषि से संबंधित सूचनाएं, कृषि निर्णय लेने और नीति निर्माण प्रक्रिया में महत्वपूर्ण जानकारी प्रदान करता है। कृषि सूचना विज्ञान भू–सूचना विज्ञान की एक शाखा है, जो डिजिटल कृषि भूमि सूचना, जैसे–डाटा एकत्र करना, मुख्यतः रिमोट सेंसिंग और क्षेत्र निगरानी द्वारा प्रसंस्करण, भंडारण, संग्रहण, संरक्षण, पुनः प्राप्ति, फैलना, आंकलन करना, विश्लेषण, संश्लेषण, सामने रखना और भू सूचनाओं को प्रसारित करने वाला, एक विज्ञान और प्रौद्योगिकी है। भू–सूचना विज्ञान में हुई वर्तमान प्रगति में कृषि भूमि चुनाव को कृषि निगरानी मूल्यांकन और निर्णय लेने के लिए लागू करने में नए अवसर और चुनौतियां उत्पन्न की है। किसी भी सूचना विज्ञान पर अंतरराष्ट्रीय सम्मेलन वैज्ञानिकों और छात्रों के मध्य विचार शोध परिणामों वैज्ञानिक अनुभव सूचनाओं भू सूचना विज्ञान के भविष्य रिमोट सेंसिंग और उनके कृषि में अनुप्रयोग आदि के आदान–प्रदान का स्थल है।

भू सूचना विज्ञान की अवधारणा, उपकरण और सिद्धांत

भू सूचना विज्ञान स्थानिक डेटा प्रतिरूपण और स्थानिक सूचना प्रणाली में प्रसंस्करण तकनीक से संबंधित नई शाखा है। यह एक बहु विषय विज्ञान है। जो डिजिटल मानचित्रण कला, रिमोट सेंसिंग फोटोग्रामेट्री सर्वे करना, ग्लोबल पोजिशनिंग प्रणाली, जीपीएस भौगोलिक सूचना प्रणाली, जीआईएस स्वचालित डाटा प्रणाली एवं एयरोस्पेस रिमोट सेंसिंग प्लेटफॉर्म से उच्च रेगुलेशन वाली भू संदर्भित स्थानिक जानकारी का उपयोग करने वाला स्वचालित डेटा संग्रह प्रणाली, प्रौद्योगिकी एवं सिद्धांतों का एकीकृत रूप है। इस प्रकार जिओ सूचना विज्ञान ऐसे उपकरण प्रदान करता है। जो पृथ्वी एवं पर्यावरणीय समस्याओं से जुड़े स्थानिक डेटा के प्रसंस्करण और विश्लेषण कर उससे संबंधित निर्णय ले सकें ताकि तकनीकों में डेटा संग्रह, डेटा प्रसंस्करण, डेटाबेस प्रबंधन, डेटा विश्लेषण, मॉडलिंग और डाटा प्रस्तुति के सभी चरण मानचित्र और स्थानिक सूचना उत्पाद के निर्माण में उपयोगी हो सकते हैं। इस अवधारणा को हम निम्नलिखित क्षेत्रों के घटकों के एवं उनके सिद्धांतों के माध्यम से अच्छी तरह से समझ सकते हैं–

- **मानचित्र कला सिद्धांत–** डिजिटल कंप्यूटर में मानचित्र, मानचित्र डिजाइन, मानचित्रदृश्य और मानचित्रण शामिल है,
- **रिमोट सेंसिंग** में एनालॉग या डिजिटल प्रारूप में विद्युत चुंबकीय ऊर्जा, अभिकरण, पारस्परिक क्रिया और खोजना सिद्धांत का उपयोग करके वस्तु या लक्षण के साथ बिना भौतिक संपर्क के पर्यावरणीय स्थानीय डाटा को अधिग्रहण कर सकते हैं,
- **फोटोग्रामेट्री** के सिद्धांत में एनालॉग एंड डिजिटल प्रारूप में दूरस्थ रूप से एयरोस्पेस डांटा चित्र और उपग्रह छवियां को लेकर उसकी व्याख्या करके भौतिक पर्यावरण के बारे में विश्वसनीय जानकारी प्राप्त करने की कला और वैज्ञानिक प्रक्रिया में शामिल हैं,
- **सर्वेक्षण के सिद्धांत** पृथ्वी की सतह पर सटीक स्थिति और आयामी बिंदुओं को निर्धारित करने और परिणामों को एनालॉग या डिजिटल प्रारूप में दर्शाने के लिए मौलिक विधियों (प्रक्रिया) और प्रौद्योगिकियों (उपकरणों) का उचित उपयोग करते हैं,

- **ग्लोबल पोजिशनिंग प्रणाली–** जीपीएस में सटीक सर्वेक्षण, निर्धारण, अनुच्छेद और उपग्रह तारामंडल के सिद्धांतों पर आधारित है। परिणामों का प्रस्तुतीकरण एनालॉग या डिजिटल प्रारूप में होता है
- **भौगोलिक सूचना प्रणाली–** जीआईएस के सिद्धांत में आंकड़े एकत्र करना, आंकड़े प्रसंस्करण, डेटाबेस प्रबंधन, डाटा प्रतिरूपण और डिजिटल प्रारूप में दर्शाना है। स्वचालित डाटा एकत्र प्रणाली में बहु वन कर्मियों रिमोट सेंसिंग,प्रक्रिया,ग्लोबल पोजिशनिंग, डाटा मानचित्र, अंक रूपन और अवलोकन और कंप्यूटर इनपुट–आउटपुट प्रौद्योगिकी शामिल है।

कृषि में भू सूचना विज्ञान की प्रासंगिकता

आधुनिक कृषि में भू–सूचना विज्ञान विशेषता, रिमोट सेंसिंग, भौगोलिक सूचना प्रणाली और ग्लोबल पोजिशनिंग प्रणाली अपरिहार्य बन चुकी है। रिमोट सेंसिंग में प्रगति ने कृषि गतिविधियों की जानकारी एकत्र करने में क्रांति ला दी है। इसमें भूमि उपयोग, मृदा की स्थिति, मौसम की स्थिति आदि शामिल है जो कि खेती में स्थान की गुणवत्ता और स्थान के चयन के लिए आवश्यक है। उदाहरण के तौर पर मिट्टी और पर्यावरण के जैविक घटकों को उपग्रह से प्राप्त छवि पर आधारित जानकारी से आसानी से घटाया जा सकता है। जिसका भू सूचना प्रणाली वातावरण में विधिवत विश्लेषण के समय विशिष्ट कृषि के लिए उपयुक्त जगह के निर्धारण के समय आधार के रूप में काम लिया जा सकता है।

(अ) रिमोट सेंसिंग

रिमोट सेंसिंग तकनीक में विद्युत चुंबकीय स्पेक्ट्रम की दृश्य और अदृश्य भाग में पराबैंगनी, अवरक्त परावर्तन, तापीय अवरक्त, माइक्रोवेव डाटा की रिकॉर्डिंग की अद्भुत क्षमता होती है। यह हमें मानवीय आंख की निगरानी से अक्षम देखने में सक्षम बनाती है। उदाहरण के तौर पर पेड़ और पौधे जो किसी बीमारी या कीटों के आक्रमण से ग्रस्त होते हैं। मानव आंखों की जगह रिमोट सेंसिंग तकनीक से जल्दी खोजे जा सकते हैं। जल्दी पता लगने से उपचार को लागू करने में महत्वपूर्ण है। रिमोट सेंसिंग तकनीक पौधों की स्थिति, स्वास्थ्य और दक्षता के स्थानिक वितरण के निर्धारण में भी उपयोगी होती है और खेत की हरियाली को माप कर अपेक्षित उपज भी देती है। कृषि परिघटना की सोच, पहचान, मापन और निगरानी इस धारणा पर आधारित है कि कृषि परिदृश्य में जैसे– फसल, पशुधन, फसल संक्रमण और मृदा विसंगतियां, रिमोट सेंसिंग डाटा में पहचान योग्य हस्ताक्षर लक्षण होते हैं। यह पहचानने योग्य लक्षण फसल के प्रकार, परिपक्वता की स्थिति, फसल घनत्व, फसल ज्यामिति, फसल शक्ति, फसल की नमी, फसल का तापमान और मिट्टी की नमी एवं मिट्टी के तापमान का प्रतिबिम्ब है। काफी हद तक लक्षण का पता लगाना सेंसर के प्रकार और संवेदन में प्रयुक्त विद्युत चुंबकीय स्पेक्ट्रम के हिस्से पर निर्भर करता है। कृषि में रिमोट सेंसर के इस अनुप्रयोग के निम्न क्षेत्र शामिल हैं–

1. फसल सर्वेक्षण में उपयोगी– फसल पहचानना, फसल की नीचे का क्षेत्र, फसल शक्ति, फसल घनत्व, फसल की विकास का चरण, फसल विकास दर, उपज भविष्यवाणी, उर्वरकों का प्रभाव, फसलों पर विषाक्तता, पानी की गुणवत्ता, सिंचाई की आवश्यकता, कीट और रोग की घटना, पानी की उपलब्धता और नहर की स्थिति आदि।

2. सीमा सर्वेक्षण में लागू– वनों के प्रकार का वर्णन, सीमा की स्थिति, ले जाने की क्षमता, चारा, मौसमी बदलाव का समय, पानी की स्थिति, पानी की गुणवत्ता, मिट्टी की उर्वरता, मिट्टी की नमी, कीट संक्रमण, वन्यजीवों की सूची आदि।

3. पशुधन सर्वेक्षण पर लागू– मवेशियों की जनसंख्या, सूअर एवं मुर्गियों की जनसंख्या, उभय लिंग वितरण, पशुओं का वितरण, पशुओं का व्यवहार, रोगों की पहचान, प्रक्षेत्र की इमारत के प्रकार आदि।

भौगोलिक सूचना प्रणाली

भौगोलिक सूचना प्रणाली भू–सूचना विज्ञान तकनीक है जो कृषि विकास में काफी प्रासंगिक है। साहित्य में भौगोलिक सूचना प्रणाली की बहुत सी परिभाषाएं दी गई हैं। हमारे उद्देश्य के लिए भौगोलिक सूचना प्रणाली डाटा को

लेने, भंडारण जांच करने, गणना करने, विश्लेषण करने और प्रदर्शित करने के लिए एक प्रणाली के रूप में परिभाषित की जा सकती है जो पृथ्वी के स्थानिक रूप से संदर्भित है। इस प्रकार एक सही भौगोलिक सूचना प्रणाली सूचना को स्वीकार करने, व्यवस्थित करने, स्थिर विश्लेषण करने और अलग-अलग स्थानिक जानकारी को प्रदर्शित करने के लिए डिजाइन की गई है। जो कि किसी विशेष प्रक्षेपण और पैमाने के संबंध के लिए भौगोलिक रूप से परिष्कृत है।

भौगोलिक सूचना प्रणाली के मुख्य घटक इस प्रकार हैं-

1. हार्डवेयर जिसमें एक कंप्यूटर डाटा पाने वाला यंत्र जैसे- डिजास्टर स्केनर, डिजिटल छवि प्रसंस्करण प्रणाली, सर्वेक्षण उपकरण विश्लेषणात्मक और डिजिटल फोटोग्रामेट्री का लेखक और उत्पादन यंत्र जैसे- लेखक मुद्रक दूसरों के बीच उच्च रेजोल्यूशन स्क्रीन।
2. स्थानिक डेटाबेस: पसंद की वस्तु जिसमें वस्तु की ज्यामिति भी शामिल हो, स्थिति और स्थानिक संबंध तथा संरक्षित रूप से विषय गत डाटा।
3. सॉफ्टवेयर: डेटाबेस में तथ्यों को प्राप्त करने, गणना करने और प्रबंधन के लिए।
4, प्रक्रिया: संचालन के लिए एल्गोरिदम एवं परंपरागत विधि।
5. विशेषज्ञ: दक्ष ऑपरेटर के रूप में।

भौगोलिक सूचना प्रणाली की मुख्य उप प्रणाली इस प्रकार हैं-

1. आंकड़े प्राप्त करने की प्रणाली: उपलब्ध नक्शों, सुदूर संवेदी आंकड़ों, हवाई छवि चित्रण और भूमि सर्वेक्षण से सामने की कड़ी निकालने या एकत्र करना।
2. डेटाबेस प्रबंधन उप प्रणाली: भंडारण, पुनर्प्राप्ति करने के लिए और आंकड़ों के विश्लेषण के लिए।
3. प्रत्योक्षकरण और रिपोर्टिंग प्रणाली:डेटाबेस प्रश्नों के परिणामों को ग्राफिक या अक्षर और संख्या के रूप में प्रदर्शित करना।

भौगोलिक सूचना प्रणाली समय पर निर्णय लेने के लिए कृषि डाटा को एकत्र करके विश्लेषण करने और प्रबंधन के लिए आवश्यक होती है। डेटाबेस में रिमोट सेंसर मौजूदा मानचित्र या क्षेत्र सर्वेक्षण से प्राप्त जानकारी से स्थानिक डाटा से प्राप्त होता है। सूचना प्रणाली में इन विविध स्रोतों से विविध डाटा सेट को एकीकृत करने और विविध डेटा स्रोत की अनुकूलता सुनिश्चित करने की क्षमता होती है।

(ब) ग्लोबल पोजिशनिंग प्रणाली

ग्लोबल पोजिशनिंग प्रणाली कृषि में विकास के लिए आवश्यक एक अन्य भू-सूचना विज्ञान उपकरण है। वैश्विक पोजिशनिंग प्रणाली भूखंड की स्थिति की सटीक जानकारी देने में सक्षम है। यह अंतरिक्ष में स्थित उपग्रह के माध्यम से सिगनल प्राप्त कर सही स्थिति बताता है। जीपीएस मुख्यतः भूखंड इलाकों की भू-संदर्भित सूचना है।

आवरण विश्लेषण के माध्यम से अलग-अलग स्थानों की मैपिंग की जाती है जिससे लोकेशन सर्वर जोड़ने का काम करता है। इस प्रकार भूखंड भू-संदर्भित हो पाता है इसलिए भूगोल सूचना प्रणाली पर्यावरण से निर्धारित विविध कृषि डेटा के एकीकरण में वैश्विक पोजिशनिंग प्रणाली आवश्यक है। वैश्विक पोजिशनिंग प्रणाली द्वारा एकत्र किया गया स्थानिक डाटा को भौगोलिक सूचना प्रणाली कार्यक्रम के साथ स्वचालित रूप से रिकॉर्ड किया जा सकता है। इसके अलावा वैश्विक पोजिशनिंग प्रणाली के उपयोग से एक क्षेत्र के भीतर मिट्टी के नमूना लेने के बिंदु के सटीक स्थान की जानकारी मिलती है और इससे विभिन्न स्थानों पर मिट्टी के भौतिक, रासायनिक और जैविक गुणों का निर्धारण होता है। जिसके फलस्वरुप खेत में इनपुट देने के लिए पूरे क्षेत्र मे उर्वरता का मापन हो सकता है। एकत्रित उपज आंकड़ों के सटीक

स्थान के निर्धारण के लिए जीपीएस की आवश्यकता होती है। इस प्रकार यह उपज मानचित्र बनाने और उपज निगरानी के लिए भी आवश्यक है।

भू विज्ञानऔर परिशुद्ध कृषि

रिमोट सेंसिंग भौगोलिक सूचना प्रणाली और वैश्विक सूचना पोजिशनिंग सिस्टम प्रौद्योगिकियों का एकीकरण कृषि को अंतरिक्ष युग में ले गया है। इसमें विभिन्न प्रकार की परिशुद्ध कृषि (Precision Agriculture) सटीक खेती (Precision Farming) या विशिष्ट स्थल फसल प्रबंधन (एसएसबीएम) की नई अवधारणा को जन्म दिया है। परिशुद्ध कृषि एक सूचना और प्रौद्योगिकी आधारित कृषि प्रबंधन प्रणाली है। परिशुद्ध कृषि एक सूचना और प्रौद्योगिकी आधारित कृषि प्रबंध प्रणाली है, जो अधिकतम उपज या लाभप्रदता, स्थिरता और पर्यावरण की सुरक्षा के लिए प्रक्षेत्र के अन्दर मिट्टी की स्थानिक और अस्थाई परिवर्तनशीलता का विश्लेषण और प्रबंधन करती है। यह अवधारणा मृदा उर्वरता, स्थिति, अन्य भूमि गुणों जल और ऑक्सीजन की उपलब्धता और प्रतिधारण क्षमता, पौधों की स्थिति, क्षार के खतरों और स्थलाकृतिक स्थितियों की स्थानिक परिवर्तनशीलता से भूमि के लिए उपयुक्त कृषि की जांच करती है। इस अवधारणा का उद्देश्य इस तरह की विभिन्नता वाले कृषि भूखंडों को पहचानना, इसकी स्थानिक जगह को पहचान कर विभिन्नता को सीमित करना है। इसका उद्देश्य यह है कि इस तरह के बदलाव के कारणों का आंकलन किया जाए ताकि यह सुनिश्चित किया जा सके कि निर्णय किस प्रकार की फसलों के संबंध में लिया गया है, कृषि का समय क्या है और कौनसी प्रबंधन विधियों की आवश्यकता है। परिशुद्ध खेती का अर्थ है सही स्थान पर सही समय पर सही विधि से सही काम करना।

परिशुद्ध खेती के घटक जैसे रिमोट सेंसिंग, भौगोलिक सूचना प्रणाली (जीआईएस), डिफरेंशियल ग्लोबल पोजिशनिंग प्रणाली (डीएसपीएस)और परिवर्तनशीलता दर एप्लीकेटर है। रिमोट सेंसिंग तकनीक परिशुद्ध कृषि में स्थानिक और अस्थाई परिवर्तन शीलता में निरंतर डाटा प्रदान करके महत्वपूर्ण भूमिका निभाती है। सेंसर मृदा के गुणों, फसलों की स्थिति और उपज पर उर्वरक के प्रभाव साथ ही साथ खरपतवार का पता लगाने के डाटा प्रदान करता है। दूरस्थ रूप से संवेदी डाटा को संभालने के लिए जीआईएस में स्वैच्छिक रूप से रिमोट सेंसिंग डाटा को संभालने के लिए संभावित उपकरण और इसके स्थानिक सांख्यिकी विश्लेषण मानचित्र रूप में स्थानिक डाटा की प्रस्तुति साथ ही भंडारण डेटा प्रबंधन, इनपुट डाटा के प्रतिरूपण और प्रतिरूप परिणामों की प्रस्तुति की क्षमता है।

विभिन्न वैश्विक पोजिशनिंग प्रणाली का उपयोग गतिविधियों के सटीक स्थान के लिए किया जाता है। ग्लोबल पोजिशनिंग प्रणाली (जीपीएस)उपकरण सैन्य ग्रहों की एक संख्या का उपयोग करता है। जो खेत में एक वास्तविक साइट पर एक मीटर के भीतर खेत के उपकरण के स्थान की पहचान करते हैं। मिट्टी के नमूनों के स्थान और परिणामों को मिट्टी के नक्शों से जोड़ने के लिए, मृदा गुणों के अनुसार इनपुट देने के लिए, खेत की स्थितियों के अनुसार जुताई को समायोजित करने और उपज के आंकड़ों को निर्धारित करने के लिए आवश्यक है।

परिवर्तनीय दर आवेदक का उपयोग खेत पर परिशुद्ध खेती को संचालित करने के लिए किया जाता है। परिवर्तनीय कृषि प्रौद्योगिकी (VAT) में मशीनों और प्रणालियों का उपयोग किया जाता है, जो एक विशिष्ट समय पर और एक निश्चित स्थान पर फसल उत्पादन सामग्री की वांछित दर को लागू करने के लिए उपयोगी है। इसमें एक नियंत्रण कंप्यूटर, एक लोकेटर और एक्चुएटर है। नियंत्रण कंप्यूटर अपनी मेमोरी में डेटाबेस की सहायता से फील्ड ऑपरेशन का समन्वय करता है। वांछित गतिविधि के आधार पर लोकेटर से कंप्यूटर (जो जीपीएस रखता है) उपकरण की वर्तमान स्थिति की जानकारी प्राप्त एक्चुएटर (प्रेरक) को आज्ञा देता है जो इनपुट लागू करता है।

परिशुद्ध खेती की प्रचालन प्रक्रिया के लिए कम से कम अवलोकन के साथ ग्रिड स्पेसिंग के साथ प्राप्त किए गए संदर्भित बिंदु डाटा की आवश्यकता होती है। इन बिंदु डाटा के संख्या की प्रक्षेप द्वारा पैटर्न प्राप्त किए जाते हैं। तकनीकों में डेटाबेस या सेंसर का एकीकरण शामिल होता है जो साइट विशिष्ट स्थितियों के लिए इनपुट प्रतिक्रिया विकसित करने के लिए आवश्यक जानकारी प्रदान करता है। जहां उपकरण स्थित है, उस स्थान की जानकारी और फसल उत्पादन इनपुट

को नियंत्रित करने के लिए वास्तविक समय विधि की जानकारी प्रदान करता है। 1990 के मध्य से संयुक्त राज्य अमेरिका और यूरोप में नए प्रतिमान को अपनाया जा रहा है।

फसल विभेदन

कृषि अनुसंधान में स्वचालन के लिए और निर्णय समर्थन प्रणाली डीएसएस के विस्तार के लिए कंप्यूटर का उपयोग किया जा रहा है। भौगोलिक सूचना प्रणाली (जीआईएस) और रिमोट सेंसिंग तकनीक कृषि अनुसंधान में मुख्य रूप से फसल के अध्ययन और साइट विशिष्ट साधन आवंटन के साथ फसल की उपज की भविष्यवाणी में सक्षम भूमिका निभा रही है। विभिन्न स्थानों पर विभिन्न फसलों में विभेदन के लिए फसल की वृद्धि की निगरानी और फसल की उपज के पूर्वानुमान को प्रस्तुत करने में भू विज्ञान की भूमिका को संक्षेप में प्रस्तुत किया गया है।

रिमोट सेंसिंग पृथ्वी की सतह से सूचना प्राप्त करने की एक उच्च तकनीक और योग्य स्रोत है जो कि पृथ्वी पर यथोचित बड़े क्षेत्र की छवियों को ले सकता है सेंसर प्रौद्योगिकी में उन्नति के कारण उच्चस्थानिक चित्रों के साथ-साथ वर्णक्रमीय रेसोलुशन वाले चित्रों एवं नॉन इमेजिंग स्पेक्ट्रोरेडियोमीटर भी उपलब्ध है। इन चित्र और गैर चित्रों के आंकड़ों के द्वारा हम आसानी से भिन्न-भिन्न जातियों को पहचान सकते हैं।

अलग-अलग फसलें अंकुरण की अपनी प्रकृति, फूल आना, फटना, गांठ बनना आदि के अनुसार अलग-अलग ध्वन्यात्मक विशेषताओं और समय को दर्शाती है। यहां तक कि एक ही फसल और विकास क्रम में प्रत्येक ध्वनि चरण की अवधि और परिमाण भिन्न हो सकते हैं जो इमेजिंग सिस्टम के साथ फसल के प्रकार के विभाजन के लिए डाटा परिवर्तन शीलता को दर्शाते हैं। हाइपर्सपेक्ट्रेल का उपयोग करके कृषि फसलों को बेहतर ढंग से वर्णित, वर्गीकृत, प्रतिरूपित और मानचित्रत किया जा सकता है।

(अ) लक्षण निष्कर्षण

लक्ष्य नेट निष्कर्षण छवि विशेषताओं को परिभाषित करने की प्रक्रिया है। जो चित्र की व्याख्या या वर्गीकरण के लिए सार्थक जानकारी प्रदान करती है। लक्षण निष्कर्षण के उद्देश्य निम्न है-

1. वर्गीकरण में प्रभावशीलता और दक्षता,
2. अतिरेक आंकड़ों से बचना,
3. उपयोगी स्थानिक के साथ-साथ वर्णक्रमीय विशेषताओं को स्पष्ट करना,
4. पैटर्न विभेदन को अधिकतम करना।

फसल के प्रकार के विभाजन के लिए स्थानिक विशेषताएं उपयोगी है। फसल को उसके प्रकार के अनुसार सुविधा के लिए और पैदावार को अधिकतम प्राप्त करने के लिए पंक्तियों में या एक या कई पंक्तियों में बोया जाता है। फसलों की विभिन्न स्थानिक व्यवस्था बेहतर स्थानीय जानकारी देती है लेकिन इसके लिए उच्च रेजोल्यूशन वाले चित्रों की आवश्यकता होती है। स्थानिक चित्रों के वर्गीकरण में स्थानीय चित्र तत्व वर्गीकरण निर्णय तक पहुंचने में वर्णक्रम या गुण से संयुक्त होते हैं, सबसे अधिक इस्तेमाल किए जाने वाले तत्वों की बनावट संदर्भ और ज्यामिति आकार है। व्यवसायिक रेजोल्यूशन वाले मल्टीस्पेक्ट्रेल उपग्रह इमेज (जाओनी'1, इकोनोस-2,क्विक बर्ड-2) की उपलब्धता के कारण यह संभव हो पाया है कि यह जटिल वातावरण छोटे पैमाने की विशेषताओं की पहचान कर सकें। जबकि इन सूचनाओं का इस्तेमाल सीमित है क्योंकि हर वर्ग में जटिल स्थानीय प्रबंधन के लक्षण और वर्णक्रमीय विभिनता होती है।

(ब) वर्गीकरण में बनावट की भूमिका

सामान्य तौर पर मानव निर्मित वस्तु जो नियमित बनावट प्रदर्शित करती है और प्राकृतिक वस्तुएं जिनकी अनियमित बनावट होती है, के बीच अंतर करना संभव है। इसलिए वे पारंपरिक बनावट विश्लेषण एवं ग्रेलेवल सह घटना मैट्रिक्स

(जी एल सी एम) दोनों विधियों द्वारा ग्रे वैल्यू का पास की वर्तमान पिक्सेल से संबंध का वर्णन करते हुए दूरस्थ रूप से संवेदी डाटा से उनके विभाजन का समर्थन करते हैं इसलिए, बनावट की विशेषता का उपयोग विचलनशील वस्तुओं के बीच भेदभाव करने के लिए किया जा सकता है। हालाँकि, GLCM विधि में, इसका विश्लेषण GLCM स्पेस के भीतर किया जाता है न कि मूल ग्रे वैल्यू से, जैसा कि पूर्व विधि में होता है।

(स) ग्रे लेवल सह–घटना मैट्रिक्स (GLCM)

GLCM को आवृत्ति के दो–आयामी हिस्टोग्राम के रूप में देखा जा सकता है, जिसके साथ ग्रे स्तर पिक्सल के जोड़े एक दिए गए स्थानिक संबंध में होते हैं, जो एक विशिष्ट अंतर–पिक्सेल दूरी और एक दिए गए पिक्सेल अभिविन्यास द्वारा परिभाषित होता है। इसलिए, शहरी वस्तुओं के विभाजन में, बनावट विश्लेषण आमतौर पर एक GLCM मैट्रिक्स स्थान के भीतर किया जाता है। जीएलसीएम से विभिन्न प्रकार के बनावट माप निकाले जा सकते हैं। संभाव्यता घनत्व से प्राप्त किए जा सकने वाले चार उपयोगी माप ऊर्जा हैं। प्रसरण, असमानता और समरूपता जहां ऊर्जा बनावट की एकरूपता को मापती है एवं प्रसरण पिक्सेल वैल्यू की विविधता को मापता है। इसी तरह की असमानता के माप, आस–पास के पिक्सल और होमोजेन के बीच का अंतर टोनल एकरूपता को मापता है।

(द) स्थानीय बाइनरी पैटर्न (LBP)

यह एक सरल, बहुत कुशल बनावट वाला ऑपरेटर है जो प्रत्येक पिक्सेल के पास की सीमा तक की छवि के पिक्सल को दर्शाता है और परिणाम को एक बाइनरी नंबर के रूप में देता है।

अपनी विभेदन शक्ति और कम्प्यूटेशनल सादगी के कारण, LBP बनावट ऑपरेटर विभिन्न अनुप्रयोगों में एक लोकप्रिय दृष्टिकोण बन गया है। इसे पारंपरिक रूप से भिन्न सांख्यिकीय और बनावट विश्लेषण के संरचनात्मक मॉडल के लिए एक सम्मिलित दृष्टिकोण के रूप में देखा जा सकता है। संभवतः, वास्तविक दुनिया के अनुप्रयोगों में एलबीपी ऑपरेटर की सबसे महत्वपूर्ण गुण इसकी म्यूटोनिक ग्रे–स्केल परिवर्तनों के लिए मजबूती है, उदाहरण के लिए, प्रकाश में भिन्नता। एक और महत्वपूर्ण गुण इसकी कम्प्यूटेशनल सरलता है, जो चुनौतीपूर्ण वास्तविक समय में छवियों का विश्लेषण करना संभव बनाती है। यदि हमारे पास उच्च स्थानिक रेजोल्यूशन उपग्रह इमेजरी है, तो फसल प्रकार विभेदन के लिए स्थानिक फीचर निष्कर्षण अच्छी तरह से काम करता है। इसके अतिरिक्त स्थानिक जानकारी, दृश्य व्याख्या सीखने के लिए वर्णक्रमीय आधारित वर्गीकरण में भी उपयोगी है।

(य) फसल वर्गीकरण के लिए स्पेक्ट्रम फीचर्स

हरी वनस्पति की वर्णक्रमीय विशेषताओं में बहुत ध्यान देने योग्य विशेषताएं हैं। स्पेक्ट्रम के दृश्य भाग में दो घाटियाँ पौधों में उपस्थित रंजक द्वारा पहचानी जाती है।

क्लोरोफिल नीले (0.4-0.5 μm) और लाल (0.68 μm) क्षेत्रों में दृढ़ता से अवशोषित होता है, जिसे क्लोरोफिल अवशोषण बैंड भी कहा जाता है। क्लोरोफिल हरे पौधों में प्राथमिक प्रकाश संश्लेषक वर्णक है। मानव के लिए हरी सब्जियों को स्वस्थ रखने का कारण भी यही है, जब पौधे तनाव में होते हैं तो सामान्य ग्रोथ और क्लोरोफिल का उत्पादन रुक जाता है जिसके कारण लाल और नीले क्षेत्रों में अवशोषण कम होता है और लाल वेव बैंड प्रतिबिंब की मात्रा बढ़ जाती है।

वर्णक्रमीय परावर्तन लक्षण में 0.7 μm पर स्वस्थ वनस्पति के लिए परावर्तन में एक नाटकीय वृद्धि हुई है। 0.7 μm और 13 μm के बीच निकट अवरक्त (NIR) में, एक पादप पर्णस्वाभाविक रूप से 40 और 60 प्रतिशत के बीच परावर्तित होगी, शेष बची प्रसारित होगी, का 5% के लगभग अवशोषित होता है। तुलना के लिए, हरी श्रेणी में परावर्तन 15–20 प्रतिशत तक पहुंच जाता है। एनआईआर में यह उच्च परावर्तन पत्तियों के मेसोफिल में अंतर कोशिकीय स्थान में

प्रकाश के बिखरने के कारण होता है। पत्तियों में इस संरचनात्मक परिवर्तनशीलता के कारण ही विभिन्न प्रजातियों के बीच अंतर करना संभव है चाहे यह पत्तियां बाहर से समान दिखती हो।

13 μm से परे, वनस्पति पर घटना ऊर्जा काफी हद तक अवशोषित होती है अथवा ऊर्जा की बहुत कम पारगम्यता के साथ परिवर्तित होती है। 1.4, 1.9 और 2.7 μm के चारों ओर तीन मजबूत जल अवशोषण बैंड देखे गए जिनका उपयोग पौधे में पानी की मात्रा का अनुमान लगाने के लिए किया जा सकता है।

1. बैंड का चयन

बैंड चयन हाइपरस्पेक्ट्रल रिमोट सेंसिंग के महत्वपूर्ण चरणों में से एक है। सैद्धांतिक रूप से बैंड चयन के दो अलग-अलग दृष्टिकोण है अपर्यवेक्षक और पर्यवेक्षित (अनसुपरवाइज्ड और सुपरवाइज्ड) सैकड़ों वर्णक्रमीय बैंड की उपलब्धता के कारण, कई बैंड में मूल्य समान हो सकते हैं जो अतिरेक डाटा को बढ़ाते हैं। अतिरेकडाटा से बचने और उपलब्ध सैकड़ों बैंडों से अलग विशेषताएं प्राप्त करने के लिए, हमें फसलों के परावर्तन व्यवहार का अध्ययन करके विशिष्ट बैंडों का चयन करना होता है।

2. नैरोबैंड वनस्पति सूचकांक

वर्णक्रमीय सूचकांकों का मानना है। कि तरंग दैर्ध्य की एक छोटी संख्या के बीच परस्पर क्रिया प्रकाश और पदार्थ के बीच जैव रासायनिक या जैव-भौतिकी पारस्परिक क्रिया का वर्णन करने के लिए पर्याप्त है। सूचकांक का सबसे सरल रूप एक सरल अनुपात (एसआर) है, उच्च वर्ण क्रमीय प्रणाली का बढ़ा योगदान नए सूचकांक बनाने की उनकी क्षमता है जो तरंग दैर्ध्य (वेवलेंग्थ) को एकीकृत करती है। ऐसा किसी भी ब्रॉडबैंड सिस्टम द्वारा नहीं बनाया जाता है और अवशोषण का परिमाण बताता है जो किसी वनस्पति के महत्वपूर्ण जैव रासायनिक और जैव भौतिक मात्रा के लिए विशिष्ट है।

उदाहरण के तौर पर अधिकांश वर्णक उन्मुख सूचकांक शामिल किए गए हैं, लाल एज के लिए तैयार किए गए सभी सूचकांकों, कई जल अवशोषण सूचकांक और तीन या अधिक दैर्ध्य का उपयोग करने वाले सूचकांक उच्च वर्ण क्रमिय वनस्पति सूचकांकों (HVIS) के साथ मापा गया वनस्पति गुण तीन मुख्य श्रेणियों में विभाजित किया जा सकता है-(1)संरचना (2) जैव रसायन और(3) पादप शरीर क्रिया विज्ञान / तनाव।

संरचनात्मक गुण: इन गुणों में भिन्नात्मक आवरण, हरी पत्ती बायोमास,पत्ती क्षेत्र सूचकांक (LAI), जीर्णता बायोमास और आंशिक अवशोषित प्रकाश संश्लेषक सक्रिय विकिरण (FPAR) शामिल हैं। संरचनात्मक विश्लेषण के लिए विकसित किए गए सूचकांक की अधिकांश संख्या ब्रॉडबैंड सिस्टम के लिए तैयार की गई थी और इसमें संकीर्ण (नेरोबैंड) हाइपरर्सपेक्ट्रेल के समतुल्य है।

शारीरिक और तनाव सूचकांक

यह जैंथोफिल की स्थिति में तनाव- प्रेरित परिवर्तन, क्लोरोफिल सामग्री में परिवर्तन, प्रदीप्ति या पत्ती की नमी में होने के कारण नाजुक परिवर्तनों को मापता है। सामान्य तौर पर, जैव रासायनिक और शारीरिक/तनाव सूचकांक प्रयोगशाला या क्षेत्र के उपकरणों (=10 nm वर्णक्रमीय नमूने) का उपयोग करके तैयार किए गए थे और बहुत ही बढ़िया वर्णक्रमीय विशेषताओं पर लक्षित हैं।

नैरोबैंड वनस्पति सूचकांकों का उपयोग फसल के प्रकार के विभेदन के लिए संभावित चर के रूप में किया जा सकता है। विभिन्न श्रेणी(तालिका 2.1) की सात प्रकार की फसलों में विभेद करने के लिए सर्वश्रेष्ठ वनस्पति सूचकांक - हरेपन/पत्ती रंजक सूचकांक (ARVI, EVI, NDVI और SGI), क्लोरोफिल लाल किनारे सूचकांक (RENDVI और VOG 1), प्रकाश उपयोग दक्षता सूचकांकों (SIPI और PRI) और पत्ती जल सूचकांक (DWSI और NDWI)।

सारणी 3.1 : नैरोबैण्ड वनस्पति सूचकांक

क्र. सं.	सूचकांक (Index)	संक्षिप्त शब्द (Acronym)	सूत्र (Formula)
1.	सामन्यीकृत वनस्पति अंतर सूचकांक (Narmalised Difference Vegetation Index)	NDVI	(ρ864 – ρ864)/(ρ864 + ρ671)
2.	सरल अनुपात (Simple Ratio)	SR	ρ864/ρ671
3.	वर्धित वनस्पति सूचकांक (Enhanced Vegitation Index)	EVI	2.5 (ρ864 – ρ671) / (ρ864 + 6 × ρ671) – 7.5 × ρ467 +1)
4.	वातावरण प्रतिरोधी वनस्पति सूचकांक (Atmospherically Resistant Vegetation Index)	ARVI	(ρ864 – (2 × ρ671) – (ρ467)/ (ρ864) + (2 × ρ671 – ρ467)
5.	सन ग्रीन सूचकांक (Sun Green Index)	SGI	(ρ508 + ρ518 + ρ528 + ρ538 + ρ549 + ρ559 + ρ569 + ρ579 + ρ590 + ρ600/10)
6.	रेड ऐज सामान्यीकृत वनस्पति अंतर सूचकांक (Red Edge Normalised Difference Vegetation Index)	RENDVI	(ρ752 – ρ701)/(ρ752 + ρ701)
7.	वोगलमैन रेड ऐज सूचकांक (Vegelmenn Red Edge Index)	VREI	(ρ743/ρ722)
8.	संरचना तीव्र रंजक सूचकांक (Structure Insensitive Pigment Index)	SIPI	(ρ803 – ρ467)/(ρ803 – ρ681)
9.	फोटोकेमिकल परावर्तन सूचकांक (Photochemical Reflectance Index)	PRI	(ρ529 – ρ569)/(ρ529 + ρ569)
10.	जल रोग तनाव सूचकांक (Disease Water Stress Index)	DWSI	(ρ803/ρ1598)

ρ = मूल तरंग दैर्ध्य सूत्रीकरण के लिए निकटतम उच्च आयन बैंड का अपवर्तन।

प्रकाश रासायनिक परावर्तन सूचकांक रोग जल तनाव सूचकांक ρ = मूल तरंग दैर्ध्य योगों के लिए निकटतम हाइपर आयन बैंड का प्रतिबिंब।

(र) हाइपरस्पेक्ट्रिकल रिमोट सेंसिंग का महत्व

अब, हाइपरस्पेक्ट्रल रिमोट सेंसिंग ने दुनिया भर में एक नए चरण में कदम रखा है। विकसित कई उन्नत हाइपरस्पेक्ट्रल इमेजिंग सिस्टम कृषि अनुप्रयोग के लिए महत्वपूर्ण भूमिका निभा रहे हैं। हाइपरियन इमेजिंग स्पेक्ट्रोमीटर ऑन द अर्थ ऑब्जर्विंग वन (ईओ –1) उपग्रह ने पारंपरिक मल्टी–स्पेक्ट्रल रिमोट सेंसिंग सिस्टम पर काफी ज्यादा डेटा प्रदान किया है एज–1 और 400 से 2500 nm स्पेक्ट्रम में क्षेत्रीय वर्णक्रमीय माप से प्राप्त हाइपरस्पेक्ट्रल नैरोबैंड (HNBS) और हाइपरस्पेक्ट्रल वनस्पति (HVIS) हमें कृषि फसलों की बहुत विशिष्ट विशेषताओं का अध्ययन करने की

अनुमति देती है। पहले से चर्चित गैर इमेजिंग सेंसर भी लगभग 1-10 nm नमूना दर के साथ अच्छे वर्णक्रमीय हस्ताक्षर देते हैं, जो कि विशिष्ट विशेषता पहचान के लिए बहुत प्रभावी है। हाइपरस्पेक्ट्रल डेटा की उपलब्धता कम वर्णक्रमीय रेजोल्यूशन (बहु स्पेक्टरल) की बाधाओं और सीमाओं पर काबू पाती है।

प्रजातियों के बेहतर विभेदन के लिए स्थानिक और वर्णक्रमीय दोनों जानकारी आवश्यक है। हाइपरस्पेक्ट्रल डेटा फसलों के बारे में विस्तृत जानकारी देता है। लेकिन उपयुक्त बैंड का चयन करना आवश्यक है, नैरोबैंड वनस्पति सूचकांक कृषि फसलों (BB-PACs) के जैव भौतकी और जैव रासायनिक गुणों की मैपिंग के लिए महत्वपूर्ण भूमिका निभाता है। स्थानिक और वर्णक्रमीय विशेषता के संयोजन का उपयोग फसलों के प्रकारों में विभेदन करने के लिए प्रभावी रूप से किया जा सकता है, लेकिन उपलब्ध हाइपरस्पेक्ट्रल इमर्जियों ने अच्छे स्थानिक रेजोल्यूशन प्रदान नहीं किए हैं जो उचित स्थानिक जानकारी नहीं देते हैं। इसलिए, बेहतर सूचना निष्कर्षण के लिए अच्छा स्थानिक रेजोल्यूशन और हाइपरस्पेक्ट्रल इमेजरिस दोनों को शामिल करने की आवश्यकता है।

(ल) उपज निगरानी

क्षेत्रीय और राष्ट्रीय स्तर पर फ़सल की कटाई से पहले फसल की पैदावार का आंकलन सूक्ष्म स्तर पर योजना बनाने तथा मुख्य रूप से फसल बीमा की मांग के लिए आवश्यक है। फसल उपज का अनुमान अर्थव्यवस्था के विकास में महत्वपूर्ण भूमिका निभाता है। वर्तमान में, यह व्यापक क्षेत्र सर्वेक्षण और फसल कटाई प्रयोग द्वारा बहुत देर से उपलब्ध होता है। सुसंगत और संभवतः सस्ती या तेज़ विधियाँ जिनका उपयोग किया जा रहा है। यह निर्णय निर्माताओं और योजनाकारों को फसल आयात और निर्यात की मात्रा का अनुमान लगाने में सक्षम बनाता है। अधिकांश विकासशील देशों में फसल उपज का आंकलन, आम तौर पर, डेटा संग्रह के पारंपरिक तरीकों पर आधारित होता है, जो मिट्टी के क्षेत्र सर्वेक्षण पर आधारित होता है।

परम्परागत तरीके महंगे, समय लेने वाले तथा अधूरे और गलत जमीनी अवलोकन के कारण बड़े पैमाने पर गलत होने के खतरों वाले हैं, जिसके कारण फसल क्षेत्र के आंकलन और फसल उपज मूल्यांकन में गलतियाँ संभव है। अधिकांश विकासशील देशों में आमतौर पर किसी भी उचित निर्णय लेने के लिए, फसल की वृद्धि की निगरानी के लिए और फसल की पैदावार का प्रारंभिक अनुमान के लिए सुसंगत उद्देश्य और संभवतः सस्ती तथा कम समय लगने वाली विधियों की आवश्यकता है। रिमोट सेंसिंग के माध्यम से लिए गए डेटा में भावी, क्षमता और वैश्विक स्तर पर स्थानिक जानकारी प्रदर्शित करने की क्षमता है। फसल सूची के लिए उपयोग किए जाने वाले विभिन्न दृष्टिकोणों और प्रौद्योगिकियों को संक्षेप में प्रस्तुत किया गया है।

1. हवाई चित्रांकन

फसल की उपज की जानकारी प्राप्त करने के लिए, व्यक्ति को टोन, पैटर्न, बनावट और अन्य विशेषताओं को पहचानने में सक्षम होना चाहिए। फसल उत्पादन प्राप्त करने के लिए फसल उपज जानकारी को फसल क्षेत्र के आंकड़ों के साथ समायोजित करके किया जाता है। उपज निर्धारण के दो अलग-अलग पहलू हैं- (1) पौधे या फसल की विशेषताओं के आधार पर उपज का पूर्वानुमान एवं पूर्व वर्षों के अनुभवों में सम्बन्ध के आधार पर और (2) उपज का अनुमान वर्तमान वर्ष के फसल के वास्तविक वजन से ज्ञात होना। द्वितीय विश्व युद्ध के बाद विभिन्न शोधकर्ताओं ने कृषि और फसल सूची के लिए संसाधनों के अनुकूलित उपयोग के लिए एरियल फोटोग्राफी की उभरती अवधारणा का उपयोग किया। काले और सफेद फोटोग्राफी का उपयोग फसल की पहचान के लिए किया गया है, मुख्य रूप से जमीनी आभास और फसल वर्धन काल के दौरान नौ के अंतराल पर चयनित खेतों के हवाई फोटोग्राफिक रूप पर आधारित है।

2. मल्टीस्पेक्ट्रल स्कैनर्स

हम मल्टीस्पेक्ट्रल स्कैनर (MSS) में फोटोग्राफी की तुलना में कुछ फायदे और नुकसान हैं। पैटर्न मान्यता तकनीकों

के साथ एक कंप्यूटर प्रारूप में मल्टीस्पेक्ट्रल डेटा का उपयोग करके अन्य कृषि फसलों से गेहूं को अलग करने की क्षमता दिखाई गई है। फसल के विकास के चरण में प्रजातियों की पहचान के कार्य में एक महत्वपूर्ण विचार है।

3. रडार

फसल की पहचान के लिए हवाई रडार या अंतरिक्ष जनित राडार का उपयोग करने के फायदे और सीमा पर चर्चा पहले की जा चुकी है। यह देखा गया है। कि रडार अध्ययन कई फसलों के बीच मौसमी परिवर्तन पर केंद्रित है। किसी भी सरल गणना के लिए ज्यादा चरों का उपयोग किया जाना चाहिए।

4. सेटेलाइट डाटा

फसल क्षेत्र और उपज के लिए सैटेलाइट डेटा अनुमान मॉडल का लंबे समय से अध्ययन किया जा रहा है और कई अच्छी गुणवत्ता वाले मॉडल विकसित किए गए हैं। इन पारंपरिक मॉडलों को मुख्य रूप से मौसम विज्ञान और जीव विज्ञान के दृष्टिकोण से सुदूर संवेदन की चिंता के बिना विकसित किया गया है और इस प्रकार यह आज की कृषि की आवश्यकताओं को पूरा नहीं कर सकता है। संयुक्त राज्य अमेरिका में 1971 में कॉर्न ब्लाइट वॉच एक्सपेरिमेंट (CBWE) के तहत कृषि विकास के लिए रिमोट सेंसिंग डेटा को खोजा गया, रिमोट सेंसिंग डेटा फसल की उपज की भविष्यवाणी करने और फसल वृद्धि की निगरानी के लिए प्रयुक्त मॉडल के विकास के लिए प्रतिनिधि और स्थानिक रूप से संपूर्ण जानकारी प्रदान करने में प्रभावी साबित हुआ है।

भारत में रिमोट सेंसिंग गतिविधियों में उल्लेखनीय उछाल आईआरएस (इंडियन रिमोट सेंसिंग सैटेलाइट) 1A के प्रक्षेपण के साथ वर्ष 1988 में आया। भारत ने विभिन्न क्षेत्रों जैसे कि रिसोर्ससैट, कार्टोसैट और ओशनसैट के लिए समर्पित कई उपग्रह लॉन्च किए।

फसल की पैदावार की भविष्यवाणी करने और फसल विकास की निगरानी के लिए बने मॉडल के विकास पर प्रतिनिधि और स्थानिक रूप से विस्तृत जानकारी प्रदान करने के लिए रिमोट सेंसिंग डेटा प्रभावी साबित हुआ है। रिमोट सेंसिंग पर आधारित विभिन्न सूचकांकों को कई प्रकार की फसलों की उपज का अनुमान लगाने के लिए प्रयोग किया जाता है। चावल की उपज का अनुमान लगाने के लिए सामान्यीकृत अंतर वनस्पति सूचकांक (NDVI) का उपयोग किया गया है। हालांकि, रिमोट सेंसिंग के साथ उपज के आंकलन की सीमाएं हैं, मुख्य रूप से NDVI और जैव ईंधन के मध्य सम्पर्क की अप्रत्यक्ष प्रकृति के कारण लेकिन साथ ही सेंसर स्थानिक रेजोल्यूशन या अपर्याप्त दोहराव कवरेज के कारण भी होता है।

तकनीकी विकास के वर्तमान चरण ने रिमोट सेंसिंग, जीआईएस और जीपीएस के एकीकरण को बढ़ाया। सैद्धांतिक और वैज्ञानिक उपलब्धियों के कारण तकनीकी विकास के वर्तमान चरण ने रिमोट सेंसिंग, जीआईएस और जीपीएस के उपयोग को बढ़ाया। सैद्धांतिक और वैज्ञानिक उपलब्धियों के कारण उपज के अनुमान में रिमोट सेंसिंग का प्रयोग करते है। शोधकर्ता और अनुप्रयोग वैज्ञानिक अक्सर उपज का अनुमान लगाने के लिए जीआईएस के समर्थन के साथ बहु–तिथि उच्च रिज़ॉल्यूशन उपग्रह और मौसम संबंधी डेटा का उपयोग करते हैं और वे सटीकता को बेहतर बनाने के लिए एक नमूना उपकरण के रूप में कोरस रिज़ॉल्यूशन डेटा पर भी काम करते हैं। तालिका 3.2 में भू–सूचना विज्ञान का उपयोग करते हुए फसल सूची के संदर्भ में कालानुक्रमिक विकास को दर्शया गया है।

तालिका 3.2 : भू–सूचना विज्ञान का उपयोग करते हुए फसल सूची का कालानुक्रमिक विकास

समय काल	तकनीक	लक्षण
1940 से पहले	फसल कटाई प्रयोग	गुणात्मक विश्लेषण
1950–1970	हवाई–चित्रण और कम्प्यूटर	सांख्यिकीय डेटा के आधार पर प्रतिगमन मॉडल
1970–1990	उपग्रह चित्रण	वैश्विक स्तर पर फसल की पैदावार

समय काल	तकनीक	लक्षण
1990-2000	उच्च रेजोल्यूशन का उपग्रह चित्रण	सांख्यिकीय वनस्पति सूचकांक
2000 के बाद	रिमोट सेन्सिग, GPS एवं GIS का एकीकरण	फसल प्रेरक और फसल विकास मॉडल के आधार पर फसल सूची

(व) मृदा चित्रण

विभिन्न स्तरों पर योजनाओं की आवश्यकताओं को पूरा करने के लिए 1:1 मिलियन से 1:4,000 तक के विभिन्न पैमानों पर मिट्टी के नक्शे की आवश्यकता होती है। चूंकि मिट्टी के नक्शे के पैमाने का सीधा संबंध सूचना सामग्री और क्षेत्र की जांच से है, जो राष्ट्रीय स्तर पर मैक्रो-लेवल प्लानिंग के लिए 1:1 मिलियन के छोटे पैमाने पर मिट्टी के नक्शे की आवश्यकता होती है। 1:250,000 पैमाने पर मिट्टी के नक्शे कई कृषि उपयोगों के लिए उपयुक्तता और सीमाओं को निर्धारित करने के लिए मिट्टी की जानकारी की सामान्यीकृत व्याख्या के साथ क्षेत्रीय या राज्य स्तर पर योजना बनाने के लिए जानकारी प्रदान करते हैं और मिट्टी के अवलोकन और समय की कम तीव्रता की आवश्यकता होती है। मृदा मानचित्र 1:50,000 पैमाने पर जहां मिट्टी श्रृंखला के संबंध को दर्शाया गया है, जिला स्तर पर संसाधनों के संरक्षण और इष्टतम भूमि उपयोग की योजना के लिए उद्देश्य की पूर्ति करते हैं और क्षेत्र में मध्यम तीव्रता के पर्यवेक्षण की आवश्यकता होती है। 1:8,000 या 1:4,000 के बड़े पैमाने पर मिट्टी के नक्शे विशिष्ट उद्देश्य के नक्शे हैं जो 1:50,000 के बड़े पैमाने पर हवाई तस्वीरों या बहुत उच्च रिज़ॉल्यूशन उपग्रह डेटा के आधार पर फ़ील्ड टिप्पणियों की उच्च तीव्रता के माध्यम से उत्पन्न किए जा सकते हैं। इसी प्रकार क्षार से प्रभावित मिट्टी, क्षरण हुई मिट्टी, जल पलवित क्षेत्र जैसी नीची भूमि, झूम खेती वाली भूमि (शिफ्टिंग खेती) आदि अलग-अलग भूमि के पुनर्ग्रहण और संरक्षण के लिए रणनीति बनाने के लिए विभिन्न पैमानों की आवश्यकता होती है।

1. मृदा और भूमि जीर्णता मानचित्रण के लिए रिमोट सेंसिंग

हालांकि पारंपरिक मृदा सर्वेक्षण मिट्टी के बारे में जानकारी दे रहे थे, जो व्यक्तिपरक, समय लेने वाली और श्रमसाध्य है। रिमोट सेंसिंग तकनीकों ने पारंपरिक मिट्टी सर्वेक्षण कार्यक्रमों को तेज करने में महत्वपूर्ण योगदान दिया है। पारंपरिक दृष्टिकोण के अंतर्गत, कुल काम के लगभग 80 प्रतिशत में मिट्टी के प्रकारों की पहचान और उनकी सीमाओं का मानचित्रण करने में व्यापक क्षेत्र के फैलाव की आवश्यकता होती है और 20 प्रतिशत मिट्टी की प्रोफाइल, स्थलाकृतिक विशेषताओं और अन्य कार्यों के लिए। हवाई चित्र अथवा उपग्रह डेटा के साथ मिट्टी के सर्वेक्षण के मामले में, मिट्टी के पकार और सीमाओं को कम करने के संबंध में समकालीन दृष्टिकोण के कारण कम हो गया। रिमोट सेंसिंग तकनीकों ने क्षेत्र के काम को काफी हद तक आसान एवं कम कर दिया है और मिट्टी की सीमाओं को पारंपरिक तरीकों की तुलना में अधिक सटीक रूप से चित्रित किया गया है। लगभग 3 दशकों तक उपग्रह डेटा का उपयोग मिट्टी के उप-समूहों को दिखाने वाले छोटे पैमाने के मिट्टी संसाधन मानचित्र तैयार करने में किया गया था। लैंडसेट MSS के रिमोट सेंसिंग डेटा का उपयोग मिट्टी और समस्याग्रस्त भूमि जैसे- क्षरित हुई भूमि, खुरदरी भूमि, क्षार प्रभावित मिट्टी और शिफ्टिंग खेती वाले क्षेत्रों के मानचित्र में किया जाता है। लैंड सेट TM, SPOT और IRS उपग्रहों ने उच्च स्थानिक और वर्णक्रमीय रेजोल्यूशन के कारण मिट्टी श्रृंखला के संघटन के स्तर पर 1:50,100 पैमाने पर मिट्टी का मानचित्रण किया। अंतरिक्ष विभाग, भारत सरकार के प्रमुख परियोजनाओं में से एक- सतत विकास के लिए एकीकृत मिशन देश के लगभग 175 जिलों/ब्लॉकों के लिए मिट्टी की मैपिंग 1:50,000 पैमाने पर की गई है। PAN डेटा की उपलब्धता के साथ IRS-1C/1D उपग्रहों से 5.8 मीटर स्थानिक रिज़ॉल्यूशन वाले मृदा संसाधनों को 1:25,000 पर मानचित्रण करने या बड़े पैमाने पर PAN को LISS-III डेटा के साथ एकीकृत कर का उपयोग करने का प्रयास किया गया है। IKONOS डेटा में खेत स्तर की मिट्टी के मानचित्रण (>1: 10,000) की क्षमता है। NRSA में, पूरे देश के लिए क्षार प्रभावित मिट्टी के

नक्शे 1:250,000 पैमाने पर तैयार किए गए हैं, जिसमें लैंडसैट TM / IRS सेंसर से उपग्रह डेटा का उपयोग करके केंद्र और राज्य सरकार के संगठनों के साथ क्षार प्रभावित मिट्टी के मानचित्रण के लिए देशव्यापी किंवदंती स्वीकार की गई है। क्षार प्रभावित मिट्टी पर भी उपग्रह डेटा का उपयोग करके 1:50,000 के सीमित पैमाने पर मानचित्रत किया जाता है। संचालन के आधार पर क्षार प्रभावित मिट्टी की निगरानी के लिए मल्टी-टेंपोरल सैटेलाइट डेटा का उपयोग किया जा रहा है। उत्तर-पूर्वी राज्यों जैसे मणिपुर, त्रिपुरा और अरुणाचल प्रदेश में मिट्टी के कटाव के गुणात्मक मूल्यांकन में उपग्रह डेटा का उपयोग किया गया है। और त्रिपुरा में मृदा क्षरण एवं शिफ्टिंग खेती की निगरानी करने के लिए उपयोग किया गया है। इसी प्रकार, TM और IRS LISS-I/II के रिमोट सेंसिंग डेटा का उपयोग उबड़-खाबड़ भूमि, जल प्लावित क्षेत्रों और वन पर्यावरण पर खनन के प्रभाव का अध्ययन करने में भी किया गया है।

2. मृदा मानचित्रण विधि

मृदा सर्वेक्षणकर्ता मृदा परिवर्तनशीलता को दर्शाने के लिए स्थलाकृतिक भिन्नता को आधार मानते हैं। यहां तक कि हवाई चित्र के साथ, मृदा की सीमा निर्धारण में ढलान और उभारों और भूमि आच्छादन को भौगोलिक भिन्नता के रूप में उपयोग किया जा रहा है।

मल्टीस्पेक्ट्रल उपग्रह डेटा का उपयोग परिवार संपर्क स्तर (1:50,000) तक की मिट्टी के मानचित्रण के लिए किया जा रहा है। अधिकांश मामलों में कार्यप्रणाली में दृश्य व्याख्या शामिल है। हालाँकि, कंप्यूटर द्वारा डिजिटल इमेज प्रोसेसिंग तकनीक का उपयोग मिट्टी के मानचित्रण के लिए भी किया जा रहा है और इसे एक संभावित उपकरण बनाने के लिए प्रयास किये जा रहे हैं।

3. दृश्य छवि व्याख्या

दृश्य व्याख्या आकार, माप, टोन, छाया, बनावट, पैटर्न, साइट और एसोसिएशन पर आधारित है। यह अपेक्षाकृत अन्य विधियों से सरल और सस्ती है। मृदा मानचित्रण के लिए कई तत्वों की पहचान की आवश्यकता होती है।

मृदा सर्वेक्षण में जिन तत्वों की आवश्यकता होती है वह भूमि के प्रकार, बनस्पति, उपयोग हेतु भूमि, ढलान और ऊपरी है। भूमि सर्वेक्षण और मानचित्रण के तीन स्तर होते हैं जैसे रिमोट सेंसर द्वारा ली गई छवि की व्याख्या/ या हवाई छवि, भूमि सर्वेक्षण (मृदा नमूनों का प्रयोगशाला में विश्लेषण) और मानचित्र कला। पैमाइश (1:50,000) और विस्तृत स्तर (1:10,000) पर मानचित्रण के लिए अधिकतर व्यक्तियों ने रिमोट सेंसिंग तकनीक को परंपरागत मृदा सर्वेक्षण विधि से ज्यादा प्रभावी माना है।

कंप्यूटर का उपयोग करने वाले रिमोट सेंसिंग डेटा के संख्यात्मक विश्लेषण को विकसित करने का कारण तेज गति से विश्लेषण करना तथा बड़ी मात्रा में डेटा से सही जानकारी प्राप्त करना था। कंप्यूटर आधारित तकनीकें वर्गीकरण के लिए वर्णक्रमीय विविधताओं का उपयोग करती हैं। रिमोट सेंसिंग में पैटर्न की पहचान सजातीय क्षेत्रों की पहचान में सहायता करती है, जिसका उपयोग विस्तृत क्षेत्र की जांच करने और रिमोट सेंसिंग और क्षेत्रीय-क्षेत्रीय मापदंडों के बीच मॉडल तैयार करने के लिए एक आधार के रूप में किया जा सकता है। पारंपरिक मृदा सर्वेक्षण और मृदा मानचित्रण के साथ प्रमुख समस्या सीमा का सटीक निरूपण है। पारंपरिक मृदा सर्वेक्षण पर आधारित क्षेत्र अवलोकन श्रम और समय लेने वाले होते हैं। सहायक डेटा के साथ संयोजन में रिमोट सेंसिंग डेटा मृदा मानचित्रण इकाइयों के बेहतर निरूपण के साथ सबसे अच्छा विकल्प प्रदान करता है। हालांकि, बहु विषयक और एकीकृत दृष्टिकोण के साथ सटीक मृदा सीमा निरूपण के लिए एक स्वचालित विधि की आवश्यकता है।

✦

4

परिशुद्ध कृषि
(PRECISION AGRICULTURE)

परिशुद्ध कृषि (PA)और परिशुद्ध खेती (PF) का उद्देश्य मृदा और फसलों की अस्थाई और स्थानिक परिवर्तन शीलता के आधार पर संसाधनों का कुशलतापूर्वक उपयोग कर पर्यावरण संरक्षण एवं लाभप्रदता बढ़ाना है। सेंसर एवं उप छवि प्रणाली दोनों पर आधारित प्रौद्योगिकी का विकास किया गया है और विकसित देशों में इसे बढ़ावा दिया जा रहा है। परिशुद्ध कृषि को अपनाने से, आर्थिक विश्लेषण करने पर, पहले से ही मौजूद सर्वोत्तम प्रबंधन व्यवस्था (BMPs) से सीमांत लाभ और उच्च उत्पादकता के संकेत मिलते है। विकसित विश्व की आवश्यकता के अनुसार एवं वास्तविक उपज के मध्य व्यापक अंतर के कारण परिशुद्ध खेती को बढ़ावा देना आवश्यक है।

आगामी 25 वर्षों के दौरान औसत उपज और उपज की संभावित सीमा के मध्य अंतर कम करना आवश्यक है क्योंकि फसलों की उपज क्षमता स्थिर प्रतीत हो रही है। खपत में अपेक्षित वृद्धि की तुलना में चावल, मक्का और गेहूं की उपज में वृद्धि दर धीमी है। इसलिए स्थाई फसल की पैदावार जो उपज अवरोध से कम से कम 70% अधिक है मिट्टी के परिष्कृत प्रबंधन, जल संसाधन तथा अन्य निवेशों पर निर्भर करती है। परिशुद्ध कृषि यह सुनिश्चित करने के लिए आवश्यक है कि फसल की वृद्धि के लिए अपेक्षित संसाधन उपलब्ध हो और फसल के पकने के समय फसल की सुरक्षा की आवश्यकता के बिना किसी कमी या अधिकता के पूरी हो जाए। सटीक प्रबंधन का आधार है कि सभी आवश्यकताओं की पूर्ति सही समय पर, सही जगह पर, सही मात्रा में, सही तकनीक द्वारा हो।

परिशुद्ध खेती एक ऐसी तकनीक है जो पारिस्थितिकी सुरक्षित, कृषकों के लिए लाभदायक तथा उत्पादन बढ़ाने की सम्भावनाओं के साथ-साथ प्राकृतिक साधनों के दबाव को कम करने में सहायक है। यह खेती कृषकों की स्थानीय भूमि की सम्पूर्ण जानकारी के ऊपर निर्भर होती है। कृषकों के खेत की स्थानीय जानकारी प्राप्त करने के लिए भौगोलिक सूचना तन्त्र (जी.आई.एस.), भूमिक स्थितिक तन्त्र (जी.पी.एस.), सुदूर संवेदी तन्त्र (Remote Sensing System) तथा सूचना तकनीक की आवश्यकता होती है। इन सभी तन्त्रों से सूचना एकत्रित कर लागत साधनों की मात्रा तथा दर निर्धारित की जाती है। इस प्रकार परिशुद्ध खेती को हम निम्न प्रकार से परिभाषित कर सकते हैं।

''परिशुद्ध खेती फसल प्रबन्ध क्रियाओं की आर्थिक शुद्धता के साथ की जाने वाली खेती है। जिसके अन्तर्गत खेत में फसलों को प्रभावत करने वाली सूक्ष्म जलवायुवीय दशा तथा मृदा की विविधता को ध्यान में रख कर की जाती है।''

परिशुद्ध खेती कृषि में प्रबन्धन की क्षमता को बढ़ावा देती है। यह तकनीक परम्परागत तकनीकों में फेरबदल कर एक नई तकनीक का रूप तैयार करता है। परिशुद्ध खेती से लागत साधनों को अत्यधिक क्षमंता से उपयोग होता है जिससे उत्पादन बढ़ाने के साथ-साथ पर्यावरण भी कम प्रदूषित होता है। इस प्रकार परिशुद्ध खेती को स्थान विशेष कृषि, परिवर्तनशील दर तकनीक, नुकसानुमा खेती आदि नामों से भी जाना जाता है। परिशुद्ध खेती में लागत मात्रा को उस स्थान विशेष पर प्रयोग किया जाता है जहाँ कि फसल को उसकी अत्यधिक आवश्यकता होती है। इसका तात्पर्य यह है कि

परिशुद्ध खेती में लागत साधनों की मात्रा का प्रयोग उस स्थान विशेष की उर्वरता स्थिति और मृदा तथा मृदा की स्थिति जहाँ कि लागत साधन प्रयोग होना चाहिए।

परिशुद्ध खेती की आवश्यकता तीन प्रकार की विविधता का अनुभव करने से जागृत हुई है। यह तीन विविधताऐं निम्न हैं:-

1. स्थानीय अथवा भूमि से सम्बन्धित विविधता
2. प्रत्येक वर्ष आंकने में अनुभव की गई विविधता
3. अनुमानित विविधता जो काल्पनिक तथा वास्तविक आंकड़ों के मध्य घूमती है।

इस प्रकार यह कहा जा सकता है कि उपरोक्त विविधताओं का प्रबन्धन परिशुद्ध खेती के नियमों पर पूर्ण रूप से आधारित है।

परिशुद्ध खेती के उद्देश्य

परिशुद्ध खेती के मुख्य उद्देश्य निम्न हैं-

1. यह एक ऐसी प्रक्रिया विकसित करता है जिसकी सहायता से खेत के अन्दर की फसल उत्पादकता सम्बन्धी विविधिता की जानकारी प्राप्त हो जाती है।
2. यह एक ऐसी प्रयोगात्मक सूची तैयार करता है जिसको नियम के आधार पर परिशुद्ध खेती तकनीकों के लिए उपयोग में लाया जा सके। ऐसी प्रक्रिया में ''सर्वोत्तम प्रबन्ध'' अपनाने में सहायता मिलती है।
3. किसी भी फसल प्रणाली अथवा फसल पद्धति में परिशुद्ध खेती तकनीकी अपनाने से आर्थिक लाभ के साथ-साथ पर्यावरण लाभ का आंकलन भी किया जा सकता है।

परिशुद्ध खेती की अवधारणा

परिशुद्ध कृषि मुख्यतः परिवर्तनशीलता और माप पर निर्भर करती है। परिशुद्ध कृषि का मुख्य घटक परिवर्तनशीलता परिशुद्ध कृषि आधुनिक सूचना प्रौद्योगिकी पर आधारित कृषि प्रबंधन की अवधारणा है। परिशुद्ध कृषि के घटक निम्न हैं-

- रिमोट सेसिंग (आर.एस.)
- भौगोलिक सूचना प्रणाली (जी.आई.एस.)
- ग्लोबल पोजिशनिंग सिस्टम (जी.पी.एस.)
- मृदा परीक्षण
- उपज निरीक्षण
- परिवर्तनीय दर प्रौद्योगिकी

परिशुद्ध खेती के लिए बड़ी संख्या में स्थानीय और अस्थाई तथ्यों की मांग व्यवस्था एवं विश्लेषण की आवश्यकता होती है। खेती के संचालन में काम करने के लिए मोबाइल कंप्यूटिंग सिस्टम की आवश्यकता होती है, क्यों कि डेस्कटॉप फार्म हाउस में उपलब्ध नहीं होते है। परिशुद्ध कृषि स्थानिक और अस्थाई परिवर्तनशीलता से संबंधित है और यह सूचना आधारित एवं निर्णय केंद्रित है। यह जीआईएस की स्थानिक विश्लेषण क्षमता है कि जो परिशुद्ध कृषि को सक्षम बनाती है। जीपीएस और डीजीपीएस ने परिशुद्ध खेती को सक्षम बनाया है और जीपीएस के कारण डिजिटल मूल्यांकन माडलिंग पोजीशन रिसीवर के सेंटीमीटर स्तर की सटीकता और मार्गदर्शन परिशुद्ध कृषि के लिए महत्वपूर्ण है भारत में हमारे पास यह सभी तकनीक उपलब्ध है और कृषि अधिकारी को उनके तकनीकी क्षेत्रों में प्रशिक्षण देकर इसे लागू किया जा सकता

है। परिशुद्ध कृषि एक ऐसा वाक्यांश है जो भोजन, खाद्य एवं रेशेदार भोजन के उत्पादन से संबंधित कई लोगों की कल्पना को दर्शाता है। परिशुद्ध कृषि की अवधारणा उत्पादन की लागत और पर्यावरणीय प्रभाव को कम करते हुए उत्पादन को बढ़ाने में सक्षम है।

परिशुद्ध कृषि कप्यूटरीकृत मशीनरी के साथ खेती की समस्याओं पर नियंत्रण पाने वाले किसानों की छवियों को जोड़ती है, जो एक उपग्रह और स्थानीय सेंसर द्वारा पूर्ण रूप से नियंत्रित होते हैं और योजना सॉफ्टवेयर का उपयोगी फसल के विकास का सटीक अनुमान लगाते हैं।

भारत के संदर्भ में परिशुद्ध कृषि की परिभाषा इस प्रकार से कर सकते हैं फसल की वृद्धि के लिए उपयुक्त घटक जैसे मृदा, जलवायु और फसल के प्रबंधन संबंधित तकनीकों को ध्यान में रखते हुए सटीक कृषि निवेशों का प्रयोग परिशुद्ध कृषि कहलाता है यह वास्तव में सूचना और तकनीकी ज्ञान पर आधारित कृषि है जहाँ विशिष्ट स्थान को ध्यान में रखते हुए दीर्घकालीन लाभ के लिए कृषि निवेशों की व्यवस्था और वितरण किया जाता है।

परिशुद्ध कृषि तन्त्र

परिशुद्ध कृषि तन्त्र का आधार फसल उत्पादन में स्थानीय और अस्थाई विविधता को पहचानना है। उत्पादकता बढ़ाने और पर्यावरणीय जोखिम को कम करने के उद्देश्य से कृषि प्रबंधन में विविधता को देखा जाता है। विकसित देश में प्रक्षेत्र अधिकतर बड़े (कभी-कभी हजार हेक्टेयर या ज्यादा) होते हैं इन बड़े खेतों में स्थानीय विभिन्नता के दो घटक होते हैं खेत में विविधता और खेतों के मध्य विविधता। परिशुद्ध कृषि की अवधारणा को चित्र 4.1 में दिखाया गया है।

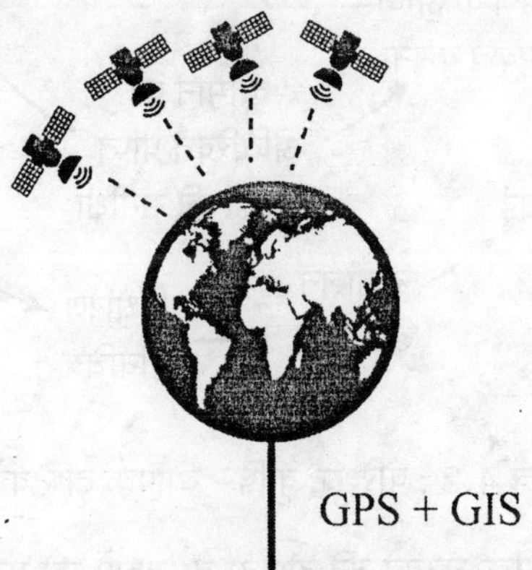

चित्र 4.1 : परिशुद्ध कृषि के घटक

खेत में परिशुद्ध खेती को विशिष्ट स्थल फसल प्रबंधन (SSMC) भी कहते हैं विशिष्ट फसल प्रबंधन पर द्वितीय अंतरराष्ट्रीय सम्मेलन जो मिनेसोटामिनीपोलिस मार्च 1994 में हुआ था, के अनुसार परिशुद्ध खेती या विकासशील कृषि यंत्र है जो खेत के भीतर स्थान निर्धारण और मृदा की स्थिति अनुसार परिवर्तनशीलता के प्रबंधन के तरीकों को बढ़ावा देता है यद्यपि बेटे और वैनब्यूरेन (1999) के अनुसार SSMC एकल तकनीक नहीं है, बल्कि एकीकृत तकनीक है जो अनुमति देती है कि-

1. तथ्यों को उपयुक्त समय में उपयुक्त पैमाने पर एकत्र करना।
2. प्रबन्धन की सीमा निधारण के लिए तथ्यों में व्याख्या और विश्लेषण करना।
3. उपयुक्त समय पर प्रबंधन की प्रतिक्रिया को उपयुक्त पैमाने पर लागू करना।।

परिशुद्ध कृषि किसानों को उर्वरकों के प्रयोग की जानकारी उनके विशिष्ट उप-प्रक्षेत्र की आवश्यकता के अनुसार देती है, ना की किसी भी औसत खेत के अनुसार। इस परिवर्तनशील उपयोग के कारण बचत की राशि काफी ज्यादा हो सकती है क्योंकि लाभप्रदता और उत्पादकता में सुधार के लिए परिशुद्ध कृषि एक व्यवहारिक विकल्प होगा।

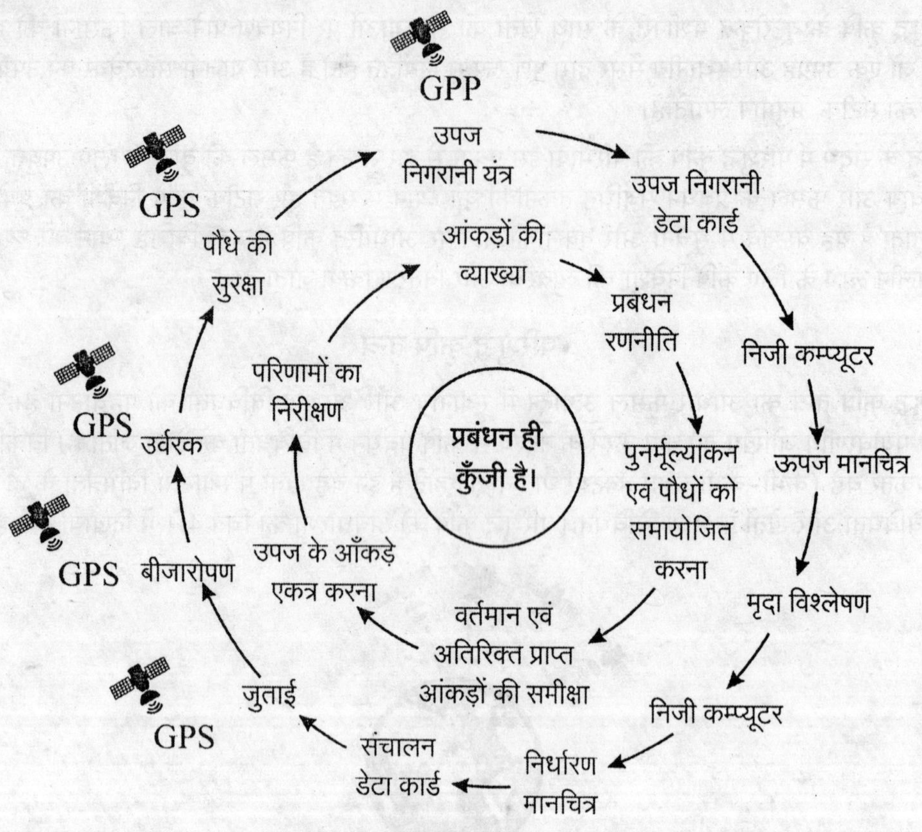

चित्र 4.2 : परिशुद्ध कृषि– व्यापक दृष्टिकोण

परिशुद्ध कृषि प्रबंधन के तीन वैचारिक घटकों की दर्शाता है, तथ्यों को एकत्र करना, तथ्यों का विश्लेषण व्याख्या और प्रयोग करना, परिवर्तन दर के अनुसार उपचार। इन घटकों को दूसरे माध्यम से दशने के लिए चित्र 4.3 में प्रयुक्त तकनीकों और प्रयोगों का चक्र बनाया गया है मृदा, मिट्टी, पौध, जल और वायु की मात्रा और गुणवता पर खाद्य, भोजन और फाइबर की उत्पादकता निर्भर करती है चाहे किसी भी कृषि प्रणाली का उपयोग किया जाए प्राकृतिक संसाधनों की रक्षा के बिना उत्पादन में कमी आएगी, जब तक कि कोई वापसी का तरीका ना मिले। परिषद कृषि की अवधारणा वेबस्टर के अनुसार पारस्परिक अतः क्रियात्मकः एवं तथ्यों का जटिल तंत्र है जो परिशुद्ध कृषि को समझने में सहायता करती है।

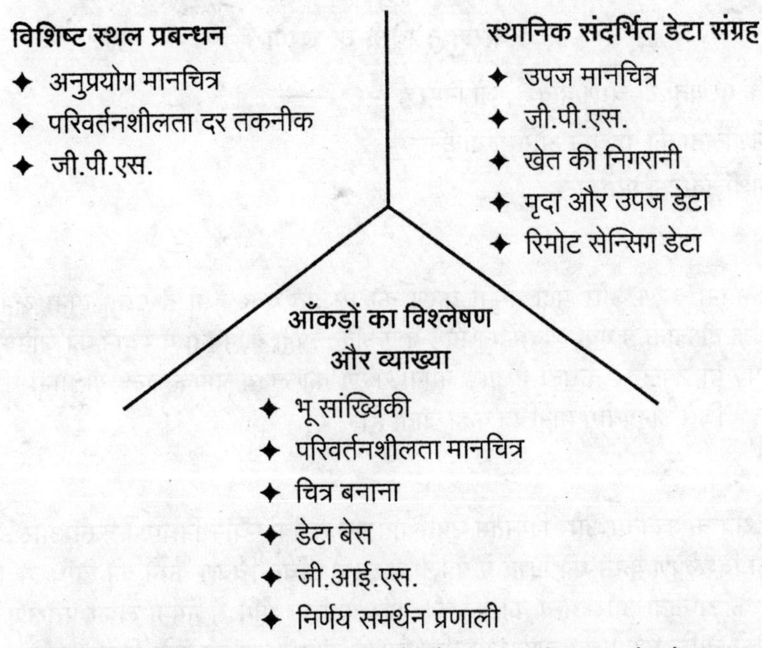

चित्र 4.3 : परिशुद्ध कृषि के लिए आंकड़ों (डेटा) का आंकलन एवं प्रबंधन चक्र

कृषि प्रणाली का उपयोग निम्नलिखित कार्यों में किया जा सकता है–

- कृषि भूमि की तैयारी
- रसायनों का प्रयोग
- उर्वरकों का प्रयोग
- फसल की निगरानी
- पोषक तत्वों की ऑडिटिंग ✻मृदा और पर्ण परीक्षण ✻कीट प्रबंधन
- संरक्षण
- कुल लाभ का विश्लेषण

दूसरे शब्दों में परिशुद्ध खेती को उत्पादन और पर्यावरण गुणवत्ता में सुधार के लिए कृषि उत्पादन के सभी पहलुओं से जुड़ी स्थानीय एवं अस्थाई भिन्नता का प्रबंधन करने के लिए तकनीक और सिद्धांत के अनुप्रयोग के रूप में परिभाषित किया जा सकता है। सरल रूप में परिशुद्ध खेती के प्रयोग से किसान संचालन लागत को कम कर अपने लाभ को बढ़ा सकता है। परिशुद्ध खेती का सबसे बड़ा लाभ है कि इससे उत्पादक अपने सारे खेत की जगह केवल उत्पादक क्षेत्र को व्यवस्थित कर सकता है। इससे किसानों का समय एवं धन बचता है और रसायनो, पोषक तत्व तथा उर्वरकों की बढती लागत की पूर्ति करने में मदद मिलती है।

भू–सूचना विज्ञान की एक शाखा कृषि भू सूचना है जो एक तरह का विज्ञान या तकनीक है जिसमें डिजिटल सूचनाओं जैसे तथ्य एकत्र करना,रिमोटसेंसिंग और क्षेत्र परीक्षण द्वारा प्रसंस्करण, भंडारण, संग्रहण, संरक्षण, पुनः प्राप्ति, संचालन, पहुंचना, देखना, विश्लेषण करना, संश्लेषण करना, प्रस्तुत करना और कृषि भू–सूचनाओं को प्रसारित करना होता है। भू–सूचना विज्ञान में वर्तमान में हुई प्रगति ने कृषि में निगरानी मूल्यांकन और निर्णय लेने की क्षमता के लिए कृषि भू–सूचना विज्ञान को लागू करने के नए अवसरों और चुनौतियों का निर्माण किया है।

परिशुद्ध खेती के चरण

परिशुद्ध खेती के मुख्यत: दो चरण होते हैं, जो निम्न है :-

1. परिवर्तनशीलता की पहचान और मूल्यांकन
2. परिवर्तनशीलता का प्रबंधन

ग्रिडमृदा नमूना करण

इसमें ग्रिडमृदा नमूना करण और मृदा नमूना करण का सिद्धांत एक जैसा है परंतु नमूना लेने की तरफ तीव्रता पारंपरिक पद्धति से बढ़ा दी जाती है एक व्यवस्थित ग्रिड में एकत्रित मिट्टी के नमूनों में स्थान की जानकारी भी होती है जो तथ्यों को मानचित्र पर भी उपलब्ध कराती है ग्रिड नमूना करण का लक्ष्य पोषक तत्व या पानी की आवश्यकता के मानचित्र उत्पन्न करना है जिसे अनुप्रयोग मानचित्र कहा जाता है।

उपज मानचित्र

उपज मानचित्र क्षेत्र के उच्चतम और निम्नतम उपस्थिति का सटीक स्थान निर्धारण करने और उपज भिन्नता उत्पन्न करने वाले कारक का विश्लेषण करने की दिशा में पहला कदम है उचित चित्रण करने की विधि में 100 × 100 मीटर ग्रिड में पोषक तत्वों के अम्लता और अन्य कारकों की जांच के लिए भूमि से नमूना लेकर परीक्षण परिणाम को उपज मानचित्र से मिलान करें ताकि तथ्यों को ज्यादा प्रभावितरूप से लागू किया जा सके जिससे अधिक किफायती निवेश अधिक पैदावार का उत्पादन करेगा।

उपज की देखभाल

उपज मानचित्र में जब परिवर्तन शीलता को दर्शाते हैं, तो फसल का बीच-बीच में निरीक्षण जैसे खरपतवार (प्रकार और तीव्रता), कीट और कवक संक्रमण (जाति और तीव्रता) और फसल में पोषक तत्वों का स्तर, जो अन्त में सहायक होता है।

परिवर्तन शीलता के परीक्षण में परिशुद्ध तकनीकों का प्रयोग

परिशुद्ध कृषि के कारण ही परिवर्तन शीलता का तेजी से और वास्तविक समय में आंकलन संभव हो पाया है

1. परिवर्तन शीलता का प्रबन्धन

ग्रिड मृदा नमूना का प्रयोगशाला में विश्लेषण किया जाता है और सभी मिट्टी के नमूनों के लिए फसलों के निवेश जैसे पोषक तत्व और पानी की आवश्यकता का आंकलन किया जाता है। कंप्यूटर में परिवर्तन दर निवेश आवेदक पर निवेश अनुप्रयोग मानचित्र बना होता है। कंप्यूटर निवेश अनुप्रयोग मानचित्र जीपीएस रिसीवर का प्रयोग उत्पाद वितरण को नियंत्रित करने में करता है, जो कि निवेशों (उर्वरक/ जल)की मात्रा और प्रकार को अनुप्रयोग मानचित्र के अनुसार बदल सकता है।

2. उपज की निगरानी और मानचित्रण

सही प्रबंधन निर्णय करने के लिए उपज को मापना आवश्यक है हालांकि उपज का मानचित्रण की व्याख्या करते समय मृदा को चित्र और अन्य पर्यावरणीय कारकों को भी महत्वपूर्ण मानना चाहिए ऊपर से संबंधित जानकारी का उचित प्रयोग व्यवस्थित निवेश जैसे उर्वरक, बीज संशोधन कीटनाशक, जुताई और सिंचाई जैसी स्थानीय परिस्थितियों के प्रभाव को निर्धारित करने में महत्वपूर्ण प्रतिक्रिया प्रदान करता है, क्योंकि एक ही वर्ष में पैदावार मापन मौसम से बहुत अधिक प्रभावित हो सकता है। इसलिए हमेशा पैदावार के आंकड़ों में कई वर्षों के आंकड़े चरम मौसम के आंकड़ों के साथ देखना चाहिए जो कि यह बताने में मदद करता है की पैदावार उपज सही प्रबंधन के कारण है या मौसम के कारण।

परिवर्तन शीलता का मापन

हर प्रक्षेत्र अपने आप में एक अनोखी प्रबंध पहेली होता है ऊपर वर्णित सभी उपकरण प्रक्षेत्र में परिवर्तन शीलता के कारणों को निर्धारित करने में मदद नहीं करेंगे और उन सभी का तुरंत प्रयोग लागत निषेधात्मक होगा व्यापक सोच एक समझदार रणनीति होगी एक समय में एक या दो टूल्स का प्रयोग करें तथा उनके परिणामों का सावधि सावधानीपूर्वक मूल्यांकन करें और फिर आगे बढ़े।

लचीलापन

सभी प्रक्षेत्रों का उचित प्रबंधन किया जा सकता है छोटे किसानों को सामान्यत: व्यक्तिगत निरीक्षण के आधार पर अपनी भूमिका का विस्तृत ज्ञान होता है और उसके अनुसार उनके प्रबंधन को सुधारा जा सकता है यहां पर परिशुद्ध तकनीक उनके काम को ज्यादा आसान और ज्यादा प्रभावी बना सकती है। संपन्न किसान अच्छे प्रबंधन निर्माण के लिए आवश्यक तत्वों को एकत्र करने और सही रूप से तथ्यों का विश्लेषण करने के लिए ज्यादा उन्नत तकनीक प्राप्त कर सकते हैं।

किसानों के लिए परिशुद्ध कृषि प्रणाली के लाभ

1. उपज में बढ़ोतरी – उचित फसल का चुनाव सही प्रकार एवं सही मात्रा में उर्वरक, कीटनाशक, खरपतवारनाशक और उपयुक्त सिंचाई मिलाकर फसल के अधिकतम विकास में सहायक होते हैं इसमें विशेष तौर पर उन क्षेत्रों या खेतों में जहां पारंपरिक रूप से एक समान सफल प्रबंधन होने से पैदावार बढ़ जाती है।

2. कार्य क्षमता में सुधार– मशीनरी और जानकारी जैसे उन्नत तकनीकी ज्ञान किसान की खेती में कार्य करने की क्षमता, भूमि और समय को बढ़ाता है विकसित देशों जैसे अमेरिका में 1 हेक्टेयर भूमि या मक्का के लिए 2 घंटे का समय पर्याप्त है।

3. उत्पादन लागत में कमी – कृषि रसायन इनपुट का फसल के उत्पादन में सही समय पर सही मात्रा में प्रयोग कृषि रसायन इनपुट की लागत को कम कर देता है इसके अलावा उच्च पैदावार उत्पादन की प्रति इकाई लागत को कम करती है

4. कृषि प्रबंधन में बेहतर निर्णय – कृषि मशीनरी उपकरण और टूल्स किसानों को सटीक जानकारी प्राप्त करने में मदद करते हैं जिनका विश्लेषण कर भूमि की तैयारी, बीजारोपण, उर्वरक, कीटनाशक और खरपतवारनाशक का प्रयोग सिंचाई और निकासी तथा उत्पादन के बाद की गतिविधियों के लिए उचित निर्णय लिया जाता है।

5. पर्यावरणीय प्रभाव को कम करना – सही समय पर एक उचित दर से कृषि रसायन का प्रयोग मिट्टी और जल में कम अवशेष बचाता है और इस प्रकार से पर्यावरणीय प्रदूषण को कम करता है।

6. समय के साथ बेहतर प्रबंधन के लिए किसानों के ज्ञान का संचय– सभी परिषद कृषि प्रणाली में क्षेत्र की गतिविधियों से खेत और प्रबंधन से संबंधित जानकारी उत्पादित होती है और डाटा को उपकरण और कंप्यूटर में संग्रहित किया जाता है इस प्रकार किसान वेतन प्रबंधन प्राप्त के लिए अपने खेतों और उत्पादन प्रणाली के बारे में ज्ञान प्राप्त कर सकते हैं।

उपकरण और प्रौद्योगिकी

परिशुद्ध कृषि में प्रक्रिया के अलावा काम आने वाले उपकरण और तकनीक संक्षिप्त में वर्णित है

1. वैश्विक पोजीशन प्रणाली (जीपीएस)

जीपीएस एक पथ प्रदर्शक प्रणाली है जो उपग्रहों के नेटवर्क पर आधारित है यह उपयोगकर्ता की स्थिति (अक्षांश, देशांतर और ऊंचाई)100 और 0.01 मीटर की सटीकता के साथ जानकारी रिकॉर्ड करने में मदद करती है। जीपीएस

किसानों को मिट्टी का प्रकार, कीड़ों की उपस्थिति, खरपतवार, जल क्षेत्र, सीमा रेखा, अवरोध जैसी भूमि लक्षणों की सही स्थिति का पता लगाने में मदद करता है यह एक स्वचालित नियंत्रण प्रणाली है जिसमें प्रकाश या मार्गदर्शक पैनल डीजीपीएस एंटीना और रिसीवर हैं। जीपीएस उपग्रह संकेत प्रसारित करता है और जीपीएस रिसीवर को उनकी स्थिति की गणना करने की अनुमति देता है।

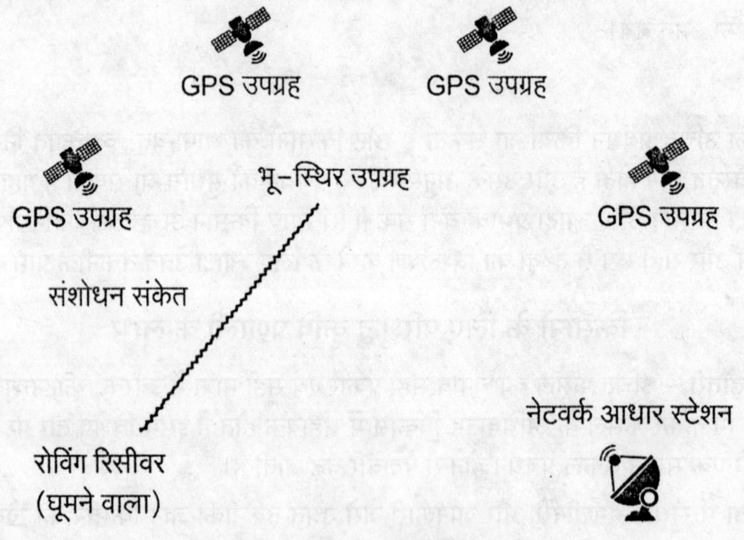

चित्र 4.4 : परिशुद्ध कृषि के लिए GPS

बहुत से विकसित देशों में जीपीएस वाहन चालकों को विशेष जगह तक पहुंचने में पथ प्रदर्शक का काम करता है जीपीएस खेत के संचालन के लिए वही सटीक मार्गदर्शन प्रदान करता है यह प्रणाली किसानों को खेत के स्थान की पहचान करने में सक्षम बनाती है ताकि पिछले निवेशों के प्रयोग और प्रदर्शन के आधार पर स्थान विशेष पर निवेश (बीज, उर्वरक, कीटनाशक, शाकनाशक और सिंचाई के लिए जल दिया जा सके। प्रक्षेत्र संचालन में जीपीएस के विशेष लाभ भी शामिल है–

1. फॉर्म मशीनों को सैकड़ों मीटर लंबी ट्रक पर केवल सेंटीमीटर के विचलन के साथ निर्देशित किया जा सकता है।
2. पंक्तियों को न तो भुलाया जा सकता है, नही ओवरलैप किया जा सकता है
3. काम के समय पंक्तियों के नंबर गिने जा सकते हैं
4. सौर उपकरण सालों तक एक ही तरीके से संचालित कर सकते हैं
5. रात को या मिट्टी में भी सटीक काम करना संभव है
6. प्रणाली वायु से प्रभावित नहीं होती
7. एक अतिरिक्त रिकॉर्डर मानचित्र बनाने के उपयोग में आने वाली जानकारी इकट्ठा कर सकता है

जीपीएस पर अधिक जानकारी के लिए अध्याय 2.2.3 पढ़ें।

2. सेंसर तकनीक

विभिन्न प्रौद्योगिकियों चालकता, विद्युत चुंबकता, फोटो इलेक्ट्रिसिटी, अल्ट्रासाउंड का उपयोग, आर्द्रता, वनस्पति तापमान, वाष्प और वायु आदि को मापने में किया जाता है। रिमोट सेंसिंग डेटा का उपयोग फसल की प्रजाति में अंतर

करने तनाव की स्थिति पता करने की और खरपतवारों की खोज करने तथा सूखी मिट्टी एवं पौधे की स्थिति की निगरानी रखने में किया जाता है। सेंसर प्रयोगशाला विश्लेषण के बिना डाटा को विशाल मात्रा में संग्रह कर सकता है किचन में सेंसर तकनीक का विशिष्ट उपयोग नियमानुसार है–

1. **मृदा की विशेषता को पहचानना :** बनावट, संरचना, भौतिक, विशेषता, आर्द्रता, पोषक तत्वों का स्तर एवं चिकनी मिट्टी की उपलब्धि।
2. **परिस्थितियों को समझने के लिए रंगो को समझना :** पौधों की संख्या, पानी की कमी और पादप पोषक तत्व।
3. **उपज की निगरानी:**फसल की पैदावार और आर्द्रता।
4. **परिवर्तनीय दर प्रणाली :** उर्वरकों के माइग्रेशन पर निगरानी और खरपतवार की आक्रमण की खोज करना।

3. भौगोलिक सूचना प्रणाली (जी.आई.एस.)

जी. आई. एस. का प्रयोग 1960 में शुरू हुआ। यह प्रणाली हार्डवेयर, सॉफ्टवेयर और प्रक्रिया को मिलाकर बनी है इसकी सहायता से स्थान, डेटा एवं फीचर विशेषताओं का विश्लेषण, संकलन, भंडारण, पुनः प्राप्त कर मानचित्र बनाया जाता है। जीआईएस जानकारी को एक स्थान पर जोड़ता है ताकि आवश्यकता पड़ने पर इसे निकाला जा सके। कंप्यूटरीकृत जीआईएस मानचित्र परंपरागत मानचित्र से भिन्न होते हैं और इनमें सूचना (उपज, मृदा सर्वे, मानचित्र, वर्षा, फसल, मिट्टी के पोषक तत्वों का स्तर और कीट) की कई तहें होती हैं। जीआईएस डिजिटल सूचनाओं को प्रयोग में लाने वाले और समझ आने वाले रूप में बदल देता है। डिजिटल छवियों का विश्लेषण उपयोगी भूमि और वनस्पति क्षेत्र के सूचना मानचित्र बनाने में किया जाता है। जी. आई. एस. यह एक तरह का कंप्यूटरीकृत नक्शा है पर इसका असली उपयोग संख्या की ओर स्थानीय विधियों द्वारा भूगोल और विशेषताओं का विश्लेषण करना है विश्लेषण से आगे की जानकारी बाहर आ सकती है। एक कृषि G.I.S. डेटाबेस दर्ज की गई स्थलाकृति मिट्टी के प्रकार, सतह, जल निकासी, अधिक जल, निकासी, मृदा परीक्षण सिंचाई रसायन प्रयोगों की दर और कृषि उत्पाद की जानकारी दे सकता है। एक बार विश्लेषण करने के बाद इस जानकारी का उपयोग किसी विशिष्ट स्थान पर एक फसल को प्रभावित करने वाले विभिन्न तत्वों के बीच संबंधों को समझने के लिए किया जाता है पाठकों को सलाह दी जाती है कि वे जीआईएस के बारे में अधिक जानकारी के लिए कुछ और किताबें पढ़ सकते हैं।

4. परिवर्तनीय दर तकनीक (बीआरटी)

बीआरटी स्वचालित प्रणाली है और बहुत से कृषि कार्य में लागू की जा सकती है। बीआरटी प्रणाली मृदा मानचित्र में दर्ज मृदा के प्रकार के आधार पर खेत में निवेशों के वितरण की दर निर्धारित करता है। जीआईएस से निकाली गई जानकारी प्रक्रिया को नियंत्रित कर सकती है। जैसे कि बुआई, उर्वरक और कीटनाशक का प्रयोग और शाकनाशी का चयन एवं उपयोग उचित दर से सही समय पर सही जगह पर भी आती शायद सबसे व्यापक रूप में इस्तेमाल की जाने वाली कृषि प्रणाली है।

मानचित्र के लिए अनाज की पैदावार की निगरानी

एक मॉनिटर अनाज एलिवेटर में अनाज के प्रवाह को लगातार मापता है और रिकॉर्ड करता है जब उपज मॉनिटर को जीपीएस रिसीवर के साथ जोड़ा जाता है तो वह उपज मानचित्र के लिए डाटा प्रदान कर सकता है जो किसानों के लिए अच्छे निवेश प्रबंधन जैसे कि उर्वरक, बीज, कीटनाशक, जुताई और सिंचाई में मदद करता है।

फसल प्रबंधन

परिशुद्ध कृषि प्रणाली ऊपर वर्णित नवाचार और प्रौद्योगिकी को का प्रयोग करती है उपग्रह से प्राप्त डेटा के कारण किसान मिट्टी की स्थिति और स्थलाकृति विभिन्नता को अच्छी तरह से समझ पाता है, जो कि खेत के भीतर फसल के प्रदर्शन को प्रभावित करती है। इससे किसान पैदावार और दक्षता बढ़ाने के लिए उत्पादनकारक जैसे- बीज, उर्वरक, कीटनाशक, शाकनाशी और जल नियंत्रण का सटीक प्रबंधन कर सकते हैं। विशिष्ट परिशुद्ध कृषि प्रणाली की प्रबंधन योजना में निम्नलिखित व्यवहारिक मद शामिल हैं-

1. पी एफ एस के साथ लागू करने के लिए प्रबंधन क्षेत्र निर्धारित करें।
2. उपज लक्ष्य स्थापित करें।
3. मिट्टी के नमूने ले और डाटा की व्याख्या करें।
4. उपज लक्ष्य प्राप्त करने के लिए भूमि की तैयारी, उर्वरकों एवं अन्य पोषक तत्वों के प्रबंधन के बारे में निर्णय ले।
5. कीटों की खोज करने के लिए मानचित्र बनाएं कीट रोग और खरपतवार एकीकृत कीट प्रबंधन दृष्टिकोण का उपयोग करे।
6. परिशुद्ध सिंचाई व्यवस्था अपनाएं।
7. कटाई और स्वचालित रिकॉर्डकीपिंग लागू करें।
8. मानचित्र बनाएं और उसकी निगरानी करें, परिशुद्ध कृषि प्रणाली प्रतिक्रिया का मूल्यांकन करें एवं भविष्य में सुधार के लिए कमियों और गुणों को पहचाने।

परिशुद्ध खेती के अवयव (Components of precision farming)

परिशुद्ध खेती के मुख्य अवयव निम्न हैं :-

1. कम्प्यूटर (Computer) : परिशुद्ध खेती को सफल बनाने के लिए कम्प्यूटर एक बहुत ही महत्वपूर्ण तथा आवश्यक अवयव है क्योंकि कम्प्यूटर द्वारा सूचना का संचार बहुत ही तेजी से होता है। परिशुद्ध खेती के लिए मानसिक उपार्जन, प्रबन्धन, विश्लेषण तथा बहुत अधिक मात्रा में स्थानीय तथा सामयिक सूचनाओं को परिणाम की आवश्यकता होती है। यह समस्त कार्य कम्प्यूटर की मदद से आसनी से किये जा सकते हैं। खेत पर कृषि प्रक्रियाओं को करने के लिए कम्प्यूटर (लेपटॉप) की आवश्यकता होती है। मोबाइल कम्प्यूटर लाखों सूचनाओं का विश्लेषण क्षणभर में पूरा कर देते हैं तथा इसके अन्दर बहुत अधिक स्मरण शक्ति और काफी अधिक मात्रा में सूचनाओं को संरक्षित करने की क्षमता होती हैं। इस प्रकार कम्प्यूटर परिशुद्ध खेती को सुलभ बनाने में एक महत्वपूर्ण अंग है।

2. भौगोलिक सूचना तन्त्र (Geographical information system) : भौगोलिक सूचना तन्त्र एक सॉफ्टवेयर एप्लीकेशन (अनुप्रयोग) प्रोग्राम है जो एक ऐसे तन्त्र की रूपरेखा तैयार करके कुशलतापूर्वक स्थानीय सूचनओं को प्रदर्शित किया जा सकता है। 'जी.आई.एस.' तकनीक की सहायता से प्रबन्धन आसानी से कृषि लागतों एवं उत्पादन को अलग-अलग अंकित तहों में जमा करता है और भविष्य में इन्हीं सूचनाओं का विश्लेषण कर कृषि लागतों के प्रयोग का स्थान निर्धारित करता है। 'जी.आई.एस.' परिशुद्ध खेती में मस्तिष्क का कार्य करता है क्योंकि इसकी सहायत से स्थानीय तथा सामयिक विविधताओं का विश्लेषण कर सही स्थान का परिणाम निकाला जाता है।

3. भूमि स्थितिक तन्त्र (Global Positioning System) : यह परिशुद्ध खेती का मार्ग निर्देशक तन्त्र है जो ग्रहीय पृथ्वी उपग्रह के नेटवर्क पर आधारित है जिसकी सहायता से आक्षांशिक, देशान्तरीय तथा ऊँचाई की स्थिति का पता लगाया जाता है जिससे प्रबन्धन को स्थिति विशेष की जानकारी प्राप्त होती है। इसकी सहायता से वह सही स्थान को चिह्नित कर लागत साधनों को प्रयोग कर सकता है। जी.पी.एस. तकनीक परिशुद्ध खेती के लिए एक बहुत ही महत्वपूर्ण

है क्योंकि परिशुद्ध खेती में सारी सस्य प्रक्रिया स्थिति विशेष की सूचनाअें पर आधारित होती है जिसके द्वारा कृषि लागतों का प्रयोग अधिक दक्षता के साथ उस स्थान विशेष पर किया जाता है।

4. दूरस्थ जानकारी तन्त्र (Remote sensing system) : दूरस्थ जानकारी तन्त्र द्वारा एकत्रित आंकिक सूचनाओं का कई वर्षों तक उपयोग किया जा सकता है तथा किसी स्थान पर फसल की स्थिति तथा प्रक्षेत्र में विभिन्न प्रकार के तनावें की स्थितियों का पता लगाया जा सकता है। रिमोट सेसिंग के विभिन्न ऊर्जा स्तर के फोटोनूस की पहचान तथा माप किया जाता है। इस फोटोनूस की सहायता से किसी पदार्थ का स्थान विशेष में वितरण की जानकारी प्राप्त की जाती है। इसके लिए विभिन्न प्रकार के सेंसरों का प्रयोग किया जाता है जैस मृदा पोषक सेन्सर, मृदा जल सेंसर आदि। मृदा पोषक सेन्सर का उपयोग मृदा उर्वरता की स्थिति का पता लगाने के लिए किया जाता है। इन मृदा पोषक सेन्सरों की सहायता से उर्वरक की मात्रा निर्धारित की जाती है। परिशुद्ध खेती में स्थानीय विविधता के प्रबन्धन में रिमोट सेन्सिग का बहुत ही महत्वपूर्ण स्थान है तथा इसके अभाव में परिशुद्ध खेती की सार्थकता असम्भव है।

5. नियंत्रण प्रक्रिया (Control system) : नियंत्रण प्रक्रिया एक स्वचालित तन्त्र है जो विभिन्न स्त्रोतों से प्राप्त सूचनाओं पर आधारित होती है। परिशुद्ध खेती में स्थान एवं समय के साथ-साथ एक या एक से अधिक कृषि लागतों की दर, विभिन्न मृदा गहराइयों तथा एक समान वितरण या स्थान विशेष की आवश्यकता के अनुसार नियंत्रण होना चाहिए। नियंत्रण प्रक्रिया परिशुद्ध खेती को स्थायित्व प्रदान करती है क्योंकि इसकी सहायता से कृषि लागतों को सही स्थान पर आवश्यक मात्रा में प्रयोग किया जाता है। नियंत्रण प्रक्रिया के बिना परिशुद्ध खेती सफल नहीं हो सकती है इसलिए यह मिलकर परिशुद्ध खेती के चक्र को पूर्ण करता है। नियंत्रण प्रक्रिया में जी.आई.एस., जी.पी.एस. तथा सेंसरों से सूचनायें प्राप्त की जाती हैं तथा उनकी सहायता से उर्वरक दर, बीज दर, शाकनाशी का चयन और उनकी दर आदि निर्धारित की जाती है जो परिर्वतनीय तकनीक दर (Variable rate of technology) के लिए बहुत ही महत्वपूर्ण है।

परिशुद्ध खेती के लिए तकनीकी प्रणाली अपनाना

परिशुद्ध कृषि के लिए तकनीकी प्रणाली विकसित करना चित्र 4.5 में दिखाया गया है सबसे पहले खेत के भीतर और खेतों में परिवर्तनशीलता को समझना और वर्णन करना आवश्यक है। जीपीएस के साथ फील्ड सेंसर और मशीन अनुप्रयोग के लिए मॉनिटर यह असान बनाते हैं। अगला चरण मशीनों को विकसित करना है जिसे रिमोट कंट्रोल द्वारा संचालित किया जा सकता है। प्रौद्योगिकी विकास के तीन चरण और परिषद कृषि के लिए तीन रणनीतियां हैं।

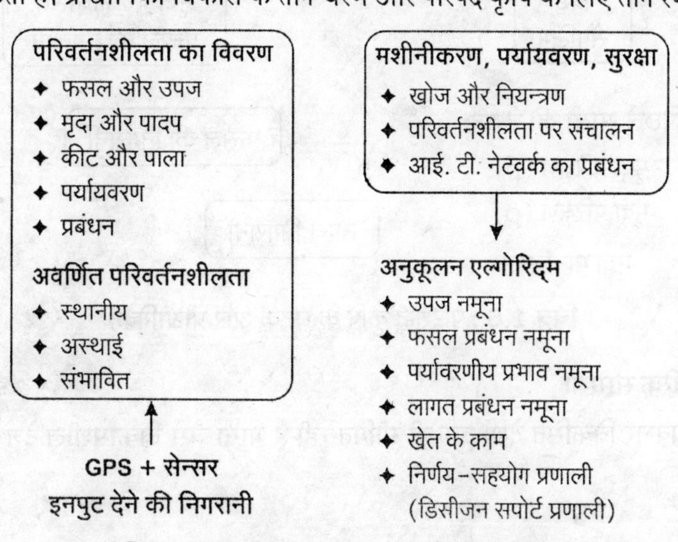

चित्र 4.5 : परिशुद्ध कृषि तकनीकों का विकास

चरण 1 – परंपरागत कृषि पर आधारित है श्रम निवशों को कम करने के लिए गहन मशीनीकरण,

चरण 2 – में मानचित्र तकनीकों का विकास शामिल है,

चरण 3 – का तात्पर्य ज्ञान उन्मुख तकनीकों की परिपक्वता से है।

परिशुद्ध एक उच्च इनपुट और आउटपुट पारंपरिक रणनीति पर आधारित है। परिदृश्य 2 में निम्न इनपुट पर स्थिर आउटपुट की रणनीति पर आधारित है। परिदृश्य 3 का उद्देश्य औसत इनपुट-आउटपुट है जो परिशुद्ध कृषि का लक्ष्य है उन्नत प्रौद्योगिकी स्तर हमें इन तीन परिदृश्यों के बीच में एक को चुनने की स्वतंत्रता देता है। प्रभावी नियम से परिशुद्ध खेती में प्रगति को बढ़ावा मिलेगा।

भारतीय कृषि के लिए परिशुद्ध खेती

विकासशील देशों में अधिकतर किसानों के पास बड़े खेत 10 से 1000 हेक्टेयर से भी ज्यादा बड़े होते हैं और अधिकतर कृषि उत्पादन प्रणाली उच्च मशीनीकृत होती है। बड़े खेत भिन्न-भिन्न स्थितियों वाले कई कारकों से मिलकर बने होते हैं यहां तक कि एक अपेक्षाकृत छोटे खेत से लेकर 30 हेक्टेयर के भीतर कीट प्रकोप, रोग संक्रमण और खरपतवार नियंत्रण एक क्षेत्र से दूसरे क्षेत्र में भी भिन्न हो सकते हैं परंपरागत कृषि में यद्यपि मृदा मानचित्र मौजूद हो सकता है फिर भी किसान अपने पूरे खेतों में एक ही फसल प्रबंधन का अभ्यास करते हैं फसल के प्रकार, भूमि की तैयारी, उर्वरक, कीटनाशक और शाकनाशक भिन्न-भिन्न प्रकार के उपयोग में लेने की जगह एक ही प्रकार की प्रयोग करते हैं इससे सर्वोत्तम तरक्की और विकास हासिल नहीं होता है।

1980 के बाद से सूचना प्रौद्योगिकी की उपलब्धता ने किसानों को नए उपकरण और दृष्टिकोण दिया है जो खेतों में विभिन्न प्रकृति और सीमा को बताता है। विशेष स्थान के लिए सबसे उपयुक्त प्रबंधन रणनीति विकसित करने में सक्षम करता है और इनपुट अनुप्रयोग की दक्षता में वृद्धि करता है।

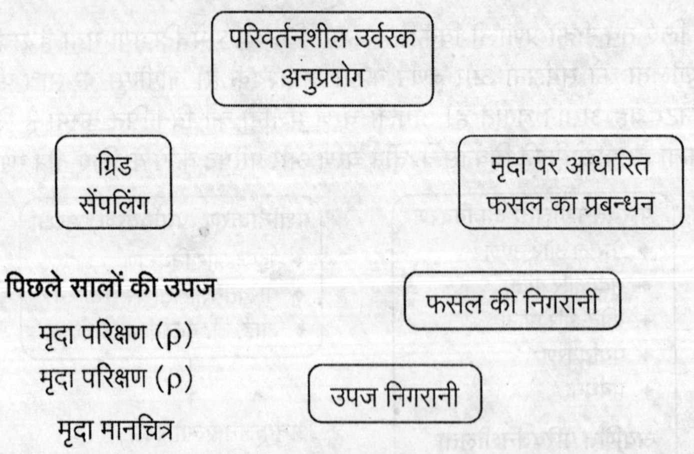

चित्र 1.6 : परिशुद्ध कृषि के घटक और प्रौद्योगिकी

भारतीय कृषि में व्यवहारिक समस्या

परिशुद्ध कृषि अधिकतर विकसित देशों तक ही सीमित रही है भारत जैसे विकासशील देश में इसके कार्यान्वयन में बाधा के निम्न कारण हैं-

1. छोटे खेत,
2. फसल प्रणाली की विषमता और बाजार की खामियां,

3. उपकरणों की जटिलता प्रौद्योगिकी के लिए नए कौशल की आवश्यकता,
4. तकनीकी विशेषता विज्ञान और प्रौद्योगिकी का अभाव भारत केवल कृषि जीडीपी का 3 परसेंट ही अनुसंधान और विकास पर खर्च करता है,
5. बुनियादी ढांचा और संस्थागत अवरोध साथ ही बाजार की कमियां,
6. उच्च लागत।

भारत में सबसे बड़ी समस्या खेतों का आकार छोटा होना है। देश में काम आने योग्य भूमि के 58 प्रतिशत से ज्यादा का आकार 1 हेक्टेयर से भी कम है। केवल पंजाब, राजस्थान, हरियाणा और गुजरात में कृषि योग्य भूमि का 20% का आकार 4 हेक्टेयर से ज्यादा है। हरियाणा और पंजाब में वृहद स्तर पर गेहूं और चावल की फसलों को उगाया जाता है। व्यवसायिक फसलों के साथ ही साथ बागवानी फसलें परिशुद्ध खेती के लिए व्यापक आधार रखती हैं।

भारत में मुख्य रूप से दो प्रकार की कृषि है। इनपुट कृषि जिसमें निश्चित तौर पर सिंचाई और इनपुट का प्रावधान हो। दूसरी निर्वाह कृषि जो वर्षा पर आधारित है या शुष्क प्रदेशों में प्रचलित है। भारत की लगभग दो-तिहाई भूमि वर्षा पर निर्भर है, फसल की पैदावार काफी कम है, वर्षा आधारित कृषि प्रणाली को उत्पादन क्षमता बढ़ाने की अच्छी क्षमता उपलब्ध है।

भारत में परिशुद्ध कृषि लागू करने के चरण

वर्तमान में भारत में परिशुद्ध कृषि की क्षमता कृषि संबंधी महत्वपूर्ण कारकों के लिए उपयुक्त मापन और विश्लेषण तकनीकों की कमी से सीमित है उच्च शुद्धता वाले संवेदन और डेटा प्रबंधन उपकरणों को अनुसंधान और उत्पादन दोनों के लिए विकसित और मान्य किया जाना चाहिए। डाटा की गुणवत्ता और उपलब्धता सीमित था परिशुद्ध कृषि के प्रदर्शन और अधिग्रहण में बड़ी बाधा बन गई है। परिशुद्ध कृषि को अपनाने के लिए किसानों वैज्ञानिकों और सरकार की ओर से संयुक्त प्रयास की आवश्यकता है देश में परिशुद्ध कृषि लागू करने के लिए निम्नलिखित कार्य विधि अपनानी चाहिए-

- परिशुद्ध खेती को उपयोग में लाने की पूरी संभावना का अध्ययन करने के लिए अति विशेष टीम बनाई जाए जिसमें विभिन्न क्षेत्रों के कृषि वैज्ञानिक, इंजीनियर, निर्माता और अर्थशास्त्री शामिल हो।
- किसान सहकारी समिति का गठन हो चुकी परिशुद्ध कृषि के उपकरण जैसे GIS, जीपीएस, ईटीसी महंगे होते हैं ।
- अंधाधुन्ध कृषि निवेशों का प्रयोग करने वाले किसानों को प्रतिबंधित करने वाले सरकारी कानून (जिससे पारिस्थितिकी और पर्यावरणीय असंतुलन हो सकता है) किसानों को वैकल्पिक दृष्टिकोण के लिए प्रेरित करेगा।
- परिशुद्ध कृषि कार्यान्वयन के परिणाम को दिखाने के लिए किसानों के खेत पर जाकर मार्ग-दर्शन पायलट स्टडी के रूप में किया जाना चाहिए।
- कृषि इनपुट जैसे सिंचाई, उर्वरक, कीटनाशक और पीड़क नाशक असंतुलित मात्रा में लागू करने के परिणामों के बारे में किसानों में जागरूकता उत्पन्न करना।

परिशुद्ध खेती में अंतरिक्ष प्रौद्योगिकी की संभावना को देखते हुए भारत सरकार के अंतरिक्ष विभाग ने आई.सी.आर.आई.एस.ए.टी. (ICRISAT) के साथ किसानों के खेतों में भारतीय कृषि अनुसंधान परिषद् और कृषि विश्वविद्यालय के साथ आठ पायलट प्रोजेक्ट शुरू किए हैं। पायलट अध्ययन का उद्देश्य ऑप्टिकल और माइक्रोवेव सेंसर डेटा का उपयोग कर मृदा उर्वरता को और फसल की उपज के संबंध में सीमाओं का परिसीमन करना और संभावित उपज का आंकलन उपज का विश्लेषण मौसम के अनुसार परिवर्तनशील मिट्टी की निगरानी तथा मिट्टी की स्थिति का पता लगाना तथा स्पेशल डिसीजन सपोर्ट प्रणाली (एस.डी.एस.एस.) के माध्यम से संभावित और वास्तविक उपज के बीच

की अन्तर को भरने के लिए खेत के निवेशों का मिलान करना है। निवेशों के डिटेल्स में परीक्षणस्थल भारतीय उपमहाद्वीप के कृषि क्षेत्र के बड़े भाग में फैले हुए हैं और कई महत्वपूर्ण फैसले जैसे- गेहूं, चावल, चारा, अरहर, चना, सोयाबीन और मूंगफली शामिल है। इसके पश्चात मिट्टी के संसाधनों पर विस्तृत जानकारी पाना और हर खेत के लिए व्यक्तिगत तौर पर क्षमता और सीमाओं को जानना है, परन्तु पंजाब, हरियाणा, मध्य प्रदेश और महाराष्ट्र जैसे राज्यों को छोड़कर क्योंकि वहां खेतों का आकार बड़ा है और हर खेत का परिशुद्ध कृषि में एक स्वयं रूप प्रबंधन इकाई के रूप में माना जा सकता है

भारतीय अर्थव्यवस्था की आधारशिला कृषि है आगामी वर्षों में परिशुद्ध कृषि भारतीय किसानों को भूमि और उत्पादन की गुणवत्ता से समझौता किए बिना फ्रंटियर्स तकनीक से फल पाने में मदद कर सकती है इस तरह की नवीनतम तकनीक को अपनाने से भारत में तकनीकी हरित क्रांति की शुरुआत हो जाएगी जो आज कृषि की आवश्यकता है।

परिशुद्ध कृषि और विशिष्ट स्थल पर पोषक तत्व का प्रबंधन

विशिष्ट स्थल कृषि के लिए भूमि के बारे में विचार करने के लिए एक अलग तकनीकी की आवश्यकता होती है। मानवीय निर्णयों के कारण खेत अलग-अलग आकार के होते हैं, हालांकि इन सीमाओं में प्रकृति और मानव गतिविधियों के कारण परिवर्तनशील होती है। मिट्टी की उर्वराशक्ति पोषक तत्व अनुप्रयोग के कारण भिन्न-भिन्न हो सकते हैं। इन खेतों में मिट्टी के गुणों में विभिन्नता के कारण फसल की उत्पादन क्षमता भी अलग-अलग होगी। विशिष्ट क्षेत्र प्रबंधन एस.एस.एम. का प्रयोग खेतों में इस विभिन्नता को खोजने और मापने में किया जाता है और विशेष जगह पर इस प्रकार को रिकॉर्ड कर लेते हैं। फिर इस सूचना का प्रयोग प्रबंधन या इनपुट में करते हैं। विशिष्ट क्षेत्र कृषि पूरे खेत में एक जैसा प्रबंधन करने की जगह खेत में विशिष्ट स्थल का प्रबंधन करती है।

1. परिशुद्ध कृषि में उर्वरक प्रबंधन

1990 के दशक और 21वीं सदी के दौरान कंप्यूटर प्रौद्योगिकी, भौगोलिक सूचना प्रणाली (जी आई एस) ग्लोबल पोजिशनिंग प्रणाली (जीपीएस), इलेक्ट्रॉनिक सेंसर और नियंत्रक तथा संचार उपकरणों की एक विस्तृत विविधता के विकास ने कृषि के उपयोग में लाई जा सकने वाली कई तकनीकों को प्रदान किया। सामूहिक रूप में परिशुद्ध खेती के अर्न्तगत इन प्रौद्योगिकियों ने विशेष क्षेत्र के आधार पर फसल और मृदा प्रबंधन में सुधार के कई नए अवसर प्रदान किये हैं।

एस.एस.एन.एम. की अवधारणा विश्व में किसी भी स्थान पर सटीक बैठती है और छोटे खेतों पर जहां आसानी से निगरानी रखी जा सकती है। जिनका प्रबंधन भी आसानी से हो सकता है वहां यह ज्यादा आसान है। यह केवल बड़े खेतों और बड़े उपकरणों तक सीमित नहीं है। एस.एस.एन.एम. की अवधारणा यह ध्यान रखते हुए कि उस स्थान की जलवायु तथा प्रबंधन व उत्पादक का अनुभव विशिष्ट है। सर्वोत्तम प्रबंधन प्रथाओं से मेल खाने का प्रयास करती है। यह क्षेत्र के संसाधनों अपने खेत के बारे में किसान के ज्ञान और उसकी फसलों की आवश्यकता और पुरानी प्रबंधन की प्रतिक्रिया के बारे में कोई भी जानकारी जो उस क्षेत्र के लिए विशिष्ट है, से मेल खा रही है। इन संसाधनों का यह अनूठा संयोजन प्रत्येक किसान को अपनी उपज को बढ़ाने और अपने उत्पादन प्रणाली में नाम बढ़ाने के लिए इनका उपयोग करने को प्रेरित करता है।

एक छोटी खेत वाले छोटे किसान के पास शायद जीपीएस प्रणाली नहीं होगी और शायद उसे इसकी जरूरत भी नहीं होगी पर वह एस.एस.एन.एम. का प्रयोग कर सकता है। उसका अपने खेत के बारे में ज्ञान फसल जो वह उगाता है और उसके अनुभव और पुराने उत्पाद के रिकॉर्ड इन सब को संकलित कर वह विशिष्ट जानकारी पा सकता है जिसका उपयोग फसल की आवश्यकता और उत्पादन बढ़ाने में कर सकता है। अवलोकन करना, रिकॉर्ड रखना, संसाधन जैसे- मृदा की विशेषता और मृदा परीक्षण का विश्लेषण करना और अपने खेत के बारे में सर्वोत्तम ज्ञान को उपयोग में लाना यह सभी एस.एस.एन.एम. का हिस्सा है।

2. प्रति खेत के लिए पोषक तत्व प्रबंधन जीआईएस डेटाबेस पर तैयार करना

विश्व के हर शाम को खेत पर पोषक तत्व प्रबंधन, उर्वरकों के प्रयोग का रिकॉर्ड और फ़सल की पैदावार और पोषक तत्वों को हटाने का विवरण रखा जाना चाहिए। इसका उद्देश्य और प्रत्येक खेत के लिए भौतिक संदर्भ के साथ डेटाबेस विकसित करना होना चाहिए जिससे पोषक तत्व संतुलन और उत्पादकता को माता और पर्यावरणीय प्रभावों का विश्लेषण किया जा सके जहां पर भी जीपीएस और जीआईएस तकनीक उपलब्ध नहीं है वहां खेत की स्थानीय जानकारी अन्य साधनों से प्राप्त की जा सकती है। लेकिन बड़े उत्पादन क्षेत्र के लिए जीपीएस या जीआईएस सबसे अच्छी तकनीक है। सभी के लिए महत्वपूर्ण बिन्दु दस्तावेज, उत्पादन और उर्वरक उपयोग के लिए रिकॉर्ड शुरू करना है।

जीआईएस विश्लेषण किसी खेत के प्रत्येक भाग के लिए अलग-अलग डाटावर्ष फसल उपज, मृदा की विशेषता, पोषक तत्वों में वृद्धि, कीटों संबंधी समस्या आदि का विश्लेषण करने की अनुमति देता है। उपलब्ध डाटा में विभिन्न कारकों के मध्य प्रभाव संबंध की व्याख्या करने में सहायक है। इस तरह यह एक बहुत ही शक्तिशाली प्रबंधन उपकरण बन जाता है। जो प्रत्येक वर्ष जोड़े जाने वाले डाटा के साथ और बेहतर हो जाता है।

अलग-अलग उत्पादकों के लिए इस तरह के डेटाबेस भविष्य के प्रबंधन नियमों का मार्गदर्शन करने के लिए महत्वपूर्ण उपकरण है वैज्ञानिकों और इनपुट आपूर्तिकर्ताओं के लिए इनका उपयोग स्थानीय गतिविधियों का संक्षेपण करके गाइड प्रशिक्षण और उत्पाद आपूर्ति की आवश्यकताओं को पूरा करने में किया जा सकता है। सरकारी एजेंसियों के लिए यह किसी क्षेत्र में उत्पादन प्रणाली में सुधार के लिए नीतियों का मार्गदर्शन करने में मदद कर सकता है। सभी मामलों में बेहतर डाटा जीआईएस से जुड़े होने से सभी जोखिम धारकों के लिए बेहतर सूचित निर्णय लेने का मार्गदर्शन करने की बहुत संभावना है। किसानों और उनके सलाहकारों को अपने डेटा एकत्र करने व्यवस्थित करने और उनकी व्याख्या करने और व्यक्तिगत किसान डाटा सिस्टम से लेकर डाटा सिस्टम तक कई डाटा उपलब्ध कराने के लिए डेटा प्रबंधन सॉफ्टवेयर कार्यक्रम और सेवाएं उपलब्ध है, जो कई किसानों के बीच डाटा साझा करने की अनुमति देती है। डाटा गोपनीयता के मुद्दों पर डाटा के विपणन की क्षमता जानकारी साझा करने से प्राप्त मूल्यों और अन्य कारकों को निर्धारित करने में यह विचार करना चाहिए कि किस डेटाबेस का उपयोग किया जा रहा है।

3. आवश्यकताओं का दस्तावेजीकरण आवेदन की दरे और उपज प्रतिक्रियाएं

मृदा परीक्षण या तो एक समान के आधार पर या प्रबंधन क्षेत्रों के आधार पर एक क्षेत्र में मिट्टी के पोषक तत्व आपूर्ति क्षमता को निर्धारित करने और दस्तावेजीकरण करने का सबसे अच्छा तरीका है फसल पोषक तत्व हटाने जैसे उपज निगरानी यंत्र से में भिन्नता के दस्तावेजीकरण के साथ मिट्टी की उत्पादकता को बनाए रखना या सुधारने के लिए उर्वरक और खाद से पोषक तत्वों की आवश्यकता की पूर्ति का अनुमान लगाने के लिए मिट्टी परीक्षण डेटा का उपयोग किया जा सकता है। यह डाटा स्थान विशेष में पोषक तत्व अनुप्रयोग मानचित्र के विकास का मार्गदर्शन करता है जो कि पोषक तत्वों का सटीक प्रयोग करता है एवं आवश्यकता से अधिक प्रयोग को रोकता हैं, जो कि पर्यावरणीय समस्याएं एवं अतिरिक्त व्यय का कारण बन सकता है।

4. कैसी विशिष्ट स्थल प्रबंधन कार्य विधि के सभी पैमानों और विश्व के सभी भागों में सही बैठता है

एस.एस.एन.एम. किसानों को उनके खेत की विशिष्ट स्थिति के अनुसार पोषक तत्व प्रबंधन में सक्षम बनाता है और सर्वोत्तम प्रबंधन प्रथाओं के लिए एक रूपरेखा प्रदान करता है। उपज के लाभदायक लक्ष्य की प्राप्ति के लिए आवश्यक कुल उर्वरकों का अनुमानित उपज लाभ उपयोग में लाए गए उर्वरकों की लक्षित दक्षता से निर्धारित किया जाता है। फसल में पूरक पोषक तत्वों की आवश्यकता उर्वरक से पूरी की जाती है। एसएसएनएम पोषक तत्व प्रबंधन की पूरे विश्व में महत्वपूर्ण अवधारणा है।

सही सूत्र को, सही जगह पर, सही समय और सही दर से सही साधनों के साथ प्रबंधन करना शायद सबसे बड़ी उपलब्धि है। किसान और फसल सलाहकार को पोषक तत्व प्रबंधन से संबंधित निर्णय लेने में मदद करने के लिए मिट्टी के नमूने से लेकर उर्वरकों के प्रयोग एवं उपज के मापन तक के लिए विभिन्न तकनीकी उपलब्ध है। यह उपकरण पोषक तत्व प्रबंधन निर्णय को ठीक करने की क्षमता बढ़ाते हैं और प्रत्येक क्षेत्र के लिए एसएसएनएम योजना का विकास करते हैं। किसान खेत के कर्मचारी प्रबंधन और कृषि शास्त्र सलाहकार, इनपुट आपूर्तिकर्ता यह सभी एक टीम का हिस्सा है एवं प्रत्येक अलग-अलग तरीकों से निर्णय प्रक्रिया में योगदान करते हैं। सही प्रबंधन का अर्थ विशिष्ट स्थल प्रबंधन से है विशिष्ट स्थल पर एकत्रित जानकारी से प्रबंधन नियम लेने से कुशल किफायती और पर्यावरणीय उपयुक्त पोषक तत्व प्रबंधन योजनाओं का उत्पादन करने में मदद मिलती है, गलत होने की स्थिति में लागत अधिक हो सकती है। इसका मतलब तकनीकों के लिए किया गया भुगतान गलत नहीं है, साथ ही बहुत से उपकरणों की लागत कम हो गई है। इसलिए एस.एस.एन.एल. तकनीकी ज्यादा निवेश की आवश्यकता नहीं है। विशिष्ट स्थल पर एकत्रित जानकारी से प्रबंधन नियम लेने से कुशल किफायती और पर्यावरणीय उपयुक्त पोषक तत्व प्रबंधन योजनाओं का उत्पादन करने में मदद मिलती है। गलत होने की लागत अधिक हो सकती है। इसका मतलब तकनीकों के लिए की गई भुगतान गलत नहीं है साथ ही बहुत से उपकरणों की लागत कम हो गई है। इसलिए एसएसएनएम तकनीकी ज्यादा निवेश की आवश्यकता नहीं है। GPS तकनीकों भू- संदर्भित इनपुट और उपज डाटा के लिए नियुक्त करना अच्छा कदम है। विकसित देशों में अधिकतर उर्वरक और रसायन एक विक्रेता के पास जीपीएस से निर्देशित अनुप्रयोग उपकरण है तथा कटाई वाले उपकरण भी जीपीएस के साथ आ रहे हैं यह मानक फीचर है या आसानी से जोड़ा जा सकता है। इस तरह जीपीएस सिस्टम का उपयोग भू संदर्भित रोपण डाटा प्रारंभिक उर्वरक अनुप्रयोग व अन्य इनपुट एकत्र करने के लिए रोपण उपकरण पर किया जाता है। उचित नियंत्रक के साथ इनपुट को भिन्न-भिन्न दरों से प्रबंधन योजना में जोड़ा जा सकता है। उच्च सटीकता वाली मार्गदर्शन प्रणाली से महंगे अतिव्यापन एवं अपने से बचा जाता है तथा बीज उर्वरक और कीटनाशक जैसे की लागत में बचत हो जाती है। संचालक के तनाव और थकान में कमी इनका अतिरिक्त लाभ है।

5. भारत में चावल के लिए एस.एस.एन.एम.

अंतरराष्ट्रीय चावल अनुसंधान संस्थान ने एक एसएसएनएम कार्यक्रम विकसित किया है जो सक्रिय जुताई और पुष्प गुच्छ आरंभ के महत्वपूर्ण विकास चरणों में आवश्यक पोषक तत्वों के सर्वोत्तम सिर के साथ चावल की आपूर्ति के लिए वैज्ञानिक सिद्धांतों पर आधारित है। एसएसएनएम किसानों को चावल की फसल के लिए विशिष्ट खेत में सही मौसम में पर्याप्त उर्वरक लागू करने में मदद करता है। सटीक पोषण तत्वों का उपयोग और उच्च पैदावार फसल को अच्छा मूल्य दिलाती है। चावल में एसएसएन की अवधारणा सम्पूर्ण एशिया में अनुसंधान के सहयोग से विकसित की गई थी और 6 देशों में 8 चावल उगाने वाले क्षेत्रों में खेतों पर परीक्षण किया गया था। इसमें तीन चरण चित्र 1.7 में दर्शाए गए हैं। पहले चरण में प्राप्त उपलक्ष्य स्थापित किया जाता है। किसी दिए गए स्थान और मौसम के लिए उपज का लक्ष्य अनुमानित अनाज उपज है जबकि N, P और K की कमी को दूर कर दिया जाता है, क्योंकि धान की फसल द्वारा लिए गए पोषक तत्वों की मात्रा सीधे ऊपर से जुड़ी होती है इसलिए उपज का लक्ष्य कुल मात्रा में पोषक तत्वों को दर्शाता है जो फसल द्वारा लिया जाना चाहिए। दूसरे चरण में मिट्टी से आने वाली स्थानीय पोषक तत्व कार्बनिक संशोधन फसल के अवशेष खाद और सिंचाई के पानी का प्रभावी ढंग से उपयोग किया जाता है। जैसाकि पोषक तत्वों का अनुमान फसल की उपज से लिया जा सकता है जो कि स्थानीय स्रोत की फसल है जिसे कुछ पोषक तत्वों से नहीं बल्कि दूसरे पोषक तत्वों से निश्चित किया गया है। यह सुनिश्चित करने के लिए कि वे उपज को सीमित नहीं करते तीसरे चरण में उपज लक्ष्य के अनुसार पोषक तत्वों के लिए आवश्यक जरूरतों के बीच की कमी को पूरा करने के लिए आवश्यक उर्वरक की मात्रा दी जाती है और स्थानीय स्रोतों से इस पोषक तत्व की आपूर्ति की जाती है। फसल में दिये जाने वाले उर्वरक की कुल मात्रा का निर्धारण उर्वरक की दक्षता के आधार पर किया जाता है।

आवश्यक उर्वरकों को विभिन्न पान, रंगपाल, रंग-रंग चार्ट जैसे उपकरण का उपयोग करके फसल उगाने के समय कई अनुप्रयोगों में विभाजित किया जाता है।

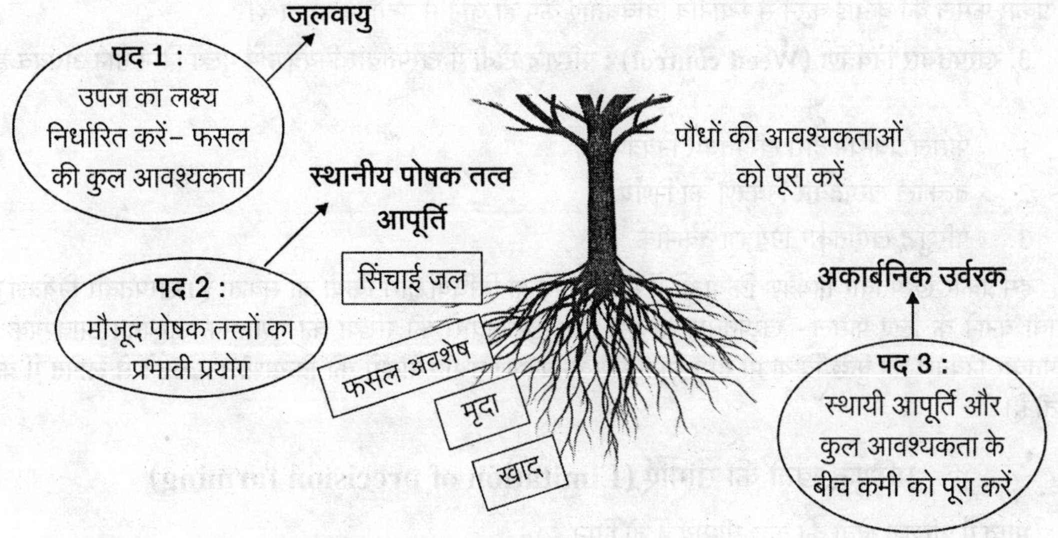

चित्र 4.7 : चावल के SSNM में तीन पद

परिशुद्ध खेती का उपयोग (Utilization of precision farming)

हरित क्रान्ति द्वारा देश में उन्नत प्रजातियों के साथ-साथ उर्वरकों, सिंचाई तथा कृषि रसायनों के अधिक उपयोग से किसानों के खेतों पर उत्पादन बढ़ा है परन्तु उसी वृद्धि दर को कायम रखना बड़ा मुश्किल हो रहा है। लागत साधनों (उर्वरक, रसायनों) का बिना सोचे समझे अत्यधिक मात्रा में उपयोग करने से उत्पादन लागत में वृद्धि हुई है साथ ही इससे पर्यावरण को प्रदूषित कर टिकाऊ कृषि आधारित खाद्यान्न उत्पादन में बहुत बड़ी बाधा पहुँची है। देश की 70 प्रतिशत से ज्यादा खेती वर्षा पर आधारित होने के कारण भारतीय कृषकों को आने वाले दशक में कम क्षेत्रफल और पानी तथा जैविक एवं अजैविक समस्याओं का सामना करते हुए अधिक खाद्यान्न एवं अन्य खाद्य उत्पाद उगाने पड़ सकते हैं। ऐसी स्थिति में खाद्यान्न उत्पादन को बढ़ाने का एकमात्र विकल्प, उपलब्ध लागत साधनों जैसे उर्वरक, शाकनाशी, सिंचाई आदि की मात्रा न बढ़ाकर इसकी उपयोगिता बढ़ाई जाये।

परिशुद्ध खेती का उपयोग कृषि की निम्न प्रक्रियाओं में किया गया जाता है।

1. परिशुद्ध पोषक प्रबन्धन (Precision nutrient management) : पोषक तत्व का प्रबन्धन परिशुद्ध खेती में स्थान विशेष द्वारा किया जाता है। स्थान विशेष पोषक प्रबन्धन, स्थान विशेष सूचनाओं, उत्पादन लक्ष्य, फसल के द्वारा पोषक तत्वों की माँग, उपलब्ध संसाधन तथा पोषक तत्वों के आर्थिक उपयोगिता ग्राफ पर निर्भर करती है। उदाहरण के लिए धान-गेहूँ फसल चक्र में प्रचलित पोषक तत्वों की माँग से साधारण सस्य प्रक्रियाओं को अपनाकर मध्यम उत्पादन (7-9 टन/है.) इस फसल चक्र से प्राप्त किया जा सकता है। यदि फसल चक्र के उत्पादन लक्ष्य को ज्यादा करना है तो पोषक प्रबन्धन के लिए उस स्थान विशेष की स्थानीय जानकारी तथा अन्य सस्य प्रक्रियाओं की सहायता से बढ़ाया जता सकता है। स्थानीय जानकारी द्वारा इस स्थान विशेष की पोषक तत्व माँग निर्धारित कर ली जाती है। जिससे आवश्यक पोषक तत्वों की मात्रा की बचत की जा सकती है।

2. बीजों की बुआई (Sowing of seed) : परिशुद्ध खेती से उपयुक्त बीज दर तथा बुआई की गहराई निर्धारति कर एक समय में इष्टतम पौध संख्या प्राप्त की जा सकती है जिसके फलस्वरूप अधिक से अधिक उत्पादन प्राप्त होता है। इस प्रकार फसल की बुआई करने से स्थानीय विविधताएँ कम हो जाने से उत्पादन बढ़ता है।

3. खरपतवार नियंत्रण (Weed control) : परिशुद्ध खेती में खरपतवार नियंत्रण में मुख्य निम्न तीन अवयव होते हैं–

1. फसल प्रबन्धन द्वारा खरपतवार नियंत्रण
2. तत्काल खरपतवार नियंत्रण का निर्णय
3. परिशुद्ध खरपतवार नियंत्रण तकनीक

इस प्रकार खरपतवार नियंत्रण क्रियाओं में सुधार उपरोक्त विधियों द्वारा किया जा सकता है। खरपतवार नियंत्रण को प्रभावी बनाने के लिए फसल– खरपतवार सम्बन्ध तथा खरपतवारों की संख्या का गुणात्मक अध्ययन आवश्यक है। खरपतवार नियंत्रण की कुछ क्रियाओं द्वारा वातावरण के प्रदूषण तथा रसायनों की क्रियाशीलता बढ़ने से लागत में कमी आती है।

परिशुद्ध खेती की सीमाएं (Limitation of precision farming)

भारत में परिशुद्ध खेती की कुछ सीमायें हैं जो निम्न हैं :–

1. प्रारम्भ में अधिक खर्च : परिशुद्ध खेती प्रारम्भ करने के लिए कार्य प्रणाली स्थापित करने में बहुत अधिक खर्च करना पड़ता है। भारतीय कृषकों की आर्थिक स्थिति कमजोर होने के कारण व्यक्तिगत आधार पर इसको अपनाया जाना बहुत ही मुश्किल है परन्तु सामूहिक आधार पर परिशुद्ध खेती अपनाई जा सकती है।

2. नमूना एकत्रि करना : परिशुद्ध खेती में स्थानीय जानकारी प्राप्त करने के लिए काफी संख्या में नमूने एकत्रित करने पड़ते हैं। कृषकों के लिए नमूने एकत्रित करना एक बहुत ही कठिन कार्य है।

3. उच्च तकनीक : परिशुद्ध खेती उच्च तकनीक पर आधारित होती है जिनको समझने तथा उत्पादन करने के लिए काफी जानकारी तथा प्रशिक्षण की आवश्यकता पड़ती है।

4. अनुभवशील होना : परिशुद्ध खेती को अपनाने के लिए इसकी विभिन्न तकनीकों की पूर्ण जानकारी होना चाहिए। भारतीय किसानों में साक्षरता दर कम हैं जो इसको समझाने में बहुत बड़ी बाधा है। यदि कृषक सही तरीके से नही समझ पाता तो उसको लाभ बहुत कम होता है।

परिशुद्ध खेती भारतीय कृषकों के लिए अधिक अनुकूल न भी हो परन्तु वैज्ञानिकों को चाहिए कि वे इस नवविकसित तकनीक पर अधिक से अधिक खोज करें तथा इसे भारतीय किसानों के लिए अनुकूल बनायें। परिशुद्ध खेती उच्च तकनीकों पर आधारित होती है जिसका स्वाभाविक उद्देश्य विविध दर से लागतों का प्रयोग कर उत्पादन को बढ़ाना है। भविष्य में कम लागत होने पर इस तकनीक के विकसित हो जाने पर भारतीय किसान इसे अवश्य अपनायेंगे।

✦

5

फसलें तथा उनका वर्गीकरण
(CROPS AND THEIR CLASSIFICATION)

संसार के समस्त प्रकार के जीवधारी अपने जीवनयापन के लिए प्रत्यक्ष अथवा परोक्ष रूप से पृथ्वी पर उगने वाली वनस्पतियों पर निर्भर रहते हैं क्योंकि ये वनस्पतियाँ केवल भोजन ही नहीं प्रदान करती है बल्कि ऑक्सीजन, कपड़ा, उद्योगों के लिए कच्चा माल, औषधियाँ आदि की पूर्ति भी करती हैं। इस प्रकार हम यह कह सकते हैं कि यदि पृथ्वी की समस्त वनस्पतियों को नष्ट कर दिया जाए तो इनके साथ ही साथ कुछ ही समय में पृथ्वी पर रहने वाले समस्त प्राणियों का जीवन भी समाप्त हो जायेगा। कृषि के विकास के आरम्भिक काल में मनुष्यों ने अपनी भौतिक आवश्यकताओं की पूर्ति के लिए पौधों को उनकी उपादेयता का आधार चुना और इन्हीं पौधों को किसी न किसी रूप में उगाना प्रारम्भ किया। इन चुने हुए पौधों को खेत में उगाना ही फसल का नाम दिया गया।

फसलों को निम्न प्रकार से परिभाषित कर सकते हैं :-

''पौधों के ऐसे समूह को, जिन्हें मनुष्य अपने किसी न किसी रूप में उपयोग करने के लिए उगाते हैं, फसल कहते हैं।''

''मनुष्यों द्वारा किसी आर्थिक उद्देश्य की पूर्ति हेतु उगाये गये पौधों के समूह को फसल कहते है।''

संसार में ऊर्जा का एक मात्र स्रोत सूर्य की विकिरण ऊर्जा (Solar radiant energy) है परन्तु मनुष्य एवं अन्य जीवधारी इस ऊर्जा को प्रत्यक्ष रूप में ग्रहण कर सकते हैं। पौधे सूर्य की विकिरण ऊर्जा को रासायनिक जैव-ऊर्जा (Chemical Energy) में परिवर्तित करके अपने विभिन्न अंगों तथा बीजों के माध्यम से तेल, वसा, प्रोटीन, कार्बोहाईड्रेट, विटामिन, स्टार्च, शर्करा आदि अनेकों जीवनपयोगी पदार्थों के रूप में संग्रह करते हैं। इस प्रकार प्राणी पौधों के विभिन्न अंगों को अपने भोजन के रूप में प्रयोग करके अपनी आवश्यकताओं की पूर्ति करता है। इसके अतिरिक्त पौधों द्वारा अपनी अन्य आवश्यकताओं की पूर्ति जैसे कपड़ा, उद्योगों को कच्चा माल, सौन्दर्य प्रसाधन, औषधियों आदि भी उपलब्ध होने से मनुष्यों को विभिन्न प्रकार की आवश्यकताओं के समाधान में भी सहायक है।

पौधे एवं प्राणियों द्वारा श्वसन क्रिया में ऑक्सीजन ग्रहण करने के पश्चात् कार्बनडाईऑक्साइड छोड़ते हैं। वायुमण्डल में कार्बनडाईऑक्साइड की एक निश्चित मात्रा से अधिक होने पर प्राणियों के लिए घातक है परन्तु प्राणियों के द्वारा श्वसन क्रिया में छोड़ी गई कार्बन डाई ऑक्साइड को प्रकाश संश्लेषण क्रिया द्वारा ग्रहण करके उसको उपयोगी ऑक्सीजन में बदलकर प्राणियों को शुद्ध ऑक्सीजन प्रदान करने में सहायक होते है। इस प्रकार पौधे वायुमण्डल में कार्बन डाई ऑक्साइड तथा ऑक्सीजन के अनुपात को संतुलित बनाये रखते हैं। इस प्रकार से पौधों/फसलों का मनुष्यों के जीवन में बहुत बड़ा योगदान है क्योंकि ये भोजन के अतिरिक्त मनुष्यों की सभी आवश्यकताओं जैसे- वस्त्र, आवास, औषधियाँ आदि की पूर्ति करते हैं।

मानव जीवन के लिए रोटी, कपड़ा और मकान के अतिरिक्त सबसे अधिक महत्व यह है कि श्वसन क्रिया हेतु शुद्ध ऑक्सीजन की उपलब्धता सुनिश्चित हो। मनुष्य/प्राणी श्वसन क्रिया में ऑक्सीजन ग्रहण करके कार्बन डाई ऑक्साइड छोड़ते हैं जबकि पौधे/वनस्पति/फसलें अपने भोज्य पदार्थों को बनाने के लिए मनुष्यों द्वारा छोड़ी गई प्रदूषित कार्बन डाई ऑक्साइड का ग्रहण करके प्रकाश संश्लेषण क्रिया करते हैं तथा शुद्ध ऑक्सीजन छोड़ते हैं। इस प्रकार पौधे वातावरण में कार्बन डाई ऑक्साइड तथा ऑक्सीजन का निश्चित अनुपात बनाये रखने में अहम् भूमिका निभाते है।

फसलों का वर्गीकरण (Classification of crops)

मनुष्यों के जीवन में फसलों का बहुत बड़ा योगदान है और इनका प्रबन्ध मनुष्य स्वयं करता है। इस प्रकार फसलों को कृषि विस्तार के आधार पर विभिन्न प्रकार से वर्गीकृत किया जा सकता है। कभी-कभी एक ही पौधा फसल उगाने के उद्देश्य से अलग-अलग वर्गों में विभक्त किया जा सकता है। फसलों का वर्गीकरण निम्न प्रकार से किया गया है-

1. जीवन चक्र के आधार पर।
2. ऋतुओं के आधार पर।
3. उत्पत्ति स्थल के आधार पर।
4. आर्थिक आधार पर।
5. वानस्पतिक आधार पर।
6. फसलों के विशेष उपयोग के आधार पर।
7. कृषि में महत्व के आधार पर-
   (अ) बीजों के आकार के आधार पर,
   (ब) पानी की आवश्यकता के आधार पर,
   (स) मृदा की किस्म के आधार पर,
   (द) मृदा कटाव के आधार पर।
8. जड़ों के आधार पर।

1. जीवन चक्र के आधार पर (Based on Life cycle)

जीवन चक्र के आधार पर फसलों को निम्न तीन रूपों में वर्गीकृत किया गया है-

(अ) एक वर्षीय फसलें (Annual crops) - एक वर्षीय फसलें वह होती हैं जो बोने से लेकर पकने तक अपना जीवन काल एक वर्ष के अन्दर ही पूर्ण कर लेती हैं। यदि कोई फसल 3-4 माह में ही अपना जीवन चक्र पूरा कर लेती है तो वह भी एक वर्षीय फसल की श्रेणी में आती है जैसे धान, गेहूँ, चना, मक्का, उर्द, मूँग, सरसों, आलू, बाजरा, सोयाबीन, अरहर, मटर, चारे वाली फसलें आदि।

(ब) द्विवर्षीय फसलें (Bienneal Crops) - द्विवर्षीय फसलें वे होती हैं जो प्रथम वर्ष अपनी वानस्पतिक वृद्धि करते हैं तथा दूसरे वर्ष में फल, फूल तथा बीज बनाने की क्रियायें पूर्ण करती हैं। द्विवर्षीय फसलें जैसे चुकन्दर, प्याज, बन्दगोभी, फूलगोभी आदि।

(स) बहुवर्षीय फसलें (Perennial Crops) - बहुवर्षीय फसलें वह होती हैं जिनका जीवनकाल कई वर्षों तक चलता रहता है। इस प्रकार के पौधों का एकवर्षीय तथा द्विवर्षीय पौधे की तरह फूल-फल आने के बाद जीवन चक्र पूरा होना आवश्यक है किन्तु पौधों में संग्रहीत भोजन के कारण कई वर्षों तक पुनर्वृद्धि करने में सक्षम रहते हैं जैसे रिजका (लूसर्न), वर्षीय अरहर आदि।

2. ऋतुओं के आधार पर (Based on Seasons) –

फसलों की वृद्धि एवं पकने के समय विभिन्न प्रकार के तापमान, आर्द्रता, सूर्य के प्रकाश की अवधि आदि की आवश्यकता होती है। भारत में ऋतुओं के आधार पर फसलों को निम्न तीन वर्गों में विभक्त किया गया है, जो निम्न हैं –

(अ) खरीफ की फसलें (Kharif Crops) – इस वर्ग में फसलों की बुआई तथा वृद्धि के समय अधिक तापमान तथा अधिक आर्द्रता परन्तु पकते समय अपेक्षाकृत कम तापमान तथा शुष्क मौसम की आवश्यकता होती है। इस वर्ग की अधिकतर फसलें अल्प प्रकाश पोषी (Short day Plants) होती हैं। इस वर्ग के फसलों की जलमाँग अन्य फसलों की अपेक्षा अधिक होती है। खरीफ ऋतु की फसलें मुख्यत: धान, बाजरा, मक्का, ज्वार, कपास, जूट, ग्वार, ढैंचा, उर्द, मूँग, मूँगफली, अरहर, तिल, लोबिया आदि प्रमुख हैं।

(ब) रबी की फसलें (Rabi Crops) – इस वर्ग में उगाई जाने वाली फसलों की बुआई के समय कम तापमान तथा पकते समय अपेक्षाकृत अधिक तापमान की आवश्यकता होती है। रबी फसलों को कम तापमान (शीत), कम आर्द्रता तथा अल्प दीप्तिकाल (Short day length) की आवश्यकता होती है। इन फसलों की बुआई अक्टूबर–नवम्बर तथा कटाई मार्च–अप्रैल में की जाती है। इस वर्ग की फसलें जैसे सरसों, गेहूँ, जौ, चना, मटर, मसूर, आलू, गोभी युक्त की फसलें, बरसीम, रिजका आदि प्रमुख हैं।

(स) जायद की फसलें (Zaid Crops) – इस मौसम में उगाई जाने वाली फसलों में अधिक तापमान, कम आर्द्रता के साथ–साथ तेज गर्म हवाओं को सहने की क्षमता अधिक होती है। इनके पौधों की वृद्धि के लिये दीर्घकालीन दीप्तिमान (Long days length) की आवश्यकता होती है। तरबूज, ककड़ी, कद्दू कुल की फसलें, उर्द, मूँग, मक्का, लोबिया, खरबूजा आदि फसलें इस वर्ग की प्रमुख फसलें हैं।

3. उत्पत्ति के आधार पर (Based on origin) –

इस वर्ग की फसलों को वर्गीकरण उनके उत्पत्ति स्थान के आधार पर किया गया जो निम्न है –

(अ) **देशी फसलें (Native Crops)** – इस वर्ग की फसलों को उसी भौगोलिक वातावरण में उगाया जाता है जहाँ पर इनकी उत्पत्ति का स्थान होता है, इस वर्ग की फसलों को देशी फसलें कहते हैं। भारत में उगाई जाने वाली देशी फसलें जैसे धान, अरण्डी, सरसों, उर्द, मूँग, गन्ना, कपास आदि हैं।

(ब) **विदेशी फसलें (Exotic or Alien Crops)** – जो फसलें अपने उत्पत्ति स्थान से बाहर के क्षेत्रों में उगाई जाती हैं उन्हें विदेशी फसलें कहते हैं। भारत में उगाई जाने वाली विदेशी फसलें जैसे मक्का, आलू, जूट, तम्बाकू आदि हैं।

4. आर्थिक आधार पर (Based on Economic importance) – फसलों का आर्थिक आधार पर वर्गीकरण बहुत ही महत्वपूर्ण है। इस प्रकार का वर्गीकरण फसलों की उपयोगिता की दृष्टि से अथवा सस्य वैज्ञानिक वर्गीकरण (Agronomical Classification) भी कहा जाता है। फसलों को उनके उपयोग के आधार पर निम्न वर्गों में विभाजित किया गया है –

(i) **धान्य अथवा अन्न फसलें (Cereal crops)** – इस वर्ग में वे फसलें उगाई जाती हैं जिनका प्रयोग मनुष्यों को खाने के लिए किया जाता है, जो मनुष्यों का प्रमुख खाद्यान्न है। इसके अन्तर्गत धान, गेहूँ, ज्वार, बाजरा, मक्का, जौ तथा मोटे खाद्यान्न जैसे– साँवा, कोदों, काकुन, मडुआ (रागी), चीना आदि फसलें आती हैं।

(ii) **दलहनी फसलें (Pulse Crops)** – इस वर्ग में वह फसलें उगाई जाती हैं जिनके दानों में प्रोटीन की मात्रा अधिक होती है, दानों का प्रयोग दाल के रूप में तथा वानस्पतिक भागों का प्रयोग पशुओं को खिलाने के लिए किया जाता है। इन फसलों को उगाने से भूमि की उर्वराशक्ति में वृद्धि हो जाती है। इस वर्ग के

अन्तर्गत चना, मटर, मसूर, अरहर, उर्द, मूँग, लोबिया आदि फसलें आती हैं।

(iii) **तिलहनी फसलें (Oilseed Crops)** – इस वर्ग के अन्तर्गत उन सभी फसलों को सम्मिलित किया जाता है जिनके बीजों से तेल निकालकर तेल का प्रयोग खाने तथा अन्य उपयोग के लिये किया जाता है। इस वर्ग में सरसों कुल की समस्त फसलें, सोयाबीन, मूँगफली, तिल, कुसुम, अलसी, सूरजमुखी आदि प्रमुख फसलें हैं। डीज़ल तेल के लिए जेट्रोफा (रतनजोत) फसल भी इस वर्ग के अन्तर्गत आती हैं।

(iv) **चारे की फसलें (Fodder Crops)** – इस वर्ग के अन्तर्गत आने वाली समस्त फसलों का उपयोग पशुओं को चारे के रूप में खिलाने के लिए किया जाता है। इन फसलों का प्रयोग सुविधानुसार हरे चारे, सूखे चारे, हे अथवा साइलेज के रूप में किया जा सकता है। इस वर्ग में बरसीम, जई, रिजका, सूडान घास, नैपियर घास, मकचरी, चरी, गिनी घास, ज्वार, बाजरा, मक्का, लोबिया आदि हैं।

(v) **रेशे वाली फसलें (Fibre Crops)** – इस वर्ग की फसलों से प्राप्त रेशे का प्रयोग करके कपड़ा, टाट, जूट के बोरे, दरी, कालीन, पैकिंग का सामान आदि वस्तुएं बनाई जाती हैं। रेशे वाली फसलें जैसे कपास, जूट, सनई, पटसन, अलसी आदि हैं।

(vi) **हरी खाद की फसलें (Green Manure Crops)** – इस वर्ग की फसलों को उगाने का मुख्य उद्देश्य पौधों की जड़ों में उपस्थित राइजोबियम जीवाणुओं द्वारा वायुमण्डल में स्वतंत्र नत्रजन का भूमि में स्थिरीकरण करती हैं जिससे भूमि की भौतिक दशा तथा उर्वरा शक्ति में वृद्धि होती है। इस वर्ग की फसलें जैसे सनई, ढैंचा, उर्द, मूँग, लोबिया, अरहर, मोंठ, कुल्थी आदि प्रमुख हैं।

(vii) **शर्करा फसलें (Sugar Crops)** – इस वर्ग में उगाई जाने वाली फसलों से शर्करा प्राप्त होती है। गन्ना तथा चुकन्दर इस वर्ग की प्रमुख फसलें हैं।

(viii) **सब्जियों वाली फसलें (Vegetable Crops)** – इस वर्ग की फसलों का प्रयोग सब्जी के लिये किया जाता है। इस वर्ग में टमाटर, लौकी, तोरई, कद्दू, आलू, मूली, गाजर, शलजम, भिन्डी, मटर, पालक, सेम, मेंथी, चुकन्दर, करेला आदि प्रमुख हैं।

(ix) **फल वाली फसलें (Fruit Crops)** – इस वर्ग में उगाई जाने वाली फसलों का प्रयोग फलों के रूप में किया जाता है। इस वर्ग में फलदार वृक्षों के अतिरिक्त तरबूज, खरबूजा, ककड़ी, खीरा आदि फसलों का प्रयोग फल के रूप में किया जाता है।

(x) **जड़ तथा ट्यूबर फसलें (Root and Tuber Crops)** – इस वर्ग की फसलों को भूमि के अन्दर पनपने वाले परिवर्तित तने तथा जड़ों का प्रयोग खाने में किया जाता है। आलू इस वर्ग की प्रमुख फसलें है। इसके अतिरिक्त गाजर, मूली, शलजम, शकरकन्द, गांठ गोभी आदि फसलें हैं।

(xi) **मसाले वाली फसलें (Spices and condiment Crops)** – इस वर्ग में उगाई जाने वाली फसलों का प्रयोग मसाले के रूप में सब्जियों, अचार, चटनी आदि बनाने में किया जाता है। इस वर्ग के अन्तर्गत धनिया, सौंफ, अजवायन, मेंथी, हल्दी, प्याज, लहसुन, अदरक, जीरा, इलायची, पोदीना आदि प्रमुख हैं।

(xii) **औषधीय फसलें (Meditional plants)** – इस वर्ग की फसलों के अन्तर्गत कस्तूरी भिन्डी (मुश्क दाना), सफेद मूसली, मेन्था, पोदीना, हल्दी, अजवायन आदि प्रमुख हैं जिनका प्रयोग औषधियों के रूप में किया जाता है।

(xiii) **उत्तेजक फसलें (Stimulant Crops)** – इस वर्ग में उगाई जाने वाली फसलों का प्रयोग करने पर मानव मस्तिष्क पर उत्तेजनात्मक प्रभाव पड़ता है। इसके अन्तर्गत चाय, कॉफी, पोस्ता, तंबाकू आदि प्रमुख फसलें हैं।

(xiv) **सुगंन्ध फसलें (Aromatic Crops)** – इस वर्ग की फसलों से आसवन की विधि द्वारा सुगन्धित तेल निकाला जाता है। इस तेल का प्रयोग विभिन्न प्रकार के व्यापारिक तथा सौन्दर्य प्रसाधन के सामान बनाने के लिए किया जाता है। इस वर्ग में खस घास, पौदीना, मेन्था, पामारोजा, सिट्रोनेला, नींबू घास आदि प्रमुख हैं।

5. वानस्पतिक कुल के आधार पर (Based on botany or texonomy or fam) –

इस वर्गीकरण में पौधों की बनावट, आकार, प्रकार तथा वानस्पतिक लक्षणों के आधार पर विभिन्न कुलों (Family) में विभक्त किया गया है। यह वर्गीकरण बहुत ही विस्तृत है। खेती योग्य अधिकतर फसलें निम्न कुलों के अन्तर्गत आती है –

(i) **घास कुल (Gramineae or Grass family)** – धान, गेहूँ, जौ, मक्का, बाजरा, ज्वार, गन्ना, साँवा, कोदों, रागी, काकुन, जई, नेपियर घास, गिनी घास, सूडान घास, अंजन घास आदि।

(ii) **मटर कुल (Leguminaceae or Pea family)** – चना, मटर, मसूर, उर्द, मूँग, अरहर, लोबिया, मूँगफली, सनई, ढैंचा, बरसीम, लूसर्न, सोयाबीन आदि।

(iii) **सरसों कुल (Crucifereae family)** – राई, सरसों, तोरिया, तारामीरा, फूलगोभी, पातगोभी, गांठ गोभी, शलजम, मूली आदि।

(iv) **गाजर कुल (Umbellifereae family)** – गाजर, सौंफ, जीरा, धनिया आदि।

(v) **जूट कुल (Tiliaceae family)** – जूट, फालसा आदि।

(vi) **कपास कुल (Malvaceae family)** – कपास, पटसन, भिन्डी आदि।

(vii) **कम्पोजिटी कुल (Compositeae family)** – सूरजमुखी, कुसुम, नाइजर आदि।

(viii) **कद्दू कुल (Cucurbitaceae family)** – तरबूज, लौकी, तोरई, कद्दू, ककड़ी, खीरा, करेला, टिन्डा, तरबूज, खरबूजा आदि।

(ix) **अलसी कुल (Linaceae family)** – अलसी

(x) **प्याज कुल (Liliaceae family)** – प्याज, लहसुन

(xi) **आलू कुल (Solanaceae family)** – टमाटर, आलू, बैंगन, मिर्च, तम्बाकू आदि

(xii) **अरन्डी कुल (Euphorbiaceae family)** – अरन्डी

(xiii) **चिनोपोडिऐसी कुल (Chenopodiaceae family)** – चुकन्दर

(xiv) **जिन्जीविरेसी कुल (Zingiberaceae family)** – अदरक, हल्दी आदि

(xv) **कन्वोलवुलेसी कुल (Convolvulaceae family)** – शकरकन्द

(xvi) **पेडीसिलियेसी कुल (Pediciliaceae family)** – तिल

6. जड़ों की गहराई के आधार पर (Based on depth of roots) –

जड़ों के आधार पर फसलों का वर्गीकरण करने से फसलों को मिश्रित खेती अथवा फसल चक्र अपनाने में सहायता मिलती है। मिश्रित खेती तथा फसल चक्र में फसलों का चुनाव करते समय यह ध्यान रखा जाता है कि एक फसल के बाद दूसरी फसल की जड़ें एक ही गहराई से पोषक तत्वों तथा नमी का अवशोषण न कर सकें। एक फसल की जड़ें कम गहराई वाली तथा दूसरी अथवा सह फसल की जड़ें अधिक गहराई वाली होनी चाहिए। जड़ों की गहराई के आधार पर फसलों को निम्न प्रकार से वर्गीकृत किया जाता है–

(अ) **उथली जड़ वाली फसलें (Shallow rooted crops)** – इस वर्ग के अन्तर्गत वह फसलें आती हैं जिनकी जड़ें झकड़ा होती हैं जैसे – धान, आलू, प्याज, तोरिया, जई, मक्का, बाजरा आदि।

(ब) **मध्यम गहरी जड़ वाली फसलें (Medium deep rooted crops)** – इस वर्ग के अन्तर्गत जौ, गेहूँ, चना, तम्बाकू, मूँगफली, बरसीम, अन्डी, लोबिया, तम्बाकू आदि फसलें आती हैं।

(स) **गहरी जड़ वाली फसलें (Deep rooted crops)** – इस वर्ग के अन्तर्गत अरहर, कपास, सनई, ढैंचा, ज्वार, उर्द, चुकन्दर, शलजम, सरसों आदि फसलें आती हैं।

7. **फसलों के विशेष उपयोग के आधार पर (Based on special use of crops) –**

फसलों का वर्गीकरण उनके विशेष उपयोग के आधार पर निम्न प्रकार से किया गया है –

(i) **नकदी फसलें (Cash crops)** – इन फसलों को उगाकर मनुष्य थोड़ा भाग अपनी घरेलू आवश्यकता की पूर्ति के लिए रख लेता है। शेष बचा हुआ भाग बाजार में बेच देता है। इन फसलों को उगाने का मुख्य उद्देश्य कृषक को अधिक आर्थिक लाभ प्राप्त करना होता है। नकदी फसलों के अन्तर्गत तम्बाकू, कपास, आलू, मूँगफली, गन्ना, कपास आदि प्रमुख हैं।

(ii) **अन्तर्वर्ती फसलें (Catch crops)** – जब मुख्य फसल किसी प्रतिकूल परिस्थिति जैसे खेत में फसल बोने के बाद जमाव कम होना अथवा दीमक या कीटों/बीमारियों के प्रकोप के कारण, फसल के सूख जाने के कारण खेत में पर्याप्त खाली स्थान शेष रह जाता है, के स्थान पर उगाई जाती हैं। ऐसी स्थिति में इन खाली स्थानों पर कम समय में पककर तैयार होने वाली फसलों को उगाया जाता है, उन्हें अन्तर्वर्ती फसलें कहते हैं। दूरस्थ कतारों में बोई गई फसलों के बीच खाली स्थान में भी अर्न्तवर्ती फसलें उगाई जाती हैं। अन्तर्वर्ती फसलें समय और स्थान के उपयोग की प्रक्रिया है। चना, साँवा, उर्द, मूँग, लाही, चीना आदि फसलें अन्तर्वर्ती फसलें हैं।

(iii) **दबाव फसलें (Smother crops)** – वह फसलें जो खेत में खरपतवारों की वृद्धि एवं उनके घनत्व को कम कर देती हैं वे दबाव फसलें कहलाती हैं। ये फसलें भूमि की सतह को अपने वानस्पतिक वृद्धि द्वारा इस प्रकार से आच्छादित कर देती हैं एवं खरपतवारों के पौधों को हवा तथा सूर्य के प्रकाश से वंचित कर देती हैं जिससे खरपतवारों की वृद्धि पर प्रतिकूल प्रभाव पड़ता है। दबाव फसलों में अधिक तथा शीघ्र ही वानस्पतिक फसलें मुख्यत: लोबिया, सोयाबीन, उर्द, मूँग, सरसों आदि प्रमुख हैं।

(iv) **मृदा आरक्षी फसलें (Cover crops)** – इस वर्ग के अन्तर्गत वे फसलें आती हैं जो भूमि को अधिक से अधिक वानस्पतिक आच्छादन प्रदान करके मृदा को जल तथा वायु द्वारा होने वाले कटाव से बचाती है। इस वर्ग के अन्तर्गत लोबिया, बरसीम, उर्द, मूँग, सोयाबीन, सेम आदि फसलें आती हैं।

(v) **हरी खाद की फसलें (Green manure crops)** – खेतों में कार्बनिक पदार्थ की वृद्धि के लिए फसलों को उगाकर हरी अवस्था में ही खेत में पलट देना अथवा मिला दिया जाता है, इन फसलों को हरी खाद की फसलें कहते हैं। इन फसलों को खेत में कुछ समय तक उगाने के पश्चात् मिट्टी पलटने वाले हल से भूमि में दबा दिया जाता है। इन फसलों को उगाने का मुख्य उद्देश्य मृदा में कार्बनिक तथा अकार्बनिक पदार्थ में वृद्धि करने के लिए दलहनी तथा अदलहनी फसलों को उगाया जाता है। इस वर्ग के अन्तर्गत ढैंचा, सनई, लोबिया, मूँग, उर्द आदि फसलें प्रमुख हैं।

(vi) **रक्षक फसलें (Guard crops)** – जब पशुओं अथवा मनुष्यों से बचाने के उद्देश्य से मुख्य फसल के चारों ओर उगाई जाने वाली फसलों की रक्षक फसलें कहते हैं। जैसे गन्ने अथवा मक्का की फसल के

चारों ओर अण्डी की फसल तथा चना एवं मटर की फसल के चारों तरफ कुसुम की फसल उगाई जाती है। इस प्रकार अरण्डी तथा कुसुम की फसलें रक्षक फसलें कहलाती हैं।

(vii) **कोल फसलें (Cole crops)** – वह फसलें जिनकी अच्छी वृद्धि एवं बढवार के लिए ठण्डी जलवायु की आवश्यकता होती है। इन फसलों में पाला सहन करने की क्षमता भी अधिक होती है। क्रूसीफेरी कुल की फसलें जैसे पत्तागोभी, फूलगोभी आदि इस वर्ग में आती हैं।

(viii) **कीट आकर्षित फसलें (Trap crops)** – फसल को कीट पतंगों से बचाने को उद्देश्य से मुख्य फसल के चारों तरफ अथवा किनारे पर दूसरी फसल उगाई जाती है जिसका प्रमुख उद्देश्य मुख्य फसल के कीट पतंगों को अपनी ओर आकर्षित कर मुख्य फसल को कीटों के प्रकोप से बचा लेती है जैसे कपास की फसल को गुलाबी कीट के प्रकोप से बचाने के लिए खेत के चारों तरफ भिन्डी की फसल उगाते हैं।

(ix) **सूचक फसलें (Indicator crops)** – मृदा में नमी की कमी अथवा पोषक तत्वों की कमी को प्रदर्शित करने वाली फसलें सूचक फसलें कहलाती हैं जैसे सूरजमुखी, मक्का आदि।

(x) **सोइलिंग फसलें (Soiling crops)** – ये वे फसलें होती हैं जिनको हरी अथवा ताजी अवस्था में पशुओं को खिलाने के लिए उगाते हैं जैसे बरसीम, लूसर्न, जई, नेपियर घास आदि।

(xi) **ट्रक फसलें (Truck crops)** – यह वह फसलें होती हैं जिन्हें ताजे रूप में अधिक भार के कारण बाजार में बेचा जाता है वह ट्रक फसलें कहलाती हैं जैसे बैंगन, बरसीम, टमाटर, मूली, पालक आदि।

(xii) **एवेन्यू फसलें (Avenue crops)** – जब फसलों को खेतों के रास्तों पर अथवा बाढ़ के रूप में उगाया जाता है उन्हें एवेन्यू फसलें कहते हैं जैसे अरहर, शीशम आदि।

(xiii) **पलवार फसलें (Mulch crops)** – पलवार फसलें भूमि में नमी बनाये रखने के उद्देश्य के लिए उगाई जाती हैं। इन फसलों में मोटा अथवा अधिक परत वाला आच्छादन होता है जैसे लोबिया, ग्वार आदि।

(xiv) **दाई फसलें (Nurse crops)** – यह वह फसलें होती हैं जो अपने पास उग रही दूसरी फसलों के पौधों की वृद्धि में सहायता करती है। इसमें दाई फसलें दूसरी फसल के पौधों को छाया तथा ऊपर चढ़ने के लिए एक सहारे का कार्य करती हैं जैसे मटर में राई, लोबिया में ज्वार आदि। इनमें राई तथा ज्वार दाई फसलें हैं।

(xv) **घासवाड़ी फसलें (Ley crops)** – ये वे फसलें होती हैं जो क्रमानुगत तरीके से चराई अथवा काटकर चारे के रूप में पशुओं को खिलाने के उद्देश्य से उगाई जाती हैं। इसमें दलहनी फसलों के साथ साथ घास तथा अन्य दूसरी फसलें उगाते हैं जैसे मारवल घास, अंजन घास, दीनानाथ घास के साथ लोबिया, सिराट्रो, बरसीम, रिजका आदि फसलों को उगाते हैं।

(xvi) **उतेरा फसलें (Utera crops)** – बाढ़ वाले क्षेत्रों में जब बाढ़ समाप्त हो जाती है उस समय धान की खड़ी फसल पकने के समय परन्तु कटाई के पूर्व भूमि की शेष नमी का उपयोग तथा फसल बोने की देरी की दशा में छिड़कवाँ विधि द्वारा बुआई कर दी जाती है जिससे आगामी फसल की बुआई 15 दिन पूर्व हो जाती है जिसे पैरा अथवा उतेरा फसल कहते हैं जैसे धान के खेत में मसूर, बरसीम, खेसारी आदि की बुआई।

(xvii) **पत्ती फसलें (Leefy crops)** – ये वे फसलें होती हैं जिनको पत्ती के रूप में उगाया जाता है जैसे तम्बाकू, मैंथी, पालक, सीसल आदि।

(xviii) **शोषक फसलें (Exhaustive crops)** – ये वे फसलें होती हैं जो भूमि से बहुत अधिक मात्रा में पोषक तत्वों को ग्रहण करती है जिससे भूमि की उर्वरा शक्ति कम हो जाती है जैसे ज्वार, बाजरा, चरी, तिल, अलसी आदि।

(xix) **ऊर्जा फसलें (Energy crops)** – वे फसलें जिनसे इथेनॉल अथवा एल्कोहल प्राप्त किया जाता है जैसे गन्ना, आलू, मक्का, जौ, टेपियोका आदि।

(xx) **शीतगृह की फसलें (Ware crops)** – ये वे फसलें होती हैं जिनका भण्डारण कर भविष्य में उपयोग हेतु सुरक्षित रखा जाता है जैसे टमाटर, आलू आदि।

(xxi) **नारकोटिक फसलें (Narcotic crops)** – ये वे फसलें जिनका प्रयोग करने से मनुष्यों के नर्वस सिस्टम को उत्तेजित करती है जैसे तम्बाकू आदि।

(xxii) **उत्तेजक फसलें (Stimulating crops)** – ये वे फसलें जिनका प्रयोग करने से मनुष्यों में थकान कम अथवा समाप्त हो जाती है, उत्तेजक फसलें कहलाती हैं जैसे चाय, कॉफी आदि।

(xxiii) **पेडी फसलें (Ratoon crops)** – बहुवर्षीय अथवा कई कटाई वाली फसलें जिनकी कटाई के पश्चात् जड़ों से पौधों की पुनर्वृद्धि होकर पुनः नई फसल बन जाती है जिसे पेडी फसल कहते हैं जैसे गन्ना, बरसीम, ज्वार, जई आदि।

(xxiv) **ऑग्मेन्टिंग फसलें (Augmenting crops)** – ये वे फसलें हैं जो चारे वाली फसलों की पहली कटाई में उपज कम प्राप्त होने के कारण इनको मिलाकर बुआई करने पर अधिक उपज प्राप्त हो जाती है। बरसीम की फसल के साथ जापानी राई तथा चायनीज रेप को मिलाकर बुआई करने पर पहली कटाई में अधिक उत्पादन प्राप्त हो जाता है।

(xv) **सफाई वाली फसलें (Cleaning crops)** – वे फसलें जो खेत की सफाई करती है जैसे आलू, मक्का आदि।

(xxvi) **समोच्च फसलें (Contour crops)** – समोच्च रेखा पर उगाई जाने वाली फसलों को समोच्च फसलें कहते हैं जिनका उद्देश्य मृदा कटाव को रोकना होता है जैसे मारवल घास।

(xxvii) **कम्पलीमेन्टरी फसलें (Complementary crops)** – वे फसलें जिनको अन्तः फसल पद्धति में उगाने पर कुल उपज में वृद्धि हो जाती है जैसे ज्वार + लोबिया, इस पद्धति में ज्वार की फसल को नत्रजन की आपूर्ति लोबिया से जबकि लोबिया को ज्वार से सहायता मिलती है।

(xxviii) **प्रतिस्पर्धात्मक फसलें (Competitive crops)** – वे फसलें जिनमें आपस में अधिक प्रतिस्पर्धा होने के कारण अन्तः फसल पद्धति के लिए उपयोगी नहीं होती हैं जैसे धान्य-धान्य (मक्का-गेहूँ-धान-गेहूँ)।

(xxix) **सप्लीमेन्टरी फसलें (Supplementary crops)** – वे फसलें जिसमें कम्पलीमन्टरी तथा प्रतिस्पर्धात्मक फसलें दोनों प्रकार के गुण नहीं होते हैं जैसे मक्का-कद्दू कुल की फसलें।

(xxx) **फोउलिंग फसलें (Fouling crops)** – वे फसलें जिनमें कुछ विशेष प्रकार की कृष्य क्रियायें करने से खरपतवारों की सघनता में वृद्धि हो जाती है जैसे धान की सीधी बुआई।

(xxxi) **रेशे वाली फसलें (Fibre crops)** – वे फसलें जिनको रेशे प्राप्त करने के उद्देश्य से उगाया जाता है जैसे कपास, सनई, ढैंचा आदि।

(xxxii) **रिपेरियन फसलें (Riparian crops)** – वह फसलें जिसको पानी के आसपास, नहरों, गूलों, जलनिकास तथा सिंचाई की नालियों के साथ उगाया जाता है जैसे कलमी शाक, पारा घास आदि।

(xxxiii) **कम्पेनियन फसलें (Companion crops)** – कम समय में तैयार होने वाली फसलों को अधिक समय में तैयार होने वाली फसलों के साथ अन्त: फसल पद्धति में उगाया जाता है जैसे आलू, प्याज को गन्ना के साथ उगाया जाता है।

8. कृषि में महत्व के आधार (Based on agricultural importance) –

कृषि में महत्व जैसे बीज का आकार, फसल की जल माँग, अम्लीयता, मृदा क्षरण, पोषक तत्वों का उपयोग, मृदा की उर्वरता, सुषुप्तावस्था आदि को ध्यान में रखकर वर्गीकरण किया जाता है। इस प्रकार से फसलों का वर्गीकरण निम्न है–

(अ) बीजों के आकार के आधार पर (Based on seed size) – बीजों के आकार के अनुसार ही बीजों के बोने की गहराई निर्धारित की जाती है। बड़े बीजों को अधिक गहराई पर जबकि छोटे बीजों को कम गहराई पर नमी के सम्पर्क में बोया जाता है। छोटे बीजों को बोने के लिए मिट्टी अधिक भुरभुरी होनी चाहिए। बीजों के आकार के आधार पर फसलों का वर्गीकरण निम्न है –

(i) छोटे बीजों वाली फसलें – बरसीम, तम्बाकू, सरसों, शलजम, गोभी आदि।

(ii) मध्यम आकार के बीजों वाली फसलें – गेहूँ, जौ, जई, ज्वार, उर्द, मूँग, अरहर आदि।

(iii) बड़े आकार के बीजों वाली फसलें – मक्का, चना, मटर, राजमा, मूँगफली आदि।

(ब) पानी की आवश्यकता के आधार पर (Based on water requirement of crops) – इस वर्गीकरण में फसल उत्पादन में सस्य योजना बनाते समय फसल को पानी की आवश्यकता तथा सिंचाई की उपलब्धता को ध्यान में रखकर उगाई जाती हैं। फसलों को पानी की आवश्यकता को दृष्टि में रखकर निम्न प्रकार से वर्गीकरण किया जाता है –

(i) अधिक पानी चाहने वाली फसलें (Aquatic crops) – धान, सिंघाड़ा आदि।

(ii) अधिक पानी चाहने वाली फसलें (Highly irrigated crops) – आलू, गन्ना, शकरकन्द, गेहूँ, बरसीम, सब्जियाँ आदि।

(iii) औसत पानी चाहने वाली फसलें (Moderately irrigated crops) – देशी गेहूँ, मक्का, जौ, जई, चरी, लोबिया आदि।

(iv) कम पानी चाहने वाली फसलें (Low irrigated crops) – चना, मसूर, अरहर, बाजरा, अन्डी, कपास आदि।

(v) सूखा सहिष्णु फसलें (Drought resistant crops) – अलसी, ग्वार, रागी, दुआ, कुसुम, ज्वार, बाजरा आदि।

(स) मृदा की किस्म के आधार पर (Based on Soil types) – मृदा की संरचना तथा पीएच मान के आधार पर फसलों को कई प्रकार से वर्गीकृत किया गया है, जो निम्न है –

(i) मटियार मृदाओं की फसलें (Crops of heavy clay soils) – जैसे धान, कपास, चना आदि।

(ii) दोमट मृदाओं की फसलें (Crops of loam soils) – सभी फसलें उगाई जा सकती है।

(iii) बलुई दोमट मृदाओं की फसलें (Crops of sandy loam soils) – जैसे मूली, चुकन्दर, गाजर, आलू, मूँगफली, शलजम आदि।

(iv) रेतीली मृदाओं की फसलें (Crops of sandy soils) – जैसे खरबूजा, ककड़ी, तरबूज आदि

(v) क्षारीय भूमियों की फसलें (Crops of saline quali soils) – जैसे धान, चुकन्दर, कपास, बरसीम, ढैंचा, टमाटर, गोभी, पालक, सरसों, गन्ना, मटर, अलसी, कुसुम, मिर्च आदि।

(vi) अम्लीय मृदाओं की फसलें (Crops of acidic soils) – जैसे राई, बकव्हीट, जौ आदि।

(द) मृदा कटाव के आधार पर (Based on soil erosion) – मृदा कटाव के आधार पर फसलों को निम्न प्रकार से वर्गीकृत किया गया है–

(i) मृदा कटाव अवरोधी फसलें (Erosion resisting crops) – ये वे फसलें होती है जो मृदा अपरदन को रोकती हैं। इन फसलों की वानस्पतिक वृद्धि तथा भूमि को ढक लेने के कारण वर्षा की बूंदें सीधे जमीन पर नहीं पड़ती। इसके अतिरिक्त कुछ फसलों में अधिक पत्तियाँ गिरने तथा जड़तन्त्र अधिक विकसित होने के कारण भूमि को बांधे रहती है इस वर्ग में मूँग, लोबिया, उर्द, ग्वार, सनई आदि प्रमुख फसलें हैं।

(ii) मृदा कटाव बढ़ाने वाली फसलें (Erosion permiting crops) – इस वर्ग में वह फसलें सम्मिलित की जाती हैं जो मृदा कटाव को बढ़ावा देती हैं जैसे मक्का, अरण्डी, अरहर, सरसों आदि।

फसलों की प्रजातियाँ (Varieties/Cultivars of crops)

फसलों की प्रजातियों से तात्पर्य है कि कल्टीवार (Cultivar) शब्द दो शब्दों जैसे कल्टी (Culti) शब्द का अर्थ खेती योग्य तथा वार (Var) शब्द का अर्थ किस्म से है अर्थात् यह शब्द खेती योग्य किस्म से मिलकर बना है। फसलों की प्रजातियों को हम इस प्रकार से परिभाषित कर सकते हैं।

''खेती योग्य किस्म जिसकी अपनी कोई एक दैहिकी, भौतिकी, बाह्य या कोशिकीय गुण हो तथा यह गुण लैंगिक अथवा अलैंगिक प्रजनन में स्थिरता रखता हो, किस्म या प्रजाति कहलाती है।

फसलों की प्रजातियों का चयन (Selection of crop varieties)

फसलों की उन्नतशील प्रजातियों में कुछ अपने विशिष्ट गुण होते हैं जिनको अपनाने से प्रति इकाई क्षेत्रफल में उत्पादन में वृद्धि हो जाती है। प्रजातियों के विशिष्ट गुणों को ध्यान में रखकर कृषक किसी फसल विशेष की किस्म से अधिक उपज प्राप्त की जा सकती है। प्रजातियों में निम्न गुण होने चाहिए–

1) **अधिक उत्पादन क्षमता (High yielding capacity)** – किसी फसल विशेष की प्रजाति का चुनाव करते समय यह ध्यान रखना चाहिए कि उत्पादक की आवश्यकता की पूर्ति हेतु तथा उपलब्ध संसाधनों का अधिक से अधिक उपयोग करके अधिकतम उत्पादन देने की क्षमता होनी चाहिए। फसलों की प्रजातियों की अधिकतम उत्पादन क्षमता होने से कुल लाभ अधिक प्राप्त होता है तथा लागत कम हो जाती है।

2) **अनुकूलता (Adaptability)** – फसल की किसी उन्नतशील प्रजातियों का चयन करते समय यह ध्यान रखना चाहिए कि जो प्रजाति उगाने जा रहे हैं वह उस क्षेत्र की भौगोलिक दशा जैसे वातावरण, भूमि आदि परिस्थितियों के अनुकूल होनी चाहिए। भौगोलिक दशा के अनुकूल प्रजातियों का चयन करने से उस प्रजाति से अधिक से अधिक उत्पादन प्राप्त किया जा सकता है।

3) **पोषक तत्व उपयोग क्षमता (Nutrient use efficiency)** – किसी फसल विशेष की वह प्रजाति उत्तम मानी जाती है जिसकी उर्वरक उपयोग करने की क्षमता अधिक होती है। उर्वरकों का अधिक से अधिक उपयोग करने से कम लागत में अधिक से अधिक उत्पादन प्राप्त किया जा सकता है। बौनी/संकर प्रजातियों में देशी प्रजातियों की अपेक्षा पोषक तत्व उपयोग दक्षता अधिक होती है।

4) **कम अवधि में तैयार होने क्षमता (Early naturing ability)** – किसी प्रजाति का कम समय में पककर तैयार अथवा फसल अवधि कम होने से फसल उत्पादन में प्रयोग किये जाने वाले संसाधनों का उपयोग भी कम होता है जिससे उत्पादन लागत में कमी होने के साथ-साथ कुल लाभ में बढ़ोतरी हो जाती है। इसी प्रकार कम समय में पककर तैयार होने वाली प्रजातियाँ सघन फसल पद्धति (Intensive cropping system) में आसानी से समायोजित की जा सकती है। जिसके परिणामस्वरूप एक ही समय में प्रति इकाई क्षेत्रफल पर अधिक से अधिक लाभ प्राप्त किया जा सकता है।

5) **प्रजातियों की उत्पादन गुणवत्ता (Qualitative production)** – उन्नतशील प्रजातियों की उत्पादन गुणवत्ता अधिक होनी चाहिए। उगाई जाने वाली प्रजातियों में पोषक तत्व जैसे विटामिन, प्रोटीन, तेल, शर्करा, खनिज लवण आदि प्रचुर मात्रा में होने चाहिए। चारे वाली फसलों की प्रजातियों में चारे की गुणवत्ता जैसे पाचनशीलता, प्रोटीन, विटामिन, खनिज लवण आदि अधिक होने चाहिए। इसी प्रकार रेशे वाली फसलों में रेशे की मात्रा तथा रेशे की गुणवत्ता अधिक होनी चाहिए।

6) **प्रतिकूल परिस्थितियों में अनुकूलता (Adaptability under abberent weather)** – प्रजातियों को उगाने के समय किसी प्रतिकूल परिस्थितियों जैसे सूखा पड़ना, बाढ़ आना, अधिक पानी बरसना, पाला पड़ना आदि के प्रति अधिक से अधिक सहनशीलता होनी चाहिए। किसी प्रजाति विशेष को अधिक अथवा कम तापमान सहने की भी क्षमता अधिक होनी चाहिए। फसल की यह प्रजाति जो प्रतिकूल वातावरण में भी अधिक से अधिक उत्पादन देने की क्षमता होती है वह प्रजाति उत्तम मानी गई है।

7) **भूमि की किस्म तथा दशा में उगाये जाने की क्षमता (Adaptability in all types of soil)** – फसलों की वह प्रजाति जो भारी अथवा बलुई, लवणीय, अम्लीय, कम उर्वरा शक्ति, कंकरीली आदि प्रकार की भूमियों में उगाये जाने की क्षमता होने पर वह प्रजाति उन्नतशील कही जाती है।

8) **कीटों एवं बीमारियों के प्रति सहिष्णु/अवरोधी (Insect/pest and disease resistant)** – वह प्रजाति जो कीट एवं बीमारियों को सहने की क्षमता अधिक रखती हो वह प्रजाति उत्तम मानी जाती है। आजकल विभिन्न फसलों की अनेक प्रजातियाँ कई प्रकार के कीटों एवं बीमारियों के प्रति अवरोधी होती हैं। कीटों एवं बीमारियों के प्रति अवरोधी प्रजातियों की उत्पादन क्षमता में वृद्धि हो जाने से कुल आय में वृद्धि हो जाती है।

✦

6

बीज एवं बुआई
(SEED AND SOWING)

अधिक उत्पादकता प्राप्त करने के लिए बीजों का एक महत्वपूर्ण योगदान है खराब किस्म के बीजों की अंकुरण क्षमता कम होती है, विभिन्न बीमारियों से ग्रसित रहते हैं तथा उचित जमाव न होने से प्रति इकाई क्षेत्रफल में पौध संख्या कम हो जाने से फसलोत्पादन पर प्रतिकूल प्रभाव पड़ता है। यह सत्य है कि उपज का मूल आधार बीज ही होता है। चाहे कितनी भी अच्छी भूमि की किस्म हो, चाहे कितनी ही उन्नत सस्य क्रियायें जैसे खाद एवं उर्वरक प्रबन्ध, सिंचाई प्रबन्ध तथा फसल प्रबन्धन की क्रियायें की जाए सभी अच्छे बीज के अभाव में निष्प्रयोज्य साबित होगी। फसलोत्पादन में कुछ कारक ऐसे होते हैं जिनका कृषक के हाथ में कोई नियंत्रण नहीं होता है। परन्तु बीज फसलोत्पादन का एक सबसे अधिक महत्वपूर्ण कारक होने के साथ-साथ जिसका नियंत्रण कृषकों के हाथ में होता है। भारतवर्ष में उगाई जाने वाली लगभग सभी फसलों की उत्पादकता विश्व के कई देशों की अपेक्षा बहुत कम है जिसका प्रमुख कारण अच्छे एवं उन्नत किस्म के बीजों की अनुपलब्धता है। सामान्यत: कृषक आगामी फसल बोने के लिए उन्हीं बीजों का भण्डारण करते हैं जो पूर्व फसल से प्राप्त होता है। इसके अतिरिक्त इनकी भण्डारण व्यवस्था बहुत ही खराब है जिससे भण्डारण के समय बीजों में नमी बढने से कीटों का प्रकोप बढ जाता है जिससे बीजों की अंकुरण क्षमता घट जाती है। यदि कीटों से प्रभावित अथवा कम अंकुरण शक्ति वाले बीजों का प्रयोग आगामी फसल की बुआई के लिए किया जाता है तो निसन्देह प्रति इकाई क्षेत्रफल में उपयुक्त पौध संख्या न होने से उपज में काफी कमी हो जाती है।

भारतवर्ष में कृषकों की आर्थिक स्थिति अच्छी न होने के कारण प्राय: अच्छे एवं उन्नत किस्मों के बीजों का प्रयोग नहीं कर पाते हैं। इसके अतिरिक्त दूसरा प्रमुख कारण यह भी है कि फसल बोने के समय अच्छे एवं उन्नत किस्म के बीजों का सर्वथा अभाव रहता है। कृषक जिस दुकान अथवा संस्था से बीज खरीदता है सामान्यत: वह भी अच्छी गुणवता का नहीं होता है यदि देश में उन्नत किस्म के बीजों का अभाव है। सरकारी संस्थायें सीमित संसाधनों के कारण सीमित मात्रा में ही बीजों की आपूर्ति सुनिश्चित कर पाती हैं।

देश में कार्यरत बीज उत्पादन एवं वितरण में राष्ट्रीय बीज निगम (NSC) महिको (Mahico), भारतीय कृषि अनुसंधान परिषद (ICAR) के विभिन्न संस्थान, राज्य कृषि विद्यालय (SAU'S), एस.एफ.सी.आई., तराई बीज विकास निगम, निजी क्षेत्र की कई संस्थायें आदि विभिन्न फसलों के अच्छे एवं उन्नत किस्म के बीजों का वितरण करते हैं। परन्तु इसका लाभ उठाने के लिए दूरदराज स्थित गाँवों के कृषक इस व्यवस्था का लाभ उठाने से वंचित रह जाते हैं और मजबूरीवश अपने खराब किस्म के बीज का प्रयोग फसल उत्पादन के लिए करते हैं।

बीज की परिभाषा (Definitions of seed)

फसलोत्पादन हेतु प्रयोग किये जाने वाले बीज को निम्नलिखित रूप से परिभाषित करते हैं-

1. बीज एक निषेचित एवं परिपक्व अन्डाशय होता है जो बुआई के काम आकर फसल उत्पादन करने में सहायक होता है।
2. बीज एक सुषुप्तावस्था में रहने वाला एक परिपक्व अन्डाशय होता है जिसकी दैहिकी एवं आनुवांशिक क्रियायें अस्थाई रूप से स्थगित रहती हैं।
3. बीज एक निषेचित बीजान्ड है और भ्रूण से सुरक्षित, संग्रहित भोज्य एवं बीज कवच से बना होता है, जो जीवित है एवं अंकुरण की क्षमता रखता है।
4. पुष्पीय पौधों के प्रजनन की एक इकाई बीज कही जाती है, जिसका भ्रूण सुषुप्त अवस्था में रहता है जो भोज्य सप्लाई से घिरी एवं बाहरी बीज कवक से ढकी रहती है।
5. लैंगिक या वानस्पतिक प्रवर्धित, बुआई की सामग्री, जो फसल बोने/रोपने के काम आती है तथा जो बीमारी एवं कीट पतंगों से मुक्त होती है और बोने के पश्चात प्रति इकाई क्षेत्र में पौधों की वांछित संख्या देती है, बीज कहलाती है।

बीज के प्रकार (Definitions of seed)

विभिन्न प्रकार की आवश्यकता तथा आनुवांशिक गुणों को ध्यान में रखकर बीज विकसित किये जाते हैं। इस प्रकार अधिक फसलोत्पादन के उद्देश्य तथा आनुवांशिक गुणों की शुद्धता के आधार पर बीजों को निम्न वर्गों में विभाजित किया जाता है-

(1) मूल बीज (Nucleous seed) : संस्करण (Hybridization), म्यूटेशन (Mutation) एवं चुनाव (Selection) विधि से जो बीज प्राप्त होता है उसे मूल बीज कहते हैं। यह बीज प्रजनक (Breeder) द्वारा उत्पादित किया जाता है। इस बीज में सभी आवश्यक आनुवांशिक लक्षण विद्यमान रहते हैं। यह बीज बहुत कम मात्रा में पैदा होता है। इस बीज की आनुवांशिक शुद्धता शत प्रतिशत रहती है। इन बीजों की आनुवांशिक शुद्धता अधिक होने के कारण बहुत महंगे होते हैं। इन बीजों की आनुवांशिक शुद्धता तथा उत्पादन क्षमता को विभिन्न सस्य-जलवायुवीय क्षेत्रों में परीक्षण किया जाता है। यह बीज केवल संवर्धन के लिए ही उपलब्ध हो पाते हैं। यह प्रथम श्रेणी का बीज होता है।

(2) जनकबीज (Breeders seed) : जनक बीज मूल बीज द्वारा पैदा किये जाते हैं इनकी आनुवांशिक गुणवत्ता काफी अधिक होती है। यह बीज भी प्रजनक द्वारा तैयार किया जाता है। इन बीज को बोने पर 5-6 वर्षों तक आनुवांशिक शुद्धता कायम रहती है। यह भी प्रथम श्रेणी का बीज होता है। इस बीज के थैले पर पीला टैग लगा रहता है जिस पर जनक बीज का प्रारम्भिक मूल्यांकन, परीक्षण, राष्ट्रीय परीक्षण, क्षेत्रीय परीक्षण, जिला परीक्षण तथा किट के अन्तर्गत परीक्षण किया जाता है। जब यह बीज सभी जगह उत्पादन की दृष्टि से उपयुक्त होता है तभी इसको पुनः पैदा किया जाता है। दलहन तथा तिलहन के जनक बीज का प्रबन्धन राष्ट्रीय बीज निगम द्वारा किया जाता है। यदि किसी कारण से यह बीज एन एस सी अथवा एस एफ सी आई द्वारा नहीं लिया जाता है ऐसी स्थिति में यह जनक बीज निदेशक, दलहन और तिलहन विकास बोर्ड को भेज दिया जाता है जहाँ से यह मिनी किट के माध्यम से कृषकों में वितरित कर दिया जाता है।

(3) आधारीय बीज (Foundation seed) : इस बीज का उत्पादन जनक बीज से किया जाता है। आधारीय बीज आनुवांशिक शुद्धता की दृष्टि से द्वितीय श्रेणी के माने जाते हैं। जनक बीजों के परीक्षण अथवा संवर्धन के समय बीज की कुछ आनुवांशिक शुद्धता क्षीण हो जाती है फिर भी मानक के अनुरूप इनमें आनुवांशिक शुद्धता बनी रहती है। आधारीय बीज, जनक बीज के उत्पादन को बढ़ाने के लिए बीज संस्थाओं, राष्ट्रीय बीज निगम, राज्य बीज निगम, तराई बीज विकास निगम, राष्ट्रीय एवं राजकीय कृषि अनुसंधान संस्थान, राज्य कृषि विश्वविद्यालयों आदि द्वारा किया जाता है। आधारीय बीज के पैकेट पर सफेद टैग (White tag) लगा होता है।

(4) प्रमाणित बीज (Certified seed) : प्रमाणित बीजों का उत्पादन आधारीय बीजों द्वारा किया जाता है। यह बीज तृतीय स्तर का होता है जिसका प्रयोग कृषकों को व्यापारिक स्तर पर फसलोत्पादन के लिए करते हैं। इस बीज का उत्पादन दो प्रकार से किया जाता है।

प्रथम विधि : आधारीय बीज को बीज उत्पादन करने वाली संस्थायें जैसे राष्ट्रीय बीज निगम या राजकीय बीज फार्म द्वारा उनके फार्म पर बीज उत्पादित किया जाता है।

दूसरी विधि : बीज संवर्धन कार्यक्रम के अन्तर्गत पंजीकृत प्रगतिशील कृषकों के फार्मों पर प्रमाणीकरण संस्थाओं की देखरेख में बीज उत्पादित किया जाता है।

उपरोक्त प्रमाणित बीज उत्पादन के समय खेत का निरीक्षण बीज निरीक्षकों की देखरेख में किया जाता है। इसके पश्चात बीज की प्रसंस्करण (Processing), बोराबन्दी (bagging), टैगिंग/लेबलिंग (Tagging/Labelling) का कार्य बीज तकनीशियन की उपस्थिति में किया जाता है। यह बीज प्रमाणीकरण संस्था द्वारा चुना जाता है। प्रमाणित बीज जनक बीज तथा आधारीय बीज की अपेक्षा कम आनुवांशिक गुणों वाला होता है। इस बीज के थैले पर नीला टैग (Blue tag) लगा होता है। बीज थैलों पर लगे टैगों (taggs) का रंग केन्द्रीय प्रमाणीकरण बोर्ड (Seed Certification Board) द्वारा दिया जाता है। बीज निरीक्षक अपनी रिपोर्ट विभिन्न रंगों की शीट्स/पेपर पर भेजता है जैसे –

प्रथम कापी : गुलाबी – मुख्यालय (Head Office) को भेजना

द्वितीय कापी : हरी – उत्पादक (Grower) को भेजना

तृतीय कापी : पीली – क्षेत्रीय कार्यालय (Regional Office) को भेजना

चतुर्थ कापी : सफेद – स्वयं अपने पास रखता है।

(5) सच्चा बीज (Truthful seed) : यह बीज किसी बीज प्रमाणीकरण संस्था द्वारा प्रमाणित नहीं होता है। इस बीज की अंकुरण क्षमता तथा भौतिक शुद्धता मानकों के अनुरूप होती है परन्तु आनुवांशिक गुणवत्ता पर सदैव सन्देह रहता है। इसलिए इसे न्यूनतम स्तर का बीज कहते हैं। प्रमाणित बीज की अनुपलब्धता होने पर केवल विश्वसनीयता के आधार पर विक्रेता द्वारा स्वयं प्रदान किया जाता है।

(6) अवमानक बीज (Sub-standard seed) : मौसम की प्रतिकूल परिस्थितियों जैसे सूखा पड़ना, बाढ़ अथवा महामारी आदि की स्थिति में बीजों की गुणवत्ता मानक के अनुरूप तथा आवश्यकतानुसार उत्पादित नहीं हो पाती है। इस तरह के बीज को अवमानक बीज कहते हैं। ऐसी स्थिति में कम गुणवत्ता वाले बीजों को ही निर्दिष्ट मानकों के अनुरूप प्रमाणीकरण संस्था द्वारा प्रमाणित कर दिया जाता है। इन बीजों की बुआई मात्र विवशता होती है।

(7) गुणवत्ता युक्त बीज (Quality seed) : वह शुद्ध बीज जिसकी अंकुरण क्षमता अधिक हो, भौतिक दशा आर्कषक हो, जो बीमारियों, कीटों, खरपतवार के बीजों, अन्य फसल एवं प्रजातियों के बीज तथा अन्य पदार्थों से मुक्त हो, गुणवत्ता युक्त बीज कहलाते हैं। अच्छी गुणवत्ता के बीजों का उत्पादन करना तथा उनको बुआई हेतु प्रयोग करना कृषकों के नियंत्रण में होता है। फसलोत्पादन के अन्य कारकों की अपेक्षा उत्तम किस्म का बीज उगाकर अच्छी गुणवत्ता के बीज का उत्पादन बढ़ाया जा सकता है।

अच्छे बीज की विशेषताएं (Characteristics of a good seed)

1. बीज की भौतिक शुद्धता (Physical purity of seed) : बीजों में अन्य फसल के बीज, खरपतवारों के बीज, कंकड़-पत्थर, फसल के अवशेष, मिट्टी, धूल आदि से पूर्णतः मुक्त होना चाहिए। बीजों में अन्य प्रजाति के बीज मिल जायें तो उनकी वृद्धि, खाद, पानी, पकने, काटने आदि के समय में भिन्नता होती है जिन्हें पकने तथा काटने के पहले उखाड़ लिया जाता है। परन्तु यह खाद, पानी, स्थान, ऊर्जा आदि से प्रतिस्पर्धा करके मुख्य फसल की उपज तथा गुणवत्ता

को कम कर देते हैं। इसी प्रकार खरपतवारों के बीजों की मिलावट होने से यह मुख्य फसल के साथ विभिन्न प्रकार से प्रतिस्पर्धा कर उसकी गुणवत्ता एवं उपज को कम कर देते हैं।

बीजों की भौतिक शुद्धता का प्रतिशत निम्न सूत्र की सहायता से ज्ञात करते हैं –

$$\text{भौतिक शुद्धता प्रतिशत (Physical purity percentage)} = \frac{\text{शुद्ध बीजों का वजन}}{\text{नमूने के लिए बीजों का वजन}} \times 100$$

2. बीजों की आनुवांशिक एवं प्रजातीय शुद्धता (Genetical and varietal purity of seed) : बोये जाने वाले बीज की आनुवांशिकता शुद्ध होनी चाहिए अर्थात् जिस प्रजाति के बीज को बोने के लिए प्रयोग किया जा रहा है उसमें अन्य प्रजाति के बीजों का मिश्रण नहीं होना चाहिए। यदि बीज में अन्य प्रजातियों के बीज मिश्रित हो तो उनकी पहचान करके निकाल कर अलग कर देना चाहिए। इस प्रकार जब दो प्रजातियों के मिश्रित बीजों की बुआई कर दी जाती है तब उनके बोने का समय, पकने का समय, खाद, पानी की आवश्यकता, बीमारियों एवं कीटों का प्रकोप तथा झड़ने आदि गुण अलग-अलग होते हैं। इस तरह से एक प्रजाति के बीजों की आवश्यकता की पूर्ति करना सम्भव है परन्तु दूसरी प्रजाति की नहीं। मिश्रित बीजों की बुआई कर देने से फसल की उपज कम हो जाती है।

किसी प्रजाति की प्रमुख विशेषताओं के अतिरिक्त बीज या पौधे 'रोग' (Rogue) कहलाते हैं। उदाहरणत: यदि गेहूँ की बौनी प्रजातियों में लम्बी प्रजातियों के बीज उग जाते हैं तो बाल निकलने के समय इनको उखाड़ देने की क्रिया को रोगिंग (Rogueing) कहते हैं।

3. बीजों का बाह्य आकार तथा रंग (Size and colour of seeds) : किसी प्रजाति विशेष जिसके बीजों का प्रयोग बुआई के लिए किया जा रहा है उसका आकार, प्रकार एवं रंग एक समान होना चाहिए। बीजों का आकार छोटा होने से पौधों की वृद्धि एवं विकास कमजोर हो जाती है। स्वस्थ एवं पूर्ण विकसित पौधे में बालियाँ अविकसित एवं कमजोर पौधों की अपेक्षा 5-10 दिन पूर्व निकल आती हैं। इसके अतिरिक्त पौधों की वृद्धि कम होने से रोग तथा कीटों का प्रकोप होने की सम्भावना अधिक रहती है। छोटे एवं सिकुड़े हुए बीजों से पौधे कमजोर होने का प्रमुख कारण यह है कि अंकुरण की प्रारम्भिक अवस्था में बीजांकुर को बीज से पूर्ण भोजन प्राप्त नहीं हो पाता इसके विपरीत बड़े एवं सुडौल आकार के बीज, बीजांकुरों को अधिक खाद्य पदार्थ देकर स्वस्थ पौधे तैयार करते हैं। परन्तु कभी-कभी कुछ प्रजातियों का बीज दूसरी प्रजाति के बीजों की अपेक्षा छोटा पाया जाता है इसलिए बीजों का आकार उसकी आनुवांशिकी बीजों की आकृति, आकार तथा रंग का अध्ययन आवर्धक लैन्स (Magnifying lens) द्वारा किया जाता है। अधिक सूक्ष्म आकार के बीजों का अध्ययन पराबैंगनी किरणों (Ultra Violet rays) के द्वारा करते हैं।

4. बीजों की अंकुरण क्षमता (Germination capacity of seeds) : उत्तम गुणवत्ता युक्त बीजों की अंकुरण क्षमता अधिक होती है क्योंकि फसल की बुआई करने पर बीज की मात्रा का निर्धारण बीजों की अंकुरण क्षमता के आधार पर ही किया जाता है। किसी फसल के बीजों का बीज-कवच बहुत कठोर होता है जिससे बीजों का अंकुरण बड़ी कठिनाई से होता है अथवा बहुत कम मात्रा में होता है। इसके साथ-साथ जब बीजों में उपस्थित भ्रूण किसी कारण टूट जाता है तब उसकी अंकुरण क्षमता समाप्त हो जाती है। बीजों की अंकुरण क्षमता निम्न कारकों से प्रभावित होती है-

1) भंडारण के समय बीजों में अधिक नमी का प्रतिशत
2) भंडारण के समय बीजों में भंडारण कीटों का प्रकोप
3) किसी कारण से बीजों का भ्रूण टूट जाना अथवा नष्ट हो जाना।
4) बीज का बीज कवच अत्यधिक कठोर होना।
5) बीजों में सुषुप्तावस्था होना।
6) बीजों के अंकुरण के लिए उपयुक्त जलवायु उपलब्ध न होना।

बीजों की जीवन क्षमता किसी निश्चित समय के पश्चात स्वतः ही नष्ट हो जाती है। अतः अधिक समय तक भंडारित बीजों की अंकुरण क्षमता कम हो जाती है। बीजों की अंकुरण क्षमता को निम्न सूत्र की सहायता से ज्ञात किया जाता है –

$$\text{अंकुरण प्रतिशत} = \frac{\text{अंकुरित बीजों की संख्या}}{\text{परीक्षण हेतु प्रयोग किए गए कुल बीजों की संख्या}} \times 100$$

बीजों का अंकुरण प्रतिशत ज्ञात करने के लिए रेट या फिल्टर पेपर की सहायता से उचित तापक्रम तथा नमी प्रदान की जाती है। किसी निश्चित संख्या में बीजों को फिल्टर पेपर में लपेट कर रख कर उसको आवश्यकतानुसार पानी से गीला करते रहते हैं। इस प्रकार कुछ दिनों में बीजों का अंकुरण हो जाता है। इस प्रकार कुल परीक्षण के लिए रखे गये बीजों में से अंकुरित बीजों की गिनती करके उपरोक्त सूत्र द्वारा अंकुरण प्रतिशत ज्ञात कर लेते हैं। बीजों के जल्दी अंकुरण के लिए वृद्धि चेम्बर (Growth Chamber) मशीन का भी प्रयोग किया जाता है। बुआई के लिए 90–95 प्रतिशत अंकुरण क्षमता वाले बीजों का प्रयोग करना अच्छा होता है।

उपरोक्त परीक्षण में बीजों का अंकुरण प्रतिशत अधिक होते हुए भी खेत में कभी–कभी अंकुरण बहुत कम होता है। अतः खेत में अंकुरण कम होने के निम्न कारण हो सकते हैं –

1) बीजों की अधिक गहराई पर बुआई करने से।
2) मृदा में कम नमी की दशा में।
3) अंकुरण के लिए मृदा ताप का उपयुक्त न होना।
4) मृदा में पर्याप्त मात्रा में वायुसंचार न होना।
5) सूर्य के प्रकाश का पर्याप्त मात्रा में उपलब्ध न होना।

5. बीजों में नमी की मात्रा (Moisture content in the seed) : बीजों की अंकुरण क्षमता पर नमी का सीधा सम्बन्ध है। यदि बीज अधिक सूखे हैं तो बीज के अन्दर उपस्थित भ्रूण की मृत्यु हो सकती है। इसके विपरीत यदि बीजों में नमी की मात्रा अधिक है तो बीज में अनेक प्रकार के फफूँदी रोगों का प्रकोप होकर अंकुरण क्षमता नष्ट हो जाती है। कुछ फसलें जैसे धान तथा सब्जियों के बीजों में पकने के समय बीजों में नमी की मात्रा 30–40 प्रतिशत तक होती है अतः इन बीजों का भन्डारण करने से पूर्व अच्छी तरह से सुखाकर जब बीजों में नमी की मात्रा 10–12 प्रतिशत रह जाये तब भन्डारण करते हैं।

6. बीजों की रोग मुक्तता (Disease free seed) : बीज सदैव रोग मुक्त होना चाहिए। बीमारियों के बीजाणु बीजों की सतह पर चिपके रहते हैं और देखने पर दिखाई नहीं देते। यदि इन बीजों की बुआई कर दी जाये तो अंकुरण प्रभावित हो जाता हैं साथ ही साथ फसल को रोगग्रस्त करके उपज को कम कर देते हैं। जैसे डिप्लोडिया (Diplodia), जिब्रेला (Giberella) तथा फ्यूजेरियम (Fusarium) के कारण पैदा होने वाले मक्का में रोग, गेहूँ, जौ तथा जई में अनावृत्त कन्डुआ (Loose smut) तथा मोटे अनाजों में स्कैब (Scab) आदि रोग लग जाते हैं। इस प्रकार किसी भी बीमारी से ग्रसित बीज बोने हेतु प्रयोग नहीं करने चाहिए।

7. बीज की जीवन क्षमता (Seed viability) : किसी फसल की जीवन क्षमता एक निश्चित समय तक होती है। अधिक दिनों तक भन्डारित किये गये बीजों का अंकुरण कम अथवा समाप्त हो जाता है। इसके अतिरिक्त बीज का भ्रूण (Embryo) किसी कारण से क्षतिग्रस्त हो जाता है तो उसकी जीवन क्षमता समाप्त हो जाती है। इसके साथ–साथ बीज कट जाने, सड़–गल जाने, रोग से प्रभावित हो जाने अथवा भन्डारण के दोषों के कारण बीजों का भ्रूण अपनी जीवन क्षमता को नष्ट कर देता है। इसलिए बीजों को बोने के पूर्व उसकी जीवन क्षमता का ज्ञान करना आवश्यक होता है।

बीज की जीवन क्षमता निम्न परीक्षणों द्वारा ज्ञात की जा सकती है –

1) टेट्राक्लोसियम परीक्षण : इस परीक्षण में बीज के भ्रूण को 1 प्रतिशत 2, 3, 5 – टेट्राक्लोसियम के घोल में कुछ समय के लिए उपचारित करते हैं। जीवित भ्रूण में श्वसन क्रिया होने के कारण रंगहीन टेट्राक्लोसियम लाल रंग में परिवर्तित हो जाता है। इस प्रकार बीजों की जीवन क्षमता ज्ञात हो जाती है।

2) आन्ध्रप्रदेश कृषि विद्यालय, हैदराबाद में धान के बीजों में जीवन क्षमता ज्ञात करने के लिए 100-200 धान के बीजों का सावधानीपूर्वक छिलका उतारकर इन बीजों को 0.5-1 प्रतिशत टेट्राजोलियम क्लोराइड या ब्रोमाइड के घोल में 24 घंटे तक भिगोते हैं। इस प्रकार जीवित बीज लाल रंग में परिवर्तित हो जाता है और अजीवित बीज का रंग वैसा ही रहता है। रंगीन दानों को गिनकर उसकी जीवन क्षमता ज्ञात कर लेते हैं।

3) तटस्थ परीक्षण (Cold test) : इस परीक्षण में बीजों को कुछ समय के लिए प्रतिकूल परिस्थितियाँ जैसे ठंडी, नम, जीवाणुयुक्त भूमि में रखकर तथा बाद में अधिक ताप में उगाकर, अनुकूल परिस्थितियों की सहनशीलता तथा जीवन क्षमता जानने के लिए परीक्षण किया जाता है। जीवन क्षमता ज्ञात करने की इस विधि को तटस्थ परीक्षण कहते हैं।

8. बीज की सुषुप्तावस्था (Seed dormancy) : कुछ प्रकार के बीजों में कुछ समय के लिए सुषुप्तावस्था होती है। इस प्रकार के बीजों के अंकुरण के लिए उपयुक्त दशायें होने पर भी अंकुरण नहीं होता है बीजों की इस अवस्था को सुषुप्तावस्था कहते हैं। बीजों में सुषुप्तावस्था निम्न कारणों से हो जाती है –

(1) बीजों में वृद्धिकारी हारमोन्स (Growth promoting hormones) की अनुपस्थिति।

(2) बीजों में अंकुरण निरोधी कारकों (Growth inhibitors) की उपस्थिति।

(3) बीजों का बीजावरण कठोर होना जिससे बीजों में ऑक्सीजन तथा पानी का प्रवेश बीज के अन्दर नहीं हो पाता है।

बीजों की अंकुरण क्षमता बढ़ाने के लिए सुषुप्तावस्था को निम्न विधियों द्वारा नष्ट किया जा सकता है–

(i) **प्रकाश उपचार (Light treatment) :** बीजों के अंकुरण के लिए प्रकाश की आवश्यकता होती है। बीजों को विशेष प्रकार के प्रकाश को देकर सुषुप्तावस्था को समाप्त किया जा सकता है। इस प्रकार प्रकाश की लाल किरणों (Pressure treatment) से बीजों के अंकुरण में सहायता मिलती है। अत: जिन बीजों में अंकुरण के लिए प्रकाश की आवश्यकता होती है उनको प्रकाश का उपचार देना आवश्यक होता है।

(ii) **दबाव उपचार (Pressure treatment) :** कुछ फसलों के बीजों का अंकुरण अधिक दबाव का उपचार देकर कर सकते हैं। ल्यूसर्न के बीजों को 15 डिग्री सेन्टीग्रेड तापमान में जलीय दबाव की सहायता से 2000 वायुमण्डल के दबाव के बराबर दबाव डालने से अंकुरण में काफी वृद्धि हो जाती है।

(iii) **तापमान उपचार (Temperature treatment) :** बीजों का अंकुरण बढ़ाने के लिए कभी-कभी न्यूनतम तथा अधिकतम तापमान पर रखना पड़ता है। इस प्रकार के तापमान पर रखने से बीजों की सुषुप्तावस्था समाप्त हो जाती है। तापमान का उपचार देने के समय यह ध्यान रखना आवश्यक होता है कि तापमान 15-20 डिग्री सेन्टीग्रेड से अधिक नहीं होना चाहिए।

(iv) **बीजों का रासायनिक उपचार (Chemical treatment) :** विभिन्न रसायनों जैसे पोटेशियम नाइट्रेट के 0.1 प्रतिशत के घोल में, गन्धक एवं नमक के हल्के घोल में तथा हारमोन्स जैसे जिब्रेलिक अम्ल के घोल में बीजों को उपचारित करने पर बीजों की सुषुप्तावस्था समाप्त हो जाती है आलू की सुषुप्तावस्था को समाप्त करने के लिए आलू को थायोयूरिया या इथाइल डाई क्लोराइड के घोल में बोने के पूर्व डुबोने से अंकुरण क्षमता में वृद्धि हो जाती है।

(v) **बीजों को खुरच कर (Scraping of seeds) :** बीजों की सुषुप्तावस्था को बीजों की परत को खुरच कर नष्ट कर सकते हैं जिससे बीजों में ऑक्सीजन तथा पानी की पारगम्यता बढ़ जाती है। आलू के बीजों को किसी माध्यम से खुरच कर उसकी अंकुरण क्षमता में वृद्धि की जा सकती है।

बीज तथा दाना में अन्तर (Difference between seed and grain)

बीज में शुद्धता एक समान तथा अंकुरण क्षमता अधिक होती है। जबकि दाने में अंकुरण क्षमता नहीं भी हो सकती है। दाना कटा फटा, टूटा, मिश्रित तथा अशुद्धता लिए हुए भी हो सकता है।

दाना (Grain) : घास कुल के पौधे का साधारण फल जिसमें ऊपरी परत (Pericarp) गूदे से चिपकी रहती है, दाना कहलाती है।

इसी प्रकार दलहनी कुल के पौधों के दाने जो खाने में प्रयोग किये जाते हैं, दलहनी दाने कहलाते हैं।

इस प्रकार बीज एवं दाने में अंकुरण क्षमता अलग-अलग होती है अर्थात जिनमें अंकुरण क्षमता हो वह बीज कहलाते हैं और जिनमें अंकुरण क्षमता न हो, दाने कहलाते हैं।

तालिका 6.1 : बीज एवं दाने में अन्तर

बीज	दाना
1. बीज वैज्ञानिक विधि द्वारा तैयार किया जाता है जिसको सही ढंग से उपचारित, पैक, चिन्हित एवं उचित ढेर प्रदर्शित करता है।	वह दाना जो खाने के लिए प्रयोग हो, हाथ से साफ किया गया हो लेकिन चिन्हित न हो।
2. बीज एक सुनिश्चित कार्यक्रम का परिणाम है।	यह एक व्यापारिक उत्पाद का भाग है जो खाने के लिए उगाया जाता है।
3. बीज में खरपतवार के बीज, अन्य फसलों के बीज तथा नमी नहीं होती हैं।	दानों में किसी प्रकार का परीक्षण नहीं किया जाता है।
4. बीजों की अंकुरण क्षमता अधिक होती है।	इसकी अंकुरण क्षमता का कोई मानक नहीं होता है।
5. सरकारी तथा बीज प्रमाणीकरण संस्था की देखरेख में इनका उत्पादन किया जाता है।	इसका किसी की भी देखरेख में उत्पादन नहीं होता है।
6. बीज में गुणवत्ता स्तर ज्ञात होता है।	इसमें गुणवत्ता स्तर ज्ञात नहीं होता है।

बीजों की किस्में (Kinds of Seed)

1) संकर बीज (Hybird seed) : संकर बीज दो या अधिक समयुग्मजी (Homozygous) पौधों जो कि वांछित गुणों वाले तथा अधिक उपज देने वाले होते हैं, को संस्करण विधि द्वारा उगाये जाते हैं। संकर बीज केवल एफ-1 पीढ़ी के बीजों की बुआई के लिए प्रयोग किये जाते हैं। संकर बीज इकहरे, दोहरे तथा अनेक संकरणों से तैयार किये जाते हैं।

2) उन्नतशील बीज (Improved seed) : फसल की किसी उन्नत किस्म का बीज जो आनुवांशिक तथा भौतिक रूप से शुद्ध हो, उन्नतशील बीज कहलाते हैं। उन्नतशील बीजों में 10-15 प्रतिशत अधिक आनुवांशिक गुणों के साथ-साथ रोग-रोधी तथा कीट-रोधी क्षमता पाई जाती है। इन बीजों से उत्पन्न पौधों की विभिन्न प्रकार की जलवायु में अच्छी वृद्धि होती है तथा प्रतिकूल परिस्थितियों में सहने की शक्ति अधिक होती है। नाभिकीय (Nucleous), प्रजनक (Breeder), आधारीय (Foundation) तथा प्रमाणित (Certified) बीज, उन्नतिशील बीज की श्रेणी में आते है।

3) संकुल बीज (Composite seed) : संकुल बीज चुनी गई किसी किस्मों के जनन द्रव्य समूह (Germplasm complex) के अन्तरासंकरण से तैयार किये जाते हैं। संकुल किस्मों में अधिक उत्पादन के आनुवांशिक गुण संकर किस्म के बीजों की अपेक्षा अधिक स्थाई होते हैं। इसलिए संकुल बीजों को एफ-1 पीढ़ी के उपरान्त बदलने की आवश्यकता नहीं होती है।

4) उत्परिवर्ती बीज (Mutant seed) : उत्परिवर्तक अभिकर्ता (Mutagenic agent) की सहायता से प्रजनन क्रिया के द्वारा उत्पन्न बीज को उत्परिवर्ती बीज कहा जाता है। उत्परिवर्ती बीजों में संकर तथा संकुल किस्म के बीजों की अपेक्षा अधिक गुणवत्तायुक्त उत्पादन देने की क्षमता होती है।

5) शुद्ध बीज (True seed) : अपनी प्रजाति (Variety) के अनुरूप विशेषताऐं रखने वाला बीज, शुद्ध बीज कहलाता है।

बीज उपचार (Seed treatment)

बीजों को बोने के पूर्व बीज का उपचार करना अति आवश्यक होता है यह उपचार रसायनों अथवा कल्चर द्वारा किया जाता है। बीजोपचार करने से फसल में लगने वाली विभिन्न प्रकार की बीमारियों के प्रकोप से बचाया जा सकता है।

''बीजोपचार वह विधि है जिसमें रसायन अथवा अन्य पदार्थ बीजों के साथ मिलकर बीजों के ऊपर अथवा अन्दर एक रोगरोधी पर्त बन जाती है जो बीमारी फैलाने वाले विषाणुओं को रोकती है''।

कवकनाशी रसायनों द्वारा बीजों को उपचारित कर देने से बीजों एवं भूमि द्वारा फैलने वाली बीमारियों का 50-70 प्रतिशत तक नियंत्रण हो जाता है। अत: यह निस्संक्रामक (Disinfectant) का कार्य करते हैं। कम समय में पककर तैयार होने वाली फसलों में बीजोपचार का अधिक महत्व है।

बीजोपचार से लाभ (Advantage of seed treatment)

व्यावहारिक तथा प्रयोगात्मक दृष्टि से बीजोपचार से निम्नलिखित लाभ हैं-

1) बीजोपचार करने से बीजों की अंकुरण क्षमता में वृद्धि हो जाती है।
2) बीजोपचार करने से फसल में लगने वाले बीज जनित रोगों का नियंत्रण हो जाता है।
3) बीजोपचार करने से बीजों को हानि पहुँचाने वाले कीटों से बचाव हो जाता है।
4) फसल की कीटों से सुरक्षा हो जाती है।
5) जीवाणु संवर्धन से बीजों को उपचारित करने पर दलहनी फसलों में उपस्थिति जड़ ग्रन्थियों में उपस्थित राइजोबियम जीवाणुओं द्वारा वायुमण्डल की नत्रजन का स्थिरीकरण अधिक होता है।
6) मृदा की उर्वरा शक्ति में वृद्धि हो जाती है।
7) अधिक उपज प्राप्त होने से शुद्ध लाभ में काफी वृद्धि हो जाती है।

बीजोपचार की विधियाँ (Methods of seed treatment)

बीजोपचार में प्रयोग होने वाले यन्त्र तथा विधियाँ निम्न हैं।

(1) बीज जनित बीमारियों से बचाव: बीजों से फैलने वाली बीमारियों से बचाव के लिए बीज को निम्न प्रकार से उपचारित करते हैं।

(अ) भौतिक विधियाँ (Physical Methods) : बीजों के अन्दर छिपे रोग जनक परजीवियों को नष्ट करने के लिए निम्नलिखित भौतिक विधियाँ प्रयोग की जाती हैं।

(i) **गर्म पानी से उपचार (Hot water treatment) :** इस विधि से बीजों को बुआई के पूर्व 50-60 डिग्री सेंटीग्रेड गर्म पानी में 7-12 मिनट तक डुबोया जाता है। इस विधि से बीजों को उपचारित करने से बीजों में उपस्थित विषाणु समाप्त हो जाते हैं। गर्म पानी द्वारा बीजों को उपचारित करने की विधि गेहूँ तथा जौ की अनावृत्त कंडुआ, आल्टरनेरिया, अंगमारी, तिल का पर्णदाग, सरसों की आल्टरनेरिया ब्लाइट, धान की स्टेमबर्न आदि विषाणुओं को नष्ट करने के लिए उपयोगी है।

(ii) **सौर उष्णता उपचार (Solar treatment) :** इस विधि में बीजों को मई-जून के महीने में तेज धूप में सुखाने के पूर्व बीजों को प्रात:काल साफ पानी में 2 घन्टे के लिए डुबोते हैं। इसके पश्चात तेज धूप में पक्के फर्श पर फैला कर सुखाते हैं। दिन में बीजों को सुखाने के समय तापमान 40-47 डिग्री सेन्टीग्रेड होना आवश्यक होता है। इस विधि द्वारा बीजों को उपचारित करने से गेहूँ एवं जौ का अनावृत्त कंडवा (Loose smut) के रोगाणुओं को तथा कपास के गुलाबी कीट (Pink boll worm) को आसानी से नष्ट किया जा सकता है।

(ब) रासायनिक विधियाँ (Chemical Methods) : बीजों को रोगों एवं कीटों से बचाने के लिए रसायनों द्वारा बीजोचार किया जाता है। रासायनिक विधि द्वारा बीजोपचार निम्न हैं।

(i) **कवकनाशियों की धूल से बीजोपचार (Seed treatment with fungicidal dust) :** इस विधि में विभिन्न रसायनों की धूल (Dust) का प्रयोग किया जाता हैं। आरगेनो मरक्यूरियल (Organo mercurial compounds) यौगिकों जैसे एग्रोसन जी एन, थीरम, कैप्टान, सेरेसान आदि कवकनाशी रसायनों की 2.0-2.5 ग्राम मात्रा प्रति किलोग्राम बीज दर से बीजों को उपचारित करते हैं।

धूल द्वारा बीजों को उपचारित करने के लिए फैक्ट्री निर्मित बन्द ढोल या ढोलनुमा ड्रम प्रयोग में लाया जाता है। जिसमें बीज तथा दवा डालकर घुमा देते हैं जिससे बीज आसानी से दवा के साथ एक समान मात्रा में मिल जाता है। इस विधि से जौ, जई तथा गेहूँ का कन्डुआ, गेहूँ का वेन्ट रोग, मूँगफली का जड़ गलन, ज्वार तथा मोटे अनाजों का कन्डुआ, मटर का पर्ण रोग, अलसी का रतुआ, अनेक फसलों का अंगमारी (Blast) आदि बीमारियों के फैलने से पहले ही नियंत्रण किया जा सकता है।

(ii) **कवकनाशी के घोल से बीजोपचार (Seed treatment for easy sowing) :** कवकनाशी रसायनों को बीजों के अन्दर प्रवेश कराने के उद्देश्य से रसायनों के घोल से बीजोपचारित करते हैं। तम्बाकू की फसल में लगने वाली आर्द्रपतन (Damping off) बीमारी की रोकथाम के लिए ब्लाइटाक्स -50 ई सी के 2 प्रतिशत घोल में तथा आलू में ब्लैक स्कार्फ रोग से बचाव हेतु ऐरीटन या टैफासन के 0.35 प्रतिशत के घोल में 2 मिनट तक डुबोया जाता है।

गेहूँ की फसल में कंडुआ रोग के नियंत्रण के लिए 125 ग्राम बाइटावैक्स 75 डब्लू पी प्रति 100 किलोग्राम बीज दर से बीजोपचार करते हैं। मूँगफली में टिक्का रोग के नियंत्रण के लिए बीजों को फार्मालीन के 2.5 प्रतिशत घोल में आधा घंटा तक रखा जाता है।

ज्वार, बाजरा तथा मक्का के बीजों को कैप्टान अथवा थीरम रसायन की 250 ग्राम मात्रा प्रति 100 किलोग्राम बीज दर से उपचारित करते हैं। इन रसायनों को 1 लीटर पानी में घोल बनाकर बीज में मिला देते हैं। परन्तु बीजों में रोगाणुओं को नष्ट करने के लिए रसायनों का प्रयोग बुआई से 8-10 दिन पूर्व ही कर देना चाहिए।

(iii) **बुआई की सुविधा हेतु बीजोपचार (Seed treatment for easy sowing) :** इस विधि से बीजोपचार करने का मुख्य उद्देश्य बीजों की अंकुरण दर बढ़ाना तथा सुविधाजनक बुआई के लिए किया जाता है। कपास के बीजों में रूई निकालने के पश्चात विनौला में रेशे चिपके रहने के कारण बीजों की बुआई में असुविधा होती है। इस प्रकार कपास के बीजों से रेशों को अलग करने के लिए गोबर अथवा राख के साथ रगड़ते हैं।

रासायनिक विधि द्वारा इनके बीजों से रेशों को अलग करने के लिए 1 प्रतिशत सल्यूरिक अम्ल के घोल में डुबोकर बीजों को लकड़ी की सहायता से चलाने से यह रेशे अलग हो जाते हैं। बीजों के इस तरह के उपचार को रेशे हटाना (Defuzzing) कहते हैं।

मूँगफली की फलियों को तोड़कर बीजों को अलग कर देने से अंकुरण शीघ्र एवं अच्छा होता है वैसे मूँगफली की बुआई फलियों द्वारा भी की जाती है। मूँगफली की फलियों का छिलका बुआई के 8-10 दिन पूर्व निकाल दिया जाता है। मूँगफली की फलियों का छिलका उतारने की इस विधि को डिकार्टीकेसन (Decartication) कहते हैं।

कुछ फसलों के बीजों की अंकुरण दर में वृद्धि करने के लिए बीजों को बोने के पूर्व पानी में 8-10 घंटे तक भिगोकर छाया में डाल देते हैं। इस प्रकार बीजों में अंकुरण शुरू हो जाने के पश्चात बीजों की बुआई कर देते हैं। बारानी क्षेत्रों में जहाँ पर नमी की अधिक कमी होती है वहाँ पर बीजों को पानी में भिगोकर बुआई की जाती है। इसी प्रकार आलू के कन्दों को कोल्ड स्टोरेज से निकालने के पश्चात 8-10 दिनों तक छायादार स्थान में रख देते हैं। जब आलू के कन्दों में अंकुरण शुरू हो जाता है तब इसकी बुआई कर दी जाती है।

(iv) **अन्य तरह के बीजोपचार (Other treatments) :** फसलों के बीजों की अंकुरण क्षमता बढ़ाने के उद्देश्य से विभिन्न प्रकार से उपचारित करते हैं। इनके उद्देश्य भी अलग-अलग होते हैं।

- गोदामों में बीजों को भन्डारण के कीटों से बचाने के लिए मिथाइल ब्रोमाइड के 0.5-0.75 किलोग्राम तथा ई डी डी टी 10-12 किग्रा की दर से 1000 घन फुट स्थान को 24 घंटे तक धूमित करते है। फास्टोक्सिन की 5 गोलियां प्रति दो टन अनाज में 5 दिन तक रखते हैं। गोदामों में काकरोच तथा झींगुर आदि जैसे कीटों से बचाने के लिए एल्ड्रिन के घोल का छिड़काव करते हैं।
- भन्डारण के बीजों को कीट, बीमारियों, नमी तथा तापमान के हानिकारक प्रभाव से बचाव के लिए भन्डार गृह को नमी रहित, बीजों को साफ करना, पानी में डालकर हल्के बीजों को छानकर अलग करना, बीजों पर बालू, राख, धूल, कैल्सियम तथा मैगनीशियम फास्फेट, कपूर, नेप्थलीन, सोडियम क्लोराइड, सोडियम कार्बोनेट, सोडियम बाई कार्बोनेट, पैराक्लोरोबैन्जीन, एल्यूमिनियम आक्साइड, सोडियम सल्फेट, चूना, मरक्यूरिक यौगिक, बेरियम आक्साइड, नीम की सूखी पत्तियों आदि का उपयोग किया जाता है।
- बीजों में बहुगुणित शक्ति तथा रोगरोधी शक्ति विकसित करने के लिए इन्हें उत्परिवर्तक अभिकर्ता जैसे काल्वीसिन के घोल में डुबोते हैं। इस कार्य के लिए बीजों को एक्स रे द्वारा भी उपचारित किया जाता है।
- बीजों में कीटों के प्रकोप होने अथवा रोगग्रसित हो जाने पर कीटों एवं उनके अंडे तथा बीमारियों के परजीवी को नष्ट करने के लिए इथलीन डाई ब्रोमाइड (म्क्ठ) अथवा एल्यूमिनियम फास्फाइड का प्रयोग किया जाता है। ऐसे बीजों को धूप में सुखाने, गर्म पानी में डुबोने तथा गर्म वाष्प से भी कीट एवं कवक नष्ट हो जाते हैं।
- बीजों को प्रतिकूल परिस्थितियों जैसे सूखा, पाला तथा लवणीयता सहन करने की शक्ति को बढ़ाने के लिए उन्हें पोटेसियम नाइट्रेट, बोरोन, साइकोसिल, कैल्सियम क्लोराइड, साइट्रिक अम्ल, मेलिक अम्ल, जैन्थीन, यूमेरिक अम्ल, मैगनीशियम सल्फेट, यूरेसिल, सुसनिक अम्ल, एग्रोसन आदि के घोल में डुबोया जाता है।
- शाकनाशी रसायनों के कुप्रभाव से बचाने के लिए क्रियाशील चारकोल, एन. ए. (1-8 नैप्थलिक एन हाइड्राइड), आर 25788 (एन एन डाई एलाइल 2-2 डाई क्लोरो एसिटामाइड), जी ए

43089, जी सी ए 92194, एम ओ एन 4606, ए डी 67,सी डी ए ए, आर 28725, एसी 222293, बेन्जील हाइड्रोजोन, कार्बक्सिन तथा फेरस सल्फेट का प्रयोग किया जाता है।

- बुआई किये गये बीजों को चिड़ियों, चूहों तथा अन्य कुतरने वाले जीवधारियों से बचाव के लिए बी एच सी, मैलाथियान, डाइथेन एम 45 तथा अन्य कीटनाशी रसायनों से उपचारित करके बोना चाहिए।
- धान के पौधों में जरायुज अंकुरण (Viviparous germination) को रोकने के लिए बालियों को 5 प्रतिशत नमक के घोल में डुबोना चाहिए।

(v) **फसलों में निषेचन करना (Seed inoculation) :** दलहनी फसलों की जड़ों में जड़ ग्रन्थिकाओं में उपस्थित राइजोबियम जीवाणु वायुमंडल की नत्रजन का स्थिरीकरण करते हैं। जिससे उस फसल की नत्रजन की आवश्यकता की पूर्ति के साथ मृदा में भी नत्रजन की मात्रा बढ़ जाती है। देश की अधिकांश मृदाओं में नत्रजन की कमी पाई जाती है। अत: मृदा में नत्रजन बढ़ाने का कार्य जीवाणुओं द्वारा किया जाता है। दलहनी फसलों में इन जीवाणुओं की क्रियाशीलता बढ़ाने के लिए भिन्न-भिन्न प्रकार की फसलों के लिए भिन्न-भिन्न राइजोबियम कल्चर उपलब्ध हैं। बीजों को राइजोबियम कल्चर से उपचारित करने से इन जीवाणुओं की संख्या तथा क्रियाशीलता बढ़ जाने से वायुमण्डल की नत्रजन का स्थिरीकरण अधिक मात्रा में होता है जिससे पौधों की अच्छी वृद्धि के साथ-साथ मृदा की उर्वरा शक्ति में वृद्धि हो जाती है।

धान में नील हरित शैवाल (Blue green algae) तथा अजोला (Azolla), आलू, कपास, सरसों, गेहूँ में एजोटोबैक्टर (Azotobacter), बाजरा में एजोस्परीलम (Azospirillum), तम्बाकू में एजोटोबैक्टर आदि का प्रयोग जैव उर्वरक के रूप में किया जाता है।

फसलों में फासफोरस घोलक जीवाणु (Phosphate Solubilizing Bacteria-PSB) द्वारा बीजों को उपचारित करने से पौधों में फासफोरस ग्रहण क्षमता में वृद्धि हो जाती है क्योंकि यह जीवाणु मृदा में अप्राप्य फासफोरस को प्राप्य फासफोरस के रूप में बदल देते हैं। फसल में इनके प्रयोग से उपज में 15-20 प्रतिशत तक वृद्धि हो जाती है।

दलहनी फसलों से कार्बनिक रूप में नत्रजन भूमि में स्थिर रहती है अत: निछालन आदि से इस नत्रजन की हानि नहीं होने पाती। दलहनी फसलों की जड़ों में बनने वाली ग्रन्थियाँ निम्न कारकों से प्रभावित होती हैं।

1. प्रकाश अवधि 8-12 घंटे तथा प्रकाश की सघनता ग्रन्थियों के बनने में सहायक होती हैं।
2. मृदा में पर्याप्त मात्रा में ऑक्सीजन की उपलब्धता होने से नत्रजन का यौगिकीकरण अधिक होता है।
3. नत्रजन के यौगिकीकरण के लिए मृदा का तापमान 25-30 डिग्री सेन्टीग्रेड उपयुक्त होता है।
4. मृदा में पर्याप्त एवं उचित मात्रा में नमी होने से नत्रजन का स्थिरीकरण (Fixation) अधिक होता है।
5. फसल की आनुवांशिकी क्षमता तथा बैक्टीरिया की किस्म का जड़ ग्रन्थि निर्माण तथा नत्रजन स्थिरीकरण पर अधिक प्रभाव पड़ता है।
6. मृदा में कैल्सियम, मैगनीशियम, बोरोन, मोलीबिडेनम की पर्याप्त मात्रा होने से ग्रन्थि निर्माण में सहायक है जिससे नत्रजन का स्थिरीकरण अधिक होता है।
7. दलहनी फसलों की बुआई के समय 20-25 किलोग्राम प्रति हैक्टेअर की दर से नत्रजन प्रयोग करने से पौधों की जड़ों तथा जड़ ग्रन्थियों का विकास अच्छा होता है।

तालिका 6.2 : दलहनी फसलों के लिए उपयुक्त राइजोबियम प्रजाति

क्र.सं.	समूह (Group)	फसलें (Crops)	जीवाणु की प्रजाति (Species)
1.	अल्फा-अल्फा	लूसर्न	*राइजोबियम मिलीलोटाई*
2.	क्लोवर(Clover)	बरसीम	*राइजोबियम ट्राईफोलाई*
3.	सेम (Bean)	उर्द, मूँग, सेम, लोबिया, ग्वार, मसूर	*राइजोबियम फैजियोलाई*
4.	मटर (Pea)	मटर, अरहर, चना	*राइजोबियम लैग्यूमिनेसिआई*
5.	सोयाबीन (Soyabean)	सोयाबीन	*राइजोबियम जेपोनीकम*
6.	ल्यूपिनी (Lupini)	लेसपरडिला	*राइजोबियम ल्यूपिनी*

जीवाणु निषेचन की क्रिया में उपरोक्त राइजोबियम प्रजातियों के जीवाणु भूमि में जीवाणु मिलाने में मदद करते हैं। एक वर्ग के जीवाणु दूसरे वर्ग की दलहनी फसलों में प्रयोग करने पर कार्य नहीं करते। जबकि एक वर्ग की दलहनी फसल उसी खेत में लगातार उगाने पर बार-बार बीजों को जीवाणु कल्चर से उपचारित नहीं करना पड़ता क्योंकि उक्त जीवाणुओं की संख्या मृदा में उपस्थिति रहती है। अत: जब किसी खेत में नई दलहनी फसल बोना होता है तो उस प्रजाति के राइजोबियम कल्चर से निषेचित करना आवश्यक है। आजकल जीवाणु कल्चर, राष्ट्रीय जैव उर्वरक विकास केन्द्र, गाजियाबाद, नैफेड, इन्दौर, नैफेड, भरतपुर, इफको, कृभको, स्पिक उर्वरक, कृषि विश्वविद्यालय आदि में इनका वृहद स्तर पर उत्पादन किया जा रहा है जो कृषकों के लिए उपलब्ध रहता है।

जीवाणु कल्चर की प्रयोग विधि (Methods of application of bacterial culture)

जीवाणु कल्चर को बीजों के साथ उपचारित करने के लिए 1/2 लीटर साफ पानी में 50-60 ग्राम गुड़ अथवा चीनी तथा 3 ग्राम बबूल की गोंद को घोलकर उबालते हैं जिससे पानी में उपस्थित हानिकारक जीवाणु मर जाये। इसके पश्चात इस घोल को ठन्डा कर लेते हैं। इसके बाद में साफ किया हुआ 10 किलोग्राम बीज एक बर्तन में डालकर उपरोक्त प्रकार से तैयार घोल को मिला कर साफ हाथों से बीजों को अच्छी तरह से मिलाते हैं। जब बीजों में यह कल्चर एक समान मात्रा में मिल जाये तब इसको छाया में पॉलीथीन अथवा साफ कपड़े पर डाल कर अच्छी तरह से सुखा लेते हैं। जैसे ही कल्चर युक्त बीज सूखकर अलग-अलग हो जाये तो उन्हें उसी दिन सायं के समय बुआई करके अच्छी तरह से पाटा लगा देना चाहिए। बीजों को उपचारित करने के समय से लेकर बुआई करने के मध्य समय कम से कम (8-10 घंटे) लगाना चाहिए अन्यथा कल्चर अप्रभावी हो जाता है।

जीवाणु कल्चर के लाभ (Advantages of bacterial culture)

जीवाणु कल्चर द्वारा बीजों को उपचारित करने से निम्न लाभ होते हैं-

1) कल्चर के प्रयोग से पौधों में जड़ ग्रन्थियों का निर्माण अधिक होता है।
2) वायुमन्डल की नत्रजन का स्थिरीकरण अधिक होता है।
3) पौधों की वानस्पतिक वृद्धि तथा विकास अधिक होता है।
4) फसल की उपज में काफी वृद्धि हो जाती है।
5) बीजों तथा पौधों में प्रोटीन की मात्रा बढ़ जाती है।
6) मृदा में अप्राप्य पोषक तत्व प्राप्य पोषक तत्वों के रूप में परिवर्तित हो जाते हैं।
7) मृदा की उर्वरा शक्ति में वृद्धि हो जाती है।

जीवाणु कल्चर के प्रयोग में सावधानियाँ (Precautions in application of bacterial culture)

जीवाणु कल्चर के प्रयोग में निम्न सावधानियाँ रखनी चाहिए।

1) प्रत्येक दलहनी फसल को उसी फसल के लिए तैयार किये गये कल्चर का ही प्रयोग करना चाहिए।
2) कल्चर प्राप्त करने के बाद तुरन्त प्रयोग कर लेना चाहिए। यदि किसी कारण से देरी हो तो उसको 30–40 डिग्री सेन्टीग्रेड तापमान पर संरक्षित करके सावधानीपूर्वक रखना चाहिए।
3) जीवाणु कल्चर के प्रयोग के समय अन्य रसायनों द्वारा भी बीजों को उपचारित करते हैं। ऐसी स्थिति में बीजों को सबसे पहले कवकनाशी (Fungicides) के बाद कीटनाशी (Insecticides) के बाद सूत्रकृमिनाशी (Nemeticide) तथा सबसे अन्त में राइजोबियम से उपचारित करना चाहिए। उपरोक्त क्रम को बदलने से कल्चर निष्प्रभावी हो जाता है।
4) कल्चर को धीरे–धीरे हल्के हाथों से बीजों में मिलाना चाहिए।
5) दलहनी फसलों में फासफोरस उर्वरक की संस्तुति मात्रा ही प्रयोग करनी चाहिए। इससे जड़ों तथा जड़ ग्रन्थियों की वृद्धि एवं विकास अच्छा होता है।

(6) कल्चर प्रयोग की गई भूमि में नत्रजन की कम मात्रा की आवश्यकता होती है। अधिक मात्रा में नत्रजन का प्रयोग करने से कल्चर की क्रियाशीलता शिथिल पड़ जाती है।

(7) अम्लीय भूमियों में मृदा परीक्षण के आधार पर चूना का प्रयोग अवश्य करना चाहिए।

(8) पौध सुरक्षा हेतु कीटनाशी रसायनों का प्रयोग करने के बाद कैल्सियम कार्बोनेट को लेपकर कल्चर की मात्रा दुगुनी कर देनी चाहिए।

(9) मृदा में नमी की मात्रा पर्याप्त होनी चाहिए। नमी की कमी अथवा अधिक गर्मी से राइजोबियम जीवाणु प्रभावित हो जाते है।

बीजों का भन्डारण (Seed storage)

बीजों को विक्रय अथवा बुआई के समय तक उसकी गुणवत्ता बनाये रखने के लिए उचित ताप तथा वायु की दशा में सावधानीपूर्वक रखने को बीज का भन्डारण कहा जाता है। बीज प्रसंस्करण क्रिया में भन्डारण का एक विशेष महत्व है। यदि बीज प्रसंस्करण के उपरान्त सही ढंग से भन्डारण नहीं किया गया है तो बीज की गुणवत्ता खराब हो जाती है। भन्डारण के समय बीज की सुषुप्तावस्था नमी तथा तापमान से प्रभावित होती है जिससे कार्बन डाईऑक्साइड तथा ऊष्मा उत्पन्न होती है जिसके परिणाम स्वरूप बीजों में अनेक प्रकार की भौतिक तथा रासायनिक क्रियाएं होकर उसकी अंकुरण क्षमता में कमी हो जाती है।

बीजों के भन्डारण को प्रभावित करने वाले कारक (Factors affecting storage of seed)

बीज के भन्डारण को प्रभावित करने वाले निम्न कारक हैं–

1. नमी (Moisture) : बीजों में नमी का मात्रा कम होने पर भन्डारण में अधिक समय तक सुरक्षित रखा जा सकता है। इसके विपरीत अधिक नमी पर बीजों को भंडारित करने पर बीजों की अंकुरण क्षमता तथा गुणवत्ता खराब हो जाती है। अधिक नमी के कारण बीजों में फफूँद जनित रोगों का प्रकोप हो जाता है। उदाहरणत: गेहूँ के बीज में 10–12 प्रतिशत, मक्का तथा सोयाबीन के बीज में 9–10 प्रतिशत नमी होनी चाहिए।

2. तापमान (Temperature) : तापमान कम होने से बीजों में सामान्य रूप से श्वसन की क्रिया होती रहती है जिसके कारण बीजों की गुणवत्ता अच्छी रहती है। भन्डारण किये गये पात्र की संरचना ऐसी हो जो ऊष्मा का अवशोषण

कम से कम करे। बीजों के भन्डारण के समय 15-25 डिग्री सेंटीग्रेड तापमान उपयुक्त होता है। भन्डारण के समय कम तापमान होने से बीजों में कीटों का प्रकोप कम होता है।

3. ऑक्सीजन (Oxygen) : भन्डारण के समय कार्बन डाई ऑक्साइड की सान्द्रता 12 प्रतिशत से अधिक होने पर बीजों की श्वसन दर कम हो जाती है जिससे बीजों की गुणवत्ता पर बुरा प्रभाव पड़ता है। आक्सीजन की उपयुक्त मात्रा होने पर बीजों की गुणवत्ता कायम रहती है।

4. बीज की अक्षति अवस्था (Undamaged stage of seeds) : भन्डारण के समय बीज के लिए उपर्युक्त सभी परिस्थितियाँ उपयुक्त होने पर भी यदि अक्षति (Undamaged) की अपेक्षा क्षतिग्रस्त बीज जल्दी खराब हो जाता है। क्षतिग्रस्त बीज में कीट तथा फफूँदी का प्रकोप अधिक तथा तेजी से शुरू हो जाता है। अच्छे प्रसंस्करण की क्रियाओं द्वारा बीज को क्षतिग्रस्त होने से बचाया जा सकता है।

बीज भन्डारण की विधियाँ (Methods of seed storage)

बीज भन्डारण की निम्न विधियाँ हैं-

(अ) भन्डारण की विधि के आधार पर – भन्डारण की विधि के आधार पर बीज भन्डारण की निम्न दो विधियाँ हैं।

(i) **बोरों में भन्डारण (Bag storage) :** बीज भन्डारण की यह विधि काफी प्रचलित एवं पुरानी है। इस विधि में बीजों को जूट, प्लास्टिक अथवा कपड़े के बने बोरों में भर कर रखा जाता है। इन बोरों की क्षमता 10, 20, 30, 50 अथवा 100 किलोग्राम होती है। बोरे या कपड़े में बीज रखने से बीज वातावरण की नमी को सोख लेता है जिससे कीटों का आक्रमण शुरू हो जाता है। आजकल बीज भन्डारण के लिए पॉलीथीन लगे जूट के बोरों का प्रयोग करने से बीज नमी नहीं सोखने पाता है और कीटों का प्रवेश भी नियंत्रित रहता है। इन बोरों को लकड़ी के तख्तों अथवा भूसे में दबा कर रखा जाता है।

(ii) **ढेर के रूप में भन्डारण (Bulk storage) :** बीजों का भन्डारण करने की यह विधि ग्रामीण क्षेत्रों में मुख्य रूप से अपनाई जाती है। इस विधि में बीजों का एक बड़ा सा ढेर लगा दिया जाता है। इस विधि से बीजों का भन्डारण करने में समय तथा व्यय की बचत होती है। परन्तु यह विधि वैज्ञानिक नहीं है इससे बीजों में कीटों का प्रकोप अधिक होता है।

(ब) पर्यावरणीय दशाओं के आधार पर – पर्यावरणीय दशाओं के आधार पर बीज के भन्डारण की निम्न विधियाँ हैं।

(i) **खुला भन्डारण (Open storage) :** बीजों का खुला भन्डारण सामान्यत: शुष्क जलवायु वाले क्षेत्रों में किया जाता है। इस तरह से बीजों का भन्डारण करने से बीज के आसपास की वायु और वायुमन्डल में विनियम होता है तथा बीज की नमी, ऊष्मा एवं दुर्गन्ध दूर हो जाती है।

(ii) **हवा बन्द भन्डारण (Air tight storage) :** इस विधि में बीजों को ऐसे बर्तनों में रखा जाता है जिससे बाहर से ऑक्सीजन तथा नमी बीजों तक अन्दर न पहुँचने पाये तथा बीजों की श्वसन दर कम रहे। बीजों में 8-10 प्रतिशत से अधिक नमी नहीं होनी चाहिए। इस विधि में हवा का आदान-प्रदान नहीं होता इसलिए बीजों की अतिरिक्त नमी तथा दुर्गन्ध समाप्त नहीं होने पाती है।

(iii) **शीतगृह में भन्डारण (Cold storage) :** बीज को उचित सफाई तथा अच्छी तरह धूप में सुखाने के पश्चात बीजों को हवा बन्द भण्डार (Air tight storage) में रखा जाता है। इस विधि में बीजों को न्यूनतम तापमान में रखते हैं जिससे बीजों की श्वसन दर, सूक्ष्म जीवाणुओं तथा कीटों की सक्रियता कम होती है। शीतगृह भन्डारण सामान्यत: सब्जियों तथा फलों को रखने के लिए ज्यादा प्रभावी है।

(स) अवधि के आधार पर भन्डारण : अवधि के आधार पर भन्डारण सामान्यत: दो प्रकार से किया जाता है।

(i) **कम अवधि के लिए भन्डारण (Short time storage) :** कम अवधि का भन्डारण बहुत कम समय (एक या दो माह) के लिए किया जाता है। यह एक अस्थाई भन्डारण की विधि है। ऐसे भन्डारण प्राय: फसल की कटाई के समय खराब मौसम या अन्य प्रतिकूल परिस्थितियाँ होने पर किया जाता है। इस विधि से भन्डारित किये गये बीजों में नमी 14–22 प्रतिशत तक होती है। इसके पश्चात बीजों को स्थाई भन्डारण में स्थानान्तरित कर दिया जाता है। इस विधि में बीजों को धातु अथवा प्लास्टिक के बर्तनों में भंडारण किया जाता है।

(ii) **लम्बी अवधि तक भन्डारण (Long time storage) :** इस विधि में बीजों का भन्डारण लम्बे समय तक किया जाता है। बीजों को रसायनों द्वारा उपचारित करने के उपरान्त ही भंडारण करते हैं। यह भन्डारण स्थाई होता है। इस विधि में बीजों को उपचारित करने पर अधिक ध्यान दिया जाता है। इस विधि द्वारा बीजों का भन्डारण सामान्यत: सरकारी तथा निगमों जैसे एन एस सी, तराई बीज विकास निगम, उत्तरप्रदेश विकास निगम आदि करते हैं।

भन्डारण के पात्र (Storage container)

बीज भन्डारण के पात्र दो प्रकार के होते हैं –

(i) **सरन्ध्र पात्र :** इन पात्रों में नमी के आदान–प्रदान में कोई बाधा नहीं होती और भन्डारण की दीवारों अथवा फर्श से जल्दी नमी सोख लेते हैं जैसे – कागज, कपड़े तथा जूट के बोरे।

(ii) **वायुबन्द पात्र (Air tight countainer) :** इन पात्रों का प्रयोग स्थाई भन्डारण के लिए किया जाता है क्योंकि इन पात्रों में हवा का आदान–प्रदान नहीं होता है। यदि बीज को अच्छी तरह से सुखाकर भन्डारण किया जाये तो बीजों की गुणवत्ता बहुत समय तक सुरक्षित रखी जा सकती है।

बीजों का भन्डारण करते समय ध्यान देने योग्य बातें : बीजों का भन्डारण करते समय निम्न बातें ध्यान में रखनी चाहिए –

1. भण्डारण में किसी भी तरह से नमी नहीं पहुँचनी चाहिए।
2. बीजों में उचित मात्रा में नमी होनी चाहिए।
3. बीज किसी भी प्रकार के कीटों तथा बीमारियों से ग्रसित नहीं होना चाहिए।
4. बड़े पैमाने पर ई डी बी एम्प्यूल (Ethylene di bromide ampule) का प्रयोग करके भन्डारित करना चाहिए। टयूब को बीज के अन्दर तोड़े तथा पात्र को पूर्णतया वायुरोधी कर दें।
5. एल्यूमिनियम फास्फाइड तथा सैल्फास की एक गोली 400 वर्ग फुट स्थान अथवा 1 गोली 3 कुन्टल अनाज के रखरखाव के लिए पर्याप्त होती है।
6. 0.5 प्रतिशत मैलाथियान का घोल बनाकर 500 मिली प्रति 100 वर्ग मीटर की दर से गोदाम के अन्दर छिड़काव करना चाहिए।
7. 1 प्रतिशत मैलाथियान के घोल में 10 मिनट तक बोरों को डुबोने के पश्चात सुखाकर प्रयोग करने से कीटों का आक्रमण नहीं होने पाता है।
8. बोरो को गर्म पानी में 10 मिनट तक डुबोने के पश्चात सुखाकर प्रयोग करने से समस्त कीट मर जाते हैं।

बीजों की बुआई (Sowing of seed)

किसी स्थान विशेष पर आवश्यक मात्रा में बीजों के अंकुरण तथा वृद्धि के लिए मृदा में उपयुक्त स्थान में रखने की विधि को बुआई कहते हैं। पौधे के विभिन्न अंग जैसे पौधे, तना, कन्द, प्रकन्द या क्लोन (Clone) आदि से नये पौधे

विकसित करने को रोपण (Planting) कहते हैं। आधुनिक कृषि में प्रति इकाई क्षेत्रफल में वांछित संख्या से कम होने पर रिक्त स्थान भरने को गेप फिलिंग (Gap filling) तथा अधिक संख्या होने पर विरल करने को विरलीकरण (Thinning) कहते हैं। बुआई/रोपाई के उपरान्त खेत में उपयुक्त पौध संख्या रखने पर फसल के उत्पादन तथा गुणवत्ता दोनों में ही वृद्धि हो जाती है।

फसल उत्पादन की अन्य समस्त क्रियाओं में बुआई एक सबसे महत्वपूर्ण कार्य है। फसलों की समय पर बुआई करना, पौधों से पौधों एवं पंक्ति से पंक्ति की दूरी (Spacing), बुआई की गहराई तथा बुआई की विधियाँ विशेष रूप से महत्वपूर्ण हैं। जिसके अभाव अथवा बदलाव होने की दशा में बीजों का अंकुरण तथा पौधों की वृद्धि एवं विकास प्रभावित हो जाते है।

बोने का समय (Time of sowing)

उचित समय पर बुआई करने से बीजों का अंकुरण अच्छा तथा एक समान होने पर उपज में काफी वृद्धि हो जाती है। खेत में बीजों की बुआई का समय निम्न कारकों द्वारा प्रभावित होता है।

(1) वर्षा (Rainfall) :

वर्षा का समय, मात्रा, वितरण आदि फसलों की बुआई के समय को प्रभावित करता है। विशेषकर शुष्क क्षेत्रों में जहाँ पर कृषि वर्षा पर आधारित है वहाँ पर वर्षा का समय, मात्रा तथा वितरण बहुत आवश्यक है क्योंकि इन क्षेत्रों में बीजों की बुआई में खेत की तैयारी से लेकर फसल की कटाई तक मृदा में नमी रहना केवल वर्षा के अधीन है। बीजों के जमाव के लिए पर्याप्त मात्रा में नमी होने पर ही अंकुरण होता है। मानसून की वर्षा देर से अथवा जल्दी शुरू होने की दशा में फसलों की बुआई के समय में भी परिवर्तन करना पड़ता है जिससे बीजों के अंकुरण तथा पौधों की वृद्धि के लिए उचित तापमान एवं नमी न मिलने से फसलोत्पादन प्रभावित हो जाता है। कभी-कभी अधिक वर्षा हो जाने से खेत की तैयारी करने के लिए काफी समय तक प्रतीक्षा करनी पड़ती है जिससे बुआई में विलम्ब हो जाता है। असिंचित क्षेत्रों में उगाई गई फसल की उपज की तुलना में सिंचित क्षेत्रों में उगाई गई फसल की उपज अधिक होती है।

(2) मृदा नमी (Soil moisture) :

बुआई के पश्चात बीजों में अंकुरण के लिए मृदा में उचित एवं पर्याप्त मात्रा में नमी रहना आवश्यक है। अधिकांश बीजों का अंकुरण, बीजों में उनके शुष्क भार के आधार पर (उनके भार का 25-75% तक) जल का अन्त:शोषण होने पर ही अंकुरण होता है। बुआई के पश्चात् बीज नमी को बीजावरण एवं बीजाण्ड (Hylum) द्वारा शोषित करते हैं। शोषित जल बीजावरण के अन्दर जाकर भ्रूण तथा भ्रूणपोष में पहुँचता है। यहाँ पहुँचने के उपरान्त जल कोलाइडल प्रोटीन तथा स्टार्च को फुलाता है जिससे बीजों में अंकुरण की क्रिया प्रारम्भ होती है। अधिकांश बीजों में मृदा में क्षेत्र क्षमता (Field capacity) से म्लानि बिन्दु (Wilting point) के मध्य नमी स्तर पर बीजों का अंकुरण होता है। मृदा में अधिक नमी होने के कारण बीजों की बुआई कर देने से बीजों में निकलने वाली गैस मृदा से बाहर नहीं निकलती जिससे मृदा में ऑक्सीजन की कमी हो जाने से बीज सड़ जाते हैं। इसके विपरीत मृदा में कम नमी होने की दशा में बीज आवश्यकतानुसार नमी का शोषण नहीं कर पाते जिससे बीज में उपस्थिति भ्रूण का भोज्य पदार्थ उपलब्ध अवस्था में परिवर्तित नहीं हो पाता जिसके कारण बीजों का अंकुरण ही नहीं हो पाता। मृदा में उपयुक्त नमी होने की दशा में बुआई करने पर बीजों का अंकुरण शीघ्र तथा अधिक होता है।

(3) मृदा ताप (Soil temperature) :

भिन्न-भिन्न फसलों में बीजों के अंकुरण के लिए भिन्न-भिन्न तापमान की आवश्यकता होती है। अत: मृदा में उचित तापमान बीजों के अंकुरण के लिए आवश्यक है। बीजों को उपयुक्त तापमान न मिलने से बीजों का अंकुरण ही नहीं होता। यदि होता भी है तो बहुत देर से एवं कम। इस प्रकार पौधों की उचित वृद्धि के लिए तापमान का घनिष्ठ तथा सीधा

सम्बन्ध है। इसी प्रकार बीजों के अंकुरण के आवश्यक तापमान को इष्टतम तापमान (Optimum temperature) कहते हैं। गेहूँ एवं जौ के बीजों के जमाव के लिए इष्टतम तापमान 20-30 डिग्री सेन्टीग्रेड है जबकि न्यूनतम तापमान 5-7 डिग्री सेन्टीग्रेड तथा उच्चतम तापमान 30-35 डिग्री सेन्टीग्रेड है। इस प्रकार न्यूनतम तापमान 5 डिग्री सेन्टीग्रेड से कम होने पर गेहूँ के बीजों का अंकुरण देर से तथा कम मात्रा में होता है और अधिकतम तापमान 35 डिग्री सेन्टीग्रेड से अधिक होने पर अंकुरण होता ही नहीं है यदि होता भी है तो अंकुर मर जाते हैं। अलसी, लूसर्न, बरसीम, मटर तथा सोयाबीन के बीजों के लिए इष्टतम तापमान 16-20 डिग्री सेन्टीग्रेड है। ज्वार, बाजरा, मक्का एवं लघु खाद्यान्न आदि खरीफ फसलों को इष्टतम तापमान 30-35 डिग्री सेन्टीग्रेड है। चुकन्दर के बीज 15 डिग्री सेन्टीग्रेड तापमान पर अच्छी प्रकार से अंकुरित होते हैं। तम्बाकू के बीजों के अंकुरण के लिए 22-27 डिग्री सेन्टीग्रेड तापमान उपयुक्त है।

(4) प्रदीप्तिकाल (Photoperiod) :

फसलों की बुआई पर प्रदीप्तिकाल का सीधा प्रभाव पड़ता है। फसलों की बुआई करते समय यह ध्यान रखना पड़ता है कि जिस समय फसल की बुआई हो रही हो उसके फल-फूल आने के समय कितना प्रदीप्तिकाल होगा। यदि फसलों को उपयुक्त प्रदीप्तिकाल उपलब्ध नहीं होगा तो फसलों में फल-फूल नहीं आते हैं। कम प्रदीप्तिकाल वाली फसलों को इस प्रकार बोया जाता है कि फल तथा फूल आने पर दिन छोटे तथा रातें लम्बी हो। इसी प्रकार अधिक प्रदीप्तिकाल वाली फसलों में फल-फूल आने के समय दिन लम्बे तथा रातें छोटी रहती हैं। एक फसल की विभिन्न किस्मों की बुआई अलग-अलग समय पर की जाती है। अल्पकालिक फसलों की बुआई में विलम्ब होने पर फसल की उपज में भारी कमी हो जाती है। अगेती किस्मों की बुआई विलम्ब से करने से पौधों की वृद्धि प्रभावित होती है जिससे उपज में कमी हो जाती है। उदाहरण स्वरूप गेहूँ की देशी प्रजातियों का जीवन काल लम्बा होने के कारण बौनी किस्म की गेहूँ की प्रजातियों की अपेक्षा एक माह पूर्व बोया जाता है। इसी प्रकार बौनी किस्म की गेहूँ की प्रजातियों में भिन्न-भिन्न जीवन काल होने से गेहूँ की बुआई मध्य नवम्बर से जनवरी के प्रथम सप्ताह तक की जाती है।

(5) मौसम सम्बन्धी परिवर्तन (Seasonal variation) :

कभी-कभी मौसम में अचानक परिवर्तन हो जाने से बुआई का समय प्रभावित हो जाता है। अचानक भारी वर्षा होने से मृदा में नमी अधिक हो जाने से बुआई में विलम्ब होने के साथ-साथ असम्भव भी हो जाता है। अचानक बर्फ गिर जाने से तापमान में कमी आ जाने से बुआई में भी देरी हो जाती है।

(6) फसलों की प्रजातियाँ (Varieties of crops) :

किसी फसल में भिन्न-भिन्न प्रजातियों के बोने का समय भिन्न-भिन्न होता है। उदाहरणस्वरूप गेहूँ की प्रजाति डब्लू एच 331 के बोने का उपयुक्त समय अक्टूबर के अन्तिम सप्ताह से नवम्बर का प्रथम सप्ताह है, सोनालिका गेहूँ के बोने का उपयुक्त समय मध्य नवम्बर से मध्य दिसम्बर है। जबकि गेहूँ ही गोल्डन हलना प्रजाति की बुआई 15 जनवरी तक की जाती है। इस प्रकार एक ही फसल की विभिन्न प्रजातियों में बुआई के समय में 1-2 माह का अन्तर हो जाता है। आजकल लगभग प्रत्येक फसल की शीघ्र बोई जाने वाली, समय पर बोई जाने वाली तथा पिछेती बोई जाने वाली प्रजातियाँ विकसित की जा चुकी है।

(7) फसल चक्र (Crop rotation) :

बुआई के समय का उस क्षेत्र विशेष में अपनाई जा रही सस्य पद्धतियों का विशेष महत्व है। सघन फसल पद्धति कार्यक्रम में किसी कारण से एक फसल की बुआई अथवा कटाई में विलम्ब हो जाने से पद्धति में अपनाई जा रही सम्पूर्ण फसलों की बुआई में विलम्ब हो जाता है।

(8) अन्य कारक (Other factors) :

उपरोक्त कारकों के अतिरिक्त कुछ अन्य कारक ऐसे भी हैं जो फसल की बुआई के समय को प्रभावित करते हैं। जैसे खेत का समय से तैयार न होना, बीज, खाद, मशीनों, बैल, हल आदि की व्यवस्था समय से न हो पाने के कारण

फसल की बुआई में विलम्ब हो जाता है। कभी-कभी किसी विशेष प्रकार की खाद एवं उर्वरक का प्रयोग करने पर उस किस्म की खाद को मिलने में विलम्ब जाने की दशा में बुआई में भी विलम्ब हो जाता है। खेत में खली की खाद का प्रयोग बुआई के 15 दिन पूर्व जबकि हरी खाद, कम्पोस्ट तथा गोबर की खाद का प्रयोग बुआई के एक माह पूर्व करना चाहिए।

अत: फसल की अधिक उपज प्राप्त करने के लिए यह आवश्यक है कि फसल की समय से बुआई की जाए जिससे फसल को उपयुक्त नमी, तापमान तथा प्रदीप्तिकाल प्राप्त हो सके। फसल की विलम्ब से बुआई करने पर पौधों का वृद्धि काल कम हो जाता है जिसके कारण फसल की वृद्धि अच्छी न होने से उपज में काफी कमी हो जाती है।

बोने की गहराई (Depth of sowing)

फसलों के बीजों की बुआई उचित गहराई पर करना अत्यन्त आवश्यक है। बीजों को आवश्यक गहराई पर बोने से अंकुरण शीघ्र तथा एक समान होता है। बीजों को कम गहराई पर बोने से बीजों को अंकुरण के लिए मृदा में नमी की कमी हो जाने पर अंकुरण कम तथा असमान होता है। इसके विपरीत बीजों को अधिक गहराई पर बोने से बीजों का अंकुरण तो शीघ्रता से हो जाता है परन्तु बीजों के प्रांकुर बाहर नहीं निकल पाते। अत: बीजों को आवश्यक गहराई पर बोना चाहिए। बीजों की बुआई की गहराई निम्न कारकों से प्रभावित होती है।

(i) **मृदा में नमी की मात्रा (Soil moisture) :** मृदा में नमी की मात्रा कम होने पर बीजों की बुआई अधिक गहराई पर की जाती है जिससे बीजों को पर्याप्त मात्रा में नमी उपलब्ध हो सके। शुष्क दशाओं में भूमि की ऊपरी सतह पर नमी की कमी रहती है अथवा शुष्क मौसम होने के कारण मृदा की ऊपरी सतह जल्दी ही सूख जाती है। मृदा में अधिक नमी अथवा आर्द्र जलवायु में बीजों को कम गहराई पर बोया जाता है। इन क्षेत्रों में बीजों की बुआई अधिक गहराई पर करने से बीजों का अंकुरण कम होता है। गहरी सतह में बुआई करने से बीजों को पर्याप्त मात्रा में ऑक्सीजन नहीं मिल पाती जिससे बीजों का अंकुरण न होकर बल्कि बीज ही गल जाते हैं।

(ii) **मृदा की किस्म (Soil type) :** हल्की भूमियाँ जैसे बलुई तथा लाल मृदाओं में बीजों की बुआई अधिक गहराई पर जबकि भारी भूमियों में कम गहराई पर करनी चाहिए। बलुई भूमियों की संरचना ढ़ीली होने के कारण बीजों के प्रांकुर शीघ्र ही ऊपर निकल आते हैं। अत: नमी तथा वायु की पूर्ति मृदा की निचली सतह से बीजों को प्राप्त हो जाती है। भारी तथा चिकनी भूमियों की मृदा कड़ी होने के कारण यदि बीजों की अधिक गहराई पर बुआई की जाए तो प्रांकुरों को मृदा की सतह पर आने के लिए अधिक शक्ति लगानी पड़ती है तथा कभी-कभी वे ऊपरी सतह तक नहीं निकल पाते हैं जिससे अंकुरण प्रभावित होता है।

(iii) **भ्रूणाग्रचोल की लम्बाई (Length of coleoptile) :** बीजों के भ्रूणाग्रचोल की लम्बाई के आधार पर अलग-अलग गहराई पर बोया जाता है। उदाहरण स्वरूप गेहूँ की देशी प्रजातियों के बीजों की बुआई अधिक गहराई पर करने से भी प्रांकुर बाहर निकल आते हैं परन्तु बौनी किस्मों की बुआई अधिक गहराई पर कर देने से प्रांकुर बाहर नहीं निकल पाते हैं। बौनी किस्म की गेहूँ की प्रजातियों के बीजों की बुआई अधिक गहराई पर होने से इनसे कल्ले भी कम निकलते हैं। इसलिए बौनी किस्म की प्रजातियों की बुआई करने से पूर्व मृदा में पर्याप्त मात्रा में नमी रखते हुए उथली बुआई ही की जाती है।

(iv) **फसल तथा फसल की प्रजातियाँ (Crops and varieties) :** फसल की किस्म तथा उसकी प्रजाति के अनुसार बीजों की बुआई की गहराई निर्धारित की जाती है। छोटे दाने वाली फसलों के बीजों की बुआई कम गहराई पर की जाती है। जबकि बड़े दाने वाली फसलों की बुआई अधिक गहराई पर करनी चाहिए। बरसीम, सरसों, लूसर्न, तम्बाकू, बाजरा आदि फसलों के बीजों की बुआई 2-3 सेमी की गहराई पर की जाती है। जबकि गेहूँ, धान, मसूर, जौ आदि फसलों के बीजों को 5-6 सेमी तथा राजमा, सेम, अरन्डी आदि के बीजों को 7-8 सेमी पर की गहराई पर बुआई की जाती है।

(v) **बीज के अंकुरण की विधि (Mode of germination of seed) :** जिन फसलों के बीजों का बीजपत्र अंकुरण के समय बाहर निकलते हैं जैसे सोयाबीन के बीज पत्र अंकुरण के समय बाहर निकलने के लिए अधिक शक्ति लगानी पड़ती है। अत: उनको कम गहराई पर बोया जाता है। आलू, अरबी तथा जिमिकन्द के कन्दों की बुआई 7–10 सेमी की गहराई पर करते हैं। कुछ फसलों जैसे मटर, चना, मसूर आदि के बीजपत्र मृदा के अन्दर रह जाते हैं। इनको अधिक गहराई पर बोने से न तो इनके अंकुरण में कमी आती है और न ही देरी होती है।

बीजों की मात्रा तथा अन्तरण (Seed rate and spacing)

पंक्ति से पंक्ति तथा पौधे से पौधे की दूरी फसलोत्पादन को बहुत प्रभावित करती है। उचित दूरी पर बीजों की बुआई करने पर मृदा में नमी, पोषक तत्वों तथा प्रकाश आदि से प्रतिस्पर्धा नहीं होती जिससे पौधों की वृद्धि एवं विकास अच्छा होकर अधिक से अधिक उपज प्राप्त की जा सकती है। अत: किसी फसल की बुआई के लिए पंक्ति से पंक्ति तथा पौधे से पौधे की दूरी का बीज दर से प्रत्यक्ष तथा घनिष्ठ सम्बन्ध होता है। प्रति इकाई पौधों की इष्टतम संख्या से कम होने पर प्रति पौधा तो उपज अधिक प्राप्त होती है परन्तु प्रक्षेत्र की कुल उपज में काफी कमी हो जाती है। इसके विपरीत अधिक पौध घनत्व होने से प्रति पौधा तथा कुल उपज दोनों में ही कमी हो जाती है। अधिक पौध घनत्व होने से पौधों में आपस में नमी, वायु, प्रकाश, पोषकतत्वों आदि के साथ इतनी प्रतिस्पर्धा हो जाती है जिससे कि प्रत्येक पौधे की वृद्धि एवं विकास प्रभावित होती है। अधिक पौध संख्या होने से पौधों में कल्ले कम निकलते हैं तथा बालियों का आकार छोटा तथा दाने कम पड़ते हैं जिससे बीजों की गुणवत्ता भी खराब हो जाती है।

फसलों की बीज दर तथा अन्तरण निम्न कारकों द्वारा प्रभावित होती है –

(i) **मृदा की उर्वरा शक्ति (Soil fertility status) :** अधिक उर्वरा शक्ति वाली मृदाओं में बीज की कम मात्रा प्रयोग की जाती है। कम उपजाऊ भूमियों में पौधे की वृद्धि अच्छी नहीं हो पाती इसलिए बीज की मात्रा बढ़ा देने से कुल उपज बढ़ जाती है। अच्छी उर्वरा शक्ति वाली मृदाओं में पोषक तत्व प्रचुर मात्रा में उपलब्ध होने के कारण पौधों की वृद्धि एवं विकास अच्छी होने के कारण कम मात्रा में भी बीज दर प्रयोग करने से उत्पादन में वृद्धि हो जाती है।

(ii) **मृदा की स्थिति (Soil condition) :** अधिक खरपतवारों से प्रभावित मृदा में बीज दर अधिक रखनी चाहिए। खेत की अच्छी प्रकार से तैयारी न होने पर भी बीज दर अधिक रखी जाती है। उचित बीज शैय्या न होने के कारण खेत ढेले युक्त हो जाता है जिससे बीजों के अंकुरण में कठिनाई तथा कम मात्रा में होने से बीजदर अधिक रखी जाती है।

(iii) **फसल बोने के उद्देश्य (Sowing objective) :** एक ही फसल को विभिन्न उद्देश्य के लिए उगाने पर अलग-अलग बीज की मात्रा तथा अन्तरण पर बुआई की जाती है। हरी खाद, रेशा निकालने तथा बीज उत्पादन हेतु सनई की बुआई करने पर अलग-अलग बीज दर तथा अन्तरण रखना पड़ता है। सनई की फसल से रेशा निकालने तथा बीज उत्पादन की अपेक्षा हरी खाद के लिए प्रयोग करने पर बीज की अधिक मात्रा प्रयोग की जाती है। इसी प्रकार ज्वार, मक्का, बाजरा, लोबिया आदि फसलों के बीज उत्पादन के लिए उगाने की अपेक्षा हरे चारे के लिए उगाने पर बीज की अधिक मात्रा प्रयोग की जाती है।

(iv) **बुआई का समय (Time of sowing) :** फसल की बुआई समय पर करने से बीज की मात्रा तथा अन्तरण इष्टतम रखी जाती है। पिछेती बुआई करने से पौधों की वृद्धि एवं विकास के लिए कम समय मिल पाने से बीज की मात्रा तथा पौध संख्या अधिक रखकर उपज में सन्तुलन बनाया जाता है।

(v) **बुआई की विधियाँ (Methods of sowing) :** फसल उगाने में प्रयोग की जाने वाली विधियाँ बीज दर को निर्धारित करती हैं। किसी फसल की छिड़कवाँ विधि द्वारा बुआई करने से अधिक बीज दर की आवश्यकता होती

है क्योंकि इस विधि द्वारा कुछ बीज ऊपर रह जाते है जिन्हे चिड़ियाँ आदि खा लेती हैं तथा कुछ बीज भूमि की अधिक निचली सतह में चले जाते हैं जिसका अंकुरण होना सम्भव नहीं होता है अत: पंक्तियों में बुआई करने से बीज की दर कम रखी जाती है।

(vi) **मृदा में नमी की मात्रा (Soil moisture condition) :** मृदा नमी की मात्रा का बीज दर पर प्रत्यक्ष प्रभाव पड़ता है। सिंचित क्षेत्रों में मृदा नमी कम होने पर भी अधिक बीज दर प्रयोग करके प्रति इकाई क्षेत्रफल पर पौधों की उपयुक्त संख्या रखी जा सकती है परन्तु असिंचित क्षेत्रों में नमी की कमी होने पर प्रति इकाई क्षेत्रफल में पौधों की संख्या मृदा नमी की उपलब्धता के अनुसार इतनी कम रखनी पड़ती है जिससे पौधे अपना जीवन चक्र सुचारू रूप से चला सके। इन क्षेत्रों में अधिक पौध संख्या रखने से फसल सूखने का खतरा सदैव बना रहता है।

(vii) **बीजों का आकार तथा अंकुरण क्षमता (Size and germination percentage of seed) :** बीजों के आकार के अनुसार बीज की मात्रा प्रयोग की जाती है। छोटे आकार के बीजों की मात्रा कम तथा बड़े आकार के बीजों की बीज दर अधिक रखी जाती है।

जिन बीजों का अंकुरण प्रतिशत अधिक होता है उनकी बुआई उपयुक्त बीज दर के अनुसार की जाती है। जिन बीजों का अंकुरण प्रतिशत कम होता है उनके बीजों की अधिक मात्रा प्रयोग करने से प्रति इकाई क्षेत्रफल में इष्टतम पौध घनत्व रखा जा सकता है।

(viii) **फसल की वानस्पतिक वृद्धि (Vegetative growth of crops) :** फसलों की पंक्ति से पंक्ति तथा पौधों से पौधों की दूरी फसल की वानस्पतिक वृद्धि को ध्यान में रखकर निर्धारित की जाती है। फैलकर बढ़ने वाली फसल की प्रजातियों की पंक्ति से पंक्ति तथा पौधे से पौधे की दूरी अधिक रखने पर बीज दर कम प्रयोग की जाती है। जबकि सीधी बढ़ने वाली प्रजातियों की पंक्ति से पंक्ति तथा पौधे से पौधे की दूरी कम रखने पर अधिक मात्रा में बीजदर प्रयोग की जाती है।

बुआई की विधियाँ (Methods of sowing)

अलग-अलग परिस्थितियों में फसलों के बीजों की बुआई की अलग-अलग विधियाँ प्रयोग की जाती हैं। बुआई की वह विधि सर्वोत्तम होती है जिसमें खरपतवारों का नियंत्रण आसानी से हो सके, मृदा का कटाव कम हो, जल एवं पोषक उपयोग क्षमता अधिक हो, सस्ती हो, सुविधाजनक हो, उससे पौधों की प्रति इकाई क्षेत्रफल में इष्टतम संख्या प्राप्त हो सके तथा फसलों से अधिक से अधिक उपज प्रदान की जा सके।

बुआई की विधियों को प्रभावित करने वाले कारक (Factors affecting methods of sowing)

बुआई की विधियों को प्रभावित करने वाले कारक निम्न हैं -

1. फसल की किस्म
2. फसल बोने का उद्देश्य
3. मृदा नमी
4. मृदा की किस्म
5. बुआई के साधनों की उपलब्धता
6. सिंचाई की उपलब्धता
7. जलवायु
8. पौधों की वृद्धि के लिए आवश्यक अन्तरण।

बुआई की विधियों का वर्गीकरण (Classification of sowing method)

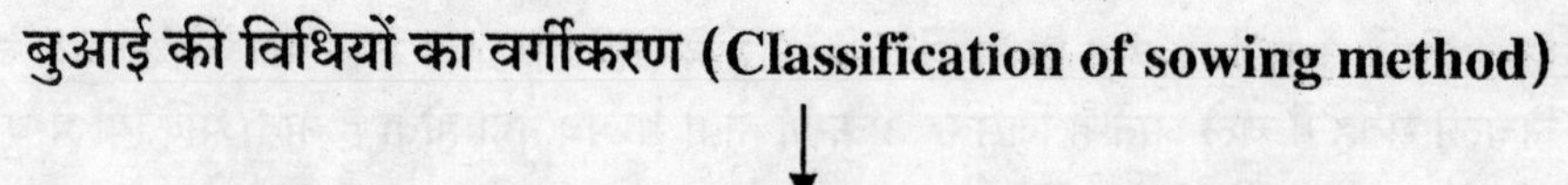

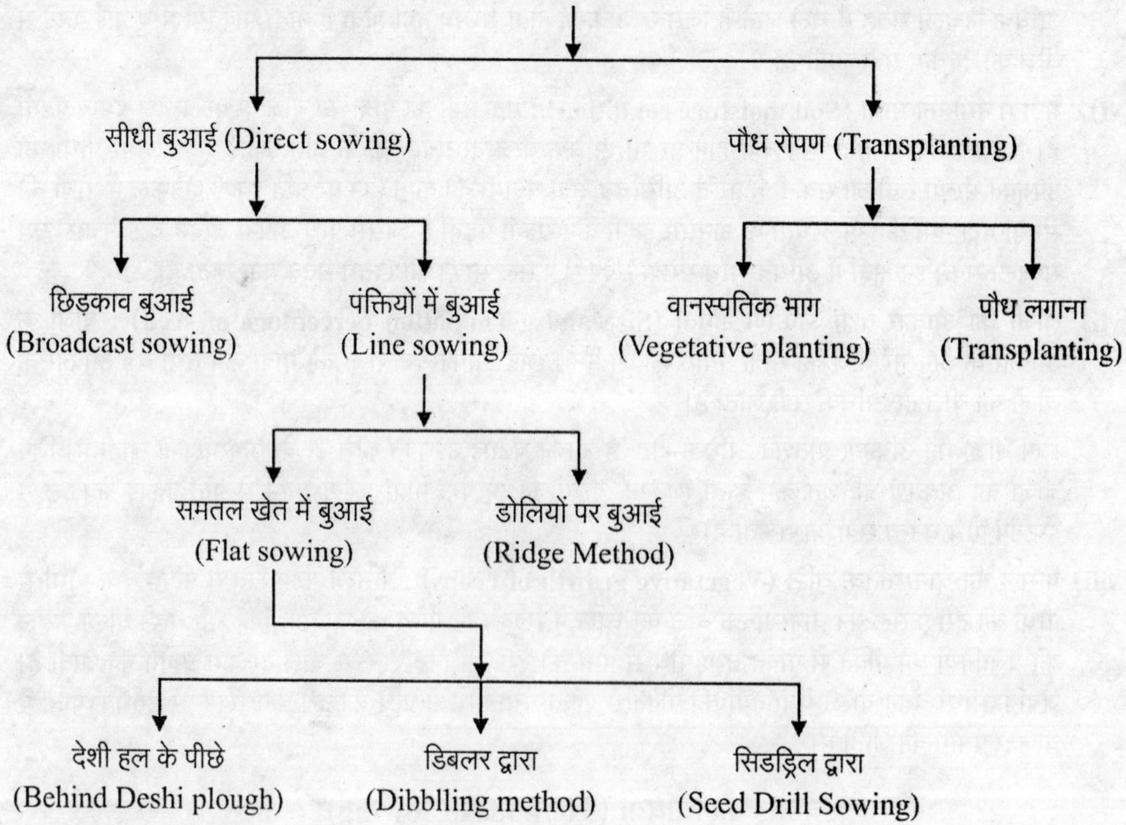

सीधी बुआई (Direct sowing)

पौध रोपण (Transplanting)

छिड़काव बुआई (Broadcast sowing)

पंक्तियों में बुआई (Line sowing)

वानस्पतिक भाग (Vegetative planting)

पौध लगाना (Transplanting)

समतल खेत में बुआई (Flat sowing)

डोलियों पर बुआई (Ridge Method)

देशी हल के पीछे (Behind Deshi plough)

डिबलर द्वारा (Dibblling method)

सिडड्रिल द्वारा (Seed Drill Sowing)

(अ) सीधी बुआई (Direct Sowing)

(1) छिड़कवाँ बुआई (Broadcast Sowing) :

इस विधि द्वारा बीजों की बुआई करते समय बीज को तैयार किये हुए खेत में एक समान मात्रा में बिखेर दिया जाता है। बीजों को तैयार खेत में बिखेरने के पश्चात भूमि की हल्की गुड़ाई अथवा जुताई करके भूमि में मिला देने के पश्चात अच्छी प्रकार से पाटा लगा दिया जाता है। इस विधि द्वारा बीजों की बुआई करना आसान तथा कम खर्चीला है। इस विधि से बुआई भारी भूमियों में अधिक नमी की दशा में की जाती है। बड़े आकार वाले दाने की फसलों, चारे एवं हरी खाद की फसलों की बुआई इस विधि द्वारा की जाती है। छिड़कवाँ विधि द्वारा फसलों की बुआई करने के कई लाभ तथा कुछ हानियाँ भी हैं।

छिड़कवाँ विधि द्वारा बुआई करने के लाभ

इस विधि द्वारा फसलों की बुआई करने के निम्न लाभ हैं –

1) छिड़कवाँ विधि द्वारा बुआई करना सरल, आसान तथा सुविधाजनक है।
2) इस विधि द्वारा बुआई करने से किसी विशेष यन्त्र की आवश्यकता नहीं होती है।
3) कम समय में अधिक क्षेत्रफल पर बुआई हो जाती है।
4) इस विधि द्वारा बुआई करने से कम लागत खर्च आता है।

(1) छिड़कवाँ विधि द्वारा बुआई करने से हानियाँ

छिड़कवाँ विधि द्वारा बुआई करने से निम्नलिखित हानियाँ हैं –

1) इस विधि द्वारा बुआई करने से बीज की मात्रा, बोने की गहराई तथा पौधों में अन्तरण रखने पर नियंत्रण नहीं होने पाता है।

2) इस विधि से कुछ बीज अधिक गहराई पर चले जाने से सड़ जाते हैं अथवा ऊपरी सतह पर पड़े रहने से नमी के अभाव में उनका अंकुरण ही नहीं होता जिसे पक्षी खा लेते हैं।

3) फसल में खरपतवारों के नियंत्रण करने के लिए कृष्य क्रियायें करने में परेशानी होती है।

4) बीज की मात्रा अन्य विधियों की अपेक्षा अधिक प्रयोग की जाती है।

5) सिंचाई दक्षता कम हो जाती है तथा सिंचाई में समय भी अधिक लगता है।

6) खेत में प्रति इकाई क्षेत्रफल में कम या अधिक पौध संख्या होने से उपज में कमी हो जाती है।

7) पोषक तत्व ग्रहण क्षमता कम हो जाती है।

8) इस विधि द्वारा बुआई करने से मृदा कटाव अधिक होता है।

9) मौसम की प्रतिकूल परिस्थितियाँ जैसे सूखा पड़ने पर फसल में सूखा सहने की क्षमता बहुत कम रह जाती है तथा अधिक पानी बरसने एवं हवा चलने से फसल गिर जाती है।

(2) पंक्तियों में बुआई (Line Sowing) : फसल को पंक्तियों में बोने के लिए निम्न विधियाँ प्रयोग में लाई जाती हैं।

(i) समतल खेत में बुआई (Flat Sowing) : समतल खेत में फसल की बुआई की निम्न विधियाँ प्रयोग में लाई जाती हैं।

(I) देशी हल के पीछे बुआई (Sowing behind deshi plough) : इस विधि से फसल की बुआई अति प्राचीन काल से होती आ रही है। इस विधि में एक आदमी देशी हल की सहायता से कूँड बनाता जाता है तथा दूसरा आदमी बीजों को कूँड़ों में डालता जाता है। बुआई सम्पन्न हो जाने के बाद खेत में अच्छी तरह से पाटा लगा दिया जाता है। इस विधि में हल में नाई या चोंगा बाँधकर भी प्रयोग किया जाता है। नाई या चोंगा द्वारा बुआई करने पर एक आदमी दोनों काम कर लेता है। इस विधि द्वारा बीजों को एक समान गहराई पर डाला जा सकता है। कभी–कभी नाई का मुख बन्द हो जाने से काफी दूरी तक बीज नहीं पड़ता और पंक्ति खाली रह जाती है। इस विधि द्वारा पंक्ति से पंक्ति तथा पौधे से पौधे की दूरी समान नहीं रखी जा सकती है।

(II) डिबलर विधि (Dibbling) : डिबलर लोहे या लकड़ी से तैयार एक यन्त्र होता है जिसके फ्रेम में खूंटियाँ लगी रहती हैं जिसका प्रयोग बुआई के लिए किया जाता है। इन खूंटियों की लम्बाई 5–7 सेमी रखी जाती है। प्राय: फ्रेम में खूंटियों की तीन पंक्तियाँ होती हैं। इन खूंटियों की पंक्ति तथा पंक्ति में एक से दूसरी खूंटी की दूरी फसल की आवश्यकतानुसार कम या अधिक रखी जा सकती है। चौखटे को उठाने तथा रखने के लिए एक डंडा लगा होता है।

यह विधि कम क्षेत्र में बुआई करने के लिए प्रयोग की जाती है। इस विधि से बुआई करने से बीज की कम मात्रा में आवश्यकता होती है तथा पौधों से पौधों की दूरी समान रखी जा सकती है इस विधि द्वारा बुआई करने से पौधों में कल्ले अधिक निकलते हैं। इस विधि द्वारा बुआई करने से समय तथा खर्च अधिक लगता है।

(III) सीडड्रिल विधि (Seed drill) : बीजों को बोने वाली मशीन को सीडड्रिल कहते हैं। ये सीडड्रिल बैलों अथवा ट्रैक्टर चालित दोनों तरह के होते हैं। आजकल फर्टी कम सीडड्रिल प्रयोग किये जा रहे है। सीडड्रिल से उर्वरक तथा बीज की एक साथ बुआई की जाती है। बुआई होने के पश्चात खाद एवं बीज ढ़कने का काम

इस यन्त्र की सहायता से एक साथ होता रहता है। बीज को ढ़कने के लिए सीडड्रिल के पीछे पाटा या जंजीर या ढकने वाला पहिया लगा दिया जाता है। सीडड्रिल सभी प्रकार की फसलों के बीज बोने के लिए प्रयोग की जाती है। सीडड्रिल में पंक्ति से पंक्ति तथा पौधे से पौधे की दूरी का निर्धारण भी किया जाता है। इस विधि द्वारा बुआई कम समय में तथा कम लागत में अधिक क्षेत्रफल पर की जा सकती है।

पंक्तियों में बुआई से लाभ (Advantages of line sowing)

पंक्तियों में बुआई करने से निम्न लाभ हैं –

1) इस विधि द्वारा बुआई करने से बीज की मात्रा पर नियंत्रण रखा जा सकता है।
2) बीज की इच्छानुसार गहराई तथा अन्तरण पर बुआई कर सकते हैं।
3) इस विधि द्वारा बुआई करने पर खरपतवार नियंत्रण तथा गुड़ाई आदि आसानी से पंक्तियों में की जा सकती है।
4) पौधों को प्रकाश संश्लेषण की क्रिया के लिए एक समान मात्रा में पूरे पौधे को प्रकाश मिलता है।
5) फसल में कीटनाशी, खरपतवारनाशी तथा रोगनाशी रसायनों का छिड़काव आसानी से किया जा सकता है।
6) पंक्तियों में बुआई करने से सिंचाई में समय कम लगता है जिससे सिंचाई दक्षता बढ़ जाती है।
7) फसल की कटाई कम समय में तथा आसानी से की जा सकती है।
8) अन्तःफसल पद्धति में सहयोगी फसल को मुख्य फसल के पहले आसानी से काटा जा सकता है।

(ii) मेड़ों पर बुआई करना (Ridge Sowing) : जड़वाली, कन्द तथा प्रकन्द की फसलें जैसे आलू, अरबी, मूली, शलजम, हल्दी आदि की बुआई समतल खेत में करने के पश्चात इन पर फावड़े की सहायता से मिट्टी चढ़ा दी जाती है। इस विधि द्वारा बुआई करने से मेड़ों की मिट्टी के ढ़ीली होने के कारण पौधों के भूमिगत भाग की वृद्धि में सुविधा होती है। गन्ना की फसल को गिरने से बचाने के लिए नालियों में बुआई की जाती है। इसके पश्चात् मेड़ों की मिट्टी गिराकर नालियों में डाल दी जाती है जिससे फसल गिरने से बच जाती है।

जलभराव तथा भारी भूमियों में अरहर की बुआई मेड़ों पर करने से फसल को वर्षा ऋतु में अधिक पानी के कारण गलने से बचाया जा सकता है। उत्तर भारत में इस विधि द्वारा फसलों की बुआई करना काफी प्रचलित है।

मृदा अपरदन से प्रभावित क्षेत्रों में ढाल के विपरीत मेड़ें बना कर फसलों की बुआई करने से वर्षा के जल का प्रवाह कम हो जाता है जिससे वर्षा का जल मृदा में खूब सोखता है। इस विधि में फसलों को खरीफ के मौसम में मेड़ों के ऊपर तथा रबी मौसम में नालियों के बीच में बुआई की जाती है। इस प्रकार की बुआई को समोच्च बुआई (Contour sowing) कहते हैं।

(ब) पौधरोपण (Planting)

(i) पौध लगाना (Transplanting) : इस विधि में पौधशाला में पौध तैयार कर ली जाती है। जब पौध 40–45 दिन की हो जाती है तब पौधशाला से उखाड़कर पहले से तैयार खेत में रोपाई कर दी जाती है। धान, तम्बाकू, सब्जियों आदि फसलों की रोपाई की जाती है।

इस विधि द्वारा फसल की रोपाई करने की विधि सघन फसल पद्धति के लिए अधिक उपयुक्त है। सघन फसल पद्धति में खेत में खड़ी फसल होने के समय से ही पौधशाला की बुआई कर दी जाती है। जब फसल पककर तैयार होने को होती है। उस समय तक पौध शाला की पौध भी तैयार हो जाती है। जिससे लगभग एक माह समय की बचत हो जाती है। इसके अतिरिक्त पौधों की प्रारम्भिक अवस्था में कीटों तथा बीमारियों का नियंत्रण, खाद, पानी तथा बीज की काफी बचत हो जाती है।

(ii) वानस्पतिक भागों द्वारा (Vegetative propagation) : कुछ फसलों की बुआई उनके वानस्पतिक भागों को काट कर की जाती है जैसे गन्ना, घासें, आलू, शकरकन्द, अरबी आदि की बुआई तने के टुकड़े, जड़युक्त तने के टुकड़े अथवा कन्द एवं प्रकन्द आदि का प्रयोग किया जाता है।

अभ्यास 1. 9000 वर्ग मीटर धान के खेत में दो पौधे प्रति स्थान 20 सेमी × 10 सेमी अन्तरण पर रोपाई करनी है, पौध संख्या ज्ञात करें।

$$\text{पौध संख्या} = \frac{9000}{0.20 \times 0.10} \times 100 = 45{,}000 \text{ पौधें}$$

चूंकि 2 पौधे प्रति स्थान पर रोपित करना है

अत: 45000 × 2 = **90,000 पौधे**

अभ्यास 2. गेहूँ प्रजाति एच डी 2329 की बुआई 20 सेमी × 5 सेमी अन्तरण पर बुआई करनी है, बीजों का जमाव 80 प्रतिशत, शुद्धता प्रतिशत 70 प्रतिशत तथा 1000 दानों का वजन 50 ग्राम है, बीज दर क्या होगी?

$$\text{बीज दर (किग्रा./है.)} = \frac{\text{क्षेत्रफल (वर्ग मी.)} \times \text{1000 दानों का वजन (ग्राम)} \times 100 \times 100)}{\text{अन्तरण (वर्ग मी.)} \times \text{जमाव (\%)} \times \text{शुद्धता (\%)} \times 1000 \times 1000)}$$

$$= \frac{1000 \times 50 \times 100 \times 100}{0.20 \times 0.05 \times 80 \times 70 \times 1000 \times 1000}$$

= **89.29 किग्रा./हैक्टेअर**

अभ्यास 3. उपरवार क्षेत्रों में पछेती धान की बुआई के लिए विवरण निम्नवत है:

(i) अन्तरण = 20 सेमी × 3 सेमी

(ii) बीजों की शुद्धता प्रतिशत = 85

(iii) बीजों का जमाव प्रतिशत = 90

(iv) 1000 दानों का वजन = 22 ग्राम

(v) पक्षियों आदि से क्षतिग्रस्त बीज जिसे अच्छे बीज से पूर्ति करनी है = 10 बीज/वर्ग मी.

$$\text{बीज संख्या की आवश्यकता/है.} = \frac{\text{क्षेत्रफल (वर्ग मीटर)}}{\text{अन्तरण (वर्ग मीटर)}}$$

$$= \frac{10000}{0.20 \times 0.03}$$

= **16,66,666.6 बीज**

चूंकि 1 वर्ग मी. में 10 बीज क्षतिग्रस्त है जिनको अच्छे बीज से बदलना है।

अत: 10000 वर्ग मी. में अच्छे बीज की आवश्यकता = 10,000 × 10 = 1,00,000

अत: एक हैक्टेअर में कुल बीजों की संख्या = 1666666.6 + 100000 = **17,66,666.6 बीज**

$$\text{इस प्रकार बीज दर प्रति हैक्टेअर} = \frac{\text{कुल बीजों की संख्या/है.} \times \text{1000 दोनों का वजन (ग्राम)} \times 100 \times 100}{\text{जमाव (\%)} \times \text{शुद्धता (\%)} \times 1000 \times 100}$$

$$= \frac{1766666.6 \times 22 \times 100 \times 100}{90 \times 80 \times 1000 \times 1000}$$

= धान की बीज दर = 53.98 **किग्रा/है.।**

अभ्यास 4. खरीफ ऋतु में मूँगफली की बुआई 50 सेमी × 20 सेमी के अन्तरण पर करनी है। बीजों का जमाव प्रतिशत 90, शुद्धता प्रतिशत 85, 1000 दानों का वजन 700 ग्राम तथा शेलिंग प्रतिशत 63 है।

$$\text{दानों की बीज दर (किग्रा/है.)} = \frac{10000 \times 700 \times 100 \times 100}{0.20 \times 0.20 \times 90 \times 85 \times 1000 \times 1000} = \textbf{91.5 किग्रा/है.}$$

$$\text{बुआई हेतु बिना छिली हुई फलियों की दर} = \frac{\text{दानों का वजन (कि.ग्रा/है)} \times 100}{\text{शेलिंग प्रतिशत}}$$

$$= \frac{91.5 \times 100}{63}$$

= **145.24 किग्रा/है.**

अभ्यास 5. शीतगृह से निकालने के लिए एक हैक्टेअर क्षेत्रफल में आलू की बुआई करने हेतु कु./हैक्टेअर कन्दों की कितनी आवश्यकता होगी जबकि बुआई हेतु पंक्ति से पंक्ति की दूरी 60 सेमी. तथा पौधे से पौधे की दूरी 20 सेमी. रखनी है। आलू के कन्दों का औसत वजन 25 ग्राम है तथा शीतगृह से निकालने के पश्चात खेत में बुआई करने तक आलू 5 प्रतिशत सड़ जाता है।

$$\text{आलू के कन्दों की आवश्यकता (कु./है.)} = \frac{\text{क्षेत्रफल (वर्ग मी.)} \times \text{कन्दों का औसत वजन (ग्रा)}}{\text{अन्तरण (वर्ग मी.)} \times 1000 \times 100}$$

$$= \frac{10,000 \times 25}{0.60 \times 0.20 \times 1000 \times 100}$$

= **20.83**

चूंकि शीतगृह से निकालने के पश्चात खेत में बुआई करने तक आलू 5 प्रतिशत सड़ जाता है।

$$\text{अत: आलू का सड़ जाने से क्षति} = \frac{20.83 \times 25}{100} = \textbf{1.04 कु./है.}$$

अत: कोल्ड स्टोर से आलू की कुल निकासी = 20.83 + 1.04

= **21.87 कु./है.**

अभ्यास 6. शरदकालीन गन्ने की खेती करने के लिए निम्न प्रकार से विवरण है।

(i) प्रति गन्ने में सन्धियों की कुछ संख्या = 41

(ii) बुआई हेतु गन्ने के टुकड़ों के प्रयोग = 3 आँख वाला

(iii) प्रत्येक गन्ने में क्षतिग्रस्त आँखे = 4

(iv) गन्ने का औसत वजन = 950 ग्राम

(v) आँख वाले गन्ने के टुकड़े की औसत लम्बाई = 30 सेमी

(vi) पंक्ति से पंक्ति की दूरी = 90 सेमी

(vii) क्षैतिज अवस्था में बुआई की विधित्र अन्तिम सिरा से अन्तिम सिरा तथा आँख से आँख

अंतिम सिरा से अंतिम सिरा विधि

कुल गन्ने के टुकड़ों की आवश्यकता $= \dfrac{10000\times1}{0.9\times0.3} =$ **37037.04 टुकड़े**

एक हैक्टेअर में कुल गन्नों की आवश्यकता $= \dfrac{3\times37037.04}{41} = 2710.03$

एक हैक्टेअर क्षेत्र में कुल गन्ने का वजन (कु./है.) $= \dfrac{2710.3\times950}{1000\times100} =$ **25.75 कु./है.**

(ii) आँख से आँख बुआई की विधि में प्रत्येक गन्ने के टुकड़े को 2/3 भाग एक दूसरे के ऊपर चढ़ा देते है।

इस प्रकार कुल टुकड़ों की संख्या $= \dfrac{3}{2}\times37037.04 = 55555.56$

एक हैक्टेअर क्षेत्र में कुल गन्ने का वजन $= \dfrac{3}{2}\times25.75 =$ **38.63 कु./है.**

अभ्यास 7. पश्चिम उत्तरप्रदेश का एक कृषक सिंचित दशाओं में गेहूँ की फसल बोना चाहता है। उसके लिए अन्तरण 22 सेमी ग 5 सेमी, प्रभावी कल्लों की औसत संख्या 5, प्रति बाली औसत दानों की संख्या 30, 1000 दानों का वजन 44 ग्राम तथा दाना:भूसा का अनुपात 1:1.3 है।

गेहूँ का उपज (कु./है.) $= \dfrac{\text{क्षेत्रफल (वर्ग मी.)} \times \text{प्रति पौधे प्रभावी कल्लों की संख्या} \times \text{प्रति बाली दानों की संख्या} \times \text{1000 दानों का वजन}}{\text{अन्तरण (वर्ग मी.)} \times 1000 \times 1000 \times 100 \times 10}$

$= \dfrac{10000\times5\times30\times44}{0.22\times0.05\times1000\times1000\times100\times10} =$ **60 कु./है.**

गेहूँ के भूसे की उपज $= \dfrac{\text{दाने का उपज} \times 1}{\text{दाना : भूसा अनुपात}}$

$\dfrac{60\times1}{1/1.3} = 60\times1.3 =$ **78 कु./है.**

अभ्यास 8. कानपुर का एक प्रगतिशील कृषक संकर मक्का की फसल उगाना चाहता है जिसका विवरण निम्नवत है –

(i) अन्तरण = 60 सेमी × 30 सेमी

(ii) प्रति पौधे औसत भुट्टों की संख्या = 2.2

(iii) प्रति भुटटे औसत दानों की पंक्तियाँ = 12

(iv) 1000 दानों का वजन = 220 ग्राम

(v) प्रति पंक्ति में औसत दानों की संख्या = 29

$$\text{मक्का की सम्भावित उपज (कु./है.)} = \frac{\text{क्षेत्रफल (वर्ग मी.)} \times \text{प्रति पौधे भुटटों की संख्या} \times \text{प्रति भुटटे दानों की पंक्तियाँ} \times \text{प्रति पंक्ति में दानों की संख्या} \times \text{1000 दानों का वजन (ग्राम)}}{\text{अन्तरण (वर्ग मी.)} \times 1000 \times 1000 \times 100}$$

$$= \frac{10000\times2.2\times12\times29\times220}{0.60\times0.30\times1000\times1000\times100} = 93.57 \text{ कु./है.}$$

अभ्यास 9. महीन बासमती धान की सम्भावित उपज (कु./है.) क्या होगी जबकि प्रतिवर्ग मी. क्षेत्र में बालियों की संख्या 300, प्रति बाली औसत भरे हुए दानों की संख्या 130 तथा 1000 दानों का वजन 20 ग्राम है।

$$\text{उपज (कु./है.)} = \frac{\text{क्षेत्रफल (वर्ग मी.)} \times \text{प्रति वर्ग मीटर में बालियों की संख्या} \times \text{प्रति बाली भरे हुए दानों की संख्या} \times \text{1000 दानों का वजन (ग्राम)}}{1000 \times 1000 \times 100}$$

$$= \frac{10000\times300\times130\times20}{1000\times1000\times100} = 78 \text{ कु./है.}$$

अभ्यास 10. संकर धान का विवरण निम्नवत है।

(i) अन्तरण = 20 सेमी ग 10 सेमी

(ii) प्रति हिल औसत प्रभावी कल्लों की संख्या = 7

(iii) प्रति बाली औसत दानों की संख्या = 150

(iv) प्रति बाली औसत खाली दानों की संख्या = 14

(v) 1000 दानों का वजन = 24 ग्रा.

(vi) चावल की उपज = 105 कु./है.

प्रति बाली भरे हुए दानों की संख्या = प्रति वाली कुल दानों की संख्या – प्रति बाली खाली दानों की संख्या

$$= 150 - 14 = 136$$

$$\text{संकर धान की उपज (कु./है.)} = \frac{\text{क्षेत्रफल (वर्ग मी.)} \times \text{प्रति हिल प्रभावी कल्लों की संख्या} \times \text{प्रति बाली भरे हुए दानों की संख्या} \times \text{1000 दानों का वजन (ग्रा)}}{\text{अन्तरण (वर्ग मी.)} \times 1000 \times 1000 \times 100 \times 10}$$

$$= \frac{10000\times7\times136\times24}{0.20\times0.10\times1000\times1000\times100\times10} = \mathbf{114.24} \text{ **कु./है.**}$$

$$\text{संकर धान का हिलिंग प्रतिशत} = \frac{\text{चावल की उपज (कु./है.)}}{\text{धान की उपज (कु./है.)}} \times 100$$

$$= \frac{105}{114.24} \times 100 = \textbf{91.91 प्रतिशत}$$

$$\text{संकर धान का उर्वरता प्रतिशत} = \frac{\text{प्रति बाली भरे हुए दानों की संख्या}}{\text{प्रति बाली खाली दानों की संख्या}} = \frac{136}{14} = \textbf{9.71 प्रतिशत}$$

$$\text{खाली दानों का प्रतिशत} = \frac{\text{प्रति बाली खाली दानों की संख्या}}{\text{प्रति बाली कुल दानों की संख्या}} \times 100$$

$$= \frac{14}{150} \times 100 = \textbf{9.33 प्रतिशत}$$

अभ्यास 11. आलू के कन्दों की उपज (कु./है.) ज्ञात करें जबकि अन्तरण 60 सेमी × 20 सेमी, प्रति पौधे औसत कन्दों की संख्या 16 तथा कन्दों का औसत वजन 42 ग्राम है।

$$= \frac{\text{क्षेत्रफल (वर्ग मी.)} \times \text{प्रति पौधे औसत कन्दों की संख्या} \times \text{कन्दों का औसत वजन (ग्राम)}}{\text{अन्तरण (वर्ग मी.)} \times 1000 \times 100}$$

$$= \frac{10000 \times 16 \times 42}{0.6 \times 0.2 \times 1000 \times 100} = 560 \text{ कु./है.}$$

अभ्यास 12. गुजरात में मूँगफली का विवरण निम्नवत है –

(i) अन्तरण = 60 सेमी × 20 सेमी

(ii) प्रति पौधे पकी हुई फलियों की औसत संख्या = 30

(iii) प्रति फलियों में दानों की औसत संख्या = 3

(iv) 1000 दानों का वजन = 550

(v) शैलिंग प्रतिशत = 62

(vi) दानों में तेल का प्रतिशत = 45

$$\text{मूँगफली के दानों की उपज (कु./है.)} = \frac{\text{क्षेत्रफल (वर्ग मी.)} \times \text{प्रति पौधे फलियों की संख्या} \times \text{प्रति फली में दानों की संख्या} \times \text{1000 दानों का वजन (ग्राम)}}{\text{अन्तरण (वर्ग मी.)} \times 1000 \times 1000 \times 100}$$

$$= \frac{10000 \times 30 \times 3 \times 550}{0.60 \times 0.20 \times 1000 \times 1000 \times 100}$$

$$= \textbf{41.25 कु./है.}$$

$$\text{बिना छिली हुई फलियों की उपज (कु./है.)} = \frac{\text{दानों की उपज (कु./है.)}}{\text{शैलिंग प्रतिशत}} \times 100$$

$$= \frac{41.25}{62} \times 100 = 66.53 \text{ कु./है.}$$

$$\text{मूँगफली के तेल की उपज (कु./है.)} = \frac{\text{दानों की उपज} \times \text{तेल का प्रतिशत}}{100}$$

$$= \frac{41.25 \times 45}{100} = 18.56 \text{ कु./है.}$$

अभ्यास 13. जूट के दानों की उपज (कु./है.) ज्ञात करो जब अन्तरण 20 सेमी × 10 सेमी, 1000 दानों का वजन 7.5 ग्राम तथा प्रति पौधे औसत दानों की संख्या 200 हो।

$$\text{जूट के दानों की उपज (कु./है.)} = \frac{\text{क्षेत्रफल (वर्ग मी.)} \times \text{प्रति पौधे दानों की संख्या} \times \text{1000 दानों का वजन (ग्राम)}}{\text{अन्तरण (वर्ग मी.)} \times 1000 \times 1000 \times 100}$$

$$= \frac{10000 \times 200 \times 7.5}{0.02 \times 0.10 \times 1000 \times 1000 \times 100} = 7.5 \text{ कु./है.}$$

अभ्यास 14. जूट की फसल का अन्तरण 25 सेमी × 15 सेमी पर बोई गई जबकि परिपक्व पौधे का औसत वजन 80 ग्राम तथा रेशा निकालने का प्रतिशत 8.25 है।

$$\text{जूट के रेशे की उपज (कु./है.)} = \frac{\text{क्षेत्रफल (वर्ग मी.)} \times \text{परिपक्व पौधे का वजन (ग्रा)} \times \text{रेशा निकलने का प्रतिशत}}{\text{अन्तरण (वर्ग मी.)} \times 1000 \times 100 \times 10}$$

$$= \frac{10000 \times 80 \times 8.25}{0.25 \times 0.15 \times 1000 \times 100 \times 10}$$

$$= 17.6 \text{ कु./है.}$$

अभ्यास 15. विदर्भ क्षेत्र में अमेरिकन कपास की निम्न सूचनाएं प्राप्त हुई।

(i) अन्तरण = 80 सेमी × 60 सेमी

(ii) प्रति पौधे और सिम्पोडियल शाखाओं की संख्या = 5.5

(iii) प्रति शाखा में औसत गूलरों की संख्या = 4.3

(iv) प्रति गूलर लोक्यूल का संख्या = 4.6

(v) प्रति लोक्यूल में औसत दानों की संख्या = 9.0

(vi) दाना में रेशा अनुपात = 5:3

(vii) 1000 कपास के बीजों का वजन = 140 ग्रा

$$\text{कपास के बीजों की उपज (कु./है.)} = \frac{\text{क्षेत्रफल (वर्ग मी.)} \times \text{प्रति पौधे सिम्पोडियल शाखाओं की संख्या} \times \text{प्रति शाखा गूलरों की संख्या} \times \text{प्रति गूलर लोक्यूल की संख्या} \times \text{प्रति लोक्यूल दानों की संख्या} \times \text{1000 दानों का बजन (ग्रा)}}{\text{अन्तरण (वर्ग मी.)} \times 1000 \times 100}$$

$$= \frac{10000 \times 5.5 \times 4.3 \times 4.6 \times 9.0 \times 140}{0.80 \times 0.60 \times 1000 \times 100} = \textbf{28.6 कु./है.}$$

$$\text{रेशे की उपज (कु./है.)} = \frac{\text{कपास के बीजों की उपज (कु./है.)}}{\text{कपास में रेशे का अनुपात}}$$

$$= 28.6 \times \frac{3}{5} = \textbf{17.16 कु./है.}$$

कपास की उपज (कु./है.) = कपास के दानों की उपज + रेशे की उपज

= **45.76 कु/है.**

$$\text{जिनिंग प्रतिशत} = \frac{\text{कपास के रेशे की उपज (कु./है.)}}{\text{कपास की उपज (कु./है.)}} \times 100$$

$$= \frac{17.16}{45.76} \times 100 = \textbf{35.5\%}$$

अभ्यास 16. पश्चिमी उत्तरप्रदेश में गन्ना की प्रजाति सीओ 1158 का विवरण निम्नवत है:

(i) प्रति ठूँठ समूह में पिराई योग्य गन्नों की औसत संख्या = 13

(ii) गन्ने का औसत वजन = 810 ग्रा

(iii) प्रति ठूँठ अन्तरण = 80 सेमीइ60 सेमी

(iv) गन्ने में रस का प्रतिशत = 76

(v) रस में शर्करा की मात्रा = 19

(vi) रस में गुड (खान्डसारी) का प्रतिशत = 20

$$\text{गन्ने की उपज (टन/है.)} = \frac{\text{क्षेत्रफल (वर्ग मी.)} \times \text{प्रति ठूंठ पिराई योग्य गन्ने की संख्या} \times \text{गन्ने का औसत वजन}}{\text{प्रति ठूँठ अन्तरण (वर्ग मी.)} \times 1000 \times 100 \times 10}$$

$$= \frac{10000 \times 13 \times 810}{0.80 \times 0.60 \times 1000 \times 100 \times 10} = \textbf{219.37 टन/है.}$$

$$\text{गन्ने में कुल रस की सम्भावित मात्रा (टन/है.)} = \frac{\text{गन्ने की उपज (टन/है.)} \times \text{गन्ने में रस का प्रतिशत}}{100}$$

$$= \frac{219.37 \times 76}{100} = \textbf{166.72 टन/है.}$$

$$\text{गन्ने में शर्करा की कुल मात्रा (टन/है.)} = \frac{\text{गन्ने में रस की कुल मात्रा} \times \text{रस में शर्करा का प्रतिशत}}{100}$$

$$= \frac{166.72 \times 19}{100} = \textbf{31.68 टन/है.}$$

$$\text{गन्ने में गुड़ की कुल मात्रा} = \frac{\text{गन्ने में रस की कुल मात्रा} \times \text{रस में गुड़ (खान्डसारी) का प्रतिशत}}{100}$$

$$= \frac{166.72 \times 20}{100} = \textbf{33.34 टन/है.}$$

अभ्यास 17. नत्रजन की आंशिक कारक उत्पादकता (किग्रा धान के दानों/प्रयोग की गई प्रति किग्रा नत्रजन) ज्ञात करो जबकि संकर धान में नत्रजन के प्रयोग की दर 170 किग्रा/है. तथा धान की उपज 105 कु./है. है।

$$\text{आंशिक कारक उत्पादकता (PFP)} = \frac{\text{धान की उपज (किग्रा/है.)} \times 100}{\text{प्रयोग की गई नत्रजन की मात्रा (किग्रा/है.)}}$$

$$= \frac{105.50 \times 100}{170}$$

= 62.06 किग्रा धान प्रति किग्रा नत्रजन

अभ्यास 18. प्रयोग की गई नत्रजन की सस्य विज्ञानी दक्षता (किग्रा उपज में वृद्धि प्रति किग्रा नत्रजन के प्रयोग) यदि नत्रजन प्रयोग किये गये खेत में मक्का की उपज 72.5 कु./है. तथा बिना नत्रजन प्रयोग किये गये खेत में मक्का की उपज 35.8 कु./है. पाई गई तथा नत्रजन का प्रयोग 150 किग्रा/है. की दर से किया गया।

$$\text{नत्रजन की सस्य विज्ञानी दक्षता} = \frac{\text{बिना नत्रजन प्रयोग किये खेत में मक्का की उपज (किग्रा/है)} \times \text{नत्रजन प्रयोग किये गये खेत में मक्का की उपज (किग्रा/है.)}}{\text{प्रयोग की गई नत्रजन की मात्रा (किग्रा/है.)}}$$

$$= \frac{(72.5 \times 100) - (35.8 \times 100)}{150}$$

= 24.47 किग्रा उपज में वृद्धि प्रति किग्रा नत्रजन के प्रयोग से

अभ्यास 19. धान की फसल में नत्रजन प्रयोग की फसल प्राप्त योग्य दक्षता ज्ञात करो। यदि नत्रजन प्रयोग किये गये फसल में पकने के समय ऊपरी बायोमास (दाना + भूसा) में नत्रजन ग्रहण 200 किग्रा/है. है तथा बिना नत्रजन प्रयोग किये गये फसल में पकने के समय ऊपरी बायोमास (दाना + भूसा) में नत्रजन ग्रहण 125 किग्रा/है. प्रयोग की गई नत्रजन उर्वरक की कुल मात्रा 150 किग्रा/है.।

$$\text{प्रयोग की गई नत्रजन की फसल प्राप्त योग्य दक्षता} = \frac{\text{नत्रजन प्रयोग किये गये फसल में पकने के समय ऊपरी बायोमास में नत्रजन ग्रहण (किग्रा/है.)}}{\text{प्रयोग की गई नत्रजन की कुल मात्रा (किग्रा/है.)}}$$

$$= \frac{200-125}{150}$$

= 0.50 किग्रा/किग्रा नत्रजन का प्रयोग अथवा 50 प्रतिशत नत्रजन फसल प्राप्त दक्षता अथवा 0.50 किग्रा नत्रजन ग्रहण दक्षता प्रति किग्रा नत्रजन प्रयोग से

अभ्यास 20. नत्रजन कटाई गुणांक ज्ञात करो जबकि नत्रजन प्रयोग किये गये प्लाट में दानों में नत्रजन ग्रहण 148 किग्रा/है. जबकि फसल पकने के समय ऊपरी बायोमास (दाना + भूसा) में नत्रजन ग्रहण 230 किग्रा/है. है।

$$= \frac{\text{दानों में नत्रजन ग्रहण (किग्रा/है.)}}{\text{कटाई के समय ऊपरी बायोमास (दाना + भूसा) में कुल नत्रजन ग्रहण}}$$

$$= \frac{148}{230} = 0.64$$

अभ्यास 21. प्रयोग की गई नत्रजन की पादप दैहिकी दक्षता (किग्रा उपज में वृद्धि प्रति किग्रा उर्वरक प्रयोग करने पर नत्रजन का ग्रहण) ज्ञात करें। नत्रजन प्रयोग किये गये खेत में धान की उपज 7.5 टन/है. तथा बिना नत्रजन प्रयोग किये गये खेत में धान की उपज 3.4 टन/है. है। फसल पकने के समय नत्रजन प्रयोग किये गये खेत में ऊपरी बायोमास (दाना + भूसा) में कुल नत्रजन ग्रहण 220 किग्रा/है. जबकि बिना नत्रजन प्रयोग किये गये खेत में ऊपरी बायोमास (दाना + भूसा) में कुल नत्रजन ग्रहण 125 किग्रा/है. है।

$$\text{नत्रजन पादप दैहिकी दक्षता} = \frac{Y_N - Y_W}{U_N - U_O}$$

Y_N = नत्रजन प्रयोग किये गये खेत में धान की उपज (किग्रा/है.)

Y_W = बिना नत्रजन प्रयोग किये गये खेत में धान की उपज (किग्रा/है.)

U_N = फसल पकने के समय नत्रजन प्रयोग किये गये खेत में ऊपरी बायोमास (दाना + भूसा) में कुल नत्रजन ग्रहण (किग्रा/है.)

U_O = फसल पकने के समय बिना नत्रजन प्रयोग किये गये खेत में ऊपरी बायोमास (दाना + भूसा) में कुल नत्रजन ग्रहण (किग्रा/है.)

$$= \frac{(7.5\times100\times10)-(3.4\times100\times10)}{220-125}$$

= 43.15 किग्रा उपज में वृद्धि प्रति किग्रा उर्वरक में (नत्रजन ग्रहण में वृद्धि)

✦

7

फसल पद्धतियाँ (CROPPING SYSTEMS)

फसल पद्धति का तात्पर्य प्रक्षेत्र पर फसलोत्पादन में प्रयुक्त होने वाली समस्त सस्य विधियों से हैं। फसल पद्धतियों में सभी प्रकार की फसल प्रणाली को सम्मिलित किया जाता है। किसी क्षेत्र विशेष में फसलोत्पादन में उगाई जाने वाली समस्त विधियों को फसल पद्धतियाँ कहते हैं।

सस्य क्रम (Cropping pattern)

एक निश्चित समय, क्षेत्र तथा अवधि में फसलों को उगाने के क्रम को सस्य क्रम कहते हैं।

सस्य क्रम में किसी एक फसल अथवा एक से अधिक फसलें उगाना, उस क्षेत्र की जलवायु तथा भूमि पर निर्भर करता है। इसके अतिरिक्त कृषकों की रुचि, श्रम, बाजार की माँग, भूमि का क्षेत्रफल, सिंचाई की सुविधा तथा खाद्यान्न सम्बन्धी समस्त आवश्यकतायें सस्य क्रम को प्रभावित करती हैं।

खेती में मुख्यत: चार पद्धतियाँ प्रयोग की जाती हैं।

1) एक फसली पद्धति (Monoculture/monocropping)
2) द्वि फसली पद्धति (Double cropping system) अथवा फसल चक्र (Crop rotation)
3) मिश्रित/अन्त: फसल पद्धति (Mixed/Inter cropping system)
4) सघन खेती (Multiple/Intensive cropping)

(1) एक फसल पद्धति (Monoculture/monocropping) :

लगातार कई वर्षों तक किसी खेत में एक फसल उगाने की विधि को एक फसल पद्धति या एकांकी पद्धति कहते हैं। इस पद्धति का अभिप्राय यह है कि खेत में प्रतिवर्ष किसी एक विशेष फसल को उगाना होता है। इस पद्धति में कृषक एक ऋतु में किसी कारणवश परती छोड़ता है। इस प्रकार खरीफ ऋतु में परती भूमि में वर्षा का पानी मृदा में संरक्षित करके रबी ऋतु में फसलें उगाई जाती हैं। खरीफ ऋतु में परती छोड़ने की प्रथा मुख्यत: बारानी क्षेत्रों में अपनाई जाती है। जहाँ पर सिंचाई के साधन उपलब्ध नहीं होते वहाँ पर रबी की फसल असिंचित दशाओं में उगाई जाती है। यह सस्य पद्धति किसी विशेष कारण जैसे निचले क्षेत्रों में पानी भरने के कारण उसमें धान के अतिरिक्त अन्य फसल उगाना सम्भव नहीं होता है। ऐसी दशा में भी कृषक रबी की फसल उगा ही नहीं पाता है इसलिए इन भूमियों में कृषक रबी ऋतु में परती छोड़ देता है। एक फसल पद्धति में फसल गहनता 100 प्रतिशत होती है।

(2) द्वि फसल पद्धति (Double cropping system) :

किसी कृषि क्षेत्र में एक निश्चित समय में अथवा एक वर्ष में दो फसलें उगाये जाने की विधि को द्विफसल पद्धति कहते हैं। इस प्रकार इस पद्धति में फसल गहनता (Cropping intensity) 200 प्रतिशत होती है।

फसल चक्र (Crop rotation)

''एक निश्चित क्षेत्र में, एक निश्चित समय में फसलों को इस क्रम में उगाना जिससे मृदा की उर्वरता बनी रहे तथा अधिकतम उत्पादन प्राप्त हो, फसल चक्र कहते हैं।

फसल चक्र के सिद्धान्त (Principles of crop rotation) : एक निश्चित समयावधि में अधिक से अधिक फसलें उगाकर अच्छी उपज प्राप्त करने के साथ-साथ मृदा की उर्वरता को बनाये रखना भी आवश्यक होता है। विभिन्न फसल चक्रों को अपनाने के पूर्व निम्नलिखित सिद्धान्त ध्यान में रखना आवश्यक है-

1. खाद्यान्न फसलों के पश्चात् दलहनी फसलें उगाना चाहिए क्योंकि खाद्यान्न फसलों को अधिक पोषक तत्वों की आवश्यकता होती है जिससे मृदा में पोषक तत्वों की कमी हो जाती है। जबकि दलहनी फसलों को उगाने से मृदा की उर्वरा शक्ति में वृद्धि हो जाती है।
2. अधिक पानी चाहने वाली फसलों के पश्चात् कम पानी चाहने वाली फसलें उगाना चाहिए।
3. अधिक पोषक तत्वों को चाहने वाली फसलों के पश्चात् कम पोषक तत्व चाहने वाली फसलें उगानी चाहिए।
4. अधिक गहरी जड़ों वाली फसलों के पश्चात् उथली जड़ों वाली फसलों को उगाना चाहिए।
5. अधिक निराई गुड़ाई चाहने वाली फसलों के बाद कम निराई गुड़ाई चाहने वाली फसलों को उगाना चाहिए।
6. अधिक खाद चाहने वाली फसलों के बाद कम खाद चाहने वाली फसलों को उगाना चाहिए।
7. फसल-चक्र अपनाते समय कृषकों के पास उपलब्ध संसाधनों का समुचित उपयोग होना चाहिए।
8. फसलों पर एक ही प्रकार के कीटों का आक्रमण होने की दशा में उन फसलों को लगातार नहीं उगाना चाहिए।
9. एक ही प्रकार की बीमारियों का प्रकोप होने वाली फसलों को लगातार नहीं उगाते रहना चाहिए।
10. असिंचित क्षेत्रों में भूमि को ढकने वाली फसलों को उगाना चाहिए जिससे आगामी फसल के लिए नमी संरक्षित रखी जा सके।
11. फसलचक्र में फसलों का चुनाव घरेलू आवश्यकताओं को ध्यान में रखकर करना चाहिए।
12. मृदा कटाव/क्षरण प्रभावित क्षेत्रों में फसलों का चुनाव करते समय यह ध्यान रखना चाहिए कि फसलें मृदा क्षरण अवरोधी हो।
13. फसलों का चुनाव बाजार की माँग के अनुरूप करना चाहिए।
14. फसल चक्र में फसलों का चुनाव करते समय खेत में उगने वाले खरपतवारों की मात्रा तथा किस्म को ध्यान में रखकर ऐसी फसलें उगानी चाहिए जो खरपतवारों से कम प्रभावित होती हो।
15. फसल चक्र में फसलों का चुनाव सामाजिक रीति रिवाज के अनुसार ही करना चाहिए।
16. फसलों में होने वाले नुकसान को ध्यान में रखकर वही फसलें उगानी चाहिए जो आसपास के क्षेत्रों में उगाई गई हो।
17. एक ही प्रकार की फसलें लगातार उगने से भूमि में विकार उत्पन्न हो जाता है अत: फसल चक्र में मृदा विकार न करने वाली फसलों को उगाना चाहिए।
18. फसल चक्र में उगाई जाने वाली फसलें उस क्षेत्र की जलवायु की दशा के अनुरूप होनी चाहिए।
19. फसल चक्र में फसलों का चुनाव करते समय यह ध्यान रखना चाहिए कि कृषकों की आर्थिक दशा के अनुरूप हो।

उपरोक्त सिद्धान्तों को ध्यान में रखकर फसल चक्रों को निम्न रूप मे वर्गीकृत कर सकते हैं –

(अ) **परती आधारित फसल चक्र (Fallow based crop rotation) :** इस तरह के फसल चक्र में फसलों को उगाने के पूर्व अथवा बाद में खेत को परती रखा जाता है। खेत को परती रखना सामान्यत: असिंचित/बारानी क्षेत्रों में अपनाया जाता है जहाँ पर मृदा नमी की कमी एक मुख्य कारक है जैसे परती-गेहूँ, परती-सरसों, परती-आलू आदि।

(ब) **दलहन आधारित फसल चक्र (Pulse based crop rotation) :** इस प्रकार के फसल चक्र में एक फसल दलहन की उगाई जाती है जैसे अरहर-गेहूँ, बाजरा/धान-चना/मटर, मूँग-गेहूँ आदि।

(स) **तिलहन आधारित फसल चक्र (Oilseed based crop rotation) :** तिलहन आधारित फसल चक्र में पहले अथवा बाद में एक फसल तिलहन की उगाई जाती है जैसे सरसों-ग्रीष्मकालीन मूँग, मूँगफली-गेहूँ, सोयाबीन-गेहूँ/चना आदि।

(द) **हरी खाद आधारित फसल चक्र (Green manuring based crop rotation) :** इस प्रकार के फसल चक्र में फसल उगाने के पूर्व हरी खाद की फसलों को उगाया जाता है जैसे हरी खाद-गेहूँ, हरी खाद – आलू आदि।

(य) **खाद्यान्न फसलों पर आधारित फसल चक्र (Cereal based crop rotation) :** इस फसल चक्र में पूर्व में अथवा बाद में खाद्यान्न की फसलों को उगाया जाता है जैसे ज्वार/बाजरा-गेहूँ, ज्वार/ बाजरा-जौ, धान-गेहूँ आदि।

(र) **नकदी फसल आधारित फसल चक्र (Cash crop based crop rotation) :** इसमें एक नकदी फसल को उगाया जाता है जैसे कपास-गेहूँ, जूट-तम्बाकू, जूट-गेहूँ, धान-तम्बाकू आदि।

(ल) **चारा आधारित फसल चक्र (Fodder based crop rotation) :** इस प्रकार के फसल चक्र में एक फसल को चारे के रूप में उगाया जाता है जैसे उर्द/मूँग-बरसीम, धान-चना-लोबिया, लोबिया/ज्वार/बाजरा/मक्का- गेहूँ आदि।

फसल चक्र का चुनाव (Selection of crop rotations)

फसल चक्र अपनाने के पूर्व फसलों का सही चुनाव करना अत्यन्त आवश्यक है अत: फसलों का चुनाव निम्न कारकों द्वारा प्रभावित होता है।

1. जलवायु (Climate) : फसल चक्र में फसलों का चुनाव जलवायु के अनुरूप ही करना चाहिए। अधिक वर्षा वाले क्षेत्रों में अधिक पानी चाहने वाली फसलें जैसे धान, गन्ना, जूट आदि ही उगानी चाहिए। कम वर्षा वाले क्षेत्रों में कम पानी चाहने वाली फसलें जैसे अरहर, उर्द, मूँग, बाजरा, लोबिया, मसूर, अलसी आदि फसलें उगाने से अधिक से अधिक उत्पादन प्राप्त किया जा सकता है। जिन क्षेत्रों में पाला पड़ने की सम्भावना होती है वहाँ पर पाला सहिष्णु फसलों को ही उगाना चाहिए अन्यथा पाले के प्रभाव से फसल की उपज में काफी अधिक क्षति हो जाती है।

2. मृदा (Soil) : फसलों का चुनाव मृदा की किस्म तथा उसकी दशा के अनुरूप ही करना चाहिए। भारी मृदाओं में धान, गन्ना, गेहूँ, कपास आदि फसलें जबकि हल्की भूमियों में अरहर, मूँगफली, मक्का, ज्वार आदि फसलें उगानी चाहिए। उपरवार क्षेत्रों में मूँगफली, गेहूँ, अरहर, मटर, चना जबकि निचली भूमियों में धान, गन्ना तथा बरसीम की फसलें उगानी चाहिए। क्षारीय मृदाओं में क्षार सहिष्णु फसलें जब कि अम्लीय मृदाओं में अम्ल सहिष्णु फसलें उगानी चाहिए। इसी प्रकार कम उर्वरता वाली भूमियों में दलहनी फसलें जबकि अधिक उर्वरता वाली भूमियों में खाद्यान्न फसलें उगानी चाहिए।

3. प्रबन्ध (Management) : फसल का चुनाव करते समय कृषकों के पास प्रक्षेत्र पर उपलब्ध संसाधनों, जैसे धन, श्रम, खाद, बीज, कीटनाशी, कृषियन्त्र आदि को ध्यान में रखकर करना चाहिए। सब्जियों वाली फसलों तथा

तम्बाकू जैसी फसलों को श्रम, खाद आदि की अधिक आवश्यकता होती है। जबकि दलहनी तथा तिलहनी फसलों को उगाने में श्रम, खाद, सिंचाई आदि की कम आवश्यकता होती है।

4. आर्थिक कारक (Economic factor) : फसल का चुनाव बाजार की मांग के अनुसार करना चाहिए। बाजार के पास के स्थित क्षेत्रों में सब्जियों की फसलों को उगाने में अधिक ध्यान देना चाहिए। शहरों से दूर स्थित क्षेत्रों में सब्जियों की फसलों का फसल चक्र में समावेश बहुत कम करना चाहिए।

5. घरेलू आवश्यकता (Domestic need) : कृषक को अपनी घरेलू आवश्यकता के अनुसार फसलों का चुनाव करना चाहिए। घरेलू उपयोग की फसलों को उगाने से कृषकों को अन्य फसलों जैसे सब्जियों, तिलहनी तथा दलहनी फसलों द्वारा स्वयं की आवश्यकता की पूर्ति कर लेता है। जिससे कृषकों की सकल आय में वृद्धि हो जाती है।

6. सामाजिक रीति रिवाज (Social customs) : सामाजिक रीति रिवाज का फसलोत्पादन में काफी योगदान होता है। जिन समुदाय के लोग लहसुन तथा प्याज का सेवन नहीं करते वह प्याज तथा लहसुन फसलों का चुनाव ही नहीं करते हैं। जबकि यह फसलें आर्थिक दृष्टिकोण से अधिक लाभदायक होने के बावजूद भी इनको उगाना ही पसन्द नहीं करते हैं।

7. सरकारी नीति (Government policy) : कुछ फसलें जैसे पोस्ता, भांग, गांजा आदि को उगाने में सरकार की अनुमति लेनी पड़ती है तथा इनको उगाने मे कृषकों को राजस्व कर भी देना होता है। यदि किसान इन फसलों को उगाना भी चाहे लेकिन सरकारी नीति के कारण वह नहीं उगा सकता है क्योंकि उपज का सम्पूर्ण भाग सरकारी संस्थायें ही खरीदती हैं और कृषक बाजार में अपनी उपज बेच भी नहीं सकता है।

फसल चक्र से लाभ (Advantages of crop rotations)

फसल चक्र से निम्नलिखित लाभ होते हैं –

1. फसल चक्र में विभिन्न प्रकार की फसलों को उगाने से कुल उपज में वृद्धि हो जाती है।
2. विभिन्न प्रकार की दलहनी फसलों को फसल चक्र में समावेश करने से मृदा की उर्वरा शक्ति का ह्रास नहीं होने पाता जिससे मृदा में पोषक तत्वों की मात्रा सन्तुलित बनी रहती है।
3. मृदा में लाभदायक सूक्ष्म जीवाणुओं की क्रियाशीलता से मृदा की भौतिक तथा रासायनिक दशा में सुधार हो जाता है।
4. मृदा में कार्बनिक पदार्थ तथा कार्बन–नत्रजन अनुपात में वृद्धि हो जाती है।
5. फार्म पर उपलब्ध संसाधनों का समुचित उपयोग होता रहता है।
6. फसल चक्र में विभिन्न फसलों का समावेश करने से खरपतवारों की संख्या में कमी होती रहती है। परती भूमि छोड़ने पर खरपतवारों का प्रकोप बढ़ जाता है।
7. फसलों पर कीटों एवं बीमारियों का प्रकोप कम होता है।
8. मृदा को जल तथा वायुक्षरण से बचाया जा सकता है।
9. शीघ्र पकने वाली फसलों को उगाने से अधिक से अधिक लाभ प्राप्त किया जा सकता हैं।
10. कृषकों के आर्थिक स्तर में सुधार हो जाता है।
11. बाजार की माँग के अनुसार फसल उत्पाद की पूर्ति सुनिश्चित की जा सकती है।
12. सीमित साधनों जैसे खाद, सिंचाई, श्रम आदि के कम होने पर भी फसलें उगाई जा सकती हैं।
13. विभिन्न फसलें उगाये जाने से घरेलू खाद्यान्न आवश्यकता की पूर्ति हो जाती है।
14. जलवायु की प्रतिकूल परिस्थितियों में भी फसलें उगाई जा सकती हैं।

15. क्षारीय तथा अम्लीय भूमियों में सहिष्णु फसलें उगाने से मृदा का सुधार कर अधिक उत्पादन प्राप्त किया जा सकता है।
16. फसलों को अदल बदल कर बोने से मृदा में विकार की समस्या उत्पन्न नहीं होने पाती है।
17. फसल चक्र में विभिन्न फसलें उगाने से फसल उत्पादन पर व्यय कम आता है।
18. फसल चक्र में विभिन्न प्रकार की गहरी अथवा उथली जड़ों वाली फसलों को उगाने से मृदा के प्रत्येक स्तर पर पोषक तत्वों की मात्रा संतुलित बनी रहती है।

फसल चक्र सघनता (Crop rotation intensity)

एक निश्चित समय में फसल चक्र में उगाई गई फसलों की संख्या को फसल चक्र सघनता कहते हैं। फसल चक्र सघनता सदैव प्रतिशत में आँकी जाती है। एक वर्ष में केवल एक फसल उगाने से फसल चक्र सघनता 100 प्रतिशत, दो फसलें उगाने से 200 प्रतिशत तथा इसी क्रम में फसल चक्र सघनता बढ़ती रहती है। फसल चक्र सघनता निम्न सूत्र द्वारा निकाली जाती है –

$$\text{फसल चक्र सघनता } (\%) = \frac{\text{फसल चक्र में उगाई गई कुल फसल}}{\text{फसल चक्र का समय (वर्ष)}} \times 100$$

उदाहरण : कपास–मटर–बाजरा–चना (2 वर्षीय) फसल चक्र की फसल चक्र सघनता ज्ञात करो।

$$\text{फसल चक्र सघनता} = \frac{4}{2} \times 100 = 200 \text{ प्रतिशत}$$

उत्तर प्रदेश के प्रमुख फसल चक्र (Crop rotation of U.P.)

उत्तर प्रदेश में सिंचित क्षेत्रों में खाद्यान्न फसलें जैसे धान, गेहूँ, ज्वार, बाजरा, मक्का, दलहनी फसलें जैसे उर्द, मूँग, अरहर, चना, मसूर, मटर, सोयाबीन, तिलहनी फसलें जैसे– सरसों–राई, मूँगफली, सूरजमुखी, अलसी आदि शर्करा फसलें जैसे चुकन्दर, गन्ना, सब्जियाँ जैसे आलू, प्याज, लहसुन, बैंगन, फूलगोभी, पातगोभी आदि तथा चारे वाली फसलें जैसे–बरसीम, लूसर्न, ज्वार, बाजरा, लोबिया आदि को मुख्यत: उगाया जाता है।

असिंचित क्षेत्रों में खाद्यान्न फसलें जैसे–ज्वार, बाजरा, लघु धान्य फसलें, दलहनी फसलें जैसे लोबिया, मसूर, चना, उर्द, मूँग, अरहर तथा तिलहनी फसलों में तिल, दुआ, अलसी, अन्डी आदि को उगाया जाता है।

अधिक वर्षा वाले क्षेत्रों में खरीफ ऋतु में धान, जूट, ढैंचा, गन्ना जबकि रबी ऋतु में गेहूँ, जौ, चना, बरसीम आदि फसलें उगाई जाती हैं। लवणीय मृदाओं में लवणता सहिष्णु फसलें जैसे चुकन्दर, धान, ढैंचा, बरसीम, जौ आदि उगाई जाती हैं। शहरों तथा कस्बों के पास के क्षेत्रों में सब्जियों वाली फसलें उगाई जाती हैं।

विभिन्न प्रकार की जलवायु तथा मृदा की किस्म को ध्यान में रखकर उत्तर प्रदेश में निम्न प्रकार के फसल चक्र अपनाये जाते हैं–

पश्चिमी उत्तर प्रदेश

बहुवर्षीय फसल चक्र

कपास–मेंथी–गन्ना–पेड़ी–ज्वार–गेहूँ (4 वर्ष)
कपास–मेंथी–गन्ना–ज्वार–गेहूँ (3 वर्ष)
ज्वार/मक्का–गन्ना–पेड़ी–पेड़ी (3 वर्ष)

दो वर्षीय फसल चक्र

धान–मटर–बाजरा–चना
धान–मटर–धान–गेहूँ
मक्का–आलू–गन्ना
कपास–मटर–बाजरा–चना

ज्वार + ग्वार–चना–बाजरा–मसूर
मक्का–आलू–हरी खाद–गेहूँ
ज्वार + अरहर – परती – गेहूँ
ज्वार – मटर – गन्ना
ज्वार – जौ – बाजरा + अरहर
अरहर – गेहूँ – उर्द/मूँग – सरसों
ज्वार + लोबिया – चना – बाजरा – मसूर

एक वर्षीय फसल चक्र

आलू – मक्का – आलू
ज्वार – गेहूँ
मक्का/मूँग/उर्द – लाही – गेहूँ
धान – गेहूँ – मूँग
मक्का आलू – तम्बाकू
मक्का – आलू – प्याज
ज्वार – गेहूँ – ग्रीष्मकालीन मूँग
अरहर – गेहूँ
ज्वार/मक्का – बरसीम
धान – गेहूँ
मक्का – मटर/चना–ग्रीष्मकालीन मूँग

उत्तर प्रदेश का तराई क्षेत्र

ज्वार – मटर – गन्ना – पेड़ी	3 वर्ष
हरी खाद – गन्ना – पेड़ी	3 वर्ष
हरी खाद – गेहूँ – गन्ना	2 वर्ष
मक्का – बरसीम – ज्वार – बरसीम	2 वर्ष
धान – गेहूँ	1 वर्ष
ज्वार / जौ	1 वर्ष
धान – गेहूँ – ग्रीष्मकालीन मूँग	1 वर्ष
ज्वार + लोबिया – जौ	1 वर्ष
धान – बसन्तकालीन मक्का	1 वर्ष
ज्वार – सरसों	1 वर्ष

उत्तर प्रदेश का मध्य क्षेत्र

बहुवर्षीय

ज्वार + अरहर – परती – गेहूँ – ज्वार – बरसीम	3 वर्ष
मक्का –आलू–हरी खाद – गन्ना	3 वर्ष
मूँगफली + अरहर – गन्ना – गेहूँ	3 वर्ष

दो वर्षीय

ज्वार + अरहर – परती – गेहूँ	2 वर्ष
मक्का – कपास – गन्ना	2 वर्ष
परती – गेहूँ – ज्वार – चना	2 वर्ष
मक्का – जौ – परती/हरी खाद – गेहूँ	2 वर्ष

एक वर्षीय

बाजरा – जौ	1 वर्ष
बाजरा/उर्द/मूँग–गेहूँ	1 वर्ष
मक्का – गेहूँ	1 वर्ष
तिल + उर्द – अलसी	1 वर्ष
ज्वार/बाजरा – मटर	1 वर्ष
अरहर – गेहूँ	1 वर्ष
मक्का – आलू – तम्बाकू	1 वर्ष
मक्का – गेहूँ + चना	1 वर्ष
सरसों – ग्रीष्मकालीन मूँग	1 वर्ष
धान – गेहूँ	1 वर्ष
मक्का – आलू – भिन्डी – टमाटर	1 वर्ष
कोदों – चना	1 वर्ष

पूर्वी उत्तर प्रदेश

बहुवर्षीय

गन्ना – पेड़ी – हरी खाद	3 वर्ष
धान – मटर – सनई – गन्ना	3 वर्ष

दो वर्षीय

धान – चना – धान – जौ	2 वर्ष
धान – मटर – परती – गेहूँ	2 वर्ष
धान – अरहर – परती – जौ	2 वर्ष

एक वर्षीय

धान – खेसारी/चना	1 वर्ष
परती – गेहूँ – ग्रीष्मकालीन मूँग	1 वर्ष
ज्वार – गेहूँ	1 वर्ष
ज्वार – मटर	1 वर्ष
ज्वार – बरसीम	1 वर्ष

बुन्देलखण्ड क्षेत्र

बहुवर्षीय

ज्वार + अरहर – परती – गेहूँ – तिल – अलसी	3 वर्ष
परती – सरसों – ज्वार + अरहर – मूँग – जौ	3 वर्ष

दो वर्षीय

ज्वार – चना + सरसों – परती – गेहूँ	2 वर्ष
मूँग – चना – ज्वार – चना	2 वर्ष

एक वर्षीय

परती – गेहूँ	1 वर्ष
ज्वार – चना	1 वर्ष
मूँग – सरसों/अलसी	1 वर्ष
परती – मसूर/मटर	1 वर्ष

शुष्क क्षेत्रों में एक वर्षीय फसल चक्र

तिल – चना/अलसी

मक्का + मूँगफली

ज्वार + अरहर/मूँग/उर्द

कोदों – चना

बाजरा – सरसों

परती – चना/मसूर

मूँग/उर्द–जौ

ज्वार + उर्द – गेहूँ

उर्द + ज्वार – चना + सरसों

परती – चना/सरसों

मंडुआ – मटर/चना

फसल चक्र की आधुनिक धारणा (Modern concept of crop rotation)

फसल चक्र अति प्राचीन काल से अपनाया जाता रहा है परन्तु उस समय फसल चक्र को अपनाने का एक ही सिद्धान्त था कि प्रक्षेत्र पर अधिक से अधिक उत्पादन प्राप्त कर सकल आय में वृद्धि करना जिसका प्रमुख कारण उस समय जनसंख्या का कम होना था। स्वतन्त्रता प्राप्ति के समय जहाँ देश की कुल जनसंख्या लगभग 30 करोड़ थी तथा खाद्यान्न का कुल उत्पादन भी लगभग 50 मिलियन टन था तथा सिंचाई के साधन, खाद, उर्वरकों तथा कीटनाशी रसायनों का प्रयोग बहुत सीमित थे तथा फसल चक्र अपनाने में मृदा की भौतिक तथा रासायनिक दशा एवं उर्वरा शक्ति पर कोई विशेष हानिकारक प्रभाव नहीं पड़ता था। इन परिस्थितियों में फसल चक्र के विकास का उद्देश्य कुछ निहित उद्देश्यों को ध्यान में रखते हुए किया जाता था। उस समय किसान भूमि की उर्वरा शक्ति को कायम रखने के उद्देश्य से भूमि को परती छोड़ता था, हरी खाद की फसलों को उगाता था तथा कार्बनिक खादों का अधिकाधिक प्रयोग करता था। इसके अतिरिक्त उस समय उगाई जाने वाली फसलों की स्थानीय/लोकल/देशी प्रजातियों को उगाता था जिनकी उत्पादन क्षमता कम थी। फसलों द्वारा पोषक तत्वों का ग्रहण भी कम होता था। फसल की उत्पादन क्षमता तथा पोषक तत्वों की ग्रहण क्षमता का आपस में धनात्मक सम्बन्ध होता है। वर्तमान में देश की जनसंख्या 1.25 अरब से अधिक हो गई है। ऐसी परिस्थितियों में मनुष्य की खाद्यान्न की आवश्यकता की पूर्ति के लिए 2.57 मिलियन टन से भी अधिक अनाज का उत्पादन किया जा रहा है। आगामी 20 वर्षों में अनाज की आवश्यकता लगभग 320 मिलियन टन होगी जो एक चुनौती भरा लक्ष्य है। ऐसी परिस्थिति में मृदा की उर्वरा शक्ति को बढ़ाने के लिए यदि खेत को परती छोड़ा जाये अथवा हरी खाद उगाकर एक फसल का नुकसान किया जाये तब इस लक्ष्य को पाना बहुत ही कठिन होगा। इसलिए आज की परिस्थिति को ध्यान में रखकर देश में उगाई जाने वाली विभिन्न फसलों को फसल चक्र में इस प्रकार से समावेश किया जाये जिससे कुल उत्पादन में वृद्धि के साथ–साथ मृदा की उर्वरा शक्ति का ह्रास अधिक न होने पाये। अधिक उपज प्राप्त करने के लिए कृषक रसायानिक उर्वरकों तथा कृषि रसायनों का अन्धाधुन्ध प्रयोग करने से मृदा की भौतिक, रासायनिक एवं जैविक दशा दिन प्रतिदिन खराब होती जा रही है। जिसके परिणामस्वरूप प्रति वर्ष लगभग 25000 एकड़ भूमि लवणीय एवं क्षारीय मृदाओं में परिवर्तित होती जा रही है। अत: फसलों को इस क्रम में उगाया जाये कि अधिक से अधिक उत्पादन के साथ–साथ मृदा का समस्याग्रस्त होने से रोका जा सके। फसल चक्र के सिद्धान्त के अनुसार फसल उगाना जिसमें खाद्यान्न फसलों के बाद दलहनी फसलें, उथली जड़ों वाली फसलों के बाद गहरी जड़ों वाली फसलें, अधिक पोषक तत्व ग्रहण करने वाली फसलों के बाद कम पोषक तत्व ग्रहण करने वाली फसलों

आदि को क्रम में उगानें की बातें सुझाई गई। जिसका उद्देश्य मृदा उर्वरता तथा मृदा की भौतिक, रासायनिक एवं जैविक दशा में सुधार करना। समस्याग्रस्त मृदायें जैसे लवणीय-क्षारीय, अपरदन से प्रभावित, बंजर भूमियाँ आदि का सुधार फसलों द्वारा किया जा सकता था। मृदा अपरदन रोकने के लिए इस प्रकार की फसलों को उगाना जो भूक्षरण के प्रतिरोधी हो जिससे वायु तथा जल द्वारा भू-क्षरण को काफी सीमा तक नियंत्रित किया जा सकता है। परन्तु आजकल विभिन्न विधियों द्वारा यह कार्य सम्भव हो गया है। आज सिंचाई के साधनों, उर्वरकों एवं कीटनाशी रसायनों के समन्वित प्रयोग की आवश्यकता है क्योंकि समन्वित प्रयोग से न केवल कीटों एवं खरपतवारों का प्रभावी नियन्त्रण होगा बल्कि मृदा पर भी हानिकारक प्रभाव कम होगा। मृदा में जैव उर्वरकों का प्रयोग भी इस दिशा में एक प्रभावी कदम हो गया है जिसका उद्देश्य मृदा की उर्वरा शक्ति को बढ़ाना है। फसल अवशेष प्रबन्धन में मृदा में जीवांश पदार्थ की मात्रा में वृद्धि करना है जिससे मृदा की उर्वरा शक्ति में वृद्धि हो जाती है तथा मृदा में उपस्थिति लाभदायक जीवाणुओं की संख्या तथा क्रियाशीलता भी बढ़ जाती है। इस प्रकार फसल चक्र के सिद्धान्तों एवं गुणदोषों की विवेचना करने के उपरान्त हम इस निष्कर्ष पर पहुँचते हैं कि फसल चक्र के अनुपालन की आवश्यकता उन स्थानों पर आवश्यक है जहाँ पर उपलब्ध संसाधनों एवं प्राविधिक ज्ञान का अभाव है। आजकल किसान उन फसलों को ही उगा रहा है जिससे उसको अधिक से अधिक लाभ प्राप्त होता है। आजकल कृषक धान-गेहूँ फसल चक्र को अधिक अपना रहा है क्योंकि इससे कृषकों को अधिक लाभ प्राप्त होता है तथा फसल में हानि होने की सम्भावना भी बहुत कम होती है। फसलोत्पादन की नई धारणा के अनुसार लगातार फसल चक्र में एक ही फसल उगाना भी अहितकर नहीं रह गया है इसलिए ऐसी परिस्थिति में आवश्यक है कि कृषक संसाधनों का उचित तथा आवश्यक मात्रा में उपयोग करे जिससे अधिक से अधिक तथा काफी समय तक उत्पादन प्राप्त किया जा सके तथा मृदा की उर्वरता को भी सन्तुलित रखा जा सके। क्योंकि मृदा में अधिकाधिक उपज प्राप्ति के उद्देश्य से रासायनिक उर्वरकों, फसल सुरक्षा रसायनों का प्रयोग आदि द्वारा मृदा में उपस्थित लाभदायक जीवाणु भी नष्ट हो गये हैं अथवा उनकी क्रियाशीलता मन्द पड़ गई है। मृदा एवं जल की विषाक्तता में वृद्धि हुई है तथा इन रसायनों के अवशेष इन फसल उत्पादों पर आ जाने से मनुष्यों एवं पशुओं में कई प्रकार की जानलेवा बीमारियों का प्रकोप होने लगा है। हरित क्रान्ति से उभरी नई धारणा से फसल चक्र में उर्वरक उपयोग क्षमता में क्रमागत गिरावट आई है। आजकल की परिस्थितियों के अनुसार फसल चक्र एवं फसलोत्पादन पर गहन विचार करने की आवश्यकता है।

मिश्रित फसल पद्धति (Mixed Cropping)

एक ही ऋतु में एक ही समय खेत में एक से अधिक फसलों को मिलाकर उगाने को मिश्रित फसल पद्धति कहते हैं।

इस प्रकार मिश्रित फसल पद्धति में एक या एक से अधिक फसलों के बीजों को मिला लिया जाता है और इस मिश्रित बीज की बुआई छिड़कवाँ विधि द्वारा अथवा पंक्तियों में की जाती है। इसमें एक मुख्य फसल होती है और मुख्य फसल की आवश्यकतानुसार कृष्य क्रियाएं जैसे निराई, गुड़ाई, खाद, सिंचाई आदि कार्य किये जाते हैं। मिश्रित फसल पद्धति में उगाई जाने वाली फसलों के पकने का समय एक समान होता है। मिश्रित फसल की बुआई पंक्तियों में करने पर एकान्तर क्रम में फसलों को उगाया जाता है। असिंचित क्षेत्रों में जहाँ पर मृदा में नमी की कमी रहती है वहाँ पर मिश्रित फसल पद्धति अधिक उपयोगी होती है क्योंकि एक फसल की उपज में कमी आने पर दूसरी फसल द्वारा उसकी क्षतिपूर्ति हो जाती है। प्रतिकूल परिस्थितियों जैसे सूखा पड़ना, ओले पड़ना, पाला पड़ना, बाढ़ आना आदि में मिश्रित फसल पद्धति अपनाना अधिक लाभदायक होता है।

मिश्रित फसलों का वर्गीकरण (Classification of mixed crops)

मिश्रित फसलों को उगाने के अनुसार निम्न प्रकार से वर्गीकृत किया गया है -

(अ) मिश्रित फसलें (Mixed crops) : इस विधि में दो फसलों के बीजों को आपस में मिला दिया जाता है। इसके पश्चात् बीजों की बुआई छिड़कवाँ अथवा कूँड विधि द्वारा की जाती है। इस पद्धति में मिश्रित फसलों के बोने,

पकने तथा काटने का समय एक होता है। उदाहरण के लिए गेहूँ + चना, गेहूँ + मटर, गेहूँ + सरसों, चना + सरसों, मक्का/ज्वार + उर्द आदि। छिड़कवाँ विधि द्वारा बुआई करने पर अनेक कृष्य क्रियाएं करने में काफी परेशानी होती है अत: यह विधि अवैज्ञानिक है।

(ब) **सहचर/सहयोगी फसलें (Companian crops) :** इस पद्धति में फसलों के बीजों को बोने के पूर्व एक साथ मिश्रित नहीं करते बल्कि अलग-अलग फसलों की बुआई पंक्तियों में की जाती है। इस वर्ग में उगाई जाने वाली फसलें आपस में एक दूसरे से प्रतिस्पर्धा नहीं करती हैं। इन फसलों को पोषक तत्व तथा नमी शोषण की मात्रा भिन्न-भिन्न स्तरों पर अलग-अलग होती है। इस प्रकार इनकी वृद्धि एवं विकास में ज्यादा अन्तर नहीं होता है। ये फसलें एक साथ बढ़ती है तथा एक साथ पककर तैयार होती है। इस प्रकार इन फसलों में बुआई, निराई, गुड़ाई, कटाई तथा अन्य कृष्य क्रियाएं आसानी से सम्पन्न की जा सकती हैं इन फसलों के पकने पर कटाई अलग-अलग की जाती है जैसे गेहूँ+सरसों (5:1), चना+सरसों (6:2), अरहर+बाजरा (2:1), अरहर+मूँगफली (1:2) आदि।

(स) **रक्षक या सीमान्त फसलें (Guard or Border Crops) :** रक्षक फसलों को मुख्य फसल के चारों तरफ सुरक्षा की दृष्टि से उगाया जाता है। इस विधि में मुख्य फसल के चारों तरफ कुछ पंक्तियों की बुआई कर देते हैं तथा बीच में मुख्य फसल बोते हैं जैसे गन्ना के चारों तरफ सनई, पटसन/जूट, अरहर, कुसुम, अन्डी तथा चना की फसलों के चारों तरफ उगाई जाने वाली आदि फसलें रक्षक फसल के रूप में उगाई जाती हैं।

(द) **सहायक या वर्द्धक फसलें (Augmenting crops) :** इस वर्ग की फसलों को उगाने का मुख्य उद्देश्य मुख्य फसल की उपज में वृद्धि करना होता है। उदाहरण के लिए बरसीम की फसल में जापानी सरसों तथा जई को उगाया जाता है। इसका मुख्य उद्देश्य यह होता है कि बरसीम की पहली कटाई में उपज बहुत कम मात्रा में प्राप्त होती है अत: बरसीम की पहली कटाई में इन फसलों के कारण अधिक उपज प्राप्त हो जाती है और इसके पश्चात् दूसरी कटाई से बरसीम की पूरी उपज प्राप्त होने लगती है।

मिश्रित फसल के सिद्धान्त (Principles of mixed cropping)

मिश्रित/मिलवाँ फसल पद्धति अति प्राचीन काल से अपनाई जा रही है परन्तु कृषकों को इस पद्धति से वांछित लाभ नहीं मिल पाता था जिसका प्रमुख कारण यह था कि कृषकों द्वारा मिश्रित फसल के सिद्धान्तों का सही ढंग से अनुपालन न करना। मिश्रित फसल पद्धति से अधिक से अधिक लाभ प्राप्त करने के लिए निम्न सिद्धान्तों को अपनाना चाहिए –

1. अधिक ऊँची बढ़ने वाली फसलों के साथ नीची तथा फैलकर बढ़ने वाली फसलों को उगाना चाहिए। ऐसा करने से दोनों फसलों में आपस में स्थान के लिए प्रतिस्पर्धा नहीं होती है जैसे अरहर + मूँगफली, ज्वार/बाजरा + उर्द/मूँग आदि।
2. फैलकर बढ़ने वाली फसलों के साथ सीधी बढ़ने वाली फसलों को उगाना चाहिए जिससे फसलों को फैलकर तथा अधिक शाखायें आदि निकलने के लिए स्थान मिल जाता है जैसे गेहूँ + चना, बाजरा + अरहर आदि।
3. अधिक पानी चाहने वाली फसलों के साथ कम पानी चाहने वाली फसलें बोनी चाहिए।
4. अधिक पोषक तत्व चाहने वाली फसलों के साथ कम पोषक तत्व चाहने वाली फसलें बोनी चाहिए।
5. गहरी जड़ वाली फसलों को उथली जड़ वाली फसलों के साथ बोना चाहिए।
6. खाद्यान्न फसलों के साथ दलहनी फसलें बोनी चाहिए जैसे ज्वार/बाजरा + अरहर/मूँग/उर्द आदि।
7. एक ही प्रकार के कीटों से प्रभावित होने वाली फसलों को मिलाकर नहीं बोना चाहिए। ऐसा करने का मुख्य उद्देश्य यदि एक फसल पर कीटों का आक्रमण होता है तो दूसरी फसल कीटों के आक्रमण से बच जाती है जैसे मूली, शलजम, गोभी, टमाटर, बैंगन, मिर्च को एक साथ मिलाकर नहीं बोना चाहिए।

8. एक ही प्रकार की बीमारियों से प्रभावित होने वाली फसलों को एक साथ नहीं बोना चाहिए।
9. मिश्रित फसलों में विभिन्न प्रकार के जलवायु को सहने की क्षमता होनी चाहिए जैसे गेहूँ + चना, चना + अलसी, जौ + मटर आदि मिश्रण में पाले के प्रकोप से अलसी, गेहूँ तथा जौ की फसलें बच जाती हैं।
10. मिश्रित फसल पद्धति में दोनों फसलों को पोषक तत्वों की आवश्यकता समान होनी चाहिए।

मिश्रित फसल पद्धति से लाभ (Advantages of mixed cropping)

मिश्रित फसल पद्धति से निम्न लाभ प्राप्त होते हैं –

1. विभिन्न प्रकार की फसलों को एक साथ बोने पर अलग–अलग प्रकार की जड़ों वाली फसलें मृदा के विभिन्न स्तरों से पोषक तत्वों का ग्रहण करती हैं। इस प्रकार यह फसलें मृदा के विभिन्न स्तरों से पोषक तत्वों का ग्रहण कर लेती हैं जिससे मृदा की उर्वरता कायम रहती है तथा फसलों की वृद्धि भी अधिक होती है।
2. मिश्रित फसलों की विभिन्न ऊँचाई पर बढ़ने के कारण भूमि का समुचित उपयोग होता है। सीधी बढ़ने वाली फसलों की पंक्तियों में बचे हुए खाली स्थान को फैलकर बढ़ने वाली फसलों को पर्याप्त स्थान मिल जाता है जिससे दोनों फसलों को प्रकाश की आपूर्ति होती रहती है।
3. कई फसलों को एक साथ बोने पर उत्पादन व्यय कम आता है।
4. दलहनी फसलों को मिश्रित फसल के रूप में उगाने पर मृदा की संरचना में सुधार होने के साथ फासफोरस तथा अन्य सूक्ष्म तत्वों की उपलब्धता बढ़ जाती है।
5. मिश्रित फसल पद्धति में दलहनी फसलों को उगाने से फसलों द्वारा मृदा उर्वरता का सन्तुलित उपयोग होता है तथा दलहनी फसलों द्वारा वायुमण्डलीय स्वतन्त्र नत्रजन का स्थिरीकरण करने के कारण मृदा की उर्वरा शक्ति में वृद्धि हो जाती है।
6. विभिन्न फसलों की प्रतिकूल जलवायु सहने की क्षमता अलग–अलग होती है। जिसमें मिश्रित फसल में एक फसल कम प्रभावित होती है तथा दूसरी फसल ज्यादा प्रभावित हो जाती है। अत: ऐसी परिस्थिति में कम प्रभावित फसल से उत्पादन प्राप्त हो जाता है।
7. मिश्रित फसल पद्धति से फार्म पर उपलब्ध संसाधनों जैसे कृषियन्त्र, श्रम आदि का समुचित उपयोग होता रहता है।
8. मिश्रित फसल पद्धति में फसलों की पंक्तियों के मध्य खाली स्थान शेष न रहने तथा सघन वृद्धि के कारण खरपतवारों की वृद्धि नहीं होने पाती है।
9. मिश्रित फसलोत्पादन में फसलों में कीटों एवं बीमारियों को सहने की क्षमता अलग–अलग होती है इसलिए एक फसल बीमारियों के प्रकोप से बच जाती है।
10. मिश्रित फसलों द्वारा मृदा नमी तथा सिंचाई जल का समुचित उपयोग हो जाता है।
11. विभिन्न प्रकार की फसलें उगाये जाने के कारण मृदा क्षरण कम हो जाता है।
12. अन्न–चारा मिश्रित फसलोत्पादन में कृषकों को अन्न के अतिरिक्त पशुओं को हरा चारा भी प्राप्त हो जाता है।
13. मिश्रित खेती में उगाई गई विभिन्न फसलों को बाजार की माँग के अनुसार बेचने पर कृषकों को कई बार आय प्राप्त हो जाती है।
14. मिश्रित फसल पद्धति में कृषकों को घरेलू आवश्यकता की पूर्ति भी हो जाती है।

मिश्रित फसल पद्धति से हानियाँ (Disadvantages of mixed cropping)

मिश्रित फसल पद्धति से निम्न हानियाँ होती हैं –

1. मिश्रित फसलोत्पादन पद्धति में कृष्य क्रियाएं जैसे निराई – गुड़ाई आदि करने में कठिनाई होती है।
2. विभिन्न वर्गों की फसलों को एक साथ उगाने में खरपतवारनाशी रसायनों का प्रयोग करना कठिन हो जाता है।
3. फसलों के बीज मिश्रित हो जाने के कारण शुद्ध बीज नहीं प्राप्त किया जा सकता है।
4. मिश्रित फसल पद्धति का प्रयोग बृहद स्तर पर किया जाना सम्भव नहीं हो पाता है।
5. मिलवाँ/मिश्रित फसल पद्धति में खरपतवार, कीट एवं बीमारियों का नियन्त्रण रासायनिक विधि द्वारा करने में कठिनाई होती है।
6. मिश्रित फसलों के पकने के समय में अन्तर होने के कारण मशीनों द्वारा कटाई सम्भव नहीं हो पाती है।
7. एक फसल का प्रभाव तथा प्रतियोगिता से दूसरी फसल की उपज एवं उसके गुणों में कमी आ जाती है।
8. कभी-कभी मुख्य फसल की अपेक्षा गौण फसल की अधिक वृद्धि होने के कारण आर्थिक क्षति हो जाती है।
9. मिश्रित फसल पद्धति में फसलों को उर्वरकों की भिन्न – भिन्न आवश्यकता तथा संस्तुति के कारण उर्वरकों का प्रयोग करना कठिन होता है।

मिश्रित फसलों का वर्गीकरण (Classification of mixed cropping)

मिश्रित फसल पद्धति को निम्न प्रकार से वर्गीकृत कर सकते हैं –

1. **खाद्यान्न फसलों पर आधारित मिश्रित फसल :** इस पद्धति में खाद्यान्न फसलें मुख्य फसल के रूप में उगाई जाती हैं तथा गौण फसलें किसी भी वर्ग की हो सकती हैं। जैसे गेहूँ + जौ, जौ + चना, ज्वार + अरहर, बाजरा + मूँग/उर्द, गेहूँ + सरसों आदि।
2. **दलहनी फसलों पर आधारित मिश्रित फसल :** इस पद्धति में मुख्य फसल के रूप में दलहनी फसलों को उगाया जाता है जैसे अरहर + मूँगफली, अरहर + तिल, अरहर + उर्द/मूँग, चना + सरसों, अरहर + ज्वार आदि।
3. **तिलहनी फसलों पर आधारित मिश्रित फसल :** इस पद्धति में मुख्य फसल के रूप में तिलहनी फसलें उगाई जाती हैं जैसे सरसों + चना, सोयाबीन + उर्द/मूँग आदि।
4. **दो से अधिक फसलों की मिश्रित फसल :** इस पद्धति में दो से अधिक फसलें मिश्रित फसल के रूप में उगाई जाती हैं जैसे ज्वार + अरहर + उर्द, कपास + अरहर + उर्द, ज्वार + अरहर + तिल + साँवा, जौ + मटर + सरसों आदि।

मिश्रित खेती की आधुनिक धारणा (Modern concept of mixed cropping)

मिश्रित खेती का अभिप्राय यह है कि जिन क्षेत्रों में वर्षा की कमी, वर्षा का वितरण असमान, सिंचाई के साधानों की अनुपलब्धता, मृदा की किस्म अच्छी न होना आदि कारणों से फसलों की अच्छी उपज प्राप्त नहीं होती थी। अत: ऐसे क्षेत्रों में मिश्रित फसल पद्धति लाभदायक होती है क्योंकि दोनों फसलों की उपज से कृषकों को अधिक आय प्राप्त हो जाती है। बारानी तथा शुष्क क्षेत्रों में मिश्रित/मिलवाँ खेती पद्धति मुख्यत: अपनाई जाती है।

मिश्रित खेती के लाभों एवं हानियों को ध्यान में रखकर हम इस निष्कर्ष पर पहुँचते हैं कि आधुनिक खेती में मिश्रित खेती का कोई स्थान ही नहीं रह गया है। आधुनिक खेती में कृषकों के पास पर्याप्त सिंचाई के साधन, उर्वरकों के प्रयोग की अधिक क्षमता, मशीनीकरण, श्रमिकों की अनुपलब्धता, कीटों एवं बीमारियों के नियंत्रण के लिए कीटनाशी रसायन, खरपतवारों के नियंत्रण के लिए खरपतवारनाशी आदि का प्रयोग करके कम उत्पादन लागत में अधिक से अधिक लाभ प्राप्त किया जा सकता है। अधिक उपज देने वाली उन्नतशील प्रजातियाँ, कीट एवं रोग अवरोधी प्रजातियाँ, प्रतिकूल

परिस्थितियों में भी उत्पादन देने वाली प्रजातियाँ तथा अधिक से अधिक संसाधनों का उपयोग करने वाली प्रजातियाँ विकसित की जा चुकी हैं। कृषि उत्पादन में मशीनीकरण का अधिकाधिक प्रयोग होने के कारण मिश्रित फसल उत्पादन लाभदायक नहीं रह गया है।

अत: आज के वैज्ञानिक युग में शुद्ध फसल उगाना अधिक सरल, कम लागत के साथ-साथ अधिक लाभदायक हो गया है। आज कृषक उन्हीं फसलों को उगाता है जो उसकी दशाओं के अनुकूल तथा अधिक उत्पादन प्राप्त कर आर्थिक रूप से लाभदायक होती है।

मिश्रित फसल पद्धति में फसलों के चुनाव को प्रभावित करने वाले कारक (Factors affecting the selection of crops for mixed cropping)

मिश्रित फसल पद्धति में फसलों का चुनाव करते समय निम्न कारक प्रभावित करते हैं-

1. फसलों की किस्म तथा वृद्धि का प्रभाव
2. कृषकों की घरेलू आवश्यकता
3. कीट एवं बीमारियों के प्रकोप की स्थिति
4. फार्म पर संसाधनों की उपलब्धता
5. मृदा कटाव तथा भूमि की दशा का प्रभाव
6. मृदा की भौतिक एवं रासायनिक संरचना
7. जलवायु की स्थिति
8. कृषकों की आर्थिक स्थिति
9. यातायात, बाजार तथा श्रम की उपलब्धता

अन्त: फसल पद्धति (Intercropping system)

मुख्य फसल की दो पंक्तियों के मध्य खाली स्थान में दूसरी फसल उगाना अन्त: फसल कहलाती है। इस पद्धति में अधिक आय प्राप्त करने के उद्देश्य से जिन फसलों की दो पंक्तियों के मध्य अधिक दूरी होती है तब इस जगह का उपयोग करने के लिए कम समय में पककर तैयार होने वाली फसलों को उगाया जाता है। प्रथम फसल को मुख्य फसल तथा द्वितीय फसल को गौण फसल कहते हैं। सह फसली सस्यन में उगाई गई फसलों में बाद की फसल को घटक फसल (Component crops) कहते हैं।

अत: फसल पद्धति में दूर-दूर बोई गई फसलों के मध्य में सह फसल उगाई जाती है जिससे फसलों मे बचे हुए स्थान, प्रकाश, नमी, पोषक तत्व, वायु तथा फसलों को प्रभावित करने वाले सूक्ष्म वातावरण (Micro climate) के अधिक से अधिक उपयोग की धारणा निहित होती है। फसलोत्पादन पद्धति में फसल के विशेष गुण तथा उसकी प्रतिस्पर्धात्मक वृद्धिकारक क्षमता पर निर्भर करती है। अन्त: फसल पद्धति से एक फसली पद्धति की अपेक्षा अधिक आय प्राप्त होती है।

अन्त: फसल पद्धति निम्न प्रकार की होती हैं -

(अ) समानान्तर फसल पद्धति (Parallel cropping) : इस फसल पद्धति में दो फसलें जिनकी वृद्धि क्षमता अलग-अलग होती है, उन्हें समानान्तर फसल पद्धति कहते है। इस पद्धति में एक फसल सीधी बढ़ने वाली तथा दूसरी फसल फैलकर बढ़ने वाली होती है। इस प्रकार से इन दोनों फसलों में कोई प्रतिस्पर्धा नहीं होती है। इन फसलों को इस प्रकार उगाया जाता है कि एक दूसरी फसल की वृद्धि प्रभावित न होने पाये जैसे मक्का .अरहर, ज्वार/बाजरा . उर्द/मूँग आदि।

(ब) **बहुमंजली खेती (Multistoried cropping) :** एक निश्चित क्षेत्र में एक निश्चित समय में, अलग-अलग ऊँचाई की फसलों को उगाना बहुमंजली खेती (Multistoried cropping) कहलाती है। फसलों की अलग-अलग ऊँचाई होने के कारण फसलों में आपस में किसी प्रकार की प्रतिस्पर्धा नहीं होती है। इस पद्धति में भूमि, जल तथा भूमि की दक्षता का उपयोग बहुत अच्छी प्रकार से होता है जैसे पपीता + बरसीम, नारियल + काली मिर्च, नारियल + सुपाड़ी आदि।

(स) **सहयोगी फसल पद्धति (Synergistic cropping) :** इस फसल पद्धति में दो फसलों को एक साथ इस प्रकार उगाया जाता है जिससे मुख्य तथा गौण फसल का उत्पादन शुद्ध फसल की अपेक्षा अधिक होता है, सहयोगी फसल पद्धति कहलाती है जैसे शरदकालीन गन्ना + आलू।

अन्त: फसल के सिद्धान्त (Principles of Intercropping)

अन्त: फसल पद्धति के वही सिद्धान्त होते हैं जो मिश्रित/मिलवाँ फसल पद्धति के होते हैं।

तालिका 7.1 : अन्त: फसल पद्धति तथा मिश्रित फसल पद्धति में अन्तर

	अन्त: फसल (Inter cropping)	मिश्रित/मिलवाँ फसल (Mixed Cropping)
1.	अन्त: फसल पद्धति का उद्देश्य दो पंक्तियों के मध्य रिक्त स्थान का उपयोग करना होता है।	मिश्रित फसल पद्धति का उद्देश्य जलवायु की प्रतिकूल परिस्थितियाँ जैसे बाढ़, सूखा, पाला पड़ना, ओले पड़ना आदि में कम से कम एक फसल से उपज प्राप्त करना होता है।
2.	अन्त: फसल पद्धति में मुख्य फसल पर अधिक ध्यान रखकर उगाया जाता है क्योंकि मुख्य फसल को हानि पहुँचाकर सहायक फसल को नहीं उगाया जाता है। इस प्रकार इस पद्धति में दोनों फसलों में कोई प्रतिस्पर्धा नहीं होती है।	मिश्रित फसल पद्धति में दोनों फसलों पर समान रूप से ध्यान देकर उगाया जाता है। इसलिए दोनों फसलों में आपस में प्रतिस्पर्धा हो सकती है।
3.	इसमें दोनों फसलों को पंक्तियों में बोया जाता है। मुख्य फसल की बुआई पहले जबकि गौण फसल की बुआई बाद में भी की जा सकती है।	इस पद्धति में दोनों फसलों की बुआई एक साथ ही छिड़कवाँ अथवा पंक्तियों में की जाती है।
4.	अंत: फसल पद्धति में सह फसल की पकने की अवधि कम होती है अत: इसकी कटाई मुख्य फसल की अपेक्षा पहले की जाती है।	इसमें दोनों फसलों के पकने की अवधि एक समान होती है अत: दोनों फसलों की कटाई एक ही समय में की जाती है।
5.	इस पद्धति में बीज आपस में मिलाये नहीं जाते हैं बल्कि अलग-अलग बीजों को अलग-अलग पंक्तियों में ही बोया जाता है।	इस पद्धति में बीजों को आपस में मिलाकर बोया जाता है।

अन्त:फसल पद्धति के लाभ (Advantages of intercropping)

अन्त: फसल पद्धति में निम्न लाभ प्राप्त होते हैं –

1. अन्त: फसल पद्धति में एक फसल पद्धति की अपेक्षा प्रति इकाई क्षेत्रफल पर अधिक उपज प्राप्त होने से अधिक लाभ प्राप्त होता है।
2. अन्त: फसल पद्धति में दलहनी फसलों के उगाने से नत्रजन स्थिरीकरण द्वारा भूमि की उर्वरा शक्ति में वृद्धि हो जाती है।

3. इस फसल पद्धति में दो फसलों को एक साथ उगाने से प्रति फसल उत्पादन व्यय कम होता है क्योंकि इसमें मुख्य फसल को सिंचाई, खाद आदि उपलब्ध कराया जाता है और सहफसल उसका ही उपयोग करती है।
4. अन्त: फसल पद्धति में उगाई जाने वाली फसलों में जड़ों की गहराई भिन्न-भिन्न होने के कारण मृदा से पोषक तत्वों तथा नमी का अवशोषण भी भिन्न-भिन्न स्तरों से होता है।
5. अन्त: फसल पद्धति में प्रतिकूल मौसम होने पर भी उपज प्राप्त होने की सम्भावना रहती है।
6. कृषकों को उनकी उपज की आय एक बार में न मिलकर कई बार में प्राप्त होती है।
7. विभिन्न प्रकार की फसलें उगाये जाने के कारण फार्म में उपलब्ध संसाधनों का समुचित उपयोग होता रहता है।
8. अपरदन प्रतिरोधी फसलों (Erosion resisting crops) को उगाकर मृदा कटाव को रोका जा सकता है।
9. इस पद्धति में आपस में फसलों में प्रतिस्पर्धा न होने के कारण प्रति इकाई क्षेत्रफल पर अधिक से अधिक पौध संख्या रखी जा सकती है।
10. ऊँची-नीची तथा ढ़ालू भूमियों पर भी सह फसल के रूप में दलहनी फसलों को आसानी से उगाया जा सकता है।
11. अन्न-चारा अन्त: फसल पद्धति में पशुओं को पौष्टिक चारे के साथ अन्न की फसलें उगाने से मनुष्यों एवं पशुओं दोनों को भोजन एवं चारे की व्यवस्था हो जाती है।
12. अन्त: फसल पद्धति में मृदा तल पर उपस्थित वातावरण (प्रकाश, कार्बन डाई ऑक्साइड, वर्षा, जल) का पूर्णतया उपयोग किया जा सकता है।

अन्त: फसल पद्धति से हानियाँ (Disadvantages of intercropping)

अन्त: फसल अपनाने से कभी-कभी कई प्रकार की हानियाँ होती है, जो निम्न हैं -

1. कृषि में मशीनीकरण में कठिनाई होती है। फसलों को उगाने में किये जाने वाले कृषि कार्य जैसे बुआई, निराई, गुड़ाई, कटाई आदि मशीनों द्वारा नहीं किये जा सकते हैं।
2. भिन्न-भिन्न फसलों के लिए भिन्न-भिन्न मात्रा में उर्वरकों की आवश्यकता होती है अत: उर्वरकों की मात्रा तथा प्रयोग करने के निर्धारण में कठिनाई होती है।
3. खरपतवारों, कीटों तथा बीमारियों के नियंत्रण के लिए रसायनों के प्रयोग करने में कठिनाई होती है।
4. विभिन्न आवश्यक क्रियाएं न हो पाने के कारण फसल की गुणवत्ता में कमी आ जाती है।
5. मुख्य फसल के गिरने की अवस्था में सहफसल की उपज में भी कमी आ जाती है।
6. कभी-कभी सह फसल पर मुख्य फसल का एलीलोपेथिक (Allelophathic) प्रभाव पड़ जाता है।

प्रमुख अन्त: फसल पद्धतियाँ (Important intercrops)

देश के विभिन्न भागों में निम्नलिखित अन्त: फसल पद्धतियाँ प्रचलित हैं -

(क) अन्न-दलहनी अन्त: फसल पद्धतियाँ

मक्का + उर्द/मूँग
गेहूँ + चना/मटर/मसूर
ज्वार/बाजरा + अरहर/लोबिया
ज्वार/बाजरा + उर्द/मूँग
जौ + मसूर/चना
जौ + चना/मटर

(ख) अन्न-तिलहनी अन्त: फसल पद्धतियाँ

जौ/गेहूँ + सरसों
गेहूँ + अलसी
ज्वार/बाजरा + तिल

(ग) दलहनी – दलहनी अन्तः फसल पद्धतियाँ

अरहर + उर्द/मूँग

अरहर + लोबिया

अरहर + मूँगफली

सोयाबीन + अरहर/उर्द/मूँग

चना + मसूर

(घ) दो से अधिक फसलों की अन्तः फसल पद्धति

कपास + अरहर + उर्द

ज्वार + अरहर + साँवा + तिल

ज्वार + उर्द + अरहर

जौ + मटर + सरसों

गन्ना + लौकी + कद्दू

गन्ना + चना + सरसों

सेम + अन्डी + बैंगन

(ड़) अन्य अन्तः फसल पद्धतियाँ

कपास + उर्द/लोबिया/मूँग

साँवा + तिल

कपास + तिल

चना + अलसी/सरसों

सघन फसल पद्धति (Intensive cropping)

देश की बढ़ती जनसंख्या के भोजन की पूर्ति के लिए सघन फसल पद्धति का प्रमुख स्थान है। सघन खेती का तात्पर्य किसी खेत में एक निश्चित समय में दो या दो से अधिक फसलों को उगाने से होता है। इस प्रकार उस खेत की फसलों की सघनता 200 प्रतिशत या इससे अधिक होती है। सघन फसल पद्धति का मुख्य उद्देश्य प्रक्षेत्र पर उपलब्ध संसाधनों जैसे सिंचाई, श्रम, उर्वरक, कृषि यंत्रों एवं पशुओं का अधिक से अधिक उपयोग करना होता है। सघन पद्धति में प्रति इकाई क्षेत्रफल में अधिक से अधिक फसलें उगाकर अधिक उत्पादन प्राप्त करना होता है। इस पद्धति मे अल्पकालीन समय में पककर तैयार होने वाली फसलों को उगाया जाता है जिससे वर्ष में अधिक से अधिक फसलें समायोजित की जा सके। देश के अधिकतर स्थानों पर जलवायु अनुकूल है तथा संसाधनों जैसे सिंचाई, खाद, श्रम तथा रासायनिक दवायें उपलब्ध रहने पर वर्ष में कई फसलें उगाना सम्भव हो सका है परन्तु अनेकानेक कारणों से सघन फसल पद्धति कई स्थानों में प्रचलित नहीं हो पाई। इसके अतिरिक्त कुछ फसलें ऐसी हैं जो सघन खेती के लिए उपयोगी हैं तथा दीप्ति काल से प्रभावित नहीं होती है। परन्तु संसाधन तथा विपणन की व्यवस्था के कारण इनकी खेती बड़े पैमाने पर करना सम्भव नहीं हो सकता है।

सघन फसल पद्धति कार्यक्रम अपनाने से प्रति इकाई क्षेत्र तथा निश्चित समय में फसल उत्पादन ही नहीं बल्कि बहुत से रोजगार व्यक्तियों को सघन फसल पद्धति द्वारा रोजगार प्रदान करके बेरोजगार की समस्या का प्रभावी समाधान होता है। सघन फसल पद्धति के अन्तर्गत निम्न कृषि पद्धतियाँ प्रचलित हैं।

(अ) बहुफसली खेती (Intensive cropping)

सघन फसलोत्पादन पद्धति के अन्तर्गत बहुफसली खेती (Multiple cropping) तथा सतत् फसल पद्धति (Relay cropping) मुख्य रूप से महत्वपूर्ण है। बहुफसली खेती के अन्तर्गत कम समय में पककर तैयार होने वाली कई फसलों को इस अनुक्रम में उगाया जाता है जिससे प्रति इकाई क्षेत्रफल में अधिक से अधिक उत्पादन प्राप्त हो। एक फसल की कटाई के बाद दूसरी फसल की बुआई के बीच के समय का सदुपयोग करने से प्रति इकाई क्षेत्र में उत्पादन में वृद्धि की जा सकती है। बहुफसली पद्धति का प्रमुख उद्देश्य प्रति इकाई क्षेत्रफल में उत्पादन में वृद्धि करके कुल उत्पादन में वृद्धि करना होता है।

बहुफसली सूचकांक (Multiple cropping index)

बहुफसली सूचकांक को निम्न सूत्र द्वारा ज्ञात करते हैं –

$$\text{बहुफसली सूचकांक (MCI)} = \frac{\text{फसलों की संख्या} \times \text{उसके अन्दर क्रमशः क्षेत्रफल}}{\text{फसल उत्पादन के लिए कुल क्षेत्र}} \times 100$$

$$\text{Multiplle Cropping Index} = \frac{\text{Total Number of crops} \times \text{Their respective area}}{\text{Total area available for the cropping patterrn}} \times 100$$

बहुफसली खेती की आधारभूत आवश्यकताएँ (Pre-requisites of multiple cropping)

बहुफसली खेती के लिए कुछ प्रमुख मूलभूत आवश्यकताएँ निम्न हैं –

1. बहुफसली पद्धति अपनाने से पूर्व उस क्षेत्र की जलवायु के अनुसार ही फसलों का चुनाव करना चाहिए।
2. जिस खेत में बहुफसली पद्धति अपनाई जा रही है वह क्षेत्र बाढ़ तथा सूखा, जलमग्नता, खरपतवारों तथा कीटों एवं बीमारियों से प्रभावित नहीं होना चाहिए। यदि जिस खेत में किन्हीं विशेष कारणों से यह समस्या आती है तो उसके तुरन्त समाधान की पूरी तैयारी कर लेनी चाहिए।
3. मृदा की भौतिक तथा रासायनिक संरचना अच्छी होनी चाहिए। मृदा की सतह समतल, मृदा की संरचना अच्छी, अच्छा वायु संचार, जल धारण क्षमता अच्छी, पारगम्यता उत्तम, जीवांश पदार्थों की प्रधानता तथा उर्वरा शक्ति अच्छी होने से बहुफसली पद्धति अपनाकर अधिक से अधिक लाभ प्राप्त किया जा सकता है। मृदा में लवणीयता तथा क्षारीयता होने से मृदा में उपलब्ध पोषक तत्व पौधों को उपलब्ध न हो पाने से फसल की उपज कम प्राप्त होती है अत: मृदा सुधारकों का प्रयोग करना चाहिए।
4. कम समय में पकने वाली, खादों तथा उर्वरकों का अधिक से अधिक उपयोग करने वाली, अधिक उपज देने वाली संकर फसलों का चयन करना चाहिए जो बहुफसली खेती के लिए उपयुक्त हो तथा एक वर्ष में कम से कम तीन फसलें उगाई जा सके।
5. बहुफसली पद्धति में वर्ष भर आवश्यकतानुसार खाद, बीज, श्रम, कृषि यंत्रों, रासायनिक दवाओं आदि की उपलब्धता सुनिश्चित रहनी चाहिए।
6. बहुफसली पद्धति में दीप्ति काल से प्रभावित नहीं होने वाली फसलों का ही चुनाव करना चाहिए।
7. वर्ष भर फसलों को उगाने से फसलों में लगने वाली बीमारियों, कीटों, खरपतवारों तथा उनके नियंत्रण के सम्बन्ध में सम्पूर्ण जानकारी होनी चाहिए।
8. बहुफसली खेती की सफलता के लिए वर्ष भर सिंचाई के साधन तथा जलनिकास की पर्याप्त सुविधा होनी चाहिए।
9. बहुफसली कार्यक्रम की योजना बनाते समय उस क्षेत्र में उगाई जाने वाली फसलों को ध्यान में रखकर फसलोत्पादन करना चाहिए जिससे पशु, पक्षियों, कीटों एवं बीमारियों के प्रकोप से फसल को बचाया जा सके।
10. फसल की कटाई के उपरान्त फसल अवशेष को हटाने, बिक्री तथा उपयोग की सम्पूर्ण व्यवस्था होनी चाहिए।
11. फसल की कटाई के बाद फसल उत्पाद की बिक्री अथवा भण्डारण की समुचित व्यवस्था होनी चाहिए।

बहुफसली पद्धति से लाभ (Advantages of multiple cropping)

बहु फसली पद्धति के अपनाने से निम्नलिखित लाभ प्राप्त होते हैं –

1. बहुफसली पद्धति में एक निश्चित समय में तथा प्रति इकाई क्षेत्रफल से अधिक से अधिक उत्पादन प्राप्त किया जा सकता है।
2. पूरे वर्ष खेत फसलों द्वारा ढके रहने के कारण जल तथा वायु द्वारा मृदा का कटाव कम होता है।
3. भूमि की कम से कम जुताई की जाती है जिससे भूमि की भौतिक दशा में सुधार होता है। फसलों के अवशेष मृदा में रह जाने के कारण मृदा में जीवांश पदार्थ की मात्रा में वृद्धि होती है जिससे मृदा में उपलब्ध पोषक तत्वों का पौधों द्वारा अवशोषण अधिक मात्रा में होता है।

4. मृदा में उपस्थिति नमी, अवशेष, प्रयोग किये गये खाद एवं उर्वरकों के उपयोग की पूर्ण सम्भावना रहती है।
5. अन्न एवं चारे का अधिक से अधिक उत्पादन सम्भव होता है।
6. फार्म पर सकल उत्पादन की दृष्टि से फसलों के उगाने में व्यय कम होता है।
7. बहु फसल पद्धति में भूमि, श्रम, पूँजी तथा प्रबन्धकीय घटकों के समन्वित प्रयोग की अधिक सम्भावना होती है।
8. बहुफसली पद्धति से कृषकों को वर्ष भर आय प्राप्त होती रहती है क्योंकि किसी फसल को उगाने में किया गया लागत – व्यय शीघ्रता से आय में परिणित हो जाता है।
9. बहुफसली पद्धति अपनाने से कृषकों की आर्थिक स्तर में सुधार हो जाता है।
10. पूरे वर्ष फसल उगाने से कृषकों एवं परिवार को रोजगार मिलता है।

बहुफसली पद्धति से हानियाँ (Disadvantages of multiple cropping)

बहुफसली पद्धति अपनाने से लाभ के साथ कुछ हानियाँ भी हैं जो निम्न हैं –

1. बहु फसली पद्धति अपनाने से खेत की तैयारी करने का बहुत कम समय मिलता है।
2. मृदा की अच्छी तैयारी न हो पाने के कारण खरपतवारों के नियंत्रण के लिए निराई, गुड़ाई अधिक करनी पड़ती है।
3. प्रतिकूल मौसम में समय से खेत की तैयारी न हो पाने के कारण फसल उत्पादन में बाधा उत्पन्न होती है।
4. पर्याप्त तथा सन्तुलित पोषक तत्व उपलब्ध न हो पाने के कारण फसल की उपज क्षमता के अनुकूल उत्पादन प्राप्त नहीं हो पाता है।
5. मृदा तथा फसल प्रबन्धन के लिए पर्याप्त समय नहीं मिल पाता है।
6. लगातार फसलों को उगाने से खरपतवारों, कीटों तथा बीमारियों के प्रकोप की अधिक सम्भावना हो जाती है।
7. एक फसल की बुआई के तुरन्त बाद दूसरी फसल की बुआई कर देने से फसल अवशिष्ट विषाक्तता (Crop toxicity) की सम्भावना बढ़ जाती है जिससे मृदा में विकार उत्पन्न हो जाता है।
8. अधिक समय में पकने वाली अथवा लम्बे जीवन काल वाली फसलों को बहु फसली पद्धति में किसी भी दशा में सम्मिलित नहीं किया जा सकता।
9. कटाई के उपरान्त की क्रियाएं सही ढंग से सम्पन्न न हो पाने की दशा में फसल उत्पाद का उचित मूल्य नहीं मिल पाता है।
10. समय की कमी के कारण सही ढंग से फसल अवशेष तथा पूर्व फसलों के जड़ों की खेत से सफाई नहीं हो पाती जिससे दीमक के प्रकोप की सम्भावना बढ़ जाती है।

सतत या अविराम फसल पद्धति (Relay cropping)

एक निश्चित क्षेत्रफल में एक वर्ष में 3 या इससे अधिक फसलें बोई जाती हैं इसको सतत तथा अविराम फसल पद्धति कहते हैं। यह फसल पद्धति भी एक बहुफसली खेती है परन्तु इस पद्धति में पूर्व फसल (Preceding crop) का आगामी फसल (Succeeding crop) के साथ बोने से कोई सम्बन्ध नहीं है जबकि सतत् फसल पद्धति में पूर्व फसल की कटाई के पूर्व ही आगामी फसल की बुआई कर दी जाती है। जिससे आगांमी फसल की बुआई में समय नष्ट न होने पाये। कभी-कभी पूर्व फसल की कटाई के पूर्व ही आगामी फसल की बुआई कर दी जाती है। मक्का-आलू-गेहूँ-मूँग इस पद्धति में मक्का की कटाई के समय यदि नमी का अभाव है तो फसल की कटाई के पूर्व ही पलेवा कर दिया जाता है और मक्का कटने के तुरन्त बाद खेत की तैयारी करके आलू की फसल बो दी जाती है और जब आलू की खुदाई होती है तब गेहूँ की बुआई के लिए पर्याप्त मात्रा में नमी होने पर तुरन्त गेहूँ की बुआई कर दी जाती है। इसके पश्चात गेहूँ की

कटाई के बाद खेत का पलेवा करके मूँग की फसल की बुआई कर दी जाती है। अविराम फसल पद्धति रिले दौड़ के समान होती है एक फसल की कटाई किये जाने के पूर्व ही दूसरी फसल की बुआई के लिए खेत तैयार रहता है। इस पद्धति में भूपरिष्करण की क्रियाएं न्यूनतम होने के फलस्वरूप भूमि की भौतिक दशा को ठीक बनाये रखने में भी सहायक होती है।

ओवरलेपिंग फसल पद्धति (Overlapping cropping)

इस फसल पद्धति में एक खेत में एक वर्ष में तीन-चार फसलों को इस प्रकार उगाया जाता है कि एक फसल खेत में खड़े रहने पर ही दूसरी फसल की बुआई कर दी जाती है। इस प्रकार कुछ समय तक दोनों फसलें खेत में एक साथ रहती है। इस पद्धति में पूर्ववर्ती फसल बाद की फसल को संरक्षण प्रदान करती है। इसके पश्चात् पूर्ववर्ती फसल के पकने पर कटाई कर ली जाती है और नई बोई गई फसल स्वतन्त्र हो जाती है उदाहरण धान, बरसीम। इस फसल पद्धति में बरसीम की बुआई का उपयुक्त समय सितम्बर का अन्तिम सप्त ाह या अक्टूबर का प्रथम पखवाडा है परन्तु इस समय अधिक धूप तथा तापमान होने से बरसीम के जमने के समय अंकुरण मर जाते हैं इसलिए धान की फसल बरसीम के उगे हुए बीजों को छाया प्रदान करती है इसके पश्चात् जब ये पौधे पूर्णरूप से स्थापित हो जाते हैं तब धान की फसल की कटाई कर ली जाती है।

चक्रीय फसल पद्धति (Rotational cropping)

फसलों को चक्रीय क्रम में उगाने को चक्रीय फसल पद्धति कहते हैं। इस विधि में फसलों को उगाने हेतु खेत को कई भागों में बाँट लिया जाता है और इसमें फसलों को चक्रीय क्रम में उगाते हैं। यह चक्रीय क्रम कई वर्षों का हो सकता है। उदाहरण के लिए धान, मक्का, ज्वार, मूँग, गेहूँ, जौ तथा सरसों की फसलों में 4 फसलें खरीफ तथा 4 फसलें रबी के मौसम में उगाई जाती है। इन फसलों को दो वर्ष के चक्रीय क्रम में खरीफ तथ। रबी के मौसम में उगाते हैं।

क्रमिक फसल पद्धति (Sequential cropping)

इस फसल पद्धति में फसलों को इस प्रकार क्रमबद्ध रूप में उगाया जाता है कि एक निश्चित अवधि में उगाई जाने वाली फसलों को मौसम के अनुसार क्रमबद्ध रूप में व्यवस्थित करके उगाने को क्रमिक फसल पद्धति कहते हैं। फसलों का यह क्रम कई वर्षों का हो सकता है।

दो वर्षीय चक्रीय फसल पद्धति

मौसम	अ	ब	स	द
	प्रथम वर्ष			
खरीफ	धान	ज्वार	मक्का	मूँग
रबी	चना	गेहूँ	जौ	सरसों
	द्वितीय वर्ष			
खरीफ	मक्का	धान	मूँग	ज्वार
रबी	सरसों	गेहूँ	चना	जौ

दलहनी आधारित फसल पद्धतियाँ

फसल पद्धतियों को मुख्य रूप से फसलानुक्रम तथा अंत:फसल पद्धति के रूप में विभक्त किया गया है। वर्ष में एक ही भूमि पर फसलों को क्रमबद्ध रूप में उगाने को फसलानुक्रम पद्धति कहते हैं। इस पद्धति में आगामी फसल की बुआई

पहली फसल की कटाई के उपरान्त की जाती है। जबकि मिश्रित/अंत:फसल पद्धति में दो फसलों को मिश्रित रूप में अथवा क्रमानुसार कतारों में निश्चित अनुपात में बोते हैं। इन दोनों फसलों की एक दूसरे के साथ कोई विशेष प्रतिस्पर्धा नहीं होती है तथा सहयोगी फसल मुख्य फसल से पहले पककर तैयार हो जाती है। इससे मुख्य फसल को वृद्धि के लिए पर्याप्त समय मिल जाता है। टिकाऊ खेती के लिए प्रचलित फसल पद्धतियों में दलहनी फसलों को सम्मिलित कर लेने से इनका महत्व और अधिक बढ़ जाता है क्योंकि यह भूमि की भौतिक, रासायनिक तथा जैविक दशा को सुधार कर भूमि की उपज एवं उर्वरा शक्ति को अधिक समय तक बनाये रखने में सहायक होती है। दलहनी फसलें सामान्यत: लघु, सीमान्त एवं कम उपजाऊ वाली भूमियों पर ही उगाई जाती हैं तथा कई फसल पद्धतियों में इनको आसानी से समायोजित भी किया जा सकता है।

भारत में भिन्न–भिन्न क्षेत्रों में भिन्न–भिन्न प्रकार की फसल पद्धतियाँ प्रचलित हैं। धान एवं गेहूँ देश की प्रमुख धान्य फसलें हैं। इन फसलों की उत्पादकता को टिकाऊ बनाये रखने के लिए दलहनी फसलों का समावेश करना अति आवश्यक है। दलहनी फसलों का विभिन्न फसल पद्धतियों में समावेश करने से सकल आय में वृद्धि ही नहीं होगी बल्कि भूमि की उर्वरा शक्ति को अधिक समय तक बनाये रखा जा सकता है। भारत में विभिन्न क्षेत्रों में दलहनी फसलों पर आधारित निम्न फसल पद्धतियाँ प्रचलित हैं।

(क) अन्त: फसल पद्धति (ख) फसलानुक्रम फसल पद्धति

(ग) उतेरा फसल पद्धति (घ) सघन फसलानुक्रम पद्धति

(क) अन्त: फसल पद्धति

अन्त: फसल पद्धति के अन्तर्गत दो या दो से अधिक फसलों को पंक्तियों में एक निश्चित अनुपात में उगाया जाता है। अन्त: फसल पद्धतियाँ मुख्यत: बारानी/असिंचित क्षेत्रों में अपनाई जाती हैं क्योंकि बारानी क्षेत्रों में अस्थिर तथा कम उत्पादन एवं रोगों व कीट का अधिक प्रकोप होता है। भारतीय परिवेश में अन्त: फसलीकरण का महत्व और अधिक बढ़ जाता है क्योंकि जहाँ पर एक तरफ देश की 70 प्रतिशत भू-भाग पर खेती वर्षा की अनिश्चितता, अनियमित एवं असमान वितरण पर आधारित है और दूसरी तरफ देश की बढ़ती हुई जनसंख्या के लिए प्रति इकाई क्षेत्रफल में उत्पादन को बढ़ाना है और इस विषय में अन्त: फसल प्रणाली का एक विशेष महत्व है। अन्त: फसल पद्धति में दलहनी फसलों के समावेश करने से निम्नलिखित लाभ प्राप्त होते हैं –

1. प्रतिकूल परिस्थितियों में भी अन्न फसलों की अपेक्षा दलहनी फसलों से उत्पादन प्राप्त किया जा सकता है जिससे प्रति इकाई क्षेत्रफल में अधिक उत्पादन प्राप्त होता है।
2. यह फसलें भूमि की संरचना एवं उर्वराशक्ति में सुधार करती हैं।
3. अन्त: फसल पद्धति में दलहनी फसलों को उगाने से अतिरिक्त खाद, पानी आदि की आवश्यकता नहीं होती है।
4. दलहनी फसलों को मुख्य फसल की पंक्तियों के बीच में उगाने से खरपतवारों का कम प्रकोप होता है।
5. बौनी किस्म की दलहनी फसलें जैसे उर्द, मूँग, मोंठ, मसूर एवं लोबिया भूमि को पूर्णरूप से आच्छादित किये रखती हैं जिससे वाष्पीकरण द्वारा होने वाली मृदा नमी का ह्रास कम होता है।
6. दलहनी फसलें मृदा क्षरण को कम करने में सहायक होती हैं।
7. अन्त: फसलें जैसे तिल, ज्वार आदि मुख्य फसल में बीमारियों एवं कीटों के प्रकोप को कम करने में सहायक होती हैं।
8. मृदा में उर्वरता को टिकाऊ बनाये रखने में सहायक होती है।
9. उत्प्रेरक प्रभाव से दोनों फसलों के उत्पादन में वृद्धि होती है।

1. **ज्वार आधारित अंत: फसल पद्धति :** अर्धशुष्क क्षेत्रों में ज्वार आधारित अंत: फसल पद्धति बहुत उपयोगी है। इस पद्धति में ज्वार को मुख्य फसल के रूप में उगाया जाता है। ज्वार आधारित अंत: फसल पद्धतियों में ज्वार .मध्यम समय में पकने वाली अरहर, ज्वार + देर से पकने वाली अरहर, ज्वार + उर्द, ज्वार + मूँग, ज्वार + लोबिया आदि प्रमुख हैं।

कम वर्षा वाले क्षेत्रों में ज्वार के साथ मूँग, उर्द तथा लोबिया की अंत: फसल पद्धति भी अपनाई जा सकती है। विभिन्न प्रयोगों में यह पाया गया कि ज्वार + अरहर की अंत: फसल पद्धति में 90 प्रतिशत उपज ज्वार से जबकि 52 प्रतिशत उपज अरहर से प्राप्त होती है। इससे निष्कर्ष यह निकलता है कि अर्धशुष्क क्षेत्रों में ज्वार + अरहर की अंत: फसल पद्धति से 142 प्रतिशत उपज प्राप्त होने से एक बहुत ही लाभकारी फसल पद्धति है।

2. **बाजरा आधारित अंत: फसल पद्धति :** उत्तर – पश्चिमी भारत के अर्धशुष्क क्षेत्रों में बाजरा आधारित फसल पद्धति मुख्यत: अपनाई जाती है। बाजरा की फसल में सामान्य रूप से शीघ्र कल्ले निकल आने से दलहनी फसलों पर दुष्प्रभाव नहीं पड़ता है। साथ ही इस पद्धति की कुल उत्पादकता एक फसल की अपेक्षा अधिक होती है। शुष्क क्षेत्रों के लिए बाजरा + मूँग/उर्द, बाजरा + लोबिया एवं बाजरा + ग्वार तथा अर्द्धशुष्क क्षेत्रों के लिए बाजरा + अरहर, बाजरा + मूँग, बाजरा + सोयाबीन आदि प्रमुख हैं।

3. **मक्का आधारित अंत: फसल पद्धति :** मक्का आधारित अंत: फसल पद्धतियाँ मुख्य रूप से गुजरात, मध्यप्रदेश, राजस्थान, महाराष्ट्र एवं उत्तर प्रदेश में प्रचलित है। पश्चिमी भारत में उर्द/मूँग के साथ अंत: फसल पद्धति अपनाई जाती है। पश्चिमी भारत में मध्यम समय में पकने वाली अरहर की मक्का के साथ अत: फसल पद्धति भी अपनाई जाती है। विभिन्न परीक्षणों में यह पाया गया है कि मक्का के साथ मूँग की अंत: फसल पद्धति में मूँग की उपज 347 किलोग्राम/हैक्टेअर की बढ़ोत्तरी केवल मक्का उगाने की तुलना में प्राप्त हुई।

4. **अरहर आधारित अंत: फसल पद्धति :** अरहर के साथ मिलवाँ/अंत: फसल पद्धति के अन्तर्गत 90 प्रतिशत क्षेत्रफल में खाद्यान्न, तिलहन, कम अवधि मे पकने वाली दलहनी तथा नकदी फसलें उगाई जाती हैं। उत्तर एवं मध्य भारत के सिंचित एवं असिंचित क्षेत्रों जैसे उत्तर प्रदेश, राजस्थान, मध्य प्रदेश, महाराष्ट्र, गुजरात एवं बिहार राज्यों में अरहर की फसल को खाद्यान्न एवं कम समय में पकने वाली दलहनी फसलों के साथ मुख्यत: उगाया जाता है। अरहर के साथ उर्द, मूँग एवं लोबिया अंत: फसल पद्धति के रूप में बहुत उपयोगी है। इस पद्धति द्वारा 400–500 किलोग्राम/हैक्टेअर अतिरिक्त उपज प्राप्त हो जाती है तथा अरहर की फसल पर भी कोई प्रतिकूल प्रभाव नहीं पड़ता है। मध्य भारत एवं तटवर्ती क्षेत्रों में अरहर को मूँगफली के साथ तथा मध्य प्रदेश एवं महाराष्ट्र राज्यों में सोयाबीन के साथ अंत: फसल पद्धति के रूप में उगाया जाता है। अरहर की अंत: फसल पद्धति में कपास, अंडी तथा कसावा आदि के साथ अरहर + अंडी/कपास, कहवा, अरहर + बाजरा/ज्वार, अरहर + मूँग/उर्द/लोबिया, अरहर + मूँगफली/तिल, अरहर + सोयाबीन आदि प्रमुख हैं।

उत्तर भारत में अरहर की शीघ्र पकने वाली प्रजातियाँ टाइप 21, यू. पी. ए. एस. 120 तथा आई. पी. सी. एल. 151 प्रजातियों को अरहर – गेहूँ फसल चक्र सिंचित दशाओं में बहुत ही उपयोगी है। इस फसल चक्र में अरहर के साथ कम समय में पकने वाली दलहनी फसलें जैसे उर्द या मूँग तथा चारे के लिए लोबिया की अंत: फसल पद्धति बहुत ही उपयोगी है क्योंकि इसमें अरहर की सामान्य उपज के साथ-साथ उर्द/मूँग की 4–5 कु./है. उपज तथा 150–200 कु./हैक्टेअर हरा चारा प्राप्त हो जाता है और इन फसलों का अरहर की उपज पर कोई हानिकारक प्रभाव भी नहीं पड़ता बल्कि खरपतवारों को नियंत्रित करने में सहायता मिलती है।

अरहर की देर से पकने वाली प्रजातियों में टाइप 7, टाइप 17, बहार, पूसा 9 तथा नरेन्द्र अरहर – 1, नरेन्द्र अरहर – 2, आई पी ए 203 प्रमुख हैं। जिनकी बुआई असिंचित दशाओं में मानूसन आने के पश्चात् की जाती है। देर से पकने वाली अरहर की प्रजातियों को उर्द/मूँग/ज्वार/बाजरा की दो पंक्तियों में सहफसली खेती करने से कुल उपज में बढ़ोत्तरी

तथा वर्षा की अनिश्चितता की दशा में जोखिम की पूर्ति भी करती है। उर्द एवँ मूँग की 4–5 कु./है. उपज के साथ–साथ अरहर की सामान्य उपज भी प्राप्त होती है। ज्वार एवं बाजरा के साथ अन्त: फसल उगाने से इनकी 100 प्रतिशत उपज जबकि अरहर की 60 प्रतिशत उपज प्राप्त होने के कारण एक हैक्टेअर से लगभग 1.5 हैक्टेअर के बराबर उपज प्राप्त हो जाती है।

मूँगफली के साथ शीघ्र पकने वाली अरहर की अत: फसल खेती के बाद गेहूँ की सामान्य उपज प्राप्त की जा सकती है। मूँगफली की फैलने वाली प्रजातियों की चौथी पंक्ति तथा गुच्छेदार प्रजातियों की छठी पंक्ति पर अरहर की एक पंक्ति की बुआई करने पर लगभग 80 प्रतिशत मूँगफली तथा 50 प्रतिशत अरहर की उपज प्राप्त हो जाती है।

जायद में शीघ्र पकने वाली उर्द तथा मूँग की खेती करने से खेत ग्रीष्म ऋतु में आच्छादित रहता है। परीक्षणों से यह ज्ञात हुआ है कि उर्द या मूँग की चौथी पंक्ति पर शीघ्र पकने वाली अरहर (टाइप 21, यू. पी. ए. एस 120) की एक पंक्ति में बुआई कर दी जाये तो जून के अन्तिम पखवाड़े में अरहर की बुआई की अपेक्षा 30 से 50 प्रतिशत तक उपज में वृद्धि हो जाती है।

5. गन्ना आधारित फसल पद्धतियाँ : गन्ना एक नकदी फसल होने के कारण आय का मुख्य स्त्रोत है। गन्ना में पंक्ति से पंक्ति की दूरी अधिक होने के कारण बसन्त ऋतु में उर्द या मूँग तथा शीतकालीन गन्ना के साथ चना, मसूर, राजमा एवं मटर के साथ अंत: फसल पद्धतियाँ अपनाई जाती हैं। उत्तर एवं मध्य भारत में शीतकालीन गन्ना की फसल के साथ मूँग एवं उर्द की फसलों को अंत: फसल के रूप में उगाया जा सकता है। इस पद्धति द्वारा मूँग की फसल से 470 कि.ग्रा./है. अतिरिक्त उपज प्राप्त हो जाती है। जबकि इनसे गन्ना की उपज पर कोई प्रतिकूल प्रभाव भी नहीं पड़ता है। (तालिका 5.2)।

6. तिलहनी फसल आधारित अंत: फसलें : असिंचित क्षेत्रों में चना एवं मसूर के साथ तिलहनी फसलें जैसे सरसों, अलसी तथा कुसुम की अंत: फसल पद्धति अपनाई जाती है। उत्तर भारत के मैदानी क्षेत्रों में चना + सरसों, मध्य भारत में चना + अलसी तथा दक्षिण क्षेत्रों मे चना + कुसुम की अंत: फसल पद्धति प्रचलित है।

तालिका 7.2 : गन्ना आधारित विभिन्न अंत: फसलों की उत्पादकता

अंत: फसलें	गन्ना की उपज (टन/है.)	अंत: फसल की उपज (कि.ग्रा./है.)	सकल आय (केवल गन्ना उगाने की अपेक्षा, रु./है.)
गन्ना	81.0	–	–
गन्ना + मटर (रचना)	81.3	626	3468
गन्ना + मटर (पूसा)	81.2	437	2473
गन्ना + मटर (एच. एफ. पी. 4)	76.4	536	1254
गन्ना + राजमा (उदय)	78.1	721	11371
गन्ना + राजमा (पी. एल.63)	81.1	1004	11371
गन्ना + चना (जे. जी. 74)	77.6	1139	4836
गन्ना + चना (जे. जी. 315)	76.6	1190	4742
गन्ना + मूँग (पी. एम. 16)	59.0	690	–
गन्ना + मूँग (के. 815)	59.0	480	–
गन्ना + उर्द (टाइप 9)	67.0	260	–

उपरोक्त वर्णित अंत: फसल पद्धतियों से कई लाभ प्राप्त होते हैं लेकिन इस पद्धति के अपनाने में कुछ समस्यायें भी हैं, जो निम्नवत हैं :-

1. अन्त: फसल पद्धति के अनुरूप फसलें एवं उनकी प्रजातियों को विकसित करने पर अधिक ध्यान नहीं दिया गया जिसके कारण विभिन्न फसलें एवं उनकी प्रजातियाँ किसी क्षेत्र में अधिक उपज जबकि दूसरे क्षेत्रों में कम उपज देती हैं। इसलिए अंत: फसल पद्धतियों के लिए उपयुक्त फसलें एवं उनकी प्रजातियों को विभिन्न तरह की जलवायु के अनुरूप विकसित करने पर अधिक ध्यान देने की आवश्यकता है। जिससे ये फसलें सभी प्रकार की जलवायु में अच्छी उपज दे सके। अंत: फसल पद्धतियों में सही फसलों के चयन के साथ-साथ उनकी प्रजातियों का भी सही चयन करने से उपज और शुद्ध लाभ में बढ़ोतरी हो जाती है। उदाहरणत: गन्ना के साथ राई की वरूणा प्रजाति अत्यन्त उपयोगी पाई गई इसी तरह गन्ना .आलू .सरसों की अंत: फसल पद्धति में आलू की अगेती प्रजातियाँ जैसे कुफरी बहार, कुफरी अलंकार, कुफरी चन्द्रमुखी आदि प्रजातियाँ उपयुक्त पाई गई हैं।

2. अंत: फसल पद्धति में फसल ज्यामिति का एक बहुत ही महत्वपूर्ण योगदान है। जिससे मुख्य फसल की सहफसलों से अधिक प्रतिस्पर्धा नहीं होती है। चना + सरसों की अन्त: फसल में उपयुक्त ज्यामिती विधि न अपनाने से सरसों की फसल चना को पूर्णरूप से ढ़क लेती हैं जिससे चना का उत्पादन बहुत हो जाता है। इसी तरह से अंत: फसल पद्धति में पंक्तियों की दिशा एवं बोने की विधि का भी महत्वपूर्ण योगदान है क्योंकि सही दिशा में पंक्तियों को बोने से सूर्य का प्रकाश सभी पौधों को समान रूप से मिलता रहता है। जिससे फसलों के उपज पर कोई प्रतिकूल प्रभाव नहीं पड़ता है। मक्का + मूँग की अन्त: फसल पद्धति में पंक्तियों को उत्तर-दक्षिण दिशा में बोने से कुल उपज में वृद्धि हो जाती है।

3. पौध घनत्व एवं पौध संख्या का भी अंत: फसल पद्धति में बहुत बड़ा योगदान है। उपयुक्त पौध संख्या तथा घनत्व न रखने से दोनों फसलों की उपज घट जाती है। ज्वार- अरहर की अन्त: फसल पद्धति में (2:1 पंक्ति अनुपात) दोनों फसलों का उपयुक्त पौध घनत्व (18 पौधे ज्वार के तथा 4 पौधे अरहर के प्रति वर्ग मीटर), बाजरा + अरहर में (15 पौधे बाजरा के तथा 5.5 पौधे अरहर के प्रति वर्ग मीटर) तथा मक्का + राजमा में (4 पौधे मक्का के तथा 1.5 पौधे राजमा के प्रति वर्ग मीटर) रखने से दोनों फसलों के उत्पादन पर कोई प्रतिकूल प्रभाव नहीं पड़ता है।

(ख) फसलानुक्रम पद्धतियाँ

1. ग्रीष्मकालीन पद्धतियाँ – शीतकालीन फसलों की कटाई के उपरान्त एवं खरीफ/मानसून की फसलों के बुआई के पूर्व दलहनी फसलें जैसे उर्द, मूँग एवं लोबिया उगाने से पशुओं के लिए न केवल हरा चारा प्राप्त होता है परन्तु दलहन उत्पादन भी प्राप्त होता है। साथ ही साथ अगली फसल के लिए 15-25 किलोग्राम नत्रजन प्रति हैक्टेअर की दर से उपलब्धता भी सुनिश्चित हो जाती है। ग्रीष्मकालीन लोबिया के बाद मक्का की फसल उगाने से मक्का की उपज में वृद्धि हो जाती है तथा नत्रजन की कुल उपलब्धता भी आगामी फसल को सुनिश्चित हो जाती है। (तालिका 7:3)

तालिका 7.3 : दलहनी फसलों के बाद मक्का की उपज पर प्रभाव

पूर्व फसल	मक्का की उपज (कु./है.)		पूर्व फसल	मक्का की उपज (कु./है.)	
	पंतनगर	वम्बन		पंतनगर	वम्बन
लोबिया	42.3	28.3	उर्द	37.5	26.3
मूँग	40.6	24.4	परती	39.4	22.1

ग्रीष्मकालीन दलहन जैसे उर्द एवं मूँग को शीत ऋतु की फसल जैसे आलू, सरसों, मसूर, मटर एवं राजमा आदि फसलों के उपरान्त बोने से 8-10 कु./हैक्टेअर उपज प्राप्त होती है। इन ग्रीष्म कालीन फसलों के सिंचित क्षेत्रों के उत्तर - पश्चिमी मैदानी, उत्तर-पूर्वी मैदानी तथा उत्तरी एवं दक्षिणी गुजरात में बहुत अधिक प्रचार एवं प्रसार हुआ है। ग्रीष्मकालीन उर्द एवं मूँग की फसल को रबी की फसलों की कटाई के उपरान्त फरवरी के अन्तिम सप्ताह अथवा मार्च के

द्वितीय सप्त ाह में बुआई कर देने से उर्द की 11.5 कु. प्रति हैक्टेयर तथा मूँग की 7.5 कु. प्रति हैक्टेअर उपज प्राप्त हुई। ग्रीष्मकालीन उर्द एवं मूँग के उपरान्त भूमि की उर्वरा शक्ति में वृद्धि होती है तथा इससे अगली फसल के लिए 40 किलोग्राम नत्रजन की बचत भी हो जाती है।

2. **वर्षाकालीन फसल पद्धतियाँ :** अरहर, मूँग, उर्द एवं लोबिया वर्षा ऋतु की प्रमुख दलहनी फसलें हैं। इन फसलों के बाद मुख्यतय: गेहूँ, सरसों तथा जौ की फसलें उगाई जाती हैं। उत्तरी एवं पश्चिमी भारत में जहाँ पर सिंचाई के समुचित साधन उपलब्ध होते हैं वहाँ पर अरहर – गेहूँ फसल चक्र बहुत ही प्रचलित है। लेकिन अरहर की फसल उगाने वाले खेत में जल निकास का समुचित प्रबन्ध होना चाहिए। इस फसल पद्धति के लिए अरहर की कम समय में पकने वाली प्रजातियों को विकसित किया गया है जिसके फलस्वरूप अरहर के बाद गेहूँ की फसल को आसानी से उगाया जा सकता है। इस फसल पद्धति में अरहर के साथ उर्द एवं मूँग की अंत: फसल पद्धति अपनाने से सकल आय में बढ़ोतरी हो जाती है। अरहर के साथ उर्द की अंत: फसल अपनाने के उपरान्त गेहूँ की उपज 4.68 टन प्रति हैक्टेअर प्राप्त हुई जबकि केवल अरहर से 4.42 टन/है. प्राप्त हुई तथा अरहर के साथ उर्द/मूँग की अंत: फसल पद्धति अपनाने से गेहूँ के लिए नत्रजन की कम आवश्यकता होती है (तालिका 7.4)।

तालिका 7.4 : अरहर आधारित फसलानुक्रम में गेहूँ की उत्पादकता

फसल चक्र	गेहूँ की उपज (टन/है.)
अरहर	4.42
अरहर + उर्द	4.68
अरहर + मूँग	4.51
ज्वार (चारा)	4.20

लुधियाना में किये गये प्रयोग से यह ज्ञात हुआ कि चुकन्दर के साथ अरहर उगाने से अरहर की उपज में मक्का तथा धान की उपज की अपेक्षा 10.9 से 25.8 प्रतिशत उपज में बढ़ोत्तरी पाई गई। इसी तरह अरहर के अतिरिक्त कम समय में पकने वाली दलहनी फसलें जैसे मूँग, उर्द तथा लोबिया के बाद गेहूँ की फसल उगाने पर सबसे अधिक गेहूँ की उपज लोबिया उगाने के बाद प्राप्त हुई जबकि ज्वार के बाद गेहूँ उगाने से उपज कम प्राप्त हुई (तालिका 7.5)।

तालिका 7.5 : पूर्व फसल का गेहूँ की उत्पादकता पर प्रभाव

फसल चक्र	गेहूँ की उपज (टन/है.)
ज्वार	34.9
मूँग	38.8
उर्द	39.6
लोबिया	41.2

वर्षा आधारित क्षेत्रों में ऐसी फसल पद्धतियाँ अपनानी चाहिए जिससे मृदा में संचित नमी का पूर्ण उपयोग किया जा सके। दलहनी फसलों के बाद धान्य फसलों को उगाने से मृदा में संचित नमी का पूर्ण रूप से उपयोग हो सकता है। इसके अतिरिक्त दलहनी फसलों की पत्तियाँ सड़कर मृदा में कार्बनिक पदार्थ को बढ़ाने में सहायक होती हैं।

सिंचित क्षेत्रों में अगेती अरहर–गेहूँ फसल चक्र अपनाने से अरहर (यूपीएएस 120, पूसा 992 इत्यादि प्रजातियाँ) को जून के प्रथम सप्त ाह में बुआई तथा अक्टूबर के अन्तिम सप्त ाह अथवा नवम्बर के प्रथम सप्त ाह में इसकी कटाई करके गेहूँ की समय पर बुआई कर देते हैं। इस पद्धति से गेहूँ की सामान्य उपज के अतिरिक्त 15–20 कु./है. की दर से

अरहर की उपज भी प्राप्त हो जाती है (तालिका 7.6)। यह पद्धति सिंचित क्षेत्रों में बहुत ही उपयोगी, अधिक उत्पादन क्षमता वाली तथा टिकाऊ खेती वाली है। इस पद्धति से खाद्यान्न उत्पादन में काफी वृद्धि हो जाती है। इसके अतिरिक्त खेत में अरहर की पत्तियाँ, सूखी टहनियाँ, अपरिपक्व फूल एवं फल आदि झड़ जाने से अगली फसल के लिए मृदा में कार्बनिक पदार्थ बढ़ जाने से भूमि की उर्वरा शक्ति भी बढ़ जाती है। यह पद्धति मुख्यतया: पंजाब, हरियाणा, पश्चिमी उत्तर प्रदेश, राजस्थान एवं दिल्ली में बहुत अधिक प्रचलित है।

तालिका 7.6 : अरहर – गेहूँ फसल चक्र की उत्पादकता (कि.ग्रा./है.)

अरहर की प्रजातियाँ	लुधियाना		पंतनगर		हिसार	
	अरहर	गेहूँ	अरहर	गेहूँ	अरहर	गेहूँ
ए एल 13	1240	3887	–	–	–	–
ए एल 15	1151	4062	–	–	1881	5604
आई सी पी एल 87	587	2483	2706	3061	–	–
आई सी पी एल 83015	1446	3942	–	–	1149	5833
आई सी पी एल 88001	1087	3434	1749	3361	–	–
मानक	–	2858	–	–	988	5432
पूसा 85	1546	–	2759	2972	–	–
टाइप 21	–	–	2175	3264	976	5692
यू पी ए एस 120	–	–	2262	3056	1226	5604
परती	–	–	–	–	–	5968

अरहर की प्रजाति बहार 260–270 दिन में पककर तैयार हो जाती है तथा इसकी 34 कु./है. उपज प्राप्त हुई है जो गेहूँ, जौ, मटर, चना एवं सरसों की फसल से ज़्यादा है। मक्का-अरहर फसलानुक्रम में दोनों फसलों की कुल उत्पादकता 6570 किलोग्राम/हैक्टेअर प्राप्त हुई है जबकि मक्का-जौ से 5830 किलोग्राम, मक्का – गेहूँ से 5530 किलोग्राम एवं मक्का-मटर से 5430 किलोग्राम/हैक्टेअर प्राप्त हुई (तालिका 7.6)। इस पद्धति से खेती करना सरल तथा आर्थिक दृष्टिकोण से भी लाभकारी है। मक्का-अरहर से सर्वाधिक शुद्ध लाभ प्राप्त होता है।

तालिका 7.7 : मक्का आधारित फसलानुक्रम की उत्पादकता

फसल पद्धति	उपज (कि.ग्रा./है.)		उत्पादन क्षमता (कि.ग्रा. प्रतिदिन)		शुद्ध लाभ (रु./है.)	प्रति रुपया खर्च करने पर लाभ
	मक्का	सहफसल	मक्का	सहफसल		
मक्का – गेहूँ	3140	2410	33.1	19.0	3842	1.06
मक्का – जौ	3140	2690	33.1	22.8	4103	1.18
मक्का – मटर	3140	2290	33.1	17.9	5272	1.55
मक्का – चना	3140	1290	33.1	8.4	3439	1.00
मक्का – सरसों	3140	1160	33.1	10.1	4803	1.50
मक्का – अरहर	3140	3130	33.1	16.7	7552	1.85

अन्य परीक्षणों द्वारा यह पाया गया है कि मक्का-अरहर (शरद प्रजाति) से अधिक उपज तथा शुद्ध लाभ भी प्राप्त हुआ (तालिका 7.8)। अल्प एवं मध्यम अवधि में पकने वाली अरहर की प्रजातियाँ देर से पकने की दशाओं में अधिक उपज देने में अक्षम थी। देर से पकने वाली अरहर की प्रजातियाँ जैसे शरद एवं टाइप 9 तापमान एवं प्रकाश सहिष्णु होने के कारण इस पद्धति में अत्यन्त उपयोगी सिद्ध हुई।

तालिका 7.8 : विभिन्न फसल पद्धतियों का तुलनात्मक अध्ययन

फसल पद्धति				उपज (कि.ग्रा./है.)				शुद्ध लाभ
वर्षा	शरद	शीत	ग्रीष्म	वर्षा	शरद	शीत	ग्रीष्म	(रु./है.)
धान	–	गेहूँ	मूँग	1976	–	2296	497	3074
धान	–	गेहूँ	–	1989	–	2288	–	2957
मक्का	–	आलू	मूँग	1551	–	12957	751	5462
मक्का	–	आलू	मूँग	1435	–	3871	–	2978
मक्का	–	राई	मूँग	1511	–	1126	678	4633
मक्का	शकरकंद	गेहूँ	मूँग	1468	10841	2344	528	6360
धान	–	आलू	मूँग	1936	–	10622	757	4126
मक्का	अरहर	–	–	1553	1599	–	–	5769

3. **शरद ऋतु की फसल पद्धतियाँ :** शरद ऋतु की फसलें जैसे चना, मसूर तथा मटर को विभिन्न प्रकार की उत्पादन पद्धतियों में समावेश करने से अगली फसल में नत्रजन एवं फासफोरस की आवश्यकता कम हो जाती है। विभिन्न परिणामों द्वारा ज्ञात हुआ है कि गेहूँ-मक्का फसल पद्धति की अपेक्षा दलहनी फसलों पर आधारित फसल क्रम में मक्का की उपज सर्वाधिक पाई गई (तालिका 7.9)। रबी के मौसम में अन्य दलहनी फसलों की अपेक्षा चना की फसल द्वारा अधिक पोषक तत्वों को भूमि में इकट्ठा करके अगली फसल द्वारा उपयोग में लाया गया। चना, मटर एवं मसूर की फसल के उपरान्त मक्का की फसल से 45 कु./हैक्टेअर उपज लेने के लिए क्रमश: 57, 95 एवं 93 किलोग्राम नत्रजन की आवश्यकता पड़ती है जबकि गेहूँ के बाद मक्का की फसल लेने में 125 किलोग्राम नत्रजन की आवश्यकता होती है।

तालिका 7.9 : दलहनी फसलों एवं नत्रजन पोषक तत्व का मक्का की फसल पर प्रभाव

पूर्व की फसल	मक्का के लिए नत्रजन (कि.ग्रा./है.)			
	0	60	120	औसत
चना	24.0	45.9	53.0	41.0
मसूर	22.5	39.1	49.7	37.1
मटर	21.6	39.1	46.8	35.8
गेहूँ	13.5	31.6	42.8	29.2

उतेरा फसल पद्धति

उतेरा फसल पद्धति के अन्तर्गत मध्य प्रदेश, पूर्वी उत्तर प्रदेश, बिहार एवं पश्चिमी बंगाल में खेसारी तथा मसूर की फसलें धान के साथ उगाई जाती हैं। इस पद्धति में 3-4 कु/है. की दर से अतिरिक्त उपज प्राप्त होती है। निचली भूमियों में अथवा ताल क्षेत्रों में पानी भरा रहने के कारण अन्य फसलों की बुआई के लिए समय पर खेत तैयार नहीं हो पाता है। मसूर की फसल को उतेरा पद्धति में उगाने से निम्न सस्य क्रियाओं से उपज में वृद्धि हो जाती है –

1. मसूर के बीज को राइजोबियम कल्चर से उपचारित करने के उपरान्त ही बुआई करना।
2. अधिक उपज देने वाली प्रजातियाँ का चयन तथा बीज की अधिक दर प्रयोग करनी चाहिए।
3. धान की फसल की कटाई के उपरान्त खड़ी फसल में यूरिया का 2.5 प्रतिशत घोल का छिड़काव करना चाहिए।
4. बुआई के समय अथवा बाद में फासफोरस का एक छिड़काव करना चाहिए।

सघन फसलानुक्रम पद्धतियाँ (Relay cropping)

सघन फसलानुक्रम पद्धतियों में फसलों को इस क्रम में बोया जाता है कि पहली फसल की कटाई के पहले ही खड़ी फसल में ही दूसरी फसल की बुआई कर दी जाती है। जिससे पहली फसल की कटाई एवं दूसरी फसल की बुआई में बीच के समय को कम किया जा सकता है। इस फसल पद्धति का प्रमुख उद्देश्य एक निश्चित समय में तथा क्षेत्रफल पर अधिक से अधिक फसलें उगाकर फसल सघनता की वृद्धि की जाय जिससे अधिक से अधिक आय की प्राप्ति हो सके। सघन फसलानुक्रम पद्धतियों में देश के व्यापक क्षेत्रों में अपनाई जाने वाली धान-गेहूँ प्रणाली में औसतन नत्रजन, फासफोरस और पोटास का 800 किग्रा./है. की दर से शोषण करती है। अत: इस प्रणाली से प्राकृतिक संसाधनों में ह्रास और मृदा उर्वरता का भारी दोहन हो रहा है। दलहनी फसलों में लगभग 100-150 किलोग्राम/है. तक वायुमण्डल की नत्रजन भूमि में स्थिर करने की सामर्थ्य होती है। दलहन आधारित फसल चक्र अपनाने से मृदा की उर्वरा शक्ति पर अनुकूल प्रभाव पड़ता है।

दलहन आधारित फसल पद्धतियों से लाभ

1. नत्रजन की बचत : इस पद्धति में एक दलहनी फसल होने से अगली फसल के लिए नत्रजन की उपलब्धता सुनिश्चित हो जाती है। चना की फसल के बाद मक्का की फसल उगाने से नत्रजन 68 किलोग्राम/है. की दर से बचत होती है। अरहर + मूँग/उर्द/लोबिया की अंत: फसल पद्धति में अरहर/मसूर/मटर की एक फसली पद्धति की अपेक्षा अधिक नत्रजन की बचत पाई गई (तालिका 7.10)।

तालिका 7.10 : विभिन्न दलहनी फसल पद्धतियों द्वारा नत्रजन की बचत

फसल	आगामी फसल	नत्रजन की बचत (कि.ग्रा. प्रति है.)	ऊर्जा की बचत (10^8 जूल/है.)
अरहर	गेहूँ	30	24
अरहर + मूँग	गेहूँ	40	32
अरहर + उर्द	गेहूँ	45	36
अरहर + लोबिया	गेहूँ	40	32
चना	मक्का	68	54
मसूर	मक्का	30	24
मटर	मक्का	32	26

भुवनेश्वर (उड़ीसा) में धान की अंत: फसल द्वारा नत्रजन की ग्रहण दर 33.4 किलोग्राम/है. पाई गई तथा धान की एक फसली पद्धति में यह 35.4 किलोग्राम जबकि धान + मूँग की अंत: फसल पद्धति में नत्रजन की ग्रहण दर 84.1 किलोग्राम पाई गई जिसके परिणामस्वरूप धान + मूँग की अंत: फसल पद्धति में 49 प्रतिशत धान की उपज केवल धान की एक फसल की अपेक्षा अधिक प्राप्त हुई (तालिका 7.11)।

तालिका 7.11 : धान एवं मूँग की फसल का उपज एवं नत्रजन ग्रहण पर प्रभाव

फसल पद्धति	उपज (टन/है.)	नत्रजन ग्रहण (कि.ग्रा./है.)
धान की एकल फसल	1.8	35.4
मूँग की एकल फसल	0.8	51.8
धान +	1.4 +	33.4 +
मूँग (3:1) अंत: फसल	0.8	50.7

अंत: फसल पद्धति में प्रति इकाई क्षेत्रफल पर अधिक पौध संख्या होने से एकल फसल पद्धति की अपेक्षा अधिक पोषक तत्वों की आवश्यकता पड़ती है। अरहर + ज्वार/मूँग/उर्द/मक्का में नत्रजन ग्रहण क्षमता केवल अरहर की एक फसल की अपेक्षा अधिक पाई गई। ज्वार+मूँग की अंत: फसल पद्धति में, ज्वार में दो बार 40-50 तथा 70-80 दिन बुआई के उपरान्त जबकि मूँग की फसल को 30-40 दिन तथा 45-50 दिन बुआई के उपरान्त नत्रजन की आवश्यकता की पूर्ति नत्रजन स्थिरीकरण द्वारा हो जाती है। इसलिए ज्वार की फसल को पहली (40-50 दिन बुआई के उपरान्त) तथा मूँग की दूसरी बार (45-50 दिन बुआई के उपरान्त) नत्रजन की आवश्यकता के साथ कोई प्रतिस्पर्धा नहीं होती है (तालिका 7.12)।

तालिका 7.12 : अंत: फसल पद्धतियों में पोषक तत्वों की आवश्यकता

फसल पद्धतियाँ	पोषक तत्वों की आवश्यकता (कि.ग्रा./है.)
अरहर + ज्वार	60 कि.ग्रा. नत्रजन + 40 कि.ग्रा. फासफोरस
अरहर + मूँगफली	20 कि.ग्रा. नत्रजन + 40 कि.ग्रा. फासफोरस
बाजरा + मूँग/लोबिया	30-40 कि.ग्रा. नत्रजन + 20 . 40 कि.ग्रा. फासफोरस
मक्का + लोबिया	60 कि.ग्रा. नत्रजन + 40 कि.ग्रा. फासफोरस
अरहर + मूँग	15-20 कि.ग्रा. नत्रजन + 40-50 कि.ग्रा. फासफोरस

2. फसल पद्धति द्वारा खरपतवार नियंत्रण : फसल पद्धति में सहयोगी फसल द्वारा भूमि को ढकने से खरपतवार नियंत्रण एक सशक्त विधि है। विभिन्न सघन फसल पद्धतियों में लगातार अगली फसल बोने के लिए जुताइयाँ, निराई-गुड़ाई तथा अन्य कृष्य क्रियाएं करने से खेतों में खरपतवार नहीं जमने पाते हैं। यदि किन्हीं कारणों से खेत खाली रहता है तो खरपतवार बहुत अधिक संख्या में उग आते हैं। मूँग की फसल को अरहर के साथ अंत: फसल पद्धति के रूप में उगाने पर खरपतवारों की संख्या अत्यन्त कम हो जाती है। अरहर की दो पंक्तियों के मध्य में रिक्त भूमि पर मूँग उगाने से खरपतवार नहीं उगते हैं। इस प्रकार यदि खरपतवार नियंत्रण की कोई भी विधि न अपनाई जाए फिर भी फसल की उपज उतनी ही प्राप्त होती है जितनी कि अरहर की शुद्ध फसल द्वारा खरपतवार रहित रखने पर पाई गई। फसल-खरपतवार की प्रतिस्पर्धा का क्रांतिक समय भी अन्त: फसल पद्धति में शुद्ध फसल की अपेक्षा कम पाया गया। कम समय में पकने वाली अरहर के साथ उर्द/मूँग की अंत: फसल अपनाने से फसल-खरपतवार की प्रतिस्पर्धा का क्रांतिक समय केवल 4 सप्त ाह होता है। जबकि देर से पकने वाली अरहर को ज्वार के साथ अन्त: फसल अपनाने पर यह समय 8-9 सप्त ाह का होता है। अरहर + ज्वार की अंत: फसल पद्धति में पेन्डीमिथालीन का छिड़काव 0.75 से 1.5 कि. ग्रा./है. की दर से बीज के जमाव के पहले करने पर 39 से 49 प्रतिशत तक खरपतवार नियंत्रण हो पाता है। फसल पद्धतियों के अन्तर्गत तिल की फसल उगाने से मोंथा का प्रकोप एवं घनत्व अन्य फसलों जैसे धान, अरहर, उर्द एवं मूँगफली की अपेक्षा कम पाया गया। एक ही खरपतवारनाशी रसायन का प्रयोग लगातार करते रहने से खरपतवारों में उस रसायन के प्रति सहिष्णुता हो जाती है जैसे धान-गेहूँ फसल चक्र में किसानों द्वारा गेहूँ का मामा के नियंत्रण के लिए खरपतवारनाशी रसायन आइसोप्रोटूरॉन का

लगातार छिड़काव करते रहने से यह रसायन इस खरपतवार के लिए प्रभावहीन हो गया है जबकि अन्य फसलों जैसे धान-बरसीम/सूरजमुखी-गेहूँ तथा गन्ना/सब्जियाँ-गेहूँ जैसे फसल चक्रों में खरपतवार नियंत्रण इस रसायन द्वारा ही किया जा सकता है (तालिका 7.13)।

तालिका 7.13 : अन्त: फसल पद्धति द्वारा खरपतवारों का वजन तथा खरपतवार नियंत्रण क्षमता पर प्रभाव

अंत: फसल पद्धति	खरपतवारों का शुष्क भार (ग्रा. /वर्ग मी.)	खरपतवार नियंत्रण क्षमता (प्रतिशत)
अरहर (एक फसल पद्धति)	113.9	–
अरहर + उर्द	90.4	20.7
अरहर + मूँग	88.6	22.2
अरहर + सोयाबीन	88.6	22.2
अरहर + लोबिया	76.1	33.0
अरहर + ज्वार	88.4	22.3

इसी प्रकार चना + सरसों की अन्त: फसल पद्धति में समन्वित खरपतवार नियंत्रण के अन्तर्गत पेन्डीमिथालीन 0.75 कि. ग्रा./है. की दर से तथा एक निराई 25-30 दिन बुआई के उपरान्त खुरपी से करने पर चना एवं सरसों की उपज में काफी वृद्धि हो जाती है। अन्त: फसल पद्धति में कृष्य क्रियाओं, खरपतवारनाशी रसायन एवं यांत्रिक विधि द्वारा खरपतवार नियंत्रण एक प्रभावशाली पद्धति है इससे प्रति इकाई क्षेत्रफल पर कुल लाभ अधिक मिलता है।

3. अन्त: (मिलवाँ) फसल पद्धति द्वारा कीट नियंत्रण : भारत में 84 विभिन्न प्रकार की मिलवाँ फसल पद्धतियाँ उगाई जाती हैं। अन्त: फसल पद्धति से प्रक्षेत्र पर उपलब्ध संसाधनों एवं श्रमिकों का यथा सम्भव अधिकतम उपयोग के साथ कीटों से बचाव भी होता है। इस प्रकार अन्त:/मिलवाँ खेती फसल बीमा का काम करती है। अन्त: फसल पद्धति में कीट देर से प्रकट होते हैं, उनकी संख्या में कमी आ जाती है एवं प्रकोप होने की दशा में हानि में भी कमी होती है। विभिन्न अध्ययनों से यह ज्ञात हुआ है कि अन्त:/मिश्रित फसल पद्धति के अन्तर्गत चना के साथ जौ, गेहूँ, सरसों एवं अलसी उगाने से फली भेदक कीट का प्रकोप कम होता है। हरियाणा में चना के साथ बाकला एवं खरगाँव (मध्य प्रदेश) में चना के साथ धनियाँ लाभदायक पाई गई है। अन्त: फसल पद्धति में विभिन्न प्रकार के पौधे होने से, विशेषकर जिनको कीट नहीं खाते हैं जिससे कीटों के प्रकोप में कमी हो जाती है। जबकि एक ही प्रकार के पौधे होने पर कीटों के प्रकोप में बढ़ोत्तरी हो जाती है।

सस्य क्रम योजना (Cropping Scheme)

सस्यक्रम योजना किसी प्रक्षेत्र पर फसल उत्पादन की वह योजना होती है जिसके अनुसार ही फार्म पर फसलें उगाई जाती हैं। ऐसी योजना जिसके अनुसार किसी प्रक्षेत्र के विभिन्न खेत में बिना भूमि की उर्वरता में कमी लाये अधिकतम उत्पादन प्राप्त करने के उद्देश्य से फसलें उगाई जाती हैं उसे सस्य क्रम योजना (Cropping Scheme) कहते हैं। इस प्रकार की योजनाएँ प्रक्षेत्र फार्म पर उपलब्ध संसाधनों की उपलब्धता को ध्यान में रखकर बनाई जाती हैं जिससे अधिक से अधिक लाभ प्राप्त किया जा सके।

परिभाषा (Definitions)

''सस्य क्रम योजना के अनुसार प्रक्षेत्र में अलग-अलग खेतों में फसलें इस उद्देश्य से उगाई जाती हैं जिससे मृदा की उर्वरा शक्ति कायम बनी रहे तथा अधिक से अधिक उत्पादन प्राप्त हो, सस्य क्रम योजना कहलाती है।''

''भूमि की उर्वरा शक्ति को नष्ट किये बिना सस्य योजना में समायोजित प्रत्येक फसल से अधिक से अधिक लाभ लेने के लिए फसलों को प्रक्षेत्र पर निश्चित अवधि तक उगाने की योजना को ही सस्य योजना कहते हैं।

किसी निश्चित प्रक्षेत्र पर एक निश्चित अवधि में अभीष्ट फसलें उगाने की योजना को सस्य योजना कहते हैं। इस योजना में विभिन्न मौसम में उगाई जाने वाली फसलें सम्मिलित की जाती हैं।

सामान्यत: किसी कार्य के लिए एक वर्ष से लेकर तीन-चार वर्ष तक की सस्य क्रम योजनाएँ बना ली जाती है और यह निश्चित कर लिया जाता है कि आगामी वर्षों में किस खेत में कौन-कौन सी फसल तथा उसकी प्रजातियों को उगाया जाए जिससे फसलों के अनुसार प्रबन्ध तथा संसाधनों को भी जुटाया जा सके। किसी सस्य योजना को सफल बनाने के लिए फसलों का सही चयन कर सही फसल चक्र बनाना तथा इन फसल चक्रों में उगाई जाने वाली फसलों का वैज्ञानिक ढंग से खेती करना आवश्यक होता है।

सस्य योजना के उद्देश्य (Objectives of cropping scheme)

सस्य योजना के निम्न उद्देश्य होते हैं –

1. उस फार्म पर विभिन्न फसलें कितने-कितने क्षेत्रफल पर उगाई जायेगी, इसकी जानकारी देना।
2. उन फसलों को बोने के लिए कितनी मात्रा में बीज, खाद, रसायन आदि की आपूर्ति होगी।
3. उगाई गई फसलों से कितना उत्पादन होने का अनुमान है।
4. कितनी लाभ-हानि का अनुमान है तथा उससे लागत-लाभ अनुपात (Cost-benefit ratio) मालूम करना।

आदर्श सस्य योजना की विशेषताएँ (Characteristics of an ideal cropping scheme)

एक आदर्श सस्य योजना में निम्नलिखित विशेषताएँ होनी चाहिए –

1. सस्य योजना में उगाई जाने वाली प्रत्येक फसल का क्षेत्रफल समान होना चाहिए तथा इसमें परिवर्तन किसी विशेष परिस्थितियों जैसे प्रतिकूल जलवायु आदि की दशा में ही किया जाना चाहिए।
2. सस्य योजना में सम्मिलित प्रत्येक फसल चक्र के लिए उतने ही खेत सुरक्षित होने चाहिए जितने वर्ष का फसलचक्र है।
3. मृदा की उर्वरा शक्ति को बनाये रखने के लिए सस्य क्रम में दलहनी फसलों का समावेश करना आवश्यक है।
4. सस्य क्रम योजना में कृषकों की घरेलू आवश्यकता की पूर्ति के लिए आवश्यक खाद्यान्न फसलों के साथ-साथ दलहनी, तिलहनी, सब्जियाँ, कपास आदि की फसलों को सम्मिलित करना चाहिए इसके साथ-साथ फार्म पर उपलब्ध पशुओं के लिए आवश्यकतानुसार चारा तथा दाना भी उगाया जाना चाहिए।
5. सस्य क्रम योजना इस प्रकार की होनी चाहिए कि इसको आवश्यकतानुसार परिवर्तित किया जा सके।
6. सस्य क्रम योजना में शहरो के समीप स्थित क्षेत्रों में सब्जियों की फसलें तथा गन्ना मिल के समीप गन्ना की फसल को उगाने के लिए अधिक क्षेत्रफल रखना चाहिए जिससे कृषि उत्पाद को बेचने में परेशानी न हो।
7. सस्य क्रम योजना इस प्रकार से बनाई जानी चाहिए कि उस क्षेत्र में उगाई जाने वाली फसलों को सम्मिलित किया जाए।
8. अधिक उपज तथा आय देने वाली फसलों को सस्य क्रम योजना में विशेष महत्व दिया जाना चाहिए।
9. फार्म पर उपस्थित संसाधनों जैसे श्रम, खाद, बीज, कृषि यंत्रों का सस्य क्रम योजना में पूर्ण रूप से उपयोग हो।
10. योजना में सम्मिलित फसलों के उत्पादन, संसाधन तथा विपणन की सम्पूर्ण जानकारी एवं सुविधायें प्राप्त होनी चाहिए।

सस्य क्रम योजना बनाते समय ध्यान देने योग्य बातें

किसी फार्म पर सस्य योजना बनाते समय कुछ प्रमुख बातों पर ध्यान देना चाहिए जिससे फसलोत्पादन से अधिक से अधिक आय प्राप्त हो सके, जो निम्न हैं –

(1) जलवायु (Climate) : जलवायु का फसलोत्पादन पर विशेष प्रभाव पड़ता है अतः क्षेत्र विशेष की जलवायु जैसे वर्षा, तापमान, आर्द्रता को ध्यान में रखकर सस्य क्रम योजनायें क्रियान्वित की जानी चाहिए। अधिक वर्षा वाले क्षेत्रों में धान तथा गन्ना की फसलों को उगाना चाहिए जिसको पानी की कम आवश्यकता हो।

(2) मृदा की किस्म (Soil type) : प्रत्येक फसल सभी प्रकार की भूमियों में नहीं उगाई जा सकती है। अतः मृदा की किस्म, भौतिक तथा रासायनिक संरचना के अनुसार ही फसलों का चुनाव करना चाहिए। हल्की या बलुई दोमट भूमियों में मूँगफली, बाजरा, जड़ वाली फसलें जैसे मूली, गाजर, दोमट भूमियों में गेहूँ, जौ, चना, मटर, अरहर, मक्का आदि तथा भारी अथवा मटियार भूमियों में धान, गन्ना, कपास आदि फसलें उगानी चाहिए।

(3) खाद एवं उर्वरकों की उपलब्धता (Availability of manures and fertilizers): गन्ना, आलू, सब्जियाँ, तम्बाकू आदि फसलों को खाद एवं उर्वरकों की अधिक मात्रा में आवश्यकता होती है। फार्म पर उपलब्ध कार्बनिक खादों की उपलब्धता कम होने पर हरी खाद की फसलों को भी सम्मिलित किया जा सकता है। इन फसलों को कम मात्रा में खाद एवं उर्वरक का प्रयोग करने पर फसल की उपज तथा गुणवत्ता प्रभावित होती है। यदि खाद एवं उर्बरकों की उपलब्धता कम है तो उपरोक्त फसलों के अतिरिक्त अन्य फसलें जिसको कम मात्रा में पोषक तत्वों की आवश्यकता होती है उन्हें सस्य क्रम में सम्मिलित कर उगाना चाहिए।

(4) सिंचाई के साधन (Irrigation facilities) : सिंचाई के साधनों की उपलब्धता के अनुसार ही सस्य क्रम योजना तैयार करना चाहिए। यदि फार्म पर पर्याप्त मात्रा में सिंचाई के साधन उपलब्ध हैं तो सस्य क्रम में धान, गन्ना, सब्जियाँ, आदि फसलों को अधिक महत्व दिया जाना चाहिए। परन्तु कम सिंचाई के साधन होने पर कम पानी चाहने वाली फसलें जैसे ज्वार, बाजरा, अलसी, जौ, चना, मटर, आदि फसलों को उगाना चाहिए।

(5) घरेलू आवश्यकता (Domestic needs of the farmers) : कृषक को अपने घरेलू उपयोग की आवश्यकता के अनुसार सस्य क्रम योजना तथा फार्म पर काम कर रहे कर्मचारियों की आवश्यकता को ध्यान में रखकर बनानी चाहिए। सस्यक्रम योजना बनाते समय खाद्यान्न, दलहनी, तिलहनी, कपास, सब्जियों की फसलों को मौसम के अनुसार सस्य क्रम में रखना आवश्यक होता है। फार्म पर रखे गये पशुओं के लिए चारा दाना की व्यवस्था भी सस्य क्रम में करना आवश्यक होता है।

(6) श्रमिकों की उपलब्धता (Availability of labour) : जिन क्षेत्रों में श्रमिकों की उपलब्धता अधिक होती है या आसानी से मिल जाते हैं वहाँ पर अधिक श्रम चाहने वाली फसलें जैसे आलू, गन्ना, सब्जियों की फसलें उगाई जाती हैं।

(7) स्थान विशेष की विशेषताएँ (Special features of the locality) : किसी फार्म के पास शीत गृह, चीनी मिल आदि हैं तो वहाँ पर आलू, गन्ना आदि फसलें उगाना लाभप्रद होता है क्योंकि आलू या सब्जियों को शीतगृह में रखने में आसानी होती है और समानुसार तुरन्त निकाल कर बाजार में बेचकर अधिक से अधिक आय प्राप्त की जा सकती है। इसी प्रकार प्रक्षेत्र के समीप धान मिल होने से धान की फसल अधिक क्षेत्रफल में उगाई जा सकती हैं।

(8) यातायात की सुविधा (Transport facilities) : सस्य योजना बनाते समय यह ध्यान रखना होगा कि फार्म के निकट यातायात की क्या सुविधायें उपलब्ध हैं। यदि प्रक्षेत्र रेलवे स्टेशन या सड़क के पास है तो सब्जियों की फसलें उगाना ज्यादा लाभप्रद होगा। यातायात की सुविधायें होने पर सब्जियों को बाजार में जल्दी से जल्दी पहुँचा कर तथा उनकी बिक्री करके अधिक से अधिक लाभ प्राप्त किया जा सकता है।

(9) बाजार की माँग (Demand of the Market) : फार्म के निकट स्थित बाजार या मण्डी की आवश्यकतानुसार सस्य क्रम में फसल उगाना चाहिए। सामान्यतः शहरों या बाजारों के निकट स्थित भूमियों में सब्जियों की माँग अधिक होती है अतः प्रक्षेत्र पर सब्जियों को प्रमुख रूप से उगाना चाहिए।

सस्य क्रम योजना तैयार करने के सिद्धान्त (Principles of preparing cropping scheme)

सस्य क्रम योजना बनाते समय निम्न बातों का ध्यान देना अत्यन्त आवश्यक है –

1. प्रक्षेत्र के अन्तर्गत कृषि योग्य क्षेत्र (Area under farm) : प्रक्षेत्र पर उपलब्ध सम्पूर्ण क्षेत्रफल पर फसलें नहीं उगाई जा सकती हैं क्योंकि सम्पूर्ण क्षेत्रफल से सड़कें, मेड़ें, नालियाँ, फार्म का भवन, खलिहान, पशुओं को बाँधने का स्थान, टयूब बैल, जलनिकास तथा सिंचाई की नालियों आदि में काफी क्षेत्रफल चला जाता है। इस प्रकार बड़े फार्म की अपेक्षा छोटे फार्म पर इस उपयोग का प्रतिशत अधिक होता है। अत: सस्य क्रम योजना बनाते समय कुल भू क्षेत्र से इस क्षेत्र को कम कर देते हैं। इस प्रकार कुल क्षेत्र से घटाये गये क्षेत्र को शुद्ध कृष्य क्षेत्र (Net cropped area) कहते हैं। किसी फार्म पर सस्य क्रम योजना शुद्ध कृष्य क्षेत्र के आधार पर बनाई जाती है।

2. फसलों का चुनाव (Selection of crops) : सस्य क्रम योजना बनाते समय फसलों के चुनाव में क्रम तुलनात्मक लाभ का सिद्धान्त (Law of comparative advantage) लागू होता है अत: तुलनात्मक लाभ के सिद्धान्त के अनुसार फसलों का चुनाव निम्न रूप से करना चाहिए।

(क) शहर के पास स्थित फार्म पर 60 प्रतिशत क्षेत्र सब्जियों के लिए, 10–15 प्रतिशत क्षेत्र चारे की फसलों के लिए तथा शेष 25–30 प्रतिशत क्षेत्र पर कृषकों की घरेलू आवश्यकता के अनुसार फसलें उगानी चाहिए।

(ख) चीनी मिलों के समीप स्थित फार्म पर 40 प्रतिशत क्षेत्र पर गन्ने की फसल उगाई जानी चाहिए।

(ग) शीत गृह के पास स्थित फार्म में अधिक क्षेत्र पर आलू की फसल उगाई जानी चाहिए।

(घ) तेल मिल तथा वनस्पति बनाने वाले कारखानों के पास स्थित प्रक्षेत्र पर तिलहनी फसलें जैसे मूँगफली, सूर्यमुखी, सरसों, तिल आदि फसलें प्राथमिकता के आधार पर उगाई जानी चाहिए।

(च) चावल मिल के आसपास के क्षेत्रों में धान की फसल अधिक क्षेत्रफल में उगाई जानी चाहिए।

(छ) डिब्बा बन्द सब्जियों के कारखानों के पास स्थित प्रक्षेत्र पर सब्जियों की फसल जैसे मटर, टमाटर आदि फसलें अधिक क्षेत्रफल पर उगाई जानी चाहिए।

(ज) डेयरी फार्म के पास स्थित प्रक्षेत्र पर हरे चारे की फसलें तथा पशुओं के रातब के लिए मक्का, जौ, ज्वार आदि फसलें उगानी चाहिए।

(3) खेतों की संख्या (Number of fields) : सस्य क्रम योजना में फसल चक्र को उगाने के लिए कुल कितने खेतों की आवश्यकता होगी। इसलिए सस्य योजना बनाते समय दो प्रकार के प्लाट बनाये जाते हैं।

(अ) मुख्य प्लाट की संख्या, सस्य क्रम योजना में फसल चक्रों की संख्या अथवा उसके गुणनफल के बराबर होती है जैसे यदि सस्य क्रम योजना में 5 फसल चक्र हैं तो इसके लिए 5, 10, 15 मुख्य प्लाटों की आवश्यकता होगी।

(ब) फसल चक्र में उतने ही गौण प्लाटों की संख्या होती है जितने वर्ष का फसल चक्र बनाया जाता है जैसे एक वर्ष के फसल चक्र के लिए एक तथा दो वर्ष के फसल चक्र के लिए दो गौण प्लाटों की संख्या होगी।

(4) खेतों का क्षेत्रफल (Area under individual plot) : सस्य क्रम योजना में फसल चक्र के लिए खेतों का आकार दो बातों पर निर्भर करता है –

(अ) मृदा की स्थूलाकृति, सिंचाई के साधन, कृषि उपकरण, सस्यन प्रणाली आदि।

(ब) कृषि कार्यों हेतु उपलब्ध संसाधन तथा कृषक की आर्थिक दशा जैसे श्रम, खाद, सिंचाई, रसायन, निराई, गुड़ाई की सुविधायें आदि।

(5) कृष्य क्षेत्र की गणना (Measurement of cropped area) : सस्य क्रम योजना में एक वर्ष में उगाई गई समस्त फसलों के क्षेत्र के योग की गणना को कृष्य क्षेत्र (Measurement of cropped area) कहते हैं। कृष्य क्षेत्र की

गणना करते समय निम्न बातों को ध्यान में रखना चाहिए–

(क) परती तथा हरी खाद के लिए उगाई गई फसलों के क्षेत्र को कृष्य क्षेत्र में गणना नहीं करते हैं।

(ख) वर्ष में कई बार कटाई की जाने वाली चारे की फसलों को एक ही फसल माना जाता है।

(ग) मिश्रण में उगाई गई फसलों की बुआई का समय एक हो परन्तु कटाई का समय अलग–अलग हो तो प्रत्येक फसल को पूर्ण क्षेत्र दिया जाता है। अरहर + ज्वार को यदि एक एकड़ भूमि पर उगाया गया है तो अरहर तथा ज्वार दोनों फसलों का कृष्य क्षेत्र एक–एक एकड़ होगा। यदि मिश्रण में उगाई गई फसलों की बुआई तथा कटाई का समय एक समान हो तो कुल क्षेत्रफल का फसलों की संख्या से भागफल देने के पश्चात् जो भागफल आता है वह कुल कृष्य क्षेत्र होता है।

(6) सस्य गहनता (Cropping intensity) : सस्य गहनता निम्न सूत्र द्वारा निकाली जाती है –

$$\text{सस्य गहनता} = \frac{\text{कुल सस्य क्षेत्र}}{\text{शुद्ध कृष्य क्षेत्र}} \times 100$$

सस्य गहनता के आधार पर कृषि को दो वर्गों में विभक्त करते हैं –

(1) सघन सस्य गहनता (Intensive cropping intensity) : जिसकी गहनता 200 प्रतिशत या इससे अधिक हो।

(2) विरल सस्य गहनता (Extensive cropping intensity) : जिसकी गहनता 200 प्रतिशत या इससे कम हो।

सस्य योजना तैयार करना (Preparation of cropping scheme)

किसी फार्म के लिए सस्य योजना निम्न प्रकार से तैयार करते हैं –

फार्म का विवरण (Details of farm)

1. फार्म का समस्त क्षेत्रफल (हैक्टेअर में)
2. फार्म पर लेआउट के अन्तर्गत छोड़ा गया क्षेत्रफल (हैक्टेअर में)।
3. प्रक्षेत्र का कुल कृष्य क्षेत्रफल (हैक्टेअर में)।
4. प्रक्षेत्र जहाँ पर स्थित हैं वहाँ से निकटतम बाजार अथवा मंडी से दूरी।
5. भूमि की किस्म तथा उसकी कोई समस्या जैसे लवणीयता, जलमग्नदशा आदि तो नहीं है।
6. सिंचाई के साधनों की उपलब्धता तथा क्या इस पर निर्भर रहा जा सकता है।
7. प्रक्षेत्र पर उपलब्ध खाद एवं उर्वरक प्रयोग करने के लिए पर्याप्त है अथवा अपर्याप्त साधन।

उदाहरण : वर्ष 2014–15 के लिए मध्य उत्तर प्रदेश स्थित जिसका कुल क्षेत्रफल 20 हैक्टेअर है जिसमें केवल 18 हैक्टेअर क्षेत्रफल पर खेती होती है तथा शहर से काफी दूर है। बलुई दोमट तथा दोमट भूमि है। सिंचाई के लिए ट्यूबवैल तथा नहर भी है। इस प्रक्षेत्र की सस्य क्रम योजना तैयार कीजिए तथा सस्य क्रम सघनता भी ज्ञात कीजिए।

फार्म का विवरण :

1. फार्म की स्थिति : मध्य उत्तर प्रदेश
2. प्रक्षेत्र का कुल क्षेत्रफल : 20 हैक्टेअर
3. प्रक्षेत्र के लेआउट में छोड़ा गया क्षेत्र : 2 हैक्टेअर
4. प्रक्षेत्र का शुद्ध कृष्य क्षेत्र : 18 हैक्टेअर

5. **फार्म की अन्य विशेषताएँ :** बलुई दोमट, सिंचाई के लिए ट्यूबवैल अथवा नहर, शहर से दूर, प्रक्षेत्र पर पर्याप्त मात्रा में खाद एवं उर्वरक आदि की उपलब्धता है।

उपयुक्त फसल चक्र

1. धान–गेहूँ–मूँग 1 वर्ष
2. मक्का–आलू–गेहूँ 1 वर्ष
3. कपास–गेहूँ 1 वर्ष
4. मक्का–आलू–प्याज 1 वर्ष
5. धान–बरसीम 1 वर्ष
6. मक्का–चना+सरसों–सूर्यमुखी 1 वर्ष
7. चरी–बरसीम–मक्का+लोबिया 1 वर्ष
8. अरहर–गेहूँ–मूँग 1 वर्ष
9. अगेती धान–तोरिया–गेहूँ–मूँग 1 वर्ष

तालिका 7.14 : सस्य क्रम योजना (2014–15)

फसलचक्र संख्या	प्लाट संख्या	क्षेत्रफल (हे.)	खरीफ	रबी	जायद
1	A1	2.0	धान	गेहूँ	मूँग
2	A2	2.0	मक्का	आलू	प्याज
3	B1	1.0	चरी	बरसीम	मक्का+लोबिया
4	B2	2.0	अगेती धान	तोरिया–गेहूँ	मूँग
5	B3	3.0	मक्का	आलू–गेहूँ	–
6	C	2.5	कपास	गेहूँ	–
7	D1	1.5	मक्का	चना+सरसों	सूर्यमुखी
8	D2	3.0	अरहर	गेहूँ	मूँग
9	E	1.0	धान	बरसीम	–

तालिका 7.15 : विभिन्न फसलों के अन्तर्गत क्षेत्रफल

क्र. सं.	खरीफ की फसलें		क्र. सं.	रबी की फसलें		क्र. सं.	जायद की फसलें	
	फसल का नाम	क्षेत्रफल (हे.)		फसल का नाम	क्षेत्रफल (हे.)		फसल का नाम	क्षेत्रफल (हे.)
1.	धान	5.0	1.	गेहूँ	12.5	1.	मूँग	7.0
2.	मक्का	6.5	2.	आलू	5.0	2.	प्याज	2.0
3.	चरी	1.0	3.	बरसीम	2.0	3.	मक्का	0.5
4.	कपास	2.5	4.	तोरिया	2.0	4.	लोबिया	0.5
5.	अरहर	3.0	5.	चना	0.75	5.	सूर्यमुखी	1.5
–	–	–	6.	सरसों	0.75	–	–	–
	योग	18.0		योग	23.0		योग	11.5

कुल बोया गया क्षेत्रफल = 18+23+11.5 = 52.5 हैक्टेअर

सस्य गहनता = कुल बोया गया क्षेत्रफल/कुल कृष्य क्षेत्रफल × 100

= 52.5/18.0 × 100 = 291.67 प्रतिशत

बहुमंजिला खेती (Multistorey farming)

देश की बढ़ रही आबादी के लिए भविष्य में रोटी, कपड़ा और मकान की भारी कमी को ध्यान में रखकर भूमि के सीमित क्षेत्रफल का भरपूर उपयोग किया जाये। आजकल बड़े-बड़े शहरों में जिस प्रकार बहुमंजिला मकानों का निर्माण हो रहा है, ठीक उसी प्रकार खेती योग्य भूमि के सीमित क्षेत्रफल पर अधिक से अधिक उत्पादन प्राप्त करने के उद्देश्य से बहुमंजिला खेती करना बहुत ही आवश्यक हो गया है। बहुमंजिला खेती का मुख्य उद्देश्य सीमित खेती योग्य भूमि का अधिकतम उपयोग करके प्रति इकाई क्षेत्रफल पर अधिक से अधिक पैदावार प्राप्त की जा सके।

बहुमंजिला खेती का मुख्य उद्देश्य प्रति इकाई क्षेत्रफल पर विविध प्रकार की फसलों को इस प्रकार उगाना है जिससे खेती के काम आने वाले प्राकृतिक संसाधनों जैसे प्रकाश, जल, भूमि, आर्द्रता तथा पोषक तत्वों का भरपूर उपयोग हो सके और कम से कम क्षेत्रफल में अधिक से अधिक पैदावार प्राप्त की जा सके। भूमि का क्षेत्रफल सीमित है और दिन प्रतिदिन खेती योग्य भूमि का उपयोग मकान बनाने तथा उद्योग स्थापित होने के कारण इसका क्षेत्रफल कम होता जा रहा है, ऐसी स्थिति में बढ़ती हुई जनसंख्या और खाद्यान्न की आपूर्ति के लिए ऐसा करना आवश्यक हो गया है। प्रति इकाई क्षेत्रफल में भूमि की उत्पादकता बढाने के मुख्य दो तरीके हैं –

1. प्रतिवर्ष खेती योग्य भूमि में दो या दो से अधिक फसलों को उगाया जाये, परन्तु ऐसा करने के लिए सिंचाई का साधन अति आवश्यक है।
2. एक साथ एक ही क्षेत्रफल पर दो या दो से अधिक फसलों को उगाया जाये।

उपरोक्त विधियों में से दूसरे प्रकार की खेती को सफल बनाने के लिए विविध प्रकार की फसलों विशेषकर रोपण फसलों (Plantation crops) को चुनकर इस प्रकार उगाया जाता है कि उनमें विभिन्न प्रकार की फसलों की ऊँचाई भिन्न हो जिससे उनका स्वरूप बहुमंजिला मकानों के समान हो जाये। इस तरह से अपनाई जाने वाली खेती को बहुमंजिला फसलों की खेती की संज्ञा दी जाती है। बहुमंजिला खेती सामान्यत: दक्षिण भारत के केरल, तमिलनाडु, कर्नाटक तथा अन्डमान एवं निकोबार द्वीप समूह में ज्यादा प्रचलित हैं। जहाँ पर रोपण फसलें जैसे नारियल, काली मिर्च, लैवंग, दाल चीनी, काफी, कोका, सुपारी, जायफल इत्यादि तथा अन्य मसाले वाली फसलें जैसे अदरक, हल्दी एवं कुछ कन्दवाली सब्जी फसलें जैसे टेपिओका, सूरन, बंडा, अरूई इत्यादि की खेती ज्यादा की जाती है। इस प्रकार की फसलों की खेती उन स्थानों पर की जाती है जहाँ पर वर्षा लम्बी अवधि तक होती है।

बहुमंजिला खेती का आधार

बहुमंजिला खेती की सफलता का मुख्य आधार उसमें उगाई जाने वाली फसलों का चुनाव एवं उनकी विशेषतायें हैं। इस प्रकार की खेती में उगाई जाने वाली फसलों का चुनाव इस तरह से होना चाहिए कि उनमें आपस में प्रतिस्पर्धा कम से कम अथवा न के बराबर हो जिससे वह एक दूसरे को प्रभावित किये बिना अच्छी तरह वृद्धि कर सके। सबसे अधिक ऊँचाई की उगाई जाने वाली फसलें इस तरह की होनी चाहिए कि उसकी पत्तियों से काफी मात्रा में प्रकाश छनकर नीचे पहुँच सके जिससे निचले स्तर के पौधे को पर्याप्त मात्रा में प्रकाश मिल सके जैसे नारियल तथा सुपारी की पत्तियों की बनावट इस प्रकार होती है कि उनके पर्णपत्र से होकर प्रकाश नीचे पहुँचता रहता है। अत: इस तरह की खेती में उपयोग होने वाले ऊपरी स्तर की मंजिल के पौधों की पत्तियाँ छोटी, मोटी एवं बिदारी, कटी हो ताकि अधिक से अधिक प्रकाश नीचे पहुँच सके (तालिका 5.16)। इसके अतिरिक्त सबसे ऊपरी मंजिल में उगाये जाने वाले पौधों की पत्तियों में प्रकाश

की तीव्रता को सहन करने की भी अधिक क्षमता होनी चाहिए। यह फसलें अधिक प्रकाश तीव्रता को सहन करते हुए अधिक प्रकाश संश्लेषण करती हो। इसके लिए पत्तियों का मोटा होना आवश्यक है। ऊपर से नीचे वाली मंजिल में उगाये जाने वाले पौधों की यह विशेषता होनी चाहिए कि उनमें कम प्रकाश तीव्रता पर भी प्रकाश संश्लेषण करने की पर्याप्त क्षमता हो। जिससे सबसे ऊपरी मंजिल वाली फसलों से होकर आने वाली कम प्रकाश तीव्रता पर भी वे अपना भोजन बना सके तथा अच्छी वृद्धि कर सके अथवा इन फसलों को प्रकाश की आवश्यकता कम होनी चाहिए। अत: दूसरी मंजिल वाली फसलों की पत्तियाँ ऊपरी मंजिल वाली फसलों की अपेक्षा ज्यादा चौड़ी, बड़ी एवं पतली होनी चाहिए जैसे कॉफी, दालचीनी, काली मिर्च, कोका, जायफल, टेपियोका को प्राय: दूसरी मंजिल के लिए उपयुक्त माना जाता है। सबसे नीचे वाली मंजिल के लिए फसलों का चुनाव करते समय इस बात का ध्यान रखना चाहिए कि ये फसलों बहुत कम प्रकाश में भी अपना भोजन बनाने की क्षमता रखती हो अथवा ये फसलें छाया चाहने (Shade loving) वाली हो। यह फसल ऊपरी दो मंजिलों की फसलों की पत्तियों से गुजरकर आने वाली कम प्रकाश तीव्रता का भरपूर उपयोग कर सके। ऐसा होने के लिए इन फसलों की पत्तियाँ काफी चौड़ी, बड़ी, हरी एवं पतली होनी चाहिए। जिससे वे कम प्रकाश का अधिक से अधिक उपयोग करके अपना भोजन पर्याप्त मात्रा में बनाकर वृद्धि करती रहे जैसे अन्नानास, हल्दी, अदरक, सूरन, बंडा, अरूई आदि।

तालिका 7.16: विभिन्न मंजिलों में उगाई जाने वाली फसलें

प्रथम मंजिल	द्वितीय मंजिल	तृतीय या जमीन तल
नारियल	काफी	अन्नानास
सुपारी	कोका	हल्दी
पोपलर	दालचीनी	बंडा
खजूर	कालीमिर्च	सूरन
	जायफल	अदरक
	लवंग	अरूई
	टैपियोका	लोबिया
	केला	गेंदा फूल
	पान	लिली

प्रकाश की उपलब्धता के अनुसार इन फसलों की जड़ों की बनावट भी ऐसी होनी चाहिए कि वे आपस में एक-दूसरे से पानी तथा पोषक तत्वों के लिए प्रतिस्पर्धा न करे। इसके लिए विभिन्न मंजिल वाली फसलों की जड़ों की गहराई भिन्न-भिन्न होनी चाहिए जिससे वे जल तथा पोषक तत्वों को मृदा की विभिन्न गहराई से प्राप्त कर सके। इस प्रकार इन सभी विविध फसलों की प्रकाश, जल पोषक तत्वों आदि की आवश्यकता भी भिन्न-भिन्न होनी चाहिए जिससे वे एक दूसरे से प्रतिस्पर्धात्मक सहयोग कर सके। अत: बहुमंजिला फसलों की सफल खेती के लिए फसलों का चुनाव बहुत ही अहम है जिसके द्वारा विभिन्न प्राकृतिक एवं कृत्रिम संसाधनों का समुचित उपयोग करके प्रति इकाई क्षेत्रफल पर भूमि की उत्पादकता बढ़ाकर कृषि उत्पादन को बढ़ाया जा सकता है।

बहुमंजिला खेती के उद्देश्य (Objectives of multistorey farming)

बहुमंजिला खेती का मुख्य उद्देश्य मृदा, पानी, उर्वरक, प्रकाश, वायु, कार्बन डाईऑक्साइड, श्रम तथा कृषि के काम आने वाले समस्त संसाधनों का भरपूर उपयोग करके प्रति इकाई क्षेत्रफल की उत्पादकता को बढ़ाना है, जिससे घटती हुई कृषि योग्य भूमि के क्षेत्रफल के बावजूद बढ़ती हुई जनसंख्या के लिए खाद्यान्न आपूर्ति की जा सके। रोपण

फसलें जैसे नारियल, सुपारी, पापुलर आदि की शुरूआत में लगभग 2–3 वर्षों तक बढ़वार सीमित होने के कारण भूमि का ज्यादातर हिस्सा खाली पड़ा रहता है तथा प्रकाश, ऊर्जा, पानी, उर्वरक आदि का समुचित उपयोग इन फसलों द्वारा नहीं हो पाता है। अत: ऐसी स्थिति में इन समस्त संसाधनों का भरपूर उपयोग करने के लिए उसमें विभिन्न प्रकार की फसलों की खेती करनी चाहिए। इसके अतिरिक्त सीमित भूमि की उपलब्धता भी बढ़ाई जा सकती है। बहुमंजिला खेती के मुख्य उद्देश्य निम्न हैं।

1. संसाधनों का भरपूर उपयोग करना तथा उनकी उपयोग क्षमता बढ़ाना।
2. सीमित भूमि की उत्पादकता बढ़ाकर कुल उत्पादन बढ़ाना।
3. रोजगार के अधिक अवसर प्रदान करना।
4. जैव विविधता को प्रोत्साहन करना।
5. मनुष्यों को अधिक से अधिक खाद्यान्न, फल, फूल, सब्जियों आदि की आपूति करना।
6. पर्यावरण को प्रदूषित होने से बचाना।
7. टिकाऊ खेती को अधिक प्रोत्साहन देना।
8. कृषि आधारित उद्योगों को बढ़ावा देना।
9. कृषि भूमि से अधिक से अधिक लाभ प्राप्त करना।
10. खेती के लिए प्राकृतिक संसाधनों का संरक्षण करना।

बहुमंजिला खेती से लाभ

बहुमंजिला खेती से निम्नलिखित लाभ हैं –

1. प्रति इकाई भूमि में विविध प्रकार की फसलों को एक साथ उगाकर तथा विभिन्न कृषि संसाधनों का समुचित उपयोग करके उनसे भरपूर लाभ कमाया जा सकता है।
2. इस पद्धति द्वारा वर्ष भर कुछ न कुछ आय होती रहती है जिससे परिवार को अधिक से अधिक फसलों द्वारा खाद्यान्न, फलों, फल, सब्जियों, मसालों की आवश्यकता की पूर्ति हो जाती है।
3. विविध प्रकार की फसलें उगाने से जैव विविधता के विकास के लिए आवश्यक है।
4. बहुमंजिला खेती ज्यादा टिकाऊ एवं पर्यावरण प्रदूषण रहित होती है।
5. विविध प्रकार की फसलें उगाने के कारण कृषि उद्योगों के स्थापना की भी सम्भावना बढ़ जाती है।
6. कृषि उत्पादकता में वृद्धि होने से कृषि उत्पादन अधिक प्राप्त किया जा सकता है।
7. बहुमंजिला खेती करने से प्राकृतिक संसाधनों का समुचित संरक्षण किया जा सकता है।

सस्य क्रियाओं का मूल्यांकन (Assessment of Agronomic interactions)

(अ) प्रतियोगिता तथा उपज लाभ का मूल्यांकन (Assessment of Competition and Yield Advantage)

प्रतियोगिता तथा उपज लाभ का मूल्यांकन कई प्रकार से किया जाता है। अन्त: फसल पद्धति में उगाई गई विभिन्न फसलों का तुलनात्मक अध्ययन तथा आपस में सह–सम्बन्ध ज्ञात करने के लिए कई विधियाँ प्रयोग की जाती हैं, जो निम्न हैं –

1. फसल समतुल्य उपज (Crop Equivalent Yield)
2. भूमि समतुल्य अनुपात (Land Equivalent Ratio)

3. सापेक्ष भीड़ गुणांक (Relative Crowding Coefficient)
4. आक्रामकता (Aggressivity)
5. प्रतियोगिता सूचकांक (Competition Index)
6. प्रतियोगिता अनुपात (Competition Ratio)
7. प्रतियोगिता गुणांक (Competition coefficient)
8. मुद्रा लाभ (Monetary Advantage)

1. फसल समतुल्य उपज : फसल समतुल्य उपज में अन्तः फसल पद्धति में उगाई गई फसलों की उपज का परिर्वतन फसल के कुल मूल्य के आधार पर किया जाता है। फसल समतुल्य उपज की गणना निम्न सूत्र की सहायता से की जाती है।

$$\text{फसल समतुल्य उपज} = \sum_{i-1}^{n} (Yi\text{-}ei)$$

यहाँ पर Yi का उपयोग i th घटक की उपज

ei का प्रयोग 2 th घटक के समतुल्य का मान

उदाहरण : अन्तः फसल पद्धति में चना तथा सरसों की उपज क्रमशः 1800 तथा 800 किलोग्राम प्रति हैक्टेअर प्राप्त हुई। जबकि चना तथा सरसों का मूल्य क्रमशः 12 तथा 15 रुपया प्रति किलो है। चना समतुल्य उपज क्या होगी।

चना की उपज मूल्य में = 1800 × 12 = 21600 रुपया

सरसों की उपज मूल्य में = 800 × 15 = 12000 रुपया

अन्तः फसल पद्धति का कुल मूल्यत्र चना की उपज का मूल्य + सरसों की उपज का मूल्य

= 21600 + 12000 = 33600 रुपया

$$\text{चना समतुल्य उपज (किग्रा./है.)} = \frac{\text{अन्तः फसल पद्धति का कुल मूल्य}}{\text{चना का मूल्य}} = \frac{33600}{12}$$

= 2800 किलोग्राम प्रति हैक्टेअर

अतः चना समतुल्य उपज 2800 **किलोग्राम प्रति हैक्टेअर** होगी।

2. भूमि समतुल्य अनुपात : एक समान प्रबन्धन में अन्तः फसल अथवा मिश्रित फसल पद्धति से प्राप्त उपज के बराबर एकल फसल (शुद्ध फसल) के उत्पादन के लिए सापेक्ष भूमि की आवश्यकता ही भूमि समतुल्य अनुपात कहलाती है। दूसरे शब्दों में हम कह सकते हैं कि अन्तः फसल पद्धति की उपज के बराबर शुद्ध फसल के द्वारा उत्पादन प्राप्त करने के लिए भूमि की आवश्यकता का अनुपात ही भूमि समतुल्य अनुपात कहलाता है। भूमि समतुल्य अनुपात का प्रयोग अन्तः फसल पद्धति में उगाई जाने वाली फसलों की संयुक्त उपज के लिए भी प्रयोग करते हैं। इस प्रकार भूमि समतुल्य अनुपात सह फसली पद्धति के द्वारा प्राप्त उपज के समतुल्य एकल फसल के उत्पादन हेतु आवश्यक सापेक्ष भूमि के क्षेत्र से होता है। भूमि समतुल्य अनुपात की गणना निम्न सूत्र द्वारा की जाती है।

$$LER = La + Lb = \frac{Ya}{Sa} + \frac{Yb}{Sb}$$

यहाँ, La = LER of crop a

Lb = LER of crop b

Ya = Yield of individual crop 'a' in mixture

Yb = Yield of individual crop 'b' in mixture

Sa = Yield of individual crop'a' in pure stand

Sb = Yield of individual crop 'b' in pore stand

यदि मान लिया जाए कि La = 0.65 तथा Lb = 0.50 है तक LER = 0.65 + 0.50 = 1.15 होगा। इसका तात्पर्य यह है कि मिश्रण का अन्त: फसल के कुल उत्पादन के बराबर उत्पादन के लिए सम्बन्धित फसलों की शुद्ध खेती हेतु 15 प्रतिशत भूमि की आवश्यकता होगी अर्थात् मिश्रण या अन्त: फसल से 15 प्रतिशत उत्पादन का लाभ होता है और इस तरह से दो फसलों का मिश्रण अथवा अन्त: फसल पद्धति अपनानी चाहिए।

भूमि समतुल्य अनुपात प्रतियोगी फसलों के प्रतियोगिता क्षमता को दर्शाता है। यह अन्त: फसल से प्राप्त वास्तविक उत्पादन लाभ को भी दर्शाता है। दूसरे शब्दों में भूमि समतुल्य अनुपात विभिन्न अन्त: फसल की उत्पादन क्षमता मापने की एक इकाई है जो उत्पादन को भू–क्षेत्र के रूप में बदलकर मापता है। भूमि समतुल्य अनुपात अन्त: फसल पद्धति में मिश्रण की जैविक दक्षता का वास्तविक आंकलन करता है। जब भूमि समतुल्य अनुपात का मान 1.0 से अधिक होता है तब अन्त: फसल लाभदायक होती है और जब यह 1.0 से कम होता है तब अन्त: फसल पद्धति में मिश्रण हानिकारक होता है।

उदाहरण : चना और सरसों की शुद्ध फसल की उपज क्रमश: 2000 और 1800 किलोग्राम प्रति हैक्टेअर है। परन्तु चना और सरसों को अन्त: फसल के रूप में उगाने पर इनकी उपज क्रमश: 1500 तथा 1200 प्राप्त हुई। अत: भूमि समतुल्य अनुपात कितना होगा।

$$\text{चना का भूमि समतुल्य अनुपात} = \frac{\text{चना की अन्त: फसल में उपज}}{\text{चना की शुद्ध फसल में उपज}} = \frac{1500}{2000} = 0.75$$

$$\text{सरसों का भूमि समतुल्य अनुपात} = \frac{\text{सरसों की अन्त: फसल में उपज}}{\text{सरसों की शुद्ध फसल में उपज}} = \frac{1200}{1800} = 0.67$$

$$\text{भूमि समतुल्य अनुपात} = 0.75 + 0.67 = 1.42$$

इस प्रकार भूमि समतुल्य अनुपात की गणना से ज्ञात होता है कि एक हैक्टेअर में अन्त: फसल पद्धति के उत्पादन के समतुल्य स्तर की उपज प्राप्त करने के लिए 1.42 हैक्टेअर शुद्ध फसल की आवश्यकता होगी।

3. सापेक्ष भीड़ गुणांक : सापेक्ष भीड़ गुणांक को सर्वप्रथम डी विट ने सन् 1960 में प्रतिपादित किया था परन्तु हाल ने 1974 में इसका परीक्षण किया। इन्होंने पाया कि प्रत्येक फसल की प्रजाति में अपना स्वयं का एक गुणांक होता है। किसी एक प्रजाति की फसल को अन्त: फसल पद्धति में उगाने पर प्राप्त उत्पादन शुद्ध फसल पद्धति में सम्भावित उत्पादन से अधिक या कम होता है। इसे सापेक्ष भीड़ गुणांक के द्वारा ज्ञात किया जा सकता है। इसका प्रयोग अन्त: फसल पद्धति में एकान्तर क्रम (Replacement series) में उगाने में किया जाता है।

जब एक प्रजाति को दूसरी प्रजाति के साथ 50 : 50 अनुपात के मिश्रण में उगाया जाता है तब इसकी गणना निम्न सूत्र द्वारा करते हैं।

$$\text{सापेक्ष भीड़ गुणांक} = \frac{\textit{Mixture Yield of 'a'}}{\text{Pure stand yield of 'a' - Mixture yield of 'a'}}$$

$$\text{सापेक्ष भीड़ गुणांक} = \frac{Yab}{Yaa\text{-}Yab}$$

यहाँ पर, Yaa = Yield in pure stand of crop 'a'

Ybb = Yield in pure stand of crop 'b'

Yab = Mixture Yield of 'a' crop grown with 'b'

Yba = Mixture Yield of 'b' crop grown with 'a'

Zab = Proportion of sown species 'a' in mixture with 'b'

Zba = Proportion of sown species 'b' in mixture with 'a'

सभी प्रकार के मिश्रण में इसकी गणना निम्न सूत्र द्वारा की जाती है।

$$\text{सापेक्ष भीड़ गुणांक} = \frac{Yab \times Zba}{(Yab\text{-}Yba)Zab}$$

जब सापेक्ष भीड़ गुणांक का मान 1 से अधिक होता है तब उत्पादन में लाभ होता है अर्थात् सम्भावित उत्पादन से अधिक उत्पादन मिलता है और जब 1 से कम होता है तो उत्पादन में हानि होती है अर्थात् सम्भावित उत्पादन से कम उत्पादन मिलता है।

K > 1 रु. उपज में लाभ होता है। K = 1 रु. उपज में कोई अन्तर नहीं होता है। K < 1 रु. उपज में हानि होती है।

सापेक्ष भीड़ गुणांक तथा भूमि समतुल्य अनुपात से उत्पादन में लाभ का पता चलता है लेकिन लाभ की मात्रा (Magnitude of yield advantage) केवल भूमि समतुल्य अनुपात से ही पता चलती है। इसलिए अन्त: फसल पद्धति में उत्पादन लाभ एवं प्रतियोगिता प्रभाव के मूल्यांकन हेतु भूमि समतुल्य अनुपात का प्रयोग किया जाता है।

4. **आक्रामकता :** आक्रामकता का प्रयोग मेक गिलक्रिस्ट में 1965 में किया। इससे यह अनुमान लगाया जाता है कि अन्त: फसल पद्धति में एकान्तर क्रम (Replacement series) में एक प्रजाति की उपज में दूसरी प्रजाति की अपेक्षा वृद्धि होती है। अन्त: फसल पद्धति में उगाई गई फसलों की प्रबलता के ज्ञान के लिए दो प्रमुख घटकों की आक्रामकता एवं प्रतिस्पर्धा सूचकांक का प्रयोग किया जाता है। आक्रामकता के आधार पर यह ज्ञात होता है कि प्रजाति 'अ' में सापेक्ष उपज वृद्धि प्रजाति 'ब' से कितनी अधिक है यह प्रबलता (Dominance) का सूचक है। आक्रामकता की गणना निम्न सूत्र द्वारा की जाती है।

$$Aab = \frac{\text{Mixture yield of 'a'}}{\text{Expected yield of 'a'}} - \frac{\text{Mixture yield of 'b'}}{\text{Expected yield of 'b'}} = \frac{Yab}{(Yaa\text{–}Zab)} - \frac{Yba}{(Ybb\text{–}Zba}$$

यहाँ पर, Yaa = Pure stand yield of species 'a'

Ybb = Pure stand yield of species 'b'

Yab = Mixture Yield of Species 'a' in combination with 'b'

Yba = Mixture Yield of Species 'b' in combination with 'a'

Zab = Proportion of sown species 'a' in mixture with 'b'

Zba = Proportion of sown species 'b' in mixture with 'a'

जब आक्रामकता का मान शून्य होता है तब मिश्रित या अन्त: फसल की दोनों फसलें एक समान प्रतियोगी होती हैं। आक्रामकता का घनत्व तथा ऋणात्मकता मान अधिक होने का तात्पर्य यह है कि दोनों फसलों की प्रतियोगी क्षमता में काफी अन्तर है। इसका मान अधिक होने की दशा में शुद्ध उपज (Actual Yield) तथा अनुमानित उपज (Expected Yield) दोनों में बहुत बड़ा अन्तर है।

Aab = धनात्मक तथा प्रभावी घटक (Positive and Dominant Component)

Aba = ऋणात्मक तथा अप्रभावी घटक (Negative and Recessive Component)

आक्रामकता तथा सापेक्ष भीड़ गुणांक को अन्त: फसल पद्धति में एकान्तर क्रम (Replacement Series) में ही प्रयोग किया जा सकता है जबकि भूमि समतुल्य अनुपात का प्रयोग एकान्तर क्रम (Replacement Series) तथा वृद्धि क्रम (Additive series) दोनों में भी प्रयुक्त किया जाता है।

5. **प्रतियोगिता सूचकांक :** प्रतियोगिता सूचकांक की गणना डोनाल्ड ने 1963 में प्रतिपादित की। प्रतियोगिता सूचकांक द्वारा दो तुल्यांक कारकों (Equivalence factors) में प्रत्येक प्रजाति को सम्मिलित कर गणना की जाती है। तुल्यांक कारकों में एक प्रजाति में पौधों की प्रजातियाँ दूसरी प्रजाति की तुलना में एक समान रूप में प्रतिस्पर्धात्मक होती हैं। यदि एक प्रजाति का तुल्यांक कारक 1 से कम (<1) होता है तो इसका तात्पर्य यह है कि वह प्रजाति अन्य प्रजातियों की अपेक्षा अधिक प्रतिस्पर्धात्मक है। प्रतियोगिता तुल्यांक कारकों का प्रतिरूप है। जब प्रतियोगिता सूचकांक एक से कम होता है तो अन्त: फसल पद्धति लाभदायक होती है।

इकाई क्षेत्रफल के आधार पर विभिन्न फसलों के शुद्ध सस्यन की तुलना में मिश्रित फसल पद्धति में प्रति पौधा सापेक्ष उत्पादन को प्रतियोगिता सूचकांक के रूप में प्रदर्शित किया जाता है। यदि शुद्ध फसल के उत्पादन की तुलना में मिश्रण में उगाये जाने पर किसी भी फसल का उत्पादन कम होता है तब इसका तात्पर्य यह है कि मिश्रण हानिकारक है और यदि मिश्रण से उत्पादन अधिक मिलता है तो इसका तात्पर्य यह है कि मिश्रण लाभदायक है। प्रतियोगिता सूचकांक की गणना निम्न सूत्र द्वारा की जाती है –

$$\text{प्रतियोगिता सूचकांक} = \frac{(Yab\text{-}Yaa) \times (Yba \times Ybb)}{(Yaa - Ybb)}$$

6. **प्रतियोगिता अनुपात :** प्रतियोगिता अनुपात की गणना विले एवं राव ने सन् 1980 में प्रतिपादित की है। प्रतियोगिता अनुपात की गणना निम्न सूत्र की सहायता से की जा सकती है –

$$CRa = \frac{Yab}{(Yaa\text{-}Zab)} \div \frac{Yba}{(Ybb \times Zba)}$$

$$\left(\frac{Yab}{Yaa} \div \frac{Yba}{Zba} \times \frac{Zba}{ZaB}\right) = \boxed{\frac{LERa}{LERb}} \times \frac{Zba}{Zab}$$

7. **प्रतियोगिता गुणांक :** मिश्रण में किसी खास प्रजाति के सापेक्ष भीड़ गुणांक एवं सभी फसलों के कुल सापेक्ष भीड़ गुणांक का अनुपात ही प्रतियोगिता गुणांक (Competition Coefficient) कहलाता है। इसकी गणना निम्न सूत्र की सहायता से की जाती है –

$$\text{प्रतियोगिता गुणांक} = \frac{\text{किसी खास प्रजाति के सापेक्ष भीड़ गुणांक}}{\text{मिश्रण में सभी फसलों का कुल सापेक्ष भीड़ गुणांक}}$$

इसका प्रयोग मिश्रण के प्रत्येक फसल का सापेक्ष भीड़ गुणांक ज्ञात करने में होता है जिससे किसी प्रजाति को बिना नुकसान पहुँचाये ही अधिकतम उत्पादन प्राप्त किया जा सके।

8. **मुद्रा लाभ :** जब अन्त: फसल से प्राप्त दोनों अथवा सभी फसलों की उपज को मुद्रा के रूप में परिवर्तित कर गणना की जाती है, मुद्रा लाभ कहते हैं। मुद्रा लाभ की गणना भूमि समतुल्य अनुपात की गणना के द्वारा ही की जाती है। मुद्रा लाभ की गणना निम्न सूत्र द्वारा की जाती है।

$$\text{मुद्रा लाभ} = \text{संयुक्त अन्त: फसल की उपज} \times \frac{\text{भूमि समतुल्य अनुपात} - 1}{\text{भूमि समतुल्य अनुपात}}$$

जब एकल फसल पद्धति द्वारा सापेक्ष भूमि को उतने क्षेत्रफल की आवश्यकता होती है जो अन्त: फसल पद्धति में उपज को मूल्य के अनुपात के रूप में प्रदर्शित करते हैं। मुद्रा लाभ भी भूमि समतुल्य अनुपात के अनुसार ही प्रदर्शित करता है। इसके द्वारा अन्त: फसल पद्धति में उपज को मूल्य के अनुपात मे प्रदर्शित करने पर आसानी से लाभ का पता लग जाता है। जब मुद्रा लाभ का मान 10 प्रतिशत बढ़ता है तब भूमि समतुल्य का मान 1.10 हो जाता है।

(ब) बहुसस्यन में भूमि उपयोग तथा उत्पादकता का मूल्यांकन (Assessment of land use and productivity in multiple cropping)

बहु सस्यन में भूमि उपयोग तथा उत्पादकता का मूल्यांकन निम्न विधियों द्वारा किया जाता है –

1. बहुसस्यन सूचकांक (Multiple Cropping Index) : बहुसस्यन गुणांक को डेलरिम्पल ने 1971 में प्रतिपादित किया। सघन फसलोत्पादन कार्यक्रम के अन्तर्गत उत्पादित फसलों के वितरण तथा विरल उत्पादन में उसके तुलनात्मक वितरण के सम्बन्ध को बहुसस्यन सूचकांक कहते हैं।

$$MCI = \frac{\sum_{i=1}^{n} ai}{A} \times 100$$

जहाँ, n = फसलों की कुल संख्या, ai = i फसल का क्षेत्रफल

A = कुल भूमि (खेती) का क्षेत्रफल

बहुसस्यन सूचकांक को निम्न सूत्र की सहायता से भी ज्ञात करते हैं –

$$MCI = \frac{\text{फसलों की कुल संख्या} \times \text{उनके अन्दर क्रमशः क्षेत्रफल}}{\text{सस्य उत्पादन के लिए उपलब्ध कुल क्षेत्र}} \times 100$$

2. सस्यन गहनता सूचकांक (Cropping Intensity Index) : सस्यन गहनता सूचकांक को सर्वप्रथम मोन्गे एवं साथियों ने 1978 में प्रतिपादित किया। किसी एक किसान का वास्तविक प्रयुक्त भूमि का क्षेत्रफल तथा समय का तुलनात्मक सम्बन्ध उत्पादन हेतु अस्थाई या स्थाई तौर पर उपलब्ध भूमि के कुल क्षेत्रफल का समय से कैसा सम्बन्ध है का अध्ययन सस्यन गहनता सूचकांक से किया जाता है।

सस्यन गहनता सूचकांक को निम्न सूत्र द्वारा ज्ञात किया जाता है।

$$\text{सस्यन गहनता सूचकांक} = \frac{\sum_{i=1}^{nc} ai\ ti}{AoT + \sum_{j=1}^{m}}$$

जहाँ Nc = T कालावधि में उगाई गई फसलों की कुल संख्या

ai = ith फसल का क्षेत्रफल

ti = i फसल द्वारा लिया गया कुल समय

T = कालावधि (प्राय: एक वर्ष)

Ao = T कालावधि में खेती का कुल क्षेत्रफल

M = T कालावधि के दौरान अस्थाई तौर पर उपलब्ध खेती की कुल संख्या

Aj = jth खेत का कुल क्षेत्रफल

Tj = Aj की कुल कालावधि

सस्यन गहनता सूचकांक तथा भूमि समतुल्य अनुपात (LER) की गणना से प्रभावी सस्यन क्षेत्र (Efficient Cropping Zone) की जानकारी होती है।

3. सस्यन गहनता (Efficient Cropping Zone)

$$\text{सस्यन गहनता (CI)} = \frac{\text{कुल कृष्य क्षेत्र}}{\text{शुद्ध कृष्य क्षेत्र}} \times 100$$

$$CI = \frac{\text{Area under kharif + Rabi + Zaid crops}}{\text{Area under actual cultivation}} \times 100$$

4. विशिष्ट सस्यन गहनता सूचकांक (Specific Cropping Intensity Index) : विशिष्ट सस्यन गहनता सूचकांक को मोन्ग ने 1978 में प्रतिपादित किया। विशिष्ट सस्यन गहनता सूचकांक सस्यन गहनता सूचकांक का व्युत्पत्ति है। इसका प्रयोग सब्जी गहनता सूचकांक (Vegetable Intensity Index), धान गहनता सूचकांक (Rice Intensity Index), गन्ना गहनता सूचकांक (Sugarcane Intensity Index) आदि के लिए प्रयोग किया जाता है। विशिष्ट सस्यन गहनता सूचकांक को निम्न सूत्र की सहायता से ज्ञात करते हैं।

$$\text{विशिष्ट सस्यन गहनता सूचकांक (SCII)} = \frac{\sum_{i=1}^{nk} ak\ tk}{AoT + \sum_{j=1}^{m} aj\ tj}$$

सस्यन गहनता के आधार पर कृषि को दो वर्गों में विभक्त किया जाता है –

1. **गहन सस्यन (Intensive Cropping) :** जिसकी गहनता 200 प्रतिशत या इससे अधिक होती है।
2. **विरल सस्यन (Extensive Cropping) :** जिसकी गहनता 200 प्रतिशत से कम होती है।

5. सापेक्ष सस्यन गहनता सूचकांक (Relative Cropping Intensity Index) : सापेक्ष सस्यन गहनता सूचकांक सस्यन गहनता सूचकांक का रूपान्तरित रूप है। इसको निम्न सूत्र के द्वारा ज्ञात करते हैं।

$$\text{सापेक्ष सस्यन गहनता सूचकांक} = \frac{\sum_{i=1}^{NK} ak\ tk}{AoT + \sum_{i=1}^{Nc} ai\ ti}$$

इसके द्वारा किसी विशेष फसल के उत्पादन का बोध होता है जैसे आलू का उत्पादन, गन्ना का उत्पादन आदि। जब किसी किसान के खेत का आलू के सम्बन्ध में सापेक्ष सस्यन गहनता सूचकांक 50 प्रतिशत से अधिक होती है तब आलू उत्पादक की संज्ञा दी जाती है।

6. कृष्य भूमि उपयोगिता सूचकांक (Cultivated Land Utilization Index) : कृष्य भूमि उपयोगिता सूचकांक को चौंग ने 1973 में प्रतिपादित किया। इसको निम्न सूत्र की सहायता से ज्ञात करते हैं।

$$\text{कृषि भूमि उपयोगिता सूचकांक} = \frac{\sum_{i=1}^{N} aidi}{A \times 365}$$

यहाँ पर, DI = ith फसल के दिनों की कुल संख्या, A = खेती का कुल क्षेत्रफल

7. बहुप्रकारिकी सूचकांक (Diversity Index) : बहु प्रकारिकी सूचकांक को स्ट्राउट ने 1975 तथा वांग और यू ने प्रतिपादित किया। बहु प्रकारिकी सूचकांक से यह पता चलता है कि फार्म विशिष्ट है अथवा बहुप्रकारिकी। इसे निम्न रूप से समझा जा सकता है –

उदाहरण : निम्नलिखित तालिका 7.17 में से कौनसा फार्म अधिक विशिष्ट है।

तालिका 7.17 : विभिन्न फार्म की आमदनी

फसल	विभिन्न फसलों से आमदनी (रुपये में)		
	A	**B**	**C**
गन्ना	35000	–	10000
धान	25000	25000	15000
गेहूँ	30000	25000	15000
आलू	–	50000	–
मूँग	10000	–	40000
कुल	**100000**	**10000**	**80000**

तालिका 7.18 : विभिन्न फार्म में प्रत्येक फसल का शेयर

फसल	फार्म (A)		फार्म (B)		फार्म (C)	
	शेयर	शेयर का वर्ग	शेयर	शेयर का वर्ग	शेयर	शेयर का वर्ग
गन्ना	0.3	0.08	–	–	0.120	0.0155
धान	0.2	0.02	0.2	0.03	0.250	0.0635
गेहूँ	0.3	0.15	0.2	0.04	0.130	0.0157
आलू	0.2	0.05	0.1	0.02	0.500	0.2500
मूँग	–	–	0.5	0.25	–	–
कुल	**1.0**	**0.30**	**1.00**	**0.34**	**1.00**	**0.3437**

बहु प्रकारिकी सूचकांक

$$\text{फार्म } A = \frac{1.00}{0.30} \times 3.33, \quad \text{फार्म } B = \frac{1.00}{0.34} \times 2.94, \quad \text{फार्म } C = \frac{1.00}{0.3437} \times 2.90$$

अत: फार्म A ज्यादा बहु प्रकारीय (Diversified) है तथा फार्म C ज्यादा विशिष्ट (Specialized) है।

बहुप्रकारिकी सूचकांक कम होने पर विशिष्टीकरण (Specialization) अधिक होता है।

8. चक्रीय गहनता (Rotational Intensity) : एक निश्चित फसल चक्र की अवधि में खेत में उगाई गई कुल फसलों के अनुपात को चक्रीय गहनता करते हैं। चक्रीय गहनता को निम्न सूत्र द्वारा प्रदर्शित किया जाता है –

$$\text{चक्रीय गहनता} = \frac{\text{खेत में उगाई गई कुल फसलें}}{\text{फसल चक्र की अवधि}} \times 100$$

उदाहरण –

1. मक्का – आलू – प्याज : 1 वर्ष   चक्रीय गहनता = $\frac{3}{1} \times 100 = 300$ प्रतिशत

2. मक्का – गन्ना : 2 वर्ष   चक्रीय गहनता = $\frac{2}{2} \times 100 = 100$ प्रतिशत

3. मक्का – गन्ना – पेडी : 3 वर्ष   चक्रीय गहनता = $\frac{3}{3} \times 100 = 100$ प्रतिशत

4. धान – मटर – धान – चना : 2 वर्ष   चक्रीय गहनता = $\frac{4}{2} \times 100 = 200$ प्रतिशत

5. ज्वार + ग्वार – बरसीम + जई : 1 वर्ष   चक्रीय गहनता = $\frac{2}{1} \times 100 = 200$ प्रतिशत

6. ज्वार + अरहर – परती – गेहूँ : 2 वर्ष   चक्रीय गहनता = $\frac{3}{2} \times 100 = 150$ प्रतिशत

   यहाँ पर अरहर की फसल रबी ऋतु में भी उगाई जाती है इसलिए अरहर रबी फसल के रूप में भी गिना जायेगा। परती छोड़े गये खेत को फसल के रूप में नहीं माना जाता है।

7. ज्वार + अरहर – गेहूँ : 1 वष   RI = 200 प्रतिशत

8. सनई – गन्ना : 2 वर्ष   RI = 50 प्रतिशत

   यहाँ पर सनई की फसल को हरी खाद के रूप में उगाया जाता है अत: चक्रीय गहनता में सनई की फसल को गिना नहीं जायेगा।

9. परती – गन्ना – पेडी : 3 वर्ष   चक्रीय गहनता = $\frac{2}{3} \times 100 = 66.6$ प्रतिशत

10. धान–मटर – गन्ना – परती – लोबिया + गेहूँ : 3 वर्ष   चक्रीय गहनता = $\frac{5}{3} \times 100 = 166.6$ प्रतिशत

11. मक्का (भुट्टो के लिए) – अगेती आलू–पिछेती आलू – गन्ना – पेडी – बरसीम: 3 वर्ष   चक्रीय गहनता = $\frac{6}{3} \times 100 = 200$ प्रतिशत

फसल चक्र की अवधि निकालने की विधि

धान – मटर – गन्ना – परती – लोबिया – गेहूँ

$$\text{अत: इसकी चक्रीय गहनता} = \frac{6}{4} \times 100 = 150 \text{ प्रतिशत}$$

तालिका 7.19 : कृषि वर्ष 1 जून से 31 मई तक होता है

फसल	बुआई का समय	कटाई का समय	वर्ष
धान	जून 10	अक्टूबर 10	} जून 10 से फरवरी 11 = 1 वर्ष
मटर	अक्टूबर/नवम्बर 10	फरवरी 10	
गन्ना	फरवरी 11	फरवरी 12	फरवरी 11 से फरवरी 12 = 1 वर्ष
पेडी	फरवरी 12	फरवरी 13	जून 12 से मई 13 = 1 वर्ष
लोबिया	जून/जुलाई 12	अक्टूबर 12	} जून 13 से मई 14 = 1 वर्ष
गेहूँ	नवम्बर 12	अप्रैल 13	
		कुल कृषि वर्ष = 4 वर्ष	

9. सापेक्ष उपज सूचकांक (Relative Yield Index) : किसी स्थान अथवा जिले के उत्पादन को देश के औसत उत्पादन के रूप में प्रदर्शित करने को सापेक्ष उपज सूचकांक कहते हैं। सापेक्ष उपज सूचकांक को निम्न सूत्र द्वारा ज्ञात किया जाता है –

$$\text{सापेक्ष उपज सूचकांक} = \frac{\text{जिले में फसल की औसत उपज}}{\text{सम्पूर्ण देश में फसल की औसत उपज}} \times 100$$

वह क्षेत्र जहाँ पर फसल का उत्पादन एवं क्षेत्रफल अधिकतम हो, दक्ष फसल उत्पादन क्षेत्र कहलाता है।

$$\text{Yield Index of a Crop} = \frac{\text{Average yield of State/Zone}}{\text{Average yield of Country}} \times 100$$

$$\text{Spread Index of a Crop} = \frac{\text{Area in State/Zone}}{\text{Area in Country}} \times 100$$

ऐसा भौगोलिक क्षेत्र जहाँ पर फसल या फसलों की उपज में एक वर्ष से दूसरे वर्ष में बहुत कम अन्तर आता है, फसल दक्षता क्षेत्र कहलाता है।

10. परिवर्तित दक्षता अनुपात (Conversion Efficiency Ratio) : परिवर्तित दक्षता अनुपात की गणना प्रति पौधे के आधार पर की जाती है। इससे अकेले उगाई गई तथा अन्तरा सस्यन में उगाई गई घटक फसल के द्वारा विकिरण ऊर्जा की अवशोषण क्षमता तथा शुष्क पदार्थ उत्पादन क्षमता के तुलनात्मक सम्बन्ध को कहते हैं।

11. सस्य विज्ञानी दक्षता (Agronomic efficiency) : सस्य विज्ञानी दक्षता (किग्रा. प्रति किग्रा. पोषक तत्व प्रयोग) को निम्न सूत्र की सहायता से ज्ञात किया जा सकता है –

$$AE = \frac{\text{उर्वरक प्रयोग किये गये खेत का उपज} - \text{बिना उर्वरक प्रयोग किये गये खेत की उपज}}{\text{खेत में प्रयोग किये गये पोषक तत्वों की मात्रा}}$$

12. सकल सापेक्ष उपज (Relative yield total) : एक फसल पद्धति में इसका तात्पर्य/पौधे की सापेक्ष उपज (मिश्रण में प्रति इकाई उपज अनुपात) है। कुल उपज की प्राप्त मात्रा के सापेक्ष उपज को सकल सापेक्ष उपज कहते हैं।

13. सापेक्ष प्रसार सूचकांक (Relative Spread Index) : किसी क्षेत्र में कुल खेती की गई फसलों के क्षेत्रफल के प्रतिशत को जब देश के कुल फसल उत्पादन में फसल के प्रतिशत क्षेत्रफल में भाग दे दिया जाता है तो उसे सापेक्ष प्रसार सूचकांक कहते हैं।

14. सापेक्ष फसल गहनता सूचकांक (Relative crop intensity index) : इसकी गणना किसी एक फसल के लिए क्षेत्र – समय निर्धारित कर दिया जाता है अथवा फसलों के समूह को क्षेत्र – समय को समस्त फसलों के उत्पादन में प्रयोग किया जाता है।

पादप दैहिकी गणना (Physiological parameters)

फसल वृद्धि दर (Crop Growth Rate - CGR)

प्रति इकाई समय में प्रति इकाई क्षेत्र में फसल की वृद्धि होने को फसल वृद्धि दर कहते है। विभिन्न वृद्धि अवस्थाओं में शुष्क भार के अनुसार निम्न सूत्र द्वारा गणना की जाती है।

$$\text{फसल वृद्धि दर} = \frac{W_2 - W_1}{t_2 - t_1},$$

W_2 तथा W_1 पौधे का शुष्क भार क्रमश: t_2 तथा t_2 समय में

फसल वृद्धि दर को ग्राम / दिन / वर्ग मीटर में प्रदर्शित किया जाता है।

सापेक्ष वृद्धि दर (Relative Growth Rate - CGR)

प्रति इकाई क्षेत्रफल में प्रति इकाई समय में फसल के शुष्क भार में हुई वृद्धि को सापेक्ष वृद्धि दर अथवा क्षमता सूचकांक कहते हैं। सापेक्ष वृद्धि दर को ग्राम/दिन के रूप में प्रदर्शित किया जाता है। ब्लेकमेन (1919) ने सापेक्ष वृद्धि दर को प्रतिपादित किया इसे निम्न सूत्र की सहायता से ज्ञात किया जा सकता है –

$$\text{सापेक्ष वृद्धि दर} = \frac{Log\, W_2 - Log\, W_1}{t_2 - t_1}$$

$W_1 - t_1$ समय में पौधों का शुष्क भार

$W_2 - t_2$ समय में पौधों का शुष्क भार

प्रति इकाई समय में प्रति इकाई पौधों के शुष्क भार उत्पादन की मात्रा को क्षमता सूचकांक कहते हैं।

पत्ती क्षेत्र सूचकांक (Leaf Area Index - LAI)

भूमि सतह को आच्छादित करने वाली पत्ती के क्षेत्र को पत्ती क्षेत्र सूचकांक कहते हैं। रेडफोर्ड (1967) ने पत्ती क्षेत्र सूचकांक को प्रतिपादित किया जिसकी गणना निम्न सूत्र द्वारा की जाती है –

$$\text{पत्ती क्षेत्र सूचकांक} = \frac{\text{फसल की कुल पत्ती का क्षेत्र (वर्ग सेमी)}}{\text{फसल द्वारा कुल आच्छादित क्षेत्र (वर्ग सेमी)}}$$

पत्ती क्षेत्र समय (Leaf Area Duration)

पौधे उत्पादन तथा पत्ती क्षेत्र को बनाये रखने की क्षमता को पत्ती क्षेत्र समय कहते हैं। पत्ती क्षेत्र समय को फसल वृद्धि समय में प्राप्त पत्ती क्षेत्र सूचकांक को समन्वित कर प्राप्त की जाती है। इसको मुख्यत: दिनांक अथवा सप्त ाह में प्रदर्शित किया जाता है।

$$\text{पत्ती क्षेत्र समय} = \text{पत्ती क्षेत्र सूचकांक} \times \text{एम}$$

एम = फसल वृद्धि समय/ऋतु/सप्त ाह संख्या

पत्ती क्षेत्र अनुपात (Leaf area ratio)

यह पत्ती क्षेत्र तथा पौधे के शुष्क भार का अनुपात होता है। पत्ती क्षेत्र अनुपात को वर्ग सेमी. /ग्राम में प्रदर्शित किया जाता है। इसकी गणना निम्न सूत्र द्वारा की जा सकती है।

$$LAR = \frac{L_2 - L_1}{LogL_2 - LogL_1} \times \frac{LogW_2 - LogW_1}{W_2 - W_1}$$

यहाँ पर, T_1 तथा T_2 समय में क्रमश: L_1 तथा L_2 कुल पत्ती क्षेत्र
W_1 तथा W_2 शुष्क भार क्रमश: T_1 तथा T_2 समय में

विशिष्ट पत्ती क्षेत्र (Specific Leaf Area)

विशिष्ट पत्ती क्षेत्र की गणना निम्न सूत्र द्वारा की जा सकती है –

$$\text{विशिष्ट पत्ती क्षेत्र} = \frac{\text{पत्ती का क्षेत्र (वर्ग सेमी)}}{\text{पत्ती का शुष्क भार (वर्ग सेमी)}}$$

शुद्ध एसीमिलेशन दर (Net Assimilation Rate - NAR)

प्रति इकाई पत्ती क्षेत्र प्रति इकाई समय में पौधे के शुष्क भार में वृद्धि होने को शुद्ध एसीमिलेशन दर कहते हैं। शुद्ध एसीमिलेशन दर को इवान्स (1982) ने प्रतिपादित किया। विभिन्न फसल के अन्तराल पर शुद्ध एसीमिलेशन दर की गणना निम्न सूत्र द्वारा की जाती है –

$$\underset{(g/m^2/day)}{Net\ Assimilation\ Rate} = \frac{(W_2 - W_1)(LogL_2 - LogL_1)}{(T_2 - T_1)(L_2 - L_1)}$$

यहाँ पर, L_1 तथा L_1 कुल पत्ती क्षेत्र क्रमश: T_2 तथा T_1 समय में
W_2 तथा W_1 कुल शुष्क भार क्रमश: T_2 तथा T_1 समय में

सापेक्ष जल की मात्रा (Relative Water Content - RWC)

टर्नर (1986) ने सापेक्ष जल की मात्रा को प्रतिपादित किया जिसकी गणना निम्न सूत्र द्वारा की जा सकता है –

$$RWC = \frac{FW - DW}{TW - DW} \times 100$$

यहाँ पर, FW = पत्ती का ताजा भार
DW = पत्ती का शुष्क भार
TW = पत्ती का टरजिड भार

फसल प्रणाली में विविधीकरण (Diversification in farming systems)

स्वतन्त्रता प्राप्ति के पश्चात् कुल खाद्यान्न के उत्पादन में एक अभूतपूर्व वृद्धि हुई है। खाद्यान्न उत्पादन की वृद्धि में मुख्यत: अनुसंधान तथा विकास का समन्वित योगदान है। जिसके फलस्वरूप देश खाद्यान्न के उत्पादन में आत्मनिर्भर हो सका है। सन् 2011–12 में देश में कुल खाद्यान्न का 257 मिलियन टन रिकॉर्ड उत्पादन हुआ। आज भारत के पास लगभग 32 मिलिटन टन से अधिक खाद्यान्न का अतिरिक्त भण्डार है। एक तरफ मनुष्यों की बढ़ती जनसंख्या को उनकी आवश्यकता की पूर्ति के लिए खाद्यान्न उत्पादन का लक्ष्य है तो दूसरी तरफ विदेशों में निर्यात के लिए उत्तम किस्म के

अनाज का उत्पादन करके अधिक से अधिक विदेशी मुद्रा अर्जित की जाये जिससे देश का विकास हो। इसके लिए भारतीय कृषि में कृषि के विविधीकरण के अन्तर्गत अनुसंधान तथा विकास को बढ़ावा देने की आवश्यकता है। भारतीय कृषि में हाल के वर्षों में कृषि की उत्पादकता में स्थिरता प्रदर्शित हो रही है। देश में 1965-66 तक कृषि उत्पादन अच्छा नहीं था और अमेरिका के ऊपर पूर्णरूप से निर्भर थे परन्तु सन् 1975 के पश्चात् भारतीय कृषि में आश्चर्यजनक बदलाव आया। खाद्यान्न उत्पादन में वृद्धि का प्रमुख श्रेय फसल सघनता में वृद्धि तथा अधिक उपज देने वाली प्रजातियों, सिंचाई के साधनों का विकास तथा उर्वरकों के प्रयोग द्वारा ही सम्भव हो सका है। इसके अतिरिक्त देश के कुछ राज्यों में फसल पद्धतियों में भी बदलाव हुआ है। पंजाब में खरीफ ऋतु में मक्का के स्थान पर धान की फसल को उगाया जाने लगा है। उत्तर भारत में धान-गेहूँ फसल चक्र के अन्तर्गत 10.8 मिलियन हैक्टेअर क्षेत्रफल है जो कुल खाद्यान्न उत्पादन का 75 प्रतिशत भाग इसी फसल चक्र से आता है परन्तु कुछ वर्षों से इस फसल चक्र में कुछ समस्याओं जैसे मृदा विकार, खरपतवारों तथा कीटों एवं बीमारियों की अधिक समस्या प्रकाश में आई है। इस प्रकार क्षेत्र विशेष की समस्याओं को ध्यान में रखते हुए भारतीय कृषि अनुसंधान परिषद ने जलवायु तथा मृदा कारकों के आधार पर देश को 20 कृषि जलवायु क्षेत्रों में विभाजित किया है।

फसल प्रणाली मुख्यत: मृदा, फसल/पौधों, जानवरों, कृषि यंत्र, श्रमिकों, उत्पादन के कारकों (Inputs) तथा जलवायुवीय कारकों द्वारा प्रभावित होती है। भारतवर्ष में मुख्यत: फसल प्रणाली क्षेत्र भिन्न-भिन्न हैं जैसे पहाड़ी क्षेत्रों में पेड़/रोपण फसलों पर आधारित, शुष्क एवं बारानी क्षेत्रों में पशुओं पर आधारित तथा सिंचित एवं अधिक वर्षा वाले क्षेत्रों में फसलों पर आधारित कृषि प्रणाली अपनाई जाती है। आजकल इन सभी क्षेत्रों में कृषि प्रणाली की उपज क्षमता स्थिर तथा कम लाभ पर हो गई है। फसल प्रणाली की प्रति इकाई उत्पादकता में गिरावट के कई कारण हैं जैसे पोषक तत्वों का असंतुलित प्रयोग, नये कीटों एवं बीमारियों का आक्रमण तथा प्राकृतिक संसाधनों में कमी प्रमुख हैं। उपरोक्त कारणों को क्षेत्र विशेष के अनुसार विभिन्न फसल पद्धतियों को सुधारने एवं विकसित करने की आवश्यकता है। आज के समय में फसल पद्धतियों में विविधीकरण द्वारा इस समस्या से छुटकारा पाया जा सकता है और अन्तर्राष्ट्रीय बाजार में भारत पुन: कृषि के क्षेत्र में प्रतिस्पर्धा कर सकता है।

नई कृषि नीति के द्वारा कृषि को उद्योग का दर्जा मिल सकता है जिसके द्वारा उत्पादों को निर्यात के नये आयाम विकसित होंगे, बाजार व्यवस्था में सुधार होगा तथा कृषि आधारित उद्योग धन्धे स्थापित होंगे। इसके अतिरिक्त कृषि में विविधीकरण द्वारा देश में विभिन्न फसलों जैसे अन्न, दलहन, तिलहन, सब्जियों, चारा, रेशा, फल, मसालों, दवाई तथा वाणिज्यिक फसलों की बढ़ती हुई माँग की पूर्ति सम्भव हो सकेगी। भारतवर्ष में विभिन्न प्रकार की जलवायु तथा मृदा पाई जाती है जहाँ पर कृषि के विविधीकरण की अपार सम्भावनायें हैं जो देश की बढ़ती हुई जनसंख्या को खाद्यान्न की आपूर्ति सुनिश्चित करने में स्वत: ही सक्षम है।

फसल विविधीकरण का तात्पर्य यह है कि प्रचलित फसल प्रणाली में बदलाव करना है जिससे प्रतिवर्ष 50 प्रतिशत अथवा इससे अधिक कुल उत्पादकता अथवा कुल लाभ में वृद्धि हो सकती है। प्रचलित फसल प्रणाली में कभी-कभी यह आवश्यक होता है कि फसल विविधीकरण को अपनाया जाये जिससे आवश्यकतानुसार फसलों से उत्पादन को प्राप्त करके देश की आवश्यकता की पूर्ति सुनिश्चित की जा सके। देश में कृषि के विविधीकरण की बहुत ही अधिक सम्भावनाएं हैं परन्तु इसकी आवश्यकता तथा उपलब्ध संसाधनों के प्रयोग को अधिक बल देने की जरूरत है। नई वाणिज्यिक नीति तथा उपयोग एवं माँग पद्धति के बदलते परिवेश में कृषि के विविधीकरण में बागानों, फलों, फूलों, पशु पालन, मुर्गी पालन, मत्स्य पालन, दुग्ध उत्पादन तथा पशु उत्पाद, रेशा, मशरूम, मसाले, दवाई, सुगन्धित फसलें तथा कृषि वानिकी पद्धतियों को कृषि में सम्मिलित कर अपनाने की आवश्यकता है। यह फसल प्रणाली क्षेत्र विशेष की आवश्यकताओं, वैज्ञानिक विधि द्वारा भूमि प्रयोग नीति निर्धारित करके तथा उपलब्ध संसाधनों के अनुरूप विकसित करनी चाहिए। इस प्रकार फसल विविधीकरण द्वारा किसी अन्य विधि को अपनाने अथवा सघनता अथवा दोनों से ही प्राप्त की जा सकती है।

कृषि पद्धतियों में विविधीकरण का उद्देश्य (Objectives of diversification in farming systems)

1. फसलोत्पादन तथा प्रक्षेत्र की आय में वृद्धि
2. निर्यात को बढ़ावा देना
3. आयात को प्रतिस्थापित करना
4. रोजगार के साधनों को विकसित करना।

कृषि पद्धतियों में विविधीकरण की परेशानियाँ (Problems of diversification in farming system)

कृषि पद्धतियों मे विविधीकरण की कुछ परेशानियाँ भी हैं, जो निम्नलिखित हैं–

1. ऋण की अनुपलब्धता
2. तकनीक की सीमित उपलब्धता
3. सिंचाई के साधनों का अभाव
4. दोषपूर्ण जल निकास प्रणाली
5. कृषि उत्पाद का उचित मूल्य न मिलना
6. कृषि उपादानों की अनुपलब्धता
7. दोषपूर्ण विपणन प्रणाली
8. संसाधनों की अनुपलब्धता
9. फसल प्रणाली की सीमित सम्भावनाएं
10. अनुसंधान एवं प्रसार पर जोर
11. मानवीय श्रम का विकास

उपरोक्त बातों को ध्यान में रखकर फसल विविधीकरण की सम्भावनाओं को निर्धारित करना चाहिए। इसलिए क्षेत्र विशेष की आवश्यकताओं के अनुरूप ही इस प्रणाली को अपनाया जाना चाहिए।

क्षेत्र विशेष पर आधारित फसल की सम्भावनाएं (Region based diversification opportunities)

मृदा एवं जलवायु के मिश्रित सहयोग के द्वारा किसी क्षेत्र की अन्य कारकों का निर्धारण करके फसल-पशु पद्धति को अपनाया जाता है। अत: कृषि जलवायु क्षेत्रों के अनुसार ही फसल/कृषि पद्धतियों को अपनाया जाता है। अत: कृषि जलवायु क्षेत्र ही उपयुक्त फसलों को अपनाने में मदद करता है तथा उपयुक्त उत्पादन प्रणाली द्वारा फसल-पशुओं की उत्पादन क्षमता में वृद्धि करते हैं।

राष्ट्रीय मृदा सर्वे तथा भूमि उपयोग नीति ब्यूरो (N B SS & L U P), नागपुर ने देश में भौतिक संरचना, मृदा, कृषि जलवायु तथा फसल उगाने के समय के आधार पर 20 वर्गों में विभाजित किया है जो मुख्यत: पाँच बड़े वर्गों के अन्तर्गत आते हैं।

कृषि पद्धति विभिन्न प्रकार की जलवायु, सामाजिक-आर्थिक, विपणन व्यवस्था आदि कारकों द्वारा निर्धारित होती है। कृषि पद्धति क्षेत्र से क्षेत्र तक यहाँ तक कि प्रक्षेत्र से प्रक्षेत्र पर भिन्न-भिन्न होती है। इस प्रकार विभिन्न कृषि जलवायु क्षेत्रों के आधार पर देश में अपनाई जा रही विभिन्न कृषि पद्धतियों का विस्तृत विवरण निम्न रूप में दिया गया है–

1. धान - गेहूँ (Rice-wheat)

2. धान – धान (Rice-rice)
3. धान – चना (Rice -chickpea)
4. धान – सरसों (Rice - mustard)
5. धान – मूँगफली (Rice - groundnut)
6. धान – ज्वार (Rice - sorghum)
7. बाजरा – गेहूँ (Pearlmillet - wheat)
8. बाजरा – चना (Pearlmillet - chickpea)
9. बाजरा – सरसों (Pearlmillet - mustard)
10. बाजरा – ज्वार (Pearlmillet - sorghum)
11. कपास – गेहूँ (Cotton - wheat)
12. कपास – चना (Cotton - chickpea)
13. कपास – ज्वार (Cotton - sorghum)
14. कपास – कुसुम (Cotton - safflower)
15. कपास – मूँगफली (Cotton - groundnut)
16. मक्का – गेहूँ (Maize - wheat)
17. मक्का – चना (Maize - chickpea)
18. गन्ना – गेहूँ (Sugarcane - wheat)
19. सोयाबीन – गेहूँ (Soyabean - wheat)
20. ज्वार – ज्वार (Sorghum - sorghum)
21. मूँगफली – गेहूँ (Groundnut - wheat)
22. ज्वार – मूँगफली (Sorghum - groundnut)
23. मूँगफली – धान (Groundnut - rice)
24. ज्वार – गेहूँ (Sorghum - wheat)
25. ज्वार – चना (Sorghum - chickpea)

तालिका 7.20 : विभिन्न कृषि जलवायु क्षेत्रों में प्रमुख फसल पद्धतियाँ

क्र.सं.	कृषि जलवायु क्षेत्र का नाम	भूमि का प्रकार	फसल उगाने का समय (दिन)	प्रमुख फसल पद्धतियाँ
(1)	(2)	(3)	(4)	(5)
शुष्क जलवायु क्षेत्र (Arid Eco- system)				
1.	पश्चिमी हिमालयन (Western Himalyan)	उथली स्केटिल मृदा	<90	मक्का – गेहूँ, मटर/पातगोभी– आलू, फूल गोभी–मिलेट–रेड क्लोवर
2.	पश्चिमी मैदानी (Western plain)	क्षारीय मृदायें	<90	कपास – प्याज/नेपियर, बाजरा/चारे की ज्वार/ मक्का–गेहूँ–लोबिया (चारा), आलू–बाजरा
3.	डेकन पठार (गर्म एवं शुष्क) (Deccan plateau)	लाल एवं काली	<90	मक्का–चना, संकर कपास–सूर्यमुखी, बाजरा/मूँगफली–ज्वार–चना
अर्द्ध शुष्क क्षेत्र (Semi-arid ecosystem)				
4.	उत्तरी मैदानी तथा मध्य की ऊँची भूमियाँ (Northern plains and central high lands)	नदियों द्वारा लाई गई जलोढ़ मृदायें	90-150	**राजस्थान के कुछ भागों में** बाजरा/मक्का–गेहूँ, मोटे खाद्यान्न–गेहूँ, – मूँग, ज्वार – जौ **पंजाब तथा उत्तर प्रदेश** धान–गेहूँ, धान–गेहूँ–लोबिया, गन्ना – गेहूँ
5.	मालवा तथा गुजरात के मैदानी (Malwa high lands & Gujarat plains)	मध्यम से गहरी काली	90-150	मूँगफली – गेहूँ–मूँग, सोयाबीन–गेहूँ–मूँग, सोयाबीन–गेहूँ–परती
6.	डेकन के पठार – अर्द्धशुष्क जलवायु (Deccan plateau having semi-arid climate)	मध्यम एवं उथली काली भूमियाँ	90-150	ज्वार – गेहूँ, कपास – ज्वार, मूँग–रबी ज्वार – गेहूँ
7.	तेलन्गाना के पठार एवं पूर्वी घाट (Telangana plateau & eastern ghat)	लाल एवं काली मृदायें	90-150	धान – धान, धान – मूँगफली, धान – उर्द/मूँग

क्र.सं.	कृषि जलवायु क्षेत्र का नाम	भूमि का प्रकार	फसल उगाने का समय (दिन)	प्रमुख फसल पद्धतियाँ
(1)	(2)	(3)	(4)	(5)
8.	पूर्वी घाट, तमिलनाडु के उपरवार तथा कर्नाटक के पठार (Eastern ghat, Tamilnadu highlands and Karnataka plateau)	लाल मृदायें		नम भूमियों : धान-धान – दलहनी उपरवार भूमियों-धान – मूँगफली-दलहनी
अर्द्ध नम जलवायु क्षेत्र (Sub-humid eco-system)				
9.	उत्तरी मैदानी (Northern plains)	जलोढ़ मृदायें	150-180	धान-गेहूँ, धान-सूरजमुखी/गोभी सरसों, धान-गेहूँ-उर्द/मूँग/लोबिया, गन्ना – गेहूँ, अरहर-गेहूँ, बाजरा-चना/मटर
10.	मध्य उपरवार (Central highlands)	लाल एवं काली मृदायें	150-180	कपास – गेहूँ, सोयाबीन-गेहूँ, ज्वार – चना – परती
11.	पूर्वी पठार (Eastern plateau)	लाल एवं पीली मृदायें	150-180	धान-चना, धान-गेहूँ – उर्द-मूँग
12.	छोटा नागपुर के पठार एवं पूर्वी घाट (Chhota Nagpur Plateau & eastern ghats)	लाल एवं पेटेन्टिक मृदायें	180-120	धान-गेहूँ, अरहर – मूँगफली/उर्द, धान – मूँगफली
13.	पूर्वी मैदान (Eastern plains)	जलोढ़ मृदायें	180-210	धान मक्का, धान – गेहूँ, धान – आलू/तम्बाकू, धान – गन्ना
14.	पश्चिमी हिमालय (गर्म अर्द्ध आर्द्र जलवायु) (Western Himalyan with warm sub-humid climate)	भूरी जंगली एवं पाडजोलिक मृदायें	180-210	मक्का – गेहूँ, धान-गेहूँ, लघु धान्य आलू/टमाटर/मिर्च
आर्द्र पर आर्द्र जलवायु क्षेत्र (Humid per Humid Ecosystem)				
15.	बंगाल एवं आसाम के मैदान (Bengal and Assam plains)	जलोढ़ मृदायें	<210	धान-धान, धान-सरसों-धान **दियारा क्षेत्रों :** आलू/राजमा-धान, शकरकन्द-धान, धान – गेहूँ

क्र.सं.	कृषि जलवायु क्षेत्र का नाम	भूमि का प्रकार	फसल उगाने का समय (दिन)	प्रमुख फसल पद्धतियाँ
(1)	(2)	(3)	(4)	(5)
16.	पूर्वी हिमालय (Eastern Himalayas)	भूरे एवं लाल पहाड़ी मृदा	<210	धान – गन्ना, धान – आलू/शकरकन्द/सरसों/तिल, मक्का – राजमा
17.	उत्तर – पूर्वी पहाड़ी (पूर्वांचल) (North-Eastern hills)	लाल एवं लेटराइट मृदायें	<210	**घाटी क्षेत्र में :–** धान – सरसों/उर्द/मूँग/मसूर, जूट – दलहनी/तिलहनी **पहाड़ी क्षेत्र में :–** मक्का – आलू, लघुधान्य – दलहनी
तटीय जलवायु क्षेत्र (Coastal ecosystem)				
18.	पूर्वी तटीय मैदान (Eastern Coastal plains)	जलोढ़ मृदायें	90-210	धान–मूँगफली, धान–धान, धान – सब्जियाँ (भिन्डी/लोबिया/फूलगोभी)
19.	पश्चिमी घाट तथा तटीय घाट (Western ghat and coastal plains)	लेटराइट तथा जलोढ़ मृदायें	<210	धान–धान (शीतकालीन) – लोबिया/मूँग/उर्द/तिल/मूँगफली, धान – दलहनी
द्वीप समूह जलवायु क्षेत्र (Island ecosystem)				
20.	अन्डमान एवं निकोबार तथा लक्षद्वीप (Island of A & N and Lakshadweep)	लाल दोमट एवं बलुई मृदायें	<210	धान – तिल/भिन्डी/लोबिया, धान–धान – लोबिया, धान–धान – उर्द/मूँग, धान – टमाटर/मूँगफली

8

भू–परिष्करण
(TILLAGE)

मनुष्य कृषि की उत्पत्ति से ही फसलों को उगाने के लिए भू–परिष्करण की क्रियाएं करते आ रहे हैं इसलिए भू–परिष्करण का इतिहास बहुत पुराना है। परन्तु कृषि के विकास से इस कार्य को सम्पादित करने तथा इससे सम्बन्धित विचारधारा में परिवर्तन होते आ रहे हैं। आदिकाल से मनुष्य द्वारा पत्थर तथा हक्री के बने हुए औजारों द्वारा भू–परिष्करण की समस्त क्रियाएं सम्पन्न की जाती रही है। कई सदियाँ व्यतीत होने पर इस कार्य को करने में भी सुधार हुए तथा नये–नये कृषि यंत्रों का विकास हुआ। कई शताब्दियों पश्चात् इस कार्य को करने के लिए बैल, घोड़े, ऊँटों आदि का प्रयोग मानव श्रम के स्थान पर किया जाने लगा। इसके पश्चात् लोहे का अविष्कार होने पर लोहे एवं लकड़ी के बने कृषि यंत्रों की सहायता से भू–परिष्करण की क्रियाएं की जाने लगी क्योंकि लोहे के औज़ारों का प्रयोग आसान था तथा इसमें टूट–फूट की सम्भावना बहुत कम होती है। विश्व के कई आदिवासी तथा अविकसित देशों में अभी भी आधुनिक युग में जुताई के यंत्र, मिट्टी पलटने वाले हल, कल्टीवेटर, हैरो तथा निराई–गुडाई के यन्त्रों से अनभिज्ञ है। वहाँ आज के इस मशीनीकरण के युग में भू–परिष्करण की क्रियाएं पुरानी प्रथा के अनुसार ही की जा रही है।

मध्यकाल (सत्रहवीं शताब्दी) के अंत तक भू–परिष्करण की क्रियाओं की जानकारी बहुत कम थी परन्तु आम प्रचलन के आधार पर ही की जाती थी। जेथ्रोटुल ने 1731 में ''न्यू हार्स होइंग हस्बेन्डरी'' नामक पुस्तक प्रकाशित की और भू–परिष्करण सम्बन्धी क्रियाओं के प्रभाव की जानकारी दी। उनका विचार था कि भू–परिष्करण क्रियाएं बहुत ही आवश्यक है क्योंकि मृदा के छोटे छोटे कणों को पौधे अपनी जड़ों द्वारा अवशोषण करते हैं। अत: भूपरिष्करण की क्रियाओं के द्वारा भूमि को जितना अधिक महीन बना दिया जाए पौधे उतनी ही अधिक मात्रा में भूमि के कणों को चूसकर अधिक से अधिक वृद्धि कर सकेंगे। जेथ्रोटुल ने अपनी इस पुस्तक में ''भूपरिष्करण ही खाद है'' के सिद्धान्त को प्रतिपादित किया। जेथ्रोटुल की इस धारणा के अनुसार अठारहवी सदी तक भूपरिष्करण की क्रियाएं की जाती रही परन्तु उन्नीसवी सदी के प्रारम्भ में इस विचारधारा को निर्मूल पाया।

भू–परिष्करण

19 वी सदी के प्रारम्भ में प्रीस्टले, लीविंग आदि वैज्ञानिकों ने यह सिद्ध किया कि भूपरिष्करण की क्रियाओं के फलस्वरूप मृदा में वायु संचार बढ़ जाता है जिससे मृदा में उपस्थित जीवांश पदार्थ तथा रासायनिक यौगिकों का ऑक्सीकरण आसानी से होता है। मृदा में उपस्थित पोषक तत्वों का घोल के रूप में पौधे की जड़ तंत्रों द्वारा अवशोषण होता है। इन वैज्ञानिकों ने जेथ्रोटुल की इस धारणा को सही बताया कि भूपरिष्करण क्रियाओं द्वारा मृदा में वायु संचार बढ़ जाता है जिससे मृदा में उपस्थित जीवांश पदार्थ तथा रासायनिक पदार्थों के ऑक्सीकरण की दर बढ़ जाती है जिसके परिणामस्वरूप इन तत्वों की पौधों को उपलब्धता आसानी से तथा अधिक मात्रा में होती है। इसके साथ ही साथ मृदा में वायुसंचार बढ़ने से पौधों की श्वसन क्रिया के लिए ऑक्सीजन की उपलब्धता बढ़ जाती है। अत: जेथ्रोटुल की पौधों के

द्वारा मिट्‌टी के कणों को चूसने की अवधारणा समाप्त कर दी।

उन्नीसवी सदी में अनेक वैज्ञानिकों ने भूपरिष्करण सम्बन्धी क्रियाओं के प्रभाव का व्यापक रूप से अध्ययन किया और अपनी–अपनी धारणायें रखी। प्रारम्भ में कुछ वैज्ञानिकों की राय थी कि जुताई करने से मृदा की अच्छी खुदाई हो जाने के कारण पौधों की जड़ें भूमि के अन्दर अधिक गहराई में चली जाती है तथा इनका विकास भी अधिक होता है। पौधे की जड़ें अधिक गहराई तक ले जाने के कारण इनका सम्बन्ध भूमि से होने के कारण पौधे मृदा में उपस्थिति पोषक तत्वों को आसानी से तथा अधिक मात्रा में ग्रहण कर लेते हैं। भूपरिष्करण की क्रियाओं से मृदा कण जड़ों के सम्पर्क में आ जाते हैं जिसके कारण मृदा जल का अवशोषण भी आसानी से होता है। टर्नर (1866) ने भूपरिष्करण से भूमि में ऐसी अवस्था उत्पन्न करने का माध्यम माना जिससे पौधे सुगमतापूर्वक ऊर्जा, नमी, पोषक तत्व, वायु आदि प्राप्त कर सके। स्वीट (1871) के अनुसार भूपरिष्करण का उद्‌देश्य केवल खरपतवारों को आसानी से नष्ट करने का ही होता है। जोहन्सन (1871) के अनुसार भूपरिष्करण से भूमि कणाकार ढीले हो जाते हैं। जिसके फलस्वरूप अनेक प्रकार की रासायनिक क्रियाएं सुचारू रूप से सम्पन्न हो जाती है, भूमि की भौतिक तथा रासायनिक संरचना में सुधार हो जाता है साथ ही साथ मृदा की जल धारण क्षमता बढ़ जाती है। डेवन पोर्ट (1881) का मत था कि भूपरिष्करण की क्रियाओं के फलस्वरूप मृदा सतह की कठोरता तथा ठोसपन समाप्त हो जाता है। जिसके फलस्वरूप मृदा में नमी को अधिक समय तक संरक्षित रखा जा सकता है जिससे पौधों में सूखा सहने की क्षमता बढ़ जाती है।

मृदा पौधों की जड़ों को आश्रय एवं पोषण प्रदान करती है इसलिए मृदा का भुरभुरा तथा ढीला रहना आवश्यक है जिससे पौधों की जड़ें मृदा में आसानी से प्रवेश कर सके परन्तु यह भी सत्य है कि मृदा इतनी अधिक ढ़ीली भी न हो कि पौधों की जड़ें मृदा में मजबूती से जम भी न सके। पौधों को अधिकांश पानी की आवश्यकता की पूर्ति मृदा द्वारा ही पूर्ण होती है तथा पौधों की वृद्धि एवं विकास के लिए भोजन आदि की आवश्यकता की पूर्ति भी पोषक तत्वों के रूप में मृदा द्वारा ही होती है।

परिभाषा (Definition)

भूपरिष्करण को निम्न रूप से परिभाषित किया गया है :–

''फसल उगाने के लिए भूमि को तैयार करने की वह पद्धति जिसके द्वारा मृदा में पौधों की वृद्धि एवं विकास के लिए सभी अनुकूल परिस्थितियों का निर्माण होता है, भूपरिष्करण कहलाता है।''

''भूपरिष्करण वह यांत्रिक क्रिया है जिसकी सहायता से पौधों की वृद्धि एवं विकास के लिए उपयुक्त वातावरण तैयार करना होता है।''

बेयर के अनुसार – ''पौधों के अंकुरण तथा वृद्धि के लिए उचित अवस्था प्रदान करने के लिए मृदातल पर की जाने वाली क्रियाओं को भूपरिष्करण कहते हैं।''

प्राचीन काल में भूपरिष्करण की क्रिया को कला (Art) के रूप में माना जाता था परन्तु आधुनिक समय में इसे विज्ञान (Science) के रूप मे माना जा रहा है। यह सत्य है कि पौधा भूमि पर उगाया जाता है। वह भूमि के माध्यम द्वारा अपनी वृद्धि एवं विकास के लिए समस्त आवश्यक तत्व जैसे नमी, वायु, पोषक तत्वों आदि को ग्रहण करता है और इनका प्रयोग भी मृदा से ही करता है। पौधों के स्वभाव के अनुसार आवश्यक रूप से मृदा का भुरभुरा रहना आवश्यक है जिससे पौधे की जड़ें आसानी से अधिक से अधिक गहराई तक जा सके तथा अपनी वृद्धि एवं विकास के लिए आवश्यक पोषक तत्व, नमी तथा वायु मृदा से ग्रहण कर सके। इस उद्देश्य को ध्यान में रखकर पौधों की वृद्धि के लिए अनुकूल वातावरण तैयार करने के लिए की जाने वाली कर्षण क्रियाओं को भूपरिष्करण कहते हैं। भूपरिष्करण के अन्तर्गत मृदा की सतह को उलट पलट करने वाली समस्त क्रियाएं जैसे जुताई, गुड़ाई, खोदना, चीरना, फाड़ना, पाटा या बेलन चलाना, समतल करना, मृदा को दबाना, निराई, पौधों पर मिट्टी चढ़ाना आदि क्रियाएं की जाती हैं।

भूपरिष्करण के प्रकार (Types of tillage)

भूपरिष्करण की क्रियाओं के आधार पर दो भागों में विभक्त किया गया है :-

(1) प्राथमिक भूपरिष्करण (Primary tillage), (2) द्वितीयक भूपरिष्करण (Secondary tillage)

(1) प्राथमिक भूपरिष्करण (Primary tillage) : प्राथमिक भूपरिष्करण वह क्रियाएं हैं, जो खेत में बीजों की बुआई करने के पहले की जाती है जैसे खेत की जुताई करना, बुआई करना, हैरो या कल्टीवेटर चलाना, भूमि को समतल करना, खाद या उर्वरकों को भूमि में मिलाना, पाटा लगाना आदि क्रियाएं प्राथमिक भूपरिष्करण की क्रियाएं कहलाती हैं।

(2) द्वितीयक भूपरिष्करण (Secondary tillage) : खेत की बुआई करने के उपरान्त फसल की कटाई करने तक जितनी भी क्रियाएं की जाती हैं वह द्वितीयक भूपरिष्करण कहलाती हैं। वर्षा अथवा सिंचाई के बाद खेत की पपड़ी तोड़ना, निराई, गुड़ाई, पौधों पर मिट्टी चढ़ाना आदि क्रियाएं द्वितीयक भूपरिष्करण की क्रियाएं कहलाती हैं।

प्राथमिक भूपरिष्करण के उद्देश्य (Objectives of primary tillage)

खेत में बीज बोने के लिए उपयुक्त वातावरण तैयार करने के लिए खेत की जुताई एक महत्वपूर्ण क्रिया है क्योंकि खेत की जुताई करने से बीजों के अंकुरण के लिए मृदा में उचित वायु संचार, मृदा नमी, मृदा तापमान आदि को सन्तुलित कर भूमि में अनुकूल वातावरण तैयार किया जाता है। प्राथमिक भूपरिष्करण के निम्न उद्देश्य हैं :-

1. मृदा में वायु संचार बढ़ाना (To increase soil aeration) : भूपरिष्करण क्रियाओं द्वारा मृदा में पर्याप्त मात्रा में वायु संचार बनाये रखा जाता है। मृदा के रन्ध्रकूपों में वायु तथा जल धारित रहता है। जुताई की क्रियाओं द्वारा मृदा के कणों को तोड़कर ऐसा बनाया जाता है कि मृदा में छोटे-छोटे कण मिलकर कणों का समुच्चय न तैयार कर लें। इस प्रकार जुताई की क्रिया द्वारा मृदा जल तथा वायु की पर्याप्त मात्रा मृदा में स्थिर रहे। मृदा में उपस्थित वायु बीजों के अंकुरण तथा श्वसन के लिए आवश्यक होती है। मृदा में पर्याप्त मात्रा में वायु उपस्थित होने से मृदा में पाये जाने वाले लाभदायक जीवाणुओं की क्रियाशीलता बढ़ जाती है जिससे कार्बनिक पदार्थों का विघटन तथा वायुमण्डल की स्वतन्त्र नत्रजन का भी स्थिरीकरण अधिक होता है। मृदा में 1-2 प्रतिशत ऑक्सीजन का होना आवश्यक है। जड़ों के आसपास 10-20 प्रतिशत कार्बन डाई ऑक्साइड विद्यमान होने पर जड़ों की वृद्धि रुक जाती है।

2. मृदा में कार्बनिक पदार्थों को मिलाना (Mixing of organic matter in the soil) : बुआई के पूर्व खेत में कार्बनिक खादें जैसे गोबर की खाद, कम्पोस्ट, खली की खादों को बिखेरने के पश्चात् खेत की जुताई करके अच्छी तरह से मिला देना चाहिए। कार्बनिक खादों को भूमि में जुताई करके अच्छी तरह से मिला देने से इनका विघटन होकर कार्बनिक अम्ल का निर्माण होता है और यह कार्बनिक अम्ल मृदा में अधिग्रहित पोषक तत्व अप्राप्य अवस्था से प्राप्य अवस्था में परिवर्तित हो जाते हैं। इसके अतिरिक्त इन खादों को भूमि में न मिलाया जाये तो इनके विघटन के फलस्वरूप इन कार्बनिक खादों में पोषकतत्वों की बहुत अधिक हानि हो जाती है। कार्बनिक पदार्थों तथा फसल अवशेषों को मृदा में मिलाने से पूर्व मृदा में पर्याप्त मात्रा में नमी रहना आवश्यक है क्योंकि मृदा नमी की उपस्थिति में कार्बनिक पदार्थों का विघटन शीघ्रता से होता है जिससे पौधों को पोषक तत्वों की उपलब्धता शीघ्र हो जाती है।

3. खरपतवारों का नियंत्रण (Control of weeds) : खेत में उपस्थित खरपतवारों को जुताई द्वारा उखाड़ देने से सूख जाते हैं जिससे खरपतवार नियंत्रण हो जाते हैं। मृदा की जुताई मिट्टी पलटने वाले हल से करने से भूमि पर उग रहे खरपतवार मिट्टी के अन्दर दब जाते हैं। इस प्रकार भूपरिष्करण क्रियाओं द्वारा खरपतवारों का नियंत्रण हो जाता है।

4. मृदा कटाव को रोकना (Control of soil erosion) : बिना जुताई की गई मिट्टी कठोर होने से वर्षा होने पर पानी मृदा के अन्दर बहुत कम मात्रा में सोखता है जिसके परिणामस्वरूप पानी बहने लगता है और उसके साथ मृदा भी बह जाती है। इस प्रकार मृदा की ऊपरी परत जो बहुत ही उपजाऊ होती है पानी के साथ बह जाती है। जुताई करने से मृदा

भुरभुरी तथा मुलायम हो जाती है तथा मृदा कणों के समुच्चय नहीं बनते। रंध्रकूपों का आकार बड़ा हो जाता है जिससे मृदा में पानी का संचार नीचे की सतह में होने लगता है। जुताई करने से मृदा की निछालन दर (Infilteration rate) तथा पारगम्यता (Permeability) बढ़ जाती है। जिसके परिणामस्वरूप पानी की बहुत अधिक मात्रा इन क्रियाओं द्वारा ग्रहण कर ली जाती है जिससे मृदा क्षरण का नियंत्रण हो जाता है।

5. मृदा की जलधारण क्षमता को बढ़ाना (To increase water holding capacity of the soil) : भूमि की जुताई कर देने से मृदा कण बारीक हो जाते हैं इसके उपरान्त पाटा लगाकर भूमि को दबा दिया जाता है। मृदा की ऊपरी सतह की जुताई कर देने से अधोसतह जहाँ पर अधिक मात्रा में नमी उपस्थित होती है, का सम्पर्क लगभग समाप्त हो जाता है। जिसके कारण मृदा में नमी की वाष्पोत्सर्जन द्वारा हानि कम हो जाती है। बारीक कणों के सम्पर्क में बीज आसानी से आ जाता है और बीज मृदा नमी का अवशोषण करके शीघ्रता से अंकुरित हो जाते हैं। बारीक कणों की मृदा अधिक मात्रा में जल का शोषण करती है। अत: जुताई करने से मृदा की जल धारण क्षमता में वृद्धि हो जाती है।

6. कीट एवं बीमारियों की रोकथाम (Control of insects, pest and diseases) : खेत की जुताई करने से कीटों को लारवा तथा अण्डे आदि भूमि ऊपर की ऊपरी सतह पर आ जाते हैं जिन्हें चिड़ियाँ तथा अन्य जानवर खा करके नष्ट कर देते हैं। भूमि की ग्रीष्म कालीन गहरी जुताई करने से भूमि के अन्दर पनपने वाले कीट एवं उनके अण्डे तथा लारवा, बीमारियों के परजीवी, सूत्रकृमि आदि अधिक गर्मी एवं तेज धूप से मर जाते हैं जिसके परिणामस्वरूप फसलों पर इनका प्रकोप कम हो जाता है। इस प्रकार कुछ हानिकारक फफूँदी तथा जीवाणु भी सड़े गले फसल अवशेषों तथा मिट्टी की सतह पर पड़े हुए अवशेषों तथा जैव पदार्थों पर पनपते तथा विकास करते हैं, जो फसल पर अपनी वृद्धि करने के लिए निवेश दृव्य (Inoculum) छोड़ देते हैं। चना तथा मसूर के झुलसा रोग को फैलाने वाली फफूँदी, गेहूँ के स्कब (Scub) रोग को फैलाने वाली फफूँदी आदि पूर्व फसल अवशेषों पर पनपते हैं। गेहूँ का स्कब रोग जिबरैला वंश के कवक द्वारा लगता है जिससे मूल विगलन (Root rot), पौध अंगमारी (Seedling blight), तना विगलन रोग व मक्का का विगलन रोग का प्रकोप हो जाता है। खेत में मक्का के डन्ठलों के पड़े रहने की स्थित में जब गेहूँ अथवा जौ की फसल को बुआई की जाती है। खेत में मक्का के इन डन्ठलों में उपस्थित कवकों के बीजाणुओं की उपस्थिति के कारण स्कैब रोग लग जाता है। इसलिए मक्का की कटाई के पश्चात् खेत मे बचे हुए डन्ठलों को अच्छी तरह से उखाड़ कर अथवा जला देने के बाद ही आगामी फसल की बुआई की जाती है।

द्वितीयक भूपरिष्करण के उद्देश्य (Objectives of secondary tillage)

द्वितीयक भूपरिष्करण की क्रियाएं करने के निम्न उद्देश्य हैं।

1. मृदा नमी को सुरक्षित रखना – खेत की निराई–गुड़ाई करके मृदा की सतह की रन्ध्र कोशिकाओं को अस्त व्यस्त कर देते हैं जिससे मृदा की ऊपरी सतह का निचली सतह से सम्पर्क समाप्त हो जाता है। इस प्रकार मृदा की निचली सतह में उपस्थित जल का वाष्पोत्सर्जन द्वारा हानि होने से रुक जाती है। इस प्रकार द्वितीयक भूपरिष्करण की क्रियाएं पलवार (Mulch) का कार्य करती हैं।

2. मृदा में वायु संचार को बढ़ाना – मृदा की निराई गुड़ाई कर देने से मृदा में वायु संचार बढ़ जाता है। जिससे मृदा में उपस्थिति लाभदायक जीवाणुओं की क्रियाशीलता बढ़ जाने से पोषक तत्वों की उपलब्धता भी बढ़ जाती है। मृदा में पर्याप्त मात्रा में वायु संचार बढ़ जाने से मृदा जड़ों की वृद्धि, विकास तथा क्रियाशीलता बढ़ने से नमी तथा पोषक तत्वों का अवशोषण बढ़ जाता है।

3. खरपतवारों को नष्ट करना : द्वितीयक भूपरिष्करण की क्रियाएं जैसे निराई करना, गुड़ाई करना, मिट्टी चढ़ाना आदि क्रियाएं करने से खरपतवार नष्ट हो जाते हैं। खेत से खरपतवारों के नष्ट हो जाने से फसल को मृदा में पोषक तत्व, नमी, प्रकाश आदि की उपलब्धता बढ़ जाती है जिससे फसल की अधिक से अधिक उपज प्राप्त हो जाती है। बहुत से

खरपतवार कीट तथा बीमारी को फैलाने का कार्य भी करते हैं जिनके नियंत्रण से फसल में कीटों एवं बीमारियों का प्रकोप कम हो जाता है।

4. पौधों को गिरने से बचाना : फसलों में मिट्टी चढ़ा देने से पौधों को गिरने से बचाया जा सकता है। गन्ने की फसल में मिट्टी चढ़ा देने से फसलों की वृद्धि अधिक होती है तथा फसल गिरने से बच जाती है। इसी प्रकार से आलू की फसल में मिट्टी चढ़ा देने से आलू के कन्दों का आकार तथा उपज में बढ़ोत्तरी हो जाती है।

भूपरिष्करण का प्रभाव (Effects of tillage)

भूपरिष्करण का मृदा में भौतिक, रासायनिक तथा जैविक क्रियाओं पर प्रभाव पड़ता है जिनका विवरण निम्नवत है।

(अ) मृदा की भौतिक क्रियाओं पर प्रभाव : मृदा की भौतिक दशा पर भूपरिष्करण की विभिन्न क्रियाओं का सीधा सम्बन्ध है। मृदा की भौतिक अवस्था का निर्माण करने वाले विभिन्न कारक भूपरिष्करण की क्रियाओं से प्रभावित होकर अलग-अलग प्रकार से पौधों की वृद्धि एवं विकास के लिए उपयुक्त वातावरण तैयार करते हैं। उचित भूपरिष्करण की क्रियाओं द्वारा मृदा में वायुसंचार, जलधारण क्षमता, जलशोषण की गति तथा नमी संरक्षण आदि में सुधार होने से पौधों की जड़ों की वृद्धि एवं विकास अधिक होती है तथा पौधे अधिक से अधिक मात्रा में नमी का शोषण कर लेते हैं। धान की फसल की रोपाई करने के लिए लेवा देने (Puddling) का मुख्य उद्देश्य मृदा में निछालन की हानि रोक कर मृदा में पानी रोकने की शक्ति में वृद्धि करना तथा खरपतवारों के नियंत्रण हेतु भूमि की भौतिक दशा में परिवर्तन करना होता है। ऐसी भूमियों में सरध्रंता बहुत कम हो जाती है। भूपरिष्करण की क्रियाओं का मृदा की भौतिक क्रियाओं पर निम्न प्रभाव पड़ता है -

1. भूपरिष्करण की क्रियाओं जैसे जुताई करके भूमि की ढीली तथा भुरभुरी बना देते हैं जिससे बीजों की बुआई हो सके तथा बीजों के जमाव के लिए अनुकूल स्थिति प्रदान की जा सके।
2. जीवांश खादों को भूमि में अच्छी तरह से मिलाना जिससे मृदा में शीघ्र विघटन होकर अधिक से अधिक पोषक तत्व पौधों को शीघ्रता से उपलब्ध हो सके।
3. खादों, उर्वरकों, फसल अवशेष, रसायनों तथा भूमि सुधारकों को भूमि में अच्छी प्रकार मिलाना तथा पौधों को उपयोगी बनाने के लिए उपयुक्त दशायें उपलब्ध करना।
4. मृदा में ताप तथा वायु संचार को नियंत्रित करना जिससे फसलों की अधिक से अधिक वृद्धि हो सके।
5. मृदा की सरध्रंता में वृद्धि करके जल की पारगम्यता (Permeability) को बढ़ाना।
6. मृदा की अन्त:स्रवण में वृद्धि करके अधिक से अधिक मात्रा में नमी का संरक्षण करना।
7. मृदा की जल शोषण क्षमता को बढ़ाना जिससे वर्षा अथवा सिंचाई जल का अवशोषण अधिक से अधिक हो। मृदा की जल धारण क्षमता में वृद्धि हो।
8. मृदा पलवार (Soil Mulch) का कार्य करके मृदा में वाष्पीकरण द्वारा होने वाले जल की हानि तथा जल अपवाह को रोकना।
9. मृदा क्षरण का नियंत्रण करना।
10. मृदा की संरचना में सुधार करना।
11. खरपतवारों का नियंत्रण करके मृदा की उर्वरा शक्ति को बढ़ाना।

(ब) मृदा की रासायनिक क्रियाओं पर प्रभाव : भूपरिष्करण की क्रियाओं द्वारा मृदाओं में रासायनिक दशा जैसे मृदा समुच्चयन (Soil aggregates) में जीवांश पदार्थों के विघटन तथा आवश्यक पोषक तत्वों के स्थिरीकरण एवं इनकी उपलब्धता प्रभावित होती है। इन क्रियाओं द्वारा नत्रजन, घुलनशील फासफोरस अम्ल तथा विनिमेय पोटास

की उपलब्धता बढ़ जाती है। मृदा की जुताई न करने से मृदा में अवायुवीय अपघटन (Anaerobic decomposition) होने से अनेक प्रकार के विषाक्त पदार्थ निर्मित होकर मृदा की अवस्था को प्रभावित करते हैं। इस परिस्थिति में कार्बनिक पदार्थ का विघटन न होकर सड़ाव की क्रिया होती है जिससे मृदा में कार्बन डाई ऑक्साइड मृदा कणों में अवशोषित होकर कार्बोनेट तथा हाइड्रोक्साइड बनाती है जिनके परिणामस्वरूप मृदा में फासफोरस की प्राप्यता कम हो जाती है। भूपरिष्करण की क्रियाओं का मृदा की रासायनिक क्रियाओं पर निम्न प्रभाव पड़ता है –

1. मृदा अपक्षय की क्रियाओं में वृद्धि हो जाती है।
2. कार्बनिक पदार्थों के विघटन तथा यौगिकीकरण के फलस्वरूप मृदा में पौधों के पोषक तत्वों की उपलब्धता बढ़ जाती है।
3. मृदा में रासायनिक परिवर्तन, फसल अवशेष तथा कृषि रसायनों के प्रयोग के कारण उत्पन्न होने वाली विषाक्तता के प्रभाव को कम किया जा सकता है।
4. समस्याग्रस्त भूमियों जैसे लवणीय तथा क्षारीय भूमियों को सुधारा जा सकता है।

(स) मृदा में जैविक क्रियाओं पर प्रभाव : भूपरिष्करण की क्रियाओं के द्वारा मृदा में वायु संचार बढ़ने के कारण कार्बन डाई ऑक्साइड का वायुमण्डल की ऑक्सीजन के साथ आसानी से विनिमय हो जाता है। मृदा में ऑक्सीजन की 2 प्रतिशत से कम मात्रा होने पर पौधों की जड़ों की वृद्धि रुकने लगती है जबकि कार्बन डाई ऑक्साइड की मात्रा 10 प्रतिशत से अधिक होने पर पौधों की जड़ों की क्रियाशीलता प्रभावित हो जाती है। मृदा में पर्याप्त मात्रा में वायु संचार होने से उपस्थिति लाभदायक सूक्ष्म जीवाणुओं की क्रियाशीलता बढ़ जाती है। जिसके फलस्वरूप मृदा में उपस्थिति पोषक तत्व की प्राप्यता बढ़ जाती है तथा पोषक तत्वों का स्थिरीकरण भी कम हो जाता है। मृदा में पर्याप्त वायु संचार न होने पर कार्बन डाई ऑक्साइड जल के साथ क्रिया करके मृदा विषाक्तता के कारण मूलरोम मर जाते हैं जिसके कारण जड़े माँसल तथा मोटी हो जाती हैं। भूपरिष्करण की क्रियाओं का मृदा की जैविक क्रियाओं पर निम्न प्रभाव पड़ता है –

1. मृदा को निश्चित गहराई तक ढ़ीला तथा भुरभुरा कर देने से पौधों की जड़े आसानी से मृदा में प्रवेश करने के लिए उचित दशा तैयार हो जाती है जिससे जड़ों को मृदा में प्रवेश करने के लिए कम से कम ऊर्जा की आवश्यकता होती है। पौधों की जड़े गहराई तक जाकर अधिक से अधिक मात्रा में पोषक तत्वों तथा नमी का ग्रहण कर सकती हैं।
2. मृदा में भूपरिष्करण क्रियाएं करने से ऑक्सीजन की उपलब्धता बढ़ जाती है। जिसके फलस्वरूप मृदा में लाभदायक जीवाणुओं की क्रियाशीलता बढ़ जाती है।
3. दलहनी फसलों में भूपरिष्करण की क्रियाएं करने से नत्रजन स्थिरीकरण करने वाले जीवाणुओं की क्रियाशीलता बढ़ने से वायुमण्डल की नत्रजन का अधिक मात्रा में स्थिरीकरण होता है जिससे मृदा की उर्वरा शक्ति में वृद्धि हो जाती है।
4. भूपरिष्करण की क्रियाओं द्वारा खरपतवारों का भूमि के अन्दर दबाना, उनके अंकुरण को रोकना तथा अवांछित उगे हुए पौधों को नष्ट करना।
5. बीजों के अंकुरण के समय बीजांकुरों के शीघ्र तथा एक समान रूप से उगाने की स्थिति प्रदान करना।
6. मृदा में उपस्थित लाभदायक जीवाणुओं की क्रियाशीलता के लिए उपयुक्त दशा प्रदान करके उनकी क्रियाशीलता बढ़ाना।
7. मृदा में लाभदायक सूक्ष्म जीवाणुओं द्वारा पोषक तत्वों का यौगिकीकरण कम हो जाता है जिससे अधिक से अधिक मात्रा में पोषक तत्व पौधों को उपलब्ध हो जाते हैं।

8. फसलों पर हानि पहुँचाने वाले कीट, सूँडी आदि भूपरिष्करण की क्रियाओं द्वारा समाप्त हो जाते हैं तथा फसलों पर लगने वाली बीमारियों के विषाणु भी समाप्त हो जाते हैं। फसल की कटाई के उपरान्त खेत की ग्रीष्मकालीन जुताई कर देने से कीटों के अण्डे तथा लारवा, बीमारियों के परजीवी तथा सूत्रकृमि तेज धूप तथा अधिक गर्मी से नष्ट हो जाते हैं जिससे आगामी फसल पर इनका प्रकोप कम हो जाता है।
9. पौधों की जड़ों को काटना, छांटना, पौधों पर मिट्टी चढ़ाना, कन्दों वाली फसल में मिट्टी चढ़ाने से पौधे गिरते नहीं है जिससे फसल की उपज में काफी वृद्धि हो जाती है।

भूपरिष्करण से हानियाँ (Disadvantages of tillage)

भूपरिष्करण फसलोत्पादन के लिए अत्यन्त आवश्यक होने के साथ–साथ बहुत सी हानियाँ भी है इनका प्रमुख कारण इन क्रियाओं को न किया जाना। भूपरिष्करण से निम्नलिखित हानियाँ भी हैं –

1. भूपरिष्करण की क्रियाएं उचित नमी की दशा में न करने पर बड़े–बड़े ढेले बन जाते हैं जिससे मृदा की भौतिक दशा खराब हो जाती है।
2. बार–बार भूपरिष्करण की क्रियाएं करने से मृदा के कण एक दूसरे से अलग हो जाते हैं जिन्हें वायु तथा पानी आसानी से बहा ले जाती है। इस प्रकार मृदा में जल तथा वायु क्षरण अधिक होता है।
3. अधिक समय तक लगातार भूपरिष्करण क्रियाएं करते रहने से मृदा के कणों की संरचना बिगड़ जाती है। जिसके फलस्वरूप मृदा में जीवांश पदार्थों का विघटन तीव्र होने लगता है। बार–बार ट्रैक्टर द्वारा जुताई करने से मृदा सतह अधिक दब जाती है जिसके कारण मृदा की जल धारण क्षमता तथा वायु संचार कम हो जाता है।
4. एक निश्चित अवस्था के पश्चात् भूपरिष्करण की क्रियाएं करने से पौधों की जड़ों पर प्रतिकूल प्रभाव पड़ता है।
5. भूपरिष्करण की क्रियाओं को करने से खरपतवारों की जड़ें, कन्द, प्रकन्द तथा वानस्पतिक भाग यन्त्रों मे फंसकर एक खेत से दूसरे खेत तक पहुँच जाते हैं। भूपरिष्करण की क्रियाओं द्वारा मिट्टी भुरभुरी हो जाने से खरपतवार जैसे दूबघास की वृद्धि के लिए अनुकूल वातावरण तैयार हो जाता है। इस प्रकार भूपरिष्करण की क्रियाओं द्वारा खरपतवारों के फैलने में सहायता प्रदान करती है।
6. भूपरिष्करण की क्रियाएं वायरस बीमारी से ग्रसित फसल में करने से वायरस के जीवाणु कृषि यन्त्रों में चिपक जाते हैं जिसका प्रयोग दूसरे खेत में करने पर बीमारी फैलने में सहायता मिलती है।
7. बलुई, बलुई दोमट तथा दोमट मृदाओं में भूपरिष्करण की क्रियाएं अधिक करने से मृदा की नमी का ह्रास हो जाता है तथा मृदा की उर्वरता भी नष्ट हो जाती है। इसके विपरीत भारी तथा मटियार भूमियों में उचित नमी की दशा में भूपरिष्करण की क्रियाएं न करने पर भूमि की भौतिक दशा बिगड़ जाती है। जिससे पौधों की वृद्धि नहीं हो पाती और उपज घट जाती है।
8. मृदा में अनेक प्रकार की जैविक क्रियाओं का मृदा में वायु संचार कम होने से हानिकारक प्रभाव पड़ता है। कार्बनिक पदार्थों के विघटन में होने वाली ऑक्सीकरण की क्रियाएं ऑक्सीजन के अभाव में सम्पन्न नहीं होने पाती हैं।

   जिसके कारण पौधे अनेकों विषैली गैसों के सम्पर्क में आ जाते हैं। बार–बार जुताई करने से कार्बनिक पदार्थ मृदा की ऊपरी सतह पर आकर ऑक्सीकरण की क्रियाएं होने से पोषक तत्व शीघ्र नष्ट हो जाते हैं।
9. फसल काटने के बाद खेत की जुताई करने से फसलों तथा खरपतवारों के बीज भूमि की निचली सतह में चले जाते हैं जो अनुकूल मौसम में उग आते हैं जिसके कारण फसल में खरपतवारों की समस्या हो जाती है तथा फसल का शुद्ध बीज प्राप्त नहीं हो पाता है।

भूपरिष्करण की क्रियाओं के प्रकार (Types of tillage operations)

भूपरिष्करण की क्रियाएं निम्न प्रकार की होती हैं :-

(1) जुताई करना (Ploughing) : फसल की कटाई के पश्चात अथवा खाली खेत की मिट्टी को काटना अथवा उलट पुलट कर देने की क्रिया को जुताई कहते हैं। इस क्रिया में ऊपर की मिट्टी नीचे तथा नीचे की मिट्टी ऊपर आ जाती है। खरपतवार तथा वनस्पति मृदा में दब जाती है। मिट्टी का कटाव एल (L) अथवा यू (U) आकार का हो सकता है।

उपयुक्त समय पर जुताई करने से मृदा में उपस्थित खरपतवार नष्ट हो जाते हैं। जुताई करने से फसलों की बुआई के समय मिट्टी भुरभुरी तथा दानेदार रहती है। जिसके परिणामस्वरूप बीजों का जमाव अच्छी तरह से होता है और खेत में उपयुक्त मात्रा में पौध विन्यास होने से अधिक उपज भी प्राप्त होती है। सघन फसल पद्धति में बहुत कम समय खेत की जुताई के लिए मिल पाता है। कुछ फसलों जैसे मक्का तथा ज्वार की कटाई के बाद जुताई करना अत्यन्त आवश्यक होता है क्योंकि इन फसलों में पुनर्वृद्धि की क्षमता होती है जिसके कारण बाद में जुताई करने से काफी परेशानी उठानी पड़ती है।

खेत में उपयुक्त नमी की दशा में जुताई की क्रिया करने पर भूमि की भौतिक दशा में सुधार होता है। मृदा में कम नमी अथवा सूखे खेत की जुताई करने पर ढेले बन जाते हैं जिसके परिणामस्वरूप बीजों का जमाव कम होता है। प्रत्येक प्रकार की मृदा के लिए भिन्न-भिन्न प्रकार की नमी की दशा के अनुसार जुताई करनी पड़ती है। उचित नमी की दशा में जुताई करने पर कम मात्रा में ऊर्जा/शक्ति की आवश्यकता होती है।

जुताई की गहराई का भी मृदा की संरचना सुधारने में काफी बड़ा योगदान है। ग्रीष्मकालीन जुताई सदैव मिट्टी पलटने वाले हल से गहरी की जाती है जिसका उद्देश्य मृदा को अधिक से अधिक सूर्य के प्रकाश में लाना होता है जिसके फलस्वरूप मृदा में उपस्थिति खरपतवारों के बीज, खरपतवारों के पौधे, कीटों के अण्डे एवं लारवा, बीमारियों के परजीवी तथा सूत्रकृमि तेज धूप तथा अधिक गर्मी से नष्ट हो जाते हैं। खरपतवारों से अधिक प्रभावित खेतों की गहरी जुताई करना आवश्यक होता है। बलुई भूमियों में फसल अवशेष तथा कार्बनिक पदार्थों को मृदा की गहराई में दबाने से भूमि की रासायनिक संरचना में सुधार हो जाता है तथा इन पदार्थों का विघटन भी तेज हो जाता है। बारानी दशाओं में गहरी जुताई करने से मृदा में नमी की अधिक मात्रा संरक्षित की जा सकती है। उथली जड़ वाली फसलों की अपेक्षा अधिक गहरी जड तन्त्रों वाली फसलों की गहरी जुताई करना लाभप्रद होता है क्योंकि भूमि भुरभुरी होने से पौधों की जड़ें आसानी से मृदा की गहराई तक चली जाती हैं जिससे मृदा से नमी तथा पोषक तत्वों का शोषण अधिक मात्रा में कर लेती हैं। कपास की काली भूमियों में कपास तथा तम्बाकू की फसल में गहरी जुताई करने से फसल की अधिक उपज प्राप्त होती है। गन्ना की फसल की भी गहरी जुताई लाभदायक होती है। मक्का, ज्वार, बाजरा, गेहूँ, लघुधान्य, तिल, चना आदि फसलों की उथली जुताई करना लाभप्रद होती है। जिन मृदाओं की निचली सतह में कंकड़ की परत होती है उनकी गहरी जुताई करके कंकड़ की परत को तोड़ने से मृदा में निछालन की दर बढ़ जाती है जिससे इन मृदाओं का सुधार हो जाता है।

अच्छी जुताई के लिए आवश्यक शर्तें (Essentials for good ploughing)

अच्छी जुताई के लिए निम्न बातों पर ध्यान देना आवश्यक है :-

1. मृदा में नमी उचित मात्रा में होना आवश्यक है। जुताई के समय अधिक अथवा कम नमी होने पर मृदा में ढ़ेले बन जाते हैं जिससे मृदा की भौतिक संरचना खराब हो जाती है। मृदा में आवश्यक तथा उचित मात्रा में नमी होने को ओट (ज्पसजी) कहते हैं। मृदा में ओट वह बिन्दु होता है जिस पर जुताई करने से मृदा की भौतिक दशा को ठीक से रखा जा सकता है। इस बिन्दु पर जुताई करने से कृषि यन्त्र आसानी से भूमि में धंसते हैं, खिंचाव कम लगता है, ढ़ेले कम बनते हैं जिससे भूमि में एक स्थिर समुच्चय का निर्माण होता है। इसके विपरीत मृदा में कम अथवा अधिक नमी होने पर खिंचाव अधिक लगता है तथा ढेले अधिक बनते हैं जिससे भूमि की भौतिक दशा खराब हो जाती है।

2. अच्छी जुताई करने के लिए हल पूर्णरूप से कसा हुआ, फाल पैना तथा उसकी स्थिति सही होनी चाहिए। अच्छे प्रकार के कृषि यंत्रों से जुताई अच्छी होती है तथा खिंचाव भी कम पड़ता है।

3. जुताई करते समय मौसम इस प्रकार का होना चाहिए कि उसमें कार्य करने वाले मनुष्य, पशु तथा मशीनों को कठिनाई न हो। जुताई के समय तेज हवा, वर्षा एवं तेज धूप से ठीक प्रकार से कार्य नहीं हो पाता है।

4. अच्छी जुताई के लिए मृदा गहरी होनी चाहिए। अधिक छोटे-छोटे खेतों में भी कृषि यंत्रों के बार-बार मुड़ने से श्रम शक्ति का नुकसान होता है तथा समय अधिक लगता है इसलिए जुताई के लिए खेत सदैव समतल तथा आयताकार होना चाहिए।

अच्छी जुताई के गुण (Quality of good ploughing)

अच्छी जुताई के निम्न गुण होने चाहिए-

1. खेत में कोई स्थान बिना जुताई के नहीं रहना चाहिए।
2. जुताई पूरे खेत में एक समान गहराई पर होनी चाहिए।
3. कूँडों का शीर्ष ऊँचा-नीचा अथवा उबड़-खाबड़ होना चाहिए।
4. जुताई के समय बड़े-बड़े ढ़ेले नहीं बनने चाहिए।
5. मृत कूँड (Dead furrow) पूर्णरूप से खुले तथा स्पष्ट होने चाहिए।
6. खरपतवार तथा फसल अवशेष पूर्णरूप से दब जाने चाहिए।
7. खेत के कोने अथवा किनारे पूर्णरूप से जुताई किये हुए होने चाहिए।
8. जुताई के समय खेत की मिट्टी मेड़ों अथवा किनारे पर इकट्ठी नहीं होनी चाहिए।

2. हेरो चलाना (Harrowing) : जुताई की क्रिया में मिट्टी की पलटाई की जाती है जिसके कारण भूमि में ढ़ेले बन जाते हैं। मृदा में ढेले बनने से बीजों के अंकुरण के लिए तथा उसकी वृद्धि के लिए अनुकूल स्थितियाँ प्रदान नहीं हो पाती हैं। बीजों के अंकुरण तथा उनके वृद्धि के लिए अनुकूल स्थितियाँ बनाने के उद्देश्य से ढ़ेलों को तोड़ना, फसल अवशेष को निकालना, खरपतवारों को निकालना तथा उनको नष्ट करना एवं भूमि को समतल करना आदि क्रियाएं हैरो (Harrowing) द्वारा की जाती हैं।

3. कल्टीवेटर चलाना (Cultivating) : फसलों की बुआई अथवा रोपाई के उपरान्त खेत में वर्षा या सिंचाई के पश्चात् भूमि की गुड़ाई करना, खरपतवारों को नष्ट करना, फसलों का विरलीकरण (Thinning) करना, मिट्टी चढ़ाना, बुआई के पश्चात् छिड़कवाँ विधि से प्रयोग की गई खादों को भूमि में मिलाना, पौधों के भूमिगत भागों की वृद्धि एवं विकास के लिए की जाने वाली समस्त क्रियाएं कल्टीवेटर चलाना (Cultivation) के अन्तर्गत आती हैं। इन समस्त क्रियाएं को सम्पन्न करने के लिए दो फालों वाले यंत्रों को जिनके फालों के बीच की दूरी घटाने अथवा बढ़ाने की व्यवस्था होती है, प्रयोग किये जाते हैं।

4. बीज शैय्या तैयार करना (Seed bed preparation) : बीज शैय्या (Seed bed) वह स्थान है जहाँ बीज अंकुरित होते हैं तथा वृद्धि करके जड़ों की सहायता से पोषकतत्व, जल तथा वायुग्रहण करते हैं। बीज शैय्या की तैयारी करके पौध की खेत में सीधे रोपाई की जाती है।

बीज शैय्या तैयार करने के लिए फसल की कटाई के बाद एक बार मिट्टी पलटने वाले हल से गहरी जुताई की जाती है इसके पश्चात् कल्टीवेटर अथवा देशी हल अथवा हैरो की सहायता से खेत की तैयारी बीजों के आकार के अनुसार करके भूमि को अच्छी तरह से भुरभुरी बना लिया जाता है। बहुत पतले तथा छोटे बीजों वाली फसलें जैसे साँवा, कोदों, तिल, लूसर्न, बाजरा आदि फसलों की बुआई के पूर्व अच्छी तरह से भूमि भुरभुरी कर ली जाती है जबकि ज्वार के लिए

औसत प्रकार की भूमि की तैयारी करते हैं तथा मक्का, चना, कपास के लिए बीज शैय्या के निर्माण में खेत कुछ ढ़ेलेनुमा रखा जाता है। इस प्रकार बीज शैय्या का निर्माण करने से बीज दर अधिक रखी जाती है। अच्छी भुरभुरी मृदा बनाने के लिए रोलर या पाटा चलाकर ढ़ेले तोड़ देने चाहिए। बीज शैय्या का निर्माण करते समय फसल की किस्म, मृदा की किस्म, जलवायु, फसल पद्धति आदि पर निर्भर करती है।

हल्की भूमियाँ जैसे बलुई तथा लाल भूमियों में हल्की जुताई करने से मृदा भुरभुरी हो जाती है। जबकि भारी भूमियों में मृदा को भुरभुरा करने के लिए कई जुताइयाँ तथा पाटा आदि लगाकर किया जाता है इन भूमियों में वर्षा हो जाने के बाद सूखने पर दरारें पड़ जाती है जिसके कारण वर्षा का जल कम मात्रा में सोखती हैं और भूमि क्षरण से मृदा की ऊपरी परत की उपजाऊ मिट्टी बह जाती है। एक आदर्श बीज शैय्या के निम्नलिखित उद्देश्य होते हैं –

1. बीजों के अधिक से अधिक जमाव के लिए उपयुक्त स्थिति तैयार करना जिसमें बीज नम मिट्टी के सम्पर्क में आ जाये।
2. मृदा में बीजों के जमाव के लिए उचित तापमान प्रदान करना।
3. मृदा की जल शोषण तथा जलधारण क्षमता में वृद्धि करना।
4. पौधों तथा जड़ों की वृद्धि के लिए उचित वायु प्रदान करना तथा हानिकारक गैसों को बाहर निकालना।
5. मृदा में वायु संचार बढ़ने से दलहनी फसलों की जड़ों में पाये जाने वाले राइजोबियम जीवाणुओं की क्रियाशीलता को बढ़ाकर अधिक से अधिक नत्रजन का स्थिरीकरण करना।
6. पौधों की उचित वृद्धि के लिए आवश्यक पोषक तत्वों की प्राप्यता में वृद्धि करना।

अच्छी बीज शैय्या की विशेषताएं (Characteristic of good seed bed)

अच्छी बीज शैय्या की निम्नलिखित विशेषताएं होनी चाहिए –

1. खेत समतल तथा मिट्टी भुरभुरी होनी चाहिए।
2. बीजों के जमाव के लिए पर्याप्त मात्रा में नमी उपलब्ध होनी चाहिए।
3. खेत साफ सुथरा होना चाहिए यदि खेत में खरपतवार तथा पूर्व फसल के अवशेष आदि हो तो उन्हें निकालकर अलग कर देना चाहिए।
4. शीतकालीन फसलों की बीज शैय्या के लिए मृदा अच्छी तरह से भुरभुरी होनी चाहिए जिससे बीज मृदा नमी के सम्पर्क में आकर शीघ्र ही अंकुरण कर सके।
5. फसल की किस्म तथा बीजों के आकार के अनुसार ही मृदा भुरभुरी होनी चाहिए। आवश्यकता से अधिक मिट्टी को भुरभुरा कर देने से मृदा क्षरण को बढ़ावा मिलता है।
6. बुआई के पूर्व छिड़काव विधि से प्रयोग की जाने वाली खाद तथा उर्वरकों को मृदा में अच्छी तरह से मिला देना चाहिए।
7. खेत में आवश्यकतानुसार सिंचाई तथा जल निकास की नालियों की व्यवस्था होनी चाहिए।
8. मृदा में कार्बनिक खादों जैसे हरी खाद आदि का प्रयोग करने के बाद मृदा को पूर्णरूप से दबा देना चाहिए। अधिक मात्रा में भूपरिष्करण की क्रियाएं करने से मृदा में दबे हुए फसल अवशेष ऊपर आ जाते हैं।

पौधशाला तैयार करने के लिए खेत तैयार करना (Preparation of field for raising nursery)

पौधशाला वह स्थान है जहाँ पर बीजों का अंकुरण हो जाने के पश्चात् पालन पोषण तब तक किया जाता है जब तक कि पौधे नये स्थान पर रोपण योग्य वृद्धि नहीं कर लेते हैं। बहुत सी फसलों की बुआई न करके रोपाई ही की जाती है

और उन फसलों की सर्वप्रथम पौधशाला तैयार की जाती है इसके पश्चात् पौध की वृद्धि हो जाने के बाद खेत में रोपाई कर दी जाती है कुछ विशेष प्रकार की फसलों जैसे धान, तम्बाकू, फूलगोभी, पातगोभी, बैंगन, टमाटर, मिर्च आदि की पौध पौधशाला में तैयार करने के पश्चात् ही रोपाई की जाती है। इस प्रकार से इन फसलों का जीवन चक्र दो चक्रों में पूर्ण होता है प्रथम चक्र में पौधशाला में तथा द्वितीय चक्र खेत में। निम्न प्रकार की फसलों की पौधशाला तैयार की जाती है -

1. जिन फसलों का बीज बहुत छोटा होता है तथा बीज की मात्रा भी बहुत कम होती है जैसे तम्बाकू।
2. बीजों से निकलने वाला प्रांकुर इतना छोटा तथा कोमल हो जिसको अधिक देखरेख की अधिक आवश्यकता होती हो जैसे तम्बाकू।
3. बीज बहुत अधिक महंगा हो जैसे-फूल गोभी, पातगोभी, तम्बाकू आदि।
4. बीज की बुआई बहुत कम गहराई पर की जानी हो तथा अधिक नमी की आवश्यकता हो।
5. किसी कारण से बुआई में विलम्ब हो रहा हो अथवा बुआई करना सम्भव न हो।
6. पौधों की प्रारम्भिक अवस्था में जड़ों की काट-छांट करना आवश्यक हो।
7. बीजों का वजन हल्का अथवा रोमयुक्त होने से हल्की हवा चलने की अवस्था में सही स्थान पर न पड़ रहा हो।

पौधशाला तैयार करने की आवश्यक शर्तें (Prerequisite for raising nursery)

पौधशाला तैयार करने के लिए निम्नलिखित बातें ध्यान में रखनी चाहिए -

1. पौधशाला तैयार करने वाला क्षेत्र खेत के पास में ही होना चाहिए।
2. पौधशाला बनाने वाली भूमि बलुई होनी चाहिए यदि भारी मृदा हो तो 100 बैलगाड़ी प्रति हैक्टेअर की दर से बालू डालकर ऊपरी सतह पर मिला देनी चाहिए।
3. पौधशाला सदैव ऊँचे स्थान पर ही बनानी चाहिए तथा खेत समतल होना चाहिए जिससे आवश्यकता से अधिक पानी जल निकास द्वारा निकल जाए।
4. पौधशाला की मिट्टी में कंकड़-पत्थर नहीं होने चाहिए तथा मृदा लवणीयता से प्रभावित नहीं होनी चाहिए।
5. पौधशाला बनाने के पूर्व रबी की फसल की कटाई के बाद ग्रीष्म काल में एक बार मिट्टी पलटने वाले हल से गहरी जुताई कर देनी चाहिए। ग्रीष्मकालीन जुताई करने से मृदा में उपस्थिति खरपतवार, कीटों के अण्डे तथा लारवा एवं बीमारियों के परजीवी अधिक गर्मी एवं तेज धूप से नष्ट हो जाते हैं।
6. पौधशाला बनाने के पूर्व खेत की अच्छी तरह से जुताई करके भूमि भुरभुरी बना देनी चाहिए तथा खरपतवारों एवं पूर्व फसल के अवशेषों को निकालकर साफ कर देना चाहिए।
7. आखिरी जुताई के पहले 20 टन प्रति हैक्टेयर की दर से कार्बनिक खादें जैसे गोबर की खाद, कम्पोस्ट तथा खली की खाद को फैलाकर अच्छी तरह से भूमि में मिला देनी चाहिए।
8. पौधशाला का आकार रोपाई किये जाने वाले क्षेत्रफल का 1/20 से 1/80 वें हिस्से का होता है।
9. प्रत्येक पट्टी की चौड़ाई 1 मीटर, ऊँचाई मृदा सतह से 15 सेमी तथा लम्बाई आवश्यकतानुसार परन्तु 10 मीटर से अधिक नहीं रखी जाती है।
10. पट्टी के ऊपर की सतह दोनों किनारे पर ढालू तथा बीच में उभरी हुई रखते हैं जिससे वर्षा अथवा सिंचाई का पानी आवश्यकता से अधिक न रुकने पाये।
11. दो पट्टियों के बीच में 30 सेमी का स्थान रखने से पौधशाला में की जाने वाली कृष्य क्रियाएं आसानी से सम्पन्न की जा सकती हैं।

12. बुआई के पश्चात् बीजों को फसल अवशेष तथा धान के पुआल आदि से ढ़क देने से मृदा से नमी का ह्रास कम होता है तथा वर्षा होने की दशा में बीज बहता नहीं है।
13. पौधशाला को आवश्यकतानुसार हजारे (झारे) से नम करते रहना चाहिए।
14. पौधशाला में आवश्यकतानुसार उर्वरकों का प्रयोग करते रहना चाहिए।
15. पौधशाला में खरपतवार होने पर हाथों द्वारा निराई करके निकालते रहना चाहिए।
16. जब पौध 25–30 दिन की अथवा पौध में 3–4 पत्तियाँ निकल आये तब पौध रोपण के लिए तैयार हो जाती है।
17. पौध उखड़ने के 3–4 दिन पूर्व पानी की कम मात्रा कर देने से पौध की जड़ें मजबूत हो जाती हैं।
18. पौधशाला में पौध अधिक घनी नहीं होनी चाहिए अन्यथा पौध कमजोर होने पर रोपित किये गये पौधों की वृद्धि अच्छी नहीं होगी।
19. पौधशाला में बीमारियों के नियंत्रण के लिए बॉरडाक्स मिश्रण अथवा उपयुक्त कवकनाशी रसायन का छिड़काव कर देना चाहिए। इसी प्रकार पौधशाला में कीटों आदि का प्रकोप हो रहा हो तो तुरन्त कीटनाशी रसायनों का छिड़काव करके नियंत्रित कर देना चाहिए।

पौधशाला से लाभ (Advantages of raising nursery)

पौधशाला से निम्नलिखित लाभ हैं –

1. कोमल पौधों को छोटे क्षेत्र पर उगाने से बड़े क्षेत्र की अपेक्षा कम देखरेख की आवश्यकता होती है।
2. छोटे आकार वाले बीजों की खेत में बुआई करने में असुविधा होती है। इसलिए पौधशाला द्वारा इस प्रकार की फसलों के बीजों की बुआई करने में आसानी रहती है।
3. पौधशाला में पौध तैयार करने से बीज, समय तथा भूमि की बचत हो जाती है।
4. पौधशाला में उगाये गये पौधे स्वस्थ तथा खेत में इनकी वृद्धि अधिक होती है।
5. खेत में पौधों का जीवन काल कम हो जाता है जिससे फसलों पर होने वाला लागत–व्यय कम हो जाता है।
6. सघन फसल पद्धति में पौध की रोपाई करने से कम समय में अधिक से अधिक फसलें उगाई जा सकती है।
7. एक फसल की कटाई के बाद दूसरी फसल की रोपाई तक भूमि को तैयार करने का काफी समय मिल जाता है।
8. पौधशाला में पौध पर लगने वाले हानिकारक कीट तथा बीमारियों पर कम खर्चे में आसानी से नियंत्रण किया जा सकता है।
9. पौधशाला द्वारा फसल को उगाने में लागत में कमी होने पर अधिक लाभ प्राप्त होता है।
10. पौधशाला द्वारा फसलों का उगाने में सस्य गहनता बढ़ जाती है।
11. पौधशाला में पौधों को प्रतिकूल वातावरण जैसे अधिक गर्मी, धूप, वर्षा आदि से बचाना आसान रहता है।

नम भूमियों में खेत की तैयारी (Tillage for wet land soil)

जलाक्रान्त वाली भूमियों अथवा जिन क्षेत्रों में वर्षा ऋतु में पानी भर जाने की सम्भावना रहती है वहाँ पर भूमि की तैयारी कुछ अलग तरह से की जाती है। नम और निचले क्षेत्रों में मुख्यत: धान, प्याज तथा मंडुआ की फसलें उगाई जाती हैं जबकि तम्बाकू, टमाटर, बैंगन, गोभी के लिए अच्छी वायुसंचार वाली नम भूमियाँ उपयुक्त होती हैं क्योंकि इन फसलों में जल भराव की स्थिति को सहन करने की शक्ति नहीं होती है। धान की फसल के लिए जल संतृप्त भूमियों में पानी रोक कर हैरो अथवा कल्टीवेटर अथवा देशी हल से जुताई करके पाटा चलाया जाता है जिससे मिट्टी पानी के साथ मिलकर

कीचड़ बना देती है जिसे लेवा अथवा पाडलिंग (Puddling) कहते हैं। पाडलिंग की यह क्रिया धान की फसल की रोपाई करने के लिए एक बहुत ही महत्वपूर्ण होती है। इसका प्रमुख उद्देश्य मृदा तथा पानी को अच्छी तरह से मिलाकर कीचड़ बना देने से पानी के रिसाव को कम करना होता है। पाडलिंग में मुख्यत: दो क्रियाएं होती हैं जैसे मृदा में नमी की वृद्धि करना तथा यांत्रिक क्रियाएं। मृदा में नमी बढ़ने से मृदा की सुघट्यता (Cohesion) घट जाती है जिसके परिणामस्वरूप क्ले कण मुलायम हो जाते हैं। मृदा में क्ले कणों की अधिकता से पाडलिंग को बढ़ावा मिलता है तथा कार्बनिक पदार्थ की अधिकता पाडलिंग के प्रति सहिष्णु हो जाती है। ट्रैक्टर द्वारा पाडलिंग करने पर 300 हॉर्स पॉवर प्रति हैक्टेअर जबकि बैलों द्वारा 100 हॉर्स पॉवर प्रति हैक्टेअर ऊर्जा की आवश्यकता होती है।

इस प्रकार वायुसंचार युक्त नम भूमियों में खेती की अच्छी तरह से जुताई करके तथा तैयार खेत में पानी भरकर प्याज तथा मंडुआ की पौध की रोपाई कर दी जाती है। अंकुरित आलू के कन्द, शकरकन्द, गन्ना, नेपियर घास आदि को उगाने के लिए सामान्य बीजों की तरह ही बीज शैय्या तैयार कर ली जाती है परन्तु पौधों की रोपाई के बाद सिंचाई करना आवश्यक होता है। कुछ फसलें जो मेड़ों पर बोई जाती हैं इन मेड़ों को फसल की बुआई करने के पूर्व ही बनाया जाता है।

पाडलिंग से लाभ (Advantages of puddling)

पाडलिंग की क्रिया के निम्न लाभ होते हैं :-

1. पाडलिंग की क्रिया द्वारा रन्ध्रकूप आपस में पास-पास आ जाते हैं तथा मृदा कण एक दूसरे से चिपक जाते हैं जिसके कारण मृदा की जलीय चालकता (Hydraulic conductivity) घट जाती है तथा पानी मृदा की अधोसतह में रुक जाता है। जलीय चालकता कम हो जाने से दानेदार कणों वाली मृदाओं की अपेक्षा 1000 बार से अधिक पानी का रिसाव कम हो जाता है।
2. पाडलिंग की क्रिया द्वारा खेत के समस्त प्रकार के खरपतवार नियंत्रित हो जाते हैं जिससे पौध की रोपाई के लिए उपयुक्त स्थिति प्रदान हो जाती है।
3. पाडलिंग क्री क्रिया से मृदा की भौतिक, रासायनिक तथा जैविक दशा में सुधार होने पर धान के पौधों की वृद्धि के लिए उपयुक्त होती है।
4. पाडलिंग की क्रिया द्वारा धान की फसल को सूखा की स्थिति में हानिकारक प्रभाव नहीं पड़ता क्योंकि मृदा में जलधारण क्षमता बढ़ जाती है।
5. पाडलिंग द्वारा धान की रोपाई करने से बिना पाडलिंग की अपेक्षा मृदा में 2.5 प्रतिशत अधिक जल ग्रहण क्षमता बढ़ जाती है।

पाडलिंग की सीमाएं (Limitations of puddling)

पाडलिंग की क्रिया में कुछ सीमाएं भी हैं, जो निम्न हैं –

1. पाडलिंग की क्रिया में पानी की बहुत अधिक मात्रा की आवश्यकता होती है।
2. यदि नम भूमियों को शुष्क भूमियों में परिवर्तित करना हो तो मृदा की भौतिक दशा के सुधार में काफी कठिनाई होती है इसके लिए दानेदार मृदा में नमी की मात्रा प्लास्टिसिटी के स्तर को कम करना होता है।

अन्तराकर्षण क्रियाएं (Inter-tillage operation)

अन्तराकर्षण क्रियाओं के अन्तर्गत फसल की बुआई के पश्चात् अंकुरण से लेकर फसल की कटाई के मध्य की जाने वाली समस्त क्रियाएं सम्मिलित की जाती हैं। अन्तराकर्षण क्रियाओं को बुआई के उपरान्त की क्रियाएं अथवा रोपाई के बाद की क्रियाओं के नाम से भी जाना जाता है। इन कृष्य क्रियाओं में गुड़ाई, जुताई, निराई, मिट्टी चढ़ाना, मेड़ तथा

नालियाँ (Ridge and furrow) बनाना आदि क्रियाएं होती हैं। इन क्रियाओं में कभी-कभी जुताई भी की जाती है जैसे गन्ने की खड़ी फसल में उथली जुताई करने से पौधों की जड़ों को पर्याप्त मात्रा मे वायुसंचार मिल जाता है, मिट्टी मुलायम हो जाती है जिससे जड़ों की वृद्धि तथा विकास अच्छी हो जाती है तथा खरपतवार नष्ट हो जाते हैं। खड़ी फसल में अन्तराकर्षण क्रियाओं द्वारा मृदा ढ़ीली हो जाती है जिससे फसलों की जड़ों का विकास अच्छा होता है, मृदा में नमी का ह्रास कम हो जाता है तथा खरपतवारों का नियंत्रण हो जाता है। अन्तराकर्षण क्रियाएं खड़ी फसल में खाद को छिड़कवाँ विधि द्वारा प्रयोग करने के पश्चात् मृदा में मिलाने के लिए भी किया जाता है। आलू, शकरकन्द आदि फसलों में मिट्टी चढ़ाने का कार्य कन्दों की सुरक्षा तथा उचित वृद्धि एवं विकास के लिए आवश्यक है। इसी प्रकार मक्का, गोभी, बैंगन, टमाटर आदि फसलों में पौधों पर मिट्टी चढ़ाने से पौधों को गिरने से भी बचाया जा सकता है।

मौसम के उपरान्त की कृष्य क्रियाएं (Off-season tillage operations)

मौसम के उपरान्त की कृष्य क्रियाएं वह होती हैं जो फसल की कटाई के उपरान्त की जाती हैं। इन कृष्य क्रियाओं का मुख्य उद्देश्य आगामी फसल की वृद्धि एवं विकास के लिए पहले से ही उपर्युक्त वातावरण तैयार करना होता है। इस प्रकार की कृष्य क्रियाएं जैसे फसल की कटाई के पश्चात् ग्रीष्मकालीन गहरी जुताई करना, खेत को समतल करना, खेत में हानिकारक लवणों का निछालन करना, भूमि की कठोर परत को तोड़ना, भूमि जल स्तर नीचा करना, बहुवर्षीय खरपतवारों को नष्ट करना आदि उद्देश्यों के लिए की जाती है। मौसम के उपरान्त की जाने वाली कृष्य क्रियाओं को निम्न रूप में विभक्त किया गया है –

(अ) **फसलोपरान्त भूपरिष्करण (Post-harvest tillage) :** फसलों की कटाई के तुरन्त पश्चात् कुछ दीर्घकालीन फसलें जैसे गन्ना, नैपियर घास के जड़ समूह को निकालने के लिए खेत की बहुत गहरी जुताई की जाती है कभी -कभी फावड़े की सहायता से भी निकाला जाता है। इस प्रकार भूमि की भौतिक दशा को सुधारने तथा फसल अवशेषों को नष्ट करने के उद्देश्य से भूपरिष्करण की क्रियाएं की जाती हैं। इसके अतिरिक्त मृदा की अधोसतह की कठोर परत तोड़ने तथा वर्षा के जल को अधिक मात्रा में शोषित करने के उद्देश्य से भी मृदा की ग्रीष्म कालीन गहरी जुताई की जाती है। बहुवर्षीय खरपतवारों को पहले हाथ से काटकर तथा उनकी जड़ें खोदने का कार्य अथवा मृदा की गहरी जुताई करके इनको समाप्त करने का कार्य फसल की कटाई के उपरान्त ही सम्भव हो पाता है।

(ब) **ग्रीष्मकालीन भूपरिष्करण (Summer tillage) :** रबी फसलों की कटाई के उपरान्त ग्रीष्मकालीन गहरी जुताई कर देने से भूमि पर उग रहे खरपतवार तथा उनके बीज, हानिकारक कीट एवं उनके अण्डे तथा लारवा, बीमारियों के परजीवी, सूत्रकृमि आदि तेज धूप एवं अधिक गर्मी के कारण नष्ट हो जाते हैं। ग्रीष्मकालीन गहरी जुताई करने से मृदा की जल धारण एवं जल शोषण क्षमता बढ़ जाती है, मृदा क्षरण कम हो जाता है, मृदा में नमी की अन्तःस्रवण शक्ति बढ़ जाती है आदि उद्देश्यों के लिए यह भूपरिष्करण की क्रियाएं की जाती हैं।

(स) **परती भूपरिष्करण (Fallow tillage operation) :** परती भूमि रखने का मुख्य उद्देश्य मौसम की खराबी, बहुवर्षीय खरपतवारों का अत्यधिक प्रकोप, मृदा उर्वरता का ह्रास होना, मृदा में विकार उत्पन्न होना आदि हैं। परती रखकर मृदा की भौतिक दशा में सुधार किया जा सकता है। भूमि को परती रखकर मृदा में जो क्रियाएं की जाती हैं वह परती भूपरिष्करण की क्रिया कहलाती है। इस प्रकार की क्रिया में खेत की बार-बार जुताई करना, मृदा सुधारकों का प्रयोग करना, खरपतवारों के नियंत्रण के लिए खरपतवारनाशी रसायनों का छिड़काव करना, खेत में पानी भरकर लवणों को निछालन द्वारा कम करना आदि क्रियाएं प्रमुख हैं।

विशिष्ट भूपरिष्करण क्रियाएं (Special tillage operations)

भूमि में कुछ विशिष्ट उद्देश्यों के लिए की जाने वाली कृष्य क्रियाएं विशिष्ट भूपरिष्करण की क्रियाएं कहलाती हैं, यह क्रियाएं निम्न हैं –

1. खेत का समतलीकरण (Levelling) : कृष्य योग्य भूमियों में पानी के एक समान वितरण के लिए खेत का समतल होना आवश्यक होता है। खेत के समतल होने से मृदा में उपस्थिति पोषक तत्व पूरे खेत में एक समान मात्रा में रहते हैं जिससे फसलों की वृद्धि एक समान होती है। खेत के समतल होने से वर्षा के पानी का बहाव कम होता है तथा पानी अधिक से अधिक मात्रा में खेत में सोख लिया जाता है जिससे मृदा कटाव कम हो जाता है। इस प्रकार से मृदा के ऊपरी स्थान की मिट्टी को खुरच कर निचले स्थान पर लाया जाता है इसके लिए कई प्रकार की भूपरिष्करण की क्रियाएं तथा यन्त्रों का प्रयोग किया जाता है।

2. पलवार भूपरिष्करण (Mulch tillage) : इस प्रकार की भूपरिष्करण की क्रियाओं में फसल अवशेष, खरपतवार तथा अन्य प्रकार के वानस्पति को भूमि की सतह पर फैला दिया जाता है। इस प्रकार की क्रियाओं में भूपरिष्करण की क्रियाएं बहुत ही उथली की जाती हैं जिससे यह पदार्थ भूमि में पूर्णरूप से दबने नहीं पाते हैं। इस प्रकार की क्रियाओं की ठूँठ की पलवार की भूपरिष्करण (Stubble mulch tillage) अथवा सतही भूपरिष्करण (Surface tillage) की क्रियाओं के नाम से भी जानते हैं। पलवार भूपरिष्करण की क्रियाओं का मुख्य उद्देश्य मृदा में नमी का संरक्षण करना, जल तथा वायु द्वारा मृदा अपरदन को नियंत्रित करना आदि हैं।

3. समोच्च भूपरिष्करण (Contour tillage) : समोच्च भूपरिष्करण की क्रियाएं मृदा की समोच्च रेखा के अनुसार की जाती है। इस प्रकार की भूपरिष्करण क्रियाओं का मुख्य उद्देश्य मृदा नमी को संरक्षित रखना, मृदा कटाव को कम करना, वर्षा जल का अधिक से अधिक शोषण करना आदि प्रमुख हैं। इस प्रकार की भूपरिष्करण की क्रियाएं जैसे निराई, गुड़ाई, जुताई आदि ढ़ाल के विपरीत समोच्च रेखा के अनुसार ही की जाती है।

4. भूमि की अधोसतह जुताई (Sub Soiling) : भूमि की अधोसतह की जुताई का तात्पर्य भूमि के नीचे की सतह में उपस्थित कड़ी परत को तोड़ना होता है। इस प्रकार मृदा की कठोर परत टूट जाने से मृदा के जल का रिसाव नीचे तक होने लगता है जिससे कोशिकाओं का सम्बन्ध जल से स्थापित हो जाता है तथा पौधों की जड़ें मृदा में गहराई तक प्रवेश कर जाती हैं। भूमि की अधो सतह की जुताई कर देने का मुख्य उद्देश्य जल अपवाह को रोकना, मृदा क्षरण का नियंत्रण तथा मृदा की सतह में उपस्थिति हानिकारक लवणों का निचली सतह में निछालन आदि हैं।

5. अन्धी भूपरिष्करण (Blind tillage) : अन्धी भूपरिष्करण की क्रिया देर से उगने वाली फसलों में जमाव के पूर्व अथवा जमाव न होने की स्थिति में की जाती है। गन्ना, आलू आदि फसलों में अंकुरण के पूर्व ही बहुत से खरपतवार उग आते हैं जिनको नियंत्रित करने के उद्देश्य से खेत की हल अथवा कल्टीवेटर की सहायता से जुताई की जाती है। अन्धी भूपरिष्करण की क्रियाओं को करने के लिए यह विशेष सावधानी रखी जाती है कि फसल को किसी भी प्रकार से नुकसान न हो।

न्यूनतम भूपरिष्करण (Minimum tillage)

मृदा एवं वातावरण के अनुरूप किसी क्षेत्र में अच्छी एवं उचित बीज शैया के निर्माण हेतु भूपरिष्करण की न्यूनतम आवश्यक सीमा तक इस प्रकार कमी करना जिससे पौधों के अंकुरण, स्थापित होने एवं वृद्धि पर कोई प्रतिकूल प्रभाव न पड़े, न्यूनतम भूपरिष्करण कहलाती हैं।

फसलोत्पादन के लिए भूमि की कम से कम जुताई करने को न्यूनतम भूपरिष्करण कहते हैं। न्यूनतम भूपरिष्करण की क्रियाएं दानेदार तथा मध्यम संरचना वाली भूमियों में 2–3 वर्षों तक आसानी से अपनाई जा सकती हैं। न्यूनतम भूपरिष्करण से फसलोत्पादन में कम लागत –व्यय तथा भूमि की तैयारी में लगने वाले समय को कम किया जा सकता है। न्यूनतम भूपरिष्करण की क्रियाओं को करने से सामान्य भूपरिष्करण की अपेक्षा 50–60 प्रतिशत तक ऊर्जा की बचत की

जा सकती है। न्यूनतम भूपरिष्करण की क्रिया भारी तथा मटियार भूमियों में करना अधिक लाभदायक होता है जहाँ पर फसलों की बुआई के लिए उपयुक्त बीज शैय्या का निर्माण नहीं किया जा सकता है।

न्यूनतम भूपरिष्करण के प्रकार (Types of minimum tillage)

न्यूनतम भूपरिष्करण निम्न प्रकार की होती है –

1. संयुक्त भूपरिष्करण एवं बुआई (Combined tillage and planting) : खेत में भूपरिष्करण की संख्या को नियंत्रित अथवा कम करने के लिए कभी–कभी दो क्रियाओं को एक साथ किया जाता है जिसे संयुक्त भूपरिष्करण कहते हैं। भूमि की बहुत पहले जुताई कर दी जाती है इसके पश्चात् बुआई अथवा रोपाई के समय कल्टीवेटर तथा हैरो से जुताई करके अथवा सीडड्रिल से सीधे रोपाई के समय भूपरिष्करण की क्रियाएं करने से खेत में उगे हुए खरपतवार मर जाते हैं तथा मृदा भी भुरभुरी हो जाती है। भूपरिष्करण की यह क्रिया उन क्षेत्रों में अपनाई जाती है जहाँ पर बहुत अधिक क्षेत्रफल पर बुआई करनी होती है।

2. हल–पटल भूपरिष्करण (Plough-plant system) : खेत की जुताई तथा रोपाई/बुआई एक ही भूपरिष्करण क्रिया के अन्तर्गत की जाती है। इस विधि द्वारा हल में ही बीज की बुआई अथवा रोपाई करने वाला यन्त्र रहता है जिसकी सहायता से खेत की जुताई के साथ–साथ बुआई अथवा रोपाई भी हो जाती है। यह विधि बलुई दोमट मृदाओं के लिए उपयुक्त है।

3. जोत–पटल भूपरिष्करण (Till-Plant-System) : इस विधि में भी खेत की जुताई तथा बुआई दोनों क्रियाएं एक साथ ही की जाती हैं। इस विधि में चौड़े फालों वाले यंत्र की सहायता से 5–6 सेमी गहरे कूँड निकलते हैं। इस विधि द्वारा कूँड बनाते समय पूर्व फसल की जड़ें तथा फसल के अवशेष बिल्कुल साफ हो जाते हैं। इसके पश्चात् मेड़े डिस्क द्वारा पुन: बनाई जा सकती हैं अथवा पाटा लगाकर इनको समतल किया जा सकता है।

4. शून्य भूपरिष्करण (Zero-tillage) : न्यूनतम भूपरिष्करण की चरम अवस्था ही शून्य भूपरिष्करण कहलाती है। किसी फसल की बुआई पूर्व फसल के अवशेषों में ही बिना जुताई किये सीधे रूप में करना ही शून्य भूपरिष्करण कहलाता है। शून्य भूपरिष्करण का अभिप्राय अवांछित वनस्पतियों खरपतवारों को अन्य वैकल्पिक विधियों द्वारा नियन्त्रण करके मृदा को कम से कम खोद कर फसलोत्पादन किया जाता है। इस विधि में फसलों की बुआई के लिए केवल कूँड बनाये जाते हैं अथवा बीजों को डिबलर अथवा अन्य जीरो टिल ड्रिल मशीनों द्वारा बोया जाता है। शून्य भूपरिष्करण में फसलों की बुआई करने के लिए बलुई दोमट भूमियों में जहाँ पर जल निकास पर्याप्त , जीवांश पदार्थों की मात्रा अधिक तथा भूमि की भौतिक दशा अच्छी होनी चाहिए। शून्य भूपरिष्करण की क्रियाएं उन भूमियों में मुख्य रूप से अपनाई जाती हैं जहाँ पर भूमि ढालू हो तथा मृदा क्षरण अधिक मात्रा में होता हो शून्य भूपरिष्करण में केवल शाकनाशी रसायनों का छिड़काव, बुआई तथा कटाई की क्रियाएं फसलोत्पादन के समान ही की जाती हैं।

दक्षिण आस्ट्रेलिया में चारागाहों के पश्चात् धान की फसल उगाने के लिए शून्य भूपरिष्करण की क्रियाएं की जाती हैं। चारागाहों को भेड़ों द्वारा बहुत अधिक रूप से चराई करा दी जाती है इसके पश्चात् सोड सीडर (Sod Seeder) की सहायता से शून्य भूपरिष्करण की क्रियाएं करके धान की रोपाई कर दी जाती है। फसल की रोपाई करने के पश्चात् खेत की सिंचाई कर दी जाती है।

न्यूनतम भूपरिष्करण से लाभ (Advantage of minimum tillage)

न्यूनतम भूपरिष्करण से निम्न लाभ हैं –

1. पौधों की जड़ों में बहुत कम अवरोध होता है।
2. मृदा की अन्त:स्रवण दर में वृद्धि हो जाती है।
3. वर्षा के जल का अपवाह होने से मृदा कटाव कम होता है।

न्यूनतम भूपरिष्करण से हानियाँ (Disadvantage of minimum tillage)

न्यूनतम भूपरिष्करण की क्रियाओं से निम्नलिखित हानियाँ होती हैं -

1. खेत की बिना जुताई करके बुआई करने से बहुवर्षीय खरपतवारों की अधिकता हो जाती है।
2. बिना जुताई किये ही बुआई करने से पौधों द्वारा पोषक तत्वों का ग्रहण कम मात्रा में होता है।
3. मृदा की सघनता बढ़ जाने से मृदा में बड़े रन्ध्र (Large pores) बन जाते हैं जिससे मृदा में निछालन तीव्र गति से होता है।
4. इस विधि में पोषक तत्व का निछालन अथवा ह्रास अधिक होता है।
5. खरपतवारों का अधिक प्रकोप होने के कारण फसलों के पौधे अपेक्षाकृत कम स्थापित हो पाते हैं।
6. फसलों में कीट तथा बीमारियों का प्रकोप अधिक होता है।

भारतीय दशाओं में न्यूनतम भूपरिष्करण (Minimum tillage under Indian conditions)

भारत में न्यूनतम भूपरिष्करण सघन फसल पद्धति के अन्तर्गत अपनाई जाती है। उत्तर-पूर्वी तमिलनाडु में मूँगफली-मूँगफली-तिल फसल पद्धति में न्यूनतम भूपरिष्करण को अपनाते हैं। इस फसल पद्धति में मूँगफली की दूसरी फसल की खुदाई करके तिल के बीजों को छिड़कवाँ विधि द्वारा बिना जुताई किये ही बुआई कर दी जाती है। मूँगफली की खुदाई उचित मृदा नमी में करना ही एक जुताई के समान होता है। इस प्रकार तिल की छिड़कवाँ विधि द्वारा बुआई करने के पश्चात् एक हल्की जुताई कर देने से तिल के बीज भूमि में दब जाते हैं तथा बीज शैय्या का निर्माण हो जाता है। इसी प्रकार तमिलनाडु के कावेरी डेल्टा में धान की फसल की कटाई के 7-10 दिन पूर्व ही दलहनी फसलों की बुआई कर दी जाती है यहाँ पर शून्य भूपरिष्करण की क्रिया अपनाई जाती है। इसी प्रकार पूर्वी भारत में पैरा खेती के अन्तर्गत धान की खड़ी फसल में अलसी के बीज की बुआई न्यूनतम भूपरिष्करण क्रियाएं करके की जाती हैं।

खेत की तैयारी को प्रभावित करने वाले कारक (Factors affecting for preparatory tillage)

भिन्न-भिन्न प्रकार की फसलों के लिए खेत की तैयारी भिन्न-भिन्न विधियों द्वारा की जाती है इसलिए खेत की तैयारी के लिए उपयुक्त विधि का चुनाव निम्न बातों पर निर्भर करता है -

1. जलवायु (Climate)
2. भूमि की किस्म (Soil type)
3. फसल तथा प्रजाति (Crops and varieties)
4. बीज का आकार (Size of seeds)
5. खेती की दशा (Types of cultivation)
6. सस्य पद्धतियाँ (Cropping systems)
7. भूपरिष्करण के यंत्र तथा शक्ति के साधन (Tillage implements and source of power)
8. अन्तराकर्षण क्रियाएं (Intercultural operations)
9. खरपतवारों तथा कीट एवं बीमारियों के प्रकोप की दशा (Extent of insects-pests and diseases incidence)
10. किसान का आर्थिक स्थिति (Economic status of the farmers)
11. कृषक का ज्ञान तथा अनुभव (Knowledge and experience of the farmers)

1. जलवायु : भूपरिष्करण की क्रियाओं में जलवायु की दशा का विशेष प्रभाव पड़ता है। शुष्क तथा अर्द्ध शुष्क क्षेत्रों में भूमि की तैयारी में कम समय लगता है। उष्ण कटिबन्धीय क्षेत्रों में प्राय: तीव्र गति तथा तेज हवाओं के साथ वर्षा होती है जिसके कारण भूमि कठोर हो जाती है। इस प्रकार की भूमियों में खेत की तैयारी अच्छी प्रकार से की जाती है। मैदानी क्षेत्रों में तीनों ऋतुओं में फसलें बोई जाती हैं जिनमें ऋतुओं के अनुसार खेत की तैयारी भिन्न-भिन्न प्रकार से की जाती है।

2. भूमि की किस्म : भूमि की किस्म के अनुसार खेत की तैयारी की जाती है। भारी भूमियों में हल्की भूमियों की अपेक्षा खेत की तैयारी अधिक करनी पड़ती है। भारी भूमियों में मृदा की अधो सतह में अभेद परत, जलनिकास, लवणीयता तथा क्षारीयता के कणों की कठोरता आदि को ध्यान में रखकर भूपरिष्करण की क्रियाएं की जाती हैं।

3. फसल तथा प्रजाति : भिन्न-भिन्न प्रकार की फसलों तथा उनकी प्रजातियों के अनुसार खेत की तैयारी भी भिन्न-भिन्न प्रकार से की जाती है क्योंकि प्रत्येक फसलों का स्वभाव, पौधे की वानस्पतिक वृद्धि, जड़ें तथा जड़ों द्वारा पोषक तत्वों और नमी का अवशोषण भिन्न-भिन्न प्रकार से होता है।

4. बीज का आकार : छोटे आकार वाले बीजों की बड़े आकार वाले बीजों की अपेक्षा भूमि की तैयारी अधिक की जाती है। छोटे आकार वाले बीजों के अंकुरण के लिए बीज शैय्या का निर्माण करते समय मिट्टी भुरभुरी हो जाने पर बीज मृदा नमी के सम्पर्क में आकर शीघ्रता से नमी को शोषित करके शीघ्र अंकुरण हो जाता है। जबकि मोटे अथवा बड़े आकार वाले बीजों के लिए भूमि अधिक भुरभुरी नहीं रखनी चाहिए।

5. खेती की दशा : एक ही फसल की भिन्न-भिन्न प्रकार की खेती में अलग-अलग प्रकार से खेत की तैयारी की जाती है। उपरवार भूमियों (upland) में धान की रोपाई के लिए निचली भूमियों (low land) की अपेक्षा खेत की तैयारी अच्छी प्रकार से की जाती है। असिंचित क्षेत्रों में बुआई करने से सिंचित क्षेत्रों की अपेक्षा बीज शैय्या का निर्माण अपेक्षाकृत अच्छा किया जाता है क्योंकि असिंचित क्षेत्रों में मृदा में नमी की कमी होती है।

6. सस्य पद्धतियाँ : सस्य पद्धतियों में विभिन्न प्रकार की फसलों का समावेश करने से खेत की तैयारी भी प्रभावित होती है। सघन पद्धतियों में प्रत्येक फसल के लिए खेत की तैयारी अच्छी तरह से की जाती है। मक्का-आलू-गेहूँ सघन फसल पद्धति में खेत की तैयारी अच्छी तरह से की जाती है जबकि मक्का-गेहूँ फसल चक्र में खेत की तैयारी अपेक्षाकृत कम की जाती है।

7. भूपरिष्करण के यंत्र तथा शक्ति के साधन : खराब तथा निम्न गुणवत्ता युक्त कृषि यंत्रों का प्रयोग करने से खेत की तैयारी में अधिक समय लगता है तथा अच्छी तरह से खेत की तैयारी भी नहीं की जा सकती है। जबकि उच्च गुणवत्ता वाले कृषि यंत्रों से भूमि की तैयारी कम समय में अच्छी प्रकार से हो जाती है। ट्रैक्टर चालित कृषि यंत्रों द्वारा पशु चालित कृषि यंत्रों की अपेक्षा भूमि की तैयारी कम समय में तथा अच्छी प्रकार से की जा सकती है।

8. अन्त: कर्षण क्रियाएं : फसल में की जाने वाली अन्त: कर्षण क्रियाएं खेत तैयारी को प्रभावित करती हैं। जिन फसलों पर मिट्टी चढ़ाने का कार्य किया जाता है उनके लिए गहरी जुताई तथा अच्छी प्रकार से बीज शैय्या का निर्माण किया जाता है जिससे फसलों की जड़े भूमि में अधिक गहराई तक जा सके।

9. खरपतवारों तथा कीटों/बीमारियों के प्रकोप की सीमा : अच्छी प्रकार से खेत की तैयारी कर देने से भूमि में पनपने वाले खरपतवार, कीटों एवं बीमारियों के प्रकोप को कम किया जा सकता है। इनके नियंत्रण के लिए खेत की तैयारी फसल अवशेष या अन्य वानस्पतिक पदार्थों को जलाना, लेवा लगाना, मृदा निर्जीवीकरण, लवणों का निछालन करना, कीट आकर्षक फसलें उगाना, अतिरिक्त पानी भरना, भूमि को सुखाना आदि क्रियाएं करनी पड़ती हैं। बहुवर्षीय खरपतवारों को नष्ट करने के लिए विशेष प्रकार के कृषि यंत्रों द्वारा भूमि की तैयारी करनी पड़ती है।

10. कृषक की आर्थिक दशा : कृषकों की आर्थिक स्थिति का खेत की तैयारी से सीधा सम्बन्ध है। गरीब कृषक अच्छे यंत्रों, बैल अथवा ट्रैक्टर आदि को खरीद नहीं सकता इसलिए खेत की तैयारी अच्छी प्रकार से सम्भव नहीं हो पाती है।

11. कृषक का ज्ञान एवं अनुभव : कृषक अपने ज्ञान एवं अनुभव के अनुसार ही फसलों को उगाता है तथा उसी के अनुसार खेत की तैयारी एवं अन्य कृष्य क्रियाएं करता है।

भूपरिष्करण की क्रियाओं में कृषि यंत्रों का प्रयोग

विभिन्न प्रकार की भूपरिष्करण की क्रियाओं में जिन कृषि यंत्रों का प्रयोग किया जाता है, वह निम्न हैं –

जुताई के यंत्र (Implements used for ploughing)

- देशी हल (Country plough)
- मिट्टी पलटने वाले हल (Mould board plough)
- तवेदार हल (Disc plough)
- कल्टीवेटर तथा हैरो (Cultivators and harrows)
- जूनियर हो (Junior Hoe)
- डिस्क हैरो (Disc harrow)
- स्पाइक टूथ हैरो (Spike tooth harrow)
- देशी ब्लेड हैरो (Indigenous blade harrow)

नमभूमियों के लिए कृषि यंत्र (Implements used for wetland operations)

- नम भूमियों का पडलर (Wetland puddler)
- हेलिकल ब्लैड पडलर (Helical blade puddler)
- हरी खाद ट्रेम्पलर (Green manure trampler)
- केज व्हील (Cage wheel)

भूमि को समतल करने वाले यंत्र (Levelling implements)

- लकड़ी को समतल करने वाला यंत्र (Wooden levelling board)
- बक स्क्रेपर (Buck scraper)
- ए–फ्रेम रिजर (A-frame ridger)
- डिचर (Ditcher)
- फ्लोट (Float)

मृदा कठोरीकरण तथा ढ़ेले तोड़ने वाले यंत्र

- लोहे का रोलर (Iron roller)
- लकड़ी अथवा पत्थर के रोलर (Wooden and stone roller)

विशिष्ट कार्यों के कृषि यंत्र

- मेड़ बनाने वाला (Bund former)
- मेड़ बनाने वाला हल (Ridge former plough)
- बेड कूँड बनाने वाला (Bed furrow former)

भूपरिष्करण की आधुनिक विचारधारा (Modern concept of tillage)

कृषि का विकास भूपरिष्करण की क्रियाओं द्वारा ही शुरू किया गया और मनुष्य अपनी इच्छा के अनुसार अधिक से अधिक जुताई करके फसलों को उगाता था। इंग्लैण्ड के वैज्ञानिक जैथ्रोटुल ने ''भूपरिष्करण ही खाद है'' की अवधारणा दी और विश्व के समस्त कृषकों ने इस धारणा को मूलरूप में स्वीकार करके इस दिशा में चलना शुरू कर दिया था। उनका मानना था कि भूपरिष्करण की क्रियाएं जितनी ज्यादा से ज्यादा की जाये फसल की उपज में उतनी ही बढ़ोत्तरी होगी। यह धारणा उस समय के युग के लिए सही थी क्योंकि जनसंख्या का दबाव बहुत कम होने के कारण कृषक सामान्यत: एक फसल को उगाता था, खेती करने के लिए आधुनिक कृषि यंत्रों की कमी अथवा अनुपलब्धता थी, श्रमिकों की उपलब्धता अधिक तथा सस्ती थी, खरपतवारों तथा बीमारियों को नष्ट करने के लिए खरपतवारनाशी, कीटनाशी अथवा फफूँदीनाशक रसायनों की उपलब्धता बहुत कम थी तथा इनके प्रयोग करने की विधि, कृषकों का ज्ञान भी बहुत कम था आदि के कारणों के कारण कृषक भूपरिष्करण की क्रियाओं को अधिक महत्व देते थे। परन्तु कालान्तर में जनसंख्या की वृद्धि के कारण भूपरिष्करण की क्रियाओं का परिणाम तथा महत्व को परिभाषित किया गया। उस समय के कृषि पंडित कहे जाने वाले घाघ कवि ने कृषि तथा मौसम के विषय में बहुत सारी बातें अपनी कविताओं के माध्यम से कृषकों को बताई जिससे भूपरिष्करण के विषय में तो इन्होंने इस तरह से प्रस्तुत किया जिसे आज भी भूलना असम्भव सा प्रतीत होता है। घाघ कवि ने अपनी कविताओं के माध्यम से कृषि से सम्बन्धित भविष्यवाणी कृषकों के मन में घर कर गई। इसी कारण भूपरिष्करण की क्रियाओं का फसल उगाने में

अधिक से अधिक प्रयोग करने को प्रयत्नशील रहते हैं। आजकल इन क्रियाओं में बदलाव आने का कारण सरकार की कृषि नीति, श्रमिकों की अनुपलब्धता तथा मजदूरी की दर में वृद्धि होना प्रमुख हैं।

पूर्व में कृषक खेत में केवल एक फसल उगाता था और एक फसल को परती के रूप में छोड़ देता था। इस प्रकार विरल कृषि पद्धति के कारण कृषकों के पास खेत की जुताई तथा तैयारी करने का अधिक से अधिक समय था। कृषकों के पास इसके अतिरिक्त करने के लिए कुछ भी नहीं था। आज सिंचाई के पर्याप्त साधनों की उपलब्धता हो जाने के कारण द्विफसली पद्धति (Double cropping system) का विकास हुआ जिससे खरीफ तथा रबी ऋतु में फसल उगाने के कारण खेत की तैयारी के लिए बहुत अधिक समय नहीं मिल पाता तथा दोहरी फसल उगाने के कारण कृषि में दो गुना काम भी बढ़ गया है। देश की बढ़ती जनसंख्या के लिए खाद्यान्न की पूर्ति हेतु आजकल यह द्विफसली प्रणाली भी अर्थहीन हो गई है। खाद्यान्न की आवश्यकता की पूर्ति के लिए सघन फसल पद्धति (Intensive cropping system) के अन्तर्गत बहुफसली पद्धति (Multiple cropping system), सतत सस्य प्रणाली (Relay cropping) अपनाने की दिशा में कृषक अग्रसर हो गये हैं। आज के कृषकों की धारणा बदल गई है। वह कृषि को खाद्यान्न की आवश्यकता की पूर्ति के साथ-साथ व्यावसायिक दृष्टि से भी देख रहे हैं। कृषक अपने खेतों में अधिक से अधिक फसलों को उगाकर प्रति इकाई क्षेत्रफल पर अधिक से अधिक लाभ लेना चाहता है।

आज कृषकों की कृषि शिक्षा का ज्ञान होना ही कृषि में क्रान्तिकारी परिवर्तन ला रहा है, कृषकों के पास पर्याप्त सिंचाई के साधन हैं, उत्तम किस्म की तथा सभी प्रकार की कृष्य क्रियाओं को करने के लिए आधुनिक कृषि यन्त्र हैं, विभिन्न प्रकार के कृषि रसायनों की उपलब्धता है तथा उनके प्रयोग का ज्ञान है, उत्तम किस्म की कम समय में पककर तैयार होने वाली तथा अधिक उपज देने वाली फसलों की प्रजातियों का बीज उपलब्ध हैं, उर्वरकों की उपलब्धता अधिक है, कृषि की नई तकनीक जानने तथा समझने की इच्छा शक्ति है, श्रमिकों की अनुपलब्धता तथा मजदूरी अधिक है आदि के कारणों से पूर्व में अपनाई जा रही कृषि की धारणा तथा खेती करने के लिए अपनाई जा रही तकनीकी में परिवर्तन आया हैं। खेत की एक ही गहराई पर अधिक से अधिक जुताई करने से भूमि की भौतिक तथा रासायनिक दशा में परिवर्तन हो जाता है। अधिक समय तक एक ही तल पर जुताई करने से मृदा की संरचना बिगड़ जाती है, मृदा की अधोसतह में कठोर परत बन जाती है जिससे पानी का रिसाव/निछालन सही ढंग से न हो पाने के कारण मृदा में जलनिकास की समस्या उत्पन्न हो जाती है तथा मृदा की सतह पर लवणों का एकत्रीकरण होने लगता है जिससे मृदा की लवणीयता में वृद्धि हो जाती है। अधिक मात्रा में जुताई करने से मृदा में उपस्थिति कार्बनिक पदार्थों का ऑक्सीकरण तीव्र गति से होने लगता है। भारी कृषि यंत्रों के अधिकाधिक प्रयोग से मृदा के स्थिर समुच्चय विखंडित हो जाते हैं। इस प्रकार मृदा की भौतिक अवस्था खराब हो जाने के फलस्वरूप मृदा में जल तथा वायु संचार अवरूद्ध हो जाता है। मृदा में वायु संचार कम हो जाने से मृदा में अवायुवीय स्थिति (Anaerobic condition) उत्पन्न हो जाती है जिसके परिणामस्वरूप मृदा में उपस्थिति लाभदायक सूक्ष्मजीवाणुओं की क्रियाशीलता कम हो जाती है, कार्बनिक पदार्थों तथा फसल अवशेषों का विघटन सही ढ़ंग से नहीं हो पाता है। मृदा में उपस्थिति पोषक तत्वों की उपलब्धता कम हो जाती है तथा मृदा में अनेक विषैले पदार्थ एकत्रित हो जाते हैं। इस प्रकार अवायुवीय मृदाओं में कार्बन डाई ऑक्साइड की वृद्धि हो जाने से कार्बोनेटस तथा हाइड्रॉक्साइड बनते हैं जो पौधों के लिए फासफोरस की उपलब्धता को कम कर देते हैं। इसके अतिरिक्त कुछ भूमियों में कैल्शियम तथा पोटास की उपलब्धता कम हो जाती है। खेत की लगातार तथा अधिक जुताई करने के कारण वायुसंचार के लिए कोशिकाएँ छोटी रह जाती हैं वहीं पौधों पर नत्रजन तथा पोटास की कमी के लक्षण दिखाई पड़ने लगते हैं इस प्रकार मृदा के सघनीकरण (Compactness) तथा अधिक भुरभुरापन (Pulverization) का एक ही समान प्रभाव मृदा की भौतिक अवस्था पर पड़ता है जिसके फलस्वरूप मृदा में कार्बन डाई ऑक्साइड के स्थान पर मीथेन, नत्रजन तथा अमोनिया के स्थान पर नाइट्राइट और स्वतन्त्र नत्रजन, सल्फेट के स्थान पर हाइड्रोजन सल्फाइड, फेरस आयन के स्थान पर फेरिक आयन का निर्माण जीवाणुओं द्वारा होता है। मृदा में प्रयोग की गई नत्रजन की सर्वाधिक उपलब्धता मृदा में अधिक सरन्ध्रता होने की दशा में होती है।

1945 के बाद से जुताई को लेकर जो नई खोजें शुरू की गई उन्होंने हमारे दृष्टिकोण में क्रान्तिकारी परिवर्तन ला दिया। 1950 में सर्वप्रथम चारागाहों के पुनर्जनन एवं मृदा क्षरण की रोकथाम हेतु अमेरिका में की गई खोजों में भूपरिष्करण की क्रियाओं को मृदा की भौतिक दशा सुधारने हेतु आवश्यक न मानते हुए शून्य भूपरिष्करण (Zero tillage) की संस्तुति की। इस खोज को विश्व के अनेक वैज्ञानिकों का ध्यान इस ओर आकृष्ट किया। वर्तमान परिवेश में प्रति इकाई क्षेत्र से कृषक को अधिक से अधिक लाभ प्राप्त करने के लिए जुताई की आधुनिक विचारधारा न्यूनतम भूपरिष्करण (Minimum tillage) को अपनाया जाने लगा है। न्यूनतम भूपरिष्करण से न केवल अधिक शुद्ध लाभ प्राप्त होता है बल्कि भूमि की भौतिक अवस्था को प्राकृतिक रूप में ध्यान में रखकर बिगड़ने से भी बचाया जा सकता है। परम्परागत भूपरिष्करण कार्यों में कृषक प्राथमिक भूपरिष्करण क्रियाओं के अन्तर्गत मृदा की अधो सतह में कठोर परत को तोड़ने हेतु भूमि की गहरी जुताई करता था जबकि द्वितीयक भूपरिष्करण के द्वारा खुदी हुई मिट्टी में बीज बोने तथा पौध रोपण के लिए अनुकूल बनाता था।

आजकल अपनाई जा रही सस्य प्रणाली में प्रति इकाई क्षेत्र से अधिक उपज प्राप्त करने के बहुफसली कृषि प्रणाली अपनाई जा रही है। इस प्रकार फसलोत्पादन की सघनता बढ़ने से फसल की कटाई तथा दूसरी फसल की बुआई के बीच का समय घटता जाता है और फसल उगाने के लिए सस्य क्रियाओं की विविधता बढ़ती जाती है। इस प्रकार पूर्व फसल की कटाई, मड़ाई आदि के साथ-साथ नई फसल के लिए खेत की तैयारी तथा बुआई के लिए समय ही नहीं मिल पाता है। न्यूनतम भूपरिष्करण इस समस्या का समाधान कर देता है। शाकनाशी रसायनों के विकास ने जुताई के महत्व को कम कर दिया क्योंकि पूर्व में खरपतवारों के नियन्त्रण के लिए जुताई ही एक मात्र विकल्प था दूसरा विकल्प निराई-गुड़ाई करके खरपतवारों का नियंत्रण किया जाता था। परन्तु आजकल कृषक खरपतवारों के नियंत्रण के लिए फसल बोने के पूर्व अथवा बाद में खरपतवारनाशी रसायनों का छिड़काव कर देते हैं। भूपरिष्करण क्रियाओं में आज भूमि की उथली जुताई की जाती है। हल के स्थान पर कल्टीवेटर का प्रयोग किया जाने लगा है, खेत की कम से कम जुताइयाँ की जाती हैं यहाँ तक कृषक बिना जुताइयाँ किये ही फसलों की बुआई कर देता है। उपरोक्त समस्त प्रकार के कारणों का प्रमुख कारण जैसे ऊर्जा संसाधनों की घटती उपलब्धता एवं मूल्य वृद्धि, श्रमिकों की कम उपलब्धता तथा घटती कार्य क्षमता, अधिक मजदूरी की दरें तथा न्यूनतम कृषि समर्थन मूल्य प्रमुख हैं।

वर्तमान युग में न्यूनतम भूपरिष्करण अपनाये जाने के लिए कुछ प्रमुख बातें ध्यान में रखनी चाहिए –

1. भूमि की जुताई कम से कम तथा उथली करनी चाहिए।
2. जिन क्षेत्रों में मृदा की अधोसतह में कड़ी परत हो तो उसको तोड़ने के लिए ही विशेष रूप से गहरी जुताई करनी चाहिए।
3. सामान्य तथा हल्की भूमियों में एक बार में सब कुछ के सिद्धान्त के अनुसार ही फसलों की बुआई की जानी चाहिए।
4. न्यूनतम भूपरिष्करण के अन्तर्गत यह आवश्यक है कि मृदा कटाव/क्षरण की रोकथाम के लिए फसल के अवशेषों का प्रयोग पलवार के रूप में करना चाहिए। इस प्रकार से भूमि की भौतिक दशा में सुधार के साथ-साथ मृदा की उर्वरा शक्ति में वृद्धि हो जाती है।
5. खरपतवारों को समाप्त करने के लिए समेकित खरपतवार नियंत्रण पर अधिक जोर देना चाहिए। आजकल कृषक अधिकतर फसलों की बुआई के लिए एक बार मिट्टी पलटने वाले हल से गहरी तथा दो बार हैरो से जुताई करना पर्याप्त होता है। इस प्रकार न्यूनतम भूपरिष्करण के उद्देश्य निम्न हैं –

   (अ) खेती की लागत को कम करना।
   (ब) मृदा की संरचना के विघटन को कम करना।
   (स) मृदा अपरदन को कम करना।
   (द) मृदा की सघनता से बचाना।
   (य) कृषि के कार्य को कम करना।

✦

9

पादप पोषण
(PLANT NUTRITION)

पादप पोषण का तात्पर्य उन सभी ऐसे पोषक तत्वों से है जो पौधों की वृद्धि एवं विकास में महत्वपूर्ण भूमिका निभाते हैं। पौधे अपनी वृद्धि एवं विकास के लिए मृदा, जल तथा वायुमण्डल से कई तत्वों का अवशोषण करते हैं लेकिन पौधों द्वारा शोषित किये सभी तत्व पादप पोषण में भाग नहीं लेते हैं। इसलिए जो तत्व पादप पोषण में भाग लेते हैं वह पोषक तत्व कहलाते हैं। इन पोषक तत्वों की अनुपस्थिति में पौधे अपना जीवन चक्र सफलता पूर्वक सम्पन्न नहीं कर पाते वे आवश्यक पोषक तत्व कहलाते हैं।

पौधे वायुमण्डल से कार्बन डाई ऑक्साइड, सूर्य से ऊर्जा तथा भूमि से पानी एवं खनिज पदार्थों का ग्रहण करके जैविक पदार्थ का निर्माण करते हैं। पौधों द्वारा निर्मित यही जैविक पदार्थ पौधे के शरीर के विभिन्न तन्तुओं एवं विभिन्न अवयवों के निर्माण में सहायक होकर पौधे के आकार एवं वजन में वृद्धि करते हैं। वायुमण्डल से प्राप्त होने वाली वायु, कार्बन डाई ऑक्साइड, प्रकाश एवं ऊष्मा पौधों को एक समान रूप में प्राप्त होती है। पौधे खनिज पदार्थों का शोषण मृदा द्वारा करते हैं। इन खनिज पदार्थों को घोल के रूप में पौधों की जड़ों द्वारा ग्रहण किया जाता है। घोल में उपस्थित सभी प्रकार के तत्वों को पौधा ग्रहण कर लेता है क्योंकि पौधों की जड़ों में आवश्यक तत्वों को घोल से अलग करने की शक्ति नहीं होती है।

पादप पोषक तत्वों की अनिवार्यता की शर्तें (Criteria for essentiality of plant nutrients)

अरनोन एवं स्टाउट (1939) में पौधों के पोषक तत्वों की अनिवार्यता के लिए तीन शर्तें निर्धारित की हैं, जो निम्न हैं :-

1. आवश्यक पोषक तत्वों की कमी से पौधे अपनी वृद्धि एवं विकास न कर पाने से जीवन चक्र पूर्ण नहीं कर सकते हैं।

("A deficiency of the elements makes it impossible for the plants to complete the vegetative and reproductive stages of its lifecycle.")

2. किसी विशेष तत्व की कमी के फलस्वरूप पौधों में उत्पन्न होने वाली कमी के लक्षणों को केवल उसी तत्व की पूर्ति करके दूर किया जा सकता है अर्थात् यह आवश्यक कमी किसी अन्य तत्व की पूर्ति करके नहीं की जा सकती है।

("The deficiency is specific to the element in question and as such can be prevented or corrected only supplying that particular nutrient (element) to the plant.")

3. आवश्यक पोषक तत्व पौधे के पोषण तथा उपापचयी क्रियाओं से सीधे संनिहित रहते हैं।

("The element plays a direct role in nutrition and metabolism of plant.")

पौधे के लिए आवश्यक पोषक तत्व

समस्त पौधे की वृद्धि एवं विकास के लिए कम से कम 17 तत्वों की आवश्यकता होती है। पौधों के शरीर का विश्लेषण करने पर उसमें लगभग 60 तत्व पाये जाते हैं लेकिन ये सभी तत्व पौधे के लिए आवश्यक नहीं होते हैं। पौधे के शरीर में 95 प्रतिशत भाग कार्बन, हाइड्रोजन तथा ऑक्सीजन से बना होता है तथा शेष 5 प्रतिशत में से केवल 1 प्रतिशत भाग में इन पोषक तत्वों का योगदान रहता है। पौधों की वृद्धि के लिए आवश्यक पोषक तत्वों की सूची तालिका 9.1 में दर्शाई गई है।

तालिका 9.1 : आवश्यक पोषक तत्वों की सूची

अधिक मात्रा में आवश्यक पोषक तत्व		कम मात्रा में आवश्यक पोषक तत्व
जल एवं वायु से प्राप्त	**भूमि से प्राप्त**	**भूमि से प्राप्त**
1. कार्बन	1. नत्रजन	1. लोहा
2. हाइड्रोजन	2. फॉस्फोरस	2. मैगनीज
3. ऑक्सीजन	3. पोटास	3. जिंक
	4. कैल्शियम	4. बोरोन
	5. मैग्नीशियम	5. ताँबा
	6. सल्फर	6. मॉलीबिडेनम
		7. सोडियम
		8. क्लोरीन
		9. कोबाल्ट
		10. सिलिकान
		11. वेनेडियम

कार्बन, हाइड्रोजन, ऑक्सीजन, नत्रजन, फासफोरस तथा सल्फर प्रोटीन एवं प्रोटोप्लाज्म के अवयवी तत्व होते हैं। इन छ: तत्वों के अतिरिक्त 14 तत्व जैसे कैल्शियम, मैगनीशियम, पोटेसियम, लोहा, मैगनीज, जिंक, बोरोन, ताँबा, मॉलीबिडेनम, सोडियम, क्लोरीन, कोबाल्ट, सिलिकान, वेनेडियम जो कुछ अथवा सभी पौधों की वृद्धि के लिए आवश्यक होते हैं। उपरोक्त सभी तत्व सभी पौधों के लिए आवश्यक नहीं होते हैं बल्कि सभी तत्व कुछ पौधों के लिए आवश्यक होते हैं। फासफोरस तथा सल्फर सहित ये 14 तत्व प्राय: पौधे की राख में पाये जाते हैं। उपरोक्त 20 तत्वों में से प्रत्येक तत्व पौधों की वृद्धि एवं विकास के लिए विशिष्ट कार्य करते हैं परन्तु इनकी कम मात्रा होने पर भी पौधे की वृद्धि एवं विकास प्रभावित होती है।

आवश्यक पोषक तत्वों का वर्गीकरण (Classification of plant nutrients)

पौधे के लिए आवश्यक पोषक तत्वों को उनके साधनों तथा कृषि में प्रदाय के आधार पर निम्न वर्गों में विभाजित किया गया है।

1. उपलब्धता के आधार पर –

(अ) मुख्य तत्व (Major or Macro elements) : इस वर्ग में कार्बन, हाइड्रोजन, ऑक्सीजन, नत्रजन, फासफोरस तथा पोटास तत्व आते हैं। इनमें से कार्बन, हाइड्रोजन तथा ऑक्सीजन तत्व पौधों को वायुमण्डल

से प्राप्त होते हैं तथा इनको अलग से देने की आवश्यकता नहीं होती है। अत: इनको प्राकृतिक तत्व (Natural elements) भी कहते हैं। वायुमण्डल में इन तत्वों की पर्याप्त मात्रा होती है।

नत्रजन, फासफोरस तथा पोटास की आवश्यकता पौधों को अधिक मात्रा में होती है अत: यह तीनों तत्व भूमि से प्रदान कराना आवश्यक होता है इसलिए इन तीनों पोषक तत्वों को मुख्य तत्व अथवा उर्वरक तत्व (Fertilizer elements) भी कहते हैं।

(ब) गौण तत्व (Secondary elements) : इन तत्वों की आवश्यकता पौधों को अपेक्षाकृत कम होती है परन्तु सूक्ष्म पोषक तत्वों से अधिक मात्रा में आवश्यकता होती है इस वर्ग में कैल्शियम, मैगनीशियम तथा सल्फर आते हैं।

(स) सूक्ष्म तत्व (Micro elements) : सूक्ष्म तत्व वह पोषक तत्व होते हैं जिनकी आवश्यकता पौधों के लिए बहुत कम (1 पी पी एम से भी कम) होती है। अत: इन्हें Trace elements, minor elements अथवा Rare element भी कहते हैं। सूक्ष्म तत्व पौधे की वृद्धि एवं जीवन चक्र को पूर्ण करने के लिए मुख्य पोषक तत्वों के समान ही आवश्यकता होती है। इस वर्ग में आयरन, जिंक, मैगनीज, बोरोन, सोडियम, सिलिकान, मॉलीबिडेनम, तांबा, क्लोरीन, कोबाल्ट आदि हैं।

2. प्राप्त होने वाले साधनों के आधार पर –

पोषक तत्वों को प्राप्त होने वाले साधनों के अनुसार निम्न रूप में वर्गीकृत किया गया है –

वर्ग – 1 : कार्बन, हाइड्रोजन तथा ऑक्सीजन – जो पौधों को मुख्य रूप से जल तथा वायु द्वारा प्राप्त होते हैं।

वर्ग – 2 (उर्वरक तत्व) : इस वर्ग में नत्रजन, फासफोरस, पोटास तथा सल्फर हैं।

वर्ग – 3 (चूना वर्ग) : इस वर्ग में कैल्शियम तथा मैगनीशियम आते हैं।

वर्ग – 4 (सूक्ष्म वर्ग) : इस वर्ग में आयरन, मैगनीज, बोरोन, जिंक, तांबा, सिलिकान, कोबाल्ट, सोडियम, वेनेडियम आदि हैं।

3. गतिशीलता तथा संचय के आधार पर –

भू–गर्भ रसायन की दृष्टि से सूक्ष्म तत्वों का वर्गीकरण वैज्ञानिक क्राउस ग्राफ (1972) के अनुसार इन तत्वों की गतिशीलता अथवा उनके संचय के अनुसार निम्न वर्गों में वर्गीकृत किया है –

1. **बोरोन एवं मैगनीज–** यह लिथोफाइल (Lithophile) तत्व हैं तथा सिलिकेट खनिजों से प्राप्त होते हैं।
2. **जिंक –** यह लिथोफाइल तथा चैल्कोफाइल (Chalcophile) दोनों है तथा यह सिलिकेट एवं सल्फाइट दोनों रूपों में पाया जाता है।
3. **आयरन–** यह सिथोफाइल, चैल्कोफाइल तथा सिडरोफाइल तीनों हैं।

4. दैहिक क्रिया के आधार पर –

विभिन्न आवश्यक पोषक तत्वों को उनके दैहिक कार्यों के अनुसार निम्न प्रकार से वर्गीकृत किया गया है–

वर्ग 1– ऊर्जा विनायक – हाइड्रोजन और आक्सीजन

वर्ग 2– ऊर्जा संग्रही (Energy Stores) : कार्बन, नाइट्रोजन, फासफोरस तथा सल्फर

वर्ग 3– स्थानान्तरण नियामक (Translocation Regulators) : पोटेशियम, सोडियम, कैल्सियम और मैग्नीशियम।

वर्ग 4– ऑक्सीकरण – अवकरण नियामक (Oxidation -reduction regulators) : आयरन, मैगनीज, कॉपर, बोरोन, जिंक तथा कोबाल्ट।

पौधो द्वारा संयुक्त तत्वों के रूप (Forms of elements used by plants)

पौधे पोषक तत्वों को घोल के रूप में ग्रहण करते हैं। पौधे मृदा में पोषक को (1) एकाकी पोषक (Single Nutrition) जो अन्य तत्वों के साथ संयुक्त नहीं होते हैं तथा (2) आवश्यक तत्व जो अन्य तत्वों के योग करके नाइट्रेट, फासफेट आदि बनाते हैं के रूप में शोषित करते हैं। विभिन्न तत्व जिस रूप में घुलनशील होकर पौधों को प्राप्त होते हैं उनका वर्णन तालिका 9.2 में दर्शाया गया है।

तालिका 9.2 : पौधों द्वारा पोषक तत्वों का ग्रहण किया जाने वाला रूप

संयुक्त रूप में शोषित पोषक तत्व	संकेत	ग्रहण किया जाने वाला रूप
पोटेशियम	K	K^+
कैल्शियम	Ca	Ca^{++}
मैगनीशियम	Mg	Mg^{++}
आयरन	Fe	Fe^{++} (फेरस) Fe^{+++} (फेरिक)
मैगनीज	Mn	Mn^{++} (मेगनस) Mn^{+++} (मेगनिक)
कॉपर	Cu	Cu^{++} (क्यूप्रस) Cu^{+++} (क्यूप्रिक)
वेनेडियम	V	V^+
जिंक	Zn	Zn^{++}
क्लोरीन	Cl	Cl^-
कोबाल्ट	Co	Co^+
सोडियम	Na	Na^+
सिलिकान	Si	Si^+

संयुक्त रूप (Combined form) या लवणों के रूप में शोषित पोषक तत्व

नत्रजन	N	NH_4+ (अमोनियम) NO_3^- (नाइट्रेट)
फासफोरस	P	PO_4^{---}, HPO_4^{--}, H_2PO_4 (फासफेट)
सल्फर	S	SO_3^{--} (सल्फाइट) SO_4^- (सल्फेट)
बोरोन	B	BO_3^{---} (बोरेट), HB_4O_2 (बाई बोरेट)
मॉलीविडेनम	MO	MOO_4^{--}, $HMBO_4$ (मॉलीबिडेट)
कार्बन	C	CO_3^{---} (कार्बोनेट), HCO_3^- (बाई कार्बोनेट)
हाइड्रोजन	H	H^+, OH^-
ऑक्सीजन	O	OH, CO_3^-, SO_4^{--}, CO_2

पोषक तत्वों का इतिहास (History of plant nutrients)

जर्मन रसायन शास्त्री लीविंग (1803-1873) जो कृषि रसायन के पिता माने जाते हैं उन्होंने कहा कि पौधे की वृद्धि को वह तत्व सीमित करता है जिसकी आपूर्ति अपेक्षाकृत कम होती है। पौधों की पैदावार में लीविंग का ''न्यूनतम का सिद्धान्त'' लागू होता है। विलियम्स ने 1960 में सोडियम की आवश्यकता की पुष्टि सर्वप्रथम ऐस्ट्रीलेक्स

वसीकेरिया तथा होलोजेटन ग्लोमेराटा पादप प्रजातियों के लिए की। पौधों के लिए आवश्यक पोषक तत्वों के अन्वेषण का विवरण तालिका 9.3 में दर्शाया गया है।

नील हरित शैवाल (Blue green algal) के लिए इसकी आवश्यकता का ज्ञान फैंज तथा मायर्स (1955) एवं एर्नन (1955) के अध्ययनों से स्पष्ट हुआ। एरनान तथा स्टाउट (1939) ने मॉलीबिडेनम की आवश्यकता का ज्ञान बताया जो नाइट्रेट का उपयोग करने वाले विशेष प्रकार के सूक्ष्म जीवों तक सीमित रहा। इसी प्रकार कोबाल्ट की आवश्यकता का ज्ञान केवल नाइट्रोजन स्थिरीकरण करने वाली दलहनी फसलों तक ही सीमित था। विलसन एवं निकोलस (1967) ने गेहूँ में कोबाल्ट की आवश्यकता की पुष्टि की। इससे स्पष्ट है कि कार्बन, हाइड्रोजन, ऑक्सीजन के अतिरिक्त पोषक तत्व जैसे नत्रजन, फासफोरस, पोटास, सल्फर, मैगनीशियम, जस्ता, आयरन, तांबा तथा मैगनीज प्रमुख रूप से अनिवार्य हैं। ये पोषक तत्व विभिन्न पादप समूहों जैसे शैवाल, जीवाणु, फफूँदी तथा हरे पौधों के लिए आवश्यक हैं। सोडियम तथा कोबाल्ट की आवश्यकता अभी कुछ समय पूर्व ही पता लगी है कि ये दोनों तत्व अन्य तत्वों की तरह अनेक पादप समूहों और वृक्षों के लिए भी आवश्यक हैं।

तालिका 9.3 : आवश्यक पोषक तत्वों का अन्वेषण

पोषक तत्व	अन्वेषक/वैज्ञानिक का नाम	खोज का वर्ष
कार्बन	प्रीस्टले एवं सहयोगियों	1800
हाइड्रोजन एवं ऑक्सीजन	जल की आवश्यकता आदि काल से ज्ञात है	–
नत्रजन	थ्योडार डे सासर	1804
फासफोरस, पोटेशियम, मैगनीशियम, सल्फर एवं कैल्शियम	सी. स्प्रैंगले	1839
आयरन	ई. ग्रिब्स	1844
मैगनीज	जे. एस. मैकहार्ग	1922
बोरोन	के. वारिंगटन	1923
जिंक	ए. एल. सोमर तथा सी. वी. लिपमैन	1926
तांबा	ए. एल. सोमर, सी. वी. लिपमैन तथा जी. मैककिनी	1931
क्लोरीन	टी. सी. ब्रोयर एवं सहयोगी	1954
मॉलीबिडेनम	डी. आई. ऐर्नन तथा पी. आर. एकाउट	1957
कोबाल्ट	ए. अहमद एवं एच. जे. इवान्स	1959

तालिका 9.4 : पौधो की विशेष किस्मों के लिए आवश्यक पोषक तत्व

तत्व	पौधे की किस्म	खोजकर्ता/अन्वेषक का नाम	खोज का वर्ष
गेलियम	काली फफूंदी	आर. ए. स्टीनवर्ग	1938
सेलेनियम	ऐस्ट्रगैलेस प्रजाति	ए. एफ. ट्रलीज और एच. एस. ट्रलीज	1938
एल्यूमिनियम	फर्न	के. टौबक	1942
वेनेडियम	सेनेडेस्मस, आब्लीकस	डी. आई. एर्नन एवं जी. बेसेल	1953
सिलिकान	डायएटम	जी. सी. लेविन	1962
आयोडीन	पालीसिफोनिया	एल. फ्राइज	1966

सिलिकान, आयोडीन, वेनेडियम, एल्यूमिनियम, सेलेनियम तथा गैलियम केवल विशेष प्रकार के पौधों की किस्म के लिए अपरिहार्य माने जाते हैं। इसके अतिरिक्त रुबिडियम, क्रोमियम, आर्सेनिक, निकिल कुछ ऐसे तत्व हैं जिसकी अल्प मात्रा का भी कुछ पादप प्रजातियों पर कुछ विशेष दशाओं में लाभकारी प्रभाव पड़ता है।

पौधों के विकास में आवश्यक पोषक तत्वों का योगदान (Role of essential plant nutrients in plant growth)

(अ) मुख्य पोषक तत्व (Major nutrients)

कार्बन (Carbon)

पौधे वायुमण्डल से कार्बन डाई ऑक्साइड का ग्रहण करते हैं जो प्रकाश की उपस्थिति में जल के साथ क्रिया करके ग्लूकोज तथा फ्रक्टोज जैसी प्राथमिक शर्कराएं बनाते हैं। पौधे का पर्णहरित (Chlorophyll) नामक पिगमेन्ट सूर्य के प्रकाश की ऊर्जा को ग्रहण करता है तथा कार्बन डाई ऑक्साइड एवं जल के सहयोग से रासायनिक क्रिया करके सरल शर्करा में परिवर्तित कर देता है। प्रकाश संश्लेषण की क्रिया में सूर्य की ऊर्जा पौधों में संचित होती रहती है जिसके परिणामस्वरूप प्रथम कार्बोहाइड्रेट बनते रहते हैं। इन कार्बोहाइड्रेट से जटिल शर्कराओं (डाइसैकेराइड तथा पॉलीसैकेराइड), स्टार्च, हेमीसेल्यूलोज तथा सेल्यूलोज का निर्माण होता है। इन सरल शर्कराओं के बहुलीकरण से वसा पदार्थ तथा तेलों का भी संश्लेषण होता है। पादप ऊतकों का 45 प्रतिशत भाग कार्बन से बना होता है जो पौधे पानी तथा कार्बन डाई ऑक्साइड (CO_2) के रूप में ग्रहण करते हैं।

ऑक्सीजन (Oxygen)

पौधों में इसकी आपूर्ति जल तथा कार्बन डाई ऑक्साइड द्वारा होती है। प्रकाश संश्लेषण क्रिया में पानी कार्बन डाई ऑक्साइड के साथ मिलकर ऑक्सीजन छोड़ता है जिससे शर्कराओं का निर्माण होता है।

$$6CO_2 + 6H_2O \rightarrow C_6H_{12}O_6 + O_2$$

यह स्वतन्त्र ऑक्सीजन पौधों की वृद्धि एवं विकास में प्रयोग होती है। आक्सीजन पौधों में श्वसन तथा प्रकाश संश्लेषण क्रियाओं में मुख्य भूमिका निभाती है। पादप शरीर का 43 प्रतिशत भाग ऑक्सीजन से बना होता है।

हाइड्रोजन (Hydrogen)

पौधे के शरीर का 6 प्रतिशत भाग हाइड्रोजन से बना होता है। हाइड्रोजन पौधों की वृद्धि के लिए जल से प्राप्त होता है। हाइड्रोजन ऑक्सीजन के साथ मिलकर जल बनाता है तथा कार्बन डाई ऑक्साइड के साथ मिलकर जटिल रासायनिक यौगिक बनाता है। पौधों द्वारा शोषित सम्पूर्ण जल की मात्रा का केवल थोड़ा सा भाग पौधे की वृद्धि की प्रक्रिया में काम आता है। इस तत्व की अतिसूक्ष्म मात्रा भोजन पदार्थों के निर्माण में हाइड्रोजन की आवश्यकता की पूर्ति करती है।

नाइट्रोजन (Nitrogen)

1. उपजाऊ भूमियों में उगने वाले पौधों में लगभग 3 प्रतिशत नत्रजन पाया जाता है परन्तु कुछ पौधों में इसकी मात्रा लगभग 6 प्रतिशत तक होती है जो पौधे की पत्तियों तथा बाह्य त्वचा द्वारा शोषित कर ली जाती है।
2. नत्रजन पौधों में क्लोरोफिल, एमीनो अम्ल, विटामिन्स, न्यूक्लियक अम्ल, प्रोटीन, एमाइड, एल्केलाइडस तथा प्रोटोप्लाज्म की संरचना में सक्रिय भाग लेता है।
3. पौधों में नत्रजन नियंत्रक का कार्य करता है जिससे फासफोरस तथा पोटेशियम का विनिमय संतुलित रहता है।

4. नत्रजन से फसलों में दानों का आकार बड़ा हो जाता है तथा दानों में प्रोटीन की मात्रा बढ़ जाती है।
5. यह पादप उतकों में पानी की मात्रा बढ़ाती है तथा कैल्शियम की प्रतिशतता बढ़ाती है।
6. यह पौधों में फासफोरस, पोटेशियम तथा कैल्शियम के शोषण करने की क्षमता को बढ़ाती है।
7. नत्रजन एडिनोसिन ट्राइफासफेट (जो एक श्वसन ऊर्जा वाहक है) का एक अवयव है।
8. नत्रजन से स्टार्च के जल विश्लेषण में तथा विभिन्न प्रकार की शर्कराओं के कार्बनिक अम्लों में परिवर्तित होने में मदद मिलती है।
9. पौधों में ऑक्सिन (Auxin) का बनना नत्रजन की मात्रा से उत्प्रेरित होता है, क्योंकि पौधे का मुख्य आक्सिन वीटाइन्डोल एसीटिक अम्ल में नत्रजन होता है और यह ट्रिप्टोफेन एमीनो अम्ल के भौतिक तथा रसायनिक परिवर्तन से बनती है। ट्रिप्टोफेन की सान्द्रता नत्रजन प्रदाय से बढ़ती है।
10. नत्रजन की अधिकता से पौधों की वृद्धि अधिक हो जाती है तथा इसकी कमी से वृद्धि रुक जाती है। इससे पौधे तथा पत्तियाँ मुलायम रहती हैं।
11. नत्रजन से पौधों में प्रोटीन की मात्रा बढ़ती है। प्रोटीन जीव दृव्य का मुख्य भाग है इसके द्वारा कोशिका के विभाजन में सहायता मिलती है जिससे पौधों की वृद्धि अधिक होती है।
12. नत्रजन की पर्याप्त मात्रा होने से पौधों में कल्ले (Tillering) अधिक मात्रा में निकलते हैं।
13. जैविक तथा कार्बनिक पदार्थों के सड़ने में मदद करता है।
14. पौधों में दाने सुडौल तथा अधिक गूदेदार बनते हैं।

फासफोरस (Phosphorus)

1. फासफोरस पौधों में फासफोप्रोटीन, फाइटिन, फाइफोपाइडस तथा न्यूक्लियक अम्ल जो कोशिका विभाजन को प्रभावित करता है, यह पौधों का एक आवश्यक अवयव है।
2. पौधों की प्रारम्भिक अवस्था में इसकी अधिक मात्रा की आवश्यकता होती है क्योंकि यह जनन भागों (Reproductive parts) के लिए प्रीमोर्डिया (Primordia) बनाने में सहायक है।
3. इससे पौधें की जड़ों का विकास तथा वृद्धि शीघ्र होती है जिससे पौधे भूमि में शीघ्र स्थापित हो जाते हैं।
4. ऊर्जा के स्थानान्तरण में फासफोरस की महत्वपूर्ण भूमिका होती है तथा वसा एवं प्रोटीन के उपापचय में भाग लेता है।
5. यह नत्रजन के हानिकारक प्रभाव को कम कर देता है।
6. फासफोरस फलीदार/दलहनी फसलों की जड़ों में स्थित ग्रन्थियों की संख्या तथा आकार को बढ़ाता है जिससे वायुमण्डलीय नत्रजन का स्थिरीकरण अधिक मात्रा में होता है।
7. फसल में इसकी उपस्थिति में फूल शीघ्र आते हैं तथा फल एवं बीजों के निर्माण में सहायता करता है जिसके कारण फसल शीघ्र पक जाती है।
8. फासफोरस उतकों के श्वसन में भी सहायक होता है यह आक्सीडेज (Oxydase) एन्जाइम की सक्रियता को बढ़ाती है।
9. अकार्बनिक फासफेट पौधों में कोशारस में विलेय होकर प्रत्यारोपण का कार्य करता है।
10. यह पौधों में अन्य तत्व विशेष रूप से पोटेशियम के ग्रहण को बढ़ाता है।
11. फासफोरस पौधे में वसा तथा एल्बूमिन के निर्माण में सहायक होता है।
12. फासफोरस से पौधों में दाना का अनुपात भूसे की अपेक्षा अधिक हो जाता है तथा दाने की गुणवत्ता में वृद्धि हो जाती है।

13. पौधे में रोग रोधी क्षमता में वृद्धि हो जाती है।
14. पौधे में प्रोटीन की मात्रा बढ़ जाती है तथा दाने का भार बढ़ने से अधिक उपज प्राप्त होती है।
15. फासफोरस से स्टार्च आसानी से शर्करा में बदल जाती है।
16. फसलों में खड़ी रहने की क्षमता (Lodging resistance) बढ़ती है।
17. फासफोरस पौधों में अन्य तत्वों के परिपाचन (Assimilation) को बढ़ाता है।
18. फासफोरस से फसलों में परागसेचन (Pollination) अच्छा होता है।

पोटेशियम (Potassium)

1. पोटेशियम पादप घटकों (Components) जैसे प्रोटोप्लाज्म, सेल्यूलोज तथा वसा का अवयव नहीं होता है बल्कि यह उत्प्रेरक का कार्य करता है।
2. पोटेशियम कार्बोहाइड्रेट तथा न्यूक्लियक अम्ल उपापचयन में संलग्न अनेकों एन्जाइम के लिए सक्रिय कारक होता है जैसे पाइरुबिक काइनेज, फ्रक्टो काइनेज, फासफोफ्रक्टो काइनेज (कार्बोहाइड्रेट उपापचयन में), फार्मिलेज तथा पॉली न्यूक्लियोटाइड फासफोरिलेज (न्यूक्लियक अम्ल के उपापचयन में)।
3. पोटेशियम फसलों में नत्रजन तथा फासफोरस के प्रभाव को सन्तुलित करता है जिससे प्रोटीन निर्माण में सहायता मिलती है।
4. पोटास से पौधों में कोशिकाओं के निर्माण तथा कोशिका विभाजन में सहायता मिलती है।
5. यह भूमि में नत्रजन के हानिकारक प्रभाव को कम करने में मदद करता है।
6. यह पत्तियों में स्टार्च तथा शर्करा के निर्माण में वृद्धि करता है।
7. यह आयन वाहक (Carrier) के रूप में अनेकों प्रकार की ऑक्सीकरण तथा अवकरण प्रतिक्रियाओं में सहायक होता है।
8. पोटास के प्रयोग से एन्जाइम की क्रियाशीलता बढ़ जाती है तथा कोशिका जल की उत्स्वेदन (Transpiration) द्वारा हानि कम होती है।
9. यह कार्बोहाइड्रेट के स्थानान्तरण में सहायक होता है।
10. पौधों में उपापचय सक्रियता से उत्पन्न कार्बनिक अम्लों को उदासीन करता है।
11. पौधें में बीमारी तथा कीटों के प्रति प्रतिरोधक क्षमता में वृद्धि हो जाती है।
12. पौधों को गिरने से बचाता है, भूमि तथा जलवायु की प्रतिकूल परिस्थितियों जैसे पौधों में सूखा सहने की शक्ति बढ़ाता है एवं जड़ों को मजबूत बनाता है।
13. पोटास से मृदा घोल का तनाव (Surface tension) बढ़ जाता है जिससे कि केशिका संचालन (Capillary movement) की गति पौधों की ओर बढ़ जाती है। मृदा घोल में पोटास लवणों के घुले रहने से मृदा सतह से जल का वाष्पीकरण कम हो जाता है।
14. पोटास से दानों में अधिक गूदा बनाकर उन्हें सुडौल बनाता है जिससे दानों का आकार बढ़ जाता है। यह दानों में चमक बढ़ाता है।
15. यह पौधों के अन्दर पोषक तत्वों के स्थानान्तरण (Translocation) में सहायक है।
16. यह दलहनी तथा अन्य फसलों में पाला सहने की क्षमता बढ़ाता है। दलहनी फसलों में जड़ ग्रन्थियों का अधिक विकास करके अधिक मात्रा में वायुमण्डलीय नत्रजन का स्थिरीकरण करने में मदद करता है।

कैल्शियम (Calcium)

1. कैल्शियम का अधिकांश भाग पत्तियों के बीच लेमिना (Lamina) में यूरोनिक अम्ल के लवण के रूप में पाया जाता है।
2. यह पौधों की जड़ों तथा वृद्धि करने वाली कलिकाओं को शीघ्र बढ़ाता है।
3. कैल्शियम पौधे की कोशिकाओं में बने आक्जैलिक अम्ल के प्रभाव को कम करता है तथा नत्रजन का अवशोषण एवं प्रोटीन निर्माण की क्रिया को बढ़ाता है।
4. कैल्शियम की न्यूनतम स्थिति में विलेय न्यूक्लियोटाइड बढ़ जाता है और न्यूक्लियक अम्ल का संश्लेषण घट जाता है।
5. यह कार्बोहाइड्रेट के स्थानान्तरण में सहायक होता है तथा कोशिका भित्ति के निर्माण में अत्यन्त आवश्यक होता है।
6. यह प्रोटीन संश्लेषण में (नाइट्रेट नाइट्रोजन अधिक ग्रहण करने) सम्बन्धित होता है तथा कुछ एन्जाइम प्रणाली की सक्रियता में भी संगुणित होता है।
7. यह पौधों की जड़ के सिरों (Root tips) में विभज्योतकों (Meristematic tissue) उतकों की सक्रियता तथा नये उतकों के निर्माण में आवश्यक तत्व है।
8. कैल्शियम दलहनी फसलों की जड़ ग्रन्थियों का विकास करता है जिससे जड़ों द्वारा नाइट्रेट अवशोषण में वृद्धि होती है।
9. पौधों की चयापचय में स्वतन्त्र हुए कार्बनिक अम्लों को उदासीन करता है। इस प्रकार यह एक अविषकारी (Detoxifying) कारक का कार्य करता है।
10. इसकी उपस्थिति से भूमि में अमोनीकरण बढ़ता है तथा मृदा कणों का समाक्षेपण (Flocculation) करता है। ऊसर भूमियों में सोडियम कार्बोनेट को जिप्सम के प्रयोग से सोडियम सल्फेट में बदल देता है।
11. इससे दाना तथा तना सख्त बनता है तथा अधिक बीजों के निर्माण को प्रोत्साहित करता है।
12. पौधे के निर्माण में कैल्शियम तथा पोटेशियम एक दूसरे के पूरक हैं। कैल्शियम प्रोटीन के गुणों का पूरक (Supporter) होता है जबकि पोटेशियम कार्बनिक गुणों का।

मैगनीशियम (Magnesium)

1. मैगनीशियम पर्ण हरित (Chlorophyll) का एक अवयव होता है अत: इसकी अनुपस्थिति में कोई भी पौधा हरा नहीं हो सकता है।
2. मैगनीशियम पौधे के अन्दर पोषक तत्वों के स्थानान्तरण (Translocation) तथा अवशोषण में सहायता करता है।
3. यह वसीय अम्ल तथा तेलों के संश्लेषण में आवश्यक है।
4. मैगनीशियम फासफोरस के परिवहन (Translocation) में सहायक है। तिलहनी पौधों में बीजों के निर्माण में इसका विशेष महत्व है।
5. यह कार्बोहाइड्रेट उपापचय से सम्बन्धित कई एन्जाइम की सक्रियता के लिए आवश्यक है।
6. पौधों में नत्रजन उपापचय से सम्बन्धित कई फासफोरिलेसन (Phosphorylation) क्रियाएं मैगनीशियम द्वारा उत्प्रेरित होती हैं।
7. मैगनीशियम पौधे में शर्कराओं एवं स्टार्च के परिवहन में भी सहायक होता है तथा यह अन्य दूसरे तत्व के अवशोषण में सहायक होता है।
8. यह पौधों में तेल, वसा, कार्बोहाइड्रेट, प्रोटीन तथा विटामिन के निर्माण में आवश्यक है।

सल्फर (Sulphur)

1. सल्फरयुक्त अमीनो अम्ल का अनिवार्य अंश होने के कारण प्रोटीन एवं रासायनिक द्रव्यों के निर्माण में काम आता है। थायोमिन एवं बायोटिन जो पौधों की वृद्धि को नियंत्रित करता है, में भी गन्धक का अंश होता है। यह सल्फरयुक्त अमीनो अम्ल जैसे सिस्टाइन (Cistine), सिस्टीन (Cysteine) तथा मिथियोनीन (Methionine) एवं प्रोटीन संश्लेषण में आवश्यक है।
2. यह पत्तियों के पर्णहरित के निर्माण में सहायता करता है जिससे पौधों का रंग हरा होता है।
3. यह प्रोटीन, अमीनो अम्ल, तेल, वसीय अम्ल तथा विटामिन्स के निर्माण में सहायक है।
4. विटामिन, बायोटिन, थायमिन तथा बी-1 के निर्माण में सहायक है। यह ग्लूटेथियान तथा सहायक एन्जाइम ए के निर्माण में सहायक है जो उत्पादन की गुणवत्ता बढ़ाते हैं।
5. प्रोटीन के निर्माण में 15 भाग नत्रजन के साथ 1 भाग सल्फर आवश्यक है। प्रोटीन के निर्माण को प्रोत्साहित करने वाले एन्जाइम जैसे पैपेनेज (Papainase) की कार्यक्षमता सल्फर की उपस्थिति में बढ़ जाती है।
6. गन्धक से दलहनी फसलों में जड़ ग्रन्थियों के निर्माण एवं विकास में सहायता मिलती है तथा इसके प्रयोग से जड़ों की वृद्धि भी अधिक होती है।
7. सरसों, प्याजकुल तथा सुगन्धित तेलों में सल्फर के यौगिक पाये जाते हैं।
8. डाइसल्फाइड बन्ध (—S—S—) जीवद्रव्य की संरचना से संगुणित होता है तथा सल्फा हाइड्रिल समूहों (—SH) की मात्रा से पौधों में शीत प्रतिरोधिता में वृद्धि हो जाती है।
9. इसकी उपस्थिति से नत्रजन तथा फासफोरस की शोषण क्षमता में वृद्धि हो जाती है।
10. गन्धक के प्रयोग से लूसर्न, सेंजी, तम्बाकू, चुकन्दर, सरसों तथा दलहनी फसलों की उपज बढ़ जाती है।

(ब) सूक्ष्म तत्व (Micronutrient)

आयरन (Iron)

1. यह पर्णहरित के निर्माण में आवश्यक तत्व है परन्तु आयरन पर्णहरित का अंग नहीं है।
2. कुछ एन्जाइम तथा वाहक (Carriers) जो पौधे की श्वसन प्रणाली में सक्रिय रहते हैं जैसे केटालेज, पैराक्सीडेज, ऑक्सीडेज-साइट्रोक्रोम्स लौह यौगिक होते हैं।
3. यह कोशिका विभाजन के लिए आवश्यक है।
4. पौधों के प्रोटीन के निर्माण, संश्लेषण तथा चयापचय की क्रियाओं में भाग लेते हैं।
5. पौधों द्वारा नत्रजन के पोषण तथा प्रोटीन संश्लेषण में सहायक है तथा पौधों में नाइट्रेट का अवकरण करता है।
6. यह सोयाबीन में मॉलीबिडेनम को जो एक नाइट्रेट रिडक्टेज (Nitrate reductase) एन्जाइम में प्रॉस्थैटिक (Prosthetic) समूह का कार्य करता है, प्रतिस्थापित कर सकता है।

मैगनीज (Manganese)

1. यह पौधों में पर्णहरित के निर्माण में सहायक है।
2. यह तत्व नत्रजन एवं लौहे की जैविक क्रियाओं को भी प्रभावित करता है।
3. यह पौधे की विभिन्न क्रियाओं जैसे ऑक्सीकरण-अवकरण (Oxidation-reduction) में उत्प्रेरक का कार्य करता है।

4. यह कार्बोहाइड्रेट के निर्माण तथा नाइट्रेट के स्वांगीकरण में सहायता करता है।
5. यह तत्व डिहाइड्रोजनीकरण (Dehydrogenation), ऑक्सीडेटिव (Oxidative) एवं नान-ऑक्सीडेटिव डिकार्बोक्सीनेसन (Non-oxidative decarboxination) तथा पेक्टा ऑक्साइड जल अपघटन की क्रियाओं को भी प्रभावित करता है।
6. यह आर्जिनेज, सिस्टीन, डिसल्फहाइड्रेज, हैक्सो काइनेज, डि-ऑक्सी- राइबोन्यूक्लियेज आदि को सक्रिय बनाता है जो कि पौधों में नत्रजन, कार्बोहाइड्रेट चयापचय तथा क्रेब चक्र (Kreb cycle) की क्रियाओं में आवश्यक है।
7. पौधे इसे मैगनस आयन तथा चिलेट (Chelates) के रूप में ग्रहण करते हैं। यह पौधे में एस्कार्विक अम्ल के अवशोषण में उत्प्रेरक का कार्य करता है।
8. मैगनीज के कार्य पौधे में लौहे के कार्य से बहुत कुछ संयुक्त है तथा यह पौधों में लोहे के संचालन में सहायक है।

जिंक (Zinc)

1. जस्ता पौधे में एन्जाइम की क्रिया को उत्प्रेरित करता है तथा हार्मोन्स के निर्माण में सहायक होता है।
2. यह एल्कोहल डिहाइड्रोजिनेज, कार्बोनिक-एन हाइड्रेन तथा पेप्पीडेज एन्जाइम का अंग है।
3. पौधे में कार्बोहाइड्रेट के स्थानान्तरण (Translocation) में सहायक है।
4. जस्ता ट्रिप्टोफेन तथा अमीनोअम्ल के संश्लेषण में सहायक है इस प्रकार परोक्ष रूप में ऑक्सिन (Auxin) जैसे आई. ए. ए. (IAA) तथा इन्डोल एसिटिक अम्ल वृद्धि कारक हारमोन के संश्लेषण में सहायक है।
5. यह प्रोटीन तथा कैरोटीन के संश्लेषण में सहायक है तथा पौधों में पानी की शोषण क्षमता को बढ़ाता है।
6. जस्ता एन्जाइम जैसे इनोलेज, एक्जेलो एसीटिक डी कार्बोक्सीलेज, लेसीथिनेज, सिस्टीन, डाई- सल्फाइडेज आदि की क्रियाशीलता को बढ़ाता है।
7. यह पौधों में वृद्धि एवं विकास की अनेक क्रियाओं को उत्प्रेरित करता है। जड़ों द्वारा अमोनिकल नत्रजन के उपयोग में सहायक होता है।
8. यह पौधों में इन्डोल एसिटिक अम्ल के वृद्धिकारक हारमोन के संश्लेषण में सहायक है।

बोरोन (Boron)

1. यह कार्बोहाइड्रेट के स्थानान्तरण तथा प्रोटीन एवं पानी के उपापचय, कोशिका विभाजन तथा कॉरटेक्स (Cortex) के विकास के लिए आवश्यक है।
2. यह पौधों में नत्रजन तथा कैल्शियम के अवशोषण तथा उपयोग में सहायक है।
3. बोरोन पौधों में कैल्शियम तथा पोटेशियम के अनुपात को नियंत्रित रखता है और पौधों द्वारा कैल्शियम एवं पोटेशियम उपयोग के लिए आवश्यक है।
4. बोरोन परागण तथा प्रजनन क्रियाओं, फल एवं बीज बनने में सहायक है।
5. यह पेक्टिन, ए. टी. पी., डी. एन. ए. तथा आर. एन. ए. के संश्लेषण के लिए आवश्यक है।
6. यह पानी के शोषण को नियंत्रित करता है तथा पौधों में शर्करा के संचालन के लिए आवश्यक है।
7. यह दलहनी फसलों में राइजोबियम सहजीवी जीवाणुओं के लिए आवश्यक है। यह जड़ ग्रन्थियों को पर्याप्त मात्रा में भोजन प्रदान करता है।
8. यह प्रोटीन संश्लेषण में सहायक है।
9. बोरोन पौधों में कोशिका विभाजन में भाग लेता है। यह पौधों की कोशिका भित्ति का आवश्यक अंग है।

मॉलिबिडनम (Molybdenum)

1. यह राइज़ोबियम तथा एजोटोबैक्टर जीवाणुओं द्वारा वायुमण्डलीय स्वतन्त्र नत्रजन के स्थिरीकरण के लिए आवश्यक है।
2. यह एस्कोर्बिक अम्ल (विटामिन सी) के संश्लेषण के लिए आवश्यक है।
3. यह पौधों में मॉलीबिडेनम फासफोरस की चयापचय क्रियाओं को प्रभावित करता है।
4. यह नाइट्रेट रिडक्टेज एन्जाइम का एक महत्वपूर्ण भाग है जहाँ पर इलेक्ट्रॉन वाहक का कार्य करता है। यह जेन्थीन ऑक्सीडेज एन्जाइम की सक्रियता के लिए भी आवश्यक है।
5. यह पौधों में अमोनिया तथा नाइट्रेट अवकरण के लिए आवश्यक है।
6. यह शर्कराओं के संश्लेषण के लिए आवश्यक है।
7. यह ऑक्सीडेसन तथा रिडक्शन की क्रियाओं को उत्प्रेरित करता है।
8. यह पौधों में अनेक रोगों के प्रति अवरोधिता उत्पन्न करने में सहायक है।

क्लोरीन (Chlorine)

1. यह कोशिका रस में धनायन सन्तुलन बनाये रखने में सहायक होता है।
2. यह पौधों की पत्तियों में अधिक समय तक पानी रोकने की क्षमता को बढ़ाता है।
3. यह क्लोरीन रसाकर्षण दाब को बढ़ाता है।
4. इसकी कमी से पौधों में अमीनो अम्ल एकत्रित हो जाते हैं इसलिए यह पौधों में प्रोटीन संश्लेषण को प्रभावित करता है।
5. यह पौधों में कार्बोहाइड्रेट चयापचय तथा परिचालन क्रिया को प्रभावित करता है।
6. इसकी उपस्थिति में फसलें शीघ्र पक जाती हैं।
7. यह एन्थ्रोसायनिन्स का संघटक पदार्थ है।
8. यह एन्जाइम की क्रियाशीलता को उत्प्रेरित करता है।
9. यह पर्ण हरित के निर्माण में सहायक है।
10. क्लोरीन की उपस्थिति से पौधों में मैगनीशियम का अवशोषण बढ़ जाता है तथा प्रोटीन की मात्रा में कमी हो जाती है।

कोबाल्ट (Cobalt)

1. यह विटामिन बी12 के निर्माण में सहायक है जो कि नत्रजन स्थिरीकरण करने वाली जड़ ग्रन्थियों में लेगहीमोग्लोबिन के निर्माण में सहायक है।
2. दलहनी फसलों में सहजीवी नत्रजन एकत्रीकरण में सहायक है।
3. यह आर्जिनेज, लेसीथिनेज, ऑक्सील एसीटिक डिकार्बोक्सीलेज तथा मैलिक एन्जाइम की सक्रियता के लिए आवश्यक है।
4. कोबाल्ट पौधों की वृद्धि, वाष्पोत्सर्जन तथा प्रकाश संश्लेषण क्रियाओं में वृद्धि करता है।

वेनेडियम (Vanadium)

1. वेनेडियम कुछ सीमा तक एजोटोबेक्टर के पोषण में मॉलीबिडेनम को प्रतिस्थापित करता है।
2. यह जैविक ऑक्सीकरण – अवकरण अभिक्रिया का कार्य करता है।

सोडियम (Sodium)

1. यह चुकन्दर में सूखे के प्रतिरोधक क्षमता में वृद्धि करता है तथा पौधों द्वारा जल ग्रहण को भी प्रभावित करता है।
2. यह कोशिका स्फीति (Cell turger) तथा पौधों में चयापचय क्रियाओं को प्रभावित करता है।
3. यह पर्णरन्ध्र खोलने में सहायक है तथा नाइट्रेट रिडक्टेज की क्रिया को नियमित रखता है।

सिलिकॉन (Silicon)

1. यह डायटम्स (Diatoms), चावल, खीरा, ककड़ी तथा जौ के लिए आवश्यक है।
2. सिलिकॉन से धान के पौधों की लम्बाई, तनों की संख्या तथा पौधे के ताजे एवं शुष्क भार में वृद्धि हो जाती है।
3. सिलिकॉन का प्रयोग करने से गन्ने की वृद्धि तथा उपज में काफी बढ़ोतरी हो जाती है।

आवश्यक पोषक तत्वों का विवरण (Description of essential plant nutrients)

नत्रजन (Nitrogen)

देश की मृदाओं में नत्रजन की मात्रा अपेक्षाकृत कम पाई जाती है। फसलों द्वारा शोषित नत्रजन की मात्रा सामान्यत: मृदा में प्रयोग की जाने वाली मात्रा से अधिक होती है। वायुमण्डल में लगभग 78 प्रतिशत नत्रजन पाई जाती है जो मृदा में सहजीवी तथा असहजीवी जीवाणुओं के स्थिरीकरण के काम में आती है। मृदा में नत्रजन का मुख्य स्त्रोत कार्बनिक पदार्थ है तथा कुछ मात्रा में वर्षा के जल द्वारा आती है। इसके अतिरिक्त आग्नेय चट्टानों में भी नत्रजन की अल्प मात्रा पाई जाती है।

अधिकांश कृषि योग्य मृदाओं में नत्रजन की मात्रा 0.002–0.10 प्रतिशत होती है। देश की कुछ प्रमुख मृदाओं में नत्रजन की मात्रा जैसे जलोढ मृदाओं में 0.05 प्रतिशत, कपास की काली मृदाओं में 0.05–0.06 प्रतिशत, लाल मृदाओं में 0.03 प्रतिशत तथा लैटराइट मृदाओं में 0.05 प्रतिशत पाई जाती है।

नत्रजन पौधों में कार्बनिक तथा अकार्बनिक दोनों रूपों में पाई जाती है। कार्बनिक रूप में नत्रजन, प्रोटीन, एन्जाइम, न्यूक्लियो प्रोटीन, क्लोरोफिल, एमाइडस, एल्केलाइडस आदि यौगिकों के मुख्य अवयव है। अकार्बनिक रूप में केवल नाइट्रेट नाइट्रोजन ही पौधों में संचित रहती है। शुष्क भार के आधार पर पौधों में नत्रजन की मात्रा 1 से 4 प्रतिशत तक होती है। दानों तथा पत्तियों में नत्रजन की मात्रा अधिक होती है तथा जड़ों एवं तनों में इसकी मात्रा अपेक्षाकृत कम होती है।

मृदा के रूप (Forms)

खनिज पदार्थो में नत्रजन मुख्यत: तीन रूपों में पाया जाता है –

1. कार्बनिक नत्रजन
2. कुछ मटियार मृदाओं द्वारा स्थिर की गई अमोनिया नत्रजन
3. विलेय अकार्बनिक अमोनियम एवं नाइट्रेट यौगिक

मृदा में नत्रजन का अधिकांश भाग (लगभग 99 प्रतिशत) कार्बनिक पदार्थ में संगुणित होता है। इसलिए कार्बनिक पदार्थ की आधी मात्रा एमीनो यौगिकों के रूप में पाई जाती है। विलेय अमोनिया तथा नाइट्रेट यौगिकों के रूप में नत्रजन की मात्रा मृदा में उपस्थिति कुल नत्रजन की 1–2 प्रतिशत होती है। पौधों द्वारा मृदा से नत्रजन नाइट्रेट तथा अमोनिया के रूप में ग्रहण की जाती है। पौधों द्वारा यूरिया (एमाइड) भी शोषित की जा सकती है। यूरिया अवशोषित नहीं की जाती है।

पौधे अपनी प्रारम्भिक अवस्था में नत्रजन का अवशोषण अमोनिया (NH_4^+) के रूप में जबकि धान का पौधा अपने सम्पूर्ण जीवन काल में अमोनिया के रूप में ही ग्रहण करता है। कुछ फसलों जैसे जौ तथा मक्का में कार्बोहाइड्रेट की मात्रा

अधिक होती है उनमें अमोनिया (NH_4^+) के रूप में नत्रजन का अवशोषण होता है। अधिकांश फसलों द्वारा नत्रजन का अवशोषण नाइट्रेट के रूप में ही होता है। कृषि योग्य मृदाओं में अमोनिया शीघ्र ही नाइट्रेट के रूप में परिवर्तित हो जाती है। इसलिए मृदा में नाइट्रेट की मात्रा अधिक होती है। नाइट्रेट आयन गतिशील होते हैं इसलिए यह पौधों की जड़ों के पास स्वत: ही स्थानान्तरित हो जाते हैं। नत्रजन का नाइट्राइट रूप प्राय: पौधों के लिए हानिकारक होता है परन्तु यह मृदाओं में एकत्र नहीं होने पाता है।

अमोनिया स्थिरीकरण (Ammonia fixation)

अमोनिया आयन्स कार्बनिक तथा अकार्बनिक दोनों रूपों में ही स्थिर किये जाते हैं।

क्ले खनिजों द्वारा स्थिरीकरण : मृदा में क्ले खनिजों (2:1 प्रकार की संरचना वाले) में अमोनिया (NH_4^+) तथा पोटेशियम (K^+) आयन्स को स्थिर करने की क्षमता होती है। इनमें मुख्य रूप से वर्मीकुलाइट, इलाइट तथा मान्टमोरिलोनाइट होते हैं। इन खनिजों में आन्तरिक ऋणात्मक आवेश होता है जो धनायनों को क्रिस्टल इकाईयों के बीच आन्तरिक सतह पर आकर्षित करते हैं। इन ऋणात्मक आवेशों को सन्तुष्ट करने वाले अधिकांश धनायन आसानी से क्रिस्टल जालक के अन्दर या बाहर जा सकते हैं। अमोनिया एवं पोटेशियम आयनों का आकार क्रिस्टल इकाईयों के बीच की गुहिकाओं के आकार के बराबर होता है। इस प्रकार ये आयन्स स्थिर होकर क्रिस्टल का एक दृढ़ भाग बन जाते हैं। ये आयन्स क्रिस्टल चालक के फैलाव को भी रोकते हैं और ये अविनिमेय रूप में धारित रहते हैं। क्ले खनिजों द्वारा अमोनिया का स्थिरीकरण अवमृदा में ऊपरी सतह की अपेक्षा अधिक होता है क्योंकि भूमि की अधो सतह में क्ले की मात्रा अधिक होती है। केओलिनाइट द्वारा अमोनिया का स्थिरीकरण कम होता है क्योंकि इस क्ले में अप्रसारी चालक (Non-expending lattice) होता है इसलिए स्थिर अमोनिया आयन्स के मुक्त होने की दर बहुत कम होती है।

कार्बनिक पदार्थ का स्थिरीकरण : निर्जल अमोनिया या स्वतन्त्र (NH_3) युक्त अन्य उर्वरक अथवा जो (NH_3) बनाते हैं, मृदा कार्बनिक पदार्थ से क्रिया करके विच्छेदन प्रतिरोधी यौगिक बनाते हैं। इस अभिप्राय में अमोनिया कार्बनिक पदार्थ द्वारा स्थिर की जा सकती है। इसके स्थिरीकरण की सही क्रिया विधि अभी तक ज्ञात नहीं है परन्तु ऐरोमेटिक यौगिकों तथा क्विनोन्स (Quinones) के साथ अमोनिया की क्रिया सम्भावित है। यह प्रक्रिया ऑक्सीजन तथा अधिक पी. एच. मान पर आसानी से होती है।

नत्रजन की अधिक मात्रा होने पर अमोनिया का स्थिरीकरण अधिक होता है। यह मृदा नमी तथा तापमान से अधिक प्रभावित होती है। पक्षान्तर गीले तथा सूखने से स्थिरीकरण बढ़ जाता है। अमोनिया स्थिरीकरण की मात्रा काली तथा जलोढ मृदाओं में अधिक होती है क्योंकि इन मृदाओं में मान्टमोरिलोनाइट क्ले की मात्रा अधिक होती है।

नत्रजन की कमी के लक्षण

1. पौधों की पत्तियों का रंग हल्का हरा तथा पीला पड़ जाता है।
2. पौधों की वृद्धि रुक जाती है अथवा कम हो जाती है जिससे उपज में कमी आ जाती है।
3. पत्तियों का रंग सफेद हो जाता है तथा कभी-कभी पत्तियाँ जल जाती हैं।
4. अन्न वाली फसलों में सर्वप्रथम नीचे की पत्तियाँ सूखती हैं तथा बाद में ऊपर की पत्तियाँ सूख जाती हैं।
5. हरी पत्तियों के बीच में सफेद धब्बे (Chlorosis) भी पड़ जाते हैं।
6. कल्ले बनने वाली फसलों में कल्ले कम फूटते हैं।
7. फलदार वृक्षों में अधिकतर फल बनने के पूर्व ही गिर जाते हैं अथवा उनका आकार छोटा रह जाता है, परन्तु फलों का रंग अच्छा हो जाता है।
8. दाने में प्रोटीन की मात्रा कम हो जाती है तथा दाने भी सिकुड़ जाते हैं।

फासफोरस (Phosphorus)

मृदा में फासफोरस प्राथमिक तथा द्वितीयक यौगिकों के रूप में पाया जाता है। प्राथमिक खनिजों का ऐपेटाइट समूह लगभग 95 प्रतिशत या अधिक मृदा फासफोरस का मूल स्त्रोत है। मृदा में फासफेट आयन, एल्यूमिनियम तथा कैल्शियम फासफेट के रूप में पाया जाता है। मृदा में फासफोरस की कुल मात्रा 0.02 से 0.5 प्रतिशत तक होती है। औसतन कृषि योग्य मृदा में लगभग 0.1 प्रतिशत तक कुल फासफोरस होता है। जलोढ मृदाओं में फासफोरस की मात्रा सबसे अधिक (0.09 से 0.22 प्रतिशत) होती है, कपास की काली भूमियों में इसकी मात्रा मध्यम (0.04 प्रतिशत) तथा लेटराइट मृदाओं में सबसे कम (0.02 प्रतिशत) फासफोरस की मात्रा होती है।

पौधों में फासफोरस की मात्रा नत्रजन, पोटेशियम तथा अन्य तत्वों की तुलना में कम होती है। सामान्यत: पौधों में फासफोरस की मात्रा 0.05 से 1.0 प्रतिशत तक होती है। बीजों में फासफोरस की मात्रा अधिक, पत्तियों में मध्यम तथा जड़ों एवं तना मे कम होती है। फसल पकने के समय धीरे–धीरे फासफोरस की मात्रा कम होती रहती है क्योंकि फासफोरस का स्थानान्तरण पौधे के भागों से बीजों की तरफ हो जाता है।

मृदा में रूप :– मृदा में फासफोरस प्राय: दो रूपों में पाया जाता है –

(1) कार्बनिक फासफोरस तथा

(2) अकार्बनिक फासफोरस

(1) कार्बनिक फासफोरस : कार्बनिक फासफोरस मृदा में तीन रासायनिक समूहों में मिलता है –

(अ) फाइटिन जो इनासौटल हैक्जा फासफेट या फाइटिन व्युत्पन्न होता है।

(ब) न्यूक्लियोप्रोटीन्स

(स) फासफोलिपिड्स

मृदाओं में फाइटिन तथा न्यूक्लियोप्रोटीन्स कार्बनिक फासफोरस का मुख्य भाग तथा फासफोलिपिड्स का न्यून भाग होता है। मृदा में न्यूक्लियक अम्ल फासफोरस कुल कार्बनिक फासफोरस का 38 से 58 प्रतिशत होता है। मृदा में पी एच की वृद्धि के साथ–साथ घटती तथा बढ़ती रहती है जिसके कारण मृदा की अधोसतह में कम तथा ऊपरी सतह पर अधिक होती है।

(2) अकार्बनिक फासफोरस : मृदा में अकार्बनिक फासफोरस सामान्यत: दो रूपों में मिलता है।

(अ) जिसमें फासफोरस कैल्शियम के साथ संयोजित रहता है। फासफोरस के अकार्बनिक यौगिक जो प्राय: मृदाओं में मिलता है (तालिका 7.5)।

(ब) जिसमें फासफोरस आयरन एवं एल्यूमिनियम के साथ संयोजित रहता है। आयरन एवं एल्यूमिनियम फासफेट हाइड्रोक्सी फासफेट होते हैं जैसे डयूफ्रीमाइट (Dufremite), वेवलाइट (Wavelite), स्ट्रेनगाइट (Strengite), वेरीसाइट (Varisite), विविएनाइट (Vivianite) आदि। ये यौगिक अम्लीय मृदाओं में अधिक स्थाई तथा अविलेय होते हैं।

तालिका 9.5 : मृदा में प्राप्य फासफोरस के अकार्बनिक कैल्शियम यौगिक

यौगिक	सूत्र	
1. फ्लूओर–एपेटाइट	$3\ Ca_3(PO4)_2\ .\ CaF_2$	विलेयता बढ़ती जाती है ↑
2. कार्बोनेट – एपेटाइट	$3Ca_3(PO_4)_2\ .\ CaCO_3$	
3. हाइड्रोक्सी – एपेटाइट	$3Ca_3\ (PO_4)_2\ .\ Ca(OH)_2$	

4. आक्सी – एपेटाइट	$3Ca_3(PO_4)_2 \cdot CaO$	↓
5. ट्राई कैल्शियम फासफेट	$Ca3(PO_4)_2$	
6. डाई कैल्शियम फासफेट	$Ca(H_2PO_4)_2$	
7. मोनो कैल्शियम फासफेट	$CaHPO_4$	

पौधों को फासफोरस की उपलब्धता

पौधे आर्थोफासफेट आयन्स ($H_2PO_4^-$) तथा HPO_4^- के रूप में फासफोरस का ग्रहण करते हैं। आर्थो फासफेट आयन्स के अस्तित्व की इन प्रमाणों से पुष्टि होती है –

1. मृदाओं में फासफोरस के आर्थोफासफेट के अतिरिक्त अन्य रूप में अल्प मात्रा में मिलते हैं।
2. फासफोरस की अधिक मात्रा अकार्बनिक आर्थोफासफेट के रूप में पाई जाती है।
3. कार्बनिक फासफोरस ठोस अवस्था में तथा कार्बनिक फासफोरस मृदा विलयन से प्रत्यक्ष रूप से पौधों द्वारा शोषित नहीं की जाती है।
4. मृदा विलयन में अकार्बनिक आर्थोफासफेट होता है तथा पौधे इसे पूर्ण रूप से शोषित कर लेते हैं।

अकार्बनिक फासफोरस की उपलब्धता

अकार्बनिक फासफोरस की उपलब्धता निम्न कारकों से निर्धारित होती है –

1. मृदा का पी. एच. मान
2. विलेय आयरन, एल्यूमिनियम तथा मैंगनीज
3. आयरन, एल्यूमिनियम एवं मैंगनीज युक्त खनिजों की उपस्थिति
4. प्राप्य कैल्शियम तथा कैल्शियम युक्त खनिज
5. सूक्ष्म जीवाणुओं की सक्रियता
6. कार्बनिक पदार्थ की मात्रा और इसका विच्छेदन

पी एच एवं फासफेट आयन्स

मृदा विलयन में विभिन्न फासफेट आयन्स की सान्द्रता पी एच मान से प्रभावित होती है। अधिक अम्लीय विलयन में केवल $H_2PO_4^-$ आयन्स उपास्थित होते हैं जबकि अधिक पी एच मान पर पहले HPO_4^- आयन्स तथा बाद में PO_4^- आयन्स सबसे अधिक प्राप्त होते हैं।

$$H_2PO_4^- \xrightleftharpoons{+OH^-} H_2O + HPO_4^- \xrightleftharpoons{+OH^-} H_2O + PO_4^-$$

अत्यन्त अम्लीय विलयन $\rightleftharpoons$ अत्यन्त क्षारीय विलयन

अम्लीय मृदाओं में अकार्बनिक फासफोरस की उपलब्धता

1. आयरन, एल्यूमिनियम तथा मैंगनीज आयन्स द्वारा अवक्षेपण : प्रबल अम्लीय खनिज मृदाओं में प्राय: विलेय आयरन, एल्यूमिनियम तथा मैंगनीज पाये जाते हैं। ये $H_2PO_4^-$ आयन्स के साथ क्रिया करके फासफोरस को अविलेय तथा अनुपलब्ध बना देते हैं।

$$Al^{++} + H_2PO_4 + 2H_2O \rightleftharpoons Al(OH)_2\ H_2PO_4$$

विलेय अविलेय

अधिक अम्लीय मृदाओं में आयरन तथा एल्यूमिनियम आयन्स की सान्द्रता H_2PO_4 आयन्स की सान्द्रता से अधिक हो जाने से अविलेय फासफेट अधिक बनता है जो पौधों को केवल अल्प मात्रा में उपलब्ध हो पाता है।

2. हाइड्रस ऑक्साइड द्वारा स्थिरीकरण : $H_2PO_4^-$ आयन्स आयरन, एल्यूमिनियम तथा मैगनीज के अविलेय हाइड्रस आक्साइड जैसे लाइमोनाइट तथा गोएथाइट (Goethite) के साथ भी अभिक्रिया करते हैं।

$$Al\begin{cases}OH\\OH\\OH\end{cases} + H_2PO_4 \rightleftharpoons Al\begin{cases}OH\\CH + OH\\H_2PO_4\end{cases}$$

विलेय अविलेय

3. सिलिकेट क्ले द्वारा फासफोरस का स्थिरीकरण : सामान्य अम्लीय मृदाओं में सिलिकेट खनिज जैसे कैओलिनाइट, मान्टमोरिलोनाइट तथा इलाइट द्वारा भी फासफोरस का स्थिरीकरण होता है।

$$[Al] + H_2PO^- + 2H_2O \rightleftharpoons 2H^+ + Al(OH_2)H_2PO_4$$

सिलिकेट क्रिस्टल में विलेय अविलेय

4. क्षारीय मृदाओं में अकार्बनिक फासफोरस की उपलब्धता : क्षारीय मृदाओं में फासफेट का अवक्षेपण प्रायः कैल्शियम यौगिकों द्वारा होता है। इन मृदाओं में विनिमेय कैल्शियम प्रचुर मात्रा में उपलब्ध होता है तथा अधिकांश ऐसी मृदाओं में कैल्शियम कार्बोनेट पाया जाता है। प्राप्य फासफेट कैल्शियम आयनों तथा उसके कार्बोनेट के साथ अभिक्रिया करता है।

$$Ca(H_2PO_4)_2 + Ca^{++} \rightleftharpoons Ca_3(PO_4)_3 + 4H^+$$

$$Ca_3(H_2PO_4)_2 + 2CaCO_3 \rightleftharpoons Ca_3(PO_4)_2 + CO_2\uparrow + H_2O$$

5. कार्बनिक फासफोरस की उपलब्धता : उच्च पौधों का कार्बनिक फासफोरस यौगिकों में फाइटिन तथा न्यूक्लियक अम्ल दोनों ही प्रमुख स्रोत हैं। फाइटिन पौधों द्वारा सीधे ही ग्रहण कर लिया जाता है। इन यौगिकों के पौधों द्वारा बड़ी तत्परता से स्वांगीकृत होने के बावजूद प्रायः पौधे को कार्बनिक फासफोरस की पर्याप्त मात्रा होने पर भी फासफोरस की कमी का सामना करना पड़ता है। फाइटिन यौगिक मृदा में अकार्बनिक फासफोरस की तरह व्यवहार करता है तथा आयरन एवं एल्यूमिनियम के साथ अभिक्रिया करके आयरन फासफेट तथा एल्यूमिनियम फासफेट बनाता है। अम्लीय मृदाओं में फाइटिन एल्यूमिनियम तथा आयरन की अभिक्रिया करके अविलेय हो जाता हैं। न्यूक्लिक अम्लों के स्थिरीकरण में एक भिन्न क्रिया विधि सम्पन्न होती है। क्ले विशेषकर मान्टमोरिलोनाइट द्वारा न्यूक्लिक अम्लों का अधिशोषण होता है। यह अधिशोषण अम्लीय मृदाओं में अधिक होता है जिससे न्यूक्लिक अम्लों की अपघटन दर में कमी आ जाती है।

फासफोरस की कमी के लक्षण

1. फासफोरस की कमी से पौधों का रंग गहरा हरा ही रहता है परन्तु पौधे के नीचे की पत्तियाँ पीली होकर सूख जाती हैं।
2. इसके अभाव में पर्णवृन्तों (Petioles) का रंग बैंगनी हो जाता है।
3. मूलतन्त्र का विकास तथा फलों का उत्पादन कम हो जाता है और पौधे मुड़े हुए तथा छोटे रह जाते हैं।
4. पौधों की बढवार रुक जाती है तथा उनकी पत्तियाँ छोटी रह जाती हैं।

5. पौधों में शर्करा की मात्रा बढ़ जाती है जिससे एन्थ्रोसाइनिन अधिक मात्रा में एकत्रित हो जाता है जिसके कारण पत्तियों का रंग बैंगनी हो जाता है।
6. दलहनी फसलों की जड़ों में पाई जाने वाली जड़ ग्रन्थियों की संख्या तथा आकार में कमी आ जाती है।
7. मक्का में इसकी कमी से पत्तियाँ बैंगनी हरी हो जाती है, फसल देर से पकती है तथा भुट्टों का विकास सही ढंग से नहीं हो पाता है।
8. फसलों की परिपक्वता देर से होती है, फूल तथा फल देर से पकते हैं तथा फलों एवं बीजों का आकार छोटा रह जाता है।
9. पौधे में पर्व सन्धियाँ (Intornodes) छोटी रह जाती हैं, शाखायें पतली एवं कमजोर हो जाती हैं।
10. आलू की फसल में पत्तियाँ प्याले के आकार की हो जाती हैं। गन्ना तथा गेहूँ की फसल में कल्ले कम मात्रा में निकलते हैं।

पोटेशियम (Potassium)

मृदा में पोटेशियम की मात्रा लगभग 1.6 प्रतिशत होती है तथा यह सिलिकेट के रूप में पाया जाता है। पोटेशियम के मुख्य खनिज माइका, मस्कोवाइट (Muscovite) तथा बायोटाइट एवं फेल्सपार खनिज, आर्थोलेस तथा माइक्रोक्लाइन हैं। मृदा के अन्दर कुल पोटेशियम का 90 से 98 प्रतिशत इन्हीं रूपों में मिलता है। इन सभी खनिजों में पोटेशियम अविनिमेय रूप में होता है तथा खनिजों के अपक्षय होने पर मुक्त हो जाता है।

मृदा में पोटेशियम की मात्रा नत्रजन तथा फासफोरस की मात्रा से अधिक होती है। मटियार तथा मटियार दोमट मृदाओं में बलुई एवं बलुई दोमट भूमियों की अपेक्षा पोटेशियम की मात्रा अधिक पाई जाती है। आर्द्र क्षेत्र की मृदाओं में शुष्क क्षेत्र की मृदाओं की अपेक्षा पोटेशियम की मात्रा कम होती है। जलोढ़ मृदाओं में पोटेशियम प्रचुर मात्रा में जबकि लैटराइटिक मृदाओं में पोटेशियम की न्यूनतम मात्रा पाई जाती है।

तालिका 9.6 : भारत की कुछ मृदाओं में पोटेशियम की मात्रा

मृदा	पोटेशियम की मात्रा (प्रतिशत)
कपास की काली मृदायें	0.25 – 0.35
जलोढ़ मृदायें	0.80 – 1.00
लाल मृदायें	0.80 – 0.95
लैटराइट तथा लैटराइटिक मृदायें	0.01 – 0.10
सागर तटीय मृदायें	0.20 – 0.30
पीट मृदायें	0.10 – 0.20

मृदा के रूप :

रासायनिक दृष्टि से मृदा में पोटेशियम को तीन वर्गों में विभक्त किया गया है –

1. जल विलेय (Water soluble),
2. विनिमेय (Exchangeable) तथा
3. अविनिमेय एवं स्थिर (Non-exchangeable)

1. जल विलेय पोटेशियम : जल विलेय पोटेशियम की मात्रा मृदा में कुल पोटेशियम की मात्रा की 1–2 प्रतिशत तक होती है। जल विलेय पोटेशियम की मात्रा पौधों को आसानी से प्राप्त हो जाती है परन्तु जलोत्सरण द्वारा शीघ्रता से

नष्ट हो जाती है। मृदा में जल विलेय पोटेशियम की मात्रा परिवर्तनशील है। इसकी मात्रा अलग-अलग ऋतुओं में अलग-अलग होती है। यदि कोई परिवर्तन विनिमेय पोटेशियम के स्तर में वृद्धि करता है तो उस परिवर्तनों में विलेय पोटेशियम की मात्रा में वृद्धि हो जाती है। चूँकि जल विलेय पोटेशियम, विनिमेय पोटेशियम के स्वतन्त्र होने के बाद प्राप्त होता है इसलिए मृदा में जल विलेय तथा विनिमेय पोटेशियम साम्य होते हैं।

2. विनिमेय पोटेशियम : विनिमेय संकीर्ण पर उपस्थित पोटेशियम जो थोड़े समय में अन्य धनायनों द्वारा विस्थापित हो जाता है उसे विनिमेय पोटेशियम कहते हैं। मृदा की किस्म, क्ले खनिज की प्रवृत्ति, मृदा का कणाकार, अपक्षय की मात्रा, निछालन की दशायें तथा अन्य विनिमेय धनायनों की मात्रा एवं प्रकार द्वारा विनिमेय पोटेशियम की मात्रा निर्धारित होती है। यह पोटेशियम पौधों को धीरे-धीरे प्राप्त होता है तथा इसकी मात्रा 1-10 प्रतिशत तक होती है। मृदा में विनिमेय पोटेशियम की मात्रा सभी विनिमेय धनायनों से कम होती है। मृदा में इसकी मात्रा कुल विनिमेय भस्मों की 1 से 5 प्रतिशत तक होती है। विनिमेय पोटेशियम विलेय हो जाने से पौधों को पूर्ण रूप से प्राप्त हो जाता है।

3. स्थिर पोटेशियम : मृदा में स्थिर पोटेशियम की मात्रा 90 से 98 प्रतिशत तक होती है। स्थिर पोटेशियम मृदा में दृढ़ता से संयोजित रहता है जो अन्य धनायनों से विस्थापित नहीं हो सकता, उसको स्थिर पोटेशियम (Non-exchangeable potassium) कहते हैं। यह मृदा में संचित पोटेशियम का कार्य करता है।

पोटेशियम का स्थिरीकरण (Fixation of potassium)

जब मृदा में पोटेशियम उर्वरक मिलाये जाते हैं तो पोटेशियम को मृदा कोलाइड द्वारा अधिशोषित या स्थिर कर लिया जाता है। मृदा में स्थिर की गई मात्रा मृदा में उपस्थित कोलाइडी पदार्थ की मात्रा पर निर्भर करती है। कोलाइड पर K आयन अधिशोषित होकर अन्य आयन्स जैसे कैल्शियम, मैगनीशियम तथा सोडियम आदि को कोलाइडस विस्थापित कर देता है। मृदा में पोटेशियम का स्थिरीकरण निम्न कारणों द्वारा प्रभावित होता है।

1. क्ले के प्रकार : केओलिनाइट क्ले पोटेशियम की कम मात्रा जबकि वर्मीकुलाइट तथा इलाइट क्ले पोटेशियम को अधिक मात्रा में स्थिर करते हैं। नम दशाओं में सिलिकेट क्ले की पोटेशियम स्थिरीकरण की क्षमता इलाइट में 52.5 प्रतिशत, मान्टमोरिलोनाइट में 12.7 प्रतिशत तथा केओलिनाइट में 7.6 प्रतिशत होती है। 2:1 प्रकार की क्ले में संलग्न इकाइयों की सम्बन्धित सिलिका परतों के बीच पाई जाने वाली गुहिकाओं में भली-भांति स्थापित हो जाते हैं। इस तरह क्रिस्टलों में अच्छी तरह से फंस जाने के कारण ये आयन क्रिस्टल संरचना का एक भाग बन जाते हैं जिससे क्रिस्टल का सामान्य प्रसारण रुक जाता है।

2. मृदा का गीला तथा सूखना : मृदा में सूखने पर पोटेशियम का स्थिरीकरण अधिक मात्रा में होता है परन्तु इसका स्थिरीकरण नम मृदाओं में भी होता है। बार-बार मृदा में सूखने तथा गीला होने पर पोटेशियम का स्थिरीकरण अधिक होता है।

3. विनिमेय पोटेशियम की आपेक्षित मात्रा : कुल विनिमेय क्षमता के अनुपात में विनिमेय पोटेशियम का प्रतिशत जितना अधिक होता है उतना ही अधिक पोटेशियम का स्थिरीकरण होता है।

4. मृदा का कणाकार : बलुई मृदाओं में पोटेशियम का स्थिरीकरण क्ले मृदाओं की अपेक्षा कम होता है। लाल मृदाओं में पोटेशियम का स्थिरीकरण 10.90 प्रतिशत, जलोढ़ मृदाओं में 4.9 प्रतिशत तथा काली मृदाओं में 14.50 प्रतिशत होता है।

पौधों की सामान्य वृद्धि के लिए पोटेशियम की अपेक्षाकृत अधिक मात्रा की आवश्यकता होती है। पौधों के शुष्क भार का लगभग 2 प्रतिशत पोटेशियम होता है। पत्तियों में इसकी मात्रा अधिक, तनों में मध्यम तथा बीजों में पोटेशियम की मात्रा कम होती है। जौ के भूसा में 1.25 प्रतिशत, बीजों में 0.45 प्रतिशत, आलू का कन्द में 0.53 प्रतिशत, तम्बाकू के पत्तों में 4.40 प्रतिशत, गेहूँ के बीजों में 0.50 प्रतिशत तथा एल्फा में 1.85 प्रतिशत पोटेशियम की मात्रा पाई जाती है।

कमी के लक्षण

1. इसकी अनुपलब्धता होने पर पौधों की श्वसन क्रिया में वृद्धि हो जाती है और यह प्रकाश संश्लेषण की क्रिया को कम करता है।
2. पोटेशियम की कमी से पत्तियाँ धब्बेदार तथा भूरी हो जाती हैं। इसकी कमी के लक्षण पुरानी तथा नीचे की पत्तियों पर पहले प्रदर्शित होते हैं तथा पत्तियाँ पकने से पूर्व गिर जाती हैं।
3. पत्तियों के सिरे तथा किनारे झुलसे हुए नजर आते हैं। कभी-कभी पत्तियाँ मोटी पड़ जाती हैं तथा पत्तियों के सिरे मुड़ने लगते हैं। मुख्य नसें हरी बनी रहती है बाद में सूखकर जालीदार संरचना बन जाती है।
4. ऊतकों में पानी की मात्रा कम हो जाती है, घुलनशील नत्रजन की मात्रा बढ़ जाती है तथा पौधों की वृद्धि पर हानिकारक प्रभाव पड़ता है। इसकी कमी से पौधों में कार्बोहाइड्रेट के स्थानान्तरण में बाधा होती है।
5. पोटेशियम की कमी से फल-फूल लगना समय से पूर्व ही समाप्त हो जाता है।
6. इसकी कमी के लक्षण खेत में नम क्षेत्रों में पहले दिखाई देते हैं। जड तन्त्रों का विकास कम होने के कारण पौधा गिर जाता है।
7. इसकी कमी से पत्तियों में प्यूट्रेसिन (Putresceine) जो एक डाईएमीन है अधिक मात्रा में एकत्रित हो जाता है जिसका विषैला प्रभाव पड़ता है।
8. इसकी कमी से कल्लों में बालियाँ नहीं आती तथा दानों का विकास रुक जाता है।
9. रेशेदार फसलों में इसकी कमी से रेशे की गुणवत्ता खराब हो जाती है।
10. इसकी कमी से पौधों में कीटों तथा बीमारियाँ के प्रति अवरोधिता में कमी हो जाती है, जिससे फसल में कीटों तथा बीमारियों का प्रकोप अधिक हो जाता है।

कैल्शियम (Calcium)

कैल्शियम के मुख्य खनिज डोलोमाइट, कैल्साइट, एपेटाइट, कैल्शियम, फेल्सपार, एम्फीबोल्स (Amphiboles), औगाइट (Augite), हार्नब्लेंडे आदि हैं। चूना पत्थर की चट्टानों से उत्पन्न मृदा में कैल्शियम की मात्रा बहुत अधिक (31.9 प्रतिशत) होती है। शुष्क तथा अर्द्ध शुष्क क्षेत्रों में पाई जाने वाली मृदाओं में कैल्शियम की मात्रा अधिक तथा आर्द्र भूमियों की ऊपरी सतह पर कम तथा निचली सतह में अधिक होती है। आग्नेय चट्टानों से निर्मित मृदाओं में कैल्शियम की मात्रा 1.50-3.15 प्रतिशत तक होती है। यह पौधों की कोशिका भित्ति की दीवारों में पाया जाता है। पौधों के शुष्क भाग में कैल्शियम की मात्रा 0.1 से 0.2 प्रतिशत तक होती है। जड़ों में कैल्शियम की मात्रा कम तथा पत्तियों में इसकी अधिक मात्रा पाई जाती है। अम्लीय मृदाओं में उगने वाले पौधों की अपेक्षा क्षारीय मृदाओं में उगने वाले पौधों में कैल्शियम अधिक पाया जाता है।

मृदा में कैल्शियम के रूप

कैल्शियम मृदा में निम्न रूपों में पाया जाता है -

1. **खनिज कणों में उपस्थित कैल्शियम :** लगभग सभी प्राथमिक खनिजों में कैल्शियम पाया जाता है जैसे बेसिक प्लेजियोक्लेक्स (Basic plagioclacs), बेसिक चट्टानें जैसे गेबरोस (Gabbros), बेसाल्ट (Bassalt) तथा डायाबेसिस (Diabases)
2. **कैल्शियम कार्बोनेट :** यह मृदा में कैल्शियम का मुख्य स्रोत है।
3. **सरल लवण :**

(अ) **कैल्शियम फासफेट :** मुख्य रूप से अल्प मात्रा में तथा एपेटाइट के रूपों में पाया जाता है।

(ब) **कैल्शियम सल्फेट :** जैसे जिप्सम, यह शुष्क क्षेत्रों की मृदाओं में सबसे अधिक पाया जाता है।

(स) **कैल्शियम आयन :** मृदा विलयन में प्रधान धनायन होते हैं। यह किसी ऋणायन से संयोग नहीं करते, परन्तु दो मुख्य ऋणायन नाइट्रेट तथा बाई कार्बोनेट कैल्शियम आयन से सन्तुलित होता है।

(द) **विनिमेय कैल्शियम :** यह कैल्शियम पौधों को आसानी से प्राप्त हो जाता है। पी एच मान 5.5 से 8.3 के मध्य कैल्शियम मृदा में विनिमेय रहता है परन्तु 5.5 से कम तथा 8.3 से अधिक पी एच मान होने पर अविनिमेय हो जाता है।

अम्लीय आर्द्र क्षेत्रों की मृदाओं में कैल्शियम अधिकतर विनिमेय रूप और अविच्छेदित प्राथमिक खनिज के रूप में पाया जाता है। पौधे मृदा में कैल्शियम विनिमेय या विलयन के रूप में ग्रहण करते हैं। मृदाओं में कैल्शियम कार्बोनेट की अधिकता न होने की दशा में मृदा विलयन में कैल्शियम की मात्रा कुछ सीमा तक विनिमेय कैल्शियम की उपस्थित मात्रा पर निर्भर करती है। पौधों के लिए मृदा से कैल्शियम की प्राप्यता निम्न कारणों पर निर्भर करती है।

1. विनिमेय कैल्शियम की मात्रा
2. विनिमेय संकीर्ण के संतृप्तीकरण की मात्रा
3. मृदा कोलाइड का प्रकार
4. क्ले द्वारा अधिशोषित पूरक आयन्स (Complimentary ions) की प्रकृति
5. मृदा वायु संचार

मृदा में सोडियम तथा पोटेशियम आयन्स की उपस्थिति में कैल्शियम के शोषण की दर को कम कर देता है। मान्टमोरिलोनाइट क्ले में केओलिनाइट की अपेक्षा कैल्शियम दृढ़ता से धारित होता है। वातन मृदाओं में अवातन मृदाओं (Unaerated soils) की अपेक्षा 1.4 गुना अधिक कैल्शियम शोषित होता है।

कैल्शियम की कमी के लक्षण

1. इसकी कमी से पौधों की अग्रकलिका (Apical bud) सूख जाती है।
2. जड़ों की वृद्धि एवं विकास कम होता है।
3. कलियां तथा फल अपरिपक्व अवस्था में मुरझा जाते हैं।
4. नई पत्तियों के किनारे झुक या मुड़कर सिकुड जाते हैं। पत्तियों के किनारे तथा सिरे सूख जाते हैं।

मैगनीशियम (Magnesium)

मैगनीशियम के मुख्य खनिज मैगनीशियम, डोलोमाइट, बायोटाइट, ओगाइट, आलीबाइट, टैल्क, क्लोराइट आदि हैं। यह पोटेशियम खनिजों (केनालाइट तथा केसेराइट) का भी मुख्य अवयव है। मृदा की ऊपरी सतह पर मैगनीशियम की मात्रा लगभग 2.70 प्रतिशत होती है। मृदा में मैगनीशियम की कुल मात्रा 0.05 से 1.5 प्रतिशत तक होती है। शुष्क क्षेत्रों की मृदाओं में आर्द्र क्षेत्रों की मृदाओं की अपेक्षा मैगनीशियम की मात्रा अधिक होती है। पौधों में शुष्क भार के आधार पर मैगनीशियम की 0.5 से 1.5 प्रतिशत तक मात्रा होती है परन्तु अधिकांश पौधों में इसकी मात्रा 0.1–0.4 प्रतिशत तक होती है। बीजों में इसकी मात्रा अधिक, पत्तियों में मध्यम तथा तनों एवं जड़ों में कम मात्रा पाई जाती है। पौधों में परिपक्वता होने के समय बीजों की तरफ स्थानान्तरित हो जाता है।

मृदा के रूप

मैगनीशियम अविनिमेय रूप में मुख्यत: प्राथमिक तथा द्वितीयक खनिजों के रूप में मृदा में पाया जाता है। पौधों को प्राप्य मैगनीशियम मृदा में विनिमेय जल विलेय रूप में होता है। पौधों को आसानी से प्राप्य मैगनीशियम मृदा में विनिमेय धनायन के रूप में होता है। धनायन विनिमेय संकीर्ण में अधिकांश मैगनीशियम कोलायडी कणों के ऊपर अधिशोषित अवस्था में होता है। साधारण प्राप्य रूप मृदा में सरल लवणों मुख्यत: सल्फेट और कोलाइड रूप में रहता है। पौधों द्वारा मृदा से मैगनीशियम का शोषण मृदा में मैगनीशियम की मात्रा, मैगनीशियम सन्तृप्त ीकरण की मात्रा, अन्य विनिमेय आयन्स की प्रकृति तथा क्ले के प्रकार पर निर्भर करती है। मैगनीशियम की उपलब्धता उदासीन मृदाओं में अधिक होती है। अम्लीय मृदाओं में क्षारीय मृदाओं की अपेक्षा अधिक उपलब्धता होती है। मृदा में फासफोरस की अधिक मात्रा मिलाने पर मैगनीशियम की उपलब्धता बढ़ जाती है। मैगनीशियम की कम मात्रा वाली मृदाओं में चूना मिलाने से उसकी उपलब्धता कम हो जाती है। सोडियम की अधिकता भी मैगनीशियम की उपलब्धता को कम कर देता है।

मैगनीशियम की कमी के लक्षण

1. इसकी कमी के लक्षण पुरानी पत्तियों पर दिखाई देते हैं इसके पश्चात् नई पत्तियों पर दिखाई पडते हैं।
2. मैगनीशियम की कमी होने पर पत्तियों में हरिमाहीनता हो जाती है तथा पत्तियों पर धारियाँ बन जाती हैं।
3. इसकी अधिक कमी होने पर पत्तियाँ अन्दर की ओर मुड़कर पीली पड़ जाती हैं।
4. पत्तियाँ अपरिपक्व अवस्था में गिर सकती हैं तथा इन पर फफूँदी का आक्रमण हो सकता है।
5. दलहनी फसलों के पौधों में पत्तियों की मुख्य नसों के बीच की जगह पीले रंग की हो जाती है जो बाद में गहरे पीले रंग में परिवर्तित हो जाती है।
6. छोटे अनाजों के पौधे बौने रह जाते हैं और पीले पड़ जाते हैं तथा कभी-कभी पत्तों पर हरे चकत्ते बन जाते हैं।

सल्फर (Sulphur)

सल्फर मृदा में जिप्सम, पायराइट आदि रूपों में पाया जाता है। शेल्स (ेंसमे) में इसकी मात्रा 0.25 प्रतिशत होती है। प्लूटोनिक चट्टानों में अधिकांश सल्फर सल्फाइड के रूप में मिलता है। इन चट्टानों के अपक्षय की क्रिया के द्वारा सल्फाइड आक्सीकृत होकर सल्फेट बनाता है। कार्बनिक पदार्थों में पाई जाने वाली प्रोटीन्स के कुछ अमीनो अम्ल जैसे सिस्टीन तथा सिस्टाइन में सल्फर पाई जाती है। औद्योगिक क्षेत्रों में जहाँ पर कोयला तथा सल्फर के पदार्थ बनाये जाते हैं वहाँ पर सल्फर डाई ऑक्साइड के रूप में स्वतन्त्र होकर वायुमण्डल में मिल जाती है जो वर्षा ऋतु के समय पानी में घुलकर पुन: मृदा में मिल जाती है।

मृदा की ऊपरी सतह में सल्फर की मात्रा लगभग 0.06 प्रतिशत पाई जाती है। मृदा में कुल सल्फर की औसत मात्रा 0.01-0.10 प्रतिशत होती है। आर्द्र तथा ठण्डे क्षेत्रों की मृदाओं में इसकी मात्रा लगभग 0.06 प्रतिशत होती है। शैल चट्टानों से निर्मित मृदाओं में इसकी मात्रा अधिक होती है। क्षारीय मृदाओं में अम्लीय मृदाओं की अपेक्षा इसकी मात्रा अधिक होती है। पौधों में सल्फर प्रोटीन तथा अमीनो अम्ल का मुख्य अवयव है। पौधों में सल्फर की मात्रा लगभग फासफोरस की मात्रा के समान होती है। पौधों में सामान्य रूप से इसकी मात्रा 0.01 से 0.8 प्रतिशत तक होती है।

मृदा के रूप

मृदा में सल्फर कार्बनिक, सल्फेट सल्फर तथा तात्विक सल्फर और सल्फाइड के रूप में पाया जाता है।

1. कार्बनिक सल्फर : कार्बनिक पदार्थ में सल्फर प्रोटीन सल्फर के रूप में पाई जाती है और हाइड्रोजन सल्फाइड के रूप में परिवर्तित हो जाती है, यह ऑक्सीकृत होकर सल्फ्यूरिक अम्ल में परिवर्तित हो जाती है।

$$\text{Organic matter Containing Sulphur} \xrightarrow[\textit{bacteria}]{\textit{Sulphur reducing}} H_2S + SO_2$$

$$H_2S \xrightarrow[\textit{bacteria}]{\textit{Sulphur oxidising}} H_2SO_4$$

इस प्रकार कार्बनिक पदार्थों के विच्छेदन द्वारा सल्फर पौधों को प्राप्त हो जाता है। कार्बनिक सल्फर की अल्प मात्रा विनिमेय ऋणायन के रूप में मिलती है। ऋणायन के रूप म SO_4 आयन्स के रूप में मृदा में रहता है।

2. सल्फेट सल्फर : प्राय: सभी अकार्बनिक सल्फर उचित जल निकास तथा वायुसंचार वाली मृदाओं में सल्फेट आयन के रूप में मिलता है। सल्फेट आयन कुछ धनायनों जैसे कैल्शियम, मैगनीशियम, पोटेशियम, सोडियम, अमोनिया के साथ संयोजित अवस्था में मृदा विलयन में उपस्थित रहता है तथा शुष्क मृदाओं में इन लवणों के साथ अवक्षेपित हो जाता है।

3. तत्वीय सल्फर : जलाक्रान्त की दशाओं में सल्फाइड के रूप में सल्फर पाया जाता है। तत्वीय सल्फर शुद्ध रूप में पीले रंग का निष्क्रिय, जल अविलेय तथा क्रिस्टलीय बेस होता है। यह ऑक्सीकृत होकर सल्फेट में परिवर्तित हो जाता है।

खनिज रूप में सल्फर पौधों को धीरे-धीरे कठिनाई से प्राप्त होता है। क्षारीय मृदाओं में अम्लीय मृदाओं की अपेक्षा इसकी उपलब्धता अधिक होती है क्योंकि इन मृदाओं में सल्फर एल्यूमिनियम तथा मैगनीज के साथ अभिक्रिया करके सल्फेट के रूप में अवक्षेपित हो जाता है।

सल्फर की कमी के लक्षण

1. सल्फर की कमी से सर्वप्रथम नई पत्तियाँ प्रभावित होकर पीली पड़ जाती हैं। नई पंक्तियों के शिराओं तथा शिराओं के बीच का भाग हल्के हरे-पीले रंग का हो जाता है।
2. पौधों की वृद्धि धीमी हो जाती है तथा तना सख्त एवं छोटा हो जाता है।
3. दलहनी फसलों के पौधों की नई पत्तियों का रंग हल्के हरे रंग से पीला हो जाता है, सब्जियों के पौधों की पत्तियों का रंग हरा-पीला हो जाता है तथा वे मोटी एवं कड़ी हो जाती हैं, आलू की पत्तियों का रंग पीला, तना कठोर तथा जड़ों का विकास रुक जाता है तथा तम्बाकू के पौधे की वृद्धि की प्रारम्भिक अवस्था में सम्पूर्ण पौधे का रंग हल्का हरा हो जाता है, पत्तियाँ नीचे की ओर से मुड़ जाती हैं तथा इनकी वृद्धि रुक जाती है।

आयरन (Iron)

मृदा में आयरन फैरो मैगनीशियम, खनिजों, पायराइट्स या अन्य प्राथमिक खनिजों से प्राप्त होता है। आयरन के मुख्य खनिज हार्न ब्लेंडें, बायोटाइट और क्लोराइड हैं। इन खनिजों में आयरन फैरस के रूप में पाया जाता है।

मृदा में कुल आयरन की मात्रा 0.5 से 2.66 प्रतिशत तक पाई जाती है। पौधों के उपलब्ध रूप में आयरन अल्प मात्रा से 1200 पी पी एम तक पाया जाता है। धान उगाई जाने वाली मृदाओं में आयरन की मात्रा 12000 पी पी एम तक पाई जाती है। जौ, मक्का, धान, गोभी, मूली में क्रमश: 11.3, 20.1, 5.7, 11.0 तथा 5.4 पी पी एम आयरन होता है। पालक की पत्तियों में 24.1 से 40.2 पी पी एम तक आयरन होता है। चना में 13.5 से 19.10, गन्ना की पत्तियों में 150-250 तथा गेहूँ के दानों में 20.5 से 53.1 पीपीएम आयरन होता है।

मृदा में रूप

मृदा में आयरन फैरस (Fe^{++}) तथा फेरिक (Fe^{+++}) धनायनों के रूप में मिलता है तथा पौधे भी इन्हीं रूपों में ग्रहण करते हैं। आयरन की उपलब्धता निम्न कारकों से प्रभावित होती है –

1. **मृदा कणाकार** – मृदा में क्ले की मात्रा बढ़ने से आयरन की उपलब्धता बढ़ जाती है।

2. **कार्बनिक पदार्थ की मात्रा –** मृदा में कार्बनिक पदार्थ मिलाने से आयरन की उपलब्धता बढ़ जाती है।
3. **मृदा का पी एच मान –** मृदा का पी एच मान बढ़ने से फैरस आयरन की मात्रा बढ़ जाती है। मृदा का पी एच मान 3 से 5 तक फैरिक आयरन जबकि पी एच 5 से 7 तक फैरस आयरन के रूप में विलेय रहता है। फैरस तथा फैरिक ह्यूमेट पी एच 8 तक ही विलेय रहता है। पी एच 8 से अधिक होने पर आयरन की उपलब्धता कम हो जाती है।
4. **धात्विक धनायन :** भारी धातुएँ जैसे कॉपर, मैगनीज तथा जिंक की उपस्थिति में आयरन की उपलब्धता पौधों को कम हो जाती है।
5. **कार्बोनेट की मात्रा :** कार्बोनेट की अधिकता होने पर आयरन की उपलब्धता कम हो जाती है।
6. **जल भराव की दशा :** जलभराव वाली मृदाओं में आयरन की उपलब्धता अधिक रहती है क्योंकि इन मृदाओं में ऑक्सीजन की कमी से इसका अवकरण हो जाता है।

आयरन की कमी के लक्षण

1. पौधों के ऊपर की नई पत्तियाँ सर्वप्रथम पीली पड़ जाती हैं।
2. पत्तियों के किनारे बहुत समय तक हरे बने रहते हैं तथा नसें भी हरी बनी रहती हैं।
3. नई कलिकाओं की मृत्यु तथा रोजेट नजर आती है।
4. तना छोटा रह जाता है।

मैंगनीज (Manganese)

मैंगनीज खनिजों जैसे पायरोलूसाइट (Pyrolusite), रोडोमाइट (Rhodomite), रोडोक्रोसाइट (Rhodocrosite), आदि में मैंगनीज डाई ऑक्साइड तथा हाइड्रोक्साइड के रूप में पाया जाता है। इसके अतिरिक्त हौसमेनाइट (Hausmanite), ब्राउनाइट (Braunite) तथा मैगनेटाइट भी मैंगनीज खनिज है। यह आयरन की चट्टानों का भी एक अवयव है।

मृदाओं में मैंगनीज की मात्रा 92 से 2700 पी पी एम तक होती है लेकिन अधिकांश मृदाओं में इसकी मात्रा 300–1600 पी पी एम तक होती है। मृदाओं में उपलब्ध मैंगनीज की अल्प मात्रा से 850 पी पी एम तक होती है। साधारण मृदाओं में उगने वाले गेहूँ में 9.0 से 42.0, चना में 53–250, मूँग में 175, मूँगफली में 315, कपास में 175 तथा पालक की पत्तियों मे 10 पी पी एम मैंगनीज होता है।

मृदा में रूप

मैंगनीज मृदा में तीन संयोजी (Valence) अवस्थाओं में पाया जाता है–

1. **द्विसंयोजी मैंगनीज (Divalent manganese) :** यह अधिशोषित धनायन के रूप में या मृदा विलयन के रूप में रहता है।
2. **त्रि संयोजक मैंगनीज (Trivalent manganese) :** यह अधिक क्रियाशील ऑक्साइड के रूप में रहता है।
3. **चतुर्थ संयोजक मैंगनीज (Tetravalent manganese) :** यह निष्क्रिय ऑक्साइड के रूप में रहता है।

मैंगनीज के ये तीनों रूप आपस में एक गतिशील साम्य में रहते हैं जैसा कि नीचे प्रदर्शित किया गया है –

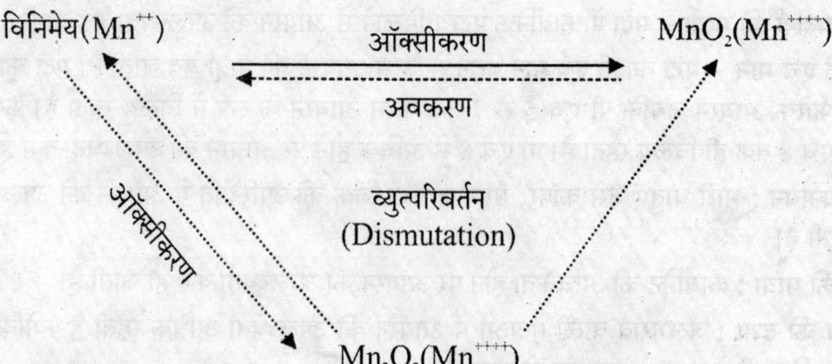

विनिमेय द्वि संयोजक मैंगनीज ट्राई तथा टेट्रा संयोजक रूपों के साथ साम्य (Equilibrium) में MnO_2 रूप 8.0 से अधिक पी एच मान वाली मृदाओं में पाया जाता है। त्रि-संयोजक रूप उदासीन मृदाओं में मिलता है जबकि द्वि-संयोजक रूप अम्लीय मृदाओं में पाया जाता है।

पौधे जल विलेय, विनिमेय तथा अपचेय मैंगनीज को ग्रहण करते हैं। जल विलेय तथा अपचेय मैंगनीज द्वि-संयोजक होता है। अपचेय रूप मैंगनीज के उस रूप को कहते हैं जो आसानी से उपचयित हो जाता है। इस प्रकार मैंगनीज को सक्रिय मैंगनीज कहते हैं। इसकी उपलब्धता निम्न कारकों से प्रभावित होती है –

1. **कणों का आकार :** महीन कणाकार वाली मृदाओं में कुल तथा सक्रिय मैंगनीज की मात्रा अधिक होती है।

2. **कार्बनिक पदार्थ :** उदासीन मृदायें जिसमे कार्बनिक पदार्थ की मात्रा अधिक होती है में फलीदार फसलें एवं धान्य फसलें उगाने से मैंगनीज की कमी के लक्षण प्रकट हो जाते हैं। इसके अतिरिक्त कम पी एच मान पर अधिक कार्बनिक पदार्थ की उपस्थिति में भी मैंगनीज की कमी के लक्षण प्रकट होते हैं। अधिक ह्यूमस वाली मृदाओं में कार्बनिक पदार्थ द्वि-संयोजक मैंगनीज के साथ क्रिया करके एक अविलेय संकीर्ण बनाते हैं जो पौधों को अप्राप्य होता है।

3. **पी एच मान :** कम पी एच मान वाली मृदाओं में (5.5 से कम पी एच) अधिकांश मैंगनीज की मात्रा जल में विलेय तथा विनिमेय रूप में रहती है। पीएच के बढ़ने से मैंगनीज मैगनस ऑक्साइड से मैगनिक ऑक्साइड में परिवर्तित हो जाते हैं। जो कि जल में विलेय तथा पौधों द्वारा ग्रहण नहीं किये जा सकते हैं।

4. **कैल्शियम कार्बोनेट :** मृदाओं में अधिक चूना मिलाने से मैगनीज की उपलब्धता कम हो जाती है। बिना चूनेदार मृदाओं की अपेक्षा चूनेदार मृदाओं में अधिक विनिमेय मैंगनीज होता है। मैंगनीज कैल्शियम कार्बोनेट के कणों की सतह पर स्थिर हो जाता है जिसके कारण पौधों को प्राप्य नहीं होता है।

5. **जल भराव (Water logging) :** मृदा में उचित निकास न होने की दशा में मैंगनीज की उपलब्धता अधिक रहती है।

6. मृदा में जीवाणुनाशक (Sterilization of soil) : मृदा के जीवाणुनाशक एवं अवकृत यौगिकों के मृदाओं में मिलाने से MnO_4 का अवकरण विलेय रूप में अधिक हो जाता है।

7. उर्वरकों का प्रभाव : अमोनियम सल्फेट, सल्फर, यूरिया को मृदा में मिलाने से मैंगनीज की उपलब्धता बढ़ जाती है। अम्लीय मृदा में सुपर फासफेट मिलाने से मैंगनीज की उपलब्धता बढ़ जाती है।

मैंगनीज की कमी के लक्षण

1. मैंगनीज की कमी के प्रथम लक्षण पत्तियों की अन्त: शिराओं में छोटे-छोटे हरिमाहीन धब्बे विकसित हो जाते हैं। इसकी अधिक कमी होने पर यह धब्बे हल्के हरे रंग में बदलकर पीले या भूरे सफेद हो जाते हैं।

2. इसकी कमी से पौधों की वृद्धि रुक जाती है।
3. मैंगनीज की कमी के लक्षण सर्वप्रथम नई पत्तियों पर दिखाई देते हैं।
4. पत्तियों पर मृत ऊतकों के धब्बे बन जाते हैं।
5. इसकी कमी से जई की पत्तियों में भूरी चित्ती (Grey Speak), गन्ने में अंगमारी (Pahala blight), चुकन्दर की चित्तीदार पीला रोग तथा मटर में चित्तीरोग लग जाते हैं।

जिंक (Zinc)

जिंक सामान्यत: जिंकाइट, कैलामिन, जिंक सल्फाइड, विलेमाइट आदि खनिजों के रूप में पाया जाता है। पायनोक्सियम, मैगनेटाइड, बायोटाइट तथा हार्न ब्लेंडे आदि खनिजों में भी यह अल्प मात्रा में पाया जाता है।

मृदाओं में जिंक की कुल मात्रा 2 से 1200 पी पी एम तक पाई जाती है परन्तु 90 प्रतिशत मृदाओं में जिंक की मात्रा 10 से 300 पी पी एम तक होती है। उपलब्ध जिंक अल्प मात्रा में 22 पी पी एम तक होती है। उत्तर प्रदेश की मृदाओं में जिंक की उपलब्धता 0.2 से 32 पी पी एम तक होती है। पौधों की पत्तियों में जिंक की मात्रा बाज़रा, ज्वार तथा मक्का में 26 से 30, गेहूँ तथा जई में 20–24.5, अमरुद, अनार, अंजीर एवं अंगूर में 26 से 35 तथा धान में 42 पी पी एम तक होती है।

मृदा के रूप

मृदा में जिंक निम्न रूपों में पाया जाता है –

1. **अविलेय रूप :** यह मृदा में अत्यधिक मात्रा में पाया जाता है।
2. **विनिमेय जिंक :** यह अपेक्षाकृत कुछ अधिक मात्रा में पाया जाता है।
3. मृदा विलयन में जिंक धनायन के रूप में कम मात्रा में मिलता है।

जिंक पौधों में तीनों रूपों में मिलता है। कुछ खनिजों में यह स्थिर अवस्था में होने के कारण आसानी से उपलब्ध नहीं हो पाता है। जिंक की उपलब्धता पौधों में निम्न कारकों द्वारा प्रभावित होती है –

1. **मृदा में फासफोरस की मात्रा :** मृदा में फासफोरस की अधिकता होने से पौधों को जिंक की उपलब्धता कम हो जाती है। जिंक फासफोरस के साथ क्रिया करके अविलेय जिंक फासफेट बनाता है।
2. **कार्बनिक पदार्थ :** मृदा में कार्बनिक पदार्थ की अधिकता होने से जिंक का यौगिकीकरण होने से पौधों को इसकी उपलब्धता कम हो जाती है।
3. **क्ले खनिजों द्वारा अधिशोषण :** जिंक आयन्स क्ले खनिज चालक (Lattice) पर क्रिया करके मैगनीशियम आयन्स को विस्थापित करके अधिशोषित हो जाते हैं जिससे पौधों को जिंक की उपलब्धता कम हो जाती है।
4. **चूना खनिजों द्वारा अधिशोषण :** मृदा में प्राप्त खनिज जैसे कैल्साइट, डोलोमाइट, मैग्रेसाइट पर भी अधिशोषित हो जाते हैं। इस प्रकार से चूना खनिज जिंक की उपलब्धता को कम कर देता है।
5. **पी एच मान :** जिंक अम्लीय मृदाओं में क्षारीय मृदाओं की अपेक्षा अधिक उपलब्ध होता है। मृदा का पी एच मान 5.5 अथवा कम होने से जिंक पौधों को आसानी से उपलब्ध हो जाता है। क्षारीय मृदाओं में जिंक हाइड्रॉक्साइड जो अविलेय होता है के निर्माण में पौधे इसे ग्रहण नहीं कर पाते हैं। मृदा का पी एच मान 7.0 से अधिक होने पर यह कैल्शियम के साथ क्रिया करके अविलेय कैल्शियम जिंकेट बनाता है जो पौधों को अप्राप्य होता है।

जिंक की कमी के लक्षण

1. इसकी कमी से पौधों की वृद्धि रुक जाती है, तने की लम्बाई कम हो जाती है तथा पत्तियाँ मुड़ जाती हैं।
2. नये पौधों में डाइबैक का प्रभाव पाया जाता है।
3. फल एवं कलिकायें कम बनती हैं, फलों का आकार छोटा रह जाता है तथा फलों में बीजों का विकास रुक जाता है।
4. पत्तियों के किनारे मुड़ जाते हैं।
5. पत्तियों का रंग धुंधला पीला तथा आयवरी रंग हो जाता है।
6. इसकी कमी के लक्षण नई तथा पुरानी पत्तियों पर एक साथ दिखाई देते हैं। पत्तियों का आकार छोटा, पत्तियाँ मुड़ जाती हैं तथा रोजेट संरचना बन जाती है।
7. पत्तियों की नसों में निक्रोसिस अथवा नसों के बीच में पीली पट्टियाँ नजर आती हैं।

कॉपर (Copper)

चैल्कोपायराइट (Chalcopyrite), बोनाइट (Bonite), चैल्कोसाइट (Chalcocite), कोवालाइट (Covallite), क्यूप्राइट (Cuprite), टैनोराइट (Tenorite), मैलेकाइट (Malachite) तथा एजूराइट (Azurite) आदि खनिजों में पाया जाता है।

खाद्यान्न फसलों में 12.4 से 30.0, दलहनी फसलों में 9 से 17.5, सब्जियों में 9 से 23, चारे की फसलों में 6 से 29, तथा फलों के पौधों में 4 से 23.2 पी पी एम तक कॉपर पाया जाता है। मृदा में कॉपर की कुल मात्रा 1.8 से 950 पी पी एम तक होती है परन्तु अधिकांश मृदाओं में इसकी मात्रा 1.0 से 100 पीपीएम तक होती है। मृदा में उपलब्ध कॉपर की अल्प मात्रा से 17 पीपीएम तक होती है।

मृदा के रूप

कॉपर मृदा में जल विलेय, अधिशोषित तथा स्थिर रूप में मिलता है। जल विलेय कॉपर पौधों को तुरन्त प्राप्त हो जाता है। मृदा में कॉपर की उपलब्धता निम्न कारकों द्वारा प्रभावित होती है।

1. **मृदा का पी एच मान :** मृदा का पी एच मान अधिक होने पर कॉपर की उपलब्धता कम हो जाती है। कॉपर की उपलब्धता मृदा के 7–8 पी एच मान पर अधिक होती है इससे कम पी एच मान पर इसकी उपलब्धता कम होती जाती है।
2. **कार्बनिक पदार्थ :** मृदा में कार्बनिक पदार्थ की मात्रा अधिक होने पर पौधों को इसकी उपलब्धता कम हो जाती है क्योंकि कार्बनिक पदार्थ कॉपर को स्थिर कर देते हैं।
3. **क्ले की उपस्थिति :** क्ले खनिज भी कार्बनिक पदार्थ की तरह कॉपर को अपने ऊपर अधिशोषित कर लेती है परन्तु यह कार्बनिक पदार्थ पर अधिशोषित कॉपर की अपेक्षा अधिक प्राप्य रूप में रहता है।
4. **क्ले की मात्रा :** मृदा में चूने की अधिक मात्रा होने पर इसकी उपलब्धता कम हो जाती है। चूना मृदा की क्षारीयता को बढ़ाकर कॉपर की उपलब्धता को कम कर देता है।

कॉपर की कमी के लक्षण

1. नई पत्तियों के किनारे तथा नोंक (Tips) में क्लोरोसिस एवं पत्तियाँ ब्लीच्ड हो जाती हैं।
2. अन्य फसलों में कॉपर की कमी से रिक्लेमेशन नामक बीमारी हो जाती है जिससे नवीन पत्तियाँ शिथिल हरिमाहीन एवं मुड़ी हुई रहती हैं।

3. दलहनी फसलों की पत्तियों का रंग हल्का हरा, पौधों की वृद्धि कम तथा पत्तियाँ सूखकर गिर जाती हैं।
4. खाद्यान्न फसलों में कल्ले कम मात्रा में बनते हैं।

बोरोन (Boron)

मृदा में बोरोन अविलेय खनिज जैसे टूरमेलाइन (Tourmaline) के रूप में पाया जाता है। इसमें 10 प्रतिशत बोरोन की मात्रा पाई जाती है। इसके अतिरिक्त बोरेक्स कर्नाइट (Kernite), यूलेक्साइट (Ulexite), कोटोइट (Kotoite), एक्सीनाइट (Axinite) तथा कोलमैनाइट (Colemanite) आदि खनिजों में भी बोरोन पाया जाता है।

पौधों में बोरोन की मात्रा 3 से 100 पी पी एम तक होती है। द्विबीज पत्रीय पौधों में एक बीज पत्रीय पौधों की अपेक्षा बोरोन की मात्रा अधिक होती है। दो दालीय पौधों की पत्तियों में 30–47 पी पी एम बोरोन की मात्रा होती है। मृदाओं में कुल बोरोन की मात्रा 7 से 650 पी पी एम तक पाई जाती है। मृदा में विलेय बोरोन की मात्रा का 0.35 पी पी एम से कम होना इसकी कमी का द्योतक है।

मृदा में रूप

पौधे बोरोन को मोनो बोरेट, डाई बोरेट, ट्राई बोरेट तथा टेट्रा बोरेट के रूप में ग्रहण करते हैं। बोरोन की कुल मात्रा का 5 प्रतिशत इन्हीं रूपों में उपलब्ध रहता है। मृदा में उपलब्ध बोरोन की अधिकांश मात्रा कार्बनिक पदार्थ में तथा कुछ मात्रा क्ले खनिजों में जकड़ी रहती है। जो इनके अपघटन होने पर मुक्त होकर पौधों को प्राप्त हो जाती है अथवा निछालन विधि द्वारा भूमि को अधोसतह में चली जाती है। मृदा का पी एच मान 6–10 तक होने पर बोरोन का स्थिरीकरण अधिक होता है। अम्लीय मृदाओं में बोरोन की उपलब्धता कार्बनिक पदार्थ की मात्रा तथा क्षारीय भूमियों में कैल्शियम की मात्रा पर निर्भर करती है। मृदा में नमी की कमी तथा मोटी संरचना होने पर बोरोन की उपलब्धता कम हो जाती है।

बोरोन की कमी के लक्षण

1. पौधों की कलिका का रंग हल्का हरा हो जाता है तथा आधार पीला हो जाता है।
2. दलहनी पौधों की जड़ों में पाई जाने वाली ग्रन्थियों की वृद्धि रुक जाती है।
3. इसकी कमी से पौधे नत्रजन का उपयोग ठीक से नहीं करते हैं इसके साथ ही जड़ों द्वारा पत्तियों को खनिज एवं जल ले जाने वाले जाइलम भी अपना कार्य ठीक ढंग से नहीं कर पाते हैं।
4. इसकी कमी से पत्तियाँ मोटी होकर मुड़ जाती हैं, जड़ों का विकास रुक जाता है तथा मुख्य तने की अग्र कलिका मर जाती है।
5. बोरोन की कमी से फल–फूल नहीं बनते तथा पत्तियाँ भंगुर हो जाती हैं।
6. जड़ वाली फसलों में ब्राउन हर्ट अथवा मोटे भाग पर काले धब्बे या बीच वाले भाग में पट्टियाँ बन जाती हैं।

मॉलीबडेनम (Molybdenum)

मॉलीबडेनम आग्नेय चट्टानों मे मॉलिबिडेनाइट के रूप में मृदाओं में पाया जाता है प्राथमिक मॉलीबडेनम पावेलाइट (Powellite) और वल्फेनाइट (Wulfenite) के रूप में पाया जाता है।

पौधों के अग्रभाग की अपेक्षा बीज में मॉलीबडेनम अधिक पाया जाता है। बीजों में इसकी मात्रा 1 से 11 पी पी एम तक होती है। जई में 0.55, मक्का में 0.75, अरहर में 2 तथा चना में 1.7 पी पी एम तक होती है। पौधों के ऊपरी मात्रा में शुष्क भार के आधार पर 0.1 पी पी एम से भी कम मात्रा मॉलीबडेनम की कमी का सूचक है। दलहनी फसलों में अन्य पौधों की अपेक्षा मॉलीबडेनम अपेक्षाकृत अधिक पाया जाता है। मृदा में इसकी कुल मात्रा 0.01 से 18 पी पी एम तक होती है। मॉलीबडेनम की अल्प मात्रा से 18 पी पी एम तक होती है।

मृदा में रूप

मृदा में मॉलीबडेनम निम्न रूपों में पाया जाता है–

1. **जल विलेय रूप :** जल विलेय मॉलीबडेनम यौगिकों के रूप में पाया जाता है।
2. **अप्राप्य रूप :** मॉलीबडेनम का यह रूप प्राथमिक तथा द्वितीयक खनिजों के क्रिस्टल चालक का एक भाग होता है।
3. **अविनिमेय रूप :** यह क्ले खनिजों की सतह पर रहता है तथा पौधों को प्राप्त होता है। यह MnO_4 के रूप में पौधों को उपलब्ध रहता है।
4. **कार्बनिक रूप :** इसकी मात्रा मृदा में बहुत कम होती है।

मृदा में मॉलीबडेनम अधिकतर अप्राप्य रूप में होता है। मॉलीबडेनम की उपलब्धता पी एच मान अधिक होने पर अधिक होती है। सामान्यत: पी एच 6–8 पर इसकी पौधों को उपलब्धता बढ़ जाती है। सामान्यत: मॉलीब्डेनम तीन रूपों जैसे विलेय लवणी, मॉलीबडेनम आक्साइड तथा अवकृत ऑक्साइड में पाया जाता है। मृदा में आयरन, एल्यूमिनियम तथा टिटेनियम के ऑक्साइड इसके अधिशोषण में वृद्धि करते हैं। अधिक मात्रा में फासफोरस का प्रयोग करने पर मॉलिबडेनम की प्राप्यता बढ़ जाती है।

मॉलीबडेनम की कमी के लक्षण

1. पत्तियों की शिराओं के बीच में हरिमाहीनता, पत्तियों का रंग पीला हरा या पीला पड़ना तथा इन पर नारंगी रंग का चितकबरापन आ जाता है।
2. पत्तियाँ मुरझाकर गिरने लगती हैं तथा इसकी कमी के लक्षण नई पत्तियों पर सर्वप्रथम दिखाई देते हैं।
3. पौधे छोटे तथा नत्रजन की कमी के समान दिखाई देते हैं।
4. दलहनी पौधों की जड़ों में बनने वाली जड़ ग्रन्थियों का वृद्धि एवं विकास कम होता है।
5. नींबू जाति के पौधों में इसकी कमी से पत्तियों में पीले धब्बे पड़ जाते हैं जिसे पीले धब्बे की (Yellow Spot) बीमारी कहते हैं।

क्लोरीन (Chlorine)

फसलों में प्रयोग किये जाने वाले पोटेशियम क्लोराइड तथा अमोनियम क्लोराइड क्लोरीन के प्रमुख स्त्रोत हैं। विभिन्न मृदाओं में क्लोरीन की मात्रा भिन्न–भिन्न होती है। मृदा में क्लोरीन की मात्रा 100 से 1000 किलोग्राम प्रति हैक्टेअर तक पाई जाती है। यह शुष्क तथा अर्द्ध शुष्क क्षेत्रों में जहाँ पर निछालन कम होता है वहाँ पर लवणों का एकत्रीकरण अधिक होने पर अधिक मात्रा में पाया जाता है। पौधों में क्लोरीन की 0.015 – 0.70 प्रतिशत (शुष्क भार के आधार पर) तथा आलू की पत्तियों में 5.5 प्रतिशत तक होती है।

क्लोरीन की कमी के लक्षण

1. इसकी कमी से नई पत्तियाँ पीली पड़ जाती हैं और पौधे में वाष्पोत्सर्जन अधिक होने के कारण पौधे सूखने की स्थिति में आ जाते हैं।
2. क्लोरीन की अधिक कमी होने पर पत्तियों की नोक मुरझा जाती है, ऊतक क्षय हो जाते हैं, हरिमाहीनता बढ़ती है, इसके बाद कांस्यन होती है और अन्त में पत्तियाँ सूख जाती हैं।
3. इसकी अधिक कमी होने पर पौधों में फल नहीं बनते हैं।
4. पातगोभी में पत्तियाँ मुड़ जाती हैं जबकि बरसीम की पत्तियाँ छोटी तथा मोटी हो जाती हैं।

सोडियम (Sodium)

सोडियम सभी मृदाओं के लिए एक मुख्य अवयव है। आर्थोक्लेज, डायोराइट, प्लेजिओक्लेज तथा प्लेजिओक्लेज फेल्सपार आदि खनिजों में सोडियम की मात्रा 1.4 – 6.1 प्रतिशत तक होती है। सोडियम आर्द्र भूमियों में निछालन द्वारा नष्ट हो जाता है। इसलिए शुष्क तथा अर्द्धशुष्क भूमियों में सोडियम की मात्रा अधिक होती है। कुछ फसलें सोडियम की उपस्थिति में अधिक वृद्धि करती हैं। सोडियम की आवश्यकता के अनुसार फसलों को चार भागों में विभक्त किया गया है –

1. कुछ फसलों की अच्छी वृद्धि के लिए सोडियम की आवश्यकता होती है।
2. कुछ फसलों में सोडियम की उपस्थिति से अधिक लाभ मिलता है।
3. कुछ फसलें सोडियम की उपलब्धता को सीमित मात्रा को सहन कर लेती हैं।
4. कुछ फसलें सोडियम की कम मात्रा को भी सहन नहीं कर पाती हैं।

मृदा में रूप

मृदा में सोडियम तीन रूपों जैसे – (1) अविलेय सिलिकेट्स में स्थिर। (2) अन्य खनिजों की संरचना में विनिमेय। (3) मृदा विलयन में विलेय रूप में पाया जाता है।

अधिकांश मृदाओं में सोडियम की मात्रा सिलिकेट्स के रूप में पाई जाती है। शुष्क तथा अर्द्ध शुष्क क्षेत्रों में यह सिलिकेट्स, सोडियम के क्लोराइड, सल्फेट तथा सोडियम कार्बोनेट रूपों में एवं अन्य विलेय लवणों के रूप में पाया जाता है। मृदा के प्रकार के अनुसार विलेय तथा विनिमेय सोडियम की मात्रा परिवर्तनशील होती है। आर्द्र मृदाओं में विनिमेय सोडियम की अन्य धनायनों के सापेक्ष में स्थिति इस प्रकार है –

$$Ca^{++} > Mg^{++} > K^{+} ------ Na^{+}$$

मृदा में विनिमेय सोडियम सामान्यत: दो रूपों में पाया जाता है –

1. क्ले परतों के ऊपर ढ़ीले रूप में धारित
2. विशेष परिस्थितियों मे क्ले परतों पर मजबूती से धारित रहता है।

सोडियम की कमी के लक्षण

1. इसकी कमी से चुकन्दर की पत्तियाँ गहरी हरी या हल्की हरी हो जाती हैं।
2. पत्तियों के किनारे पर बादामी रंग की ऊतक क्षय विकसित हो जाते हैं।
3. पौधों की ऊँचाई कम, पत्तियाँ छोटी एवं पतली तथा रंग गहरा हरा हो जाता है।
4. पुरानी पत्तियों के क़िनारे पर बैंगनी रंग के धब्बे पड़ जाते हैं जो बाद में बादामी होकर झुलस जाते हैं और पत्तियाँ गिर जाती हैं।

कोबाल्ट (Cobalt)

मृदाओं में कोबाल्ट की मात्रा सूक्ष्म से 280 पी पी एम तक पाई जाती है। उत्तर प्रदेश की क्षारीय मृदाओं में कुल कोबाल्ट की मात्रा 4.5 से 30 पी पी एम और उपलब्ध कोबाल्ट की मात्रा 0.06 – 0.6 पी पी एम तक पाई जाती है। गुजरात की मृदाओं में कुल तथा प्राप्य कोबाल्ट की मात्रा क्रमश: 4 से 78 तथा 0.1 – 2.8 पी पी एम पाई जाती है। चारे की फसलों में इसकी मात्रा 0.23 से 0.80 पी पी एम तक होती है। गेहूँ के भूसे में 0.14, जई के भूसे में 0.05, गिनी घास में 0.25 से 0.45 तथा एल्फा एल्फा में 0.03 – 0.25 पीपीएम तक कोबाल्ट की मात्रा पाई जाती है।

कोबाल्ट की उपलब्धता को प्रभावित करने वाले निम्न कारक हैं –

1. कोबाल्ट पदार्थ : मृदा में कार्बनिक पदार्थ की मात्रा अधिक होने पर कोबाल्ट की मात्रा कम हो जाती है। परन्तु कुछ वैज्ञानिकों का मत है कि कार्बनिक पदार्थ की मात्रा से मृदा में कोबाल्ट की उपलब्धता पर कोई प्रभाव नहीं पड़ता है।
2. कैल्शियम कार्बोनेट : चूना मिलाने से कोबाल्ट की उपलब्धता घट जाती है।
3. क्ले : मृदा विलयन से प्राप्य कोबाल्ट का अधिशोषण क्ले पर होता है। अधिशोषण की दृष्टि से क्ले को निम्न रूपों में रखा जाता है।

   मस्कोवाइट > हीमेटाइट > बेन्टोनाइट = केओलिन

4. मृदा का पी एच मान : पौधों को कोबाल्ट की उपलब्धता कम पी एच मान पर अधिक होती है।

सिलिकान (Silicon)

सिलिकान भूमि की ऊपरी सतह पर पाया जाने वाला दूसरा प्रमुख तत्व है। भूमि में इसकी मात्रा 27 प्रतिशत तक पाई जाती है। बलुई भूमियों में इसकी मात्रा 40 प्रतिशत तक पाई जाती है। अन्न वाली फसलों के पौधों में दलहनी फसलों की अपेक्षा इसकी मात्रा लगभग 10 से 20 गुनी अधिक होती है। धान के पुआल में 4.5 से 7.2 प्रतिशत सिलिकान पाया जाता है।

सिलिकान के प्रमुख स्त्रोत प्राथमिक सिलिकेट खनिज तथा द्वितीयक एल्यूमिनो सिलिकेट तथा सिलिकान ऑक्साइड के कई रूप हैं। सिलिका छः खनिजों जैसे क्वार्ट्ज, ट्रिडिमाइड (Tridimite), क्रिस्टोबालाइट (Cristobalite), कोसाइट (Cocite), स्टिशोवाइट (Stishovite) तथा ओपल (Opal) के रूप में प्राप्त होता है। पौधों में सिलिकान की उपलब्धता कैल्शियम सिलिकेट स्लैग (18–21 प्रतिशत सिलिका), कैल्शियम सिलिकेट (31 प्रतिशत सिलिका) तथा सोडियम मेटा सिलिकेट (23 प्रतिशत सिलिका) से हो जाती है।

सामान्य पी एच पर मृदा विलयन मे $Si(OH)_2$ मुख्य सिलिकेट होता है। मृदा का पी एच मान 8.5 से अधिक होने पर H_2SiO_4, विलयन में पाया जाता है। सिलिकान की पौधों को उपलब्धता चूना, पोषक तत्वों की उपलब्धता, आयरन एवं एल्यूमिनियम के ऑक्साइड की प्राप्यता पर निर्भर करती है। आयरन एवं एल्यूमिनियम की अधिक मात्रा इसकी उपलब्धता को कम कर देती है। मृदा में नमी की अधिक मात्रा होने से सिलिकान की पौधों को उपलब्धता बढ़ जाती है जबकि नत्रजन की अधिकता से इसकी उपलब्धता घट जाती है।

भूमि से पोषक तत्वों की प्राप्ति के स्त्रोत (Source of plant nutrients in the soil)

भूमि में आवश्यक पोषक तत्वों की प्राप्ति के स्त्रोत निम्न है –

1. वर्षा द्वारा (By rainfall) : वायुमण्डल में नत्रजन प्रचुर मात्रा में विद्यमान होती है। वर्षा ऋतु में वायुमण्डल की दो प्रमुख गैसें ऑक्सीजन तथा नत्रजन बिजली तड़कने पर ऑक्सीजन तथा नत्रजन आपस में मिलकर नाइट्रस ऑक्साइड बनाती है जो पुनः ऑक्सीकृत होकर नाइट्रोजन पेरोक्साइड में परिवर्तित हो जाती है। यह नाइट्रोजन पेरोक्साइड वर्षा के जल में घुलकर नाइट्रस तथा नाइट्रिक अम्ल के रूप में मृदा में मिल जाते है। मृदा में ये क्षारों के साथ क्रिया करके नाइट्राइट तथा नाइट्रेट लवण बनते हैं जो पौधों द्वारा शोषित कर लिये जाते हैं।

$$N_2 + O_2 \xrightleftharpoons{33000°C} 2NO + O_2 \xrightleftharpoons{600°C} 2NO_2$$

$$2NO_2 + H_2O \rightleftharpoons HNO_2 + HNO_3$$

2. फसल के अवशेषों द्वारा (By crop residues) : खड़ी फसल का पत्तियाँ, फूल, फल, शाखायें आदि झड़कर भूमि में मिल जाती हैं। फसल की कटाई के बाद बचे हुए डंठल, जड़ें तथा पत्तियाँ आदि के कुछ भाग भूमि पर छोड़ दिये जाते हैं। यह फसल अवशेष मृदा में सड़ गलकर पोषक तत्वों की मात्रा बढ़ाते हैं। इसके अतिरिक्त इन कार्बनिक पदार्थों के सड़ने से मृदा में कार्बनिक अम्ल बनता है जो मृदा में अप्राप्य पोषक तत्वों को प्राप्त अवस्था में परिवर्तित कर देता है।

3. दलहनी फसलों द्वारा : दलहनी फसलों की जड़ों में जड़ ग्रन्थियाँ (Root nodules) पाई जाती है। इन ग्रन्थिकाओं में राइजोबियम जीवाणु पाये जाते हैं। यह सहजीवी जीवाणु वायुमण्डल की स्वतन्त्र नत्रजन को भूमि में स्थिरीकरण करके मृदा की उर्वरा शक्ति को बढ़ाते हैं। दलहनी फसलों द्वारा नत्रजन स्थिरीकरण की मात्रा तालिका 9.7 में दर्शाई गई है।

तालिका 9.7 : दलहनी फसलों द्वारा नत्रजन का स्थिरीकरण

फसलें	नत्रजन का स्थिरीकरण (किग्रा/हैक्टेअर)
सेंजी	150 – 200
चना	120 – 140
अरहर	150
मूँग	11
उड़द	50 – 70
लोबिया	50 – 190
मटर	25 – 70
मसूर	40 - 85

4. हरी खाद द्वारा (By green manures) : हरी खाद की फसलें जैसे सनई, ढैंचा आदि को भूमि में उगाकर कुछ समय पश्चात् भूमि में मिला देते हैं। इस फसलों के तना तथा पत्तियाँ भूमि में सड़कर मृदा में कार्बनिक पदार्थ की मात्रा को बढ़ाता है। जो विघटित होकर भूमि को पोषक तत्व प्रदान करती हैं।

5. मृदा की गहरी सतह से : मृदा में जल स्तर से नीचे तथा नीचे से ऊपर की तरफ गतिवान रहता है। यह जल मृदा में उपस्थित पोषक तत्वों को घोलकर निचली सतह से ऊपर की सतह पर लाकर इकट्ठा करते रहते हैं जो पौधों की जड़ों द्वारा शोषित कर लिये जाते हैं।

6. कार्बनिक तथा अकार्बनिक खादों के प्रयोग से (Use of organic and inorganic manures) : विभिन्न प्रकार की कार्बनिक खादें जैसे गोबर की खाद, कम्पोस्ट, खली की खाद आदि तथा अकार्बनिक उर्वरक जैसे नत्रजन, फासफोरस तथा पोटास आदि का प्रयोग करके भूमि को पोषक तत्व प्रदान किये जाते हैं।

पौधों द्वारा मृदा से पोषक तत्वों का अवशोषण
(Absorption of plant nutrients by plants from the soil)

मृदा में उपस्थित पोषक तत्वों को सामान्यत: पौधे जड़ों द्वारा ग्रहण करते हैं। पर्णीय छिड़काव द्वारा प्रयोग किये गये उर्वरकों का अवशोषण पौधों के वायुवीय भाग जैसे पत्तियों, तना आदि द्वारा अवशोषण होता है। पौधों की जड़ों द्वारा पोषक तत्वों का ग्रहण दो क्रियाओं द्वारा किया जाता है –

1. निष्क्रिय अवशोषण (Passive absorption) : इस क्रिया द्वारा पोषक तत्व का शोषण समूह बहाव (Mass flow), विसरण (Diffusion) तथा डोनम इक्वलीब्रियम (Donnam equilibrium) द्वारा किया जाता है।

2. सक्रिय अवशोषण (Active absorption) : पोषक तत्वों के आयन्स उपापचयी ऊर्जा द्वारा भूमि से ग्रहण किये जाते हैं। पोषक तत्वों के इस प्रकार ग्रहण करने को सक्रिय अवशोषण कहते हैं। उपापचयी क्रियाओं द्वारा आयन्स शोषण के कई सिद्धान्त हैं।

सामान्यत: पौधे कार्बन को कार्बन डाई ऑक्साइड के रूप में पत्तियों में उपस्थित पर्ण रन्ध्रों द्वारा ग्रहण किया जाता है। इसके साथ ही साथ यह पर्णरन्ध्र जल को भी कुछ मात्रा में शोषित कर लेते हैं। परन्तु जड़ों द्वारा जल का शोषण बहुत अधिक होता है। इस प्रकार पत्तियों द्वारा अन्य पोषक तत्वों का भी शोषण किया जाता है।

पौधे की जड़ों द्वारा पोषक तत्व धनायन एवं ऋणायन के रूप में पौधों के अन्दर पहुँचते हैं। यह आयन्स मृदा विलयन से प्राप्त होते हैं। पौधों की वृद्धि एवं विकास में इन आयन्स का पहुँचना अति आवश्यक है। अधिक उर्वरा शक्ति वाली भूमियों में इन आयन्स की मात्रा बहुत अधिक होती है।

पौधों को पोषक तत्वों का प्रदाय मुख्यत: तीन विधियों द्वारा होता है, जो निम्न हैं –

1. जब पौधे की जड़ें मृदा में प्रवेश करती हैं तो यह मृदा कोलायडी के सम्पर्क में आती हैं अथवा जड़ें मृदा कोलायड्स तथा उन पर आधारित पोषकों की ओर गति करती हैं जिसे जड़ अवरोध कहते हैं।
2. कुछ पोषक तत्व जल में विलेय होकर पौधों की जड़ों की तरफ बढ़ते हैं जिन्हें पौधों की जड़ें अपनी सामान्य वृद्धि के लिए शोषित कर लेती हैं, इस प्रकार की गति को समूह बहाव (Mass flow) कहते हैं।
3. पोषक तत्वों का शोषण करने के पश्चात् जड़ों के समीप बाहरी क्षेत्र तथा मृदा क्षेत्र के बीच एक सान्द्रण ग्रेडिएन्ट (Concentration gradient) स्थापित हो जाता है। इस ग्रेडिएन्ट के कारण आयन्स का विसरण (Diffusion) जड़ों की तरफ होता है। कैल्शियम तथा पोटेशियम धनायनों के प्रदाय का मुख्य स्रोत विसरण होता है परन्तु NO_3 ऋणायन का प्रदाय भी विसरण द्वारा ही होता है।

आयन्स शोषण की क्रिया विधि में आयन्स जड़ों में विनिमय द्वारा विसरण तथा उपापचयी आयन्स बन्ध यौगिकों (Metabolition binding compounds) की क्रिया विधि द्वारा पौधों के अन्दर प्रवेश करते हैं। उपरोक्त तीनों विधियाँ जड़ पद्धति के दो अवयवों द्वारा संगुणित होती हैं। उनमें से प्रथम बाह्य स्थान (Outer space) अथवा आभासी स्वतन्त्र स्थान (Apparent free space) तथा द्वितीय आन्तरिक स्थान (Secondary inner space) कहलाता है। बाह्य स्थान के भीतर आयनों का शोषण सरल विसरण तथा विनिमेय अधिशोषण के प्रक्रमों द्वारा नियंत्रित होता है। आन्तरिक स्थान के भीतर के आयनों का शोषण उपापचयी विधि द्वारा होता है अर्थात् इस प्रकार के अवशोषण से जड़ कोशिकाओं द्वारा ऊर्जा व्यय होती है। बाह्य स्थान में अवशोषण के विपरीत यह विशेषकर अनुत्क्रमणीय (Inversible) होती है। इस प्रकार आयनों के शोषण की प्रक्रिया मुख्यत: अधिक उर्वरा शक्ति, नम एवं अधिक वायु संचार वाली मृदाओं में सर्वाधिक होती है।

पोषक तत्वों का भूमि में ह्रास (Losses of plant nutrients from soil)

भूमि में उपलब्ध कराये गये पोषक तत्वों का ह्रास निम्न विधियों द्वारा होता है –

1. फसलों द्वारा उपयोग	2. निछालन द्वारा	3. मृदा क्षरण द्वारा
4. गैस के रूप में	5. विनाइट्रीकरण द्वारा	6. स्थिरीकरण द्वारा
7. सूक्ष्मजीवों द्वारा	8. खरपतवारों द्वारा	

1. फसलों द्वारा उपयोग (Utilization by crops) – मृदा से पोषक तत्वों द्वारा ह्रास फसलों द्वारा उपयोग कर लेने से सर्वाधिक होता है। पौधे अपनी दैहिक क्रियाओं को सुचारु रूप से सम्पन्न करने तथा वृद्धि हेतु भूमि से विभिन्न प्रकार के पोषक तत्वों का ग्रहण करती हैं। चूँकि मृदा इन पोषक तत्वों को फसलों के उपयोग हेतु प्रदान करती हैं इसलिए फसलों द्वारा इनका ग्रहण किया जाना आवश्यक है। देश में विभिन्न फसलों द्वारा प्रतिवर्ष लगभग 4.5 मिलियन टन

नत्रजन, 2.4 मिलियन टन फासफोरस तथा 7.8 मिलियन टन पोटास मृदा से उपयोग किया जा रहा है। भिन्न-भिन्न फसलों द्वारा पोषक तत्व ग्रहण क्षमता भिन्न-भिन्न होती है। फसल को उगाये जाने का उद्‌देश्य तथा एक फसल की भिन्न-भिन्न प्रजातियों में पोषक तत्व उपयोग सम्बन्धी आवश्यकता भिन्न-भिन्न होती है।

फसलों द्वारा लगातार उपयोग करते रहने से पोषक तत्वों का ह्रास होता रहता है जिससे मृदा में पोषक तत्वों की कमी हो जाती है। अत: विभिन्न खादों एवं उर्वरकों का समावेश करके मृदा में पोषक तत्वों की कमी की पूर्ति करना आवश्यक है। फसलों द्वारा मृदा पोषक तत्वों का उपयोग निम्न बातों पर निर्भर करता है –

1. जलवायु (Climate)
2. मृदा में उपलब्ध पोषक तत्व एवं मात्रा (Availability and quantity of plant nutrients)
3. भूमि की भौतिक एवं रासायनिक दशा (Physical and Chemical conditions of soil)
4. मृदा में नमी की मात्रा (Soil moisture)
5. फसल का प्रकार (Types of crops)
6. फसल का जीवन काल (Life cycle of crops)
7. कीटों एवं बीमारियों का प्रकोप (Incidence of pests and diseases)
8. खरपतवारों की उपस्थिति (Presence of weeds)
9. मृदा के प्रकार (Types of soils)
10. फसलों की प्रजाति (Varieties of crops)

विभिन्न फसलों द्वारा पोषक तत्वों का ग्रहण तालिका 9.8 में दर्शाया गया है।

तालिका 9.8 : विभिन्न फसलों द्वारा मृदा से पोषक तत्वों का ग्रहण

फसल		मृदा से पोषक तत्वों की ग्रहण की गई मात्रा (किग्रा/हैक्टेअर)		
		नत्रजन	फासफोरस	पोटास
धान	दाना	65	24	18
	भूसा	39	15	95
गेहूँ	दाना	180	70	52
	भूसा	75	35	98
मक्का	दाना	95	41	90
	भूसा	45	30	120
ज्वार	दाना	80	48	35
	कड़वी	45	27	105
जौ	दाना	80	38	30
	भूसा	45	22	75
सरसों		70	48	89
मूँगफली		95	25	110
गन्ना		150	190	265
तम्बाकू	हल्की भूमि	35	45	60
	भारी भूमि	48	58	70

फसल	मृदा से पोषक तत्वों की ग्रहण की गई मात्रा (किग्रा/हैक्टेअर)		
	नत्रजन	फासफोरस	पोटास
आलू	150	65	210
कपास बीज	80	35	30
जूट	70	30	22
सोयाबीन	210	60	85

2. निछालन द्वारा (By leaching) – बहुत अधिक मात्रा में पोषक तत्वों का ह्रास निछालन द्वारा हो जाता हैं। पोषक तत्व जल में घुलकर भूमि की अधोसतह में चले जाते हैं जो पौधों को उपलब्ध नहीं हो पाते हैं। निछालन द्वारा पोषक तत्वों का ह्रास भारी भूमियों की अपेक्षा हल्की भूमियों में अधिक होता है। क्योंकि हल्की भूमियों की मृदा संरचना मोटी होने के कारण जल का निछालन आसानी से तथा अधिक मात्रा में होता है। जल में घुलनशील पोषक तत्व जैसे नत्रजन, कैल्शियम तथा पोटेशियम की हानि अधिक होती है। परती भूमियों में खड़ी फसल की भूमियों की अपेक्षा पोषक तत्वों की निछालन विधि द्वारा हानि अधिक होती है। अनुमानत: फसल द्वारा उपयोग की गई नत्रजन की मात्रा का 1/10 भाग निछालन विधि द्वारा नष्ट हो जाता है जबकि फासफोरस एवं पोटास पोषक तत्वों का ह्रास अपेक्षाकृत कम मात्रा में होता है। निछालन द्वारा पोषक तत्वों का ह्रास भूमि की किस्म, वर्षा की मात्रा, मृदा में वनस्पति की उपस्थित, खरपतवारों का घनत्व आदि पर निर्भर करती है। पोषक तत्वों की निछालन विधि द्वारा हानि निम्न विधियों द्वारा होती है –

1. नत्रजन का नाइट्रेट के रूप में 99 प्रतिशत भाग निछालन द्वारा नष्ट हो जाता है।
2. परती पड़ी भूमियों में खड़ी फसल की भूमियों की अपेक्षा नाइट्रेट के रूप में नत्रजन की हानि अधिक होती है।
3. निछालन द्वारा भूमि में नत्रजन की पोटेशियम तथा फासफोरस तत्वों की अपेक्षा हानि अधिक होती है।
4. भूमि में पोषक तत्वों की मात्रा अधिक होने पर निछालन द्वारा अधिक मात्रा में हानि होती है।
5. अधिक वर्षा तथा सिंचाई के पानी का अधिक प्रयोग करने पर निछालन द्वारा पोषक तत्वों की हानि अधिक होती है।
6 बलुई भूमियों में अन्य भूमियों की अपेक्षा अधिक मात्रा में पोषक तत्वों का निछालन होता है।
7. मृदा में उपस्थित कठोर सतह से निछालन द्वारा हानि कम मात्रा में होती है।

3. मृदा क्षरण द्वारा (By Soil erosion) – भूमि का कटाव होने की दशा में भूमि की ऊपरी सतह के साथ-साथ पोषक तत्व तथा घुलनशील पोषक तत्व पानी में घुलकर तथा बहकर अन्य स्थानों पर चले जाते हैं जिससे बहुत अधिक मात्रा में पोषक तत्व तथा जीवांश पदार्थो का ह्रास हो जाता है। पोषक तत्वों की हानि मृदा कटाव की किस्म तथा मात्रा पर निर्भर करती है। जल द्वारा मृदा कटाव से पोषक तत्वों की हानि वायुक्षरण की अपेक्षा अधिक होती है।

4. गैस के रूप में हानि (Volatilization) – गैस के रूप में नत्रजन की हानि अमोनिया तथा जीवांश पदार्थों के रूप में होती है। जीवांश पदार्थो के विघटन के समय अमोनिया तथा कार्बनिक अम्ल बनते हैं जो आपस में मिलकर अमोनियम कार्बोनेट तथा बाई कार्बोनेट बनाते हैं। चूँकि अमोनियम कार्बोनेट स्थाई प्रवृत्ति का नहीं होता है इसलिए अमोनिया स्वतन्त्र होकर वायुमण्डल में चली जाती है। वायु की तीव्र गति तथा अधिक तापमान होने पर अमोनिया जमकर रवेदार हो जाती है। इस प्रकार अमोनिया का घोल गाढा होने के कारण अमोनिया को रोकने की शक्ति कम हो जाती है जिससे यह अमोनिया गैस के रूप में उड़ने लगती है। खाद को खेत में खुला छोड़कर अथवा भूमि की ऊपरी सतह पर प्रयोग करने से इससे गैस के रूप में हानि बहुत अधिक हो जाती है। ऊसर भूमियों या अधिक चूनायुक्त भूमियों में नत्रजन का ह्रास अमोनिया गैस के रूप में बहुत अधिक मात्रा में होता है। प्रतिकूल परिस्थितियों में यूरिया का प्रयोग खेत में करने पर नत्रजन का ह्रास निम्न प्रकार से होता है –

$$NH_2CONH_2 + 2H_2O \longrightarrow (NH_4)_2CO_3$$

यूरिया — अमोनियम कार्बोनेट

$$CO(NH_3)_2 + H_2O \longrightarrow (NH_4)_2CO_3$$

$$(NH_4)_2CO_3 + 2H_2O \longrightarrow 2NH_4OH + H_2CO_3$$

अमोनियम हाइड्रोक्साइड — कार्बनिक अम्ल

$$(NH_4)OH \longrightarrow NH_3\uparrow + H_2O$$

अमोनिया

5. विनाइट्रीकरण (Denitrification) – नाइट्रेट के रूप में नत्रजन उपचयित (Reduced) होकर अमोनिया या स्वतन्त्र नत्रजन का गैस के रूप में बदल जाने की क्रिया को विनाइट्रीकरण कहते हैं। मृदा में विनाइट्रीकरण की प्रक्रिया दो अलग-अलग रूपों में होती हैं जिसे जैविक तथा रासायनिक क्रिया कहते हैं। जैविक नाइट्रीकरण क्रिया में सूक्ष्म जीवाणुओं (Denitrification bacteria) द्वारा भूमि में उपस्थित जीवांश पदार्थों को विघटित करके स्वतन्त्र अमोनिया को गैस के रूप में उड़ा दिया जाता है। जैविक विनाइट्रीकरण की क्रिया में भूमि में ऑक्सीजन की कमी या वायुसंचार ठीक से न हो पाने की दशा में सम्पन्न होती है। रासायनिक विनाइट्रीकरण द्वारा समस्याग्रस्त भूमियों जैसे अम्लीय भूमियों में नाइट्रेट, यूरिया, अमाइन्स तथा अन्य लवणों की उपस्थिति में होती है। उत्तर प्रदेश तथा बिहार की सिल्ट दोमट तथा मध्य प्रदेश में कपास की काली भूमियों में भी यह क्रिया अधिक होती है।

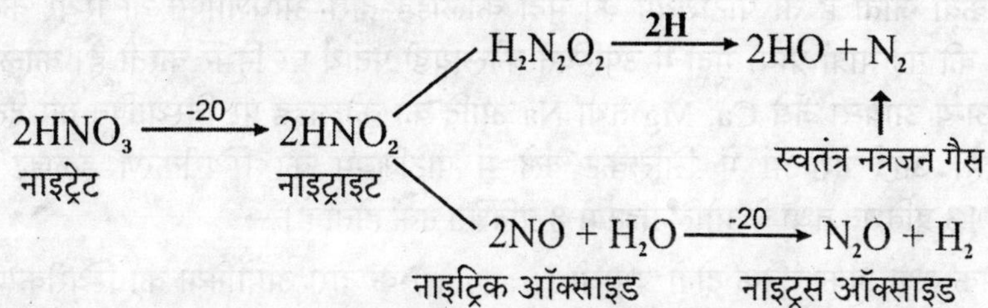

नाइट्रेट का विघटन अमोनिया के रूप में एन्जाइम की उपस्थिति में होता है-

$$NO_3 \longrightarrow NO_2 \longrightarrow HNO \longrightarrow NH_2OH \longrightarrow NH_3$$

नाइट्रेट — नाइट्राइट — हाइपो नाइट्राइट — हाइड्रोक्सिल अमाइ — अमोनिया

6. स्थिरीकरण (Fixation) – यह वह क्रिया है जिसके द्वारा मृदा में प्रयोग किये गये उर्वरक में उपलब्ध पोषक तत्व अन्य तत्वों से संयोग करके ऐसे यौगिक का निर्माण करते हैं जो पौधों के लिए उपलब्ध नहीं हो पाते हैं, जिसे स्थिरीकरण अथवा यौगिकीकरण कहते हैं। इस क्रिया के द्वारा मृदा में पर्याप्त मात्रा में पोषक तत्व उपस्थित रहने के बावजूद भी पौधे पोषक तत्वों की कमी के लक्षण प्रकट करते हैं। किसी मृदा में आयरन (Fe) एवं एल्यूमिनियम (Al) के हाइड्रोक्साइड की उपस्थिति में घुलनशील फासफोरस के साथ प्रतिक्रिया करते हैं और जटिल फासफोरस यौगिक (Complex phosphatic compound) बनकर पौधे को अनुपलब्ध अवस्था में यौगिकीकरण हो जाता है। यह प्रतिक्रिया निम्न प्रकार से होती है-

$$Al(OH)(OH)(OH) + H_2PO_4 \rightleftharpoons Al(OH)(CH)(H_2PO_4) + OH$$

विलेय — अविलेय

भूमि में फासफोरस का यौगिकीकरण कैल्शियम तथा मैगनीशियम यौगिकों के द्वारा भी होता है। कैल्शियम कार्बोनेट की उपस्थिति के कारण घुलनशील फासफोरस अघुलनशील कार्बोनेट एपेटाइट में बदल जाते हैं जो पौधों को अप्राप्य हो जाते हैं। यह प्रतिक्रिया कैल्शियम कार्बोनेट के महीन कणों के पृष्ठ पर हो सकती है। यह क्रिया निम्न प्रकार से होती है।

$$\underset{\text{विलेय}}{Ca(H_2PO_4)_2} + 2CaCO_3 \rightleftharpoons \underset{\text{अविलेय}}{Ca_3(PO_4)_2 . CaCO_3} + CO_2 + H_2O$$

यदि फासफोरस को मोनोकैल्शियम के रूप में प्रयोग किया गया है तो कैल्शियम आयन की अल्प मात्रा भी फासफोरस की उपलब्धता कम कर देती है। ऋणात्मक विनिमय की क्रिया में घुलनशील फासफोरस मृदा कणों पर चिपक जाता है और उस समय तक चिपका रहता है जब तक कि टारट्रेट, साइट्रेट, आक्जेलेट, लूयोराइड एवं हाइड्राक्सिल आयनों द्वारा हटाया नहीं जाता है। सामान्यत: अम्लीय मृदाओं में सिलिकेट खनिज जैसे केओलिनाइट, मान्टमोरिलोनाइट तथा इलाइट द्वारा फासफोरस का स्थिरीकरण हो जाता है।

$$\underset{\text{सिलिकेट क्रिस्टल में विलेय}}{[Al] + H_2PO_4 + 2H_2O} \rightleftharpoons \underset{\text{अविलेय}}{Al(OH_2)H_2PO_4} + 2H$$

फासफोरस की भांति मृदा में पोटेशियम तत्व का भी स्थिरीकरण होता है। रासायनिक दृष्टि से पोटेशियम (1) जल विलेय पोटेशियम (2) विनिमेय पोटेशियम तथा (3) स्थिर पोटेशियम तीन रूपों में पाया जाता है। जल विलेय तथा विनिमेय पोटेशियम पौधों की प्राप्य अवस्थायें हैं जबकि स्थिर पोटेशियम अप्राप्य अवस्था है। जब मृदा में पोटेशियम उर्वरक का प्रयोग किया जाता है तो पोटेशियम को मृदा कोलाइड द्वारा अधिशोषित या स्थिर कर लिया जाता है। पोटेशियम की स्थिर की गई मात्रा प्राय: मृदा में उपस्थित कोलायडी पदार्थ पर निर्भर करती है। कोलाइड पर K आयन अधिशोषित होकर अन्य आयन्स जैसे Ca, Mg तथा Na आदि को कोलाइड पर विस्थापित कर देता है जो पौधों को अप्राप्य हो जाता है। आर्द्र दशाओं में सिलिकेट क्ले में पोटेशियम का स्थिरीकरण इलाइट में 52 प्रतिशत, मान्टमोरिलोनाइट में 13 प्रतिशत तथा केओलिनाइट में 8 प्रतिशत तक होता है।

मृदा में कार्बनिक तथा अकार्बनिक दोनों प्रभाजों (fraction) के द्वारा अमोनिया का स्थिरीकरण कर लिया जाता है। अमोनिया तथा पोटेशियम आयनों का आकार क्रिस्टल इकाइयों के बीच की गुहिकाओं (Cavities) के समान होता है। इस प्रकार यह आयन्स स्थिर होकर क्रिस्टल के दृढ़ भाग बन जाते हैं। स्थिर किये गये अमोनियम आयन्स क्रिस्टल चालक में फैलाव करने वाले धनायनों (Ca^{++}, Mg^{++}, Na^+, H^+) द्वारा विस्थापित हो जाते हैं।

$$\underset{\text{मृदा विलयन}}{NH_4^+} \rightleftharpoons \underset{\text{विनिमेय}}{NH_4^+} \rightleftharpoons \underset{\text{स्थिर}}{NH_4^+}$$

7. सूक्ष्म जीवों द्वारा उपयोग – भूमि में पाये जाने वाले अनेक जीवाणु, कवक, बैक्टीरिया आदि अपनी वृद्धि करने के लिए आवश्यक पोषक तत्वों का उपयोग करते हैं। इस प्रकार शुरू में बैक्टीरिया अपने जीवन चक्र को पूरा करने के लिए पोषक तत्वों की कुछ मात्रा का उपयोग करके वापस भूमि में उपलब्ध करा देता है। सूक्ष्म जीवों द्वारा बहुत कम मात्रा में पोषक तत्वों का उपयोग किया जाता है।

8. खरपतवारों द्वारा – मृदा में विभिन्न पोषक तत्व जो पौधों के लिए उपस्थित होते हैं वह खरपतवारों द्वारा ग्रहण कर लिये जाते हैं। खरपतवारों द्वारा पोषक तत्वों की हानि 7–20% तक हो जाती है। गेहूँ के खेत में विभिन्न खरपतवारों द्वारा 20–30 किलोग्राम प्रति हैक्टेअर की दर नत्रजन को ग्रहण कर लेते हैं। पोहली (*Carthamus oxycantha*) खरपतवार द्वारा प्रतिवर्ष लगभग 60 किलोग्राम नत्रजन प्रति हैक्टेअर की दर से ग्रहण कर लिया जाता है।

✦

10

खाद एवं उर्वरक प्रबन्ध
(MANURES AND FERTILIZERS MANAGEMENT)

खाद एवं उर्वरक का तात्पर्य यह है कि पौधों को आवश्यक पोषक तत्व संतुलित मात्रा में उपलब्ध हो जाए जिससे इनकी वृद्धि एवं विकास सही रूप से सम्पन्न हो सके। खाद एवं उर्वरक प्राय: पोषक तत्व प्रदान करने के उद्देश्य प्रयोग किये जाते हैं। आम बोलचाल की भाषा में दोनों शब्द समानार्थी हैं। यह सर्वविदित है कि प्राचीन काल से खाद का फसल उत्पादन में महत्वपूर्ण स्थान है। खाद शब्द की उत्पत्ति 'खाद्य' शब्द से हुई है जिसका अर्थ भोजन से है। अंग्रेजी में शब्द मेनियोर (खाद) तथा फ्रांसिसी भाषा डंदवमअमतमत से लिया गया है।

पानी के अतिरिक्त वह पदार्थ जो भूमि में मिलाये जाते हैं जिससे उसकी (भूमि) उर्वरता में सुधार करते हैं, खाद कहलाते हैं।

जिन भूमियों की उर्वराशक्ति अच्छी होती है उन भूमियों में खादों एवं उर्वरकों का प्रयोग कम मात्रा में किया जाता है परन्तु बेकार, बंजर तथा कम उर्वरता वाली भूमियों में खाद एवं उर्वरकों का प्रयोग अधिक मात्रा में करना पड़ता है। खाद एवं उर्वरकों का आवश्यकता से अधिक अथवा कम प्रयोग पौधों के लिए हानिकर होता है। क्योंकि पोषक तत्वों के अभाव में पौधों की वृद्धि एवं विकास सही रूप से सम्पन्न न हो पाने से उपज में कमी हो जाती है। इसके विपरीत अधिक मात्रा प्रयोग करने पर पौधों की वृद्धि अधिक हो जाने की दशा में पौधे गिर जाने से भी उपज पर प्रतिकूल प्रभाव पड़ता है।

खाद देने के सिद्धान्त (Principles of manuring)

पौधों की वृद्धि एवं विकास के लिए पोषक तत्वों की आवश्यकता होती है। जब मृदा में पौधों की उचित वृद्धि के लिए पोषक तत्व उपलब्ध नहीं होते वह खादों अथवा उर्वरकों के माध्यम से दिये जाते हैं। इन उर्वरकों का उद्देश्य यह होता है कि खादों/उर्वरकों का प्रयोग करने की योजना इस प्रकार होनी चाहिए जिससे कम से कम व्यय से अधिक से अधिक उत्पादन प्राप्त किया जाये। इन उद्देश्यों की पूर्ति के लिए यह आवश्यक है कि खादों का प्रयोग करते समय निम्न बातों का ध्यान रखना अति आवश्यक है –

1. भूमि (Soil)

(i) भूमि की भौतिक दशा (Physical conditions of soil)

(ii) भूमि की रासायनिक दशा (Chemical conditions of soil)

(iii) भूमि की जैविक दशा (Biological conditions of soil)

2. फसल (Crop)

(i) फसल का स्वभाव (Nature of crops)

(ii) फसल का जीवनकाल (Life cycle of crop)

(iii) फसल की किस्म (Type of crop)

(iv) फसल के विशिष्ट गुण (Specific features of crop)

3. जलवायु (Climate)
   (i) वर्षा (Rainfall)
   (ii) तापमान (Temperature)
   (iii) सापेक्ष आर्द्रता (Relative humidity)

4. न्यूनतम उपयोग का सिद्धान्त (Law of minimum use)

5. अन्य कारक (Miscellaneous)

1. भूमि

(i) भूमि की भौतिक दशा : मृदा में खादों एवं उर्वरकों के प्रयोग को मृदा की भौतिक दशा जैसे संरचना, मृदा की स्थिति, रन्ध्रावकाश, सरन्ध्रता आदि प्रभावित करती हैं। सामान्यत: मृदा संरचना तीन प्रकार की होती है जैसे बलुई, सिल्ट तथा मटियार। बलुई भूमियों में मृदा कणों का आकार बड़ा, मृदा में निछालन अधिक, जलशोषण क्षमता अधिक तथा भूमि की उर्वरा शक्ति कम होती है। इस प्रकार की भूमियाँ शीत ऋतु में अधिक ठण्डी हो जाती हैं जबकि ग्रीष्म में शीघ्र तथा अधिक गर्म हो जाती हैं। इन मृदाओं में पोषक तत्व निछालन विधि द्वारा भूमि की अधोसतह में शीघ्र ही चले जाते हैं तथा गर्मियों में अधिक गर्मी के कारण पोषक तत्वों का गैस के रूप में अधिक ह्रास हो जाता है। इस प्रकार की बलुई भूमियों में जीवांशमय खादों का प्रयोग करना लाभदायक होता है। इन मृदाओं में अमोनियम उर्वरकों का प्रयोग बुआई के समय कूँडों में करना चाहिए।

मटियार भूमियों के कणाकार छोटे, मृदा की जल धारण क्षमता अधिक, भूमि की उर्वराशक्ति अच्छी, मृदा में निछालन अपेक्षाकृत कम आदि प्रमुख गुण पाये जाते हैं। इन मृदाओं में जीवांश पदार्थो तथा चूने का प्रयोग करने में मृदा सरंचना में सुधार होता है। मृदा में प्रयोग किये गये जीवांश पदार्थो के विघटन से अप्राप्य पोषक तत्व प्राप्य अवस्था में परिवर्तित हो जाते हैं। इन भूमियों में खनिज फासफेट तथा बेसिक स्लेग का प्रयोग लाभदायक होता है। अकार्बनिक नत्रजनीय उर्वरकों में नाइट्रेट युक्त नत्रजन का प्रयोग आवश्यक है। इन मृदाओं में आकर्बनिक उर्वरकों का प्रयोग बुआई के समय कूँडों में ही करने से उर्वरक उपयोग क्षमता बढ़ जाती है।

सिल्टयुक्त भूमियों की मृदा संरचना मध्यम होने के कारण फसलोत्पादन के लिए उपयुक्त होती हैं तथा इन पर कृषि कार्य जुताई, निराई–गुडाई आदि समय से सम्पन्न हो जाते हैं। इन भूमियों में लगभग सभी प्रकार की फसलें आसानी से उगाई जा सकती हैं। इन भूमियों में कार्बनिक खादों के साथ–साथ अकार्बनिक उर्वरकों का प्रयोग करने से अच्छे परिणाम मिलते हैं।

(ii) भूमि की रासायनिक दशा : मृदा की रासायनिक दशा जैसे पी एच मान, जीवांश पदार्थ की मात्रा, लवणों की मात्रा तथा पोषक तत्वों की मात्रा भिन्न–भिन्न प्रकार की मृदाओं में भिन्न–भिन्न होती है। मृदा की रासायनिक दशा खादों तथा उर्वरकों के प्रयोग को बहुत अधिक प्रभावित करती है। क्षारीय मृदाओं में अम्लीय उर्वरकों का जबकि अम्लीय भूमियों में क्षारीय उर्वरकों का प्रयोग आवश्यक है। इन समस्याग्रस्त मृदाओं में भूमि सुधारकों का प्रयोग भी नितान्त आवश्यक है। इन मृदाओं में जीवांश खादें, हरी खाद आदि का प्रयोग करने से मृदा की पोषक तत्व प्रदान करने की क्षमता बढ़ जाती है साथ ही साथ मृदा में हानिकारक तत्वों की मात्रा भी कम हो जाती है। इन समस्याग्रस्त भूमियों में फासफोरस का यौगिकीकरण हो जाता है जिससे इनका प्रयोग करते समय यह सावधानी रखनी चाहिए कि यह पौधों की जड़ों के पास में रहे जिससे अधिक से अधिक मात्रा में इन तत्वों का अवशोषण हो सके। जिन मृदाओं में कैल्सियम तथा मैगनीशियम अधिक मात्रा में हो तो उनमें अम्लता उत्पन्न करने वाले उर्वरक और जिनमें एल्यूमिनियम तथा आयरन अधिक हो तो उनमें क्षारीयता उत्पन्न करने वाले उर्वरकों का प्रयोग करना लाभदायक होता हैं। अम्लीय तथा क्षारीय मृदाओं में कार्बनिक खादों का प्रयोग करने से भूमि की भौतिक दशा में सुधार होता है। जिन मृदाओं में लगातार पानी भरा रहता हो तो वहाँ पर नत्रजन उर्वरक का प्रयोग पौधों के समीप तथा कई बार में करना चाहिए। इन मृदाओं में धीरे–धीरे प्राप्य होने वाले नत्रजनीय उर्वरक जैसे नीम कोटेड यूरिया, सल्फर कोटेड यूरिया आदि उर्वरकों का प्रयोग करने से उर्वरकों का निछालन द्वारा होने वाली हानि से बचा जा सकता है।

(iii) भूमि की जैविक अवस्था : मृदा में सूक्ष्म जीवाणुओं की उपस्थिति खादों एवं उर्वरकों के प्रयोग को प्रभावित करती है क्योंकि इनकी उपस्थिति से कार्बनिक पदार्थों का विघटन शीघ्रता से हो जाता है। दलहनी फसलों की जड़ों में पाये जाने वाले राइजोबियम जीवाणु वायुमण्डल की स्वतन्त्र नत्रजन का स्थिरीकरण अधिक मात्रा में करके भूमि की उर्वराशक्ति में वृद्धि करते हैं। अत: इन जीवाणुओं को मृदा में सुरक्षित रखना मृदा में पोषक तत्व प्रदान करना तथा भूमि की भौतिक दशा अच्छी रखने के समान है। भूमि का पी एच मान, समुचित वायुसंचार, नमी, तापमान आदि मृदा जीवाणुओं को प्रभावित करता है। भूमि में कार्बनिक पदार्थ की समुचित मात्रा होने पर मृदा में जीवाणुओं की संख्या तथा क्रियाशीलता में वृद्धि होती है। मृदा में पोषक तत्वों का विनाइट्रीकरण, नाइट्रीकरण, आक्सीकरण, अवकरण आदि कियायें मृदा जीवाणुओं की उपस्थिति में सम्पन्न होती हैं। इस प्रकार मृदा में जीवाणुओं की दशा को ध्यान में रखते हुए कार्बनिक खादों के साथ-साथ अकार्बनिक खादों का सही समय पर तथा निश्चित मात्रा में प्रयोग करना आवश्यक है।

2. फसल

विभिन्न प्रकार की फसलों में फसलों का स्वभाव, जड़ों की वृद्धि, पोषक तत्वों की आवश्यकता, पोषक तत्वों की ग्रहण क्षमता आदि में भिन्नता पाई जाती है। विभिन्न फसलों में भिन्न-भिन्न प्रकार के पोषक तत्वों की आवश्यकता होती हैं। खाद एवं उर्वरकों का प्रयोग फसलों की विभिन्न विशेषताऐं प्रभावित करती हैं।

(i) फसलों का स्वभाव : भिन्न-भिन्न प्रकार की फसलों की अलग-अलग पोषक तत्वों की आवश्यकता होती है। अन्न वाली फसलें जैसे धान, गेहूँ, ज्वार, बाजरा, मक्का आदि फसलों को नत्रजन की अधिक आवश्यकता होती है। रेशे वाली तथा दलहनी फसलों को फासफोरस उर्वरक की अधिक आवश्यकता होती है क्योंकि दलहनी फसलें वायुमण्डल की नत्रजन का यौगिकीकरण करती हैं। जड़ वाली फसलें जैसे आलू, गाजर, शकरकन्द आदि तथा तिलहनी फसलों को फासफोरस तथा पोटास उर्वरकों की अधिक आवश्यकता होती है।

(ii) फसल का जीवन काल : कम समय में पकने वाली फसलों को अकार्बनिक उर्वरकों के प्रयोग से अधिक से अधिक उत्पादन प्राप्त किया जा सकता है जबकि दीर्घकालीन फसलों को कार्बनिक खादों के साथ-साथ अकार्बनिक उर्वरकों का प्रयोग लाभदायक होता है। कार्बनिक खादें फसलों की अधिक समय तक धीरे-धीरे पोषक तत्व प्रदान करती हैं। कम समय में पककर तैयार होने वाली फसलों में जीवांशमय खादों का प्रयोग करने पर इनका उपयोग करने का समय नहीं मिल पाता हैं। नत्रजनीय उर्वरकों का अधिक मात्रा में प्रयोग करने से फसल देर से पकती है जिससे फसलों का जीवनकाल बढ़ जाता है। इसके विपरीत फासफोरस युक्त खादों के प्रयोग से फसलों का जीवनकाल कम हो जाता है। इस प्रकार उर्वरकों का संतुलित मात्रा में प्रयोग करके फसलों का जीवनकाल सामान्य रखा जा सकता है।

(iii) फसल की किस्म : फसलों को उगाने के उद्देश्य को ध्यान में रखते हुए उर्वरकों की प्रयोग की जाने वाली मात्रा भिन्न-भिन्न होती है। चारे के लिए उगाई जाने वाली फसलों में नत्रजन की अधिक मात्रा प्रयोग करने से पौधों की वृद्धि शीघ्र होती है, पौधों में पत्तियाँ अधिक तथा उसमें प्रोटीन की मात्रा बढ़ जाती है। अन्न के लिए उगाई जाने वाली फसलों में नत्रजन, फासफोरस तथा पोटास तीनों ही उर्वरकों की आवश्यकता होती है। नकदी फसलें, सब्जियाँ, रोपाई की जाने वाली फसलों में उर्वरकों की अधिक आवश्यकता होती है। तम्बाकू की फसल में उर्वरकों की संतुलित मात्रा ही प्रयोग करनी चाहिए।

(iv) फसलों के विशिष्ट गुण : फसलोत्पादन का मुख्य उद्देश्य अधिक से अधिक उत्पादन प्राप्त करने के साथ-साथ अच्छी गुणवत्ता को प्राप्त करना होता है। रेशे वाली फसलों जैसे कपास, पटसन, सनई से अच्छी किस्म का रेशा जैसे चमकीला तथा अधिक लम्बाई का रेशा प्राप्त होने से बाजार में अच्छी कीमत प्राप्त होती है। रेशे वाली फसलों में फासफोरस का प्रयोग करने से अच्छी गुणवत्ता वाला रेशा प्राप्त किया जा सकता है। तम्बाकू की फसल में नत्रजन का अधिक प्रयोग करने से निकोटिन की मात्रा बढ़ जाती है। इस फसल में क्लोराइड युक्त उर्वरकों का प्रयोग करने से तम्बाकू की गुणवत्ता पर प्रतिकूल प्रभाव पड़ता है। इसलिए अमोनियम सल्फेट, कैलिसयम अमोनियम नाइट्रेट, पोटेसियम सल्फेट

आदि उर्वरकों का प्रयोग करने से तम्बाकू के जलने की क्षमता में वृद्धि हो जाती है। साथ ही साथ तम्बाकू में क्लोराइड तत्व की बहुत कम मात्रा पाई जाती है। तम्बाकू की फसल में कार्बनिक खादों का प्रयोग करना लाभकारी होता है। आलू की फसल में पोटेसियम सल्फेट के स्थान पर म्यूरेट ऑफ पोटास का प्रयोग करने से आलू की गुणवत्ता तथा चमकीलापन बढ़ जाता है। गन्ने की फसल में पोटास की कमी होने पर गुड़ की गुणवत्ता खराब हो जाती है। गन्ने की फसल में नत्रजन, फासफोरस तथा पोटास उर्वरकों के अतिरिक्त कार्बनिक खादों का प्रयोग करने से गन्ने में शर्करा की मात्रा बढ़ जाती है।

3. जलवायु

खादों का प्रयोग करने के पूर्व वहाँ की जलवायु जैसे तापमान, वर्षा की मात्रा, आर्द्रता आदि का सही ज्ञान होने से अधिक से अधिक लाभ प्राप्त किया जा सकता है। जलवायु की विविधता से फसलों की उचित वृद्धि नहीं हो पाती साथ ही साथ प्रयोग किये गये उर्वरकों का सही ढंग से शोषण नहीं हो पाता है। जलवायु की भिन्नता से खादों के प्रयोग को जलवायु निम्न प्रकार से प्रभावित करती है।

(i) तापमान : कम तापमान पर कार्बनिक पदार्थों का विघटन धीरे-धीरे होता है जिसके कारण पोषक तत्व पौधों को कम मात्रा में प्राप्त होने के कारण पौधों की वृद्धि प्रभावित होती है। कार्बनिक पदार्थों के विघटन के लिए वायुमंडल का तापमान 25 से 35 डिग्री सेन्टीग्रेड होना उपयुक्त होता है। अधिक तापमान वाले क्षेत्रों की मृदाओं में नत्रजन की मात्रा कम पाई जाती है क्योंकि अधिक तापमान की दशा में नत्रजन वाष्पीकरण द्वारा नष्ट हो जाता है। अधिक तापमान के कारण भूमि में जीवांशपदार्थ भी नष्ट हो जाता है। इन क्षेत्रों में अच्छी फसल वृद्धि के लिए नत्रजन की अधिक मात्रा की आवश्यकता होती है। असिंचित तथा बारानी क्षेत्रों में नाइट्रेट नाइट्रोजन का प्रयोग करना लाभदायक होता है। कम तापमान होने पर अमोनिया नाइट्रोजन का उपयोग आक्सीकरण क्रिया के पश्चात ही प्राप्य होता हैं अत: ऐसे क्षेत्रों में नाइट्रेट नाइट्रोजन का प्रयोग अमोनिकल नाइट्रोजन की अपेक्षा करना अधिक लाभप्रद होता हैं।

(ii) वर्षा : बलुई भूमियों में अधिक वर्षा होने से मृदा में उपस्थिति पोषक तत्व पानी में घुलकर निछालन द्वारा मृदा की निचली सतह में चले जाते हैं जिससे मृदा में पोषक तत्वों की कमी हो जाती है। भारी भूमियों में अधिक वर्षा होने से जलभराव की स्थिति उत्पन्न हो जाती है। जल निकास के समुचित साधन उपलब्ध न होने पर मृदा में उपस्थिति जीवाणुओं की क्रियाशीलता तथा पोषक तत्वों की उपलब्धता दोनों प्रभावित होती हैं। इन क्षेत्रों में सोडियम नाइट्रेट की अपेक्षा अमोनियम सल्फेट का प्रयोग करना लाभदायक होता है क्योंकि सोडियम नाइट्रेट उर्वरकों का अधिक वर्षा से निछालन द्वारा हानि अधिक हो जाती है। अधिक वर्षा वाले क्षेत्रों में जीवांश पदार्थों के सड़ने के परिणामस्वरूप अम्लीयता बढ़ती है जो खादों के प्रयोग को प्रभावित करती है।

(iii) आर्द्रता : आर्द्र एवं गर्म क्षेत्रों की मृदाओं में कैल्सियम तथा फासफोरस उर्वरकों का प्रयोग करना लाभदायक होता है। नम क्षेत्रों में सामान्यत: क्षारीय उर्वरकों तथा गर्म क्षेत्रों में अम्लीय उर्वरकों का प्रयोग करना चाहिए। शुष्क एवं गर्म क्षेत्रों की मृदाओं में अधिक मात्रा में उर्वरकों का प्रयोग करने से वाष्पीकरण द्वारा हानि अधिक हो जाती है जिससे पौधों को कम मात्रा में उपलब्ध हो पाते हैं। अत: इन क्षेत्रों में खाद एवं उर्वरकों का प्रयोग सावधानीपूर्वक करना चाहिए।

4. न्यूनतम उपयोग का सिद्धान्त

पौधों की उचित वृद्धि एवं विकास के लिए आवश्यक पोषक तत्वों की सन्तुलित रूप में न्यूनतम मात्रा प्रयोग की जानी आवश्यक है। न्यूनतम मात्रा से कम मात्रा में कोई पोषक तत्व मृदा में उपलब्ध है तो इस तत्व की कमी दूसरे पोषक तत्व की अधिक मात्रा होने के परिणाम स्वरूप उपलब्धता को कम कर देती है। जिससे फसल विभिन्न प्रकार की बीमारियों एवं विकारों से ग्रसित हो जाती है। अधिक फसलोत्पादन के लिए यह आवश्यक है कि मृदा में पोषक तत्वों की न्यूनतम मात्रा सदैव उपस्थित रहनी आवश्यक होती है अन्यथा दूसरे तत्व की उपलब्धता को कम कर देगी जिससे फसल की वृद्धि एवं विकास प्रभावित हो जाती है।

5. अन्य कारक

(i) खादों का प्रयोग करते समय ऐसी खादों का चुनाव करना चाहिए जिनके प्रयोग करने में कोई असुविधा न हो। द्रव्य रूप में खादों का प्रयोग करना कठिन होता है जबकि दानेदार या पाउडर के रूप में खादों का प्रयोग आसानी से किया जा सकता है।

(ii) मृदा में प्रयोग की जाने वाली खादों की उपलब्धता आसानी से होनी चाहिए तथा नजदीक के बाजार में आपूर्ति होने पर अधिक से अधिक मात्रा में प्रयोग की जा सकती है। दूरदराज के क्षेत्रों से अथवा आसानी से उपलब्ध न होने वाली खादों का प्रयोग करना कठिन होता है जिससे आलस्य अथवा विवशतावश कृषक खादों का प्रयोग करते ही नहीं है अथवा करते भी हैं तो बहुत कम मात्रा में करने से फसल की उपज कम प्राप्त होती है।

(iii) विभिन्न प्रकार के उर्वरकों का प्रभाव मृदा में भिन्न-भिन्न होता है नत्रजनीय उर्वरकों का प्रभाव शीघ्र समाप्त हो जाता है ऐसे उर्वरकों का प्रयोग फसल में एक बार न करके दो-तीन बार में करना चाहिए। कार्बनिक खादों, फासफोरस तथा पोटास उर्वरकों का प्रभाव मृदा में अधिक समय तक रहता है। अत: मृदा में उर्वरकों का प्रयोग तथा प्रबन्धन उर्वरकों के उपयोग करने की अवधि को ध्यान में रखकर करना चाहिए।

(iv) उर्वरक के मूल्य का निर्धारण प्रति इकाई पोषक तत्व से होती है। बाजार में उपलब्ध खादों का मूल्य भिन्न-भिन्न होता है तथा उनमें पाये जाने वाले पोषक तत्वों की मात्रा भी भिन्न-भिन्न होती है। खादों का प्रयोग करते समय यह ध्यान रखना चाहिए कि खाद की मात्रा नहीं बल्कि उसमें उपस्थित पोषक तत्वों की मात्रा को ध्यान में रखकर प्रयोग करनी चाहिए। अधिक महंगी खाद का प्रयोग कम करना चाहिए यदि वही पोषक तत्व वाली किसी अन्य खाद की कीमत कम हो तो उसका प्रयोग करने से कुल लाभ अधिक प्राप्त होता है।

(v) खादों का प्रयोग करते समय यह ध्यान रखना चाहिए कि खाद को एक स्थान से दूसरे स्थान तक ले जाने में सुगमता हो तथा अधिक यातायत में व्यय न करना पड़े। ठोस रूप में खादों का द्रव्य रूप की खादों की अपेक्षा लाने तथा ले जाने में आसानी रहती है तथा यातायात में भी व्यय कम आता हैं।

खाद एवं उर्वरक प्रयोग की विधि (Methods of application of manures and fertilizers)

खाद एवं उर्वरक प्रयोग की विधि उर्वरक ग्रहण दक्षता (Fertilizer use efficiency) को प्रभावित करती है। खाद एवं उर्वरकों के प्रयोग की विधि, भूमि की किस्म, मृदा की भौतिक तथा रासायनिक अवस्था, जलवायु, फसल की किस्म आदि पर निर्भर करती है। सही विधि से खाद एवं उर्वरकों का प्रयोग न करने से पौधों द्वारा उसका उपयोग कम मात्रा में हो पाता है जिससे पौधों की वृद्धि सही ढ़ंग से न होने के कारण उपज में काफी कमी हो जाती है। खाद एवं उर्वरकों के प्रयोग की विधियाँ निम्न सिद्धान्तों पर आधारित होती हैं -

(i) नत्रजन उर्वरक का प्रयोग करने के पश्चात बहुत शीघ्र तथा आसानी से पौधों को उपलब्ध हो जाता है क्योंकि नत्रजन जल में शीघ्र तथा आसानी से घुलनशील है तथा मृदा में चारों तरफ गतिमान होता है। नत्रजन उर्वरकों का प्रयोग मृदा सतह पर छिडकवाँ विधि द्वारा बुआई के तुरन्त पहले अथवा खड़ी फसल में किया जा सकता है।

(ii) नत्रजन की हानि निछालन विधि द्वारा बहुत अधिक होती है इसलिए इसका प्रयोग एक बार में न करके कई बार में करना चाहिए। पौधों की क्रान्तिक अवस्था में नत्रजन उर्वरक का प्रयोग मृदा सतह पर करके तुरन्त सिंचाई करने के पश्चात अधिक से अधिक मात्रा में पौधों को प्राप्य हो जाती है।

(iii) फासफोरस मृदा में बहुत धीरे-धीरे गतिशील होता है अत: इसका प्रयोग पौधों की जड़ों के पास ही करना चाहिए।

(iv) फासफोरस का यौगिकीकरण मृदा कोलाइडी पर बहुत ही शीघ्र हो जाता है इसलिए इसका प्रयोग पौधों की आवश्यकता के अनुरूप पौधों की जड़ों के पास करना लाभदायक होता है। फासफोरस का यौगिकीरण हो जाने से यह पौधों को उपलब्ध नहीं हो पाता है।

(v) पोटेसियम युक्त खादें भी मृदा में बहुत कम गतिवान होती हैं। इसलिए इस उर्वरक का प्रयोग पौधे की जड़ों के पास करना चाहिए। खाद एवं उर्वरक प्रयोग की विधियाँ निम्नवत हैं –

(1) ठोस के रूप में खादों एवं उर्वरकों का प्रयोग (Application of fertilizers in the solid form)

(i) छिड़कवाँ विधि (Broadcast method)

- बुआई के पूर्व (Broadcasting before sowing)
- बुआई के समय (Broadcasting at the time of sowing)

(ii) खड़ी फसल में प्रयोग (Top dressing of fertilizers)

- छिडकवाँ विधि द्वारा (Broadcasting)
- स्थानिक विधि द्वारा (Spot dressing)
- पौधों के पास में Near to plant)

(iii) संस्थापन या निवेश्य विधि (Placement method)

- हलदस्तूर संस्थापन (Plough sole method)
- गहन संस्थापन (Deep placement)
- अधोसतह संस्थान (Sub-soil placement)

(iv) स्थानीय संस्थापन (Localized placement)

- सम्पर्क संस्थापन (Contact placement)
- पट्टी संस्थापन (Band placement)
- गोली के रूप में संस्थापन (Pellet placement)
- ड्रिल संस्थापन (Drill placemnet)
- रिंग संस्थापन (Ring placement)
- पौधों के आसपास (Side placement)

(2) द्रव्य के रूप में प्रयोग (Application of Fertilizers in liquid form)

- प्रारम्भिक घोल (Starter solution)
- सीधे भूमि में प्रयोग (Direct soil application)
- पर्णीय छिड़काव (Foliar application)
- इंजेक्शन विधि (Direct injection)
- सिंचाई पानी के साथ (Application through irrigation water)
- बीजों में उर्वरकों का लेप (Coating seeds in nutrients paste)
- बीजों को उर्वरकों के घोल में डुबोना (Soaking of seed in fertilizer solutions)

1. ठोस के रूप में खाद का प्रयोग

(i) छिड़कवाँ विधि :

सामान्यत: कार्बनिक खादें जैसे गोबर की खाद, कम्पोस्ट, खली की खाद आदि का प्रयोग छिड़कवाँ विधि द्वारा किया जाता है। खेतों में बुआई के कुछ दिनों पूर्व उर्वरकों को एक समान मात्रा में छिड़क देते हैं इसके पश्चात जुताई करके भूमि में अच्छी तरह से मिला देते हैं। इस विधि द्वारा खादों का प्रयोग करने से धन, समय तथा श्रम की बचत होती है। इस विधि द्वारा उर्वरकों का एक समान मात्रा में छिडकाव भी हो जाता है। अकार्बनिक उर्वरकों का प्रयोग भी इस विधि द्वारा किया जा सकता है। चारे वाली फसलों की बुआई के पूर्व खादों एवं उर्वरकों को छिड़कवाँ विधि द्वारा फैलाने के पश्चात बुआई कर दी जाती है जिससे उर्वरक भूमि में मिल जाते हैं। हल्की तथा समतल भूमियों में खादों एवं उर्वरकों का प्रयोग छिड़कवाँ विधि द्वारा करना लाभप्रद होता है जबकि कम उपजाऊ भूमियों में यह विधि लाभप्रद नहीं होती है। इसके अतिरिक्त ऊँची–नीची भूमियों में इस विधि द्वारा खादों का प्रयोग नहीं करना चाहिए। नत्रजनीय उर्वरकों के गतिमान तथा शीघ्र घुलनशीलता होने के कारण यह विधि प्रयोग में लाई जा सकती है जबकि फासफोरस तथा पोटास उर्वरक एक स्थान से दूसरे स्थान में न पहुँच सकने के कारण तथा जल में कम घुलनशील होने के कारण छिड़कवाँ विधि का प्रयोग नहीं

करना चाहिए। छिड़कवाँ विधि द्वारा बोई गई फसलों में खाद एवं उर्वरक भी छिड़कवाँ विधि द्वारा ही प्रयोग किये जाते हैं। छिड़कवाँ विधि द्वारा खाद एवं उर्वरकों का प्रयोग दो प्रकार से किया जाता है –

(अ) बुआई के समय (Broadcasting at sowing),

(ब) बुआई के पश्चात खड़ी फसल में (Top dressing at standing crops)

(अ) बुआई के समय : बुआई के समय छिड़कवाँ विधि द्वारा खादों का प्रयोग करने के दो प्रमुख उद्देश्य हैं –

(i) खादों एवं उर्वरकों को एक समान मात्रा में भूमि की ऊपरी सतह में मिलाना।

(ii) जब खादों एवं उर्वरकों का प्रयोग अधिक मात्रा में करना होता है। बुआई के समय छिड़कवाँ विधि का प्रयोग निम्न दशाओं में किया जाता है–

(a) जब मृदा में नत्रजन की अधिक कमी हो अथवा पूर्व में उगाई गई फसलें जैसे चारे के लिए ज्वार, बाजरा, मक्का आदि अधिक नत्रजन चाहने वाली फसलों को उगाना हो तब यह विधि अपनानी चाहिए। छिड़कवाँ विधि द्वारा मुख्यत: अमोनियम सल्फेट, यूरिया, अमोनियम सल्फेट नाइट्रेट, कार्बनिक खादों आदि के प्रयोग में यह विधि अपनाई जाती है।

(b) मध्यम तथा अधिक अम्लीय मृदाओं में साइट्रेट में घुलनशील फासफेट उर्वरक जैसे बेसिक स्लेग तथा डाई कैल्सियम फासफेट अथवा अघुलनशील फासफेट उर्वरक जैसे बोनमील (हड्डी का चूरा) तथा राक फासफेट का प्रयोग करना हो तब यह विधि प्रयोग में लाई जाती है।

(c) पोटास की अधिक कमी वाली भूमियों में जब म्यूरेट आफ पोटास और पोटेसियम सल्फेट का प्रयोग करना हो तब यह विधि अपनाई जाती है।

(ब) खड़ी फसल में: खड़ी फसल में छिड़कवाँ विधि द्वारा गेहूँ, घान, चारे की फसलों आदि में नाइट्रेट नाइट्रोजन उर्वरक जैसे अमोनियम नाइट्रेट उर्वरकों का प्रयोग किया जाता है। खड़ी फसल में छिड़कवाँ विधि द्वारा खाद देने का मुख्य उद्देश्य पौधों को तुरन्त पोषक तत्व की उपलब्धता सुनिश्चित करना होता है। फासफोरस तथा पोटासयुक्त उर्वरकों को खड़ी फसल में छिड़कवाँ विधि द्वारा प्रयोग केवल चारागाहों में किया जाता है। खड़ी फसल में उर्वरकों के प्रयोग के समय यह ध्यान रखना चाहिए कि पत्तियाँ गीली न हो अन्यथा पत्तियाँ जल जाती हैं। कुछ देशों में खड़ी फसल में खाद देने की क्रिया हवाई जहाजों द्वारा की जाती है खड़ी फसल में खाद देने की छिड़कवाँ विधि का प्रयोग करने के निम्न उद्देश्य होते हैं –

(i) जब सूक्ष्म तत्वों की कम मात्रा अधिक क्षेत्र में प्रयोग करनी हो।

(ii) जब अधिक विश्लेषित पदार्थो का प्रयोग करना हो।

(iii) जब खादों के साथ कीटनाशी रसायनों का प्रयोग करना हो।

(iv) जब श्रम तथा समय की बचत करनी हो।

(ii) खड़ी फसल में खादों का प्रयोग : खड़ी फसल में खाद देने का उद्देश्य पौधों को आवश्यकतानुसार पोषक तत्वों की उपलब्धता सुनिश्चित करना होता है। इस विधि द्वारा नत्रजनीय उर्वरकों का प्रयोग मुख्य रूप से इसलिए किया जाता है कि नत्रजन युक्त उर्वरक पानी में शीघ्र घुल जाते हैं। पूर्वोत्तर भारत के नागालैण्ड, त्रिपुरा, अरूणाचल प्रदेश, मिजोरम, आसाम आदि राज्यों की अम्लीय भूमियों में फासफोरस तत्व की कमी रहती है। अत: इन भूमियों में फासफोरस की कमी को पूरा करने के लिए फासफोरस युक्त उर्वरक जैसे बेसिक स्लेग तथा रॉक फासफेट का खड़ी फसल में प्रयोग करना लाभदायक होता है। फसलों की पंक्तियों के मध्य में खाद डालने की विधि को साइड ड्रैसिग कहते हैं। जिन फसलों के पौधे तथा पंक्ति से पंक्ति की दूरी अधिक होती है उन फसलों के पौधों के पास में खाद डालने को स्पॉट ड्रेसिंग कहते हैं। यह विधि सब्जियों वाली फसलें जैसे बैंगन, टमाटर, कद्दू, ककड़ी, खीरा आदि तथा तम्बाकू में विशेष रूप से अपनाई जाती है।

(iii) संस्थापन विधि : इस विधि में खाद को भूमि के नीचे एक निश्चित गहराई में प्रयोग किया जाता है। इस विधि द्वारा खादों का प्रयोग करते समय बीज तथा पौधों की स्थित पर विचार नहीं किया जाता है। इस विधि द्वारा खादों एवं उर्वरकों को फसल बोने के पूर्व अथवा बाद में भी प्रयोग किया जा सकता है। संस्थापन विधि द्वारा खाद कई प्रकार से दी जाती है जो निम्न हैं –

(अ) हलदुस्तूर संस्थापन : इस विधि द्वारा हल के पीछे कूँडों में गहराई पर खाद डाली जाती है। प्रत्येक कूँड को अगले वाले कूँड से ढक दिया जाता है। इस विधि द्वारा खादों के प्रयोग के बाद खेत की जुताई नहीं की जाती है। भूमि की सतह में कम नमी होने की दशा में इस विधि का प्रयोग विशेषकर लाभदायक होता है। इस विधि से खादों का प्रयोग नमी में करने पर फसलों द्वारा आसानी से गृहण कर ली जाती है। कभी–कभी अधिक गहराई पर खाद चली जाने से कम गहराई वाली जड़ों को उपलब्ध नहीं हो पाता है। ठण्डे क्षेत्रों में कम तापमान के कारण गहराई पर खाद चले जाने से आक्सीकरण की क्रिया दृव्यरूप से सम्पन्न नहीं हो पाती जिससे नत्रजन का नाइट्रेट के रूप में परिवर्तन नहीं होने पाता। फासफोरस तथा पोटास युक्त उर्वरकों का इस विधि द्वारा प्रयोग करने पर इनका यौगिकीकरण कम होता है। यह विधि शुष्क क्षेत्रों तथा मटियार भूमियों में विशेष रूप से प्रयोग की जाती है।

(ब) गहन संस्थापन : इस विधि में उर्वरकों को भूमि की अधिक गहराई में प्रयोग किया जाता है। यह विधि सामान्यत: धान के खेतों में नत्रजनीय उर्वरकों का प्रयोग करने के लिए की जाती है। इस विधि में अमोनिकल नत्रजनीय उर्वरक जैसे अमोनियम सल्फेट तथा अमोनिया बनाने वाली यूरिया उर्वरक का प्रयोग भूमि में गहराई पर जड़ क्षेत्र में प्रयोग करते हैं जिससे नत्रजन का निछालन तथा बहाव द्वारा ह्रास कम हो जाता है। यह विधि विशेष रूप से गर्म तथा तर जलवायु वाले क्षेत्रों के लिए विशेष रूप से उपयोगी है।

स्थानीय दशाओं के अनुसार भिन्न–भिन्न स्थालों पर इस विधि का प्रयोग भिन्न–भिन्न प्रकार से किया जाता है। सिंचित क्षेत्रों में जहाँ पर सिंचाई के पर्याप्त साधन उपलब्ध होते हैं वहाँ पर धान के सूखें खेतों में मृदा की गहराई पर उर्वरकों का प्रयोग करते हैं तथा धान की पौध रोपण के बाद खेत में पानी भर देते हैं। जिन क्षेत्रों में अधिक मात्रा में पानी भरा रहता है। वहाँ पर पडलिंग के पूर्व खाद को छिड़क देते हैं। पडलिंग करते समय यह खाद पौधों के जड़ क्षेत्र में पहुँच जाता है। गहन संस्थापन विधि द्वारा खादों एवं उर्वरकों का प्रयोग न केवल नत्रजनीय उर्वरकों के लिए लाभदायक है परन्तु फासफोरस तथा पोटास युक्त उर्वरकों की प्राप्यता बढ़ जाती है।

(स) अधोसतह संस्थापन : भूमि की अधोसतह में उर्वरकों का प्रयोग भारी मशीनों की सहायता से किया जाता है। आर्द्र गर्म तथा गर्मतर जलवायु वाले क्षेत्रों में अम्लीय मृदाओं में यह विधि मुख्यत: प्रयोग की जाती है। इसके अतिरिक्त यह विधि जलमग्न भूमियों के लिए भी विशेष रूप से उपयोगी है। मृदा अम्लीय होने के कारण सामान्यत: पोषक तत्वों की कमी रहती है। इस परिस्थिति में फासफोरस तथा पोटासयुक्त उर्वरकों का प्रयोग करने से इसकी प्राप्यता पौधों को तुरन्त हो जाती है तथा इनका यौगिकीकरण भी कम होता है। इस विधि द्वारा उर्वरकों का प्रयोग करने से पौधों की वृद्धि तथा विकास अच्छा होता है।

(iv) स्थानीय संस्थापन : इस विधि में खादों तथा उर्वरकों का प्रयोग भूमि में बीजों तथा पौधों की जड़ों के पास में किया जाता है। यह विधि उन क्षेत्रों में विशेष रूप से प्रयोग की जाती है जहाँ पर खादों/उर्वरकों को कम मात्रा में प्रयोग करना होता है। पौधों की जड़ों तथा बीजों के पास खादों का प्रयोग करने पर पौधों को तुरन्त उपलब्ध हो जाते हैं जिससे पौधों की वृद्धि एवं विकास अच्छा होता है। इस विधि द्वारा फासफोरस तथा पोटासयुक्त खादों का प्रयोग करने पर इन पोषकतत्वों का स्थिरीकरण कम होता है।

कभी–कभी इन उर्वरकों का प्रयोग बीजों तथा पौधों की प्रारम्भिक अवस्था में करने पर हानिकारक प्रभाव पड़ जाता है जिससे बीजों का जमाव कम हो जाता है तथा पौधों की प्रारम्भिक अवस्था में वृद्धि रूक जाती है। स्थानीय संस्थापन द्वारा खाद एवं उर्वरक के प्रयोग की कई विधियाँ प्रयोग की जाती हैं, जो निम्न हैं –

(अ) सम्पर्क संस्थापन : जब खेत में नमी कम हो, भूमि कम उपजाऊ हो तथा खाद एवं उर्वरक की कम मात्रा प्रयोग करनी हो तब सम्पर्क संस्थापन विधि का प्रयोग किया जाता हैं। इस विधि से फासफोरस तथा पोटास उर्वरकों का प्रयोग अन्न वाली फसलों जैसे गेहूँ, जौ, ज्वार, बाजरा तथा कपास की फसलों में किया जाता है। कभी-कभी उर्वरकों में क्षारों की अधिक सान्द्रता के कारण बीजों के जमाव पर हानिकारक प्रभाव पड़ता है यह हानि शुष्क भूमियों में अधिक होती है ऐसी परिस्थितियों में कम मात्रा में उर्वरकों का प्रयोग करके इस समस्या से बचा जा सकता है। दलहनी फसलों में इस विधि द्वारा खाद देने से बीजों के जमाव पर हानिकारक प्रभाव पड़ता हैं। असिंचित क्षेत्रों में नत्रजनीय उर्वरकों का प्रयोग करने से छिड़कवाँ अथवा अन्य विधियों की अपेक्षा इस विधि से उर्वरकों का प्रयोग करने पर अधिक उपज प्राप्त होती हैं।

(ब) पट्टी संस्थापन : इस विधि में उर्वरकों का प्रयोग मिट्टी में किया जाता है। ये पट्टियाँ लगातार तथा कुछ छोड़कर बनाई जाती हैं। इस प्रकार पट्टी संस्थापन द्वारा खादों एवं उर्वरकों का प्रयोग दो प्रकार से किया जाता है।

(i) पौध संस्थापन (Hill placement)

(ii) पंक्ति संस्थापन (Line placement)

(i) पौध संस्थापन : जब पौधे से पौधे की दूरी अधिक होती है तब इस विधि का प्रयोग किया जाता है। फलदार वृक्षों जैसे सेव, अनार, संतरा, अमरूद, बेर आदि में जिनमें पौधे से पौधे की दूरी 2-3 मीटर से अधिक होती है। इस विधि में पौधों के चारों तरफ अथवा एक तरफ 3 फीट की दूरी पर खाद को भूमि के अन्दर डाला जाता है। उर्वरकों के प्रयोग की इस विधि को पौध संस्थापन विधि कहते हैं। इस प्रकार भूमि में पट्टी की लम्बाई तथा चौड़ाई, पौधे की दशा के अनुसार तथा खाद की मात्रा पर निर्भर करती है। देश में यह विधि फलदार वृक्षों में नत्रजन तथा फासफोरस युक्त उर्वरकों के प्रयोग में अपनाई जाती है। इस विधि में अकार्बनिक उर्वरकों के साथ-साथ कार्बनिक खादों को मिलाकर प्रयोग किया जा सकता है।

(ii) पंक्ति संस्थापन : पास-पास उगाई जाने वाली फसलों में जब पंक्ति से पंक्ति की दूरी कम होती है तब इस विधि द्वारा उर्वरकों को प्रयोग किया जाता है। गन्ना, आलू, कपास, तम्बाकू, मक्का, सब्जियों आदि में इस विधि का प्रयोग किया जाता है। पौध संस्थापन विधि की अपेक्षा पंक्ति संस्थापन विधि में अधिक मात्रा में उर्वरकों का प्रयोग होता है। कम मात्रा में उर्वरकों का प्रयोग करने पर पौध संस्थापन विधि सर्वोत्तम है।

(स) गोली संस्थापन : इस विधि में नत्रजन युक्त उर्वरकों को मिट्टी में मिलाकर गोलियों के रूप में बना लिया जाता है। धान के खेत में पंक्तियों के मध्य में 1 अथवा 2 इंच की गहराई में भूमि में दबा देते हैं। इस प्रकार उर्वरकों के प्रयोग की इस विधि को गोली संस्थापन विधि कहते हैं। इस विधि में गोलियाँ बनाने के लिए उर्वरक तथा मिटटी का अनुपात 1:10 का रखा जाता है। इसके मिश्रण की छोटी-छोटी गोलियाँ बनाकर धान के खेत में भूमि के अन्दर दबा देते हैं।

(द) ड्रिल संस्थापन : इस विधि में उर्वरकों का प्रयोग बीजों के बोने के समय किया जाता है इस विधि में नाई या चोंगा बाँधकर अथवा बीज-उर्वरक सीडड्रिल (Seedcum fertilizer drill) द्वारा खादों एवं बीजों की बुआई एक साथ की जाती है। इस विधि द्वारा उर्वरक बीजों के नीचे अथवा एक किनारे की तरफ एक निश्चित गहराई पर डाले जाते हैं। उर्वरकों के प्रयोग की यह विधि फासफोरस तथा पोटास उर्वरकों के लिए विशेष रूप से उपयोगी है।

(घ) रिंग संस्थापन : जब पौधे से पौधे तथा पंक्ति से पंक्ति की दूरी बहुत अधिक होती है तब यह विधि अपनाई जाती है। यह विधि फलदार वृक्षों के चारों तरफ एक गोलाकार रिंग बनाकर उसमें खादों तथा उर्वरकों का प्रयोग किया जाता है।

(र) साइड संस्थापन : इस विधि में उर्वरकों का प्रयोग पंक्तियों के मध्य में अथवा पौधों के चारों तरफ किया जाता है। इस तरह से उर्वरक देना एक वृहद एवं इसमें कई विधियाँ प्रयुक्त की जाती हैं। इस विधि में सामान्यत: दो प्रकार से उर्वरकों का प्रयोग किया जाता है –

(i) नत्रजनीय उर्वरकों का प्रयोग अधिक दूरी वाली पंक्तियों की फसलों जैसे मक्का, तम्बाकू, कपास, गन्ना, ज्वार, सब्जियों आदि में पंक्तियों के मध्य में अतिरिक्त उर्वरकों की मात्रा प्रयोग की जाती है।

(ii) मिश्रित अथवा एक ही उर्वरक को फलदार पौधों जैसे पपीता, नारंगी, अंगूर, सेव, आम, अमरूद आदि के पौधों के पास में वर्ष में एक बार में अथवा एक या एक से अधिक बार खाद एवं उर्वरक का प्रयोग किया जाता है।

2. द्रव के रूप में उर्वरकों का प्रयोग :

द्रव के रूप में उर्वरकों के प्रयोग में कठिनाई होती है जबकि इस रूप में उर्वरकों के प्रयोग का विशेष महत्व होता है। हमारे देश में द्रव के रूप में उर्वरकों का प्रयोग प्राय: नहीं किया जाता है। द्रव के रूप में उर्वरकों का प्रयोग असिंचित क्षेत्रों में तथा उर्वरक की बचत में बहुत महत्वपूर्ण है। सामान्यत: दृव्य के रूप में उर्वरकों का प्रयोग निम्न रूपों में किया जाता है –

(अ) प्रारम्भिक घोल : इस विधि में सामान्यत: नत्रजन, फासफोरस तथा पोटास का घोल 1:2:1 अथवा 1:1:2 के अनुपात में बनाते हैं। इस घोल का छिड़काव सब्जियों के रोपाई के पूर्व करके हल्की सिंचाई कर देते हैं अथवा रोपाई के पश्चात छिड़काव किया जाता है। उर्वरकों के घोल का प्रयोग फसलों में करने को प्रारम्भिक घोल कहते हैं। प्रारम्भिक घोल के रूप में उर्वरकों की बहुत कम मात्रा प्रयोग की जाती है।

इस विधि में उर्वरकों का प्रयोग करने पर निम्न लाभ हैं–

(i) जब किसी पोषक तत्व की कमी के लक्षण पौधों में प्रकट होते हैं तो उस उर्वरक का प्रयोग किया जा सकता है।

(ii) सामान्यत: उर्वरक घोल का छिड़काव पौधों पर किया जाता है जिससे इसका अवशोषण शीघ्र हो जाता है।

(iii) उर्वरक का अवशोषण शीघ्रता से होने के कारण उर्वरकों के हानि की सम्भावना कम रहती है।

(iv) चूँकि उर्वरकों का घोल सान्द्र नहीं होता इसलिए पौधों की वृद्धि भी प्रभावित नहीं होती है।

(v) असिंचित दशाओं में इस विधि का प्रयोग करना लाभदायक होता है।

इस विधि में उर्वरकों का प्रयोग करने पर दो हानियाँ हैं –

(i) इस विधि में उर्वरकों का प्रयोग करने पर उत्पादन लागत में वृद्धि हो जाती है जिससे शुद्ध लाभ में कमी हो जाती है।

(ii) इस विधि में फासफोरस का यौगिकीकरण अधिक मात्रा में होता है।

(ब) पर्णीय छिड़काव : उपयुक्त उर्वरक के घोल का पौधे के वायुवीय भागों पर छिड़काव करने की विधि को पर्णीय छिड़काव कहते हैं। इस विधि में उर्वरकों का हल्का (तनु) घोल जो एक पोषक तत्व अथवा कई पोषक तत्वों का बनाया जाता है, स्प्रेयर की सहायता से पौधों के तनों अथवा पत्तियों पर छिड़का जाता है। पर्णीय छिड़काव भूमि गें प्रयोग किये जाने वाले उर्वरकों की अपेक्षा अधिक प्रभावी होता है। पर्णीय छिड़काव सभी प्रकार के उर्वरकों/पोषक तत्वों का किया जा सकता है तथा भूमि द्वारा अधिशोषण एवं पर्णीय छिड़काव द्वारा शोषण में कोई अन्तर नहीं होता है। पर्णीय छिड़काव करने से उर्वरकों का शोषण अधिक मात्रा में तथा शीघ्रता से हो जाता है। खड़ी फसल में फासफोरस का प्रयोग करने से मृदा गें यौगिकीकरण हो जाता है परन्तु पर्णीय छिड़काव करने से इस समस्या का समाधान हो जाता है। भूमि में कम नमी की अवस्था में, समस्याग्रस्त भूमियों में, ऊँची–नीची भूमियों में, छिड़कवाँ विधि में बोई गई फसलों में आदि दशाओं में भूमि में उर्वरकों के प्रयोग की अपेक्षा पर्णीय छिड़काव ज्यादा प्रभावी होता है। पर्णीय छिड़काव की निम्न विशेषताएं होती हैं –

- इस विधि द्वारा उर्वरकों की निछालन द्वारा हानि कम होती है।
- इस विधि द्वारा मृदा में अम्लीयता तथा क्षारीयता कम हो जाती है।

- मृदा में उर्वरकों का योगिकीकरण कम होता है।
- उर्वरकों के घोल का प्रयोग करने से पोषक तत्व ग्रहण क्षमता बढ़ जाती है।
- किसी भी परिस्थिति में उर्वरकों का पर्णीय छिड़काव किया जा सकता है।
- इस विधि में उर्वरकों की कम मात्रा में प्रयोग करने पर भी अधिक से अधिक उत्पादन प्राप्त किया जा सकता है।

घोल बनाने के लिए उर्वरक की सम्पूर्ण मात्रा का पानी में घोल तैयार कर लिया जाता है। इसके पश्चात और पानी डालकर वांछित सान्द्रता का घोल बनाकर महीन कपड़े से छान लिया जाता है जिससे स्प्रेयर के छिद्रों को बन्द होने से रोका जा सकता है। घोल के मिश्रण की चिपचिपाहट बढ़ाने के लिए 0.01 प्रतिशत टी पॉल अथवा अन्य प्रकार के साबुन का घोल मिला दिया जाता है। जिससे यह घोल पत्तियों पर देर तक रूका रहे। इस घोल के साथ कीटनाशी, खरपतवारनाशी तथा बीमारियों के नियंत्रण के लिए कवकनाशी रसायनों का भी छिड़काव किया जा सकता है।

छिड़काव का समय

पौधों पर यूरिया के घोल का छिड़काव करने के लिए फसल कम से कम एक माह की हो जाए। अधिक छोटे पौधों पर छिड़काव करने से पौधों पर हानिकारक प्रभाव पड़ सकता है। छिड़काव के लिए प्रयोग की जाने वाली यूरिया में बाई यूरेट की मात्रा 0.5 प्रतिशत से अधिक नहीं होनी चाहिए तथा नाइट्रेट युक्त उर्वरकों का प्रयोग छिड़काव के लिए नहीं करना चाहिए। पौधों में फूल आने के समय भी छिड़काव नहीं करना चाहिए जिससे दाने कम बनते हैं। विभिन्न प्रकार की फसलों में उर्वरकों के छिड़काव का समय तथा सान्द्रता तालिका 10.1 में दर्शायी गई है।

तालिका 10.1 : उर्वरकों के छिड़काव का समय तथा सान्द्रता का प्रतिशत

फसल	घोल की सान्द्रता (%)		छिड़काव का समय
	लो वोल्यूम स्प्रेयर	हाई वोल्यूम स्प्रेयर	(बुआई के बाद दिनों में)
धान	8.0–10.0	2.0–3.0	35–40
गेहूँ	8.0–10.0	2.0–2.5	35–40
कपास	5.0–5.5	2.0–2.5	55–60
सरसों	1.5–2.0	1.0–1.5	40–45
मक्का	3.0–4.0	2.0–2.5	35–40
ज्वार	4.0–4.5	1.5–2.0	40–45
आलू	5.0–5.5	2.0–2.5	35–40
सब्जियाँ	2.0–2.5	2.0–2.5	30–40

(स) सीधे भूमि पर छिड़काव : इस विधि में एनहाइड्रस अमोनिया का द्रव्य के रूप में विशेष प्रकार के उपकरण की सहायता में भूमि के अन्दर 6 इंच की गहराई पर छिड़काव कर दिया जाता है। यह विधि अमेरिका तथा अन्य देशों में काफी प्रचलित है। इस विधि द्वारा पौधों में नुकसान होने अथवा अन्य किसी प्रकार से नष्ट होने से बचाया जा सकता है। यदि अमोनिया घोल का छिड़काव मृदा सतह पर किया जाता है तो अमोनिया से हानि होने की सम्भावना अधिक रहती है। यह विधि उन क्षेत्रों में काफी प्रचलित है जहाँ पर नत्रजन उर्वरक सस्ते तथा आसानी से उपलब्ध हो जाते हैं। इस विधि द्वारा यूरिया के अतिरिक्त फासफोरस तथा पोटास उर्वरक सस्ते तथा आसानी से उपलब्ध होते हैं का भी प्रयोग किया जा सकता है। अमोनिया के छिड़काव के समय मृदा में पर्याप्त नमी तथा भूमि की भौतिक दशा अच्छी होने पर अधिक प्रभावी होती है। बलुई तथा मटियार मृदा अधिक सूखी या अधिक गीली होने पर कम हानि की सम्भावना रहती है। मैसूर क्षेत्र में

बैलचालित एक ऐसा यंत्र विकसित किया गया है जिसकी सहायता से एनहाइड्रस अमोनिया का भूमि की सतह के अन्दर छिड़काव कर दिया जाता है।

(द) सिंचाई जल के साथ प्रयोग : इस विधि में द्रव्य के रूप में अमोनिया, फासफोरस एवं अन्य प्रकार के पोषक तत्वों के उर्वरकों का प्रयोग सिंचाई के पानी के साथ किया जाता है। इन उर्वरकों को सिंचाई की नाली में धीरे-धीरे घुलने के लिए छोड़ दिया जाता है। इस प्रकार यह खाद घुलकर सिंचाई के पानी के साथ खेत में पहुँचती रहती है। द्रव्य रूप के उर्वरकों को किसी बर्तन में भरकर सिंचाई नाली के ऊपर रख देते हैं तथा इस बर्तन में एक छेद करके इस द्रव्य का इस प्रकार से गिराया जाता है कि एक समान मात्रा में गिरकर-पूरे खेत में पहुँच जाए। द्रव्य के रूप में खाद प्रयोग करने पर पौधों पर कोई हानिकारक प्रभाव भी नहीं पड़ता है। द्रव्य रूप में उपलब्ध उर्वरक ठोस रूप के उर्वरकों से सस्ते होते हैं इसलिए इस विधि में कम व्यय आता है तथा छिड़काव में भी कोई ज्यादा व्यय नहीं होता है। इसलिए इस विधि में कुल लाभ अधिक मिलता है। ऊँची-नीची भूमियों में यह विधि प्रयोग नहीं की जा सकती हैं। अधिक नमी वाले क्षेत्रों में तथा पौधों की प्रारम्भिक अवस्था में पोषक तत्व प्रदान करने के उद्देश्य से यह विधि बहुत ही उपयोगी है। इस विधि द्वारा सूक्ष्म तत्वों का प्रयोग अधिक उपयोगी होता है।

(य) सुई द्वारा पोषक तत्वों का प्रयोग : यह विधि फलदार वृक्षों तथा पौधों में आयरन की पूर्ति हेतु प्रयोग की जाती है। खड़ी फसल में उर्वरकों के प्रयोग हेतु पौधे की जड़ों के पास उचित गहराई पर छेद बना कर उसमें खाद भर दी जाती है। इसके अतिरिक्त पौधों के तने में 1-1) मीटर की ऊँचाई पर सुई की सहायता से पोषक तत्वों को पौधे के अन्दर पहुँचाया जाता है।

(र) बीजों के ऊपर उर्वरकों का लेप लगाना : इस विधि द्वारा पौधों के लिए आवश्यक सूक्ष्म तत्व जैसे ताँबा, लोहा, जस्ता, कोबाल्ट आदि का गाढ़ा घोल बनाकर बीजों में इस प्रकार मिलाया जाता है। जिससे एक समान मात्रा में एक परत के रूप में चिपक जाये इसके पश्चात बीजों को छाया में सुखा लिया जाता है। बीजों के ऊपर चिपके हुए सूक्ष्म तत्वों की सीधे बुआई कर देते हैं। इस विधि द्वारा सूक्ष्म तत्वों का बीजों के ऊपर एक समान फैलने के कारण इन तत्वों की कमी नहीं होने पाती है।

(ल) बीजों को पोषक तत्वों के घोल में डुबोना : इस विधि द्वारा सूक्ष्म तत्वों के घोल में बीजों को बोने के पूर्व डुबोया जाता है। बीजों को कुछ देर तक इस घोल में डुबोने के पश्चात छाया में सुखाया जाता है तथा बाद में इन बीजों की बुआई कर दी जाती है। बीजों को इस घोल में डुबोने के लिए इतनी सान्द्रता रखी जाती है कि उसका बीजों के जमाव पर हानिकारक प्रभाव न पड़े साथ ही साथ बीजों को अधिक समय तक भी नहीं डुबोया जाता है। कभी-कभी धान की पौध की रोपाई के समय जस्ता के घोल में पौध की जड़ों को डुबोने के पश्चात रोपाई कर दी जाती है इससे पौधे में जस्ते की कमी की पूर्ति हो जाती है।

खाद एवं उर्वरक के प्रयोग का समय (Time of fertilizer application)

प्रति इकाई क्षेत्रफल पर अधिक से अधिक लाभ प्राप्त करने के लिए खादों एवं उर्वरकों का सही समय पर प्रयोग करना अति आवश्यक है। कार्बनिक खादों का प्रयोग करने के पश्चात उनका विघटन होता है और विघटन के पश्चात ही इन खादों के पोषक तत्व पौधों को उपलब्ध हो पाते हैं। कार्बनिक खादों के विघटन में काफी समय लगता है अत: इन खादों का प्रयोग करते समय यह ध्यान रखना चाहिए कि जब पौधों को पोषक तत्वों की आवश्यकता हो उस समय तक इन खादों से पोषक तत्व मृदा में ग्रहण करने के लिए उपलब्ध हो जाये। उर्वरकों का प्रयोग करने के पश्चात पोषक तत्व पौधों को तुरन्त उपलब्ध हो जाते हैं अत: खाद देते समय खाद की मात्रा पौधों को पोषक तत्वों की आवश्यकता के अनुसार निर्धारित करना चाहिए। कार्बनिक खादों जैसे गोबर की खाद, कम्पोस्ट तथा हरी खाद का प्रयोग बुआई के एक माह पूर्व जबकि खली की खादों का प्रयोग बुआई के 15 दिन पूर्व किया जाता है। उर्वरकों की सम्पूर्ण मात्रा एक बार में न

देकर कई बार में प्रयोग करने से पौधों को अधिक मात्रा में पोषक तत्वों की उपलब्धता हो जाती है साथ ही साथ इन उर्वरकों की हानि को भी कम किया जा सकता है।

खाद एवं उर्वरक के प्रयोग का समय निम्नलिखित है –

1. फसल की बुआई के पूर्व प्रयोग (Application of fertilizers before sowing)
2. फसल की बुआई के समय प्रयोग (Application of fertilizers at sowing)
3. फसल की बुआई के बाद प्रयोग (Application of fertilizers after sowing)

1. फसल की बुआई के पूर्व प्रयोग : खादों एवं उर्वरकों का प्रयोग बुआई के पूर्व करने का मुख्य उद्देश्य पौधों को आवश्यकता होने पर पोषक तत्वों की उपलब्धता सुनिश्चित कराना होता है। कार्बनिक खादें जैसे गोबर की खाद, कम्पोस्ट तथा हरीखाद का मृदा में प्रयोग करने के बाद इसमें उपस्थित पोषक तत्व फसल को तुरन्त उपलब्ध नहीं हो पाते हैं क्योंकि इन कार्बनिक खादों का विघटन होता है इस क्रिया में काफी समय लग जाता है तथा विघटन होने के पश्चात ही इनके पोषक तत्व पौधों को उपलब्ध हो पाते हैं। कुछ कार्बनिक खादों के विघटन की क्रिया में काफी समय लगता है अत: इन खादों का प्रयोग बुआई के एक माह पूर्व ही किया जाता है। इन खादों का प्रयोग यदि बुआई के समय किया जाता है तो इसमें उपस्थित पोषक तत्व पौधों को काफी समय बाद उपलब्ध हो पायेगें जिससे इनका पौधों द्वारा पूर्णरूप से उपयोग करना सम्भव नहीं होता है। कार्बनिक खादों के विघटन के समय यह मृदा से पोषक तत्व तथा नमी का शोषण करते हैं जिससे मृदा में पोषक तत्वों तथा नमी की कमी हो जाती है। जिससे पौधों को लाभ मिलने की अपेक्षा हानि हो जाती है। कार्बनिक पदार्थों के विघटन के समय मृदा में कार्बनिक अम्ल का निर्माण होता है जिससे पौधों की जड़ों पर हानिकारक प्रभाव पड़ता है। खली की खादों का प्रयोग भी बुआई के 15 दिन पूर्व खेत में अच्छी तरह से फैलाकर भूमि में जुताई करके अच्छी तरह से मिला देना चाहिए।

कुछ फासफेट युक्त उर्वरक जैसे रॉक फासफेट, बेसिक स्लेग आदि में फासफेट अविलेय रूप में पाया जाता है। जब इन उर्वरकों का प्रयोग मृदा में किया जाता है तब यह नमी के सम्पर्क में आकर अघुलनशील फासफेट घुलनशील फासफेट के रूप में परिवर्तित हो जाता है अत: इस प्रक्रिया में कुछ समय लगता है। इन उर्वरकों का प्रयोग बुआई के 2–3 सप्ताह पूर्व करना लाभदायक होता है। इसी प्रकार क्षारीय भूमियों के सुधार के लिए चूना, जिप्सम, पायराइट आदि का प्रयोग भी मृदा में 15–20 दिन पूर्व ही करना चाहिए।

अधिक वर्षा वाले क्षेत्रों में, ढालू भूमियों में तथा मृदा कटाव से प्रभावित भूमियों में इन खादों एवं उर्वरकों का प्रयोग बुआई से पूर्व नहीं करना चाहिए क्योंकि पानी की अधिकता के कारण घुलनशील पोषकतत्वों का अधिकांश भाग घुलकर बह जाता है। अधिक वर्षा वाले क्षेत्रों में इनके पोषक तत्वों की हानि निछालन विधि द्वारा भी अधिक होती है। अधिक तापमान वाले क्षेत्रों की भूमियों में इन जीवांश खादों का प्रयोग करने पर इसमें उपस्थिति जीवांश पदार्थ जलकर नष्ट हो जाते हैं। फासफोरस तथा पोटासयुक्त उर्वरकों का प्रयोग बुआई के पूर्व करने पर कोई हानि नहीं होती है परन्तु मृदा में यौगिकीकरण होकर पौधों को इनकी प्राप्यता कम हो जाती है।

तालिका 10.2 : उर्वरकों का मृदा में प्रयोग तथा पर्णीय छिड़काव का तुलनात्मक अध्ययन

क्र.सं.	मृदा में प्रयोग	पर्णीय छिड़काव
1.	इस विधि में उर्वरकों का प्रयोग खड़ी फसल में नहीं करना चाहिए जहाँ पर स्थिरीकरण हो जाता है।	इस विधि द्वारा उर्वरकों के प्रयोग करने पर उनके स्थिरीकरण की कोई सम्भावना नहीं होती है।
2.	मृदा में प्रयोग किये गये उर्वरकों का प्रभाव कुछ समय बाद ही शुरू होता है।	उर्वरकों के छिड़काव के तुरन्त पश्चात ही प्रभाव दिखाई देने लगता है क्योंकि पत्तियों द्वारा शोषण कुछ ही घंटों में कर लिया जाता है।

क्र.सं.	मृदा में प्रयोग	पर्णीय छिड़काव
3.	इस विधि द्वारा सभी प्रकार के उर्वरकों का प्रयोग किया जाता है।	इस विधि द्वारा विशेष रूप से सूक्ष्म तत्वों के साथ-साथ नत्रजन, फासफोरस तथा पोटास उर्वरकों का प्रयोग किया जाता है।
4.	इस विधि में केवल खादों एवं उर्वरकों का प्रयोग किया जाता है।	पर्णीय छिड़काव के समय घोल में कीटनाशी, खरपतवारनाशी तथा बीमारी नियंत्रित करने वाले रसायनों का भी प्रयोग किया जा सकता है।
5.	लगातार मृदा में उर्वरकों का प्रयोग करने से भूमि की भौतिक तथा रासायनिक संरचना खराब हो जाती है जिससे मृदा में उपस्थिति लाभदायक जीवाणुओं की क्रियाशीलता मन्द पड़ कर मृदा उर्वरता कम हो जाती है।	पर्णीय छिड़काव करने से मृदा की उर्वरता पर कोई प्रभाव नहीं पड़ता है।
6.	मृदा में उर्वरकों का प्रयोग करने पर इन पोषक तत्वों की हानि निछालन, स्थिरीकरण, गैस के रूप में तथा बह कर चले जाने आदि से होती है।	इस विधि द्वारा पोषक तत्वों की किसी भी प्रकार की हानि से बचा जा सकता है।
7.	भूमि की भौतिक संरचना जैसे ऊँची नीची भूमियों में उर्वरकों का प्रयोग करने पर पोषक तत्व पानी में घुलकर मृदा की निचली सतह में चले जाते हैं जिससे पोषक तत्व एक समान मात्रा में नहीं रह पाते हैं।	इस विधि द्वारा पोषक तत्व एक समान मात्रा में रहते हैं तथा मृदा ऊँचे-नीचे होने का कोई प्रभाव नहीं पड़ता है।
8.	इस विधि में उर्वरकों की काफी अधिक मात्रा में आवश्यकता होती है।	पर्णीय छिड़काव करने से उर्वरकों की कम मात्रा में आवश्यकता होती है।
9.	यह विधि वृक्षों तथा बड़े-बड़े पौधों के लिए उपयुक्त होती है।	इस विधि का प्रयोग किसी भी प्रकार के पौधों पर आसानी से किया जा सकता है।
10.	इस विधि में अघुलनशील उर्वरकों को खड़ी फसल में प्रयोग करने के पश्चात भूमि में मिलाना पड़ता है अथवा प्रयोग के पश्चात सिंचाई करनी पड़ती है।	इस विधि में उर्वरकों को मृदा में मिलाने की आवश्यकता ही नहीं पड़ती है।
11.	उर्वरकों का प्रयोग भूमि में करने के पश्चात सान्द्रण बढ़ जाता है। इस प्रभाव से बचने के लिए मृदा में नमी रहना आवश्यक है। जल के अभाव में पौधों पर बुरा प्रभाव पड़ जाता है।	इस विधि में इस तरह की कोई हानि की सम्भावता नहीं होती है यदि घोल का सान्द्रण ठीक ढंग से नहीं बनाया गया है तो हानि होने की सम्भावना होती है।
12.	यह विधि सरल है तथा प्रयोग करते समय श्रमिकों की कुशलता की आवश्यकता नहीं होती है।	इस विधि में उर्वरकों के घोल का सान्द्रण बनाना तथा इस घोल का एक समान मात्रा में छिड़काव करने के लिए कुशलता की आवश्यकता होती है।
13.	इस विधि में मृदा में कम नमी होने पर वर्षा अथवा सिंचाई के बाद ही खाद का प्रभाव दिखाई पड़ता है।	पर्णीय छिड़काव के बाद यदि वर्षा हो जाए तो पौधों पर पड़े हुए पोषक तत्व बह जाते हैं।
14.	इस विधि में उत्पादन लागत कम आती है।	इस विधि में उत्पादन लागत अपेक्षाकृत अधिक होती है।

(2) बुआई के समय प्रयोग : बुआई के समय अथवा बुआई के ठीक कुछ समय पूर्व खेत में उर्वरकों के प्रयोग को आधारीय प्रयोग या बेसल ड्रेसिंग (Basal dressing) कहते हैं। बुआई के समय प्रयोग किये जाने वाले उर्वरक आखिरी जुताई के समय अथवा बुआई से पूर्व या साथ-साथ उर्वरक दिये जाते हैं। इस विधि द्वारा खादों का प्रयोग करने पर जिन क्षेत्रों में अधिक वर्षा, ढालू, बलुई तथा मृदा निछालन द्वारा नष्ट हो जाते हैं। इन क्षेत्रों में नाइट्रेट युक्त उर्वरकों का प्रयोग भी नहीं किया जाता है। ऐसे क्षेत्रों में नत्रजन का अमोनिकल तथा एमाइड रूप, फासफोरस तथा पोटास का प्रयोग बुआई के समय करना चाहिए। कम उपजाऊ वाली भूमियों में जहाँ पर खरपतवारों की कम समस्या होती है वहाँ पर इस विधि द्वारा खाद देना अधिक लाभदायक होता है क्योंकि पौधों को प्रारम्भिक अवस्था में पोषक तत्व उपलब्ध होना प्रारम्भ हो जाता है जिससे पौधों की वृद्धि एवं विकास अच्छा होता है। बुआई के समय खाद देने में बीजों को एक साथ मिलाकर बोने से खादों के छिड़काव में होने वाले व्यय को बचाया जा सकता है। इस विधि द्वारा उर्वरकों का प्रयोग करते समय यह ध्यान रखा जाता है कि नत्रजन की आधी मात्रा, फासफोरस तथा पोटास की सम्पूर्ण मात्रा प्रयोग की जाती है।

फासफोरस तथा पोटास उर्वरकों की सम्पूर्ण मात्रा बुआई के समय इसलिए प्रयोग की जाती है कि फासफोरस तथा पोटास मृदा में अघुलनशील है तथा पौधों को प्रारम्भिक अवस्था में ही इनकी आवश्यकता होती है। मृदा में खड़ी फसल में प्रयोग करने पर यह अघुलनशील होने के कारण पौधों को उपलब्ध नहीं हो पाते हैं। असिंचित क्षेत्रों में या जहाँ पर पानी की कमी होती है वहाँ पर नत्रजन, फासफोरस तथा पोटासयुक्त उर्वरकों की सम्पूर्ण मात्रा बुआई के समय ही प्रयोग की जाती है। नमी की कमी के कारण इन क्षेत्रों में खड़ी फसल में उर्वरकों का प्रयोग करना सम्भव नहीं होता है। जिन क्षेत्रों में रबी के मौसम में प्रभावी उर्वरक उपयोग क्षमता (Efficient fertilizer use efficiency) के लिए नत्रजन की आधी मात्रा, फासफोरस, पोटास, सल्फर, जिंक तथा अन्य सूक्ष्म तत्वों की सम्पूर्ण मात्रा बुआई के समय ही प्रयोग करना आवश्यक है। पौधों की अधिक वृद्धि एवं विकास के लिए नत्रजनीय उर्वरकों की मात्रा कई बार में प्रयोग करना लाभदायक होता है।

(3) बुआई के बाद प्रयोग : बुआई के बाद खड़ी फसल में उर्वरकों का प्रयोग करने को टॉप ड्रेसिंग (Top dressing) कहते हैं। उपजाऊ भूमियों में सभी आवश्यक पोषक तत्व पर्याप्त मात्रा में उपस्थित रहते हैं अत: ऐसी दशा में उर्वरकों का प्रयोग खड़ी फसल के रूप में किया जाता है। सामान्यत: नत्रजनयुक्त उर्वरकों का प्रयोग बुआई के पश्चात खड़ी फसल में एक अथवा एक से अधिक बार करते हैं। इस प्रकार नत्रजन के प्रयोग को चसपज चचसपबंजपवद कहते हैं। खड़ी फसल में उर्वरकों का प्रयोग कई बार में करने से पौधों को पोषक तत्वों की विभिन्न विधियों द्वारा होने वाली हानि को भी कम किया जा सकता है। सिंचित क्षेत्रों की भूमियों में किसी कारण से बुआई के समय नमी कम मात्रा में होती है ऐसी अवस्था में सिंचाई करने के उपरान्त उर्वरकों का प्रयोग किया जाता है। खड़ी फसल में खाद देने के समय अधिक मात्रा में नमी नहीं होनी चाहिए अन्यथा नत्रजन द्वारा पत्तियों के झुलसने अथवा जल जाने की सम्भावना रहती है। भारी भूमियों में नत्रजन का प्रयोग अमोनियम अथवा एमाइड के रूप में जबकि हल्की भूमियों में नत्रजन का प्रयोग नाइट्रेट के रूप में करने से पोषक तत्वों का ह्रास कम होता है। नत्रजन उर्वरक का प्रयोग फसल में फूल आने की अवस्था के पहले कर देना चाहिए। खड़ी फसल में उर्वरकों का प्रयोग 3-4 सप्ताह के अन्तराल पर करना चाहिए।

दीर्घकालीन तथा नकदी फसलों को उनकी आवश्यकतानुसार अथवा क्रान्तिक अवस्था में खाद देना अधिक लाभदायक होता है। पौधे की आवश्यकतानुसार खाद देने के निम्न लाभ हैं -

1. फसल की वृद्धि उचित तथा पर्याप्त होकर सन्तुलित रहती है। अधिक वृद्धि होने से फसल गिर जाने से उपज प्रभावित हो जाती है।
2. उर्वरक में उपस्थित पोषक तत्वों का अधिक से अधिक मात्रा में उपयोग हो जाता है।
3. इस विधि द्वारा उर्वरक की कम मात्रा प्रयोग होने से उर्वरक की बचत होती है।
4. पोषक तत्वों के हानि की कम सम्भावना रहती है।
5. उर्वरक उपयोग क्षमता में वृद्धि हो जाती है।

6. खादों के प्रयोग के बाद मृदा में होने वाली रासायनिक अभिक्रिया से खादों की घुलनशीलता के प्रभावित होने की सम्भावना कम रहती है।
7. मृदा में उर्वरकों द्वारा होने वाली हानि का प्रभाव कम पड़ता है।

उर्वरकों के प्रयोग के समय को प्रभावित करने वाले कारक (Factors affecting time of fertilizers application)

1. फसल की किस्म
2. मृदा की भौतिक तथा रासायनिक संरचना
3. जलवायु–वर्षा, तापमान तथा आर्द्रता
4. मृदा में नमी तथा सिंचाई के साधनों की उपलब्धता
5. उर्वरकों में उपस्थित पोषक तत्व तथा उनकी उपलब्धता
6. खाद एवं उर्वरकों की किस्म
7. खरपतवारों की उपस्थिति
8. मृदा कटाव तथा जल निकास
9. प्रयोग की जाने वाली खाद की मात्रा
10. श्रमिकों की उपलब्धता
11. मृदा की किस्म तथा दशा

खाद एवं उर्वरकों का वर्गीकरण (Classification of manures and fertilizers)

खादों एवं उर्वरकों को उनके उपलब्ध पोषक तत्वों, भूमि पर प्रभाव, पौधों को उपलब्धता, रासायनिक संगठन आदि के अनुसार कई प्रकार से वर्गीकृत किया गया है, जो निम्न हैं –

खादों का वर्गीकरण

1. खादों की उपलब्धता के आधार पर : खादों की उपलब्धता अथवा प्राप्ति के आधार पर निम्न तरह से वर्गीकृत किया गया है –

(अ) कार्बनिक खादें (Organic manure) : कार्बनिक खादें पेड़, पौधे, मानव जीवधारियों के अवशेष आदि अवयवों के प्राप्त पदार्थों द्वारा तैयार की जाती है। इन्हें दो भागों में विभक्त किया गया है –

(i) पशुओं के अवशेषों से प्राप्त खाद : इस प्रकार की खादें पशुओं एवं अन्य जीवधारियों के अवशेष से तैयार की जाती है जैसे गोबर की खाद, मछली की खाद, रक्त की खाद, हड्डी की खाद, सीवेज की खाद, मुर्गियों के बीट की खाद आदि।

(ii) वनस्पतियों से प्राप्त खाद : इस प्रकार की खादें वनस्पतियों जैसे पत्तियों, शाखाओं तथा उनके अवशेषों द्वारा तैयार की जाती है जैसे कम्पोस्ट खाद, हरी खाद, खली की खाद आदि। इनके अतिरिक्त कार्बनिक खादों को दो प्रकार से भी वर्गीकृत किया गया है –

(I) भारी कार्बनिक खादें (Bulky organic manures)

वह खादें जो वजन में भारी हो, आयतन में अधिक हो तथा उनमें नत्रजन, फासफोरस तथा पोटास कम मात्रा में होते हैं, भारी कार्बनिक खादें कहलाती हैं जैसे गोबर की खाद, कम्पोस्ट, हरी खाद, मुर्गियों के बीट की खाद, सीवेज की खाद, प्रेसमड आदि।

(II) हल्की कार्बनिक खादें (Light organic manures)

हल्की कार्बनिक खादों में नत्रजन, फासफोरस तथा पोटास की मात्रा भारी कार्बनिक खादों की अपेक्षा अधिक मात्रा में होती है। इस वर्ग में नीम, महुआ, करंज, अन्डी, मूँगफली, सरसों, बिनौला, अलसी आदि से निर्मित खलियाँ जो तेल निकालने के पश्चात प्राप्त होती हैं।

(ब) अकार्बनिक खादें (Inorganic manures) : इस प्रकार की खादें रासायनिक यौगिक जिनको कारखाने में तैयार किया जाता है। इन खादों में कार्बनिक पदार्थ की मात्रा नहीं पाई जाती है तथा इनमें एक अथवा एक से अधिक पोषक तत्व पाये जाते हैं जैसे अमोनियम सल्फेट, डी ए पी, पोटेसियम नाइट्रेट आदि।

(स) जैविक खादें (Biofertilizers) : इस प्रकार के उर्वरक वायुमण्डल की नत्रजन को मृदा में स्थिरीकरण करते हैं जैसे एजोटोबैक्टर, नील हरित शैवाल, एजोला आदि। इन खादों की क्रियाशीलता में वृद्धि करके अधिक मात्रा में वायुमण्डल की नत्रजन का स्थिरीकरण करने के उद्देश्य से जीवाणु कल्चर के रूप में प्रयोग की जाती है।

(द) खनिज खादें (Mineral manures) : खनिज युक्त खादें मुख्यत: चट्टानें होती हैं तथा इसमें उपस्थित पोषक तत्वों के अवशेष राख के रूप में पाये जाते हैं जैसे रॉक फास्फेट, बेसिक स्लेग आदि।

(य) भूमि सुधारक (Soil amendments) : समस्याग्रस्त भूमियों में इन खादों का प्रयोग मृदा सुधारक के रूप में किया जाता है। इनके प्रयोग से भूमि की भौतिक दशा में सुधार होता है, पोषक तत्वों की प्राप्यता तथा जीवाणुओं की क्रियाशीलता में वृद्धि हो जाती है जैसे पायराइट, जिप्सम, चूना आदि।

2. पोषक तत्वों की उपलब्धता के आधार पर

पोषक तत्वों को उनकी उपलब्धता के आधार पर निम्न प्रकार से वर्गीकृत किया जाता है –

(अ) अपूर्ण खाद (Incomplete manures) : इस वर्ग में वह रासायनिक उर्वरक आते हैं जिनमें एक अथवा दो पोषक तत्व पाये जाते हैं, उन्हें अपूर्ण खाद कहते हैं जैसे अमोनियम सल्फेट, यूरिया, अमोनियम क्लोराइड, सिंगिल सुपर फासफेट, म्यूरेट ऑफ पोटास आदि।

(ब) पूर्ण खाद (Complete manures) : इस वर्ग में वह खादें आती हैं जिनमें सभी आवश्यक पोषक तत्व पाये जाते हैं। इस वर्ग में सभी कार्बनिक खादें सम्मिलित की जाती हैं इसके अतिरिकत कुछ उर्वरक कारखानों में बनाये जाते हैं जिसमें नत्रजन, फासफोरस तथा पोटास तीनों आवश्यक पोषक तत्व पाये जाते हैं जैसे ग्वानो।

3. पोषक तत्वों के अवशोषण के आधार पर :

इस प्रकार की खादों का वर्गीकरण खादों में उपस्थित पोषक तत्वों के अवशोषण के आधार पर किया जाता हैं, जो निम्न हैं –

(अ) प्रत्यक्ष खाद (Direct manures) : इन खादों में उपस्थित पोषक तत्वों को पौधों द्वारा सीधे ग्रहण कर लिये जाते हैं जैसे सुपर फास्फेट में उपस्थित फासफोरस को पौधे H_2PO_4 आयन के रूप में तथा सोडियम नाइट्रेट में उपस्थित नत्रजन को नाइट्रेट के रूप में गृहण कर लेते हैं।

(ब) अप्रत्यक्ष खाद (Indirect manures) : इस वर्ग की खादों में उपस्थित पोषक तत्वों को पौधे सीधे रूप में ग्रहण नहीं करते बल्कि भूमि की भौतिक दशा सुधारने के पश्चात ही पौधों की वृद्धि में सहायक होते हैं जैसे जिप्सम, पायराइट, चूना आदि।

उर्वरकों का वर्गीकरण (Classification of fertilizers)

उर्वरकों को उनमें उपस्थित पोषक तत्व, रासायनिक गुणों एवं उपयोग के आधार पर वर्गीकृत करते हैं, जो निम्न हैं –

(अ) पोषक तत्वों की उपलब्धता के आधार पर –

(1) नत्रजनीय उर्वरक (Nitrogeneous fertilizers) : नत्रजनीय उर्वरकों से पौधों को नत्रजन पोषक तत्व की प्राप्ति होती है जैसे अमोनियम नाइट्रेट, यूरिया, कैल्सियम अमोनियम नाइट्रेट, सोडियम नाइट्रेट आदि। नत्रजनीय उर्वरकों को पुन: चार भागों में विभक्त किया गया है –

(i) **अमोनिकल नत्रजन उर्वरक (Ammonical nitrogen fertilizers) :** इस वर्ग के उर्वरकों में नत्रजन अमोनिया के रूप में पाया जाता है जैसे अमोनियम सल्फेट, अमोनियम क्लोराइड, एनहाइड्रस अमोनिया आदि।

(ii) **एमाइड नत्रजन उर्वरक (Amide nitrogen fertilizers) :** इस वर्ग के उर्वरकों में नत्रजन एमाइड के रूप में पाया जाता है जैसे यूरिया तथा कैल्सियम सायनेमाइड।

(iii) **नाइट्रेट नत्रजन उर्वरक (Nitrate nitrogen fertilizers) :** इस वर्ग के उर्वरकों में नत्रजन नाइट्रेट के रूप में पाया जाता है जैसे सोडियम नाइट्रेट, कैल्सियम नाइट्रेट, पोटेसियम नाइट्रेट आदि।

(iv) **अमोनिकल तथा नाइट्रेट नत्रजन उर्वरक (Ammonical and Nitrate nitrogen fertilizers) :** इस वर्ग के उर्वरकों में नत्रजन अमोनिया तथा नाइट्रेट दोनों ही रूपों में पाया जाता है जैसे अमोनियम नाइट्रेट, कैल्सियम अमोनियम नाइट्रेट, अमोनियम सल्फेट नाइट्रेट आदि।

(2) फासफोरस युक्त उर्वरक (Phosphatic fertilizers) : इस वर्ग में वह उर्वरक आते हैं जो पौधों को फासफोरस पोषक तत्व प्रदान करते हैं जैसे सुपर फास्फेट, रॉक फास्फेट, बेसिक स्लेग आदि। फासफोरस उर्वरकों को उनकी घुलनशीलता के आधार पर निम्न तीन प्रकार से वर्गीकृत किया गया है –

(i) **जल में विलेय (Water soluble) :** इस वर्ग के फासफोरस उर्वरक जल में विलेय अथवा घुलनशील होते हैं जैसे सिंगल सुपर फास्फेट, डी ए पी, अमोनियम फासफेट, ट्रिपिल सुपर फास्फेट आदि।

(ii) **साइट्रेट में विलेय (Citrate soluble) :** इस वर्ग मे फासफोरस उर्वरक साइट्रेट में घुलनशील होते हैं जैसे डाई कैल्सियम फासफेट, बेसिक स्लेग आदि।

(iii) **जल तथा साइट्रेट में अविलेय (Water and Citrate insoluble) :** इस वर्ग के फासफोरस उर्वरक जल तथा साइट्रेट दोनों में अघुलनशील होते हैं जैसे रॉक फास्फेट, हड्डी का चूरा आदि।

(3) पोटासयुक्त उर्वरक (Potassic fertilizers) : इस वर्ग में वह उर्वरक आते हैं जो पौधों को पोटास पोषक तत्व की उपलब्धता सुनिश्चित करते हैं, पोटासयुक्त उर्वरक कहलाते हैं जैसे पोटेसियम सल्फेट, पोटेसियम क्लोराइड, म्यूरेट ऑफ पोटास आदि। पोटासयुक्त उर्वरकों को दो भागों में विभक्त किया गया है –

(i) क्लोराइड के रूप में पोटेसियम प्रदान करने वाले पोटासयुक्त उर्वरक जैसे पोटेसियम क्लोराइड, म्यूरेट ऑफ पोटास आदि।

(ii) सल्फेट के रूप में अथवा क्लोराइड के अतिरिक्त रूप में पोटास पोषक तत्व उपलब्ध कराने वाले पोटासयुक्त उर्वरक जैसे पोटेसियम नाइट्रेट, पोटेसियम सल्फेट, पोटेसियम मैगनीसियम नाइट्रेट आदि।

(ब) रासायनिक स्वभाव के आधार पर वर्गीकरण :

(i) **अम्लीय उर्वरक (Acid Fertilizer) :** यह वह उर्वरक होते हैं जिनका प्रयोग करने पर मृदा अम्लीय हो जाती है अत: इन उर्वरकों का प्रयोग क्षारीय भूमियों में किया जाता है जैसे अमोनियम सल्फेट आदि।

(ii) **क्षारीय उर्वरक (Basic Fertilizers) :** यह वह उर्वरक होते हैं जिनका प्रयोग करने से मृदा क्षारीय हो जाती है अत: इन उर्वरकों का प्रयोग अम्लीय भूमियों में किया जाता है जैसे सोडियम नाइट्रेट आदि।

(iii) **उदासीन उर्वरक (Neutral fertilizers) :** यह वह उर्वरक होते हैं जिनका प्रयोग करने से मृदा में न अम्लीयता बढ़ती है और न ही क्षारीयता। अत: मृदा का पी एच मान यथावत रहता है जैसे कैल्सियम अमोनियम नाइट्रेट आदि।

कार्बनिक खादें (Organic manures)

कार्बनिक खादें वह होती हैं जो पौधों तथा जीवधारियों के उत्सर्ग से बनाई जाती हैं जिनका प्रयोग मृदा में पौधों को आवश्यक पोषक तत्व प्रदान करने के लिए किया जाता है। कार्बनिक खादों के प्रयोग से मृदा की भौतिक, रासायनिक

तथा जैविक दशा में सुधार होता है। इन खादों के प्रयोग से पौधों को पोषक तत्व धीरे-धीरे उपलब्ध होते हैं अतः मृदा में इनका प्रभाव काफी समय तक रहता है। मृदा में कार्बनिक खादों का प्रयोग करने के तीन प्रमुख उद्देश्य हैं –

1. कार्बनिक खादें पौधों को सभी आवश्यक पोषक तत्व प्रदान करती हैं। इन खादों में पोषक तत्व की बहुत कम मात्रा पाई जाती है इसलिए इनको प्रति इकाई क्षेत्रफल पर अधिक मात्रा में प्रयोग किया जाता है। कार्बनिक खादों में सभी आवश्यक मुख्य पोषक तत्वों के अतिरिक्त सूक्ष्म पोषक तत्व भी उपस्थित रहते हैं। अतः कार्बनिक खादों को सम्पूर्ण खाद की संज्ञा दी जाती है।
2. कार्बनिक खादों के प्रयोग से मृदा में कार्बनिक पदार्थ की मात्रा बढ़ जाने से मृदा की भौतिक दशा में सुधार होता है। बलुई भूमियों में कार्बनिक खादों का प्रयोग करने से मृदा में जल धारण क्षमता में वृद्धि हो जाती है जबकि भारी एवं मटियार भूमियों में जल निकास में सुधार होता है।
3. कार्बनिक खादों के प्रयोग से मृदा में लाभदायक जीवाणुओं की संख्या एवं उनकी क्रियाशीलता में वृद्धि हो जाती है। सूक्ष्म जीवाणुओं की क्रियाशीलता में वृद्धि होने से मृदा में उपस्थिति अप्राप्य पोषक तत्व प्राप्य अवस्था में परिवर्तित होकर पौधों को अधिक मात्रा में उपलब्ध हो जाते हैं।
4. कार्बनिक खादों के प्रयोग से मृदा की भौतिक, रासायनिक तथा जैविक दशा में सुधार हो जाता है।
5. समस्याग्रस्त मृदाओं जैसे अम्लीय, लवणीय तथा क्षारीय मृदाओं में कार्बनिक खादों के प्रयोग से इन भूमियों का सुधार हो जाता है।

उष्ण एवं उपोष्ण प्रदेशों की मृदाओं में कार्बनिक पदार्थ की बहुत कम मात्रा पाई जाती है क्योंकि इन भूमियों में तापमान की अधिकता के कारण कार्बनिक पदार्थ विघटित होकर नष्ट हो जाते हैं। इसका मुख्य कारण भूमि में उपस्थित जीवाणुओं की क्रियाशीलता अधिक बढ़ जाना होता है। अतः इन मृदाओं में जीवांश खाद का समय-समय पर प्रयोग करके मृदा में ह्यूमस की मात्रा को बढ़ाना होता है। कार्बनिक खादों में आवश्यक सभी पोषक तत्वों का भण्डार होता है। अतः मृदा में इनके प्रयोग करने से पौधों को सभी प्रकार के पोषक तत्व उपलब्ध हो जाते हैं जो अन्य उर्वरकों द्वारा इनकी पूर्ति नहीं की जा सकती है। कार्बनिक खादों के लगातार प्रयोग से मृदा में अन्तः सरण दर, पारगम्यता, जलधारण क्षमता, मृदा समुउच्चयन, मृदा जलअंश, वायु संचार, मृदा तापमान, पौधों की वृद्धि, उद्दीपन में वृद्धि आदि होती है। इसके अतिरिक्त मृदा अपरदन, स्थूल घनत्व, मृदा के पृष्ठीय तल पर पपड़ी जमना, सूक्ष्म तत्वों का निछालन आदि को कम करती है।

गोबर की खाद (Farm Yard Manure)

पशुओं के गोबर, पशु बाड़े का झाड़न, पशुओं के मूत्र, बिछावन तथा खराब चारे के मिश्रण द्वारा जो खाद बनाई जाती है उसे गोबर की खाद अथवा पशुशाला की खाद कहते हैं। पशुशाला से प्राप्त गोबर, मूत्र मिश्रित बिछावन तथा खराब चारे आदि को रोजाना उठाकर पहले से तैयार किये गये गड्ढे में डालते रहते हैं जब यह गड्ढा भर जाता है तब कुछ दिनों/माह पश्चात यह पदार्थ पूर्ण रूप से सड़ जाते हैं, पूर्ण रूप से सड़े हुए इन पदार्थों को गोबर की खाद कहते हैं। पूर्ण रूप से सड़ी हुई गोबर की खाद में सामान्यतः 0.5 प्रतिशत नत्रजन, 0.25 प्रतिशत फासफोरस तथा 0.5 प्रतिशत पोटास की मात्रा पाई जाती है। गोबर की खाद बनाते समय पशुओं के मूत्र का भी प्रयोग किया जाना चाहिए क्योंकि पशुओं के मूत्र में नत्रजन यूरिया के रूप में पाई जाती है जिसमें 1.35 प्रतिशत नत्रजन तथा 2.10 प्रतिशत पोटेशियम पाया जाता है। गोबर की खाद को बनाते समय जब गड्ढा पूर्ण रूप से भर जाये तब गड्ढा गोबर तथा मिट्टी अथवा अन्य पदार्थों से ऊपर की सतह पर 30-40 सेमी डालकर अच्छी प्रकार से लेप देना चाहिए। ऐसा करने से कार्बनिक पदार्थों के विघटन से पोषक तत्वों की हानि कम मात्रा में होती है। इस प्रकार से अन्य गड्ढों को भरते रहते हैं। गड्ढा भरने के 4-5 माह पश्चात अच्छी एवं पूर्णरूप से सड़ी हुई गोबर की खाद बन कर तैयार हो जाती है।

गोबर की खाद के रासायनिक विश्लेषण को प्रभावित करने वाले निम्न कारक हैं –

1. **गोबर का स्रोत (Source of dung) :** भेड़, बकरियों एवं मुर्गियों के विष्टा से तैयार खाद में गाय, बैल, भैस, सुअर आदि से तैयार की गई खाद की अपेक्षा गोबर की खाद में पोषक तत्वों की अधिक मात्रा पाई जाती है।
2. **पशुओं का भोजन (Food material of the animals) :** पशुओं को खिलाये जाने वाले चारे पर गोबर की खाद में पोषक तत्वों की उपलब्धता प्रभावित होती है। यदि चारे में प्रोटीन की मात्रा अधिक होगी तो इससे बनाई गई गोबर की खाद में नत्रजन की मात्रा भी अधिक होती है।
3. **पशुओं की आयु एवं दशा (Age and conditions of animals) :** स्वस्थ तथा प्रौढ़ पशुओं को पोषक तत्वों की अधिक आवश्यकता होती अत: इनके गोबर में पोषक तत्वों की कम मात्रा होती है अत: इनके गोबर से बनाई गई गोबर की खाद में पोषक तत्वों की कम मात्रा पाई जाती है। जबकि दुर्बल तथा बूढ़े पशुओं के गोबर से बनाई गई गोबर की खाद में अधिक पोषक तत्व पाये जाते हैं।
4. **पशुओं के कार्य (Function of animals) :** खेतों में कार्य करने वाले पशुओं को अधिक ऊर्जा की आवश्यकता होती है अत: इनके गोबर से प्रयुक्त खाद में पोषक तत्वों की कम मात्रा पाई जाती है। इसी प्रकार दूध देने वाले पशुओं से बनाई गई गोबर की खाद में भी पोषक तत्वों की कम मात्रा होती है।
5. **भन्डारण की विधि (Manner of storage) :** सामान्य रूप से तैयार की गई खाद में पोषक तत्वों की मात्रा बहुत कम पाई जाती है जबकि वैज्ञानिक विधि द्वारा गढढों में सही ढंग से तैयार की गई गोबर की खाद में पोषक तत्वों की अधिक मात्रा पाई जाती है क्योंकि वैज्ञानिक विधि से बनाई गई खाद में पोषक तत्वों की अधिक मात्रा होती है।
6. **बिछावन की किस्म (Nature of litters) :** अधिक मात्रा में बिछावन का प्रयोग करने से पशुओं द्वारा गोबर तथा मूत्र अधिक मात्रा में सोख लिया जाता है जिससे खाद में पोषक तत्वों की अधिक मात्रा पाई जाती है। इसी प्रकार दलहनी फसलों से प्राप्त भूसा तथा चारा का प्रयोग बिछावन के रूप में करने से खाद में पोषक तत्वों की मात्रा बढ़ जाती है।

तालिका 10.3 : विभिन्न पशुओं के गोबर तथा मूत्र में पोषक तत्वों की प्रतिशत मात्रा

पशुओं की किस्म		नत्रजन	फासफोरस	पोटास
गाय एवं बैल	गोबर	0.40	0.20	0.10
	मूत्र	1.00	बहुत कम	1.36
भेड़ तथा बकरी	गोबर	0.75	0.50	0.45
	मूत्र	1.35	बहुत कम	2.10
घोड़े	गोबर	0.55	0.30	0.40
	मूत्र	1.35	बहुत कम	1.25
सुअर	गोबर	0.55	0.50	0.40
	मूत्र	0.40	0.10	0.45

कम्पोस्ट (Compost)

वनस्पतियों के अवशेषों द्वारा जैविक क्रियाओं के अनुपात को कम करके ह्युमिक पदार्थ के रूप में परिवर्तित करते हैं। इस प्रकार पूर्ण रूप से सड़े हुए पदार्थों को कम्पोस्ट कहते हैं। कम्पोस्ट तैयार करने में बैक्टीरिया, फंजाई, प्रोटोजोआ, एक्टीनोमाइसिटीज की संयुक्त क्रिया द्वारा फसल अवशेषों को कम्पोस्ट की खाद के रूप में परिवर्तित किया

जाता है। कम्पोस्ट में गोबर की खाद की अपेक्षा कार्बनिक पदार्थ तथा पोषक तत्वों की अधिक मात्रा होती है जोकि फसल उत्पादन के लिए भूमि की उर्वरा शक्ति में सुधार लाती है। कम्पोस्ट में जीवांश अवशिष्ट का विघटन होता हैं, खरपतवारों के बीज उनके संवर्धक भाग एवं रोगाणु नष्ट हो जाते हैं तथा जटिल यौगिक के रूप में उपस्थित पोषक तत्व प्राप्य अवस्था में परिवर्तित हो जाते हैं। इस प्रकार कम्पोस्ट में स्थिरीकृत अधिक मात्रा में जीवांश पदार्थ तैयार होते हैं जो पौधों को धीरे-धीरे अधिक समय तक पोषक तत्व प्रदान करते हैं, भूमि की भौतिक संरचना में सुधार करता है तथा रोग एवं बीमारियों से मुक्त करता है।

कम्पोस्ट सामान्यतः सब्जियों, घरों के कूडा-कचरा, पशुओं के अवशेष, फसलों के अवशेष को फार्म अथवा आस-पास के गाँवों/शहरों से इकट्ठा करके बनाई जाती है। इस प्रकार से कम्पोस्ट की रासायनिक गुणवत्ता तथा पोषक तत्वों की मात्रा भिन्न-भिन्न होती है। देश में सामान्यतः कम्पोस्ट निम्न पदार्थों से बनाई जाती है -

1. फसल अवशेषों की कम्पोस्ट (Rural compost) : इस प्रकार की कम्पोस्ट में फसल अवशेष जैसे खरपतवार, फसलों के डंठल, तने, भूसा, फसलों के अवशेष जैसे कपास के तने, मूँगफली के सूखे तने एवं पत्तियाँ, गन्ने के अगोले, मूत्र सोखी हुई मिट्‌टी, पशुशाला का बिछावन, खराब तथा अप्रयोज्य चारा, हेज की काटी हुई पत्तियाँ एवं टहनियाँ आदि का प्रयोग किया जाता है। इस प्रकार से तैयार कम्पोस्ट में 0.5 प्रतिशत नत्रजन, 0.15 प्रतिशत फासफोरस तथा 1.4 प्रतिशत पोटास की मात्रा पाई जाती है।

2. शहरों के कचड़े की कम्पोस्ट (Town compost) : शहरी कम्पोस्ट में मुख्यतः नाइट भूमि, घरों का कूडा-कचड़ा, लकड़ियों की राख आदि का प्रयोग किया जाता है। शहरों के कचड़े की कम्पोस्ट में 1.50 प्रतिशत नत्रजन, 1.0 प्रतिशत फासफोरस तथा 1.4 प्रतिशत पोटास की मात्रा पाई जाती है।

देश में कम्पोस्ट बनाने के लिए उपयुक्त सीवेज, ग्रामीण तथा शहरी कूड़ा-कचड़ा का प्रयोग किया जा सकता है परन्तु इसका प्रयोग करने पर प्रतिवर्ष क्रमशः 4.96, 1.87 तथा 3.2 मिलियन टन नत्रजन, फासफोरस तथा पोटास पोषक तत्वों की उपलब्धता सुनिश्चित की जा सकती है। कम्पोस्ट वायुवीय तथा अवायुवीय दोनों ही दशाओं में तैयार की जाती है। वायुवीय दशाओं में कार्बनिक पदार्थों के विघटन से कार्बन डाई आक्साइड तथा ह्यूमिक पदार्थ बनाने के साथ ही पोषक तत्व प्राप्य अवस्था में परिवर्तित हो जाते हैं। अवायुवीय अवस्था में विघटन में वसा अम्ल, एल्डिहाइड एवं एल्कोहल में परिवर्तित होता हैं जिनमें जीवाणुओं की क्रिया द्वारा मीथेन, कार्बन डाई आक्साइड, अमोनिया तथा हाइड्रोजन का अन्तरिम निर्माण होता है। वायुवीय विधि द्वारा कम समय में तथा दुर्गन्ध समाप्त करने के लिए यह विधि सर्वोत्तम होती है।

कम्पोस्ट तैयार करने की विधियाँ (Methods of composting)

विगत कई दशकों से कम्पोस्ट की कई विधियाँ जैसे इन्दौर विधि, बंगलौर विधि, कोयम्बटूर विधि आदि प्रयोग की जाती हैं। कम्पोस्ट बनाने की विधियाँ प्रयोग किये जाने वाले पदार्थो के अनुसार ही नामकरण किया गया है जैसे वर्मी कम्पोस्ट, फासफो कम्पोस्ट, इनरिच्ड कम्पोस्ट, संश्लेषित कम्पोस्ट, एनीमल वेस्ट कम्पोस्ट, विन्ड्रो कम्पोस्ट, नाडेप कम्पोस्ट, क्वायर पिथ कम्पोस्ट, फोर्टीफाइड कम्पोस्ट, ऑयल पाम वेस्ट कम्पोस्ट, बीड कम्पोस्ट, रिइन्फोर्स्ड कम्पोस्ट आदि प्रमुख हैं। उपरोक्त प्रकार की कम्पोस्ट को बनाने के लिए सामान्यतः दो विधियाँ जैसे वायुवीय तथा अवायुवीय है जिनको निम्न प्रकार से बनाया जाता है -

1. वायुवीय विधि (Aerobic method) : इस विधि से कम्पोस्ट बनाने के लिए 2 मीटर चौड़ा, 1 मीटर गहरा तथा लम्बाई आवश्यकतानुसार गड्ढ़ा बनाकर तैयार कर लेते हैं। इस गड्ढ़े में विभिन्न प्रकार के अवशेष जैसे पशुशाला का झाड़न, पशुओं के मूत्र से सनी मिट्टी, बिछावन, चारे, खरपतवार, फसलों के अवशेष, पेड़ों की पत्तियाँ आदि को मिलाकर गढढ़े में 20-30 सेमी तक भर देते हैं। इसके पश्चात गोबर के घोल का छिड़काव करते हैं यदि यह पदार्थ सूखे

हो तो पानी का छिड़काव कर देते हैं। इसके अतिरिक्त हड्डी का चूरा, राख आदि की एक पतली परत बिछा देते हैं। उपरोक्त क्रिया को तब तक करते रहते हैं तब तक कि गड्ढ़ा भर न जाए। इस गड्ढे को जमीन से 50 सेमी की ऊँचाई तक भरने के पश्चात गोबर अथवा मूत्र से सनी हुई मिट्टी से अच्छी तरह से लेप कर देते हैं। एक महीने के अन्तराल पर गड्ढ़े में पड़े हुए पदार्थों को 2-3 बार पलटते रहते हैं और आवश्यकतानुसार पानी डालकर गीला करते रहते हैं। इस प्रकार 5-6 महीने में प्रयोग करने हेतु कम्पोस्ट बनकर तैयार हो जाती है। इस विधि द्वारा कम्पोस्ट बनाना वर्षा ऋतु में अधिक लाभदायक होता है।

2. अवायुवीय विधि (Anaerobic method) : इस विधि द्वारा कम्पोस्ट बनाने के लिए आवश्यकतानुसार 4-5 मीटर लम्बाई, 1.5-2.0 मीटर चौड़ाई तथा 1.0 मीटर की गहराई का गड्ढ़ा तैयार कर लेते हैं। वायुवीय विधि में प्रयोग किये जाने वाले पदार्थों की गड्ढे में 20-30 सेमी की मोटी परत बिछा देते हैं इसके पश्चात 0.5 किलोग्राम गोबर तथा 150 से 170 ग्राम राख को आवश्यकतानुसार पानी में घोलकर छिड़काव करके इन पदार्थों को अच्छी तरह से दबा दिया जाता है। इस प्रकार से गड्ढ़े को जमीन से 50 सेमी ऊँचाई तक भरकर मिट्टी एवं गोबर का गाढ़ा घोल बनाकर लेप दिया जाता है। इस तरह ऐसी कम्पोस्ट में अवायुवीय विघटन में अधिक तापमान विकसित नहीं हो पाता है। अवायुवीय विघटन में अप्राप्य नत्रजन के यौगिक प्राप्य रूप में तथा कार्बनिक पदार्थ कार्बन डाई आक्साइड तथा पानी में परिवर्तित हो जाते हैं। इस विधि में कार्बन डाई आक्साइड की सान्द्रता बढ़ जाने से अमोनिया के रूप में होने वाली नत्रजन की हानि समाप्त हो जाती है। इस प्रकार 4-5 माह पश्चात प्रयोग करने हेतु कम्पोस्ट बनकर तैयार हो जाती है।

उपरोक्त दोनों विधियों के अनुसार कई प्रकार की कम्पोस्ट बनाई जाती है। कुछ प्रमुख कम्पोस्ट का विवरण निम्नवत है -

फासफो कम्पोस्ट (Phospho compost) : भारत की अधिकांश भूमियों में फासफोरस की मात्रा कम से मध्यम पाई जाती है। विभिन्न प्रकार के फसल अवशेषों के साथ सस्ती रॉक फासफेट का प्रयोग करके फासफो कम्पोस्ट तैयार की जाती हैं। इस तरह से कम्पोस्ट बनाने में रॉक फासफेट में अप्राप्य फासफोरस को प्राप्य फासफोरस में परिवर्तित कर पौधों को उपलब्ध हो जाता है। फासफो कम्पोस्ट बनाने के लिए फसल के अवशेष, खरपतवार तथा अन्य कार्बनिक पदार्थों को इकट्ठा करके उन्हें छोटे-छोटे टुकडों में काट लिया जाता है। कम्पोस्ट बनाने के लिए 8 भाग कार्बनिक पदार्थ तथा फसल अवशेष, 1 भाग गोबर, 0.5 भाग छनी हुई मिट्‌टी तथा 0.5 भाग सड़ी हुई गोबर की खाद का मिश्रण बनाकर उपयोग किया जाता है। पहले से तैयार किये गये गड़ढे (3-4 मीटर लम्बा, 2 मीटर चौड़ा तथा 1 मीटर गहरा) में 15-20 सेमी मोटी परत बिछाकर खराब किस्म की रॉक फास्फेट की पतली परत बिछाकर आवश्यकतानुसार पानी से गीला कर देते हैं। इस प्रकार सम्पूर्ण गड्ढे को 50 सेमी जमीन की ऊँचाई तक भर दिया जाता है। इसके पश्चात 1 माह के अन्तराल पर पलटते रहते हैं। इस प्रकार इस विधि द्वारा फासफोरस की कम्पोस्ट तैयार की जाती है। मसूरी रॉक फास्फेट (5 प्रतिशत फासफोरस) द्वारा तैयार की गई कम्पोस्ट में घुलनशील फासफोरस की उउच्च मात्रा पाई जाती है।

केंचुएं की खाद/ वर्मी कम्पोस्ट (Vermicompost) : कृषि प्रक्षेत्र और घरों की बेकार कार्बनिक/वनस्पति सामग्री जैसे पुआल, भूसा, घास, सब्जियों के छिलकें, गोबर आदि से केंचुओं की सहायता से खाद बनाने को वर्मी कम्पोस्ट कहते हैं। इस प्रकार केंचुएं द्वारा सुव्यवस्थित रूप में कचरे को पचाकर बनाई गई खाद को वर्मी कम्पोस्ट कहते हैं। केंचुएं के पालन तथा सम्वर्धन को वर्मी कल्चर कहते हैं। इस प्रकार वर्मी कम्पोस्ट केंचुओं के उत्सर्जित मल का मिश्रण होता है जिसमें पौधे के लिए आवश्यक सभी पोषक तत्व तथा सूक्ष्म तत्वों के अतिरिक्त खनिज पदार्थ, विटामिन्स, हारमोन तथा लाभदायक सूक्ष्म जीवाणु पाये जाते हैं। वर्मी कम्पोस्ट में 1.6 प्रतिशत नत्रजन 5.04 प्रतिशत फासफोरस, 0.8 प्रतिशत पोटास तथा कार्बन: नत्रजन का अनुपात 1:6 होता है।

केंचुएं की खाद को खेत में प्रयोग करने पर मृदा में जीवांश पदार्थ की मात्रा बढ़ जाती है जिसके कारण मृदा का पी.एच. मान सन्तुलित रहता है। इस प्रकार जैविक कृषि प्रणाली पर विशेष ध्यान देने के कारण आजकल वर्मीकम्पोस्ट के

प्रयोग का अधिक महत्व हैं क्योंकि यह खाद, सस्ती, सरल, अधिक लाभकारी, मृदा एवं जल प्रदूषण रहित, दीमक का प्रकोप न होने तथा कम समय (55-60 दिनों) में तैयार हो जाती है। इस खाद का प्रयोग करने से किसी भी प्रकार के फसल उत्पादों में रासायनिक अवशेष नहीं आते हैं। यह खाद भूमि को बहुत अधिक मात्रा में पोषक तत्व प्रदान करने से भूमि की उर्वरा शक्ति को बढ़ाती है तथा फसल में बीमारियों का प्रकोप कम करती है। इस खाद के प्रयोग से फलों एवं सब्जियों का स्वाद अच्छा होता है, फलों एवं सब्जियों में पोषक तत्वों की मात्रा बढ़ जाती है तथा भूमि में सौर ऊर्जा का शोषण अधिक होता है।

केंचुएं की खाद बनाने के लिए मुख्य रूप से आइसीनिया फोइटिडा तथा यूड्रिलस यूजेनी प्रयोग की जाती हैं। इसके अतिरिक्त लुम्बिकस रूबेलस केंचुएं की प्रजाति का भी प्रयोग किया जा सकता है।

वर्मी कम्पोस्ट बनाने के लिए फसलों के अवशेष, सूखी पत्तियाँ, मूँगफली के छिलका, सूखा गोबर, घरों का कचरा, खरपतवार आदि का प्रयोग किया जा सकता है। फसलों के अवशेष, खरपतवारों एवं पत्तियों को छोटे-छोटे टुकड़ों में काट लिया जाता है। वर्मी कम्पोस्ट बनाने के लिए कउच्ची अथवा पक्की किसी भी प्रकार की भूमि, प्लास्टिक के बर्तन, लकड़ी के डिब्बे, सीमेन्ट के टब, ऊपर खुले हुए बर्तन अथवा सीमेन्ट की नाँद आदि का प्रयोग किया जाता है। सर्वप्रथम कम्पोस्ट तैयार किये जाने वाले बर्तन में कंक्रीट या ईंटों की या मोटी बालू की 5 सेमी तह बिछा देते हैं जिससे पानी छनकर बाहर चला जाये इसके बाद 15 सेमी मोटी मिट्टी की एक परत बिछा देते हैं। उपरोक्त विधि द्वारा बनाये गये फसल अवशिष्टों को मिलाकर तथा पानी में भिगो कर 10-12 सेमी मोटी परत के रूप में बिछा दिया जाता है इसके पश्चात निचली परत में गोबर को बिछाने के लिए 8-10 दिनों तक गोबर को उपचारित कर लेना चाहिए। गोबर के अतिरिक्त अन्य पदार्थों का प्रयोग करने पर गोबर के घोल का छिड़काव कर देना चाहिए। इस प्रकार 60 केंचुएं प्रति वर्ग मीटर की दर से प्रयोग किये जाते हैं। इन केंचुओं को पानी से भीगे हुए बिछावन पर रख देते हैं और कुछ समय पश्चात यह बिछावन के अन्दर चले जाते हैं इसके उपरान्त सूखी पत्तियों, घास, भूसा आदि की 5 सेमी मोटी परत बिछा दी जाती है। सूखे पदार्थों में हजारे (झरने) की सहायता से पानी द्वारा इस बिछावन को धीरे-धीरे नम करते रहते हैं। इसके उपरान्त पुन: घर का कूड़ा-कचड़ा, सूखी पत्तियाँ, भूसा, फसल अवशेषों आदि द्वारा 10 सेमी मोटी परत बिछा देते हैं। इस क्रिया से कम्पोस्ट बनाने में प्लास्टिक तथा पॉलीथीन का प्रयोग कभी भी नहीं करना चाहिए। लगभग 45 दिन से डेढ़ माह तक बेड में नमी बनाये रखना चाहिए। इसके पश्चात पानी छिड़कना बन्द कर देते हैं। केंचुआ की खाद तैयार हो जाने पर चाय की पत्ती के समान दाने तथा रंग हो जाता है। इसको निकालकर 2 मिमी की छलनी से छान लेते हैं जिससे केंचुआ तथा खाद अलग-अलग हो जाती है। केंचुओं को निकालकर दूसरी बनी हुई बेड पर डाल देते हैं। खाद को प्लास्टिक के बोरों में भरकर छायादार स्थान पर रखकर भण्डारण करते हैं।

उपरोक्त विधि द्वारा लगभग 6-7 सप्ताह बाद कम्पोस्ट बनकर तैयार हो जाती है। खाद बनने एवं संग्रह करने के कुछ दिनों पूर्व पानी का छिड़काव बन्द कर देना चाहिए। वर्मी कम्पोस्ट बनाते समय निम्न सावधानियाँ रखनी चाहिए -

1. वर्मी कम्पोस्ट ज्यादा बड़ी इकाइयों की अपेक्षा छोटी इकाइयों में बनाना लाभप्रद होता है।
2. कम्पोस्ट के ढेर में रेंगकर पहुँचने वाले लाभदायक कीट ही होने चाहिए।
3. कम्पोस्ट में फफूँदी तथा बैक्टीरिया का प्रकोप होना लाभदायक होता है।
4. कम्पोस्ट बनाने के लिए उपयुक्त तापमान 10-30 डिग्री सेन्टीग्रेड के मध्य होना चाहिए। अधिक तापमान होने की दशा में पानी का बार-बार छिड़काव करते रहना चाहिए।
5. ढेर में वायु संचार तथा पानी के जल निकास का पूर्ण प्रबन्ध होना चाहिए।
6. कम्पोस्ट बनाने वाले स्थान पर दीमक, मुर्गी, चूहे, चिड़ियाँ आदि नहीं होनी चाहिए इसलिए इनके बचाव के लिए ढेर के पास लेटाना की पत्तियों का प्रयोग करना चाहिए।
7. प्रयोग किये गये बिछावन को सदैव नम करते रहना चाहिए।

8. तेज धूप एवं वर्षा से बचाव के लिए घास फूस का छप्पर अथवा टिन शेड बनाना चाहिए।
9.. कम्पोस्ट बनाने के लिए प्रयोग किया जाने वाला गोबर आंशिक रूप से सड़ा हुआ होना चाहिए।
10. घरों के कूड़ा-करकट आदि में काँच, धातु के टुकड़े, पत्थर आदि को बीनकर अलग कर देना चाहिए।

नाडेप कम्पोस्ट (Nadep Compost)

महाराष्ट्र के एक किसान श्री नारायण देवराव पान्धारी नाडेप (नाडेप काका) द्वारा विकसित ईंट के सहायता से 2 मीटर चौडा, 3.3 मीटर लम्बा तथा 1 मीटर ऊँचा जालीदार ढाँचा तैयार किया जाता है इस ढाँचे के दीवार की मोटाई 22 सेमी रखी जाती है। ढाँचें की दीवार की दो नीचे की तथा दो ऊपर की ईटों में जाली नहीं बनाई जाती है। इस प्रकार से तैयार ढाँचे के अन्दर की दीवार की तरफ गोबर तथा मिटटी के मिश्रण से लिपाई कर दी जाती है।

नाडेप विधि द्वारा कम्पोस्ट बनाने के लिए फसलों के अवशेष, खरपतवार, पेड़ों की पत्तियाँ एवं छाल के साथ-साथ गोबर तथा मिटटी को मिलाया जाता है। उपरोक्त आकार के ढाँचे के लिए लगभग 1500 किलोग्राम फसल अवशेष एवं अन्य वानस्पतिक भाग, 100 किलोग्राम गोबर की खाद, 1800 किग्रा सूखी छनी हुई मिट्टी तथा मौसम के अनुसार 1500 से 2000 लीटर पानी का प्रयोग किया जाता है। ढाँचे को भरने के पूर्व उसके भीतरी भाग में गोबर का अच्छी तरह से छिड़काव कर दिया जाता है। इसके पश्चात् 200 किलोग्राम फसल के अवशेषों की मोटी परत बिछा दी जाती है। इसके बाद 4-5 किलोग्राम गोबर का 120-150 लीटर पानी में घोल बनाकर छिड़क दिया जाता है। उपरोक्त क्रिया के द्वारा ढाँचे को तब तक भरते रहते हैं जब तक कि ढाँचा पूरा न भर जाये। ढाँचा भरने के बाद 8-10 सेमी मोटी गोबर तथा मिट्टी का मिश्रण बनाकर लिपाई कर देते हैं। जिससे वर्षा का पानी ढाँचे के अन्दर न जा पायें। ढाँचे को भरने की क्रिया 2-3 दिनों में पूर्ण कर लेनी चाहिए। इस प्रकार इस विधि द्वारा 3-4 माह में अच्छी कम्पोस्ट बनकर तैयार हो जाती है। इस कम्पोस्ट में 0.75 - 1.25 प्रतिशत नत्रजन, 0.7 से 0.9 प्रतिशत फासफोरस तथा 1.2 से 1.4 प्रतिशत पोटास पाया जाता है। इस कम्पोस्ट में और अधिक गुणवत्ता बनाने के लिए सस्ती रॉक फासफेट की 4-5 किलोग्राम मात्रा बिछा दी जाती है। इसके अतिरिक्त पी एस बी, एजोटोबैक्टर, राइजोबियम की 500 ग्राम प्रत्येक की मात्रा को पानी में घोलकर कम्पोस्ट के अन्दर डाल दिया जाता है। इस प्रकार से तैयार कम्पोस्ट की गुणवत्ता अच्छी होती है।

प्रतिवलित कम्पोस्ट (Re-inforced compost)

कम्पोस्ट बनाने की यह विधि सामान्य है इसमें फसल अवशेषों की 10- 15 सेमी मोटी परत बिछाने के बाद परत के ऊपर 10 प्रतिशत की दर से गोबर के घोल का छिड़काव कर दिया जाता हे। इस क्रम में गड्ढे को पूरा भर दिया जाता है। इस विधि में प्रयोग किये जाने वाले कार्बनिक अपशिष्ट में 500 ग्राम प्रति टन की दर से शुष्क माइसीलियम (Mycelium) मिला देते हैं। इस कवक सम्वर्द्ध में (*Trichorus spiralis, Coprinus ephemerus, Chactonium, Trichodermna viridis, Trichoderna reesii, Aspergillus, Paeciliomyes, Fusisporus* and *Penicillium* spp.) की प्रजातियों को उउच्च कार्बन/नत्रजन अनुपात वाले पदार्थ जैसे गेहूँ एवं धान के भूसे, गन्ने की पत्तियाँ, केले की पत्तियाँ एवं तनों के लिए प्रभावकारी पाये गये हैं। कम्पोस्ट बनाते समय पर्याप्त मात्रा में नमी बनाये रखना चाहिए। खाद बनाते समय गड्ढे की 2-3 बार पलटाई करना आवश्यक है क्योंकि खाद बैठकर ठोस न हो जाए। पहली पलटाई गड्ढ़ा भरने के 15 दिन उपरान्त, दूसरी पलटाई पहली पलटाई के 1 माह बाद तथा तीसरी पलटाई पहली पलटाई के 2 माह बाद करनी चाहिए। प्रत्येक पलटाई के समय पर्याप्त मात्रा में पानी डालकर नम करना आवश्यक है। इस विधि द्वारा कम्पोस्ट बनाने में लगभग 8-10 माह का समय लग जाता है।

इस कम्पोस्ट के बनाने में उउच्च कार्बन/नत्रजन अनुपात वाले जीवांश पदार्थों के विघटन में सामान्य पदार्थ की तुलना में आधे समय में पूर्ण हो जाती है। सेल्यूलोज के परिपाचन करने वाले सम्वर्द्ध (Cellulolytic inoculumn) के प्रयोग के कारण इस विधि से तैयार कम्पोस्ट में नत्रजन, फासफोरस, पोटास तथा ह्यूमस की मात्रा अधिक पाई जाती है।

धान के पुआल का प्रयोग करके बनाई गई कम्पोस्ट में 1.3 से 1.76 प्रतिशत नत्रजन तथा कार्बन/नत्रजन का अनुपात 18.9 से 12.3:1 पाया जाता है परन्तु सेल्सूलोज के सम्वर्द्ध के प्रयोग से नत्रजन की मात्रा 1.15 से 1.52 प्रतिशत तथा कार्बन/नत्रजन अनुपात 23.9 से 15.5:1 हो जाता है।

फसल अवशेषों की कम्पोस्ट (Crop residue compost)

इस विधि में 5–6 मीटर लम्बाई, 1.5 से 2.0 मीटर चौड़ाई तथा 1.10 मीटर गहराई का गड्ढ़ा तैयार कर लेते हैं। इसमें गन्ने की पत्तियाँ, फसल के अवशेष, भूसा, डंठल, तने, आलू के वायुवीय भाग, जलकुम्भी, गाजर घास, सदाबहार एवं अन्य खरपतवारों का प्रयोग किया जाता है। सबसे पहले इन पदार्थों को चारा काटने वाली मशीन से छोटे-छोटे टुकड़ों में काट लिया जाता है। इन फसल अवशेषों को गड्ढ़े में 15–20 सेमी मोटी परत बिछा देते हैं इसके पश्चात कम्पोस्ट कल्चर अथवा गोबर की 10 सेमी मोटी परत बिछा देते हैं। इस प्रकार से गड्ढ़े को जमीन की सतह से 50 से.मी ऊँचाई तक भर देते हैं। गडढ़ा भरते समय यह ध्यान रखना आवश्यक है कि पर्याप्त मात्रा में पानी डालकर फसल अवशेषों को गीला करते रहना चाहिए। इस प्रकार प्रयुक्त सामग्री में 8 प्रतिशत तक नमी रहे। प्रत्येक सतह पर यूरिया का 5 प्रतिशत का घोल, रॉक फासफेट, राइजोबियम, एजोटोबैक्टर जीवाणु कल्चर का प्रयोग करने से उत्तम किस्म की कम्पोस्ट बनकर तैयार हो जाती है। इस प्रकार गड्ढ़ा भर जाने के पश्चात मिट्टी तथा गोबर का मिश्रण बनाकर ऊपर से लिपाई कर दी जाती है। इस प्रकार गड्ढ़ा बन्द करने के एक माह बाद गड्ढ़े की पलटाई कर देनी चाहिए तथा पर्याप्त मात्रा में पानी डालकर इन पदार्थो को गीला कर देते हैं। इस तरह से 4–5 सप्ताह के अन्तराल पर दो पलटाइयाँ कर देते हैं। इस तरह से 4–5 माह में कम्पोस्ट बनकर तैयार हो जाती है। उपरोक्त प्रकार से तैयार की गई कम्पोस्ट में 0.5 प्रतिशत नत्रजन, 0.15 प्रतिशत फासफोरस तथा 0.50 प्रतिशत पोटास की मात्रा पाई जाती है।

नाइट मिट्टी (Night Soil)

ठोस अथवा द्रव अवस्था में मनुष्यों की विष्टा को नाइट मिट्टियाँ (Poud rott) कहते हैं। चीन में नाइट मिट्टियों का प्रयोग लगभग 2000 वर्षो से किया जा रहा है जिसका कि मुख्य कारण मृदा की अधिक उर्वरा शक्ति एवं उत्पादकता का होना है। इसके अतिरिक्त जापान एवं विश्व के कई अन्य देश इसका प्रयोग कर रहे हैं। देश में इस समय लगभग 13.5 मिलियन टन शुष्क पदार्थ है जिससे 0.75 मिलियन टन नत्रजन, 0.55 मिलियन टन फासफोरस तथा 30 मिलियन टन पोटास की उपलब्धता हो सकती है। नाइट मिट्टियों में फासफोरस तथा पोटास तत्व की अधिकता होती है। इस प्रकार इसमें 5.5 प्रतिशत नत्रजन, 4.0 प्रतिशत फासफोरस तथा 2.0 प्रतिशत पोटास पाया जाता है।

भारत वर्ष में सामान्यत: नाइट मिट्टियों का प्रयोग सीधे रूप में नहीं किया जाता है परन्तु कुछ मात्रा में गड्ढे में कुछ दिनों रखने के बाद अथवा अन्य पदार्थों के साथ मिलाकर प्रयोग किया जाता है। इसके लिए गड्ढों को 4–5 मीटर लम्बा, 1 मीटर चौड़ा तथा 0.5 मीटर गहरा गड्ढ़ा बनाकर मनुष्यों की विष्टा इसमें भर दिया जाता है। इसके बाद ऊपर से मिट्टी अथवा कचरा से ढक दिया जाता है। इस गड्ढ़े के सूखने के पश्चात खाद बनकर तैयार हो जाती है, जिसे पौडरोट (Poud rott) कहते हैं। इस नाइट मिटटी में बराबर मात्रा में राख तथा 10 प्रतिशत चारकोल पाउडर तथा गन्ध कम करने वाले पदार्थ मिला दिये जाते हैं। इस प्रकार से तैयार खाद में 1.32 प्रतिशत नत्रजन, 2.8 प्रतिशत फासफोरस, 4.1 प्रतिशत पोटास तथा 24.2 प्रतिशत चूना पाया जाता है। इसमें 40 से 50 प्रतिशत लकड़ी का बुरादा मिला देने से नत्रजन की मात्रा 2–3 प्रतिशत तक हो जाती हैं।

सीवेज एवं स्लज (Sewage and sludge)

शहरों से निकले हुए मनुष्यों के मलमूत्र तथा अन्य पदार्थो का प्रयोग खाद के रूप में किया जाता है, जिसे सीवेज तथा स्लज कहते हैं। सीवेज एवं स्लज में बहुत अधिक मात्रा में पोषक तत्व पाये जाते हैं यह मुख्यत: दो रूपों में (1) ठोस

तथा (2) दृव्य के रूप में पाया जाता है। दृव्य रूप का प्रयोग शहरों के आस पास विशेषकर सब्जियों में सिंचाई हेतु किया जाता है जबकि ठोस रूप का प्रयोग खाद बनाकर फसलों में उत्पादकता बढाने में मुख्य रूप से किया जाता है। शहरों के आसपास तथा किनारे के क्षेत्रों में फसलों एवं सब्जियों में इसकी खाद का प्रयोग किया जाता है। इस ठोस पदार्थ को गड्ढे में एकत्रित कर लिया जाता है तथा सूखने के पश्चात बुआई के पूर्व खेत में अच्छी तरह से मिला देते हैं। दृव्य रूप का प्रयोग फसलों में सिंचाई के रूप में करने पर फसलों को जल की आवश्यकता के साथ 1.5–3.0 प्रतिशत नत्रजन, 0.78 से 4.0 प्रतिशत फासफोरस तथा 0.3 से 3.0 प्रतिशत पोटास की मात्रा पाई जाती है। इस खाद एवं पानी का प्रयोग अधिक मात्रा में तथा अधिक समय तक करने से भूमि की भौतिक दशा खराब हो जाती है क्योंकि इसमें उपस्थित बहुत छोटे-छोटे कण मृदा की संरचना खराब करने में सहायक होते हैं जिससे भूमि में जलशोषण क्षमता, पारगम्यता, रन्ध्रावकाश, वायुसंचार आदि कम हो जाती है।

हरीखाद (Green Manure)

भूमि में जीवांश पदार्थ तथा उर्वरता में वृद्धि करने वाली फसलों एवं उनके अवशेषों को हरी अवस्था में मृदा में दबाने को हरी खाद कहते हैं। हरे पौधों को भूमि में जुताई करके मिला देना तथा इस हरे पदार्थ द्वारा सड़ने के बाद भूमि को पोषक तत्व प्रदान करने को हरी खाद देना कहते हैं। इस प्रकार अविच्छेदित हरे पौधों के अवशेषों या पौधों को मिटटी की भौतिक दशा सुधारने तथा मृदा उर्वरता बढाने हेतु मृदा में जोतना तथा दबाना, हरी खाद देना कहलाता है।

Practice of ploughing or turning of undecomposed green plants into the soil for improving physical, chemical and biological properties as well as fertilily of the soil is called green manuring.

वैदिक कालीन कृषक हरी खाद के प्रयोग से भलीभाँति परिचित थे। अथर्व-वेद में जौ की भूसी, अर्जुन की पत्ती तथा तिल के पत्तेदार भाग को हरी खाद के रूप में प्रयोग करने का वर्णन मिलता है। हमारे देश में सन् 1905 ई. में पूसा (बिहार) में इम्पीरियल एग्रीकल्चरल रिसर्च इन्स्टीटयूट की स्थापना के पश्चात सन् 1912 में कृषि वैज्ञानिक ''हावर्ड'' ने भारतीय मृदाओं में हरी खाद प्रयोग करने की संस्तुति की। इस प्रकार भारत वर्ष में हरी खाद का प्रचलन अति प्राचीन काल से होता आ रहा है परन्तु देश की बढ़ती हुई जनसंख्या एवं उसके लिए खाद्यान्न की आपूर्ति सुनिश्चित करने के लिए सघन फसलोत्पादन पद्धतियों ने स्थान ग्रहण कर लिया है। आजकल कृषक अकार्बनिक उर्वरकों का प्रयोग करके अधिक से अधिक उत्पादन प्राप्त कर रहे हैं। हरी खाद के उगाने से एक फसल की क्षति हो जाती है तथा इसका भूमि में पलटने आदि में अधिक मात्रा में श्रम की आवश्यकता होती है जबकि अकार्बनिक उर्वरकों का प्रयोग करने पर कोई विशेष मेहनत नहीं करनी पड़ती है इसलिए कृषक हरी खाद उगाने की तरफ बिल्कुल ध्यान नहीं देते हैं। देश की गर्म जलवायु होने के कारण मृदा में उपस्थित कार्बनिक पदार्थ का अधिकांश भाग जल कर नष्ट हो जाता है जिससे मृदा में कार्बनिक पदार्थ की कम मात्रा पाई जाती है। देश की भूमियों में सामान्य: 0.03 से 0.07 प्रतिशत नत्रजन तथा 1.6–1.79 प्रतिशत कार्बनिक पदार्थ पाया जाता है जो अन्य देशों जैसे यूरोप तथा अमेरिका में क्रमश: 0.10–0.17 तथा 3.0 प्रतिशत पाया जाता है से काफी कम है। इसका प्रमुख कारण कार्बनिक पदार्थों का मृदा में प्रयोग न करना।

हमारे देश में विश्व की कुल पशु संख्या का 17 प्रतिशत है परन्तु इनसे प्राप्त होने वाले गोबर का दो-तिहाई भाग ईधन के रूप में जलाकर नष्ट कर दिया जाता है। यदि पशुओं से प्राप्त गोबर को गोबर की खाद अथवा कम्पोस्ट बनाकर प्रयोग किया जाये तो मृदाओं में किसी भी पोषक तत्व की कोई भी कमी प्रकट नहीं होगी साथ-साथ अकार्बनिक उर्वरकों की भी बचत होगी। ग्रीष्म कालीन मौसम में मूँग, उर्द, लोबिया की फसलों को उगाने के पश्चात इनकी फलियों को हाथ से 2-3 बार तुड़ाई करने के पश्चात बचे हुए पौधों को मृदा में जुताई करके मिला देने से हरी खाद के रूप में प्रयोग हो जाता है साथ ही साथ दाना भी मिल जाता है इससे कृषक को एक फसल का जो नुकसान होता है इस विकल्प से इसका भी समाधान हो जाता है। इसके अतिरिक्त हरी खाद एक ऐसा विकल्प है जो फसल के रूप में उगाकर मिट्टी में पलट

दिया जाता है और यह फसल अवशेष कुछ समय बाद सड़कर मृदा में बहुत अधिक मात्रा में कार्बनिक पदार्थ प्रदान करता है। सामान्यत: हरी खाद का प्रयोग दो रूपों में किया जाता है –

1. **इन सीटू हरी खाद (Green manuring *in-situ*) :** इस विधि में खेत में हरी खाद वाली फसलों को एक फसली अथवा अन्त: फसल पद्धति में मुख्य फसल के रूप में उगाया जाता है। फसल के काफी बढ़ जाने के पश्चात मिट्टी पलटने वाले हल से मिट्टी में पलटकर दबा दिया जाता है।

    इस तरह से हरी खाद के रूप में सनई (*Crotolaria juncea*), ढैंचा (*Sesbania aculeata*), पिलीपिसेरा (*Phaseolous trilobus*), मूँग (*Vigna radiata*), लोबिया (*Vigna unguiculata*), ग्वार (*Cyamopsis tetragonoloba*) आदि फसलें उगाई जाती हैं।

    इसके अतिरिक्त अदलहनी फसलें जैसे भाँग (*Cannabis sativa*), कोदो मीरा (*Vernonia cinerolea*), ज्वार (*Sorghum vulgare*), मक्का (*Zea mays*), सूरजमुखी (*Helianthus anus*) भी हरी खाद के रूप में उगाई जाती हैं।

2. **हरी पत्ती की खाद (Green leaf manuring) :** इस विधि में बाँधों, जंगल और बेकार पड़ी भूमियों में वृक्षों, झाड़ियों को उगाकर पत्तियों एवं मुलायम टहनियों को इकटठा कर लिया जाता है। इन पत्तियों एवं मुलायम टहनियों को भूमि में एक समान मात्रा में फैलाकर भूमि में मिट्टी पलटने वाले हल से पलटकर मिट्टी में दबा दिया जाता है। इसके लिए ग्लाइरिसिडियम (*Glyricidia muculata*), करंज (*Pongamia pinnata*), सुबबूल (*Sesbania specinosa*), बबूल (*Acacia nilotica*)) आदि वृक्षों का प्रयोग किया जाता है।

तालिका 10.4 : विभिन्न हरी खाद की फसलों द्वारा मृदा में नत्रजन की आपूर्ति

फसलें	वैज्ञानिक नाम	नत्रजन की मात्रा (कि.ग्रा./है.)
सनई	*Crotolaria juncea*	78–85
ढैंचा	*Sesbania aculeata*	70–78
पिलीपिसेरा	*Phaseolus trilobus*	55–65
मूँग	*Vigna radiata*	45–52
उर्द	*Vigna sinensis*	55–58
लोबिया	*Vigna unguiculata*	55–58
ग्वार	*Cyamopsis tetragonoloba*	60–67
सेंजी	*Melilotus alba*	120–125
बरसीम	*Trifolium alexandrinum*	62–74
खेसारी	*Lathyrus sativus*	58–64

हरी खाद के लिए फसल की विशेषताएं (Characteristics of green manure crops)

हरी खाद के रूप में प्रयोग की जाने वाली फसलों में निम्न विशेषताएं होनी चाहिए –

1. फसल की वृद्धि बहुत तेज तथा अधिक होनी चाहिए।
2. पौधों की वानस्पतिक वृद्धि अधिक तथा पत्तियों की संख्या अधिक होनी चाहिए।
3. इन फसलों के प्रयोग से भूमि पर लाभदायक प्रभाव पड़ता है।

4. फसल के तने तथा पत्तियाँ बहुत मुलायम हो जो शीघ्र सड़ जाये।
5. फसल गहरी जड़ों वाली हो जो सड़ने के बाद भी भूमि में वायु संचार बढ़ाती है।
6. फसलें कम ऊपजाऊ भूमि पर भी उगाई जा सके तथा मृदा से बहुत कम मात्रा में पोषक तत्वों का ग्रहण कर सके।
7. फसलों की जलमाँग कम हो तथा सूखा अवरोधी क्षमता होनी चाहिए।
8. इसका बीज सस्ता हो तथा आसानी से बाजार में उपलबध हो।
9. फसल में अधिक बीज पैदा करने की क्षमता हो।
10. भूमि को अधिक मात्रा में जीवांश पदार्थ प्रदान करने की क्षमता हो।
11. फसल पर बीमारियों एवं कीटों का प्रकोप बहुत कम मात्रा में होता हो।
12. फसल में खरपतवारों को नियंत्रण करने की शक्ति अधिक हो।
13. फसल में पोषक तत्वों की मात्रा अधिक हो।
14. फसल को उगाने में उत्पादन व्यय कम होता हो।
15. फसल में वायुमण्डलीय नत्रजन को स्थिरीकरण करने की क्षमता अधिक हो।
16. फसल में कृष्य क्रियाओं की कम आवश्यकता हो।
17. फसलों को इसके अतिरिक्त अन्य उपयोग जैसे चारा, रेशा, ईंधन, दाना आदि के रूप में भी किया जा सके।
18. हरी खाद की फसलें कम समय में तैयार होने वाली हो जिससे फसल चक्र में आसानी से समायोजित की जा सके।
19. फसल में प्रतिकूल परिस्थितियों को सहने की क्षमता अधिक हो।
20. इनकी जड़ें अधिक गहरी होनी चाहिए जिससे अधो सतह की कठोर परत को भी भेद सके।
21. फसल के पौधों की जड़ों में जड़ग्रंथियाँ पूर्ण विकसित तथा अधिक संख्या में होनी चाहिए जिससे वायुमण्डल से अधिक से अधिक मात्रा में नत्रजन का स्थिरीकरण कर सके।

हरी खाद से लाभ (Advantages of green manuring)

हरी खाद से निम्नलिखित लाभ हैं –

1. हरी खाद में मृदा से पोषक तत्वों की निछालन द्वारा हानि कम होती है जिससे मृदा की ऊपरी सतह पर पोषक तत्वों की मात्रा अधिक पाई जाती है।
2. हरी खाद का प्रयोग करने से मृदा में जीवांश पदार्थ में वृद्धि हो जाती है तथा यह मृदा में काफी स्थाई होता है।
3. हरी खाद का प्रयोग करने से मृदा में जीवांश पदार्थ में वृद्धि हो जाती है तथा प्रचुर मात्रा में सूक्ष्म तत्वों की भी उपलब्धता हो जाती है।
4. पोषक तत्वों की उपलब्धता में वृद्धि हो जाती है। जीवांश पदार्थों के विघटन से मृदा में उत्पन्न कार्बनिक अम्ल फासफोरस, पोटास, कैल्सियम, मैगनीशियम आदि पोषक तत्वों की घुलनशीलता बढाकर प्राप्य रूप में परिवर्तित कर देता है।
5. दलहनी फसलों के रूप में हरी खाद की फसलों में जड़ ग्रन्थियों में उपस्थित राइजोबियम जीवाणुओं द्वारा वायुमण्डल की स्वतन्त्र नत्रजन का शोषण कर मृदा में स्थिरीकरण कर देते हैं जिससे मृदा में नत्रजन की मात्रा बढ जाती है।
6. हरी खाद की फसलों की गहरी जड़ें होने के कारण मृदा के अन्दर गहराई तक चली जाती हैं जिससे मृदा में वायुसंचार में बढोत्तरी हो जाती है जिससे मृदा में उपस्थित लाभदायक जीवाणुओं की क्रियाशीलता बढ़ जाती है।
7. हरी खाद उगाने से मृदा कटाव तथा मृदाक्षरण कम होता है क्योंकि यह फसलें मृदा को पूर्णरूप से आच्छादित कर

लेती हैं जिससे वर्षा की बूँदों का सीधा प्रभाव मृदा पर नहीं पड़ता है तथा जल प्रवाह कम होने के कारण मृदा कटाव कम हो जाता है। इसके अतिरिक्त इनकी जड़ें मृदा को बाँधे रखती हैं।

8. मृदा में उपस्थित लाभदायक जीवाणुओं की क्रियाशीलता बढ जाती है।
9. मृदा में खरपतवारों का प्रभावी नियंत्रण हो जाता है।
10. मृदा की भौतिक तथा रासायनिक संरचना में सुधार होता है। मृदा की जलधारण क्षमता तथा जल शोषण क्षमता में काफी वृद्धि हो जाती है।
11. मृदा में पोषक तत्वों की मात्रा तथा उपलब्धता बढ जाने से फसलों की उपज में वृद्धि हो जाती है।
12. हरी खाद के पौधों की सड़ाव प्रक्रिया में कार्बनिक अम्ल का निर्माण होता है जिससे मृदा में अप्राप्य पोषक तत्व प्राप्य अवस्था में परिवर्तित हो जाते हैं।
13. हरी खाद का प्रयोग करने पर मृदाजनित बीमारियों का फसल में प्रकोप बहुत कम हो जाता है।
14. अन्य प्रकार से पोषक तत्वों की अपेक्षा हरी खाद द्वारा पोषक तत्व प्रदान करने की विधि सस्ती तथा अधिक टिकाऊ है जिसे कोई भी प्रयोग कर सकता है।
15. हरी खाद की फसलें क्षारीय भूमियों में प्रयोग करने पर यह मृदा सुधारक का भी कार्य करती हैं।
16. मृदा में मृदा ताप तथा वायुसंचार में वृद्धि हो जाती है।
17. हरी खाद की फसलें मृदा से जल के वाष्पीकरण को भी कम करती हैं।

तालिका : 10.5 विभिन्न हरी खादों में पोषक तत्वों की मात्रा

फसल		पोषक तत्वों की मात्रा (% शुष्क पदार्थ)		
		नत्रजन	फासफोरस	पोटास
हरी खाद की फसलें				
ढैंचा	*Sesbania aculeata*	3.3	0.7	1.3
सनई	*Crotolaria juneca*	2.6	0.6	2.0
	Sesbania specinosa	2.7	0.5	2.2
	Tephrosia purpurea	2.4	0.3	0.8
पिलीपिसेरा	*Phaseolus trilobus*	2.1	0.5	–
हरीपत्ती की खाद				
करंज	*Pongamia glabra*	3.2	0.3	1.3
ग्लाइ रिसिडिया	*Glyricidea maculeata*	2.9	0.5	2.8
नीम	*Azadiracta indica*	2.8	0.3	0.4
	Calatropis gigantea	2.1	0.7	3.6

हरी खाद से हानियाँ (Disadvantages of green manuring)

उपरोक्त कई प्रकार के लाभों के साथ-साथ हरी खाद उगाने से कुछ हानियाँ भी हैं, जो निम्न हैं –

1. हरी खाद उगाने के बाद जब भूमि में पलटाई करते हैं तब मृदा में पर्याप्त मात्रा में नमी होना आवश्यक होता है। असिंचित दशाओं में अथवा नमी की कमी होने से फसल के डंठलों का सड़ाव भली भाँति नहीं हो पाता है जिससे हरी खाद का लाभदायक प्रभाव फसल पर पूर्ण रूप से नहीं होने पाता है।

2. हरी खाद उगाने से एक ऋतु की फसल की हानि हो जाती है जिससे हरी खाद से आर्थिक रूप से नुकसान हो जाता है। देश में कृष्य जोतें कम होने के कारण कुल उत्पादन में कमी हो जाती है।
3. यदि हरी खाद को केवल नत्रजन की आपूर्ति के लिए उगाया जाता है तो बाजार में उपलब्ध नत्रजन की कीमत कम होने के कारण कृषक को काफी हानि हो जाती है।
4. पूर्ण रूप से सड़ाव की क्रिया न होने की दशा में फसल में दीमक का प्रकोप हो जाता है।
5. हरी खाद उगाने वाले क्षेत्रों में वर्षा पर्याप्त मात्रा में होना आवश्यक है। कम वर्षा वाले क्षेत्रों में यह विधि उपयुक्त नहीं है।
6. हरी खाद को भूमि में पलटने के लिए उपयुक्त कृषि यंत्रों का अभाव है।

हरी खाद प्रयोग की विधियाँ (Methods of green manuring)

हरी खाद की फसलों को उगाने की निम्न विधियाँ प्रचलित हैं –

1. ग्रीष्म कालीन फसल (Summer sown crop) : ग्रीष्म कालीन हरी खाद की फसलों को धान उगाये जाने वाले क्षेत्रों जैसे आन्ध्रप्रदेश, तमिलनाडु, केरल, कर्नाटक, उड़ीसा तथा पश्चिम बंगाल में उगाया जाता है। यहाँ पर जल्दी बढ़ने वाली हरी खाद की फसलें जैसे सनई, ढैंचा, पिलीपिसेरा, उर्द, मूँग आदि फसलों की अप्रैल–मई में बुआई कर दी जाती है तथा जुताई जुलाई–अगस्त माह में मिट्टी पलटने वाले हल से मिट्टी में पलट दिया जाता है। इसके पश्चात धान की रोपाई कर दी जाती है।

2. हरी खाद की अन्त: फसल पद्धति (Intercropping of green manuring) : इस पद्धति में शीघ्र बढने वाली हरी खाद की फसलों को मुख्य फसल के साथ पंक्तियों में बुआई कर दी जाती है। इस पद्धति में ढैंचा+धान, सनई/लोबिया/हॉर्सग्राम+कपास/ मक्का, बरसीम+बागानों में उगाया जाता है। अन्त: फसल के रूप में उगाई गई हरी खाद की फसल को 6–8 सप्ताह बाद भूमि में पलट दिया जाता है। यह विधि मुख्यत: उत्तरप्रदेश, पंजाब, कर्नाटक, गुजरात तथा मध्यप्रदेश में प्रचलित है।

3. खरीफ ऋतु में परती के रूप में उगाना (Crop taken on fallow land) : यह विधि पंजाब, हरियाणा, उत्तरप्रदेश, राजस्थान, मध्यप्रदेश तथा बिहार में गेहूँ उगाये जाने वाले क्षेत्रों में खरीफ ऋतु में खेत खाली छोड़ देते हैं जिसमें हरी खाद की फसलें उगाई जाती हैं।

4. हरी खाद को मुख्य फसल के रूप में उगाना (Green manure as a pure crop) : वर्ष में केवल हरी खाद की फसल को मुख्य फसल के रूप में उगाया जाता है इस विधि का प्रयोग सामान्यत: बहुत कम उपजाऊ शक्ति वाली बलुई भूमियों में अथवा अम्लीय तथा क्षारीय भूमियों को सुधारने के लिए किया जाता है।

5. हरी पत्तियों की खाद (Green leaf manuring) : इस विधि से हरी खाद उगाये जाने वाले खेत में कोई भी फसल नहीं उगाई जाती है बल्कि दूसरे खेतों से पत्तियाँ, बाँधों एवं जंगलों से पेड़ों की पत्तियाँ, टहनियाँ आदि को इकट्ठा करते हैं इसके पश्चात इनको फैलाकर भूमि में दबा दिया जाता है। यह विधि मुख्यत: कम नमी वाले क्षेत्रों में प्रयोग की जाती है। आन्ध्रप्रदेश, कर्नाटक तथा तमिलनाडु में जहाँ पर प्राकृतिक वनस्पति बहुत अधिक हैं वहाँ पर पेड़ों की पत्तियाँ तथा कोमल टहनियों को एकत्रित करके हरी खाद के रूप में प्रयोग किया जाता है।

हल्की एवं अच्छे जल निकास वाली भूमियों में सनई, ढैंचा, मूँग, उर्द, लोबिया आदि फसलें जबकि भारी एवं जलभराव वाली भूमियों में ढैंचा तथा जूट आदि फसलें हरी खाद के रूप में उगाई जाती हैं। खेत को अच्छी प्रकार से तैयार करके सनई का बीज 60–70 किग्रा प्रति हैक्टेअर तथा ढैंचा का बीज 40–50 किग्रा प्रति हैक्टेअर की दर से छिड़कवाँ विधि द्वारा बो दिया जाता है। फसल की बुआई के समय बीजों के जमाव के लिए पर्याप्त मात्रा में नमी रहना आवश्यक है। जब फसल में फूल आना शुरू हो जाए उस समय पाटा चलाकर फसल को गिरा देते हैं इसके पश्चात मिट्टी पलटने वाले हल से खेत की पलटाई कर देते हैं। पलटाई इस प्रकार से करते हैं कि फसल के पौधे पूर्णरूप से मिट्टी में दब जायें।

पलटाई के समय भूमि में पर्याप्त मात्रा में नमी रहना आवश्यक है जिससे फसल में सड़ाव की क्रिया सुचारू रूप से सम्पन्न होती है। सड़ाव के लिए अधिक तापमान तथा अधिक आर्द्रता होनी चाहिए। अच्छी तरह से सड़ाव प्रक्रिया सम्पन्न होने के लिए पहली पलटाई के 4 सप्ताह बाद पुन: पलटाई अथवा रोटावेटर से जुताई कर देनी चाहिए। इस तरह से लगभग डेढ माह में सड़ाव की प्रक्रिया पूर्ण हो जाती है।

हरी खाद के रूप में दलहनी फसल को 60 किलोग्राम नत्रजन प्रति हैक्टेअर की दर से प्रयोग करने पर फसल में नत्रजन तथा कार्बनिक पदार्थ की मात्रा बढ जाती है। यदि किसी कारण से फसल की पलटाई के समय अथवा बाद में मृदा में नमी की कम मात्रा हो तो एक हल्की सिंचाई कर देनी चाहिए।

इस प्रकार सनई की फसल बोने के 50 दिन, ढैंचा 40 दिन, उर्द एवं मूँग 60 दिन, बरसीम की तीन कटाइयों के बाद तथा सेंजी 60 दिन पश्चात पलटाई योग्य हो जाती है। फसल पकते समय पत्तियाँ तथा तना कठोर हो जाता हैं, पौधों में कार्बन–नत्रजन अनुपात बढ जाता है जिससे सड़ाव की प्रक्रिया बहुत देर तक सम्पन्न होती है इसके अतिरिक्त पौधों में पोषक तत्वों की मात्रा कम हो जाती है। फसल की परिपक्वता की स्थिति में पौधों की सड़ाव प्रक्रिया देरी से अथवा कठिनाई से होने की दशा में पलटाई के पश्चात 40 किलोग्राम प्रति हैक्टेअर की दर से नत्रजन (यूरिया) का छिड़काव कर देने से सड़ाव की प्रक्रिया शीघ्र ही सम्पन्न हो जाती है।

सान्द्रित कार्बनिक खादें (Concentrated organic manures)

सान्द्रित कार्बनिक खादें वह होती हैं जिनमें आवश्यक पोषक तत्व जैसे नत्रजन, फासफोरस, पोटास आदि की मात्रा गोबर की खाद अथवा कम्पोस्ट की अपेक्षा अधिक पाई जाती है। सान्द्रित कार्बनिक खादें पशुओं एवं फसलों के अवशेष अथवा सहउत्पाद होते हैं जैसे खली का खाद, मछली की खाद, हड्डी का चूरा आदि।

1. खली की खाद (Oil Cakes) : तिलहनी फसलों की खली तेल निकालने के पश्चात प्राप्त होती है। सामान्यत: खली को दो भागों में विभक्त किया जाता है– (1) खाने वाली खली–इसका प्रयोग पशुओं को खिलाने के रूप में किया जाता है। (2) बिना खाने वाली खली जिसका प्रयोग पशुओं को खिलाने के रूप में नहीं किया जाता है। सामान्यत: खाने वाली खली जैसे सरसों, कपास, तिल, मूँगफली की खली को पशुओं को दाने अथवा रातब के रूप में प्रयोग करते हैं परन्तु कुछ मात्रा में खाने वाली खली तथा बिना खाने वाली खली की सम्पूर्ण मात्रा का प्रयोग खाद के रूप में किया जाता है।

भारत वर्ष में प्रतिवर्ष लगभग 2.5 मिलियन टन खली का उत्पादन होता है। खली में पर्याप्त मात्रा में नत्रजन, फासफोरस तथा पोटास के साथ–साथ कार्बनिक पदार्थ पाया जाता है। महुआ की खली में 2.5 प्रतिशत नत्रजन तथा कुसुम के छिलके उतारे हुए बीजों की खली में 7.9 प्रतिशत नत्रजन पाया जाता है। इसके अतिरिक्त 0.8 से 2.9 प्रतिशत फासफोरस तथा 1.2 से 2.2 प्रतिशत पोटास पाया जाता है। खली की खादों में नत्रजन की अधिक मात्रा पाये जाने के कारण इन्हें नत्रजनीय कार्बनिक खाद भी कहते हैं। विभिन्न प्रकार की खली में पोषक तत्वों की मात्रा तालिका 10.6 में दर्शायी गई है।

तालिका 10.6 : विभिन्न प्रकार की खली में पोषक तत्वों की मात्रा

खली का नाम	पोषक तत्वों की मात्रा (प्रतिशत)		
	नत्रजन	फासफोरस	पोटास
अण्डी की खली	4.3	1.8	1.3
करंज की खली	3.9	0.9	1.2
महुआ की खली	2.5	0.8	1.8

खली का नाम	पोषक तत्वों की मात्रा (प्रतिशत)		
	नत्रजन	फासफोरस	पोटास
नीम की खली	5.2	1.0	1.4
नारियल की खली	3.0	1.9	1.8
कपास के बीज की खली	6.4	2.9	2.2
मूँगफली की खली	7.3	1.5	1.3
अलसी की खली	4.9	1.4	1.3
सरसों की खली	5.2	1.8	1.2
कुसुम की खली (छिलका रहित)	7.9	2.2	1.9
तिल की खली	6.2	2.0	1.2

खली की खाद प्रयोग करने के तुरन्त पश्चात ही पोषक तत्व प्रदान करती है यद्यपि यह जल में विलेय नहीं है परन्तु इसमें नत्रजन पौधों को 7–10 दिन में उपलब्ध हो जाता है। महुआ की खली से पौधे को नत्रजन लगभग 2 माह तक उपलब्ध नहीं होने पाता है इसलिए महुआ की खली का प्रयोग फसल की बुआई के 2 माह पूर्व ही किया जाता है। महुआ की खली का प्रयोग लम्बी अवधि में पकने वाली फसलों एवं बागानों में किया जाता है।

खली का प्रयोग करने के पूर्व अच्छी तरह से पीसकर पाउडर बना लिया जाता है। इसके पश्चात खेत में एक समान मात्रा में बुआई के समय अथवा बुआई के कुछ दिन पूर्व फैला देते हैं। मूँगफली की खली का प्रयोग गन्ने के खेत में खड़ी फसल पर छिड़ककर कर किया जाता है। फसल की किस्म के अनुसार खली की खाद का प्रयोग छिड़कवाँ विधि द्वारा जमीन के अन्दर तथा पौधों पर मिट्टी चढाते समय किया जाता है।

2. रक्त की खाद (Blood meal) : रक्त की खाद फसलों को बहुत जल्दी पोषक प्रदान करती है तथा इनका प्रयोग खली की खाद के साथ भी किया जाता है। रक्त की खाद का प्रयोग सभी प्रकार की फसलों एवं सभी प्रकार की मृदाओं में किया जा सकता है। रक्त की खाद में 10–12 प्रतिशत नत्रजन तथा 1–2 प्रतिशत फासफोरस पाया जाता है। एक वयस्क पशु से लगभग 15 किलो रक्त जबकि भेड़ तथा बकरी से 1.5 से 2.0 किलो रक्त निकलता है। बूचड़ खाने (Slaughter house) में रक्त को कंक्रीट के बने हुए गड्ढ़े में इकट्ठा कर लेते हैं। 100 पौंड रक्त में 2 औंस क्यूप्रिक सल्फेट मिलाकर धूप में सूखने के लिए रख देते हैं। इसके पश्चात इसको गड्ढ़े से निकालकर फर्श पर जाली से ढककर सूखने के लिए रख देते हैं जब यह पूर्ण रूप से सूख जाता है तब इसको पीसकर पाउडर बनाकर फसलों में प्रयोग करते हैं।

3. मछली की खाद (Fish meal) : जिन मछलियों का प्रयोग खाने के लिए नहीं किया जाता है उनका प्रयोग मछलियों की खाद बनाकर किया जाता है। इन मछलियों को सुखाकर मशीन द्वारा अच्छी तरह से बारीक पीस लिया जाता है। मछलियों की खाद में 4–10 प्रतिशत नत्रजन, 3–9 प्रतिशत फासफोरस तथा 0.3–1.5 प्रतिशत पोटास पाया जाता है। मछलियों की खाद सूखी मछलियों अथवा पाउडर के रूप में बाजार में उपलब्ध होती है। मछली की खाद में पोषक तत्व की मात्रा मछली की किस्म पर निर्भर करती है।

मछली की खाद बहुत जल्दी ही पोषक तत्व प्रदान करती है तथा सभी प्रकार की भूमियों में एवं सभी प्रकार की फसलों में प्रयोग की जा सकती है। इसकी खाद का प्रयोग पाउडर के रूप में करना ज्यादा लाभदायक होता है।

4. सींगों एवं खुरों की खाद (Horn and hoof meal) : मरे हुए जानवरों से लगभग 3–4 किलोग्राम सींग एवं खुर प्रति जानवर प्राप्त होता है। इन खुरों एवं सीगों को पानी में उबालने के पश्चात सुखाकर पाउडर बना लेते हैं। इस प्रकार से तैयार की गई खाद में 13 प्रतिशत नत्रजन पाया जाता है। देश में लगभग प्रतिवर्ष 2000 टन सींगों एवं खुरों की खाद बनाई जाती है।

नत्रजनीय उर्वरक (Nitrogeneous fertilizers)

नत्रजनीय उर्वरक वह उर्वरक होते हैं जो पौधों/फसलों के लिए नत्रजन उपलब्ध कराते हैं तथा इनका उत्पादन कारखानों में वृहद स्तर पर किया जाता है।

नत्रजनीय उर्वरकों का वर्गीकरण उनके रासायनिक गुणों के आधार पर चार वर्गों में विभक्त किया गया है, जो निम्न है –

1. **नाइट्रेट उर्वरक (Nitrate fertilizers) :** यह वह उर्वरक होते हैं जिनमे नत्रजन नाइट्राइट अथवा नाइट्रेट के रूप में उपलब्ध होती है जैसे –

सोडियम नाइट्रेट अथवा चिलियन नाइट्रेट	16 प्रतिशत नत्रजन
कैल्सियम नाइट्रेट	15.5 प्रतिशत नत्रजन

उपरोक्त सोडियम नाइट्रेट को विदेशों से आयात करना पड़ता है ।

2. **अमोनियम उर्वरक (Ammonium fertilizers):** यह वह उर्वरक होते हैं जिनमें नत्रजन अमोनिया के रूप में उपलब्ध होती है जैसे –

अमोनियम सल्फेट	20 प्रतिशत नत्रजन
अमोनियम फासफेट	20 (या 16) प्रतिशत नत्रजन + 20 प्रतिशत फासफोरस
अमोनियम क्लोराइड	24–26 प्रतिशत नत्रजन
एनहाइड्रस अमोनिया	82 प्रतिशत नत्रजन
अमोनिया द्रव	20–25 प्रतिशत नत्रजन

अमोनियम सल्फेट, अमोनियम फासफेट तथा अमोनियम क्लोराइड उर्वरकों का उत्पादन देश में ही किया जाता है।

3. **नाइट्रेट तथा अमोनिया उर्वरक (Nitrate and ammonium fertilizers) :** इन उर्वरकों में नत्रजन नाइट्रेट तथा अमोनिया दोनों ही रूपों में उपलब्ध होती है जैसे –

अमोनियम नाइट्रेट	33–34 प्रतिशत नत्रजन
कैल्सियम अमोनियम नाइट्रेट	26 प्रतिशत
अमोनियम सल्फेट नाइट्रेट	26 प्रतिशत

अमोनियम नाइट्रेट तथा कैल्सियम अमोनियम नाइट्रेट का उत्पादन देश में किया जाता है जबकि अमोनियम सल्फेट नाइट्रेट का बहुत कम मात्रा में आयात किया जाता है ।

4. **एमाइड उर्वरक (Amide fertilizer) :** एमाइड उर्वरक में नत्रजन एमाइड के रूप में उपलब्ध होती है जैसे –

यूरिया	46 प्रतिशत नत्रजन
कैल्सियम साइनेमाइड	21 प्रतिशत नत्रजन

उर्वरकों के विशिष्ट लक्षण (General characteristics of the fertilizers)

1. नाइट्रेट उर्वरक (Nitrate fertilizer) : नाइट्रेट उर्वरक सामान्यत: प्राकृतिक अवस्था में क्षारों के एकत्रीकरण से कृत्रिम अमोनिया द्वारा तैयार किये जाते हैं। यह उर्वरक मृदा में प्रयोग करने से मृदा विलयन में शीघ्रता में घुलकर नाइट्रेट के रूप में नत्रजन प्रदान करते हैं। धान के अतिरिक्त सभी फसलें अपनी प्रारम्भिक अवस्था में नत्रजन को नाइट्रेट के रूप में ग्रहण करती हैं। इन उर्वरकों को इसी रूप में मृदा में घुलकर पौधों को नत्रजन की आपूर्ति कर देती हैं इसलिए इन उर्वरकों का प्रयोग खड़ी फसल में अथवा पंक्तियों के किनारे बहुत कम मात्रा में किया जाता है।

नाइट्रेट उर्वरक का प्रयोग मृदा में छिड़कवाँ विधि द्वारा किया जाता है परन्तु यह पौधों की जड़ों के पास आसानी से तथा शीघ्रता से पहुँच जाता है। इन उर्वरकों की निछालन क्रिया द्वारा होने वाली हानि भी नहीं होती है। शुष्क क्षेत्रों में नाइट्रेट उर्वरकों का प्रयोग अन्य नत्रजनीय उर्वरकों की अपेक्षा ज्यादा लाभदायक होता है।

नाइट्रेट उर्वरक क्षारीय स्वभाव के होते हैं इसलिए इनका प्रयोग अम्लीय भूमियों को सुधारने के लिए किया जाता है। उदाहरण के रूप में सोडियम नाइट्रेट में 29 प्रतिशत कैल्सियम कार्बोनेट की मात्रा पाई जाती है।

2. अमोनिया उर्वरक (Ammonium fertilizer) : अमोनियम उर्वरक मृदा में शीघ्रता से मृदा विलयन में घुलकर पौधों को अमोनिया के रूप में नत्रजन प्रदान कर देते हैं। पौधों की प्रारम्भिक अवस्था में अमोनियम उर्वरक नाइट्रेट की अपेक्षा कम मात्रा में अधिशोषण कर पाते हैं। इस अवस्था में पौधों को उपलब्ध होने के लिए अमोनिया सर्वप्रथम नाइट्राइट में परिवर्तित होती है इसके पश्चात नाइट्राइट नाइट्रेट के रूप में परिवर्तित होकर पौधों को उपलब्ध होती है। धान का पौधा अपनी प्रारम्भिक अवस्था में नत्रजन का ग्रहण अमोनिया के रूप में करता है।

अमोनियम उर्वरकों की निछालन द्वारा हानि बहुत कम मात्रा में होती है क्योंकि अमोनियम आयन मृदा कोलाइडी पर बहुत ही शीघ्रता से अधिशोषित हो जाते हैं। अमोनियम उर्वरकों का स्वभाव अम्लीय होता है इसलिए इनका प्रयोग क्षारीय मृदाओं को सुधारने के रूप में किया जाता है।

3. नाइट्रेट एवं अमोनियम उर्वरक (Nitrate and ammonium fertilizers) : इस वर्ग के उर्वरक मृदा विलयन में शीघ्रता से घुलनशील हो जाते हैं। इस उर्वरकों का प्रयोग विभिन्न प्रकार की मृदाओं तथा फसलों में किया जाता है। इस वर्ग के उर्वरकों में चूँकि नत्रजन अमोनिया तथा नाइट्रेट के रूप में उपलब्ध रहती है अत: नाइट्रेट के रूप में नत्रजन पौधों की प्रारम्भिक अवस्था में शीघ्र वृद्धि के लिए उपलब्ध हो जाती है जबकि अमोनिया के रूप में नत्रजन पौधों के बाद की अवस्था में उपलब्ध होती है। इन उर्वरकों की निछालन द्वारा हानि बहुत कम होती है।

4. एमाइड उर्वरक (Amide fertilizers) : एमाइड के रूप में नत्रजनीय उर्वरक यूरिया तथा कैल्सियम साइनेमाइड के रूप में उपलब्ध होती है। यह उर्वरक मृदा में शीघ्रता से घुलनशील होते हैं तथा सूक्ष्म जीवाणुओं द्वारा शीघ्रता से विघटित हो जाते हैं। मृदा में प्रयोग करने के बाद शीघ्रता से अमोनिया तथा नाइट्रेट के रूप में परिवर्तित हो जाते हैं।

फासफोरसयुक्त उर्वरक (Phosphatic fertilizers)

सभी प्रकार के फासफोरस युक्त उर्वरकों में फासफोरस तत्व की फासफोरस पेन्टा आक्साइड के प्रतिशत के रूप में लिखी जाती है इसलिए इन उर्वरकों का प्रयोग करने पर फासफोरस को P_2O_5 के रूप में जाना जाता है। बहुत दिनों तक इसका प्रयोग करने से सभी प्रकार की फासफोरस युक्त उर्वरकों में फासफोरस पेन्टा आक्साइड के रूप में विद्यमान रहता है। इसलिए इस शब्द को समझने के लिए रासायनिक विश्लेषण निम्नवत है–

फासफोरस तत्व कई रूपों में उपलब्ध रहता है फासफोन्स पेन्टा आक्साइड पानी के साथ शीघ्र विलेय है और अभिक्रिया करके मेटा फासफोरिक अम्ल बनाता है।

$$\underset{\text{फासफोरस पेन्टा आक्साइड}}{P_2O_5} + \underset{\text{पानी}}{H_2O} \longrightarrow \underset{\text{मेटा फासफोरिक अम्ल}}{2HPO_3}$$

मेटा फासफोरिक अम्ल गर्म पानी के साथ क्रिया करके आर्थो फासफोरिक अम्ल बनाता है।

$$\underset{\text{मेटा फासफोरिक अम्ल}}{HPO_4} + \underset{\text{पानी}}{H_2O} \longrightarrow \underset{\text{आर्थो फासफोरिक अम्ल}}{H_3PO_4}$$

फासफोरस के फासफोरस पेन्टा आक्साइड तथा मेटा फासफोरिक अम्ल पौधों की वृद्धि के लिए उपयोगी है परन्तु आर्थो फासफोरिक अम्ल इनकी अपेक्षा ज्यादा उपयोगी है।

आर्थो फासफोरिक अम्ल सामान्यत: फासफोरिक अम्ल के रूप में जाना जाता है। इसमें तीन परिवर्तनीय हाइड्रोजन आयन्स होते हैं पहला, दूसरा तथा तीसरा सभी तीनों आयन्स परिवर्तित होकर तीन प्रकार के लवण बनाते हैं जैसा कि निम्न रासायनिक प्रतिक्रिया में दर्शाया गया है –

$$H_3PO_4 \xrightarrow[\text{एक हाइड्रोजन की हानि}]{} H_2PO_4 \xrightarrow[\text{एक हाइड्रोजन की हानि}]{} HPO_4 \xrightarrow[\text{एक हाइड्रोजन की हानि}]{} PO_4$$

सभी पौधे फासफोरस का ग्रहण ऋणात्मक आयन्स के HPO_4^{--} तथा $H_2PO_4^-$ के रूप में करते हैं। इस ऋणात्मक आयन्स को अनायन्स कहते हैं।

फासफोरस उर्वरकों का वर्गीकरण (Classification of phosphatic fertilizers)

सभी फासफोरस युक्त उर्वरकों का आर्थो फासफोरिक अम्ल अथवा कैल्सियम के साथ फासफोरस युक्त उर्वरकों के संयोग के आधार पर तीन वर्गो में विभक्त किया गया है, यह निम्न हैं –

1. जलविलेय फासफोरस उर्वरक (Water soluble phosphatic fertilizers)

फासफोरिक अम्ल जल में विलेय होता है इसमें निम्न फासफोरस युक्त उर्वरक आते हैं जैसे –

सिंगल सुपर फासफेट	–	16–18 प्रतिशत फासफोरस (P_2O_5)
डबल सुपर फासफेट	–	32 प्रतिशत फासफोरस
ट्रिपल सुपर फासफेट	–	46–48 प्रतिशत फासफोरस
अमोनियम फासफेट	–	20 प्रतिशत नत्रजन तथा 20: फासफोरस
		16: नत्रजन तथा 20: फासफोरस

इस वर्ग के उर्वरकों की विशेषताएं निम्न हैं –

(i) इस वर्ग के फासफोरस युक्त उर्वरक जल में विलेय होते हैं जो पौधों को बहुत ही शीघ्रता से H_2PO_4 आयन्स के रूप में ग्रहण कर लेते हैं। इसलिए इसमें उपस्थित पोषक तत्व पौधों की प्रारम्भिक अवस्था में जब जड़ तन्त्र पूर्णरूप से विकसित नहीं होता है, ग्रहण कर लिये जाते हैं।

(ii) जल विलेय फासफोरिक अम्ल बहुत ही आसानी से जल अविलेय रूप में परिवर्तित हो जाते हैं जिससे जल विलेय फासफोरिक अम्ल की निछालन द्वारा हानि बहुत कम मात्रा में होती हैं।

(iii) इन उर्वरकों का प्रयोग अम्लीय मृदाओं में नहीं करना चाहिए बल्कि क्षारीय तथा उदासीन मृदाओं में प्रयोग करना लाभदायक होता है। अम्लीय मृदाओं में जल विलेय फ़ासफोरिक अम्ल अप्राप्य आयन्स तथा एल्यूमिनियम फासफेट के रूप में परिवर्तित हो जाता है।

2. साइट्रेट में घुलनशील फासफोरस युक्त उर्वरक (Citrate soluble phosphatic fertilizers)

इस वर्ग के उर्वरक जैसे –

बेसिक स्लेग	14–18 प्रतिशत फासफोरस (P_2O_5)
डाई कैल्सियम फासफेट	34–39 प्रतिशत फासफोरस (P_2O_5)
रेहनेनिया फासफेट	23–26 प्रतिशत फासफोरस (P_2O_5)
हड्डी का चूरा	साइट्रेट में आंशिक घुलनशील

इस वर्ग के फासफोरसयुक्त उर्वरक मुख्यत: अम्लीय मृदाओं में प्रयोग किये जाते हैं क्योंकि इनका पी एच मान अधिक तथा साइट्रेट घुलनशील फासफोरस युक्त उर्वरक मोनो कैल्सियम फासफेट तथा जल विलेय फासफेट के रूप में

परिवर्तित हो जाते हैं। इसलिए मृदा में स्थिरीकरण तथा एल्यूमिनियम फासफेट के रूप में हानि होने की सम्भावना बहुत कम होती है।

इन उर्वरकों में क्षारीय अभिक्रिया तथा कैल्सियम की उपस्थित के कारण अम्लीय मृदाओं में ज्यादा प्रभावकारी होते हैं। इस वर्ग के उर्वरकों का प्रयोग लैटराइट तथा अम्लीय भूमियों में किया जाता है ।

3. **जल तथा साइट्रिक अम्ल में अघुलनशील उर्वरक (Water and citric acid insoluble fertilizer)**

रॉक फास्फेट	20 से 40 प्रतिशत फासफोरस (P_2O_5)
हड्डी की खाद	20 से 25 प्रतिशत फासफोरस (P_2O_5) तथा 3–4 प्रतिशत नत्रजन
स्टीम्ड हड्डी की खाद	22 प्रतिशत फासफोरस (P_2O_5)

इस वर्ग की फासफोरस युक्त उर्वरकों का प्रयोग अम्लीय अथवा कार्बनिक मृदाओं में किया जाता है जिन मृदाओं में मृदा उर्वरता बढ़ाने के लिए फासफोरस की अधिक मात्रा की आवश्यकता होती है। इन मृदाओं में हरी खाद के साथ इन उर्वरकों का प्रयोग करके भूमि में पलटाई कर देने से पोषक तत्व ग्रहण क्षमता बढ़ जाती है।

उपरोक्त वर्गीकरण के अतिरिक्त इन उर्वरकों को दो रूपों में बाँटा गया हैं जैसे –

1. **उपलब्ध फासफोरस उर्वरक :** सिंगल सुपर फासफेट, ट्रिपल सुपर फासफेट, अमोनियम फासफेट, नाइट्रोफासफेट, बेसिक स्लेग, मोनोकैल्सियम फासफेट, रिहेनेनिया फासफेट।
2. **अनुपलब्ध फासफोरस उर्वरक :** रॉक फासफेट तथा सभी प्रकार की हड्डी का चूरा।

पोटासयुक्त उर्वरक (Potassic fertilizers)

पोटासयुक्त उर्वरकों का मृदा में प्रयोग करने पर पौधों को पोटास तत्व के रूप में उपलब्ध होते हैं जोकि पौधों के लिए एक बहुत ही आवश्यक तत्व है। पोटासयुक्त उर्वरकों में पोटास की मात्रा पोटेसियम आक्साइड (K_2O) के रूप में पाई जाती है परन्तु इसको पोटास ही कहा जाता है।

पोटेसियम एक मुलायम, धूसर रंग का तत्व है जो पानी के साथ बहुत जल्दी अभिक्रिया करता है परन्तु यह स्वतन्त्र अवस्था में कभी भी नहीं पाया जाता है। हवा के सम्पर्क में आने पर यह बहुत शीघ्रता से आक्सीकृत होकर पोटेसियम आक्साइड के रूप में परिवर्तित हो जाता है। पोटेसियम आक्साइड पानी के साथ अभिक्रिया करके पोटेसियम हाइड्रोक्साइड के रूप में परिवर्तित हो जाता है। इसी कारण से पोटेसियम एक तत्व के रूप में होता है तथा इसको उर्वरक के रूप में प्रयोग नहीं कर सकते हैं। मृदा में एक अथवा एक से अधिक तत्व के साथ अभिक्रिया करने पर यह पौधे को घातक नहीं होता है। सामान्यत: पोटासयुक्त उर्वरकों में पोटेसियम क्लोराइड, म्यूरेट ऑफ पोटास, पोटेसियम सल्फेट (सल्फेट ऑफ पोटास) तथा पोटेसियम नाइट्रेट बहुत अधिक मात्रा में प्रयोग किया जाने वाला उर्वरक है।

पोटेसियम के तीनों क्षार जैसे सल्फेट, क्लोराइड तथा नाइट्रेट पानी में शीघ्र घुल जाते हैं तथा पोटेसियम आयन्स के रूप में अलग होकर पौधों को उपलब्ध हो जाते हैं।

पोटेसियम युक्त उर्वरकों को मुख्यत: दो वर्गों में विभाजित किया गया है –

1. पोटास की क्लोराइड अवस्था : म्यूरेट आफ पोटास सामान्य रूप से बहुत अधिक मात्रा में प्रयोग किया जाने वाला उर्वरक है जो इस वर्ग में आता है। यह उर्वरक अन्य उर्वरकों से बहुत ही सस्ता तथा सभी फसलों में प्रयोग किया जाता है।

म्यूरेट आफ पोटास	60 प्रतिशत पोटास

2. पोटास की क्लोराइड के अतिरिक्त अवस्था : इस वर्ग के अन्तर्गत आने वाले उर्वरक मुख्यत: पोटेसियम सल्फेट, सल्फेट ऑफ पोटास–मैगनीसियम (जिसमें पोटेसियम तथा मैगनीसियम) तथा पोटेसियम नाइट्रेट हैं। इस वर्ग के

उर्वरक म्यूरेट ऑफ पोटास की तुलना में अधिक महंगे होते हैं। इन उर्वरकों का प्रयोग कुछ प्रमुख फसलों जैसे आलू, तम्बाकू तथा टमाटर में किया जाता है जहाँ पर कुछ उपज की अपेक्षा अधिक गुणवत्ता वाली उपज प्राप्त करना होता है।

सल्फेट ऑफ पोटास	45–52 प्रतिशत पोटास
पोटेसियम नाइट्रेट	44 प्रतिशत पोटास तथा 13 प्रतिशत नत्रजन
पोटेसियम मैगनीशियम सल्फेट	25–30 प्रतिशत पोटास तथा 12 प्रतिशत मैगनीशियम

उपरोक्त दोनों प्रकार के उर्वरकों के अतिरिक्त घुलनशील पोटेसियम नाइट्रेट का प्रयोग नकदी फसलों में किया जाता है। चूँकि इनके घुलने के बाद कोई भी भाग बचता नहीं है। अत: इनका प्रयोग पर्णीय छिडकाव के रूप में करना ज्यादा प्रभावकारी होता है। यह उर्वरक बहुत ही महंगा होता है इसलिए केवल नकदी फसलों में प्रयोग करने के लिए संस्तुत किया जाता है।

जटिल उर्वरक (Complex Fertilizers)

जिन उर्वरकों का प्रयोग एक से अधिक पोषक तत्व प्रदान करने के उद्देश्य से करते हैं, उन्हे जटिल उर्वरक कहते हैं अर्थात वह उर्वरक जिनमें नत्रजन, फासफोरस तथा पोटास पोषक तत्वों में से कोई दो या दो से अधिक पोषक तत्वों की शत प्रतिशत मात्रा रासायनिक विधि अथवा मिश्रित विधि द्वारा प्राप्त की जाती है, उन उर्वरकों को जटिल अथवा योगिक उर्वरक (Complex/compound fertilizers) कहते हैं।

"The commercial fertilizers containing atleast two or more of the major nutrients, made by chemical reactions between the nutrient containing raw materials is called complex fertilizers".

जटिल उर्वरक सामान्यत: दानेदार होते हैं तथा इनको मृदा में एक समान मात्रा में छिड़काव किया जा सकता है। इस उर्वरकों का प्रति इकाई मूल्य अन्य उर्वरकों की तुलना में काफी कम होता है तथा इनका उत्पादन देश में ही किया जाता है जब इन उर्वरकों में मुख्य तत्वों की मात्रा से अधिक नत्रजन, फासफोरस तथा पोटास की होती है तब इनको पूर्ण जटिल उर्वरक (Complete complex fertilizers) कहते हैं। इसलिए जटिल उर्वरकों की आवश्यकता मृदा में संतुलित मात्रा में पोषक तत्वों को प्रदान करने के लिए अधिक होती है। जटिल उर्वरकों को सामान्यत: दो विधियों द्वारा बनाया जाता है –

(i) रासायनिक अभिक्रिया अथवा बदलाव द्वारा ।

(ii) सरल उर्वरकों को यांत्रिक विधि द्वारा मिश्रित करके ।

रासायनिक अभिक्रिया द्वारा उपलब्ध होने वाले जटिल उर्वरक यांत्रिक विधि द्वारा मिश्रित किये गये उर्वरकों की अपेक्षा ज्यादा महत्वपूर्ण होते हैं। सामान्यत: जटिल उर्वरक रासायनिक अभिक्रिया के फलस्वरूप तैयार किये जाते हैं। इन उर्वरकों की मुख्य विशेषताएं निम्न हैं –

(i) जटिल उर्वरकों में पोषक तत्वों की बहुत अधिक मात्रा होने पर इनको उच्च विश्लेषित उर्वरक (High analysis fertilizers) कहते हैं।

(ii) जटिल उर्वरकों द्वारा पौधों को एक से अधिक पोषक तत्व एक साथ ही एक समय में उपलब्ध हो जाते हैं। इसमें पाया जाने वाला फासफोरस लगभग पूर्णतया जल में विलेय होता है। सामान्यत: नत्रजन अमोनिया एवं नाइट्रेट दोनों ही रूपों में पाया जाता है।

(iii) इन उर्वरकों में पाये जाने वाले दाने का आकार एक समान तथा भौतिक गुण अच्छा होता है।

(iv) जटिल उर्वरकों का प्रयोग करने पर यह कुछ महंगे होते हैं परन्तु यदि इनका मूल्य मृदा को उपलब्ध कराये गये तत्वों के रूप में देखा जाए तब यह काफी सस्ते हो जाते हैं।

(v) जटिल उर्वरकों का प्रयोग करने तथा यातायात आदि का खर्च सरल उर्वरकों की अपेक्षा बहुत कम होता है तथा इनको रखने एवं यातायात के समय काफी सुविधा रहती है।

(vi) यह उर्वरक पानी में जल्दी घुलते नहीं है इसलिए इनके भण्डारण में कोई असुविधा नहीं होती है।

जटिल उर्वरकों का मूल्य निम्न बातों पर निर्धारित होता है –

1. नत्रजन, फासफोरस तथा पोटास तत्वों की मात्रा पर।
2. नत्रजन, फासफोरस तथा पोटास तत्वों के अनुपात पर।
3. व्यक्तिगत पोषक तत्वों की उपलब्ध अवस्था पर।
4. मृदा में क्षारीय तथा अम्लीय प्रभाव पर।
5. इसमें उपस्थित सूक्ष्म तत्वों की मात्रा पर।

सामान्यत: देश में तीन प्रकार के जटिल उर्वरक प्रयोग किये जाते हैं –

1. नाइट्रो फासफेट जिसको नाइट्रिक फासफेट भी कहते हैं।
2. अमोनियम फासफेट।
3. नत्रजन, फासफोरस, पोटास जटिल उर्वरक।

नाइट्रो फासफेट (Nitro Phosphate)

नाइट्रो फासफेट का निर्माण कई रूपों में किया जाता है सामान्यत: नाइट्रो फासफेट के चार प्रकार हैं –

(अ) रॉक फासफेट को HNO_3 के साथ अभिक्रिया द्वारा।

नाइट्रोकार्बनिक विधि–पी ई सी अथवा कार्बोनाइट्रिक फासफेट (16:14:0)

नाइट्रो अलग विधि – ओ डी डी ए नाइट्रो फासफेट (20:20:0)

(ब) अम्लों को मिश्रित कर प्रयोग करके

नाइट्रिक अम्ल तथा फासफोरिक अम्ल का प्रयोग फासफोरोनाइट्रिक नाइट्रो फासफेट नाइट्रिक अम्ल तथा सल्यूरिक अम्ल का प्रयोग सल्फो नाइट्रिक नाइट्रोफासफेट साधारण रूप में नाइट्रो फासफेट उर्वरक निम्न प्रकार से तैयार किये जाते है– (1) अमोनियम नाइट्रेट, (2) डाई कैल्सियम फासफेट, (3) मोनो अमोनियम फासफेट

उपरोक्त विधियों द्वारा तैयार किये गये उर्वरकों में नत्रजन तथा फासफोरस की भिन्न–भिन्न मात्रा पाई जाती है। परन्तु कभी–कभी इनमें पोटेसियम तत्व भी पाया जाता है। इन उर्वरकों में अमोनियम नाइट्रेट मुख्य अवयव होता है।

अमोनियम फासफेट (Ammonium phosphate)

विभिन्न क्रियाओं के फलस्वरूप इसमें अमोनियम तथा फासफोरस तत्व पाये जाते हैं। देश में निम्न पाँच प्रकार के अमोनियम फासफेट उर्वरकों का उत्पादन किया जाता है।

तालिका 10.7 : विभिन्न जटिल उर्वरकों में पोषक तत्वों की मात्रा

जटिल उर्वरक का नाम	पोषक तत्व (नत्रजन : फासफोरस : पोटास का प्रतिशत)
मोनो अमोनियम फासफेट	11 : 52 : 0
डाई अमोनियम फासफेट	18 : 46 : 0
डाई अमोनियम फासफेट	20 : 48 : 0

जटिल उर्वरक का नाम	पोषक तत्व (नत्रजन : फासफोरस : पोटास का प्रतिशत)
अमोनियम फासफेट सल्फेट	16 : 20 : 0
अमोनियम फासफेट सल्फेट	19.5 : 19.5 : 0
अमोनियम फासफेट सल्फेट	20 : 20 : 0
अमोनियम फासफेट सल्फेट	18 : 9 : 0
अमोनियम फासफेट सल्फेट नाइट्रेट	20 : 20 : 0
यूरिया अमोनियम सल्फेट	28 : 28 : 0
यूरिया अमोनियम फासफेट	20 : 20 : 0
यूरिया अमोनियम फासफेट	24 : 24 : 0

नत्रजन फासफोरस पोटास जटिल उर्वरक (NPK complex fertilizers)

देश में विभिन्न प्रकार के नत्रजन फासफोरस पोटास जटिल उर्वरक तैयार किये जाते हैं। इन उर्वरकों में नत्रजन, फासफोरस तथा पोटास तत्वों की भिन्न-भिन्न मात्रा पाई जाती है जैसे –

NPK Complex fertilizers	10 : 26 : 26
NPK Complex fertilizers	12 : 32 : 16
NPK Complex fertilizers	14 : 35 : 14
NPK Complex fertilizers	14 : 28 : 14
NPK Complex fertilizers	17 : 17 : 17
NPK Complex fertilizers	19 : 19 : 19
NPK Complex fertilizers	22 : 22 : 11

उपरोक्त जटिल उर्वरकों के अतिरिक्त विभिन्न सूक्ष्म तत्वों को भी मिलाकर तैयार किया जा रहा है। इनका मुख्य उद्देश्य कुछ विशेष प्रकार की फसलों में प्रयोग करना होता है जिनको सूक्ष्म तत्वों की अधिक आवश्यकता होती है। सूक्ष्म तत्वों की उपस्थिति के कारण इन उर्वरकों की कीमत ज्यादा होती है इसलिए इनको केवल नकदी फसलों में प्रयोग करने के लिए संस्तुत की जाती है। यह उर्वरक जल विलेय होते हैं इसलिए मृदा में प्रयोग करने के अतिरिक्त इनका पर्णीय छिड़काव भी किया जा सकता है।

मिश्रित उर्वरक (Mixed Fertilizers)

यह वह उर्वरक जो दो या दो से अधिक तरह के पोषक तत्वों को आपस में मिलाकर तैयार किये जाते हैं उन्हें मिश्रित उर्वरक (Mixed fertilizers) कहते हैं।

"Fertilizer materials containing two or more plant nutrient are physically mixed manually or mechanically called mixed fertilizer".

कभी-कभी दो उर्वरकों को भी मिलाकर मिश्रित उर्वरक बनाये जाते हैं परन्तु जिन उर्वरक मिश्रण में तीनों पोषक तत्व जैसे नत्रजन, फासफोरस तथा पोटास तत्व विद्यमान रहते हैं उन्हें पूर्ण मिश्रित उर्वरक (Complete mixed fertilizers) कहते हैं। आजकल भूमि एवं फसलों को पोषक तत्वों की आवश्यकता की पूर्ति के लिए मिश्रित उर्वरकों का अधिक महत्त्व हो गया है क्योंकि इन उर्वरकों को रखने तथा प्रयोग करने में सरलता होती है। सर्वप्रथम अमेरिका ने

1850 में वाल्टीमोर नामक स्थान पर मिश्रित उर्वरक बनाये गये तथा फसल में इनका प्रयोग भी किया गया। आजकल अधिक मात्रा में उर्वरकों के प्रयोग से लगभग 80 प्रतिशत भाग केवल मिश्रित उर्वरकों के रूप में प्रयोग किये जाते हैं। भारत वर्ष में भी मिश्रित उर्वरकों का प्रयोग काफी अधिक मात्रा में किया जाने लगा है। मिश्रित उर्वरक फसलों एवं मृदा की आवश्यकतानुसार सभी आवश्यक मुख्य पोषक तत्व जैसे नत्रजन, फासफोरस तथा पोटास तत्वों की निश्चित मात्रा को ध्यान में रखकर बनाये जाते हैं।

मिश्रित उर्वरकों के प्रकार (Types of mixed fertilizers)

मिश्रित उर्वरक सामान्यत: दो प्रकार के होते हैं –

1. **ज्ञात फार्मूला वाले मिश्रित उर्वरक (Open formula fertilizer mixture)**
   इस प्रकार के मिश्रित उर्वरकों में उर्वरक निर्माता प्रयोग किये जाने वाले पोषक तत्वों की मात्रा तथा प्रकार को गुप्त नहीं रखते हैं। ज्ञात फार्मूला होने के कारण इन उर्वरकों का प्रयोग करते समय पोषक तत्वों की मात्रा तथा किस्म का ज्ञान होने के कारण विशेष प्रकार की भूमियों एवं फसलों को आवश्यकतानुसार प्रयोग किये जा सकते हैं। इस प्रकार के मिश्रित उर्वरकों में उपलब्ध पोषक तत्वों की मात्रा के अनुसार फसलों एवं मृदा में प्रयोग किये जा सकते हैं।
2. **गुप्त फार्मूला वाले मिश्रित उर्वरक (Closed formula fertilizer mixture)**
   इन उर्वरकों में प्रयोग किये जाने वाले सरल उर्वरकों का प्रयोग कर तैयार किये जाने वाले मिश्रित उर्वरकों का फार्मूला गुप्त रखा जाता है। इन उर्वरकों का प्रयोग करने से पूर्व यह पता नहीं लग पाता है कि इसमें उपस्थित पोषक तत्वों की कितनी मात्रा तथा किस प्रकार का है जिससे उर्वरक मिश्रण का उचित लाभ नहीं मिल पाता है।

मिश्रित उर्वरकों का वर्गीकरण (Classification of mixed fertilizers)

मिश्रित उर्वरकों को मुख्य रूप से चार वर्गों में विभक्त किया जाता है –

1. **निम्न श्रेणी के मिश्रित उर्वरक (Low grade mixed fertilizers) :** इन उर्वरकों में तीनों मुख्य पोषक तत्व जैसे नत्रजन, फासफोरस तथा पोटास की मात्रा का योग 14 से कम होता है जैसे 3 – 4 – 3 आदि।
2. **मध्यम श्रेणी के मिश्रित उर्वरक (Medium grade mixed fertilizers) :** इन उर्वरकों में तीनों मुख्य पोषक तत्व जैसे नत्रजन, फासफोरस तथा पोटास की मात्रा का योग 15 से 25 तक होता है जैसे 4–6–6 आदि।
3. **उच्च श्रेणी के मिश्रित उर्वरक (High grade mixed fertilizers) :** इन उर्वरकों में तीनों पोषक तत्वों की मात्रा का योग 25 से 35 तक होता है जैसे 11–11 –11, 8–10–12 आदि।
4. **सान्द्र मिश्रित उर्वरक (Concentrated mixed fertilizers) :** इन उर्वरकों में तीनो पोषक तत्वों की मात्रा का योग 35 से अधिक होता है, उन्हें सान्द्र मिश्रित उर्वरक कहते हैं।

मिश्रित उर्वरक बनाने में प्रयोग किये जाने वाले पदार्थ (Materials used in fertilizers mixture)

मिश्रित उर्वरक बनाने में निम्न पदार्थ प्रयोग किये जाते हैं। इनके कार्य के सिद्धान्त के अनुसार इनको निम्न रूपों में वर्गीकृत किया गया है –

1. पोषक तत्व वाहक (Carrier of plant nutrients) : सरल उर्वरक जो पोषक तत्वों की मात्रा उपलब्ध कराते हैं उर्वरक मिश्रण बनाने में यह प्राथमिक पदार्थ होते हैं। नत्रजन पोषक तत्व को उपलब्ध कराने के लिए सरल नत्रजनीय उर्वरक जैसे अमोनियम सल्फेट, यूरिया, अमोनियम नाइट्रेट, कैल्सियम अमोनियम नाइट्रेट, कैल्सियम साइनेमाइड, खलियाँ एवं स्लज आदि हैं। फासफोरिक अम्ल सामान्यत: सुपर फासफेट एवं हड्डी के चूर्ण से प्राप्त होता है। म्यूरेट आफ पोटास तथा पोटेसियम सल्फेट पोटास की उपलब्धता के मुख्य श्रोत हैं।

2. अनुकूलक (Conditioners) : उर्वरकों का मिश्रण बनाते समय कम गुणवत्ता वाले कार्बनिक पदार्थ जैसे तम्बाकू के तने, पीट, मूँगफली के छिलके तथा धान की भूसी का प्रयोग किया जाता है। सामान्यत: एक टन उर्वरक मिश्रण बनाने के लिए 45 किलोग्राम अनुकूलक पदार्थ प्रयोग किये जाते हैं।

3. निराकारक (Neutralizers) : अम्लीय स्वभाव के नत्रजनीय उर्वरक जैसे अमोनियम सल्फेट तथा यूरिया में क्षारीय पदार्थ जैसे डोलोमाइट तथा चूना को मिला देने से अम्लीय प्रभाव समाप्त हो जाता है इन पदार्थों को निराकारक पदार्थ (Neutralizers of residual acidity) कहते हैं।

4. पूरक पदार्थ (Fillers) : उर्वरक मिश्रण बनाते समय पूरक पदार्थ उर्वरक की मात्रा को सन्तुलित करने के लिए मिलाये जाते हैं। सामान्यत: बालू, मिट्टी, कोयले के खदानों की राख एवं विभिन्न प्रकार का कचड़ा पूरक पदार्थ के रूप में प्रयोग किया जाता है।

उर्वरक मिश्रण तैयार करने की विधियाँ (Methods of preparing fertilizer mixture)

उर्वरक मिश्रण में कृषकों द्वारा हाथ से अथवा कारखानों में विशेष प्रकार की मशीनों द्वारा तैयार किया जाता है। उर्वरक मिश्रण बनाने की विधि के अनुसार इनको दो प्रकार से वर्गीकृत करते हैं –

1. फार्म पर बनाया गया उर्वरक मिश्रण (Farm mixed fertilizer mixture) : इस प्रकार के उर्वरक मिश्रण को बनाने के लिए पोषक तत्वों की आवश्यकतानुसार उर्वरकों को खरीद लिया जाता है। वांछित ग्रेड फसलों एवं मृदा की आवश्यकतानुसार इनको फसल बोने के तुरन्त पहले मिश्रित कर लिया जाता है। इस विधि द्वारा उर्वरक मिश्रण बनाने के लिए मशीन की आवश्यकता नहीं होती है। यह विधि बहुत ही आसान है तथा उर्वरक मिश्रण सीमेन्ट के पक्के फर्श पर बनाते हैं। उर्वरक मिश्रण बनाने के पूर्व यदि उर्वरक में ढेले आदि हो तो उन्हे तोड़कर बारीक कर लेते हैं। इसी प्रकार पूरक पदार्थ के रूप में प्रयोग की जाने वाली सामग्री को भी बारीक पीस लेते हैं। इस प्रकार इन समस्त सामग्री को एक साथ अच्छी तरह मिलाकर उर्वरक मिश्रण तैयार कर लेते हैं। इन उर्वरक मिश्रण का प्रयोग फसल बोने के पूर्व करना ज्यादा लाभकारी होता है क्योंकि पहले से तैयार किये गये उर्वरक में ढेले बनने की सम्भावना रहती है।

फार्म पर बनाये गये मिश्रण से लाभ

1. फार्म पर कृषक द्वारा बनाये गये मिश्रण में फसल एवं मृदा की आवश्यकता को ध्यान में रखकर बनाये जाते हैं इसलिए यह फसल तथा मृदा दोनों को लाभदायक होते हैं।
2. चूँकि फार्म पर फसल बोने के तुरन्त पूर्व ही मिश्रण तैयार किया जाता है इसलिए इसमें ढेले नहीं बनते जिससे उर्वरक प्रयोग में आसानी रहती है।
3. स्थानीय स्तर पर उपलब्ध पूरक पदार्थों एवं उर्वरकों का प्रयोग करने से अपेक्षाकृत सस्ता होता है।

फार्म पर उर्वरक मिश्रण तैयार करने से हानियाँ

1. कम मात्रा में उर्वरक मिश्रण बनाने में तथा पदार्थों को प्राप्त करने में कठिनाई होती है।
2. दृव्य के रूप में उर्वरक मिश्रण बनाने में काफी कठिनाई होती है।
3. कम मात्रा में हर जगह अनुकूलन पदार्थ प्राप्त नहीं होते हैं।
4. कम मात्रा में उर्वरक मिश्रण बनाने में अधिक खर्च हो जाने से इन्हें तैयार करने में व्यय बढ़ जाता है।

2. कारखानों में तैयार किया गया उर्वरक मिश्रण (Factory made mixed fertilizers): इस प्रकार मिश्रित उर्वरक बड़े-बड़े कारखानों में वृहद मात्रा में मशीनों द्वारा तैयार किये जाते हैं। इस प्रकार के मिश्रित उर्वरक दृव्य के रूप में प्रयोग करने पर काफी सस्ते पड़ते हैं। कारखानों से निर्मित उर्वरक दानेदार रूप में भी बनाया जा सकता है जिसका प्रयोग काफी समय तक किया जा सकता है।

सामान्यत: मिश्रित उर्वरकों को चार विभिन्न प्रकार के कारखानों में बनाया जाता है –

1. सूखा मिश्रित उर्वरक कारखानों में बनाने पर सामान्य शुष्क पदार्थ का प्रयोग किया जाता है इस तरह के कारखाने भारत वर्ष में अधिक प्रचलित हैं।
2. इन कारखानों में अमोनिया को फासफोरस तथा पोटास के साथ मिश्रित करते हैं। यह विधि अमेरिका में प्रयोग की जाती है।
3. इस विधि में सुपर फासफेट, रॉक फासफेट तथा सल्यूरिक अम्ल को मिलाकर मिश्रित उर्वरक बनाये जाते हैं।
4. वह कारखाने जो अपनी आवश्यकतानुसार सल्फूरिक अम्ल को मिलाकर सुपर फासफेट बनाते हैं जिसका प्रयोग मिश्रित उर्वरक बनाने में किया जाता है।

उर्वरक मिश्रण बनाने में सावधानियाँ (Precautions in making fertilizer mixture)

1. चूना, बेसिक स्लेग, रॉक फासफेट, लकड़ी की राख, कैल्सियम सायनेमाइड को अमोनियम सल्फेट तथा अमोनियम नाइट्रेट के साथ कभी भी नहीं मिलाना चाहिए क्योंकि ऐसा करने से अमोनिया गैस के रूप में स्वतन्त्र होकर वायुमण्डल में चली जाती है।
2. जल विलेय फासफोरस युक्त खादों जैसे सिंगल, सुपर फासफेट, ट्रिपल सुपर फासफेट तथा अमोनियम फासफेट को बिना बुझा हुआ चूना, बुझा हुआ चूना, कैल्सियम कार्बोनेट, लकड़ी की राख तथा कैल्सियम नाइट्रेट के साथ कभी नहीं मिलाना चाहिए क्योंकि इसमे घुलनशील फासफोरस अधुलनशील फासफोरस के रूप में परिवर्तित हो जाती है।
3. मिश्रित उर्वरकों के बनाने के तुरन्त बाद यदि प्रयोग न करना हो तो पोटेसियम लवण नहीं मिलाने चाहिए।
4. आसानी से घुलनशील उर्वरक जैसे कैल्सियम अमोनियम नाइट्रेट, यूरिया तथा पोटास लवणों को मिलाने के बाद ढेले बन जाते हैं इसलिए इन उर्वरकों को मिश्रित करने के बाद तुरन्त प्रयोग कर लेना चाहिए।
5. हल्के अम्लीय सुपर फासफेट को नाइट्रेट तथा क्लोराइड युक्त खादों के साथ नहीं मिलाना चाहिए क्योंकि ऐसा करने से अम्ल स्वतन्त्र हो जाते हैं और खाद रखने वाले बोरे अथवा थैले खराब हो जाते हैं।

उर्वरक मिश्रण से लाभ (Advantages of fertilizer mixture)

1. जिन क्षेत्रों में श्रम काफी मँहगे होते हैं वहाँ पर मिश्रित उर्वरकों का प्रयोग करने से धन, श्रम, समय तथा साधन की बचत हो जाती है अलग-अलग उर्वरकों के प्रयोग से व्यय अधिक होता है।
2. मिश्रित उर्वरक बनाते समय फसल तथा मृदा की किस्म के अनुसार चुनाव किया जाता है जिससे सन्तुलित मात्रा में उर्वरकों का प्रयोग किया जा सकता है जिसके परिणामस्वरूप उर्वरक की मात्रा में बचत की जा सकती है।
3. सरल उर्वरकों की अपेक्षा मिश्रित उर्वरक फसल की उपज बढाने में काफी सहायक होते हैं क्योंकि इन उर्वरकों में नत्रजन, फासफोरस तथा पोटास सन्तुलित मात्रा में होते हैं।
4. कम मात्रा में प्रयोग किये जाने वाले सूक्ष्म पोषक तत्वों को भी उर्वरक मिश्रण बनाते समय प्रयोग किया जा सकता है।
5. मिश्रित उर्वरकों में चूने को मिलाकर जो उर्वरक अम्लीय स्वभाव के होते है उनके अम्लीय प्रभाव को कम किया जा सकता है।
6. मिश्रित उर्वरकों का प्रयोग करने पर इन तत्वों का यौगिकीकरण कम होता है क्योंकि मृदा की दशा को ध्यान में रखकर मिश्रण बनाये जाते हैं।
7. मिश्रित उर्वरकों की भौतिक दशा अच्छी होने के कारण इनके प्रयोग में आसानी रहती है।
8. मिश्रित उर्वरकों के भण्डारण, रखरखाव तथा प्रयोग करने में सुविधा रहती है।

9. जिन कृषकों को उर्वरकों के प्रयोग के सम्बन्ध में ज्ञान होता है वह भी मिश्रित उर्वरकों का प्रयोग कर अधिक से अधिक लाभ प्राप्त कर सकते हैं।

मिश्रित उर्वरकों से हानियाँ (Disadvantages of fertilizer mixture)

1. जिन मृदाओं एवं फसलों को केवल एक ही पोषक तत्व की आवश्यकता होती है। इस अवस्था में मिश्रित उर्वरक का प्रयोग करने से दूसरे पोषक तत्वों की मात्रा व्यर्थ ही हो जाती है।
2. सरल उर्वरकों की अपेक्षा मिश्रित उर्वरकों में प्रति इकाई पोषक तत्वों की कीमत ज्यादा होती है।
3. मिश्रित उर्वरकों द्वारा इच्छित मात्रा में आवश्यक पोषक तत्वों का प्रयोग नहीं हो पाता है।
4. गुप्त फार्मूला द्वारा तैयार मिश्रित उर्वरकों को देखकर पोषक तत्वों की मात्रा का पता नहीं चल पाता है।

जैव उर्वरक (Biofertilizers)

सन् 1950–51 में देश में कुल खाद्यान्न उत्पादन जहाँ 51 मिलियन टन था जो आज बढ़कर 257 मिलियन टन से भी अधिक हो गया है। यह खाद्यान्न उत्पादन में वृद्धि न केवल फसलों की उन्नतशील प्रजातियों द्वारा ही सम्भव हो सकी बल्कि इसमें कई तरह के कृषि रसायनों की भी प्रभावकारी भूमिका रही है। कृषि रसायनों के प्रयोग से एक तरफ कृषि उत्पादन में वृद्धि हुई है तो दूसरे तरफ इसके दुष्परिणाम भी देखने को मिले हैं। इस प्रकार कृषि रसायनों के प्रयोग से मृदा की भौतिक तथा रासायनिक संरचना, मृदा की उर्वरा शक्ति, मृदा, मनुष्यों एवं समस्त जीवधारियों के स्वास्थ्य पर हानिकारक प्रभाव, पर्यावरण प्रदूषण तथा पारिस्थितिकी सम्बन्धी कई समस्याएं भी उत्पन्न हुई हैं। फसलों में प्रयोग किये जाने वाले उर्वरकों में सबसे अधिक मात्रा में नत्रजन उर्वरक का प्रयोग किया जाता है। प्रयोग किये गये नत्रजन का पौधे केवल 20–25 प्रतिशत तक उपयोग कर पाते हैं तथा शेष मात्रा मृदा में निछालन द्वारा तथा वायुमण्डल में वाष्पीकृत हो जाती है अथवा बहकर जल में मिलकर नष्ट हो जाती है। रासायनिक उर्वरक प्रयोग करने के पश्चात बहुत कम समय मृदा में स्थिर रह पाते हैं। इसलिए मृदा को टिकाऊ बनाये रखने के लिए ऐसे उर्वरकों का प्रयोग करना चाहिए जो पौधों को अधिक समय तक पोषक तत्व प्रदान कर सके, मृदा के स्वास्थ्य पर हानिकारक प्रभाव न डाले तथा प्राकृतिक सन्तुलन एवं वातावरण के सुरक्षित रखने में सहायक हो। मृदा उर्वरता को टिकाऊ रखने में जैव उर्वरकों का एक महत्वपूर्ण स्थान है क्योंकि रासायनिक उर्वरकों की तुलना में यह सस्ते, अधिक प्रभावशाली, प्रयोग करने में आसानी, प्रकृति तथा परिस्थितिकी सन्तुलन को भी सुरक्षित रखने की अदभुत क्षमता होती है जिनके प्रयोग से वातावरण प्रदूषण की कोई भी एवं किसी भी प्रकार का खतरा नहीं होता है तथा फसल की उपज भी बढ़ जाती है।

जैव उर्वरकों की शुरूआत श्री नोब एवं हिटलर ने 1895 में की। इसके बाद एजोटोबैक्टर तथा नील हरित शैवाल तथा अन्य सूक्ष्म जीवों की खोज हुई। एजोस्पाइरिलम एवं वेसीकुलर अर्वस्कुलर माइकोराइजा (VAM) अभी हाल की खोज हैं। भारत में सर्वप्रथम लेग्यूम राइजोबियम सहजीविता का अध्ययन श्री बी. एन. जोशी ने किया था तथा इसका वाणिज्यिक उत्पादन 1956 से शुरू हुआ।

ऐसे जीवाणुविक–संवर्ध जिसमें जीवाणुओं की जीवित कोशिकायें होती हैं, जब उपयोग में लाये जाते हैं तब अपनी कार्यक्षमता से वातावरणीय नत्रजन और भूमि में उपस्थित पोषक तत्वों को फसलों को उपलब्ध कराते हैं, जैव उर्वरक (Biofertilizers) कहलाते हैं।

जैव उर्वरक का तात्पर्य ऐसे उर्वरकों से है जिसका निर्माण मृदा में पाये जाने वाले लाभदायक सूक्ष्म जीवों जैसे जीवाणु, फफूंदी, शैवालों द्वारा किया गया हो जो मृदा उर्वरता के साथ–साथ फसलोत्पादन को भी बढाने में अपनी महत्वपूर्ण भूमिका का निर्वाहन कर सके। जब इन सूक्ष्म जीवों की संख्या और क्रियाशीलता मृदा में असामान्य होती है तो उसे कृत्रिम रूप से प्रदान करते हैं जिन्हे जैव उर्वरक कहते हैं।

जैव उर्वरकों का वर्गीकरण (Classification of biofertilizers)

मृदा में कई प्रकार के जैव उर्वरकों का प्रयोग किया जाता है। आजकल देश में 1275 टन प्रतिवर्ष जैव उर्वरकों का प्रयोग किया जा रहा है। रासायनिक उर्वरकों के हानिकारक प्रभाव को ध्यान में रखते हुए भविष्य में जैव उर्वरकों के और अधिक बढने की सम्भावना है। पौध पोषण से सम्बन्धित जैव उर्वरकों को दो समूहों में वर्गीकृत किया गया है –

1. नत्रजन का स्थिरीकरण करने वाले जैव उर्वरक।
2. फासफोरस का स्थिरीकरण करने वाले जैव उर्वरक।

1. नत्रजन का स्थिरीकरण करने वाले जैव उर्वरक (Nitrogen fixing biofertilizers) : इस वर्ग में वह जैव उर्वरक आते हैं जो वायुमण्डल की स्वतन्त्र नत्रजन का स्थिरीकरण करते हैं। नत्रजन स्थिरीकरण करने वाले जैव उर्वरकों को पुनः दो वर्गों में विभक्त किया गया है –

(अ) सहजीवी नत्रजन स्थिरीकरण (Symbiotic nitrogen fixation) : इस वर्ग में पौधे के सामन्जस्य से वायुमण्डलीय नत्रजन को पौधे की जड़ ग्रन्थियों द्वारा अथवा मृदा में संस्थापित जीवाणुओं को सम्मिलित किया जाता है। सहजीवी जीवाणु तथा फसल एक दूसरे आपस में सामजस्य स्थापित करके कार्य करते हैं जिससे दोनों ही लाभान्वित होते हैं जैसे दलहनी फसलें एवं राइजोबियम, धान एवं नील हरित शैवाल (ठसनम हतममद संहम)।

(ब) असहजीवी नत्रजन स्थिरीकरण (Nonsymbiotic nitrogen fixation) : असहजीवी नत्रजन स्थिरीकरण जीवाणु मृदा में स्वतन्त्र रूप में रहते हुए वायुमण्डलीय स्वतन्त्र नत्रजन का भूमि में स्थिरीकरण करते हैं। इस वर्ग के जीवाणुओं की क्रियाशीलता हेतु किसी भी प्रकार के सहयोग की आवश्यकता नहीं होती है और न ही फसल की उपस्थिति से जीवाणु लाभान्वित होते है। इस वर्ग में आने वाले असहजीवी जीवाणु लाभान्वित होते हैं। इस वर्ग में आने वाले असहजीवी जीवाणु निम्न हैं जैसे नील हरित शैवाल, एजोला (Azola), नोस्टाक (Nostac), आलोसिरा (Aulosira), एनाबीना (Anabaena) आदि।

बैक्टीरिया (Bacteria)

अ. **वायुवीय बैक्टीरिया (Aerobic bacteria) :** एजोटोबैक्टर (Azotobactor), एजोस्पाईरीलम (Azospirillum), बैसीलस (Bacillus) आदि।

ब. **अवायुवीय बैक्टीरिया (Anaerobic bacteria) :** क्लास्ट्रीडियम (Clostridium), रोडोस्पाइरीलम (Rhodospirillum), क्लोरोबियम (Clorobium) आदि।

2. फासफोरस को घुलनशील करने वाले जैव उर्वरक (Biofertilizers for phosphorus solubilizers) : इस वर्ग में जैव उर्वरक मृदा में उपस्थित फासफोरस को घुलनशील बनाकर पौधों को उपलब्ध कराने में सहायता करते हैं। इस वर्ग के जीवाणु जैसे स्यूडोमोनोस स्ट्रेटा (*Pseudomonas strata*), बैसीलस पॉलीमिक्सा (*Bacillus polymixa*), ऐस्परजिलस अवामारी (*Aspergillus awamari*), फ्यूजेरियम (*Fusarium*) तथा माइकोराइजा (*Mycorrhizae*) प्रमुख हैं।

जैव उर्वरकों का विभिन्न फसलों में प्रयोग (Use of biofertilizers in various crops)

1. राइजोबियम : दलहनी फसलों की जड़ों में विकसित होने वाले ग्रन्थियों में राइजोबियम नाम के सूक्ष्म जीवाणु पाये जाते हैं यह जीवाणु छोटा, गोलाकार तथा 3 माइक्रान मीटर के आकार का होता है। विभिन्न दलहनी फसलों में इन जड़ ग्रन्थियों का निर्माण 3–4 सप्ताह की अवस्था से ही प्रारम्भ हो जाता है। यह राइजोबियम जीवाणु दलहनी फसलों की मूल रोमों (Root hairs) की तरफ आकृष्ट होकर जब इनके सम्पर्क में आता है तो मूलरोम द्वारा चारों तरफ से लपेट

लिये जाने के कारण जड़ के भीतर प्रवेश करके अन्तर वाधिका (Cortex) के क्षेत्र में निवास करता है। इस प्रकार फूली हुई गोलाकार आकृति को जड़ ग्रन्थि (Root nodules) कहते हैं। राइजोबियम जीवाणु यही से पौधों के कोशारस (Cellsap) में वायु मण्डल की नत्रजन को स्थापित करता है। इस प्रक्रिया में राइजोबियम अपने कोशारस में उपस्थित नाइट्रोजिनेज (Nitrogenase) तथा हाइड्रोजिनेज (Hydrogenase) द्वारा नत्रजन का अवकरण करता है। इस अवकरण में राइजोबियम को ऊर्जा दलहनी फसलों द्वारा प्रदान की जाती है। दलहनी फसलों की जड़ ग्रन्थियों में लेगहीमोग्लोबिन (Leghaemoglobin) नामक लवक राइजोबियम की श्वसन क्रिया के लिए आक्सीजन उपलब्ध कराता है। अवकरण के पश्चात नत्रजन कार्बनिक पदार्थ (प्रोटीन) तथा एमीनोअम्ल के रूप में परिवर्तित हो जाती है। इन जीवाणुओं के उपयोग के पश्चात शेष बची हुई मात्रा धीरे-धीरे पौधों को उपलब्ध होती रहती है। राइजोबियम जीवाणुओं की वृद्धि एवं विकास के लिए फासफोरस तत्व की आवश्यकता होती है जिसकी पूर्ति फसल द्वारा होती रहती है।

राइजोबियम कल्चर का प्रयोग सभी प्रकार की दलहनी फसलों जैसे अरहर, चना, मटर, मसूर, बरसीम, मूँग, उर्द, लोबिया, ग्वार, खेसारी, ढैंचा, सनई, लूसर्न, सोयाबीन, मूँगफली आदि में किया जाता है। जैव उर्वरक के रूप में राइजोबियम जीवाणु वायुमण्डल की स्वतन्त्र नत्रजन को ग्रहण कर पौधों को उपलब्ध कराते हैं। इन राइजोबियम जीवाणुओं की नत्रजन स्थिरीकरण की क्षमता अलग-अलग होती है। यदि राइजोबियम का प्रयोग दूसरी फसल में कर दिया जाए तो नत्रजन का स्थिरीकरण सम्भव नहीं होता है। राइजोबियम कल्चर दलहनी फसलों की किस्म के अनुसार अलग-अलग होते हैं। कुछ प्रमुख दलहनी फसलों के लिए राइजोबियम की किस्म तथा उनके प्रभेद का विवरण तालिका 10.8 में दर्शाया गया हैं।

तालिका 10.8 : विभिन्न फसलों के लिए राइजोबियम की किस्म तथा प्रभेद

प्रतिनिवेश समूह (Group)	राइजोबियम की प्रजाति (Species of rhizobium)	फसल का नाम (Name of crop)	राइजोबियम प्रभेद (Rhizobium strain)
मटर	राइजोबियम लेग्यूमिनोसोरम (*Rhizobium Leguminosorum*)	मटर, मसूर, चना, खेसारी, कुल्थी	पी-12, एच यू पी आर पी 10-76, मा-1-4, एल सी -1, एल सी 4, डी के-3, 4, 7, टी ए एल 634, एल-1-77, एल 21-83
			खेसारी केन, के-3, के-5, डी के-5, 6, 7
			चना का 101, जी 10, 18, आर सी 149, एच 45, डी के 4, जी 72, एफ आई सी 76
			कुल्थी वी पी आर- 1, एस 3, एच वी डी जी, एम के पी ए जी-1
सेम समूह	राइजोबियम फेजियोलाई (*Rhizobium phaseoli*)	अरहर	बी सी 1021, ए-11, सी सी-11, आई सी 3100, आई एच पी-195
		मूँग	मा-10, एम 11, एम ओ-5, के एम-1, बी एम जी एम, बी ए स-1, एस 24
		उर्द	मा-11, एस 24, के यू-1, बी के एम, बी एस-1

प्रतिनिवेश समूह (Group)	राइजोबियम की प्रजाति (Species of rhizobium)	फसल का नाम (Name of crop)	राइजोबियम प्रभेद (Rhizobium strain)
		लोबिया	सी सी 3, डी सी 28, डी सी 6, का 3, पी 109, यू ए एस आई वी एस
		ग्वार	जी 3
लूसन समूह	राइजोबियम मेलीलोटी (*Rhizobium meliloti*)	रिजका, सेंजी, मेंथी	एस यू 216
सोयाबीन समूह	राइजोबियम जेपोनिकम (*Rhizobium japonicum*)	सोयाबीन	स्टेन 1028
ल्यूपिन समूह	राइजोबियम ल्यूपिनी (*Rhizobium lupini*)	ल्यूपिन	
क्लोवर समूह	राइजोबियम ट्राईफोलाई (*Rhizobium trifolii*)	बरसीम	21–19 सी

बुआई के पूर्व दलहनी फसलों के बीजों को राइजोबियम कल्चर से उपचारित करते हैं। राइजोबियम दलहन उत्पादन के न्यूनतम-लागत घटक हैं। राइजोबियम द्वारा स्थिरीकृत नत्रजन न तो विनाइट्रीकरण (Denitrification) द्वारा अमोनिया के रूप में एवं न ही निछालन ((Leaching) द्वारा नाइट्रेट के रूप में नत्रजन की हानि होती है।

एक पैकेट राइजोबियम कल्चर को आधा लीटर पानी में 50 ग्राम गुड तथा 3 ग्राम बबूल की गोंद को अच्छी तरह से मिला लेते हैं। इस प्रकार से तैयार घोल को 8-10 किलोग्राम बीजों के ऊपर बिखेर कर बीजों को अच्छी तरह से हाथ से मिलाया जाता है जिससे प्रत्येक बीजों के ऊपर कल्चर की एक पर्त चढ़ जाये। इसके पश्चात बीजों को अच्छी तरह से छाया में सुखा लेते हैं। बीजों में कल्चर का प्रयोग सामान्यत: रात में करके सुबह बुआई कर देनी चाहिए अथवा जल्दी सुबह बीजों को उपचारित करके दोपहर पश्चात बुआई कर देनी चाहिए। यह ध्यान रखना चाहिए कि बीजों में कल्चर का प्रयोग करने के 10-12 घन्टे तक बुआई अवश्य कर देनी चाहिए। राइजोबियम मृदा में नत्रजन का स्थिरीकरण पूरी क्षमता के साथ तब करता है जब मृदा में पर्याप्त मात्रा में कार्बनिक पदार्थ हों, मृदा उदासीन हो तथा दिन-रात का तापमान 24-27 डिग्री सेन्टीग्रेड के मध्य हो। आजकल दृव्य चिपकाने वाले पदार्थ जैसे सेल्यूलोज आदि बाजार में उपलब्ध हैं जिनको राइजोबियम कल्चर के साथ सीधे रूप से बीजों में प्रयोग किया जा सकता है। राइजोबियम कल्चर से निम्न लाभ होते हैं –

1. राइजोबियम दलहनी फसलों को नत्रजन की आवश्यकता की पूर्ति करता है।
2. राइजोबियम लगभग 20-30 किलोग्राम प्रति हैक्टेअर की दर से मृदा में नत्रजन का स्थिरीकरण करते हैं।
3. राइजोबियम के प्रयोग से मृदा की उर्वराशक्ति में वृद्धि होती है।
4. राइजोबियम जीवाणु कुछ हारमोन्स तथा विटामिन भी बनाते हैं जिससे पौधों की वृद्धि एवं विकास अच्छी होती है।
5. इनके प्रयोग से पर्यावरण को किसी भी प्रकार का नुकसान नहीं होता है।
6. राइजोबियम कल्चर का प्रयोग जैव उर्वरक के रूप में करने पर फसल की उपज में 20-25 प्रतिशत तक वृद्धि हो जाती है।
7. इनका प्रयोग अन्य कार्बनिक तथा अकार्बनिक उर्वरकों की अपेक्षा सरल एवं सस्ता है।

मृदा में स्थिरीकरण क्रिया द्वारा स्थिर की गई नत्रजन की मात्रा दलहन की किस्म तथा मृदा की दशा पर निर्भर होती है। कुछ दलहनी फसलें जैसे बरसीम द्वारा नत्रजन स्थिरीकरण अधिक मात्रा में होता है जबकि अन्य

दलहनी फसलों में अपेक्षाकृत कम होता है। विभिन्न फसलों द्वारा नत्रजन की स्थिरीकृत मात्रा तालिका 10.9 में निम्नवत हैं –

तालिका 10.9 : विभिन्न फसलों द्वारा नत्रजन का स्थिरीकरण

फसल	नत्रजन स्थिरीकरण की मात्रा (कि.ग्रा. प्रति हैक्टेअर)
सनई	70–75
ढैंचा	65–70
ग्वार	55–60
लोबिया	45–50
मूँग	35–40
सेंजी	90–95
बरसीम	95–100

2. एजोटोबैक्टर (Azotobacter) : एजोट (Azote) का अर्थ है नत्रजन (Nitrogen) जबकि बेक्टर (Bactor) का अर्थ है बैक्टीरिया (Bacteria)। स्वतन्त्र जीवन यापन करते हुए नत्रजन यौगिकीकरण करने वाले जीवाणुओं में एजोटोबैक्टर का स्थान प्रथम है। सर्वप्रथम इसकी खोज रूस के वैज्ञानिक बैन्जरीक ने 20 वीं सदी के शुरू में की थी। वायुमण्डल में उपस्थित नत्रजन को पौधे प्रत्यक्ष रूप से ग्रहण नहीं कर पाते हैं। एजोटोबैक्टर वर्ग के जीवाणु विविधपोषी होते हैं। ये भूमि एवं पौधों की जड़ों की सतह पर स्वतन्त्र रूप में रहकर आक्सीजन की उपस्थिति में वायुमण्डलीय नत्रजन को अमोनिया के रूप में परिवर्तित करके पौधों को उपलब्ध कराते हैं। ये जीवाणु पौधों की जड़ों से उत्सर्जित अमीनो अम्ल, शर्करा, कार्बनिक अम्ल तथा विटामिन्स को ऊर्जा के रूप में ग्रहण करते हैं। एक बार इसका प्रयोग करने के पश्चात आगामी 2–3 वर्षों/फसलों को लाभ मिलता रहता है। एजोटोबैक्टर में नत्रजन स्थिरीकरण के अतिरिक्त बीजों के अंकुरण में वृद्धि करने की क्षमता भी पाई जाती है। सामान्यत: 25–35 डिग्री सेन्टीग्रेड तापमान तथा 6.5–7.5 पी एच मान इनकी वृद्धि के लिए उपयुक्त है। बलुई भूमियों तथा मृदाओं में लवणों की सान्द्रता बढ़ने से इन जीवाणुओं की क्रियाशीलता प्रभावित होती है। एजोटोबैक्टर का प्रयोग अकार्बनिक उर्वरकों के साथ करना लाभकारी होता है। नत्रजन स्थिरीकरण के अतिरिक्त ऐजोटोबैक्टर कुछ पादप वृद्धि नियामक की मात्रा का भी मृदा में वृद्धि करते हैं जैसे विटामिन बी, पादप हारमोन जैसे इण्डोल एसीटिक अम्ल, जिब्रैलिक अम्ल तथा साइटोकाइनिन आदि। एजोटोबैक्टर का प्रयोग निम्न फसलों में किया जाता है –

खाद्यान्न फसलें	–	गेहूँ, जौ, ज्वार, बाजरा, मक्का, लघु धान्य आदि।
तिलहनी फसलें	–	सरसों, अण्डी, तिल, सूरजमुखी आदि।
नकदी फसलें	–	गन्ना, आलू, कपास, तम्बाकू आदि।
सब्जी फसलें	–	टमाटर, मिर्च, बैंगन, गोभी, प्याज आदि।
बागवानी फसलें	–	पपीता, अंगूर, केला आदि।
फूल वाली फसलें	–	गेंदा, गुलाब आदि।

ऐजोटोबैक्टर की प्रजातियाँ : एजोटोबैक्टर की निम्न प्रजातियाँ प्रयोग की जाती हैं –

क्षारीय तथा अम्लीय भूमियों के लिए – एजोटोबैक्टर क्रोकोकम। सामान्य पी एच वाली भूमियों के लिए – एजोटोबैक्टर एजीलिस, ए.वाइनीलेन्डी, ए. बैंजरिंकी।

एजोटोबैक्टर का प्रयोग : निम्नलिखित प्रमुख तीन विधियों में से किसी एक विधि का प्रयोग एजोटोबैक्टर द्वारा उपचारित करना चाहिए – 1) बीज उपचार, 2) पौधों की जड़ों का उपचार, 3) मृदा उपचार।

1) बीज उपचार : आधा लीटर पानी में 50 ग्राम गुड़ अथवा चीनी को गरम करके गाढ़ा चिपचिपा घोल तैयार करके ठण्डा करने के बाद उसमें 200 ग्राम एजोटोबैक्टर का पैकेट डालकर घोल तैयार कर लेना चाहिए। यह घोल 10 किलोग्राम बीज को उपचारित करने के लिए पर्याप्त होता है। बीज को उपचारित करने के पश्चात छाया में अच्छी प्रकार सुखाकर बुआई कर दी जाती है।

2) पौधों की जड़ों का उपचार : आधा किलोग्राम सूखी गोबर की खाद को ढाई लीटर पानी में डालकर गाढ़ा (स्लरी) बनाने के बाद आधा किग्रा एजोटोबैक्टर कल्चर को डालकर इस गाढे घोल में पौधों की जड़ों को उपचारित करने के बाद खेत में रोपाई करनी चाहिए। पौधों की जड़ों का उपचार सामान्यत: रोपाई की जाने वाली फसलों में किया जाता है।

3) मृदा उपचार : एजोटोबैक्टर की 1.0–1.5 किग्रा मात्रा को विभिन्न प्रकार की फसलों के अनुसार 10–20 किग्रा महीन पिसी हुई मिट्टी अथवा बालू में मिलाकर बुआई के पूर्व खेत में एक समान मात्रा में छिड़काव करना अधिक लाभदायक होता है।

एजोटोबैक्टर के प्रयोग से निम्नलिखित **लाभ** प्राप्त होते हैं –

1. इसके प्रयोग करने से मृदा 25–30 किग्रा प्रति हैक्टेअर की दर नत्रजन स्थिरीकरण हो जाता है।
2. नत्रजन के अतिरिक्त पौधों की वृद्धि में सहायक दूसरे रासायनिक तत्व जैसे ऑक्सीजन, इन्डोल एसीटिक अम्ल, जिब्रेलिन, पायरी डोक्सिन, साइनो कोक्लीन, निकोटिनिक अम्ल आदि उपलब्ध हो जाते हैं।
3. एजोटोबैक्टर के प्रयोग से बीजों की अंकुरण क्षमता जैसे कपास में 35–50 प्रतिशत, धान में 70–80 प्रतिशत तथा गेहूँ में 50 प्रतिशत की वृद्धि हो जाती है।
4. इनके प्रयोग से फसलों की उपज में 20–25 प्रतिशत की वृद्धि हो जाती है।

3. एजोस्पिरीलम (Azospirillum) : भारत में खाद्यान्न फसलों में एजोस्पिरीलम का योगदान सराहनीय है जिससे पौधों को फासफोरस की उपलब्धता बढ़ जाती है। इसके अतिरिक्त धान, मक्का, ज्वार एवं कुछ खरपतवारों की जड़ों में एजोस्पिरीलम के बहुत से स्ट्रेन अलग किये गये हैं जिसके परिणामस्वरूप नत्रजन यौगिकीकरण करने में सक्षम ऐजोस्पिरीलम ब्राजीलेन्स नामक स्ट्रेन की पहचान की गई है।

इस जीवाणु द्वारा नत्रजन का स्थिरीकरण 30–35 डिग्री सेन्टीग्रेड तापमान पर अधिक होता है। एजोस्पिरीलम के प्रयोग से धान, गेहूँ, जौ, ज्वार, मक्का, बाजरा आदि फसलों में 20–25 प्रतिशत तक उपज में वृद्धि हो जाती है। सूरजमुखी की फसल में एजोस्पिरीलम के प्रयोग से 20–25 प्रतिशत उपज बढ जाती है।

4. माइक्रोफास (Microphos) : माइक्रोफास को एनोफास भी कहते हैं। माइक्रोफास के जीवाणुओं को खादों में समावेश किया जाता है जो रॉक फासफेट तथा मृदा में उपस्थित अघुलनशील फासफोरस को घुलनशील फासफोरस में परिवर्तित करके पौधों में इसकी उपलब्धता बढ जाती है। इन जीवाणुओं में स्यूडोमोनास स्ट्रिएला तथा बैसीलस पॉलीमिक्सा प्रमुख हैं। इन जीवाणुओं के अतिरिक्त माइक्रोफास खाद में एस्परजिलस एवामोरी नामक फफूँदी का भी समावेश करते हैं। इसके अतिरिक्त खादों में दिये जाने वाले फासफेट अवामोरी का भी समावेश किया जाता है। अत: माइक्रोफास जैव उर्वरकों का प्रयोग करके फासफेट उर्वरकों की उपयोग क्षमता बढ़ाई जा सकती है। आजकल पी.एस.एम. (Phosphate solubilizing mycorhizae) कल्चर का भी प्रयोग करके फासफोरस की उपलब्धता बढाई जा सकती है।

5. नील हरित शैवाल (Blue green algae) : नील हरित शैवाल निम्न वर्गीय पौधों का एक ऐसा समूह है जिसे साइनोबैक्टीरिया भी कहा जाता है। यह एक कोशिकीय बैक्टीरिया है। यह जीवाणु धान की फसल में प्रयोग करने पर

वायुमण्डल की स्वतन्त्र नत्रजन को प्रकाश संश्लेषण द्वारा ऊर्जा ग्रहण करके भूमि में स्थिरीकरण करता है। नील हरित शैवाल का प्रयोग धान की फसल में करने पर लगभग 30-35 किलोग्राम प्रति हैक्टेअर की दर से नत्रजन का स्थिरीकरण करते हैं। नील हरित शैवाल जलमग्न दशाओं में उगाया जाता है तथा इसकी एनाबिना, औलोसिस, नास्टाक, क्लोथ्रक्सि, सिलीडोस्पर्म नामक प्रजातियाँ अधिक उपयुक्त हैं। नील हरित शैवाल एक स्वतन्त्र जीवाणु हैं जो किसी फसल विशेष पर निर्भर नहीं होता एवं जिसके प्रयोग से मृदा में जीवांश पदार्थ की मात्रा में वृद्धि होती है। नील हरित शैवाल का प्रयोग केरल, तमिलनाडु, उडीसा में धान की फसल में वृहद रूप में किया जाता है। धान की फसल में 10 किलोग्राम प्रति हैक्टेअर की दर से नील हरित शैवाल का प्रयोग करने के पश्चात उपज में 20-25 प्रतिशत की वृद्धि हो जाती है। इसके उपरान्त आगामी फसलें जैसे सरसों एवं गेहूँ उगाने से सरसों की उपज में 10 प्रतिशत तथा गेहूँ की फसल में 15-20 प्रतिशत की वृद्धि हो जाती है।

6. ऐजोला (Azolla) : ऐजोला ठंडे पानी में उगने वाला एक जलीय फर्न है जो प्राय: तालाबों तथा पानी में तैरती हुई उगती है। इसकी वृद्धि इतनी तीव्र होती है कि यह 20-30 दिनों के अन्दर वृद्धि करके दो गुनी हो जाती है। यह एनाबीना एजोला नामक नत्रजन यौगिकीकरण करने वाले नील हरित शैवाल के पृष्ठीय पत्तियों की खोहों में सहजीवी अणुजीव के रूप में पाया जाता है। नील हरित शैवाल एवं एजोला के पारस्परिक सहजीवन के फलस्वरूप वायुमण्डलीय नत्रजन का यौगिकीकरण होता है। एजोला में नत्रजन स्थिरीकरण की क्षमता अधिक होती है। एजोला की अच्छी वृद्धि के लिए मृदा तल पर 5 से 10 सेमी खड़ा स्थिर पानी, 20-30 डिग्री सेन्टीग्रेड तापमान, मृदा का सामान्य पी एच मान तथा 4-8 किलोग्राम प्रति हैक्टेअर की दर से उपलब्ध फासफोरस होना उपयुक्त माना जाता है। धान की रोपाई के बाद थोडी सी मात्रा में फर्न का निवेशन करने से प्रतिदिन 1-2 किग्रा प्रति हैक्टेअर की दर से नत्रजन का स्थिरीकरण होता है। एजोला का धान के खेत में वृद्धि एवं विकास बहुत तेजी से होता है। खेत में एजोला का 0.1 से 0.4 किलोग्राम प्रति वर्गमीटर की दर से निवेशन करने पर इसका विकास इतनी तेजी से होता है कि 8-20 दिन के अन्दर 8-15 टन प्रति हैक्टेअर हरा चारा प्राप्त हो जाता है।

7. एसीटोबैक्टर (Acetobactor) : यह एक अनिवार्य जैविक रूप से नत्रजन स्थिरीकरण करने वाला सूक्ष्म जीवाणु है जो अपने चयापचय गतिविधियों द्वारा अम्ल का स्राव करता है। जैविक रूप से नत्रजन स्थिरीकरण करने वाले सभी सूक्ष्म जीवाणु नाइट्रोजिनेज नामक एन्जाइम की मदद से हवा में उपस्थित नत्रजन स्थिरीकरण सामान्य ताप तथा दाब पर चयापचय प्रक्रिया के माध्यम से करते हैं। विभिन्न प्रकार के जैविक नत्रजन स्थिरीकरण करने वाले सूक्ष्म जीवाणुओं में आक्सीजन के प्रति संवेदनशीलता अलग-अलग होती है। एसीटोबैक्टर गन्ना की फसल की उपज तथा शर्करा की मात्रा बढ़ाने के लिए बहुत ही उपयोगी है।

2. फासफोरस को घुलनशील करने वाल जीवाणु (Phosphate solubilizing bacteria): फासफोरस नत्रजन के पश्चात ऐसा द्वितीयक पोषक तत्व है जिसका उपयोग पौधों की वृद्धि एवं विकास के लिए आवश्यक है। मृदा की रासायनिक प्रतिक्रिया के कारण फासफोरस की मृदा में पर्याप्त मात्रा होने के फलस्वरूप भी यह पौधों को उपलब्ध नहीं होने पाता है। इसलिए फासफोरस की मृदा में सदैव कमी पाई जाती है। मृदा में उपलब्ध फासफोरस की मात्रा को जीवाणुओं की प्रतिक्रिया के फलस्वरूप घुलनशील तथा प्राप्य अवस्था में बनाये रखने के कारण फसलों की वृद्धि तथा उपज में अपनी सकारात्मक भूमिका का निर्वाह करता है। मृदा में विद्यमान अघुलनशील फासफोरस को घुलनशील बनाने के लिए स्यूडोमोनास स्ट्रेटा (*Pseudomonas strata*) जीवाणु को उपयोग में लाया जाता है। इसके अतिरिक्त माइकोराइजा (Mycorhizae) नामक जीवाणु का भी प्रयोग अघुलनशील फासफोरस के रूप में परिवर्तित करने के लिए किया जाता है। इस वर्ग में जैव उर्वरक अघुलनशील ट्राई कैल्सियम फासफेट, लोहा, एल्यूमिनियम फासफेट तथा रॉक फासफेट को घुलनशील बनाने की क्षमता पाई जाती है। इन जैव उर्वरकों का प्रयोग बुआई के पूर्व बीजोपचार द्वारा किया जाता है तथा गेहूँ, मक्का, धान एवं सोयाबीन की फसल के उत्पादन में 15-20 प्रतिशत उपज में वृद्धि में सहायक होता है।

पी.एस.बी. क्षारीय मृदाओं में फासफोरस की उपलब्धता बढ़ाता है। जब पी.एस. बी. को रॉक फास्फेट के साथ प्रयोग किया जाता है तब सिंगल सुपर फासफेट की तरह फासफोरस उर्वरक की लगभग 50 प्रतिशत तक आवश्यकता को कम किया जा सकता है। फासफोरस उर्वरकों के प्रयोग का केवल 12–15 प्रतिशत तक ही उपयोग हो पाता है शेष मात्रा लौह फासफेट अथवा कैल्सियम फासफेट के रूप में मृदा में स्थिरीकरण हो जाती है। स्यूडोमोनास तथा बैसीलस प्रजातियों के जीवाणु कार्बनिक अम्ल के रिसाव द्वारा इस स्थिरीकृत फासफोरस को घोलकर पौधों को इसकी उपलब्धता कराने में सक्षम हो जाते हैं जिसे फासफोरस घोलक जीवाणु या पी.एस.बी. कहते हैं। इस जैव उर्वरकों को दूसरे जैव उर्वरकों जैसे एजोटोबैक्टर या राइजोबियम के साथ 1:2 के अनुपात में मिलाकर प्रयोग करने पर पाया कि पी.एस.वी. मृदा से कुछ अधिक मात्रा में कार्बन को अपने भोजन के रूप में ग्रहण कर लेते हैं इस प्रकार उपचारित खेतों में कार्बनिक पदार्थ की पर्याप्त मात्रा होना आवश्यक है जोकि लाभकारी होती है।

फसलों में पी.एस.बी. का प्रयोग निम्न विधियों द्वारा किया जाता है –

1. बीज उपचार : आधा लीटर पानी में 50 ग्राम गुड अथवा चीनी को गरम कर गाढ़ा घोल तैयार कर लेते हैं। ठण्डा होने पर इस घोल में 200 ग्राम कल्चर डालकर अच्छी प्रकार से मिला लेते हैं। इस घोल को 10 किलो बीज में अच्छी प्रकार मिलाकर छाया में सूखने के बाद बीजों की बुआई कर दी जाती है।

2. पौधों की जड़ उपचार : आधा किलाग्राम सूखी गोबर की खाद को 2.5 लीटर पानी में डालकर गाढ़ा घोल (स्लरी) बनाने के बाद आधा किग्रा पी.एस.बी. कल्चर को डालकर इस गाढे घोल में पौधों की जड़ों को उपचारित करके खेत में रोपाई कर दी जाती है। इस विधि द्वारा पी.एस.बी. का उपचार रोपाई की जाने वाली फसलों में किया जाता है।

3. मृदा उपचार : पी.एस.बी. कल्चर की 800 ग्राम मात्रा को 10–20 किग्रा महीन पिसी हुई सूखी मिट्टी अथवा बालू में मिलाकर खेत की बुआई के पूर्व अच्छी प्रकार फैला दिया जाता है।

जैव उर्वरक बनाने की विधियाँ (Methods of preparing biofertilizers)

कुछ ऐसे जीवाणु जो पौधों के साथ असहजीवी रूप में स्थिर करने एवं भूमि में मौजूद अघुलनशील फासफोरस को घुलनशील करने का कार्य करते हैं। राइजोबियम कल्चर तैयार करने के लिए कोयले का चूर्ण, लिग्नाइट, मिट्टी एवं रासायनिक पोषक तत्वों की एक निश्चित मात्रा को 10 प्रतिशत पानी में नम करके आटोक्लेव मशीन द्वारा (आटोक्लेविंग) अनावश्यक जीवाणुओं को नष्ट किया जाता है। इस प्रकार बने जीवाणु रहित माध्यम को 48 घन्टे तक ठण्डा कर लिया जाता है। इसके पश्चात इस माध्यम से फसलों के लिए उपयोगी जीवाणु को मिलाकर पैकेट तैयार कर लिये जाते हैं जिन्हें हम जैव उर्वरक कहते है। आजकल नैफेड इन्दौर एवं भरतपुर, राष्ट्रीय जैव उर्वरक विकास संस्थान (भारत सरकार), गाजियाबाद, समस्त राज्य कृषि विद्यालय, भारतीय कृषि अनुसंधान संस्थान, नई दिल्ली, राज्य कृषि विभाग के अतिरिक्त इफको, कृभको, श्रीराम फर्टिलाइजर्स, स्पिक फर्टिलाइजर्स आदि जैव उर्वरक तैयार कर रहे हैं।

जैव उर्वरकों के प्रयोग विधि : जैव उर्वरकों से वांछित लाभ प्राप्त करने के लिए यह आवश्यक है कि इन जैव उर्वरकों का सही समय पर सही मात्रा में उचित किस्म के सम्वर्ध तथा सही विधि द्वारा सावधानीपूर्वक प्रयोग किया जाए। जैव उर्वरकों के प्रयोग की निम्न विधियाँ हैं – (1) मृदा में उपचार (Soil treatment), (2) बीज उपचार (Seed treatment), (3) पौध उपचार (Seedling treatment)।

पौध वृद्धि नियामक सूक्ष्म जीवाणु (Plant Growth Promoting Microorganism - PGPR)

सूक्ष्म जीवाणुओं का एक और समूह जो हारमोन एवं जैव अणुओं का उत्पादन कर भूमि द्वारा फैलने वाली बीमारियों को नियंत्रण कर फसल उत्पादन की वृद्धि करने में सहायक होते हैं उन्हें पौध वृद्धि नियामक सूक्ष्म जीवाणु कहते हैं। दलहनी फसलों में पौध वृद्धि नियामक सूक्ष्म जीवाणुओं को राइजोबियम तथा पी.एस.बी. के साथ प्रयोग किया जाता है।

इस प्रकार संयुक्त रूप से इन जैव उर्वरकों के प्रयोग से 10-20 प्रतिशत तक फसल की उपज में वृद्धि हो जाती है। पौध वृद्धि नियामक सूक्ष्म जीवाणुओं के अतिरिक्त कुछ कवक जैसे ट्राइकोडरमा तथा वैम कवक (VAM fungi) का उत्पादन बृहद स्तर पर जैव उर्वरकों के रूप में भी किया जाता है यह कवक मृदा द्वारा फैलने वाली बीमारियों को रोकने के साथ मृदा से पोषक तत्वों की आपूर्ति को भी बढ़ा देते हैं।

वेसीकुलर आरबसकुलर माइकोराइजा (Vascicular Arbuscular Mycorrhizae - VAM)

वैम का निर्माण उपयुक्त माइकोराइजा के बालू तथा मिट्टी के मिश्रण को जीवाणु रहित करके किया जाता है। इस प्रकार इसमें कवक के स्पोर तथा इनकी जड़ों के टुकड़े काफी अधिक संख्या में उपस्थित रहते हैं। वैम सम्वर्ध समस्त पौधों, फसलों तथा पेड़ों से सम्बन्ध स्थापित कर लेते हैं।

- मृदा फासफोरस तथा सूक्ष्म तत्व जैसे जिंक, कापर तथा आयरन की उपलब्धता में वृद्धि होने से पौधों की वृद्धि एवं विकास में वृद्धि हो जाती है।
- प्रयोग की गई उर्वरक के ग्रहण में वृद्धि हो जाने से फसल की उर्वरक उपयोग दक्षता में वृद्धि हो जाती है।
- दलहनी वर्ग की फसलों में जड़ ग्रन्थियों में वृद्धि होने से जीवाणुओं द्वारा नत्रजन स्थिरीकरण में वृद्धि हो जाती है।
- पोषक तत्वों का अधिक ग्रहण होने से पौधों की वानस्पतिक तथा जड़ो का फैलाव बढाने में सहयोग करता है।
- मृदा जल की कमी वाले क्षेत्रों में फसल में पोषक तत्वों की मात्रा में सुधार हो जाता है तथा फसल में सूखा सहन करने की क्षमता में वृद्धि हो जाती है।
- फसल में रोग अवरोधिता में वृद्धि हो जाती है।
- यह सूक्ष्म जीवाणुओं जैसे एजोस्पीरिलम, एजोटोबेक्टर, राइजोबियम तथा पी.एस.बी. की संख्या में वृद्धि हो जाती है।

वैम का प्रयोग बीज उपचार के रूप में करना चाहिए। रोपण फसलों में बीजों की बुआई के पूर्व उपचारित कर लेना चाहिए। सामान्यत: एक एकड़ क्षेत्रफल में 2-4 किग्रा वैम का प्रयोग करना चाहिए। वैम की यह संस्तुत दर भिन्न-भिन्न फसलों में भिन्न-भिन्न होती है। रोपण फसलों जैसे मिर्च, टमाटर, धान, बैंगन आदि में बीजों को उपचारित कर नर्सरी में बुआई करनी चाहिए। वृक्षों में भी इस प्रकार से वैम का प्रयोग करना चाहिए।

1. मृदा के उपचार: जैव उर्वरकों की मृदा में उपचार की विधि मुख्यत: एजोटोबैक्टर का प्रयोग करने के लिए की जाती है। इस विधि में कल्चर को नम मृदा अथवा गोबर की खाद में 1:50 के अनुपात में मिलाकर मृदा में डाला जाता है। एजोटोबैक्टर को 2.5 किलोग्राम प्रति हैक्टेअर की दर से प्रयोग किया जाता है। मृदा में जैव उर्वरक का प्रयोग तेज धूप में नहीं करना चाहिए तथा खेत की तुरन्त जुताई करके अच्छी तरह से खेत में मिला देना चाहिए। एजोटोबैक्टर का उपचार निम्न अवस्थाओं में किया जाता है -

1. जब फसल की बुआई उष्ण जलवायु में की गई हो।
2. जब भूमि में विनाइट्रीकरण करने वाले जीवाणुओं की अधिक मात्रा पाई जाती है।
3. जब खेत में बोई गई फसल को उपचारित न किया गया हो।

2. बीजोपचार : बीज उपचार की विधि का प्रयोग सभी प्रकार के जैव उर्वरकों में किया जाता है। इस विधि में बीजों को बोने के पूर्व कल्चर द्वारा उपचारित कर लेते हैं। बीज उपचार के लिए 10 प्रतिशत गुड या चीनी (100 ग्राम गुड/चीनी को 1 लीटर पानी) का घोल बनाया जाता है। इस घोल को निर्जीवीकरण करने के लिए इसको 15 मिनट तक खूब गर्म करके उबाला जाता है फिर इसको ठन्डा कर लिया जाता है। इस घोल को ठन्डा होने के पश्चात एक (200 ग्राम) पैकेट को अच्छी तरह से मिलाकर 8-10 किलोग्राम बीजों के ऊपर डालकर अच्छी तरह से हाथ से मिलाया जाता है जिससे बीजों के ऊपर एक परत चढ़ जाती है। तत्पश्चात बीजों को छाया में अच्छी प्रकार से सुखा लिया जाता है। इस तरह से

जैव उर्वरकों से उपचारित बीजों की बुआई कर दी जाती है। जैव उर्वरकों को मिलाने के बाद यथा शीघ्र बीजों की बुआई कर देनी चाहिए।

3. पौध उपचार : पौध उपचार विधि का प्रयोग मुख्य रूप से एजोटोबैक्टर जैव उर्वरक के लिए किया जाता है। धान तथा सब्जियों की पौध को रोपाई करने के पूर्व एजोटोबैक्टर के घोल से उपचारित किया जाता है। एजोटोबैक्टर के एक पैकेट को 15–20 लीटर पानी में घोल लिया जाता है इस घोल में चिपचिपाहट बढ़ाने के लिए गोंद या अन्य चिपचिपाहट करने वाले पदार्थों का प्रयोग किया जाता है। इस प्रकार से एक हैक्टेअर की पौध को उपचारित करने के लिए 8–10 पैकेट कल्चर की आवश्यकता होती है। इस प्रकार आलू, गन्ना, केला, शकरकन्द आदि फसलों में भी इसका प्रयोग किया जाता है। इस घोल को बनाने के बाद पौध की जड़ों को 5 मिनट तक डुबोये रखने के तुरन्त पश्चात रोपाई कर दी जाती है।

धान की फसल में जैव उर्वरकों का प्रयोग : धान की फसल में जैव उर्वरकों के रूप में नील हरित शैवाल तथा एजोला का प्रयोग किया जाता है। धान की फसल में एजोला का प्रयोग नील हरित शैवाल की अपेक्षा कम किया जाता है। एजोला प्रयोग करने के लिए हमारे देश में बहुत कम क्षेत्रों में ही यह उपलब्ध है। इसलिए सामान्यतः नील हरित शैवाल का ही प्रयोग किया जाता है। नील हरित शैवाल तथा एजोला को 10–12 किलोग्राम प्रति हैक्टेअर की आवश्यकता होती है। धान की रोपाई के एक सप्ताह पश्चात जब पौध अच्छी तरह से रोपित हो जाए तब इसको खेत में एक समान मात्रा में फैला दिया जाता है। छिड़काव एक समान तथा सुविधापूर्वक करने के लिए कल्चर में नम भूमि या सड़ी हुई गोबर की खाद को मिलाया जा सकता है। इस कल्चर का प्रयोग मृदा में सुबह अथवा शाम के समय मन्द धूप में करना चाहिए। कल्चर का प्रयोग करते समय धान के खेत में पानी रहना चाहिए तथा यह पानी 5–6 दिनों तक लगातार भरा रहना आवश्यक हैं।

जैव उर्वरकों के प्रयोग में सावधानियाँ (Precautions during use of biofertilizers)

जैव उर्वरकों के प्रयोग में निम्न सावधानियाँ रखनी चाहिए –

1. अलग–अलग फसलों के लिए अलग–अलग प्रकार के जैव उर्वरक प्रयोग किये जाते हैं।
2. जैव उर्वरक के कल्चर का प्रयोग निश्चित समय सीमा के अन्दर ही करना चाहिए।
3. जैव उर्वरक को अधिक गर्मी तथा शीत से बचाना चाहिए। अतः कल्चर को हवादार, शुष्क तथा ठंडे स्थान पर ही रखना चाहिए।
4. कल्चर का घोल बनाते समय अधिक मात्रा में पानी का प्रयोग नहीं करना चाहिए।
5. कल्चर से बीजों को उपचारित करने के तुरन्त पश्चात बुआई कर देनी चाहिए।
6. कल्चर द्वारा उपचारित किये गये बीजों को सुबह अथवा शाम के समय बुआई करनी चाहिए। तेज धूप में जैव उर्वरकों का प्रयोग कभी भी नहीं करना चाहिए।
7. यदि बीजों का उपचार कीटनाशी अथवा कवकनाशी रसायनों से करना हो तो पहले कवकनाशी से बीजों का उपचार करने के बाद कीटनाशी रसायन से तथा इसके पश्चात जैव उर्वरक से उपचारित करना चाहिए। कवकनाशी तथा कीटनाशी रसायनों से उपचारित किये गये बीजों को जैव उर्वरक की अधिक मात्रा की आवश्यकता होती है।
8. कल्चर से घोल बनाते समय पानी का निर्जीवीकरण करना आवश्यक है।
9. कल्चर से उपचारित बीजों को खाने के लिए प्रयोग नहीं करना चाहिए।
10. बचे हुए कल्चर को ठन्डे तथा हवादार स्थान पर कुछ दिनों के लिए भन्डारण किया जा सकता है।
11. जिन फसलों में जैव उर्वरक का प्रयोग किया गया हो तो उसमें नत्रजन उर्वरकों को कम मात्रा में प्रयोग करना चाहिए अन्यथा इसका भरपूर लाभ नहीं मिल पाता है। कल्चर से उपचारित फसल में बुआई के समय रासायनिक उर्वरकों का प्रयोग ही न किया जाए यदि किया भी जाता है तो उर्वरकों का बीजों के साथ सम्पर्क न होने पाये।

जैव उर्वरकों से लाभ (Advantages of biofertilizers)

जैव उर्वरकों से निम्न लाभ प्राप्त होते हैं –

1. जैव उर्वरक बहुत सस्ते होते हैं तथा उनका प्रयोग प्रत्येक किसान आसानी से कर सकता है।
2. जैव उर्वरकों के प्रयोग से फसल की उपज में 20–25 प्रतिशत तक की वृद्धि हो जाती है।
3. जैव उर्वरकों के प्रयोग से मृदा में नत्रजन तथा फासफोरस तत्व की उपलब्धता बढाने के साथ–साथ कुछ वृद्धि उत्तेजक हारमोन्स जैसे आक्सिन, इन्डोल एसीटिक अम्ल, जिब्रेलिन आदि एवं विटामिन्स भी पौधों को उपलब्ध हो जाते हैं।
4. जैव उर्वरकों के प्रयोग से बीजों की अंकुरण क्षमता में वृद्धि हो जाती है।
5. जैव उर्वरकों के प्रयोग से मृदा में नत्रजन की उपलब्धता 20–30 किलोग्राम प्रति हैक्टेअर की दर से हो जाती है तथा फासफोरस की उपलब्धता भी बढ़ जाती है।
6. जैव उर्वरकों के प्रयोग से मृदा की भौतिक तथा रासायनिक दशा में सुधार हो जाता है।
7. जैव उर्वरकों के प्रयोग से मृदा की जल धारण क्षमता, आयन्स क्षमता तथा बफर क्षमता में वृद्धि हो जाती है।
8. जैव उर्वरकों के प्रयोग से मृदा जनित रोगों का प्रकोप फसल में कम हो जाता है।
9. मृदा में लाभदायक जीवाणुओं की संख्या में वृद्धि हो जाती है।
10. फसल उगाने में उत्पादन लागत में कमी होने पर लाभ अधिक प्राप्त होता है।
11. जैव उर्वरकों के प्रयोग से वातावरण प्रदूषित नहीं होता है।

जैव उर्वरकों की सीमाएं (Limitations of biofertilizers)

जैव उर्वरकों के प्रयोग करने से लाभ के साथ–साथ इनके प्रयोग में कुछ समस्याएं भी हैं, जो निम्न हैं–

1. कृषकों को जैव उर्वरकों के प्रयोग की समुचित जानकारी का अभाव है।
2. जैव उर्वरकों की सही समय पर उपलब्धता नहीं हो पाती है।
3. कल्चर की गुणवत्ता की कमी है।
4. सही ढंग से विपणन तथा वितरण प्रणाली का अभाव है।

अभ्यास 1 : पूर्वी उत्तर प्रदेश का एक कृषक संकर धान में 150 किग्रा प्रति हैक्टेअर की दर से नत्रजन का प्रयोग करना चाहता है। अत: निम्न उर्वरकों की कितनी मात्रा में आवश्यकता होगी।

- अमोनियम सल्फेट (20% नत्रजन)
- अमोनियम क्लोराइड (25% नत्रजन)
- यूरिया (46% नत्रजन)
- कैल्सियम अमोनियम नाइट्रेट (26% नत्रजन)

अमोनियम सल्फेट की मात्रा $=\frac{150}{20}\times 100=750$ किग्रा अमोनियम सल्फेट प्रति हैक्टेअर

अमोनियम क्लोराइड की मात्रा $=\frac{150}{25}\times 100=600$ किग्रा अमोनियम क्लोराइड प्रति हैक्टेअर

यूरिया की मात्रा $=\frac{150}{46}\times 100=326.1$ किग्रा यूरिया प्रति हैक्टेअर

कैल्सियम अमोनियम नाइट्रेट की मात्रा $=\frac{150}{26}\times 100=576.9$ किग्रा कैल्सियम अमोनियम नाइट्रेट प्रति हैक्टेअर

अभ्यास 2 : पश्चिमी उत्तरप्रदेश का एक किसान 20 हैक्टेअर क्षेत्रफल में गेहूँ की फसल को उगाना चाहता है। अतः यूरिया, सिंगल सुपर फासफेट तथा म्यूरेट आफ पोटास जिसमें क्रमशः 46: नत्रजन, 16: फासफोरस तथा 60: पोटास पाया जाता है। गेहूँ की फसल में पोषक तत्व प्रयोग की दर 120:60:40 किग्रा नत्रजनः फासफोरसः पोटास है। अतः कितनी मात्रा में इन उर्वरकों का प्रयोग किया जाएगा।

यूरिया की आवश्यकता $=\frac{120}{46}\times 20\times 100=5217.39$ किग्रा

सिंगिल सुपर फासफेट की मात्रा $=\frac{60}{16}\times 20\times 100=7500$ किग्रा

म्यूरेट ऑफ पोटास की मात्रा $\frac{40}{60}\times 20\times 100=1333.33$ किग्रा

अभ्यास 3: एक किसान अपनी गेहूँ की फसल में नत्रजन का प्रयोग तीन बराबर भागों में एक–तिहाई मात्रा बुआई के समय, एक–तिहाई मात्रा ताजमूल अवस्था पर तथा शेष एक–तिहाई मात्रा बाल निकलने के पूर्व प्रयोग करना है। बौनी किस्म की गेहूँ में 120 किग्रा/है. की दर से नत्रजन का प्रयोग करना है। बुआई के समय नत्रजन पोषक तत्व का प्रयोग कैल्शियम अमोनियम नाइट्रेट तथा छिड़काव के लिए यूरिया का प्रयोग करना है। एक हैक्टेअर गेहूँ के लिए इन उर्वरकों की मात्रा ज्ञात करें।

चूँकि बौनी गेहूँ के लिए 120 किग्रा नत्रजन प्रति हैक्टेअर की दर से प्रयोग करना है जिसको तीन बराबर भागों में प्रयोग करना है।

अतः 40 किग्रा नत्रजन प्रत्येक बार में प्रयोग करना है।

बुआई के समय कैल्शियम अमोनियम नाइट्रेट की मात्रा $=\frac{40}{26}\times 100=153.85$ किग्रा/है.

छिड़काव के लिए यूरिया की आवश्यकता $=\frac{40}{46}\times 100=86.96$ किग्रा प्रति है. यूरिया को प्रत्येक बार छिड़काव हेतु प्रयोग करना है।

अभ्यास 4 : पंजाब का एक कृषक अधिक उपज देने वाली गेहूँ की प्रजाति पी बी डब्लू 343 में 150 किग्रा नत्रजन, 80 किग्रा फासफोरस तथा 60 किग्रा पोटास प्रति हैक्टेअर की दर से प्रयोग करना है। उर्वरक के रूप में डी ए पी, यूरिया तथा म्यूरेट आफ पोटास उपलब्ध हैं। अतः प्रत्येक उर्वरक की कितनी मात्रा में आवश्यकता होगी जिससे गेहूँ की फसल को पोषक तत्वों की पूर्ति की जा सके।

डी ए पी में 18: नत्रजन + 46: फासफोरस, यूरिया में 46: नत्रजन तथा म्यूरेट ऑफ पोटास में 60: पोटास पाया जाता है।

डी ए पी की मात्रा $=\frac{80}{46}\times 100=173.91$ किग्रा डी ए पी प्रति हैक्टेअर

चूँकि डी ए पी में 18 प्रतिशत नत्रजन होती है अतः $=\frac{173.91}{100}\times 18=31.30$ किग्रा नत्रजन की प्राप्ति डी ए पी से हो गई

शेष नत्रजन की आवश्यकता 150 – 31.3 = 118.7 किग्रा नत्रजन की पूर्ति यूरिया से करनी है।

यूरिया की मात्रा $= \frac{118.7}{46} = 258.04$ किग्रा/है.

म्यूरेट ऑफ पोटास की मात्रा $= \frac{60}{60} \times 100 = 100$ किग्रा/है.

अभ्यास 5: एक किसान मक्का की फसल में 80 किग्रा नत्रजन, 50 किग्रा फासफोरस तथा 40 किग्रा पोटास प्रति हैक्टेअर की दर से पोषक तत्व प्रयोग करना चाहता है। पूर्ण रूप से सड़ी हुई नाडेप कम्पोस्ट में 0.80% नत्रजन, 0.5% फासफोरस तथा 2.25% पोटास है परन्तु वह कम्पोस्ट के अतिरिक्त पोषक तत्वों की पूर्ति हेतु यूरिया तथा सिंगिल सुपर फासफेट को भी खरीदना चाहता है। अत: वह 12.5 हैक्टेअर क्षेत्रफल के लिए कितनी मात्रा में कम्पोस्ट तथा अकार्बनिक उर्वरकों को खरीदें।

कुल पोटेसियम की आवश्यकता होगी $= 40 \times 12.5 = 500$ किलोग्राम पोटास

कम्पोस्ट की आवश्यक मात्रा $= \frac{500 \times 100}{2.25}$

$= 22222.22$ किग्रा कम्पोस्ट सम्पूर्ण फार्म के लिए $= 22.22$ टन

कम्पोस्ट से नत्रजन की आपूर्ति $= \frac{22222 \times 0.80}{100} = 177.78$ किग्रा

12.5 हैक्टेअर के लिए कुल नत्रजन की मात्रा $= 80 \times 12.5 = 1000$ किग्रा नत्रजन

शेष नत्रजन की मात्रा त्रकुल नत्रजन की मात्रा– कम्पोस्ट से नत्रजन की आपूर्ति $= 1000 - 177.78$

$= 822.22$ किग्रा नत्रजन

यूरिया की मात्रा $= \frac{822.22 \times 100}{46} = 17.87.43$ (किग्रा यूरिया) किग्रा यूरिया

कम्पोस्ट से फासफोरस की आपूर्ति $= \frac{22222 \times 0.5}{100} = 111.11$ किग्रा फासफोरस

12.5 हैक्टेअर के लिए कुल फासफोरस की मात्रा $= 50 \times 12.5 = 625$ किग्रा फासफोरस

शेष फासफोरस की आवश्यकता $= 625 - 111.11 = 513.89$ किग्रा फासफोरस

सिंगल सुपर फासफेट की आवश्यकता $= \frac{513.89 \times 100}{16} = 3211.8$ किग्रा

अभ्यास 6: अमोनियम सल्फेट तथा यूरिया में प्रति किलो नत्रजन की कीमत ज्ञात करो जबकि अमोनियम सल्फेट तथा यूरिया की कीमत क्रमश: रु. 3700 तथा 4600 प्रति टन है चूँकि अमोनियम सल्फेट में 20% नत्रजन तथा यूरिया में 46% नत्रजन पाया जाता है।

चूँकि 1000 किलो (1 टन) अमोनियम सल्फेट की कीमत रू. 3700

अत: 1 किलो अमोनियम सल्फेट की कीमत $\frac{3700}{1000} = 37.00$ रु. प्रति किलोग्राम

चूँकि 1 किग्रा अमोनियम सल्फेट में नत्रजन = 0.2 किग्रा पाया जाता है।

चूँकि 0.2 किग्रा नत्रजन की कीमत = रु. 3.70

अत: 1 किग्रा नत्रजन की कीमत = $\frac{3.7 \times 1.00}{0.2} = 18.50$ प्रति क्रि.ग्रा.

इसी प्रकार 1000 किग्रा (1 टन) यूरिया की कीमत = रु. 4600

अत: 1 किग्रा यूरिया की कीमत = $\frac{4600}{1000} = 37.00$ = 4.6 रु. प्रति किग्रा

चूँकि 1 किग्रा यूरिया में नत्रजन पाया जाता है = 0.46 किग्रा

चूँकि 0.46 किग्रा नत्रजन की कीमत = रू. 4.6

अत: 1 किग्रा नत्रजन की कीमत = $\frac{4.6 \times 1.00}{0.46}$ = 10.0 रु. प्रति किग्रा

अत: कीमत को दृष्टि में रखते हुए अमोनियम सल्फेट की अपेक्षा यूरिया का प्रयोग करना आर्थिक दृष्टि से लाभकारी है।

अभ्यास 7: धान के दानों एवं भूसा में क्रमश: 1.45% तथा 0.21% नत्रजन पाया गया। जबकि धान के दानों तथा भूसा की उपज क्रमश: 67 तथा 71 कु./है. प्राप्त हुई। जेलडाहल विधि द्वारा नत्रजन ग्रहण कितना होगा ।

चूँकि 100 किलो दानों में 1.45 किग्रा नत्रजन है।

अत: 67 कु. दानों में नत्रजन = $\frac{1.45 \times 67 \times 100}{100}$ = 97.15 किग्रा नत्रजन

चूँकि 100 किग्रा भूसा में 0.21 किग्रा नत्रजन है।

अत: 71 कु. भूसा में = $\frac{0.21 \times 71 \times 100}{100}$ = 14.91 किग्रा नत्रजन

धान की फसल द्वारा कुल नत्रजन ग्रहण = 97.15+14.91 = 112.06 किग्रा नत्रजन/है.

अभ्यास 8: गेहूँ के दानों तथा भूसा में क्रमश: 0.21 प्रतिशत तथा 0.031 प्रतिशत फासफोरस है जबकि गेहूँ के दानों की उपज 55 कु./है. तथा भूसा की उपज 65 कु./है. प्राप्त हुई। गेहूँ की फसल द्वारा कितना फासफोरस तथा फासफोरिक अम्ल का ग्रहण किया गया।

चूँकि 100 किग्रा गेहूँ के दानों में 0.21 किग्रा फासफोरस पाया गया।

अत: 55 कु. गेहूँ के दानों में = $\frac{0.21 \times 55 \times 100}{100} = 11.55$ किग्रा. फासफोरस

चूंकि 100 किग्रा गेहूँ के भूसे में 0.031 किग्रा फासफोरस पाया गया ।

अत: 65 कु. गेहूँ के भूसे में = $\frac{0.031 \times 65 \times 100}{100}$ = 2.015 किग्रा फासफोरस

गेहूँ की फसल द्वारा कुल फासफोरस ग्रहण = 11.55 + 2.015 = 13.565 किग्रा फासफोरस

चूँकि 1 किग्रा फासफोरस में 2.29 किग्रा. फासफोरिक अम्ल पाया जाता है।

अत: कुल फासफोरिक अम्ल की मात्रा = 13.565 × 2.29 = 31.06 किग्रा फासफोरिक अम्ल

अभ्यास 9: जौ की फसल में कटाई के पश्चात दानों तथा भूसा को अलग करने के पश्चात दानों में 0.51 पोटास तथा भूसा में 1.22 प्रतिशत पोटास पाया गया। यदि जौ के दानों तथा भूसा की उपज क्रमश: 51 तथा 70 कु./है. प्राप्त हुई तो यह ज्ञात करना है कि जौ के दानों तथा भूसा द्वारा कितनी मात्रा में पोटास तथा पोटेशियम अम्ल (K_2O) का ग्रहण हुआ।

चूँकि 100 किग्रा जौ के दानों में पोटास 0.51 किग्रा है।

अत: 51 कु. जौ के दानों में पोटास का ग्रहण = $\frac{0.51 \times 100 \times 51}{100}$ = 26.01 किग्रा पोटास

चूंकि 100 किग्रा जौ के भूसे में = 1.22 किग्रा पोटास

अत: 70 कु. जौ के भूसे में = $\frac{1.22 \times 70 \times 100}{100}$ = 85.4 किग्रा पोटास

जौ की फसल द्वारा कुल पोटास का ग्रहण = 26.01 + 85.40 = 111.41 किग्रा पोटास

चूँकि 1 किग्रा पोटास (K) में 1.2 किग्रा पोटेशियम अम्ल पाया जाता है। अत: जौ द्वारा पोटेसियम अम्ल (K_2O) की मात्रा =1.2 × 111.41 = 133.69 किग्रा

11

मृदाएं
(SOILS)

भारत वर्ष में भिन्न-भिन्न प्रकार की जलवायु होने के कारण भिन्न-भिन्न प्रकार की मृदाएं पाई जाती हैं। जलवायु के अतिरिक्त पैतृक पदार्थ तथा वनस्पति आदि में विभिन्नता होने के कारण भी देश में विभिन्न प्रकार की मृदाएं पाई जाती हैं। मृदा हमारी सबसे बहुमूल्य संसाधन है जो पानी, वायु और परिदृश्य के साथ-साथ हमारी मूलभूत आधार प्रणाली की नींव का एक घटक है, साथ ही साथ यह पर्यावरण के सारे घटकों के बीच की एक आवश्यक कड़ी है। प्रकृति ने हमें विविध प्रकार की मिट्टी प्रदान की है, एक क्षेत्र की मिट्टी दूसरे क्षेत्र की मिट्टी से अलग है, यहाँ तक कि दो आसपास के खेतों की मिट्टी भी एक दूसरे से अलग हो सकती है। हमारी परिस्थितिकीय प्रणाली को अच्छा बनाये रखने के लिए और मनुष्य जाति के कल्याण के लिए जो कार्य आवश्यक हैं वह मिट्टी द्वारा पूर्ण होते हैं।

मृदा शब्द का उद्भव लातिन के शब्द 'सोलम' यानि भूमि से हुआ है। मृदा पृथ्वी की सबसे ऊपरी सतह को कहते हैं, जिसमें कार्बनिक तथा अकार्बनिक तत्वों का मिश्रण होता है, सूक्ष्म जीव रहते हैं तथा पौधे बढ़ते हैं। मृदा का निर्माण एक प्राकृतिक प्रक्रिया से होता है इसकी गहराई तथा विशेषताऐं इस बात पर निर्भर करती हैं कि किस प्रक्रिया द्वारा मृदा का निर्माण हुआ है और अतीत में इसका प्रयोग किस प्रकार से किया गया है। मृदा जिस रूप में हमें आज दिखाई दे रही है उसके निर्माण में लाखों वर्ष लग गये हैं। इसका निर्माण चट्टानों पर हुए भौतिक, रासायनिक तथा जैविक प्रक्रिया का परिणाम है। चट्टानें या तो भू-गर्भ में सदियों से स्थित है या फिर पानी, हिमनद, ज्वालामुखी या ढलान से आई हुई सामग्री से बनती हैं।

हर जगह की मृदा दूसरे जगह की मृदा से अलग होती है। अलग होते हुए भी समस्त प्रकार की मृदाओं में कुछ तत्व मुख्य रूप से पाये जाते हैं जो कि निम्नवत हैं -

- मृदा में अकार्बनिक पदार्थ होते हैं जो कि मूल चट्टान पर हवा, पानी तथा तापमान के प्रभाव से तैयार होते हैं।
- मृत पौधों एवं प्राणियों के सड़ने से कई कार्बनिक पदार्थ भी बनते हैं जो कि मृदा का हिस्सा बन जाते हैं।
- मृदा में अनेक प्रकार के जीव जन्तु तथा प्राणी जैसे कि जीवाणु, कवक, शैवाल, प्रोटोजोआ, निमेटोड्स, केचुएँ आदि भी रहते हैं।
- मृदा के कणों के बीच हवा तथा पानी भी उपस्थित रहता है।

मृदा में अकार्बनिक पदार्थ कई रूपों में पाये जाते हैं जैसे कि रेत, बजरी, कंकड़ और महीन कणों के रूप में। वही मृत पौधों एवं प्राणियों के सड़ने से मृदा में कार्बनिक पदार्थ बनते हैं। किसी स्थान की मृदा में जल तथा हवा की मात्रा उस स्थान के मौसम पर निर्भर करती है। मृदा के समस्त गुण उसमें उपस्थित पदार्थ तथा उनके अनुपात पर निर्भर करती है। मृदा कितनी मात्रा में खुद में पानी रोक कर रख सकती है और कितना पौधों को देने की क्षमता रखती है यह भी इसी अनुपात

पर निर्भर होता है। साथ ही साथ हवा और पोषक तत्व किस मात्रा में पौधों के लिए उपलब्ध हैं यह भी मृदा की संरचना पर निर्भर करता है। मृदा में कार्बनिक पदार्थ कम मात्रा में पाये जाने पर मृदा की भौतिक, रासायनिक एवं जैविक गुणों पर गहरा प्रभाव पड़ता है। मृदा के महीन कणों को बाँधे रखने के लिए कार्बनिक पदार्थ विशेष रूप से जिम्मेदार है जिसके फलस्वरूप मृदा में जल धारण क्षमता तथा पौधों को पानी और पोषक तत्व उपलब्ध करने की क्षमता बढ़ती है। मृदा में बालू, बजरी तथा महीन कणों की मात्रा में ज्यादा बदलाव नहीं आता परन्तु कार्बनिक पदार्थ की मात्रा सही नियोजन द्वारा बदली जा सकती है।

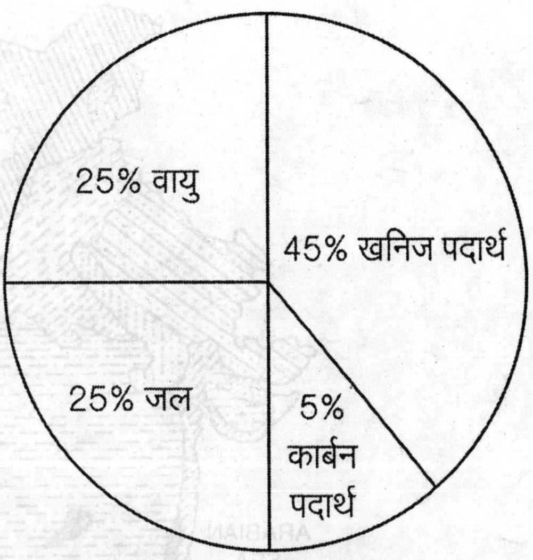

चित्र 11.1 : मृदा में पाये जाने वाले पदार्थ

उपरोक्त चित्र 11.1 से स्पष्ट है कि सामान्य मृदा में 25 प्रतिशत वायु, 25 प्रतिशत जल, 45 प्रतिशत खनिज पदार्थ तथा 5 प्रतिशत कार्बनिक पदार्थ उपस्थित रहता है। मृदा की भौतिक, रासायनिक तथा जैविक दशा के अनुसार इन पदार्थों में बदलाव भी हो जाता है। अत: हम कह सकते हैं कि मृदा में पाये जाने वाले ये पदार्थ परिवर्तनीय होते हैं।

मृदा में विभिन्न कण यानि बालू, बजरी, मटियार, एक दूसरे से किस अनुपात में मृदा में पाये जाते हैं इस पर मृदा के गुण निर्भर करते हैं। चित्र 11.2 में यह दर्शाया गया है कि इन कणों की मात्रा का मृदा के प्रकारों पर क्या प्रभाव पड़ता है।

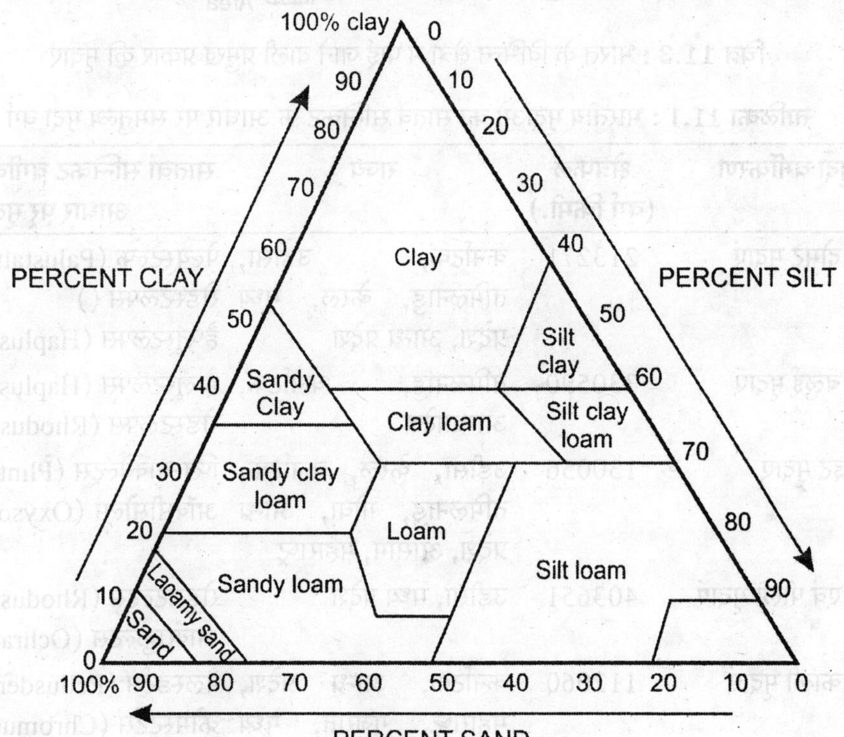

चित्र 11.2 : विभिन्न मृदा खनिज कणों के कणाकार और संगठन

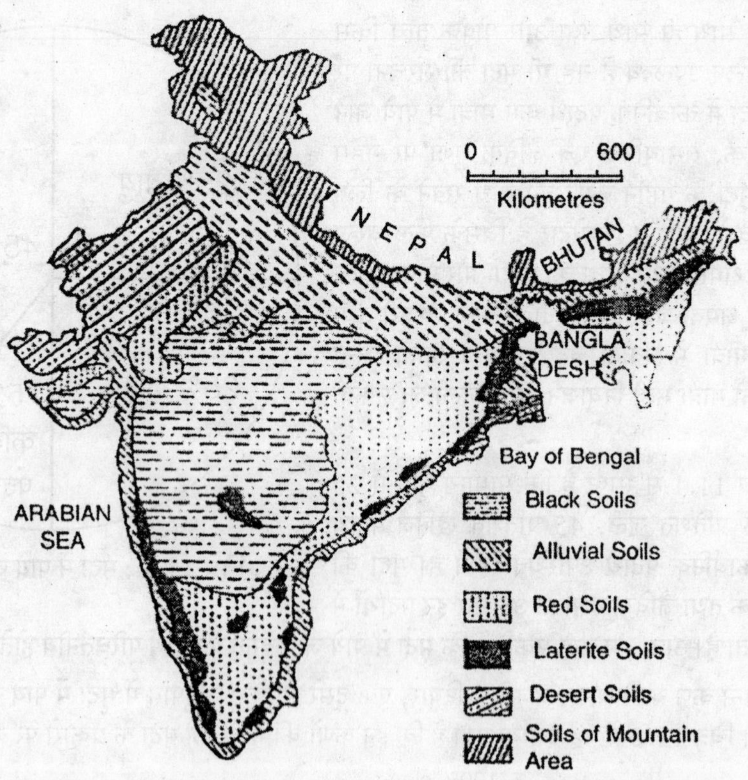

चित्र 11.3 : भारत के विभिन्न क्षेत्रों में पाई जाने वाली प्रमुख प्रकार की मृदाएं

तालिका 11.1 : भारतीय मृदाओं का सातवें सन्निकट के आधार पर समतुल्य मृदा वर्ग

क्र. सं.	मृदा वर्गीकरण	क्षेत्रफल (वर्ग किमी.)	राज्य	सातवां सन्निकट वर्गीकरण पद्धति के आधार पर मृदा वर्ग
1.	लाल दोमट मृदाएं	213271	कर्नाटक, उड़ीसा, तमिलनाडु, केरल, मध्य प्रदेश, आन्ध्र प्रदेश	पेल्यूस्टेल्फ (Palustalfs) रोडस्टलफ्स () हैप्लूस्टलफ्स (Haplustalfs)
2.	लाल बलुई मृदाएं	330590	तमिलनाडु, कर्नाटक, आन्ध्रप्रदेश	हैप्लूस्टलफ्स (Haplustalfs) रोडस्टलफ्स (Rhodustalfs)
3.	लेटराइट मृदाएं	130056	उड़ीसा, केरल, कर्नाटक, तमिलनाडु, गोवा, आन्ध्र प्रदेश, आसाम, महाराष्ट्र	प्लिन्थाक्वेल्ट्स (Plinthaqualts) ऑक्सीसोल्स (Oxysols)
4.	लाल एवं पीली मृदाएं	403651	उड़ीसा, मध्य प्रदेश	रोडसटल्टस (Rhodustalts) आक्राकुल्टस (Ochraqualts)
5.	गहरी काली मृदाएं	112060	कर्नाटक, आन्ध्र प्रदेश, महाराष्ट्र, गुजरात, मध्य प्रदेश	पैलस्डर्टस (Pellusderts) क्रोमस्टर्टस (Chromusturts) पैलूस्टर्टस (Pellusterts)

क्र. सं.	मृदा वर्गीकरण	क्षेत्रफल (वर्ग किमी.)	राज्य	सातवां सन्निकट वर्गीकरण पद्धति के आधार पर मृदा वर्ग
6.	मध्यम काली मृदाएं	430383	गुजरात, मध्य प्रदेश, महाराष्ट्र	पैलूस्टर्टस (Pellusterts) क्रोमस्टर्टस (Chromusturts)
7.	उथली काली मृदाएं	31532	महाराष्ट्र	उस्टोर्थेन्टस (Ustorthents) उस्टोपेप्टस (Ustopepts)
8.	मिश्रित लाल तथा काली मृदाएं	162255	मध्य प्रदेश, तमिलनाडु, महाराष्ट्र, कर्नाटक	एल्फीसोल्स तथा वर्टीसोल्स संयुक्त रूप में (Alfisols and Vertisols)
9.	समुद्र तटीय जलोढ मृदाएं	54403	तमिलनाडु, केरल, गुजरात, महाराष्ट्र, आन्ध्र प्रदेश	हैप्लाक्वेन्टस (Heplaquants)
10.	समुद्र तटीय बालू मृदाएं	4534	उड़ीसा	उस्टिप्सामेन्टस (Ustipsaments)
11.	डेल्टा जलोढ मृदाएं	87045	आन्ध्रप्रदेश, तमिलनाडु, पश्चिम बंगाल, उत्तर प्रदेश, बिहार, पंजाब	ट्रोपाक्वाल्ट्स (Tropaqualts)
12.	नवीन जलोढ़ मृदाएं	356720	उत्तर प्रदेश, बिहार, पंजाब	हैप्लाक्वेन्ट्स (Heplaquants) अस्टीलूवेन्टस (Ustifluents) यूडीलूयेन्टस (Udifluents) यूस्टोक्रैप्टस (Ustocrepts)
13.	चूनेदार जलोढ मृदाएं	13611	पूर्वी उत्तर प्रदेश, बिहार	कैल्सियोरन्थैन्टस (Calciourthents)
14.	गंग जलोढ मृदाएं	45080	राजस्थान, पंजाब, हरियाणा	कैल्सियोरथिडस (Calciourthids)
15.	पुरानी जलोढ मृदाएं	33460	पंजाब, बिहार, उत्तरप्रदेश	पेल्यूस्टाल्फस (Paleustalfs) हैप्लाक्वेन्ट्स (Heplaquants)
16.	धूसर भूरी मृदाएं	101572	राजस्थान, गुजरात	कैल्सियोरथिडस (Calciorthids)
17.	मरुस्थलीय मृदाएं (रीगोसोलिक) (Deserts soils)	154423	हरियाणा, राजस्थान	सामेन्टस (Samments)
18.	मरुस्थलीय मृदाएं (Lithosolik)	30560	गुजरात, राजस्थान	लिथिक एन्टीसोल्स (Lithic Entisols)
19.	तराई मृदाएं (Tarai Soils)	28919	पश्चिम बंगाल, बिहार, उत्तर प्रदेश	हैप्लाक्वेल्स (Heplaqualls)
20.	भूरी पर्वतीय मृदाएं (Brown Hill Soils)	81242	हिमाचल प्रदेश, उत्तराखण्ड	पैल्ह्मुल्टस (Palehumults)
21.	उप पर्वतीय मृदाएं (Submountain Soils)	76695	जम्मू कश्मीर, उत्तराखण्ड	हैप्लूआल्फ्स (Haplualullfs)

क्र. सं.	मृदा वर्गीकरण	क्षेत्रफल (वर्ग किमी.)	राज्य	सातवां सन्निकट वर्गीकरण पद्धति के आधार पर मृदा वर्ग
22.	पर्वतीय चरागाह मृदाएं (Mountain meadow soils)	59790	उत्तराखण्ड, कश्मीर, हिमाचल प्रदेश	क्रायोबोरेल्स (Cryoborells)
23.	लवणीय-क्षारीय मृदाएं	17400	गुजरात, महाराष्ट्र, पंजाब, हरियाणा, उत्तर प्रदेश, तमिलनाडु, राजस्थान	सालोरथिडस (Salorthids) सालार्जिडस (Salargids) नेटारजिडस (Netargids)
24.	पीट एवं लवणीय पीट मृदाएं (Peat and alkaline peat soils)	2720	पश्चिम बंगाल, केरल	हिस्टोसोल्स (Histosols)
25.	अधकचरी स्केलेटल मृदाएं (Skeletal soils)	79152	जम्मू कश्मीर, उत्तर प्रदेश	लिथिक एन्टीसोल्स (Lithic Entisols)
26.	हिमनद एवं शाश्वत मृदाएं (Glacier and snow soils)	29325	हिमाचल प्रदेश, जम्मू-कश्मीर, उत्तराखण्ड	–

मृदा के प्रकार (Types of soils)

मृदा की संरचना, गुण तथा उपयोगिता उसके बनने के इतिहास पर निर्भर करती है। पौधों एवं प्राणियों के वर्गीकरण के अनुसार मृदा के प्रकारों को भी वर्ग, उपवर्ग तथा समूहों आदि में विभक्त किया गया है। यह वर्गीकरण अन्तर्राष्ट्रीय स्तरों पर गुणों को ध्यान में रखते हुए किया गया है। भारतीय कृषि अनुसंधान परिषद, नई दिल्ली ने भारतीय मृदाओं को छ: प्रकार से जैसे जलोढ़, काली, लाल, लेटराइट, रेगिस्तानी तथा पर्वतीय क्षेत्रों की मृदाओं के रूप में वर्गीकृत किया है।

भारत एक विशाल देश होने के कारण इसकी भौगोलिक स्थिति 32,74,690 वर्ग किलोमीटर है। यह 8° तथा 37° उत्तरी अक्षांश तथा 69° तथा 93° पूर्वी देशान्तर के मध्य स्थित है। जलवायु, पैतृक पदार्थ, वनस्पति आदि की भिन्नता के कारण विभिन्न प्रकार की मृदाएं पाई जाती हैं जिनका वैज्ञानिकों द्वारा समय-समय पर विभिन्न प्रकार से वर्गीकरण किया गया हैं। सबसे पहले सन् 1932 में स्कोकालस्क्य रूसी वैज्ञानिक ने भारतीय मृदाओं का मानचित्र तैयार किया। इसके पश्चात् राय चौधरी एवं गोविन्दराजन (1971) ने भारतीय मृदाओं का नवीन वर्गीकरण पद्धति के आधार पर किया। सन् 1983 में राष्ट्रीय मृदा सर्वेक्षण एवं भू-उपयोग ब्यूरो, नागपुर ने भारतीय मृदाओं का मानचित्र तैयार किया। भारतीय मृदाओं को अध्ययन की सुविधानुसार निम्न वर्गों में विभक्त किया गया है –

1. जलोढ़ मृदाएं (Alluvial soils)
2. काली मृदाएं (Black soils)
3. लाल मृदाएं (Red soils)
4. लेटराइटिक मृदाएं (Lateritic soils)
5. शुष्क रेगिस्तानी मृदाएं (Desert soils)
6. वन एवं पर्वतीय मृदाएं (Forest and Hill soils)
7. लवणीय एवं क्षारीय मृदाएं (Saline and alkali soils)
8. पीट एवं अन्य कार्बनिक मृदाएं (Peat and other organic soils)
9. पोडजोल मृदाएं (Podzole Soils)
10. अधकचरी मृदाएं (Skeletal soils)
11. हिमनद एवं शाश्वत हिम मृदाएं (Glacier Soils)

1. जलोढ़ मृदाएं (Alluvial Soils) : मृदा का यह प्रकार सबसे अधिक भू भाग पर पाया जाता है जो कुल भौगोलिक क्षेत्रफल का 40 प्रतिशत है। यह मृदाएं बहुत अधिक उपजाऊ हैं जिसमें कृषि उत्पादन का बहुत बड़ा हिस्सा पैदा किया जाता है तथा भारतीय जनसंख्या की कुल आबादी का आधा इन मृदाओं पर आश्रित है। नदियों के बहाव के साथ आई मूल सामग्री से इस मृदा का निर्माण हुआ है। जलोढ मृदाएं मुख्यत: उत्तर भारत में पश्चिम में पंजाब से लेकर पूर्व में पश्चिम बंगाल तथा आसाम तक पाई जाती हैं। गुजरात के समुद्र तटीय क्षेत्रों के उत्तरी भाग के कुछ स्थानों पर जलोढ़ मृदाएं पाई जाती हैं। हिमालय पर्वत श्रृंखला से नदियों द्वारा लाई गई मिट्टियां बाढ़ वाले क्षेत्रों एवं निचले भागों में एकत्रित हो जाने से इन मृदाओं की उत्पत्ति हुई है। कृषि की दृष्टि से यह मृदाएं बहुत ही उपयुक्त हैं।

मृदा वैज्ञानिक के आधार पर जलोढ़ मृदाओं को निम्न भागों में विभाजित किया गया है-

1. नदी तटीय जलोढ़ (Riverine alluvium)
2. समुद्र तटीय जलोढ़ (Coastal alluvium)
3. डेल्टीय जलोढ (Deltaic alluvium)
4. लवण एवं क्षारीय जलोढ़ (Saline-alkali alluvium)
5. कैल्सियमयुक्त जलोढ़ (Calcareous alluvium)
6. भूरी पेडोकल जलोढ (Brown Pedocal alluvium)

बालू, सिल्ट तथा क्ले के महीन कणों को एल्यूवियम कहते हैं। जलोढ मृदाओं को दो भागों में भी विभाजित किया जा सकता है। नई जलोढ मृदाओं को बांगर जबकि पुरानी को खादर कहते हैं। नई जलोढ मृदाएं लगभग 10 हजार वर्ष पुरानी हैं। खादर भूमियाँ बलुई, सामान्यत: हल्के रंग की तथा कम कंकरीली संघटन की जलोढ़ मृदा होती है। बांगर मृदाएं अपेक्षाकृत उच्च भूमियों पर पाई जाने वाली पुरानी जलोढ मृदाएं होती हैं इनको दोआब भी कहते हैं। ये संगठन में सामान्यत: गहरे रंग की एवं कंकड़ों से भरपूर होती है। ये मृदाएं ड्रिट बालू (Drift Sand) से लेकर दृढ मृत्तिका (Stiff Clay) तक होती है। कुछ अनियमित गुटिका संस्तर (Pabble belts) भी उपस्थित होते हैं। अप्रवेश्य मृत्तिकाओं (Impervious clay) की उपस्थिति आंशिक रूप से जल निकास/अपवाह में बाधा डालती है तथा कुछ सीमा तक सोडियम (Na) तथा मैगनीशियम (Mg) के हानिकारक लवणों के संचयन को प्रोत्साहित करती है जो मृदा को अनुपजाऊ बना देते हैं।

इन जलोढ मृदाओं में प्राय: अन्त:स्पंदित सिलिका या कैल्शियमी पदार्थ द्वारा मृदा कणों के बंधन द्वारा एक अप्रवेश्य परत बनाकर मृदा संस्तर में कुछ संस्तरों पर कठोर अधोस्तरों (Hardpan) की रचना देखी गई है। उत्तर प्रदेश तथा पश्चिम बंगाल की सिंधु-गंगा की जलोढ़ मृदा में कंकड़ों की परतें और कभी-कभी अशुद्ध आयरन ऑक्साइड की बनी हुई परत भी कठोर अधो स्तर की रचना के उदाहरण हैं।

आसाम की जलोढ मृदा में एक सर्वाधिक महत्वपूर्ण अभिलक्षण इसकी अम्लता है। सामान्यत: पुरानी जलोढ़ एवं पर्वतीय मृदाएं नदी तटों के साथ नई जलोढ़ मृदाओं की अपेक्षा अधिक अम्लीय होती हैं। नई जलोढ मृदाएं प्राय: उदासीन अथवा क्षारीय होती हैं। ब्रह्मपुत्र घाटी की मृदाएं बलुई हैं और इसमें उपलब्ध पोटास की मात्रा अधिक होती है। इन मृदाओं में उपलब्ध फासफोरस की मात्रा भी अधिक होती है। जीवांश पदार्थ तथा नत्रजन की प्रतिशत मात्रा स्पष्ट तथा साधारण होती है। सुरमा घाटी में पाई जाने वाली जलोढ़ मृदाओं का गठन बारीक होता है।

पश्चिम बंगाल के मुर्शिदाबाद एवं बंकुरा के कुछ भाग, सम्पूर्ण वर्धमान एवं मिदनापुर का पश्चिमी आधा भाग जिसे रोड प्रदेश कहते हैं में मुख्यत: जलोढ मृदाएं पाई जाती हैं। नदियों से लाई गई सामग्रियों के निक्षेपण (Deposition) ढंग में किसी भी प्रकार की नियमितता बहुत कम पाई जाती है। बहुत पहले एकत्रित हुए कुछ निक्षेपण प्राकृतिक रूप से जलवायु एवं अन्य प्रभावों के अधीन रहे थे जिसके फलस्वरूप वे एक दूसरे से गठन, रंग, परिच्छेदिका, रासायनिक संगठन, भौतिक एवं रासायनिक गुणों में भिन्न हो सकते हैं।

बिहार की जलोढ मृदाओं को उनके लक्षणों की स्पष्टता के आधार पर दो मुख्य भागों में बांटा गया है –

1. गंगा नदी के उत्तर में स्थित जलोढ मृदाएं
2. गंगा नदी के दक्षिण में स्थित जलोढ मृदाएं

उत्तरी जलोढ मृदाओं के अन्तर्गत उत्तर में हिमालय पर्वत तथा दक्षिण में गंगा नदी के बीच का क्षेत्र सम्मिलित है। पश्चिम में एक त्रिभुज के रूप में कैल्शियमयुक्त पट्टी एवं मध्य में खंडित अप्लावित क्षेत्रों से युक्त जलोढ मृदाएं हैं। यह क्षेत्र वर्ष में विभिन्न समय में बाढ़युक्त रहता है। यह मृदाएं बलुई दोमट से लेकर मटियार दोमट तक और जिनका पी एच मान उदासीन से क्षारीय तक होता है। इनमे कैल्शियम ऑक्साइड (CaO) 15 से 20 प्रतिशत तक पाया जाता है। यह मृदाएं कुल एवं उपलब्ध पोटास में सुलभ तथा समृद्ध होती है परन्तु इनमें फासफोरस की कमी होती है।

दक्षिणी जलोढ मृदाओं के अन्तर्गत उत्तर में गंगा तथा दक्षिण में पर्वतीय क्षेत्र के मध्य का क्षेत्र आता है। यह मृदाएं रंग तथा गठन में हल्की भूरी एवं दोमट से लेकर भारी काली मटियार तक होती हैं। इस क्षेत्र के मध्य में एक अवनमित आकार (Depressed Feature) है जो मानसून काल में आप्लावित हो जाता है और एक बड़ी झील के समान दिखाई देता है। इन क्षेत्रों की मृदाओं को निम्न रूप से विभाजित किया जा सकता है –

1. उच्च भूमि मृदाएं
2. आप्लावन (Inundation) के अधीन मृदाएं
3. लवणीय मृदाएं
4. दियारा भूमि

उत्तर प्रदेश की जलोढ मृदाओं को मुख्यत: तीन वर्गों में विभाजित किया गया है –

1. पश्चिमी एवं उत्तरी प्रदेश की हल्की गठन वाली जलोढ मृदाएं
2. हल्की एवं भारी के बीच के गठन की मध्यवर्तीय जलोढ मृदाएं
3. कैल्शियमी पैतृक पदार्थ पर विकसित उत्तर–पूर्व जलोढ मृदाएं

यहाँ की मृदाओं मे कैल्शियम कार्बोनेट ($CaCO_3$) एवं विलेय लवणों की परिवर्तनीय मात्रायें पाई जाती हैं और यह उदासीन से लेकर क्षारीय तक होती हैं। इन मृदाओं में अपेक्षाकृत कम गहराई में चूना का अंश प्राय: बढ़ जाता है उनमें सामान्यत: फासफेट (P_2O_5), नत्रजन तथा जीवांश पदार्थ की कमी होती है।

तमिलनाडु की जलोढ मृदाएं डेल्टीय क्षेत्रों एवं समुद्र तट के साथ पाई जाती हैं। इसकी परिच्छेदिका के काट से बालू एवं सिल्ट (गाद) की एकान्तर परतों का निक्षेपण (Deposition) प्रकट होता है जो नदियों द्वारा लाई गई मिट्टी से होता है। अधो संस्तरों का संघटन नदियों द्वारा लाई गई गाद की प्रकृति के साथ बदलता रहता है और जल ग्रहण क्षेत्रों (Catchment areas) एवं ऐसे भू–भागों के साथ बदलता रहता है जिससे होकर वह बहती है। स्तरीय निक्षेपण (Stratified Deposition) नदी मार्गों के अधिक निकट के क्षेत्रों तक सीमित होता है परन्तु नदियों से दूर मृदाएं पूर्णरूप से भारी गठन की होती हैं। मृदाओं का गठन मटियार दोमट से सिल्टी मृत्तिका के साथ–साथ भारी मृत्तिका तक होता है। इस तरह की मृदाओं में बहुत कम गहराईयों पर बलुई परतें पाई जाती हैं।

उड़ीसा के तट पर प्रत्यावर्ती डेल्टीय अनूपों (Swamp) से युक्त बालू एवं बालू टिब्बों के विस्तार पाये जाते हैं। इस तटीय पट्टी के पीछे कृष्ट जलोढ एवं लैटराइटी रचना का एक क्षेत्र है। यह मृदाएं बलुई एवं अपेक्षाकृत बारीक गठन की होती हैं। इन मृदाओं में पर्याप्त मात्रा में पोटास पायी जाती है परन्तु फासफेट की मात्रा कम होती है।

गुजरात राज्य में जलोढ मृदाएं उत्तरी गुजरात के अहमदाबाद एवं खेडा जिलों तक सीमित हैं और इन्हें स्थानीय रूप में गोरादु के नाम से जाना जाता है। बडौदरा की गोरादू मृदा कंकड़ एवं भूरी मृत्तिका से युक्त पुरानी जलोढ मृदा के सदृश्य होती है। नवीन निक्षेपणों से निर्मित मृदा को भला कहते हैं। इन मृदाओं में काफी हद तक द्वितीयक निक्षेपण होती है यह कुछ गहरी, जीवांश तथा नत्रजन की कम मात्रा परन्तु फासफोरस तथा पोटास की मात्रा अपेक्षाकृत अधिक होती है।

मध्य प्रदेश में बालाघाट सहित महानदी बेसिन में हल्की बलुई, लाल तथा पीली मृदाएं पाई जाती हैं। दुर्ग, रायपुर तथा बिलासपुर जनपदों की मृदाएं भी जलोढ हैं।

पंजाब तथा हरियाणा के मैदानी क्षेत्रों की मृदाएं सिंधु गंगा मैदानों की जलोढ मृदा वर्ग से सम्बन्धित हैं। यहाँ की अधिकांश मृदाएं परिवर्तनशील गहराई की मृदा पपड़ी से युक्त दोमट अथवा बलुई दोमट हैं। विलेय लवण पर्याप्त मात्रा में उपस्थित होते हैं। निचली परत में मृत्तिका संघात (Clay complex) में सोडियम की उपस्थिति के कारण कंकड़ ग्रंथिकायें होती हैं। मृदाएं सामान्यत: क्षारीय होती हैं उनमें फासफोरस तथा पोटास की पर्याप्त मात्रा होती है परन्तु जीवांश पदार्थ तथा नत्रजन की कमी होती है।

केरल में दो प्रकार की जलोढ़ मृदाएं पाई जाती हैं- (1) समुद्र तट की तटीय जलोढ मृदाएं, (2) नदी तट की जलोढ मृदाएं। मध्य केरल में तटीय जलोढ भू-भागों की चौड़ाई में वृद्धि पाई गई है। जबकि उत्तर एवं दक्षिण में वह अपेक्षाकृत संकरी है। तटीय जलोढ मृदाएं बलुई हैं और उनमें जल धारण क्षमता कम होती है। इन मृदाओं में पोषक तत्वों की कमी होती है जबकि नदी के तटों पर जलोढ मृदाएं उपजाऊ होती हैं।

जलोढ़ मृदाओं की प्रमुख विशेषताऐं निम्नवत पाई जाती हैं -

1. नई जलोढ मृदाएं बाढग्रस्त मैदानी तथा डेल्टा क्षेत्रों में एकत्रित मिट्टी से बनती हैं इन क्षेत्रों में प्रतिवर्ष बाढ आती है।
2. पुरानी जलोढ मृदाएं नदी घाटी के ऊपरी तरफ जैसे बाढ़ स्तर से 25 मीटर ऊपर पाई जाती हैं।
3. खादर मृदाएं बलुई एवं हल्के रंग की जबकि बांगर मृदाएं मृत्तिका तथा गहरे रंग की होती हैं।
4. खादर मृदाएं बांगर मृदाओं की अपेक्षा अधिक उपजाऊ होती हैं।
5. जलोढ मृदाओं में उपयुक्त मात्रा में पोटास, फासफोरस तथा चूना पाया जाता है।
6. इन मृदाओं में सामान्यत: कार्बनिक पदार्थ तथा नत्रजन की मात्रा कम होती है।
7. पुरानी जलोढ मृदाओं में चूना के कण जिसे कंकड़ कहते हैं, पाया जाता है।

जलोढ मृदाओं की उर्वराशक्ति एक स्थान से दूसरे स्थान पर भिन्न-भिन्न होती है तथा उर्वराशक्ति के कारण जलोढ मृदाएं सिंचाई के लिए अधिक उपयुक्त होने के कारण धान, गेहूँ, मक्का, गन्ना, तम्बाकू, कपास, जूट, तिलहनी, दलहनी, आलू आदि फसलों की बहुत अधिक उपज प्राप्त होती है।

2. काली मृदाएं : काली मृदाओं को स्थानीय भाषा में रेगुर कहते हैं जो तेलगू भाषा के रेगुडा (Reguda) शब्द से लिया गया है। इन मृदाओं में सामान्यत: कपास की फसल उगाये जाने के कारण इसे कपास की काली मृदा के रूप में भी जाना जाता है।

काली मृदाएं सामान्यत: डेक्कन क्षेत्र, महाराष्ट्र, गुजरात तथा पश्चिमी मध्यप्रदेश में सर्वाधिक क्षेत्र में पाई जाती हैं। यह मृदाएं गोदावरी तथा कृष्णा नदी घाटी के कुछ क्षेत्रों में, कर्नाटक, आन्ध्र प्रदेश तथा तमिलनाडु के कुछ भागों में पाई जाती हैं।

1. हजारों वर्ष पूर्व वोल्केनिक लावा के जमाव एवं कठोरपन के कारण इन मृदाओं का निर्माण हुआ है।
2. इन मृदाओं की उत्पत्ति मृत्तिका के बहुत महीन पदार्थों से हुई है।
3. काली मृदाओं को अधिक जल धारण क्षमता के रूप में भी जाना जाता है।
4. इन मृदाओं में कैल्शियम कार्बोनेट, मैगनीशियम कार्बोनेट, पोटास तथा चूने की अधिकता जबकि फासफोरस की कमी पाई जाती है।
5. वर्षा ऋतु में काली मृदाएं चिपकने के कारण हलों में कीचड़ चिपक जाने से जुताई करना बहुत ही कठिन होता है।
6. गर्म एवं सूखे की स्थिति में इन मृदाओं की सतह पर दरारें पड़ जाती हैं।

7. दरारें पड़ने के कारण इन मृदाओं में वायु संचार बढ़ जाता है।

8. सामान्यत: काली मृदाओं को पहले अथवा मानसून के पूर्व वर्षा होने पर जुताई कर देनी चाहिए।

सामान्यत: उपरवार क्षेत्रों में काली मृदाएं कम उर्वर, जबकि निचली अथवा घाटी क्षेत्रों की मृदाएं गहरी, अधिक काली तथा अधिक उर्वर होती हैं। अधिक उर्वरा शक्ति तथा जल धारण क्षमता के कारण काली भूमियों में कपास, गेहूँ, अलसी, मोटा खाद्यान्न, तम्बाकू तथा तिलहनी फसलें अधिकता में उगाई जाती हैं। सिंचाई के उपयुक्त संसाधनों की दशा में इन मृदाओं में गन्ना तथा धान की फसलें आसानी से उगाई जा सकती हैं।

काली मृदाओं को मुख्यत: चार समूहों में विभाजित किया गया है –

1. गहरी काली कपास मृदाएं
2. मध्यम काली कपास मृदाएं
3. उथली काली कपास मृदाएं
4. मिश्रित लाल एवं काली मृदाएं

काली मृदाएं उथली से लेकर गहरी होती है। डेकन ट्रेप से उत्पन्न प्ररुपी मृदा रेगड़ या काली कपास मृदा है। सामान्यत: यह मृदाएं महाराष्ट्र, मध्य प्रदेश की पश्चिमी भागों, आन्ध्रप्रदेश, गुजरात एवं तमिलनाडु के कुछ भागों में पाई जाती हैं। इन मृदाओं की तुलना रूस के चर्नोजेम एवं संयुक्त राष्ट्र अमेरिका के कपास उत्पादक राज्यों के प्रेयरी मृदाओं से की जा सकती है। यह डेक्कन एवं राजमहल ट्रेप और अर्द्धशुष्क दशा के अन्तर्गत तमिलनाडु राज्य में पाये जाने वाले लौहमय नीश तथा शिष्टों से उत्पन्न हुई है। उपरोक्त समूहों की काली मृदाएं पर्याप्त गहरी जबकि दूसरे समूह की मृदाएं उथली होती हैं। इन मृदाओं में दो या तीन मीटर की गहराई तक रंग में किसी भी प्रकार का परिवर्तन नहीं होता है।

काली मृदाओं में उर्वरता की अधिक मात्रा होती है परन्तु कुछ क्षेत्रों में विशेष रूप से उच्च भूमियाँ अनुपजाऊ होती हैं। ढालों एवं उच्च स्थानों पर कुछ बलुई होती हैं और साधारण उपजाऊ भूमियों पर कुछ बलुई तथा मध्यम उर्वर होती हैं। पहाड़ियों एवं मैदानी क्षेत्रों के बीच के उबड़-खाबड़ क्षेत्रों में यह अपेक्षाकृत अधिक गहरे रंग की एवं उपजाऊ होती हैं और यह पहाड़ियों से बहाकर नीचे लाये गये पदार्थों द्वारा अधिक उपजाऊ हो जाती हैं।

काली मृदाएं अत्यधिक मृत्तिकायें (Argillacious), अधिक बारीक कणों वाली तथा काली होती हैं और इनमें कैल्शियम कार्बोनेट की अधिक मात्रा होती है। यह मृदाएं नमी ग्रहण करके अधिक चिपचिपी हो जाती हैं जबकि सूखने पर सिकुड़ने के कारण बड़ी-बड़ी एवं गहरी दरारें बन जाती हैं। इन मृदाओं में प्रचुर मात्रा में लौहा तथा कुछ अधिक मात्रा में चूना, मैगनीशियम तथा एल्यूमिना पाया जाता है। इनमें अधिक मात्रा में पोटास जबकि फासफोरस, नत्रजन तथा कार्बनिक पदार्थ की कमी होती है। सामान्यत: सभी रेगढ क्षेत्रों में और विशेष रूप से फेरोमैगनीशियम शिष्टों से विकसित क्षेत्रों में पृष्ठ के नीचे कुछ गहराई पर और अपक्षरणीय चट्टानों (Weathered Rocks) के ऊपर कैल्शियम कार्बोनेट के पृथक्करण (Segregation) से बनी हुई कंकड़ पिंडों (Nodules) से युक्त एक परत पाई जाती है। इन मृदाओं में मृत्तिका खनिजों के मांटमोरिलोनाइटली एवं बीडेलाइटी समूह पाये जाते हैं।

महाराष्ट्र में ट्रेप से विकसित मृदाएं उच्च भूमियों एवं ढालों पर एक बड़े क्षेत्र में पाई जाती हैं। हल्के रंग की काली मृदाएं उथली तथा अनुपजाऊ होती हैं। निचली भूमियों एवं घाटी की काली मृदाएं गहरी एवं अपेक्षाकृत मटियार होती हैं। घाटों के क्षेत्रों की मृदाएं अधिक मोटी एवं बजरीमय होती हैं। ताप्ती, नर्मदा, गोदावरी तथा कृष्णा नदियों की घाटियों में प्राय: 6 मीटर गहरी भारी काली मृदाएं पाई जाती हैं। मृदा की अधोसतह में चूने की अधिक मात्रा होती है। डेकन ट्रेप क्षेत्र के सूरत एवं भरूच जिलों में काली कपास मृदा की प्रधानता है।

तमिलनाडु में काली मृदायें प्राय: उथली एवं गहरी होती हैं तथा उनकी परिच्छेदिकाओं में जिप्सम हो सकता है अथवा नहीं भी हो सकता है। यह मृदाएं बारीक गठन की होती हैं तथा उनका पी एच अधिक (8.5-9.0) होता है। इनमे चूना 5-7 प्रतिशत तक पाया जाता है। इन मृदाओं की पारगम्यता (Permeability) कम, आर्द्रताग्राही गुणांक (Hygroscopic Coefficient), रन्ध्रावकाश (Porespace), जलधारण क्षमता एवं आपेक्षित घनत्व अधिक होता है। काली मृदाओं में सामान्यत: अधिक क्षारक स्थित (Bare Status) एवं अधिक धनायन विनिमय (40-60 मिली तुल्य

प्रति 100 ग्राम) होती है। इसमें लोहा अंश 9 से 13 प्रतिशत, सिलिका: एल्यूमिना अनुपात 3.0 से 3.5 प्रतिशत तथा कैल्शियम ऑक्साइड एवं मैगनीशियम ऑक्साइड अंश अधिक होता है। यह मृदाएं अनेक प्रकार की चट्टानों जैसे ट्रेप, ग्रेनाइट एवं नीस से मिलकर बनी होती है।

मध्य प्रदेश में मुख्यत: दो प्रकार की काली मृदाएं पाई जाती हैं –

1. नर्मदा घाटी में गहरी भारी काली मृदाएं
2. अन्य क्षेत्रों की काली मृदाएं

कपास उत्पादक क्षेत्रों में गहरी काली मृदाएं पाई जाती हैं परन्तु अपेक्षाकृत हल्के गठन की मृदाएं होती हैं। इन क्षेत्रों की काली मृदाओं में मृत्तिका अंश 35 से 50 प्रतिशत और सिलिका/एल्यूमिना अनुपात 3.0 से 3.5 पाया जाता है तथा जीवांश पदार्थ कम होता है।

कर्नाटक की काली मृदाएं विभिन्न लवण सान्द्रता से युक्त बारीक गठन की होती हैं। सामान्यत: यह मृदाएं चूना एवं मैगनीशियम में समृद्ध होती हैं। मृत्तिका प्रभाव का सिलिका/एल्यूमिना अनुपात 3:6 होता है।

3. लाल मृदाएं : देश में लाल मृदाएं लगभग 10 प्रतिशत भू–भाग में पाई जाती हैं। लाल मृदाएं मुख्यत: पेनिन्सुलर भारत के दक्षिण–पूर्वी भागों में पाई जाती हैं। यह मृदाएं तमिलनाडु, कर्नाटक के कुछ भाग, दक्षिण–पूर्वी महाराष्ट्र, पूर्वी आन्ध्रप्रदेश, मध्य प्रदेश, उडीसा, झारखण्ड, केरल, बिहार के पठार, पश्चिम बंगाल के कुछ भाग, उत्तर प्रदेश के बुन्देलखण्ड, आसाम की गारो तथा राजस्थान के दक्षिण–पूर्वी अरावली पहाड़ियों के क्षेत्रों में पाई जाती हैं। भारत में इन मृदाओं का क्षेत्रफल लगभग 2 लाख वर्ग मील है। यह मृदाएं कायान्तरित एवं रवेदार चट्टानों के द्वारा बनी हुई हैं जिसमें ग्रेनाइट, नीज एवं फेरोमैग्नीशियम युक्त सिस्ट खनिजों की बाहुल्यता होती है। कपास की काली मृदाओं की तुलना में इसमें चूनाँ तथा फेरिक ऑक्साइड की कमी पाई जाती है। इन मृदाओं के गुणों में भिन्नता बहुत अधिक होने के कारण इनका भौतिक तथा रासायनिक वर्गीकरण करना कठिन होता है। यह मृदाएं हल्की पीली, पीली, लाल पीली, गहरी लाल आदि रंगों की होती हैं।

लाल मृदाओं की निम्न विशेषताएं पाई जाती हैं –

1. लाल मृदाएं मुख्यत: इग्नीसियस एवं मेटामारफिक चट्टानों के अपक्षरण से निर्मित हुई हैं।
2. इन मृदाओं का लाल रंग आयरन प्रतिशत की अधिकता के कारण होता है।
3. लाल मृदाओं का गठन मुख्यत: बलुई से मृत्तिका तथा बहुतायत में दोमट होती हैं।
4. उपरवार क्षेत्रों में लाल मृदाएं पतली, कम उर्वर एवं छिद्रित तथा मोटे कणाकार संरचना वाली होती हैं।
5. निचले क्षेत्रों में लाल मृदाएं महीन कणाकार, गहरी तथा अधिक उर्वरता वाली होती हैं।
6. इन मृदाओं में पोटास की अधिकता जबकि चूना, फासफोरस, नत्रजन तथा जीवांश पदार्थ की कमी होती है।

लाल मृदाओं में सिंचाई तथा उर्वरकों की उपयुक्त मात्रा प्रयोग करने की दशा में कपास, गेहूँ, धान, दलहनी एवं तिलहनी फसलें, मोटा अनाज, तम्बाकू आदि फसलों की अच्छी उपज प्राप्त की जा सकती है।

लाल मृदा का प्रयोग वृहद रूप में किया जाता है। काली मृदाओं से अन्य मृदाओं को पृथक करने के लिए इस शब्द का प्रयोग करते हैं। लाल मृदाएं मुख्य रूप से बलुई मृण्मय मृदाएं हैं जिसमे लाल रंग आयरन पराक्साइड के कारण होता है।

संरचना के आधार पर लाल मृदाओं को दो भागों में बांटा गया है –

1. लाल मृदाएं :– इसकी संरचना चूर्णीय एवं मुलायम होती है। एल्यूमिनियम एवं आयरन ऑक्साइड अधिक होने के कारण कंकड़ की अधिक मात्रा पाई जाती है। विशिष्ट लाल मृदाओं में सिलिका/एल्यूमिना अनुपात 2 से भी अधिक होता है तथा आयरन ऑक्साइड की अधिक मात्रा पाई जाती है। इन मृदाओं में हार्नब्लेंड खनिज की बहुत कम मात्रा पाई जाती है।

2. लाल दोमट मृदाएं :– इसकी संरचना ढेलेदार होती है। इन मृदाओं में कंकड़युक्त पदार्थों की भी कुछ मात्रा पाई जाती हैं। एल्यूमिना/सिलिका अनुपात 2.4 से 2.8 के मध्य होता है एवं हार्नब्लेण्ड खनिज तथा केओलिनाइट मृत्तिका की अधिक मात्रा होती है। लाल मृदाएं सरन्ध्र, भुरमुरी संरचना एवं हल्के कणाकार वाली होती हैं। घुलनशील लवणों, नत्रजन, फासफोरस एवं चूने की कमी होती है। स्वतन्त्र कार्बोनेट, चूना एवं कंकड़ नहीं पाये जाते हैं। यह मृदाएं हल्की अम्लीय से हल्की क्षारीय होती हैं।

नये वर्गीकरण में इन मृदाओं को एल्फीसोल तथा एन्टीसोल के अन्तर्गत रखते हैं। यह अत्यन्त अपक्षयित मृदाएं हैं। इनमें आयरन एवं एल्यूमिनियम हाइड्रस ऑक्साइड मृत्तिकाओं की बहुलता होती है तथा सिलिका निछालित होकर बी संस्तर में एकत्रित हो जाता है। ऊपरी सतह पर कुछ क्वार्ट्ज एवं 1:1 सिलिकेट खनिज पाये जाते हैं लेकिन हाइड्रस ऑक्साइड की प्रधानता होती है।

4. लेटराइट एवं लेटराइटिक मृदाएं (Laterite and lateritic soils) : लेटराइट शब्द की उत्पत्ति लेटिन भाषा के लेटिर शब्द से हुई है इसका शाब्दिक अर्थ 'ब्रिक' (Brick) है। भारतवर्ष में लेटराइट मृदाएं काफी वृहद रूप में मुख्यत: पश्चिमी घाट, राजमहल की पहाड़ियों, विन्ध्याचल, सतपुड़ा तथा मालवा के पठारों में पाई जाती हैं। यह मृदाएं दक्षिणी महाराष्ट्र, उड़ीसा, पश्चिम बंगाल, कर्नाटक, आन्ध्रप्रदेश, केरल, बिहार, आसाम तथा मेघालय के कुछ भागों में पाई जाती हैं। इन मृदाओं में निम्न विशेषताएं पाई जाती हैं –

1. अधिक तापमान तथा एकान्तर नम एवं शुष्क अवधि के साथ अधिक वर्षा वाले क्षेत्रों में इन मृदाओं का निर्माण होता है।
2. उपरोक्त प्रकार की दशायें निछालन को बढ़ावा देती हैं। निछालन की प्रक्रिया के द्वारा मृदा की ऊपरी सतह पर उपस्थित पोषक तत्व वर्षा के जल के साथ निचली सतह में चले जाते हैं।
3. लेटराइट मृदाएं लाल रंग की होती हैं, मृत्तिका कण बहुत कम जबकि कंकड़ के मोटे कणों की प्रधानता होती है।
4. लेटराइट भूमियों में चूने की मात्रा तथा नत्रजन की कमी होती है। फासफोरस की सामान्यत: अधिकता होती है।

निछालन की अधिकता के कारण इनकी उर्वरा शक्ति बहुत कम होती है जिससे फसल की उत्पादकता भी बहुत कम होती है। इन मृदाओं में खाद एवं उर्वरकों तथा समय पर सिंचाई के साधन उपलब्ध होने की दशा में रोपण फसलें जैसे चाय, कॉफी, रबड़, नारियल, सुपारी उगाने के लिए उपयुक्त हैं। इन मृदाओं से मकान बनाने के लिए इमारती सामान भी उपलब्ध हो जाता है।

भारत वर्ष में इन मृदाओं के अन्तर्गत क्षेत्रफल लगभग 49000 वर्गमील है। लेटराइट मृदाएं पूर्वी घाट, मद्रास, उड़ीसा, मेरठ, हैदराबाद, छोटा नागपुर, पश्चिम बंगाल के मिदनापुर, वीरभूमि, महाराष्ट्र के दक्षिणी कनारा, मालाबार, डेक्कन, आसाम, मध्यप्रदेश एवं उत्तर प्रदेश के कुछ हिस्सों में पाई जाती हैं।

जाफे के अनुसार उष्ण प्रदेशों की लाल मृदाएं लैटराइट मृदाओं के नाम से जानी जाती हैं। वेवर (1907) के अनुसार विशिष्ट अपक्षय क्रियाओं द्वारा एल्यूमिना की पर्याप्त मात्रा पृष्ठ मृदा में एकत्रित हो जाती है। प्रीस (1949) के अनुसार लेटराइट पुटिकामय, कंकरीली, कोशिकीय मृत्तिका की तरह कृमिरूप एवं फ्रिम आकार की होती हैं जिसमें फेरिक आयरन ऑक्साइड तथा थोड़ी मात्रा में क्वार्ट्ज, एल्यूमिना एवं मैगनीज उपस्थित होते हैं। इनका उपरी भाग अत्यन्त भुरभुरा एवं मुलायम होता है। रसल (1950) ने इन मृदाओं को फेरालाइट कहा क्योंकि यह मृदाएं क्षारीय आग्रेय चट्टानों के अपक्षय से निर्मित हैं। बचानन एवं ओधम ने लेटराइट की परिभाषा इस प्रकार दी है। ''समपोढ़ संस्तर (अधिकांश आयरन ऑक्साइड) स्लैग की तरह कोशिकीय या प्रिज्म संरचना जो इतना कठोर होता है जिसका प्रयोग भवन निर्माण के लिए अधिक उपयुक्त है।''

डेव (1944) ने लेटराइट, लेटरिटिक तथा लाल मृदाओं में निम्नलिखित अन्तर बताया है। लेटराइटी परिच्छेदिका में कम से कम एक कठोरी तह स्लैग पर पुटिकामय संस्तर होता है जिसमें सेस्क्यूऑक्साइड की प्रधानता होती है। इसकी बनावट शहद (मधु) के छत्ते या मुर्गी की चोटी की तरह होती है जो कठोर दानेदार भाग और ग्रन्थियों से आयरन ऑक्साइड के अलग होने से बनती हैं। लेटराइट मृदा की उत्पत्ति आर्द्र जलवायु में जहाँ सूखा एवं वर्षा एकान्तर क्रम में होती है, मृदा जल स्तर ऊपरी सतह के समीप होती है तथा सिलिका/एल्यूमिना अनुपात 1:33 या कम होता है।

लेटराइट मृदाओं में इस प्रकार की कठोर भू-तल संस्तर नहीं पाया जाता है लेकिन इसमें द्वितीयक आयरन कंकड़ पाये जाते हैं। लेटरिटिक मृदाएं भी इस जलवायु में उत्पन्न होती है लेकिन इनके लिए एकान्तर शुष्क एवं वर्षा की आवश्यकता नहीं होती है तथा अत्यधिक जलनिकास आवश्यक होता है। सिलिका/एल्यूमिना अनुपात 1:2 से 1:33 तक होता है।

उष्ण एवं अर्द्ध उष्ण कटिबंधीय जलवायु में उत्पन्न सभी मृदाएं लाल भूमि के अन्तर्गत आती हैं जहाँ पर समुचित जल निकास के साधन उपलब्ध होते हैं। वर्षा की मात्रा एवं अन्तर मृदा की दशा एवं किस्म को प्रभावित करता है। कम वर्षा वाले क्षेत्रों में सिलिकेटयुक्त जबकि अधिक वर्षा वाले क्षेत्रों में सेस्क्यूऑक्साइड युक्त मृदा की उत्पत्ति होती है।

अत्यधिक वर्षा एवं तापक्रम में ह्ययूमिक अम्ल शीघ्रता से ऑक्सीकृत हो जाता है जिसके परिणामस्वरूप सेस्क्यूऑक्साइड की अपेक्षा सिलिका शीघ्रता से मृदा में नीचे निछालित हो जाता है। इस प्रकार की मृदा की उपरी सतह में आयरन एल्यूमिनियम हाइड्रस ऑक्साइड कोलाइड की प्रधानता हो जाती है और आयरन ऑक्साइड के लाल होने से मृदा लाल हो जाती है।

लेटराइट मृदा अपनी उत्पत्ति स्थान पर क्षार एवं सिलिका के निछालन से पैदा होती है। भारी वर्षा के तुरन्त पश्चात् इन मृदाओं में जुताई-गुडाई आदि कृष्य क्रियाएं आसानी से सम्पन्न की जा सकती हैं। इन मृदाओं में प्राप्य पोषक तत्वों की बहुधा कमी होती है। इन मृदाओं में नत्रजन, पोटास, कैल्शियम तथा मैगनीशियम की कमी होती है परन्तु कभी-कभी फासफोरस तथा ह्ययूमस की अधिकता होती है। इन मृदाओं में फासफोरस पोषक तत्व आयरन से संयुक्त होकर पौधों के लिए अप्राप्य हो जाता है। अधिक उत्पादन के लिए इन मृदाओं में उचित खाद एवं उर्वरकों की आवश्यकता होती है।

लेटराइट मृदाओं में कुछ महत्वपूर्ण रासायनिक गुण जैसे मृदा कोलाइडी में 25-30 प्रतिशत पानी संयुक्त रूप में विद्यमान रहता है परन्तु कभी कभी यह मात्रा 40 प्रतिशत तक होती है। सामान्यत: आयरन ऑक्साइड 1-2 प्रतिशत या इससे भी अधिक होती है। एल्यूमिनियम ऑक्साइड अत्यधिक मात्रा में 50-60 प्रतिशत तक होता है। एल्यूमिनियम ऑक्साइड की मात्रा घटने के साथ आयरन ऑक्साइड की मात्रा बढ़ जाती है तथा यह क्रिया व्युत्क्रमी भी होती है। सिलिका ऑक्साइड की बहुत कम मात्रा पाई जाती है। सिलिका ऑक्साइड : एल्यूमिनियम ऑक्साइड का अनुपात लेटराइट मृदा में बहुत महत्वपूर्ण होता है। टिटेनियम ऑक्साइड सामान्यत: 1.5-2.5 प्रतिशत होता है तथा कहीं-कहीं अनुपस्थित होता है। इसके अतिरिक्त कुछ स्थानों पर 18 प्रतिशत तक पाया जाता है। इन मृदाओं में फासफोरस की पर्याप्त मात्रा होती है परन्तु कहीं-कहीं इसकी बहुत कम मात्रा होती है। इन भूमियों में मैंगनीज विभिन्न मात्राओं में पाया जाता है। क्रोमियम तथा बेरेडियम कहीं-कहीं पर 7-8 प्रतिशत तक पाये जाते हैं परन्तु क्षारीय भूमियों में इनकी बहुत कम मात्रा (1% से कम) पाई जाती है।

नये मृदा वर्गीकरण में यह मृदा ऑक्सीसाल्स वर्ग अल्टीसाल्स के अन्तर्गत आती है। यह अत्यधिक अपक्षयित मृदाएं हैं जिनमें आयरन एवं एल्यूमिनियम हाइड्रस ऑक्साइड कोलाइड की प्रधानता होती है तथा सिलिका निक्षालित होकर मृदा के निचले संस्तरों में एकत्रित हो जाती हैं। इन मृदाओं में मृत्तिका की बहुलता होती है परन्तु इनका गुण चिपचिपा नहीं होता है।

5. शुष्क रेगिस्तानी मृदाएं (Arid and desert soils) : यह मृदाएं शुष्क तथा अर्द्ध शुष्क क्षेत्रों में जहाँ पर वार्षिक वर्षा 50 सेमी. से भी कम होती है, पाई जाती हैं। इस प्रकार की मृदाएं राजस्थान तथा इससे जुड़े हुए राज्य जैसे

पंजाब, हरियाणा तथा उत्तर प्रदेश के पश्चिमी जिलों जैसे आगरा, मथुरा आदि में पाई जाती हैं। गुजरात के कच्छ क्षेत्र में भी इन मृदाओं का फैलाव है।

शुष्क रेगिस्तानी मृदाओं की प्रमुख विशेषताएं निम्नवत हैं –

1. शुष्क मृदाओं में बालू स्थानीय अथवा इन्डस घाटी से आई हुई होती है।
2. शुष्क मृदाओं में 90–95 प्रतिशत बालू तथा 5–10 प्रतिशत मृत्तिका होती है।
3. कुछ क्षेत्रों की शुष्क मृदाओं में घुलनशील लवणों की अधिकता होती है परन्तु कार्बनिक पदार्थ की कमी पाई जाती है।
4. जलोढ मृदाओं की तरह इनमें नत्रजन की कमी जबकि फासफोरस पोषक तत्व की अधिकता होती है।
5. इन मृदाओं में बालू की आंधी एवं तूफान आना एक सामान्य प्रक्रिया है।

सिंचाई की समुचित व्यवस्था होने की दशा में शुष्क मृदाओं में कई प्रकार की फसलें जैसे गेहूँ, मोटा अनाज, जौ, मक्का, दलहनी एवं तिलहनी फसलें, कपास आदि की अच्छी उपज प्राप्त की जा सकती है। शुष्क मृदाओं में कृषि के लिए पानी की कमी एक प्रमुख कारक है। राजस्थान में शुष्क मृदाओं के अन्तर्गत लगभग 29 मिलियन हैक्टेअर (290000 वर्ग किमी.) क्षेत्र है। इन मृदाओं का विस्तार दक्षिण–पश्चिमी मानसूनी हवाओं के द्वारा हुआ है इसलिए वर्षा का अभाव रहता है जिससे इन प्रदेशों की जलवायु सदैव शुष्क रहती है। इन क्षेत्रों में निछालन की अपेक्षा वाष्पीकरण अधिक होता है जिससे विलेय लवण ऊपर आ जाते हैं और मृदा का पी एच मान अधिक हो जाता है। यह मृदाएं मुख्य रूप से बलुई होती हैं तथा इनमें मृदा नमी तथा जीवांश पदार्थ बहुत कम पाया जाता है। शुष्क मृदाएं बहुत कम उपजाऊ होती हैं तथा इनमें कैल्शियम कार्बोनेट की विभिन्न मात्रा पाई जाती है। इन क्षेत्रों की मृदाओं में बाजरा, ज्वार, सरसों, चना, मसूर, लोबिया, ग्वार, जौ, चारा फसलें आदि विशेष रूप से उगाई जाती हैं।

इन क्षेत्रों में अधिकांशत: बालू का ढेर तथा भूमि असमतल बलुई होती है। इन क्षेत्रों में वार्षिक वर्षा कम (500 मिमी से भी कम) तथा अधिक मात्रा में वाष्पोत्सर्जन दर लगभग 600 से 2000 मिमी होती है। पास में स्थित पहाड़ियों द्वारा यह बालू हवा द्वारा एकत्रित हो जाती है जो सामान्यत: लाल रंग की होती है। इन मृदाओं के विशिष्ट गुण निम्नलिखित होते हैं –

1. यह मृदाएं महीन बालू से महीन बलुई दोमट संरचना की होती है तथा इनमें मृत्तिका कणों की मात्रा 3.5 से 10 प्रतिशत तक पाई जाती है।
2. यह मृदाएं गहरे भूरे से पीले रंग की होती हैं।
3. इन मृदाओं में सामान्यत: पोषक तत्व तथा जल धारण क्षमता कम होती है। जिन क्षेत्रों में नमी की कमी नहीं होती है वहाँ पर फासफोरस तथा नत्रजन उर्वरकों का प्रयोग करके कुछ फसलों को आसानी से उगाया जा सकता है।
4. इन मृदाओं का पी एच 7.2 से 9.2 के मध्य पाया जाता है परन्तु सामान्यत: 8.1 से 8.6 के मध्य ही रहता है।
5. इनमें लवणों की अधिकता होती है परन्तु यह लवण फसलों के लिए हानिकारक नहीं होते हैं।

पंजाब तथा हरियाणा में रेगिस्तानी शुष्क मृदाओं को दो प्रकार से वर्गीकृत किया गया है जैसे पेडोकल सिरोजेम (Pedocal sierozem) तथा केल्केरियस सिरोजेम (Calcareous Sierozem)। राजस्थान में पाई जाने वाली भूमियों में वार्षिक वर्षा 300 से 500 मिमी होती है जिनका वर्गीकरण भूरी रेगिस्तानी मृदाओं के रूप में किया जाता है। इन मृदाओं की पूर्व में रिगोसोल्स (Regosoils) जो एजोल्स के अन्तर्गत थी में वर्गीकृत किया गया है। इन मृदाओं को पुन: निम्न उपवर्गों में विभक्त किया गया है –

1. एरिडीसोल – ओरथिडस (Aridisol - Orthids), 2. एन्टीसोल – सेमेन्ट (Entisol - Psamments)

6. वन एवं पर्वतीय मृदाएं (Forest and hill soils) : यह मृदाएं सामान्यत: पहाड़ों के ढालू क्षेत्रों में जो वनों से आच्छादित रहती है। हिमालय क्षेत्रों में यह मृदाएं घाटी में तथा कम ढाल वाले क्षेत्रों में पाई जाती हैं। उत्तरी दिशा में ढ़ाल वाले क्षेत्रों में इस मृदा का फैलाव पाया जाता है। हिमालय क्षेत्र के अतिरिक्त यह मृदाएं पश्चिमी तथा पूर्वी पठार एवं पेनिन्सुलर भारत के कुछ क्षेत्रों में भी पाई जाती हैं। इन मृदाओं के विशिष्ट गुण निम्न हैं –

1. वनों से प्राप्त कार्बनिक पदार्थों से इन मृदाओं की उत्पत्ति होती है।
2. इन मृदाओं में ह्यूमस की प्रधानता होती है परन्तु फासफोरस, पोटास तथा चूने की कमी होती है।
3. यह विषम (Heterogeneous) स्वभाव की होती हैं एवं एक स्थान से दूसरे स्थान पर भिन्न-भिन्न होती हैं।
4. पर्वतीय मृदाएं बलुई के साथ-साथ कंकड़ एवं वायु संचार अच्छा होता है।

खादों एवं उर्वरकों का अधिक प्रयोग करके इन मृदाओं में अधिक उपज प्राप्त की जा सकती है। हिमालय के क्षेत्रों में गेहूँ, मक्का, जौ, रागी एवं शीतोष्ण फलों को उगाया जाता है। कर्नाटक, तमिलनाडु एवं केरल में इन मृदाओं में रोपण फसलें जैसे चाय, कॉफी, मसाले, उपोष्ण फलों आदि की खेती सामान्यत: की जाती है।

भारतवर्ष के सम्पूर्ण क्षेत्रफल का 18 प्रतिशत क्षेत्र वनों से आच्छादित है जिसका क्षेत्रफल 55 मिलियन हैक्टेअर है। वनस्पतियों एवं वनों के अवशेषों से प्राप्त कार्बनिक पदार्थों के संचय से इन मृदाओं का निर्माण हुआ है। इन मृदाओं को सामान्यत: दो वर्गों मे विभक्त किया गया है –

1. **उच्च क्षारीय स्तर की मृदाएं** – निम्न अम्लीय एवं उदासीन दशाओं में निर्मित भूरी मृदाएं होती हैं।
2. **निम्न क्षारीय स्तर की मृदाएं** – अधिक अम्लीय दशा एवं ह्यूमस की उपस्थित में निर्मित राख अथवा भूरी राख रंग की मृदाएं होती हैं।

मृण्मय मृदा, मृण्मय दोमट, बलुई दोमट आदि मृदाएं अधिकता से मिलती हैं। इन मृदाओं में चूना उपस्थित हो सकता है अथवा नहीं भी हो सकता है। वन एवं पर्वतीय मृदाओं में कार्बनिक पदार्थ एवं नत्रजन की पर्याप्त मात्रा पाई जाती है। विभिन्न मृदाओं का रासायनिक संगठन बहुत भिन्न होता है।

नये मृदा वर्गीकरण में यह मृदाएं स्योडोसोल एवं हिस्टोसोल के अन्तर्गत आती हैं। इन मृदाओं के निचले संस्तर में ह्यूमस तथा आयरन एवं एल्यूमिनियम का एकत्रीकरण होता है। मृदा की ऊपरी सतह राख रंग की तरह हल्की होती है। वनों में यदि पानी का एकत्रीकरण होता है तब हिस्टोसोल मृदा उत्पन्न होती है जिसमें 15-50 प्रतिशत तक कार्बनिक पदार्थ एकत्रित हो जाते हैं।

7. लवणीय एवं क्षारीय मृदाएं (Saline-alkali soils) : लवणीय एवं क्षारीय मृदायें मुख्यत: शुष्क तथा अर्द्ध शुष्क क्षेत्रों में पाई जाती हैं। यह मृदाएं लगभग 70 लाख हैक्टेअर क्षेत्रफल पर फैली हैं जिसमें से 50 प्रतिशत सिन्धु गंगा के मैदानी क्षेत्रों में, 30 प्रतिशत कपास की काली भूमियों में तथा शेष 20 प्रतिशत अन्य शुष्क तथा समुद्र के तलहटी वाली भूमियों में पाई जाती हैं। यह मृदाएं विशेष रूप से पंजाब, गुजरात, बिहार, उत्तर प्रदेश, राजस्थान आदि राज्यों में पाई जाती हैं। इन मृदाओं को अलग-अलग नामों जैसे रेह, कल्लर, ऊसर आदि नामों से जाना जाता है। इनकी ऊपरी सतह पर सफेद भूरे रंग का रवेदार जमाव दिखाई देता है। यह प्रयुस्तनशील जमाव (Efflurescent deposits) मुख्य रूप से कैल्शियम, मैग्नीशियम तथा सोडियम लवणों के कारण होता है। ग्रीष्म ऋतु में इनके विलेय लवण निचली सतह से केशिका के द्वारा ऊपरी सतह पर एकत्रित होने लगते हैं। रेह में कैल्शियम तथा मैग्नीशियम लवणों के अतिरिक्त सोडियम के कार्बोनेट, बाई कार्बोनेट एवं सल्फर होते हैं। इन मृदाओं की अधोसतह में कंकड़ की कठोर परत होती है जिसके कारण यह लवण भूमि की निचली सतह में नहीं जा पाते हैं। क्षारीय मृदाओं में कैल्शियम तथा नत्रजन का अभाव रहता है और यह अधिक अप्रवेश्य होती हैं।

लवणीय एवं क्षारीय मृदाओं को तीन रूपों मे विभक्त किया गया है जो निम्नवत् है –

वर्ग	विद्युत चालकता (dsm^{-1})	पी. एच. मान	विनिमेय सोडियम (प्रतिशत)	स्थानीय नाम
लवणीय मृदा	4.0 से अधिक	8.5 से कम	15 से कम	थुर, शोरा, खाद, करी, लोना, पोकाली
क्षारीय मृदा	4.0 से कम	8.5 से अधिक	15 से अधिक	राकर, बारा, ऊसर, कारी, चौपन
लवणीय-क्षारीय	4.0 से अधिक	8.5 से अधिक	15 से अधिक	ऊसर, कल्लर, चौपन, रेह, क्षारीय मृदा क्षार

इन मृदाओं की उत्पत्ति का प्रमुख कारण मृदा में जल स्तर का बढ़ना है जिसके कारण पंजाब तथा हरियाणा में प्रतिवर्ष लगभग 10000 हैक्टेअर भूमि इन मृदाओं में परिवर्तित हो रही है। इसलिए यहाँ के कृषकों ने कपास के स्थान पर धान की फसल उगाना शुरु कर दिया है। समुद्र के किनारे के क्षेत्रों में अम्लीय मृदाओं की अधिकता होती है इनमें घुलनशील लवण अधिक मात्रा (विद्युत चालकता 4 मिली म्होज प्रति सेमी), कैल्शियम, सोडियम तथा मैग्नीशियम के क्लोराइड तथा सल्फेट होते हैं। विनिमेय सोडियम 15 प्रतिशत से कम तथा पी एच मान भी 8.5 से कम होता है। सिन्धु गंगा के मैदानी क्षेत्रों जैसे पंजाब, हरियाणा, उत्तर प्रदेश तथा बिहार में अम्लीय-क्षारीय मृदाएं पाई जाती हैं जिनका पी एच मान 9-10.2 होता है, अधिक मात्रा में घुलनशील लवण (ई.सी. 10-110 मिली म्होज प्रति सेमी) तथा अधिक मात्रा में विनिमेय सोडियम (40 प्रतिशत से अधिक) होता है। यह मृदाएं धूसर रंग की, प्लेटी सतह तथा अधो सतह रुकावट वाली होती है। उत्तर प्रदेश में हरदोई, लखनऊ तथा कानपुर जिलों में प्रबल क्षारीय मृदाएं हैं जिनमें सोडियम कार्बोनेट तथा बाइकार्बोनेट की प्रचुरता होती है। यहाँ की मृदाओं में कैल्शियम सल्फेट नहीं होता है। यह मृदाएं समशीतोष्ण जलवायु वाले अधिक सूखे के क्षेत्रों की मृदाओं के विपरीत लवणीय क्षार की कार्बोनेट क्लोराइड जैसी मालूम होती है। उन्नाव जनपद की क्षारीय मृदाएं क्षार की कार्बोनेट क्लोराइड प्रकार की प्रतीत होती है। जनपद उन्नाव की मृदाएं निम्न तीन प्रकार की पाई जाती हैं :-

1. अपरिपक्व लवण क्षारीय (Immature alkaline soils)
2. कैल्शियम कार्बोनेट रहित तथा कैल्शियम कार्बोनेट युक्त क्षारीय मृदाएं
3. अपक्षयी लवणीय - क्षारीय मृदाएं

पंजाब तथा हरियाणा की मृदाओं में मुख्यत: इनकी सतह पर सोडियम के क्लोराइड कार्बोनेट, बाइकार्बोनेट तथा सल्फेट लवण होते हैं। गुजरात तथा महाराष्ट्र के सम्पूर्ण क्षेत्रों में क्षारीय मृदाएं पाई जाती हैं परन्तु क्षार से ज्यादा प्रभावित मृदाएं, गुजरात, कर्नाटक तथा दक्कन में पाई जाती हैं। दिल्ली की मृदाएं निम्न पेडोजोमिक समूहों में से किसी एक समूह की है -

1. लवणीय - (अधिकांश खादर क्षेत्रों में)
2. लवणीय - क्षारीय कंकड़युक्त (अधिकांश डाबर तथा बांगर क्षेत्रों में पाई जाती हैं)

अमेरिकन पद्धति के अनुसार इन मृदाओं को निम्न उपवर्गों में विभक्त किया गया है-

1. एरिडीसोल 2. इन्सेप्टीसोल 3. एल्फीसोल

लवणीय - क्षारीय मृदाओं में बरसीम, चुकन्दर, धान आदि फसलें आसानी से उगाई जा सकती है।

8. पीट एवं अन्य कार्बनिक मृदाएं (Peat and Other organic soils) : यह मृदाएं ट्रावनकोर, केरल, उड़ीसा के समुद्री तट, कोचीन, बंगाल के सुन्दरवन डेल्टा, उत्तराखण्ड के तराई क्षेत्र के अल्मोडा जिले, बिहार के मध्य भाग तथा तमिलनाडु में मद्रास के दक्षिण-पूर्वी किनारे पर पाई जाती हैं। पीट मृदाओं के अन्तर्गत क्षेत्र बहुत ही सीमित है जो लगभग 1500 हैक्टेअर है इन मृदाओं में कुछ मात्रा में घुलनशील लवण पाये जाते हैं। केरल राज्य की अम्लीय पीट मृदाओं को

कारी (Kari) कहते हैं मानसून के समय इन मृदाओं में जल भराव की समस्या रहती है। इन मृदाओं के विशिष्ट लक्षण निम्न प्रकार हैं।

यह मृदायें गहरे से लगभग काले रंग की होती हैं तथा इनमें कार्बनिक पदार्थ की मात्रा 20-40 प्रतिशत तक पाई जाती है।

इन मृदाओं में कंकड़ की संरचना बहुत महीन होती है। इन मृदाओं में मध्यम मात्रा में आयरन तथा एल्यूमिनियम सल्फेट तथा आयरन पाइराइट का संचय होता है। सूखने पर पाइराइट आक्सीकृत होकर सल्यूरिक अम्ल बनाता है जिसके परिणामस्वरूप इनका पी एच. मान 3.5 अथवा 4.0 तक होता है।

यह मृदाएं बहुत ही अम्लीय होती हैं जिनका पी एच मान 3.5 से 4.0 होता है। इसका मुख्य कारण अवायुवीय दशाओं में कार्बनिक पदार्थों का संचय होने के कारण नाइट्रीफिकेशन की क्रिया सम्भव नहीं हो पाती है। दलदली भूमियाँ झीलों तथा समुद्र तटीय क्षेत्रों के निचले भागों तक ही सीमित है। अवायुवीय दशाओं में जलाक्रान्त होने की दशा में इन मृदाओं का निर्माण होता है जिसके कारण इन मृदाओं का रंग नीला होता है। इन मृदाओं का नीला रंग फेरस (आयरन) तथा कार्बनिक पदार्थों की भिन्न मात्रा होने के कारण होता है। यह काली, भारी तथा अम्लीय मृदाएं होती हैं। दलदली भूमियाँ देश के सीमित क्षेत्रों जैसे उड़ीसा के समुद्र तटीय क्षेत्र, पश्चिम बंगाल के सुन्दरवन, बिहार के मध्य भागों तथा अन्य स्थानों पर पाई जाती हैं।

इन मृदाओं में मानसून के समय धान की फसल मुख्य रूप से उगाई जाती है।

9. पोडजोल मृदाएं (Podzol soils) : भारतवर्ष में पोडजोल मृदाओं के अन्तर्गत बहुत कम क्षेत्रफल है। हिमालय पर्वत के जंगलों में तथा दक्षिण भारत के कुछ जंगलों में इस प्रकार की मृदाएं पाई जाती हैं। सामान्यत: इन मृदाओं का निर्माण अत्यधिक वर्षा एवं ठण्डी जलवायु के कारण होता है। पोडजोल रूसी भाषा के शब्द जोका से लिया गया है जिसका शाब्दिक अर्थ राख होता है अर्थात् मृदा के उपरी सतह का रंग राख की तरह होता है।

पुरानी विचारधारा के अनुसार पोडसाली मृदा में दो क्रियाएं साथ-साथ सम्पन्न होती हैं -

1. ह्यूमिक अम्ल का गतिशील होकर अन्त:श्रवण जल के साथ मृदा के नीचे जाना।
2. आयरन एवं एल्यूमिनियम ऑक्साइड का जल अपघटन आयरन एवं एल्यूमिनियम कोलाइड ह्यूमिक अम्ल के साथ अन्त:श्रावित होकर 'ब' संस्तर मे चले जाते हैं और अवक्षेपित हो जाते हैं।

आधुनिक वैज्ञानिकों के मतानुसार कार्बनिक पदार्थों के अपघटन से कार्बनिक अम्ल उत्पन्न होते हैं जो आयरन एवं एल्यूमिनियम ऑक्साइड को अपने में घोलकर मृदा की निचली सतहों में अत:स्रवित कर लेते हैं। मृदा की ऊपरी एवं निचली सतहों का पी एच मान क्रमश: अधिक होता है।

पाडसाली मृदाओं के लिए आवश्यक दशायें निम्न होनी चाहिए -

1. पैतृक पदार्थों मे चूना, पत्थर, डोलोमाइट एवं क्षारीय आग्नेय चट्टानें नहीं होनी चाहिए।
2. मृदा की उपरी सतह पर अन्त:स्रवण के लिए पर्याप्त वर्षा होनी चाहिए जिससे मृदा सतह पर ह्यूमिक अम्ल बन सकें एवं वहाँ पर यह स्थिर रह सकें।
3. मृदा में पर्याप्त सिलिका की मात्रा होनी चाहिए ताकि रन्ध्रावकाश पर्याप्त मात्रा में हो और अन्त:स्रवण अच्छी प्रकार से हो।
4. वाष्पीकरण की अपेक्षा अत्यधिक वर्षा हो जिससे क्षारीय पदार्थ निछालित हो सके।

10. अधकचरी मृदाएं (Skeletal soils) : इस प्रकार की मृदाएं हिमालय पर्वत पर लद्दाख एवं मध्य भारत के विन्ध्य क्षेत्रों में मुख्यत: पाई जाती हैं जो रेत, पत्थरों एवं शैल से निर्मित होती है। यह अपूर्ण विकसित मृदाएं हैं।

यह मृदाएं अत्यन्त उथली (7–15 सेमी गहरी), हल्के पीले एवं भूरे रंग की होती हैं। तलहटियों में मृदा की गहराई कुछ अधिक होती है इनमें संस्तरों का अभाव होता है क्योंकि इनका अत्यधिक क्षरण होता है। यह मृदाएं प्राय: रेतीली दोमट एवं दोमट प्रकार की होती हैं। इन मृदाओं में उर्वरता नहीं होती है या अत्यन्त अल्प होती है जिसमें केवल सहिष्णु प्रकार की प्राकृतिक वनस्पतियाँ उगती हैं। इन मृदाओं में कृषि उत्पादन बहुत ही कठिन होता है। नये वर्गीकरण के अनुसार इन मृदाओं को एन्टीसोल ऑर्डर के अन्तर्गत रखते हैं। यह खनिज मृदाएं होती हैं जिसमें प्राकृतिक संस्तरों एवं परिच्छेदिका का अभाव रहता है।

11. हिमनद एवं शाश्वत हिम मृदाएं (Glacial soils) : इस प्रकार की मृदाएं भारतवर्ष में केवल हिमालय पर्वत श्रृंखला में पाई जाती हैं। यह मृदाएं कृषि के लिए पूर्णतया अयोग्य होती हैं। इन मृदाओं का ऊपरी भाग सदैव बर्फ से ढका रहता है। जिस पर मनुष्य एवं जीव जन्तु आसानी से चल सकते हैं। इन मृदाओं में कहीं–कहीं कुछ विशिष्ट पेड़ दिखलाई पड़ते हैं जो अत्यंन्त कम तापमान के प्रति समुचित प्रतिरोधक क्षमता रखते हैं। इसके अतिरिक्त हिम के काफी गहराई में मृदा के ऊपरी सतह पर कुछ कवक एवं अत्यन्त सूक्ष्म जीवाणु सुषुप्तावस्था में पाये जाते हैं। इन मृदाओं में कहीं–कहीं पर जड़ी–बूटियाँ पाई जाती हैं जो मानव जीवन के लिए बहुत ही लाभकारी होती हैं।

✦

12

सिंचाई प्रबन्ध
(IRRIGATION MANAGEMENT)

कृषि उत्पादन में वृद्धि अच्छे एवं उन्नतशील बीज, उर्वरक, जल एवं सिंचाई की सुविधाओं तथा बेहतर किस्म के कृषि यंत्रों जैसे कारकों के संयोग से सम्भव हो सकी है। उपरोक्त कारकों में से जल सबसे महत्वपूर्ण तथा प्राकृतिक कारक है। पृथ्वी पर पाये जाने वाले सभी जीवों तथा पेड़-पौधों की शारीरिक संरचना में सबसे अधिक (90 प्रतिशत से अधिक) अंश जल के रूप में पाया जाता है। पौधे एवं जीवधारियों की दैनिक क्रियाओं में जल का स्थान सर्वोपरि है। मनुष्य बिना खाना खाये कई दिनों तक जिन्दा रह सकता है परन्तु बिना पानी के कुछ दिनों में ही मर जाता है क्योंकि जीवधारियों के कोशिका द्रव्य एवं चयापचय क्रियाओं में पानी एक आवश्यक भाग है। इसी प्रकार वनस्पतियों में प्रकाश संश्लेषण की क्रिया, पोषक तत्वों के घोलने में, पोषक तत्वों को पौधे के विभिन्न भागों में स्थानान्तरण करने में, उत्स्वेदन, ऊष्मा विनिमय आदि क्रियाओं में जल का प्रमुख योगदान है अर्थात् जल के अभाव में यह क्रियाएं सम्पन्न नहीं होती।

प्रकृति ने वर्षा के माध्यम से देश को यथोचित सम्पदा प्रदान की है। देश में प्रतिवर्ष लगभग 40 करोड़ हैक्टेअर मीटर जल वर्षा एवं बर्फ से प्राप्त होता है, लेकिन इस जल में से केवल 7 करोड़ हैक्टेअर मीटर सतही जल और 3.5 करोड़ हैक्टेअर मीटर भूगर्भीय जल ही सिंचाई के लिए उपयुक्त हो पाता है। उपरोक्त जल की अधिकतम सिंचाई क्षमता 11.4 करोड़ हैक्टेअर मीटर ही है। जल के अनुपलब्धता के कारण वर्षा आधारित कृषि (Rainfed agriculture) की उत्पादन क्षमता बहुत कम है।

देश में जल संसाधन की प्रचुर मात्रा में उपलब्धता है और सिंचाई की व्यापक सुविधाओं का भरपूर विकास किया गया परन्तु सिंचाई और जल उपयोग दक्षता अभी भी बहुत कम है। भूमिगत जल की मात्रा की गुणवत्ता में ह्रास हो रहा है और जल स्तर नीचे जा रहा है जिसके फलस्वरूप सिंचाई की लागत में निरन्तर वृद्धि हो रही है। इसके विपरीत जल संसाधनों का दुरुपयोग होने के कारण जल की कमी की बढ़ती हुई चुनौती अब दिन-प्रतिदिन अति गंभीर होती जा रही है। अधिकांश सिंचाई परियोजनाओं की दक्षता मात्र 30 से 40 प्रतिशत ही है और 60 से 70 प्रतिशत सिंचाई जल, जल भंडारण से खेतों तक पहुँचने में ही नष्ट हो जाता है।

प्रथम पंचवर्षीय योजना के प्रारम्भ से ही सिंचाई विकास को प्राथमिकता दी गई और पिछले 43 वर्षों में बृहद, मध्यम तथा लघु सिंचाई परियोजनाओं द्वारा सिंचाई क्षमता में उल्लेखनीय वृद्धि हुई है। सन् 1951 में सिंचाई क्षमता 2.20 करोड़ हैक्टेअर थी वह 1993-94 में बढ़कर 8.61 करोड़ हैक्टेअर हो गई है। ऐसा अनुमान है कि आगामी दो दशकों में सिंचाई क्षमता अपने चरम सीमा को पार कर लेगी। सिंचाई के लिए जल नहरों, नलकूपों, कुओं, तालाबों तथा अन्य सतही स्त्रोतों (लघु परियोजनाओं) द्वारा प्राप्त होता है।

जल संसाधनों और फसल प्रणाली का आपस में सही तालमेल न होने के कारण भी जल का मृदा तथा फसलों पर प्रतिकूल प्रभाव पड़ना शुरू हो जाता है। लगातार धान-गेहूँ फसल प्रणाली द्वारा भूमि के जलस्तर में गिरावट आई है। इस

प्रकार लगातार जल स्तर घटने से न केवल उत्पादन लागत में वृद्धि हुई है बल्कि इससे फसल प्रणाली पर एक प्रश्न चिन्ह लग गया है। अब इस बात की आवश्यकता है कि जल संसाधनों का सही उपयोग करें, सिंचाई जल की बचत करें और विभिन्न विधियों द्वारा जल संरक्षण करें। जल उपयोग की उन्नत तकनीक तथा जल प्रबन्ध प्रौद्योगिकी के बारे में जानकारी न होना जल हानि समस्या के अन्य महत्वपूर्ण कारक हैं। जल स्तर के गिरने को ध्यान में रखते हुए पंजाब राज्य में राज्य सरकार ने ही धान की खेती करने पर प्रतिबन्ध लगा दिया है।

मृदा जल स्त्रोत (Sources of soil water)

विभिन्न स्त्रोतों के माध्यम से मृदा को जल प्राप्त होता है। जल की सम्पूर्ण मात्रा का पौधे उपयोग नहीं कर पाते हैं अर्थात् जल अस्थाई तथा विभिन्न माध्यमों द्वारा नष्ट भी होता रहता है। मृदा में पाये जाने वाले जल की प्राप्ति तथा ह्रास निम्न प्रकार से होता है–

(i) **मृदा जल की प्राप्ति** – वर्षा (Rainfall), बर्फ अथवा हिमपात (Snow), सिंचाई (Irrigation), ओस (Dew) आदि।

(ii) **मृदा जल का ह्रास** – अपवाह (Runoff), पौधे द्वारा अवशोषण (Absorption by plants), अन्त:स्रवण (Infiltration), वाष्पीकरण (Evaporation), रिसाव (Percolation), उत्स्वेदन (Transpiration) आदि।

मृदा जल की प्राप्ति में वर्षा प्रमुख है जबकि मृदा जल के ह्रास में पौधों द्वारा अवशोषण, अपवाह, वाष्पीकरण, अन्त:स्रवण तथा उत्स्वेदन प्रमुख हैं।

मृदा–पौध–जल सम्बन्ध (Soil-plant-water relationship)

मृदा–पौध–जल सम्बन्ध का तात्पर्य मृदा एवं पौधे की भौतिक अवस्था का मृदा जल के परिभ्रमण, जलधारिता तथा पौधे द्वारा उपयोग से है। मृदा–पौध–जल सम्बन्ध का अध्ययन उस क्षेत्र की सिंचाई व्यवस्था को अधिक उपयोगी बनाने के लिए किया जाता है। मृदा पौधे के लिए वह सभी सुविधायें प्रदान करती है जिससे पौधे अधिकाधिक जल का अवशोषण कर सकें। पानी में बहुत सारे पोषक तत्व घुले होते हैं जो पौधे के विभिन्न भागों में ले जाकर पौधे की वृद्धि को बढ़ाने में सक्रिय भूमिका का निर्वाहन भी करता है। मृदा में जल का अवशोषण, परिभ्रमण, पौधों की जड़ों को जल की उपलब्धता तथा जलधारिता सभी भौतिक क्रियाएं हैं। पौधों की वृद्धि एवं विकास के समय वर्षा की अनियमितता तथा कम मात्रा में होने के कारण पौधों को अतिरिक्त स्त्रोत द्वारा (सिंचाई के माध्यम) पानी की आवश्यकता की पूर्ति की जाती है। पौधों के लिए उपयोगी जल का अवशोषण एवं आपूर्ति निम्न कारकों पर निर्भर करती है –

1. **मृदा के गुण (Soil properties) :** मृदा सरन्ध्रता, संरचना, गठन, मृदा की गहराई आदि का मृदा की जलधारण क्षमता तथा परिभ्रमण पर प्रभाव पड़ता है।
2. **पौधे के गुण (Plant characteristics) :** पौधों की जड़ों की गहराई एवं विस्तार, जड़ों का घनत्व, उत्स्वेदन दर, जल शोषण शक्ति, पौधे की वृद्धि दर आदि द्वारा जल अवशोषण प्रभावित होता है।
3. **मौसम की दशा (Weather conditions) :** वर्षा, तापमान, सापेक्ष आर्द्रता, वायु की गति, सूर्य का प्रकाश आदि कारक पौधों के जल के अवशोषण को प्रभावित करते हैं।

इस प्रकार सिंचाई के लिए मृदा–पौधे–जल सभी प्रक्रियाएं श्रृंखलाबद्ध होकर पौधे जल का अवशोषण कर फसलों की वृद्धि एवं विकास को प्रभावित करती हैं। इस एकीकृत प्रणाली में पौधों में जल की उपलब्धता केवल मृदा द्वारा प्रभावित नहीं होती बल्कि मृदा, पौध, वायुमण्डल सभी का मिश्रित प्रभाव पड़ता है। इस प्रकार पौधों की वृद्धि काल में प्रभावी कारकों को नियमित करके जल का सही प्रयोग करके अधिक से अधिक उत्पादन प्राप्त किया जा सकता है।

मृदा–जल सम्बन्ध (Soil-Water relationship)

मृदा के अन्दर पाये जाने वाले रन्ध्र सामान्यतः वायु तथा आंशिक रूप से वाष्प द्रव्य एवं जल से भरे रहते हैं। इस प्रकार मृदा नमी मृदा का एक महत्वपूर्ण भाग है। जल मृदा की विभिन्न भौतिक तथा रासायनिक क्रियाओं को ही नहीं बल्कि पौधे की वृद्धि को भी प्रभावित करता है। जल की मात्रा मृदा में उपस्थित अणुओं के द्वारा ज्ञात की जाती है। दो अणु हाइड्रोजन तथा एक अणु ऑक्सीजन के संयोग से जल का निर्माण होता है। इस प्रकार मृदा रन्ध्रों में जल की उपस्थिति ऑक्सीजन अणुओं पर निर्भर करती है।

मृदा पानी के भण्डारण का प्रमुख स्त्रोत है। इस जल का उपयोग पौधों की जड़ों के द्वारा उत्स्वेदन की क्रिया तथा ऊतकों के निर्माण में उपयोग किया जाता है। जब मृदा में जल की पर्याप्त मात्रा उपलब्ध होती है तब पौधों द्वारा प्रतिदिन जल की आवश्यक मात्रा ग्रहण करके अपनी वृद्धि एवं विकास करते हैं। इसके विपरीत जब पौधों को जल की पर्याप्त मात्रा उपलब्ध नहीं हो पाती तो पौधों की वृद्धि एवं विकास पर प्रतिकूल प्रभाव पड़ता है। ऐसी स्थिति में यह आवश्यक है कि सिंचाई के माध्यम से तुरन्त पौधे को जल की आवश्यकता की पूर्ति सुनिश्चित की जाए। जल मृदा में उपस्थिति पोषक तत्वों में घोलकर पौधे के विभिन्न भागों में पहुँचाकर उनकी आवश्यकता की पूर्ति करता है।

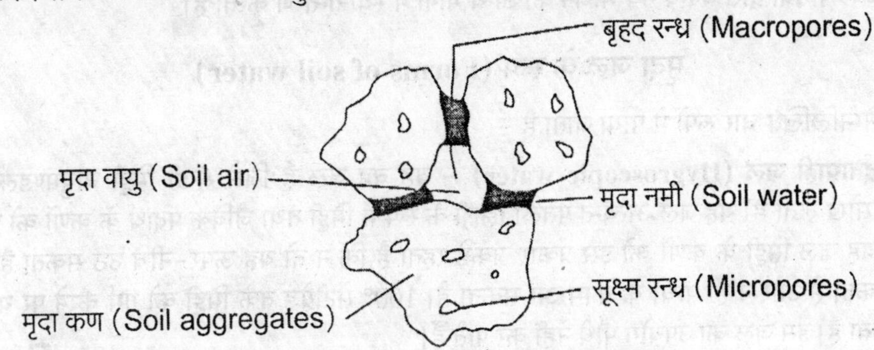

चित्र 12.1 : मृदा कणों के मध्य मृदा नमी

पौध–जल सम्बन्ध (Plant-Water Relationship)

पौधे की समस्त क्रियाएं प्रत्यक्ष अथवा परोक्ष रूप से जल द्वारा प्रभावित होती हैं। पौधे के ऊतकों एवं कोशिकाओं में लगभग 80 से 90 प्रतिशत तक जल की मात्रा पाये जाने के कारण सक्रिय उपापचय (Metabolism) की क्रिया सम्पन्न होती है। पौधे के जड़रोमों के माध्यम से जल अवशोषित होकर पत्तियों तक पहुँचता है। पत्तियों द्वारा जल की सर्वाधिक मात्रा उत्स्वेदन की क्रिया के फलस्वरूप नष्ट हो जाती है शेष बचे हुए जल का प्रयोग खाद्य पदार्थों के निर्माण में होता है। सामान्यतः पौधे द्वारा कुल अवशोषित जल का 5 प्रतिशत पौधे की भौतिक क्रियाओं को सम्पन्न करने में खर्च हो जाता है। पौधों में जल की कमी से उनकी वृद्धि रुक जाती है और पौधे मर जाते हैं। पौध–जल–सम्बन्ध के अन्तर्गत मुख्य रूप से तीन क्रियाएं जैसे जल–अवशोषण (Water absorption), जल संचलन (Water translocation) तथा उत्स्वेदन (Transpiration) है। इन तीनों क्रियाओं के कारण पौधे की वृद्धि एवं विकास निर्भर रहती है। पौधे में इन तीनों क्रियाओं को नियमित कर देने से सर्वाधिक जल उपयोग दक्षता तथा उत्पादन प्राप्त होता है। पौधे के अन्दर जल की मात्रा विभिन्न भागों एवं अवस्थाओं पर निर्भर करती है। बीज के अंकुरण एवं प्रारम्भिक वृद्धि के समय जल की मात्रा सर्वाधिक होती है। पौधे की वृद्धि के साथ–साथ जल की मात्रा घटती जाती है तथा फसल पकने की अवस्था में यह सबसे कम हो जाती है।

इस प्रकार से हम कह सकते हैं कि मृदा–जल–सम्बन्ध बहुत ही महत्वपूर्ण है। इनमें से एक की भी अनुपस्थिति में पौधों की वृद्धि एवं विकास प्रभावित हो सकते है।

मृदा जल (Soil Water)

पौधों की वृद्धि एवं विकास पर जल का सबसे अधिक प्रभाव पड़ता है। अत: पौधे के स्वस्थ जीवन के लिए भूमि में पर्याप्त मात्रा में जल होना आवश्यक है। यह जल भूमि में अनेक भौतिक, रासायनिक तथा जैविक क्रियाओं को सम्पन्न करने के अतिरिक्त पौधों में निम्न काम में आता है –

1. पौधों का लगभग 84 से 94 प्रतिशत भाग जल से बना है अत: जल पौधों के लिए आवश्यक है जो अन्त में रासायनिक रूप में पौधों का ही एक भाग हो जाता है।
2. पानी पौधों के लिए घोलक (Solvent) तथा वाहक (Carrier) दोनों तरह का कार्य करता है। यह भूमि में उपस्थित पोषक तत्वों को अपने में घोलता है तथा पौधे के विभिन्न अंगों तक पहुँचाता भी है।
3. पानी पौधों की कोशिकाओं को फूला हुआ (Turgid) रखता है और उनके ताप को भी नियंत्रित रखता है।
4. पौधों के भीतर पहुँचकर पानी नये यौगिकों के निर्माण में भाग लेता है।
5. वाष्पोत्सर्जन तथा प्रकाश संश्लेषण की क्रिया के लिए पानी की अत्यन्त आवश्यकता होती है।
6. जल पत्तियों द्वारा बनाये गये भोजन को अन्य भागों में स्थानान्तरण करता है।

मृदा जल के रूप (Forms of soil water)

भूमि में जल निम्नलिखित चार रूपों में पाया जाता है –

1. आर्द्रताग्राही जल (Hygroscopic water) – यह वह जल है जिसे सूखी मिट्टी वायुमण्डल में उपस्थित जलवाष्प को सोख लेती है। यह जल अत्यन्त पतली झिल्ली के रूप में मिट्टी तथा जैविक पदार्थ के कणों को चारों तरफ से घेरे रहता है। यह जल मिट्टी के कणों को इस प्रकार जकड़े रहता है कि न तो यह ऊपर–नीचे उठ सकता है और न भाप बनकर उड़ सकता है और न ही पौधों के काम आ सकता है। 100° सेंटीग्रेड तक मिट्टी को गर्म करने पर यह जल वाष्प बनकर उड़ जाता है। इस जल का उपयोग पौधे नहीं कर पाते हैं।

2. केशिका जल (Capillary water) : आर्द्रताग्राही जल मृदा कणों के चारों तरफ केशिका रन्ध्रों (Capillary pores) में आसंजन (Adhesion) और पृष्ठ तनाव (Surface tension) के बलों द्वारा भूमि में झिल्ली के रूप में रूका हुआ जल केशिका जल कहलाता है। धान आदि कुछ जलोद्भिद् पौधों (Hydrophytes) के अतिरिक्त अन्य सभी फसलों के लिए यही जल पौधों के उपयोग में आता है। पौधे अपने मूल रोमों की सहायता से इस जल को सोखते रहते हैं। केशिका जल गतिशील होता है और उसकी यह गति नम भूमियों की अपेक्षाकृत सूखी भूमि की ओर अधिक होती है। यह जल भूमि के नीचे की सतह से ऊपर की ओर इस प्रकार चढ़ता है जैसे कि लालटेन की बत्ती में मिट्टी का तेल। लेकिन केशिका जल की यह गति कुछ दूरी तक ही सीमित रहती है।

विभिन्न भूमियों में केशिका जल की मात्रा निम्न कारकों पर निर्भर करती है –

(i) भूमि का गठन (Soil texture)
(ii) भूमि की संरचना (Soil structure)
(iii) भूमि में कार्बनिक पदार्थ की मात्रा (Organic matter content of the soil)
(iv) भूमि का तापमान (Soil Temperature)
(v) भूमि का पृष्ठ तनाव (Surface tension of the soil)

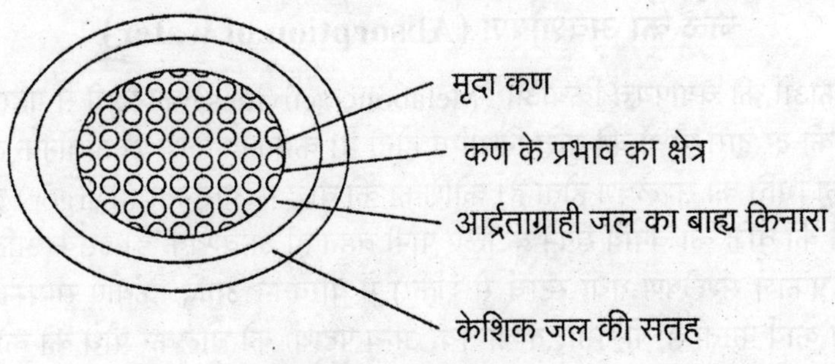

चित्र 12.2 : केशिका जल

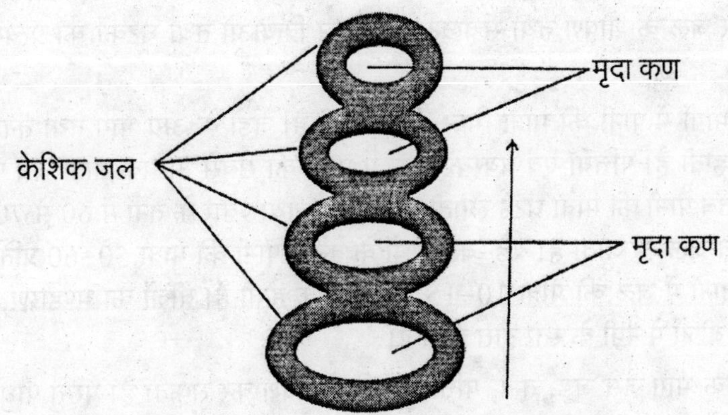

चित्र 12.3 : केशिका जल का ऊपर चढ़ना

3. गुरूत्वीय जल (Gravitational water) : मृदा में गुरूत्वीय जल को मुक्त जल (Free water) भी कहते हैं। यह जल भूमि की ऊपरी सतह से नीचे की ओर गुरुत्व बल द्वारा बहता है। पौधों की जड़ों में इस जल के अधिक समय तक भरे रहने के कारण पौधों में हानि हो जाती है। धान आदि फसलों के लिए यह जल विशेष रूप से उपयोगी है। मृदा में गुरूत्वीय जल की मात्रा बढ़ने से रन्ध्रावकाश (Pore space) जल से परिपूर्ण हो जाते हैं और वायु के अभाव में जड़ें सड़ने लगती हैं। भूमि में लाभदायक जीवाणुओं की संख्या कम होने लगती है। अत: खेत में जल की अधिकता होने पर जल निकास का समुचित प्रबन्ध होना चाहिए।

4. संयुक्त जल (Combined water) : यह रासायनिक संगठन का जल है। यह जल रासायनिक शक्तियों द्वारा मिट्टी के कणों से चिपका रहता है। आर्द्रताग्राही जल भाप के रूप में उड़कर नष्ट हो जाने पर ही मिट्टी से अलग किया जा सकता है। पौधों के लिए इस जल का कोई उपयोग नहीं है।

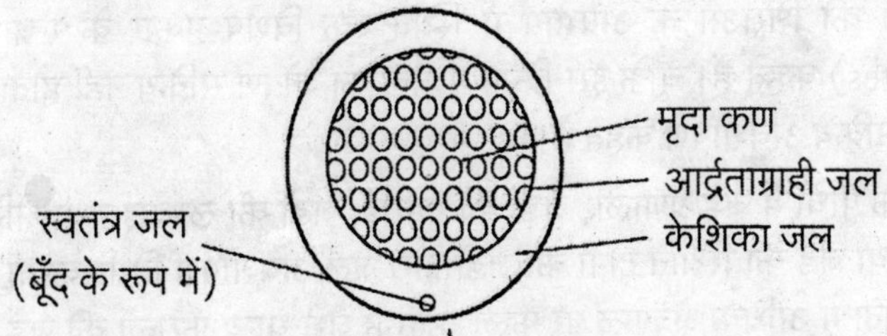

चित्र 12.4 : संयुक्त जल द्वारा जल का शोषण (Absorption of water by plants)

जल का अवशोषण (Absorption of water)

पौधों एवं कोशिकाओं की चयापयच क्रियाओं (Metabolic activities) का पानी से गहरा सम्बन्ध है। कोशिका विभाजन तथा बढ़वार की दर द्वारा पौधों की वृद्धि निर्धारित होती है। कार्बनिक तथा अकार्बनिक तत्वों की पूर्ति द्वारा नये जीव दृव्य तथा कोशिका भित्ति का संश्लेषण होता है। कोशिका की वृद्धि में आसूनता (Turgor) तथा पत्तियों के आकार तथा प्रकार एवं नये तने की वृद्धि को बनाये रखने के लिए पानी बहुत ही आवश्यक है। इसके अतिरिक्त पानी द्वारा पौधों की दैहिकी क्रियाओं, प्रकाश संश्लेषण तथा स्टार्च से शर्करा में परिवर्तन आदि क्रियाएं सम्पन्न होती हैं। पानी प्रमुख क्रियाओं में घोलक का कार्य करता है जो गैसों, तत्वों तथा अन्य पदार्थों को घोलकर पौधे की कोशिकाओं के द्वारा एक कोशिका से दूसरी कोशिका में तथा एक ऊतक से दूसरे ऊतक तक घोल को पहुँचाता है। इसके विपरीत जब पौधों में जल की कमी हो जाती है तब कोशिका स्फीति (Cell turgidity) में कमी, मुरझाना, कोशिकाओं की वृद्धि में रूकावट आना, पर्ण रन्ध्र (Stomata) घने हो जाते हैं, प्रकाश संश्लेषण में कमी तथा पौधे की कई चयापचय क्रियाएं प्रभावित हो जाती हैं। पौधे के अन्दर जल के शोषण तथा संचलन में विभिन्न क्रियाओं तथा घटकों का प्रत्यक्ष एवं अप्रत्यक्ष प्रभाव पड़ता है।

पौधे के विभिन्न भागों में पानी की मात्रा भिन्न-भिन्न होती है। जड़ों के अग्र भाग तथा तना में 90 प्रतिशत से भी अधिक जल की मात्रा होती है। पत्तियाँ एवं वयस्क फलों में पानी की सबसे अधिक मात्रा जब पौधे के भाग पकने की अवस्था में आ जाते हैं तब पानी की मात्रा घटने लगती है। गेहूँ, जौ तथा ज्वार के तनों में 60 से 70 प्रतिशत जबकि पकने के समय 5-10 प्रतिशत जल रह जाता है। बड़े-बड़े पौधों के तने में पानी की मात्रा 50-60 प्रतिशत तक पाई जाती है। तुरन्त कटाई किये गये दानों में जल की मात्रा 10-15 प्रतिशत तक होती है। बीजों का भण्डारण, जमाव तथा जीवितता (Viability) निर्धारित बीजों में नमी के स्तर द्वारा होती है।

जल पौधे के प्रत्येक भाग जैसे जड़, तना, पत्तियों आदि से प्रवेश कर सकता है। परन्तु पौधों द्वारा जल का शोषण मुख्यत: जड़ों के मूल रोमों (Root hair) द्वारा किया जाता है। जल का शोषण मृदा में जल विभव (Water potential) तथा जड़ों के आसपास स्थित घोल के विभव वाले जल के संचालन से होता है। पौधों में जल का अवशोषण निम्न दो विधियों द्वारा होता है -

(i) निष्क्रिय अवशोषण (Passive absorption) – जब मृदा से पौधे के मूल रोम का जाइलम में कम विभव वाले जल के संचलन के कारण जड़ दाब उत्पन्न होता है जो जल को पौधों के जाइलम की तरफ धक्का देता है जिससे जल आगे की ओर बढ़ जाता है। इस प्रकार तीव्र गति से श्वसन करने वाले पौधों में जाइलम दृव्य का दाब वायुमण्डलीय दाब से कम पाया जाता है जिससे जड़ पानी को ऊपर खींच लेती है। जल के शोषण की इस प्रक्रिया को निष्क्रिय अवशोषण कहते हैं।

(ii) सक्रिय अवशोषण (Active absorption) – प्राय: ठण्डे मौसम में अधिक मृदा नमी एवं आर्द्रता होने पर रात्रि के समय कम श्वसन गति वाले पौधे जब सामान्य या उच्च जल विभव की अवस्था में उगाये जाते हैं तो उनकी पत्तियों के अग्र भाग अथवा किनारों से पानी की बूँदे टपकने की क्रिया को निस्यन्दन (Guttation) कहते हैं। इस प्रकार निस्यन्दन की क्रिया पौधों की शिराओं के अग्रभाग में स्थित एक विशेष प्रकार के रन्ध्र द्वारा होती है। इसे रन्ध्र-जलोत्सर्जक (Hydrothates) कहते हैं। चूँकि इस क्रिया में जल का शोषण सक्रिय नहीं होता है। इस प्रक्रिया द्वारा पौधों में जल के अवशोषण को सक्रिय अवशोषण कहते हैं।

भिन्न-भिन्न प्रकार के पौधों में जड़ प्रणाली, जड़ों की गहराई, जड़ों की लम्बाई तथा क्षैतिजीय वितरण भिन्न-भिन्न होता है। इस प्रकार मृदा तथा जड़ की स्थिति दोनों का जड़ों द्वारा जल अवशोषण निर्भर करता है। धान्य फसलों की जड़ें, अन्य फसलों की अपेक्षा मृदा में अधिक क्षेत्रफल पर फैली रहती हैं जैसे धान्य फसलों की जड़ें 200-400 सेमी प्रति वर्ग मी. जबकि दलहनी कुल के पौधों की जड़ें 15-200 सेमी/वर्ग मी. क्षेत्र में फैली रहती हैं।

जड़ों द्वारा जल का अवशोषण मुख्यत: जड़ की सतह के पास जल की आपूर्ति पर निर्भर करता है। इस प्रक्रिया में दो मुख्य क्रियाएं जैसे जड़ सतह के पास जल का संचालन तथा मृदा में जड़ों की वृद्धि द्वारा होता है। जब मृदा में पानी की कमी होती जाती है तब पानी के संचालन की दर भी घटती जाती है। पौधे की एक कोशिका से दूसरी कोशिका अथवा एक भाग से दूसरे भाग में जल संचालन की दिशा मुख्य रूप से दोनों के अंगों के बीच में स्थित जल की मात्रा के अन्तर पर निर्भर करती है जो सदैव उच्च स्थितिज जल से निम्न स्थितिज जल की ओर संचालित होती है। मृदा में जल धारण क्षमता स्तर या इसके कम रहने पर जल का द्रव्य के रूप में मृदा में संचालन बहुत कम होता है। इस प्रकार मृदा जल का अधिक दूरी तक वाष्प के रूप में संचालन होता है किन्तु इसकी दर इतनी कम होती है कि सिंचाई की दृष्टि से इसका बहुत कम महत्व है। ऊँचे जल-स्तर वाले स्थानों पर फसलों की आवश्यकता का अधिकांश जल संतृप्त क्षेत्र से जल के ऊपर की ओर संचालन से प्राप्त होता है जिसे केशिका चढ़ाव (Capillary rise) के नाम से जाना जाता है। उत्स्वेदन द्वारा जल का ह्रास होने के कारण पानी निरन्तर पौधे के मूलाग्र द्वारा जाइलम ऊतकों के माध्यम से ऊपर चढ़ता है जिसे उत्स्वेदन कर्षण (Transpiration pull) कहते हैं। उत्स्वेदन कर्षण के कारण जाइलम के अन्दर एक ऋणात्मक तनाव उत्पन्न होता है, जो जड़ों तक संचरित होकर जल शोषण की स्थिति उत्पन्न करता है।

जल रास्ता (Path of water) को क्रमानुसार चार भागों में विभक्त किया गया है –

1. जड़ सतह पर जल की आपूर्ति
2. जड़ के अन्दर जल का प्रवेश
3. विभिन्न क्रियाओं को सम्पन्न कराना
4. जल बूँदों के रूप में जल का संचालन तथा पत्तियों द्वारा बाहर निकालना।

पौधों के अन्दर जल की मात्रा अथवा पौधों में स्फीति के स्तर द्वारा जल शोषण तथा जल की हानि निर्धारित होती है। इसके अतिरिक्त वातावरणीय, मृदा तथा पौधों की स्थिति जल शोषण तथा उत्स्वेदन की दर को बहुत अधिक प्रभावित करते हैं। एक वर्षीय पौधों की जड़ें मृदा के आर्द्र क्षेत्र में शीघ्रता से प्रवेश करती हैं। जब मृदा में जल का संचालन जडतंत्रों की ओर कम मात्रा में होता है तो जड़ों की वृद्धि नम भूमि की ओर बढ़ती जाती है। इस प्रकार जड़ें अपनी वृद्धि तथा शाखाएं विकसित करके नम मृदा के सम्पर्क में बनी रहती हैं। नये पौधों की जड़ों के अग्र भाग से जल का अवशोषण सर्वाधिक होता है जैसे-जैसे पौधों की आयु बढ़ती जाती है अर्थात पुरानी जड़ों की पारगम्यता घटने के कारण जल का शोषण भी कम होता जाता है। इसके विपरीत बहुवार्षिक पौधों की पुरानी जडतन्त्रों की पारगम्यता कम होने के बावजूद भी जल का शोषण अधिक होता है क्योंकि इनका जड़ तन्त्र बहुत अधिक विकसित होता है। इसके अतिरिक्त इन पौधों का जड़तंत्र बहुत दूर-दूर तक फैला रहता है जो काफी अधिक क्षेत्र से जल का शोषण करता है।

पौधों की जड़ों का विकास : पौधों में उपस्थित जल की मात्रा मुख्यत: मृदा में जल की उपलब्धता, पौधों की जड़ों की गहराई, विकास तथा जड़ घनत्व पर निर्भर होती है। इन सबमें जड़तन्त्रों का घनत्व सबसे अधिक महत्वपूर्ण है। मृदा में जल असंतृप्त अवस्था में होने पर बहुत ही मन्द गति (कुछ ही सेमी) से संचालन करता है। मृदा सतह में उपस्थिति जल का प्रभावी शोषण करने के लिए पौधों की जड़ें पूर्ण विकसित हो जिससे जल का अवशोषण कर सके। उपयुक्त समय पर फसल की बुआई कर देने से पौधों की जड़ों की शीघ्र ही वृद्धि होकर जब मृदा में जल की कमी होती है उस समय भी जल का अवशोषण कर लेती हैं। प्रभावी जड़ क्षेत्र का तात्पर्य यह है कि उस क्षेत्र में जड़ विकसित होकर मृदा में नमी का अधिक से अधिक मात्रा में जल का अवशोषण करती हैं जिसके फलस्वरूप मृदा में नमी की कमी हो जाती है इसलिए सिंचाई द्वारा जल की आवश्यकता की पूर्ति होती है। विभिन्न प्रकार के पौधों का जड़तन्त्र अलग-अलग होता है तथा जड़ें भूमि में अलग-अलग गहराई तक चली जाती हैं। किसी भी फसल के जड़ तन्त्र का विकास भूमि की किस्म तथा अन्य कारकों से प्रभावित होता है। सामान्य जल निकास वाली मृदाओं में विभिन्न फसलों की जड़ों की लम्बाई तालिका 12.1 में दर्शायी गई है।

तालिका 12.1 : कुछ फसलों के प्रभावी जड़ तन्त्र की गहराई

जड़ तन्त्र की विशेषताएँ			
उथली जड़े (60 सेमी)	मध्यम गहरी जड़ें (60–90 सेमी)	गहरी जड़ें (90–120 सेमी)	अधिक गहरी जड़ें (180 सेमी से अधिक)
धान	गेहूँ	मक्का	गन्ना
आलू	तम्बाकू	कपास	नींबू
फूलगोभी	अन्डी	ज्वार	कॉफी
पातगोभी	मूँगफली	बाजरा	सेव
प्याज	खरबूजा	सोयाबीन	अंगूर
लहसुन	गाजर	चुकन्दर	कुसुम
	मटर	टमाटर	रिज़का
	मिर्च	अरहर	
	सेम, जौ		

मृदा में किसी विशेष परिस्थिति में जैसे अभेद परत, अधोसतह पथरीली, अम्लांक से कम नमी की भूमियों में उच्च जल स्तर की भूमियों में जड़ विकास आदि के कारण जड़ों की नीचे की तरफ बढ़वार में रूकावट हो जाती है जिसके कारण जड़ें नीचे की तरफ वृद्धि न करके बल्कि बगल में बढ़ने लगती हैं।

जड़ों द्वारा मृदा जल के अवशोषण के कारण पौधों के जड़ क्षेत्र में आई नमी की कमी केशिका चढ़ाव द्वारा पूर्ण होती रहती है। इस प्रकार जड़ों द्वारा मृदा जल के अवशोषण के साथ मृदा–जल तनाव बढ़ता रहता है। जिसके कारण कणों के चारों तरफ जल का संचलन कम तनाव वाले क्षेत्र में अधिक तनाव की ओर होता रहता है। मृदा में नमी की कमी के कारण जड़ों का विकास रुक जाता है यदि इस समय नमी की कमी की आपूर्ति सिंचाई आदि माध्यमों से न की जाये तो पौधे सूख जाते हैं।

नमी शोषण की विधि (Moisture extraction pattern)

नमी शोषण का तात्पर्य मृदा की विभिन्न स्तरों से पौधों की जड़ों द्वारा अवशोषित किये गये कुल जल की मात्रा को कहते हैं। जड़ों के ऊपरी भाग में वायु संचार, तापक्रम आदि अनुकूल होने से जल का शोषण बहुत ही तीव्र गति से होता है। इसके साथ ही मृदा की ऊपरी सतह से जल का वाष्पोत्सर्जन तथा पौधे द्वारा जल शोषण दोनों ही क्रियाएं तीव्र गति से होने के कारण मृदा की ऊपरी सतह पर जल की शीघ्रता से कमी होने लगती है। इसीलिए इस क्षेत्र में मृदा नमी की कमी के कारण मृदा नमी–तनाव (वपस उवपेजनतम जमदेपवद) भी बढ़ जाता है। सामान्य संरचना वाली गहरी सिंचित भूमियों में समस्त फसलों की जल शोषण विधि लगभग एक समान होती है। सामान्यत: पौधों में जल शोषित करने वाली जडों का सर्वाधिक घनत्व ऊपरी भाग में अथवा पौधे के आधार के पास ही होता है। इसके पश्चात् नीचे स्तर वाली जड़ों द्वारा पानी का शोषण कम होता जाता है। जैसा कि चित्र 12.5 में दर्शाया गया है।

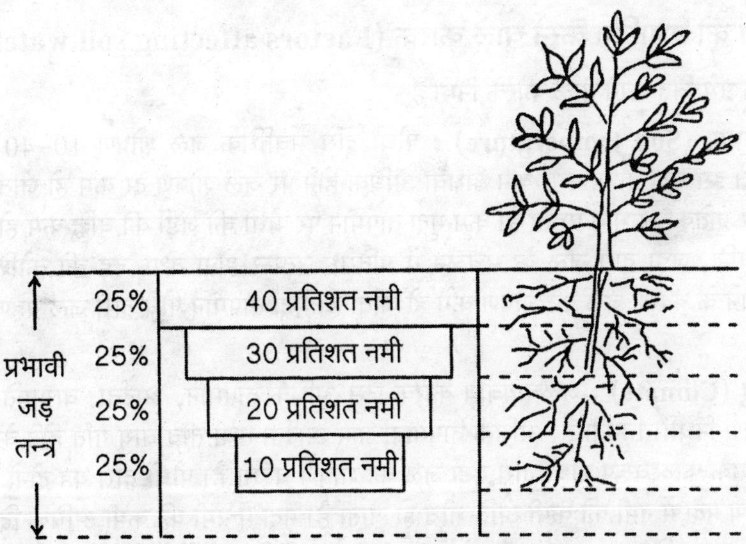

चित्र 12.5 : सामान्य गहरी मृदाओं में जड़ों का विस्तार तथा मृदा नमी शोषण

मृदा नमी शोषण वक्र (Soil moisture extraction curve) के आधार पर यह निष्कर्ष निकला कि सामान्य गहरी मृदाओं में मृदा नमी का 40 प्रतिशत जड़ की ऊपरी सतह यानी पहले चौथाई भाग से, 30 प्रतिशत दूसरे चौथाई भाग से, 20 प्रतिशत तीसरे चौथाई भाग से तथा शेष 10 प्रतिशत चौथे चौथाई भाग अथवा सबसे निचले भाग से शोषण होता है। कुछ फसलों में सबसे नीचे भाग में यह अन्तर देखा जा सकता है। असामान्य दशाओं में पौधे आवश्यक नमी की मात्रा का सबसे कम जल उपलब्ध वाले स्तर से जल को अवशोषित करते हैं। चूँकि इन मृदाओं की ऊपरी परत में जल धारण क्षमता कम होने पर ऊपरी सतह पर उपलब्ध जल का शीघ्रता से ास हो जाता है। ऐसी अवस्था में पौधे मृदा की निचली सतहों से जल का शोषण करके अपनी वृद्धि को बनाये रखते हैं। सामान्य भूमियों की अपेक्षा इन भूमियों में पौधे जल का शोषण मृदा की निचली सतह से करने के कारण जल शोषण की गति काफी कम होती है इसलिए इन मृदाओं में पौधों की वृद्धि दर कम होती है।

पौधों को क्षेत्र क्षमता से म्लानि बिन्दु के मध्य की अवस्था में जल की उपलब्धता सर्वाधिक होती है अर्थात् क्षेत्र क्षमता पर जल की उपलब्धता अधिक एवं म्लानि बिन्दु पर सबसे कम होती है। जल की उपलब्धता मध्यम संरचना वाली भूमियाँ जैसे दोमट तथा सिल्ट दोमट आदि में अन्य हल्की बलुई तथा भारी मटियार भूमियों की अपेक्षा अधिक होती है। भारी मटियार भूमियों की जल धारण क्षमता बहुत अधिक होती है। इसके बावजूद म्लानि बिन्दु के अधिक होने के कारण इन भूमियों में पौधों को जल की उपलब्धता अपेक्षाकृत कम होती है। बीजों के जमाव के तुरन्त पश्चात् पौधे मृदा जल का शोषण करने लगते हैं। इसके पश्चात् जैसे-जैसे पौधे की वृद्धि बढ़ती जाती है जल शोषण की गति एवं मात्रा भी बढ़ने लगती है। जब पौधे पकने की अवस्था में होते हैं तब जल शोषण नगण्य हो जाता है। इसके विपरीत जब मृदा में नमी की कमी होती जाती है उसी अनुसार नमी तनाव भी बढ़ने लगता है। अत: ऐसी स्थिति में पौधों की जड़ों द्वारा जल चूषण में वृद्धि हो जाने के कारण नमी अवशोषण की गति जलापूर्ति से अधिक हो जाती है। जिसके परिणामस्वरूप जड़ों का चूषण बल तथा मृदा तनाव बराबर हो जाता है। जिससे पौधों में वाष्पोत्सर्जन की दर कम हो जाती है। मृदा सूखते समय मृदा प्रतिबल अधिक मात्रा में अवशोषण करने वाली जड़तन्त्रों के क्षेत्र भी बढ़ने लगता है। इस अवस्था में पौधे के अन्दर जल की मात्रा कम हो जाती है जिससे पत्तियों के चूषण बल में वृद्धि हो जाती है इसके फलस्वरूप पौधे में जल की हानि तथा जल शोषण संतुलित हो सके। पौधे में जहाँ पर जड़े कम पाई जाती हैं वहाँ पर पत्तियों में प्रतिबल बढ़ने से मृदा से जल के शोषण की दर अधिक हो जाती है।

मृदा जल शोषण को प्रभावित करने वाले कारक (Factors affecting soil water absorption)

मृदा जल शोषण को प्रभावित करने वाले कारक निम्न हैं –

(i) मृदा तापमान (Soil temperature) : पौधों द्वारा सर्वाधिक जल शोषण 10–40 डिग्री सेन्टीग्रेड मृदा तापमान पर होता है। इस मृदा तापमान से कम अथवा अधिक होने पर जल शोषण दर कम हो जाती है जिससे पौधों की वृद्धि एवं विकास पर प्रतिकूल प्रभाव पड़ता है। कम मृदा तापमान पर पौधों की जड़ों की वृद्धि कम होना, जल की श्यानता (Viscosity) में वृद्धि, जड़ों द्वारा जल के संचलन में प्रतिरोध उत्पन्न होना तथा जड़ की कोशिकाओं में चयापचय क्रियाओं में कमी होने के कारण जल का शोषण कम हो जाता है। मृदा तापमान पौधे द्वारा जल ग्रहण तथा उत्स्वेदन दोनों ही प्रभावित होते हैं।

(ii) जलवायु (Climate) : जलवायुवीय कारक जैसे अधिक तापमान, आर्द्रता, वायुगति आदि का पौधों की जड़ों द्वारा जल शोषण निर्धारित होता है। अधिक तापमान, कम आर्द्रता तथा तीव्र वायु गति होने के कारण उत्स्वेदन की दर बढ़ जाती है जिसके फलस्वरूप पौधों द्वारा मृदा जल का शोषण बढ़ता है। पौधों द्वारा यह दोनों क्रियाएं अधिक तीव्र गति से होने के कारण मृदा में नमी की कमी अति शीघ्र हो जाती है। मृदा में नमी की कमी अधिक दिनों तक रहने से पौधों की वृद्धि एवं विकास पर प्रतिकूल प्रभाव पड़ता है। बारानी तथा असिंचित क्षेत्रों में सिंचित क्षेत्रों की अपेक्षा इन कारकों का अधिक प्रभाव पड़ने के कारण ही उत्पादन सदैव कम होता है।

(iii) मृदा घोल का रसाकर्षण विभव (Osmotic potential of soil solution) : पौधों द्वारा जल का शोषण जड़ों के कोशिका दृव्य एवं जल विभव उत्प्रेरकों द्वारा निर्धारित होता है। मृदा घोल का रसाकर्षण विभव कोशिका दृव्य की अपेक्षा कम होने से जल शोषण में कमी आ जाती है। इसके विपरीत जब मृदा घोल का रसाकर्षण विभव जड़ों के कोशिका दृव्य की अपेक्षा अधिक होता है तब जल का अवशोषण बढ़ जाता है।

(iv) मृदा वायुसंचार एवं जलाक्रान्तता (Soil aeration and flooding) : भूमियों में जलाक्रान्त होने से मृदा में वायुसंचार की कमी हो जाने से ऑक्सीजन की कमी तथा कार्बन डाई ऑक्साइड अधिक मात्रा में संचित हो जाती है जिससे पौधों द्वारा जल का अवशोषण प्रत्यक्ष रूप से प्रभावित होता है। इन भूमियों में पौधों की जड़ें मांसल, छोटी, कम शाखायुक्त तथा मूलरोम कम मात्रा में हो जाते हैं जिससे वह पर्याप्त मात्रा में मृदा से जल का शोषण करने में असमर्थ रहते हैं। कुछ फसलें जैसे धान, गन्ना आदि में पत्तियों तथा तनों में बड़े–बड़े कोशिकान्तर अवकाश (Intercellular space) होने के कारण निरन्तर जल ग्रहण होता रहता है। अधिकांश पौधे जलाक्रान्तता की स्थिति को सहन करने में असमर्थ रहते हैं। मृदा में जलाक्रान्तता की स्थिति लगातार कई दिनों तक भारी वर्षा, मृदा की अधो सतह पर कड़ी परत होने के कारण समुचित रिसाव न हो पाना तथा निचली एवं भारी भूमियों में होती है। उदाहरण के लिए अरहर, मूँग, उर्द, मक्का आदि फसलों में कुछ घंटे/दिन तक खेत में पानी भर जाने से सम्पूर्ण फसल सूख जाती है। दलदली भूमियों में उगने वाले पौधे जलाक्रान्तता से बहुत कम प्रभावित होते हैं। जबकि सूखे में आने वाले पौधे अधिक प्रभावित होते हैं।

(v) पौधों का जड़तन्त्र (Rooting system) : भिन्न–भिन्न प्रकार के पौधों में तथा एक फसल की विभिन्न प्रजातियों में जड़ तन्त्र में काफी विविधता पाई जाती है। इसी प्रकार मृदा की विभिन्न परिस्थितियाँ भी पौधों की जड़ तन्त्र के वृद्धि एवं विकास को काफी प्रभावित करती है। पौधों की जड़ तन्त्र का असिंचित अथवा वर्षाधीन फसलों पर विशेष रूप से प्रभाव पड़ता है परन्तु सिंचित क्षेत्रों में उगाई जाने वाली फसलों पर बहुत ज्यादा प्रभाव नहीं पड़ता है। सामान्यत: मृदा में 15 से 30 सेमी की गहराई में फैलकर बढने वाली जड़ें मृदा जल शोषण के लिए उपयुक्त मानी जाती हैं।

(vi) प्रभावी जड़ क्षेत्र (Effective root zone) : मृदा की उस गहराई पर जहाँ से फसलें जल का शोषण करती हैं जिसके कारण मृदा में उपलब्ध जल की कमी को सिंचाई द्वारा पूरा किया जाता है, प्रभावी जड़ क्षेत्र कहलाता है। अच्छे जल निकास वाली गहरी भूमियों में उगाई जाने वाली धान, आलू, प्याज में प्रभावी जड़ क्षेत्र 60 सेमी. तक, गेहूँ,

तम्बाकू, मूँगफली, मटर, जौ, मिर्च में 90 सेमी. तक, कपास, मक्का, बाजरा, ज्वार, अरहर, सोयाबीन में 120 सेमी. तथा कुसुम एवं लूसर्न में 180 सेमी तक होता है।

(vii) जड़ क्षेत्र के मध्य नमी निष्कर्ष प्रतिरूप (Moisture extraction pattern within the root zone): किसी मृदा का नमी निष्कर्ष प्रतिरूप मृदा की विभिन्न गहराइयों से पौधों द्वारा जल ग्रहण की सापेक्ष मात्रा को प्रदर्शित करता है। उचित जल निकास वाली गहरी मृदाओं में नमी निष्कर्ष प्रतिरूप को चित्र 12.5 में दर्शाया गया है।

फसल की जल माँग (Water requirement of crops)

पानी की वह मात्रा जो किसी फसल को एक निश्चित अवधि में एक इकाई भार शुष्क पदार्थ पैदा करने के लिए जितनी इकाई पानी की आवश्यकता होती है उसे उस फसल की जल माँग कहते हैं। फसल की जल माँग के अन्तर्गत पानी के उपभौमिक उपयोग (Consumptive use) के अतिरिक्त उस जल की मात्रा को भी सम्मिलित करते हैं जो खेत की तैयारी, नर्सरी बनाने, सिंचाई की नालियों से नष्ट होना, हानिकारक लवणों को बहाने आदि में खर्च हो जाता है। फसल की जल माँग को निम्न सूत्र की सहायता से ज्ञात करते है।

WR = ET/CU + application losses + use as a special need

जल माँग = वाष्पो – उत्स्वेदन/उपभौमिक उपयोग + सिंचाई के समय हानि + विशिष्ट उपयोग फसल की जल माँग को इस सूत्र से भी ज्ञात किया जा सकता है।

WR = IR + ER + S

जल माँग = सिंचाई आवश्यकता + प्रभावी वर्षा + मृदा में उपलब्ध जल

जल के विशिष्ट उपयोग का तात्पर्य यह है कि पानी की वह मात्रा जैसे खेत की तैयारी (पलेवा), नर्सरी के निर्माण, पौध तैयार करना, अन्तःस्रवण, लेवा लगाना (Puddling), क्षारीय भूमियों से क्षारों को बहाना सिंचाई की नालियों से जल हानि आदि में खर्च की जाती है।

जल माँग को प्रभावित करने वाले कारक (Factors affecting water requirement)

फसलों की जलमाँग को निम्न कारक प्रभावित करते हैं –

1. **वायुमण्डल की आर्द्रता (Atmospheric humidity) :** वायुमण्डल में आर्द्रता जितनी कम होगी। पौधों की जलमाँग उतनी ही अधिक होगी इसी प्रकार वायु में आर्द्रता जितनी अधिक होगी पौधों की जलमाँग उतनी ही कम होगी।
2. **तापमान (Temperature) :** वायुमण्डल का तापमान बढ़ने से पौधों में उत्स्वेदन की क्रिया बढ़ जाने से जलमाँग बढ़ जाती है जबकि इसके विपरीत तापमान के घटने से उत्स्वेदन की क्रिया घट जाने से फसलों की जलमाँग भी कम हो जाती है।
3. **सौर विकिरण (Solar radiation) :** सूर्य की किरणें जितनी अधिक तेज होगी पौधों में प्रकाश संश्लेषण तथा उत्स्वेदन दोनों ही क्रियाएं अधिक होने से पौधों की जलमाँग बढ़ जाती है। यही कारण है कि खरीफ तथा जायद ऋतु की फसलों में रबी की फसलों की अपेक्षा जलमाँग अधिक होती है।
4. **फसल की किस्म (Types of crops) :** धान, गन्ना आदि फसलों को पानी की आवश्यकता अधिक होने से जलमाँग अधिक होती है। जबकि तम्बाकू, जौ, सरसों आदि फसलों में पानी की कम आवश्यकता होने पर जलमाँग कम होती है। इस प्रकार हम कह सकते हैं कि (C_4) फसलों की अपेक्षा (C_3) फसलों की जलमाँग कम होती है।
5. **फसल की अवधि (Duration of crops) :** शीघ्र पकने वाली फसलों तथा उनकी प्रजातियों की जलमाँग देर से पकने वाली फसलों तथा उनकी प्रजातियों की अपेक्षा कम होती है।

6. **भूमि की किस्म (Types of soil) :** हल्की बलुई भूमियों में उगाई जाने वाली फसलों की जलमाँग भारी भूमियों (दोमट तथा मटियार भूमियों) की अपेक्षा अधिक होती है।

7. **भूमि की उर्वरा शक्ति (Fertility status of soil) :** भूमि में कार्बनिक खादों का प्रयोग करने से पौधों की जलमाँग घट जाती है। जिन भूमियों में पोषक तत्वों की कमी होती है वहाँ पर पौधों की बढ़वार कम हो जाती है परन्तु वाष्पोत्सर्जन की क्रिया में कोई कमी नहीं आती है। अत: अनुर्वर भूमियों की अपेक्षा उर्वर भूमियों में पौधों की जलमाँग कम होती है।

8. **भूमि की क्षारीयता (Soil alkalinity) :** लवण प्रभावित क्षारीय भूमियों में साधारण भूमियों की अपेक्षा फसलों की जलमाँग अधिक होती है क्योंकि ऐसी भूमियों में लवणों के रिसाव में काफी मात्रा में जल खर्च हो जाता है।

9. **वायु की गति (Wind speed) :** वाष्प-जलोत्स्वेदन क्रिया पर वायु की गति का प्रत्यक्ष प्रभाव पड़ता है। वायु की गति जितनी तेज होगी यह क्रिया भी उतनी ही तेजी से होगी। अत: वायु की गति अधिक होने पर पौधों की जलमाँग वायु की गति कम होने की अपेक्षा अधिक होती है।

10. **पौधों की पत्तियों की संरचना (Leaf structure) :** अधिक हरी भरी तथा बड़े आकार वाली पत्तियों की फसलें जैसे केला, घुइयाँ, भिण्डी आदि में उत्स्वेदन की क्रिया द्वारा अधिक मात्रा में पानी नष्ट होता है जिससे इन फसलों की जलमाँग अधिक होती है। इसके विपरीत छोटे आकार वाली फसलें जैसे चना, मसूर आदि फसलों की जलमाँग कम होती है।

11. **जड़ों का फैलाव (Root distribution) :** जिन फसलों की जड़ों का विस्तार कम होता है उनकी जलमाँग अधिक होती है। इसके विपरीत जिन फसलों की जड़ों का विस्तार अधिक होता है उनकी जलमाँग कम होती है।

12. **अन्त:कर्षण क्रियाएं (Intercultural operations) :** अन्त:कर्षण की क्रियाएं करने से पानी की हानि कम होती है जिसके फलस्वरूप फसलों की जलमाँग कम हो जाती है।

पानी का उपभौमिक उपयोग (Consumption use of water)

उत्स्वेदन के अतिरिक्त कुछ जल की मात्रा पौधों के कोशिका विस्तार तथा चयापचयी (Metabolic) क्रियाओं में प्रयोग हो जाती है। इस प्रकार पौधों में उत्स्वेदन, कोशिका विस्तार तथा चयापचयी क्रियाओं में होने वाली जल की सम्मिलित मात्रा को उपभौमिक उपयोग कहते हैं। जल के उपभौमिक उपयोग को हैक्टेअर मीटर अथवा हैक्टेअर सेन्टीमीटर के रूप में व्यक्त किया जाता है।

सिंचाई आवश्यकता (Irrigation requirement)

सिंचाई आवश्यकता का तात्पर्य प्रभावी वर्षा एवं मृदा में उपस्थित जल के अतिरिक्त उस जलमाँग से होता है जो सिंचाई के समय वास्तविक रूप से प्रयोग किया जाता है।

$$IR = WR - \text{Effective rainfall}$$

सिंचाई आवश्यकता = जलमाँग – प्रभावी वर्षा

प्रभावी वर्षा (Effective rainfall)

वर्षा की वह मात्रा जो पौधों के उपभौमिक उपयोग के लिये उपलब्ध होती है, उसे प्रभावी वर्षा कहते हैं।

वर्षा होने के पश्चात् पानी का कुछ भाग भूमि द्वारा शोषित कर लिया जाता है तथा बहुत अधिक भाग अपवाह द्वारा बहकर नष्ट हो जाता है। मृदा द्वारा शोषित जल का काफी अधिक भाग भूमि की अधोसतह में रिसकर चला जाता है तथा केवल कुछ भाग ही पौधों की जड़ों द्वारा अवशोषित हो पाता है। इसके अतिरिक्त मृदा द्वारा वाष्पीकरण की क्रिया द्वारा

वायुमण्डल में जल का बहुत अधिक भाग उड़ जाता है। अधिक तेज वर्षा होने पर मृदा द्वारा वर्षा का जल कुछ ही मात्रा में शोषित हो पाता है शेष जल बह जाता है। जबकि धीरे-धीरे वर्षा होने पर मृदा द्वारा सम्पूर्ण वर्षा का जल शोषित हो जाने से सम्पूर्ण वर्षा प्रभावी हो जाती है।

प्रभावी वर्षा को प्रभावित करने वाले कारक (Factors affecting effective rainfall)

प्रभावी वर्षा को निम्न कारक प्रभावित करते हैं –

1. वर्षा की मात्रा तथा तीव्रता (Intensity and amount of rainfall) : वर्षा की मात्रा, अवधि तथा तीव्रता, वर्षा की बूँदों का आकार, गति तथा वितरण का प्रभाव वर्षा के जल को मृदा द्वारा शोषण तथा अपवाह को प्रभावित करता है। अधिक तीव्रता से बड़ी-बड़ी बूँदों द्वारा कम समय में अधिक मात्रा में वर्षा होने पर मृदा द्वारा वर्षा के जल का शोषण कम हो पाता है जिससे अपवाह द्वारा काफी अधिक मात्रा में जल बहकर अन्यत्र स्थानों पर चला जाता है। वर्षा का समान वितरण वर्षा की प्रभावकारिता को बढ़ाता है। साथ ही साथ मन्द-मन्द गति से छोटी-छोटी बूँदों द्वारा वर्षा होने पर मृदा द्वारा वर्षा का सम्पूर्ण जल सोख लिया जाता है। जिसके परिणामस्वरूप सम्पूर्ण वर्षा प्रभावी हो जाती है।

2. मृदा की स्थलाकृति (Topography of the soil) : ढालू भूमियों में वर्षा होने पर वर्षा का अधिकांश भाग बह जाता है जिसके फलस्वरूप प्रभावी वर्षा बहुत कम हो पाती है। इसके विपरीत समतल भूमियों में वर्षा के जल का अपवाह विधि द्वारा हानि बहुत कम होने के कारण जल अधिक से अधिक मात्रा में मृदा द्वारा शोषित कर लिया जाता है इसलिए इन भूमियों में प्रभावीकारी वर्षा अधिक मात्रा में होती है।

3. मृदा की संरचना एवं जीवांश पदार्थ (Soil structure and organic matter) : मृदा संरचना, विन्यास तथा मृदा में उपस्थित जीवांश पदार्थ की मात्रा भूमि की जल शोषण क्षमता को प्रभावित करते हैं। मृदा में उपस्थित जीवांश पदार्थ जल-शोषण क्षमता को बढ़ाती है। इस प्रकार मध्यम् संरचना वाली भूमियों में मोटे तथा अधिक महीन संरचना वाले मृदा कणों की अपेक्षा अधिक मात्रा में वर्षा के पानी को शोषित करती हैं।

4. भूमि एवं जल संरक्षण विधियाँ (Soil and water conservation practices) : भूमि एवं जल संरक्षण की विधियाँ जैसे समतलीकरण, मेड़बन्दी, जुताई, समोच्च मेड़ें, नाली बनाना, खाई खोदना, घास लगाना जल अपवाह को कम करती हैं। जब मृदा से अपवाह कम हो जाता है तो मृदा में अन्त:सरण तथा पारगम्यता में वृद्धि होने से प्रभावी वर्षा की मात्रा में वृद्धि हो जाती है।

5. भूमिगत जल स्तर (Ground watertable) : ऊँचे जल स्तर की भूमियों में उर्ध्व केशिका संचालन के कारण भूमियाँ सदैव संतृप्त रहती हैं जिससे वर्षा का पानी बहुत कम सोखती है फलत: वर्षा का कम भाग ही प्रभावी होता है।

6. फसल के प्रकार (Types of crops) : अधिक जलमाँग वाली फसलों में पानी की अधिक मात्रा की आवश्यकता पड़ने के कारण भूमि में पानी की कमी बनी रहती है। जिसके परिणामस्वरूप भूमि पानी अधिक सोखती है। फसलों के लक्षण जैसे गहरी जड़, मृदा सतह पर आच्छादन की मात्रा, पौधों की वृद्धि, अधिक वानस्पतिक वृद्धि आदि का प्रभाव पानी सोखने की मात्रा को प्रभावित करता है।

प्रभावी वर्षा को ज्ञात करना (Measurement of effective rainfall)

प्रभावकारी वर्षा का निर्धारण करने के लिए कई विधियाँ प्रचलित हैं। परन्तु आज तक ऐसी कोई विधि विकसित नहीं हो पाई है जिसका सभी प्रकार की परिस्थितियों के अनुरूप प्रभावी वर्षा के आंकलन हेतु प्रयोग किया जा सके। भारतवर्ष में एक अनुमान के आधार पर शुष्क तथा अर्द्ध शुष्क क्षेत्रों में कुल वर्षा का 70 प्रतिशत जबकि आर्द्र क्षेत्रों में 50 प्रतिशत ही प्रभावकारी होता है। संयुक्त राज्य भूमि एवं जल संरक्षण सेवा 1969 के अनुसार निरीक्षण पर आधारित विशिष्ट आंकड़ों के अभाव में प्रभावी वर्षा ज्ञात करने के लिए निम्न विधियाँ प्रचलित हैं –

(i) स्थितिज–वाष्पो–उत्स्वेदन अनुपात विधि (Potential evapo-transpiration ratio method) : संयुक्त राज्य जल परिषद (USWB) के पैन वाष्पमापी यंत्र के द्वारा एकत्रित किये गये आंकड़ों के आधार पर प्रभावी वर्षा ज्ञात करते हैं। इस यंत्र का स्थितिज वाष्पो–उत्स्वेदन अनुपात (PET) 0.8 माना जाता है जो मृदा की किस्म, मृदा में नमी स्तर, मौसम तथा वाष्पो–उत्स्वेदन के आधार पर फसल की वृद्धि के कुछ दिनों के समूह के लिए किया जाता है। एक समूह में ग्रीष्म/खरीफ में 15 दिन जबकि शीतकाल में 30 दिन रखा जाता है। इनकी गणना करते समय वर्षा न होने वाले दिनों की समूह में गणना नहीं की जाती है। इस प्रकार यह मान 100 से अधिक नहीं होने पाता है। जिन मृदाओं की जल धारण क्षमता कम होने या वाष्पो–उत्स्वेदन अधिक होने पर यह समूह कम दिनों का बनाया जाता है। इस प्रकार फसल के सम्पूर्ण वृद्धि काल में वर्षा के मासिक औसत की गणना सम्पूर्ण औसत अनुपात के आधार पर की जाती है (तालिका 12.2)।

तालिका 12.2 : स्थितिज वाष्पो–उत्स्वेदन अनुपात का मान

फसल	मासिक वाष्पो–उत्स्वेदन मध्यमान (मिमी प्रतिदिन)	मृदा विन्यास एवं जल धारण क्षमता (मिमी/मीटर) हल्की भूमियाँ 40 से कम	मध्यम भूमियाँ 40–80	भारी भूमियाँ 80–120	बहुत भारी भूमियाँ 120 से अधिक
धान	3 से 12	2	3	4	7
अन्य फसलें	6 से अधिक	4	7	10	15
	6 से कम	7	10	15	30

(ii) वाष्पो–उत्स्वेदन वर्षा अनुपात विधि (Evapo-transpiration precipitation method) : इस विधि में मासिक औसत प्रभावी वर्षा तथा विभिन्न मासिक वर्षा मध्यमान में होने वाले वाष्पो–उत्स्वेदन अनुपात के औसत मान के आधार पर की जाती है (तालिका 12.3)। भूमि में सिंचाई जल संचय क्षमता (ΔS) को 75 मिमी मानते हैं। इस तरह भूमि की जल संचयन क्षमता 75 से कम अथवा अधिक होने पर तालिका 12.3 में दिये गये सुधार घटक का उपयोग करते हैं। किसी स्थान की औसत मासिक वर्षा की गणना इस प्रकार करते हैं।

$$1.07 \times 74 = 79 \text{ मिली/मीटर}$$

सिंचाई के समय मृदा में संग्रहित जल (ΔS) 75 मिमी से कम अथवा अधिक होने पर निम्न संशोधन घटक का प्रयोग करते हैं –

तालिका 12.3 : वाष्पोत्सर्जन वर्षा अनुपात

(ΔS) मिली मीटर	20	25	37.5	50	62.5	75	100	125	150	175	200
सुधार घटक	0.73	0.77	0.86	0.93	0.97	1.00	1.02	1.04	1.06	1.07	1.08

(फसल के मासिक वाष्पो–उत्स्वेदन एवं औसत मासिक वर्षा पर आधारित (USDA), 1969 से लिया गया है)

(iii) मृदा नमी परिवर्तन विधि (Soil moisture change methods) : इस विधि द्वारा वर्षा अथवा सिंचाई के पूर्व एवं बाद में मृदा से नमूना लेकर भारात्मक विधि द्वारा मृदा नमी की मात्रा ज्ञात की जाती है। इस प्रकार वर्षा प्रारम्भ होने के पूर्व नमी की मात्रा एवं वर्षा के बाद लिए गए नमूने में मृदा में नमी की मात्रा की वृद्धि एवं वाष्पो–उत्स्वेदन द्वारा नमी की हानि के अन्तर को प्रभावी वर्षा मानी जाती है। भारी वर्षा के पश्चात् वर्षा बन्द होने एवं नमूना लेने के समय के बीच के वाष्पीकरण की स्थितिज दर की कल्पना कर ली जाती है। इस विधि द्वारा प्रभावी वर्षा की गणना निम्न प्रकार से की जाती है।

$$ER = (M_2 - M_1) + K_C ETo$$

यहाँ ER = प्रभावी वर्षा, M_1 = वर्षा के पूर्व मृदा में नमी, M_2 = वर्षा के पश्चात् मृदा में नमी की मात्रा, K_C = फसल गुणांक, ET = वाष्पो–उत्स्वेदन (मिमी)

तालिका 12.4 : औसत मासिक प्रभावी वर्षा

औसत मासिक वाष्पो–उत्स्वेदन मिमी.	औसत मासिक वर्षा मिलीमीटर															
	12.5	25.0	37.5	50	62.5	75.0	87.5	100	112.5	125	137.5	150	162.5	175.0	182.5	200
25	8	16	24													
50	8	17	25	32	39	46										
75	9	18	27	34	41	48	56	62	69							
100	9	19	28	35	43	52	59	66	73	80	87	94	100			
125	10	20	30	37	46	54	62	70	76	85	92	98	107	116	120	
150	10	21	31	39	49	57	66	74	81	89	97	104	112	119	127	133
175	11	23	32	42	52	61	69	78	86	95	103	111	118	126	134	141
200	11	24	33	44	54	64	73	82	91	100	109	117	125	134	142	150
225	12	25	35	47	57	68	78	87	96	106	115	124	132	141	150	159
250	12	26	37	50	61	72	84	92	102	112	121	132	140	150	158	167

(iv) मृदा नमी संतुलन विधि (Soil moisture balance method) : प्रभावी वर्षा ज्ञात करने की इस विधि में मृदा नमी संतुलन का दैनिक लेखा जोखा तैयार किया जाता है। इसमें खाता बही के समान प्राप्ति और नष्ट के दो अलग–अलग पक्ष होते हैं। इसे वर्षा अथवा सिंचाई से मृदा नमी में वृद्धि को प्राप्ति पक्ष में लिखते हैं जबकि मृदा नमी के ह्रास को नष्ट पक्ष में लिखते हैं। इस विधि में भूमि की जल धारण क्षमता से अधिक पानी की प्राप्ति को गहरे रिसाव अथवा अपवाह से नष्ट जल के रूप में मानते हैं। मृदा नमी की प्राप्ति का पक्ष तथा नष्ट पक्ष के शून्य होने पर मृदा नमी में किसी प्रकार की वृद्धि की सम्भावना नहीं रहती है। इस प्रकार वर्षा एवं वाष्पीकरण की मात्रा की गणना किसी उपयुक्त सूत्र की सहायता से करते हैं। सिंचाई करते समय कभी भी मृदा नमी को शून्य नहीं होने दिया जाता तथा एक निश्चित मृदा नमी स्तर पर सिंचाई कर दी जाती है। मृदा नमी संतुलन विधि से प्रभावकारी वर्षा की गणना का विवरण तालिका 12.5 में दिया गया है।

तालिका 12.5 : प्रभावकारी वर्षा (मिमी) के मापन की मृदा नमी संतुलन विधि

तिथि	वर्षा	सिंचाई	वाष्पोत्सर्जन	संतुलन	अतिरिक्त जल
1.7.14	–	–	–	100	–
2.7.14	25	–	10	100	15
3.7.14	–	–	8	92	–
4:7.14	–	–	12	80	–
5.7.14	–	–	10	70	–
6.7.14	–	–	11	59	–
7.7.14	–	30	8	81	–
8.7.14	70	–	6	100	45
	इस प्रकार फसल के जीवन काल के शेष समय के लिए लगातार जारी				
4.11.14	–	–	–	–	–
सम्पूर्ण योग	425	120	333	–	150

मृदा जल की हानियाँ (Losses of soil water)

भूमि में जल की हानि मुख्यत: चार प्रकार से होती है –

(i) अन्त:स्यंदन तथा अन्त:स्रवण (Infiltration and percolation)

(ii) वाष्पोत्सर्जन (Evaporation)

(iii) उत्स्वेदन (Transpiration)

(iv) अपवाह या अपधावन (Runoff)

अन्त:स्यंदन तथा अन्त:स्रवण (Infiltration and percolation)

भूमि की ऊपरी सतह से पानी भूमि के अन्दर (अधोसतह) में जाने को अन्त:स्यंदन कहते हैं।

मृदा में अन्त:स्यंदन की गति सिंचाई को प्रभावित करती है। जिन मृदाओं में अन्त:स्यंदन की गति बहुत अधिक होती है तब अतिरिक्त जल भी मृदा की अधोसतह में चला जाता है। मृदा में सिंचाई के समय अन्त:स्यंदन कम होता है। सिंचाई होने के तुरन्त बाद अन्त:स्यंदन की गति अधिक होती है और धीरे-धीरे घटती जाती है। एक निश्चित समय में पानी की कुल मात्रा अन्त:स्यंदन द्वारा पहुँचने को कुल अन्त:स्यंदन (Cummulative infiltration or accumulated infiltraion) कहते हैं। अन्त:स्यंदन दर तथा कुल अन्त:स्यंदन के द्वारा किसी भूमि की अन्त:स्यंदन गुण का मूल्यांकन किया जाता है।

अन्त:स्यंदन द्वारा भूमि के ऊपरी परत में पहुँचे जल का संतृप्त भूमि के सतह के नीचे की तहों में होकर गुरुत्वाकर्षण बल द्वारा नीचे बहने वाली प्रक्रिया को अन्त:स्रवण (Percolation) कहते हैं।

अन्त:स्यंदन की माप (Measurement of infiltration)

किसी मृदा की अन्त:स्यंदन निम्न तीन विधियों द्वारा ज्ञात की जाती है।

(1) बेलनाकार इनफिल्टरोमीटर (Cylinder infiltrometer)

(2) किसी बड़े स्रोत से पानी का स्वतंत्र विचरण (Measurement of subsidence of free water in a large basin)

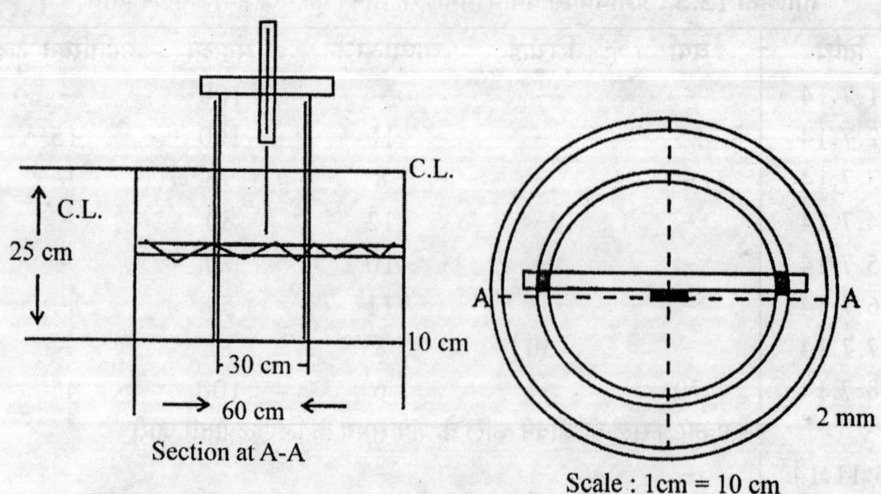

चित्र 12.6 : Plan and elevation of cylindrical infiltrometor

(3) अग्रिम आंकड़ों के द्वारा कुल अन्त:स्यंदन की माप (Estimation of accumulated infiltration from the water from advance data) : इस्पात के बने हुए बेलनाकार आकार की ट्यूब को जमीन की सतह से अन्दर गाड़ दिया जाता है इस बेलनाकार ट्यूब में पानी भरकर अन्त:स्यंदन की गति को ज्ञात किया जाता है (चित्र 12.6)। इस विधि में एक निश्चित समय में पानी के स्तर की माप की जाती है। पूर्व समय में केवल एक बेलनाकार ट्यूब का प्रयोग किया जाता था जिसके आंकड़ों में काफी अन्तर आता था। इस यंत्र की सहायता से केवल अन्त:स्यंदन ही होता है क्योंकि इस्पात की परत होने के कारण अन्त: स्रवण (Percolation) की क्रिया नहीं होने पाती है। इस यंत्र द्वारा अन्त: स्यंदन की दर सिलेन्डर के व्यास, सिलेन्डर की चौड़ाई, सिलेन्डर की निचली सतह का समतल, भूमि के अन्दर स्थापित करने की विधि तथा गहराई द्वारा प्रभावित होती है।

अन्त:स्यंदन की दर को प्रभावित करने वाले कारक (Factors affecting infiltration rate)

मृदा की अन्त:स्यंदन दर निम्न कारकों द्वारा प्रभावित होती है –

1. मृदा में नमी की मात्रा (Moisture content of the soil)
2. मृदा सतह की दशा (Condition of the soil surface)
3. मृदा की हाइड्रोलिक कन्डक्टिविटी (Hydrolic conductivity of the soil profile)
4. मृदा संरचना (Soil texture)
5. रन्ध्रावकाश (Porosity)
6. मृदा कणों के फूलने की क्षमता (Degree of swelling of soil colloids)
7. भूमि की उर्वरा शक्ति (Fertility status of the soil)
8. वनस्पतियों द्वारा आच्छादन (Vegetative cover)
9. सिंचाई अथवा वर्षा का समय (Duration of irrigation/rainfall)
10. पानी की श्यानता (Viscosity of water)

वाष्पोत्सर्जन (Evaporation)

मृदा से बहुत अधिक मात्रा में पानी वाष्प बनकर वायुमण्डल में उड़ जाती है। वाष्पीकरण की यह क्रिया दिन–रात सभी ऋतुओं में चलती रहती है। इस क्रिया से भूमि का बहुत सा जल नष्ट हो जाता है। शुष्क तथा तेज हवाओं का भी वाष्पीकरण की क्रिया से निकट का सम्बन्ध है। फरवरी–मार्च में चलने वाली शुष्क पश्चिमी हवायें मृदा जल का ह्रास करके फसलों को भारी क्षति पहुँचाती हैं।

''यह वह क्रिया है जिसके माध्यम से कोई द्रव्य पृष्ठ तल से निकलकर गैस के रूप में वायुमण्डल में चला जाता है उसे वाष्पीकरण कहते हैं।''

वाष्पोत्सर्जन जल चक्र (Hydrological cycle) की एक क्रिया है जिससे ऊष्मा का अवशोषण करके मृदा जल वाष्प के रूप में परिवर्तित हो जाती है। यही एक ऐसी क्रिया है जिसके द्वारा वातावरण के माध्यम से जल पृथ्वी के धरातल से समुद्र में पहुँचता है। वाष्पोत्सर्जन की क्रिया दो क्रियाओं द्वारा सम्पन्न होती है –

1. ऊष्मा का स्त्रोत जिसके द्वारा द्रवीय जल वाष्प के रूप में परिवर्तित होता है।
2. वाष्पोत्सर्जन होने वाली सतह तथा आसपास की वायु के मध्य वायुदाब प्रवणता की सान्द्रता के स्तर की उपस्थिति।

जल वाष्प के इस प्रकार परिवहन के लिए आवश्यक ऊर्जा सौर विकिरण द्वारा प्राप्त होती है। वाष्पीकरण की क्रिया

सामान्यत: दो चरणों में पूरी होती है –

1. ऊष्मा का स्त्रोत जिसके द्वारा द्रवीय जल के रूप में परिवर्तित होता है।
2. दूसरे चरण में जल वाष्प का वाष्पन तल से वायुमण्डल में संचालन होता है।

प्राकृतिक रूप से वाष्पीकरण की क्रिया आर्द्र भूमियों, समुद्र, झील, नदी, झरने, तालाब, नहरें आदि द्वारा होती है। एक ग्राम जल को वाष्प में परिवर्तित करने के लिए 250 सेन्टीग्रेड तापमान पर 500 कैलोरी ऊर्जा की आवश्यकता होती है। 1882 में डाल्टन नामक वैज्ञानिक ने वाष्पोत्सर्जन के भौतिक सिद्धान्त को बताया। इनके अनुसार वाष्पोत्सर्जन की प्रक्रिया में पानी के वाष्प दाब तथा वातावरण में वायु वाष्पदाब के अन्तर से होता है। डाल्टन के सिद्धान्त के अनुसार –

$$E=(e_s-C_a)\ F(\mu)$$

Where E = Evaporation

es = Saturation vapour pressure at temperature of evaporating surface, mm Hg.

ed = Saturation vapour pressure at the dew point temperature of the atmosphere, mm Hg

f(μ) = a function of the wind velocity

वाष्पोत्सर्जन को प्रभावित करने वाले कारक (Factor affecting evaporation)

वाष्पोत्सर्जन को प्रभावित करने वाले कारक निम्न हैं –

1. जल को वाष्प के रूप में रूपान्तरण करने के लिए आवश्यक ऊर्जा की आपूर्ति
2. जलवाष्प के वायुमण्डल में संचालन के लिए वायुदाब प्रवणता
3. धरातल से जलवाष्प के विस्थापन के लिए आवश्यक वायुगति
4. मृदा तल में पर्याप्त मात्रा में नमी
5. सौर विकिरण तथा वायुगति के सम्पर्क में आने वाला खुला पृष्ठतल

उपरोक्त कारक वाष्पोत्सर्जन को प्रत्यक्ष रूप से प्रभावित करते हैं परन्तु कुछ जैविक कारक जैसे फसल की अवधि, पौधों की जड़ें, पत्तियों में पर्णरन्ध्रों की संख्या, पत्तियों की बनावट तथा संरचना आदि अप्रत्यक्ष रूप से प्रभावित करते हैं। वाष्पोत्सर्जनकारी क्षमता मुख्य रूप से सौर विकिरण, वायु की गति, वायु की संतृप्तता का स्तर आदि कारकों का मिश्रित प्रतिफल होता है।

वाष्पीकरण की माप (Measurement of evaporation)

वाष्पोत्सर्जन प्रक्रिया की माप करने के लिए कई विधियाँ प्रयोग की जाती हैं। परन्तु संयुक्त राज्य जल परिषद द्वारा विकसित प्रथम श्रेणी का पेन वाष्पमापी (USWB Class evaporimeter), संकन स्क्रीन वाष्पमापी तथा लाइसीमीटर (Lysimeter) मुख्य रूप से प्रयोग किये जाते हैं। इसके अतिरिक्त कुछ विश्लेषणात्मक विधियाँ वाष्पीकरण की माप करने के लिए भी प्रयोग की जाती हैं। वाष्पोत्सर्जन मापने में संयुक्त राज्य जल परिषद द्वारा विकसित प्रथम श्रेणी के वाष्पमापी का प्रयोग आमतौर पर किया जाता है। यह लोहे की 22 गेज चादर का 120 सेमी व्यास तथा 25 सेमी गहराई का एक बर्तननुमा यंत्र होता है जो गोलाकार होता है। यह यंत्र हवादार लकड़ी के बनाये गये फ्रेम के ऊपर रखा जाता है जिससे इसके नीचे हवा का सुचारू रूप से आवागमन होता रहे। इस यंत्र को स्थापित करने वाले स्थान में किसी भी प्रकार से सौर किरणों तथा हवा के आदान–प्रदान में रूकावट नहीं होनी चाहिए। इस यंत्र की ऊपरी सतह को जाली से ढक देते हैं जिससे इसके अन्दर भरे हुए पानी को चिड़ियां तथा अन्य पशु प्रयोग न कर सके। इस बर्तन में पानी भर दिया जाता है। प्रतिदिन एक निश्चित समय पर इसमें कम हुई पानी की मात्रा दर्ज करते रहते हैं। प्रतिदिन इस बर्तन से कम हुई पानी की

मात्रा का तात्पर्य यह होता है कि उक्त तिथि को वाष्पीकरण द्वारा उतना पानी का ह्रास हुआ है। इस यंत्र में वाष्पित हुए पानी की मात्रा स्वतन्त्र रूप से खेत में हुए वाष्पीकरण की मात्रा से सदैव कम रहती है इसलिए इस वाष्पीकृत जल की मात्रा 0.7 से गुणा करने पर शुद्ध वाष्पीकरण की गणना हो जाती है।

उत्स्वेदन (Transpiration)

पौधों की पत्तियों द्वारा पानी निकलने की क्रिया को उत्स्वेदन कहते हैं। इसी प्रकार पौधे के वाष्पीय भाग मुख्यत: पत्तियों से निकलने वाले वाष्पीकृत पानी को उत्स्वेदन (Cuticle membrane transpiration) कहते हैं।

पत्तियों द्वारा उत्स्वेदन की क्रिया मुख्यत: दो प्रकार से होती है –

1. पत्तियों की सतह से आर्द्र झिल्ली द्वारा पानी वाष्पीकृत होकर बाहर निकलता है जिसे वाह्य झिल्ली उत्स्वेदन (Stomatal transpiration) कहते हैं।
2. पत्तियों के पर्णरन्ध्रों के द्वारा पानी के वाष्पीकृत होने को पर्णरन्ध्र उत्स्वेदन (जवउंजस जतंदेचपतंजपवद) कहते हैं।

भौतिक रूप से उत्स्वेदन की क्रिया वाष्पोत्सर्जन क्रिया ही है। उत्स्वेदन की क्रिया मुख्य रूप से पर्णरन्ध्रों द्वारा होती है जो पौधे द्वारा सम्पूर्ण उत्स्वेदन का 90 से 97 प्रतिशत होता है। वातरन्ध्रों (Lenticules) द्वारा उत्स्वेदन सामान्यत: नहीं होता है। उत्स्वेदन की क्रिया द्वारा पौधे के शरीर में जल तथा विलेय खनिज लवणों के संचालन में सहायता मिलती है जो पौधे की कोशिकाओं में जल स्फीति (Water turgidity) बनाये रखने में सहायक होती है। इस प्रकार उत्स्वेदन की क्रिया द्वारा पौधे में रसारोहण (Asent of sap) होता है। उत्सवेदन की क्रिया शीत ऋतु में तथा पतझड़ के समय लगभग बहुत कम होती है जबकि ग्रीष्मकालीन ऋतु में पौधे की वानस्पतिक वृद्धि के समय शुष्क वायु प्रवाह होने की दशा में सर्वाधिक होती है। अनुकूल दशा होने पर पौधे की जड़ो से पत्तियों तक पानी की धारा सी बहती है। इसी पानी में जड़ो द्वारा भूमि से ग्रहण किया हुआ रस घुला होता है। इसमें से अधिकांश पानी पत्तियों द्वारा उत्स्वेदन क्रिया के माध्यम से वाष्पीकृत कर दिया जाता है।

उत्स्वेदन को प्रभावित करने वाले कारक (Factors affecting transpiration)

पौधों द्वारा पानी उड़ाने की (उत्स्वेदन) क्रिया पर निम्न कारकों का प्रभाव पड़ता है –

1. वायुमण्डल में आर्द्रता (Humidity of atmosphere) : वातावरण में अधिक आर्द्रता होने से उत्स्वेदन की गति मन्द पड़ जाती है तथा इसके विपरीत शुष्क तथा कम आर्द्रता होने की दशा में यह क्रिया बढ़ जाती है।

2. वायु की गति (Speed of wind velocity) : तेज हवा चलने से पत्तियों द्वारा पानी अधिक मात्रा में वाष्पित होता है परन्तु वायु की गति बढ़ जाने पर रक्षक कोशिकाओं से तीव्र गति से जल ह्रास होने के कारण पर्णरन्ध्र बन्द हो जाते हैं जिसके फलस्वरूप उत्स्वेदन की क्रिया घट जाती है। मध्यम गति से वायु प्रवाहित होने पर पत्तियों का तापमान कम हो जाने के कारण उत्स्वेदन कम होता है।

3. तापमान (Temperature) : तापमान बढ़ने से पत्तियों के पर्ण मध्यक (Mesophyll) में जल अणुओं का ऊर्जा संचरण बढ़ जाता है जिससे पत्तियों द्वारा पानी अधिक मात्रा में वाष्पीकृत होता है। सामान्यत: तापमान में प्रति 10 डिग्री सेन्टीग्रेड वृद्धि होने से वाष्पीकरण की गति में लगभग दो गुना वृद्धि हो जाती है।

4. प्रकाश की तीव्रता (Intensity of light) : पत्तियों से पानी निकलने की क्रिया प्रकाश की उपस्थिति में ही अधिक होती है और जैसे-जैसे प्रकाश की तीव्रता बढ़ती जाती है, पत्तियों से पानी अधिक निकलता है। अन्धेरे में यह क्रिया मन्द पड़ जाती है।

5. **पत्तियों की बनावट (Structure of leaf) :** मरू भूमि में उगने वाले पौधों की पत्तियों की बनावट जैसे छोटी पत्तियाँ, मोटी उपत्वचा, दबा हुआ पर्णरन्ध्र, रोमयुक्त बाह्य त्वचा, पूर्ण विकसित जीवदृव्य तथा पेरेन्काइमा अधिक होने के कारण उत्स्वेदन की दर प्रभावित होती है। पौधों के जड़ तथा तना के अनुपात में वृद्धि होने पर उत्स्वेदन की दर बढ़ जाती है।

अपवाह या अपधावन (Runoff)

पानी और वायु के साथ मिट्टी के कटने-बहने अथवा उड़ने के ढंग को मृदा अपरदन (Soil erosion) कहते हैं। जब अधिक मात्रा में वर्षा होती है तो कुछ मात्रा में पानी मृदा के अन्दर सोख लिया जाता है तथा शेष जल जो बचता है वह मृदा की सतह पर बहना शुरू हो जाता है। पानी मृदा सतह से बहने की क्रिया को जल अपवाह कहते हैं। इस प्रकार वर्षा द्वारा जल की वह मात्रा जो मृदा द्वारा शोषित नहीं हो पाती और बहकर अन्यत्र चली जाती है, को अपवाह कहते हैं।

इस प्रकार अपवाह की क्रिया द्वारा वर्षा के पानी का अधिकांश भाग बहकर नष्ट हो जाता है। जब जल अपवाह होता है तो वह मृदा की ऊपरी सतह की उपजाऊ मिट्टी को अपने साथ बहा ले जाता है जिसके कारण मृदा की उपजाऊ शक्ति में काफी कमी हो जाती है यदि बूँद का आकार 1 मिमी से बढ़ाकर 5 मिमी कर दिया जाये तो मृदा में जल का प्रवेश (infiltration) लगभग 70% कम हो जाता है और अपधावन की मात्रा लगभग 120: बढ़ जाती है। इसी प्रकार वर्षा की अधिक प्रचन्डता के कारण थोड़े समय में अधिक मात्रा में होने वाली वर्षा का अधिक मात्रा में तथा तीव्र गति से अपवाह होता है।

सिंचाई (Irrigation)

फसलोत्पादन हेतु बीज, खाद, पानी, भूमि की तैयारी तथा कीट एवं बीमारियों से फसलों की रक्षा करना आवश्यक है जिनका समुचित प्रबन्ध करके हम कृषि उत्पादन को बढ़ाकर दो गुना अथवा तीन गुना कर सकते हैं। उपरोक्त फसलोत्पादन के कारकों में जल एक प्रमुख कारक है क्योंकि पौधों के सम्पूर्ण जीवन काल में इसकी अधिक मात्रा में आवश्यकता होती है अथवा हम कह सकते हैं कि पौधे की लगभग सभी क्रियाएं पानी द्वारा ही सम्पन्न होती हैं। पानी की कमी होने पर फसल को उगाना असम्भव हो जाता है, भले ही हम सर्वोत्तम बीजों का प्रयोग करें, भले ही हमारे पास खाद का भण्डार हो तथा भले ही हम अपनी भूमि की बढ़िया तैयारी अच्छे से अच्छे यंत्रों से क्यों न करें। वास्तविकता में अच्छे बीज, पर्याप्त खाद, भूमि की बढिया तैयारी, कीट एवं बीमारियों से फसलों की रक्षा करने के उपरान्त भी फसलों को पानी की अधिक आवश्यकता होती है। फसल की उपज वास्तव में उस अनुपात में होती है जिस अनुपात में फसलों को पानी की आवश्यकता की पूर्ति सुनिश्चित होती है। इस प्रकार पौधों को जल की आवश्यकता कृत्रिम रूप से भी करनी पड़ती है। ''कृत्रिम रूप से फसलों को पानी देने को सिंचाई (Irrigation) कहते हैं।'' अथवा फसलों में विशेष रूप से पानी की कमी को पूरा करने के लिए कृत्रिम रूप से पानी देने की क्रिया को सिंचाई कहते हैं। सिंचाई करते समय यह ध्यान देना आवश्यक है कि पानी का इस प्रकार से उपयोग किया जाए जिससे प्रति इकाई जल के प्रयोग से अधिक से अधिक उपज प्राप्त कर लाभ प्राप्त किया जा सके। सिंचाई के निम्न उद्देश्य होते हैं –

1. सिंचाई द्वारा मृदा सतह को मुलायम बनाना।
2. बीजों के उचित अंकुरण हेतु उपयुक्त नमी की व्यवस्था करना।
3. मृदा जीवाणुओं की क्रियाशीलता को बढ़ाना।
4. मृदा में आवश्यक नमी की व्यवस्था करके पौधों की वृद्धि में सहयोग प्रदान करना।
5. मृदा में उपस्थित हानिकारक लवणों को घोलने तथा मृदा से बाहर करने के लिए।
6. मृदा की निचली कठोर सतह को ढ़ीला बनाने के लिए।
7. भूमि एवं वातावरण को पौधों की वृद्धि के लिए अनुकूल बनाना।

8. असामयिक सूखे की स्थिति में फसलों को बचाने तथा उत्पादन सुनिश्चित करने के लिए।
9. पोषक तत्वों को घोलने तथा उनके अवशोषण में सहायता करना।

सिंचाई के मूल सिद्धान्त (Basic principles of irrigation)

सिंचाई के मुख्य सिद्धान्त निम्न हैं –

1. पानी की निश्चित मात्रा से अधिक से अधिक क्षेत्र की सिंचाई की जानी चाहिए जिससे सिंचाई दक्षता अधिक हो।
2. फसलोत्पादन के लिए कुछ विशिष्ट उपयोग जैसे खेत की तैयारी, पलेवा, नर्सरी निर्माण, रोपाई करना, हानिकारक लवणों को बाहर निकालने आदि के लिए उचित मात्रा में पानी की मात्रा सुनिश्चित होनी चाहिए।
3. कुछ फसलें जैसे धान, गन्ना आदि के अतिरिक्त अन्य फसलों में सिंचाई का पानी इस प्रकार से प्रयोग करना चाहिए जिससे पानी खेत में ज़्यादा समय तक न रूके अन्यथा मृदा तथा फसलों की उपज पर प्रतिकूल प्रभाव पड़ता है।
4. फसलों में क्षेत्र क्षमता के आसपास भूमि में नमी का स्तर सदैव बनाये रखना चाहिए तथा उपलब्ध मृदा नमी जल (Available soil moisture) का 50 प्रतिशत से कम होने की दशा में सिंचाई कर देने से पौधों की वृद्धि पर कोई हानिकारक प्रभाव नहीं पड़ता है।
5. सिंचाई के समय खेत पूर्णरूप से समतल करके क्यारी, नाली, मेड़ आदि मृदा के अनुरूप बना देनी चाहिए। इन समस्त बातों का मुख्य उद्देश्य पानी की कम से कम मात्रा द्वारा अधिक से अधिक क्षेत्रफल पर सिंचाई की जा सके तथा सभी स्थानों पर समान रूप से पानी पहुँच जाये।
6. सिंचाई का पानी सदैव उचित मात्रा में लगाना चाहिए। अधिक मात्रा में सिंचाई का पानी देने से मृदा की निचली सतह से लवण मृदा की ऊपरी सतह पर आकर एकत्रित हो जाते हैं। इसके अतिरिक्त कम पानी चाहने वाली फसलों पर लाभ देने के स्थान पर हानिकारक प्रभाव भी पड़ जाता है।
7. सिंचाई करते समय पानी में कीटनाशी रसायन, वृद्धि नियंत्रक रसायनों, उर्वरकों आदि का प्रयोग करने से इनके छिड़काव पर अतिरिक्त व्यय होने से बचा जा सकता है जिससे कुल लाभ में वृद्धि हो जाती है।
8. इस प्रक्रिया में मृदा नमी स्तर, सम्पूर्ण उपलब्ध नमी परिसर में परिभ्रमित करना चाहिए। इसके फलस्वरूप मृदा में उचित वायुसंचार, पोषक तत्वों की अधिक उपलब्धता, लाभदायक जीवाणुओं की क्रियाशीलता में वृद्धि, जड़ों की वृद्धि तथा पौधे के भूमिगत ऊतकों की वृद्धि में सहायक होती है। जिसके परिणाम स्वरूप पौधों की अच्छी वृद्धि होकर अधिक से अधिक फसलोत्पादन प्राप्त किया जा सकता है।
9. इस प्रकार सिंचाई एक विशिष्ट प्रकार की प्रक्रिया है। इसके द्वारा जलवायु एवं फसल के अनुरूप मृदा में नमी की उचित व्यवस्था के साथ ही साथ अच्छे गुणों के साथ सिंचाई करने के कार्यक्रम को सुनिश्चित करना चाहिए।
10. सिंचाई द्वारा फसलों को पाले के प्रकोप तथा गर्मी से झुलसने से बचाया जा सकता है।

उपरोक्त सभी उद्देश्यों का तात्पर्य यह है कि किस प्रकार प्रति इकाई जल से अधिक से अधिक उपज तथा लाभ प्राप्त किया जाये। इस प्रकार सिंचाई जल के समुचित प्रयोग के लिए निम्नलिखित तीन बातें आवश्यक हैं –

1. सिंचाई कब की जाए (When to irrigate)
2. सिंचाई कितनी की जाए (How much to irrigate)
3. सिंचाई किस प्रकार की जाए (How to irrigate)

सिंचाई का निर्धारण (Scheduling of irrigation)

पौधे द्वारा मृदा से नमी का अवशोषण, पौधे के अन्दर जल का परिभ्रमण तथा अन्य दैनिक क्रियाएं जैसे उत्स्वेदन, वाष्पीकरण आदि क्रियाएं निरन्तर गति से चलती रहती हैं। जिसके फलस्वरूप मृदा से नमी का ह्रास होता रहता है। मृदा में नमी के ास से प्राप्य जल की कमी के कारण पौधों की बढ़वार पर विपरीत प्रभाव पड़ने लगता है जिससे उत्पादन में कमी हो जाती है, फसल की इस अवस्था में सिंचाई कर देनी चाहिए। इस प्रकार मृदा में पानी की मात्रा तथा वृद्धि का आपस में समानुपाती परस्पर सम्बन्ध होता है। सिंचाई का निर्धारण करते समय भूमि की दशा तथा संरचना, फसल की किस्म, फसल का जीवन काल, वातावरण की स्थिति, अन्य कृषि क्रियाओं आदि को ध्यान में रखकर की जानी चाहिए। सिंचाई का निर्धारण निम्नलिखित विधियों द्वारा किया जाता है –

1. मृदा–नमी ह्रास के आधार पर (Soil moisture depletion approach) : फसलों द्वारा मृदा नमी का अवशोषण, वाष्पीकरण तथा रिसाव की क्रिया के द्वारा मृदा में निरन्तर पानी की कमी होती रहती है। इस प्रकार मृदा में पानी की आई कमी की पूर्ति करने के लिए सिंचाई की जाती है। इस प्रकार मृदा में कम हुई पानी की मात्रा को ज्ञात करके सिंचाई जल के प्रयोग के सम्बन्ध में जानकारी प्राप्त की जाती है। जब पौधे उपलब्ध मृदा नमी का सही ढंग से समुचित मात्रा में उपयोग कर पाने में सक्षम नहीं होते हैं अथवा एक निश्चित स्तर तक मृदा में नमी घटने की अवस्था में सिंचाई कर देनी चाहिए। लगभग सभी प्रकार की फसलों में मृदा में नमी की यह अवस्था 25 से 75 प्रतिशत के मध्य पाई जाती है (तालिका 12.6) ।

तालिका 12.6 : उपलब्ध मृदा नमी क्षय तथा सिंचाई हेतु मृदा में नमी प्रतिबल (Moisture tension)

क्र.सं.	फसल	उपलब्ध मृदा नमी क्षय (प्रतिशत)	मृदा आर्द्रता (बार)
1.	धान	75	1.00
2.	ज्वार	60	1.00
3.	मक्का	50	0.50
4.	सोयाबीन	50	0.50
5.	गेहूँ	60	0.60
6.	गन्ना	65	0.75
7.	तम्बाकू	25	0.25
8.	बरसीम	75	0.25
9.	दलहनी फसलें	25	0.25
10.	तिलहनी फसलें	40	0.40

मृदा में प्राप्य जल और आर्द्रता की माप करने के लिए निम्नलिखित विधियाँ प्रयोग की जाती हैं –

1. मिट्टी को सुखाकर तथा उसका भार लेकर जल की मात्रा ज्ञात करना।
2. न्यूट्रान विकिरण (Neutron radiation) के द्वारा भूमि की आर्द्रता ज्ञात करना।
3. टेन्सियोमीटर (Tensiometer) के द्वारा।
4. मृदा में आर्द्रता की मात्रा की विद्युत चालकता (Electrical conductivity)।

इसी प्रकार सिंचाई हेतु जल की मात्रा को निम्न सूत्र की सहायता से ज्ञात किया जाता है।

$$CU = \sum_{i=1}^{n} \frac{M_1 i - M_2 i}{100} \times BD \times D$$

यहाँ–

CU = दो बार मृदा नमूने के मध्य में पौधे के जड़ क्षेत्र से जल की हानि

M_1i = मृदा के प्रथम निश्चित स्तर में नमी का प्रतिशत

M_2i = मृदा के द्वितीय निश्चित स्तर में नमी का प्रतिशत

BD = मृदा के उक्त निश्चित स्तर का स्थूल घनत्व (ग्राम प्रति घन सेमी)

D = मृदा के उक्त निश्चित स्तर की गहराई (सेमी)

इस सूत्र की सहायता से मृदा में नमी की मात्रा ज्ञात करते समय प्रभावी वर्षा, जलस्तर तथा अपसरण द्वारा जल की हानि को ध्यान में रखना आवश्यक होता है। इस प्रकार फसलों की सिंचाई की आवश्यकता तथा फसल के सम्पूर्ण जीवन काल में पौधे को जड़ क्षेत्र से विभिन्न गहराइयों पर नियमित अन्तराल पर मृदा में नमी का मापन किया जाता है।

2. मृदा की दशा एवं बाह्य गुणों के आधार पर (Soil appearance and feel method approach) : मृदा की संसजकता (Cohesiveness) तथा सुघट्यता (Plasticity) दोनों ही मृदा में नमी की उपलब्धता को दर्शाते हैं जिनका मृदा में उपस्थित प्राप्य जल से सीधा सम्बन्ध स्थापित किया जा सकता है। इस प्रकार मृदा नमी की विभिन्न मात्रा रहने पर अलग देखकर मृदा में नमी की मात्रा का अनुमान लगाया जा सकता है। जेन्सन एवं फेयर (1955) के अनुसार मृदा में प्राप्य जल को स्पर्श अथवा देखकर तालिका 12.7 के अनुसार की जा सकती है।

तालिका 12.7 : मृदा में उपलब्ध जल एवं मृदा स्पर्श का बनावट के अनुसार लक्षण

मृदा में प्राप्य जल की मात्रा	मृदा संरचना			
	मोटी रेतीली भूमि	रेतीली भूमि	दोमट भूमि	मटियार दोमट भूमि
0 प्रतिशत अथवा म्लानि बिन्दु से कम	सूखी, कंकरीली, उंगलियों के बीच फिसलती है	मिट्टी, सूखी, ढ़ीली, तथा उंगलियों के बीच से फिसलती है	सूखी, छोटे–छोटे कणों में बंधी रहती है तथा जल्दी टूटकर चूर्ण हो जाती है	सख्त, ढेलेदार तथा सतह पर दरारें पड़ जाती हैंछ
50 प्रतिशत या इससे कम	सूखी तथा दबाने पर इसकी गोली नहीं बनती	सूखी तथा इसकी गोली नहीं बनती	कुछ दानेदार तथा दबाने पर गोली बनी रहती है	दबाने पर गोली बनकर रूकी रह जाती है
50 प्रतिशत से 75 प्रतिशत नमी	जैसा कि 50 प्रतिशत या इससे कम नमी पर रहती है	दबाने पर गोली बनती है परन्तु बाद में टूट जाती है	कुछ सुघट्य तथा दबाने पर गोली बनी रहती है	गोली बनी रहती है परन्तु दबाने पर अन्य आकार की हो जाती है।
75 प्रतिशत से अधिक	चिपकती है, उंगलियों से दबाने पर गोली बनती है परन्तु बाद में टूट जाती है	कमजोर सी गोली परन्तु जल्दी टूट जाती है	सुघट्य, गोली बन जाती है तथा चिकनी होती है	उंगलियों से दबाने पर फीता जैसी बन जाती है चिकनी सी लगती है।
100 प्रतिशत नमी	दबाने पर गोली बन जाती है तथा गीलापन हाथ में लगा रह जाता है।	दबाने पर गोली बन जाती है तथा गीलापन हाथ में लगा रह जाता है।	दबाने पर गोली बन जाती है तथा गीलापन हाथ में लगा रह जाता है।	दबाने पर गोली बन जाती है तथा गीलापन हाथ में लगा रह जाता है।

मृदा में प्राप्य जल की	मृदा संरचना			
मात्रा	मोटी रेतीली भूमि	रेतीली भूमि	दोमट भूमि	मटियार दोमट भूमि
जल धारण क्षमता से अधिक जल	दबाने पर पानी ऊपर आ जाता है	दबाने पर पानी छूटता है	दबाने पर जल टपकता है	दबाने पर लोष्ठवत तथा पानी ऊपरी सतह के रूप में रह जाता है

3. पौधों की क्रान्तिक अवस्था के आधार पर (Critical growth stages approach) : किसी फसल में सिंचाई करने की यह एक सरल तथा व्यावहारिक विधि है। सामान्यत: कृषक एवं वैज्ञानिक दोनों ही इस विधि द्वारा सिंचाई करने को सुगम मानते हैं तथा अपनाते भी हैं क्योंकि इस विधि द्वारा सिंचाई करने में किसी भी प्रकार के उपकरणों की आवश्यकता नहीं होती है। पौधों की वह अवस्थायें जिस पर जल की कमी का विशेष प्रभाव पड़ता है, पौधों की इस अवस्था को क्रान्तिक अवस्था (Critical stage) कहते हैं। क्रान्तिक अवस्था उन फसलों पर विशेष रूप से लागू होती है जिनमें दाना पकने की अवस्था आती है। फसलों में सामान्यत: कल्ले निकलना, शाखाएं बनना, फूल आना, दाना पड़ना, दाना भराव आदि क्रान्तिक अवस्थाएं पाई जाती हैं। चारे वाली फसलों, शाक भाजियों आदि की फसलों में कोई भी अवस्था क्रान्तिक नहीं होती बल्कि पौधे को लगातार पानी की आवश्यकता पड़ती रहती है। गन्ना एवं आलू में वानस्पतिक वृद्धि मुख्य उत्पादन उपादान है परन्तु फिर भी इन फसलों की कुछ अवस्थाएं अति संवेदनशील होती हैं जिन पर सिंचाई करना अति आवश्यक है। कुछ फसलों में क्रान्तिक अवस्था तालिका 12.8 में दर्शाई गई है।

तालिका 12.8 : प्रमुख फसलों की क्रान्तिक अवस्थाएं

फसल दिन		अवस्था	फसल बोने के पश्चात् (दिन)
गेहूँ (Wheat)	(i)	शीर्ष जड़ें निकलना (Crown root intiation)	20–25
	(ii)	कल्ले निकलते समय (Tillering stage)	40–45
	(iii)	गांठें बनते समय (Jointing stage)	60–65
	(iv)	पुष्पावस्था के समय (Flowering stage)	80–85
	(v)	दूध बनते समय (Milking stage)	100–105
	(vi)	दाना कड़े होते समय (Dough stage)	120–125
ज्वार (Sorghum)	(i)	वृद्धि के समय (Growth stage)	30–35
	(ii)	पुष्पावस्था के समय (Flowering stage)	60–65
	(iii)	दूध बनते समय (Milking stage)	90–95
मक्का (Maize)	(i)	पौध अवस्था (Seeding stage)	15–20
	(ii)	नर पुष्प की अवस्था (Male flowering stage)	50–55
	(iii)	रेशमी बाल की अवस्था (Tasselling stage)	65–70
	(iv)	दाने दूधिया बनने की अवस्था (Milking stage)	85–90
कपास (Cotton)	(i)	फसल की वृद्धि के समय (Growth stage)	30–35
	(ii)	शाखायें बनते समय (Branching stage)	45–50
	(iii)	पुष्पावस्था के समय (Flowering stage)	75–80
	(iv)	गूलर बनते समय (Boll formation stage)	95–100
	(v)	गूलर फटते समय (Boll brusting stage)	120–125

फसल दिन	अवस्था	फसल बोने के पश्चात् (दिन)
आलू (Potato)	(i) वृद्धि के समय (Growth stage)	30–35
	(ii) सोलोनाइजेशन अवस्था (Stolonization)	40–45
	(iii) कन्द बनते समय (Tuber formation)	55–60
	(iv) कन्द की वृद्धि के समय (Tuber enlargement)	70–75
सरसों तथा राई (Rapeseed & Mustard)	(i) पुष्पावस्था (Flowering Stage)	35–40
	(ii) फलियों में दाना भरते समय (Grain filling stage)	55–60
सोयाबीन (Soybean)	(i) सक्रिय वृद्धि अवस्था (Active Growth stage)	30–35
	(ii) पुष्पावस्था (Flowering stage)	60–65
	(iii) फलियों में दाना बनते समय (Pod filling stage)	80–85
सूर्यमुखी (Sunflower)	(i) सक्रिय वृद्धि अवस्था (Active Growth stage)	20–25
	(ii) पुष्प कलियाँ बनते समय (Flower bud initiation)	40–45
	(iii) पुष्पावस्था के समय (Heading stage)	50–55
	(iv) दाना भरते समय (Grain filling stage)	65–70
दलहनी फसलें (Pulse crops)	(i) पुष्पावस्था के पूर्व (Preflowering stage)	60–65
	(ii) फलियाँ बनते समय (Pod formation stage)	80–85
ग्रीष्मकालीन मूँग (Summer mung bean)	(i) शाखा निकलते समय (Branching stage)	30–35
	(ii) पुष्पावस्था के समय (Flowering stage)	40–45
	(iii) फलियाँ बनाते समय (Pod formation stage)	50–55

4. जलवायु सम्बन्धी आंकड़ों के आधार पर (Climatological approach) : जलवायु सम्बन्धी आंकड़ों के आधार पर मृदा नमी को निधारित करके फसलों में सिंचाई करने की इस विधि को जलवायुवीय आधार (Climatological approach) कहते हैं। इस आधार पर फसलों में उपभौमिक उपयोग तथा वाष्पन आंकड़ों का सीधा सम्बन्ध होता है। वाष्पन सम्बन्धी आंकड़े मृदा नमी को प्रदर्शित करते हैं जिसका सीधा सम्बन्ध यह है कि किसी खुले स्थान से जितना अधिक वाष्पन होगा उतना ही अधिक उत्स्वेदन होगा। इस स्थिति में पौधे अधिक मात्रा में नमी का अवशोषण करते हैं। मृदा जल का लगभग 98 प्रतिशत भाग वाष्पोत्सर्जन की क्रिया द्वारा नष्ट हो जाता है केवल 2 प्रतिशत मृदा जल का उपयोग पौधों की दैहिक क्रियाओं को सुचारु रूप से चलाने के लिए होता है। अत: मृदा से वाष्पोत्सर्जन की क्रिया द्वारा हुई जल की हानि की क्षतिपूर्ति के लिए सिंचाई की जाती है। जलवायु सम्बन्धी आंकड़ों के आधार पर सिंचाई की मुख्यत: दो विधियाँ प्रयोग की जाती हैं –

(i) वाष्पीकरण डिब्बा (Cane evaporimeter) : इस विधि में 10 सेमी व्यास तथा 14.3 सेमी गहराई के एक लीटर क्षमता वाले डिब्बे का प्रयोग खेतों में वाष्पीकरण की मात्रा को ज्ञात करने के लिए किया जाता है। इस डिब्बे को सफेद रंग से दोनों तरफ अच्छी प्रकार से रंग दिया जाता है तथा 6/120 आकार की जाली से ढक देते हैं। डिब्बे के सबसे ऊपरी भाग में अन्दर की तरफ 15 सेमी नीचे एक सूचक बिन्दु लगा देते हैं। फसल के लिए आवश्यक जलापूर्ति के लिए डिब्बे में चिन्हित स्थान तक पानी भर देते हैं। इस प्रकार इस डिब्बे को फसल के बीचों बीच पौधों की ऊँचाई पर स्थापित कर देते हैं। इसका मुख्य उद्देश्य यह होता है कि फसलों एवं डिब्बे से होने वाली वाष्पीकरण की दर दोनों में ही समान होती है। एक निश्चित स्तर तक डिब्बे से पानी के वाष्पीकृत हो जाने के पश्चात् सिंचाई कर दी जाती है। इसके पश्चात् डिब्बे

को पुन: सूचक बिन्दु तक पानी भर दिया जाता है इस प्रकार इस डिब्बे द्वारा वाष्पोत्सर्जन होने की क्रिया के द्वारा फसल में सिंचाई का निर्धारण किया जाता है।

(ii) सिंचाई की गहराई तथा वाष्पोत्सर्जन अनुपात विधि (IW/CPE ratio) : इस विधि में प्रत्येक सिंचाई में प्रयोग की जाने वाली पानी की मात्रा का वाष्पोत्सर्जन अनुपात के आधार पर सिंचाई की जाती है जो बहुत ही सरल तथा उपयोगी है। इस विधि में एक निश्चित समय में होने वाली वाष्पोत्सर्जन की मात्रा का सिंचाई की गहराई के अनुपात के आधार पर सिंचाई के समय को ज्ञात किया जाता है। परिहार एवं उनके साथियों (1974) ने सिंचाई जल तथा वाष्पीकरण द्वारा नष्ट जल का सम्बन्ध, सिंचाई जल की मात्रा (IW) तथा वाष्पीकृत जल का कुल मात्रा (CPE) के उपयोग द्वारा सिंचाई जल का निर्धारण किया। इस विधि द्वारा फसलों में सिंचाई करने की कुल मात्रा को तालिका 12.9 में दर्शाया गया है।

तालिका 12.9 : प्रमुख फसलों में सिंचाई की गहराई तथा वाष्पोत्सर्जन अनुपात

फसल	IW/CPE ratio		फसल	IW/CPE ratio	
गेहूँ	0.8–1.50	(0.9)	धान	1.0–1.4	(1.2)
ज्वार	0.4–0.6	(0.5)	मक्का	0.75–1.2	(0.9)
बाजरा	0.4–0.9	(0.6)	गन्ना	0.6–0.9	(0.8)
कपास	0.7–0.9	(0.75)	मूँगफली	0.4–0.9	(0.6)
सरसों	0.6–0.8	(0.7)	तिल	0.5–0.9	(0.6)
आलू	1.0–2.00	(1.20)	सूर्यमुखी	0.8–1.05	(0.9)
चना	0.4–0.8	(0.6)	अरहर	0.3–0.9	(0.6)
मटर	0.6–0.8	(0.6)	मसूर	0.4–0.8	(0.6)
सोयाबीन	0.4–0.8	(0.6)	बरसीम	0.9–1.2	(1.0)
जौ	0.5–0.9	(0.6)	अलसी	0.5–0.8	(0.6)

नोट:– कोष्ठक में दी गई मात्रा औसत है।

5. नमी सूचक पौधों द्वारा (Indicator plants) : सिंचाई की आवश्यकता को सूचित करने के लिए पौधे स्वयं अच्छे सूचक होते हैं। इन पौधों को फसलों के बीच उगाया जाता है। जो मृदा नमी की कमी आने के पूर्व ही गहरे रंग के हो जाते हैं तथा मुख्य फसल के मुरझान बिन्दु आने के पूर्व ही मुरझाने लगते हैं। इस प्रकार सूचक पौधों में पत्तियों के मुरझाने के लक्षण दिखाई देने की अवस्था में सिंचाई कर दी जाती है।

6. पत्तियों में जल की मात्रा अथवा जल विभव मापकर (Measurement of water content and leaf water potential) : पौधों की वृद्धि पत्तियों की स्फीति (Turgidity) एवं उसमें वर्तमान जल विभव पर निर्भर करती है। अत: यदि स्फीति, जल विभव या जल की मात्रा को सही–सही मापकर सिंचाई की जाए तो यह विधि सैद्धान्तिक रूप से सबसे अच्छी है। रॉबिन्सन (1963) ने गन्ने की पत्तियों में जलविभव मापकर सिंचाई की इस विधि को निकाला था।

7. बालू मिश्रित सूक्ष्म क्यारी द्वारा (Soil cum sand miniplot technique) : इस विधि द्वारा खेत के बीचों बीच 1 घन मीटर आयतन का गड्ढा खोदकर उसमें खुदी हुई मिट्टी के आयतन के बराबर बालू भर दी जाती है। इस प्रकार गड्ढे वाले स्थान के पौधे फसल की अपेक्षा पहले मुरझाने लगते हैं जिनको देखकर सिंचाई कर दी जाती है।

मृदा नमी का मापन (Measurement of soil moisture)

पौधों के वृद्धि एवं विकास के लिए मृदा में नमी की पर्याप्त मात्रा का होना अत्यन्त आवश्यक है। सिंचाई देने के समय कितनी मात्रा में पानी का प्रयोग फसल के लिए किया जाये जो मृदा नमी के मापन द्वारा ही ज्ञात होता है। मृदा नमी के मापन के लिए कई विधियाँ प्रचलित हैं, जो निम्न हैं–

1. भारात्मक विधि (Gravimetric method) : इस विधि में बरमा (Auger) की सहायता से विभिन्न गहराई से मृदा के नमूने एकत्रित किये जाते हैं। परन्तु फसलों में सिंचाई के पानी के मापन के लिए पौधों की जड़ों अर्थात् (0-30cm) तक की गहराई से ही मृदा के नमूने एकत्रित करते हैं। बरमा की सहायता से मृदा के नमूनों को एल्यूमिनियम अथवा स्टील की छोटी–छोटी डिब्बियों में लगभग 50–100 ग्राम मिट्टी भर लेते हैं। बहुत अधिक संख्या में मृदा नमूने एकत्रित करने की दशा में इन डिब्बियों को भीगे कपड़े अथवा बोरे से ढक देते हैं जिससे अधिक तापमान पर इनमें से नमी का ह्रास न हो सके इसके पश्चात् इन डिब्बियों को भौतिक तुला (Physical balance) अथवा इलेक्ट्रॉनिक तुला (Electronic balance) से भार ज्ञात कर लेते हैं। इसके उपरान्त इन डिब्बियों को खोलकर 105 डिग्री सेन्टीग्रेड तापमान पर 24 घंटे तक सुखाते हैं और पुन: इन डिब्बियों का शुष्क भार ज्ञात कर लेते हैं तथा साथ ही साथ खाली डिब्बियों का भी वजन ज्ञात करके कुल डिब्बियों के भार से अलग कर देते हैं। इस प्रकार से एकत्रित किये गये नमूनों से मृदा में नमी की मात्रा निम्न सूत्र की सहायता से ज्ञात करते हैं –

$$\text{मृदा नमी की मात्रा (\%)} = \frac{\text{नम मृदा का भार (ग्राम)} - \text{शुष्क मृदा का भार (ग्राम)}}{\text{शुष्क मृदा का भार (ग्राम)}} \times 100$$

इस विधि में नमूने एकत्र करते समय काफी समय तथा मेहनत की आवश्यकता होती है परन्तु यह विधि बहुत ही सरल तथा सामान्य रूप से प्रयोग की जाती है। इस विधि द्वारा मृदा नमी को ज्ञात करने में कोई विशेष तकनीक की आवश्यकता नहीं होती है और न ही किसी विशेष प्रकार के उपकरण की आवश्यकता होती है। अधिक सूखी, मटियार अथवा कंकरीली मृदा होने पर मृदा के नमूने एकत्र करने में कुछ परेशानी भी होती है।

2. आयतनीय विधि (Volumetric method) : इस विधि में मृदा के नमूने एकत्र करने के लिए बरमा (Auger) अथवा कोर सेम्पलन (Core sampler) का प्रयोग करते हैं। इसके उपरान्त इन नमूनों का नम भार ज्ञात कर लेते हैं तत्पश्चात् इन नमूनों को 105 डिग्री सेन्टीग्रेड तापमान पर 24 घंटे तक सुखाकर शुष्क भार ज्ञात कर लेते हैं। आयतनीय विधि द्वारा मृदा में नमी का मापन निम्न सूत्र द्वारा करते हैं –

$$\text{मृदा नमी की मात्रा (\%)} = \frac{\text{नम मृदा का भार (ग्राम)} - \text{शुष्क मृदा का भार (ग्राम)}}{\text{पानी का घनत्व} \times \text{बरमा का आयतन}} \times 100$$

3. तनावमापी यंत्र (Tensiometer) : इस यंत्र की सहायता से मृदा में उपलब्ध नमी की मात्रा ज्ञात की जाती है। इस विधि में मुख्य रूप से मृदा में नमी की कमी होने पर मृदा के केशिका जल में तनाव बढ़ता है।

तनावमापी यंत्र में 7.5 सेमी लम्बी छिद्रित सिरेमिक प्याली, धातु की बनी खोखली ट्यूब, दाबान्तर मापी, पतली खोखली ट्यूब तथा इसे बन्द करने के लिए रबड़ की कॉर्क से निर्मित होती है, जैसा कि चित्रों (12.7 तथा 12.8) में दर्शाया गया है। पानी से भरे हुए तनाव मापी यंत्र को पौधों की जड़ क्षेत्र में उचित गहराई पर गाड़ दिया जाता है (चित्र 12.9)। इस यंत्र को गाढते समय यह ध्यान रखा जाता है कि इसका छिद्रित सिरेमिक प्याली मृदा से अच्छी प्रकार से सम्पर्क हो जाये। इस यंत्र को मरकरी मानोमीटर अथवा निर्वात मापक से जोड़ देते हैं। तनावमापी से भरे हुए आसुत जल को कार्क की सहायता से अच्छे तरीके से बन्द कर दिया जाता है। इस प्रकार प्याली में उपस्थित जल एवं मृदा नमी के बीच सन्तुलन बन जाता है। मृदा नमी के कम होने के साथ–साथ मृदा–आर्द्रता प्रतिबल में वृद्धि होने लगती है जिससे एक ऋणात्मक तनाव उत्पन्न होता है जिसे निर्वात मापक (Vacuum gauge) में पढ़ लिया जाता है। इस प्रकार तनावमापी यंत्र की सहायता से मृदा में तनाव की स्थिति ज्ञात करने के पश्चात् ग्राफ की सहायता से मृदा में नमी की मात्रा ज्ञात हो जाती है। इस निर्वात मापक में सेमी में निशान अंकित रहते हैं। इस यंत्र में तनाव में वृद्धि होने से मृदा में नमी की कमी का अहसास होता है। इसी प्रकार मृदा में नमी की अधिकता होने पर इस तनावमापी यंत्र में तनाव कम प्रदर्शित होता है। तनावमापी यंत्र में सामान्यत: तनाव 1 एटमोस्फियर से कम होता है।

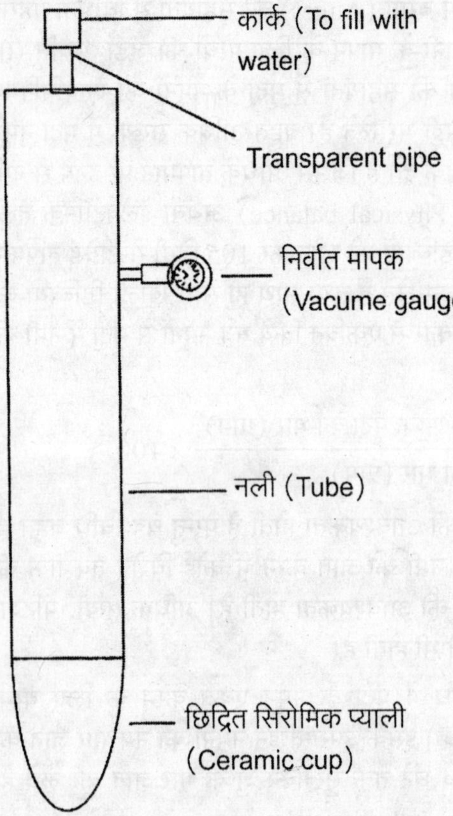

कार्क (To fill with water)
Transparent pipe
निर्वात मापक (Vacume gauge)
नली (Tube)
छिद्रित सिरोमिक प्याली (Ceramic cup)

चित्र 12.7 : निर्वात मापक सहित तनाव मापी

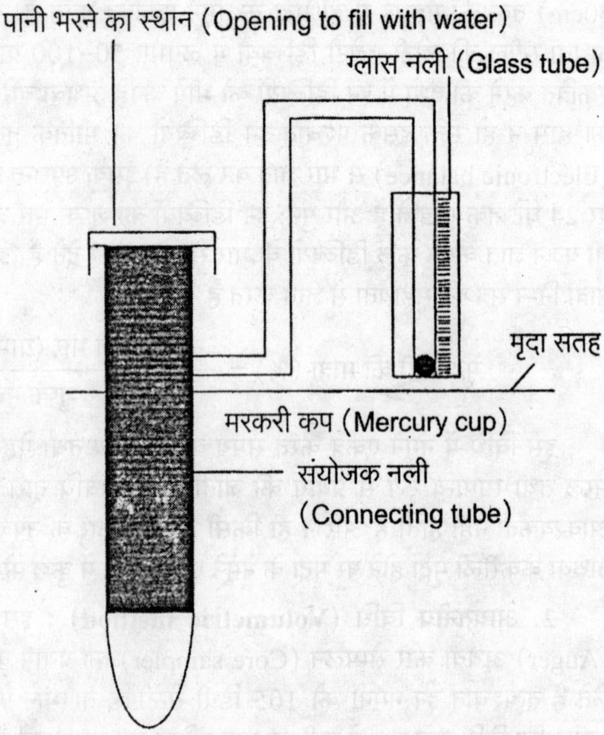

पानी भरने का स्थान (Opening to fill with water)
ग्लास नली (Glass tube)
मृदा सतह
मरकरी कप (Mercury cup)
संयोजक नली (Connecting tube)

चित्र 12.8 : मरकरी मानोमीटर सहित तनाव मापी

Tensiometer

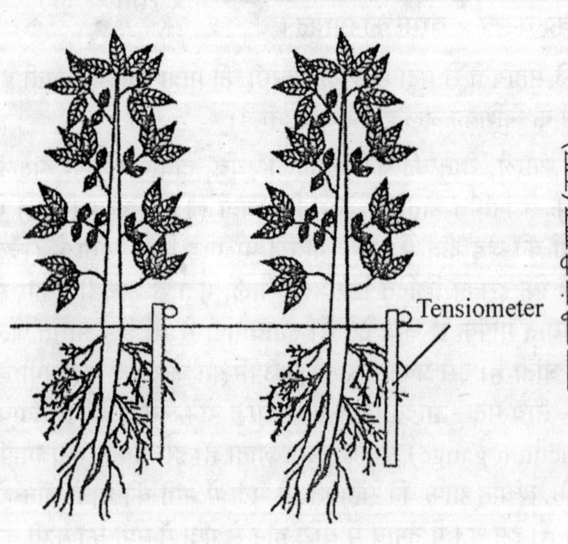

चित्र 12.9 : तनावमापी यंत्र का पौधों की जड़ों के पास स्थापना

तनाव मापी यंत्र की गणना (तनाव)
80
70
60
50
40
30
20
10
0 2 4 6 8 10 12 14 16 18
मृदा नमी (प्रतिशत)

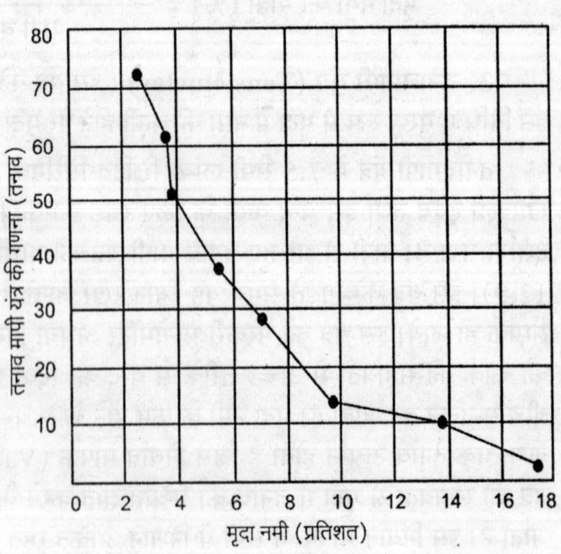

चित्र 12.10 : बलुई दोमट भूमियों मे तनावमापी यंत्र का ग्राफ

इस विधि से मृदा नमी ज्ञात करने के लिए मृदा नम तथा दोमट भूमियाँ अधिक उपयुक्त होती हैं। इस प्रकार तनावमापी यंत्र की सहायता से प्रत्येक प्रकार की मृदाओं तथा मृदा की दशाओं में मृदा नमी को ज्ञात नहीं किया जा सकता है। बहुत अधिक महीन संरचना वाली भूमियों और अत्यधिक सूखी भूमि में इससे मृदा नमी का मापन पूर्णरूप से सही नहीं होता है। इस यंत्र को पौधों के विभिन्न स्तर से मृदा नमी के मापन के लिए अलग-अलग गहराई पर स्थापित करना होता है क्योंकि एक यंत्र केवल एक ही गहराई पर स्थापित होकर मृदा नमी का मापन कर पाता है।

इस प्रकार एक निश्चित तनाव का मापन होने की स्थिति में फसल में सिंचाई कर दी जाती है। इस यंत्र द्वारा मृदा नमी मापने के लिए प्रशिक्षण की आवश्यकता होती है क्योंकि इस यंत्र में रबर कार्क से हवा नहीं जानी चाहिए अन्यथा मृदा नमी का मापन सही ढंग से नहीं होगा।

4. जिप्सम ब्लॉक अथवा विद्युत प्रतिरोध (Gypsum block or electrical resistance) : यह यंत्र मृदा नमी की मात्रा तथा विद्युत प्रतिरोध के पारस्परिक सम्बन्धों पर कार्य करता है। जिप्सम ब्लॉक के अन्दर विद्युत तार लगे रहते हैं जब मृदा के अन्दर इनको स्थापित किया जाता है तो जिप्सम ब्लॉक में उपस्थित नमी की मात्रा मृदा नमी की मात्रा के समतुल्य होती है, प्रतिरोध मीटर द्वारा प्रतिरोध ज्ञात कर लिया जाता है। मृदा में नमी की कम मात्रा होने पर विद्युत प्रतिरोध में वृद्धि हो जाती है। विद्युत प्रतिरोध की माप के लिए विभिन्न प्रकार के पदार्थों जैसे जिप्सम, नायलॉन, फाइबर, काँच, प्लास्टर ऑफ पेरिस अथवा इन सभी के मिश्रण के ब्लॉक बनाये जाते हैं परन्तु मुख्यत: जिप्सम ब्लॉक का ही प्रयोग किया जाता है। यह ब्लॉक आयताकार आकार के होते हैं। इन जिप्सम ब्लॉक को बनाते समय तार भी लगा दिये जाते हैं और इन तारों को प्रतिरोध मापक अथवा विद्युत चालकता मापक यन्त्र से जोड़ दिया जाता है तथा उपकरण में विद्युत प्रतिरोध को यंत्र पर पढ़ लिया जाता है। इस प्रकार इन विद्युत इलेक्ट्रॉड का आकार 3.75 सेमी लम्बा तथा 1.25 सेमी चौड़ा होता है। दोनों इलेक्ट्रॉड के मध्य की दूरी 2 सेमी रखी जाती है। सामान्यत: जिप्सम ब्लॉक का आकार 5.5 सेमी लम्बा, 3.75 सेमी चौड़ा तथा 2 सेमी मोटा होता है। छोटे आकार के जिप्सम ब्लॉक मृदा नमी की माप सही नहीं देते हैं।

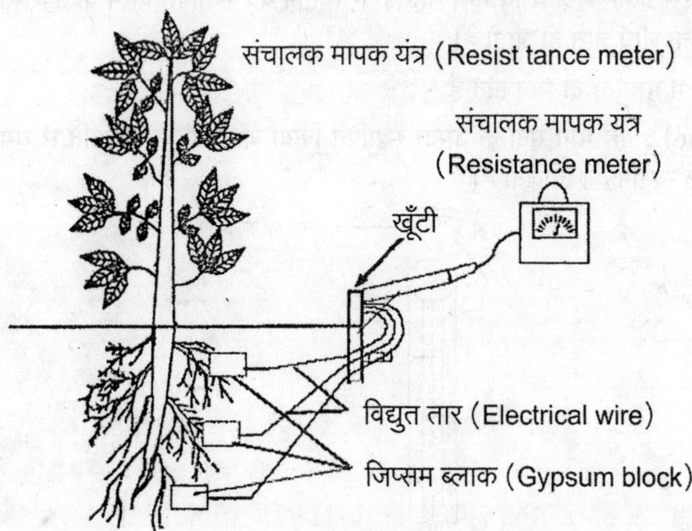

चित्र 12.11 : मृदा में जिप्सम ब्लॉक की अवस्थापना की स्थापना

अधिक मृदा नमी की दशा में प्लास्टर ऑफ पेरिस से बने ब्लॉक की अपेक्षा नाइलॉन फाइबर काँच के ब्लॉक ज्यादा अच्छे नहीं होते हैं क्योंकि नाइलॉन से बने ब्लॉक 2 एटमॉस्फियर तक अच्छा कार्य करते हैं। फाइबर काँच तथा प्लास्टर ऑफ पेरिस के मिश्रित प्रयोग से यह ब्लॉक शुष्क तथा नम मृदा में उपयुक्त होते हैं तथा मृदा नमी एवं उपकरण के मध्य अच्छे प्रकार से सम्पर्क में रहते हैं। इस प्रकार से बनाये गये जिप्सम ब्लॉक को पौधों की जड़ों के पास मृदा में विभिन्न

गहराईयों पर इस प्रकार से गाड़ दिया जाता है कि ब्लॉक में लगे तार मृदा सतह से ऊपर ही रहें। कुछ समय तक मृदा में गड़े रहने के उपरान्त जिप्सम ब्लॉक तथा मृदा की नमी का स्तर एक समान हो जाता है।

इस प्रकार मृदा में नमी की कमी अथवा वृद्धि के अनुसार ब्लॉक में भी नमी की मात्रा घटती अथवा बढ़ती रहती है। इस प्रकार मृदा में नमी की मात्रा में वृद्धि के अनुरूप विद्युत संवाहकता बढ़ती है तथा विद्युत प्रतिरोध कम हो जाता है। इस प्रकार विद्युत प्रतिरोध तथा मृदा नमी के बीच सह सम्बन्ध की माप करके मृदा में नमी की मात्रा ज्ञात की जाती है। ब्लॉक के अन्दर विद्युत प्रवाह मृदा नमी की मात्रा पर निर्भर करता है। ठण्डे स्थानों पर अधिक सर्दी के बढ़ने से विद्युत प्रतिरोध में भी वृद्धि होती जाती है। इस प्रकार मृदा की क्षारीयता अधिक होने पर विद्युत प्रतिरोध कम हो जाता है अतः मृदा नमी का मापन इन परिस्थितियों में उपयुक्त नहीं होता है।

5. स्प्रिट जलाकर (Sprit burning method) : वायोकस (Bouyoucos) ने 1937 तथा हुकेरी एवं दास्ताने (Hukkeri and Dastane) ने 1966 में मृदा के नमूनों को सुखाने के लिए स्प्रिट का प्रयोग किया था। इस विधि में मिट्टी को स्प्रिट में डुबोकर आग लगाई जाती है जिससे मृदा में उपस्थित नमी उड़ जाती है। इस क्रिया को उस समय तक बार-बार करते हैं जब तक कि मिट्टी का भार स्थिर न हो जाये।

6. न्यूट्रॉन नमी मीटर (Neutron moisture meter) : न्यूट्रॉन विधि द्वारा मृदा में नमी का मात्रा शीघ्र ही खेत में मापने के लिए प्रयोग किया जाता है (चित्र 12.12)। इस विधि में मुख्यतः एक निश्चित आयतन में मृदा में उपस्थित हाइड्रोजन आयन की संख्या ज्ञात की जाती है जिसका सीधा सम्बन्ध उसी अनुपात में पानी के अणुओं से होता है। इस विधि से मृदानमी की माप के लिए रेडियो सक्रिय पदार्थ का प्रयोग किया जाता है। इस यन्त्र का मुख्य सिद्धान्त यह है कि तीव्र गति से घूमता हुआ न्यूट्रॉन जब मृदा जल में उपस्थित हाइड्रोजन परमाणु के केन्द्रकों (Nuclei) से टक्कर खाकर वे मन्द न्यूट्रॉन में बदल जाते हैं। मृदा में हाइड्रोजन परमाणु के केन्द्रकों से इसकी टक्कर मृदा में पानी की मात्रा के अनुसार घटती बढ़ती रहती है। इस प्रकार मृदा में विभिन्न गहराई पर न्यूट्रॉन यंत्र स्थापित करने के उपरान्त मन्द न्यूट्रॉन की गणना द्वारा मृदा में नमी की मात्रा शीघ्र ज्ञात हो जाती है।

न्यूट्रॉन नमी मीटर में मुख्यतः दो भाग होते हैं –

(i) प्रोब (Probe) : यह भाग मृदा के अन्दर स्थापित किया जाता है जो तीव्रगति से घूमने वाले न्यूट्रॉन के द्वारा धीमी गति से घूमने वाले न्यूट्रॉन को खोजता है।

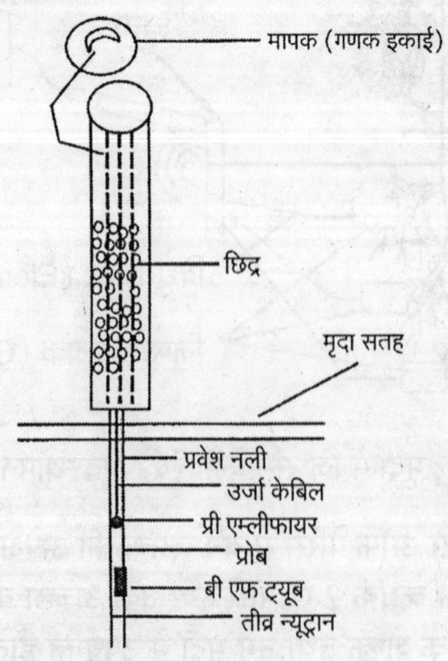

चित्र 12.12 : न्यूट्रान नमी मीटर

(ii) मापक भाग (Scaler or ratemeter) : इसकी सहायता से धीमी गति से घूमने वाले न्यूट्रॉन की गणना की जाती है जो कि मृदा में नमी की मात्रा के अनुपात में होते हैं तथा जो मृदा नमी में उपस्थित हाइड्रोजन केन्द्रकों की सान्द्रता पर निर्भर करता है।

न्यूट्रॉन नमी मीटर का गलत तरीके से प्रयोग करने पर यह हानिकारक भी हो सकता है। इसका हानिकारक प्रभाव सूर्य की किरणों तथा ऑपरेटर द्वारा कितनी दूरी पर प्रयोग किया जा रहा है, पर निर्भर करता है। इस यन्त्र को पूर्णरूप से वायुरोधी किया हुआ प्रयोग करना चाहिए अत: इस विधि द्वारा मृदा में नमी की मात्रा ज्ञात करने के लिए पूर्ण सावधानी रखना अति आवश्यक है।

7. दबाव झिल्ली तथा दबाव प्लेट विधि (Pressure membrane and pressure plate techniques) : प्रयोग शाला में दबाव झिल्ली तथा दबाव प्लेट उपकरण की सहायता से क्षेत्र क्षमता, स्थाई म्लानि बिन्दु तथा मृदा नमी के विभिन्न स्तरों को ज्ञात किया जाता है। इस उपकरण में छिद्रयुक्त प्लेट लगी होती है। इस छिद्रयुक्त प्लेट में जल से संतृप्त किये हुए उसके ऊपर रखे गये संतृप्त मिट्टी के नमूनों को उपकरण की जल निकास की नली से जोड़ देते हैं तथा चेम्बर को अच्छी तरह से नट एवं बोल्ट द्वारा कस देते हैं। इसके पश्चात् दबाव द्वारा उपकरण में निश्चित सीमा तक दबाव बनाया जाता है जिससे जल से संतृप्त मिट्टी के नमूनों से दबाव के अनुरूप पानी संतुलित सीमा तक बाहर निकलता रहता है। एक निश्चित दबाव पर निकास नली द्वारा पानी का निकलना बन्द हो जाने पर मृदा के नमूनों को निकाल कर ओवेन में अच्छी प्रकार से सुखाकर मृदा नमी की गणना कर ली जाती है। इस विधि द्वारा विभिन्न दबाव पर मृदा नमी की मात्रा ज्ञात की जा सकती है तथा मृदा नमी अभिलक्षण वक्र (Soil moisture characteristics curve) का निर्माण किया जा सकता है, जो मृदा में सिंचाई के समय के निर्धारण में सहायक है। इस उपकरण में एक विशेष ध्यान रखना चाहिए कि इस उपकरण से निकास नली के अतिरिक्त कहीं अन्य स्थान से वायु नहीं निकलनी चाहिए (चित्र 12.13)।

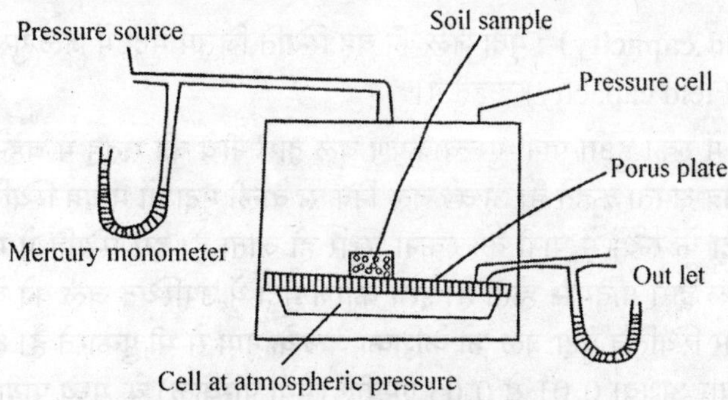

चित्र 12.13 : दबाव प्लेट विधि के मुख्य भाग

मृदा नमी ज्ञात करने के लिए दबाव झिल्ली तथा दबाव प्लेट उपकरण को रिचर्ड्स ने 1949 तथा 1954 में विकसित किया था। अधिक संख्या में मिट्टी के नमूने में दबाव की मात्रा 1/10, 1/5, 1/3, 1, 3, 5, 7, 10 तथा 15 बार चुनते हैं। इस प्रकार दबाव तथा मृदा नमी की मात्रा के आंकड़े ज्ञात होने के पश्चात् इनका प्रयोग मृदा नमी अभिलक्षण वक्र के लिए किया जाता है।

मृदा नमी स्थिरांक (Soil moisture constant)

विभिन्न प्रकार की मृदाओं में नमी की भिन्न-भिन्न मात्रा पाई जाती है तथा समय-समय पर मृदा नमी की मात्रा घटती अथवा बढ़ती रहती है। वर्षा अथवा सिंचाई के तुरन्त पश्चात् मृदा में नमी की सर्वाधिक मात्रा पाई जाती है परन्तु इसके पश्चात् धीरे-धीरे घटती जाती है। इस प्रकार कुछ मानक अवस्थाओं में मृदा में विद्यमान नमी की स्थिति को मृदा

नमी स्थिरांक (Soil moisture constant) कहते हैं। सिंचाई जल सम्बन्धी नीति–निर्धारण में मृदा नमी स्थिरांक का ज्ञान होना आवश्यक होता है। कुछ प्रमुख मृदा नमी स्थिरांक निम्न हैं –

1. जल धारण क्षमता/जल संतृप्तता (Water holding capacity or saturation)
2. क्षेत्र क्षमता (Field capacity)
3. स्थाई मुरझान बिन्दु (Permanent wilting point)
4. उपलब्ध मृदा नमी (Available soil moisture)
5. आर्द्रताग्राही गुणांक (Hygroscopic co-efficient)
6. नमी तुल्यांक (Moisture equivalent)

1. जलधारण क्षमता/जल संतृप्तता (Water holding capacity or saturation) : सिंचाई अथवा वर्षा के कारण जब मिट्टी में उपस्थित सभी प्रकार के रन्ध्र पानी से भर जाते हैं तब यह कहते हैं कि मृदा में जल संतृप्तता आ गई है। मृदा की यह स्थिति जिसे सभी दीर्घ एवं सूक्ष्म रन्ध्र तथा कोशिकाओं में पानी भरे होने की स्थिति को अधिकतम जलधारण क्षमता अथवा जल संतृप्तता (Maximum water holding capacity or saturation) कहते हैं। इस स्थिति में मृदा जल पर प्रभावी ऊर्जा का मान लगभग शून्य होता है तथा मृदा में जल का तनाव भी 0.1 एटमॉस्फियर से कम पर रुका रहता है जो लगभग मृदा सतह पर स्वतन्त्र जल के बराबर होता है। इस अवस्था में मृदा में क्षेत्र क्षमता (Field capacity) से लगभग दोगुनी मात्रा में जल भरा रहता है। यह स्थिति अधिक समय तक रहने पर पौधों के लिए हानिकारक होती है क्योंकि मृदा रन्ध्रों में ऑक्सीजन की अत्यधिक कमी हो जाती है जिससे मृदा में उपस्थिति लाभदायक जीवाणुओं की संख्या कम हो जाती है।

2. क्षेत्र क्षमता (Field capacity) : मृदा जल की वह स्थिति जिसमें मृदा में जल गुरूत्वाकर्षण के विपरीत रुका रहता है, जिसे क्षेत्र क्षमता (Field capacity) कहते हैं।

जब संतृप्त मृदा रन्ध्रों में रुका हुआ पानी गुरुत्वाकर्षण बल द्वारा नीचे की सतह में बहना कम हो जाता है। मृदा में पानी की उस अवस्था को क्षेत्र क्षमता कहते हैं। अच्छे जल निकास वाली मृदाओं में यह स्थिति सिंचाई के 48 से 72 घंटे के पश्चात् आती है जब मृदा के रन्ध्रों में पानी का रुकना स्थिर हो जाता है। इस स्थिति में मृदा के सूक्ष्म रन्ध्रों के मध्य रूका हुआ जल केशिका बल द्वारा गतिमान होता है। इसी कारण मृदा में उपस्थित जल को केशिका जल के नाम से भी जाना जाता है। क्षेत्र क्षमता पर स्थितिज मृदा जल को केशिका जल के नाम से भी पुकारते हैं। क्षेत्र क्षमता पर स्थितिज मृदा जल का मान 0.1 से 0.3 बार अथवा 0.01 से 0.03 एमपीए (मेगा पास्कल) के मध्य पाया जाता है। हल्की भूमियों में भारी भूमियों की अपेक्षा क्षेत्र क्षमता शीघ्र आ जाती है क्योंकि हल्की भूमियों में रन्ध्रों का आकार बड़ा होता है। इस स्थिति पर आर्द्रता 1/3 एटमास्फीयर होती है परन्तु मृदा आर्द्रता तनाव में वृद्धि के साथ–साथ क्षेत्र क्षमता पर रूका हुआ जल किसी भी स्थिति में संचालित हो जाता है। क्षेत्र क्षमता पौधों के लिए जल उपलब्धता का अधिकतम बिंदु होता है अत: इस अवस्था में पौधों को जल की उपलब्धता अधिक होती है।

सामान्यत: किसी मृदा की क्षेत्र क्षमता ज्ञात करने के लिए सिंचाई के 2 दिन पश्चात् की जाती है। इस विधि में 2 से 5 वर्ग मीटर आकार का एक गड्ढा खोद कर उसमे पानी भर देते हैं। इसके पश्चात् इस पानी का स्वतन्त्र रूप से रिसाव होने देते हैं। इस पानी को वाष्पीकरण से रोकने के लिए पॉलिथीन द्वारा अच्छी तरह से ढक देते हैं । जब गड्ढे का पानी पूर्णरूप से सूख जाता है तो उस समय बरमा (Auger) की सहायता से मृदा के विभिन्न स्तरों तथा कई स्थानों से मृदा नमूने एकत्रित कर लेते हैं। इस प्रकार एकत्रित किये गये मृदा नमूनों से भारात्मक विधि द्वारा नमी की मात्रा को ज्ञात कर लेते हैं।

3. **स्थाई मुरझान बिन्दु (Permanent wilting point) :** मृदा सतह से जल निरन्तर वाष्पीकरण, रिसाव, उत्स्वेदन आदि क्रियाओं द्वारा ह्रास होता रहता है। जिसके परिणाम स्वरूप मृदा में एक ऐसी स्थिति आ जाती है जिसके कारण केशिका बल द्वारा पानी का संचालन बन्द हो जाता है और मृदा में पानी की बहुत कम मात्रा रह जाती है।

इस प्रकार मृदा कणों के ऊपर पानी एक पतली झिल्ली के रूप में चिपका रहता है जिसका पौधे उपयोग नहीं कर पाते। इस प्रकार मृदा की यह स्थिति स्थाई मुरझान बिन्दु कहलाती है। पौधों में स्थाई मुरझान बिन्दु सामान्यत: दो प्रकार की होती है –

1. दिन के समय पौधे मृदा नमी के कारण मुरझा जाते हैं तथा रात के समय अपनी पुन: स्थिति में आ जाते हैं। इसे अस्थाई मुरझान बिन्दु (Temporary wilting point) कहते हैं।
2. इसके पश्चात् जब पौधे दिन तथा रात के समय भी मुरझाये रहते है तब ऐसी स्थिति को स्थाई मुरझान बिन्दु (Permanent wilting point) अथवा मुरझान गुणांक (Wilting coefficient) कहते है। पौधों के लिए यह स्थिति हानिकारक होती है। जिसके कारण फसल का उत्पादन कम हो जाता है।

इस प्रकार स्थाई मुरझान बिन्दु पर पौधे हरे रहते हैं क्योंकि मृदा द्वारा बहुत कम मात्रा में जल उपलब्ध रहता है। इसके पश्चात् सिंचाई कर देने से पौधे पुन: हरे हो जाते हैं। स्थाई मुरझान बिन्दु पर मृदा संरचना तथा पौधों की अवस्था के अनुसार मृदा नमी का तनाव 7 से 32 एटमास्फीयर होता है। सामान्य दशाओं में मृदा नमी की यह स्थिति 15 एटमास्फीयर अथवा 1.5 मेगा पास्कल स्थितिज पर आती है। मृदा नमी का तनाव 60 एटमास्फीयर होने की दशा में पौधों में सिंचाई देने के बावजूद भी पौधे पुन: हरे नहीं हो पाते हैं। इस प्रकार मृदा नमी की यह अवस्था चरम मुरझान बिन्दु (Ultimate wilting point) कहलाती है।

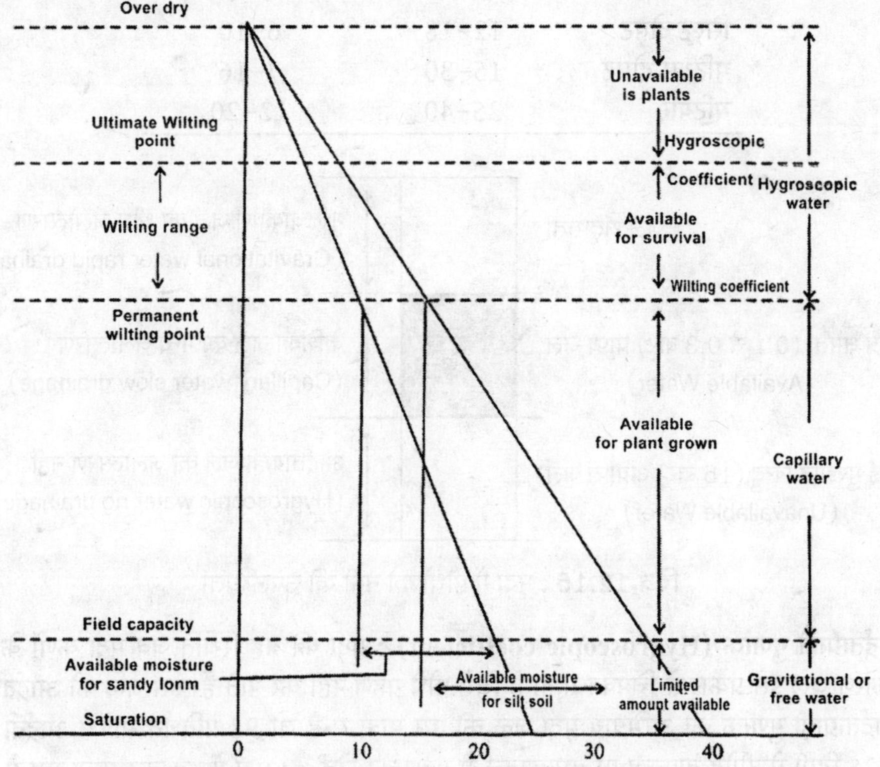

चित्र 12.14 : मृदा में विभिन्न प्रकार की नमी की उपलब्धता

स्थाई मुरझान बिन्दु का मापन करने के लिए सूचक पौधों को उगाकर ज्ञात की जा सकती है। इसके लिए एक छोटे से डिब्बे में 600 ग्राम मृदा भरकर सूर्यमुखी के पौधे को उगाया जाता है। इस प्रकार सूर्यमुखी के पौधे को मुरझाने के लिए छोड़ देते हैं। इसके पश्चात् मृदा में उपस्थित नमी की मात्रा को ज्ञात कर लिया जाता है। सामान्य दशाओं में मृदा नमी तनाव की 15 एटमॉस्फियर पर स्थाई मुरझान बिन्दु होता है।

4. उपलब्ध मृदा नमी (Available soil moisture) : स्थाई मुरझान बिन्दु तथा क्षेत्र क्षमता के मध्य उपलब्ध जल को उपलब्ध मृदा नमी के नाम से जाना जाता है।

मृदा में उपलब्ध नमी 0.3 से 15 एटमॉस्फियर तनाव पर उपस्थित रहती है। इस प्रकार मृदा तनाव अधिक घटना तथा बढ़ना दोनों ही दशाओं में पौधों को जल की उपलब्धता में कमी आने लगती है। जिसके फलस्वरूप जल ग्रहण हेतु अधिक ऊर्जा लगने से उसी अनुपात में वृद्धि दर में कमी आने लगती है। बलुई अथवा हल्की भूमियों में मटियार अथवा भारी भूमियों की अपेक्षा मृदा नमी कम पाई जाती है। महीन कणों द्वारा मृदा में क्षेत्र क्षमता तथा मुरझान बिन्दु दोनों ही स्थितियों में मृदा नमी अधिक पाई जाती है। विभिन्न प्रकार की मृदाओं में क्षेत्र क्षमता तथा स्थाई मुरझान बिन्दु तालिका 12.10 में दर्शाई गई है।

तालिका 12.10 : विभिन्न प्रकार की मृदाओं में जल संचयन क्षमता

मृदा	नमी (प्रतिशत) मृदा शुष्क भार के आधार	
	क्षेत्र क्षमता	स्थाई मुरझान बिन्दु
महीन	3–5	1–3
बलुई दोमट	5–15	3–8
सिल्ट दोमट	12–18	6–10
मटियार दोमट	15–30	7–16
मटियार	25–40	12–20

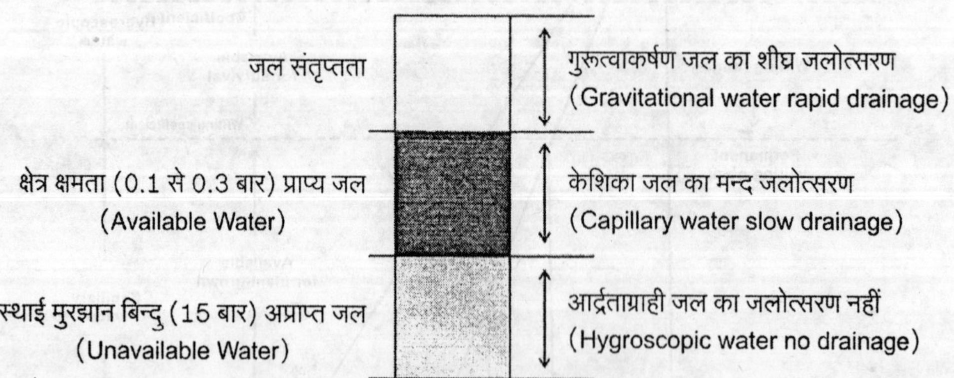

चित्र 12.15 : मृदा में पौधों को नमी की उपलब्धता

5. आर्द्रताग्राही गुणांक (Hygroscopic coefficient) : मृदा की वह स्थिति जब मृदा कणों के आर्द्रताग्राही स्वभाव के कारण जल इस प्रकार से चिपका रहता है जिसे पौधे ग्रहण नहीं कर पाते हैं। इस जल को आर्द्रताग्राही गुणांक कहते हैं। आर्द्रताग्राही गुणांक का अभिप्राय मृदा जल की उस मात्रा से है जो 98 प्रतिशत सापेक्ष आर्द्रता से सामंजस्य स्थापित कर 25 डिग्री सेन्टीग्रेड तापक्रम पर वायुमण्डल से ग्रहण कर लेती हैं। मृदा में यह जल मुख्य रूप से वाष्प के रूप में पाया जाता है।

6. नमी तुल्यांक (Moisture equivalent) : पूर्ण रूप से जल से संतृप्त मृदा के नमूने में निश्चित समय तक (लगभग आधा घन्टे तक) गुरुत्वाकर्षण बल के 1000 गुना बल से उपकेन्द्रित (Centrifuge) किये जाने के बाद भी नमी रूकी रहती है इस प्रकार मृदा जल की उस मात्रा को नमी तुल्यांक कहते हैं।

नमी तुल्यांक प्रयोगशाला में निर्धारित किया जाने वाला वह रूप है जिसका प्रयोग क्षेत्र क्षमता के स्थान पर किया जाता है। इसका उपयोग सूक्ष्म केशिका रन्ध्रों की नमी को प्रदर्शित करने के लिए भी होता है। मध्यम संरचना वाली भूमियों में नमी तुल्यांक तथा क्षेत्र क्षमता का मान लगभग एक समान होता है परन्तु बलुई तथा मटियार भूमियों में नमी तुल्यांक तथा क्षेत्र क्षमता में अन्तर पाया जाता है क्योंकि इन भूमियों की जल धारण क्षमता भिन्न-भिन्न होती है। मटियार भूमियों में क्षेत्र क्षमता नमी तुल्यांक की अपेक्षा कम होती है। इसके विपरीत हल्की बलुई भूमियों में क्षेत्र क्षमता नमी तुल्यांक की अपेक्षा अधिक होती है।

तालिका 12.11 : मृदा नमी तथा मृदा नमी स्थिरांक का तुलनात्मक अध्ययन

क्र.सं.	मृदा नमी स्थिरांक	तनाव (एटमोस्फियर)	पी एफ
1.	आर्द्रताग्राही जल (Hygroscopic water) आर्द्रताग्राही	31-10000	4.5-7.0
2.	गुणांक (Hygroscopic coefficient)	31	4.5
3.	म्लानि गुणांक (Wilting coefficient)	15	4.2
4.	केशिका जल (Capillary water)	1/3-31	2.54-4.5
5.	नमी तुल्यांक (Moisture equivalent)	1/3-1	2.54-3.0
6.	क्षेत्र क्षमता (Field capacity)	1/3	2.54
7.	चिपकान बिन्दु (Sticky point)	1/3	2.54
8.	गुरुत्वाकर्षण जल (Gravitational water)	1/3 से कम	2.5 से कम

सिंचाई दक्षता (Irrigation efficiency)

सिंचाई दक्षता का तात्पर्य प्राप्य जल की उपलब्धता का किस प्रकार से उचित प्रयोग किया जाये। सिंचाई दक्षता मुख्यत: सिचाई की विधि, खेत की तैयारी, सिंचाई देते समय रखने वाली सावधानी आदि से प्रभावित होती है। सिंचाई करते समय स्त्रोत तथा वितरण से हानि, खेत में सही ढ़ंग से पानी का वितरण न होना, पौधे की जड़ों द्वारा जल का निक्षालन, सिंचाई की सही तकनीक द्वारा भी सिंचाई दक्षता घट जाती है। इस प्रकार जल की हानि को रोकने के लिए सिंचाई विधि का सही चुनाव, सही ढ़ंग से खेत की तैयारी, सिंचाई देते समय सावधानी आदि द्वारा की जा सकती है। इस प्रकार सिंचाई दक्षता को कई प्रकार से परिभाषित कर सकते हैं जो निम्न हैं-

1. जल वहन क्षमता (Water conveyance efficiency) : जल वहन क्षमता का तात्पर्य किसी जल स्त्रोत जैसे जलाशय अथवा नहरों, प्रक्षेत्र नालियों द्वारा उपयोग स्थल के मध्य होने वाली जल की हानि से है। इस प्रकार जल वहन दक्षता जल निर्गम से निर्गत जल के आयतन एवं जल वहन प्रणाली द्वारा खेत में पहुँचे पानी के आयतन के अनुपात को कहते हैं। इस निम्न सूत्र के द्वारा ज्ञात किया जाता है -

$$E_C = \frac{W_f}{W_d} \times 100$$

यहाँ Ec = जल वहन दक्षता (Water conveyance efficiency, %)

W_f = खेत में निर्गत पानी (Water delivered to the irrigated plot)

W_d = स्त्रोत से निर्गत जल (Water delivered from the source)

2. जल प्रयोग दक्षता (Water application efficiency) : खेत में प्रयोग किये गये पानी के आयतन एवं फसलों के जड़ क्षेत्र में संचित जल के आयतन के अनुपात को जल प्रयोग दक्षता कहते हैं। जल प्रयोग दक्षता में किसी संचित जल के आयतन के अनुपात को जल प्रयोग दक्षता कहते हैं। जल प्रयोग दक्षता में किसी सिंचित स्थान पर पौधों द्वारा वाष्पीकरण, उत्स्वेदन तथा हानिकारक लवणों की उचित मात्रा बनाये रखने के लिए आवश्यक पानी की मात्रा तथा खेत में दिये गये कुल पानी की मात्रा को आधार माना जाता है। जल प्रयोग दक्षता 100 प्रतिशत से कम होने का तात्पर्य यह है कि सिंचाई करते समय तथा पौधों की जड़ क्षेत्र से रिसाव द्वारा पानी की हानि कभी-कभी खेत का जल स्त्रोत से काफी अधिक दूरी पर होने से जल अपवाह द्वारा भी पानी की हानि हो जाती है। प्रत्येक सिंचाई में पानी की अधिक मात्रा प्रयोग करने पर जल प्रयोग दक्षता घट जाती है। इस प्रकार जल प्रयोग दक्षता को निम्न सूत्र की सहायता से ज्ञात करते हैं –

$$E_a = \frac{W_s}{W_f} \times 100$$

यहाँ E_a = जल प्रयोग दक्षता (Water application efficiency, %)

W_s = पौधों के जड़ क्षेत्र से सिंचित जल का आयतन (Water stored at root zone of the plants)

W_f = खेत में प्रयोग किये गये पानी का आयतन (Water delivered to the field)

3. जल संचयन क्षमता (Water storage efficiency) : किसी फसल क्षेत्र के लिए सिंचाई के पानी के आवश्यक आयतन एवं सिंचाई द्वारा पौधों के जड़ क्षेत्र में संचित मात्रा के अनुपात को जल संचयन दक्षता कहते हैं। इस प्रकार सिंचाई के पानी का एक बार में अधिक मात्रा में प्रयोग करने की अपेक्षा कम-कम मात्रा में कई बार प्रयोग करने पर जल संचयन दक्षता में वृद्धि हो जाती है। जल संचयन दक्षता को निम्न सूत्र की सहायता से ज्ञात किया जाता है –

$$E_s = \frac{W_s}{W_n} \times 100$$

यहाँ E_s = जल संचयन दक्षता (Water storage efficiency,%)

W_s = सिंचाई के समय पौधे के जड़ क्षेत्र में संचित पानी (Water stored in the root zone during irrigation)

W_n = सिंचाई के पूर्व पौधे की जड़ों को पानी की आवश्यकता (Water needed in the root zone prior to irrigation)

जल संचयन दक्षता का महत्व उस समय अधिक होता है जब सिंचाई का पानी एक सीमित अनुपात में उपलब्ध होता है अथवा मृदा में पानी के रिसाव के लिए अतिरिक्त समय की आवश्यकता होती है। क्षार से प्रभावित क्षेत्रों में मृदा में क्षारों के संतुलन को बनाये रखने से जल संचयन दक्षता अधिक होती है।

4. जल वितरण दक्षता (Water distribution efficiency) : जल वितरण दक्षता का तात्पर्य खेत में एक समान वितरण से है जो प्रति इकाई जल उपयोग द्वारा अधिक उत्पादन प्राप्त करने के लिए आवश्यक है। इस प्रकार उपयुक्त मात्रा में जल के अतिरिक्त खेत में पानी का एक समान वितरण भी आवश्यक है। जल वितरण दक्षता को निम्न सूत्र की सहायता से ज्ञात करते हैं –

$$E_d = \left(1 - \frac{\bar{y}}{\bar{d}}\right) \times 100$$

यहाँ E_d = जल वितरण दक्षता (Water distribution efficiency, %)

$\bar{y}$ = सिंचाई करते समय सम्पूर्ण प्रवाह स्थल में संतृप्त भूमि की औसत गहराई

$\bar{d}$ = सिंचाई करते समय संतृप्त भूमि की गहराई का आंकिक विचलन (Average numerical deviation from $\bar{d}$)

5. परियोजना सिंचाई दक्षता (Project irrigation efficiency) : सिंचाई जल के स्त्रोत का फसल उत्पादन में प्रभावी रूप से प्रयोग को परियोजना सिंचाई दक्षता कहते हैं। इस प्रकार जल प्रदाय साधन द्वारा छोड़े गये पानी के आयतन एवं पौधों के जड़ क्षेत्र में फसल के उपभौमिक उपयोग हेतु उपलब्ध पानी के उस अनुपात को परियोजना सिंचाई दक्षता कहते हैं। पानी की माप जब प्रक्षेत्र में पानी के प्रवेश स्थान पर की जाती है तो उसे प्रक्षेत्र सिंचाई दक्षता (Farm irrigation efficiency) कहते हैं। इसी प्रकार जब पानी की माप खेत में पानी के प्रवेश के स्थान पर की जाती है तब खेत सिंचाई दक्षता (Field irrigation efficiency) कहते हैं।

6. परिचालन दक्षता (Operational efficiency) : आदर्श सिंचाई अभिकल्पना एवं प्रबन्ध द्वारा सिंचाई की विधि एवं प्रणाली में किसी परियोजना की वास्तविक दक्षता के अनुपात को परिचालन दक्षता कहते हैं। कम परिचालन दक्षता का तात्पर्य सिंचाई की अभिकल्पना एवं प्रबन्ध व्यवस्था में कमी से है।

7. आर्थिक सिंचाई दक्षता (Economic irrigation efficiency) : किसी फार्म पर सिंचाई की प्रणाली द्वारा प्राप्त कुल आय (शुद्ध एवं सकल) का उसी सिंचाई प्रणाली द्वारा आदर्श स्थिति में फार्म में तुलनात्मक विश्लेषण को आर्थिक सिंचाई दक्षता कहते हैं। आर्थिक सिंचाई की दक्षता के द्वारा किसी परियोजना की सम्पूर्ण दक्षता की अभिव्यक्ति होती है क्योंकि यह उत्पादन तथा लागत से सम्बन्धित है।

8. जल उपयोग दक्षता (Water use efficiency) : फसल द्वारा पानी के उपयोग को जल उपयोग दक्षता कहते हैं। जल उपयोग दक्षता किग्रा प्रति हैक्टेअर सेमी अथवा कुन्टल प्रति हैक्टेअर सेमी में व्यक्त की जाती है। जल उपयोग दक्षता को निम्न रूपों में परिभाषित किया जाता है –

(i) फसल जल उपयोग दक्षता (Crop water use efficiency) : फसल द्वारा वाष्पोत्सर्जन की क्रिया हेतु प्रति इकाई जल के उपयोग एवं फसल की उपज के अनुपात को फसल जल उपयोग दक्षता कहते हैं। इसे निम्न सूत्र की सहायता से ज्ञात किया जाता है।

$$WEU = \frac{Y}{Et}$$

यहाँ WEU = फसल जल उपयोग दक्षता (Crop water use efficiency, kg/ha/cm)
Y = उपज (Yield, kg/ha)
Et = वाष्पोत्सर्जन (Evapo-transpiration, cm)

(ii) क्षेत्र जल उपयोग दक्षता (Field water use efficiency) : फसल उत्पादन तथा खेत में प्रयोग किये गये कुल पानी की मात्रा के अनुपात को क्षेत्र जल उपयोग दक्षता कहते हैं। इसके अन्तर्गत फसल के चयापचय क्रियाओं हेतु प्रयुक्त जल, वाष्पो–उत्स्वेदन तथा अन्त:स्रवण द्वारा पानी की हानि को भी सम्मिलित किया जाता है। क्षेत्र जल उपयोग दक्षता की गणना निम्न सूत्र की सहायता से की जाती है –

$$EU = \frac{Y}{WR\ (M+ET+P)}$$

यहाँ EU = क्षेत्र जल उपयोग दक्षता, किग्रा/हैक्टेअर सेमी

Y = उपज, किग्रा/हैक्टेअर

WR = पानी की कुल आवश्यकता (Water requirement)

M = चयापचय की क्रिया में प्रयुक्त जल (Water use by metabolic activity)

ET = वाष्पो–उत्स्वेदन (Evapo-transpiration), P = अन्त:स्रवण (Percolation)

(iii) उपभौमिक जल उपयोग दक्षता (Consumptive water use efficiency) : फसल द्वारा सिंचाई जल के वास्तविक उपयोग तथा पौधे के जड़ क्षेत्र से हुई जल की हानि को उपभौमिक जल उपयोग दक्षता कहते हैं। उपभौमिक जल उपयोग दक्षता में पौधे को वाष्पो-उत्स्वेदन की क्रिया के अतिरिक्त चयापचय क्रियाओं में प्रयुक्त जल की मात्रा को भी सम्मिलित किया जाता है। इसे निम्न सूत्र की सहायता से ज्ञात करते हैं।

$$Ec = \frac{WU}{WD} \times 100$$

यहाँ Ec = उपभौमिक जल उपयोग दक्षता (Consumptive water use efficiency)

WU = पानी का उपभौमिक उपयोग (Consumptive water use)

WD = फसल से जल की हानि (Water loss by crop)

जल उपयोग दक्षता को प्रभावित करने वाले कारक (Factors affecting water use efficiency)

किसी फसल की जल उपयोग दक्षता निम्न कारकों द्वारा प्रभावित होती है –

(i) जलवायु (Climate) : तापमान, आर्द्रता, सौर विकिरण, सूर्य का प्रकाश, वायु की गति आदि जलवायु के विभिन्न कारकों का जल उपयोग दक्षता पर प्रभाव पड़ता है। वायुमण्डल में अधिक तापमान, कम आर्द्रता, तेज वायु की गति तथा सूर्य के प्रकाश के द्वारा फसलों में अधिक मात्रा में उत्स्वेदन की क्रिया होने से जल उपयोग दक्षता घट जाती है।

(ii) फसल एवं प्रजाति (Crop and variety) : किसी फसल की वृद्धि एवं विकास उसके आनुवांशिक लक्षणों तथा जलवायु द्वारा प्रभावित होती है। फसलों की कुछ प्रजातियों में कम से कम जल के उपयोग द्वारा अधिक से अधिक उत्पादन प्राप्त करने की क्षमता होती है। इस प्रकार सूखा सहनशील फसलों एवं उनकी प्रजातियाँ भी कम पानी का उपयोग करके अधिक उत्पादन प्राप्त करने की क्षमता के कारण जल उपयोग दक्षता में वृद्धि हो जाती है। गेहूँ, जौ, आदि में जल उपयोग दक्षता कम होती है। मक्का, ज्वार, बाजरा, गन्ना, मंडुआ आदि में जल उपयोग दक्षता अधिक होती है।

(iii) कृष्य क्रियाएं (Cultural practices) : फसल की बुआई के समय, निराई, गुड़ाई, पंक्तियों की दिशा आदि का प्रभाव सूर्य के प्रकाश तथा सौर विकरण को ग्रहण करने को प्रभावित करता है। जिसके फलस्वरूप फसल की वृद्धि पर अनुकूल प्रभाव पड़ता है। उपयुक्त समय पर फसल की बुआई करने से बीजों के जमाव तथा पौधों की वृद्धि एवं विकास पर अनुकूल प्रभाव पड़ता है। फसल के बोने की गहराई पर अंकुरण, कल्ले निकलना, मृदा में नमी का शोषण, पौधों का गिरना आदि प्रभावित होता है। इस प्रकार उचित कृष्य क्रियाएं करने से जल उपयोग दक्षता में वृद्धि हो जाती है।

(iv) वाष्पो-उत्स्वेदन (Evapo-transpiration) : वाष्पो-उत्स्वेदन दर में वृद्धि होने पर जल उपयोग दक्षता कम हो जाती है। अत: वाष्पो-उत्स्वेदन की क्रिया कम करने के लिए पलवार का प्रयोग (Mulching), खरपतवार नियन्त्रण (Weed control), कूँड एवं नाली विधि द्वारा बुआई (Furrow and ridge method of sowing), रक्षक पट्टिका (Shelter belts) तथा उत्स्वेदन अवरोधी रसायनों (Anti transpirants) का प्रयोग करके की जा सकती है।

(v) पौध घनत्व (Plant population) : पौधों की संख्या का फसलोत्पादन पर प्रत्यक्ष प्रभाव पड़ता है। अधिक पौध घनत्व होने से उत्पादन के घटकों के अधिक प्रयोग से पौधों में परस्पर प्रतिस्पर्धा बढ़ जाने से उत्पादन में कमी हो जाती है। जिसके फलस्वरूप जल उपयोग दक्षता भी घट जाती है।

(vi) उर्वरकों का प्रयोग (Fertilizer use) : संतुलित मात्रा में आवश्यक पोषक तत्वों के प्रयोग का फसल उत्पादन में प्रमुख योगदान है। कार्बनिक खादें जैसे कम्पोस्ट, गोबर की खाद, हरी खादें, जैब उर्वरकों आदि के प्रयोग से फसल की उपज में वृद्धि के साथ-साथ मृदा की जल धारण क्षमता बढ़ जाने से जल उपयोग दक्षता भी बढ़ जाती है।

(vii) सिंचाई प्रबन्ध (Irrigation management) : फसल को आवश्यकता से कम अथवा अधिक मात्रा में सिंचाई करने से उपज पर प्रतिकूल प्रभाव पड़ता है जिसके कारण जल उपयोग दक्षता कम हो जाती है। इस प्रकार फसल

की क्रान्तिक अवस्था, उपयुक्त सिंचाई विधि तथा मात्रा में प्रयोग करके जल उपयोग दक्षता बढ़ाई जा सकती है। मृदा में उपस्थित अधिक मात्रा में जल को निकाल देने से जल उपयोग दक्षता में वृद्धि की जा सकती है।

सिंचाई जल की माप (Measurement of irrigation water)

सिंचाई जल के उचित प्रबन्धन के लिए उसकी माप करना अत्यन्त आवश्यक है। सिंचाई जल को मापने से किसी फार्म प्रक्षेत्र पर कार्य योजना जैसे उपलब्ध सिंचाई के स्त्रोत का समुचित उपयोग, फसल का चुनाव, सिंचित क्षेत्र की गणना, सिंचाई की विधि का चुनाव, जल की क्षति का आंकलन, जल बहाव आदि कार्यों में सहायता मिलती है। किसी भी फसल की सिंचाई की माप करना अत्यन्त आवश्यक है क्योंकि कम मात्रा में पानी देने से फसल में जल की कमी हो जाती है जबकि अधिक सिंचाई का प्रयोग करने से भी पौधों को क्षति हो जाती है। साथ ही साथ मृदा में उपस्थित पोषक तत्वों का निक्षालन अथवा अपसरण से हानि हो जाती है। पानी की माप दो अवस्थाओं में की जाती है –

1. स्थिर पानी की माप जैसे जलाशयों, तालाबों का पानी आदि जिसकी माप आयतन में जैसे लीटर, घनमीटर, हैक्टेअर सेमी या हैक्टेअर मीटर में की जा सकती है।
2. प्रवाहित पानी की माप जैसे नहरों, नदियों, सिंचाई की नालियों, पाइप लाइन आदि से प्रवाहित जल को समय के संदर्भ में व्यक्त किया जाता है जैसे घनमीटर प्रति सेकेण्ड, लीटर प्रति घंटा, लीटर प्रति सेकण्ड, हैक्टेअर सेमी प्रति घंटा, क्यूबिक फीट प्रति सेकेण्ड आदि।

सिंचाई जल के माप की इकाई (Unit for measuring irrigation water)

सिंचाई के जल की माप के लिए कई इकाइयाँ प्रयोग की जाती हैं जो निम्नवत हैं –

1. **क्यूसेक (Cusec) :** क्यूसेक का अर्थ पानी के घन फीट प्रति सेकेण्ड (ब्नइपब मिमज चमत मबवदक) से है अर्थात् किसी स्त्रोत द्वारा एक सेकेण्ड में एक घनफीट पानी के बहाव को क्यूसेक कहते हैं।

   1 क्यूसेक = 1 घन मीटर प्रति सेकेण्ड

   1 क्यूसेक पानी का आयतन = 6.25 गैलन या
   = 28.35 लीटर या
   = 62.5 पौण्ड

2. **क्यूमेक (Cumec) :** किसी स्त्रोत द्वारा एक सेकेण्ड में एक घन मीटर के बहाव को क्यूमेक कहते हैं अर्थात् क्यूमेक का अर्थ एक घन मीटर प्रति सेकेण्ड है।

   1 क्यूमेक = 1 घन मीटर प्रति सेकेन्ड

   1 क्यूमेक पानी का आयतन = 1000 लीटर

3. **एकड़ इंच (Acre inch) :** एक एकड़ क्षेत्रफल में 1 इंच खड़े पानी को एकड़ इंच कहते हैं।

   1 एकड़ इंच पानी का आयतन = 3630 घन मीटर पानी

4. **हैक्टेअर सेमी या हैक्टो सेमी (Hectare cm/hecto cm) :** हैक्टेअर सेमी का अर्थ एक हैक्टेअर क्षेत्र में 1 सेमी खड़े पानी को कहते हैं।

   1 हैक्टेअर सेमी पानी आयतन = 100 घन मीटर

   1 घन मीटर (h) = 1000 लीटर

   1 हैक्टेअर सेमी पानी आयतन = 1,00,000 लीटर

सिंचाई जल मापने की विधियाँ (Methods of measurement of irrigation water)

सिंचाई जल मापने की मुख्यत: निम्न विधियाँ प्रयोग की जाती हैं –

1. आयतन विधि (Volume method)
2. प्रवेग क्षेत्र विधि (Velocity area method)
3. जलमापन संरचनाएँ (Measuring structure)
4. सूक्ष्म विधि (Tracer method)

1. आयतन विधि

पानी मापने की यह विधि सबसे सरल तथा आसान है। इस विधि में बाल्टी अथवा कोई बर्तन पानी के बहाव के स्थान पर रख दिया जाता है (चित्र 12.16)। इस विधि द्वारा इस बर्तन को भरने में लगे समय के अनुसार प्रवाहित जल की मात्रा को निम्न सूत्र की सहायता से ज्ञात कर लेते हैं –

$$\text{प्रवाहित जल की मात्रा} = \frac{\text{बाल्टी का आयतन (लीटर)}}{\text{बाल्टी भरने में लगा समय (सेकेण्ड)}}$$

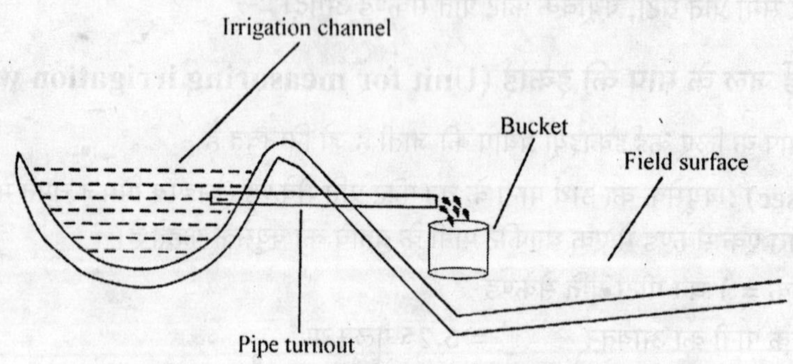

चित्र 12.16 : आयतन विधि द्वारा सिंचाई जल मापने की विधि

2. प्रवेग क्षेत्र विधि (Velocity-area method)

इसमें कई विधियाँ प्रयोग में लाई जाती हैं, जो निम्न हैं –

(i) खुली नाली से माप (Measurement from open channel) : इस विधि में पानी की माप खुली नाली से जल प्रवाह की गति की गणना करके जल निस्सारण गति ज्ञात की जाती है। इसमें घर्षण का सिद्धान्त लागू होता है अर्थात् इस सिद्धान्त के अनुसार कोई वस्तु जिस वेग से ढाल से लुढ़कती है उसी अनुसार पानी के प्रवाह की गति ज्ञात की जाती है।

$$Q = A \times V \ (0.6 \text{ or } 0.8)$$

Q = जल निस्सारण, घन फीट प्रति सेकेण्ड

A = नाली की आड़ीकाट (Cross section), वर्ग फीट में

V = पानी के बहाव की गति, प्रति सेकेण्ड

(ii) फ्लोट विधि (Float method) : इस विधि में पानी की खुली नाली में कोई हल्की वस्तु जो पानी में तैर सके उसे डालकर एक निश्चित समय में पानी के बहाव की गति ज्ञात कर लेते हैं। यह क्रिया कई बार करने के पश्चात् उसका औसत लेकर निम्न सूत्र की सहायता से पानी के बहाव की दर ज्ञात करते हैं –

$$Q = A \times V$$

Q = पानी का निस्सारण, घन फीट प्रति सेकेण्ड

A = नाली की आड़ीकाट, वर्ग फीट में

V = पानी के बहाव की गति, प्रति सेकेण्ड

(iii) ढाल क्षेत्र विधि (Slope area method) : इस विधि में खुली नालियों से जल प्रवाह का आडीकाट, क्षेत्रफल, तलहटी की ढ़ाल एवं नाली की जलीय परिधि से सम्बन्ध होता है। इसे निम्न सूत्र की सहायता से प्रकट करते हैं –

$$V = \frac{1}{n} R \frac{2}{3} S \frac{1}{2} \times 100$$ (मैट्रिक प्रणाली – मेनिंग सूत्र)

$$V = \sqrt{RS}$$ (चेजी सूत्र)

जबकि V = जल प्रवाह गति (सेमी अथवा फुट प्रति सेकेण्ड)

R = जलीय अर्ध व्यास (Hydraulic Radius)(R=AP)

A = आड़ीकाट क्षेत्रफल (वर्ग सेमी/वर्ग फीट)

P = नाली की तलहटी में परिधि

S = नाली की तलहटी में ढ़ाल

N = घर्षण गुणांक

(iv) जल मीटर (Water meter) : जल मीटर जल मापने का एक यंत्र होता है। जिसके अन्दर लोहे, प्लास्टिक अथवा रबर के घूमने वाले पुर्जे होते हैं जिसे सिंचाई की नाली में लगा दिया जाता है। इसमें किसी निश्चित अवधि में पानी के प्रवाह को गेलन अथवा लीटर में अंकित किया जाता है। जलधारा मापने की यह अत्यन्त विश्वसनीय पद्धति है।

इस प्रणाली में एकदम सही माप के लिए दो बातें आवश्यक है –

1. पाइप सदैव पूरा भरा रहना चाहिए।
2. मीटर में सामंजस्य की गई क्षमता से कम पानी का बहाव नहीं होना चाहिए।

3. जल मापक संरचनाएँ (Water measuring structure)

सिंचाई के जल को निम्न उपकरणों द्वारा मापा जाता है – (i) कुलावा (Orifice), (ii) बंधारा (Weirs), (iii) पारसल लूम (Parshall flume), (iv) मीटर (Current meter)

(i) कुलावा (Orifice) : कुलावे प्राय: नहरों, नलकूपों आदि द्वारा सिंचाई करने के लिए प्रयोग किये जाते हैं। जिसे निम्न सूत्र की सहायता से ज्ञात करते हैं।

(अ) जब जल निकासी प्रवेशीय जल स्तर से नीचे होता है।

फुट पौन्ड प्रति सेकेन्ड प्रणाली (FPS)

$$D = C A \sqrt{2gh}$$

जबकि D = पानी का बहाव (घनफीट प्रति सेकेण्ड) C = एक स्थिरांक जिसका मान 0.6 से 0.8 तक है।

A = कुलावे का क्षेत्रफल वर्ग फीट में (इसे πr^2 से निकालते हैं)

r = कुलावे का अर्धव्यास (त्रिज्या), फुट में g = जल का गुरूत्व बल (32.2 स्थिरांक)

h = कुंलावे पर पानी की ऊँचाई (फीट में)

(कुलावे पर बहने वाले पानी की ऊँचाई कुलावे के केन्द्र या मध्य बिन्दु से मापी जाती है)

मैट्रिक प्रणाली (MKS) में

$$D = 0.61 \times 10^3 \times A\sqrt{2gh}$$ अथवा

$$D = 0.61 \times \frac{1}{10} \times \frac{1}{10} \times \frac{1}{10} \times A \times \sqrt{2gh}$$ अथवा

$$D = 0.00061 \times A \times \sqrt{2gh}$$

D = कुलावे का जल बहाव (लीटर प्रति सेकेण्ड)

A = कुलावे का क्षेत्रफल (वर्ग सेमी में) या πr^2

r = कुलावे की त्रिज्या (सेमी में)

g = गुरूत्व बल (981 स्थिरांक)

h = कुलावे पर पानी की ऊँचाई (सेमी)

(ब) जल प्रवेश मार्ग से ऊँचाई पर स्थित कुलावे से

$$Q = CLH\ 1.5$$

$C = 2C\ \sqrt{2gh}$ जबकि L = कुलावे की लम्बाई

(स) जलमग्न कुलावे से

$$Q = 0.61\ LH\sqrt{2gh}$$

(ii) बन्धारा द्वारा जल निस्सारण ज्ञात करना (Measurement of water through weirs) : बन्धारा मुख्य रूप से धातु लोहे अथवा सीमेन्ट/कंक्रीट अथवा लकड़ी का बना हुआ होता है। जिसे पानी के प्रवाह वाली नाली में लगाया जाता है। बंधारा का निचला भाग शिखर कहलाता है। इसके ऊपर प्रवाहित जल को जल शीर्ष के नाम से भी पुकारते हैं। शिखर की बनावट के अनुसार नोकदार शिखर बन्धारा तथा मोटी शिखर बन्धारा के नाम से वर्गीकरण करते हैं।

ये मुख्यत: तीन प्रकार के होते हैं –

(अ) आयताकार बंधारा (Rectangular weir)

(ब) त्रिभुजाकार बंधारा (90° V Notch weir)

(स) चतुर्भुजाकार बंधारा (Trapezoidal weir)

(अ) आयताकार बंधारा (Rectangular weir) : इस बंधारा को नाम के अनुसार आयताकार लोहे का अथवा सीमेन्ट का बनाते हैं (चित्र 12.17)। जब बहुत अधिक मात्रा में पानी का निस्सारण होता है वहाँ पर इस विधि का प्रयोग करते हैं –

(I) Suppressed rectangular weir

$$Q = 0.0184\ LH^{3/2}$$

जबकि, Q = जल का निस्सारण (लीटर प्रति सेकेण्ड)

L = क्रेस्ट (Crest) की लम्बाई (सेमी)

H = बन्धारा की ऊँचाई (सेमी)

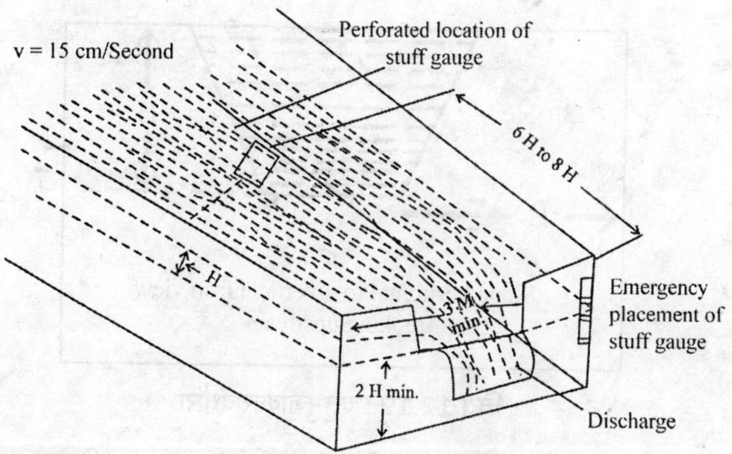

चित्र 12.17 : आयताकार बँधारा

(II) Contracted rectangular weir

$$Q=0.0184(L-0.2H)H^{3/2}$$

(ब) त्रिभुजाकार बंधारा (90° V-notch weir) : त्रिभुजाकार बंधारा को सामान्यत: मध्यम तथा कम पानी के स्रोत में प्रयोग करते हैं (चित्र 12.18)। इस विधि में कम जल प्रवाह को सही ढंग से मापा जा सकता है।

V-Notch से पानी का निस्तारण निम्न सूत्र की सहायता से ज्ञात करते हैं–

$$Q= 0.0138\ H^{5/2}$$

जबकि, Q = पानी का निस्तारण (लीटर प्रति सेकेण्ड), H = V-notch में पानी की ऊँचाई (सेमी)

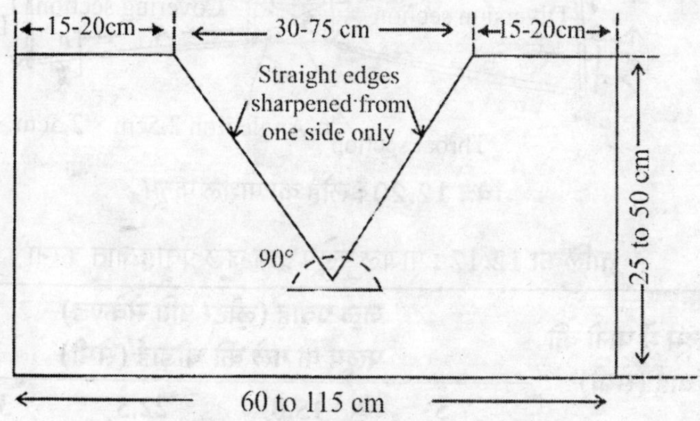

चित्र 12.18 : त्रिभुजाकार बँधारा

(स) चतुर्भुजाकार बंधारा (Trapezoidal weir) : इस विधि में पानी का निस्सारण निम्न सूत्र की सहायता से ज्ञात करते हैं –

$$Q = 0.0186\ LH^{3/2}$$

Q = पानी का निस्सारण (लीटर प्रति सेकेण्ड), L = शिखर की लम्बाई (सेमी)

H = जल की ऊँचाई (सेमी)

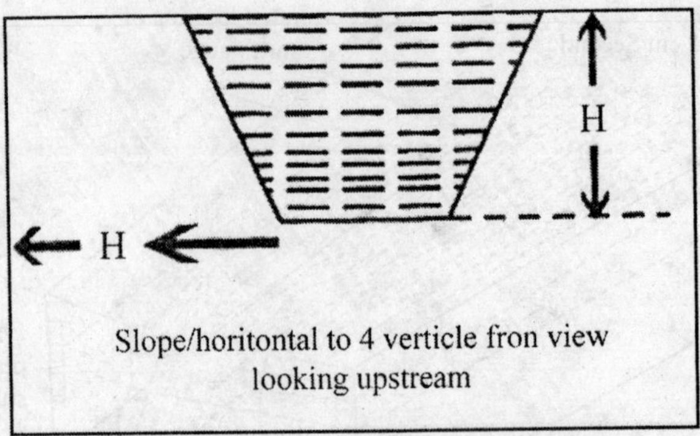

चित्र 12.19 : चतुर्भुजाकार बँधारा

(iii) पार्शल लूम (Parshall flume) : सिंचाई पानी मापने के इस यंत्र का विकास पार्शल ने 1950 में किया अत: इसके नाम पर इस यंत्र का नाम पार्शल फ्लूम रखा गया। जल प्रवाह मापने का यह आधुनिक तथा काफी हद तक सही उपकरण है। पानी की बडी धारा जैसे नहर, रजवाहा, नाली आदि से जल निकास को मापने के लिए पार्शल फ्लूम का प्रयोग किया जाता है। पार्शल फ्लूम के गले (Throat) की चौडाई एक इंच से 10 फीट तक होती है। लोहे की बनी दो दीवारों के एक तरफ एक पैमाना चिपका रहता है जो गले में बहने वाली पानी की मात्रा को प्रदर्शित करता है। इस यंत्र का एक तल थोड़ा ऊँचा तथा दूसरा तल थोड़ा नीचा होता हैं। ऊपर वाले तल (Inlet) को पानी आने की तरफ से ऊँचा रखते हैं। जबकि जाने वाले तल (Outlet) को नीचे रखते हैं। इस प्रकार पानी के बहाव के समय पानी की ऊँचाई को ज्ञात करके पारसल तालिका 12.12 द्वारा पानी की मात्रा ज्ञात कर लेते है।

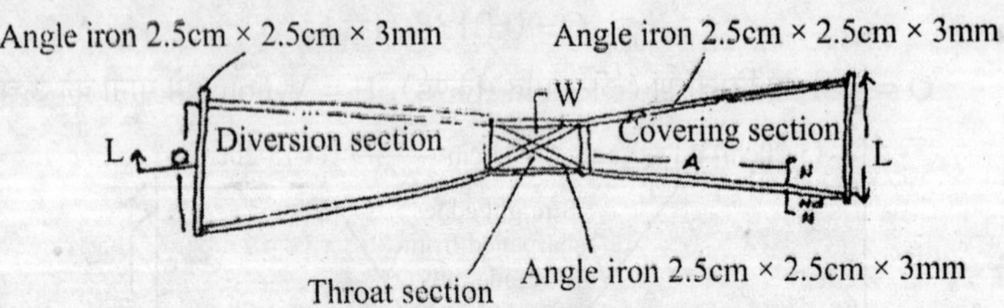

चित्र 12.20 : लोहे का पार्शल फ्लूम

तालिका 12.12 : पार्शल फ्लूम द्वारा जल प्रवाह ज्ञात करना

फ्लूम में पानी की ऊँचाई (सेमी)	जल प्रवाह (लीटर प्रति सेकेण्ड) फ्लूम के गले की चौड़ाई (सेमी)			
	7.5	**15.0**	**22.5**	**30.0**
3	0.8	1.4	2.6	3.1
4	1.2	2.3	4.0	4.5
5	1.7	3.3	5.5	7.0
6	2.3	4.4	7.2	9.6
7	2.7	5.4	8.5	11.4
8	3.5	7.2	11.1	14.4
9	4.3	8.5	13.5	17.7

फ्लूम में पानी की ऊँचाई (सेमी)	जल प्रवाह (लीटर प्रति सेकेण्ड) फ्लूम के गले की चौड़ाई (सेमी)			
	7.5	**15.0**	**22.5**	**30.0**
10	5.0	10.2	15.9	21.1
11	5.8	11.6	18.1	23.8
12	6.7	13.5	21.1	27.5
13	7.5	15.0	23.3	31.0
14	8.5	17.3	26.7	35.0
15	9.4	19.2	29.5	38.7
16	10.4	21.2	32.5	42.7
17	11.4	23.2	35.6	46.7
18	12.4	25.3	39.0	51.7
19	13.6	27.8	42.5	55.0
20	14.3	30.0	45.8	59.7

(iv) मीटर तथा करेन्ट मीटर (Meter and current meter): घरों में पानी मापने के लिए मीटर का प्रयोग किया जाता है जबकि नहरों के पानी का वेग मापने के लिए करेन्ट मीटर का प्रयोग किया जाता है।

मीटर गेट डूबी हुई ओरिफिस का . पान्तरण होता है। इसका उपयोग एक नाली से दूसरी नाली में जाते हुए पानी की मात्रा को नियन्त्रित करने तथा जल प्रवाह की माप करने के लिए किया जाता है। मीटर गेट का प्रयोग अमेरिका तथा कुछ अन्य देशों द्वारा सिंचाई की नालियों में प्रवाहित जल की माप के लिए किया जाता है। जहाँ पर पानी के मूल्य का निर्धारण सींचे गये क्षेत्र के आधार पर नहीं बल्कि पानी के आयतन के आधार पर किया जाता है।

4. पानी मापने की सूक्ष्म विधि (Tracer technique for water measurement) : इस विधि में एक पदार्थ (Tracer) सान्द्रित अवस्था में बहते हुए पानी में मिला देते हैं। इस विधि में पदार्थ के घुलने के लिए पानी की आवश्यक मात्रा का होना आवश्यक होता है। पानी मापने की इस विधि में बिना किसी यंत्र की सहायता से पानी की धारा का प्रवाह मापा जाता है। इस विधि में पानी की ऊँचाई, जल प्रवाह की गति एवं अन्य जलीय कारकों को मापने की कोई आवश्यकता नहीं होती है। भारत में यह पद्धति आजकल काफी लोकप्रिय हो रही है। इस विधि में जल प्रवाह का आकार, प्रयोग करने का समय, सिंचित क्षेत्रफल आदि के साथ एक सामंजस्य स्थापित होता है, जिसे निम्न सूत्र की सहायता से ज्ञात करते हैं –

$$qt = ad$$

जबकि, q = जल प्रवाह की गति (लीटर प्रति सेकेण्ड अथवा हैक्टो सेमी प्रति घंटा)

t = पानी प्रयोग करने में लिया गया समय (सेकेण्ड अथवा घंटों में)

r = क्षेत्रफल (वर्ग मीटर अथवा हैक्टेअर)

d = सिंचित पानी की गहराई (सेमी)

सिंचाई की विधियाँ (Methods of irrigation)

किसी क्षेत्र तथा फसल विशेष में पानी देने के क्रिया को सिंचाई की विधि कहा जाता है। सिंचाई की वैज्ञानिक विधि से अभिप्राय यह है कि सिंचाई देने के बाद पानी का अधिकतम तथा प्रभावकारी उपयोग होकर फसलों की अधिक से

अधिक वृद्धि सुनिश्चित हो जिससे प्रति इकाई क्षेत्रफल में अधिक से अधिक उत्पादन प्राप्त किया जा सके। सिंचाई की वह विधि सबसे अच्छी होती है जिसमें जल का समान वितरण तथा कम से कम हानि हो जिससे एक निश्चित मात्रा में अधिक से अधिक क्षेत्रफल में पानी का उपयोग किया जा सके। किसी फसल या भूमि में सिंचाई की विधि का चुनाव करते समय निम्न बातों को ध्यान में रखना चाहिए –

1. मृदा की किस्म
2. जलवायु
3. पानी का स्त्रोत अथवा साधन
4. पानी की गुणवत्ता
5. पानी की बहाव दर
6. सिंचाई के नालियों की स्थिति
7. फसल की किस्म
8. फसलों की जड़ों की गहराई
9. फसल की जलमाँग

इस प्रकार सिंचाई की उपयुक्त विधि का फसलोत्पादन से प्रत्यक्ष, सीधा तथा घनिष्ठ सम्बन्ध होता है। उपरोक्त बातों को ध्यान में न रखकर गलत विधि द्वारा सिंचाई करने पर मृदा की भौतिक तथा रासायनिक दशा खराब होने के साथ-साथ फसलोत्पादन पर बुरा प्रभाव पड़ने की सम्भावना रहती है। इसलिए उपरोक्त बातों को ध्यान में रखकर सिंचाई के पानी का प्रयोग करना चाहिए। एक अच्छी सिंचाई के लिए निम्नलिखित बातों का ध्यान रखना चाहिए –

1. सिंचाई करने के पूर्व खेत पूर्णरूप से समतल होना चाहिए।
2. सिंचाई की नालियों को इस प्रकार बनाना चाहिए जिससे पानी का कम से कम नुकसान हो।
3. सिंचाई की ऐसी विधि का चुनाव करना चाहिए जिससे कम से कम पानी से अधिक से अधिक क्षेत्र की सिंचाई की जा सके।
4. सिंचाई के पानी की गुणवत्ता सदैव अच्छी होनी चाहिए।
5. फसलों की आवश्यकता अनुरूप ही सिंचाई करनी चाहिए।
6. सिंचाई करते समय मृदा की किस्म तथा स्थिति को ध्यान में रखना आवश्यक होता है।

सिंचाई की विधियों का चुनाव

सिंचाई की विधियों का चुनाव करते समय निम्न सावधानियाँ रखनी चाहिए –

1. फसल की किस्म तथा आवश्यकता के अनरूप सिंचाई की विधि का चुनाव करना चाहिए।
2. सिंचाई के पानी का अधिकतम उपयोग होना चाहिए।
3. फसलों की आवश्यकतानुसार पानी की उपलब्धता सुनिश्चित हो।
4. सिंचाई के जल का कम से कम ह्रास हो।
5. सिंचाई का पानी सम्पूर्ण खेत में आसानी से एक समान मात्रा में पहुँच जाए।
6. सिंचाई विधि से फसल में की जाने वाली कृष्य क्रियाएं प्रभावित न हो।
7. सिंचाई की नालियाँ बनाने से कृष्य योग्य भूमि का कम से कम उपयोग हो।
8. सिंचाई के लिए मूल्यवान उपकरणों की आवश्यकता न हो।
9. सिंचाई का जल आसानी से पूरे खेत में पहुँच जाये जिससे कम से कम श्रमिकों की आवश्यकता हो।
10. मृदा में अतिरिक्त पानी भरने की दशा में जल निकास का समुचित प्रबन्ध हो।
11. सिंचाई व्यवस्था में कम से कम व्यय हो।
12. सिंचाई की विधि ऐसी होनी चाहिए जिससे मृदा एवं फसल पर किसी भी प्रकार का नुकसान न हो।

इस प्रकार सिंचाई की विधि का चुनाव करते समय भूमि की दशा जैसे मृदा में ढ़ाल का रूप, ऊँची नीची संरचना, जल के अन्त:स्रवण की स्थिति, भूमि में लवणों की उपस्थिति, जल स्तर, मृदा की संरचना, मृदा समुच्चय की स्थिरता आदि की सम्पूर्ण जानकारी होना आवश्यक है। इसी प्रकार फसलों की समस्त जानकारी जैसे फसलों की जलमाँग, जड़ों की गहराई, फसल को बोने की विधि आदि के अनुसार ही सिंचाई की विधि का चुनाव करना चाहिए। विभिन्न फसलों की जड़ों की गहराई तथा उनका फैलाव अलग-अलग होता है। जिन फसलों की जड़ें अधिक गहराई तक जाती हैं वह अपनी पानी की आवश्यकता की पूर्ति मृदा से करती हैं जबकि जिन फसलों की जड़ तन्त्रों की गहराई कम अथवा उथली रहती है उनको पानी की आवश्यकता की पूर्ति के लिए बार-बार सिंचाई करनी पड़ती है अत: ऐसी फसलों के लिए उथली सिंचाई की विधि अपनाई जाती है। सिंचाई पानी का फैलकर बढ़ने वाली फसलों में ऊँची या अधिक बढ़ने वाली फसलों की अपेक्षा कम नुकसान होता है। अधिकांश फसलें 90 से 120 सेमी की गहराई से जल ग्रहण करती रहती हैं। कुछ फसलें जैसे गन्ना आदि की जड़ें 2.0 मीटर तक चली जाती हैं अत: इन फसलों को सदैव अधिक मात्रा में सिंचाई की आवश्यकता होती है क्योंकि मृदा का इस स्तर तक नम रहना आवश्यक होता है।

सिंचाई जल के स्त्रोत एवं बहाव दर के अनुसार ही सिंचाई विधि का निर्धारण किया जाता है। नहरों तथा उनके कुलावे के पास स्थित भूमियों में तोड़ विधि द्वारा सिंचाई की जा सकती है परन्तु कुलावे से दूर स्थित भूमियों में जल बहाव कम हो जाने से सिंचाई की वह विधि अपनानी चाहिए जिससे कम समय में अधिक से अधिक क्षेत्र की सिंचाई हो जाए। जिन क्षेत्रों में जल स्तर बहुत गहरा होता है या सिंचाई के पानी की उपलब्धता बहुत कम होती है वहाँ पर छिड़काव विधि द्वारा सिंचाई करना लाभप्रद होता है।

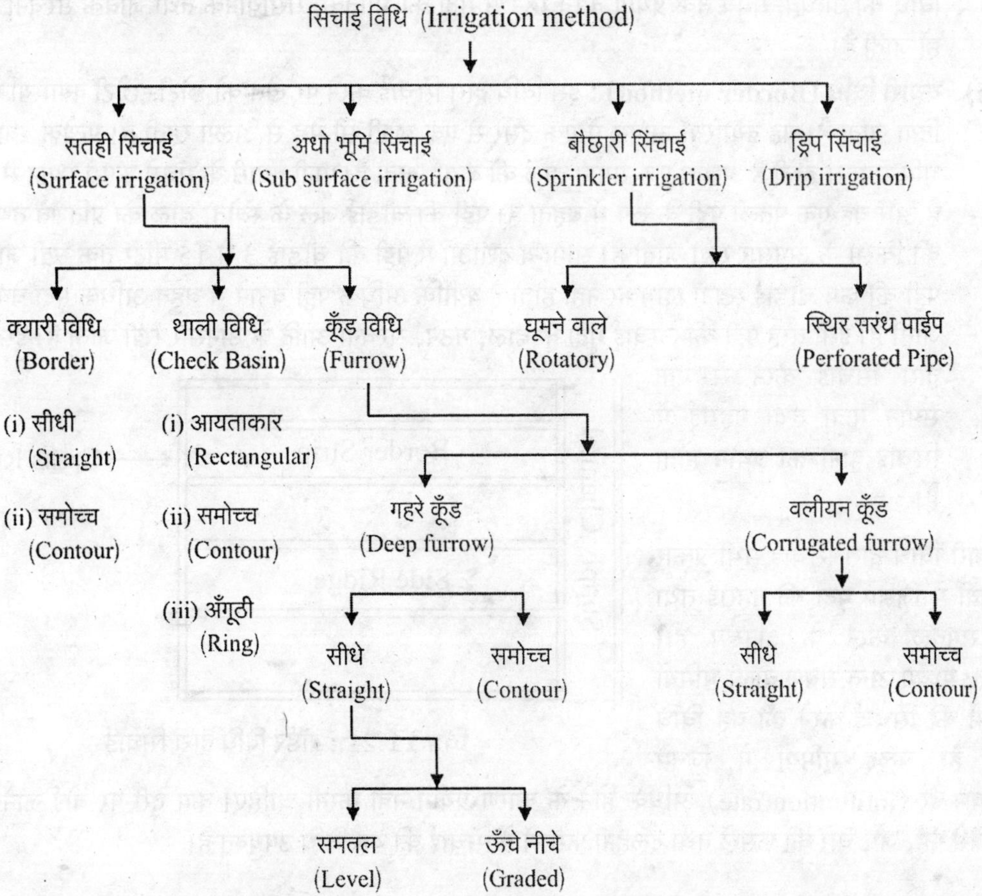

(अ) सतही सिंचाई (Surface irrigation)

सतही विधि द्वारा सिंचाई करने से खेत में पानी सीधा लगाया जाता है। सिंचाई की यह विधि सबसे पुरानी तथा देश में सबसे अधिक क्षेत्रफल में (लगभग 95% भाग में) इस विधि द्वारा सिंचाई की जाती है। सिंचाई की इस विधि को गुरूत्वीय सिंचाई (Gravity irrigation) विधि के नाम से भी पुकारते हैं। इस विधि द्वारा सिंचाई के पानी को ऊँचाई पर नाली को खोल दिया जाता है और पानी गुरूत्वाकर्षण बल तथा जल के तरल स्थैतिक दाब (Hydrostatic pressure) द्वारा सम्पूर्ण खेत मे फैल जाता है। सतही सिंचाई की निम्न विधियाँ हैं –

(i) **कटवाँ या तोड़ विधि (Flood irrigation) :** सिंचाई की इस विधि का प्रयोग समान भू-धरातल, अच्छी भूमि संरन्ध्रता (Permeability), कम अपरदन (Soil erosion) वाली भूमियों में छिड़कवाँ विधि द्वारा बोई गई फसलों में किया जाता है। इसके अतिरिक्त जहाँ पर पानी की अधिकता होती है, प्राय: नहरों के पास वाली भूमियों में इस विधि को अपनाते हैं। अधिक पानी चाहने वाली फसलों जैसे धान, गन्ना, बरसीम आदि में सिंचाई की यह विधि उत्तम है।

इस विधि से सिंचाई करने पर फसलों को आवश्यकता से अधिक पानी लगने से कभी-कभी फसलों को नुकसान हो जाता है। इस विधि से सिंचाई करने से मृदा कठोर हो जाती है जिससे भूमि में उपस्थित लाभदायक जीवाणुओं की क्रियाशीलता कम हो जाती है। लवणीय तथा क्षारीय भूमियों में इस विधि से सिंचाई करने पर मृदा में उपस्थित जल का वाष्पोत्सर्जन होने से क्षार मृदा सतह पर एकत्रित होने लगते हैं। इस विधि का अधिक समय तक प्रयोग करते रहने से मृदा की भौतिक, रासायनिक तथा जैविक संरचना खराब हो जाती है।

(ii) **क्यारी विधि (Border method) :** इस विधि द्वारा सिंचाई करने पर खेत को छोटी-छोटी क्यारियों में बांट दिया जाता है। यह क्यारियाँ आपस में एक दूसरे से एक छोटी सी मेड़ से अलग रहती हैं। प्रत्येक क्यारी की भूमि समतल होती है अथवा एक समान ढाल की बनाई जाती हैं। पानी क्यारी के सबसे ऊपरी स्थान से आता है और यह एक पतली पट्टी के रूप में बहता है। पट्टी की चौड़ाई जल के स्त्रोत, ढाल का प्रतिशत तथा मृदा की किस्म के अनुसार रखी जाती है। सामान्य दशाओं में पट्टी की चौड़ाई 3 से 15 मीटर तक रखी जाती है। पट्टी की कम चौड़ाई रखना लाभकर नहीं होता है क्योंकि अधिक पट्टी बनाने से बहुत अधिक मृदा बेकार हो जाती है। इसी तरह पट्टी की लम्बाई मृदा के ढ़ाल, गठन, संरचना आदि के अनुसार रखी जाती है। इस विधि द्वारा सिंचाई करने से एक समान मात्रा तथा गहराई में सिंचाई पानी का प्रयोग होता है।

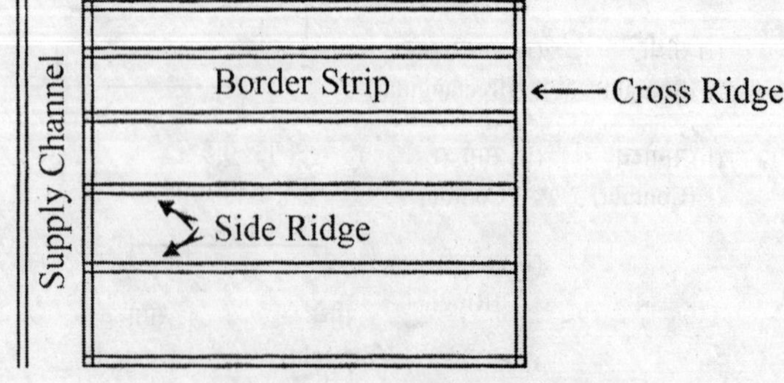

चित्र 11.21 : बॉर्डर विधि द्वारा सिंचाई

क्यारी विधि द्वारा सिंचाई सभी प्रकार की भूमियों में जिसमें मृदा की गहराई तथा स्थिति समतल करने के अनुरूप हो। सामान्यत: मध्यम अन्त:स्रवण वाली भूमियों में फसलों की सिंचाई करने की यह विधि उपयुक्त है। बलुई भूमियों में जिनमें अन्त:स्रवण दर (infiltration rate) अधिक होने के कारण प्रयोग नहीं करनी चाहिए। कम दूरी पर बोई जाने वाली फसलों जैसे गेहूँ, जौ, चारे की फसलें तथा दलहनी फसलों में सिंचाई की यह विधि उपयुक्त है।

यह विधि निम्न दशाओं में अपनाई जा सकती है –

1. भूमि सरन्ध्रता (Permeability) अच्छी हो।
2. भूमि में अपरदन (Soil erosion) कम होता है।
3. मृदा एक दिशा में समतल तथा दूसरी दिशा में हल्का ढ़ाल हो।
4. सीधी उगने वाली फसलें उगाई गई हो।
5. छिड़कवाँ विधि द्वारा बोई गई फसलों तथा कम अन्तरण वाली फसलों में अपनाते हैं।
6. उपलब्ध पानी का बहाव तेज हो।

क्यारी विधि से लाभ (Advantages of border methods) :

क्यारी विधि द्वारा फसलों में सिंचाई करने से निम्न लाभ हैं –

1. बैलों से चालित मेड़ बनाने वाले यंत्र अथवा ट्रैक्टर चालित मेड़ तथा कूँड यंत्र की सहायता से क्यारियों की मेड़ें बनाई जाती हैं।
2. इस विधि द्वारा फसलों की सिंचाई करने से अन्य विधियों की अपेक्षा कम श्रमिकों की आवश्यकता होती है, जिससे सिंचाई लागत में कमी हो जाती है।
3. इस विधि द्वारा सम्पूर्ण खेत में एक समान मात्रा में तथा गहराई में पानी दिया जा सकता है जिससे जल उपयोग क्षमता अधिक होती है।
4. जल के बड़े स्त्रोत को उसकी क्षमता के अनुरूप प्रयोग किया जा सकता है।
5. इस विधि से सिंचाई की अन्य क्रियाएं आसानी एवं सरलतापूर्वक सम्पन्न की जा सकती हैं।
6. अधिक मात्रा में सिंचाई के पानी का प्रयोग हो जाने पर जल निकास भी सम्भव है।

(iii) चेक बेसिन विधि (Check basin method) : सिंचाई की यह विधि काफी प्रचलित है। इस विधि में खेत को छोटी–छोटी क्यारियों में बाँट दिया जाता है जो चारों तरफ से छोटी सी मेड़ से घिरी रहती हैं। इस विधि द्वारा क्यारियाँ सभी तरफ से बन्द रहने के कारण पानी काफी समय तक खेत में तब तक रहता है जब तक कि अन्त:स्यंदन द्वारा सोख नहीं लिया जाता है। धान के खेत में सिंचाई करने अथवा क्षारीय भूमियों में क्षारों का निक्षालन करने के लिए भी यह विधि प्रयोग की जाती है। इस विधि द्वारा सिंचाई बहुत हल्की तथा अधिक भारी भूमियों में भी करने के लिए विशेष उपयोगी है। जिसमें अन्त:स्यंदन की गति बहुत तेजी से अथवा बहुत कम होती है। क्यारियों के चारों तरफ मेड़ की ऊँचाई में भरने वाली जल की मात्रा पर निर्भर करती है। इस विधि का प्रयोग करने से खेत के चारों तरफ बहुत सी मेड़ें बनाने से भूमि, धन, श्रम आदि की अपेक्षाकृत अधिक आवश्यकता होती है।

इस विधि में बनाई गई मेड़ें अस्थाई अथवा एक सिंचाई तथा पलेवा के लिए बनाई जा सकती हैं एवं अर्द्ध स्थाई मेड़ें धान आदि की फसलों में बार–बार सिंचाई करने के लिए बनाई जाती हैं। इन क्यारियों का आकार पानी देने की विधि पर निर्भर करता है। सब्जियों तथा सघन फसल पद्धति में सिंचाई के लिए 1 मीटर लम्बी एवं 1 मीटर चौड़ी क्यारियाँ बनाई जाती हैं। ढालू भूमियों में यह क्यारियाँ समोच्च रेखा पर बनानी चाहिए। धान के खेत की सिंचाई करने के लिए इन क्यारियों का आकार जल स्त्रोत या कृष्य जोत के आकार पर निर्भर करता है। अधिक मात्रा में पानी की उपलब्धता तथा बडे जोत के आकार में क्यारियों का आकार भी बड़ा होता है। बलुई तथा बलुई दोमट भूमियाँ जिनमें अन्त:स्रवण की गति अधिक होती है में क्यारियों का आकार छोटा रखा जाता है जबकि मटियार भूमियों में अन्त:स्रवण की गति कम होने के कारण क्यारियों का आकार बड़ा रखा जाता है।

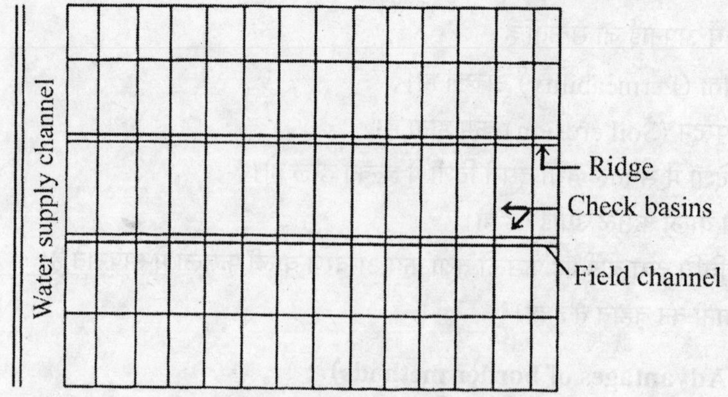

चित्र 12.22 : चेक बेसिन विधि द्वारा सिंचाई

(अ) थाला विधि (Basin method) : इस विधि में पौधे के चारों तरफ थाले बनाए जाते हैं। इस विधि का प्रयोग मुख्यत: बागों में सिंचाई के लिए किया जाता है। दूर-दूर लगाये जाने वाले वृक्षों जैसे कटहल, जामुन, पपीता, आम आदि में इस विधि द्वारा सिंचाई की जाती है। इस विधि को अपनाने से कम पानी में अधिक से अधिक क्षेत्र की सिंचाई की जा सकती है। इस विधि में पानी एक थाले से दूसरे थाले में जाता है। इस विधि में सिंचाई जल उपयोग क्षमता बहुत अधिक होती है। यह विधि भारी संरचना वाली भूमियों में प्रयोग की जाती है। यह विधि निम्न प्रकार की दशाओं में अपनाई जाती है –

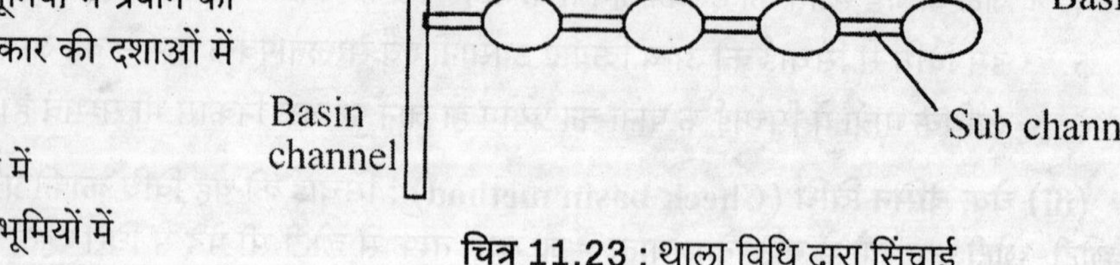

चित्र 11.23 : थाला विधि द्वारा सिंचाई

1. समतल भूमियों में
2. अधिक संरन्ध्र भूमियों में
3. सीधे बढ़ने वाले वृक्षों जैसे अमरूद, केला, फालसा, पपीता आदि में
4. अधिक पानी प्रयोग करने वाले स्थानों तथा अधिक पानी उपलब्ध रहने वाले स्थानों में।

(ब) वलय/अँगूठी विधि (Ring method) : सिंचाई की यह विधि थाला विधि का सुधरा हुआ रूप है। इस विधि का प्रयोग दूर-दूर लगाये जाने वाले पौधों जैसे आम, जामुन, कटहल आदि वृक्षों में सिंचाई के लिए करते हैं। इस विधि द्वारा कम पानी से अधिक से अधिक क्षेत्रफल पर सिंचाई की जा सकती है। जिससे सिंचाई उपयोग दक्षता अधिक होती है। इस विधि में पानी एक थाले से दूसरे थाले में बहने की सम्भावना नहीं रहती।

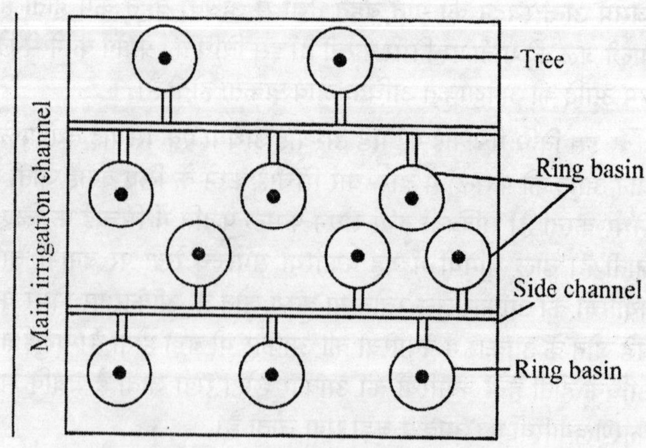

चित्र 10.24 : अँगूठी विधि द्वारा सिंचाई

(स) कूँड विधि (Furrow method of irrigation) : कूँड विधि द्वारा सिंचाई दूर-दूर बोई गई फसलों में की जाती है। इस विधि में कूँड फसलों की पंक्तियों में बुआई के समय अथवा बाद में बनाये जाते हैं। कूँड का आकार तथा लम्बाई बोई गई फसल, यंत्रों का प्रयोग तथा पंक्ति से पंक्ति की दूरी पर निर्भर करता है। कूँड में कब, कितना तथा कितने समय तक पानी दिया जाए, यह पौधों की जलमाँग तथा मृदा की किस्म पर निर्भर करता है।

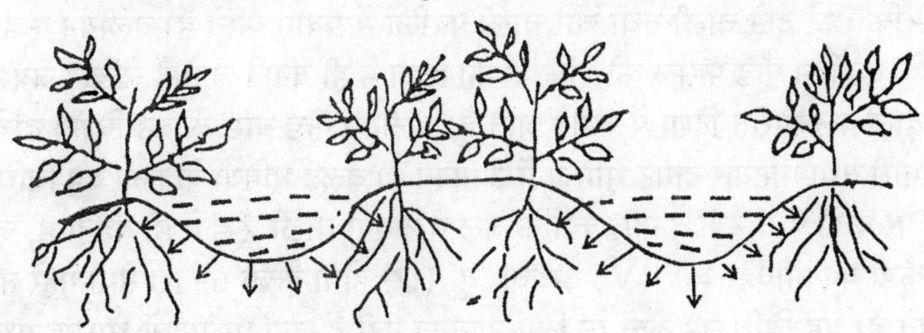

चित्र 12.25 : कूँड विधि द्वारा सिंचाई

कूँड विधि द्वारा सिंचाई मुख्यतः आलू, शकरकन्द, मक्का, तम्बाकू, मूँगफली, कपास, गन्ना, ज्वार, फल-सब्जियों आदि में प्रयोग की जाती है। यह विधि विशेषकर उन फसलों में प्रयोग की जाती है जिनमें अधिक पानी से जड़ गलन रोग का प्रकोप हो जाता है तथा पानी की कम मात्रा में जल्दी-जल्दी आवश्यकता होती है। जिन क्षेत्रों में पानी के जल निकास की आवश्यकता होती है वहाँ पर भी कूँड बनाने से वर्षा का अतिरिक्त पानी जल बहाव द्वारा निकल जाता है। इस विधि से सिंचाई करने से कम सिंचाई पानी से अधिक से अधिक क्षेत्र पर सिंचाई की जा सकती है। इस विधि द्वारा पानी का ह्रास बहुत कम होने से जल उपयोग क्षमता कई अन्य विधियों की अपेक्षा बहुत अधिक होती है।

कूँड मुख्यतः पाँच प्रकार के होते हैं –

1. समतल कूँड (Flat furrow)
2. ढालू कूँड (Slop furrow)
3. एकान्तर कूँड (Alternate furrow)
4. समोच्च कूँड (Contour furrow)
5. वलीयन कूँड (Corrugated furrow)

(i) समतल कूँड (Flat furrow) : भारी भूमियों में जिनमें अन्तःस्यंदन बहुत कम होता है वहाँ पर समतल कूँड विधि द्वारा सिंचाई की जाती है। कूँड लम्बाई की दिशा में समतल होता हैं। इन कूँड में सिंचाई करते समय जल प्रवाह का आकार एक रखते हैं जब तक कि कूँड में जल की मात्रा पूर्ण न हो जाये। इस प्रकार फसल की आवश्यकतानुसार कूँड में जल भर दिया जाता है जो धीरे-धीरे मृदा में शोषित होता रहता है।

(ii) ढालू कूँड (Slop furrow): इसमें ढ़ाल की दिशा में कूँड बनाये जाते हैं। सिंचाई की अधिक दक्षता प्राप्त करने के लिए जल तेजी से कूँड में पहुँचाया जाता है तथा बाद में कुछ दबाव कम कर देते हैं जिससे कूँड का दूसरे कूँड पर मृदा का अपरदन न होने पाये।

(iii) एकान्तर कूँड (Alternate furrow): लवणीय मृदाओं तथा बहुत कम पानी उपलब्ध होने वाले क्षेत्रों में सिंचाई की यह विधि प्रयोग में लाई जाती है। इस विधि में कूँड का आकार नीचे की तरफ चौड़ा अर्थात वी (V) अथवा यू (U) आकार के बनाते हैं। इस विधि द्वारा एक छोड़कर एक कूँड में सिंचाई करते हैं। दूसरी सिंचाई में जिन कूँडों में सिंचाई नहीं की गई है उन कूँडों में की जाती है। यही क्रम अन्य सिंचाईयों में भी चलता रहता है। एकान्तर कूँड विधि द्वारा सिंचाई करना उन क्षेत्रों के लिए विशेष उपयोगी है जहाँ पर पानी शीघ्रता से रिस जाता है।

(iv) समोच्च कूँड (Contour furrow) : इस विधि में कूँड ढ़ाल के विपरीत दिशा में समोच्च रेखा पर बनाये जाते हैं। कूँडों की लम्बाई की दिशा में हल्का सा ढ़ाल दे दिया जाता है। यह विधि ऐसी भूमियों के लिए विशेष रूप से

उपयोगी है। जहाँ की भूमि ऊँची नीची तथा मृदा अपरदन अधिक होता है। इस विधि द्वारा सिंचाई समतल कूँड विधि के समान ही की जाती है। इस विधि में कूँडों में अपरदन विन्यास दिये जाने के कारण मृदा अपरदन की सम्भावना बहुत कम होती है।

(v) वलीयन कूँड (Corrugated furrow) : वलीयन कूँड छोटी-छोटी कूँडे होती हैं, जो कि पास-पास बोई जाने वाली फसलों जैसे कि छोटे दाने वाली तथा चारे वाली फसलों में प्रयोग करते हैं। वलीयन कूँड छोटी होती हैं तथा यह आवश्यक नहीं है कि वलीयन कूँड फसल की पंक्तियों की दिशा में ही बनाये जाते हैं लेकिन जब ढाल अपरदन सीमा से अधिक हो तो कूँड ढ़ाल के विपरीत दिशा में बनाये जाते हैं। वलीयन कूँड बाँस के बने विशेष ढ़ाँचे से बनाये जाते हैं। इस विधि द्वारा सिंचाई भारी तथा मटियार दोमट भूमियों में उपयुक्त है। बलुई भूमियों के लिए यह विधि उपयुक्त नहीं होती है। वलीयन से धरातल पर कड़ी परत नहीं बनती, क्योंकि जल वलीयनों वाली कूँड में ही बहता है, जो कुल धरातल का हिस्सा है। वलीयन के कूँडों का आकार 'वी' (V) अथवा 'यू' (U) होता है जो 6-10 सेमी गहरे तथा 40 से 75 सेमी के अन्तर पर बनाये जाते हैं। यह विधि उन क्षेत्रों के लिए उपयुक्त नहीं है जहाँ पर मृदायें क्षारीय अथवा क्षारीय जल है। क्योंकि इस विधि द्वारा सिंचाई करने से क्षार मृदा की ऊपरी सतह पर एकत्रित हो जाते हैं। इन कूँडों की लम्बाई 2-4% ढाल वाली भूमियों में 50 मीटर जबकि 2% से कम ढ़ाल वाली भूमियों में 150 मीटर तक रखी जाती है।

(स) अधो सतही सिंचाई (Subsurface irrigation)

इस विधि द्वारा सिंचाई करने के लिए भूमि की सतह के नीचे मृदा की संरचना तथा पौधों की जड़ों की गहराई के अनुसार मृदा की सतह की कुछ गहराई पर कृत्रिम रूप से जल स्तर का निर्माण किया जाता है। इस प्रकार केशिका दबाव के कारण पानी पौधों की जड़ों तक पहुँचता है। इस विधि में भूमि में खुली नालियाँ अथवा पाइप लाइन बिछा कर की जाती है। यह नालियाँ अथवा पाइप लाइन मृदा की 30 से 100 सेमी की गहराई पर 15 से 30 मीटर की दूरी पर बिछाई जाती हैं।

अधोसतह सिंचाई उन क्षेत्रों में विशेष रूप से उपयोगी है जहाँ पर जल स्तर बहुत ऊँचा हो गया हो अथवा पानी की एक निश्चित मात्रा प्रयोग करनी हो। यह विधि उन मृदाओं के लिए भी उपयोगी है जिन मृदाओं की संरचना एक समान तथा अन्तःस्यंदन विधि में पानी पौधों की जड़ों के पास कुछ दूरी के अन्तर पर उर्ध्वाधर (Vertical) एवं क्षैतिज (Horizontal) पहुँच जाये।

जिन मृदाओं में जलधारण क्षमता बहुत कम तथा अन्तःस्यंदन दर बहुत अधिक होती है, वहाँ पर सतही सिंचाई करना लाभदायक नहीं होता है तथा बौछारी सिंचाई का प्रयोग आर्थिक रूप से नहीं किया जा सकता। उन क्षेत्रों में अधो सतह विधि द्वारा सिंचाई करना अधिक उपयुक्त होता है। भारत में इस विधि का प्रयोग बहुत सीमित क्षेत्रों में किया जा रहा है। केरल में नारियल के बागानों तथा कश्मीर में डल झील में भी सब्जियाँ उगाने के लिए इस विधि से सिंचाई करते हैं। जिन क्षेत्रों की मृदाओं में क्षार की मात्रा अधिक होती है वहाँ पर यह विधि प्रयोग नहीं की जाती है।

(य) बौछारी सिंचाई (Sprinkler irrigation)

बौछारी सिंचाई विधि में पानी को हवा में फैलाया जाता है जो बाद में पौधों तथा मृदा सतह पर जैसे वर्षा होती है इस प्रकार गिरता है। इस प्रकार सिंचाई जल को पम्प करके एक दबाव में पाइप की सहायता से छिड़काव स्थल तक ले जाया जाता है तथा दबाव के कारण पानी फुहारे के रूप में खेत में छिड़का जाता है। इस विधि को ओवर हेड सिंचाई (Overhead irrigation) विधि भी कहा जाता है। यद्यपि इस विधि का प्रचलन देश में बहुत दिनों से है परन्तु 1980 के दशक के बाद से इस विधि को वृहद रूप से अपनाया जा रहा है। इस विधि का प्रयोग उन क्षेत्रों में करना लाभदायक होता है जिन क्षेत्रों की मृदा ऊँची-नीची, पानी की उपलब्धता बहुत कम एवं मृदा की संरचना अधिक संरन्ध्र होती है। यदि मृदा अपरदन से अधिक प्रभावित होती है तो इसको बाँधों पर ऊँची भूमियों पर, स्ट्रिप फसल पद्धति आदि में प्रयोग किया जाता

है। इस विधि में सिंचाई पाइप लाइन बिछाकर उनके सिरों पर फव्वारे लगा दिये जाते हैं जिनकी सहायता से पानी खेतों के चारों तरफ फैलता रहता है! इस विधि द्वारा सतही जल बहाव बिलकुल नहीं होता है। जिन क्षेत्रों में फसल पाले अथवा अधिक तापमान से प्रभावित होती है वहाँ पर इस विधि द्वारा सिंचाई करके फसल को बचाया जा सकता है।

इस विधि द्वारा सिंचाई करने के समय खाद, कीटनाशी तथा शाकनाशी रसायनों का प्रयोग सिंचाई पानी के साथ भी किया जा सकता है। यह विधि सघन फसल पद्धति में अधिक पानी चाहने वाली फसलें जैसे गेहूँ तथा कम पानी चाहने वाली फसलें जैसे चना, सरसों आदि में फसल की आवश्यकतानुसार सिंचाई की जा सकती है। अधिक पैसे देने वाली (नकदी) फसलों जैसे चाय, कॉफी, बागानों आदि के लिए सिंचाई की यह विधि अधिक उपयुक्त है। इस विधि द्वारा सिंचाई करने से श्रमिकों की आवश्यकता सतही सिंचाई की अपेक्षा बहुत कम होती है।

बौछारी सिंचाई के प्रकार (Types of sprinkler irrigation)

पानी छिड़काव के आधार पर बौछारी सिंचाई सामान्यत: दो प्रकार की होती है।

(i) घूमते हुए फव्वारे (Rotating head system)

(ii) छिद्रदार नल (Perforated pipe system)

(i) घूमते हुए फव्वारे (Rotating head system) : पाइप में लम्बाई में एक निश्चित दूरी पर छोटे-छोटे नोजल लगा दिये जाते हैं। सामान्यत: पार्श्व (Lateral) पाइप जमीन की सतह पर बिछा दिये जाते हैं। जब पानी इन पाइपों के माध्यम से जाता है तो नोजल पानी का छिड़काव करते-करते घूमते भी रहते हैं। यह नोजल पाइप की सहायता से फसल की ऊँचाई के अनुसार लगा दिये जाते हैं।

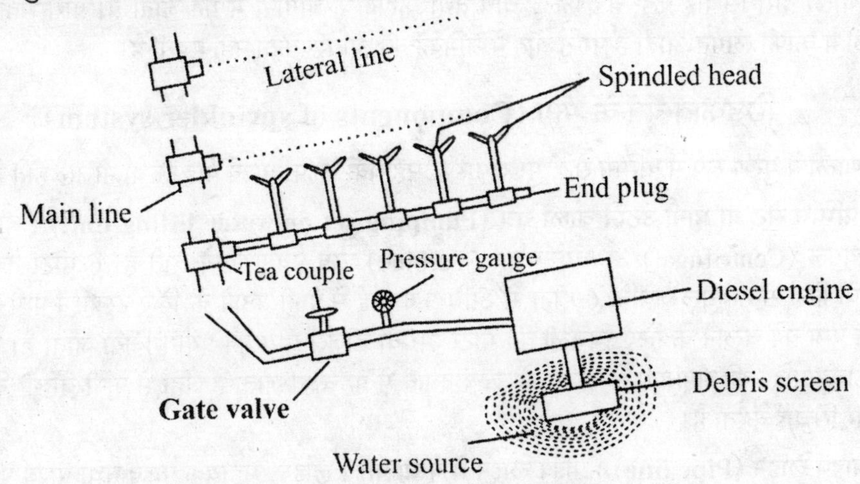

चित्र 12.26 : बौछारी सिंचाई के प्रकार

(ii) छिद्रयुक्त पाइप (Perforated pipe system) : इस विधि में प्रार्श्व (Lateral) पाइप में छोटे-छोटे छिद्र बना दिये जाते हैं जो एक समान गात्रा में फसल में सिंचाई करते रहते हैं। यह विधि सामान्यत: कम दबाव (0.5 से 2.6 किग्रा/वर्ग सेगी) पर सिंचाई करने के लिए उपयुक्त होती है। यदि इन पाइपों में दबाव बहुत कम है तो इनको ओवर हैड टैंक से जोड़कर दबाव बढ़ाया जा सकता है। इसगें पाइप के दोनों तरफ 6 से 15 मीटर की चौड़ाई पर सिंचाई हो जाती है। इस विधि से सिंचाई घूमते हुए फव्वारे की अपेक्षा अधिक भात्रा में पानी देने वाली फसलों गे प्रयोग की जाती है। अत: जिन मृदाओं में मध्यम अन्त:स्यंदन गति होती है, सिंचाई की यह विधि उपयुक्त है। यह विधि मुख्यत: लॉन, बागवानी, सब्जियों आदि में प्रयोग की जाती है।

घूमने की क्रिया के अनुसार फव्वारे को निम्न प्रकार से वर्गीकृत किया गया है –

(1) वहनीय प्रणाली (Portable system) : इस प्रकार की प्रणाली के मुख्य पाइप, पार्श्व पाइप तथा पम्पिंग सेट को एक खेत से दूसरे खेत में आसानी से ले जाया जा सकता है। इस प्रणाली को आदमियों अथवा मशीनों की सहायता से ले जाते हैं। आजकल इस प्रणाली में मुख्य तथा पार्श्व पाइपों को पी वी सी का प्रयोग करते हैं। जिससे उन्हें उठाने तथा बदलने में आसानी रहती है। इस प्रणाली में प्रारम्भिक खर्च कम होता है परन्तु पाइप तथा प्रणाली को एक स्थान से दूसरे स्थान पर ले जाने के लिए श्रमिकों की आवश्यकता अधिक होती है। वहनीय प्रणाली में पहिये लगा देने से इसे एक खेत से दूसरे खेत में ले जाने में आसानी रहती है।

(2) अर्द्ध वहनीय प्रणाली (Semi portable system) : अर्द्ध वहनीय प्रणाली वहनीय प्रणाली जैसी ही होती है जिसे एक स्थान से दूसरे स्थान तक ले जाया जा सकता है। इस प्रणाली में पम्पिंग सेट को स्थिर रख दिया जाता है केवल पाइपों को ही ले जाते हैं। इस प्रणाली में मुख्य पाइप की लम्बाई को बढ़ा देते हैं तथा पार्श्व पाइपों को बदलते रहते हैं। यह प्रणाली एक ही फार्म पर सिंचाई करने के लिए उपयुक्त है यदि दूसरे फार्म पर ले जाना है तो दूसरा पम्पिंग सेट रखना पड़ता है।

(3) अर्द्ध स्थाई प्रणाली (Semi permanent system) : अर्द्ध स्थाई प्रणाली में पम्पिंग सेट तथा मुख्य एवं उप मुख्य पाइप लाइनों को भूमि के अन्दर स्थाई रूप से लगा दिया जाता है। केवल पार्श्व तथा उपपार्श्व लाइनों के पाइपों को बदलते रहते हैं।

(4) स्थाई प्रणाली (Permanent system) : इस प्रणाली में मुख्य, उपमुख्य, पार्श्व तथा उपपार्श्व पाइपों तथा पम्पिंग सेट को स्थाई रूप से लगा दिया जाता है। पाइपों को स्थाई रूप से भूमि के अन्दर दबा दिया जाता है। इस प्रकार से इस प्रणाली द्वारा सिंचाई बड़े–बड़े फल, चाय तथा कॉफी के बागानों में की जाती है। प्रारम्भिक अवस्था में इस प्रणाली में काफी लागत आती है परन्तु बाद में श्रमिकों की आवश्यकता नहीं पड़ती है।

छिड़काव यंत्र के भाग (Components of sprinkler system)

इस प्रणाली में मुख्य रूप से पम्पिंग सेट, मुख्य पाइप, सहायक पाइप, पार्श्व पाइप तथा नोजल होते हैं।

(अ) पम्पिंग सेट या पानी उठाने वाला यंत्र (Pumping set or water lifting unit) : बौछारी सिंचाई के लिए सेन्ट्रीफ्यूगल (Centrifugal) अथवा टर्बाइन (Turbine) पम्प प्रयोग किये जाते हैं। 6 मीटर तक की गहराई से पानी उठाने के लिए सेन्ट्रीयूगल जबकि 6 मीटर से अधिक गहराई से पानी उठाने के लिए टरबाइन पम्प का प्रयोग किया जाता है। इन पम्प को चलाने के लिए बिजली की मीटर अथवा डीजल पम्प का प्रयोग किया जाता है। यह पम्प भूमि से पानी को उठाकर पाइप की सहायता से नोजल में उच्च दबाव में पहुँचाया जाता है जहाँ से पानी बौछार के रूप में निकल कर फसल पर सिंचाई करता है।

(ब) पाइप लाइन (Pipe line) : पाइप लाइन में मुख्य पाइप लाइन, सहायक पाइप तथा पार्श्व पाइप लाइन होती है। यह पाइप लाइन एल्यूमिनियम अथवा पी वी सी की बनी होती है। दो पाइपों को आपस में संयोजक (Coupler) की सहायता से जोड़ा जाता है। यह संयोजक इस प्रकार के बने होते हैं कि इन्हें सुविधापूर्वक सिंचाई के समय शीघ्र खोला अथवा जोड़ा जा सके।

(स) छिड़काव यंत्र (Sprinkler head) : छिड़काव यंत्र (Sprinkler head) बौछारी सिंचाई का एक महत्वपूर्ण भाग होता है। यह भाग नोजल होता है जो घूर्णनी (Rotatory) तथा अघूर्णनी (Non-rotatory) दोनों प्रकार के होते हैं। स्प्रिंकलर में एक से तीन मुखदार नोजल (Nozzle) लगे होते हैं। स्प्रिंकलर की कार्य दक्षता पानी के दबाव, मुखद्वार के संयोजन की ज्यामिति, राइजर तथा वायु की गति पर निर्भर करती है। इसकी दक्षता का आंकलन जल दबाव, छिड़काव का रूप, छिड़काव की दूरी, छिड़काव की दर तथा फुहारों के आकार के आधार पर निर्भर करती है। इसका

उपयोग सिंचाई करने वाले क्षेत्र में पानी के समान वितरण के लिए इस प्रकार किया जाता है जिससे सिंचाई जल का अपवाह एवं अन्तःसरण द्वारा क्षति न पहुँचे।

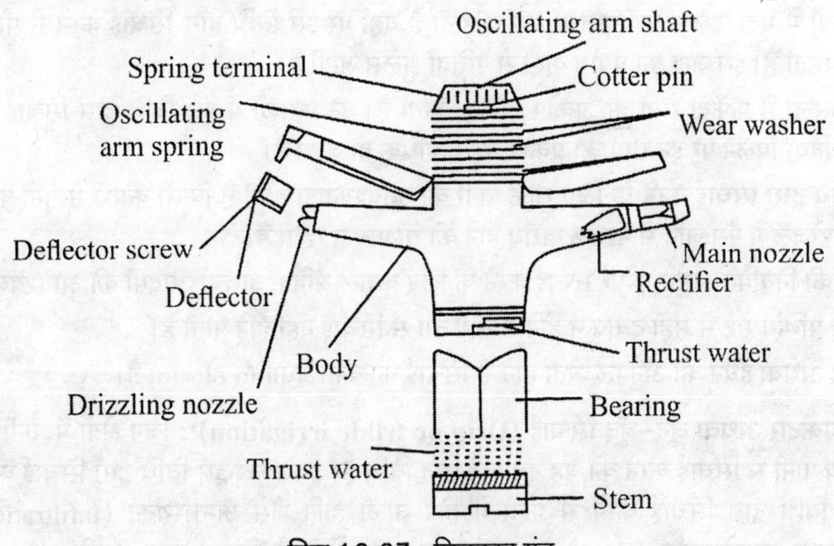

चित्र 12.27 : छिड़काव यंत्र

इस प्रकार दो स्प्रिंकलर की आपस में दूरी स्प्रिंकलर द्वारा पानी का छिड़काव करने वाली दूरी पर निर्भर करती है। सिंचाई करते समय स्प्रिंकलर को फसल की ऊँचाई से ऊपर रखना चाहिए जिससे छिड़काव करते समय पानी की बौछार का फसल पर कोई प्रभाव न पड़े।

बौछारी सिंचाई से लाभ (Advantages of sprinkler irrigation)

बौछारी सिंचाई से निम्न लाभ होते हैं –

1. खेत में बनाई जाने वाली नालियों तथा मेड़ों की कोई आवश्यकता नहीं होती तथा उनके रखरखाव आदि में कोई खर्च भी नहीं होता है।
2. खेत में सिंचाई की नालियाँ तथा मेड़ें बनाने से कुल कृष्य क्षेत्र में कमी हो जाती है परन्तु इस विधि द्वारा कुल कृष्य क्षेत्र में कमी नहीं होने पाती है।
3. नालियों में पानी के प्रवाह के समय अतिरिक्त पानी के कारण फसल में क्षति हो जाती है।
4. कम से कम पानी में अधिक से अधिक क्षेत्रफल पर सिंचाई की जा सकती है।
5. अन्य सिंचाई की विधियों की अपेक्षा इस विधि में जल उपयोग क्षमता अधिक होती है।
6. जल स्रोत से अधिक ऊँचाई पर भी इस विधि द्वारा फसलों की सिंचाई की जा सकती है।
7. मृदा कटाव तथा अपरदन एवं ऊँची–नीची भूमियों में भी फसल की आवश्यकता के अनुसार सिंचाई कर सकते हैं।
8. इस विधि द्वारा अतिरिक्त अथवा आवश्यकता से अधिक पानी से फसल में होने वाली हानि से बचाया जा सकता है।

बौछारी सिंचाई से हानियाँ (Disadvantages of sprinkler irrigation)

इस विधि द्वारा सिंचाई करने से निम्न हानियाँ हैं –

1. इस विधि द्वारा सिंचाई करने से प्रारम्भिक व्यय, रखरखाव तथा संचालन में बहुत अधिक लागत आती है।

2. अधिक हवा चलने की दशा में सिंचाई दक्षता कम हो जाती है।
3. अधिक तापमान तथा शुष्क मौसम में सिंचाई करने से सिंचाई दक्षता प्रभावित हो जाती है।
4. जिन क्षेत्रों में मृदा जल लवणीय तथा क्षारीय होता है वहाँ पर इस विधि द्वारा सिंचाई करने से पौधे पर हानिकारक प्रभाव पड़ता है। इस जल का प्रयोग करने से पत्तियाँ झुलस जाती हैं।
5. जिन फसलों में फफूँदी रोगों का प्रकोप अधिक होता है। उन फसलों में इस विधि द्वारा सिंचाई करने से अनुकूल परिस्थितियाँ मिलने पर इन रोगों का प्रकोप बहुत अधिक हो जाता है।
6. इस विधि द्वारा सिंचाई करने के लिए साफ पानी की आवश्यकता होती है किसी कारण से गन्दे पानी में कोई पदार्थ आकर नोजल में फँस जाने से नोजल खराब होने की सम्भावना रहती है।
7. नोजल की नियमित अन्तराल पर सफाई करने के लिए कुशल श्रमिक अथवा आदमी की आवश्यकता होती है।
8. पाइप में पम्पिंग सेट से सही दबाव न होने से सही ढंग से सिंचाई नहीं होने पाती है।
9. बिजली अथवा ईंधन की अनुपलब्धता होने से सिंचाई का कार्य प्रभावित हो जाता है।

(द) टपकदार अथवा बूँद–बूँद सिंचाई (Drip or trikle irrigation) : जिन क्षेत्रों में पानी की अधिक कमी अथवा क्षारीय पानी से सिंचाई करने की यह नव विकसित विधि है। आजकल इस विधि द्वारा सिंचाई काफी लोकप्रिय हो रही है। इस विधि द्वारा सिंचाई करने से पानी में होने वाली हानि जैसे अन्त:स्यंदन (Infiltration), जल प्रवाह (Runoff) तथा वाष्पोत्सर्जन (Evaporation) बहुत कम होती है जिससे जल उपयोग क्षमता (Water use efficiency) बढ़ जाती है। इस विधि में प्लास्टिक की जाली युक्त पतली पाइप को हल स्तर (Plough sole) के बीच गहराई पर पौधों के जड़ क्षेत्र के पास स्थापित कर देते हैं। इस यांत्रिक विधि द्वारा उत्सर्जक (Applicater) की सहायता से जल को सिंचन क्षेत्र में प्रदान किया जाता है। इस विधि में पौधों को पानी धीरे–धीरे उसकी आवश्यकता अनुरूप दिया जाता है।

महाराष्ट्र, आन्ध्रप्रदेश, तमिलनाडु, कर्नाटक, गुजरात, मध्यप्रदेश आदि राज्यों में नारियल, गन्ना, अंगूर, बेर, नींबू, सन्तरा, कपास, अमरूद आदि फसलों में सिंचाई के लिए इस विधि का प्रयोग किया जाता है। बागानों (Orchard) एवं सब्जियों में इस विधि द्वारा सिंचाई करने के लिए प्रयोग किया जाता है। इस विधि में बौछारी सिंचाई (Sprinkler irrigation) की अपेक्षा प्रारम्भिक व्यय बहुत कम आता है। देश में इस विधि का व्यापक प्रयोग अस्सी के दशक में हुआ।

बूँद–बूँद सिंचाई पद्धति के अंग (Components of drip irrigation system)

1. पम्प
2. ऊँचाई पर पानी की टंकी
3. केन्द्रीय जल वितरण प्रणाली – जल की मात्रा तथा दबाव को नियंत्रित करने के लिए मुख्य जलापूर्ति लाइन से जुड़ी रहती है।
4. उर्वरक के प्रयोग के लिए केन्द्रीय वितरण प्रणाली से जुड़ी टंकी
5. फिल्टर (पानी छानने के लिए) : जल में घुले हुए आवंटित पदार्थ को छानने के लिए प्रयोग करते हैं।
6. जलापूर्ति के लिए पाइप
7. सहायक एवं पार्श्व पाइप लाइन – ये मुख्यत: लाइन से समानान्तर रूप से एक दूसरे से जुड़ी रहती हैं।
8. प्लास्टिक के उत्सर्जक (Dripper) : नियत मात्रा में पानी देने के लिए पौधों की पंक्तियों में एक समान दूरी पर पार्श्व लाइन में लगाया जाता है।

बूँद–बूँद सिंचाई पद्धति के प्रकार (Types of drip irrigation system)

आजकल कई प्रकार की बूँद–बूँद पानी के उपकरण तैयार किये जा चुके हैं। उनके अनुसार बूँद–बूँद सिंचाई के कई प्रकार हैं जो निम्न हैं –

1. सतही ड्रिप सिंचाई पद्धति (Surface drip irrigation method) : इस प्रणाली में पार्श्व पाइप लाइन एवं जल उत्सर्जक भूतल पर लगाये जाते हैं। यह प्रणाली काफी लोकप्रिय तथा इस प्रणाली को स्थापित करने, देखरेख करने, उत्सर्जक की सफाई करने अथवा उसे बदलने में सुविधा रहती है।

2. अधो सतही ड्रिप सिंचाई पद्धति (Sub surface drip irrigation method) : इस विधि में पार्श्व पाइप लाइन तथा उत्सर्जक दोनों ही भूमि के भीतर दबा दिये जाते हैं। इस विधि में फसलों की जाने वाली कृष्य क्रियाएं करने में कोई परेशानी नहीं होती है।

3. सूक्ष्म फुहार ड्रिप सिंचाई पद्धति (Micro spray drip irrigation method) : इस पद्धति में सहायक पार्श्व लाइन तथा उत्सर्जक भूतल पर स्थित होते हैं परन्तु इनसे सिंचाई जल बारीक फुहार के रूप में जमीन पर पड़ता है। इस विधि का प्रयोग कम दूरी पर बोई गई फसलों में किया जाता है।

4. स्पन्द ड्रिप सिंचाई पद्धति (Pulse drip irrigation method) : इस पद्धति में पानी को लगातार स्पन्द के रूप में दिया जाता है अर्थात ऐसी व्यवस्था होती है जो कि यंत्र में सामंजन (Adjustment) करके 5–10 या 15 मिनट के अन्तराल पर पानी दिया जाता है।

ड्रिप सिंचाई का अभिन्यास (Layout of drip irrigation)

ड्रिप सिंचाई का मुख्य उद्देश्य फसल को एक समान मात्रा में पानी उपलब्ध कराना, जल उपयोग क्षमता में वृद्धि करना, पौधे की जड़ों के पास लगातार नमी रखकर उपज बढ़ाना है। इस प्रकार ड्रिप सिंचाई पद्धति के अभिन्यास के लिए निम्न बातें आवश्यक होती हैं –

1. भूमि की स्थलाकृति जानकारी के लिए समोच्च सर्वेक्षण (Contour survey)
2. सिंचाई के लिए उपलब्ध जल की मात्रा, जल स्त्रोत तथा उपलब्ध जल दबाव का आंकलन
3. उगाई जा रही फसल की किस्म, अवस्था, दूरी तथा जल माँग
4. मृदा में वाष्पोत्सर्जन की दर
5. जलवायु सम्बन्धी सूचना
6. मृदा की किस्म, पारगम्यता (Permeability) तथा अन्त:स्यंदन की दर
7. सिंचाई जल की किस्म
8. पौधों को जल की दैनिक आवश्यकता।

ड्रिप सिंचाई के लाभ (Advantages of drip irrigation system)

ड्रिप सिंचाई से निम्न लाभ हैं –

1. ऊँची नीची एवं बहुत बलुई भूमियों में जब सिंचाई की अन्य विधियाँ प्रयोग नहीं की जा सकती है वहाँ पर यह विधि उपयुक्त है।
2. लवणीय पानी होने के कारण सतही सिंचाई प्रयोग नहीं की जा सकती वहाँ पर यह विधि बहुत ही लाभदायक है।
3. इस विधि द्वारा सिंचाई करने से पौधों का मूल क्षेत्र ही गीला रहता है जिससे पौधों की वृद्धि एवं विकास बहुत तेजी से होता है जिससे फसल की उपज में वृद्धि हो जाती है।

4. इस विधि द्वारा पौधों में कीटनाशी तथा कवकनाशी रसायनों का प्रयोग करने में आसानी रहती है जिससे फसल को कीटों तथा बीमारियों आदि से बचाया जा सकता है।
5. इस विधि में पानी में पोषक तत्वों को घोलकर सीधे जड़ क्षेत्र में पहुँचा दिया जाता है। चूँकि आवश्यक पोषक तत्व घुलनशील अवस्था में दिये जाते हैं जिसे पौधे आसानी से तथा अधिक से अधिक मात्रा में ग्रहण कर लेते हैं जिससे पोषक तत्व उपयोग क्षमता बढ़ जाती है।
6. पंक्तियों के मध्य में सिंचाई न देने से खरपतवारों का प्रकोप बहुत कम होता है।
7. पौधों का मूल क्षेत्र ही गीला रहता है अत: दो पंक्तियों के मध्य मृदा शुष्क तथा ठोस रहने से कृष्य कार्य आसानी से किये जा सकते हैं।
8. पौधे को जल की कमी म्लानि बिन्दु तक कभी भी नहीं आती जिससे पौधों की वृद्धि पर प्रतिकूल प्रभाव नहीं पड़ता।
9. ड्रिप सिंचाई पद्धति से फसलों की उपज में 25–30 प्रतिशत तक वृद्धि हो जाती है। बीजों की गुणवत्ता में भी वृद्धि हो जाती है।
10. इस विधि से सिंचाई करने से श्रमिकों की आवश्यकता नहीं पड़ती, इसलिए शुद्ध लाभ अधिक होता है।

तालिका 12.13 : सतही तथा बूँद–बूँद सिंचाई में अन्तर (Difference between surface and drip irrigation)

क्र.सं.	सतही सिंचाई (Surface irrigation)	बूँद–बूँद सिंचाई (Drip irrigation)
1.	आर्थिक रूप से सस्ती।	आर्थिक रूप से खर्चीली।
2.	अम्लीय जल के लिए अनुपयुक्त।	अम्लीय जल का भी प्रयोग कर सकते हैं।
3.	पोषक तत्वों का अधिक ह्रास।	पोषक तत्वों का ह्रास बहुत कम।
4.	जल वितरण दक्षता कम।	जल वितरण दक्षता बहुत अधिक।
5.	मृदा सतह का समतल होना आवश्यक है।	मृदा का समतल होना आवश्यक नहीं है।
6.	मृदा सतह जल से संतृप्त हो जाती है।	केवल जड़ों के पास ही मृदा संतृप्त रहती है।
7.	सिंचाई के पूर्व लगभग 50% नमी का ह्रास हो जाता है।	जड़ों के पास सदैव मृदा नमी क्षेत्र क्षमता पर ही रहती है।
8.	सिंचाई करने में मृदा कारकों की बहुत ही महत्वपूर्ण भूमिका है।	मृदा कारकों की भूमिका बहुत कम है।
9.	भूमि क्षरण होने की सम्भावना रहती है।	भूमि क्षरण होने की कोई सम्भावना नहीं होती है।
10.	इस विधि द्वारा सिंचाई करने पर जल का वितरण एक समान नहीं होता है।	जल का सदैव एक समान मात्रा में वितरण होता है।
11.	सिंचाई करने के लिए अधिक श्रम की आवश्यकता होती है।	श्रम की आवश्यकता बहुत कम होती है।
12.	पानी के वितरण को नियंत्रित करना बहुत ही कठिन है।	पानी के वितरण को आसानी से नियंत्रित किया जा सकता है।
13.	कूंडों में जल का स्थानान्तरण सामान्य रूप से तथा एक असमान दिशा में होता है।	नमी का स्थानान्तरण दो दिशा में होता है।

ड्रिप सिंचाई से हानियाँ (Disadvantages of drip irrigation system)

ड्रिप सिंचाई पद्धति में निम्न कमियाँ हैं –

1. इस प्रणाली को स्थापित करने में प्रारम्भिक व्यय बहुत आता है जो सीमान्त तथा लघु कृषकों की परिधि के बाहर है।
2. पौधों को पोषक तत्व ग्रहण करने का क्षेत्र सीमित रहता है।
3. इस विधि के सफल कार्यान्वयन के लिए कुशल तथा तकनीक ज्ञान की आवश्यकता होती है।
4. अधिक ढ़ालू भूमियों में ऊपर के नोजल में कम दबाव के कारण जल नहीं पहुँचता है जबकि नीचे के नोजल में अधिक दबाव के कारण ज्यादा पानी निकलता है। इस प्रकार की भूमियों में खेत में पानी एक समान मात्रा में नहीं मिलता।
5. किसी कारण से नोजल बन्द हो जाने पर बार-बार खोलना तथा सफाई करनी पड़ती है।
6. लवणीय पानी का प्रयोग करने से लवण पौधों की जड़ों के पास एकत्रित होते रहते हैं जिससे पौधों की वृद्धि पर हानिकारक प्रभाव पड़ता है।
7. प्लास्टिक के पाइप का प्रयोग करने से एक निश्चित समय पश्चात् खराब हो जाते हैं अथवा फट जाते हैं जिन्हें नियमित अन्तराल पर बदलने की आवश्यकता होती है।

तालिका 12.14 : बूंद-बूंछ तथा फव्वारा सिंचाई में अन्तर

(Difference between drip and sprinkler irrigation)

क्र.सं.	बूँद-बूँद सिंचाई (Drip irrigation)	फव्वारा सिंचाई (Sprinkler irrigation)
1.	एक निश्चित स्थान विशेष में ही सिंचाई करना सम्भव है।	किसी भी स्थान विशेष में सिंचाई की जा सकती है।
2.	सिंचाई करते समय हवा की गति का कोई प्रभाव नहीं पड़ता है।	सिंचाई करते समय हवा की गति का प्रभाव पड़ता है।
3.	खेत में मेड़ें आदि का प्रभाव सिंचाई पर नहीं पड़ता है।	खेत में मेड़ों की ऊँचाई, चौड़ाई तथा संख्या का प्रभाव पड़ता है।
4.	इस विधि द्वारा सिंचाई करने पर वाष्पोत्सर्जन द्वारा नमी का ह्रास नहीं होता है।	वाष्पोत्सर्जन द्वारा नमी का सबसे अधिक ह्रास होता है।
5.	पानी की खराब गुणवत्ता के बावजूद भी फसल की वृद्धि एवं विकास अच्छी होती है।	पानी की खराब गुणवत्ता होने पर पौधों की वृद्धि पर प्रतिकूल प्रभाव पड़ता है।
6.	फसल की वृद्धि बहुत ही जल्दी तथा फसल पककर शीघ्र तैयार होने से कम उत्पादन लागत आती है।	पौधों की वृद्धि तुलनात्मक कम होती है फसल देर से पकने के कारण उत्पादन लागत बढ़ जाती है।
7.	सिंचाई जल में कीटनाशी रसायनों का भी प्रयोग किया जा सकता है।	कीटनाशी रसायनों का प्रयोग सिंचाई जल में कदापि नहीं किया जा सकता है।
8.	इस प्रणाली में जिन पाइपों का प्रयोग किया जाता है वह कम दबावयुक्त तथा सस्ते होते हैं।	इस प्रणाली में जिन पाइपों का प्रयोग किया जाता है वह अधिक दबावयुक्त तथा महँगे होते हैं।
9.	अन्य किन्हीं कारकों का सिंचाई पर कोई प्रभाव नहीं पड़ता है।	घूमने वाले होने के कारण बहुत से कारकों का प्रभाव पड़ता है।

क्र.सं.	बूँद–बूँद सिंचाई (Drip irrigation)	फव्वारा सिंचाई (Sprinkler irrigation)
10.	इसमे घूमने वाला कोई भी भाग नहीं होता है।	इसमें घूमने वाले कई भाग होते हैं।
11.	सिंचाई जल देते समय बहुत कम दबाव होने के कारण ऊर्जा की काफी बचत होती है।	सिंचाई करते समय अधिक दबाव की आवश्यकता होने के कारण ऊर्जा की खपत बहुत अधिक होती है।
12.	सिंचाई जल प्रयोग दक्षता बहुत अधिक होती है क्योंकि 90: सिंचाई पानी प्रयोग किया जाता है।	सिंचाई जल उपयोग दक्षता बहुत कम होती है क्योंकि जल मृदा सतह के ऊपर समस्त क्षेत्र में जल का छिड़काव किया जाता है।
13.	पौधों में जलमाँग कम होती है।	पौधों में जलमाँग अधिक होती है।
14.	ऊँचे वृक्षों में सिंचाई देने के लिए यह विधि उपयुक्त है।	ऊँचे वृक्षों में सिंचाई के लिए यह विधि उपयुक्त नहीं है।
15.	श्रम की कम आवश्यकता होती है।	श्रम की अधिक आवश्यकता होती है।
16.	सिंचाई जल का वितरण एक समान मात्रा में होता है।	अपेक्षाकृत जल का वितरण एक समान मात्रा में नहीं होता है।

जल निकास (Drainage)

फसलों की वृद्धि एवं विकास के लिए उचित जलस्तर तथा लवण सन्तुलन को बनाये रखने के लिए आवश्यकता से अधिक पानी को निकालने को जल निकास कहते हैं।

जिस प्रकार पौधों की वृद्धि के लिए भूमि में अनुकूल मृदा नमी बनाये रखना आवश्यक है उसी प्रकार आवश्यकता से अधिक पानी की मात्रा को निकालना भी आवश्यक होता है। खेत में आवश्यकता से अधिक पानी एकत्रित होने से पौधों की वृद्धि पर प्रतिकूल प्रभाव पड़ता है और कभी–कभी पौधे सूख भी जाते हैं। अत: यह स्पष्ट है कि जल निकास का किसी भी परिस्थिति में सिंचाई से कम महत्व नहीं है अर्थात् जल निकास का समुचित प्रबन्ध किये बिना वांछित लाभ प्राप्त नहीं किया जा सकता। खराब जल निकास से मृदा के समस्त रन्ध्रावकाश पानी से भरे रहते हैं जिससे लाभदायक सूक्ष्म जीवाणु नष्ट हो जाते हैं तथा पौधों की वृद्धि की अनुकूल स्थितियाँ नष्ट हो जाती हैं जिसके फलस्वरूप पौधों की वृद्धि रूक जाती है।

दास्ताने (1971) के अनुसार सिंचाई के उद्देश्य से वह भूमियाँ उत्तम होती हैं जिसमें भौम जल स्तर (Ground water table) 3 मीटर से अधिक होता है। इस प्रकार 2 मीटर से अधिक भौम जल स्तर वाली भूमियाँ उत्तम, 1 से 2 मीटर तक की जल स्तर वाली भूमियाँ मध्यम तथा 1 मीटर से कम की जल स्तर वाली भूमियाँ फसलोत्पादन के लिए अनुपयुक्त होती हैं। इसलिए इस प्रकार की मृदाओं का जलस्तर नीचा रखने का प्रयत्न करना आवश्यक है।

जलमग्नता से प्रभावित राज्य जैसे पश्चिम बंगाल, पंजाब, हरियाणा तथा उत्तर प्रदेश हैं जहाँ पर नदियों में बाढ़, दोषपूर्ण सिंचाई तथा लगातार नहरों के बहाव के कारण जल स्तर कम हो जाने से यह समस्या उत्पन्न हो गई है। इसी प्रकार उड़ीसा, आन्ध्रप्रदेश, केरल, तमिलनाडु, कर्नाटक तथा आसाम में वर्षा ऋतु में जलमग्नता की स्थिति उत्पन्न हो जाती है। सामान्यत: दक्षिणी पठारी भागों में जलनिकास की कोई गंभीर समस्या नहीं है क्योंकि यहाँ पर धरातल ऊँचा–नीचा है जिससे बाढ़ का संकट नहीं रहता है। इन क्षेत्रों में जहाँ की भूमि समतल है वहाँ पर होने के कारण जल निकास की समस्या आती है।

जलमग्नता के कारण (Causes of waterlogging)

लगातार अधिक मात्रा में सिंचाई, नहरों के उपसरण अथवा अपवाह के कारण पास की भूमियों में लगातार पानी एकत्रित होकर जल स्तर ऊँचा होता रहता है। जिन क्षेत्रों में प्राकृतिक जल निकास की व्यवस्था होती है वहाँ पर यह समस्या अस्थाई तथा कुछ समय के लिए होती है परन्तु जहाँ पर जल निकास की व्यवस्था नहीं होती वहाँ पर जलमग्नता की स्थिति उत्पन्न हो जाती है। किसी भूमि विशेष में जलमग्नता के निम्न कारण हो सकते हैं –

1. प्राकृतिक जलनिकास मार्ग का रेल, सड़क, नहरों या बाँधों द्वारा अवरूद्ध उत्पन्न करना।
2. कच्ची नहरों या उसकी शाखाओं से लगातार पानी का रिसाव होना।
3. मृदा की दशा के अनुसार सिंचाई न करना।
4. उच्च स्थानों की संतृप्त भूमि द्वारा उत्पन्न जलीय दबाव।
5. मृदा में प्राकृतिक जल निकास का न होना।
6. मृदा की अधोसतह में कठोर परत का होना।

जलमग्नता का मृदा तथा पौधों पर प्रभाव (Effect of waterlogging on plant and soil health)

1. मृदा में वायु संचार बहुत कम हो जाता है जिससे मृदा में आक्सीजन की कमी हो जाती है।
2. मृदा का तापमान बहुत कम हो जाता है जिससे मृदा में होने वाली भौतिक, रासायनिक तथा जैविक क्रियाएं सुचारू रूप से सम्पन्न नहीं होने पाती हैं।
3. खराब जल निकास से बीजों का अंकुरण देर से होता हैं अथवा सड़ जाता हैं। जिसके कारण पौधों की वृद्धि कम होती है तथा फसल देर से पकती है।
4. जलमग्नता की स्थिति में पोषक तत्वों की निक्षालन द्वारा हानि अधिक होती है। इन दशाओं में मृदा में पोषक तत्वों का स्थिरीकरण अधिक होता है।
5. जलमग्नता की स्थिति में पानी का वाष्पोत्सर्जन (Evaporation) अधिक होता है। इस स्थिति में मृदा के लवण ऊपर आते रहते हैं जिससे मृदा क्षारीय हो जाती है।
6. मृदा में अधिक पानी के कारण पौधों की जड़ें छोटी, मोटी तथा मांसल हो जाती हैं जिससे जड़ों द्वारा पोषक तत्व ग्रहण क्षमता कम हो जाने से पौधों की वृद्धि कम हो जाती है।
7. मृदा में अतिरिक्त पानी रहने से फसलों में किये जाने वाले कृषि कार्य समय से सम्पन्न नहीं हो पाते हैं।
8. मृदा में अधिक नमी रहने के कारण भूमि में हानिकारक जीवाणुओं की क्रियाशीलता बढ़ जाती है जिससे फसलों में कीटों तथा बीमारियों का प्रकोप बढ़ जाता है। उदाहरणत: अनाज वाली फसलों, अंगूर, संतरा, नींबू तथा गन्ना में मूल विगलन रोग, अनान्नास में यूजेरियम गलन तथा स्ट्रॉबेरी में ब्लेक रॉट आदि बीमारियों का प्रकोप हो जाता है।
9. मृदा में अनावश्यक वनस्पति जैसे झाबर घास (Marsh grass), कॉस (Sedges), अनूप वृक्ष (Swamp tree) तथा अन्य खरपतवारों का प्रकोप बढ़ जाता है।

जलनिकास के प्रकार (Types of drainage)

कृषि की दृष्टिकोण से जल निकास तीन प्रकार का होता है –

1. **मृदा जल निकास :** मृदा जल निकास का तात्पर्य यह है कि भौम जलस्तर कितना नीचा किया जाये जिससे बुआई एवं अन्य कृष्य क्रियाएं सुचारू रूप से समय पर सम्पन्न की जा सके तथा मृदा को ठीक प्रकार से रखा जा सके।

2. **फसल जल निकास :** प्रत्येक फसल की जल सहने की क्षमता भिन्न-भिन्न स्तर पर भिन्न-भिन्न होती है, इसलिए यह जानना अत्यन्त आवश्यक है कि उक्त जल स्तर पर कौन सी फसल उगाई जाये। जल स्तर की विभिन्न परिस्थितियों के अनुसार फसलों का चुनाव किया जाना आवश्यक है।

3. **लवणता निकास :** मृदा से लवणों का निकास करके लवणीय तथा क्षारीय भूमियाँ सुधारी जा सकती हैं। इसके साथ-साथ सिंचाई के जल में भी पर्याप्त मात्रा में लवण उपस्थित रहते हैं। यदि जल स्तर ऊँचा है तो लवणों का निक्षालन नहीं होता है जिससे लवण मृदा की ऊपरी सतह पर आकर एकत्रित होते रहते हैं।

जल निकास की विधियाँ (Methods of drainage)

जल निकास की निम्न दो विधियाँ होती है -

1. पृष्ठीय जल निकास (Surface drainage)
2. भूमिगत जल निकास (Subsurface drainage)

(i) पृष्ठीय जल निकास (Surface drainage)

पौधों को अनुकूल परिस्थितियाँ प्रदान करने के उद्देश्य से मृदा धरातल की ऊपर की सतह से अतिरिक्त पानी को निकालना ही पृष्ठीय जल निकास कहलाता हैं मृदा में अन्तः स्यंदन (Infiltration), वाष्पोत्सर्जन (Evaporation) आदि द्वारा मृदा की ऊपरी सतह से अतिरिक्त पानी समाप्त होता रहता है, परन्तु यह क्रियाएं इतनी धीमी गति से होती हैं जिससे फसल को हानि हो सकती है। इसलिए मृदा के पृष्ठीय सतह से अतिरिक्त जल को निकालना अत्यन्त आवश्यक होता है।

जल निकास की यह विधि बहुत ही सस्ती है। पृष्ठीय जल निकास में सामान्यतः खुली नालियाँ प्रयोग की जाती हैं। वर्षा ऋतु अथवा अतिरिक्त सिंचाई के पानी को खेत से बाहर निकालने के लिए खेत में नालियाँ अथवा खाई खोद दी जाती है। यदि खेत ऊँचा-नीचा है तो निचली सतह में नालियों को बनाया जाता है। जल निकास की नालियाँ नीचे की अपेक्षा ऊपर अधिक चौड़ी तथा खेत की सतह से 30 सेमी गहरी बनाई जाती हैं। नालियों को 20 से 50 मीटर की दूरी पर बनाते हैं। प्रत्येक नाली का सम्बन्ध एक मुख्य नाली से कर दिया जाता है। हल्की या बलुई भूमियों में कम गहरी, छोटी तथा दूर-दूर नालियाँ बनाते हैं। भारी भूमियों तथा अधिक वर्षा वाले क्षेत्रों में यह नालियाँ कम चौड़ी, गहरी तथा पास-पास बनानी पड़ती हैं। नालियों का ढ़ाल आवश्यकतानुसार होना चाहिए जिससे पानी जल्दी से खेत से बाहर निकल जाये। नालियों का ढ़ाल अधिक होने से भूमि कटाव अधिक होने की सम्भावना रहती है। इस प्रकार मुख्य जल निकास की नालियों को किसी नदी, नाले आदि से जोड़ दिया जाता है। नालियाँ बनाते समय यह ध्यान रखना चाहिए कि जिन स्थानों में पानी भरता हो वहीं पर नालियाँ बनानी चाहिए। आजकल नालियाँ फावड़े अथवा ट्रैक्टर से भी बनाई जाती हैं।

जल निकास के लिए नालियाँ निम्न प्रकार की होती हैं -

1. **अस्थाई नालियाँ (Temporary channels) :** अस्थाई नालियों को खेत में पास-पास 4-5 गहरी नालियाँ बना ली जाती हैं। इन छोटी-छोटी नालियों को एक मुख्य नाली से जोड़ दिया जाता है। यह नालियाँ बुआई से पूर्व अथवा कटाई के बाद नष्ट कर दी जाती हैं।

2. **स्थाई नालियाँ (Permanent channels) :** स्थाई छोटी-छोटी नालियों का सम्बन्ध एक बड़ी नाली से कर दिया जाता है लेकिन इन नालियों को बनाने में ढाल का विशेष ध्यान रखा जाता है। ये नालियाँ तीन प्रकार की होती है -

(अ) **प्राकृतिक प्रणाली (Natural system) :** ये नालियाँ ढ़ाल की दिशा में होती हैं जिनका पानी तालाबों, नहरों अथवा नालों में छोड़ा जाता है।

(ब) **हैरिंग बोन प्रणाली (Herring Bone system) :** इस विधि में एक मुख्य नाली खेत के मध्य में होती है जिसमें खेत में बनाई गई छोटी-छोटी नालियाँ आकर मिलती हैं।

(स) गौरीडिरीन प्रणाली (Goridirin system) : इस विधि में मुख्य नाली खेत के एक किनारे पर होती है जिसमें छोटी-छोटी नालियाँ आकर मिलती हैं।

3. कट आउट नालियाँ (Cut out channels) : कट आउट नालियाँ नहरों तथा तालाबों के पास वाली ऊँची भूमियों में बनाई जाती हैं। जिससे उनका सम्बन्ध पास में स्थित तालाब से कर दिया जाता है। इसमें 3 से 5 चौड़ी नालियाँ बनाई जाती हैं जो अस्थाई होती हैं।

पृष्ठीय जल निकास की पद्धतियाँ (System of surface drainage)

पृष्ठीय जल निकास के लिए किसी पद्धति विशेष का चयन करते समय मृदा धरातल की स्थलाकृति एवं फसल की किस्म पर निर्भर करती है। पृष्ठीय जल निकास मृदा के धरातल की स्थिति से विशेष रूप से प्रभावित होती है। पृष्ठीय जल निकास की निम्न पद्धतियाँ प्रचलित हैं –

1. क्यारी बनाना (Bedding)
2. भूमि को समतल बनाना (Land leveling)
3. यादृच्छिक क्षेत्र खाई (Random field ditches)
4. समानान्तर क्षेत्र खाई (Parallel field ditches)
5. ढ़ाल के विरुद्ध खाई (Cross slope ditches)

1. क्यारी बनाना (Bedding) : कम ढ़ाल वाली भूमियों में जल निकास की यह विधि उपयुक्त है। इस विधि में खेत में ऊँचाई से प्रारम्भ करके नीचे की तरफ ढ़ाल के समानान्तर चौड़ी कूँड निकाल दिया जाता हैं। दो कूँडों के बीच में पर्याप्त जगह छोड़ दी जाती है। इन कूँडों की चौड़ाई इस प्रकार रखी जाती है कि इन कूँड़ों में पानी आसानी से एकत्रित हो जाये। इन कूँडों का सम्बन्ध मुख्य नाली से कर देते हैं।

2. भूमि को समतल करना (Land leveling) : इस विधि में खेत के ऊँचे स्थान की मिट्टी काटकर नीचे के स्थानों में भर दिया जाता है। इस प्रकार इस विधि से खेत में नियंत्रित ढ़ाल कर दिया जाता है। फसल उगाने से सम्बन्धित समस्त क्रियाएं ढाल के समानान्तर की जाती हैं जिससे मृदा की ऊँची नीची जमीन एक समान हो जाये। इस प्रकार खेत के निचले स्थान में खाई खोद दी जाती है। जिसका निकास जलाशय अथवा प्राकृतिक जल निकास मार्ग से कर दिया जाता है। जल निकास की यह विधि ऊँची नीची तथा कम ढालू वाली भूमियों के लिए उपयुक्त है।

3. यादृच्छिक क्षेत्र खाई (Random field ditches) : इस प्रकार की उथली नालियाँ खेत के निचले स्थान से प्रारम्भ करके इन्हें प्राकृतिक जल प्रवाह से जोड़ दिया जाता है। प्राकृतिक जल प्रवाह की सुविधा न होने पर इसके पानी को फार्म में किसी अन्य स्थान पर फैला दिया जाता है। यह विधि ऊँची नीची भूमियों में पानी निकालने के लिए उपयुक्त है।

4. समानान्तर क्षेत्र खाई (Parallel field ditches) : यह विधि अधिक ऊँची-नीची भूमियों के लिए उपयुक्त है। इस विधि में कूँड के स्थान पर गहरी तथा अधिक जल क्षमता की खाईयाँ खोदी जाती हैं। इस प्रकार दो खाइयों के मध्य दूरी एक समान रखी जाती है।

5. ढाल के विरुद्ध खाई (Cross slope ditches) : यह विधि भी अधिक ऊँची-नीची भूमियों में जल निकास के लिए उपयुक्त है। इस विधि में ढाल के विपरीत दिशा में खाईयाँ खोदी जाती हैं। दो खाइयों के मध्य के स्थान में एक उथली मेड़ बना दी जाती है। इन खाइयों का सम्बन्ध एक बड़ी खाई से जोड़कर प्राकृतिक जल प्रवाह मार्ग से कर दिया जाता है।

पृष्ठीय जल निकास के प्रकार (Types of surface drainage)

पृष्ठीय जल निकास दो प्रकार का होता है –

1. मोचक जल निकास (Relief drainage)
2. पथान्तरी जल निकास (Diversion drainage)

1. मोचक जल निकास (Relief drainage) : स्थलाकृति सुधार (Land reforming) या क्षेत्र निकास नाली विधि (Field ditching system) से जल को एकत्रित करना तथा उसको निकालना अथवा बहाना मोचक जल निकास कहलाता है। इसके अन्तर्गत भूमि को समतल करना (Land leveling), यादृच्छिक क्षेत्र खाई (ट Random field ditches), समानान्तर क्षेत्र खाई, ढ़ाल के विरुद्ध खाई आदि कार्य आते हैं। उपरोक्त पद्धतियाँ अपनाकर अधिक से अधिक पानी को खेत से बाहर निकाला जाता है।

2. पथान्तरी जल निकास (Diversion drainage) : इस विधि में पानी के रास्ते को बदल देना अथवा सीमित कर देना होता है जिससे पानी संरक्षित क्षेत्र (Protected area) में न पहुँच सके। इसके अन्तर्गत पथान्तरी नालियाँ (Diversion ditches), समोच्च नालियाँ (Contour ditches) तथा बाढ़ मार्ग (Flood way) आते हैं।

इन दोनों विधियों में पानी के निकास में तीन मुख्य क्रियाशील अवयव हैं –

(i) **एकत्रीकरण प्रणाली (Collection system) :** इस प्रणाली में क्राउनिंग, पृष्ठीय क्षेत्र नाली तथा पथान्तरी नालियाँ, इस प्रणाली के मुख्य भाग हैं जो कि भूमि से जल प्राप्त करते हैं।

(ii) **विसर्जन प्रणाली (Disposal system) :** इस प्रणाली में एकत्रीकरण प्रणाली से पानी नाली की सहायता से आउटलेट नाली में छोड़ दिया जाता है।

(iii) **आउटलेट नाली (Outlet drain) :** आउटलेट नाली खेत के सम्पूर्ण पानी को लेकर खेत से बाहर मुख्य पार्श्व नाली (Main lateral drain) अथवा प्राकृतिक जल नाली (Natural water drain) में छोड़ दिया जाता है।

(ब) भूमिगत जल निकास (Subsurface drainage) :

भूमि के अन्दर के पानी को बाहर निकालने की क्रिया को भूमिगत जल निकास कहते हैं। भूमिगत जल प्रणाली का उपयोग मुख्यत: जल स्तर को पौधों के नीचे ले जाना होता है जो कि अधिक वर्षा, अधिक सिंचाई, ऊँची भूमि, नहर या जल मार्गों के रिसाव के कारण नीचे के स्थानों पर आ गया हो या उत्सुत सिंचाई (Artesion) दबाव के कारण भौम जलस्तर ऊपर उठ गया हो। अधिकतर सिंचित भूमियों में पृष्ठीय तथा भूमिगत जल निकास की आवश्यकता होती है। वर्षा अधिक होने की दशा में जब खेत में पानी अधिक भर जाता है तो उस स्थिति में भूमिगत जल निकास में काफी समय लगता है अत: पृष्ठीय विधि द्वारा जल निकास कर दिया जाता है।

भूमिगत जल निकास के लिए निम्न पद्धतियाँ हैं –

1. खुली नालियाँ (Open drains)
2. टाइल से बनी नालियाँ (Tile drains)
3. छिद्रित पाइप नालियाँ (Perforated drains)

भूमिगत जल निकास के कारण फसलों की जड़ों के पास अधिक मात्रा में वायुसंचार होने से फसलों की वृद्धि अच्छी होती है। पृष्ठीय जल निकास की भाँति इस विधि में कृषि योग्य भूमि नष्ट नहीं होने पाती है। इसके साथ-साथ नालियाँ न होने से कृषि कार्य में बाधा भी नहीं होती है। इस विधि का विशेष महत्व यह भी है कि नीचे के हानिकारक लवण केशिकीय क्रिया द्वारा ऊपर पहुँचाये जाते हैं।

जल निकास से लाभ (Advantages of drainage)

जल निकास से निम्न लिखित लाभ होते हैं –

1. जल निकास से मृदा में वायुसंचार बढ़ने से भूमि में उपस्थित लाभदायक जीवाणुओं की क्रियाशीलता बढ़ जाती है जिससे मृदा में पोषक तत्वों की उपलब्धता में भी वृद्धि हो जाती है।

2. जल निकास से मृदा में हानिकारक लवणों का एकत्रीकरण नहीं होने पाता जिससे मृदा की भौतिक तथा रासायनिक संरचना खराब नहीं होने पाती है।
3. भूमि में वायुसंचार बढ़ने से पौधों की जड़ें अधिक गहराई तक चली जाती हैं जिससे पोषक तत्वों को अधिक मात्रा में ग्रहण कर लेती हैं।
4. मृदा में उपस्थित हानिकारक लवण पानी में घुलकर बह जाते हैं जिससे मृदा में इनकी सान्द्रता कम हो जाती है।
5. मृदा में जल स्तर पौधों के जड़ क्षेत्र में इष्टतम गहराई तक बनाये रखने में सहायक होती है।
6. मृदा नमी की मात्रा कम होने से तापमान बढ़ जाता है जिससे कार्बनिक पदार्थों का विघटन अधिक तथा शीघ्रता से होता है।
7. मृदा में नमी की मात्रा कम हो जाने से कृष्य कार्य समय से सम्पन्न किये जा सकते हैं जिससे फसलों की वृद्धि अधिक होने से उपज में भी वृद्धि हो जाती है।
8. मृदा में नमी की मात्रा कम होने से फसलों में कीटों तथा बीमारियों का प्रकोप कम होता है।
9. जल निकास की उचित व्यवस्था होने से पोषक तत्वों की निक्षालन द्वारा हानि कम होती है।

सिंचाई प्रणाली के दोष तथा सुधार

सिंचाई प्रणाली के निम्नलिखित दोष हैं –

1. सिंचाई जल की सीमित उपलब्धता : नहरों का निर्माण इस आधार पर किया जाता है कि वर्षा के अभाव में फसलों के बचाव के लिए नहर का जल उपलब्ध रहे। परन्तु नहर प्रणाली द्वारा सघन कृषि प्रणाली में फसलों को आवश्यकतानुसार जल की उपलब्धता सुनिश्चित नहीं हो पाती है।

2. नहरी जल का बहुत अधिक रिसाव तथा मृदा की विकृति : नहरी जल का स्त्रोत से फसल क्षेत्र तक पहुँचने में नहर की विभिन्न प्रकार की नालियों से लगभग 70 प्रतिशत जल का रिसाव द्वारा ह्रास हो जाता है। यह जल भूमि में पहुँचकर भूगर्भीय जल के संतुलन पर प्रतिकूल प्रभाव डालता है। जिसके फलस्वरूप जल स्तर ऊपर हो जाता है और भूमि जलमग्नता तथा लवणता से ग्रसित हो जाती है। एक अनुमान के अनुसार नहरों से सिंचित क्षेत्र में 25 लाख हैक्टेअर भूमि जलमग्नता और 33 लाख हैक्टेअर लवणता से ग्रसित है।

3. नहरी जल की उपलब्धता में असमानता तथा अनिश्चितता : नहर के शीर्ष भाग में स्थित कृषि क्षेत्र को ज्यादा जल उपलब्ध होता है, जिससे किसान धान तथा गन्ना जैसी ज्यादा पानी चाहने वाली फसलें शुष्क वातावरण में भी उगाते हैं, दूसरी तरफ नहर के पिछले हिस्से में मौजूद कृषि क्षेत्र की फसलों को जल का अभाव रहता है। नहरी जल की उपलब्धता अनिश्चित रहती है, जिसकी वजह से जब कभी नहरी जल उपलब्ध होता है तथा कृषक फसलों को ज्यादा से ज्यादा जल देने की कोशिश करते हैं। आवश्यकता से अधिक पानी देने से पौधों को कोई लाभ नहीं होता बल्कि भूमि पर प्रतिकूल प्रभाव पड़ता है।

4. सिंचाई प्रणाली का अपर्याप्त संचालन और अनुरक्षण : सिंचाई के संचालन और अनुरक्षण के लिए सिंचित क्षेत्र में सिंचाई का एक प्रमुख साधन है। सिंचाई कर लगभग 70 रुपये प्रति हैक्टेअर है जो बहुत कम है। इस धनराशि से सिंचाई प्रणाली की पूरी तरह देखभाल करना सम्भव नहीं है। सिंचाई प्रणाली की व्यवस्था में कृषकों का सहयोग नहीं लिया जाता है। साथ ही साथ कृषकों को सस्ते दाम पर मिलने वाले नहर के पानी का सदुपयोग करने की कोई चिन्ता नहीं रहती। ऐसी दशा में नहर प्रणाली के सही ढंग से संचालन और अनुरक्षण में कृषकों की कोई दिलचस्पी भी नहीं होती, बल्कि व्यक्तिगत लाभ के लिए कृषक सिंचाई प्रणाली में तोड़-फोड़ तथा अन्य गड़बड़ियाँ पैदा करते हैं। सिंचाई क्षेत्र में दोषपूर्ण संचालन और अनुरक्षण से सिंचाई की क्षमता और कुशलता में कमी आती है।

5. भू-गर्भीय जल का बहुत ज्यादा प्रयोग : नहरों द्वारा सिंचित क्षेत्र में जल के रिसाव से भूगर्भीय जल में बढ़ोतरी

होती है। इस जल के सही इस्तेमाल से नहरी सिंचाई का उपयोग पूर्ण होता है और भूमिगत जल का स्तर संतुलित रहता है। कृषक भूगर्भीय जल का बहुत ज्यादा प्रयोग करते हैं, जिसकी वजह से भूगर्भीय जल स्तर भी नीचे चला जाता है। पंजाब तथा हरियाणा में बड़े पैमाने पर भूगर्भीय जल का प्रयोग होता है। भूगर्भीय जल का प्रयोग करने पर लागत तथा खर्च बहुत अधिक आने के कारण आर्थिक रूप से कमजोर कृषक को ज्यादा घाटा तथा फसल उत्पादन में लागत बढ़ जाती है।

6. **सिंचित क्षेत्रों में फसलों की कम पैदावार :** यह सर्वथा सत्य है कि सिंचाई सुविधाओं में वृद्धि के कारण ही फसलों की उत्पादकता में उल्लेखनीय वृद्धि हुई है। सन् 1950-51 में कुल सिंचित क्षेत्र 2 करोड़ 26 लाख हैक्टेअर था जो बढ़कर 2000-01 में 7 करोड़ 51 लाख हैक्टेअर हो गया। इस तरह सन् 1950-51 में कुल खाद्यान्न का उत्पादन 51 मिलियन टन था जो 2012-13 में 257 मिलियन टन हो गया। खाद्यान्न के उत्पादन में बढ़ोत्तरी कुछ ही फसलों जैसे धान, गेहूँ तथा कुछ ही राज्यों जैसे पंजाब, हरियाणा तथा पश्चिमी उत्तर प्रदेश तक ही सीमित रही। इन क्षेत्रों में धान तथा गेहूँ की उत्पादकता में बढ़ोत्तरी विशेष रूप से भूगर्भीय जल संसाधनों के भरपूर विकास और इस्तेमाल की वजह से हुई है। राष्ट्रीय स्तर पर सिंचित क्षेत्र में फसल की उत्पादकता सिर्फ 2 टन प्रति हैक्टेअर है, जो बहुत कम हैं। इसके साथ भूमि में जलमग्नता, रेह, ऊसर आदि की गम्भीर समस्याएं भी पैदा हो गई है। इसका प्रमुख कारण सिंचाई प्रणाली की समुचित व्यवस्था न होना तथा जल का सही ढ़ंग से इस्तेमाल न किया जाना है।

7. **सिंचाई प्रणाली में सुधार :** सिंचाई प्रणाली की आधारभूत संरचना में परिवर्तन लाना सम्भव नहीं है लेकिन निर्धारित क्षमता प्राप्त करने के लिए प्रणाली में कई तरह के ऐसे सुधार किये जा सकते हैं जिनसे नालियों में रिसाव कम हो, नहर के शीर्ष से पिछले भाग तक के क्षेत्रों में जल का समान वितरण हो और फसलों को जहाँ तक सम्भव हो आवश्यकतानुसार ही जल दिया जाये। जल संसाधन मंत्रालय द्वारा विश्व बैंक (World Bank) की सहायता से परिचालित राष्ट्रीय जल प्रबन्ध परियोजना में इस तरह का प्रावधान किया गया है कि संरचनात्मक सुधार और अच्छे प्रबन्धकीय निवेश द्वारा सिंचाई में सुधार लाया जा सके।

8. **खेत में जल का सुप्रबन्ध :** फसल में जल प्रबन्ध स्थान विशेष की दशा पर निर्भर करता है। किसी स्थिति विशेष में समुचित जल प्रबन्ध के लिए उन सभी पहलुओं का अध्ययन करना आवश्यक है जो जल प्राप्यता तथा ह्रास को प्रभावित करता है जैसे मृदा गुण, जलवायु, फसल, सिंचाई जल के साधन और जल की गुणवत्ता, जल प्रबन्ध तत्व आदि प्रमुख हैं। उपरोक्त कारकों को ध्यान में रखकर अपनाई गई कृषि विधियाँ तथा किसानों को सामाजिक, आर्थिक तथा तकनीकी स्थिति को ध्यान में रखकर ही सिंचाई योजना से वांछित लाभ प्राप्त किया जा सकता है।

9. **सिंचाई जल के अपव्यय को रोकना :** नहरों, गूलों, नालियों तथा बरहों से पानी बहकर नष्ट होने से बचाने की आवश्यकता है। सभी सिंचाई जल बहाव के साधनों के आस-पास की मेड़ें मजबूत हो और आवश्यकतानुसार मरम्मत भी होती रहे। आमतौर पर चूहे एवं दूसरे जानवर गूलों एवं बरहों की मेड़ों में बिल बनाकर उन्हें खोखला कर देते हैं जिससे पानी बहता रहता है। अत: समय-समय पर नालियों को मजबूत करते रहना चाहिए। नालियों की समय-समय पर सफाई करते रहने से खरपतवार आदि नष्ट हो जाते हैं। इसके अतिरिक्त नहरों द्वारा पानी के साथ लाई गई बालू अथवा मिट्टी भी एकत्रित हो जाती है। नालियों की सफाई करने से कम समय में ज्यादा क्षेत्र की सिंचाई हो जाती है और 15 से 25 प्रतिशत तक पानी की बचत भी हो जाती है। नालियों में जल के तीव्र गति से बहने के लिए पर्याप्त ढलान होने से पानी का कम से कम नुकसान होता है तथा वाष्पीकरण के लिए कम समय मिलता है।

10. **सिंचाई जल का बहुउद्देशीय उपयोग :** खेत में नहरों, तालाबों तथा पम्प से सिंचाई हेतु जल उपलब्ध होता है। जल का बहुउद्देशीय उपयोग करके प्राप्य जल की उपलब्धता को निम्न विधियों द्वारा बढ़ाया जा सकता है –

1. फसल उत्पादन में जल के उपयोग से पहले मछली के तालाब तथा गौण जलाशय के माध्यम से जल को वहाँ तक ले जाना।
2. सिंचाई एवं जल जन्तु पालन (बतख पालन) के लिए गौण जलाशयों में पानी का भण्डारण।

इस प्रकार मछलियों तथा बतखों को दिये जाने वाले भोजन तथा उनके द्वारा जल के छोड़े जाने वाले मल–मूत्र से जल में पोषक तत्व की मात्रा बढ़ जाती है और इस जल का उपयोग करके फसल–उत्पादन के लिए लाभकारी होता है।

11. सिंचाई जल का उत्तम उपयोग : सिंचाई के पानी का समुचित उपयोग किया जाना अत्यन्त आवश्यक है। ऐसा अनुमान है कि सिंचाई जल का केवल 50 प्रतिशत ही उपयोग हो पाता है। सिंचाई की निम्नलिखित विधियों द्वारा कार्य कुशलता को काफी हद तक बढ़ाया जा सकता है –

(अ) सिंचाई देने की विधि : सिंचाई करने की विधि, मृदा के प्रकार, फसल की किस्म, भूमि के ढ़लान, पानी के प्रवाह तथा उसके मूल्य के अनुसार अपनाई जाती है। इस प्रकार क्यारी विधि द्वारा सिंचाई हल्की गठन वाली समतल तथा कम रिसाव वाली भूमियों के लिए उपयुक्त होती है। सीमान्त पट्टी सिंचाई विधि (Border strip method) पानी के समान वितरण तथा उच्च जल उपयोग दक्षता के लिए बहुत अच्छी है। यह विधि छोटे आकार वाले सिंचाई स्त्रोत के लिए मध्यम गठन वाली तथा हल्के ढ़लान वाली भूमि के लिए उपयुक्त है। थाला विधि बाग–बगीचों के लिए उपयुक्त है। इस विधि से जल उपयोग दक्षता काफी बढ़ जाती है और पानी भी कम खर्च होता है। इसका प्रयोग ऐसी जगह होता है जहाँ पर पानी की कमी होती है। इस तरह उचित सिंचाई विधि अपनाकर पानी का अधिकतम उपयोग किया जा सकता है।

(ब) सिंचाई की आधुनिक विधि का प्रयोग : आजकल सिंचाई की बहुत सी नई विधियाँ विकसित की जा चुकी हैं जिसको विभिन्न फसलों में अपनाकर 30 से 75 प्रतिशत तक पानी की बचत करके उपज में 30 से 50 प्रतिशत तक की वृद्धि की जा सकती है। फव्वारा तथा बूँद–बूँद सिंचाई की विधियों को अपनाकर कृषक कम पानी से अधिक से अधिक उपज प्राप्त कर सकते हैं। इन सूक्ष्म सिंचाई की विधियों द्वारा कृषक उर्वरकों का मिश्रण, कीटनाशी दवायें, मृदा सुधारक रसायनों का प्रयोग करके श्रम, समय तथा धन की बचत भी कर सकते हैं।

(i) फव्वारा विधि : फव्वारा सिंचाई की विधि एक बहुत ही प्रचलित विधि है जिसके द्वारा पानी की 30 से 70 प्रतिशत तक की बचत की जा सकती है। सिंचाई की यह विधि बलुई मृदा, उथली मृदा, ऊँची नीची मृदा सतह, मृदा कटाव की समस्या वाली भूमियाँ, पहाड़ी क्षेत्रों और जहाँ पर पानी की उपलब्धता कम है वहाँ पर ज्यादा उपयोगी है। इस विधि का प्रयोग सभी तरह की फसलें जैसे गेहूँ, कपास, मूँगफली, तम्बाकू, चाय, चना, मटर, सब्जियाँ आदि में किया जा सकता है। इस विधि द्वारा हवा में फव्वारे के रूप में छिड़काव किया जाता है जो कि भूमि की सतह पर कृत्रिम वर्षा के रूप में गिरता है। इस विधि द्वारा सिंचाई करने के निम्न लाभ हैं –

1. इस विधि में वर्षा धीरे–धीरे की जाती है इसलिए न तो कहीं पर पानी जमा होता है और न ही मृदा सख्त होने पाती है।
2. इससे मृदा में हवा का अनुपात सही बना रहता है जिससे बीजों का जमाव तथा उनकी वृद्धि अच्छी होती है।
3. इस विधि द्वारा सिंचाई करने पर मृदा को समतल करने की आवश्यकता नहीं होती है।
4. शीतकालीन मौसम में पाला तथा ग्रीष्मकालीन समय में अत्यधिक गर्मी के प्रभाव से पौधों को इस विधि द्वारा सिंचाई करने से बचाया जा सकता है।
5. इससे पौधों में कीटों तथा बीमारियों के नियंत्रण पर होने वाला खर्च कम हो जाता है।
6. इस विधि द्वारा सिंचाई करने से मेड़ तथा नालियाँ बनाने की आवश्यकता नहीं पड़ती है इसलिए खेती के लिए अधिक भूमि उपलब्ध हो जाती है।
7. इस विधि द्वारा नालियाँ तथा मेड़ बनाने का खर्च बच जाने से फसल को उगाने में आने वाली लागत तथा व्यय कम हो जाता है।

(ii) **बूँद–बूँद प्रणाली :** इस विधि का प्रयोग उन सभी क्षेत्रों में जहाँ पर पानी की अत्यधिक कमी अथवा जल लवणीय होता है किया जा सकता है। इस विधि में जल पौधों की जडों में सीधा तथा बूँद–बूँद के रूप में पहुँचाया जाता हैं। इस विधि द्वारा पानी की 70 से 75 प्रतिशत तक की बचत की जा सकती हैं। यह विधि दोमट मृदा, उथली, ऊँची–नीची भूमि तथा पहाड़ी क्षेत्रों में अधिक लाभदायक है। इस विधि द्वारा सिंचाई मुख्यत: अंगूर, अनार, नींबू, अमरूद, पपीता, केला, गन्ना और अन्य फलों तथा सब्जियों के लिए उपयुक्त है। इससे सिंचाई के पानी का समुचित प्रयोग कर बूँद–बूँद पानी तथा खाद/उर्वरकों का घोल सीधे पौधों की जड़ों तक पहुँचाया जाता है जिससे रिसाव तथा वाष्पन कम होता है। इस विधि द्वारा सिंचाई करने के निम्न लाभ हैं –

1. सिंचाई की इस विधि में अन्य सिंचाई की विधियों की तुलना में केवल एक तिहाई पानी खर्च होता है जबकि फसल की उपज सबसे ज्यादा प्राप्त होती है।
2. इस विधि में 60 से 80% तक श्रम की बचत तथा हल्के खारे पानी का प्रयोग भी किया जा सकता है।
3. इस विधि द्वारा उत्पाद गुणवत्ता के साथ–साथ फसल की उपज में 30 से 50 प्रतिशत तक की बचत तथा खरपतवारों की समस्या को भी रोका जा सकता है।
4. इस विधि द्वारा उर्वरक देने पर 50 प्रतिशत तक उर्वरकों की बचत हो सकती है।

इसके अतिरिक्त एक और सस्ती तकनीक विकसित की गई है जिसमें फल वाले पौधों की जड़ के पास एक मिट्टी का घड़ा जमीन में गाड़कर उसमे एक बारीक छेद कर देते हैं और उसमे पानी भरकर उसके मुँह को बन्द कर देते हैं। आवश्यकतानुसार इन घड़ों को पानी द्वारा पुन: भरते रहते हैं। इस विधि द्वारा पानी तथा धन दोनों की बचत हो जाती है।

12. कृषि में पानी की बचत : फसलों में सिंचाई के समय, पानी की मात्रा तथा सही अन्तराल पर सिंचाई करने से पानी की बचत की जा सकती है। विभिन्न प्रयोगों द्वारा यह ज्ञात हुआ है कि धान की फसल में 3 सेमी गहराई वाले पानी के स्तर पर धान की अधिक उपज प्राप्त होती है। इस प्रकार धान के खेत में लगातार एक ही स्तर तक पानी नहीं भरा रहना चाहिए परन्तु पर्याप्त नमी रहना आवश्यक है।

13. जल संरक्षण के लिए पॉलिथीन वाले टैंकों का निर्माण : पर्वतीय क्षेत्रों में जहाँ वर्षा पर आधारित खेती की जाती है वहाँ पर सिंचाई की समुचित सुविधाएं उपलब्ध नहीं होती हैं। अत: इन क्षेत्रों में वर्षा का पानी एवं अपवाह जल या किसी अन्य स्त्रोत से पानी इकट्ठा करने के लिए ढलान वाले क्षेत्र में बाँध बनाकर एवं समतल जमीन खोदकर टैंक बनाये जा सकते हैं। इन क्षेत्रों में इन टैंकों द्वारा पानी का रिसाव बहुत अधिक होता है इसलिए पानी का रिसाव रोकने के लिए 120 से 150 जी एस एस पॉलिथीन की चादर बिछा दी जाती है। इस प्रकार अक्टूबर से दिसम्बर माह तक आवश्यकतानुसार 2 या 3 सिंचाईयाँ की जा सकती हैं।

14. शुष्क क्षेत्रों में बागवानी फसलें : कुछ फलदार वृक्षों में जल की कमी तथा सूखा सहन करने की एक अद्भुत क्षमता होती है। अनुपयुक्त खारे जल का प्रयोग, प्रति इकाई क्षेत्र में ज्यादा बागवानी फसलें, शुष्क/मरूक्षेत्र में ज्यादा लाभकारी है। शुष्क क्षेत्रों में खजूर, बेर, आँवला, अनार, शरीफा, करौंधा, नींबू, अंजीर, जामुन, फालसा, बेल, अमरूद, इमली आदि बागवानी फसलें उगाई जा सकती हैं।

15. असिंचित क्षेत्रों में फसल प्रणाली तथा फसलोत्पादन विधि : कृषि उत्पादन सम्बन्धी निम्नलिखित बातों को ध्यान में रखने पर जहाँ पर पानी की कमी होती है। वहाँ पर निम्न फसलोत्पादन पद्धतियों को अपनाकर अधिक उत्पादन प्राप्त किया जा सकता है–

(i) **बुआई का समय :** असिंचित क्षेत्रों में समय से पूर्व फसल की बुआई कर देने से उत्पादन में काफी वृद्धि की जा सकती है। खरीफ ऋतु की फसलों की बुआई मानसून शुरू होने के साथ ही खेत की विधिवत तैयारी करके तुरन्त बुआई कर देनी चाहिए। इन क्षेत्रों में रबी फसलों की बुआई मृदा में संरक्षित नमी पर ही की जाती

है इसलिए मानसून समाप्त होने के तुरन्त पश्चात् खेत को अच्छी तरह से तैयार करके छोड़ देना चाहिए। इसके पश्चात् फसलों की उपयुक्त समय से लगभग एक सप्ताह पूर्व बुआई कर देने से बीजों का जमाव भी अच्छा होता है साथ ही साथ पौधों की वृद्धि के लिए काफी समय तक नमी की उपलब्धता भी बनी रहती है।

(ii) **उचित फसल चक्र :** असिंचित क्षेत्रों में फसल चक्र में ऐसी फसलों का समावेश होना चाहिए जिसको पानी की बहुत कम आवश्यकता होती है। इसके अतिरिक्त वह फसलें जो मृदा की उर्वरा शक्ति तथा पानी रोकने की क्षमता को भी बढ़ाती है। इन क्षेत्रों में दलहनी तथा तिलहनी फसलें जैसे अरहर, चना, मसूर, अंडी, तिल, अलसी आदि को उगाना चाहिए। दलहनी फसलें भूमि की उर्वरा शक्ति तथा नत्रजन का भूमि में स्थिरीकरण करके मृदा की उर्वरा शक्ति बढ़ाने के साथ-साथ मृदा की भौतिक तथा रासायनिक दशा में सुधार करती हैं।

(iii) **बीज की मात्रा में बढ़ोत्तरी :** नमी के अभाव में बीजों के अंकुरण पर प्रतिकूल प्रभाव पड़ता है तथा अंकुरित बीजों को भी नुकसान होता है इसलिए इन दशाओं में सामान्य दशाओं की अपेक्षा ज्यादा मात्रा में बीजों की बुआई की जानी चाहिए। असिंचित दशाओं में यदि फसल की वृद्धि की अवस्था में अधिक नमी की कमी हो तो 40-50 प्रतिशत पौधों को उखाड़कर चारे के रूप में प्रयोग कर देने से खेत में बचे शेष पौधों की संख्या को मृदा में उपलब्ध नमी पर उत्पादन करना सम्भव हो जाता है।

(iv) **उर्वरक प्रबन्ध :** असिंचित दशाओं में उर्वरकों की निम्न उन्नत तकनीक द्वारा उर्वरक उपयोग क्षमता बढ़ाई जा सकती है।

(v) **उर्वरक देने की विधि :** असिंचित दशाओं में उर्वरकों को सदैव कूँडों में बीजों के नीचे लगभग 3-5 सेमी की गहराई पर डालना चाहिए।

(ब) उर्वरक देने का समय : असिंचित क्षेत्रों में खरीफ मौसम में नत्रजन की आधी मात्रा, फासफोरस तथा पोटास की सम्पूर्ण मात्रा बुआई के समय कूँडों में प्रयोग करनी चाहिए। रबी की ऋतु में उर्वरकों की सम्पूर्ण मात्रा बुआई के समय कूँड विधि द्वारा प्रयोग की जानी चाहिए।

(स) यूरिया का पर्णीय छिड़काव : जल के अभाव में नत्रजन उर्वरक को खड़ी फसल में छिड़कना प्रभावी नहीं होता है बल्कि फसल सूखने का सदैव डर रहता है। अत: ऐसी परिस्थिति में यूरिया का 2 प्रतिशत का घोल बनाकर खड़ी फसल में पर्णीय छिड़काव के रूप में प्रयोग करने से फसल की उपज में वृद्धि हो जाती है।

(द) कार्बनिक खादों का प्रयोग : असिंचित क्षेत्रो में गोबर की खाद अथवा कम्पोस्ट की खाद का प्रयोग करने से मृदा की जल धारण क्षमता में वृद्धि हो जाती है। इसके अतिरिक्त इन क्षेत्रों में खरीफ ऋतु में हरी खाद जैसे सनई, ढैंचा अथवा फसलों के अवशेष का प्रयोग करने से नत्रजन की बचत की जा सकती है साथ ही साथ मृदा की भौतिक तथा रासायनिक दशा को भी सुधारा जा सकता है। इन क्षेत्रों में गोबर की खाद के साथ उर्वरकों का प्रयोग फसल बोने के एक माह पूर्व कर देने से फसल की उपज में काफी वृद्धि की जा सकती है।

(v) खरपतवार प्रबन्ध : खरपतवार फसल के साथ नमी, प्रकाश तथा पोषक तत्वों के साथ प्रतिस्पर्धा करते हैं। अधिक मात्रा में खरपतवार होने से मृदा से नमी बहुत अधिक मात्रा में ग्रहण करने से फसलों को जल की उपलब्धता बहुत कम हो जाने से फसलों की उपज में 30-40 प्रतिशत तक की कमी हो जाती है। इसलिए कम नमी वाले क्षेत्रों में उचित समय से खरपतवार नियंत्रण करना अत्यन्त आवश्यक होता है।

सिंचाई जल की गुणवत्ता (Quality of irrigation water)

पौधों की उचित वृद्धि एवं विकास के लिए अच्छी गुणवत्ता वाले पानी की आवश्यकता होती है। जल में घुलनशील लवणों की उपस्थिति वाले पानी को लम्बे समय तक प्रयोग करने से मृदा की क्षारीयता में वृद्धि हो जाती है। मृदा में

क्षारीयता की वृद्धि होने से पौधों को पोषक तत्वों की उपलब्धता कम हो जाती है जिससे उस क्षेत्र में फसल उगाना सम्भव नहीं होता है। प्राय: सभी प्रकार के सिंचाई जल में घुलनशील लवणों की कुछ मात्रा उपस्थित रहती है। इस प्रकार इस जल का निरन्तर उपयोग करने से मृदा में घुलनशील लवणों की उपस्थिति में भी वृद्धि हो जाती है। कुछ फसलें लवणों की उपस्थिति को सहन कर लेती हैं। सिंचाई जल में लवणों की कुल मात्रा के अतिरिक्त सोडियम, कैल्शियम अनुपात तथा बाई कार्बोनेट, बोरोन, लोरीन, लीथियम आदि की भी उपस्थिति पाई जाती है।

सिंचाई जल के वर्गीकरण में लवणता तथा सोडियम संकट दोनों को ही आधार लिया गया है। इस प्रकार यू. एस. एस. एल. वर्गीकरण (1954) द्वारा जल गुणवत्ता की जाँच निम्न आधार पर की जाती है –

1. कुल क्षार की सान्द्रता (Total salt concentration)
2. विनिमेय सोडियम अवशोषण अनुपात (Sodium absorption ratio)
3. सोडियम कार्बोनेट का अवशेष (Residual sodium carbonates)
4. कुछ विषाक्त तत्व जैसे बोरोन, लोरीन, लीथियम आदि का विशिष्ट प्रभाव
5. पोटेशियम तथा नाइट्रेट (Potassium and Nitrate)
6. फ्लोरीन।

1. कुल क्षार सान्द्रता (Total salt concentration) : सिंचाई जल की गुणवत्ता उसमें उपस्थित घुलनशील लवणों की मात्रा तथा सान्द्रता पर निर्भर करती है। जल की लवण सान्द्रता या लवणता की विद्युत चालकता 25 डिग्री सेन्टीग्रेड तापमान पर मिलीम्होज प्रति सेमी (mmhos/cm) अथवा डेसी माइन प्रति सेमी (dsm/cm) के रूप में व्यक्त किया जाता है। विद्युत चालकता के आधार पर लवणीय पानी को निम्न चार वर्गों में विभक्त किया गया है –

(i) **कम लवणीय पानी (Low saline water) :** इस पानी की विद्युत चालकता 250 मिलीम्होज प्रति सेमी से कम होती है। इस प्रकार के पानी का प्रयोग सभी प्रकार की मृदाओं तथा फसलों में किया जा सकता है।

(ii) **मध्यम लवणीय पानी (Medium saline water) :** इस पानी की विद्युत चालकता 250 से 750 मिलीम्होज प्रति सेमी होती है। इस प्रकार के पानी का प्रयोग हल्की लवण सहिष्णु फसलों तथा हल्की भूमि में सावधानी पूर्वक किया जाता है।

(iii) **अधिक लवणीय पानी (High saline water) :** इस पानी की विद्युत चालकता 750 से 2250 मिलीम्होज प्रति सेमी होती है। इस तरह के पानी का प्रयोग बहुत ही सीमित मात्रा में करना चाहिए। जिन क्षेत्रों में पानी के निकास की व्यवस्था न हो तो इस प्रकार के लवणीय जल का प्रयोग कदापि नहीं करना चाहिए। लवण सहिष्णु फसलों में ही इस प्रकार के पानी से सिंचाई करनी चाहिए।

(iv) **अत्यधिक लवणीय पानी (Very high saline water) :** इस प्रकार के पानी की विद्युत चालकता 2250 मिलीम्होज से अधिक होती है। सामान्यत: अत्यधिक लवणीय जल का प्रयोग फसलों में सिंचाई के लिए कभी भी नहीं करना चाहिए। यदि इस जल से सिंचाई की भी जाये तो कम मात्रा में पानी लगने वाली विधि जैसे बूँद-बूँद सिंचाई का प्रयोग किया जा सकता है।

तालिका 12.17 : विद्युत चालकता से लवणीय संकट (Electrical conductivity)

वर्ग	लवणीय संकट का मान (dsm/cm)	प्रयोग
निम्न	< 0.25	सभी प्रकार की मृदाओं में
मध्यम	0.25–0.75	मध्यम सहिष्णु फसलों में जल का प्रयोग
उच्च	0.75–2.250	उपयुक्त जल निकास के साथ लवण सहिष्णु फसलें
अति उच्च	> 2.250	सिंचाई के लिए अनुपयुक्त

तालिका 12.18 : सी. एस. एस. आर. आई. के वर्गीकरण के अनुसार

वर्ग	लवणीय संकट का मान (dsm/cm)	प्रयोग
निम्न	< 1.5	सभी प्रकार की मृदाओं में
मध्यम	1.5–3.0	हल्की एवं मध्यम संरचना वाली भूमियों में मध्यम सहिष्णु फसलें
उच्च	3.0–6.0	हल्की तथा मध्यम संरचना वाली भूमियों में लवण सहिष्णु फसलें
अति उच्च	> 6.0	सिंचाई के लिए अनुपयुक्त

2. सोडियम अवशोषण अनुपात (According to Sodium absorption ratio) : सोडियम अवशोषण के आधार पर सिंचाई के पानी को चार वर्गों में विभक्त किया गया है, जो निम्न हैं –

(i) **कम सोडियम जल (Low sodium water) :** इस प्रकार के जल में सोडियम अवशोषण की प्रतिशत की मात्रा 10 से कम होती है। इस पानी का प्रयोग प्रत्येक प्रकार की भूमियों तथा फसलों में किया जा सकता है।

(ii) **मध्यम सोडियम युक्त जल (Medium sodium water) :** इस प्रकार के जल में सोडियम अवशोषण की प्रतिशत की मात्रा 10 से 18 होती है। इस प्रकार के जल का प्रयोग हल्की संरचना वाली भूमियों में जिसमें कार्बनिक पदार्थ एवं मृदा सरन्ध्रता अधिक हो तथा सहिष्णु फसलों में किया जाना ज्यादा उपयुक्त होता है।

(iii) **अधिक सोडियम युक्त जल (High sodium water) :** इस जल में सोडियम अवशोषण की मात्रा 18 से 26 प्रतिशत तक होती है। इस पानी के प्रयोग से मृदा में विनिमेय सोडियम की मात्रा अधिक हो जाने से मृदा क्षारीय हो जाती है। विशेष परिस्थितियों में इस जल का प्रयोग कम मात्रा में तथा मृदा सुधारकों का प्रयोग करके ही करना चाहिए।

(iv) **अत्यधिक सोडियम युक्त जल (Very high sodium water) :** इस जल में सोडियम अवशोषण की मात्रा 26 प्रतिशत से अधिक होती है। यह जल सिंचाई के लिए उपयुक्त नहीं होता है। इस जल का प्रयोग बूँद–बूँद सिंचाई के रूप में अथवा जिन मृदाओं में चूना या जिप्सम का प्रयोग किया गया हो, में किया जा सकता है।

तालिका 12.19 : सोडियम अवशोषण अनुपात के आधार पर (On the basis of SAR)

वर्ग	SAR range (%)	प्रयोग
निम्न	< 10	सभी प्रकार की मृदाओं एवं फसलों
मध्यम	10–18	अच्छी कार्बनिक पदार्थ एवं उच्च संरन्ध्रता संरचना वाली भूमियों में
उच्च	18-26	अधिक कार्बनिक पदार्थ; अच्छी निक्षालन एवं जल निकास वाली भूमियों में जिप्सम के प्रयोग से
अति उच्च	> 26	सिंचाई के लिए अनुपयुक्त

3. बोरोन संकट (Boron hazard) : बोरोन पौधों के लिए अति आवश्यक पोषक तत्व है परन्तु जब इसकी सान्द्रता सामान्य से अधिक हो जाती है तो यह पौधों तथा मृदा दोनों के लिए विषाक्त हो जाता है। सामान्यत: 3 पी पी एम से कम बोरोन की मात्रा वाला जल सिंचाई के लिए सुरक्षित होता है। नींबू का पौधा केवल 0.3 पी पी एम बोरोन युक्त जल को सहन कर सकता है। रिजका की फसल को 1–2 पी पी एम बोरोन युक्त जल में सफलतापूर्वक उगाया जा सकता है। इसी प्रकार 4 पी पी एम युक्त बोरोन के जल का प्रयोग चुकन्दर, प्याज, शलजम, बन्द गोभी तथा गाजर की फसलों में किया जा सकता है। बोरोन की उपलब्धता के अनुसार इसको चार वर्गों में विभक्त किया गया है –

तालिका 12.20 : बोरोन संकट के आधार पर

वर्ग	मान	वर्ग	मान
निम्न	< 1.0	उच्च	2.4
मध्यम	1.2	अति उच्च	> 4.0

4. कार्बोनेट तथा बाई कार्बोनेट की सान्द्रता (Carbonate and bicarbonate concentration) : जिन भूमियों में सिंचाई जल से नम स्थानों पर काले धब्बे दिखाई पड़ते हैं वहाँ पर बाई कार्बोनेट की उपस्थिति का संकेत देते हैं। जिस जल में कार्बोनेट तथा बाइकार्बोनेट आयन कैल्शियम तथा मैगनीशियम आयनों से अधिक होते हैं तो उस जल के वाष्प के रूप में उड़ने के पश्चात् बाई कार्बोनेट की अधिकता हो जाती है जिसके परिणामस्वरूप कैल्शियम तथा मैगनीशियम कार्बोनेट प्रक्षेपित हो जाता है जिससे भूमि में विनिमय सोडियम प्रतिशत तथा पी एच मान बढ़ जाता है। जिन क्षेत्रों में जल स्तर ऊँचा होता है वहाँ पर इसकी समस्या बहुत अधिक हो जाती है। ईटन (1950) ने अवशिष्ट सोडियम कार्बोनेट (RSC) मान के आधार पर जल को चार वर्गों में विभक्त किया है। इसके अनुसार जल में कार्बोनेट तथा बाई कार्बोनेट की मात्रा 2.5 मिली तुल्य प्रति लीटर से अधिक होने पर सिंचाई के अनुपयुक्त होता है –

तालिका 12.21 : अवशिष्ट सोडियम कार्बोनेट के आधार पर

वर्ग	मान	प्रयोग
निम्न	< 1.5	जल का प्रयोग सुरक्षित
मध्यम	1.5.3.0	पूर्ण सावधानी के साथ जल का प्रयोग किया जा सकता है।
उच्च	3.0.6.0	विशेष परिस्थिति में जल का प्रयोग किया जा सकता है
अति उच्च	> 6.0	सिंचाई के लिए अनुपयुक्त जल

5. पोटेशियम तथा नाइट्रेट (Potassium and Nitrate) : क्षारीय जल में यह आवश्यक नहीं है कि केवल हानिकारक तत्व ही उपस्थित हों। पंजाब, उत्तरप्रदेश, गुजरात, राजस्थान एवं दिल्ली में खारे पानी में पोटेशियम तथा नाइट्रेट तत्व काफी मात्रा में उपस्थित रहते हैं। यही कारण है कि जल का प्रयोग सिंचाई के पानी के रूप में करने पर भी फसलों तथा मृदा को कोई नुकसान नहीं होता है। कंवर एवं मनचन्दा (1964) के अनुसार गुडगाँव जिले में कुओं द्वारा 30 सेमी जल सिंचाई के रूप में प्रयोग करने पर 62 से 429 किलोग्राम म्यूरेट ऑफ पोटास तथा 23 से 295 किग्रा अमोनियम सल्फेट प्रति हैक्टेअर के रूप में प्राप्त होता है।

6. फ्लोरीन (Fluorine) : जल में अधिक फ्लोरीनयुक्त पानी पौधों के लिए घातक है। पीने के जल में फ्लोरीन की मात्रा 1 पी पी एम तथा सिंचाई जल में 10 पी पी एम से अधिक होना हानिकारक होता है। फ्लोरीन का मुख्य स्त्रोत फ्लोरएपेटाइट है तथा लवणीय एवं क्षारीय मृदा में अम्लीय मृदा की अपेक्षा फ्लोरीन का अवशोषण अधिक होता है। इस प्रकार केओलिनाइट किस्म के चिकने कणों में मान्टमोरिलोनाइट किस्म की मृदा में फ्लोरीन का अवशोषण अधिक होता हैं। सिंचाई जल में फ्लोरीन की मात्रा 7 पी पी एम से अधिक होने पर गेहूँ के बीजों के जमाव तथा वृद्धि पर हानिकारक प्रभाव पड़ता है।

लवणीय जल का प्रभाव (Effect of saline water)

लवणीय (खारे) जल का प्रयोग सिंचाई के रूप में करने पर मृदा तथा फसलों पर निम्न प्रभाव पड़ता है–

(अ) मृदा पर प्रभाव (Effect of soil) : लवणीय जल का प्रयोग करने पर मृदा की भौतिक तथा रासायनिक गुणों पर प्रतिकूल प्रभाव पड़ता है। इस प्रकार इस जल से सिंचाई करने पर मृदा में निम्न प्रभाव पड़ता है –

1. सोडियम युक्त जल से सिंचाई करने पर मृदा कचटी (Defloculate) हो जाती है जिसके परिणाम स्वरूप मृदा में जल का अन्त: सरण तथा पारगम्यता घट जाती है। मृदा की अधो सतह पर कठोर स्तर (Crust layer) बन जाने से मृदा सतह पर पानी रूका रहता है और वाष्पोत्सर्जन क्रिया के द्वारा मृदा की अधो सतह से लवण मृदा की ऊपरी सतह पर एकत्रित हो जाते हैं।
2. मृदा में कैल्सियम की अधिकता से पौधों में पोटास का अवशोषण घट जाता है, मैंग्नीशियम की अधिकता से कैल्सियम का अवशोषण घट जाता है, सल्फेट की अधिकता से कैल्सियम की अवशोषण क्षमता घट जाती है तथा सोडियम का अवशोषण बढ जाता है। जिसके कारण सोडियम पौधों के लिए विषाक्त हो जाता है।
3. हानिकारक लवण का सान्द्रण बढने से मृदा में जीवांश पदार्थो का विघटन तथा नत्रजन स्थिरीकरण करने वाले लाभदायक जीवाणुओं की क्रियाशीलता घट जाती है।
4. कैल्सियम सान्द्रणयुक्त भूमियाँ सूखने पर अधिक कठोर जाती हैं जिससे कृषि कार्य में असुविधा होती है।
5. खराब जलनिकास वाली मृदाओं में लवणों का संचयन मृदा की ऊपरी सतह पर अधिक होता है जबकि अच्छे जल निकास वाली मृदाओं में इनका संचयन निचले संस्तर में होता है।
6. मृदा में महीन कणों की मात्रा 10 प्रतिशत से कम हो तो खारे पानी से सिंचाई करने पर मृदा में संतृप्तसार की विद्युत चालकता सिंचाई की आधी होती है।
7. लवणीय पानी का अधिक प्रयोग करने पर मृदा में पोषक तत्वों की उपलब्धता घट जाती है अथवा पोषक तत्वों का मृदा में स्थिरीकरण (Fixation) अधिक हो जाता है।

(ब) फसलों पर प्रभाव (Effect of crops) : लवणीय जल का प्रयोग सिंचाई के रूप में करने पर फसलों पर निम्न प्रतिकूल प्रभाव पड़ता है –

1. लवणीय जल के प्रयोग करने पर मृदा घोल का परासरण विभव बढ़ने से बीज के अन्दर जल का प्रवेश नहीं होने पाता है जिसके फलस्वरूप बीजों का सही ढंग से जमाव नहीं होने पाता है।
2. सिंचाई के तुरन्त पश्चात् पौधों की जड़ें पानी से डूबी रहती हैं जो खारे पानी को बहुत अधिक समय तक सहन नहीं कर पाती हैं। हल्की मृदाओं में पानी शीघ्रता से भूमि के अन्दर चला जाता है जिससे जड़ वायु के सम्पर्क में आ जाती हैं। ऑक्सीजन पौधों की शक्ति तथा क्रियाशीलता बढ़ाती है जिसके फलस्वरूप पौधों द्वारा पोषक तत्वों का अधिशोषण बढ़ जाता है।
3. मृदा क्षारीयता से पौधों में कोशिका विभाजन, कोशिका फैलाव तथा प्रोटीन संश्लेषण पर हानिकारक प्रभाव पड़ता है।
4. पानी में घुलनशील लवणों का अधिक मात्रा में पौधों की जड़ क्षेत्र में उपस्थित रहने के कारण जड़ों की जल ग्रहण शक्ति घट जाती है। जिसके फलस्वरूप पौधे नमी रहने के बावजूद भी सूखने लगते हैं जिसे परिस्थितिकीय अथवा दैहिकी सूखा (Physiological drought) कहते हैं।
5. बोरोन, क्लोराइड, सोडियम, सल्फेट तथा बाइकार्बोनेट की सान्द्रता जल में अधिक होने पर पौधों के लिए विषाक्त हो जाता है जिससे पौधों की वृद्धि एवं विकास रुक जाती है और उपज में काफी कमी हो जाती है।
6. खारे पानी का प्रयोग करने पर पौधों की जड़ों द्वारा पोषक तत्वों को ग्रहण करने की शक्ति कम हो जाती है।
7. दलहनी फसलों में लवणीय जल का प्रयोग करने पर जड़ों में नत्रजन स्थिरीकरण करने वाली ग्रन्थियों की संख्या तथा कार्यशीलता कम हो जाती है।
8. कुछ वनस्पतियों जैसे दलहनी घासें, ऐसी होती है जो अपने हरे भागों में लवणों को संचित कर लेती हैं। जिससे इनकी खेती करने पर प्रत्येक कटाई के पश्चात् मृदा में लवणों की मात्रा कम होती जाती है।

तालिका 12.22 : विभिन्न फसलों में लवण सहिष्णुता (Salt tolerant crops)

फसलें	लवणों के प्रति सहिष्णुता		
	अधिकतम	मध्यम	न्यूनतम
खाद्यान्न	जौ	गेहूँ, जई, ज्वार	रागी
फलीदार या दलहनी	रिजका	सब्जी, चौड़ी फली वाली सब्जी	मटर, चना
तिलहनी	तारामीरा	सरसों	तोरिया, अलसी, तिल
शर्करा	चुकन्दर	गन्ना	--
रेशेवाली	नरकट	भुरकवेत	कपास, जूट
घास एवं चारा	दूब	रोडस घास, ज्वार, पारा घास	सूडान घास, नैपियर घास

लवण प्रभावित जल का सुधार

(1) **जिप्सम का प्रयोग :** यदि पानी में बाइकार्बोनेट, सोडियम तथा बोरान अधिक मात्रा में हो तो पहली सिंचाई में जिप्सम घोल देना चाहिए। जिप्सम के प्रयोग से बोरोन तथा बाइकार्बोनेट प्रक्षेपित हो जाएंगे जिससे सोडियम तथा कैल्शियम का अनुपात कम हो जायेगा। जिप्सम की मात्रा अवशिष्ट सोडियम कार्बोनेट (RSC) की मात्रा पर निर्भर करती है। 2 मिली तुल्य/लीटर आर एस सी होने पर जिप्सम की आवश्यकता नहीं होती है इससे अधिक मात्रा होने पर जिप्सम की दर निकालनी होती है। 1 मिली तुल्य/1 लीटर आर. एस. सी. को ठीक करने के लिए 8.5 कुन्टल प्रति हैक्टेअर जिप्सम की आवश्यकता होती है। जिप्सम का प्रयोग सीधे खेत में करने के पश्चात् सिंचाई करनी चाहिए। जिप्सम का प्रयोग गोबर की खाद अथवा प्रेसमड के साथ किया जाए तो अधिक लाभकारी होता है।

(2) **खारे पानी को अच्छे पानी के साथ मिलाना :** जिन क्षेत्रों में खारा पानी हो वहाँ पर नहरों का पानी मिलाकर सिंचाई करनी चाहिए। खारे पानी को अच्छे पानी के साथ मिलाकर प्रयोग करने का मुख्य उद्देश्य पानी में लवणों की सान्द्रता कम करना होता है जिससे फसलों को हानि कम से कम हो। सिंचाई के समय एक साथ पानी मिलाना सम्भव न हो तो एक बार खारे पानी से सिंचाई करने के उपरान्त दूसरी बार अच्छे पानी से सिंचाई करनी चाहिए।

(3) **लवणीय जल को किसी आयन विनिमेय पदार्थ से निकालना :** शीरा को 350 डिग्री सेन्टीग्रेड पर कार्बोनाइजेशन करके फिर इसे क्लोरीन से उपचारित करके ऐसा चारकोल तैयार किया जाता है जिसकी धनायन विनिमेय क्षमता बहुत अधिक होती है। ऐसे जल को जिसमें सोडियम के क्लोराइड, कार्बोनेट तथा बाई कार्बोनेट की अधिकता को सुधारने की चारकोल में अपूर्व क्षमता होती है। इस प्रकार सोडियम को भारी मात्रा वाले जल से जब हाइड्रोजन के चारकोल से गुजारा जाता है तो पानी में सोडियम विनिमय क्रिया करके चारकोल का हाइड्रोजन कैल्शियम के स्थान पर चला जाता है।

$$\text{Ca-Charcoal} + Na_2CO_3 \rightarrow \text{2Na-Charcoal} + CaCO_3$$

$$\text{H-Charcoal} + Na_2CO_3 \rightarrow \text{2Na-Charcoal} + H_2O + CaCO_3$$

(4) **जीवांश युक्त खाद एवं उर्वरकों का प्रयोग (Use of organic manures and fertilizers) :** जीवांश खादें जैसे गोबर की खाद, कम्पोस्ट, वर्मी कम्पोस्ट आदि का प्रयोग करने पर मृदा की भौतिक तथा रासायनिक दशा में सुधार होता है। इन उर्वरकों के प्रयोग से मृदा की जलधारण क्षमता, मृदा संरचना, मृदा गठन आदि में सुधार होता है जिसके फलस्वरूप मृदा में पोषक तत्वों की उपलब्धता बढ़ जाती है। कार्बनिक खादों के प्रयोग से मृदा में कार्बनिक पदार्थों का विघटन तथा नत्रजन स्थिरीकरण करने वाले जीवाणुओं की क्रियाशीलता बढ़ जाती है। क्षारीय जल होने की दशा में सदैव इनका प्रयोग कैल्शियम युक्त उर्वरक जैसे कैल्शियम अमोनियम नाइट्रेट के रूप में करना चाहिए। सोडियम

युक्त उर्वरक जैसे सोडियम नाइट्रेट का प्रयोग कदापि नहीं करना चाहिए। उर्वरकों का प्रयोग करते समय यह ध्यान रखना आवश्यक होता है कि इनका प्रयोग कम मात्रा में कई बार किया जाये जिससे पौधों द्वारा अधिक से अधिक मात्रा में ग्रहण कर लिया जाये। अधिक मात्रा में तथा एक साथ इन उर्वरकों का प्रयोग करने पर इनका मृदा में स्थिरीकरण हो जाता है जो पौधों को उपलब्ध नहीं हो पाता है। यूरिया में से नत्रजन की क्षति गैस के रूप में हो जाती है अत: इनका प्रयोग कई बार में करना चाहिए। उर्वरकों का प्रयोग सदैव कूंडों में ही करना चाहिए।

(5) गहरी जुताई तथा उचित जल निकास (Deep ploughing and proper draining) : भारी भूमियों में ग्रीष्मकालीन मौसम में जल का अन्त:स्यंदन बढ़ाने के लिए गहरी जुताई करना लाभप्रद होता है। खेत की 45–60 सेमी गहरी जुताई अथवा 1.80 मीटर की दूरी पर 1.5 सेमी व्यास के 1.2 मीटर गहरे गड्डे खोदकर उसमें घास आदि से भर देते हैं। इस तरह की क्रिया का मुख्य उद्देश्य भूमि के अन्दर उपस्थित कंकड़ की परत टूट जाती है जिससे मृदा में अन्त: स्यंदन की दर बढ़ जाती है। मृदा में जड़ों के पास से जल्दी पानी रिस जाने से पौधों की जड़ों की क्रियाशीलता बढ़ जाती है जिससे पौधों की वृद्धि एवं विकास अच्छी होती है।

(6) सिंचाई की विधि (Methods of irrigation) : लवणीय पानी का प्रयोग करने पर लवणों की कुछ मात्रा पौधों द्वारा ग्रहण कर ली जाती है, कुछ मात्रा मृदा की अधोसतह में चली जाती है तथा बहुत अधिक मात्रा मृदा सतह पर एकत्रित हो जाती है जिससे पौधों की वृद्धि एवं विकास पर प्रतिकूल प्रभाव पड़ता है। लवणीय पानी का प्रयोग कम मात्रा में कई बार करने से इस समस्या से कुछ हद तक बचा जा सकता है। कूँड विधि द्वारा सिंचाई करना भी सर्वोत्तम होता है। सिंचाई की विधि जैसे बूँद-बूँद सिंचाई (Drip irrigation) द्वारा इन लवणों का कोई बुरा प्रभाव पौधों पर नहीं पड़ता है। इसके अतिरिक्त मृदा को शुष्क होने से भी बचाया जाना चाहिए क्योंकि मृदा शुष्क होने की दशा में निचले स्तर के लवण मृदा की सतह पर भी एकत्रित हो जाते हैं।

(7) लवण सहिष्णु फसलों का चुनाव (Selection of salt tolerant crops) : विभिन्न फसलों की क्षारीय जल सहिष्णुता में भी अन्तर पाया जाता है। इतना ही नहीं एक ही फसल की अलग-अलग प्रजातियों की सहनशीलता में भी अन्तर पाया जाता है। कुछ फसलों का उत्पादन क्षारीयता में वृद्धि होने पर क्रमागत रूप से घटता है जिन क्षेत्रों में क्षारीय जल के अतिरिक्त कोई अन्य विकल्प न हो लवण सहिष्णु फसलें उगाना चाहिए। जौ, लूसर्न, चुकन्दर, गन्ना आदि फसलों की लवणों के प्रति सहिष्णुता अधिक होती है जबकि मटर, चना, तोरिया, अलसी, कपास, जूट आदि फसलों की लवणों के प्रति सहिष्णुता बहुत ही न्यूनतम होती है। इसलिए जो फसलें लवण सहिष्णु हो उन्हीं को उगाया जाना आर्थिक रूप से लाभकारी होता है।

प्रमुख फसलों में जल प्रबन्ध एवं जल माँग

(Water management and water requirement of some important crops)

धान (Rice) : धान एक अर्द्ध जलीय पौधा है इसलिए इसकी जलमाँग अन्य फसलों की अपेक्षा काफी अधिक होती है। देश में सबसे अधिक पानी का प्रयोग इस फसल द्वारा किया जाता है इसलिए इस फसल में सिंचाई देते समय काफी सावधानी रखनी चाहिए। धान की कुछ प्रजातियाँ जलमग्न दशाओं में भी उगाई जाती हैं। निचली भूमियों में खेत की तैयारी के समय 200–300 मिमी., नर्सरी के लिए 50 मिमी तथा फसल के लिए 1000 मिमी. पानी की आवश्यकता होती है। इस प्रकार धान की अच्छी उपज प्राप्त करने के लिए कुल 1250–1350 मिमी पानी की आवश्यकता होती है।

धान की फसल में चार क्रान्तिक अवस्थाएं जैसे पौध अवस्था, कल्ले निकलने, पुष्पावस्था तथा बालियों में दूध बनने की अवस्थाएं पानी के प्रति अतिसंवेदनशील होती हैं। इन अवस्थाओं में पानी की समुचित मात्रा प्राप्त होने की दशा में पौधों की वृद्धि एवं विकास तथा दानों का आकार एवं वजन बढ़ जाने से कुल उत्पादन में वृद्धि हो जाती है। फसल की पौध अवस्था में पानी की पर्याप्त मात्रा मिलने से जड तन्त्रों के विकास तथा कल्ले निकलते समय समुचित नमी से कल्ले

अधिक मात्रा में निकलते हैं। बालियाँ बनने से पुष्पावस्था में पानी की पर्याप्त मात्रा होने से दानों की संख्या में वृद्धि हो जाती है जबकि दुग्धावस्था में दाना भरते समय नमी की पर्याप्त मात्रा के कारण दानों का वजन बढ़ जाता है। पुष्पावस्था तथा दुग्धावस्था में पानी की पर्याप्त मात्रा न मिलने से बालियों में दाने कम बनते हैं तथा दाने पतले एवं उनका वजन कम हो जाता है।

धान की फसल में एक इष्टतम गहराई तथा समय तक पानी रुकना आवश्यक है। खेत में पानी रुकने से पौधों की ऊँचाई तो बढ़ती है परन्तु कल्लों की संख्या में कमी हो जाती है जिससे फसल गिरने का डर बना रहता है एवं उपज में कमी हो जाती है। धान की फसल निम्न सूची के अनुसार पानी तथा उसके जल निकास का प्रबन्ध करना चाहिए–

1. धान में पौध रोपण के समय पानी की बहुत कम मात्रा होनी चाहिए।
2. रोपित धान के खेत में 5 से 8 दिन तक 3 से 5 सेमी पानी भरा रहना चाहिए।
3. 9 से 40 दिन तक खेत में कम मात्रा में पानी (2 से 3 सेमी) रहना चाहिए।
4. 40 से 50 दिन तक खेत से सम्पूर्ण पानी निकाल देना चाहिए।
5. 50 से 70 दिन तक की अवस्था (बालियाँ आने के समय) तक खेत में 7 से 10 सेमी पानी रखना चाहिए।
6. 70 से 80 दिन तक की अवस्था तक खेत में 3 सेमी पानी भरा रहना चाहिए।
7. 80 से 90 दिन तक की अवस्था (बालियाँ निकलते समय) खेत में 7 से 10 सेमी पानी भरा रहना चाहिए।
8. फसल की कटाई के 7 दिन पूर्व खेत से पानी निकाल देना चाहिए।

उपरोक्त विधि द्वारा धान के खेत में जल प्रबन्ध की व्यवस्था करके अधिकतम फसलोत्पादन प्राप्त किया जा सकता है। हल्की या बलुई भूमियों में पानी लगभग 3 दिन तक जबकि भारी या मटियार भूमियों में 5 से 7 दिन तक पानी नहीं रहना चाहिए।

गेहूँ (Wheat) : गेहूँ की फसल मुख्य रूप से सिंचित क्षेत्रों में ही उगाई जाती है परन्तु कुछ प्रजातियाँ असिंचित क्षेत्रों में भी उगाई जा सकती हैं। इस प्रकार गेहूँ की फसल को 4 से 6 सिंचाईयों की आवश्यकता होती है। गेहूँ की बौनी प्रजातियों को 6 सिंचाईयों जबकि अन्य प्रजातियों को 4 सिंचाईयों की आवश्यकता होती है। गेहूँ की फसल में शीर्ष जड़ निकलने (Crown root initiation) तथा बालियाँ निकलने (Heading stage) की अवस्था अति संवेदनशील है। शोध द्वारा ज्ञात हुआ है कि शीर्ष जड़ निकलते समय सिंचाई में प्रति दिन की देरी होने पर 1.0 कुन्टल प्रति हैक्टेअर की दर से उपज में हानि होती रहती है। गेहूँ की फसल में सिंचाई के लिए निम्न अवस्थाएं संवेदनशील होती हैं –

तालिका 12.23 : गेहूँ में सिंचाई की क्रांतिक अवस्थाएं

अवस्था	दिन बोने के पश्चात्
1. शीर्ष जड़ निकलते समय (Crown root initiation)	20–25
2. कल्ले निकलते समय (Tillering stage)	40–45
3. तने में गाँठ बनते समय (Late jointing stage)	60–65
4. पुष्पावस्था (Flower initiation stage)	80–85
5. दूधियावस्था (Milking stage)	100–105
6. दाने पुष्ट होते समय (Dough stage)	120–125

जहाँ पर तीन सिंचाई उपलब्ध हो वहाँ पर पहली सिंचाई शीर्ष जड़ निकलते समय, दूसरी सिंचाई तने में गांठ बनते समय तथा तीसरी सिंचाई दूधियावस्था पर करते हैं। गेहूँ की फसल में पैन वाष्पमापी अनुपात के आधार पर 0.75 से

0.90 पर सिंचाई करनी चाहिए। जिन क्षेत्रों में दो सिंचाईयाँ उपलब्ध हो वहाँ पर पहली सिंचाई शीर्ष जड़ निकलते समय तथा दूसरी सिंचाई बाल निकलते समय करनी चाहिए। जिन क्षेत्रों में केवल एक सिंचाई की सुविधा हो वहाँ पर शीर्ष जड़ निकलते समय करनी चाहिए।

मक्का (Maize) : मक्का की फसल में भूमि के प्रकार, ऋतु, वर्षा की मात्रा तथा जलमाँग का प्रभाव पड़ता है। उत्तर भारत में मक्का की खेती सामान्यत: वर्षा ऋतु में की जाती है जहाँ पर पलेवा करने के उपरान्त इसकी बुआई कर दी जाती है। इस समय मक्का उगाने से फसल को पानी की आवश्यकता नहीं होती है परन्तु अधिक समय तक वर्षा न होने की दशा में सिंचाई करना आवश्यक है। मक्का की फसल को पानी की कम अथवा अधिक मात्रा दोनों ही दशायें उपज को प्रभावित करती हैं। मक्का की फसल की जलमाँग 450 से 600 मिमी है। हल्की बलुई से भारी मटियार भूमियों में मक्का को उगाने पर 30 से 60 सेमी गहराई तक उपलब्ध मृदा नमी का 50 प्रतिशत ह्रास होने पर सिंचाई कर देनी चाहिए। मक्का की फसल में पानी देने की दो क्रान्तिक अवस्थाएं जैसे वानस्पतिक वृद्धि अवस्था (20–40 दिन पश्चात्) तथा रेशमी बाल की अवस्था (45–60 दिन पश्चात्) हैं। इस प्रकार मक्का की फसल की जलमाँग की क्रान्तिक अवस्था वानस्पतिक वृद्धि काल (20 से 40 दिन बाद) एवं नर पुष्प निकलने की अवस्था में पानी की कमी के कारण 51 प्रतिशत, रेशमी बाल निकलने की अवस्था में 48 प्रतिशत, तीव्र वानस्पतिक वृद्धि की अवस्था में 30 प्रतिशत तथा दूधियावस्था में 22 प्रतिशत उत्पादन में कमी आ जाती है। मक्का की फसल में सिंचाई जल/संचयी वाष्पीकरण अनुपात 0.4 से 0.6 पर सिंचाई करना लाभदायक होता है। मक्का की फसल में लगातार 6 घंटे तक जलभराव होने की दशा में सम्पूर्ण फसल नष्ट हो जाती है इसलिए मक्का उगाये जाने वाले खेत में जल निकास का समुचित प्रबन्ध होना चाहिए।

ज्वार (Sorghum) : सामान्यत: ज्वार की खेती अर्द्ध शुष्क क्षेत्रों में की जाती है परन्तु अधिक उपज देने वाली संकर प्रजातियों में सिंचाई देने से अधिक उपज प्राप्त की जा सकती है। ज्वार की फसल की 450 से 500 मिमी जलमाँग है। खरीफ ऋतु में मटियार भूमियों में उगाई गई ज्वार की फसल को 25 प्रतिशत उपलब्ध मृदा नमी तथा ग्रीष्म ऋतु में 50 प्रतिशत उपलब्ध नमी पर सिंचाई की जानी चाहिए। ज्वार की फसल की क्रान्तिक अवस्थायें जैसे वृद्धिकाल (20 से 25 दिन पश्चात्), फूल आने के पूर्व (80 से 90 दिन पश्चात्), फूल आने पर (95–105 दिन पश्चात्) तथा दाना पड़ते समय (120–125 दिन) हैं। इन क्रान्तिक अवस्थाओं पर सिंचाई कर देने से फसल की अधिक उपज प्राप्त हो जाती है। मक्का में 0.4 से 0.6 सिंचाई जल/संचयी वाष्पीकरण अनुपात पर सिंचाई करनी चाहिए। ज्वार की फसल में एक विशेष प्रकार का गुण यह होता है कि किसी भी अवस्था पर यदि नमी की कमी हो जाये तो पौधा मरता नहीं है परन्तु जब भी पानी की उपलब्धता हो जाती है वह अपनी दैहिक क्रिया पूर्ण करके ही उपज प्रदान करता है।

बाजरा (Pearl millet) : बाजरा की फसल खरीफ ऋतु में असिंचित दशाओं में उगाई जाती है। जिन क्षेत्रों में ज्वार तथा मक्का की फसल नहीं उगाई जा सकती वहाँ पर बाजरा की फसल उगाई जा सकती है। बाजरा सूखारोधी फसल है। बाजरा की अधिक उपज देने वाली संकर प्रजातियों को 1–2 सिंचाईयों की आवश्यकता होती है। बाजरा की फसल की जलमाँग 150–200 मिमी है। भारी भूमियों में 75 प्रतिशत नमी का ह्रास होने पर जबकि हल्की भूमियों में 50 प्रतिशत नमी का ह्रास होने के दशा में सिंचाई कर देना आवश्यक होता है। सिंचाई की कमी होने पर बालियाँ निकलने के पूर्व सिंचाई करने से फसल की उपज में काफी वृद्धि हो जाती है।

जौ (Barley) : रबी ऋतु में उगाई जाने वाली जौ की फसल सामान्यत: असिंचित दशाओं में उगाई जाती है। पानी की उपलब्धता के अनुसार जौ को 2–3 सिंचाईयों की आवश्यकता होती है। अत्यधिक हल्की (बलुई) भूमियों में 3–4 सिंचाइयाँ करने से फसल की उपज में वृद्धि हो जाती है। जिन क्षेत्रों में केवल एक सिंचाई की ही सुविधा उपलब्ध हो तो कल्ले फूटते समय (फसल बोने के 30–35 दिन पश्चात्) सिंचाई कर देनी चाहिए। दो सिंचाई उपलब्ध होने की दशा में पहली सिंचाई कल्ले फूटते समय तथा दूसरी सिंचाई पुष्पावस्था पर करनी चाहिए। जौ की फसल में बाल आने की अवस्था बहुत ही संवेदनशील है इस समय पानी की कमी होने पर उपज में काफी गिरावट आ जाती है। जौ की फसल को सदैव

हल्की सिंचाई करनी चाहिए क्योंकि जल भराव की दशा में पौधों की वृद्धि एवं विकास पर प्रतिकूल प्रभाव पड़ता है। अत्यधिक अम्लीय तथा क्षारीय भूमियों में जौ की खेती करने पर सदैव कम मात्रा में तथा अधिक संख्या में सिंचाईयाँ करनी चाहिए।

चना (Gram) : उत्तर भारत में शीतकालीन वर्षा न होने की दशा में एक सिंचाई पर्याप्त है। सामान्यत: चना की फसल को एक अथवा दो सिंचाईयों की आवश्यकता होती है। चना की फसल के लिए क्रान्तिक अवस्थायें जैसे पुष्पावस्था के पूर्व (Pre flowering) बुआई के 45 दिन पश्चात् तथा दाना बनते समय (बुआई के 70 दिन पश्चात्) हैं। जिन क्षेत्रों में चना की फसल को केवल एक सिंचाई दी जाती है वहाँ पर पुष्पावस्था (बुआई के 50 दिन पश्चात्) पर सिंचाई की जाती है। चना की फसल की जलमाँग 250 से 400 मिमी है। चना को 0.6 सिंचाई जल/संचित वाष्पीकरण अनुपात पर सिंचाई करनी चाहिए।

अरहर (Arhar) : लम्बी अवधि की अरहर की प्रजातियों में लम्बे समय तक सूखा होने की स्थिति में सिंचाई की आवश्यकता होती है। शीत ऋतु में पाला के प्रभाव को भी कम करने के लिए सिंचाई करना आवश्यक होता है। शीतकालीन वर्षा होने की दशा में सिंचाई की आवश्यकता नहीं होती है। अरहर की जलमाँग 70 से 150 मिमी है। अरहर की फसल की क्रान्तिक अवस्थाएं पुष्पावस्था (फसल बोने के 75 दिन पश्चात्) तथा दाना भरते समय (फसल बोने के 100 दिन पश्चात्) हैं। अत्यधिक मात्रा में सिंचाई अथवा जल भराव की दशा में अरहर का पौधा बहुत ही संवेदनशील है। यदि किसी कारण से एक दिन भी जल भराव होने की दशा में अरहर की सम्पूर्ण फसल सूख जाती है।

मटर (Field pea) : उत्तर भारत में मटर की फसल सब्जी एवं दाने के लिए रबी ऋतु में उगाई जाती है। मटर की फसल को 2–3 सिंचाईयों की आवश्यकता होती है। पहली सिंचाई वानस्पतिक वृद्धि (40–50 दिन पश्चात्) तथा दूसरी सिंचाई फलियाँ बनते समय (60–65 दिन पश्चात्) करनी चाहिए। मटर की फसल की यह दोनों क्रान्तिक अवस्थाएं हैं। इस समय मृदा में नमी की कमी होने पर उपज की प्रतिकूल प्रभाव पड़ता है। मटर की फसल को सदैव हल्की सिंचाई करनी चाहिए। अधिक मात्रा में सिंचाई करने अथवा जल भराव की दशा होने पर खेत से पानी तुरन्त निकाल देना चाहिये। मटर की फसल की जलमाँग 250 से 400 मिमी. है। मटर को 0.6 से 0.8 सिंचाई जल/संचित वाष्पीकरण अनुपात पर सिंचाई करनी चाहिए।

सरसों एवं तोरिया (Rapeseed and mustard) : सरसों की फसल संचित मृदा नमी पर ही उगाई जाती है परन्तु फसल की प्रारम्भिक अवस्था में सिंचाई कर देने से सरसों में पौधों की जड़ों का विकास अच्छा हो जाता है। सरसों की फसल को 25 प्रतिशत मृदा नमी उपलब्ध होने की दशा पर सिंचाई करनी चाहिए। सरसों की फसल की जलमाँग 225–300 मिमी है। सरसों की फसल को 0.6 से 0.8 सिंचाई जल/संचयी वाष्पोत्सर्जन अनुपात पर सिंचाई करनी चाहिए। सरसों की फसल को दो सिंचाईयों की उपलब्धता हो तो पहली सिंचाई पौधों में फूल आने के पूर्व (40–50 दिन) तथा दूसरी सिंचाई फलियाँ बनते समय (फसल बोने के 75–80 दिन पश्चात्) की जाती है।

मूँगफली (Groundnut) : मूँगफली की फसल की जलमाँग 500–700 मिमी है विभिन्न भूमियों में 25–50 प्रतिशत उपलब्ध मृदा नमी होने पर सिंचाई कर देनी चाहिए। इस प्रकार खरीफ में बोई गई फसल में अधिकीलन (Pegging) तथा फलियों में दाना बनाने की अवस्थाएं नमी के प्रति बहुत ही संवेदनशील हैं अत: इस अवस्था पर मृदा में पानी की कमी नहीं होनी चाहिए। खरीफ में उगाई गई मूँगफली में 0.6 सिंचाई जल/संचयी वाष्पोत्सर्जन अनुपात पर सिंचाई करनी चाहिए।

दक्षिण भारत में मूँगफली की खेती रबी ऋतु में की जाती है वहाँ पर 3–4 सिंचाईयों की आवश्यकता होती है। इन क्षेत्रों में पहली सिंचाई फसल में फूल आने के पूर्व, दूसरी सिंचाई अधिकीलन तथा तीसरी सिंचाई फलियों में दाना बनते समय की जानी चाहिए। अन्तिम सिंचाई फसल की खुदाई के पूर्व करने से मृदा में सम्पूर्ण फलियाँ निकल आती हैं जिससे उपज में कोई नुकसान नहीं होता है। कुछ क्षेत्रों में मूँगफली की फसल ग्रीष्मकालीन ऋतु में उगाई जाती है वहाँ पर 4–5

सिंचाईयाँ की जाती हैं। ग्रीष्मकालीन मूँगफली की फसल को 0.8 सिंचाई जल/संचयी वाष्पोत्सर्जन अनुपात (IW/CPE ratio) पर सिंचाई करनी चाहिए।

सूर्यमुखी (Sunflower) : खरीफ ऋतु में सूर्यमुखी उगाने पर लगातार वर्षा होने की दशा में सिंचाई की आवश्यकता नहीं होती है परन्तु 10 दिनों तक लगातार वर्षा न होने की दशा में सिंचाई कर देनी चाहिए। सूर्यमुखी में 50 प्रतिशत मृदा नमी उपलब्ध होने पर सिंचाई कर देनी चाहिए। सूर्यमुखी की फसल में सिंचाई के लिए तीन अवस्थाएं अति संवेदनशील हैं अत: पहली सिंचाई पुष्पकली बनने के पूर्व (बोने के 20–25 दिन पश्चात्), दूसरी सिंचाई पुष्पकली विकसित होने के समय (बोने के 40–50 दिन पश्चात्) तथा तीसरी सिंचाई बीज बनते समय (बोने के 50 से 60 दिन पश्चात्) की जानी चाहिए। ग्रीष्मकालीन सूर्यमुखी की फसल को 10 दिन के अन्तराल पर सिंचाई करना आवश्यक होता है। इस प्रकार सूर्यमुखी की फसल की जलमाँग 400–550 मिमी होती है इसकी फसल को 0.6 से 0.8 सिंचाई जल/संचयी वाष्पोत्सर्जन अनुपात पर सिंचाई करनी चाहिए। सूर्यमुखी की फसल में प्रत्येक सिंचाई हल्की करनी चाहिए। खेत में जलभराव की दशा इसके लिए हानिकारक होती है।

कपास (Cotton) : कपास की काली भूमियों में संचित मृदा नमी की अवस्था में कम सिंचाईयों की आवश्यकता होती है जबकि हल्की भूमियों में इसे उगाने पर अधिक सिंचाईयों की आवश्यकता होती है। उत्तर भारत में कपास की बुआई पलेवा करके की जाती है। इसके पश्चात् 2–3 सिंचाईयाँ की जाती है। मृदा में पर्याप्त मात्रा में नमी होने पर पौधे की वानस्पतिक वृद्धि अच्छी होती है। जड़ों का विकास अच्छा होता है तथा गूलरों का गिरना कम हो जाता है। कपास की फसल की जलमाँग में अन्तर पाया जाता है। कपास की फसल में पुष्पावस्था प्रारम्भ होने के पूर्व दैनिक जलमाँग 3 से 5 मिमी पुष्पावस्था से अधिकतम पुष्पन काल में 8–10 मिमी तथा पुष्पकाल से फल फूटने की अवस्था तक 4–5 मिमी पानी की आवशकता होती है। कपास की फसल में 50 प्रतिशत उपलब्ध मृदा नमी पर सिंचाई कर देनी चाहिये। इसकी फसल को सिंचाई 0.6 से 0.7 सिंचाई जल संचयी वाष्पोत्सर्जन अनुपात पर की जानी चाहिए। कपास की फसल को अधिक मात्रा में सिंचाई जल तथा जल भराव की स्थितियाँ उपज पर प्रतिकूल प्रभाव डालती हैं इसलिए इसकी फसल को सदैव हल्की सिंचाई करनी चाहिए। कपास की फसल में पौधों की वृद्धिकाल, फूल बनते समय तथा गूलरों के विकास के समय की अवस्थाएं मृदा के प्रति अतिसंवेदनशील हैं क्योंकि इन अवस्थाओं पर मृदा नमी की कमी होने पर उपज तथा रेशे की गुणवत्ता पर विपरीत प्रभाव पड़ता है।

गन्ना (Sugarcane) : उपयुक्त मात्रा में मृदा नमी होने पर गन्ना के पौधे की वृद्धि एवं विकास अच्छी होती है। जिसके फलस्वरूप उपज तथा रस में शर्करा की मात्रा बढ़ जाती है। उत्तर भारत में गन्ना की फसल की बुआई फरवरी–मार्च में की जाती है। अंकुरण के समय एक हल्की सिंचाई तथा बाद में कल्ले फूटने की अवस्था तक 10–15 दिन के अन्तराल पर सिंचाई करनी चाहिए। गन्ना की फसल की सम्पूर्ण जलमाँग 2000–3000 मिमी है। गन्ने की फसल को 65–70 प्रतिशत उपलबध मृदा नमी होने पर सिंचाई करते रहना चाहिये। गन्ना के सम्पूर्ण जीवन चक्र को चार भागों में विभक्त किया गया है– (1) अंकुरण की अवस्था (फसल बोने से 60 दिन पश्चात्), कल्ले बनते समय (60 से 130 दिन तक), वृद्धि काल (130 से 240 दिन) तथा पकने की अवस्था (250 से 365 दिन) हैं। प्रत्येक जीवन चक्र की अवस्था, जलवायु तथा मृदा की किस्म के अनुसार इसकी फसल को भिन्न–भिन्न जलमाँग की आवश्यकता होती है। गन्ना की फसल में कल्ले फूटने से लेकर वृद्धि की अवस्था अति संवेदनशील है अत: इस समय पानी की कमी नहीं होनी चाहिए। उत्तर भारत में अक्टूबर–नवम्बर में बोई गई फसल को 7–8 सिंचाईयाँ इनमें से वर्षा ऋतु के पूर्व तथा शेष सिंचाईयाँ वर्षा ऋतु के बाद की जाती है। फरवरी–मार्च में बोई गई फसल को 6–7 सिंचाईयों की आवश्यकता होती है। दक्षिण भारत में गन्ना की फसल को कुल 10–12 सिंचाईयों की आवश्यकता होती है। फसल पकते समय सिंचाईयों की संख्या कम कर देने से गन्ने में शर्करा की मात्रा बढ़ जाती है। गन्ना में पानी की दैनिक आवश्यकता 0.85 सेमी गर्म एवं सूखे दिनों में जबकि 0.25 सेमी ठण्डे एवं नम मौसम में होती है।

जूट (Jute) : सामान्यत: जूट की फसल असिंचित दशाओं में उगाई जाती है। अत्यधिक वर्षा अथवा सूखा पड़ने की दशा में फसल की वृद्धि एवं विकास काफी प्रभावित होता है। जूट की फसल को पहली सिंचाई फसल बोने के पहले तथा इसके पश्चात् 3 सिंचाईयाँ मानसून शुरू होने से पूर्व दी जानी चाहिए। इस प्रकार जूट की फसल को 50 से 60 प्रतिशत उपलब्ध मृदा नमी पर सिंचाई देनी चाहिए।

तम्बाकू (Tobacco) : सिगरेट तंम्बाकू को कुल 2000 से 2550 मिमी पानी की आवश्यकता होती है। पानी में क्लोराइड तत्व की मात्रा 50 पी पी एम से अधिक नहीं होनी चाहिए। तम्बाकू में सिंचाई करने से श्रमिकों तथा सिंचाई के पानी की अधिक आवश्यकता होती है। इसलिए एक कूँड छोड़कर सिंचाई करने से न केवल पानी की बचत होती है, बल्कि 10-20 प्रतिशत अधिक उपज भी प्राप्त हो जाती है।

एक छोड़कर एक कूँड में सिंचाई करने की विधि में एक बार कूँड में सिंचाई करने के उपरान्त दूसरी बार उस कूँड में सिंचाई नहीं करनी चाहिए। जिस कूँड में पहली बार सिंचाई की गई है। यह विधि प्रत्येक बार सिंचाई करते समय अपनानी चाहिए। यदि कृषकों की आर्थिक दशा अच्छी हो तो तम्बाकू की फसल में सिंचाई फव्वारे द्वारा करनी चाहिए। इस विधि द्वारा सिंचाई क़रने से पानी की बहुत अधिक बचत होती है।

गुजरात में बीड़ी तम्बाकू को 4-5 सिंचाईयाँ 5 सेमी की गहराई पर मानसून समाप्त हो जाने के पश्चात् 20-25 दिन के अन्तराल पर करनी चाहिए। इस प्रकार 60 -75 प्रतिशत उपलब्ध नमी होने की दशा में सिंचाई करना लाभदायक है। कर्नाटक में बीड़ी तम्बाकू के खेत में पौध रोपण के 65, 85, 105 तथा 115 दिन उपरान्त चार सिंचाईयों की आवश्यकता होती है। बिहार में खाने वाली तम्बाकू को 2-3 सिंचाईयाँ 30 दिन के अन्तराल पर देने से तम्बाकू की उपज तथा गुणवत्ता बढ़ जाती है। पश्चिम बंगाल में उगाई जाने वाली जाती तथा मोतीहारी तम्बाकू को 1-2 हल्की सिंचाईयों की आवश्यकता होती है। जाती तम्बाकू में पानी देने की क्रान्तिक अवस्था पौध रोपण के 55-60 दिन उपरान्त जबकि मोतीहारी में यह अवस्था पौध रोपण के 45-50 दिन उपरान्त आ जाती है।

आलू (Potato) : आलू की फसल की अच्छे जल प्रबन्ध से बहुत अधिक उपज प्राप्त होती है। जलभराव अथवा अधिक पानी होने की दशा में जल निकास द्वारा पानी निकाल देना चाहिए। बुआई के 3-5 दिन बाद पहली हल्की सिंचाई करनी चाहिए। आलू की अधिक उपज के लिए यह आवश्यक है कि मृदा सदैव नम रहे। सिंचाई करते समय यह ध्यान रखना चाहिए कि सिंचाई के पानी से मेड़ सदैव आधी अथवा दो तिहाई से ज्यादा न डूबी रहे। विभिन्न जलवायु तथा मृदा की किस्म के अनुसार 8-10 सिंचाईयों की आवश्यकता होती है। आलू की फसल में सिंचाई सदैव 50 प्रतिशत उपलब्ध मृदा नमी होने की दशा में की जाती है। भारी मृदाओं में आलू की फसल को 5-6 सिंचाईयों की आवश्यकता होती है। अधिक मात्रा में सिंचाई पानी को तुरन्त खेत से निकाल देना चाहिए। फसल पकते समय अधिक मात्रा में पानी अथवा नमी के कारण आलू के कन्द सड़ जाते हैं। आलू की फसल के लिए कन्द की वृद्धि की (फसल बोने के 60 से 85 दिन पश्चात्) अवस्था मृदा नमी के लिए अति संवेदनशील होती है। इस प्रकार दोमट भूमियों में आलू की फसल को 9 सिंचाईयाँ क्रमश: फसल बोने के 3-5 दिन, 13-15, 25-30, 35-40, 45-50, 60-65, 75-80, 95-100 तथा 105 से 110 दिन पश्चात् करनी चाहिए।

बरसीम (Berseem) : बरसीम की फसल रबी ऋतु में चारे की फसल के रूप में उगाई जाती है अत: मुलायम तथा अधिक चारे की उपज के लिए यह आवश्यक है कि मृदा में पर्याप्त मात्रा में नमी बनी रहे। प्रारम्भ में अच्छे अंकुरण तथा फसल की वृद्धि के लिए 7-10 दिन के अन्तराल पर दो हल्की-हल्की सिंचाईयाँ कर देनी चाहिए। इसके पश्चात् 15-20 दिन के अन्तराल पर सिंचाईयों की आवश्यकता होती है। भारी मृदाओं में सिंचाई की संख्या कम तथा दो सिंचाईयों के मध्य अन्तराल अधिक होता है। जबकि हल्की मृदाओं में सिंचाईयों की संख्या अथवा दो सिंचाईयों के मध्य अन्तराल कम होता है। बरसीम की फसल की प्रत्येक कटाई के पश्चात् सिंचाई करना आवश्यक होता है। बरसीम की फसल को सामान्यत: 10-16 सिंचाईयाँ करना उपयुक्त होता है। बरसीम की फसल की कुल जलमाँग 90-100 सेमी है।

जई (Oat) : जई की फसल में पहली सिंचाई बुआई के 25 दिन पश्चात् की जाती है। इसके पश्चात् 15–20 दिन के अन्तराल पर सिंचाईयाँ करते रहना चाहिए। दाने वाली फसल में 3–4 सिंचाईयाँ की जाती हैं। पौधों में बीज बनते समय एक सिंचाई करना आवश्यक है। इसके लिए पहली सिंचाई फसल बोने के 20 दिन पश्चात् तथा दूसरी सिंचाई बोने के 35–40 दिन पश्चात् करनी चाहिए।

अभ्यास 1 : फसल में सिंचाई करने का समय ज्ञात कीजिए जबकि सिंचाई की ऊँचाई या गहराई 6 सेमी है तथा संचित वाष्पीकरण की मात्रा 6 सेमी है।

सिंचाई जल की ऊँचाई अथवा गहराई = 6 सेमी

संचित वाष्पीकरण की मात्रा = 6 सेमी

सिंचाई का अनुपात = $\frac{6}{6} = 1.0$

अत: IW/CPE के 1.0 अनुपात में सिंचाई करनी होगी।

अभ्यास 2 : 0.6, 0.8, 1.0 तथा 1.2 IW/CPE के अनुपात में सिंचाई 6 सेमी की गहराई में पानी देने के लिए संचित वाष्पीकरण की मात्रा की गणना कीजिए।

सिंचाई = $\frac{IW}{CPE}$;   IW = सिंचाई की गहराई (सेमी.), CPE = संचित वाष्पीकरण की मात्रा (सेमी)

(i) IW/CPE अनुपात 0.6 होने पर, $\frac{6}{CPE} = 0.6$

$$\frac{6}{0.6} = CPE = \frac{6}{CPE} = 10 \text{ cm}$$

इस प्रकार 10 सेमी संचित वाष्पीकरण पर फसल को पानी दिया जायेगा।

(ii) IW/CPE अनुपात 0.8 होने पर, $\frac{6}{CPE} = 0.8$

$$\frac{6}{0.8} = CPE = \frac{6}{CPE} = 7.5 \text{ cm}$$

इस प्रकार 7.5 सेमी संचित वाष्पीकरण पर फसल को पानी दिया जायेगा।

(iii) IW/CPE अनुपात 1.0 होने पर, $\frac{6}{CPE} = 1.0$

$$\frac{6}{1.0} = CPE = \frac{6}{CPE} = 6.0 \text{ cm}$$

इस प्रकार 6 सेमी संचित वाष्पीकरण पर फसल को पानी दिया जायेगा।

(iv) IW/CPE 1.2 होने पर, $\frac{6}{CPE} = 1.2$

$$\frac{6}{1.2} = CPE = \frac{6}{CPE} = 5.0 \text{ cm}$$

इस प्रकार 5 सेमी संचित वाष्पीकरण पर फसल को पानी दिया जायेगा।

अभ्यास 3 : सिंचाई करने के 2 दिन उपरान्त जब क्षेत्र क्षमता पर जल उपलब्ध है उस समय मृदा के नमूने लिए गए। कोर सेम्पलर का आन्तरिक व्यास 7.5 सेमी तथा 15 सेमी गहराई है। कोर सेम्पलर के सिलिन्डर सहित नम मृदा का वजन 2.86 किग्रा जबकि ओवेन से सूखी मृदा का वजन 2.66 किग्रा. है। खाली कोर सेम्पलर का वजन 1.56 किग्रा. है। जल की गहराई सेमी प्रति मीटर मृदा की गहराई ज्ञात कीजिए।

नम मृदा का भार = 2.86 − 1.56 = 1.30 किग्रा

ओबेन द्वारा सुखाई गई शुष्क मृदा का भार = 2.66 − 1.56 = 1.10 किग्रा

$$\text{नमी की मात्रा प्रतिशत} = \frac{1.30-1.10}{1.10} \times 100 = 18.18 \text{ प्रतिशत}$$

$$\text{मृदा नमूनों का आयतन} = \frac{\pi}{4} \text{d2 h} = \frac{\pi}{4} 7.5 \times 7.5 \times 15 = 669 \text{ घनसेमी}$$

मृदा का आपेक्षित घनत्व (Apparent specific gravity) $= \dfrac{\text{शुष्क मृदा का भार (ग्राम)}}{\text{मृदा नमूनों का आयतन (घन सेमी)}}$

नमी की मात्रा (लीनियर यूनिट) = आपेक्षित घनत्व − नमी की मात्रा

= 1.66 × 18.18

= 30.18 सेमी प्रति मीटर मृदा की गहराई

अभ्यास 4 : सिंचाई देने के पूर्व फसल की विभिन्न जड़ क्षेत्र से लिए गए निम्न मृदा नमूनों द्वारा नमी की प्रतिशत मात्रा ज्ञात कीजिए।

नमूने लेने की गहराई (सेमी)	नम मृदा नमूनों का वजन (ग्राम)	शुष्क मृदा नमूनों का वजन (ग्राम)
0−25	135.02	127.10
25−50	136.41	127.98
50−75	123.14	115.43
75−100	111.08	102.78

उपरोक्त मृदा का जड़ क्षेत्र में मृदा घनत्व 1.51 ग्राम प्रति घन सेमी है। मृदा की जल ग्रहण क्षमता 17.85 सेमी प्रति मीटर गहराई है। इस प्रकार–

1. मृदा की विभिन्न जड़ क्षेत्र में मृदा नमी की गणना करें।
2. मृदा के विभिन्न जड़ क्षेत्र में सिंचाई देते समय मृदा नमी की मात्रा की गणना करें।
3. क्षेत्र क्षमता के स्तर से मृदा नमी लाने के लिए जल की शुद्ध गहराई ज्ञात करें।
4. कुल सिंचाई आवश्यकता की गणना प्रक्षेत्र सिंचाई दक्षता 70 प्रतिशत के अनुसार ज्ञात करें।

(1) मृदा के विभिन्न स्तर (गहराई) पर मृदा नमी की मात्रा = **0−25 सेमी**

$$\text{नमी की मात्रा (\%)} = \frac{135.02-127.10}{127.10} \times 100 = 6.23 \times 1.51$$

= 9.41 सेमी प्रति मीटर गहराई

$= 9.41 \times \dfrac{25}{100} =$ **2.35 सेमी**

• **25–50 सेमी**

$$\text{नमी की मात्रा (\%)} = \frac{136.41-127.98}{127.98} \times 100 = 6.59 \times 1.51 = 9.95 \text{ सेमी प्रति मीटर गहराई}$$

$$= 9.95 \times \frac{25}{100} = \mathbf{2.49 \text{ सेमी}}$$

• **50–75 सेमी**

$$\text{नमी की मात्रा (\%)} = \frac{123.14-115.43}{115.43} \times 100 = 6.68 \times 1.51 = 10.09 \text{ सेमी प्रति मीटर गहराई}$$

$$= 10.09 \times \frac{25}{100} = \mathbf{2.52 \text{ सेमी}}$$

• **75–100 सेमी**

$$\text{नमी की मात्रा (\%)} = \frac{111.08-102.78}{102.78} \times 100 = 8.07 \times 1.51 = 12.20 \text{ सेमी प्रति मीटर गहराई}$$

$$= 12.20 \times \frac{25}{100} = \mathbf{3.05 \text{ सेमी}}$$

(2) सिंचाई देते समय जड़ क्षेत्र में पानी की मात्रा = 2.35 + 2.49 + 2.52 + 3.05 = **10.41 सेमी**

(3) शुद्ध जल की आवश्यकता = 17.85 − 10.41 = **7.44 सेमी**

(4) सकल जल की आवश्यकता = $\frac{7.44}{70} \times 100$ = **10.63 सेमी**

अभ्यास 5 : भारात्मक विधि द्वारा मृदा में नमी की मात्रा ज्ञात करो।

बॉक्स सहित नम मृदा का भार	= 181.28 ग्राम
बॉक्स सहित शुष्क मृदा का भार	= 158.09 ग्राम
खाली बॉक्स का भार	= 42.3 ग्राम
अत: नम मृदा का शुद्ध भार	= 181.20 − 42.3 = 138.98
ओवेन शुष्क मृदा का शुद्ध भार	= 158.09 − 42.3 = 115.79

$$\text{नमी की मात्रा (\%) =)} \frac{\text{नम मृदा का भार − शुष्क मृदा का भार}}{\text{मृदा नमूनों का आयतन (घन सेमी)}} \times 100$$

$$\text{नमी की मात्रा (\%) =)} \frac{138.98 - 115.79}{115.79} \times 100 = \mathbf{20.03 \text{ प्रतिशत}}$$

अभ्यास 6 : एक पम्प जो 12 घंटे प्रतिदिन कार्य करके 20 हैक्टेअर खेत की सिंचाई करता है। मृदा की जल ग्रहण क्षमता 16 सेमी प्रतिमीटर है तथा जड़ क्षेत्र की गहराई 1 मीटर है। 50 प्रतिशत उपलब्ध मृदा नमी पर सिंचाई की जानी है। जल प्रयोग दक्षता 70 प्रतिशत है। फसल औसतन 0.4 मिमी की दर से नमी का उपयोग करती है। सिंचाई की नालियों द्वारा पानी का ह्रास बहुत कम है। उपरोक्त क्षेत्रफल की सिंचाई में लगा समय, शुद्ध जल प्रयोग की गहराई, उठाये गये जल की गहराई प्रति सिंचाई तथा सिंचाई पद्धति की आवश्यक क्षमता हैक्टेअर सेमी प्रतिदिन तथा लीटर प्रति सेकेण्ड ज्ञात करें।

शुद्ध जल प्रयोग की गहराई $= 16 \times \frac{50}{100} = 8$ सेमी

सिंचाई में लगा समय $= \frac{\text{शुद्ध जल की आवश्यकता (Net irrigation requirement)}}{\text{नमी उपयोग की दर (Peak moisture use rate)}} \times 100$

$= \frac{8}{0.4} \times 100 = 20$ **दिन**

उठाये गये जल की गहराई प्रति सिंचाई $= \frac{8}{0.7} = 11.4$ सेमी

= **11.4 हैक्टेअर सेमी प्रतिदिन**

सिंचाई पद्धति की आवश्यक क्षमता $= \frac{11.4 \times 10000 \times 1000}{100 \times 12 \times 60 \times 60}$ = **26.4 लीटर प्रति सैकेण्ड**

अभ्यास 7 : किसी जल स्त्रोत द्वारा 15 हैक्टेअर क्षेत्र की सिंचाई करने के लिए किस आकार के स्त्रोत की आवश्यकता होगी जबकि उस क्षेत्र में प्रभावी वर्षा शून्य है तथा फसल द्वारा जल उपभौमिक उपयोग 5 मिमी प्रतिदिन है। सिंचाई के लिए 12 घन्टे प्रतिदिन चलाया जाता है। प्रक्षेत्र सिंचाई दक्षता 50 प्रतिशत है तथा मृदा की जल धारण क्षमता 15 सेमी प्रति मीटर है।

शुद्ध जल प्रयोग की गहराई $= 15 \times \frac{50}{100} = 7.5$ सेमी

सिंचाई में लगा समय $= \frac{7.5}{0.15} = 15$ दिन

उठाये गये जल की गहराई प्रति सिंचाई $= \frac{7.5}{0.15} = 15$ दिन

सिंचाई पद्धति की आवश्यक क्षमता (हैक्टेअर सेमी प्रतिदिन) $= \frac{15 \text{ सेमी} \times 15 \text{ हैक्टेअर}}{15 \text{ दिन}}$

= 11.4 हैक्टेअर सेमी प्रतिदिन

सिंचाई पद्धति की आवश्यक क्षमता (लीटर प्रति सैकेण्ड) $= \frac{15 \times 10000 \times 1000}{100 \times 12 \times 60 \times 60}$

= **34.72 लीटर प्रति सैकेण्ड**

अभ्यास 8 : एक रहट जिससे 12000 लीटर प्रति घन्टा की दर से पानी निकलता है तथा 8 घन्टे प्रतिदिन कार्य करता है। औसत सिंचाई की गहराई 8 सेमी. तथा 15 दिन के अन्तराल पर रहट द्वारा कितने क्षेत्रफल की सिंचाई की जा सकती है।

15 दिन में रहट से कुल पानी का निकास $= \frac{12000 \times 8 \times 15}{1000} = 1440$ घन मीटर

8 सेमी की गहराई पर एक हैक्टेअर में पानी की आवश्यकता $= 1000 \times \frac{8}{100} = 800$ घन मीटर

$$\text{रहट द्वारा सिंचित क्षेत्रफल} = \frac{\text{जल की उपलब्धता}}{\text{प्रति इकाई क्षेत्र में पानी की आवश्यकता}}$$

$$= \frac{1440}{800} = \textbf{1.80 हैक्टेअर}$$

अभ्यास 9 : एक टयूबवैल जो 15 घन्टा प्रतिदिन सिंचाई करता है जो 5000 लीटर प्रति घन्टा की दर से जल को निष्कासित करता है। 20 दिन के सिंचाई के अन्तराल पर 7 सेमी सिंचाई की गहराई की दशा में पम्प द्वारा कितने क्षेत्रफल की सिंचाई की जा सकती है?

$$\text{20 दिन में पम्प से कुल पानी का निकास} = \frac{5000 \times 15 \times 20}{1000} = \textbf{1500 घन मीटर}$$

$$\text{7 सेमी की गहराई पर एक हैक्टेअर में पानी की आवश्यकता} = 10000 \times \frac{7}{100} = \textbf{700 घन मीटर}$$

$$\text{पम्प द्वारा सिंचित क्षेत्रफल} = \frac{\text{जल की उपलब्धता}}{\text{प्रति इकाई क्षेत्र में पानी की आवश्यकता}}$$

$$= \frac{1500}{700} = \textbf{2.14 हैक्टेअर}$$

अभ्यास 10 : नहर से 135 लीटर प्रति सैकेण्ड की दर से पानी को छोड़ा गया तथा प्रक्षेत्र पर 100 लीटर प्रति सैकेण्ड की दर से पहुँचता है जिससे 8 घन्टे में 1.6 हैक्टेअर क्षेत्र की सिंचाई की जाती है। फसल का प्रभावी जड़ क्षेत्र 1.8 मीटर है। प्रक्षेत्र पर जल अपवाह द्वारा हानि 432 घन मीटर है जल सोखने की दर में भिन्नता है यह दर प्रारम्भिक छोर (Head) पर 1.8 मीटर तथा अन्तिम छोर पर (Tail) पर 1.2 मीटर है। मृदा की उपलब्ध जल ग्रहण दक्षता 20 सेमी प्रति मीटर मृदा की गहराई है। जल वहन दक्षता (Water conveyance efficiency), जल प्रयोग दक्षता (Water application efficiency), जल से ग्रहण दक्षता (Water Storage Efficiency) तथा जल वितरण दक्षता (Water Distribution Efficiency) ज्ञात करो। जबकि मृदा में सिंचाई 50 प्रतिशत उपलब्ध मृदा नमी पर करनी है।

$$\text{(i) जल वहन दक्षता} = \frac{\text{प्रक्षेत्र पर पानी पहुँचने की दर (ली. प्रति सैकेण्ड)}}{\text{जल स्त्रोत से छोड़ा गया पानी (ली. प्रति सैकेण्ड)}}$$

$$= \frac{100}{135} \times 100 = \textbf{74 प्रतिशत}$$

$$\text{(ii) जल प्रयोग दक्षता} = \frac{Ws}{Wf} \times 100$$

$$\text{प्लॉट में प्राप्त जल } (W_f) = \frac{100 \times 60 \times 60 \times 8}{1000} = \textbf{2880 घन मीटर}$$

$$\text{जड़ क्षेत्र में जल संग्रहण } (W_S) = 2880 - 432 = \textbf{2448 घन मीटर}$$

$$\text{जल प्रयोग दक्षता} = \frac{2448}{2880} \times 100 = \textbf{85 प्रतिशत}$$

$$\text{(iii) जल प्रयोग दक्षता} = \frac{Ws}{Wn} \times 100$$

जड़ क्षेत्र में जल संग्रहण क्षमता $= 20 \times 1.8 = 36$ सेमी

जड़ क्षेत्र में नमी की आवश्यकता $= \frac{36 \times 50}{100} \times 18$ सेमी

$= \frac{18}{100} \times 1.6 \times 1000 =$ **2880 घन मीटर**

जल संग्रहण दक्षता $= \frac{2448}{2880} \times 100 =$ **85 प्रतिशत**

(iv) जल वितरण दक्षता $= 100 \left(1 - \frac{\bar{y}}{\bar{d}}\right)$

$\bar{d} = \frac{1.8 + 1.2}{2} = 1.5$ मीटर

जल सोखने की गहराई, ऊपरी छोर $= 1.8 - 1.5 = 0.3$ मीटर

निचली छोर $= 1.5 - 1.2 = 0.3$ मीटर

औसत विचलन $= \frac{0.3 + 0.3}{2} =$ **0.03 सेमी.**

जल वितरण दक्षता $= 100 \left(1 - \frac{0.3}{1.5}\right) =$ **80 प्रतिशत**

अभ्यास 11 : एक हैक्टेअर खेत की सिंचाई करने में कितना समय लगेगा जबकि जल स्त्रोत को 10 घन्टे की दर से चलाया जाता है तथा 30 लीटर प्रति सेकेन्ड की दर से पानी निकलता है। फसल का प्रभावी जड़ क्षेत्र 1.8 मीटर है तथा उपलब्ध जल ग्रहण क्षमता 1.6 सेमी प्रति मीटर है। सिंचाई 50 प्रतिशत उपलब्ध मृदा नमी पर की जानी है। जल प्रयोग दक्षता 60 प्रतिशत है। जल संग्रहण दक्षता ज्ञात कीजिए।

जल संग्रहण दक्षता $= \frac{Ws}{Wn} \times 100$

जड़ क्षेत्र में जल संग्रहण क्षमता $= 16 \times 1.8 =$ **28.8 सेमी.**

जड़ क्षेत्र में नमी की आवश्यकता (Wn) $= 28.8 \times \frac{50}{100} = 14.4$ सेमी.

$= \frac{14.4}{100} \times 1.2 \times 1000$

= 2592 घन मीटर

प्लॉट में प्राप्त जल $= \frac{100 \times 60 \times 60 \times 10}{1000} \times 100$

= 3600 घन मीटर

जड़ क्षेत्र में जल से संग्रहण 60 प्रतिशत (Ws) $= \frac{100\ A}{3600} =$ **2160 घनमीटर**

जल ग्रहण दक्षता $= \frac{2160}{2592} \times 100 =$ **83.3 प्रतिशत**

अभ्यास 12 : एक परसियन व्हील (रहट) से पानी का औसतन निकास 250 लीटर प्रति मिनट है। जिससे एक हैक्टेअर गेहूँ की फसल की सिंचाई करने में 45 घन्टे लगते हैं। सिंचाई की औसत गहराई क्या होगी ?

45 घन्टे में पानी का निकास = 250 × 60 × 45 = 675000 लीटर *अथवा* 675 घन मीटर

$$\text{सिंचाई की गहराई (सेमी)} = \frac{\text{पानी का आयतन (घन मीटर)}}{\text{सिंचित क्षेत्र (वर्ग मीटर)}} \times 100$$

$$= \frac{675}{10000} \times 100 = \mathbf{6.75\ \text{सेमी}}$$

अभ्यास 13 : गेहूँ की फसल को 120 दिन पश्चात् 50 सेमी की गहराई पर सिंचाई देनी है। 25 लीटर प्रति सैकेण्ड तथा 20 घन्टे प्रतिदिन के हिसाब से कितने क्षेत्रफल पर सिंचाई की जा सकती है ?

$$\text{सिंचाई के समय कुल जल का बहाव} = \frac{25 \times 60 \times 60 \times 20 \times 120}{1000} = \mathbf{216000}\ \text{घन मीटर}$$

$$\text{प्रति हैक्टेअर सिंचाई की आवश्यकता} = \frac{50}{100} = 10000 = \mathbf{5000\ \text{घन मीटर}}$$

$$\text{सिंचित क्षेत्रफल} = \frac{\text{उपलब्ध जल का आयतन (घन मीटर)}}{\text{प्रति हैक्टेअर जल की आवश्यकता (घन मीटर)}} = \frac{216000}{5000}$$

$$= \mathbf{43.2\ \text{हैक्टेअर}}$$

अभ्यास 14 : 45 सेमी लम्बे तथा 12 सेमी ऊँचे शिखर वाले आयताकार बन्धारा से जल निःसारण की गति निम्न दशाओं में ज्ञात कीजिए।

(i) With no end contraction - $Q = 0.0184\ LH^{3/2}$

$= 0.0184 \times 45 \times 12^{3/2}$

$=$ **33.5 लीटर प्रति सैकेण्ड**

(ii) With one end contraction - $Q = 0.0184\ (L\text{-}0.1H)\ H^{3/2}$

$= 0.0184\ (45\text{-}0.1 \times 12)\ 12^{3/2}$

$=$ **33.5 लीटर प्रति सैकेण्ड**

(iii) With two end contraction - $Q = 0.0184\ (L - 0.2\ H\ )\ H^{3/2}$

$= 0.0184\ (45\text{-}0.2 \times 12)\ 12^{3/2}$

$=$ **32.6 लीटर प्रति सैकेण्ड**

✦

13

खरपतवार प्रबन्ध
(WEED MANAGEMENT)

मानव एवं कृषि की उत्पत्ति के साथ-साथ खरपतवारों को भी उत्पत्ति हुई है। खरपतवार किसी विशेष प्रकार के पौधों का नाम न होकर ऐसे अवांछित पौधे जो हानिकारक तथा अनुपयोगी के अतिरिक्त ऐसे स्थान पर उग आते हैं जहाँ पर इनकी आवश्यकता ही नहीं होती है, खरपतवार कहलाते हैं। खरपतवार फसलों से भूमि, मृदा जल, स्थान, पोषक तत्वों, प्रकाश, वायु, फसल वृद्धि, श्रम आदि से प्रतिस्पर्धा करते हैं। खरपतवारों से प्रति इकाई क्षेत्रफल में शुद्ध लाभ में कमी हो जाती है। खरपतवारों द्वारा फसलों की उपज में हानि 90 प्रतिशत तक हो जाती है। वह अवांछित पौधे जो मानव जीवन की दैनिक क्रियाकलापों को प्रभावित नहीं करते वह पौधे खरपतवार नहीं हो सकते हैं। कभी-कभी एक फसल के साथ अन्य फसल के पौधे उग आते हैं इस तरह से उगे हुए पौधे भी खरपतवार की श्रेणी में आते हैं। इस प्रकार किसी फसल की एक प्रजाति में किसी अन्य प्रजाति के पौधे उगने पर भी वह पौधे खरपतवार होंगे जैसे गेहूँ की शुद्ध फसल में जौ अथवा गेहूँ की पी.बी.डब्लू. 343 प्रजाति में एच. डी. 2967 प्रजाति का पौधा।

कृषि योग्य भूमियों, बस्तियों तथा औद्योगिक शहरों के पास खरपतवार उग आते हैं जो एक समस्या है। बस्तियों तथा औद्योगिक शहरों के पास लेन्टाना (*Lantana camera*) तथा सत्यानाशी (*Argemone mexicana*) के पौधे उग आते हैं जहाँ सफाई एवं सुरक्षा की दृष्टि से इस तरह के पौधों से काफी परेशानी होती है। इस प्रकार गाजर घास (*Parthenium strumanium*) तथा सदाबहार (*Ipomea camera*) विषैली होती हैं। इसी तरह गोखरू (*Xanthium strumonium*) तथा वन प्याजी (*Asphodelus tenuifolius*) जो पशुओं के उत्पादन पर गुणात्मक तथा परिमाणात्मक प्रभाव डालते हैं इन्हें खरपतवार कहा जाता हैं। जल कुम्भी (*Water Hycienth*) जलाशय में मछली पकड़ने वालो के लिए खरपतवार है परन्तु पानी साफ करने के लिए उपयोगी भी है। दूबघास (*Cynodon dactylon*) खेत में उगकर फसल के लिए बहुत ही हानिकारक खरपतवार है परन्तु जब इसे लॉन, चरागाह, बाँधों की सुरक्षा के लिए, जल बहाव को कम करने के लिए तथा भूमि संरक्षण के रूप में उगाते हैं तब यह खरपतवार नहीं है। क्वेक घास (*Agropyron repens*) मृदा कणों को बाँधने के लिए भूमि क्षरण वाली भूमियों तथा परती पड़ी भूमियों के लिए बहुत ही उपयुक्त है परन्तु यही जब खेत में फसल के साथ उगकर फसल की उपज को काफी हानि पहुँचाता है। कुछ खरपतवार मनुष्यों के शरीर में एलर्जी पैदा कर देते हैं, काँटेदार खरपतवारों के पौधे मनुष्यों एवं जानवरों द्वारा खा लेने पर उनके स्वास्थ्य पर बुरा प्रभाव पड़ता है यहाँ तक कि उनकी मृत्यु तक हो जाती है।

कृषि योग्य भूमियों में खरपतवारों के बीज एक बार बन जाने पर आगामी सात वर्षों तक खेत में खरपतवार उगते रहते हैं अर्थात One year seeding seven years weeding। खरपतवारों के बीजों में कई वर्षों तक भूमि में पड़े रहने के बाद भी जमने की क्षमता रहती है। विश्व में खाद्यान्न की पूर्ति में लगभग 210 मिलियन टन प्रतिवर्ष अनाज की कमी केवल खरपतवारों द्वारा हो जाती है अर्थात खरपतवारों से इतना नुकसान होता है जितना कि कीटों, बीमारियों तथा

भण्डारण में होता है। इसलिए खरपतवार नियंत्रण एक अत्यन्त आवश्यक एवं महत्वपूर्ण क्रिया है। जिनके नियंत्रण मात्र से आगे आने वाले समय में बढ़ती जनसंख्या को खाद्यान्न की आपूर्ति करने के लिए एक प्रभावी कदम होगा।

खरपतवारों की परिभाषा (Definitions of weeds)

खरपतवार वह पौधे होते हैं जो अनचाहे स्थान पर उगते हैं तथा अलाभकारी होते हैं।

क्राट तथा राबिन्स (1973) के अनुसार ''खरपतवार वह पौधे होते हैं जो उस स्थान पर उगते हैं जहाँ पर इनकी आवश्यकता नहीं होती है। जो अवांछित, अलाभकारी, प्राय: फैलने वाले, प्रतिस्पर्धा रखने वाले, हानिकारक तथा विषैले होते हैं। खरपतवार कृषि कार्य में बाधा पहुँचाते हैं, श्रम तथा उत्पादन व्यय को बढ़ाते हैं, फसल की पैदावार को कम कर देते हैं तथा जीवन में आराम को कम करते हैं। इस प्रकार खरपतवार भूमि एवं जल संसाधनों के उपयोग में हस्तक्षेप करते हैं।''

चन्द्रिका ठाकुर (1984) के अनुसार ''खरपतवार वह पौधे होते हैं जो ऐसे स्थान पर ऐसे समय में उगते हैं जहाँ पर मनुष्य दूसरे पौधों को उगाना चाहता है अथवा अन्य कोई पौधा नहीं चाहिए होता है।''

जैथरोटुल (1731) के अनुसार ''खरपतवार वह अवांछित पौधे होते हैं जो किसी भी स्थान पर बिना उगाये ही उग आते हैं और जिनकी उपस्थिति से लाभ होने की तुलना में हानि अधिक होती है।''

डा. बील के अनुसार ''खरपतवार वह पौधा होता है जो अनचाहे स्थान पर उगता है।''

पीटर के अनुसार ''खरपतवार वह पौधे होते हैं जो लाभ की अपेक्षा हानि करने की क्षमता अधिक रखते हैं।''

रोबिन्स के अनुसार ''खरपतवार उस जाति के पौधे होते हैं जो अनैच्छिक तथा अलाभकारी होते हैं, ये प्राय: फैलने वाले एवं हठी होते हैं जो कृषि कार्य में बाधा उत्पन्न करते हैं, श्रम शक्ति को बढ़ाते हैं तथा फसल की उपज को कम करते हैं।''

राष्ट्रीय विज्ञान अकादमी (1971) के अनुसार ''खरपतवार ऐसे पौधे होते हैं जो ऐसे स्थान पर उगते हैं। जहाँ मनुष्य दूसरे किस्म के पौधे उगाना चाहता है अथवा अन्य कोई भी पौधा नहीं चाहिए होता है।''

एल्ड्रिच एवं क्रेमर (1977) के अनुसार ''खरपतवार परिस्थिति की प्रणाली का प्रतिदान है जो प्राकृतिक वातावरण द्वारा उत्पन्न एवं विकसित होता रहता है तथा हमारे पौधों की वांछित किस्मों तथा क्रियाकलापों में हस्तक्षेप करता रहता है।''

इस प्रकार ''खरपतवार वह पौधे होते हैं जो ऐसे स्थान पर उस समय उगते हैं जहाँ पर मनुष्य उगाना ही नहीं चाहता है तथा फसलों एवं मनुष्यों के लिए हानिकारक होते हैं जिससे लाभ की अपेक्षा हानि अधिक होती है।

इस प्रकार खरपतवार की विभिन्न परिभाषाओं को निम्न प्रकार से व्यक्त करते हैं –

1. अवाँछित स्थान तथा समय पर उगने वाले पौधे
2. बिना आमंत्रित अतिथि
3. प्राय: अलाभकारी पौधे
4. खेतों में उगने वाले हानिकारक पौधे
5. वांछित भूमि में जबरन हस्तक्षेप करने वाले पौधे
6. उगाये गये पौधों के मध्य उगने वाला अवांछित पौधा

उपरोक्त परिभाषाओं से स्पष्ट है कि समय विशेष में मानवीय क्रियाकलापों में हस्तक्षेप करने वाला पौधा खरपतवार की श्रेणी में आता है। ऐसे पौधे बहुत तेजी से बढ़ते, फूलते तथा फलते हैं और फसल की उपज कम कर देते हैं। इनका नियन्त्रण करने के लिए अतिरिक्त श्रम तथा धन की आवश्यकता होती है।

खरपतवार वह अवांछित, हानिकारक, अशोभनीय एवं कष्ट दायक पौधे होते हैं। जो खेती में फसलों के लिए बाधक तथा मानवीय कार्यों को प्रभावित करते हैं जैसे मोंथा, दूबघास, अमरबेल, झरबेरी आदि।

यह सभी अवांछनीय, अनुपयोगी, जल्दी फैलने वाले, स्थाई, प्रतियोगी, हानिकारक, जहरीले, खेती में बाधा डालने वाले, श्रम तथा कार्य बढ़ाने वाले एवं प्रति इकाई उपज घटाने वाले होते हैं जैसे धतूरा, गाजर घास, आक आदि।

खरपतवारों की विशेषताएं (Characteristics of weeds)

खरपतवार वह पौधे होते हैं जो अपनी इच्छानुसार अथवा उपयुक्त वातावरण मिलने पर उग आते हैं जिनको नष्ट करने के लिए कृषकों द्वारा कई क्रियाएं जैसे जुताई करना, निराई-गुड़ाई, शाकनाशी रसायनों का प्रयोग आदि करता है फिर भी कुछ समय पश्चात् स्वत: ही फसल की किसी अवधि में उगकर अपना जीवन यापन पूरा करके बीज बनाकर आगामी वर्ष के लिए तैयार हो जाते हैं। खरपतवारों में निम्नलिखित विशेषताएं पाई जाती हैं –

1. खरपतवारों के पौधों में विभिन्न प्रकार की मृदाओं में उगने की क्षमता होती है। यह किसी भी प्रकार की भूमियों जैसे मटियार, दोमट, बलुई, अम्लीय, क्षारीय, कंकरीली, पथरीली, पहाड़ी, जलमग्न, दीवालों यहाँ तक कि छतों पर भी उगते हुए पाये जाते हैं।

2. खरपतवारों के पौधों की जड़ें फसलों की जड़ों की अपेक्षाकृत अधिक विकसित होती हैं। इनकी जड़ों से पौधे के वायवीय भाग को नष्ट कर देने के उपरान्त पुन: नए पौधे विकसित होकर पूर्ण वृद्धि करते हैं। इनकी भूमिगत जड़ें, कन्द, प्रकन्द आदि मृदा के अन्दर तेजी से वृद्धि एवं विकसित होती हैं तथा जुताई आदि क्रियाओं द्वारा टुकड़ों में कटकर एक स्थान से दूसरे स्थान पर फैलकर नये पौधों के रूप में स्थापित हो जाते हैं जैसे बर्रू घास (*Sorghum helepense*), कँटीली घास (*Circium arvensis*), नरकुल (*Fragmitis corca*), दूब घास आदि।

3. खरपतवारों की जड़ें फसलों की जड़ों की अपेक्षा अधिक गहराई तक अपना विस्तार करती हैं जिसके परिणाम स्वरूप प्रतिकूल परिस्थितियों में मृदा से नमी तथा पोषक तत्वों का ग्रहण मृदा की अधोसतह से करके जीवित रहते हैं। खरपतवारों के पौधों की जड़ें फसलों की जड़ों की अपेक्षा अधिक कठोर तथा सहनशील होती हैं जो प्रतिकूल परिस्थितियाँ जैसे सूखा, अधिक पानी, जलमग्नता आदि दशाओं में जीवित अवस्था में पड़े रहते हैं और अनुकूल समय आने पर पुनर्वृद्धि शुरू कर देते हैं जैसे हिरनखुरी (*Convolvulus arvensis*), काँस (*Saccharum spontaneum*), बायसुरी (*Pluchea lanceolata*), मोंथा (*Cyperus rotundus*), जवासा (*Ahlagi camilorum*) आदि की जड़ें भूमि के अन्दर 6–8 मीटर की गहराई तक चली जाती हैं।

4. खरपतवारों के बीजों का अंकुरण एवं जमाव शीघ्र होता है तथा इनके बीजांकुर तेजी से बढ़ते हैं। खरपतवारों के बीजांकुर सख्त होते हैं तथा वे फसल के पौधों के साथ प्रकाश, नमी, स्थान, पोषक तत्वों आदि के साथ बहुत तेजी से संघर्ष करते हैं। खरपतवारों के बीजों की विशिष्ट क्रिया विधि तथा उसमें शीघ्र अंकुरण की प्रवृत्ति के कारण खरपतवारों की कुछ जातियाँ जैसे जंगली चौलाई के बीज नियमित अन्तराल पर जमते रहते हैं।

5. खरपतवारों के पौधे फसलों के साथ उगते हैं परन्तु इनमें फूल शीघ्र आते हैं तथा फसलों से पूर्व बीज पककर खेत में झड़ जाते हैं। इस प्रकार जब फसल की कटाई की जाती है तब खेत में बहुत अधिक संख्या में खरपतवारों के बीज छूट जाते हैं। कुछ खरपतवारों के पौधों में फूल आना, बीज बनना तथा बीजों का खेत में झड़ना आदि क्रियाएं एक साथ चलती रहती है जैसे पत्थरचट्टा (*Tryanthema monogyna*), गेहूँ का मामा (*Phalaris minor*), सँवई घास (*Echinoclova colonum*) आदि खरपतवारों में इस तरह के गुण पाये जाते हैं।

6. खरपतवारों में यह विशेषता होती है कि जैसे जलवायु, बीमारी, कीट आदि विषम परिस्थितियों को सहने की क्षमता अधिक होती है जैसे झरबेरी (*Zigyphus* sp.), नागफनी (*Opuntia* sp.) आदि।

7. खरपतवारों में फसलों की अपेक्षा अधिक बीज पैदा करने की क्षमता होती है। प्रति पौधे बीजों की संख्या खरपतवारों की जाति तथा उगने वाली भूमि की दशा पर निर्भर करती है। खरपतवार प्रचुरता से उगने वाले एवं अत्यधिक प्रजनन क्षमता रखने वाले होते हैं जैसे चौलाई में बीज उत्पादन लगभग 2 लाख, मकोय (*Solanum nigrum*) में 1.70 लाख, धतूरा में 2000 तथा गाजर घास (*Parthenium* spp.) में 25000 बीज प्रति पौधे की दर से उत्पन्न होते हैं।

8. खरपतवारों में प्रतिस्पर्धा सहन करने की शक्ति अधिक पाई जाती हैं। छायादार स्थान, मरूस्थलीय प्रदेश, दलदली भूमि (*Marshy land*) में फसलों की वृद्धि ही नहीं होती अथवा सूख जाती हैं परन्तु खरपतवार के पौधे जीवित बने रहते हैं। इस अवस्था में फसलों की अपेक्षा खरपतवार के पौधे बहुत तेजी से बढ़ते हैं और शीघ्र ही अपना जीवन चक्र पूरा करके परिपक्व हो जाते हैं।

9. खरपतवारों के बीज फसलों के बीजों के साथ मिल जाते हैं क्योंकि फसल की कटाई के समय फसल के साथ-साथ खरपतवार के पौधे काट लिये जाते हैं जिनको अलग करना काफी कठिन होता है जैसे गेहूँ की फसल के साथ गेहूँ का मामा या गेहूँसा के पौधों की कटाई एक साथ हो जाती है।

10. खरपतवारों के बीजों में फसलों के बीजों के रंग तथा आकार में काफी समानता होती है जिसको पृथक करना आसान नहीं होता हैं। सत्यानाशी (*Argemone mexicana*) के बीज सरसों के बीजों के समान, प्याजी (*Asphodelus* sp.) के बीज प्याज के बीजों के समान तथा कासनी (*Chincorium intybus*) के बीज बरसीम के बीजों के समान होते हैं।

11. खरपतवारों में अनेक प्रकार से प्रजनन होता है। अधिकतर खरपतवारों में बीजों तथा वानस्पतिक भागों द्वारा प्रजनन क्षमता पाई जाती है। इस तरह से एक विधि से उगने के लिए अनुकूल परिस्थिति न होने की दशा में अन्य विधियों द्वारा पौधे बन जाते हैं। दूबघास, हिरनखुरी, काँस आदि खरपतवारों में इस तरह के गुण पाये जाते हैं।

12. खरपतवार के बीजों के अंकुरण शक्ति (Seed viability) बहुत अधिक समय तक बनी रहती है जब इन बीजों को अनुकूल दशायें उपलब्ध हो जाती हैं तब अंकुरित होकर जीवन पूर्ण कर लेते हैं। बथुआ (*Chenopodium album*) के बीजों में लगभग 40-50 वर्ष तक भूमि के अन्दर पड़े रहने के पश्चात् भी उग आते हैं इसी प्रकार हिरनखुरी के बीज 50 वर्ष पश्चात्, पीला मोंथा 20 वर्ष, जंगली सरसों के बीज 300 वर्ष बाद भी उग आते हैं। ठन्डा तथा शुष्क वातावरण होने पर बीजों की अंकुरण क्षमता बढ़ जाती है।

13. खरपतवार के बीजों में फैलने (Dispersion) के लिए अनेक प्रकार के आकार तथा अंग पाये जाते हैं। कुछ खरपतवार के बीजों की सतह रोम युक्त होती है जो हवा के साथ-साथ काफी दूरी तक चले जाते हैं। कुछ खरपतवार के बीजों पर हुक तथा कांटे होते हैं तो कुछ की सतह चिपचिपी होने के कारण मनुष्यों, पक्षियों तथा पशुओं के शरीर से चिपक कर एक स्थान से दूसरे स्थान तक चले जाते हैं। इस तरह के लक्षण कम्पोजिटी कुल के खरपतवारों तथा कोकोलेवर में पाये जाते हैं।

14. खरपतवारों की पत्तियों पर सक्रिय रन्ध्रकूपों (Stomata) की संख्या कम पाई जाती है। सामान्य दशाओं में फसलों की अपेक्षा खरपतवारों में रूपान्तरण करने की शक्ति अधिक होती है। इसलिए प्रतिकूल परिस्थितियों में खरपतवारों की पत्तियों द्वारा पानी का ह्रास बहुत कम होता है जिससे ये अपना जीवन आसानी से पूर्ण कर लेते हैं।

15. खरपतवारों की कुटिल प्रवृत्ति होने के कारण बहुत से खरपतवार अपने कडुवे स्वाद, दुर्गन्ध, काँटेयुक्त होने के कारण पशुओं, पक्षियों तथा मनुष्यों से अपनी रक्षा करते हैं। इस प्रकार के पौधे अधिक बीज पैदा करके बढ़ते रहते है जैसे गाजर घास। कुछ खरपतवारों की पत्तियों पर रक्षात्मक आवरण, सख्त बाल जैसी रचनाएं तथा कांटे आदि पाये जाते हैं जैसे नागफनी, सत्यानाशी।

16. कुछ खरपतवार नुकसान के अतिरिक्त फसलों में खेत के चारों ओर बाड़ (Fencing) का कार्य करते हैं। जिससे पशुओं आदि से फसल की सुरक्षा हो जाती है जैसे नागफनी, लेन्टाना आदि।

तालिका 13.1 : फसलों में पाये जाने वाले प्रमुख खरपतवार

	खरपतवार		
	हिन्दी नाम	अंग्रेजी नाम	वानस्पतिक नाम
एक दालीय खरपतवार			
खरीफ ऋतु			
एक वर्षीय	सांवा घास	Barn Yard	*Echinoclova crusgali*
	धुनिया	Wild rice	*Echinochloa colonum*
	कोदों	Groose grass	*Eleusin indica*
	मकरा घास	Crow foot grass	*Dactyloctinum aegvpticum*
	बनरा-बनरी	Crab grass	*Setaria gluca*
	जंगली	Sand bur	*Cenchrus* sp.
	अंजन घास	Tarpedo grass	*Panicum repens*
		Crab grass	*Degitaria senguinalis*
	गाजर घास	-	*Parthenium hystorophorus*
	जंगली घास	Wild rice	*Orzya sativa var. fatua*
		Cut grass	*Leersa hexandra*
		Stinkgrass	*Eragrostis cilinensis*
		Lovegrass	*Eragrostis poaeoides*
		Signal grass	*Brachiaria ramosa*
		Cocklebur	*Xanthium strumarium*
	गोखरु	Punchurevine	*Tribulus terrestris*
बहुवर्षीय	मोंथा	Purple nut sedge	*Cyperus rotundus*
	दूबघास	Doob grass	*Cynodon dactylon*
	बरुघास		*Sorghum helepense*
		Beggarweed	*Desmodium triflorum*
	कांस	Quack grass	*Saccharum spontaneous*
		Dailils grass	*Paspalum dilatum*
		Knot grass	*Paspalum commersonic*
		Bent grass	*Agrostis palustris*
	सरहन्द	Bill goat	*Agratum conyzoides*
		Finger grass	*Chloris barbata*
	लेन्टाना	Lantana	*Lantana camera*
रबी ऋतु	गेहूँ का मामा	Canary grass	*Phalaris minor*
	जंगली जई	Wild oat	*Avena ludovisiana*
	नीलीघास	Blue grass	*Poa anua*
		Darnel	*Lolium temulentus*

	खरपतवार		
	हिन्दी नाम	अंग्रेजी नाम	वानस्पतिक नाम
दो दालीय खरपतवार	पथरचटा	Horsepurslane, carpet wead	*Trianthema portalacastrum*
	महकुआ	Goat weed	*Ageratum conyzoides*
वर्षा ऋतु			
	हजारदाना	day flower	*Commelina benghalensis*
	लहसुआ		*Digera arvensis*
	जंगली चौलाई	Slender amaranthus	*Amaranthus viridis*
	कंटीली चौलाई	Spiny amaranthus	*Amaranthus spinoses*
	वन मकोय		*Phaseolus minima*
	जंगली हरकुर	Spider flower	*Cleom viscosa*
	सिलमिली	Cocks comb	*Celosia argentia*
	धतूरा	Hindu Dhatura	*Datura metal*
	छोटी दुधी	Spurage	*Euphorbia dracunculoides*
	बड़ी दुधी	-	*Euphorbia heterophylla*
		Ivyleaf	*Ipomoea muricata*
	हजार दाना	Niruri	*Phyllanthus fraternus*
	जंगली पालक	Purslane	*Portulaca aleracea*
	लटजीरा	Prickly chafflower	*Achyranthes aspera*
रबी ऋतु	बथुरा	Lambs querter	*Chenopodium album*
	खरतुआ	Groose foot	*Chenopodium murale*
	सेंजी	Sweet clover	*Melilotus alba*
			Melilotus porviflora
	कृष्णनील	Pimpernel	*Anagalis arvensis*
	सत्यानासी	Camelthorn	*Ahlagi pseudahlagi*
	वन प्याजी	Mexican poppy	*Argemone mexicana*
	कासनी	Wild onion	*Asphodelus tenuifolius*
	जंगली गाजर	Chicory	*Chichorium intybus*
		Fumitory	*Fumaria purviflora*
		Burclover	*Medicago polymorha*
		Cornspurry	*Spergula arvensis*
	मनुमुना	Vetches	*Vicia hirsuta*
	अकरी		*Vicia sativa*
			Trigonella polycerata
		Canada thistle	*Cirsium arvenese*

	खरपतवार		
	हिन्दी नाम	अंग्रेजी नाम	वानस्पतिक नाम
	हिरनखुरी	Field bind weed	*Convolvulus arvensis*
		Picklypear	*Opuntia dillenii*
		Mesquite	*Prosopis chilensis*
	झरबेरी	Wild ber	*Zizyphus nummularia*
परजीवी	अमरबेल	Dodder/swarnlata	*Cuscuta compestris*
	ओरोकेन्की	Broom rape	*Orobanche aegyptiaca*
	स्ट्रिगा	Witch weed	*Striga asiatica*

17. खरपतवार के पौधों को रोग व्याधियों तथा कीट-पतंगों के प्रकोप को सहने की क्षमता बहुत अधिक होती है।

18. खरपतवारों के पौधों में विषम परिस्थितियों में अपना रूप बदलकर (डवकपपिबंजपवद) सहन करने की क्षमता फसलों की अपेक्षा बहुत अधिक होती हैं।

19. अधिकांश खरपतवार जंगली होते हैं।

20. खरपतवारों के पौधों में वृद्धि स्वत: होती रहती है। अनुकूल जलवायु में तो इनकी वृद्धि बहुत तेजी से होती है।

21. खरपतवार के पौधे अनुपयोगी, अवांछनीय तथा अनावश्यक होते हैं।

22. कुछ खरपतवारों के पौधे चारे के लिए बहुत ही उत्तम होते हैं क्योंकि इनमें पोषक तत्वों की मात्रा अधिक पाई जाती है जैसे बथुआ, जंगली सेंजी, अकरा आदि।

23. कुछ खरपतवारों को पशुओं द्वारा खा लेने पर कई प्रकार की बीमारियाँ हो जाती हैं।

खरपतवारों से हानियाँ (Losses due to weeds)

फसलों की उपज में कीट, बीमारियाँ तथा खरपतवार मुख्य रूप से हानि पहुँचाते हैं। एक अनुमान के अनुसार कुल कृषि उत्पादन में बीमारियों से 20 प्रतिशत, कीटों द्वारा 30 प्रतिशत तथा खरपतवारों से अकेले 70 प्रतिशत की हानि प्रतिवर्ष होती है। विश्व में कृषि उपज में कीटों एवं बीमारियों से होने वाली कुल हानि की अपेक्षा खरपतवारों द्वारा हानि अधिक होती है। एक सर्वेक्षण के अनुसार भारत में प्रतिवर्ष खरपतवारों से 1980 करोड़ रूपया की क्षति हो जाती है। खरपतवारों द्वारा होने वाली विभिन्न प्रकार की हानियाँ निम्नलिखित हैं –

1. उपज में कमी (Reduction in crop yield) : खरपतवार फसलों के साथ उगकर उनके पोषक तत्वों, मृदा नमी, प्रकाश आदि के साथ प्रतिस्पर्धा करते हैं जिससे फसल की उपज में 10 से 80 प्रतिशत तक हानि हो जाती है (तालिका 13.2)। फसलों की उपज में हानि खरपतवारों की संख्या एवं घनत्व पर निर्भर करती है। खरीफ ऋतु में खरपतवार फसल को अधिक हानि पहुँचाते हैं जिसका प्रमुख कारण पर्याप्त मात्रा में नमी, अधिक आर्द्रता, उच्च तापक्रम तथा अधिक समय तक सूर्य का प्रकाश का होना, जो खरपतवार की वृद्धि के लिए अनुकूल हैं। खरपतवारों द्वारा विभिन्न फसलों में हानि में भिन्नता होने का प्रमुख कारण फसलों को पोषक तत्वों एवं नमी की आवश्यकताओं का भिन्न-भिन्न होना है उदाहरण के रूप में गेहूँ की फसल में खरपतवारों से 30-60 प्रतिशत, चना में 30-50 प्रतिशत, अरहर में 90 प्रतिशत तथा धान में 30-40 प्रतिशत तक हानि हो जाती है। खरपतवारों का स्वभाव अधिक कठोर होने के कारण पोषक तत्वों तथा नमी के अवशोषण की शक्ति अधिक होती है।

2. कृषि उत्पादों की गुणवत्ता में हानि : खरपतवारों द्वारा फसल उत्पाद में कई प्रकार से उनकी गुणवत्ता में हानि हो जाती है। खरपतवारों के बीज जैसे धतूरा, सत्यानाशी, अकरा, प्याजी आदि फसल के बीजों में मिलकर उनकी गुणवत्ता

खराब कर देते हैं। सरसों के बीजों में सत्यानाशी के बीज मिला देने से सरसों के तेल में तीखापन बढ़ जाता है परन्तु इस तेल के खाने में मनुष्यों के स्वास्थ्य पर दुष्प्रभाव पड़ता है। खरपतवारों के प्रकोप से फसलों के बीजों में प्रोटीन की मात्रा कम हो जाती है। गन्ने की फसल में खरपतवारों के प्रकोप से गन्ने में शर्करा की मात्रा भी कम हो जाती है। खरपतवारों के बीज मिलने से आटे में विशेष प्रकार की दुर्गन्ध आ जाती है। भण्डारण के समय बीजों में खरपतवारों के बीज मिले रहने से खरपतवारों के बीजों में अधिक एवं लगातार श्वसन क्रिया होने से फसलों के बीजों में अधिक गर्मी बढ़ जाने से बीज सड़ने लगते हैं जिसके कारण बाजार में इन बीजों की कीमत कम हो जाती है। असिंचित क्षेत्रों में खरपतवारों की उपस्थिति से अधिक मात्रा में मृदा नमी का शोषण कर लेने के कारण मृदा में नमी की कमी होने से फसलों के बीज सिकुड़ जाते हैं। इसी प्रकार सब्जियों एवं फलों का भी रंग बदल जाता है। चारे में खरपतवार के पौधों के मिश्रण से दूध, अन्डे तथा माँस वाले जानवर दुर्गन्ध के कारण चारे को खाते ही नहीं है अथवा खाते भी है तो जानवरों के दूध आदि में भी दुर्गन्ध आ जाती है। ऊन वाली भेड़ों के चरने के समय लटजीरा एवं बिच्छू घास के फल बालों में चिपक जाने से ऊन की गुणवत्ता खराब हो जाती है। भारत के शुष्क एवं अर्द्ध शुष्क क्षेत्रों में भेड़ों के चरने वाले क्षेत्रों में उपरोक्त दोनों ही प्रकार के खरपतवार प्रमुख रूप से हानिकारक हैं।

तालिका 13.2 : विभिन्न फसलो में खरपतवारों द्वारा उपज में हानि

फसल	उपज में हानि (%)	फसल	उपज में हानि (%)
खाद्यान्न फसलें		**तिलहनी फसलें**	
धान (बुआई)	15–80	सरसों	20–50
धान (रोपाई)	20–35	मूँगफली	40–60
गेहूँ	30–50	सोयाबीन	30–65
मक्का	40–70	तिल	10–30
ज्वार	10–30	सूर्यमुखी	35–60
बाजरा	15–60	कुसुम	35–50
		अलसी	30–40
		अरन्डी	25–35
दलहनी फसलें		**नकदी फसलें**	
अरहर	40–90	आलू	25–60
मूँग	30–60	गन्ना	20–45
उर्द	25–55	कपास	40–60
चना	30–60	जूट	40–65
मटर	15–35		
मसूर	40–65		
लोबिया	10–20		

3. फसलों में कीट एवं बीमारियों आदि का आश्रय : मुख्य फसल की कटाई के बाद फसलों के कीट, बीमारियों के विषाणु तथा परजीवी इन खरपतवारों पर आश्रय कर लेते हैं और अपनी जीवन क्रिया पूर्ण करके पुन: अगली फसल पर प्रकोप करते हैं। इसी कारण खरपतवारों को द्वितीयक अतिथेय (Secondary host) कहा जाता है।

4. कृषि उत्पाद के मूल्य में कमी (Reduction in price of farm produce) : खरपतवारों से प्रभावित खेत में फसलों की उपज कम प्राप्त होने के साथ-साथ जब इनके बीज फसल के दानों में मिश्रित हो जाते हैं तो इनकी बाजार मूल्य में कमी आ जाती है। खरपतवारों का अधिक प्रकोप हो जाने से फसलों के दाने पतले, मटमैले तथा सिकुड़े हुए भी प्राप्त होते हैं जिनकी बाजार में माँग तथा मूल्य कम हो जाता है।

तालिका 13.3 : विभिन्न प्रकार के खरपतवारों द्वारा फसलों में कीट एवं बीमारियों का प्रकोप

खरपतवार अतिथेय	कीट/बीमारियाँ	फसल अतिथेय
कीट		
बथुआ	तना छेदक	टमाटर, मक्का, लिली
बथुआ, चौलाई, धतूरा	चने की सूंडी	अरहर, मटर, टमाटर, बैंगन, भिन्डी
लहसुआ एवं चौलाई	सूंडी	तम्बाकू एवं सरसों
सांवा घास	तना छेदक	धान
पथरचटा, मकोय तथा बथुआ	पौधे को काटने वाले कीट	आलू, चना, मटर
ब्रेसिका काबेर	माहूँ	बैंगन, फूलगोभी, मूली
बीमारी और सूत्रकृमि		
एग्रपाइरोन रिपेन्स	काली गेरूई और बैक्टीरियल जड़ गेरूई	गेहूँ
बथुआ	मिल्डयू	स्पिनेच
दूबघास	सूत्रकृमि	सब्जियाँ
जंगली अंजन घास	अरगट	बाजरा
जंगली गाजर	ब्लाइट	गाजर
कांस	डाउनी मिल्डयू	मक्का
प्लान्टागो एवं बीरोमिका	टी एम वायरस	तम्बाकू एवं टमाटर
लीसिसिफ ओराईजोइड्स	बैक्टीरियल ब्लाइट	धान
मकोय एवं नुनिया	मोजेक तथा सिस्ट सूत्रकृमि	आलू, तम्बाकू, बैंगन, टमाटर

5. भूमि की उत्पादकता में ह्रास (Effect on soil productivity) : मृदा में उपस्थित खरपतवार लगभग समस्त प्रकार के पोषक तत्वों का अवशोषण करते हैं जिसके फलस्वरूप मृदा की उत्पादकता कम हो जाती हैं। इसके अतिरिक्त कुछ खरपतवार मृदा में अपनी जड़ों की सहायता से कुछ विषैले पदार्थ भी छोड़ते हैं जिससे अगली फसल पर दुष्प्रभाव पड़ता है। क्वेक घास की जड़ों से निकले हुए हानिकारक पदार्थ अनेक फसलों पर विशेष रूप से मटर एवं गेहूँ के अंकुरण तथा वृद्धि को प्रभावित करता है। इस प्रकार खरपतवार एलीलोपैथी प्रभाव डालते हैं।

6. मृदा के पोषक तत्वों पर प्रभाव : मृदा में उपस्थिति आवश्यक पोषक तत्व जो फसलों की वृद्धि एवं विकास के लिए आवश्यक होते हैं उन्हें खरपतवारों द्वारा 10–25 प्रतिशत तक ग्रहण कर लिया जाता है। जिसके कारण मृदा में किसी विशेष पोषक तत्व की कमी हो जाने से फसलों की उपज काफी प्रभावित हो जाती है। विभिन्न प्रयोगों द्वारा यह ज्ञात हुआ है कि विभिन्न प्रकार के खरपतवार 15–30 किलोग्राम नत्रजन प्रति हैक्टेअर ग्रहण कर लेते हैं। इसी प्रकार पोहली (*Carthamus oxacantha*) भूमि से लगभग 60 किलोग्राम नत्रजन प्रति हैक्टेअर ग्रहण कर लेता हैं।

7. फसल लागत में वृद्धि (Increase in cost of production) : खरपतवारों का नियंत्रण करने के लिए खेत में कई बार जुताई करनी पड़ती हैं जिससे जुताई पर खर्च लगभग दोगुना हो जाता है। इसके अतिरिक्त खरपतवार कृषि कार्यों में बाधा उत्पन्न करके श्रमिकों की कार्यक्षमता को भी प्रभावित कर देते हैं। खरपतवारों को समाप्त करने के लिए अथवा फसल को इनके प्रकोप से बचाने के लिए खेत की बार–बार निराई–गुड़ाई, फसल की कटाई, मड़ाई, दानों को साफ करना आदि में अतिरिक्त व्यय करना पड़ता है जिससे प्रति इकाई क्षेत्रफल पर उत्पादन व्यय बढ जाता है।

8. कृषकों के कुल लाभ पर प्रभाव (Effect on farmer's net income) : खरपतवारों का नियंत्रण करने के लिए कृषकों को कई बार अतिरिक्त जुताई, निराई, गुड़ाई आदि क्रियाएं करने से फसल उत्पादन में लागत बढ़ जाती है

इसके अतिरिक्त खरपतवारों से प्रभावित खेत में अतिरिक्त पोषक तत्वों तथा सिंचाई में व्यय करने के साथ-साथ फसल की उपज भी कम प्राप्त होती है। जिससे कुल लाभ में कमी हो जाती है।

9. फसलों की जलमाँग में वृद्धि (Increase in water requirement of crops) : फसलों की तरह खरपतवारों के पौधे अपनी वृद्धि एवं विकास के लिए मृदा जल का उपयोग फसलों की अपेक्षा अधिक मात्रा में करते हैं जिसके कारण फसलों की जल माँग बढ़ जाती है। जिसके परिणाम स्वरूप खेत की कई बार अतिरिक्त सिंचाईयाँ करनी पड़ती हैं। यदि भूमि में अतिरिक्त सिंचाइयों की व्यवस्था न की जाये तो खरपतवारों से पहले ही फसल सूख जाती है।

10. कृषि यंत्रों एवं पशुओं की आयु पर प्रभाव (Effect on age of farm implements and animals) : जिन खेतों में खरपतवारों का अधिक प्रकोप होता है वहाँ पर बार-बार जुताई करनी पड़ती है तथा अधिक शक्ति की आवश्यकता होती है जिसके कारण मशीनों एवं कृषि यन्त्रों की घिसावट अधिक होती है तथा पशुओं को भी अधिक शक्ति लगानी पड़ती है जिससे उनकी आयु में कमी हो जाती है।

11. भूमि के मूल्य में कमी (Decrease in price of land) : कृषि योग्य भूमियाँ जब खरपतवारों से ढकी रहती हैं तो इनका नियंत्रण करने के लिए अधिक व्यय करना पड़ता है जिसके कारण भूमि का मूल्य कम हो जाता हैं।

12. फसलों की आनुवांशिक गुणवत्ता में गिरावट : खरपतवारों द्वारा फसलों में पर-परागण होने से फसलों की प्रजातियों की आनुवांशिक गुणवत्ता में गिरावट आ जाती है क्योंकि कुछ फसलों के पूर्वज ही उनकी जंगली प्रजाति के पौधे ही हैं।

13. पशुओं के स्वास्थ्य पर दुष्प्रभाव (Loss of animal health) : चरागाहों एवं चारे की फसलों में पाये जाने वाले बहुत से खरपतवारों में एल्कोलाइड्स, टेनिन, आक्जेलेट, ग्लूकोसाइड, डाइक्यूमेरिन्स, प्रूसिक अम्ल, नाइट्रेट तथा अन्य पदार्थों की अधिकता होने से पशुओं के लिए विषैले तथा अपच जैसी समस्याएं उत्पन्न हो जाती हैं। दलहनी खरपतवार जैसे ल्यूपिन्स सीरिसियस के खाने से गायों में क्रुक्ड काफ बीमारी हो जाती है इसी तरह से एस्ट्रागोलस तथा आक्सीट्रोपिस के खाने से गाभिन गाय का बच्चा गिर जाता है। भेड़ों एवं बकरियों में लोकोइज्म (Locoism) नामक बीमारी हो जाती है। लेन्टाना केमरा को खाने से पशु सूर्य के प्रकाश के प्रति संवेदी हो जाते हैं।

रोडोडेन्ड्रान को खाने से दूध देने वाले पशुओं में डायरिया हो जाता है। बरू घास को पौध अवस्था में पशुओं द्वारा खा लेने से पशु मर जाते हैं। सेंजी में डीकोमेरिन पदार्थ की उपस्थिति के कारण इसे खाने से पशुओं में खून के जमने की क्रिया कम हो जाती हैं। काँटेदार खरपतवारों के पशुओं के खुरों में चुभ जाने से पशुओं को चलने फिरने से काफी परेशानी होती है। गोखरू तथा लटजीरा के पके बीज पशुओं के बालों तथा शरीर में चिपक जाने से पशुओं को काफी परेशानी होती है।

खरपतवार जैसे बथुआ, चौलाई आदि सामान्यत: पशुओं द्वारा खाने से कोई परेशानी नहीं होती हैं परन्तु विशेष परिस्थिति में इन खरपतवारों में नाइट्रेट की मात्रा 1000 पी पी एम से अधिक हो जाने पर विषैले हो जाते हैं क्योंकि पशुओं के शरीर में पहुँचकर नाइट्रेट नाइट्राइट में परिवर्तित होकर एसफाइक्सिया नामक बीमारी उत्पन्न कर देता है।

14. मनुष्यों के स्वास्थ्य पर प्रभाव (Menace to human health) : खरपतवार मनुष्यों की कार्यक्षमता, स्वास्थ्य, आराम आदि को बुरी तरह से प्रभावित करते हैं। खरपतवारों से मनुष्यों की त्वचा में खुजली, चिड़चिड़ापन, एलर्जी आदि रोग पैदा हो जाते हैं। कभी-कभी खरपतवारों के उपयोग करने से मनुष्यों की मृत्यु हो जाती है। मलेरिया, बुखार, एन्साफेल्टिस, डेंगू एवं फायलेरिया जैसी बीमारियाँ मच्छरों द्वारा फैलती हैं और यह मच्छर जलीय खरपतवारों में पनपते तथा वृद्धि करते हैं। मनुष्यों की त्वचा में सफेद दाग तथा अन्य प्रकार की एलर्जी गाजर घास, एम्ब्रोसिया तथा हेलीनियम प्रजाति के खरपतवारों के छूने से त्वचा भी फट जाती है। मनुष्यों में एस्थिमा की बीमारी एम्ब्रोसा तथा फ्रेन्सिरिया प्रजाति के खरपतवारों के परागकणों द्वारा फैलती है।

15. जल प्रवाह में बाधा (Hinderance in water flowing) : फैलकर बढ़ने वाले खरपतवार सिंचाई की नालियों, नहरों आदि के जलप्रवाह में अवरोध उत्पन्न करते हैं। कभी-कभी खरपतवारों की उपस्थिति से 80-90

प्रतिशत तक जलप्रवाह अवरूद्ध हो जाता है जिससे सिंचाई क्षमता में काफी ह्रास हो जाता है। जिसके कारण सिंचाई के पानी का भूमि में रिसाव (Infiltration) अधिक हो जाता है जल प्रवाह में अवरोध उत्पन्न होने से पानी फैलने लगता है जिससे बाढ़ की स्थिति उत्पन्न हो जाती है जिसके परिणाम स्वरूप फसलें, मकान, यातायात, पशुधन और यहाँ तक कि मनुष्यों को भी जान माल का खतरा उत्पन्न हो जाता है। भूमि में पानी का अधिक मात्रा में रिसाव होने से भूमि का जलस्तर बढ़ जाता है जिससे हानिकारक लवण भूमि में एकत्रित होने से भूमि की दशा खराब हो जाती है और फसलों पर इसका बुरा प्रभाव पड़ता है। जल प्रवाह में बाधा उत्पन्न होने के कारण जलाशयों तथा तालाबों की जल संग्रह क्षमता भी कम हो जाती है तथा फसलों की सिंचाई करने में अधिक समय लगता है।

16. जलाशयों तथा नदियों में प्रदूषण (Contamination of water bodies) : खरपतवार न केवल भूमि में फैलकर इसकी दशा खराब करते हैं बल्कि पानी को भी प्रदूषित कर देते हैं। जलीय खरपतवार जलाशयों के पीने के पानी का रंग और स्वाद बदल देते हैं इसके अतिरिक्त तैरने, नावों तथा सौन्दर्य को भी बुरी तरह से प्रभावित करते हैं। विश्व में कई नदियों, झीलों, नहरों में इन खरपतवारों की उपस्थिति के कारण यातायात बन्द हो जाता है। जलीय खरपतवार जलमग्न भूमियों में उगाई जाने वाली फसलें जैसे धान, सिंघाड़ा, कमल आदि पर बहुत बुरा प्रभाव डालते हैं। जलाशयों तथा झीलों का सौन्दर्य नष्ट हो जाता है। खरपतवारों की उपस्थिति के कारण मच्छर, मेंढ़क, सांप, घोंघा आदि शरण पाते हैं जो वातावरण को प्रदूषित करते हैं। जलीय खरपतवारों की उपस्थिति के कारण प्रकाश के प्रवेश में बाधा पहुँचती है जिसका हानिकारक प्रभाव जलीय जन्तुओं विशेषकर मछलियों पर पड़ता है। इस स्थिति में जल के अन्दर मछलियों के भोजन से सम्बन्धित पदार्थ (फाइटोप्लैक्टान) की वृद्धि कम हो जाती है। खरपतवारों की जड़ें श्वसन क्रिया में कार्बन डाई आक्साइड गैस छोड़ती हैं। जलीय खरपतवारों के अवशेष सड़ गल कर पानी में मिल जाने से पानी की अम्लीयता बढ़ा देते हैं जिससे मछलियों की वृद्धि एवं विकास पर हानिकारक प्रभाव पड़ता है।

17. जल निकास में बाधा (Hinderance of drainage) : जल निकास की नालियों में खरपतवारों की उपस्थिति के कारण पानी के निकास में बाधा पड़ती है जिसके परिणाम स्वरूप जलभराव से फसलों को काफी नुकसान होता है। इसी प्रकार पानी को पाइपों तथा भूमिगत पानी के पाइपों में भी खरपतवारों की पत्तियाँ तथा काई आदि जमा हो जाने से जल प्रवाह में बाधा उत्पन्न हो जाती है।

18. उद्योगों एवं सार्वजनिक स्थानों को नुकसान (Damaged to industry and public utilities) : खरपतवार तथा झाड़ियाँ उद्योगों एवं सार्वजनिक स्थानों पर उगने के कारण कभी-कभी काफी क्षति हो जाती है। ये पौधे आग लगने के प्राथमिक स्रोत हैं। इनकी उपस्थिति के कारण सड़कों के मोड़ वाले स्थानों पर सही ढंग से दिखाई न देने से कई भीषण दुर्घटनाएं भी हो जाती हैं। गोखरू (Punture vine) खरपतवार की उपस्थिति से सड़कों पर चलने वाले वाहनों के टायर भी पंचर हो जाते हैं। सड़कों के दोनों तरफ खरपतवारों के फैलने से सड़क संकरी हो जाती है। झाड़ियों एवं खरपतवारों के कारण सर्प, चूहे आदि जानवरों को आश्रय मिलने से कभी-कभी काफी हानि उठानी पड़ती है। रेलवे लाइनों के किनारे इन खरपतवारों की उपस्थिति के कारण रेल के संचालन में बाधा भी उत्पन्न होती है।

19. जंगलों एवं बागों के उत्पादन में नुकसान (Losses of forest and woodland products) : खरपतवारों एवं झाड़ियों की उपस्थिति के कारण जंगली तथा इमारती लकड़ी के पौधों की वृद्धि एवं विकास के लिए पर्याप्त मात्रा में प्रकाश, नमी तथा पोषक तत्व नहीं मिल पाते हैं। इनकी उपस्थिति के कारण यह पौधे भी समाप्त हो जाते हैं। जंगलों में खरपतवारों की उपस्थिति के कारण यहाँ की सौन्दर्य छटा भी प्रभावित हो जाती है।

20. दर्शनीय स्थलों को नुकसान (Deterioration of asthetics) : खरपतवारों के कारण सड़कों के किनारे, रेलवे लाइन के आस-पास, पार्कों, उद्यानों, हवाई अड्डों, खेल के मैदानों, पर्यटक स्थलों इत्यादि की सुन्दरता समाप्त हो जाती है। इन स्थलों पर खरपतवारों की उपस्थिति के कारण यह क्षेत्र बेजान तथा निष्क्रिय लगने लगते हैं।

खरपतवारों से लाभ (Advantages of weeds)

खरपतवारों से अनेक हानियों के अतिरिक्त विभिन्न प्रकार के लाभ भी है। विभिन्न प्रकार के पौधों की अपनी उपयोगिता अलग-अलग होती है। खरपतवारों के पौधों का उचित प्रबन्ध तथा उपयोग करने के आधार पर उपयोगी भी सिद्ध होते हैं। खरपतवारों के विभिन्न लाभ निम्न हैं -

1. खरपतवरों की वृद्धि फसलों की अपेक्षा तेजी से होती है। कुछ खरपतवारों की वृद्धि इतनी अधिक मात्रा में हो जाती है जिनका प्रयोग हरी खाद के रूप में भी किया जा सकता है। जो भूमि में सड़ गल कर मृदा में जीवांश पदार्थ (Organic matter) में वृद्धि करते हैं। साँवा घास (*Echinoclova colonum*), जंगली रिजका (*Medicago denticulata*), ब्राजीलियन लूसर्न (*Siratro* sp.) का प्रयोग हरी खाद के रूप में किया जा सकता है। कुछ खरपतवार जैसे जलकुम्भी से उत्तम गुणवत्ता वाली कम्पोस्ट खाद भी बनाई जाती है।

2. दलहनी खरपतवार जैसे सेंजी, ब्राजीलियन लूसर्न आदि वायुमन्डल की स्वतन्त्र नत्रजन का स्थिरीकरण करके मृदा की उर्वरा शक्ति को बढ़ाते हैं। इसमे 1.5-6.0 प्रतिशत तक नत्रजन पाई जाती है इसके अतिरिक्त पोटास तथा अन्य खनिज पदार्थ भी प्रचुर मात्रा में उपलब्ध होते हैं। इस प्रकार खरपतवार मृदा में पोषक तत्वों की वृद्धि में सहायक हो सकते है। सेंजी (*Melilotus alba*) भूमि में 120 किलोग्राम प्रति हैक्टेअर तक नत्रजन का स्थिरीकरण करती है।

3. फैंलकर बढ़ने वाले तथा बहुवार्षिक खरपतवारों की जड़ें मृदा के कणों को बाँधे रखती हैं इन खरपतवारों द्वारा भूमि की सतह को ढक लेने से वर्षा की बूँदें सीधे भूमि सतह पर नहीं पड़ती जिससे पानी द्वारा जल कटाव या भूमि क्षरण कम हो जाता है। इसके अतिरिक्त पौधों एवं पत्तियों द्वारा पानी के बहाव में भी बाधा पहुँचती है जिसके कारण मृदा का कटाव कम हो जाता है। शुष्क क्षेत्रों में उगने वाले खरपतवार वायुक्षरण द्वारा होने वाले मृदा अपरदन को रोकने में काफी मदद करते हैं।

4. खरपतवारों की जड़ें भूमि के अन्दर गहराई तक प्रवेश करके भूमि को भुरभुरा बनाये रखती है। इस प्रकार खरपतवारों की जड़ें चट्टानों के बीच में प्रवेश करके इनके मध्य विभिन्न रासायनिक पदार्थ तथा अवशेष छोड़ने के कारण मृदा अपक्षय हेतु उपयुक्त वातावरण उत्पन्न करते हैं जिनका मृदा के निर्माण में पर्याप्त योगदान होता हैं।

5. विभिन्न प्रकार के खरपतवारों का प्रयोग चारे के रूप में भी किया जाता है जब चारे की कमी होती है तब पशुओं को खिलाने के लिए खरपतवारों का सहारा ही एक मात्र विकल्प है। जैसे दूब घास को सभी प्रकार के जानवरों को खिलाना उत्तम होता है। इसी प्रकार, बथुआ, अकरी, सेंजी, कृष्णनील, सांवाघास आदि खरपतवारों का प्रयोग पशुओं के चारे के रूप में भी किया जाता है।

6. विभिन्न प्रकार के खरपतवारों का प्रयोग औषधीय रूप में किया जाता है जैसे गुम्भा (*Leucus aspera*) से वे दवाईयाँ बनाई जाती हैं जिनका प्रयोग सर्प के काटने में किया जाता है। इसी प्रकार सत्यानाशी के बीज त्वचा रोग में प्रयोग होता हैं, मोंथा की गाठें इत्र (Scent) बनाने के काम आती हैं, गाजर घास (*Parthenium hysterodium*) से एन्टीबायोटिक्स की दवाई बनाई जाती है जिनका प्रयोग सरसों में माहूँ के नियंत्रण के लिए किया जाता हैं। गोखरू के बीज गुर्दे की पथरी तथा सांठ (*Boerhavia diffusa*) के तने तथा पत्तियों का रस पीलिया तथा जड़ों का अर्क बच्चों के दस्त को रोकने के काम आता है।

7. विभिन्न प्रकार के खरपतवारों का प्रयोग रस्सी, छप्पर, चटाई, फर्नीचर, दरवाजे एवं खिड़कियों की चिक, कागज की लुगदी तथा जलाने के लिए लकड़ी के रूप में किया जाता है।

8. कुछ खरपतवार जैसे सत्यानाशी ऊसर भूमियों को सुधारने के रूप में प्रयोग किये जाते हैं। यदि धान की फसल की रोपाई के पूर्व सत्यानाशी का चूर्ण 25 कुन्टल प्रति हैक्टेअर की दर से डाला जाये तो धान की उपज में काफी वृद्धि हो जाती है। इसी प्रकार सदाबहार की पत्तियों का चूर्ण तथा सेंजी ऊसर भूमियों में प्रयोग करने पर भूमि का सुधार हो जाता है।

9. खरपतवारों के पौधों का प्रयोग सूचक पौधों (Indicator plants) के रूप में करने पर इनका विशेष महत्व हैं। जिन भूमियों में मृदा क्षरण अथवा अन्य किसी कारण से ास हो जाता है तो मृदा उर्वरता का आंकलन खरपतवारों के पौधों द्वारा किया जाता है। इसी आधार पर घास स्थली के पुनर्जनन की बनाई गई योजना विशेष टिकाऊ होती है। किसी-किसी स्थान की भूमि एवं उसकी अवस्था का आंकलन वहाँ पर उगने वाली वनस्पति के आधार पर करने में सहायता मिलती है। इन खरपतवारों के पौधों द्वारा रोग फैलने, कीटों का प्रकोप, पोषक तत्वों की कमी, मृदा जल की मात्रा का अनुमान लगाने में भी सहायता मिलती हैं।

10. खरपतवारों का मृदा से वाष्पोत्सर्जन द्वारा होने वाली मृदा नमी की हानि को रोकने के लिए पलवार (Mulch) के रूप में भी प्रयोग करते हैं।

11. जलकुम्भी के पौधे की जड़ें जलाशयों से हानिकारक रासायनिक पदार्थों जैसे सीसा (Lead), पारा (Mercury), स्ट्रोन्सियम (Strontium) का शोषण करती हैं क्योंकि ये रासायनिक पदार्थ मानव जीवन के लिए हानिकारक है अत: जलकुम्भी पर्यावरण को सुधारने में मदद करती है।

12. काँस (*Saccharum spontaneum*) विशेष परिस्थितियों में संकरण (Hybridization) की प्रक्रिया में प्रयोग किया जाता है जिससे कीट एवं बीमारी रहित गन्ने की प्रजातियाँ बनाई जाती हैं। इस प्रकार फसलों की नई प्रजातियों को विकसित करने के लिए खरपतवारों के कुछ पौधों को आनुवांशिक (Genetic material) पदार्थ के रूप में प्रयोग किया जाता है। इस प्रकार की प्रजातियों में वांछित किस्म के सस्य वैज्ञानिक तथा दैहिकी गुणों को विकसित करने में सहायता मिलती है।

13. कुछ खरपतवार जैविक संतुलन को बनाये रखने में विशेष रूप से महत्वपूर्ण हैं। जैव क्षेत्र में खरपतवारों के प्रमुख अंग होने के कारण जन्तुओं का आश्रय, भोजन आदि प्रदान करने के साथ-साथ खरपतवार वायुमन्डल की आक्सीजन तथा कार्बन डाई आक्साइड की मात्रा का सन्तुलन बनाये रखने में विशेष योगदान रखते हैं।

14. कुछ खरपतवारों का प्रयोग सजावट, फूलों, लॉन आदि रूपों में किया जाता है। इसके अतिरिक्त इन पौधों को गमलों में सजावट के लिए लगाते हैं। दूब घास का प्रयोग लॉन बनाने में तथा लेन्टाना के पौधों को फूलों की सजावट के लिए विशेष रूप में उगाते हैं।

15. कुछ खरपतवारों के पौधों का प्रयोग मनुष्यों के आहार के रूप में किया जाता है। बथुआ तथा चौलाई का प्रयोग सब्जी के रूप में किया जाता है। बथुआ की रोटी, पूड़ी, रायता, बेसन में मिलाकर आदि कई रूपों में खाया जाता है।

16. कुछ खरपतवार फसलों में परागण करने वाले कीटों तथा वायुमण्डलीय नत्रजन का यौगिकीकरण करने वाले जीवाणुओं के लिए उस समय आश्रय प्रदान करते हैं जब मुख्य फसल की कटाई हो जाती है। इस प्रकार लाभदायक जीव जन्तुओं को आराम प्रदान करने के लिए इनकी महत्वपूर्ण भूमिका है।

17. खरपतवारों का प्रयोग बाँधों तथा मेड़ों के कटाव को रोकने के लिए विशेष रूप से उपयोगी है। खरपतवारों के पौधों को बाँधों तथा मेड़ों पर लगाकर भूमि कटाव से इनकी सुरक्षा की जाती है।

18. कुछ खरपतवार जैसे नागफनी, झरबेरी तथा लेन्टाना के पौधों को खेतों के चारों तरफ मेड़ों पर लगा दिया जाता है जिससे जंगली जानवरों आदि से फसल की सुरक्षा हो जाती है इस प्रकार खरपतवार बाड़ के रूप में भी उपयोगी होते हैं।

खरपतवारों का वर्गीकरण (Classification of weeds)

विश्व में खरपतवारों की लगभग 30000 से भी अधिक प्रजातियाँ पाई जाती हैं जिनमें 18000 प्रजातियाँ पौधों को हानि पहुँचाती हैं। खरपतवारों की कुछ किस्मों के नियंत्रण के लिए एक ही तरह के खरपतवार प्रबन्ध की आवश्यकता होती है। खरपतवारों की किस्म में भिन्नता इनके आकार, प्रकार, बनावट, वानस्पतिक कुल, दैहिकी, भूमि तथा जलवायु की आवश्यकता, फसलों की प्रतिस्पर्धा के कारण होती है। उपरोक्त आधार पर खरपतवारों को निम्न प्रकार से वर्गीकृत करते हैं-

1. जीवन चक्र के आधार पर वर्गीकरण (Classification according to life cycle) : इस प्रकार के वर्गीकरण में खरपतवारों को तीन वर्गों में विभाजित किया जाता है –

(अ) एक वर्षीय खरपतवार (Annual weeds) : यह वे खरपतवार होते हैं जिनका जीवन चक्र एक वर्ष या एक ऋतु में बीजों का जमाव होने से बीज बनने की क्रियापूर्ण हो जाती है। इस वर्ग के खरपतवारों का प्रजनन बीजों द्वारा होता है। एक वर्षीय खरपतवारों को तीन वर्गों में विभक्त किया गया है–

(i) **खरीफ/वर्षा ऋतु के खरपतवार :** खरीफ अथवा वर्षा ऋतु के खरपतवार मानसून शुरू होते ही जून–जुलाई में अंकुरित होकर अक्टूबर–नवम्बर तक अपना जीवन चक्र पूर्ण कर लेते हैं जैसे पथरचट्टा, मकोय, विषखपरा, जंगली चौलाई, लहसुआ आदि।

(ii) **रबी/शीत ऋतु के खरपतवार :** इन खरपतवारों का अंकुरण वर्षा–ऋतु समाप्त हो जाने के बाद अथवा शीत ऋतु के प्रारम्भ होने के समय (अक्टूबर–नवम्बर) में शुरू होकर शीत ऋतु समाप्त होने के समय (फरवरी–मार्च) तक रबी फसलों के साथ–साथ जीवन चक्र पूर्ण कर लेते हैं, जैसे बथुआ, कृष्ण नील, वनप्याजी, अक्री, गेहूँ का मामा, खरबथुआ आदि।

(iii) **ग्रीष्म जायद ऋतु के खरपतवार :** इस ऋतु में उगने वाले खरपतवार ग्रीष्म ऋतु अथवा शुष्क मौसम में अपना जीवन चक्र फरवरी–मार्च से शुरू करके जून तक पूर्ण कर लेते हैं जैसे सांवा घास, हजार दाना, डिजीटेरिया आदि।

(ब) द्विवर्षीय खरपतवार (Binneal weeds) : इस वर्ग के खरपतवार अपना जीवन चक्र दो वर्षों में पूर्ण करते हैं। द्विवर्षीय खरपतवार प्रथम वर्ष में अपनी वानस्पतिक वृद्धि पूर्ण करते हैं तथा द्वितीय वर्ष में फूल तथा बीज बनते हैं जैसे जंगली गाजर तथा जिंजीबर कैसुमुनर आदि।

(स) बहुवर्षीय खरपतवार (Perrenial weeds) : इस वर्ग में खरपतवार एक बार उगाने के पश्चात् कई वर्षों तक जीवित रहते हैं। इस प्रकार के खरपतवारों का प्रवर्धन इनके वानस्पतिक भागों, कन्दों, प्रकन्दों, जड़ों, शल्क कन्दों द्वारा होता है। इस वर्ग के कुछ खरपतवारों का प्रजनन बीजों द्वारा भी होता है परन्तु बीजों द्वारा प्रजनन का कोई विशेष महत्व नहीं होता है। इस वर्ग के खरपतवारों को निम्न वर्गों में विभाजित किया गया है –

(i) **काष्ठीय खरपतवार (Woody weeds) :** काष्ठीय खरपतवार कठोर तने वाली झाड़ियाँ तथा बहुवर्षीय पौधे होते हैं। पहले कई वर्षों तक ये बीजों का उत्पादन न करके केवल वानस्पतिक वृद्धि करते हैं। एक बार फलना–फूलना शुरू करके प्रति वर्ष बीज पैदा करते रहते हैं जैसे झरबेरी, लटजीरा, आक, लेन्टाना आदि।

(ii) **शाकीय खरपतवार (Harbaccous weeds) :** शाकीय खरपतवार प्रथम वर्ष अपनी वानस्पतिक वृद्धि करते हैं तथा द्वितीय वर्ष से बीजों का उत्पादन शुरू करके प्रतिवर्ष बीज उत्पादन करते रहते हैं। इस वर्ग के पौधे शाकीय किस्म के होते हैं जैसे मोथा, कांस, बरू, हिरनखुरी आदि।

2. बीज पत्रों के आधार पर वर्गीकरण (Classification according to cotyledones) : इस प्रकार के खरपतवारों का वर्गीकरण बीज पत्रों के आधार पर किया गया है। इस वर्ग में प्रमुख रूप से निम्न दो तरह के खरपतवार पाये जाते हैं –

(i) **एक दालीय खरपतवार (Monocot weeds) :** इस वर्ग में खरपतवारों के बीजों को तोड़ने पर दो दालों में विभक्त नहीं होता है जैसे गेहूँ का मामा, साँवा घास, कांस, वन प्याजी आदि ।

(ii) **द्विदालीय खरपतवार (Dicot weeds) :** इस वर्ग में खरपतवारों के बीजों को तोड़ने पर दो दालों में विभक्त हो जाता है जैसे बथुआ, सेंजी, कृष्णनील, अकरा, हिरनखुरी आदि।

3. तने के बढ़ने के अनुसार वर्गीकरण (According to growth of stem) :

(i) सीधे बढ़ने वाले खरपतवार (Erect weeds) : इस वर्ग में सीधे बढ़ने वाले काष्ठीय तथा शाकीय दोनों तरह के खरपतवारों के पौधे आते हैं जैसे बथुआ, झरबेरी, जंगली चौलाई, लेन्टाना, खरतुआ आदि।

(ii) फैलकर बढ़ने वाले खरपतवार (Prostrate weeds) : इस प्रकार के खरपतवार भूमि पर फैलकर बढ़ते हैं जैसे पथरचट्टा, गोखरू, तिपतिया आदि।

(iii) निर्बल तने के खरपतवार (Week stem weeds) : इस वर्ग के खरपतवारों के तने निर्बल होते है जैसे कृष्णनील, चटरी, मटरी, मुनमुना आदि।

(iv) भूस्तारी खरपतवार (Creeping weeds) : इस प्रकार के तने जमीन की सतह या भीतर रेंग कर बढ़ते हैं इन खरपतवारों के प्रत्येक गांठ से जड़ें निकलना शुरू हो जाती हैं जैसे दूबघास, ब्राह्मी, खट्टी बूटी आदि।

(v) आरोही खरपतवार (Climbing weeds) : इस किस्म के खरपतवारों का तना बहुत ही कमजोर होता है जिनके चढ़ने के लिए आरोही तन्तु (Tendril) होता है जो लिपटकर चढ़ता है जैसे जंगली मटर, अमरबेल आदि।

(vi) लिपटने वाले खरपतवार (Trailing weeds) : इस वर्ग के खरपतवारों का तना बहुत ही कमजोर होता है जो फसलों तथा अन्य पौधों पर लिपटकर बढ़ते हैं जैसे हिरनखुरी।

4. कुल के आधार पर वर्गीकरण (Classification according to family) : इस वर्ग में खरपतवारों का वर्गीकरण उनके कुल के आधार पर निम्न प्रकार से किया जाता है –

(i) घासकुल (Gramineae) : सांवाघास, दूबघास, मोथा, गेहूँ का मामा, बरू घास आदि।

(ii) लेग्यूमिनोसी (Leguminoceae) : जंगली मटर, सेंजी, तिपतिया, खेसारी, चटरी मटरी आदि।

(iii) कम्पोजिटी (Compositeae) : फुलनी, भगेया, कासनी, गाजर घास आदि।

(iv) सोलेनेसी (Solanaceae) : मकोय, सत्यानाशी, धतूरा आदि।

(v) कनवॉलवुलेसी (Convolvulaceae) : हिरनखुरी, कालादाना, लपेटुई आदि।

(vi) लिलियेसी (Liliaceae) : वनप्याजी आदि।

(vii) चीनोपोडिएसी (Chenopodiaceae) : बथुआ, खरतुआ आदि।

(viii) अमेरेन्थेसी (Amaranthaceae) : जंगली चौलाई, कँटीली चौलाई आदि।

(ix) यूफोरबियेसी (Euphorbiaceae) : छोटी दूधी, बड़ी दूधी, हजारदाना आदि।

(x) टिलियेसी (Tiliaceae) : जंगली जूट आदि।

5. उत्पत्ति के अनुसार वर्गीकरण (Classification according to origin) :

(i) स्वदेशी खरपतवार (Indegenous weeds) : इस वर्ग में वह खरपतवार आते हैं जिनकी उत्पत्ति अपने देश में हुई है जैसे कांस, बथुआ, कृष्णनील, सेंजी, धतूरा आदि।

(ii) विदेशी खरपतवार (Exotic weeds) : इस वर्ग के खरपतवारों की उत्पत्ति दूसरे देशों में हुई और बाद में यह अपने देश में फैल गये जैसे गाजर घास के बीज गेहूँ के साथ अमेरिका से आये इसी प्रकार जलकुम्भी, लोटिया टेमुलेन्टम, भरभांड, सदाबहार आदि विदेशों से आये।

तालिका 13.4 : कुछ प्रमुख खरपतवारों का उत्पत्ति स्थान

खरपतवारों की प्रजाति	उत्पत्ति स्थान
हिरनखुरी (*Convolvulus arvensis*)	यूरेशिया
मोंथा (*Cyperus rotundus*)	यूरेशिया
लेन्टाना (*Lantana camera*)	मध्य अमेरिका
ओरोबेन्की (*Orobanche* sp.)	यूरोप
गेहूँ का मामा (*Phalaris minor*)	अमेरिका
बरू घास (*Sorghum helepense*)	दक्षिणी यूरोप तथा एशिया
गोखरू (*Tribulus terrestris*)	दक्षिणी यूरोप
दुधी (*Euphorbia hirsuta*)	यूरोप

6. खरपतवारों का मृदा एवं जल के आधार पर वर्गीकरण (Classification according to soil and water)

(i) रेगिस्तानी खरपतवार (Desert weeds) : रेगिस्तानी क्षेत्रों के खरपतवारों में मृदा तथा वायु की शुष्कता एवं अधिक तापमान सहने की क्षमता अधिक होती है। ये खरपतवार अधिकतर बहुवर्षीय होते हैं इनकी जड़ें भूमि में काफी गहराई तक चले जाने के कारण मृदा नमी का शोषण करती हैं, पौधे पर पत्तियाँ कम तथा कांटों आदि में रूपांतरित तथा मोटी होती हैं जैसे करील, जवासा, नागफनी आदि।

(ii) शुष्क क्षेत्रों के खरपतवार (Weeds of dry areas) : जिन क्षेत्रों में वर्षा कम होती है वहाँ पर झरबेरी, सत्यानाशी तथा वायसुरी खरपतवार मुख्यत: पाये जाते हैं।

(iii) अम्लीय भूमियों के खरपतवार (Weeds of acidic soils) : अम्लीय भूमियों में उगने वाले खरपतवार जैसे दूब घास, बथुआ, तिपतिया, क्रोटोन, कंधी आदि प्रमुख हैं।

(iv) क्षारीय भूमियों के खरपतवार (Weeds of alkaline soils) : क्षारीय भूमियों में उगने वाले खरपतवार जैसे सेंजी, लटजीरा आदि प्रमुख हैं।

(v) अकृष्य भूमियों के खरपतवार (Weeds of non culturable lands): सड़कें, रेल, हवाई अड्डों, औद्योगिक क्षेत्रों, गोदाम तथा खाली पड़ी भूमियों में कांस, बरूघास, लेन्टाना, धतूरा आदि प्रमुख खरपतवार हैं ।

(vi) जलमग्न भूमियों के खरपतवार (Weeds of waterlogged soils) : जलमग्न भूमियों में वह खरपतवार पाये जाते हैं जहाँ पर सदैव पानी भरा रहता है जैसे जलकुम्भी, जंगली धान, साँवा आदि प्रमुख हैं।

(vii) दलदली भूमि के खरपतवार (Weeds of marshy land) : इस वर्ग के प्रमुख खरपतवार जैसे कांस तथा सरपट हैं।

(viii) चरागाह भूमियों के खरपतवार (Weeds of pasture) : चरागाह में उगने वाले खरपतवार जैसे मोंथा, दूब घास, काँस आदि प्रमुख हैं।

(ix) नहरों के किनारे उगने वाले खरपतवार (Weeds of canal area) : नहरों के पास उगने वाले खरपतवार जैसे चटक चाँदनी, ब्राह्मी, बूटी, भाँग आदि प्रमुख हैं।

(x) बगीचों के खरपतवार (Weeds of orchards) : करौंदी।

7. पौधों की बनावट के आधार पर वर्गीकरण (Classificaton according to plant morphology) : इस आधार पर खरपतवारों को निम्न वर्गों में विभक्त किया गया है –

(i) **अविकल्पी खरपतवार (Obligate weeds) :** जो खरपतवार फसलों के पौधों के साथ प्रतियोगिता नहीं कर पाते उन्हें अविकल्पी खरपतवार कहा जाता है। इस प्रकार के खरपतवार कभी भी जंगली अवस्था में नहीं पाये जाते हैं जैसे हिरनखुरी।

(ii) **फेकल्टेटिव खरपतवार (Facultative weeds) :** जिन खरपतवारों की उत्पत्ति जंगली रूप में हुई तथा इसके पश्चात् धीरे-धीरे कृषि भूमियों पर उगने लगे उन्हें फेकल्टेटिव खरपतवार कहा जाता है जैसे ओपंसिया प्रजाति।

(iii) **अनिष्टकारी खरपतवार (Noxious weeds) :** जो खरपतवार अनिच्छित, कष्टकारी तथा इनके नियंत्रण करने में काफी कठिनाई होती है वह अनिष्टकारी खरपतवार कहलाते हैं। इस प्रकार के खरपतवारों की प्रजनन क्षमता असीम होती है जो कि नियंत्रण प्रक्रिया को विफल कर देते हैं जैसे कासनी, अमरबेल, दूबघास, मोंथा, कांस, गेहूँ का मामा आदि।

(iv) **निरपेक्ष खरपतवार (Absolute weeds) :** इस प्रकार के खरपतवार फसल उत्पादन के प्रमुख खरपतवार हैं जो फसलों के साथ अधिक प्रतिस्पर्धा करते हैं जिसके कारण उपज में काफी कमी हो जाती है। यह खरपतवार एक वर्षीय तथा बहु वर्षीय होते हैं जैसे कांस, बथुआ, विषखपरा, पथरचट्टा आदि।

(v) **सापेक्ष खरपतवार (Relative weeds) :** वह खरपतवार जो अनचाही फसल के पौधे दूसरी फसल के साथ उग आते हैं उन्हें सापेक्ष खरपतवार कहा जाता है। इन खरपतवारों के कारण फसल उत्पादन की गुणवत्ता घट जाती है। अशुद्ध बीज बोने से इस तरह के खरपतवारों की समस्या हो जाती हैं जैसे गेहूँ के खेत में जौ तथा चने के खेत में सरसों उग आना।

(vi) **अनुकरणीय खरपतवार (Mimicry weeds) :** वह खरपतवार जिनके पौधों का आकार प्रकार तथा स्वभाव आदि फसलों के अनुरूप होता है और फसल के साथ-साथ बढ़ता रहता है इन्हें अनुकरणीय तथा नकलची खरपतवार कहा जाता है जैसे गेहूँ के खेत में जंगली जई तथा गेहूँ का मामा जैसे खरपतवार और उनके परजीवी फसलों के पौधों की बाह्य आकारिकी लगभग एक समान होती हैं।

(vii) **अवांछित खरपतवार (Rogue weeds) :** वह खरपतवार जो किसी विशेष प्रजाति की फसल में दूसरी प्रजाति के बीजों का मिश्रण हो जाता है उन्हें अवांछित खरपतवार कहा जाता है जैसे गेहूँ की एच डी 2329 प्रजाति में एच डी 2285 प्रजाति के पौधे उग आते हैं। ऐसे खरपतवार हानि नहीं पहुँचाते बल्कि आर्थिक दृष्टि से उपयोगी भी नहीं होते हैं बल्कि ये पौधे फसल की आनुवांशिकता को खराब कर देते हैं।

(viii) **स्वयंसेवी खरपतवार (Volunteer weeds) :** खेत में पूर्व फसल के बीजों से उगने वाले पौधे स्वयं सेवी खरपतवार कहलाते हैं।

8. खरपतवारों के जनन के आधार पर वर्गीकरण (Classification according to propagation) :

(i) **बीजों द्वारा (By seeds) :** इस वर्ग में एक वर्षीय, द्विवर्षीय तथा बहुवर्षीय खरपतवार जिनका प्रजनन केवल बीजों द्वारा होता है जैसे बथुआ, खरतुआ, कृष्णनील, सत्यानाशी, वन प्याजी, गेहूँ का मामा आदि।

(ii) **वानस्पतिक भागों द्वारा (By vegetative parts) :** इस वर्ग में वह खरपतवार जिनका प्रजनन पौधों के वानस्पतिक भागों जैसे तने, पत्तियों, कन्दों, शल्ककन्दों, जड़ों आदि के द्वारा होता है। इनके पौधों से बीज न बनने की स्थिति में भी खरपतवारों का नियंत्रण करना कठिन होता हैं। इनको पुनः तीन उपवर्गो में बाँटा गया है।

(अ) **जड़ों से पैदा होने वाले खरपतवार (Propagated by roots) :** इस वर्ग के खरपतवार अपनी जड़ों में पाये जाने वाले कन्दों, प्रकन्दों तथा शल्कों के माध्यम से उत्पत्ति करते हैं जैसे हिरनखुरी, मोंथा, खट्टी मीठी आदि।

(ब) **तने से पैदा होने वाले खरपतवार (Propagated by stem) :** इस वर्ग के खरपतवारों का प्रजनन तने द्वारा होता है। खरपतवारों के तनों में उपस्थिति कलिकाओं को अनुकूल वातावरण मिलने पर नये पौधों को जन्म देती हैं जैसे एग्रोपाइरोन रिपेन्स।

(स) **पत्तियों से पैदा होने वाले खरपतवार (Propagated by leaves) :** इस वर्ग में खरपतवारों की पत्तियों में कलिकायें पाई जाती हैं। यह कलिकायें भूमि के सम्पर्क में आने के पश्चात अनुकूल वातावरण मिलने से नये पौधों के रूप में जन्म देती हैं जैसे पथरचट्टा।

9. **फसल–खरपतवार के सम्बन्ध के अनुसार वर्गीकरण (Classification according to crop-weed relationship) :**

(अ) **अपराश्रयी खरपतवार (Non parasitic weed) :** जैसे दूबघास, बथुआ, मोंथा, कांस, कृष्णनील, दुधी, बर्रूघास, सांवाघास आदि।

(ब) **पराश्रयी खरपतवार (Parasitic weeds) :** फसल के पौधों पर आश्रय लेने तथा उनसे पोषक तत्वों को ग्रहण करने के आधार पर पराश्रयी खरपतवार कहा जाता है। इन खरपतवारों का वर्गीकरण पूर्ण पराश्रयी तथा अर्द्धपराश्रयी के रूप में किया जाता है। इनका विभाजन तनों के पराश्रयी पौधे तथा जड़ों के पराश्रयी खरपतवारों के रूप में भी किया जाता है। तनों के पराश्रयी पौधों में स्ट्रिगा, अमरबेल तथा बंझा (Striga, cuscuta and loranthus) जबकि जड़ के पराश्रयी खरपतवारों में ओरोबेन्की (Orobanche) हैं।

10. **विशिष्ट प्रकार के आधार पर वर्गीकरण (Classification according to special needs) :**

(i) **विषाक्त खरपतवार (Poisonous weeds) :** इस प्रकार के खरपतवारों को खाने से मनुष्य तथा पशु बीमार पड़ जाते हैं। फसलों के पौधों के साथ इन खरपतवार को काटकर खिला देने से अथवा अपने आप चर लेने से पशु कमजोर पड़ जाते हैं, उनकी कार्य क्षमता घट जाती है, दुग्ध उत्पादन घट जाता है तथा कभी–कभी गर्भपात भी हो जाता है। धतूरा वर्ग के खरपतवार पशुओं तथा मनुष्यों दोनों के लिए विषाक्त होते हैं।

(ii) **समस्यायुक्त खरपतवार (Problematic weeds) :** अत्यधिक प्रतिस्पर्धा होने के कारण इन खरपतवारों का नियंत्रण करना कठिन होता है। इस तरह के खरपतवार प्रतिकूल परिस्थितियों में अपना जीवन निर्वाह कर लेते हैं। इस प्रकार के खरपतवारों की कम उपस्थिति में भी फसलों का उत्पादन कम हो जाता है। विश्व में 18 प्रकार के समस्याग्रस्त खरपतवार हैं जैसे मोंथा, नागर मोथा, बथुआ, हिरनखुरी, दूबघास, साँवा घास, कोदोंघास, जलकुम्भी, बर्रूघास, जंगली जई, लेड़ई घास, मकड़ा, बांसी घास, जंगली चौलाई, कंटीली चौलाई, इच घास आदि प्रमुख घास हैं।

खरपतवारों का प्रकीर्णन (Dissemination of weeds)

खरपतवारों का प्रकीर्णन हवा, पानी, पशु, पक्षी, मनुष्यों, कृषि यन्त्रों के प्रयोग द्वारा होता है। इन माध्यमों की सहायता से खरपतवार एक स्थान से दूसरे स्थान पर पहुँच जाते हैं। खरपतवारों के प्रकीर्णन निम्न प्रकार से होता हैं –

1. **वायु द्वारा प्रकीर्णन (Dissemination by air) :** खरपतवारों के बीजों तथा फलों का सबसे अधिक प्रकीर्णन वायु द्वारा होता है क्योंकि कुछ खरपतवारों के बीज बहुत हल्के होते हैं इनके बीजों में पंख (Wings) होते हैं जिनकी आकृति पैराशूट, रोयेंदार फल तथा बीज, चपटे फल तथा बीज आदि विशेषताएं पाई जाती हैं। गाजर घास, आक, धतूरा, काँस तथा पोहली के बीज इतने हल्के होते हैं कि यह वायु द्वारा एक स्थान से दूसरे स्थान पर उड़कर कई मीलों तक चले जाते हैं।

2. **जल द्वारा प्रकीर्णन (Dissemination by water) :** जल द्वारा खरपतवारों का प्रकीर्णन प्रायः जलीय खरपतवारों का होता है। नदियों, नहरों तथा बाढ़ का पानी बहुत से खरपतवारों के बीजों को बहाकर ले जाता है तथा

उनको दूर छोड़ देता है। सिंचाई की नालियों में भी यह खरपतवार उग आते हैं तथा जिनके बीज सिंचाई पानी की सहायता से खेत में पहुँच जाते हैं। जलीय खरपतवारों का प्रकीर्णन बड़े पैमाने पर होता है। खरपतवारों के बीजों का पानी के अन्दर 3 से 5 वर्षों तक अंकुरण शक्ति कायम रहती हैं।

3. पशुओं द्वारा (Dissemination by animals) : जानवरों द्वारा खरपतवारों का प्रकीर्णन बहुत आसान तथा सरल है। कुछ खरपतवारों के बीजों में कांटे तथा हुक होने के कारण ये पशुओं के शरीर में चिपक कर एक स्थान से दूसरे स्थान पर चले जाते हैं। गोखरू, चिटचिटा, चिरियारी, लटजीरा आदि खरपतवारों का प्रकीर्णन पशुओं द्वारा होता है। जानवरों के गोबर में उपस्थिति द्वारा खरपतवार के बीजों का प्रकीर्णन होता है। गोबर की खाद तथा कम्पोस्ट की खाद द्वारा भी खरपतवारों का प्रकीर्णन होता है।

4. पक्षियों द्वारा प्रकीर्णन (Dissemination by birds) : कुछ खरपतवार के बीजों में चिपचिपा पदार्थ होने के कारण पक्षियों की चोंच से चिपक जाते हैं और एक स्थान से दूसरे स्थान पर चले जाते हैं जैसे साँठ (Boerhorvia) पक्षियों द्वारा खाने के उपरान्त भी कुछ बीजों में पाचन क्रिया के बाद बचे हुए बीजों में भी अंकुरण क्षमता कायम रहती है। इस प्रकार पक्षियों के मल के द्वारा भी प्रकीर्णन होता रहता हैं।

5. मनुष्यों द्वारा प्रकीर्णन (Dissemination by human) : मनुष्यों द्वारा खरपतवारों के बीजों का प्रकीर्णन सबसे अधिक होता है। मनुष्यों द्वारा खरपतवारों का प्रकीर्णन निम्न तरह से होता है।

(i) कुछ खरपतवारों का प्रकीर्णन विदेशों से हुआ। सर्वप्रथम बरू घास को चारे के रूप में विदेशों से लाया गया तथा बाद में यह समस्या ग्रस्त खरपतवार बन गया। इसी प्रकार गेहूँ का मामा, जंगली जई, जंगली जूट आदि खरपतवारों का प्रकीर्णन विदेशों द्वारा मँगाये गये उन्नत किस्म के बीजों द्वारा हुआ।

(ii) फसलों के बीज में खरपतवारों के बीज मिले होते हैं इन बीजों का प्रयोग बुआई के रूप में कर देने से खरपतवारों का प्रकीर्णन होता है।

(iii) पुष्पों, वन वृक्षों तथा फलों की पौध की मिट्टी को एक स्थान से दूसरे स्थान पर भेजने के लिए धान के पुआल, खरपतवारों के पौधे, काँस, दूबघास आदि से बाँधा जाता है। मिट्टी अथवा बाँधने के लिए प्रयोग किये गये इन वानस्पतिक पदार्थ के साथ लगे बीज एक स्थान से दूसरे स्थान पर चले जाते हैं।

(iv) जुताई तथा अन्य कृषि क्रियाएं करने के समय प्रयोग किये जाने वाले कृषि यन्त्रों में मिट्टी के साथ खरपतवारों के बीज तथा पौधे चिपक जाने से जब इन यंत्रों का प्रयोग दूसरे खेतों में किया जाता है तब इनका प्रकीर्णन हो जाता है।

(v) पशुओं को खिलाने के लिए प्रयोग किया जाने वाला भूसा, सूखी तथा हरी घास एवं अन्य पदार्थो में प्रचुर मात्रा में खरपतवारों के बीज मिले रहते हैं। यही स्थिति पशुओं के चरने में प्रयोग की गई घासों से भी होती है क्योंकि इन खरपतवारों के ब्रीज पाचन क्रिया के बाद भी गोबर में उपस्थित रहते हैं जिनमें अंकुरण क्षमता कायम रहती है।

(vi) खरपतवारों का प्रकीर्णन जीवांश खादों जैसे गोबर की खाद, कम्पोस्ट तथा कूड़ा कचरे की खाद में प्रचुर मात्रा में खरपतवारों के बीज उपस्थिति रहते हैं। इन खादों का अच्छी तरह से सड़ाव न हो पाने की स्थिति में खरपतवारों के बीजों में अंकुरण क्षमता बनी रहती है। इस प्रकार की खादों का प्रयोग खेतों में करने पर खरपतवारों के बीजों का प्रकीर्णन हो जाता है।

खरपतवारों का पुनर्जनन (Regeneration of weeds)

कुछ खरपतवारों का पुनर्जनन एक से अधिक विधियों द्वारा होता है। खरपतवार नियंत्रण को प्रभावी बनाने के लिए सर्वप्रथम उनके पुनर्जनन विधि को जानना अत्यन्त आवश्यक होता है। खरपतवारों का पुनर्जनन निम्न विधियों द्वारा होता है –

1. बीजों द्वारा (By seeds) : खरपतवारों का पुनर्जनन मुख्यतया बीजों द्वारा होता है। बहुवर्षीय खरपतवारों में बीजों द्वारा पुनर्जनन एक वर्षीय बीजों की अपेक्षा कम होता हैं। बीज बनाने वाले खरपतवारों में कुछ माह में ही बहुत अधिक संख्या में बीज बनते हैं तथा उनमें अंकुरण क्षमता भी बहुत अधिक होती है। बीजों द्वारा पुनर्जनन करने वाले खरपतवारों में मुख्यत: बथुआ, चौलाई, कृष्णनील, मकोय, लहसुआ, साँवाघास आदि।

तालिका 13.5 : खरपतवारों के पौधों में बीज उत्पादन तथा अंकुरण प्रतिशत

खरपतवार (प्रति पौधा)	औसत बीज उत्पादन	अंकुरण (प्रतिशत)
मकोय (*Amaranthus* sp.)	1,95,000	19
सरसों (*Brassica nigra*)	58,000	72
बथुआ (*Chenopodium album*)	70,000	40
जंगली पालक (*Portulaca* sp.)	1,90,000	23
मोंथा (*Cyperus* sp.)	800	38
अमरबेल (*Cuscuta* sp.)	16,000	–
हजारदाना (*Comelina benghalensis*)	2500	27
पथरचट्टा (*Trianthema portulacastrum*)	52,000	35
कोदों (*Eleusine indica*)	40,000	61

2. वानस्पतिक भागों द्वारा (By vegetative parts) : सामान्यत: द्विवर्षीय तथा बहुवर्षीय खरपतवारों का पुनर्जनन वानस्पतिक भागों द्वारा होता है। पौधों की पत्तियाँ, तने, जड़ें, कन्दों, प्रकन्दों, शल्क कन्दों आदि द्वारा पुनर्जनन करते हैं। इस तरह के खरपतवारों को नियंत्रण करने के लिए काफी कठिनाई होती है अथवा एकीकृत खरपतवार नियंत्रण विधि द्वारा नियंत्रण किया जा सकता है। इन खरपतवारों की जड़ों की वृद्धि एवं विकास बहुत ही मजबूत होता है क्योंकि यह गहराई में जाकर पोषक तत्वों तथा मृदा नमी का शोषण करते हैं।

वानस्पतिक विधियों द्वारा पुनर्जनन निम्न विधियों द्वारा होता है –

(i) **पत्तियों द्वारा (By leaf) :** कुछ खरपतवारों का पुनर्जनन पत्तियों द्वारा होता है। इस तरह के पुनर्जनन में पत्तियों में कलिकायें पाई जाती हैं और यह कलिका युक्त पत्तियाँ जब मिट्टी के सम्पर्क में आती हैं तो पुनर्जनन करके नये पौधों को जन्म देती हैं। पथरचट्टा के पौधों में पत्तियों द्वारा पुनर्जनन होता है।

(ii) **तनों द्वारा (By stem) :** तनों द्वारा नये पौधों की उत्पत्ति दूब घास, नुनिया, मारबेल घास, मकड़ा घास आदि से होती है। इस विधि द्वारा पुनर्जनन में तनों की सन्धियों पर गाठें होती हैं तथा इन्हीं गांठों से जड़ें निकल कर नये पौधों को जन्म देती हैं।

(iii) **जड़ों द्वारा (By roots) :** बहुवार्षिक खरपतवारों का पुनर्जनन इस विधि द्वारा होता है ।

- कन्द भूमि के अन्दर परिवर्तित तनों के रूप में सन्धि, पर्व सन्धि, शल्क तथा शल्कीय पत्तियाँ पाई जाती हैं। बरू घास तथा एग्रोपाइरान राइपेन्स खरपतवारों में पुनर्जनन कन्दों द्वारा होता है।
- शल्को द्वारा पुनर्जनन में भूमि के अन्दर फूले हुए भाग को शल्क कहते हैं। प्रत्येक शल्क में पत्तियाँ, कलिकायें तथा फूलों की कलिकायें पाई जाती हैं। शल्कों द्वारा पुनर्जनन वन प्याजी, जंगली लहसुन, जंगली ग्लेडियोलस आदि में होता है।
- राइजोम तथा सकर्स के फूले हुए सिरे को प्रकन्द (Tubers) कहा जाता है। मोंथा प्रजाति में इस विधि द्वारा पुनर्जनन होता है। इसके अतिरिक्त कई स्थलीय तथा जलीय खरपतवारों में इस विधि द्वारा

पुनर्जनन होता है। इन प्रकन्दों में स्केली पत्तियाँ, सन्धि, पर्व सन्धि तथा कलिकायें होने के कारण नये पौधों को जन्म देती हैं।

- सकर्स द्वारा खरपतवारों का पुनर्जनन दूब घास, बुडसोरल, पैनीवार्ट आदि खरपतवारों में होता है। इस विधि में पर्व सन्धियों से जड़ें निकलकर नये पौधों को जन्म देती हैं। यह पौधे जमीन पर लेट कर बढ़ते रहते हैं।
- उपरोक्त के अतिरिक्त खरपतवारों का पुनर्जनन स्टोलन, सकर्स, बल्ब्स (कंद) आदि के द्वारा भी होता है।

फसल–खरपतवार प्रतियोगिता (Crop-weed competition)

पौधों की वृद्धि के लिए तापक्रम, स्थान, प्रकाश, नमी तथा पोषक तत्वों की आवश्यकता होती है। फसल–खरपतवार प्रतियोगिता का तात्पर्य उपरोक्त वृद्धि कारकों का फसलों के साथ–साथ खरपतवार की परस्पर प्रतिस्पर्धा से है। खरपतवार फसलों के साथ–साथ प्रतिस्पर्धा उस स्थिति में करते हैं जब पौधों के लिए वृद्धि कारकों में किसी एक अथवा दोनों की आवश्यकता से कम मात्रा में उपस्थिति होती है। पौधों के लिए पोषक तत्व तथा मृदा नमी पर्याप्त मात्रा में उपलब्ध होने की दशा में जिससे फसलों तथा खरपतवारों की आवश्यकता की पूर्ति हो जाये तो फसल–खरपतवार की कोई प्रतियोगिता नहीं होती है। अत: प्रतियोगिता केवल उसी तत्व की होती है जिसकी पूर्ति आवश्यकता से कम मात्रा में हो। चूँकि खरपतवार खेत में अतिरिक्त मात्रा में उग आते हैं इसलिए आपस में प्रतिस्पर्धा होती है। विभिन्न फसलों में खरपतवार अधिक प्रतियोगिता कर उपज में कमी करते हैं अत: ऐसी अवस्था में फसल को खरपतवारों से मुक्त रखा जाना जरुरी हो जाता है।

तालिका 13.6 : फसलों में फसल–खरपतवार प्रतिस्पर्धा की क्रान्तिक अवस्था

फसल	अवस्था (दिन)	फसल	अवस्था (दिन)
खाद्यान्न फसलें		**व्यापारिक एवं नकदी फसलें**	
धान (सीधी बुआई)	15–45	आलू	20–40
धान (रोपाई)	30–45	कपास	15–60
गेहूँ	30–45	गन्ना	30–120
मक्का	15–45		
ज्वार	15–45		
बाजरा	30–45		
दलहनी फसलें		**तिलहनी फसलें**	
मूँग	15–30	सरसों	15–35
उर्द	15–30	अलसी	30–45
अरहर	15–60	सूरजमुखी	30–45
लोबिया	15–30	मूँगफली	40–60
चना	30–60	कुसुम	15–45
मटर	30–45	सोयाबीन	20–45
मसूर	30–50	तिल	15–45

फसल–खरपतवार में प्रतिस्पर्धा की क्रान्तिक अवस्था विभिन्न फसलों एवं उनकी प्रजातियों, खरपतवार के उगने के समय, वातावरण आदि पर निर्भर करती है। खाद्यान्न फसलों की अपेक्षा दलहनी फसलों की प्रारम्भिक वृद्धि अपेक्षाकृत

कम होती है। दलहनी फसलों में पंक्ति से पंक्ति की दूरी भी अधिक होती है तथा टहनियों एवं पत्तियों का आकार भी कम होने के कारण खरपतवार अधिक नुकसान करते हैं। कम समय में पकने वाली वर्षा ऋतु की दलहनी फसलें जैसे उर्द एवं मूँग के लिए बुआई के 15-30 दिन तक खरपतवारों की प्रतिस्पर्धा का क्रान्तिक समय होता है जबकि देर से पकने वाली अरहर की फसल में खरपतवारों की प्रतिस्पर्धा का क्रान्तिक समय बुआई के 15-60 दिन तक रहता है। उर्द तथा मूँग में प्रतिस्पर्धा के क्रान्तिक समय में खरपतवारों का प्रकोप होने से 70 प्रतिशत तक उपज में नुकसान हो जाता है। यदि 15 दिन उपरान्त लम्बे समय तक क्रान्तिक समय को बढ़ाया जाए तो फसल की उपज में उतनी ही गिरावट आती जायेगी। इन फसलों में यदि 30 दिनों के उपरान्त खरपतवारों का प्रकोप होता है तब उपज में अधिक हानि नहीं होती है बल्कि फसल खरपतवारों को स्वत: ही नियंत्रित कर लेती है।

खरपतवारों की अनेक किस्में होती है। कुछ खरपतवारों का उगने के स्थान तथा मौसम से विशेष सम्बन्ध नहीं होता है। इनमें से कुछ खरपतवार वार्षिक तथा कुछ बहुवार्षिक होते हैं। खरपतवारों की कुछ विशेष प्रकार की प्रजातियाँ फसलों में ही उगती हैं तथा कुछ खास किस्म की फसल से ही सम्बन्धित होती हैं। खरपतवारों का वितरण, प्रतिस्पर्धात्मक क्षमता, उपस्थिति एवं सह सम्बन्ध वातावरण के जैविक, भौतिक एवं जलवायु सम्बन्धी परिस्थितियों पर निर्भर करता है। फसल उगाने के लिए की गई जुताई, सस्य क्रियाएं, खाद, सिंचाई के लिए जल का प्रयोग, फसल सुरक्षा आदि फसल-खरपतवार प्रतियोगिता को प्रभावित करते हैं। चूँकि खरपतवारों की कोई खास किस्में नहीं होती हैं अत: इनकी कुछ किस्में विशेष प्रकार की फसलों में अच्छी वृद्धि करती हैं। परीक्षणों द्वारा ज्ञात हुआ है कि विभिन्न प्रकार की फसलों के कुछ प्रमुख खरपतवार निम्न हैं-

फसलें	खरपतवार
गेहूँ एवं जौ	**दलहनी**- बथुआ, खरबथुआ, हिरनखुरी, कृष्णनील, चटरी, मटरी, प्याजी, सत्यानाशी, बाइसुरी, कँटीली, लहसुआ, अकरा, चिलमिली **घासीय**- दूबघास, साँवा घास, गेहूँ का मामा, कांस, जंगली जई, मोंथा
धान	**दलहनी**- पथरचटा, **घासीय**- साँवा घास, मोंथा, कांस
मक्का, बाजरा, ज्वार	**दलहनी**- विषखपरा, लहसुआ, बड़ी दुधी, **घासीय**- दूबघास, मोंथा
अरहर, मूँग, उर्द	**दलहनी**- लहसुआ, विषखपरा, चिलमिली, बड़ी दुधी
लोबिया	**घासीय**- दूबघास, मोंथा
चना, मटर, मसूर	**दलहनी**- बथुआ, कृष्णनील, खरबथुआ, पीली सेंजी, प्याजी, हिरनखुरी, जंगली, मटर, खेसारी, मकोय
मूँगफली	**घासीय**- गेहूँ का मामा, मोंथा, **दलहनी**- जंगली पालक, हजारदाना, जंगली सांवा, चिलमिली
सूरजमुखी	**घासीय** - दूबघास, मोंथा
अलसी, कुसुम	**दलहनी**- कनकौआ, चिलमिली, **घासीय**- दूबघास, मोंथा
कपास	**दलहनी**- विषखपरा, लहसुआ, **घासीय**- दूबघास, मोंथा
आलू	**दलहनी**- तिपतिया, कंटीली, बथुआ, खरबथुआ, **घासीय**- दूबघास, मोंथा
तम्बाकू	**परजीवी**- ओरोबन्की, **घासीय**- दूबघास, मोंथा
बरसीम	कासनी

खरपतवारों के पौधों में फसलों के पौधों की अपेक्षा वातावरण के प्रति अनुकूलन क्षमता अधिक पाई जाती है अत: प्रतिकूल परिस्थितियों में यह आवश्यक परिवर्तन कर जीवित रहते हैं। विभिन्न प्रकार की जलवायु तथा भूमियों में अलग-

अलग प्रकार के खरपतवार पाये जाते हैं क्योंकि खरपतवारों का भूमि एवं फसलों के प्रति प्रत्यक्ष अथवा परोक्ष लगाव होता है। यह लगाव बीजों के पकने के समय, अंकुरण की समानता, कृष्य क्रियाएं, कृषि पद्धतियों तथा कटाई की क्रिया पर निर्भर करता है। एक जलवायु में उगाई जाने वाली फसल तथा खरपतवार के पौधों की भूमि एवं अन्य आवश्यकता एक समान होती है। फसल की उपज पर फसल-खरपतवार प्रतिस्पर्धा का प्रभाव सदैव हानिकारक होता है फसल एवं खरपतवार जो एक ही गहराई तथा एक समान मात्रा में खाद तथा पानी ग्रहण करते हैं, अधिक प्रतिस्पर्धा करते हैं।

फसल-खरपतवार की प्रतियोगिता मुख्यत: मृदा नमी एवं पोषक तत्वों के प्रति पाई जाती है। शुष्क क्षेत्रों में जहाँ पर मृदा नमी की कमी होती हैं वहाँ पर मृदा नमी से ही प्रतिस्पर्धा होती है जबकि सिंचित क्षेत्रों में मृदा नमी की कमी नहीं होती हैं वहाँ पर पोषक तत्वों के प्रति प्रतिस्पर्धा होती है। जो फसलें शीघ्र अंकुरित होकर अधिक जड़ें एवं वानस्पतिक वृद्धि करती हैं मृदा एवं जलवायु की प्रतिकूल अवस्थाओं को सहन करने की क्षमता अधिक रखती हैं फसलें जैसे सनई, ढैंचा, बरसीम, लोबिया कम खाद तथा कम मृदा नमी में भी वृद्धि करती है। छिड़कवाँ विधि से बोई गई फसलों में प्रति इकाई पौध संख्या अधिक होने के कारण ये फसलें शीघ्रता से भूमि को ढक लेती हैं जिससे खरपतवारों के पौधों की वृद्धि के लिए पर्याप्त स्थान नहीं मिल पाता है। जबकि दूर-दूर पंक्तियों में बोई गई फसल में खरपतवारों के पौधों को पर्याप्त स्थान मिल जाता है ऐसी दशा में फसल-खरपतवार प्रतिस्पर्धा अधिक होती है।

फसल-खरपतवार प्रतिस्पर्धा फसलों की बुआई के समय, पौध घनत्व, अन्तरण तथा खरपतवारों की उपस्थिति एवं उनकी संख्या से प्रभावित होती है। खरपतवार के पौधों की संख्या अधिक तथा फसल के पौधों की संख्या कम होने पर प्रतिस्पर्धा अधिक होती है। जल्दी तथा देर से बोई गई फसल में फसल-खरपतवार प्रतिस्पर्धा अधिक हो जाती है। उपयुक्त समय में बोई गई फसल में फसल-खरपतवार प्रतियोगिता कम होती है क्योंकि फसलों की वृद्धि के लिए पर्याप्त समय एवं जलवायु मिल जाती है। खरपतवारों की पहली जमाव प्रक्रिया समाप्त हो जाने के बाद फसलों की बुआई करने से खेत में खरपतवारों की संख्या प्रति इकाई क्षेत्रफल पर कम हो जाने से फसल-खरपतवार प्रतिस्पर्धा कम हो जाती है। खेत में फसलों की बुआई की विधि तथा फसल की वृद्धि के लिए आवश्यक सुविधाओं की उपलब्धता खरपतवारों की वृद्धि को प्रभावित करती है।

खरपतवारों से फसल निम्न गुणों के कारण अधिक प्रतियोगिता कर सकती है-

1. फसलों के बीजों का अंकुरण एक समान तथा शीघ्र होना।
2. फसलों के पौधों की बढ़वार शीघ्र तथा तीव्रगति से होना।
3. फसलों के पौधों में अधिक पत्तियाँ एवं पत्तियों में अधिक पर्णरन्ध्र का होना।
4. फसल के पौधों की जड़ों की अधिक गहराई तथा भूमि के अन्दर फैलाव होना ।
5. फसलों के पौधों का भूमि की सतह को पूर्ण रूप से आच्छादित करके खरपवारों के पौधों को प्रकाश न उपलब्ध न होने देना ।
6. फसलों के पौधों में अधिक संख्या में शाखाओं का विकसित होना।
7. फसलों के पौधों का प्रति इकाई क्षेत्रफल में उपयुक्त पौध संख्या का होना।

फसल-खरपतवार प्रतियोगिता के घटक (Components of crop-weed competition)

फसल-खरपतवार प्रतियोगिता के मुख्यत: चार घटक जैसे प्रकाश, नमी, पोषक तत्त्व तथा स्थान हैं -

1. प्रकाश (Light) - खरपतवारों एवं फसलों के पौधों की उचित वृद्धि एवं विकास के लिए प्रकाश का उपलब्ध होना आवश्यक है क्योंकि सूर्य के प्रकाश की उपस्थिति में पौधों में प्रकाश संश्लेषण की क्रिया सम्पन्न होती है जोकि पौधों की वृद्धि का एक मात्र विकल्प है। प्रकाश के लिए प्रतिस्पर्धा में उस समय अधिक वृद्धि हो जाती है जब एक पौधा दूसरे पौधे पर प्रकाश के प्रवेश को अवरूद्ध करके प्राप्य प्रकाश की तीव्रता एवं गुणवत्ता दोनों परिवर्तित कर देता है। इसी

तरह से छाया में बढ़ने वाले पौधों को भी आवश्यक प्रकाश की इष्टतम मात्रा एवं गुणवत्ता से कम की प्राप्ति होती है जिसके परिणामस्वरूप पौधों की वृद्धि उसी अनुपात में घटने लगती है। पौधों को प्रकाश की कम प्राप्यता के कारण तने कमजोर हो जाते हैं, पत्तियाँ तथा शाखाएं कम मात्रा में निकलती हैं।

2. स्थान (Space) – पर्याप्त मात्रा में स्थान उपलब्ध होने से पौधे की वृद्धि अधिक होती है। छिटकवाँ विधि से बुआई करने की दशा में पौध घनत्व प्रति इकाई क्षेत्रफल पर अधिक हो जाने की दशा में पौधों की वृद्धि तथा विकास प्रभावित होती है। पंक्तियों में बोई गई फसल तथा प्रति इकाई क्षेत्रफल में पौध घनत्व कम होने पर पौधों की वृद्धि एवं विकास के लिए पर्याप्त मात्रा में स्थान की उपलब्धता हो जाती है।

3. पोषक तत्व (Nutrients) : समस्त पौधे अपना भोजन घोल के रूप में ग्रहण करते हैं मृदा में उपस्थिति पोषक तत्वों को जल मुख्य तथा एक मात्र घोलक है। खरपतवारों के पौधे फसलों की अपेक्षा अधिक मात्रा में जलशोषण करते हैं इसलिए जल में घुले हुए पोषक तत्व अधिक मात्रा में ग्रहण कर लेते है। इसके अतिरिक्त खरपतवार फसलों की तुलना में अधिक मात्रा में पोषक तत्वों का संचयन कर लेते हैं जिसका उपयोग बाद में अथवा प्रतिकूल परिस्थितियों में करते हैं। पौधों के लिए आवश्यक पोषक तत्वों में नत्रजन के लिए सबसे अधिक प्रतिस्पर्धा होती हैं। इसके पश्चात् फासफोरस तथा पोटास तत्वों के प्रति प्रतिस्पर्धा होती हैं।

4. जल (Water) : जल के लिए प्रतिस्पर्धा पोषक तत्वों तथा प्रकाश के पूर्व अंकुरणकाल में ही शुरू हो जाती है। खरपतवार एवं फसलों के पौधों की जड़ें एक समान गहराई तक जाती हैं। इसलिए जल का अवशोषण भी एक ही स्तर से होता है। खरपतवारों के पौधों द्वारा फसलों की अपेक्षा वाष्पोत्सर्जन (Transpiration) अधिक मात्रा में होता है जिससे मृदा नमी का शोषण भी अधिक मात्रा में होता है जिसके फलस्वरूप फसलों के लिए मृदा नमी की कमी हो जाती है। सिंचित फसल की अपेक्षा वर्षा आधारित एवं शुष्क क्षेत्रों में उगाई जाने वाली फसलों में यह स्थिति और अधिक भयावह हो जाती है।

फसल–खरपतवार प्रतियोगिता को प्रभावित करने वाले कारक
(Factors affecting crop-weed competition)

फसल तथा खरपतवारों के पौधों में प्रतियोगिता जल, वायु, स्थान, तापमान, प्रकाश तथा पोषक तत्वों के लिए होती है। उपरोक्त घटकों में मृदा नमी तथा पोषक तत्वों के प्रति सबसे अधिक प्रतिस्पर्धा होती है। शुष्क क्षेत्रों में मृदा नमी की कमी होने के कारण मृदा जल से प्रतिस्पर्धा होती है। जबकि सिंचित क्षेत्रों में मृदा जल की अधिकता होने के कारण पोषक तत्वों के प्रति प्रतियोगिता अधिक होती है। फसल–खरपतवार प्रतियोगिता निम्न कारकों द्वारा प्रभावित होती है –

1. खरपतवारों की प्रजातियाँ (Species of weeds)
2. खरपतवारों का प्रति इकाई क्षेत्रफल में घनत्व (Weed density)
3. खरपतवारों का वृद्धि काल (Growth period of weeds)
4. मृदा की उर्वरा शक्ति (Soil fertility)
5. जलवायु का प्रभाव (Climate)
6. प्रतिस्पर्धा की क्रान्तिक अवस्था (Critical period of competition)
7. फसलों की प्रतिस्पर्धात्मक क्षमता (Competition ability of crops)
8. कृष्य क्रियाएं (Cultural practices)
9. मृदा में उपस्थिति नमी (Available soil moisture)
10. मृदा का पी–एच मान (Soil pH)
11. फसल की वृद्धि दर तथा वृद्धि का स्वरूप (Growth rate and pattern of crops)

खरपतवार नियंत्रण क्षमता

खरपतवार नियंत्रण क्षमता की गणना में खरपतवार नियंत्रण विधि में बिना खरपतवार नियंत्रण के अपेक्षा खरपतवारों की संख्या में कमी करना होता है। खरपतवार नियंत्रण क्षमता को निम्न सूत्र द्वारा ज्ञात किया जाता है –

$$= \frac{\text{बिना नियंत्रण प्लाट में खरपतवारों की संख्या} - \text{नियंत्रण प्लाट में खरपतवारों की संख्या}}{\text{बिना नियंत्रण प्लाट में खरपतवारों की संख्या}} \times 100$$

अथवा

$$= \frac{\text{बिना नियंत्रण प्लाट में खरपतवारों का शुष्क भार} - \text{नियंत्रण प्लाट में खरपतवारों का शुष्क भार}}{\text{बिना नियंत्रण प्लाट में खरपतवारों का शुष्क भार}} \times 100$$

खरपतवार गुणांक अथवा खरपतवार प्रतियोगिता गुणंक :

खरपतवार नियंत्रण की अपेक्षा बिना खरपतवार नियंत्रण से प्राप्त फसल की उपज के अनुपात को खरपतवार गुणांक अथवा खरपतवार प्रतियोगिता गुणांक कहते हैं। इसे निम्न की सहायता से ज्ञात किया जाता है –

$$= \frac{\text{Yield from minimum weed competition plot} - \text{yield from treatment for which WI is to be worked out}}{\text{Yield from minimum weed competition plot}} \times 100$$

अभ्यास 1: बिना खरपतवार नियंत्रण वाले प्लाट में खरपतवारों की संख्या 350 प्रति वर्ग मी पाई गई जब कि जिस प्लाट में खरपतवार नियंत्रण किया गया उसमे खरपतवारों की संख्या 17 प्रति वर्ग मी है। अत: इसकी खरपतवार नियंत्रण क्षमता क्या होगी।

$$\frac{350-17}{350}\times100 = 95.1 \textbf{ प्रतिशत}$$

अभ्यास 2 : मक्का के खेत में बिना खरपतवार नियंत्रण की दशा में खरपतवारों का शुष्क भार 700 ग्राम प्रति वर्ग मी जबकि खरपतवार नियंत्रण की विधियों को अपनाने से खरपतवार का शुष्क भार 126 प्रति वर्ग मी पाया गया। मक्का में खरपतवार नियंत्रण क्षमता क्या होगी।

$$\frac{700-126}{700}\times100 = 82 \textbf{ प्रतिशत}$$

घोल बनाने की विधि :

जिस खेत में खरपतवार नाशी रसायन का एक समान मात्रा में छिड़काव करना होता है वहाँ पर यह आवश्यक है कि स्टॉक घोल छिड़काव के पूर्व ही बना लिया जाए। स्टॉक घोल निम्न प्रकार से बनाया जाता है।

छिडकाव का क्षेत्रफल	=	1 हैक्टेअर (2.5 एकड़)
स्प्रेयर की क्षमता	=	15 लीटर
छिड़काव करने के लिए घोल की मात्रा	=	450 लीटर/है.

$$\text{अत: } \frac{450}{15} = 30$$

अत: एक हैक्टेअर क्षेत्रफल में छिड़काव करने के लिए स्प्रेयर को 30 बार भरना चाहिए।

इस प्रकार 450 लीटर पानी को एक बड़े बर्तन अथवा प्लास्टिक की टंकी एवं टब में भर लिया जाता है फिर इसमें शाकनाशी रसायन की आवश्यक मात्रा डालकर लकड़ी की सहायता से अच्छी प्रकार मिला लेते हैं। इस घोल को स्प्रेयर में नापने वाली बाल्टी, मग, जग आदि से निश्चित मात्रा में माप कर स्प्रेयर में भर लिया जाता है। एक समान मात्रा में छिड़काव करने के लिए सदैव लेट फेन अथवा लड जैट (कट नोजल) नोजल का ही प्रयोग करना चाहिए। अधिक मात्रा में छिड़काव करने पर फसल पर हानिकारक प्रभाव पड़ता है जबकि निश्चित मात्रा में कम छिड़काव करने पर खरपतवारों का नियंत्रण कम होता है।

खरपतवार प्रबन्ध के सिद्धान्त (Principles of weed management)

खरतपवारों की भौतिकी, जीवन चक्र, प्रतियोगिता सम्बन्धी विशेषताओं, फैलने आदि की समुचित जानकारी उपलब्ध होने पर इनकी रोकथाम बहुत ही आसानी से की जा सकती है। खरपतवार अपने शीघ्र अंकुरण, वृद्धि, विकास, फूलने तथा फलने के गुणों के कारण बहुत तेजी से फैलते हैं जिनकी रोकथाम करना बहुत ही कठिन हो जाता है। यदि खरपतवार अच्छी प्रकार से किसी स्थान अथवा खेतों में पनप जाये तो उनकी रोकथाम आसानी से नहीं की जा सकती है। खरपतवार प्रबन्ध का उद्देश्य केवल उपस्थित खरपतवार समूह को मात्र नष्ट करना ही नहीं होता है बल्कि इस कार्यक्रम की पूर्ण सफलता के लिए खरपतवार की नई जातियों तथा नये स्थान पर प्रसार को प्रभावशाली ढंग से रोकना भी है जो भविष्य में फसलों को व्यापक हानि न पहुँचायें। विभिन्न कर्षण क्रियाओं द्वारा फसल उगाने एवं प्रबन्ध की विधियाँ ही खरपतवार नियंत्रण की विधियाँ है। इन विधियों का खरपतवारों की प्रतियोगिता करने का स्वभाव, आवास, ओज तथा उत्तरजीविता को ध्यान में रखा जाना अति आवश्यक है। इन कारकों के अतिरिक्त फसल सघनता, फसल प्रणाली, खरपतवारों का घनत्व, फैलने की क्षमता, खरपतवारों की प्रबलता, उपकरणों की उपलब्धता तथा कार्य की आर्थिक दशा आदि प्रमुख हैं। यदि खरपतवारों को फैलने से रोकने के लिए उपयुक्त तरीकों का इस्तेमाल किया जाये तो इनकी रोकथाम की आवश्यकता ही नहीं होगी अत: नियंत्रण से बचाव अच्छा (Prevention is better than control) होता है।

खरपतवार प्रबन्धन दीर्घकालीन प्रक्रिया है। अत: इस समस्या का निराकरण करने हेतु कुछ प्रभावशाली विधियाँ अपनानी चाहिए। खरपतवार नियंत्रण की यह विधियाँ निम्न आधारभूत सिद्धान्तों पर निर्भर करती है –

1. खरपतवारों का रहन सहन (Habit of weeds) : खरपतवार नियंत्रणकर्ता को सर्वप्रथम खरपतवारों के रहन सहन, स्वभाव तथा वातावरण के प्रति उनके अनुकूलता का ज्ञान होना अति आवश्यक है ताकि खरपतवारों का प्रभावी विधि द्वारा नियंत्रण किया जा सके। रेगिस्तान तथा शुष्क क्षेत्रों के खरपतवारों के नियंत्रण के लिए यदि खेत में पानी भर दिया जाये तो वह नष्ट हो जाते हैं। इसी प्रकार जलमग्न भूमियों के खरपतवारों को यदि कुछ समय तक खेत का पानी सुखा दिया जाये अथवा सूखे की स्थिति उत्पन्न होने पर स्वत: ही समाप्त हो जाते हैं। चूँकि खरपतवार प्रतिकूल परिस्थितियों में भी फैलते हैं परन्तु खरपतवारों के रहन–सहन के विपरीत नियंत्रण विधि अपनाई जाए तो वह ज्यादा प्रभावशाली होती हैं।

2. खरपतवारों का जीवन चक्र (Life cycle of weeds) : खरपतवार एक वर्षीय, द्विवर्षीय तथा बहुवर्षीय होते हैं अत: खरपतवार प्रबन्ध पौधों के जीवन चक्र को ध्यान में रखकर किया जाना चाहिए।

(अ) एक वर्षीय खरपतवारों का जीवन चक्र एक वर्ष अथवा एक ऋतु होता है। यह फसलों की बुआई के साथ अंकुरित होते हैं और फसल पकने के पूर्व अथवा साथ ही पककर जीवन चक्र पूर्ण कर लेते हैं जैसे बथुआ, कृष्णनील आदि। एक वर्षीय खरपतवारों के नियंत्रण के लिए यह आवश्यक है कि खरपतवारों के बीजों को बनने से रोका जाए। जब बीजों के बनने से इन खरपतवारों को रोका जाता है तो कई वर्षों तक इनका प्रकोप नहीं होता है तथा समयानुसार उनकी प्रति इकाई क्षेत्रफल पर संख्या घटती रहती है। यह क्रिया कुछ वर्षों तक लगातार करने से एक वर्षीय खरपतवारों का नियंत्रण हो जाता है। वार्षिक खरपतवारों को फसल बोने के कुछ समय पहले बीज शैय्या का निर्माण करके कुछ दिनों तक लगातार जुताई करके समाप्त किया जा सकता है।

इस क्रिया को स्टेल सीड बेड (Stale seed bed) विधि के नाम से जाना जाता है वार्षिक पौधों के ऊपरी भाग को एक बार काट देने पर या तो वे मर जाते हैं अथवा शाखाएं निकलती भी हैं वह फसलों के साथ प्रतिस्पर्धा नहीं कर पाते हैं।

(ब) द्विवर्षीय खरपतवार अपना जीवन चक्र दो वर्षों में पूर्ण करते हैं प्रथम वर्ष में ऐसे खरपतवार वानस्पतिक वृद्धि करते हैं तथा द्वितीय वर्ष में फूल की शाखा बनती हैं जिस पर फूल, फल तथा बीज बनते हैं। द्विवर्षीय खरपतवारों का भी नियंत्रण एक वर्षीय खरपतवारों के समान होता है। इसके उपरान्त यदि वे जीवित रह जाये तो फसल की कटाई के बाद खेत में आग लगा देने अथवा ग्रीष्मकालीन गहरी जुताई करने से नियंत्रण हो जाता है।

(स) बहुवर्षीय खरपतवारों का प्रजनन बीजों तथा वानस्पतिक भागों द्वारा होता है। बीजों द्वारा उगे हुए पौधों का नियंत्रण आसानी से हो जाता है परन्तु वानस्पतिक भागों द्वारा तैयार हुए पौधों का नियंत्रण करना कठिन होता है। ये पौधे अपना प्रजनन तना, पत्तियों, जड़ों, कन्दों, प्रकन्दों, शल्ककन्दों आदि द्वारा करते हैं। इस तरह के खरपतवारों का नियंत्रण करने के लिए उनके पुनर्जनन विधि को ध्यान में रखते हुए ग्रीष्मकालीन जुताई करके उनको समूल नष्ट कर देना चाहिए। बहुवर्षीय खरतवारों का नियंत्रण करने के लिए समन्वित खरतवार नियंत्रण जैसे रासायनिक विधि द्वारा, ग्रीष्मकालीन गहरी जुताई, खेत की खुदाई, खेत खुला छोड़ना, खेत में पानी भरना, हरी खाद का प्रयोग, जैविक नियंत्रण आदि विधियाँ अपनाई जाती हैं।

3. **खरपतवारों की प्रजनन विधि (Mode of reproduction of weeds) :** खरपतवार नियंत्रण के पूर्व उनके प्रजनन का तरीका जैसे खरपतवार द्वारा उत्पन्न बीज, अनुकूलता (Adaptation), प्रकीर्णन (dispersal) की विधि, बीज की सुषुप्तावस्था, प्रतिकूल परिस्थितियों में रहने की क्षमता, भूमि के अन्दर पड़े रहने की क्षमता आदि का ज्ञान होना आवश्यक है। उपरोक्त समस्त बातों को ध्यान में रखकर बनाई गई योजनाएं प्रभावी होती है। बीजों द्वारा उगने वाले खरपतवारों का नियंत्रण उनके वृद्धि काल में जबकि बहुवार्षिक खरपतवारों के नियंत्रण के लिए समन्वित विधियाँ प्रयोग की जाती हैं। इस प्रकार से खरपतवार नियंत्रण प्रभावी, आसान तथा कम खर्चीला होता है।

4. **भूमि की दशा (Soil condition) :** खरपतवार नियंत्रण में मृदा की संरचना तथा मृदा नमी का विशेष महत्व है। हल्की भूमियों में जल सोखने की शक्ति अधिक होती है इसलिए इन भूमियों में पानी भरकर खरपतवार नियंत्रण नहीं किया जा सकता। इस प्रकार भारी भूमियों में खराब जल निकास के कारण यांत्रिक विधियों द्वारा खरपतवार नियंत्रण में कठिनाई होती है। शुष्क भूमियों में नमी की कमी के कारण यांत्रिक विधि द्वारा खरपतवारों के नियंत्रण में उपकरणों का प्रयोग नहीं किया जा सकता है। यांत्रिक विधियों द्वारा खरतपवार नियंत्रण के लिए भूमि में पर्याप्त मात्रा में नमी रहना आवश्यक है।

5. **जलवायु की दशा (Climatic condition) :** खरपतवार नियंत्रण के लिए जलवायु का प्रत्यक्ष प्रभाव पड़ता है। लगातार वर्षा होना, सूखा पड़ना, सर्दी तथा गर्मी पड़ने से खरपतवार नियंत्रण प्रभावित होता है। जब मौसम सामान्य होता है तभी यह क्रियाएं सम्पन्न हो पाती हैं।

6. **फसल की किस्म एवं फसल पद्धतियाँ (Type of crops and cropping systems) :** फसल की किस्म के अनुसार ही उपयुक्त खरपतवार नियंत्रण की विधि अपनाई जानी चाहिए। दहलनी फसलों में बासालिन (फ्लूक्लोरेलिन) तथा स्टाम्प (पेन्डीमिथालीन) का प्रयोग किया जाता है। इसी प्रकार खाद्यान्न फसलों में चौड़ी पत्ती वाले खरपतवारों के नियंत्रण के लिए 2, 4-डी तथा अन्य प्रकार के खरपतवारनाशी रसायनों का प्रयोग किया जाता है। यदि 2, 4-डी का छिड़काव दलहनी फसलों में किया जाए तो फसल ही मर जायेगी। इसलिए प्रत्येक फसल के लिए अलग-अलग शाकनाशी रसायनों का प्रयोग करना चाहिए। फसलोत्पादन की पद्धतियाँ एवं उनके उद्देश्यों के अनुसार खरपतवार नियंत्रण की आवश्यकता होती है एक फसल और मिश्रित/अन्त:फसल पद्धति में की जाने वाले क्रियाएं अलग-अलग की जाती हैं। इसी प्रकार से अन्न एवं बीज उत्पादन के लिए उगाई गई फसलों में खरपतवार नियंत्रण की विधियाँ भी भिन्न-भिन्न

होती हैं। हरी खाद तथा चारे के लिए उगाई गई फसलों में खरपतवार नियंत्रण की आवश्यकता नहीं होती। अधिक समय में तैयार होने वाली गन्ने की फसल को खरपतवार नियंत्रण की कई बार आवश्यकता होती है।

7. **कृष्य क्रियाएं (Cultural operation) :** फसल उत्पादन में की जाने वाली विभिन्न प्रकार की सस्य क्रियाएं जैसे नर्सरी तैयार करना, उचित समय एवं विधि द्वारा बुआई, उचित समय पर संतुलित उर्वरकों एवं खादों का प्रयोग, निराई, गुड़ाई, मिट्टी चढ़ाना, कीट एवं बीमारियों का नियंत्रण आदि अपनाये जाने से फसलों के पौधों की वृद्धि एवं विकास अच्छी होती है जिससे खरपतवारों के पौधे दबकर कमजोर हो जाते है। जिनमें फसलों के साथ प्रतिस्पर्धा करने की क्षमता कम हो जाती है। आलू, मूँगफली, गन्ना, चुकन्दर आदि फसलों में मिट्टी चढ़ाने की क्रिया करते समय खरपतवार स्वत: ही नियंत्रित हो जाते हैं अत: इन फसलों में मिट्टी चढ़ाने की क्रिया का प्रमुख उद्देश्य जड़ों का विकास तथा खरपतवार नियंत्रण ही होता है।

8. **खरपतवार प्रबन्ध का क्षेत्रफल (Area of weed management) :** क्षेत्रफल की दृष्टि को ध्यान में रखकर खरपतवार नियंत्रण की विधि अपनाई जाती है। गृह वाटिका, नर्सरी तथा कम क्षेत्रफल पर खरपतवार नियंत्रण के लिए हाथ से खुरपी की सहायता से निराई करके की जा सकती है। इसी प्रकार अधिक क्षेत्रफल पर खरपतवार नियंत्रण रासायनिक विधि द्वारा करना आर्थिक दृष्टि से लाभकारी होता है।

9. **संसाधनों की उपलब्धता (Availability of resources) :** खरपतवार नियंत्रण की विधियों का चुनाव उस क्षेत्र में उपलब्ध संसाधनों जैसे कृषि श्रमिक, छिड़काव के लिए उपकरण, शाकनाशी रसायनों की उपलब्धता आदि का विशेष महत्व होता है। खरपतवार प्रबन्ध की प्रक्रिया अपनाने के पूर्व यह ध्यान रखना चाहिए कि खरपतवार नियंत्रण की वह विधि अपनाई जाए जो आर्थिक दृष्टिकोण से लाभकारी, कम लागत वाली हो तथा उपयुक्त समय पर सम्पन्न की जा सके।

10. **आर्थिक रूप से लाभकारी (Economically viable and profitable) :** खरपतवार नियंत्रण की कोई विधि कृषकों के लिए आर्थिक दृष्टिकोण से कम लागत वाली होनी चाहिए। अधिक लागत वाली खरपतवार नियंत्रण की विधियों को अपनाने से लाभ होने के बजाय हानि हो जाती है। शाकनाशी रसायनों का प्रयोग करते समय रसायनों की मात्रा तथा छिड़काव उचित समय पर करना चाहिए अन्यथा फसलों पर हानिकारक प्रभाव पड़ कर फसलों की उपज कम हो जाती है।

खरपतवार प्रबन्ध की विधियाँ (Methods of weed management)

खरपतवार नियंत्रण के अन्तर्गत खरपतवारों की वृद्धि को रोकना, फसल खरपतवारों के मध्य प्रतिस्पर्धा को कम करना, बीज तथा वानस्पतिक भागों के प्रसारण को रोकना, खरपतवारों के सम्पूर्ण विकास में बाधा पहुँचाना आदि हैं।

''खरपतवार नियंत्रण के अन्तर्गत खरपतवारों को इस प्रकार से नियंत्रित करना जिससे कृष्य क्रियाएं सुगमतापूर्वक सम्पन्न की जा सकें तथा लाभप्रद उत्पादन प्राप्त किया जा सके। कुछ हानिकारक, विषैले, कष्टप्रद आदि खरपतवारों को समूल नष्ट करना आवश्यक होता है जिससे वे पुन: न उगने पायें।''

निरोधात्मक उपाय (Preventive measures)

खरपतवारों के पौधों को किसी नये क्षेत्र में उगने से रोकना अथवा पहुँचने से पूर्व रोकना निरोधात्मक उपाय (Preventive measures) कहलाता है। खेतों में खरपतवार, फसलों के बीज, खाद, पानी, हवा, मनुष्य, पशु, मशीन आदि द्वारा फैलते हैं। अत: यह ध्यान रखना आवश्यक है कि ये खरपतवार खेत से बाहर न निकलने पाये अथवा बाहर से खेत में न आ पाये। यद्यपि खरपतवारों का खेतों में उगना रोक पाना एक कठिन कार्य है परन्तु कुछ ऐसे उपाय किए जा सकते हैं जिनके द्वारा खरपतवारों का प्रकोप कम किया जा सकता है। खरपतवारों के सम्बन्ध में एक कहावत है कि एक बार खरपतवार खेत में उग आये तो सात वर्षों तक उनको नष्ट करना सम्भव नहीं होता (One year seeding, seven year's weeding)। क्योंकि यदि खरपतवार एक बार खेत मे उगने का अवसर पा गए तो इतनी संख्या में बीज उत्पादन करते हैं तथा इनके बीजों की अंकुरण शक्ति बहुत अधिक दिनों तक बनी रहती है। अत: आमतौर पर इन्हें नष्ट करना कठिन होता है। इस प्रकार हम कह सकते हैं कि "Prevention is better than control" अर्थात ''नियंत्रण से बेहतर बचाव'' है।

खरपतवार की निरोधी विधियाँ अपनाने से खेतों में बाहर से आने वाले खरपतवारों के प्रवेश की निम्न विधियों द्वारा रोका जा सकता है –

1. खरपतवार रहित बीजों का प्रयोग करना चाहिए। कुछ खरपतवारों के बीजों को फसलों से आसानी से अलग किया जा सकता है जैसे गेहूँ एवं जौ के साथ बथुआ, सत्यानाशी आदि के बीजों को आसानी से अलग किया जा सकता है जबकि सरसों के बीजों में सत्यानाशी तथा प्याज के बीजों में बन प्याजी के बीजों को अलग करना सम्भव नहीं है। शुद्ध बीज प्राप्त करने के लिए खड़ी फसल के किसी निश्चित क्षेत्र में खरपतवारों को उनके बनने से पहले ही खेत से निकाल देना चाहिए अथवा फसल की कटाई के पूर्व खरपतवारों को निकाल देना चाहिए जिससे खरपतवार रहित शुद्ध बीज प्राप्त क़िया जा सके।

2. पूर्ण रूप से सड़ी हुई गोबर की खाद का ही प्रयोग करना चाहिए। बिना सड़ी हुई गोबर की खाद में खरपतवारों के बीजों की उपस्थिति होने से खेतों में प्रयोग करने पर इनके बीज उग आते हैं।

3. पशुओं के खाने में दाना उबालकर अथवा दलकर खिलाना चाहिए। क्योंकि पशु सभी प्रकार के बीजों का पूर्ण पाचन नहीं कर पाते और गोबर के अन्दर बीज अपनी अंकुरण शक्ति नष्ट किये बिना ही गोबर के साथ बाहर आ जाते हैं। इस प्रकार के गोबर का प्रयोग खेत में करते हैं तो खरपतवारों का प्रवेश हो जाता है क्योंकि कुछ बीजों की पाचन क्रिया के समय अंकुरण क्षमता नष्ट नहीं होती है।

4. सिंचाई की नालियों (Channels), नहरों (Canals), सड़कों के किनारे, रेल पटरियों के पास की जमीन को साफ रखना चाहिए तथा इन भूमियों पर खरपतवारों को उगने ही नहीं देना चाहिए।

5. चरागाहों की प्रवृत्ति को रोकना चाहिए। खरपतवार आच्छादित क्षेत्र में चरने वाले पशुओं को चराई से रोकना चाहिए।

6. कृषि यंत्रों जैसे हैरो, कल्टीवेटर, हल, कटाई के यन्त्रों आदि को किसी नये खेत में प्रयोग करने से पूर्व अच्छी तरह से साफ करके ही प्रयोग करना चाहिए।

7. रोपाई की जाने वाली फसलों में नर्सरी से पौधे उखाड़ते समय ध्यान देना चाहिए कि पौधों के साथ खरपतवार के पौधे न मिले हो।

8. पशुओं के चारे, दाने, साइलेज, हे आदि में खरपतवार के बीज नहीं होने चाहिए। ये खरपतवार के बीज मल द्वारा गोबर की खाद या कम्पोस्ट में चले जायेंगे, जिन्हें खाद के रूप में खेतों में डाला जाता है। इस प्रकार से खरपतवार खेत तक पहुँच जाते हैं।

9. सिंचाई जल में खरपतवारों के बीजों को मिलने से रोकना चाहिए। सिंचाई के पानी में खरपतवारों के बीज होने की सम्भावना हो तब ऐसे जल का प्रयोग सिंचाई के लिए नहीं करना चाहिए तथा उसे सिंचाई हेतु प्रयुक्त करते समय नालियों में छलनी लगाकर बीजों के प्रसारण को रोक देना चाहिए।

10. खरपतवार युक्त खेतों की मिट्टी को उठाकर दूसरे खेत में नहीं डालना चाहिए।

11. पशुओं को ऐसे स्थान से न गुजरने दिया जाए जहाँ पर खरपतवार हो क्योंकि इन खरपतवारों के बीज पशुओं के शरीर से चिपक कर एक स्थान से दूसरे स्थान पर पहुँच जाते हैं।

12. जीवांश पदार्थ युक्त पलवार (Mulch) का प्रयोग नहीं करना चाहिए जिसमें खरपतवारों के बीज हो।

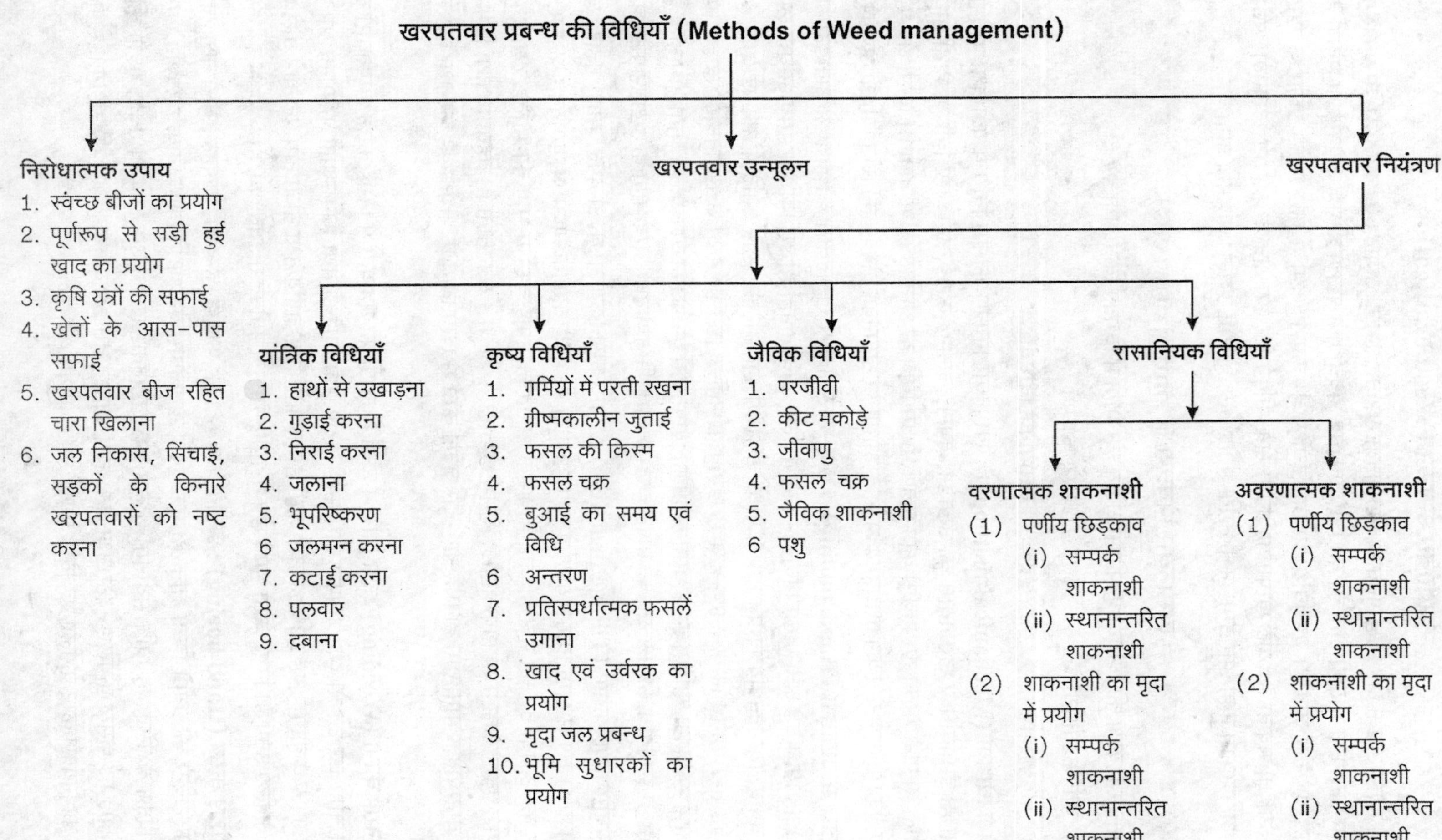
खरपतवार प्रबन्ध की विधियाँ (Methods of Weed management)
निरोधात्मक उपाय
1. स्वंच्छ बीजों का प्रयोग
2. पूर्णरूप से सड़ी हुई खाद का प्रयोग
3. कृषि यंत्रों की सफाई
4. खेतों के आस-पास सफाई
5. खरपतवार बीज रहित चारा खिलाना
6. जल निकास, सिंचाई, सड़कों के किनारे खरपतवारों को नष्ट करना
खरपतवार उन्मूलन
खरपतवार नियंत्रण
यांत्रिक विधियाँ
1. हाथों से उखाड़ना
2. गुड़ाई करना
3. निराई करना
4. जलाना
5. भूपरिष्करण
6 जलमग्न करना
7. कटाई करना
8. पलवार
9. दबाना
कृष्य विधियाँ
1. गर्मियों में परती रखना
2. ग्रीष्मकालीन जुताई
3. फसल की किस्म
4. फसल चक्र
5. बुआई का समय एवं विधि
6 अन्तरण
7. प्रतिस्पर्धात्मक फसलें उगाना
8. खाद एवं उर्वरक का प्रयोग
9. मृदा जल प्रबन्ध
10. भूमि सुधारकों का प्रयोग
जैविक विधियाँ
1. परजीवी
2. कीट मकोड़े
3. जीवाणु
4. फसल चक्र
5. जैविक शाकनाशी
6 पशु
रासानियक विधियाँ
वरणात्मक शाकनाशी
(1) पर्णीय छिड़काव
(i) सम्पर्क शाकनाशी
(ii) स्थानान्तरित शाकनाशी
(2) शाकनाशी का मृदा में प्रयोग
(i) सम्पर्क शाकनाशी
(ii) स्थानान्तरित शाकनाशी
अवरणात्मक शाकनाशी
(1) पर्णीय छिड़काव
(i) सम्पर्क शाकनाशी
(ii) स्थानान्तरित शाकनाशी
(2) शाकनाशी का मृदा में प्रयोग
(i) सम्पर्क शाकनाशी
(ii) स्थानान्तरित शाकनाशी

खरपतवार उन्मूलन (Weed eradication)

किसी स्थान अथवा क्षेत्र से खरपतवारों को पूर्णतया नष्ट कर देना ही उन्मूलन कहलाता है। इस प्रकार नष्ट करने से वे खरपतवार फिर कभी भी नहीं उगते हैं। यह विधि एक वर्ष अथवा एक ऋतु में ही नहीं अपनाई जा सकती है बल्कि इस विधि में कई वर्ष लग जाते हैं। यह विधि अधिक खर्चीली है। कुछ दशाओं में कुछ विशेष प्रकार के खरपतवारों का उन्मूलन किया जा सकता है। यदि खरपतवार ग्रसित क्षेत्र सीमित हो, उस क्षेत्र में कोई भी खरपतवार प्रबल नहीं हो, खरपतवार अनिष्टकारी न हो और उन्मूलन के तरीके संतोषजनक हो तभी उन्मूलन वांछनीय होता है।

खरपतवार नियंत्रण (Control of weeds)

खरपतवार नियंत्रण की विधियों को निम्नलिखित चार भागों में विभक्त किया गया है–

(अ) यांत्रिक विधियाँ (ब) सस्य विधियाँ

(स) जैविक विधियाँ (द) रासायनिक विधियाँ

(अ) यांत्रिक विधियाँ (Mechanical methods) : खरपतवार नियंत्रण की इस विधि में यंत्रों तथा मशीनों का प्रयोग किया जाता है। इस विधि में खरपतवारों को उखाड़ने, दबाने, जलाने, कटाई करने जैसी विधियाँ हाथों अथवा मशीनों द्वारा की जाती है। पानी भरकर खरपतवारों का नियंत्रण भी इस विधि के अर्न्तगत किया जाता है। किसी क्षेत्र में खरपतवारों की सघनता, किस्म, उगने के स्थान तथा समय आदि के आधार पर खरपतवार नियंत्रण की निम्न विधियाँ अपनाई जाती हैं।

1. हाथ से उखाड़ना (Hand pulling) : छोटे-छोटे क्षेत्रों में खरपतवारों को हाथों से उखाड़ने की यह विधि सर्वोत्तम है। यह विधि बड़े क्षेत्रों में खरपतवार नियंत्रण के लिए उपयुक्त नहीं है। इस विधि में समय अधिक लगता है। यह विधि एक वर्षीय तथा द्विवर्षीय खरपतवारों के पौधों को नर्सरी, गृहवाटिका, लॉन आदि में अपनाई जाती है। बहुवर्षीय पौधों की जड़ तन्त्र गहरी होने के कारण हाथ से खरपतवार नहीं उखड़ते हैं। हाथों से खरपतवार उखाड़ते समय भूमि में पर्याप्त मात्रा में नमी होना चाहिए। इसके अतिरिक्त जिन खरपतवारों का प्रजनन वानस्पतिक भागों द्वारा होता है यह विधि उपयुक्त नहीं है। इस विधि की सफलता का मापदन्ड खरपतवारों की जड़ों तथा अन्य भागों के उखाड़ने पर निर्भर करता है।

2. भूपरिष्करण क्रियाएं (Tillage practices) : भूपरिष्करण क्रियाओं के अन्तर्गत जुताई, गुडाई, खुदाई आदि प्रत्यक्ष तथा परोक्ष रूप से खरपतवार नियंत्रण में सहायक होती हैं। भूपरिष्करण क्रियाओं में खरपतवार कटकर, उखड़कर, उलट पलट कर अथवा दब कर नष्ट हो जाते हैं। इसके अतिरिक्त जुताई करने से भूमि की भौतिक दशा को सुधार कर पौधों की वृद्धि एवं विकास में सहायक होती है जिससे खरपतवारों की वृद्धि रूक जाती है। बहुवर्षीय तथा जिन खरपतवारों का प्रजनन वानस्पतिक भागों द्वारा होता है बार-बार जुताई करने से खरपतवारों के पौधे उखड़ कर तथा कट जाने से नष्ट हो जाते हैं।

3. निराई करना (Weeding) : इस विधि में हाथों से खुरपी की सहायता से निराई करके खरपतवारों को निकाल कर खेत से बाहर कर देते हैं। छोटे क्षेत्रफल जैसे नर्सरी, लॉन, गृह वाटिका तथा जिन स्थानों पर मानव श्रम रास्ता तथा आसानी से उपलब्ध होता है यह विधि अपनाई जाती है। यह विधि एक वर्षीय तथा बीजों द्वारा पैदा होने वाले खरपतवारों के नियंत्रण के लिए उत्तम है। निराई करते समय खेत में पर्याप्त मात्रा में नमी रहना आवश्यक है।

4. गुड़ाई करना (Hand hoeing) : इस विधि में कुदाली, फावड़ा, हेन्ड हो, देशीहल, बैलों तथा ट्रैक्टर चालित हैरो तथा कल्टीवेटर का प्रयोग किया जाता है। एक वर्षीय खरपतवारों के पूर्ण नियंत्रण जबकि बहुवर्षीय खरपतवारों के आंशिक नियंत्रण के लिए यह विधि सर्वोत्तम है। जब पुनः खरपतवार खेत में उग आये तो दुबारा गुड़ाई की जाती है। पंक्तियों में बोई गई फसल के लिए ट्रैक्टर तथा बैलों द्वारा चालित हैरो अथवा कल्टीवेटर की सहायता से गुड़ाई करके खरपतवारों का नियंत्रण करने के लिए यह विधि विशेष रूप से उपयोगी है।

5. **जलाना (Burning) :** कृष्य भूमियों में खरपतवार नियंत्रण की यह विधि प्रयोग नहीं की जाती है। अधिकतर बहुवर्षीय खरपतवारों तथा बंजर एवं अकृष्य भूमियों में खरपतवार नियंत्रण की यह विधि अपनाई जाती है। खरपतवारों को जलाने से भूमि की ऊपरी सतह पर पड़े बीज जलकर नष्ट हो जाते हैं अथवा अपनी अंकुरण क्षमता खो देते हैं। जलाने की क्रिया में पौधों के तनों का कोशिका दृव्य (Cytoplasm) सूख जाता है और पौधे मर जाते हैं। अत्यधिक गर्मी के कारण पौधों की कोशिका दृव्य से ऐसे रासायनिक तत्व निकलते हैं जो पौधों की जड़ों में पहुँचकर उन्हें सुखा देते हैं।

6. **खरपतवारों को काटना (Weed mowing) :** इस विधि में खरपतवारों की बार–बार कटाई करके उनकी वृद्धि एवं विकास को प्रभावित करके बीजोत्पादन रोकना होता है। इस विधि का प्रयोग बंजर भूमि, चरागाह, सड़क, बस्ती, रेल लाइनों के किनारे, नदियों तथा नहरों के किनारे उगे हुए खरपतवारों के नियंत्रण हेतु किया जाता है। पौधों को बार–बार काटने से इनमें संचित भोज्य पदार्थ समाप्त हो जाता है जिससे पौधों की वृद्धि रूक जाती है।

7. **पानी भरना (Flooding) :** जिन क्षेत्रों में पानी के पर्याप्त साधन उपलब्ध होते हैं वहाँ पर यह विधि अपनाई जाती है। शुष्क भूमियों में उगने वाले खरपतवार, बहुवर्षीय खरपतवार तथा बंजर भूमियों में खरपतवारों के नियंत्रण के लिए इस विधि का प्रयोग किया जाता है। इस विधि में खेत की मेड़बन्दी करके 15–20 सेमी पानी भर करके 3–4 सप्ताह तक पानी को रोका जाता है जिससे खरपतवार मर जाते हैं। गर्मियों में अधिक ताप से खरपतवारों के पौधों के तने तथा पत्तियाँ शीघ्र सड़ जाती है। पानी भरने से पानी में डूबे हुए पौधों को आक्सीजन की कमी से प्रकाश संश्लेषण की क्रिया सुचारू रूप से न हो पाने से पौधे भोजन नहीं बना पाते जिससे पौधे की जड़ें कार्य करना बन्द कर देती हैं। यह विधि अन्य ऋतुओं की अपेक्षा ग्रीष्म काल में खरपतवार नियंत्रण के लिए अधिक लाभप्रद एवं प्रभावी होती है क्योंकि अधिक गर्मी के कारण पानी का तापमान इतना अधिक हो जाता है कि कोशिकाओं का कोशिका द्रव्य सूख जाता है।

8. **पलवार (Mulching) :** खरपतवारों को कृत्रिम आवरण के द्वारा वायु एवं प्रकाश से सम्बन्ध रोक दिया जाता है जिससे खरपतवार नष्ट हो जाते हैं। इस विधि में स्थान विशेष की उपलब्धता के आधार पर भूसा, धान का पुआल, पौधों की सूखी पत्तियाँ, सूखी घास, लकड़ी का बुरादा, रेत, कागज, पॉलीथीन, गन्ने की खोई तथा पत्तियाँ, धान की भूसी, ज्वार, बाजरा तथा अरहर के डंठल आदि प्रयोग किये जाते हैं। पलवार का प्रयोग बारानी/शुष्क क्षेत्रों में नमी संरक्षण के उद्देश्य से भी किया जाता है।

9. **खींचना (Chaining and dredging) :** इस विधि में खरपतवारों को खींचने की क्रिया दो विधियों द्वारा की जाती है। उथले तालाबों में जलीय खरपतवारों को कीचड़ आदि से खींच कर निकाल दिया जाता है जिसे निकर्षण (dredging) कहते हैं। जबकि तालाबों, नदियों तथा झीलों आदि में चेन की सहायता से जलीय खरपतवारों को ट्रैक्टर अथवा बैलों की सहायता से खींच कर जड़ सहित बाहर निकाल देते हैं। यह विधि केवल जलीय खरपतवारों के नियंत्रण हेतु प्रयोग की जाती है।

(ब) कृष्य एवं सस्योत्पादन विधियाँ (Cultural and Agro-techniques methods) : अनेक कृष्य क्रियाओं एवं सस्योत्पादन विधियों द्वारा खरपतवारों की वृद्धि एवं प्रजनन की रोकथान करके नियंत्रित किया जाता है। इस विधि में भूमि की तैयारी से लेकर फसल की कटाई तक जितनी क्रियाएं फसलोत्पादन हेतु की जाती हैं वह इस विधि के अन्तर्गत आती हैं। इस विधि से खरपतवार नियंत्रण के लिए निम्न विधियाँ अपनाई जाती हैं –

1. **फसलों का चुनाव (Selection of crops) :** किसी क्षेत्र विशेष पर उगने वाले खरपतवारों के नियंत्रण के लिए उपयुक्त फसलों का चुनाव करना चाहिए। सामान्यत: ऐसी फसलों का चुनाव करना चाहिए जो खरपतवारों से प्रतिस्पर्धा करने में पूर्णरूप से सक्षम हो। इस प्रकार प्रतियोगी फसलों में निम्न गुण होने चाहिए –

1. फसल बोने के बाद शीघ्र अंकुरित तथा अंकुरण प्रतिशत भी अधिक होना चाहिए।
2. कम से कम समय में शीघ्र बढ़ने तथा अधिक वानस्पतिक वृद्धि वाली होनी चाहिए, जिससे खरपतवारों से प्रतिस्पर्धा कर शीघ्र दबा देने की क्षमता होनी चाहिए।

3. फसलों को जड़तंत्र अधिक विकसित होने से अधिक गहराई से पोषक तत्वों को ग्रहण करने की क्षमता होनी चाहिए।
4. प्रत्येक कटाई के पश्चात् शीघ्र बढ़ने तथा अधिक वानस्पतिक वृद्धि होने वाली होनी चाहिए।
5. कम उर्वरा शक्ति की भूमियों में भी अच्छी वृद्धि कर सकने की क्षमता होनी चाहिए।
6. पोषक तत्वों तथा जलमांग की आवश्यकता कम होनी चाहिए।
7. फसल विषम परिस्थितियों को सहने की क्षमता अधिक होनी चाहिए।
8. फसल कम समय में पककर तैयार होने वाली हो अर्थात फसल अल्पकालिक हो।
9. फसल में कीटों एवं बीमारियों के प्रकोप से प्रभावित नहीं होनी चाहिए।
10. फसलें जो मृदा में हानिकारक प्रभाव न छोड़ती हो।
11. फसलों में पत्तियाँ अधिक हो तथा पत्तियों में रन्ध्रकूपों की संख्या अधिक होनी चाहिए।

2. फसल की प्रजातियों का चुनाव (Selection of crop varieties) : एक ही फसल की भिन्न-भिन्न प्रजातियों में अपनी वानस्पतिक जड़ों के विस्तार करने की क्षमता अलग-अलग होती है। फसल की उन प्रजातियों को ही उगाना चाहिए जिनमें खरपतवार प्रतिरोधी क्षमता अधिक हो। इसी प्रकार उन प्रजातियों को ही उगाना चाहिए जो कम उर्वरा शक्ति में भी अच्छी प्रकार बढ़ने वाली, सूखा, पाला, अत्यधिक नमी तथा कीटों एवं बीमारियों को सहने की क्षमता अधिक हो।

3. फसल चक्र (Crop rotation) : एक ही फसल को लगातार कई वर्षों तक उगाने से कुछ विशेष प्रकार के खरपतवारों का प्रकोप हो जाता है। उपयुक्त फसल चक्र अपनाने से खरपतवारों की बढ़वार को रोका जा सकता है। एक वर्षीय खरपतवारों की रोकथाम में फसल चक्रों का विशेष योगदान है। उदाहरण के लिए लगातार गेहूँ की फसल उगाने से गेहूँ का मामा तथा धान की फसल में सांवा घास का प्रकोप हो जाता है।

4. बोने का समय (Time of sowing) : विभिन्न प्रकार की फसलें एवं खरपतवारों के पौधे विभिन्न समय तथा तापक्रम पर उगते हैं। इस प्रकार उचित समय के पूर्व अथवा बाद में बोई गई फसल में खरपतवारों का प्रकोप कम होता है। जिससे खरपतवारों में प्रतिस्पर्धा करने की क्षमता कम हो जाती है। एक बार खेत में खरपतवार उग आने के बाद बुआई करने से खरपतवार नष्ट हो जाते हैं यदि दुबारा खरपतवार उगते भी हैं तो वह इतने कम तथा कमजोर होते हैं कि फसलों के साथ प्रतिस्पर्धा नहीं कर पाते हैं। खरपतवारों के नियंत्रण के उद्देश्य से खेत में पलेवा इस प्रकार से करना चाहिए कि खरपतवारों को उगने के लिए 10-15 दिन का समय मिल जाये जिसे पुनः जुताई करके खरपतवारों को नष्ट करने के बाद फसल की बुआई की जाए।

5. बीजों की मात्रा तथा अन्तरण (Seed rate and spacing) : खरपतवार प्रतिस्पर्धा के उद्देश्य से पौधे से पौधे की दूरी फसल के स्वभाव के अनुसार रखी जाती है। फैलकर बढ़ने वाले अथवा अधिक शाखाओं वाली फसलें जिनकी वानस्पतिक वृद्धि अधिक होती है उनकी बीज दर अपेक्षाकृत कम रखी जाती है। इसके विपरीत सीधी बढ़ने वाली तथा कम शाखाओं वाली फसलों की बीज दर अधिक रखनी चाहिए। उचित मात्रा में बीज दर रखने का अभिप्राय यह है कि फसल भूमि को समान अथवा पूर्णरूप से आच्छादित करके खरपतवारों की वृद्धि रोके रखे। देर से बोई गई फसलों की पंक्ति से पंक्ति की दूरी कम रखी जाती है। खेत में पौध घनत्व प्रति इकाई क्षेत्रफल पर अधिक कर देने से फसलों के पौधे आपस में ही प्रतिस्पर्धा करने लगते हैं जिससे पौधे कमजोर हो जाते हैं। उपरोक्त समस्त क्रियाओं द्वारा फसलों की वानस्पतिक वृद्धि अधिक करके खरपतवारों के पौधों को प्रकाश एवं वायु से वंचित कर देती हैं जिससे खरपतवारों के पौधे अपनी वानस्पतिक वृद्धि नहीं कर पाते।

6. बोने की दिशा एवं विधि (Direction and method of sowing) : फसल बोने की दिशा का फसल पर पड़ने वाली प्रकाश का सीधा प्रभाव पड़ता है। अतः अलग-अलग ऋतुओं में सूर्योदय की दिशा अथवा पड़ने वाले

प्रकाश को ध्यान में रखकर बुआई करनी चाहिए जिससे अधिक से अधिक प्रकाश पौधों के निचले भागों तक पड़े। इस प्रकार बुआई करने से खरपतवारों के पौधों को प्रकाश तथा वायु की पर्याप्त मात्रा में मिलने से प्रकाश संश्लेषण की क्रिया बाधित हो जाने से खरपतवार स्वत: ही नष्ट हो जाते हैं।

रबी में चना, मटर, मसूर, अलसी आदि फसलों की बुआई संरक्षित नमी पर 5–7 सेमी गहराई पर की जाती है। भूमि की ऊपरी सतह 3-4 सेमी सूखी तथा ढ़ेले युक्त होने के कारण पर्याप्त मात्रा में नमी न मिल पाने से खरपतवारों के बीज अंकुरित नहीं हो पाते तब तक फसल के बीज अंकुरित होकर अपनी वृद्धि शुरू कर देते हैं। कूँड़ों में फसल की बुआई छिड़कवाँ विधि की अपेक्षा करने पर खरपतवारों का प्रकोप कम होता है। पंक्तियों में बोई गई फसल की बुआई करने पर खरपतवार नियंत्रण की विधियाँ जैसे निराई, गुड़ाई, भूपरिष्करण आदि क्रियाएं सुगमता पूर्वक सम्पन्न की जा सकती हैं। कूँड़ों में बुआई करने से सिंचाई का पानी सीमित होकर बहता है जिससे दो कूँड़ों के बीच में नमी की कमी से खरपतवार पुन: उग नहीं पाते हैं। गेहूँ की क्रिस–क्रास बुआई में अन्य प्रचलित बुआई की अपेक्षा खरपतवारों के प्रकोप को रोका जा सकता है। इस विधि से बुआई करने से फसल की उपज में वृद्धि के साथ–साथ खरपतवारों का भी प्रभावी नियंत्रण हो जाता है।

7. जल प्रबन्ध (Irrigation management) : फसलों की जल की आवश्यकतानुसार सिंचाई का प्रबन्ध होना चाहिए। जिन फसलों को पानी की अधिक आवश्यकता होती है वहाँ पर सिंचाई के पर्याप्त साधन होने चाहिए। परन्तु जिन फसलों को पानी की कम आवश्यकता हो वहाँ पर जलनिकास के पर्याप्त साधन होना चाहिए। ऐसा करने से फसलों की वृद्धि अधिक होती है तथा खरपतवारों से प्रतिस्पर्धा करने की शक्ति भी अधिक होती हैं। धान की रोपाई करने के समय खेत की लेवा करके 3–4 दिनों तक पानी भरा रहने से खरपतवार नष्ट हो जाते हैं। फसलों की प्रथम सिंचाई जब पौधे 10–15 सेमी ऊँचे हो जाए तब करनी चाहिए। इस समय सिंचाई करने से खरपतवारों के पौधे अंकुरित हो जाने के बाद भी फसलों द्वारा दबा दिये जाते हैं। खरपतवारों के पौधों के अंकुरण को पश्चात् भारी मात्रा में सिंचाई कर देनी चाहिए जिससे मृदा में वायु की कमी होने पर खरपतवारों के पौधे मर जाते हैं। यह विधि अधिक पानी चाहने वाली फसलों के लिए उपयुक्त है। परती पड़ी भूमियों में भी इस विधि द्वारा खरपतवार नष्ट किये जा सकते हैं। जलीय तथा नम क्षेत्रों में जैसे धान के खेत, सिंचाई की नालियों, नहरों, पोखरों व तालाबों में जल निकास करके सूखा रखकर खरपतवारों को नष्ट कर सकते हैं। धान के खेत में बाट तथा जल निकासी एकान्तरित समयान्तर पर करने से अधिकतर खरपतवार नष्ट हो जाते हैं।

8. गहरी जुताई (Deep ploughing) : गहरी तथा बार–बार जुताई सदैव लाभप्रद नहीं होती है। गहरी जुताई करने से भूमि की अधोसतह में सुषुप्तावस्था में पड़े खरपतवारों के बीज ऊपरी सतह पर आकर उपयुक्त परिस्थितियों में अंकुरण प्रारम्भ कर देते हैं इसके साथ–साथ ऊपरी सतह पर पड़े हुए बीज भी भूमि की निचली सतह में पहुँच जाते हैं। खरपतवारों से अधिक प्रभावित भूमि की गहरी जुताई नहीं करनी चाहिए बल्कि अन्य विधियों द्वारा खरपतवार नियंत्रण करने के पश्चात् ही गहरी जुताई करनी चाहिए।

9. ग्रीष्मकालीन समय में परती छोड़ना (Keeping land fallow during summer) : यदि खेत में खरपतवारों का अधिक प्रकोप हो गया हो तो ग्रीष्मकाल में खेत को परती छोड़ देना चाहिए। खेतों को अप्रैल से जून माह में परती छोड़ने से बहुवर्षीय खरपतवारों की जड़ें, कन्द, प्रकन्द आदि वानस्पतिक भाग सूख जाते है। ग्रीष्मकालीन गहरी जुताई करने से खरपतवारों के वानस्पतिक भाग सूख जाते हैं। सघन फसल प्रणाली में खेत को दो–तीन वर्षों के पश्चात् एक वर्ष परती छोड़ना आवश्यक हैं।

10. निस्तेज बीज क्यारी (Stale seed bed) : फसलों की बुआई के पूर्व खेत की 1–2 सिंचाई करके तथा खरपतवारों को उगाकर खेत की जुताई करके, खरपतवार को निस्तेज अथवा नष्ट कर देना चाहिए। खेत की सिंचाई करने के पश्चात् भूमि की ऊपरी सतह के खरपतवार अंकुरित हो जाते हैं जिन्हें कभी भी किसी विधि द्वारा नियंत्रित किया जा सकता है। समय की उपलब्धता के अनुसार यह क्रिया वर्ष में दो बार की जा सकती है। निस्तेज बीज क्यारी का उद्देश्य यह है कि फसल के बीज खरपतवार रहित वातावरण में शीघ्र अंकुरित होते हैं। गेहूँ, बरसीम, लूसर्न आदि फसलों में यह विधि

अधिक उपयुक्त है। खरीफ ऋतु में यह विधि अपनाने के समय असमय वर्षा होने की स्थिति में फसलों की बुआई में विलम्ब हो जाती है। जिससे फसलों की उपज में कमी हो जाती है।

11. खेत में मेड़ों तथा नालियों को कम करना (Reduce number of ridges and channels) : खेत में एक समान मात्रा में सिंचाई करने के लिए अधिक मात्रा में मेड़ें तथा नालियाँ बनाते हैं। मेड़े तथा नालियाँ बनाते समय भूमि की ऊपरी परत के समस्त खरपतवार मेड़ों पर एकत्रित हो जाते हैं जिससे इनका प्रकोप अधिक होने से खेतों में फैलते रहते हैं। अतः जहाँ तक सम्भव हो सके खेत समतल हो जिससे एक समान सिंचाई करने के लिए कम संख्या में मेड़ें बनानी पड़े। कम मेड़े बनाने से कुल कृष्य क्षेत्र में भी बढ़ोत्तरी हो जाती है।

12. कृष्य क्रियाएं (Intercultural operations) : फसल की किस्म के अनुसार बुआई के 20–25 दिन उपरान्त खुरपी अथवा हेन्ड हो की सहायता से निराई गुड़ाई करनी चाहिए। इसके 10–15 दिन पश्चात् पुनः निराई गुड़ाई कर देनी चाहिए। एक दो बार निराई गुड़ाई करने से खेत के सम्पूर्ण खरपतवार नष्ट हो जाते हैं। अतः फसलों की क्रान्तिक अवस्था के समय ही खरपतवारों को नष्ट कर देना चाहिए। असिंचित क्षेत्रों में बुआई के 40–45 दिन उपरान्त निराई कर देने से खरपतवार नष्ट हो जाते हैं।

13. खादों एवं उर्वरकों का प्रयोग (Use of manures and fertilizers) : संतुलित मात्रा में खादों एवं उर्बरकों का प्रयोग करके खरपतवारों को कुछ सीमा तक नियंत्रित किया जा सकता है। कम्पोस्ट की खाद, गोबर की खाद, हरी खाद आदि का प्रयोग करने के पश्चात सड़ाव की क्रिया के समय विभिन्न प्रकार के कार्बनिक अम्ल छोड़ती है जिनके प्रभाव से खरपतवारों के बीजांकुर तथा भूमिगत भाग प्रभावित होते हैं जिससे इनकी वृद्धि रूक जाती है। उचित मात्रा में खादों एवं उर्वरकों के प्रयोग से फसलों की वृद्धि अच्छी होकर खरपतवारों को दबा देती हैं। अधिक खरपतवारों के प्रकोप होने की दशा में निराई करने के उपरान्त ही उर्वरकों का प्रयोग करना चाहिए।

14. भूमि सुधारकों का प्रयोग (Use of soil amendments) : अम्लीय तथा क्षारीय भूमियों में भूमि सुधारकों जैसे चूना, जिप्सम, पाइराइट एवं अन्य सुधारकों का प्रयोग करके मृदा का पीएच मान कम करने से फसलों की वृद्धि अच्छी हो जाती है। फसलों के पौधों की अच्छी वृद्धि होने से खरपतवारों से प्रतिरोधी क्षमता अधिक हो जाती है।

15. कटाई की विधि (Method of harvesting) : फसल की कटाई की विभिन्न विधियों द्वारा फसल के जड़ तथा तना को खेत से पूर्णतया समाप्त किया जा सकता है। फसलों के जड़ तथा तना को काटकर खेत में छोड़ दिया जाए तो कृत्रिम पलवार (Mulch) द्वारा खरपतवारों की बढ़वार को कम किया जा सकता है। जिन क्षेत्रों में खरपतवारों की समस्या अधिक होती है। वहाँ पर यह विधि अपनाई जाती है। बहु कटाई वाली चारे की फसलें जैसे बरसीम, जई, रिजका आदि फसलों की बार-बार कटाई करने से खरपतवारों की बीज नहीं बनने पाते हैं जिससे खरपतवार स्वतः ही नष्ट हो जाते हैं। चरागाहों में क्रमिक चराई (Rotational grazing) करके खरपतवार नियंत्रित किये जाते हैं।

(स) जैविक विधियाँ (Biological methods) : खरपतवारों को परजीवी जीवों की सहायता से उस सीमा तक नियंत्रित करना जिससे फसलों की उपज में होने वाली हानि को कम किया जा सके। यह कार्य खरपतवारों में कीटों, पौधों तथा रोगाणुओं को उत्पन्न कराकर किया जाता है। खरपतवार नियंत्रण की इन विधियों को जैविक विधियाँ कहते हैं। कृषकों को इस विधि द्वारा खरपतवार नियंत्रण के बारे में अधिक जानकारी नहीं है। खरपतवार नियंत्रण के लिए निम्न जैव नियंत्रक प्रयोग किये जाते हैं–

1. कीट-पतंगे (Insects and pests) : कीट पतंगों द्वारा खरपतवार नियंत्रण करने के लिए मुख्यरूप से डिप्टेरा, कोलियोप्टेरा, हैमीप्टेरा, एग्रोमाइजा, थैक्ला तथा क्रोसोडोसेमा आदि प्रजाति के कीटों का प्रयोग किया जाता है। दक्षिण भारत में नागफनी के नियंत्रण हेतु डेक्टाइलोपियम टेमेन्टोपस नामक कीट का प्रयोग तथा हवाई द्वीप समूह में लेन्टाना के नियंत्रण के लिए क्रोसोडोसेमा लेन्टेना, एग्रोमाइजा लेन्टेना, थैक्लाइचयोन एवं थोक्लाई वेजोलाई नामक कीटों का प्रयोग किया जाता है। धान के जलीय खरपतवारों के नियंत्रण के लिए बत्तख, कार्प मछलियों तथा घोंघे का प्रयोग करते हैं।

2. रोग जनक (Pathogens) : खरपतवारों का नियंत्रण करने के लिए खरपतवारों में विभिन्न प्रकार के रोग व्याधियाँ उत्पन्न करके नष्ट किया जाता है। इस विधि में वायरस (विषाणु), जीवाणु (Bacteria), फफूँदी (Fungus) आदि को खरपतवारों के पौधों में निषेचन करके समाप्त किया जाता है। इस विधि में आल्टरनेरिया इछार्नी तथा यूरेडी इछार्नी नामक फफूँदी को सांवा घास पर, यूजेरियम स्पसीज विषाणुओं को नागफनी तथा कोलेक्ट्रोट्राइकम ग्लोयेओस्पराइडिस नामक फफूँदी को शोले घास के नियंत्रण हेतु प्रयोग किया जाता है। यह विषाणु पौधों में हवा, पानी, कीटों, जानवरों, पौधों आदि के सम्पर्क से मूल कलम रोपण (Root grafting) आदि द्वारा फैलते हैं।

3. वानस्पतियों द्वारा (Plants) : कीटों के अतिरिक्त कुछ वनस्पतियाँ भी खरपतवारों के नियंत्रण के लिए उपयोगी हैं। सनई की फसल से कांस की रोकथाम हो जाती है, तिल की फसल में मोंथा का प्रकोप कम हो जाता है तथा बास्केट घास (*Rotloentia myrurus benth*) द्वारा कांस प्रकन्दों को नष्ट किया जा सकता है।

4. पशुओं द्वारा (Animals) : चरने वाले पशु जैसे बकरी, भेड़, घोड़ा, ऊँट, सुअर, नीलगाय, खरगोश, हिरन आदि जानवर विभिन्न प्रकार के खरपतवारों को खा करके नष्ट कर देते हैं। पालतू पशुओं को भी खाली पड़ी भूमि पर चरने के लिए छोड़ देने पर यह खरपतवारों को समूल नष्ट कर देते हैं तथा लगातार चराई करते रहने से कुछ खरपतवार के पौधे उखड़ जाते हैं तथा कुछ खरपतवारों के पौधे खुरों द्वारा कुचल जाते हैं लगातार चराई करने से पौधे में पत्तियाँ लगभग समाप्त हो जाती हैं जिससे प्रकाश संश्लेषण की क्रिया न हो पाने से खरपतवार के पौधे स्वत: ही नष्ट हो जाते हैं। सुअर कुछ विशेष प्रकार के पौधों के भूमिगत भागों को खोदकर खा लेते हैं जिससे वे पुन: उग ही नहीं पाते हैं। इसी प्रकार विभिन्न प्रकार के पक्षी जैसे हंस कपास के खरपतवार, बतख, मछलियाँ तथा घोंघे जलीय खरपतवारों को तथा घरेलू चिड़ियाँ एक वर्षीय खरपतवारों को खाकर नष्ट कर देती हैं।

5. जैव शाकनाशी रसायन (Bio-herbicides) : जैव शाकनाशी खरपतवारों के जैविक नियंत्रण के अभिकर्ता होते हैं। जैव शाकनाशी रसायनों का प्रयोग शाकनाशी रसायनों की तरह से ही किया जाता है। जैविक नियंत्रण में जीवधारियों में सर्वाधिक प्रयोग फफूँदी का होता है इसलिए जैविक शाकनाशी को कवक शाकनाशी भी कहा जाता है। जैव शाकनाशी में सक्रिय तत्व जीवधारी तथा उनसे पाचन जनित पदार्थ के उपापचय होते हैं जिनका प्रयोग सामान्य मात्रा में किया जाता है। जैव शाकनाशी के प्रयोग के लिए विभिन्न प्रकार के रोग उत्पन्न करने वाले सम्बर्ध तैयार करके उसे कृत्रिम विधि से बिखेर दिया जाता है। रोग जनक सम्बर्ध द्वारा किसी निश्चित क्षेत्रफल में फसल उत्पादन में उल्लेखनीय आर्थिक क्षति होने के पूर्व खरपतवार नियत्रंण के इच्छित लक्ष्य को प्राप्त करने के लिए उचित मात्रा का उचित समय पर प्रयोग आवश्यक है। कवक शाकनाशी रसायनों का प्रयोग करते समय यह ध्यान रखना चाहिए कि उस फसल का जीवन काल समाप्त होते ही इसका प्रभाव भी समाप्त हो जाये तथा आगामी फसल में प्रभावकारी न रहे। जैव रसायनों का प्रयोग करते समय यह ध्यान रखना आवश्यक है कि वे सक्रिय रूप से खरपतवारों को नष्ट करने वाले, विशिष्ट प्रकार के खरपतवारों को नष्ट करने वाले, स्थिर स्वभाव वाले, कम प्रसरण वाले तथा फसलों में किसी भी प्रकार की क्षति न पहुँचने वाले होने चाहिए। प्रमुख जैव शाकनाशियों का विवरण तालिका 13.8 में दर्शाया गया है।

जैव शाकनाशी के साथ शाकनाशी रसायनों को मिलाकर प्रयोग करने से खरपतवारों का प्रभावी नियंत्रण हो जाता है जैसे मोंथा (*Cyperus rotundus*) के नियंत्रण के लिए रतुआ फफूँदी (ल्यूसिनिया कैनालिकुलेटा) द्वारा संक्रमित पौधों के ऊपर शाकनाशी रसायनों का छिड़काव करने से इसका पूर्ण नियंत्रण हो जाता है। जैविक शाकनाशी के साथ कार्बोयूरान एवं बिनोमिल अथवा ट्राइफिनाइलटिन हाइड्रा आक्साइड (शाकनाशी) का प्रयोग किया जाता है।

तालिका 13.8 : जैव शाकनाशियों का व्यापारिक नाम तथा नियंत्रित होने वाले खरपतवार

रोग जनक का नाम	जैव शाकनाशी का व्यापारिक नाम	नियंत्रित होने वाले खरपतवार
Colletrotrichum cocodes	VELGO	*Abutilon theopharstii*
colletrotrichum	VELGO	*Aeschynomene virginica*
Glocosporioidest sp. *aeschynomene*	DEVINE	*Morrenia odorata*
Phytophthora palmivora		
Cercospora rodmanii	ABG 5003	*Echornia crassipes*
Alternaria cassiai	CASST	*Cassia obtusifolia*
Colletrotrichum glocosporioidest sp. *molvae*	BIOMEL	*Malva pustilla*

6. **पादप एवं अणुजीवी–विष का उपयोग (Use of plant and microbial phytotoxin) :** कुछ पौधों के द्वितीय उपापचयज (Matabolite), पादप रसायन (*Allelochemicals*), फफूँद जनित एवं जीवाणविक विष में खरपतवार नियंत्रण क्षमता पाई जाती है। कुछ प्राकृतिक रूप से उत्पन्न शाकनाशी क्षमता रखने वाले यौगिकों का विवरण सारणी 11.9 में दर्शाया गया हैं।

तालिका 13.9 : खरपतवार नियंत्रण के लिए प्रयोग किये जाने वाले पौधे उपापचर्यज

प्राकृतिक जीव विष	उत्पादक पौध या जीवाणु
Anisomycin	*Streptomyces* sp.
Biolophos	*Streptomyces hygrocopicus, S. viridachromogenes*
Corscoporium	*Cercospora* sp. *Pseudocercosporilla capsulla*
Coffeine	*Coffee plant*
Dhussion	*Sorghum plant*
Tab toxin	*Pseudomonas tabaci*
Teu toxin	*Alternaria alternata*

उपरोक्त अणुजीवी एवं प्राकृतिक जीवविष में से केवल बायोलाफास का व्यापारिक स्तर पर उत्पादन जापान में किया रहा है। कई प्रकार के एक दालीय तथा दो दालीय खरपतवारों के नियंत्रण के लिए पर्णीय छिड़काव के रूप में इनका प्रयोग किया जाता है।

7. **मछलियों द्वारा :** जलीय खरपतवारों के नियंत्रण के लिए मछलियों की कई प्रजातियाँ उत्तरदायी हैं क्योंकि ये मछलियाँ जलीय खरपतवारों को खाकर ही अपना जीवन निर्वाह करती हैं। जलीय खरपतवारों के नियंत्रण के लिए कार्प मछलियाँ विशेष रूप से प्रभावी हैं।

जैव नियंत्रण का स्वभाव (Nature of bio control)

जैविक विधियों द्वारा खरपतवारों को कई विधियों द्वारा हानि पहुँचाकर उन्हें नष्ट कर देता है।

1. शरीर की भौतिक क्रियाओं (Physiological processes) में रूकावट पैदा करके।
2. हार्मोन प्रणाली तथा उनके संतुलन में गड़बड़ी करके।
3. विषाक्त पदार्थों का उत्पादन करके।
4. संवहन प्रवाह (Vascular flow) में रूकावट पैदा करके।

5. परपोषी पौधों की कोशिका घटकों के एन्जाइम विघटन करके।
6. खरपतवारों के किसी वानस्पतिक भाग के नष्ट हो जाने से पौधों की प्रतियोगी क्षमता कम हो जाती है।
7. कीट/पशु पौधों को खाकर उन्हें नष्ट कर देते हैं। कभी-कभी खरपतवारों के पौधों का प्रकाश संश्लेषण वाला समस्त भाग नष्ट हो जाता है।
8. कीटों के आक्रमण के कारण खरपतवारों में बीजों का उत्पादन समाप्त हो जाता है।

जैविक विधियों से लाभ (Benefits of biological control)

1. इस विधि द्वारा उन खरपतवारों का भी नियंत्रण हो जाता है जो रासायनिक अथवा अन्य विधियों द्वारा नियंत्रित नहीं किये जा सकते है।
2. यह विधि एक वर्षीय खरपतवारों की अपेक्षा बहुवर्षीय खरपतवारों का प्रभावी नियंत्रण के लिए विशेषरूप से उपयोगी है।
3. यह एक स्थाई विधि है जिसे अन्य विधियों की तरह पुन: प्रयोग करने की आवश्यकता नहीं होती है।
4. कृष्य भूमियों की अपेक्षा अकृष्य भूमियों में इस विधि का प्रयोग अत्यन्त प्रभावी है।

जैविक खरपतवार नियंत्रण से हानियाँ (Disadvantages of biological weed control)

भारत वर्ष में जैविक विधियों द्वारा खरपतवार नियंत्रण लोकप्रिय नहीं है। सामान्य रूप से जनसाधारण के प्रयोग हेतु जैविक खरपतवार नियंत्रण की विधि को संस्तुत ही नहीं किया जाता है। इस विधि के प्रयोग में निम्नलिखित कठिनाइयाँ होती हैं –

1. देश में कृषि जोत का आकर बहुत छोटा है अत: कम क्षेत्रफल पर फसलों की कई किस्में उगाई जाती हैं। जिससे दूसरी फसल प्रभावित होने की सम्भावना बनी रहती है।
2. मिश्रित/अन्त:फसल पद्धति अपनाने के कारण इसके प्रयोग में बाधा होती है।
3. कृषक का अशिक्षित होना तथा जैव खरपतवार नियंत्रण के लिए पर्याप्त ज्ञान का अभाव।
4. विषैले खरपतवारों में यह विधि प्रभावी नहीं होती है।
5. जैविक विधि द्वारा सभी प्रकार के खरपतवारों को नष्ट करना सम्भव नहीं हो पाता है। इस विधि द्वारा कुछ खरपतवार नियंत्रित हो जाते हैं।
6. यह विधि बहुत ही वरणात्मक है अत: एक किस्म के कीट द्वारा एक ही किस्म के खरपतवारों को नियंत्रित करने का कार्य हो पाता है।
7. सफल तथा अच्छे कीट जो कि खरपतवार नियंत्रण में सहायक होते हैं की काफी कमी है।
8. जैविक नियंत्रण में कभी-कभी खरपतवारों के समाप्त हो जाने के बाद यह अन्य फसलों पर भी आक्रमण शुरू कर देते हैं।

जैव नियंत्रण की सीमायें (Limitations of biocontrol)

जैविक विधियों द्वारा खरपतवार को किस सीमा तक नियंत्रित कर सकते हैं यह निम्न बातों पर निर्भर होता है –

1. कीट की किस्म एवं आयु
2. खरपतवारों की किस्म, आयु, दशा एवं सघनता
3. आक्रमण की तीव्रता

4. शुष्क मौसम में जड़ बेधक कीट का प्रभाव अधिक होता है जबकि वर्षा होने पर यह प्रभावहीन हो जाता है।
5. कीट पतंगों एवं अन्य रोगाणुओं की फैलाव की गति।
6. कीट–पतंगों, रोगाणुओं तथा अन्य जीवों का आकार, संख्या तथा आक्रमण करने का ढंग।

(द) रासायनिक विधियाँ (Chemical methods) : मनुष्य पूर्व समय में नमक, राख तथा मिलों से निकले हुए अवशेष पदार्थों को खरपतवार नियंत्रण के लिए प्रयोग करता था। इसके पश्चात् सोडियम नाइट्रेट, अमोनियम सल्फेट तथा पोटेसियम लवणों का प्रयोग खरपतवारों को नियंत्रित करने के लिए किया जाने लगा। खरपवारों के नियंत्रण के लिए रासायनिक पदार्थो का प्रयोग बीसवीं सदी से ही शुरू हुआ। खरपतवार नियंत्रण के लिए रसायनों का प्रयोग इस शताब्दी के प्रारम्भ में ही किया गया परन्तु हैमर एवं टुके ने सर्वप्रथम 1946 में वरणात्मक शाकनाशी रसायन 2, 4–डी का अन्वेषण करके इस दिशा में एक नई क्रान्ति का सूत्रपात किया। इस शाकनाशी रसायन के अन्वेषण से इससे पूर्व में किये जा रहे लवणों का प्रचलन लगभग समाप्त हो गया। इसके उपरान्त इस वर्ग से सम्बन्धित रसायनों की खोज एवं परीक्षण प्रारम्भ किये गये। आज सैकड़ों प्रकार के शाकनाशी विकसित किये जा चुके हैं। परन्तु इन शाकनाशी रसायनों पर कृषक पूरा भरोसा नहीं करते बल्कि खुरपी की सहायता से ही निराई करते हैं। यद्यपि खुरपी द्वारा खरपतवार नियंत्रण काफी मँहगा पड़ता हैं। परन्तु कृषक इन शाकनाशी रसायनों को बड़े पैमाने पर अपनाने में असमर्थ रहा है। इसके निम्न कारण हैं–

1. कृषकों को इन रसायनों के प्रयोग का तकनीकी ज्ञान नहीं है।
2. कुछ रसायन बहुत मँहगे होते हैं।
3. खरपतवार नियंत्रण के लिए कुछ रसायन एक वर्ग के पौधों को ही समाप्त करते हैं जबकि दूसरे वर्ग के पौधे अप्रभावित रहते हैं।
4. देश में प्रचलित मिलवाँ/मिश्रित/अन्त: फसल पद्धति में अलग–अलग फसलों के लिए अलग प्रकार के रसायनों की आवश्यकता होती है। अत: एक फसल के लिए संस्तुत रसायन दूसरी फसल को भी नष्ट कर देते हैं। अत: मिश्रित फसल पद्धति के लिए रसायनों का अभाव है।
5. कभी–कभी इन रसायनों की कमी होने के कारण कृषकों को समय पर उपलब्ध नहीं हो पाते हैं। कुछ रसायन क्षेत्र विशेष पर ही उपलब्ध रहते हैं।
6. शाकनाशी रसायनों का लगातार प्रयोग करने से मृदा, मनुष्यों, जानवरों, जलवायु आदि पर बुरा प्रभाव पड़ता है।
7. इन रसायनों के प्रयोग से कृषक सदैव डरता रहता है क्योंकि ये रसायन स्वास्थ्य के लिए हानिकारक होते हैं। भूलवश किसी बच्चे, मनुष्य अथवा जानवरों के खा लेने से उसके मरने की सम्भावना हो जाती है।

विश्व में शाकनाशी रसायनों का प्रयोग खरपतवार नियंत्रण के लिए व्यापक रूप से किया जा रहा है। विश्व में शाकनाशी रसायनों के कुल प्रयोग की 90 प्रतिशत खपत विकसित देशों जैसे संयुक्त राज्य अमेरिका, पश्चिमी यूरोप तथा जापान में हो रहा है। देश में शाकनाशी रसायनों के प्रयोग की मात्रा 1970 के दशक में 2 प्रतिशत थी जो आजकल बढ़कर 11.5 प्रतिशत हो गई। जबकि इसका प्रयोग कुछ फसलों तक ही सीमित है। भारत में उपयोग किये जा रहे शाकनाशी में से 42 प्रतिशत गेहूँ, 30 प्रतिशत धान, 23 प्रतिशत चाय तथा 5 प्रतिशत अन्य फसलों में प्रयोग किया जा रहा है। देश में श्रमिकों की अनुपलब्धता के फलस्वरूप खरपतवार नियत्रण के लिए शाकनाशी रसायनों का निरन्तर प्रयोग बढ़ता जा रहा है। आजकल बाजार में लगभग 400 शाकनाशी उपलब्ध हैं।

शाकनाशियों के प्रयोग के उद्देश्य (Objectives of herbicide use)

शाकनाशी रसायनों के प्रयोग के निम्न उद्देश्य हैं –

1. श्रमिकों के कम उपलब्धता के कारण श्रम की कीमत बढ़ गई है। अत: शाकनाशियों के प्रयोग से कम कीमत पर

खरपतवार नियंत्रण किया जाना अर्थात् प्रति इकाई क्षेत्रफल पर कम लागत व्यय के साथ अधिक से अधिक उत्पादन प्राप्त करना।

2. शाकनाशियों के प्रयोग का मुख्य उद्देश्य श्रम समस्या का समाधान करके खरपतवारों को नष्ट करना है। इस तरह से इससे बचाया गया श्रम अन्य कृषि कार्यों में प्रयोग किया जा सकता है।
3. खरपतवार नियंत्रण की अन्य विधियाँ जैसे यांत्रिक, कृष्य विधियों तथा जैविक विधियों में कोई कमी रह जाती है अर्थात जब खरपतवार इन विधियों द्वारा नियंत्रित नहीं हो पाते तब शाकनाशियों द्वारा नियंत्रित हो जाते हैं।
4. यांत्रिक विधियाँ जैसे जलाकर खरपतवार नष्ट करना, निराई, गुड़ाई आदि जोखिम युक्त तथा काफी मँहगी पड़ती है परन्तु शाकनाशी का प्रयोग करने पर अपेक्षाकृत कम व्यय होता हैं।

रासायनिक विधियों द्वारा खरपतवार नियंत्रण से लाभ (Benefits of chemical method of weed control)

1. अधिक वर्षा वाले क्षेत्रों में जब खरपतवारों के नियंत्रण के लिए निराई–गुड़ाई करने के लिए समय नहीं मिल पाता तब रासायनिक विधि द्वारा खरपतवार नियंत्रण उत्तम होता हैं।
2. जब फसल तथा खरपतवारों के पौधे एक समान दिखाई देते हैं तब ऐसी दशा में निराई द्वारा खरपतवार पूर्ण रूप से खेत से नहीं निकाले जा सकते हैं जैसे गेहूँ के खेत में गेहूँ का मामा तथा धान में सांवा घास। ऐसी स्थिति में रासायनिक विधि द्वारा खरपतवार नियंत्रण करना लाभदायक होता है।
3. जिन क्षेत्रों में श्रमिकों की उपलब्धता बहुत कम है अथवा वहाँ पर श्रम महँगे हैं उन क्षेत्रों में रासायनिक विधि द्वारा खरपतवार नियंत्रण करना आर्थिक दृष्टि से लाभकारी होता है।

तालिका 13:10 : शाकनाशी रसायन, व्यापारिक नाम तथा प्रयोग की दर, समय तथा फसल

शाकनाशी का वर्ग	व्यापारिक नाम	प्रयोग की दर (किलोग्राम/है.)	प्रयोग करने का समय	प्रयोग की जाने वाली फसलें
एसीटामाइड (Acetamide)				
एलाक्लोर (Alachlor)	लासो	2.0–4.0	PP/Pre/Post	मक्का, ज्वार, बाजरा, मूँगफली, सोयाबीन
एसीटोक्लोर (Acetochlor)	–	1.5–3.0	PP/Pre	मक्का, सोयाबीन
ब्यूटाक्लोर (Butachlor)	मिचेटी	1.0–3.0	Pre	मूँगफली, धान, सोयाबीन
प्रोपेनिल (Propanil)	रामरोड़, रोग	3.0–5.0	Post	धान, गेहूँ
मेटाक्लोर (Metachlor)	डुअल	1.5–4.0	PP/Pre/Post	कपास, मूँगफली, मक्का
एलीफेटिक्स (Aliphatics)				
एक्रोलीन (Acrolin)	मेगनासिड–एच	2.0–3.0		जलीय खरपतवार
डी एस एम ए (DSMA)		2.5–4.0	Post	कपास, परती भूमि
एम एस एम ए (MSMA)	मर्ज–823	2.5–4.0	Post	कपास, परती भूमि
बेन्जामाइड्स (Benzamides)				
आइसोक्साबेन (Isoxaben)		1.5–2.0	PP/Pre/Post	तम्बाकू

शाकनाशी का वर्ग	व्यापारिक नाम	प्रयोग की दर (किलोग्राम/है.)	प्रयोग करने का समय	प्रयोग की जाने वाली फसलें
बेन्जोइस (Benjoies)				
डाइकाम्बा (Dicamba)	बेनवेल-डी	0.25-0.50	PP/Pre/Post	ज्वार, मक्का, गेहूँ
बाइपाइरीडिलियम्स (Bipyridiliums)				
डाईक्वाट (Diquat)	रेगलान	2.0-4.0	Post	कपास, जलीय खरपतवार
पैराक्वाट (Paraquat)	ग्रैमेक्सोन, रायसनक्काट	0.25-1.0	Post	परती भूमि
कार्बामेट्स (Carbamates)				
आसुलेम (Asulam)	–	1.0-3-0	Post	गन्ना, परती भूमि
डेसमिडिफाम (Desmedipham)	–	0.75-1-5	Post	चुकन्दर
सीनियोल्स (Cinioles)				
सिनमिथाइलीन (Cinmethylin)	–	0.50-1.5	PP/Pre	मूँगफली, कपास, सोयाबीन
डिनाइट्रोएनाइलिन्स (Denitroaniliens)				
फ्लूक्लोरेलिन (Fluchloralin)	बासालिन	1.0-4.0	PP	मूँगफली, दलहनी फसलें
पेन्डीमिथालीन (Pendimethalin)	स्टाम्प	1.5-3.5	Pre	गन्ना, कपास, सूर्यमुखी, दलहनी फसलें
ट्राइफ्लूरेलिन (Trifluralin)	हरबाडोक्स	0.5-1.0	PP	मक्का, सोयाबीन, सूर्यमुखी, अन्डी, कुसुम
आइमिडाजोइल्डिनन्स (Imidozoildinones)				
इमाजेथापाइर (Imazethaphyr)	परस्यूट	0.050-0.075	Post	सोयाबीन, उर्द
आइमाजामिथाबेन्ज (Imazamethabenz)	–	0.025-0.050	Post	सूर्यमुखी
आइमीन्स (Imines)				
सी.जी.ए-248757 (CGA-248757)	–	0.03-0.15	Post	मक्का, सोयाबीन
आइसोक्साजोलिडिनोन्स (Isoxazolidinones)	–		PP/Pre	सोयाबीन
क्लोमाजोन्स (Clomazones)	–	0.50-1.5	–	–
नाइट्रिल्स (Nitriles)				
ब्रोमोक्सीनिल (Bromoxinil)	–	0.25-0.50	Post	ज्वार, मक्का, गेहूँ, जई
डाइक्लोबिनिल (Dichlobinil)	–	4.0-8.0	Post	पौधशाला
लोक्सीनिल (Loxynil)			Post	
ओक्साडायाजोल्स (Oxadizoles)	रोन्सटर	0.50-1.0	Post	गेहूँ, जौ
फिनोल्स (Phenols)			Post	
डायनोसेब (Dinoseb)	–	0.75-1.25	Post	आलू, गेहूँ, जौ

शाकनाशी का वर्ग	व्यापारिक नाम	प्रयोग की दर (किलोग्राम/है.)	प्रयोग करने का समय	प्रयोग की जाने वाली फसलें
फिनोक्सी एसीटिक (Phenoxy acetics)				
2, 4-डी	बीडोन, बीडर, बीडोक्स	3.0-4.5	Post	गेहूँ, जौ
2,4, 5-टी	वियोन-2,4,5 टी	0.75-1.25	Post	गेहूँ, जौ
2,4-डी-बी	ब्यूटोक्सोन, ब्यूटाइरेक	3.00-4.00	Post	गेहूँ, जौ
एम सी पी ए	मैथाक्सोन	3.00-4.00	Post	गेहूँ, जौ
एम सी पी बी	ट्रोपोटोक्स, कन्ट्रोल	3.50-4.50	Post	मटर
ट्रायजिन्स(Triazines)				
सिमेजिन (Simazine)	प्रीन्जेप, हेक्सेनिन	1.0-3.0	Pre/Post	
एट्राजिन (Atrazin)	प्राइमेटोल, आट्रेक्स, अराटफ एट्राजोल 8 पी	1.0-3.0	Pre/Post	
एमेट्रिन (Amertryn)	–	1.0-2.5	Pre/Post	
प्रोमेट्रिन (Prometryn)	प्राइमेटोल क्यू	1.0-2.5	Pre/Post	
एसिड डेरीवेटिव्स (Acid derivatives)				
(अ) ईस्टर (Ester)				
क्लोराथाल (Chlorathal)	डैकथाल	4.0-6.00	PP	
(ब) नाइट्रिलस (Nitriles)				
केयोरोन डाइक्लोबेनिल	–	2.0-4.5	Pre	धान, गेहूँ
(स) एमाइड (Amides)				
प्रोपेनिल (Propanil)	स्टाम एफ 34, हैक्सेनिल	3.0-4.5	Pre	धान
एलाक्लोर (Alachlor)	लासो	1.0-3.5	PP	सोयाबीन, मूँगफली, गन्ना, सूर्यमुखी, टमाटर
एल्फूनियूरियेज (Alfonylureas)				
क्लोरसल्फूरान (Chlorsulfuron)	–	0.01-0.02	Pre/Post	गेहूँ
सल्फोमिटूरान (Sulfometuron)	–	0.05-0.20	Pre/Post	परती भूमि

शाकनाशी का वर्ग	व्यापारिक नाम	प्रयोग की दर (किलोग्राम/है.)	प्रयोग करने का समय	प्रयोग की जाने वाली फसलें
थायोकार्बामेट्स (Thiocarbamates)				
ब्यूटाइलेट (Butylate)	–	3.0–6.0	PP	मक्का
डायलेट (Diallate)	–	2.0–5.0	PP	गेहूँ, मक्का, सोयाबीन, तिलहनी फसलें
इपीटीसी (EPTC)	इप्टाम	2.0–5.0	PP	कपास, सूर्यमुखी, मक्का
थायोबेनकार्ब (Thiobencarb)	सेटूनिल	1.0–1.5	Pre	धान
यूरिएज (Ureas)				
मोनूरान (Monuron)	तलवार	1.0–5.0	Pre	गन्ना, कपास
डाइयूरान (Diuron)	कार्मेक्स	0.20–0.40	Post	मक्का, ज्वार
फ्लूमिटूरान (Fluometuron)	कोटोरान	1.0–1.50	PP/Pre	कपास, ज्वार, गन्ना
मैटाक्जुरान (Metaxuron)	डोसानेक्स	0.5–5.0	Pre	गेहूँ, जई
ट्रायजिनोन्स (Triazinones)				
मेट्रीबुजिन (Metribuzin)	सेन्कोर	0.25–1.0	PP/Pre/Post	मक्का, गन्ना, सोयाबीन
अन्य (Unclassified)				
ग्लाइफोसेट (Glyphosat)	राउन्ड अप	0.50–4.0	Post	बहुवर्षीय खरपतवार
क्वनोल कार्बोक्सीलिक अम्ल (Quinole carboxylic acid)				
क्वीनक्लोरेक (Quinclorac)	–	0.25–0.50	Pre/Post	धान
पाइरीडिन्स (Pyridines)				
डिथीओपर (Dithiopur)	–	0.25–0.50	Pre	धान
पाइरीडाजिनोन्स (Pyridazinones)				
पिकलोरम (Picloram)	टोरडोन–101, ऐमडोन	0.15–1.0	Post	परती भूमियों
आइसोप्रोटूरान (Isoproturon)	टाल्कन, एरीलोन	1.5–3.5	Post	गेहूँ, जई, जौ
आक्सीलोरेफेन (Oxyflorefen)	गोल	1.0–2.0	Pre	मूँगफली

4. वातावरण की प्रतिकूल परिस्थितियों जैसे सूखा, अतिवृष्टि आदि की दशा में यांत्रिक अथवा कृष्य विधियों द्वारा खरपतवार नियंत्रण करना सम्भव नहीं होता है ऐसी दशा में शाकनाशी रसायनों के प्रयोग से सफल खरपतवार नियंत्रण करना सम्भव हो जाता है।

5. कृषि जोत बड़ी होने की दशा खरपतवारों की रोकथाम करने के लिए बहुत अधिक व्यय होने से बचने के लिए रासायनिक विधि द्वारा खरपतवार नियंत्रण करने से फसल की लागत पर व्यय कम करके अधिक लाभ–प्राप्त किया जा सकता है।

6. अकृष्य भूमियों में बहुत बड़े क्षेत्र में बहुवर्षीय खरपतवारों जैसे लेन्टाना, गाजरघास आदि के नियंत्रण करने के लिए शाकनाशी रसायनों के प्रयोग द्वारा आसानी से तथा कम समय में खरपतवार नियंत्रण किया जा सकता है।

7. रासायनिक विधि द्वारा खरपतवार नियंत्रण कम समय में अधिक क्षेत्रफल पर किया जा सकता है जिससे फसल को फसल-खरपतवार प्रतिस्पर्धा के समय खरपतवार युक्त रखकर अधिक से अधिक उत्पादन प्राप्त किया जा सकता है।

शाकनाशी प्रयोग की सीमाएं (Limitations of herbicide use)

शाकनाशी रसायनों द्वारा खरपतवार नियंत्रण की निम्न सीमाएं भी हैं –

1. जलवायु, भूमि तथा वनस्पतियों में भिन्नता तथा विषमता होने के कारण एक ही शाकनाशी का प्रयोग करना सम्भव नहीं होता है।
2. देश में शाकनाशी रसायनों का अभाव है जिसके कारण खरपतवार नियंत्रण के समय इनकी उपलब्धता कम हो जाने के कारण आम कृषकों को सस्ती दर पर उपलब्ध नहीं हो पाते हैं।
3. अनुसंधान केन्द्रों पर किये गये प्रयोगों एवं परिणामों का कृषकों तक न पहुँचना।
4. देश में अधिकांश कृषक अशिक्षित हैं जिनको शाकनाशी रसायनों के प्रयोग की विधि तथा घोल बनाने में काफी परेशानी होती है।
5. शाकनाशी रसायनों का सही समय, विधि तथा मात्रा का प्रयोग न करने पर मृदा तथा फसलों पर हानिकारक प्रभाव पड़ने की समभावना बनी रहती है।
6. इन शाकनाशियों का छिड़काव करते समय उपयोग किये जाने वाले स्प्रेयर उत्तम किस्म के उपलब्ध नहीं हो पाते हैं जिससे एक समान मात्रा में छिड़काव नहीं हो पाता है।
7. भारत में मिश्रित/मिलवाँ फसल पद्धति में दलहनी तथा अदलहनी फसलों जैसे गेहूँ+चना/मटर, अरहर+ज्वार/मक्का/बाजरा आदि को उगाया जाता है जिसके कारण खरपतवार नियंत्रण में काफी परेशानी होती है।
8. किसान शाकनाशी रसायनों के प्रयोग में कोई जोखिम नहीं उठाना चाहता है।
9. देश में सस्ते तथा अधिक मात्रा में श्रमिकों की उपलब्धता अथवा पारिवारिक श्रम होने के कारण सामान्यत: कृषक यांत्रिक विधियों द्वारा खरपतवार नियंत्रण जैसे निराई-गुड़ाई, हाथ से खरपतवार निकालना ज्यादा पसन्द करता है जो तुलनात्मक रूप से सस्ता है।
10. फार्म पर मिश्रित फसल पद्धति अपनाने के कारण बहुत से शाकनाशियों को संग्रह करना पड़ता है जिससे बहुत अधिक मात्रा में पूंजी की आवश्यकता होती है जबकि यांत्रिक विधि में यह समस्या नहीं आती है जबकि यांत्रिक विधि में यह समस्या नहीं आती है।
11. इन शाकनाशियों का प्रयोग निश्चित समय सीमा में न करने पर इनकी कार्यक्षमता में कमी आ जाती है जिससे लाभ की बजाय हानि हो जाती है।
12. देश में कृषि जोत बिखरी तथा छोटी-छोटी होने के कारण इनके प्रयोग में काफी परेशानी होती है।
13. शाकनाशी रसायनों का गलत प्रयोग हो जाने पर अन्य विधियों द्वारा भी हानि को रोक पाना सम्भव नहीं है जिससे कृषकों को काफी क्षति उठानी पड़ जाती है।
14. चारे की फसलों में खरपतवार नियंत्रण के लिए इन शाकनाशी रसायनों का छिड़काव करना पशुओं के स्वास्थ्य को हानिकर भी हो सकता है।
15. कुछ शाकनाशी रसायनों का प्रयोग करने के बाद इनका अवशेष अथवा प्रभाव काफी समय तक भूमि में रहने के कारण अगली फसल पर भी हानिकारक प्रभाव पड़ जाता है।

16. इन रसायनों के प्रयोग के बाद यदि किन्हीं कारणों से फसल नष्ट हो जाती है तो अगली फसल की बुआई करते समय, पूर्व में प्रयोग किये गये रसायन को ध्यान में रखकर ही फसल का चुनाव करना पड़ता है।

शाकनाशियों के प्रयोग का क्षेत्र (Area and scope of herbicide use)

(अ) फसल उत्पादन (Crop production) : फसलों की उपज को बढ़ाने में इन शाकनाशी रसायनों का प्रयोग निम्न प्रकार से किया जाता है–

1. खेत की तैयारी के समय।
2. फसल की बुआई के समय तथा फसलों को उपचारित करके ताकि मौसमी खरपतवारों का नष्ट किया जा सके।
3. खड़ी फसल में खरपतवारों को नष्ट करने में।
4. खेत में चारों तरफ सिंचाई एवं जलनिकास की नालियों को खरपतवार रहित करने में।
5. दो पंक्तियों के बीच खाली पड़े स्थान में पलवार का प्रयोग करके खरपतवारों से छुटकारा दिलाने में।

(ब) अकृष्य भूमियों में (Non-cropped area) : बंजर भूमियों, उद्योगों तथा कारखानों में पड़ी भूमियाँ, रेल, सड़क, हवाई अड्डों आदि।

(स) जल स्रोतों में (Water bodies) : तालाबों, पोखरों, बड़े जलाशयों, झीलों, नहरों, नदियों, समुद्र में जलीय खरपतवारों को नष्ट करने में शाकनाशी रसायनों का सफलतापूर्वक प्रयोग किया जा सकता है। जलीय स्रोतों में जलीय खरपतवारों द्वारा होने वाली हानि को कम करके इस पानी का प्रयोग प्रत्यक्ष एवं परोक्ष रूप में खाद्य पदार्थों को उगाने में किया जा सकता है।

अत: यह निष्कर्ष निकाला जा सकता है कि खरपतवारों की जहाँ भी समस्या है वहीं पर शाकनाशियों का प्रयोग किया जा सकता है।

शाकनाशी रसायनों का वर्गीकरण (Classification of herbicides)

जलवायु, मृदा तथा फसलों में भिन्नता एवं विषमता के कारण विभिन्न प्रकार के शाकनाशियों का प्रयोग किया जाता है। अत: खरपतवारों एवं फसलों की प्रवृत्ति को ध्यान में रखकर विभिन्न शाकनाशियों का वर्गीकरण निम्न प्रकार से किया गया है –

(1) वरणात्मक शाकनाशी (Selective herbicide)

इस वर्ग के अन्तर्गत वह शाकनाशी रसायन आते हैं जिनका प्रयोग किसी विशेष प्रकार के खरपतवारों को ही नष्ट करने के लिए किया जाता है तथा अन्य प्रकार के पौधों को कोई नुकसान नहीं पहुँचाते हैं। उदाहरण के रूप में गेहूँ के खेत में 2,4–डी शाकनाशी चौड़ी पत्ती वाले खरपतवारों का नियंत्रण करता है जबकि जंगली जई तथा गेहूँ के मामा पर कोई प्रभाव नहीं पड़ता है। इन शाकनाशियों को पुन: दो वर्गों में विभक्त किया गया है।

(अ) पत्र अनुप्रयोग (Foliar application) : ऐसे शाकनाशियों का प्रयोग धूल अथवा घोल के रूप में पत्तियों पर छिड़काव करके किया जाता है। ये शाकनाशी रसायन दो प्रकार के होते हैं।

(i) **सम्पर्क शाकनाशी (Contact herbicides) :** इस प्रकार के शाकनाशी रसायनों का प्रयोग करने पर पौधों के केवल उसी भाग को नष्ट करते हैं जो भाग इनके सम्पर्क में आता है। अत: इन शाकनाशी का छिड़काव करते समय यह ध्यान रखना चाहिए कि पौधों के अधिक से अधिक भागों पर इनका छिड़काव हो जाये। इस वर्ग में गन्धक का अम्ल, पेट्रोलियम तेल, कापर सल्फेट, फैरस सल्फेट, अमोनियम सल्फामेट, पोटेशियम

साइनेट, फिनाइल मरक्यूरिक एसीटेट, केरट आयल, डाइक्काट, पैराक्काट, इन्डेथाल, पी.सी.पी., सोडियम आर्सेनेट आदि प्रमुख हैं।

(ii) स्थानान्तरित शाकनाशी (Translocated herbicides) : इन शाकनाशी रसायनों का प्रयोग पौधे के किसी भी भाग पर करने के बाद पौधे द्वारा अवशोषण करके समस्त भाग में फैल जाते हैं। पौधों की पत्तियों पर छिड़काव करने के बाद यह तनों तथा जड़ों तक स्थानान्तरित हो जाते हैं और वहाँ तक अपना प्रभाव डालते हैं जैसे एम सी पी ए, 2,4,5–टी, 2,4–डी, एम एस एम ए, 2,4–डी बी, मैलिक हाइड्राइड, पिकलोरम आदि।

(ब) मूल अनुप्रयोग (Root application) : इस वर्ग के शाकनाशियों का प्रयोग फसल बोने से पूर्व तथा बाद में मृदा में किया जाता है। खरपतवारों के नियंत्रण को अधिक प्रभावी बनाने के लिए यह आवश्यक है कि भूमि पर अच्छी तरह से एक समान छिड़काव करके सही ढंग से मिश्रित कर दिया जाए। इन शाकनाशियों को दो भागों में वर्गीकृत किया जाता है –

(i) बुआई के पूर्व (Pre-plant application) : इस वर्ग के शाकनाशी रसायनों को बुआई के पूर्व एक समान मात्रा में छिड़काव करके मृदा में अच्छी तरह से मिला देते हैं। दलहनी फसलों में खरपतवार नियंत्रण के लिए लूक्लोरेलिन (बासालिन), ट्रेप्लान आदि शाकनाशी रसायनों का प्रयोग किया जाता है।

(ii) बुआई के बाद परन्तु अंकुरण के पूर्व (Pre-emergence application) : इस वर्ग में शाकनाशी रसायनों का प्रयोग बुआई के तुरन्त बाद परन्तु अंकुरण के पूर्व भूमि में छिड़काव करके किया जाता है। इन शाकनाशी रसायनों का प्रयोग सही ढंग से समतल की गई भूमि की ऊपरी सतह पर किया जाता है। इनके प्रयोग करने के समय भूमि में पर्याप्त मात्रा में नमी होना आवश्यक है। इस विधि में यह आवश्यक है कि बीजों की बुआई, पंक्तियों में तथा अधिक गहराई पर करना चाहिए तथा कुछ दिनों तक भूमि की गुड़ाई तथा निराई करनी चाहिए। मक्का की फसल में सिमाजिन, एट्राजिन, टाफाजिन, सोयाबीन में लासो एवं दलहनी फसलों में पेन्डीमिथालिन (स्टाम्प) का प्रयोग करके खरपतवारों का नियंत्रण किया जाता है।

2. अवरणात्मक शाकनाशी (Non-selective herbicides)

इस वर्ग के शाकनाशी रसायनों में वरण क्षमता नहीं पाई जाती है अर्थात् इन शाकनाशी का प्रयोग करने पर समस्त प्रकार की वनस्पति नष्ट हो जाती है। इसलिए इस वर्ग के शाकनाशियों का प्रयोग बंजर भूमियों, रेल, नदियों, सड़कों, हवाई अड्डों, उद्योगों तथा कारखानों में पड़ी हुई भूमियों पर किया जाता है। इस प्रकार के शाकनाशी रसायनों को दो वर्गों में विभाजित किया जाता है –

(अ) पर्णीय छिड़काव (Foliar application) : इन शाकनाशी रसायनों को पुन: दो वर्गों में विभक्त किया जाता है–

(i) सम्पर्क शाकनाशी (Contact herbicides) : इस वर्ग के शाकनाशी रसायनों का छिड़काव करने पर पौधों के जिस भाग में छिड़काव हो जाता है वह भाग नष्ट हो जाता है। इस वर्ग के शाकनाशियों का प्रयोग बहुवार्षिक खरपतवारों को नष्ट करने के लिए नहीं करना चाहिए क्योंकि इनके छिड़काव करने से जड़ें समाप्त नहीं होती। अत: कुछ दिनों पश्चात ये खरपतवार पुनर्वृद्धि करने लगते हैं जैसे आर्सेनिकल्स, पैराक्केट, क्लोरेट्स, वीड आयल, डी. एन. पी. बी., एम. एस. एम. ए., पी. सी. पी. आदि।

(ii) स्थानान्तरित शाकनाशी (Translocated herbicides) : इस प्रकार के शाकनाशी पौधे के किसी भाग पर छिड़काव करने के उपरान्त अवशोषित कर लिए जाते हैं तथा पौधे के समस्त भागों जैसे पत्तियों, तने तथा जड़ों वाले बहुवर्षीय खरपतवारों के नियंत्रण में किया जाता है। जैसे एट्रोमोल, टाफाजिन, डालापान, एमीट्रोल, अमोनियम सल्फामेट, थायोसाइनेटस, आर्सेनिकल्स, एम. एच. आदि।

(ब) मृदा छिड़काव (Soil application) : इन शाकनाशी रसायनों का प्रयोग उन स्थानों में किया जाता है जहाँ पर इनके पर्णीय छिड़काव में असुविधा रहती है। इन शाकनाशी रसायनों का प्रयोग बुआई के पूर्व अथवा बाद में किया जाता है। इन रसायनों के प्रभावी नियंत्रण हेतु छिड़काव करने के तुरन्त बाद मृदा में मिला देना चाहिए। इन रसायनों को दो वर्गों में बाँटा गया है।

(i) **मृदा निर्जीवीकरण (Soil sterilants) :** इस वर्ग के शाकनाशियों का प्रयोग करने पर मृदा में उपस्थित खरपतवारों के बीजों के अतिरिक्त समस्त प्रकार के जीवाणु नष्ट हो जाते हैं। मृदा शाकनाशी की किस्म, वर्षा की मात्रा, भूमि के प्रकार आदि पर निर्भर करती है जैसे बोरेट्स, एट्राजिन, नेबुरान, डाईयूरान, क्लोरेट्स, मोनूरान आदि। कृष्य भूमियों में इन शाकनाशी रसायनों का प्रयोग नहीं किया जाता क्योंकि इनसे भूमि में उपस्थित लाभदायक जीवाणु भी नष्ट हो जाने से उनकी संख्या में कमी हो जाती है।

(ii) **मृदा धूम्रक (Soil fumigants) :** इन शाकनाशियों का प्रयोग विशेष प्रकार के उपकरणों की सहायता से गैस या वाष्प मृदा में फैलकर वानस्पतिक भागों को नष्ट कर देते हैं। इन रसायनों का प्रभाव मृदा में 3–4 सप्ताह तक रहता है जैसे कार्बन डाई सल्फाइड, क्लोरोपिकरिन, मिथाइल ब्रोमाइड आदि।

शाकनाशियों का रासायनिक वर्गीकरण (Classification based on chemical properties)

सभी शाकनाशी रसायनों को दो प्रमुख वर्गों में विभक्त किया गया है –

(अ) अकार्बनिक शाकनाशी (ब) कार्बनिक शाकनाशी

(अ) अकार्बनिक शाकनाशी (Inorganic herbicides) : ऐतिहासिक दृष्टि से इन रसायनों का महत्व सबसे पहले प्रयोग में लाये गये शाकनाशी के रूप में किया जाता है। राख, नमक, पेट्रोलियम पदार्थ आदि का प्रयोग खरपतवार नियंत्रण के लिए प्राचीनकाल से किया जा रहा है।

(i) **अम्ल (Acid) :** सल्यूरिक अम्ल, हाइड्रोक्लोरिक अम्ल।

(ii) **लवण (Salt) :** सोडियम क्लोराइड, पोटेशियम क्लोराइड, सोडियम आर्सेनेट, सोडियम क्लोरेट, क्यूप्रिक सल्फेट, फैरस सल्फेट, कैल्सियम सायनामाइड, अमोनियम सल्फामेट।

(ब) कार्बनिक शाकनाशी (Organic herbicides) : कार्बनिक शाकनाशी के रूप में पेट्रोलियम तेल का काफी समय से प्रयोग हो रहा है। कार्बनिक शाकनाशियों में सर्वप्रथम 1946 में 2,4–डी तथा एम सी पी ए नामक शाकनाशी रसायनों की खोज हुई। इसके बाद बहुत से शाकनाशियों की खोज की गई। इसके अन्तर्गत निम्नलिखित शाकनाशियों को वर्गीकृत किया गया है –

(i) **पेट्रोलियम तेल (Petroleum oil) :** पेट्रोलियम तेल अधिकतर हाइड्रोकार्बन के मिश्रण होते हैं। इसमें कुछ गन्धक तथा नत्रजन युक्त रसायन अवरणात्मक सम्पर्क शाकनाशी होते हैं। ये असंतृप्त श्रृंखला वाले यौगिक हैं। यह रसायन पौधे की पत्तियों में गैस विनिमय में रूकावट उत्पन्न कर देते हैं तथा ऊतकों में प्रवेश करके प्लाज्मा झिल्ली को बन्द कर देते हैं जैसे पेट्रोल, डीजल, मिट्टी का तेल आदि।

(ii) **फीनोल (Phenol) :** कार्बनिक रसायनों में फीनोल शाकनाशी सबसे पहले पहचाने तथा उपयोग में लाये गये। यह ऊतकों की कोशिकाओं में निर्जलीकरण पैदा करता है। यह जीवद्रव्य कुंचन तथा प्रोटीन अवक्षेपण (Protein precipitation) जैसी दशाएं उत्पन्न कर देता है। यह रसायन शीघ्र ही मृदा में अवशोषित हो जाता है इसलिए इनका प्रयोग अधिक मात्रा में करना पड़ता है। पी सी पी वरणात्मक सम्पर्कनाशी पत्तियों पर प्रयोग होने वाला शाकनाशी है। डी एन बी पी अधिक विषाक्त शाकनाशी है। डी. एन. ओ. सी. तथा डाइनाइट्रोफिनोल पौधों में रासायनिक बन्धन को तोड़ते हैं, प्रोटीन को विकृत करके श्वसन दर बढ़ा देते हैं।

(iii) **फिनोक्सी यौगिक (Phenoxy compound) :** अधिकांश चौड़ी पत्ती वाले खरपतवारों के नियंत्रण के लिए वरणात्मक तथा पौधों में स्थानान्तरित होने वाले यह रसायन हैं। इस वर्ग के रसायनों की क्रिया विधि में अनेक मत है परन्तु इन रसायनों की क्रियाविधि में जैसे श्वसन दर बढ़ाना, विषाक्त पदार्थों का बनना, कोशिका दृव्य कुंचन आदि प्रमुख हैं। 2, 4, 5-टी शाकनाशी का प्रयोग काष्ठीय पौधों को नष्ट करने के लिए किया जाता है। इस वर्ग में 2, 4-डी, 2, 4-डी बी, एम सी पी ए, एम सी पी बी, सिलवेक्स आदि प्रमुख हैं।

(iv) **प्रतिस्थापित एलीफेटिक अम्ल (Substituted alphatic acids) :** इस वर्ग के शाकनाशी घास कुल के खरपतवारों को नष्ट करने के लिए प्रयोग किये जाते हैं। यह पत्तियों द्वारा अवशोषित होकर लोएम तथा जाइलम में शीघ्र ही स्थानान्तरित हो जाते हैं। ये द्विबीजपत्री पौधों को भी नष्ट कर देते हैं। डालापान का प्रभाव पत्तियों पर अधिक होता है। यह पौधों में स्थिर होता है तथा आसानी से उपचारित नहीं होता है। पौधे के बाहर घोल के रूप में रहने से अपघटित हो जाता है तथा अन्त में पाइरूविक अम्ल बनाता है इस वर्ग में डालापान, टी सी ए तथा इरबोन (Erbon) प्रमुख शाकनाशी रसायन हैं।

(v) **एमाइड (Amides) :** इस वर्ग में स्टाम्प एफ 34, एम एच, डाइफिनामिड, प्रोपेनिल, डी सी ए एन पी, सोलन बेन्सूलाइड, डाइक्रिल आदि प्रमुख हैं। डाइफिनामिड तथा सी डी ए शाकनाशी अंकुरण के पूर्व प्रयोग किये जाते हैं जबकि प्रोपेनिल अंकुरण के बाद प्रयोग होता है। डाइफिनामिड जड़ों द्वारा अवशोषित किया जाता है।

(vi) **बेन्जोइक अम्ल (Benjoic acid) :** इस वर्ग के शाकनाशी जल में घुलनशील अम्ल होते हैं ये सर्वांगी वृद्धि नियंत्रण पदार्थ हैं परन्तु इनकी क्रियाविधि के बारे में अधिक ज्ञान नहीं हैं। डाइकाम्बा पौधों में उपापचित हो जाता है। एमीबेन प्रोटीन के साथ संयुग्मी पदार्थ बनाता है और अधिकांश पौधों में अचल हो जाता है। इस वर्ग में एमीबेन, डाइकाम्बा, पिकलोरम, फिनाइल एसीटिक अम्ल, पिकलिनिक अम्ल आदि प्रमुख शाकनाशी हैं।

(vii) **यूरिएज तथा यूरेसिल्स (Ureas and uracils) :** मृदा निर्जीवीकरण की तरह इनका प्रयोग वार्षिक खरपतवारों को नष्ट करने के लिए किया जाता है। यह रसायन सर्वप्रथम भूमि में प्रयोग के पश्चात् पौधों की जड़ों द्वारा अवशोषित होते हैं। ये रसायन पौधों में स्थानान्तरित होकर प्रकाश संश्लेषण की क्रिया को रोक देते हैं। सूक्ष्म जीवाणुओं द्वारा भूमि में तथा पौधों से उपापचित हो जाते हैं। इस वर्ग में डाइयूरान, मोनोयूरान, लाइन्यूरान, नेबूरान, फेन्यूरान, क्लोरोकज्यूरान, सिड्यूरान, आइसोसिल, टरबेसिल, ब्रोमेसिल, नोरिया आदि प्रमुख शाकनाशी रसायन हैं।

(viii) **नाइट्रिल्स तथा टोलूआइडीन्स (Nitrils and toluidines) :** पानी में कम घुलनशील तथा भूमि में अवशोषित होने वाले यह शाकनाशी हैं। वरणात्मक शाकनाशी द्विबीज पत्री खरपतवारों को नष्ट करते हैं। इस वर्ग में ट्राइलूरेलिन, बेनीफिन, डाईक्लोबेनिकल, ब्रोमोक्सीलिन, डाइनाइट्रोटोल्यूडीन आदि प्रमुख खरपतवारनाशी हैं। नाइट्रोलिन इस वर्ग का नया रसायन है। डाइनाइट्रोटोल्यूडीन में अंकुरण के पूर्व खरपतवारों को नष्ट करने की क्षमता होती है।

(ix) **ट्राइजिन तथा ट्राइजोल (Trizine and trizole) :** ये शाकनाशी वरणात्मक होते हैं। इस वर्ग में सीमाजिन, एट्राजिन, प्रोपेजिन, एमीट्रोल, एम एच प्रमुख शाकनाशी रसायन हैं। यह शाकनाशी हिट्रोसाइक्लिक नाइट्रोजन डेरीवेटिव वर्ग के हैं। ट्राइजीन प्रकाश संश्लेषण क्रिया का तीव्र विरोधी है।

(x) **कार्बामेट (Carbamate) :** ये शाकनाशी वरणात्मक तथा अंकुरण से पहले प्रयोग करने पर प्रभावशाली होते हैं। ये कोशिका विभाजन तथा ऊतक वृद्धि को रोक देते हैं। इस वर्ग के शाकनाशी जड़ द्वारा अवशोषित

होकर जाइलम द्वारा पौधे में स्थानान्तरित होते हैं। इस वर्ग में टर्बुटाल, बारवान, सी आई पी सी, आई पी सी प्रमुख रसायन हैं।

(xi) थायोकार्बामेट (Thiocarbamate) : ये वाष्पशील शाकनाशी रसायन फसल की बुआई से पूर्व प्रयोग किये जाते हैं। इस वर्ग में पेब्यूलेट, मोलीनेट, बर्नोलेट, डाइलेट, ट्राइलेट, ई पी टी सी आदि प्रमुख शाकनाशी हैं।

(xii) प्रतिस्थापित पायरीडिन : इस वर्ग के शाकनाशी कई प्रकार के खरपतवारों को नष्ट कर देते हैं। इन रसायनों का भूमि में अधिक समय तक प्रभाव रहता है। इस वर्ग में पिकलोरम तथा पायरीक्लोर प्रमुख शाकनाशी हैं। पिकलोरम अधिक सक्रिय वृद्धि नियंत्रक रसायन है।

(xii) कार्बनिक आर्सेनिकयुक्त यौगिक (Organic-arsenic compound) : इस वर्ग के रसायन पौधों के ऊपरी भाग को नष्ट करके उन्हें सुखा देते हैं इसलिए इनका कई बार छिड़कावं करना पड़ता है। इस वर्ग में एम ए एम ए, टी सी ए, डी एस एम ए तथा एस एस एम ए आदि प्रमुख शाकनाशी हैं।

प्रयोग के समय के आधार पर शाकनाशी रसायनों का वर्गीकरण (Classification according to time of application)

इस प्रकार के शाकनाशियों का वर्गीकरण उनके प्रयोग के आधार पर किया जाता है। इस वर्ग में वरणात्मक, अवरणात्मक, सम्पर्कनाशी, स्थानान्तरित तथा अन्य प्रकार के शाकनाशी हो सकते हैं। इस प्रकार के शाकनाशियों का वर्गीकरण मुख्यरूप से निम्न तरह से किया गया है –

(i) बुआई के पूर्व प्रयोग किये जाने वाले शाकनाशी (Pre-planting herbicides) : इन शाकनाशी रसायनों का प्रयोग खेत में बुआई अथवा रोपाई के पूर्व किया जाता है। इन शाकनाशियों का छिड़काव करने के पूर्व खेत की अच्छी तरह से तैयारी तथा मृदा में नमी होनी चाहिए। इन शाकनाशियों के प्रयोग करने के बाद इन्हें गैस के रूप में उड़ने से बचाने के लिए छिड़काव करने के बाद भूमि में अच्छी तरह से मिला देना चाहिए। इस वर्ग में सीमाजिन, एट्राजिन, बासालिन आदि हैं।

(ii) अंकुरण के पूर्व प्रयोग किये जाने वाले शाकनाशी (Pre-emergence herbicides) : इस प्रकार के शाकनाशी रसायनों का प्रयोग फसल बोने के तुरन्त बाद अर्थात् खरपतवार एवं फसलों के बीजों के जमाव के पूर्व किये जाते हैं। इन रसायनों के प्रयोग के समय खेत में कोई वनस्पति नहीं होती है। वे शाकनाशी जो कम घुलनशील तथा जड़ों द्वारा अवशोषित किये जाते हैं अंकुरण के पश्चात् इन शाकनाशियों का प्रयोग करने पर इनकी प्रभावकारी शक्ति कम हो जाती है जैसे सिमेजिन, 2,4–डी, पेन्डीमिथालिन आदि।

(iii) अंकुरण के बाद प्रयोग किये जाने वाले शाकनाशी (Post-emergence herbicides) : इन शाकनाशियों का प्रयोग फसल तथा खरपतवारों के अंकुरण के पश्चात् किया जाता है। इन शाकनाशी रसायनों का प्रयोग खड़ी फसल में छिड़काव करके खरपतवारों को नष्ट करने के लिए किया जाता है। इनका प्रयोग फसल की किस्म तथा खरपतवारों के घनत्व पर निर्भर करता है जैसे स्टाम्प एफ–34, डालापान, 2,4–डी आदि।

(iv) ले बाई प्रयोग (Lay by herbicides) : इन शाकनाशियों का प्रयोग खड़ी फसल में अन्तिम निराई–गुड़ाई के बाद किया जाता है जैसे गन्ने के खेत में वर्षा ऋतु के पूर्व शाकनाशी रसायनों का प्रयोग ले बाई कहलाता है। इन शाकनाशियों का प्रयोग सामान्यत: दीर्घकालीन फसलों में खरपतवार नियंत्रण हेतु किया जाता है।

शाकनाशी रसायनों का चुनाव (Selection of herbicides)

खरपतवार नियंत्रण की सफलता में शाकनाशियों के चुनाव की महत्वपूर्ण भूमिका है। शाकनाशी रसायन ऐसे होने चाहिए जो खेत में उपस्थिति अधिक से अधिक खरपतवारों को नष्ट कर सके साथ ही साथ फसल पर कोई प्रतिकूल

प्रभाव भी न डालें। खरपतवारों का अधिक प्रकोप होने वाले खेतों में अथवा शाकनाशियों का प्रयोग करने पर मिश्रित/अन्त: फसल पद्धति नहीं अपनानी चाहिए। अलग-अलग फसलों में उपस्थिति खरपतवारों के नियन्त्रण के लिए भिन्न-भिन्न प्रकार के शाकनाशियों का प्रयोग किया जाता है। वरणात्मक शाकनाशी केवल एक ही प्रकार के पौधों को नष्ट करने के लिए प्रभावी होते हैं जबकि दूसरे वर्ग के पौधों पर अप्रभावी होते हैं। किसी फसल विशेष, खरपतवार, मृदा, खेत में प्रयोग की विधि तथा समय आदि को ध्यान में रखकर शाकनाशियों का चयन तथा उपयुक्त दर से खेत में प्रयोग करना चाहिए। शाकनाशी रसायनों का चयन निम्न बातों को ध्यान में रखकर किया जाना चाहिए -

(i) मनुष्यों एवं जानवरों के लिए हानिकारक न हो।

(ii) शाकनाशी के प्रयोग में सुविधाजनक हो।

(iii) फसल चक्र की फसलों के लिए हानिकारक न हो।

(iv) पूर्व मौसम में प्रयोग किये गये शाकनाशियों के साथ कोई हानिकर प्रतिक्रिया न करे।

(v) शाकनाशी की कीमत कम हो तथा प्रयोग करने में आर्थिक दृष्टि से लाभकारी हो।

(vi) शाकनाशी फसल में उपस्थिति सम्पूर्ण खरपतवारों को प्रभावित करने की शक्ति हो।

(vii) शाकनाशी का भूमि में कोई विषाक्त प्रभाव न पड़ता हो जिससे मृदा में उपस्थिति जीवाणु प्रभावित न हो।

(viii) शाकनाशी के प्रयोग के बाद उगाई जाने वाली फसलों पर कोई प्रतिकूल प्रभाव न पड़े।

(ix) मौसम परिवर्तन के लिए प्रतिरोधक क्षमता होनी चाहिए।

(x) पूर्व फसल में प्रयोग किये गये शाकनाशी के साथ वर्तमान समय में प्रयोग किये जाने वाले शाकनाशी के साथ किसी भी प्रकार की प्रतिक्रिया नहीं होनी चाहिए।

(xi) शाकनाशी रसायन जल तथा वायु प्रदूषण से मुक्त होना चाहिए।

शाकनाशी के प्रयोग की विधियाँ (Methods of herbicide application)

शाकनाशियों के प्रयोग की विधियों का चुनाव करने के पूर्व यह ध्यान देना आवश्यक है कि शाकनाशी के प्रयोग की जो विधि अपनाई जाये उससे खरपतवारों का सर्वाधिक नुकसान हो तथा प्रयोग में सुविधा एवं कम खर्चीली हो। इस प्रकार शाकनाशी रसायनों का प्रयोग, भूमि, फसल, जलवायु, खरपतवार तथा शाकनाशियों की कार्य विधि को ध्यान में रखकर ही वह विधि अपनानी चाहिए जिससे सर्वाधिक लाभ हो सके। शाकनाशी प्रयोग की अनुपयुक्त विधि से खरपतवार कम नष्ट होते हैं तथा बोई गई फसल को भी हानि पहुँच जाती है। शाकनाशी रसायनों के प्रयोग की निम्न विधियाँ प्रचलित हैं -

(अ) पर्णीय प्रयोग (Foliar application)

(i) आच्छादित अथवा सम्पूर्ण छिड़काव (Blanket spraying method)

(ii) सीधा अथवा प्रत्यक्ष छिड़काव (Direct spraying)

(iii) संरक्षित छिड़काव (Protected spraying)

(iv) स्थानिक उपचार (Spot treatment)

(ब) भूमि में प्रयोग (Soil application) :

(i) भूमि सतह पर प्रयोग (Surface application)

(ii) अधो सतह में प्रयोग (Sub-surface application)

(iii) मृदा धूम्रक (Soil fumigants)

(स) झाड़ियों तथा वृक्षों को नष्ट करने की विधियाँ (Bush and shrub control methods) :

(i) आधार उपचार (Basal treatment)

(ii) पर्णीय छिड़काव (Foliar application)

(iii) नॉच तथा कब विधि (Notch and cub methods)

(iv) फ्रील विधि (Freel method)

(v) परिवर्तित आधार उपचार (Modified Basal treatment)

(vi) आधार भूमि उपचार (Basal soil treatment)

(द) शाकनाशियों के प्रयोग की अन्य विधियाँ (Other methods of herbicide use) :

(i) जार विधि (Jar method)

(ii) मोम छड़ी विधि (Wax bar method)

(iii) शाकनाशी पलवार (Hebicidal mulching)

(अ) पर्णीय छिड़काव (Foliar application) : इस विधि में शाकनाशी रसायनों का प्रयोग पौधों की पत्तियों पर किया जाता है। इस प्रकार शाकनाशी प्रयोग की निम्न विधियाँ हैं –

(i) आच्छादित या सम्पूर्ण छिड़काव : इस विधि में पौधे के सम्पूर्ण भागों पर शाकनाशी का एक समान मात्रा में छिड़काव किया जाता है। इस प्रकार से प्रयोग किये जाने वाले शाकनाशियों को वरणात्मक होना चाहिए। गेहूँ में 2,4–डी तथा गन्ने में पिकलोरम शाकनाशियों का प्रयोग खरपतवारों को नष्ट करने के लिए किया जाता है।

(ii) सीधा अथवा प्रत्यक्ष छिड़काव : इस विधि में खरपतवार जो कि फसल के आधार के पास उगते हैं तथा फसलों के काफी बढ़ जाने के बाद उस समय शाकनाशी का छिड़काव किया जाता है जब फसल तथा खरपतवार के पौधों की ऊँचाई में पर्याप्त अन्तर होता है। इस विधि में शाकनाशियों का छिड़काव इस तरह से करते है कि स्प्रेयर के नोजल से घोल का छिड़काव केवल खरपतवारों पर ही पड़े। इस प्रकार के शाकनाशी का प्रयोग दूर–दूर बोई गई फसलों जैसे गन्ना, कपास, तम्बाकू, चाय, कहवा, नींबू, संतरा आदि में किया जाता है। इस विधि से प्रयोग किये जाने वाले शाकनाशी अर्द्ध वरणात्मक होते हैं।

(iii) संरक्षित छिड़काव : इस विधि में शाकनाशियों का छिड़काव करते समय मुख्य पौधों को पॉलीथीन से इस प्रकार ढक दिया जाता है कि शाकनाशी का घोल फसल के पौधों पर न पड़े। फसलों को अच्छी तरह से ढकने के पश्चात् ही शाकनाशी का प्रयोग किया जाता है। इस विधि का प्रयोग मूल्यवान तथा सजावटी पौधों में खरपतवार नियंत्रण के लिए किया जाता है। यह विधि अधिक खर्चीली तथा अधिक समय लगने के कारण सामान्यत: फसलों में खरपतवार नियंत्रण के लिए प्रयोग नहीं की जाती है।

(iv) स्थानिक उपचार : इस विधि में सम्पूर्ण क्षेत्रफल पर छिड़काव न करके केवल खरपतवारों से प्रभावित क्षेत्रों में ही किया जाता है। इस विधि का प्रयोग चरागाहों में झाड़ियों के नियंत्रण के लिए विशेषरूप से किया जाता है। इस विधि से शाकनाशी के प्रयोग में फसल को कोई हानि नहीं होने पाती है।

(ब) भूमि में प्रयोग : इस विधि में शाकनाशियों का प्रयोग बुआई के पूर्व अथवा अंकुरण के पूर्व खेत में किया जाता है। कभी–कभी इनका प्रयोग खड़ी फसलों के बीच में पंक्तियों में भी किया जाता है। शाकनाशियों का प्रयोग भूमि में निम्न प्रकार से किया जाता है।

(i) भूमि की सतह पर प्रयोग : इस विधि में शाकनाशी की प्रयोग की जाने वाली मात्रा को भूमि पर बिखेर दिया जाता है। धूल के रूप में इनका भूमि की सतह पर भुरकाव तथा घोल के रूप में छिड़काव किया जाता है। भूमि में इन शाकनाशियों का प्रयोग करने के पश्चात् मिट्टी में 3–4 सेमी की गहराई पर अच्छी तरह से मिला देना चाहिए जैसे

ई पी टी सी, वर्नोलेट तथा ट्राइलूरेलिन आदि। कुछ शाकनाशी जैसे सिमेजिन, एट्राजिन, टैफाजिन आदि का छिड़काव करने के पश्चात् भूमि में मिलाने की आवश्यकता नहीं होती है।

(ii) अधो सतह में प्रयोग : इस विधि में शाकनाशी रसायनों को भूमि के सतह में लगभग 10 सेमी की गहराई पर प्रयोग किया जाता है। इस विधि में प्रयोग किये जाने वाले शाकनाशी जैसे चुकन्दर में साइकोलेट तथा तम्बाकू में ब्यूटाइलेट आदि प्रमुख हैं।

(iii) मृदा धूम्रक (Soil fumigants) : इस विधि में तरल शाकनाशियों को अधिक दबाव डालकर उन्हें गैस के रूप में बदलकर उनका छिड़काव पौधों पर किया जाता है। यह विधि बंजर भूमि में खरपतवारों को नष्ट करने के लिए प्रयोग की जाती है। मृदा घ्रूमक रसायन की प्रकृति को ध्यान में रखते हुए भूमि में प्रयोग किये जाने वाले रसायन– (i) इन्जेक्सन द्वारा क्लोरोपिकरिन (ii) बन्द (Sealed) प्लास्टिक कवर विधि द्वारा मिथाइल ब्रोमाइड तथा भूमि की सतह पर मेथाम प्रयोग किये जाते हैं।

(स) झाड़ियों तथा वृक्षों को नष्ट करने की विधियाँ (Bush and shrub control methods) : झाड़ियों, वृक्षों एवं काष्ठीय पौधों के नियंत्रण के लिए रासायनिक विधि अन्य विधियों की अपेक्षा बहुत उपयोगी है। वृक्षों को नियंत्रण करने के लिए यांत्रिक तथा रासायनिक विधि का समन्वित प्रयोग अधिक प्रभावशाली होता है। वृक्षों एवं झाड़ियों की ऊँचाई अधिक होने के कारण इन रसायनों को प्रयोग करने में काफी असुविधा होती है परन्तु कभी–कभी अधिक क्षेत्रफल पर इनके नियंत्रण के लिए हवाई विधि द्वारा शाकनाशियों का छिड़काव किया जाता है। इस विधि में वृक्षों तथा झाड़ियों को काटकर इन रसायनों का कटे हुए तने अथवा स्थान पर लेप किया जाता है। कुछ वृक्षों के तने में छेद करके इन शाकनाशियों को डाला जाता है। कभी–कभी वृक्षों एवं झाड़ियों के भूमि के आधार पर इन शाकनाशी का प्रयोग किया जाता है। इस प्रकार वृक्षों एवं झाड़ियों को नियंत्रित करने के लिए निम्नलिखित विधियाँ प्रयोग की जाती हैं –

(i) आधार उपचार (Basal treatment)
(ii) परिवर्तित आधार उपचार (Modified basal treatment)
(iii) आधार भूमि उपचार (Basal soil treatment)
(iv) फ्रील विधि (Frell method)
(v) नॉच तथा कब विधि (Notch or cub method)
(vi) पर्णीय छिड़काव (Foliar application)
(vii) इंजेक्शन विधि (Injection method)

(द) शाकनाशियों के प्रयोग की अन्य विधियाँ (Other methods of herbicide use) :

(i) जार विधि (Jar method) : शुष्क क्षेत्रों में खरपतवारों को नष्ट करने के लिए इस विधि का प्रयोग किया जाता है। शुष्क क्षेत्रों में सूखे की विशेष स्थिति में उगने वाले तथा गहरी जड़ वाले शाकीय खरपतवारों को नष्ट करने के लिए इस विधि का प्रयोग किया जाता है। इस विधि में चौड़े मुँह वाले शीशे के जार में शाकनाशी का घोल भर दिया जाता है तथा इस घोल में पौधों को झुकाकर डुबोया जाता है जिससे शाकनाशी के घोल का अवशोषण पौधों की पत्तियों द्वारा कर लिया जाता है।

(ii) मोम–छड़ी विधि (Wax-bar method) : शाकनाशी रसायनयुक्त मोमबत्ती को लम्बे बढ़ने वाले एवं चौड़ी पत्ती वाले खरपतवारों को नष्ट करने के लिए प्रयोग की जाती है। इस विधि में मोम मिले रसायन को वृक्षों के तनों तथा अन्य वानस्पतिक भागों में रगड़ा जाता है जिससे रसायन पौधों से चिपक कर उन्हें नष्ट कर देता है।

(iii) शाकनाशी पलवार (Herbicidal mulching) : इस विधि में ढ़ीले बुने हुए पतले तथा हल्के कपड़े को शाकनाशी रसायन में भिगोकर खरपतवार नष्ट किये जाने वाले स्थान पर बिछा दिया जाता है। कपड़े को हवा

से सिकुड़ने से बचाने के लिए मिट्टी के ढेलों अथवा पत्थर के टुकड़ों से दबा दिया जाता है। कपड़े में लगा हुआ रसायन वर्षा तथा सिंचाई जल के साथ घुलकर भूमि की सतह के अन्दर स्थानान्तरित हो जाता है। चूँकि यह कपड़ा बारीक तथा हल्का होने के कारण एक ही फसल अवधि में गलकर नष्ट हो जाता है।

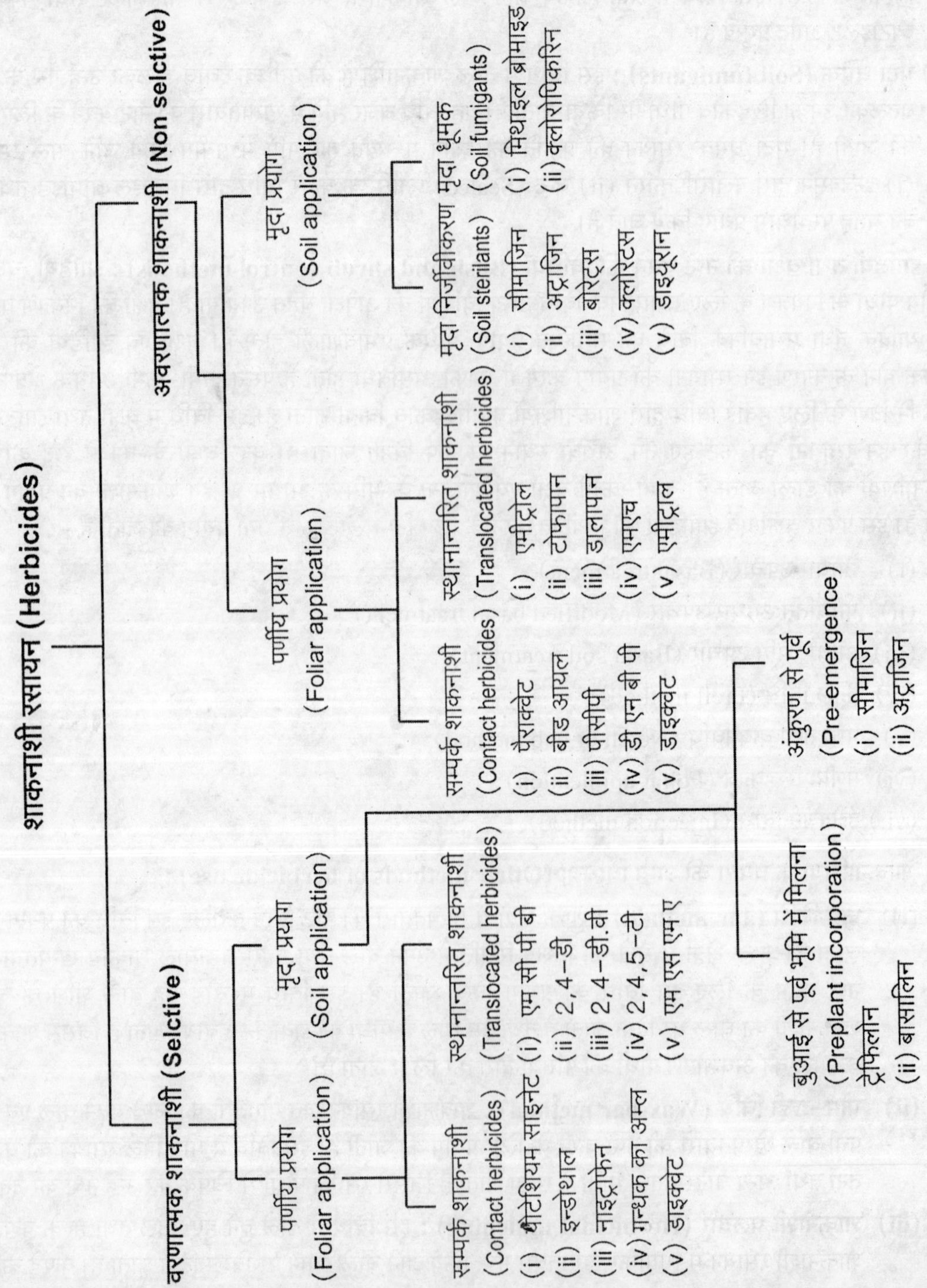

शाकनाशियों के प्रयोग से अच्छे परिणाम लेने के सुझाव

(Suggestions for achieving good results from herbicides application)

शाकनाशियों के प्रयोग के पश्चात् अच्छे परिणाम लेने के लिए निम्नलिखित बातें ध्यान में रखनी चाहिए–

1. बुआई के तुरन्त पश्चात् लेकिन अंकुरण से पूर्व 24 से 48 घंटे के अन्दर ही शाकनाशियों का छिड़काव हो जाना चाहिए।
2. जिन शाकनाशियों का प्रयोग बुआई के पूर्व किया जाना हो उन्हें छिड़काव करने के पश्चात् 4–5 सेमी की गहराई पर भूमि के अन्दर अच्छी तरह से मिला देना चाहिए।
3. स्प्रेयर मशीन को एक समान, एक ही गति से अत्यन्त छोटी–छोटी बूँदों के साथ चलाया जाना चाहिए।
4. बहुवर्षीय खरपतवारों जैसे मोंथा, काँस आदि के कन्द तथा प्रकन्दों को नष्ट करने के लिए ग्रीष्मकालीन ऋतु में मिट्टी पलटने वाले हल से गहरी जुताई कर देनी चाहिए।
5. शाकनाशियों का छिड़काव तथा भुरकाव एक समान मात्रा में होना चाहिए।
6. बुआई के पूर्व तथा बुआई के बाद परन्तु अंकुरण के पूर्व प्रयोग किये जाने वाले शाकनाशियों का छिड़काव करने के समय मृदा में पर्याप्त मात्रा में नमी होनी चाहिए। भूमि में नमी की कम मात्रा होने पर हल्की सिंचाई कर देनी चाहिए। अधिक मात्रा में सिंचाई करने पर यह रसायन भूमि की निचली सतह में चले जाते हैं।
7. शाकनाशी का घोल प्रयोग किये जाने वाले पानी की किस्म पर निर्भर करता है। सम्पर्क शाकनाशी में स्थानान्तरित शाकनाशियों की अपेक्षा अधिक पानी की आवश्यकता होती है। इसी प्रकार निम्न आयतन स्प्रेयर (Low volume sprayer) में कम घोल अधिक क्षेत्रफल पर जबकि उच्च आयतन स्प्रेयर (High volume sprayer) में अधिक घोल कम क्षेत्रफल पर छिड़का जाता है। शाकनाशी रसायनों के छिड़काव के समय सामान्यत: 600–800 लीटर प्रति हैक्टेअर पानी की आवश्यकता होती है।

शाकनाशियों के प्रयोग में सावधानियाँ (Precautions in herbicide application)

(1) शाकनाशी रसायनों का प्रयोग करते समय निम्नलिखित सावधानियाँ रखनी चाहिए –

- (i) शाकनाशियों को तेज धूप तथा वर्षा से बचाना चाहिए जहाँ तक सम्भव हो सदैव वातानुकूलित गाड़ी अथवा सुबह या शाम को ही ले जाना चाहिए।
- (ii) इन शाकनाशियों को भंडारण में रखने अथवा गाड़ी से उतरते समय सिर अथवा पीठ कर लाद कर ही ले जाना चाहिए।
- (iii) शाकनाशी ले जाने के पूर्व यह सुनिश्चित कर ले कि डिब्बा अच्छी तरह से बन्द हो।
- (iv) शाकनाशियों को एक स्थान से दूसरे स्थान तक ले जाते समय सदैव बन्द गाड़ियों में ही ले जाया जाए ताकि झटके आदि से डिब्बे न टूटने पाये।
- (v) शाकनाशियों को वातानुकूलित गाड़ियों से ही ढोना चाहिए।

(2) शाकनाशियों के भण्डारण करते समय निम्न सावधानियाँ अपनानी चाहिए (Precautions in storage of herbicide) –

- (i) जहाँ तक सम्भव हो शाकनाशियों का भन्डारण नहीं करना चाहिए। इनको बाजार से खरीद कर तत्काल ही प्रयोग कर लेना चाहिए।
- (ii) भन्डारण के पूर्व इन शाकनाशियों को रखने का स्थान पूर्णरूप से सुरक्षित होना चाहिए तथा बच्चों, जानवरों, अन्न, बीज, खाद आदि से दूर रखना चाहिए।

(iii) प्रयोग करने के बाद बचे हुए शाकनाशी के डिब्बे को अच्छी तरह बन्द करके सुरक्षित स्थान पर रखना चाहिए।

(iv) प्रयोग करने के बाद डिब्बों को भूमि के अन्दर गाड़ देना चाहिए। इन डिब्बों को इधर-उधर, तालाब, पानी आदि स्थानों पर कभी भी नहीं फेंकना चाहिए। इन शाकनाशियों के डिब्बों को जलस्रोत के पास कभी भी फेंकना अथवा गाड़ना नहीं चाहिए।

(v) शाकनाशियों के प्रयोग करने की समय सीमा समाप्त हो जाने के बाद कभी भी प्रयोग नहीं करने चाहिए।

(vi) जिन शाकनाशियों के डिब्बों पर लगे लेबल पठनीय न हो अथवा लेबल निकल गया हो उनका कभी भी प्रयोग नहीं करना चाहिए।

(vii) भन्डारण के समय शाकनाशियों का समय-समय पर निरीक्षण करते रहना चाहिए कि डिब्बे में रिसाव तो नहीं हो रहा है। यदि रिसाव हो रहा हो तो डिब्बों का ढक्कन कस कर बन्द कर देना चाहिए।

(3) शाकनाशी रसायनों का मिश्रण बनाते समय निम्न बातें ध्यान में रखनी चाहिए –

(i) शाकनाशी का मिश्रण बनाते समय किसी अनुभवी अथवा जानकार व्यक्ति से सलाह लेने के उपरान्त ही बनाना चाहिए। पूर्णरूप से जानकारी करने के उपरान्त ही सावधानीपूर्वक मिश्रण बनाना चाहिए।

(ii) शाकनाशी का मिश्रण शीशे अथवा प्लास्टिक के बर्तन में बनाना उत्तम होता है।

(iii) घोल बनाते समय स्प्रेयर के प्रकार, कार्य क्षमता, शाकनाशी की किस्म तथा जल की मात्रा पर विशेष ध्यान रखना चाहिए। सम्पर्कनाशी रसायन का घोल बनाने में अधिक पानी तथा स्थानान्तरित रसायन को कम पानी की आवश्यकता होती है। इसी तरह कम आयतन स्प्रेयर द्वारा छिड़काव हेतु कम घोल तथा उच्च आयतन स्प्रेयर द्वारा छिड़काव करने पर अधिक घोल की आवश्यकता होती है। शाकनाशी रसायनों का घोल आवश्यकतानुसार ही बनाना चाहिए।

(iv) पर्णीय छिड़काव करने के समय घोल की चिपचिपाहट बढ़ाने हेतु घोल में 0.01 प्रतिशत की दर से साबुन का झाग, टिपोल अथवा अन्य चिपचिपाहट वाले पदार्थ मिला देना चाहिए।

(v) घोल बनाते समय किसी दुर्घटना से बचने के लिए सदैव ताजा तथा साफ पानी एवं साबुन रखना चाहिए।

(vi) घोल बनाते समय शाकनाशी रसायनों का मनुष्य के शरीर का कोई भाग सम्पर्क में न आने पाये। घोल बनाते समय चश्मा, हाथों में रबड़ के दस्ताने, नाक पर कपड़ा बाँधकर आदि सुरक्षात्मक उपाय करने चाहिए।

(4) शाकनाशी रसायनों का खेत में प्रयोग करते समय निम्नलिखित सावधानियाँ रखनी चाहिए–

(i) शाकनाशी रसायनों पर अंकित सूचनाओं को ध्यानपूर्वक पढ़कर उसी के अनुसार ही प्रयोग करना चाहिए।

(ii) शाकनाशी रसायनों को कभी भी सूंघकर पहचान नहीं करना चाहिए।

(iii) चारे के लिए प्रयोग की जाने वाली फसलों में शाकनाशी छिड़काव के 20-25 दिन बाद ही चारा खिलाना चाहिए।

(iv) छिड़काव तेज हवा तथा धूप में कभी भी नहीं करना चाहिए।

(v) शाकनाशी रसायनों का छिड़काव सदैव शाम के समय 3-4 बजे के मध्य करना चाहिए। दोपहर के समय छिड़काव नहीं करना चाहिए क्योंकि धूप में इनके रासायनिक तत्व विघटित हो जाते हैं। सुबह के समय पंक्तियों पर ओस रहने से छिड़काव करते समय घोल नीचे बह जाता है।

(vi) छिड़काव करने वाले स्प्रेयर की कार्य क्षमता सही ढंग से निरीक्षण कर लेनी चाहिए। स्प्रेयर को तथा नोजल के छिद्रों को साफ करके ही प्रयोग करना चाहिए।

(vii) वर्षा होने की सम्भावना होने पर छिड़काव नहीं करना चाहिए अथवा वर्षा समाप्त हो जाने के बाद ही छिड़काव करना चाहिए। छिड़काव के बाद कम से कम 1 घंटे तक वर्षा नहीं होनी चाहिए अन्यथा शाकनाशी पत्तियों से घुलकर जमीन पर चले जाते हैं।

(viii) छिड़काव करते समय यह ध्यान रखना चाहिए कि आस पास उगे अन्य सहनशील पौधों पर छिड़काव का प्रभाव न पहुँचने पाये।

(ix) शाकनाशी रसायनों का प्रयोग संस्तुत मात्रा में ही करना चाहिए। संस्तुत से कम मात्रा में प्रयोग करने पर इच्छित खरपतवार नियंत्रण नहीं होता है तथा संस्तुत दर से अधिक मात्रा में प्रयोग करने पर फसल पर हानिकारक प्रभाव पड़कर उपज में कमी होने की सम्भावना हो जाती है।

(x) बुआई के पूर्व तथा बुआई के बाद परन्तु अंकुरण के पूर्व प्रयोग किये जाने वाले शाकनाशियों का छिड़काव करते समय खेत में पर्याप्त मात्रा में नमी रहना आवश्यक होती है। भूमि में नमी की कमी होने पर इन शाकनाशी रसायनों का प्रभाव ठीक ढंग से नहीं होने पाता है।

(xi) छिड़काव के समय यह ध्यान रखना चाहिए कि इन रसायनों का घोल एक समान मात्रा में होना चाहिए जिससे खरपतवारों का नियंत्रण एक समान हो। सम्पर्कनाशी रसायनों का छिड़काव करते समय खरपतवारों के पौधे पूर्णरूप से घोल में भीग जाये।

(xii) फसलों में संस्तुत किये गये वरणात्मक शाकनाशी ही प्रयोग करने चाहिए। संस्तुत किये गये शाकनाशी के अतिरिक्त प्रयोग किये गये शाकनाशी से खरपतवार नियंत्रण के बजाय फसल में हानि होने की सम्भावना रहती हैं।

(5) शाकनाशियों के प्रयोग के पश्चात् निम्न सावधानियाँ रखनी चाहिए–

(i) शाकनाशी के छिड़काव के पश्चात् स्प्रेयर के सभी भागों को साफ पानी से अच्छी तरह से साबुन से धोकर रखना चाहिए।

(ii) शाकनाशी के प्रयोग के पश्चात् प्रयोग किये गये बर्तनों, हाथों तथा कपड़ों को अच्छी तरह से साबुन से धोना चाहिए।

(iii) शाकनाशी के प्रयोग के समय डिब्बे पर लिखी सूचना के अनुसार तुरन्त प्राथमिक उपचार करना चाहिए इसके पश्चात् तुरन्त डाक्टर से भी सम्पर्क करना चाहिए।

शाकनाशी के आवश्यकता की गणना : किसी शाकनाशी के व्यापारिक उत्पाद का लेबिल लगा रहता है जिसमें उत्पाद का रासायनिक नाम, सक्रिय तत्व की मात्रा, निर्माण तथा समाप्त होने की तिथि, प्रयोग करने की मात्रा एवं विधि आदि की जानकारी छपी रहती है। एक शाकनाशी रसायन में सक्रिय तत्व की मात्रा अलग-अलग होती है।

व्यापारिक शाकनाशी रसायन की मात्रा में उसमें सक्रिय तत्व के अनुसार गणना निम्न प्रकार से की जाती है –

$$\text{व्यापारिक उत्पाद (किग्रा/है.)} = \frac{\text{मात्रा किग्रा सक्रिय तत्व/है.}}{\text{उत्पाद में सक्रिय तत्व प्रतिशत में}} \times 100$$

अभ्यास 1: आइसोप्रोटूरान मुख्यत: 75% डब्लू पी तथा 50% डब्लू पी में उपलब्ध है । यदि खरपतवार नियंत्रण हेतु आइसोप्रोटूरान की दर 0.75 किग्रा सक्रिय तत्व प्रति है. है तब व्यापारिक उत्पाद की मात्रा ज्ञात करो।

$$\text{50\% डब्लू पी उत्पाद} = \frac{0.75 \times 100}{50} = 1.50 \text{ किग्रा/है.}$$

$$\text{75\% डब्लू पी उत्पाद} = \frac{0.75 \times 100}{75} = 1.00 \text{ किग्रा/है.}$$

अभ्यास 2: पाराक्वाट 0.5 किग्रा सक्रिय तत्व/है. की दर से प्रयोग करना है जबकि यह शाकनाशी बाजार में ग्रामोक्सोन के नाम से जिसमे 25% पाराक्वाट होता है, उपलब्ध है। अत पाराक्वाट की खेत में छिड़काव की मात्रा कितनी होगी।

$$\frac{0.50 \times 100}{25} = 2.0 \text{ किग्रा/है.}$$

शाकनाशी को मिश्रित करना: एक हैक्टेअर क्षेत्रफल में उत्पाद की मात्रा की गणना निम्न सूत्र की सहायता से की जाती है।

$$\text{छिड़काव की दर (किग्रा सक्रिय तत्व/है.)} = \frac{\text{दृव्य के रूप में शाकनाशी रसायन का आयतन}}{\text{रसायन में प्रतिशत सक्रिय तत्व की मात्रा}}$$

अभ्यास 3: एलाक्लोर के प्रयोग की संस्तुत दर 0.50 किग्रा सक्रिय तत्व प्रति हैक्टेअर है। बाजार में एलाक्लोर 50 प्रतिशत सक्रिय तत्व के रूप में उपलब्ध है। अत: एक हैक्टेअर क्षेत्रफल में छिड़काव हेतु एलाक्लोर की कितनी मात्रा में आवश्यकता होगी ।

$$\text{एलाक्लोर की मात्रा (किग्रा. अथवा ली/है.)} = \frac{0.50 \times 100}{50} = 1.0 \text{ किग्रा अथवा } 1.0 \text{ ली/है.}$$

अभ्यास 4: एक हैक्टेअर क्षेत्रफल में सिमाजिन की धूल के भुरकाव हेतु कितनी मात्रा में आवश्यकता हेतु जबकि

भुरकाव हेतु शाकनाशी की दर = 3.2 किग्रा सक्रिय तत्व/है.; सक्रिय तत्व = 80 प्रतिशत

$$\text{सिमाजिन की भुरकाव हेतु मात्रा} = \frac{3.2 \times 100}{80} = 4.0 \text{ किलो प्रति हैक्टेअर}$$

शाकनाशियों का अवशोषण, परिवहन तथा कार्य विधि
(Absorption, translocation and mode of action of herbicides)

शाकनाशी का अवशोषण (Absorption of herbicides)

शाकनाशी रसायनों को खरपतवार नियंत्रण के लिए भूमि पर अथवा पौधों के वानस्पतिक भागों पर प्रयोग किया जाता है। शाकनाशी पौधों के भागों द्वारा अवशोषित होकर पौधों के तनों तथा जड़ों तक स्थानान्तरित हो जाते हैं। इस क्रिया में इनका अवशोषण पाँच भागों जैसे मोमयुक्त सतह तथा रोम (Surface wax and hair), क्यूटिकल (Cuticle), पैरीडर्म (Periderm), कोशाभित्ति (Cell wall) तथा प्लाज्मालीमा (Plasmalemma) द्वारा होता है। पौधे के वानस्पतिक भागों पर छिड़काव करने के पश्चात् इन शाकनाशी का अवशोषण पौधों की पत्तियों की उपत्वचा (Cuticle) तथा पर्णरन्ध्रों (Stomata) द्वारा भी होता है। कुछ वैज्ञानिकों के अनुसार शाकनाशी का अवशोषण उपत्वचा (Cuticle) द्वारा ही होता है और उपत्वचीय अवशोषण में पर्णरन्ध्रों का कोई महत्व नहीं होता है। शाकनाशियों के अवशोषण में पत्तियों का विशेष महत्व होता है। शाकनाशी के अवशोषण में पत्तियों की बनावट, नाड़ी विन्यास, पत्ती की सतह, शाखा से पत्ती का लगाव आदि पर निर्भर करता है। शाकनाशी रसायनों के अवशोषण में वृद्धि करने के लिए यह आवश्यक है कि घोल से पत्ती की सतह पूर्णरूप से भीग जाये तथा नमी कारक पदार्थों को मिलाया जाए। 2,4-डी में कार्बोमेक्स मिला देने से शाकनाशी की क्रियाशीलता बढ़ जाती है। शाकनाशियों की आणविक संरचना संगठन शाकनाशियों के अवशोषण में महत्वपूर्ण है। ध्रुवीय यौगिक (Polar compound) की अपेक्षा अध्रुवीय यौगिक (Non-polar compound) का पर्णीय छिड़काव करने के बाद अवशोषण शीघ्र होता है। शाकनाशी रसायनों का छिड़काव करने के पश्चात् 1 घंटे के भीतर ही अवशोषण हो जाता है। ध्रुवीय यौगिक जैसे 2,4-डी के सोडियम, इस्टर, एमाइन तथा अमोनियम साल्ट का प्रयोग बड़ी अवस्था के पौधों की अपेक्षा छोटी अवस्था के पौधों पर अधिक प्रभावी होता है।

भूमि के प्रयोग किये जाने वाले शाकनाशी मुख्य रूप से पौधों की जड़ों द्वारा ही अवशोषित होते हैं। इसके अतिरिक्त भूमि में प्रयोग किये जाने वाले शाकनाशियों का अवशोषण बीजों के बोने के बाद, फूले हुए बीजों, प्रांकुर तथा नवजात पौधे द्वारा भी किया जाता है। आजकल भूमि में प्रयोग किये जाने वाले रसायनों को अंकुरित बीजों के प्रांकुर अर्थात जड़ों वाले भागों द्वारा ही किया जाता है। उदाहरण के रूप में 2,4-डी, सिमाजिन, नेप्टालम आदि शाकनाशियों का अवशोषण अंकुरित पौधों के जड़ों वाले भागों द्वारा ही किया जाता है। ज्वार में प्रयोग किया जाने वाला क्लोरथाल मिथाइल भूमि के अन्दर पौधों द्वारा ही ग्रहण किया जाता है। मोंथा के नियंत्रण के लिए एलाक्लोर का अवशोषण भूमि के अन्दर कन्दों द्वारा ही किया जाता है। बहुवार्षिक खरपतवारों द्वारा शाकनाशियों का अवशोषण राइजोम्स, स्टोलोन तथा टयूबर द्वारा किया जाता है। इस प्रकार शाकनाशी को भूमि में प्रयोग किये जाने पर ध्यान देना आवश्यक है कि भूमि में पर्याप्त मात्रा में नमी हो। नमी की कमी होने पर शाकनाशी के प्रयोग के बाद हल्की सिंचाई कर देने से अवशोषण में वृद्धि हो जाती है। इसके विपरीत अधिक मात्रा में सिंचाई कर देने से शाकनाशी पानी में घुलनशील होने के कारण भूमि की निचली सतह में चले जाते हैं जिससे उनका प्रभाव कम हो जाता है। अध्रुवीय यौगिकों की अपेक्षा ध्रुवीय यौगिकों का अवशोषण भूमि में बहुत अधिक मात्रा में तथा शीघ्र होता है। ध्रुवीय यौगिक भूमि के अन्दर शीघ्र ही रिस जाने से कभी-कभी फसलों पर हानिकारक प्रभाव डालते हैं।

शाकनाशियों के अवशोषण की कार्य विधि (Mechanism of herbicide absorption)

शाकनाशियों के अवशोषण की सही क्रिया विधि के बारे में अभी भी वैज्ञानिक एक मत नहीं है परन्तु ऐसा माना जाता है कि जिस प्रकार पौधे पोषक तत्वों को ग्रहण करते हैं उसी अनुसार शाकनाशियों का भी अवशोषण होता है। शाकनाशियों का अवशोषण निम्न विधियों द्वारा होता है -

(i) उपत्वचा तथा कोशाभित्ति अवशोषण (Absorption through cuticle and cell wall) : हाइड्रोफिलिक आयन (Hydrophilic ions) तथा अणु (Molecules) पौधो के अन्दर विसरण (Diffusion) क्रिया के द्वारा अवशोषित होते हैं जबकि लिपोफिलिक पदार्थ (Lipophilic substance) पौधों के अन्दर घोल के द्वारा (Solublizing action) अवशोषित होते हैं। लिपोफिलिक लिपिड छिड़काव करके मूल लिपिड अणु के रूप में क्यूटिकल तथा पौधों के अन्दर की सतह से होकर घुलकर पहुँच जाते हैं। रसायनों के अवशोषण में घुलनशील क्रिया विसरण से ज्यादा प्रभावशाली है। शाकनाशियों का अवशोषण अणु रूप की अपेक्षा आयोनिक रूप में देर से होता हैं।

(ii) प्लाज्मा झिल्ली द्वारा अवशोषण (Absorption through plasma membrane) : प्लाज्मा झिल्ली, प्लाज्मा लीमा तथा टोनोप्लास्ट मुख्यत: लिपिड तथा प्रोटीन के बने होते हैं तथा लिपोफिलिक स्वभाव के भी होते हैं। लिपोफिलिक शाकनाशी जैसे शाकनाशी तेल तथा तेल बहुत शीघ्रता से अधिक मात्रा में घुलनशील होकर पौधों की बाह्य सतह से जीव दृव्य के अन्दर पहुँच जाते हैं। हाइड्रोफिलिक पदार्थों का अवशोषण झिल्ली द्वारा होता है जो कि एक जटिल प्रक्रिया है -

इसमें मुख्यतय: दो क्रिया विधि हाइड्रोफिलिक शाकनाशी रसायनों का जीवदृव्य में प्लाज्मा लीमा के माध्यम से होता है, जो निम्न हैं -

(अ) **निष्क्रिय अवशोषण (The passive absorption) :** इस विधि द्वारा शाकनाशियों के अवशोषण में विसरण (Diffusion) की भौतिक क्रिया में इलैक्ट्रोकेमिकल पोटेन्सियल गुणांक (Electrochemical Potential Gradient) के माध्यम से नियंत्रित होती है।

(ब) **सक्रिय अवशोषण (The active absorption) :** यह अधिक ऊर्जा चाहने वाली क्रिया है जो कुछ भारी रासायनिक अणुओं जैसे प्रोटीन तथा फासफोलिपिड के धनात्मक तथा ऋणात्मक सिरों के द्वारा प्लाज्मालीमा के अन्दर सम्पन्न होती है। यह रासायनिक अणुओं जैसे अनायन, ऋणायन तथा अणुओं के आपस के विघटन को ले जाने के लिए यांत्रिक का कार्य करती है। टोनोप्लास्ट अथवा वेक्योलर झिल्ली की

क्रियाविधि प्लाज्मालीमा में जीवदृव्य से वैक्योल के अन्दर शोषित घोल को ले जाने का कार्य करता है। शाकनाशी रसायनों का अवशोषण वर्षा होने की दशा में कोशिका में उपस्थित जीवदृव्य प्लाज्मालीमा के माध्यम से उल्टा हो जाता है।

शाकनाशियों की परिसंचरण (Translocation of herbicides)

भूमि में प्रयोग किये जाने वाले शाकनाशी रसायनों का अवशोषण जड़ों में उपस्थित रोमों द्वारा अवशोषित होकर जाइलम घटकों द्वारा नीचे से ऊपर की तरफ ले जाये जाते हैं। पत्तियों में यह रसायन पहुँचकर प्रकाश संश्लेषण क्रिया में सम्मिलित होकर पौधों के अन्य भागों में पहुँच जाते हैं। पत्तियों पर प्रयोग किये गये शाकनाशी रसायनों का परिवहन लोएम द्वारा पौधे के अन्य भागों तक पहुँचाया जाता है कभी-कभी अवशोषण के उपरान्त शाकनाशी रसायन पौधों के शरीर के अन्दर ही परिवर्तित हो जाते हैं तथा पौधों की किस्म के अनुसार लोएम ऊतकों द्वारा स्थानान्तरित हो रहा रसायन जाइलम ऊतकों द्वारा स्थानान्तरित होने लगता है। 2,4-डी शाकनाशी रसायन उपत्वचा में अवशोषित होकर बाह्य त्वचा में पहुँचता है तथा पुन: बाह्य त्वचा से मध्योतक में होता हुआ लोएम में पहुँचने के पश्चात इसकी गति 10 से 100 सेमी प्रति घंटा हो जाती है। 2,4-डी एवं 2,4,5-टी के अधिक सान्द्रता के घोल को छिड़काव करने पर जड़ों द्वारा अवशोषित होकर जाइलम ऊतकों द्वारा पौधे के विभिन्न भागों में स्थानान्तरित हो जाता है। इस तरह से शाकनाशियों के अणुओं का स्थानान्तरण जाइलम एवं लोएम द्वारा पौधे के विभिन्न भागों में होता है।

शाकनाशियों के अवशोषण तथा परिवहन को प्रभावित करने वाले कारक (Factor affecting absorption and translocation of herbicides)

किसी शाकनाशी रसायनों के प्रयोग करने की क्षमता उसके अवशोषण तथा परिवहन पर निर्भर करती है। शाकनाशी रसायनों का प्रयोग किया गया कुछ भाग ही उचित क्रिया स्थल पर पहुँच कर खरपतवार नियंत्रण में योगदान करता है तथा शेष बचा हुआ भाग निष्प्रयोज्य होकर मृदा में निक्षालन तथा वायुमंडल में वाष्पीकृत हो जाता है। इस प्रकार यह मृदा एवं वायुमंडल में पहुँचकर प्रदूषण का रूप ले लेता है। इस प्रकार शाकनाशियों का अवशोषण तथा परिवहन पौध, मृदा, जलवायु तथा अन्य कारकों द्वारा प्रभावित होता है, जो निम्न हैं -

(i) जलवायु (Climate) : शाकनाशी रसायनों के प्रयोग के समय तथा बाद में उपस्थित जलवायु की अवस्था शाकनाशी के अवशोषण तथा परिवहन को प्रभावित करती है। अधिक तापमान होने से पौधों में चयापचय (Metabolic) तथा दैहिक (Physiological) क्रियाएं प्रभावित होती हैं। जिससे शाकनाशी का अवशोषण तथा स्थानान्तरण दोनों ही क्रियाएं प्रभावित होती हैं। शाकनाशी रसायनों के अधिक अवशोषण तथा स्थानान्तरण के लिए उपयुक्त तापमान 22 डिग्री से 32 डिग्री सेन्टीग्रेड के मध्य होता है। इस तापमान से कम अथवा अधिक होने पर अवशोषण तथा परिवहन की क्रियाएं प्रभावित होती हैं। अत्यधिक वायुमंडलीय आर्द्रता होने के कारण पौधों के अन्दर जल की मात्रा बढ़ने के कारण शाकनाशी रसायनों के मुक्त संचालन में सुविधा रहती है। शाकनाशी रसायनों का प्रभाव वर्षा द्वारा प्रभावित होता है। शाकनाशी रसायनों के प्रयोग के तुरन्त पश्चात् वर्षा होने से यह क्रियाएं अधिक प्रभावित होती हैं क्योंकि तत्काल वर्षा होने से रसायनों का घोल बहकर नीचे चला जाता है। इसके विपरीत वर्षा के कारण भीगी हुई पत्तियों पर शाकनाशी का घोल कम रूकता है। इस प्रकार दोनों ही स्थितियाँ शाकनाशियों के अवशोषण को प्रभावित करती हैं। इस प्रकार ध्रुवीय (Polar) शाकनाशी जैसे डालापान, 2,4-डी, मौलिक हाइड्राजाइड पानी में अधिक घुलनशील होने के कारण छिड़काव के 4-6 घंटे के भीतर वर्षा हो जाने पर इनके अवशोषण में कमी हो जाती है परन्तु पैराक्वेट तथा 2,4-डी (इस्टर) का अवशोषण शीघ्रता से होने के कारण छिड़काव के 1 घंटे बाद भी वर्षा हो जाने से अवशोषण पर कोई प्रभाव नहीं पड़ता हैं। तैलीय पायसीकारक (Oil emulsion) अथवा तेल में घुलनशील शाकनाशियों का छिड़काव करने के बाद वर्षा होने की स्थिति में कोई प्रभाव नहीं पड़ता है। उच्च तापमान तथा निम्न आर्द्रता की स्थिति में वायु प्रवाह होने पर सम्पर्क शाकनाशी रसायन

जैसे पैराक्वाट की कार्यशीलता बढ़ जाती है। तेज वायु प्रवाह के कारण छिड़काव करने के पश्चात् शाकनाशी का घोल शीघ्र ही पत्तियों पर सूख जाता है जिससे उसका अवशोषण पूर्ण रूप से नहीं हो पाता है।

(ii) मृदा (Soil) : बुआई के पूर्व एवं बुआई के बाद परन्तु अंकुरण के पूर्व मृदा के प्रयोग किये जाने वाले शाकनाशी रसायन मृदा द्वारा बहुत अधिक प्रभावित होते हैं। मृदा कारकों में जड़ एवं तने की स्थिति का महत्वपूर्ण योगदान है। जल एवं शाकनाशी घोल के लिए जड़ों द्वारा अवशोषण मृदा नमी एवं तापमान से विशेष रूप से प्रभावित होता है। कम नमी एवं अधिक मृदा का तापमान होने की दशा में शाकनाशियों के अवशोषण की दर घट जाती है। मृदा में नमी की कम उपस्थिति होने के कारण पौधों की उपत्वचा मोटी हो जाती है तथा पर्णीय छिड़काव के रूप में प्रयोग किये जाने वाले रसायनों का अवशोषण तथा स्थानान्तरण दोनों ही प्रभावित होते हैं। शाकनाशी रसायनों का अवशोषण मृदा पी एच मान से प्रभावित होता है। सामान्यत: शाकनाशी भूमि में 4.5 से 7.5 पी एच पर आयन के रूप में विद्यमान रहते हैं तथा मृदा का पी एच मान बढ़ने के साथ आयनिक रूप का गाढ़ापन बढ़ता जाता है जिससे शाकनाशियों का अवशोषण कम हो जाता है। मृदा में उपस्थिति जीवांश पदार्थ तथा क्ले की स्थिति भी शाकनाशी रसायनों के अवशोषण तथा स्थानान्तरण को प्रभावित करती है।

(iii) पौधे (Plant) : शाकनाशी रसायनों का अवशोषण तथा परिवहन पौधे की शारीरिक संरचना जैसे पत्तियों की बनावट तथा पृष्ठ तल, पत्तियों की मोटाई, शाखा विन्यास, पौधों की आयु, पौधे के प्रकार, प्रजाति आदि से प्रभावित होता है। चौड़ी पत्तियों वाले पौधों की शाखाएं क्षैतिज बढ़ने के कारण पौधों पर किया गया छिड़काव अधिक देर तक रूकता है जिससे शाकनाशियों का अवशोषण अधिक मात्रा में होता है। घास कुल के पौधों की पत्तियों में धारियाँ तथा हल्का उभार पाया जाता है, तना तथा अग्रभाग पर्ण छद (Leaf seath) द्वारा ढका रहता है इस प्रकार घासकुल के पौधो में ध्रुवीय शाकनाशी अधिक प्रभावकारी होते हैं। शाकनाशी के अवशोषण एवं परिवहन पर पौधे की आयु एवं प्रौढ़ता का विशेष प्रभाव पड़ता है। पौधे की दीर्घसाख एवं वियाजी ऊतकों (Meristematic tissue) में अवशोषण पर घनात्मक प्रभाव पड़ता है। कुछ पौधों की प्रजातियों के तने तथा पत्तियों पर मोमयुक्त तथा बसीय पदार्थों की उपस्थिति के कारण शाकनाशी के अवशोषण में अवरोध उत्पन्न होता है। इस प्रकार के पौधों में आर्द्रता कारक अभिकर्ता (Wetting agent) को निकालकर पृष्ठीय तनाव को कम करने एवं छिड़काव के घोल को अच्छी प्रकार से पौधे के भागों में परिवहन में सहायता मिलती है।

फसलों की विभिन्न किस्मों एवं एक ही फसल की विभिन्न प्रजातियों में अवशोषण तथा परिवहन दर भिन्न-भिन्न होती है। उदाहरणत: कपास के पौधों में प्रोमीट्रीन का छिड़काव करने पर सहनशीलता पाई जाती है वहीं पर सोयाबीन के पौधों में इसके प्रति संवेदनशीलता होती है। इसका प्रमुख कारण यह है कि शाकनाशी का छिड़काव करने के पश्चात् इसका वितरण सोयाबीन के पौधे में कपास के पौधे की अपेक्षा अधिक एवं अच्छी प्रकार से होता है।

(iv) रसायन की किस्म (Chemical properties) : शाकनाशी की रासायनिक संरचना, शाकनाशी घोल की सान्द्रता, रसायन का पी एच मान आदि अवशोषण तथा परिवहन को प्रभावित करता है। ध्रुवीय शाकनाशी रसायनों को पृष्ठ प्रसारक (Surfactants) के साथ प्रयोग करने पर रासायनिक घोल की अवशोषण की दर बढ़ जाती है। शाकनाशियों के पर्णीय छिड़काव करने पर पत्तियों पर ठहरने, प्रवेश करने, अवशोषण तथा परिवहन में वृद्धि करने के उद्देश्य से कई प्रकार के पृष्ठ प्रसारकों का प्रयोग किया जाता है।

(v) आर्द्रक एवं प्रसारक पदार्थ (Wetting and spreading agents) : आर्द्रक एवं प्रसारक अभिकर्ता वह पदार्थ होते हैं जो पौधों की मोमयुक्त चिकनी सतह पर छिड़के गये शाकनाशी रसायनों को पत्तियों की सतह पर एक समान रूप से फैलने में मदद करते हैं तथा पौधे के अन्दर अवशोषण की दर बढ़ाने में भी सहायता करते हैं।

(vi) आर्द्रता वर्धक पदार्थ (Humicants) : इस प्रकार के पदार्थ पत्तियों के पृष्ठ तल एवं छिड़के गये रसायन के मध्य आर्द्रता में वृद्धि करके शाकनाशियों को शीघ्र सूखने से बचाते हैं जिससे शाकनाशियों के अवशोषण में वृद्धि हो जाती है।

(vii) चिपकाने एवं गाढ़ा करने वाले पदार्थ (Thicking and Sticking agents) : यह वह पदार्थ होते हैं जो शाकनाशी के छिड़काव किये गये पदार्थ की सान्द्रता को बढ़ाते हैं जिससे घोल की पत्तियों पर रूकने तथा पत्तियों से बहकर नीचे गिरने को बचाते हैं जिससे शाकनाशियों की अवशोषण क्षमता में वृद्धि हो जाती है।

(viii) विगलक पदार्थ (Dispersing agent) : विगलक वह पदार्थ होते हैं जो एक समान कणों के बीच अन्तराकर्षण को बढ़ाकर समान कणों के गुम्फन को रोकती है जिससे पौधों द्वारा अवशोषण आसानी से हो जाता है।

जलप्रिय तथा वसाप्रिय सन्तुलन (Hydrophilic and lipophilic balance)

जलप्रिय तथा वसाप्रिय सन्तुलन का प्रयोग मिश्रण के प्रभाववर्धक तथा तैलीय रूप की संगति की मिलान करने के लिए किया जाता है। इस प्रकार प्रभाववर्द्धक को शाकनाशी घोल में मिलाते समय यह ध्यान रखना आवश्यक होता है कि समान मात्रा के ही जलप्रिय तथा वसाप्रिय पदार्थ मिलाये जाये। उत्प्रेरक के रूप में प्रयोग किये जाने वाले पृष्ठ प्रसारक बाजार में दृव्य के रूप में मिलते हैं तथा इनमें 50 से 90 प्रतिशत सक्रिय तत्व तथा 10–13 जलप्रिय तथा वसाप्रिय सन्तुलन (एम. एल. बी.) मान पाया जाता है। जलप्रिय तथा वसा प्रिय संतुलन का सीमान्तर तालिका 13.11 में दर्शाया गया है।

तालिका 13.11 : जलप्रिय–वसाप्रिय संतुलन का सीमान्तर

एच एल बी सीमान्त	प्रभाव वर्द्धक की प्रकीर्णता या जल विलेयता
1 – 3	जल नहीं फैलता
3 – 6	जल में कम फैलाव
6 – 8	खूब हिलाने पर दूधिया रंग का फैलाव
8 – 10	स्थिर दूधिया रंग का फैलाव
10 – 13	पारभासी पारदर्शी स्वच्छ फैलाव
13 से ऊपर	स्वच्छ घोल

पृष्ठ प्रसारक का शाकनाशी के छिड़काव में मुख्य भूमिका यह होती है कि छिड़के गये घोल को पौधों की पत्तियों पर गिरने से रोकते हैं तथा अधिक समय तक पत्तियों की सतह पर घोल को सूखने से बचाते हैं। शाकनाशी घोल में मिलाये जाने वाले प्रभाववर्द्धक पदार्थो की सान्द्रता सामान्यत: 0.5 प्रतिशत से कम होनी चाहिए। सामान्य रूप में घोल में मिश्रित होने के कारण इन पदार्थों की सूक्ष्म मात्रा का पौधे के अन्दर अवशोषण तथा उनका परिचालन हो जाता है।

प्रभाववर्द्धक (Adjuvants) : शाकनाशी के प्रभाववर्द्धक वह पदार्थ होते हैं जो शाकनाशी के रूप में स्वभाव में परिवर्तन, घोल की स्थिरता, चिपचिपापन, आर्द्रता एवं पृष्ठ प्रसारण, प्रकीर्णन आदि में वृद्धि करते हैं तथा इनके प्रयोग में सुविधा प्रदान करते हैं। शाकनाशी अथवा इसके घोल में एक या एक से अधिक प्रभाववर्द्धक पदार्थ मिलाये जा सकते हैं। इस प्रकार प्रभाववर्द्धक के उनके उपयोग के अनुसार निम्न दो भागों में विभक्त किया जाता है –

(i) सक्रिय प्रभाव वर्द्धक (Activator adjuvants) : इसमें पृष्ठ प्रसारक (Wetting agents), आर्द्रक (Penetrants), प्रवेशांक (Spray modifier) तथा तेल सम्मिलित किये जाते हैं।

(ii) छिड़काव परिवर्तक (Stickers) : इस वर्ग में चिपकने वाले (Stickers Film formers), फिल्म बनाने वाले (Film formers), फैलाने वाले (Spreader), फैलाने एवं चिपकाने वाले निक्षेप निर्माता (Deposite builders), गाढ़ा करने वाले पदार्थ तथा झाग उत्पन्न करने वाले पदार्थ आते हैं।

भूमि में शाकनाशी रसायनों का अवशेष रहना (Persistance of herbicide in soil)

शाकनाशी का छिड़काव करने के पश्चात् आगामी फसल पर भी हानिकारक प्रभाव पड़ने की सम्भावना रहती है। इस प्रकार विभिन्न परिस्थितियों में प्रयोग किये जाने वाले खरपतवारनाशी पदार्थों द्वारा प्रभावकारी नियंत्रण के लिए यह अत्यन्त आवश्यक है कि उसकी प्रभावकारी शक्ति इच्छित खरपतवार प्रजाति के समाप्त होने तक बनी रहे तथा फसल पकने के साथ-साथ समाप्त भी हो जाऐं। इस प्रकार किसी शाकनाशी का भूमि में सक्रिय रहने की अवधि को मृदा अवशेष जीवन काल (Soil residual life) कहते हैं। इस प्रकार खरपतवार नियंत्रण के बाद शाकनाशी की जो मात्रा मृदा में विद्यमान रहती है उसे शाकनाशी अवशेष (Herbicidal residual) कहते हैं। भूमि में शाकनाशी रसायनों का अवशेष रहना भूमि की दशा को भी प्रभावित करता है तथा फसल चक्र में बोई गई आगामी फसल पर भी बुरा प्रभाव पड़ता है जैसे मक्का की फसल में एट्राजिन के प्रयोग के पश्चात् आगामी बोई जाने वाली फसल जैसे कपास, सोयाबीन, खीरा आदि पर हानिकारक प्रभाव पड़ता है। इस प्रकार भूमि में शाकनाशी का अवशेष विद्यमान रहने से सस्य प्रणाली में उगाई गई अन्य फसलों को क्षति हो जाती है तथा बाद में उगाई गई फसलों द्वारा अवशोषित होकर फसलों के दाने एवं खाद्य पदार्थों में शाकनाशी के अवशेष विद्यमान रहते हैं इसके अतिरिक्त मृदा में उपस्थिति लाभदायक जीवाणुओं पर भी प्रतिकूल प्रभाव पड़ता है।

शाकनाशी के अवशेष का प्रभाव भूमि की किस्म, वातावरण की दशायें, सूक्ष्म जीवाणुओं की क्रियाशीलता (Microbial activity), जीवांश पदार्थ की मात्रा, शाकनाशी की प्रयोग की गई मात्रा आदि द्वारा पड़ता है। किसी फसल में शाकनाशी को पुनः प्रयोग करने पर पूर्व में छिड़काव किये गये शाकनाशी के अवशेष विद्यमान रहने की सम्पूर्ण जानकारी होना आवश्यक होती है जिससे आगामी फसल में पड़ने वाले इस प्रभाव को कम किया जा सके।

बहुत से शाकनाशी रसायनों का प्रभाव भूमि में बहुत कम समय तक रहता है जैसे आर्द्र क्षेत्रों में 2,4-डी का प्रभाव केवल 2-3 सप्ताह तक, एम सी पी ए का प्रभाव 6-8 सप्ताह तक तथा 2,4,5-टी का प्रभाव 2-12 महीनों तक रहता है। इसके विपरीत पिक्लोरम का प्रभाव मृदा में विभिन्न प्रकार की जलवायु में कुछ माह से लेकर 4 वर्षों तक रहता है। शाकनाशी रसायनों के संस्तुत दर से प्रयोग करने पर मृदा में बने रहने का समय तालिका 13.12 में दर्शाया गया है।

तालिका 13.12 : सामान्य दशाओं में विभिन्न शाकनाशियों का मृदा में प्रभाव

2 माह से कम	2 से 6 माह तक	6 माह से अधिक
प्रोमेट्रीन	आइसोप्रोटूरान	सिमैजिन
डालापान	मेटाबैन्थाजूरान	एट्राजिन
प्रोफाम	लिनूरान	डाइयूरान
टर्बुट्रीन	मेटाब्रोमूरान	ट्राइफ्लूरालिन
एमीनोट्रायजोल	डायलेट	मेट्रीबूजान
मेटाक्सूरान	डिनाइट्रोएमाइन	ब्रोमासिल
प्रोपाक्लोर	पाइराजोन	टर्बोसिल

शाकनाशी के मृदा में अवशेष से फसल की क्षति शाकनाशी की किस्म, प्रकृति, मात्रा एवं बाद में उगाई जाने वाली फसल पर निर्भर होती है। विभिन्न शाकनाशियों के अवशेष का प्रभाव तालिका 13.13 में दर्शाया गया है।

तालिका 13.13 : फसलों पर शाकनाशी के अवशेष का अनवुर्ती फसल पर प्रभाव

फसल का नाम	शाकनाशी का नाम	प्रयोग दर (किग्रा/है.)	अनुवर्ती फसल का नाम	
			विषाक्त	अविषाक्त
मक्का	एट्राजिन	5–0	गेहूँ	–
	सिमैजिन	5–0	मूँग	–
धान	आक्सीलोरफेन	2.5–3–5	–	चना
	बेन्टाजोन	2–3	फील्ड बीन्स	–
ज्वार	एट्राजिन	1.5	लोबिया	–
गेहूँ	2,4–डी	0.8	–	कपास
सूर्यमुखी	ट्राइलूरालिन	1.5–2.5	गेहूँ	–

शाकनाशी रसायनों के अवशेष के प्रभाव को निम्न विधियों द्वारा कम किया जा सकता है –

1. प्रतिरोधी फसलों के फसल चक्र में प्रयोग करने से इन शाकनाशियों के अवशेष को दूर करने में मदद मिलती है।
2. सक्रिय चारकोल के साथ प्रयोग करने पर सिमाजिन का मृदा में अवशेष के प्रभाव को कम किया जा सकता है।
3. लगातार तथा अधिक मात्रा में सिंचाई करते रहने से प्रयोग किये गये शाकनाशी रसायनों के तत्व जल में घुलकर भूमि के अन्दर रिस कर भूमि की अधोसतह में निक्षालन हो जाता है।
4. जलीय खरपतवारों को नष्ट करने के लिए पैराक्वेट तथा डाइक्वेट शाकनाशी जल में कम प्रभाव छोड़ते हैं।
5. मछली पालन के लिए प्रयोग किये जाने वाले तालाबों में खरपतवारों के नियंत्रण के लिए इन रसायनों को छिड़कने के पश्चात् कम से कम 5–6 दिनों तक मछली का प्रयोग खाने के रूप में नहीं करना चाहिए।
6. नत्रजन, सल्फर तथा जस्ता की अधिकता से शाकनाशी रसायनों के प्रभाव को कम किया जा सकता है।
7. फासफोरस युक्त उर्वरकों का प्रयोग करने पर शाकनाशियों का प्रभाव कम हो जाता है। चिलेट युक्त फासफोरस जैसे Zn-EDTA, Cap DPTA, Cap EDTA आदि का प्रयोग करने से भी शाकनाशी का प्रभाव कम हो जाता है।
8. सरफेक्टेन्ट (Surfactants) जैसे गुड़, यूरिया के प्रयोग से कम रसायन लगता है साथ ही साथ इनके अवशोषण को बढ़ाता है जिससे फसलों में इनकी विषाक्तता में कमी हो जाती है।
9. भूमि की गहरी जुताई करने से उसमे वायुसंचार अधिक हो जाता है जिससे जीवाणुओं की क्रियाशीलता बढ़ जाती है। खेत की जुताई करने से शाकनाशी एक समान मात्रा में खेत में मिल जाते हैं जिससे उनकी विषाक्तता में कमी आ जाती है। गहरी जुताई करने से इन रसायनों के तत्व भूमि की ऊपरी सतह पर आकर विघटित हो जाते हैं। जुताई करने से प्रोपाजामाइड, ट्राईलूरालिन एवं एट्राजिन के विषाक्त प्रभाव को काफी हद तक कम किया जा सकता है।
10. जीवांश खादों के प्रयोग से शाकनाशी रसायनों के विषाक्त अवशेषों को कम किया जा सकता है। जीवांश खादें शाकनाशी के अणुओं का अवशोषण करके घुलनशीलता में कमी लाकर पौधों के लिए उसकी उपलब्धता को घटाते हैं।

प्रमुख शाकनाशियों का विवरण (Description of important herbicides)

1. एलाक्लोर (लासा) (Alachlor-lasso) : यह शाकनाशी वरणात्मक, अंकुरण से पूर्व छिड़काव करना, खरपतवार के बीज रसायन को सोखते हैं। उपयुक्त क्रियाशीलता के लिए मृदा में नमी आवश्यक होती है। भूमि में 12 सप्ताह के अन्दर अपघटित होकर आगामी फसल पर प्रतिकूल प्रभाव नहीं छोड़ता है। त्वचा के सम्पर्क में आने पर

चिड़चिड़ापन होता है। मूँगफली, सोयाबीन, कपास, मक्का, गन्ना, आलू तथा सब्जियों की फसलों में अधिकतर वार्षिक तथा चौड़ी पत्ती वाले खरपतवारों को नियंत्रित करने के लिए प्रयोग किया जाता है।

2. एट्राजिन–एट्राटफ (Atrazine-Atratuf) : अवरणात्मक परन्तु कम मात्रा में छिड़काव करने पर मक्का, ज्वार तथा गन्ना के लिए वरणात्मक है। अधिक मात्रा में प्रयोग करने पर भूमियों को निर्जीव बनाता है। अंकुरण से पूर्व अथवा अंकुरण होते ही प्रयोग किया जाता है। यह जड़ो द्वारा अवशोषित होकर पौधों के सम्पूर्ण भागों में स्थानान्तरित हो जाता है। पानी में घुलनशीलता कम होने के कारण पत्तियों द्वारा कम अवशोषण होता है। यह प्रकाश संश्लेषण को कम करता है तथा एन्जाइमिक प्रक्रियाओं में बाधा डालता है। इसका प्रभाव भूमि में लगभग एक वर्ष तक रहता है। यह धतूरा, जंगली जई, मोंथा, नुनिया, बथुआ, दूधी, सांवाघास, गोखरू आदि के नियंत्रण के लिए प्रयोग किया जाता है।

3. एमीट्राल (Ametrol) : यह अवरणात्मक तथा पौधों में शीघ्र स्थानान्तरित होने वाला शाकनाशी रसायन है। इसका प्रयोग फसल के अंकुरण के पहले अथवा बाद में किया जाता है। वनस्पति तथा जड़ों द्वारा अवशोषित होकर कोशिकाओं को प्रभावित करता है एवं प्रकाश संश्लेषण को रोकता है। इसका प्रयोग आर्द्रता वाहक (Welting agent) के साथ करने पर प्रभावशाली है। यह शाकनाशी गर्मियों में खाली खेतों में बहुवर्षीय खरपतवारों के नियंत्रण के लिए संस्तुत है परन्तु मक्का, सेब तथा नाशपाती में बुआई अथवा रोपाई के पूर्व प्रयोग किया जाता है। इस शाकनाशी के प्रयोग करने के पश्चात चारे को 8 सप्ताह तक उपयोग में नहीं लाना चाहिए।

4. ब्यूटाक्लोर–मैचेटी–डेलाक्लोर (Butachlor-mechati-dalachlor) : यह शाकनाशी वरणात्मक अंकुरण के पूर्व प्रयोग तथा बीजांकुर को प्रभावित करता है। इस शाकनाशी का 60–70 दिनों तक भूमि में प्रभाव रहता है। गेहूँ, धान, कपास, जई तथा सरसों कुल की फसलों में, साँवा, कोदों, धान आदि फसलों में बथुआ, चौलाई, गेहूँ का मामा, बरू, नुनिया आदि खरपतवारों के नियंत्रण के लिए प्रयोग किया जाता है। चुकन्दर, आलू, सेम, सेब, नाशपाती के साथ–साथ अकृष्य भूमियों तथा नालों के किनारे की भूमियों में बरू, कांस, दूब तथा अन्य घासों के नियंत्रण के लिए प्रयोग किया जाता हैं।

5. डाइलेट (Dilate) : यह वरणात्मक तथा बुआई के पूर्व भूमि में अच्छी तरह मिलाकर प्रयोग किया जाता है। यह अंकुरित जड़ों तथा बीजांकुर को भी प्रभावित करता है एवं कोशिका विभाजन को रोकता है। भूमि में इस शाकनाशी का प्रभाव एक वर्ष तक रहता है। गेहूँ, जौ, अलसी, आलू, चुकन्दर आदि फसलों में जंगली जई के नियंत्रण के लिए विशेष रूप से प्रयोग किया जाता है।

6. डाइकाम्बा (Dicamba) : यह वरणात्मक, स्थानान्तरित तथा जड़ों द्वारा अवशोषित होता है। यह पौधों में एन्जाइमिक क्रिया को प्रभावित करता है। भूमि में गतिशील परन्तु निर्जीवीकृत नहीं करता है। कम वर्षा वाले क्षेत्रों में अधिक समय तक प्रभावी रहता है। गेहूँ, मक्का, जौ, जई, गन्ना, अलसी तथा कुछ फल वृक्षों में चौलाई, बथुआ, मोंथा, हिरनखुरी, बरू आदि खरपतवारों को नष्ट करने के लिए प्रयोग किया जाता है।

2,4–डी (2,4-D) : 2,4–डी एक उपयुक्त वरणात्मक तथा खड़ी फसल में प्रयोग किया जाने वाला खरपतवारनाशी रसायन है। यह खरपतवारनाशी मुख्यतयः धान्य, गन्ना, चरागाह, लॉन तथा सड़कों के किनारे द्विदालीय तथा गांठों वाले खरपतवारों को नष्ट करने के लिए प्रभावी है। जब इस खरपतवारनाशी का छिड़काव खड़ी फसल में किया जाता है तो खेत में उपस्थिति समस्त घासों को कुछ ही समय में बीज रहित कर देता है। कुछ फसलें जैसे कपास, तम्बाकू, टमाटर तथा चना की फसलें इस खरपतवारनाशी के प्रति बहुत ही संवेदनशील है। अकृष्य भूमियों में इसकी अधिक मात्रा में छिड़काव कर देने से लगभग सभी प्रकार की वनस्पतियों को नष्ट कर देता है। इस खरपतवारनाशी का प्रयोग जलाशय, तालाबों, नदियों आदि में जलकुम्भी एवं जलीय खरपतवारों को नष्ट करने के लिए भी किया जाता है।

2,4–डी खरपतवारनाशी जल में विलेय नहीं है परन्तु इसका सोडियम, एमाइन साल्ट तथा ईस्टर रूप जल में पूर्णरूप से विलेय है। इनका व्यवस्थापन (Formulation) एक दूसरे से छिड़काव की क्रियाविधि से भिन्न है। सामान्यत: कुछ

विशेष प्रकार के अथवा खरपतवारनाशी से सहिष्णु पौधों को मारने के लिए 2,4–डी के ईस्टर, एमाइन तथा सोडियम साल्ट का मिश्रित प्रयोग 1:1:5:2.0 के अनुपात में किया जाता है। 2,4–डी का ईस्टर रूप सोडियम तथा एमाइन साल्ट की तुलना में कम ध्रुवीय (Low polarity) होने के कारण अधिक क्रियाशील होता है जो पौधों की पत्तियों में शीघ्रता से अवशोषित हो जाता है। इसका ईस्टर रूप अन्य दोनों रूपों की अपेक्षा अधिक कीमती होता है। इस शाकनाशी रसायन के छिड़काव के तुरन्त पश्चात् वर्षा हो जाने की दशा में धुल जाता है तथा यह बहुत अधिक उड़नशील (Volatile) भी होता है।

भूमि में 2,4–डी का प्रयोग करने पर इसका साल्ट रूप ईस्टर की तुलना में अधिक क्रियाशील होता है परन्तु इसका ईस्टर रूप मृदा में प्रयोग करने पर वर्षा तथा सिंचाई करने की दशा में निक्षालन द्वारा कम हानि होती है इस कारण यह भूमि में अधिक समय तक क्रियाशील बना रहता है। हल्की तथा मध्यम मृदाओं में 2, 4–डी का ईस्टर रूप बीजों के बोने के बाद तथा जमाव के पूर्व प्रयोग करना लाभदायक होता है। सामान्यत: फसल में 2,4–डी का प्रयोग 0.5 से 2.0 किलोग्राम प्रति हैक्टेअर की दर से खेत में उपस्थिति खरपतवारों के अनुरूप किया जाता है। अकृष्य भूमियों में 2,4–डी 4.0 किलोगाम प्रति हैक्टेअर की दर से प्रयोग करना चाहिए। यह खरपतवारनाशी मृदा में 2 से 4 सप्ताह तक क्रियाशील रहता है। आजकल 2,4–डी पाउडर तथा तरल रूप के अतिरिक्त दानेदार रूप में भी उपलब्ध है।

एम सी पी ए (MCPA) : इस खरपतवारनाशी की क्रियाविधि 2,4–डी के समान है परन्तु कुछ फसलें जैसे धान, अलसी तथा जई में 2,4–डी से अधिक क्रियाशील है। इसी प्रकार मोंथा के नियंत्रण के लिए 2,4–डी से अधिक प्रभावी है।

2,4,5–टी (2,4,5-T) : यह खरपतवारनाशी 2,4–डी की अपेक्षा अधिक प्रभावी तथा देर तक क्रियाशील रहता है। काष्ठीय तथा चौड़ी पत्ती वाले शाकीय खरपतवारों के नियंत्रण के लिए अधिक प्रभावी है। अकृष्य तथा चरागाहों में छोटे–छोटे पौधों के नियंत्रण के लिए 2,4–डी के साथ मिश्रित कर प्रयोग किया जाता है। इस खरपतवारनाशी की 0.25 से 2.0 किलोग्राम प्रति हैक्टेअर मात्रा प्रयोग की जाती है।

सिल्वेक्स (Silvex) : एक फसली पद्धति तथा कुछ जलीय खरपतवारों के नियंत्रण के लिए 2,4,5–टी की अपेक्षा यह शाकनाशी अधिक प्रभावी है। यह खरपतवारनाशी धान तथा गन्ना में चौड़ी पत्ती वाले खरपतवारों के नियंत्रण के लिए प्रयोग किया जाता है। सिल्वेक्स तथा 2,4,5–टी का मिश्रित रूप 2,4–डी की अपेक्षा अधिक प्रभावी है।

2,4–डी बी (2,4-DB) : 2,4–डी बी धीरे–धीरे क्रियाशील होता है परन्तु बहुत से अदलहनी तथा द्विदालीय खरपतवारों में बीटा ऑक्सीडेशन एन्जाइम की सहायता से 2,4–डी में परिवर्तित हो जाता है। जो बहुत ही हानिकारक सिद्ध होता है। लूसर्न, सेंजी तथा मटर इस खरपतवारनाशी के प्रति सहिष्णु हैं जबकि अदलहनी फसल जैसे अलसी 2,4–डी बी के प्रति सहनशील है। इस खरपतवारनाशी को 0.5 से 2.0 किलोग्राम प्रति हैक्टेअर की दर से प्रयोग किया जाता है।

एम सी पी बी (MCPB) : एम सी पी बी की क्रियाविधि 2,4–डी के समान होती है परन्तु सेंजी तथा मटर में 2,4–डी बी की अपेक्षा अधिक वरणात्मक है। सिलमिली (*Cirsium arvense*) खरपतवार के प्रभावी नियंत्रण के लिए यह खरपतवारनाशी उपयुक्त है।

टी सी ए (TCA) : टी सी ए पौधों की जड़ों द्वारा शीघ्रता से अवशोषित कर लिया जाता है और पौधों में काफी समय तक बना रहता है। यह खरपतवारनाशी कुछ घासों एवं कटैल (*Typha* sp) के प्रति बहुत ही प्रभावी है। कुछ चौड़ी पत्ती वाले खरपतवारों के प्रति भी अधिक प्रभावी है। मटर, रिजका, कपास, आलू, अलसी तथा गन्ना में घासीय खरपतवारों के नियंत्रण के लिए टी सी ए का छिड़काव करना उपयुक्त होता है। इस खरपतवारनाशी को 5 से 10 किलोग्राम प्रति हैक्टेअर की दर से प्रयोग किया जाता है। इस खरपतवारनाशी का भूमि में शीघ्रता से निक्षालन हो जाता है। यह भूमि में 3 से 10 सप्ताह तक क्रियाशीलता रहता है जबकि कम वर्षा वाले क्षेत्रों तथा ठंडी भूमियों में यह कई महीनों तक क्रियाशील रहता है।

डालापान (Dalapan) : यह खरपतवारनाशी टी सी ए के समान ही क्रियाशीलता है परन्तु पौधों के तनों में 8 से 10 गुना अधिक सक्रिय है। जूट, कॉफी, नींबू आदि में घासीय खरपतवारों के नियंत्रण में प्रयोग किया जाता है। अकृष्य भूमियों में डालापान का प्रयोग 2,4-डी के साथ मिश्रित रूप में करने पर सम्पूर्ण खरपतवारों का नियंत्रण हो जाता है। डालापान का कई बार छिड़काव करके बहुवर्षीय घासों तथा कटैल के नियंत्रण के लिए बहुत ही प्रभावी है। यह खरपतवारनाशी भूमि में 2 से 4 सप्ताह तक क्रियाशील रहता है।

सीमाजिन (Simazine) : बीज बोने के पश्चात् परन्तु जमाव के पूर्व प्रयोग किया जाने वाला यह खरपतवारनाशी मक्का, सेव, गन्ना, गुलाब, कॉफी तथा ज्वार की फसल में प्रयोग किया जाता है। सीमाजिन सामान्यत: 1 से 2 किलोग्राम प्रति हैक्टेअर की दर से प्रयोग किया जाता है परन्तु सेव तथा मक्का में इसकी 6 किलोग्राम की दर भी सहन कर लेती है। अधिक मात्रा में प्रयोग करने के पश्चात इसका अवशेष शेष रहकर आगामी फसल को नुकसान पहुँचा देते है। बलुई भूमियों, अधिक पी एच तथा शुष्क क्षेत्रों में मक्का की फसल को भी नुकसान हो जाता है। अकृष्य भूमियों में 5 से 40 किलोग्राम प्रति हैक्टेअर की दर से प्रयोग करने पर भूमि स्थाई रूप से बंजर हो जाती है।

एट्राजिन (Atrazine) : एट्राजिन सीमाजिन की अपेक्षा अधिक जल विलेय है इस कारण इसकी भूमि में जल्दी ही निक्षालन द्वारा हानि हो जाती है। इस खरपतवारनाशी का प्रयोग घासीय खरपतवारों के नियंत्रण के लिए किया जाता है। एट्राजिन की क्रियाशीलता बढ़ाने के लिए तेल के साथ प्रयोग करना प्रभावी होता है।

प्रोमीटान (Prometon) : प्रोमीटान अवरणात्मक शाकनाशी रसायन है जो पौधों की जड़ों तथा तनों दोनों ही रूपों में अवशोषित कर लिया जाता है। इसका प्रयोग 1.0 से 6.5 किलोग्राम प्रति हैक्टेअर की दर से किया जाता है। यह खरपतवारनाशी सीमाजिन तथा एट्राजिन दोनों से अधिक निक्षालन तथा भूमि में क्रियाशील रहता है। एक बार प्रयोग करने के पश्चात् कई वर्षों तक भूमि में इस खरपतवारनाशी के अवशेष उपस्थित रहते हैं।

टरबूट्रिन (Terbutrin) : गेहूँ में एक वर्षीय घासीय तथा चौड़ी पत्ती वाले खरपतवारों के नियंत्रण के लिए बुआई के पश्चात् परन्तु जमाव के पूर्व अथवा खड़ी फसल में छिड़काव किया जाता है। इस शाकनाशी रसायन की संस्तुति दर 1 किलोग्राम प्रति हैक्टेअर तथा इसकी क्रियाशीलता 3 से 10 सप्ताह तक होती है। सूर्यमुखी, मटर, उर्द तथा आलू में बुआई के पश्चात् परन्तु जमाव के पूर्व प्रयोग किया जाता है।

प्रोमीट्रीन (Prometryn) : गाजर तथा गेहूँ की फसल में प्रारम्भिक अवस्था में खरपतवारों के नियंत्रण करने के लिए पर्णीय छिड़काव के रूप में यह शाकनाशी उपयुक्त है। इस शाकनाशी रसायन की संस्तुत दर 0.5 से 0.7 किलोग्राम प्रति हैक्टेअर है। यह भूमि में 1-3 महीने तक क्रियाशील रहता है तथा निक्षालन द्वारा कम हानि होती है। औद्योगिक क्षेत्रों में अधिक मात्रा में इस रसायन का प्रयोग करने से अच्छा तथा कम समय में खरपतवारों का नियंत्रण हो जाता है।

मेट्रीबूजिन (Metribuzin) : मेट्रीबूजिन शाकनाशी रसायन तने तथा जड़ों द्वारा अवशोषित होता है तथा भूमि में अधिक समय (6-12 सप्ताह) तक क्रियाशील रहता है। आलू, टमाटर, गन्ना, गाजर, सोयाबीन तथा रिजका की फसलों में घासीय खरपतवारों के नियंत्रण के लिए प्रयोग किया जाता है। इस रसायन की संस्तुत दर 0.75 से 3.0 किलोग्राम प्रति हैक्टेअर है।

पिकलोरम (Picloram) : पिकलोरम जड़ों तथा तनों द्वारा बहुत अधिक स्थानान्तरित होने वाला शाकनाशी है यह बहुवर्षीय द्विदालीय खरपतवारों के नियंत्रण के लिए 2,4-डी से 100 गुना अधिक क्रियाशील है। 0.02 से 0.03 किलोग्राम प्रति हैक्टेअर की दर से गन्ने, जड़ वाली फसलों, लघु धान्य तथा चरागाहों में चौड़ी पत्ती वाले खरपतवारों के नियंत्रण के लिए इसका पर्णीय छिड़काव किया जाता है। 1 से 3 किलोग्राम प्रति हैक्टेअर की दर से अकृष्य भूमियों में सिलमिली (*Cirsium arvense*) तथा हिरनखुरी के प्रभावी नियंत्रण के लिए प्रयोग किया जाता है। अकृष्य भूमियों में इसकी अधिक मात्रा सम्पूर्ण खरपतवारों के नियंत्रण के लिए भी प्रयोग की जाती है।

मोनूरान (Monuron) : मोनूरान शाकनाशी रसायन की भूमि में निक्षालन से कम हानि होती है। कम मात्रा (2 से 5 किलोग्राम प्रति हैक्टेअर) में पोदीना, गन्ना, अन्नानास, नींबू आदि में बीजों जमाव के पूर्व प्रयोग किया जाता है। अधिक मात्रा में प्रयोग करने पर भूमि काफी समय के लिए निर्जीव अथवा बंजर हो जाती है।

डाइयूरान (Diuron) : डाइयूरान की मोनूरान तथा फेनूरान से कम मात्रा में निक्षालन द्वारा हानि होती है। इस शाकनाशी रसायन का प्रयोग कपास में बीजों के जमाव के पूर्व किया जाता है। सिंचाई जलनिकास की नालियों तथा जलाशयों में खरपतवारों के नियंत्रण के लिए भी इसका प्रयोग किया जाता है।

लिनूरान (Linuron) : मध्यम वर्षा वाले क्षेत्रों की मध्यम भारी भूमियों में सोयाबीन, मक्का, ज्वार तथा गाजर की फसलों में जमाव के पूर्व लिनूरान का प्रयोग किया जाता है। डाइयूरान की तरह इसका भी भूमि में निक्षालन होता है तथा यह 10–12 सप्ताह तक क्रियाशील रहता है।

मेथाबेन्थाजुरान (Methabenzthiazuron) **:** लघु धान्य तथा सेम की फसल में एक वर्षीय घासों के नियंत्रण के लिए खड़ी फसल में छिड़काव के लिए यह शाकनाशी उपयुक्त है। यह शाकनाशी गेहूँ का मामा, लोलियम, पोआ (Poa) आदि खरपतवारों के प्रति अधिक प्रभावी है।

मेटोक्जुरान (Metoxuron) : रबी, खाद्यान्न फसलों में जंगली जई तथा गेहूँ के मामा के नियंत्रण के लिए खड़ी फसल में छिड़काव किया जाता है। गेहूँ की कुछ प्रजातियाँ जैसे डब्लू जी 357, डब्लू जी 277 एवं डब्लू पी 833 इस शाकनाशी से सहिष्णु है। इस शाकनाशी की संस्तुति दर 1 से 1.5 किलोग्राम प्रति हैक्टेअर है।

आसोप्रोट्यूरॉन (Isoproturon) : गेहूँ तथा जौ में जंगली जई, गेहूँ का मामा तथा एक वर्षीय घासों के नियंत्रण के लिए यह बहुत ही उपयुक्त शाकनाशी है। इस शाकनाशी की संस्तुत दर 1 से 1.5 किलोग्राम प्रति हैक्टेअर है।

ई पी टी सी (EPTC) : यह शाकनाशी आलू, मक्का, सेम, रिजका, सेंजी, बरसीम, सूर्यमुखी तथा कुसुम में एक वर्षीय घासों तथा चौड़ी पत्ती वाले खरपतवारों जैसे बथुआ, चौलाई तथा जंगली पालक के नियंत्रण के लिए उपयुक्त है। धान में ईपीटीसी+2,4–डी का मिश्रण सम्पूर्ण खरपतवारों को नष्ट करने के लिए प्रयोग किया जाता है। इस शाकनाशी की संस्तुत दर 2–4 किलोग्राम प्रति हैक्टेअर है। नम भूमियों में यह 4 से 6 सप्ताह जबकि शुष्क भूमियों में 12 से 16 सप्ताह तक क्रियाशील रहता है। नम भूमियों में यह बहुत जल्दी से वाष्पीकृत हो जाता है। अतः इन भूमियों में छिड़काव के तुरन्त बाद 5 से 2.5 सेमी गहराई पर भूमि में मिला देना चाहिए।

बैनथियोकार्ब (Benthiocarb) : यह खरपतवारनाशी घासों तथा मोंथा की 2 पत्तियों की अवस्था तक बहुत ही प्रभावी है। इस शाकनाशी को दानेदार तथा तरल दोनों की रूपों में प्रयोग किया जाता है। इसकी संस्तुत दर 2.5 से 5.0 किलोग्राम प्रति हैक्टेअर है।

प्रोपानिल (Propanil) : धान की फसल में जंगली धान के नियंत्रण के लिए इस शाकनाशी को सम्पर्क शाकनाशी के रूप में प्रयोग किया जाता है। धान का पौधा इस शाकनाशी की 6 किलोग्राम प्रति हैक्टेअर की मात्रा तक सहन कर सकता है परन्तु इसकी आधी मात्रा ही इस खरपतवार के नियंत्रण के लिए उपयुक्त है। इस शाकनाशी की लघुधान्य, अलसी, प्याज तथा ककड़ी की फसल में प्रयोग किया जाता है।

एलाक्लोर (Alachlor) : मक्का तथा सोयाबीन की फसल में एक वर्षीय घासों तथा मोंथा के नियंत्रण के लिए बीजों के जमाव के पूर्व इसका छिड़काव किया जाता है। यह शाकनाशी लोबिया, सूर्यमुखी, सरसों, अलसी, सेम, गन्ना, आलू, मटर, बन्दगोभी, मिर्च आदि फसलों में भी प्रयोग किया जाता है। यह शाकनाशी मध्यम संरचना की भूमियों में अधिक उपयुक्त है। इस रसायन की संस्तुत दर 1 से 4 किलोग्राम प्रति हैक्टेअर है तथा भूमि में 6 से 10 सप्ताह तक क्रियाशील रहता है।

ब्यूटाक्लोर (Butachlor) : धान की फसल में ब्यूटाक्लोर बहुत ही उपयुक्त है। इसके अतिरिक्त गेहूँ, जौ, कपास, मूँगफली, दलहनी तथा सरसों के लिए भी उपयुक्त है। इस रसायन की संस्तुत दर 1 से 4 किलोग्राम प्रति हैक्टेअर है।

मेटोलाक्लोर (Metolachlor) : मेटोलाक्लोर बुआई के पूर्व अथवा बुआई के बाद एक वर्षीय घासों तथा मोंथा के नियंत्रण के लिए प्रयोग किया जाता है। यह शाकनाशी रसायन मक्का तथा सोयाबीन की फसलों में उपरोक्त खरपतवारों के नियंत्रण के लिए प्रयोग किया जाता है। इस शाकनाशी रसायन की संस्तुत दर 1–2 किलोग्राम प्रति हैक्टेअर है।

पेन्डीमिथालीन (Pendimethalin) : कपास, सोयाबीन, मूँगफली, गेहूँ, चना, सरसों, धान, मटर, तम्बाकू, आलू, सूर्यमुखी तथा कुसुम में बीजों के जमाव के पूर्व चौड़ी पत्ती वाले खरपतवारों के नियंत्रण के लिए प्रयोग किया जाता है। इस रसायन की संस्तुत दर 1–1.5 किलोग्राम प्रति हैक्टेअर तथा भूमि में 12 सप्ताह तक क्रियाशील रहता है।

फ्लूक्लोरेलीन (Fluchloralin) : धान, कपास, मूँगफली, जूट, प्याज, मटर, दलहनी फसलों, सब्जियों, सेम तथा सोयाबीन में चौड़ी पत्ती वाले खरपतवारों के नियंत्रण के लिए यह शाकनाशी प्रयोग किया जाता है। यह शाकनाशी बुआई के पूर्व प्रयोग किया जाता है। इस शाकनाशी की संस्तुत दर 0.75 से 1.5 किलोग्राम प्रति हैक्टेअर है।

नाइट्रोफेन (Nitrofen) : नाइट्रोफेन शाकनाशी चौड़ी पत्ती वाले खरपतवारों, घासों तथा मोंथा के नियंत्रण के लिए प्रयोग किया जाता है। धान तथा सरसों की फसलों में बीजों के जमाव के पूर्व जबकि गाजर तथा रोपाई की गई फूलगोभी तथा बन्दगोभी में खड़ी फसल में छिड़काव किया जाता है। रोपाई किये गये धान की फसल में इसका दानेदार रूप प्रयोग किया जाता है। अन्य फसलों जैसे गाजर, मटर, सेम, मूँगफली, सोयाबीन, आलू, सूर्यमुखी, प्याज आदि में खड़ी फसल में भी छिड़काव किया जाता है। इस शाकनाशी रसायन की संस्तुत दर 2 से 5 किलोग्राम प्रति हैक्टेअर है।

आक्सीलोरफेन (Oxyfluorfen) : गेहूँ, सोयाबीन, मूँगफली, आलू, जूट, धान, रोपाई की गई सब्जियाँ (प्याज, लहसुन, फूलगोभी तथा टमाटर), चाय, रबर, अंगूर तथा नीबू की फसलों में बीजों के जमाव के पूर्व प्रयोग किया जाता है। यह शाकनाशी रसायन नाइट्रोफेन से 10 गुना अधिक प्रभावी है।

ग्लाइफोसेट (Glyphosate) : जल्दी समाप्त तथा तनों से स्थानान्तरित होने वाला यह शाकनाशी है । यह शाकनाशी बहुवर्षीय खरपतवारों जैसे बरू घास, दूब घास तथा हिरनखुरी आदि के नियंत्रण के लिए प्रयोग किया जाता है। यह शाकनाशी सम्पूर्ण खरपतवारों के नियंत्रण के लिए भी प्रयोग किया जाता है। इस रसायन की संस्तुत दर 2 से 6 किलोग्राम प्रति हैक्टेअर है।

प्रमुख खरपतवारों का नियंत्रण (Control measures of important weeds)

दूबघास (Bermuda grass-*Cynodon dactylon*) : इस बहुवार्षिक खरपतवार का प्रजनन मुख्यत: जड़ रहित तनों द्वारा होता है जबकि इसमें बीज बनते हैं परन्तु इसके बीज प्रजनन नहीं कर सकते। इसके तने रेंग कर जमीन की सतह पर चलते हैं और पर्ण सन्धियों में जड़ें विकसित होती जाती है। उपोष्ण क्षेत्रों में इस खरपतवार की पूरे वर्ष वृद्धि होती रहती है। यह खरपतवार सभी प्रकार की भूमियों में उपरवार क्षेत्रों में बहुतायत में पाया जाता है।

इस खरपतवार की रोकथाम के लिए रबी की फसल की कटाई के पश्चात् खेत की ग्रीष्म कालीन गहरी जुताई कर देने से इसके तने सूख जाते हैं। शाकनाशी रसायन जैसे डालापान, टी सी ए, डाइयुरान, ग्लाइफोसेट, एमीट्रोल-टी तथा यूरेसिल का छिड़काव करके इस खरपतवार का नियंत्रण किया जा सकता है। सघन फसल पद्धति में पैराक्वाट तथा डाइक्वाट का छिड़काव दूबघास के नियंत्रण के लिए प्रभावी पाया जाता है। पैराक्वाट तथा डाइक्वाट का छिड़काव की कम मात्रा में ग्रीष्मकालीन जुताई के पूर्व दो बार एक सप्ताह के अन्तराल पर प्रयोग करने से दूबघास का सम्पूर्ण नियंत्रण हो जाता है।

बरू घास (Johenson grass-*Sorghum halepense*) : बरू घास बहुवर्षीय तथा इसके पौधों की ऊँचाई 2 मीटर तक होती है। इस घास का प्रजनन प्रकन्द, तने तथा बीजों द्वारा होता है। इस घास के प्रकन्द भूमि में 3 मीटर की गहराई तक पाये जाते हैं परन्तु 35–40 सेमी तक अधिक मात्रा में पाये जाते हैं। बरू घास के प्रकन्दों द्वारा नये पौधे शीघ्रता से बन जाते हैं। जब पौधे 30–35 दिन के हो जाते हैं तब प्रकन्दों की निचली सतह पर भोजन एकत्रित हो जाता

है। इस समय बरू घास की ऊँचाई 30–35 सेमी तथा बूट अवस्था में होती है। शीतकालीन ऋतु में बरू घास में बहुत अधिक मात्रा में बीज बनते हैं जो हवा की सहायता से एक स्थान से दूसरे स्थान तक फैल जाते हैं। ग्रीष्मकालीन समय में इन बीजों का जमाव होकर 3–4 सप्ताह में प्रकन्द बन जाते हैं। बीज बनने के पूर्व इस घास के प्रकन्दों का विकास बहुत ही शीघ्रता से होता है। बरूघास का प्रकोप सामान्यत: अधिक जलधारण क्षमता वाली भारी भूमियों में मक्का, लघु धान्य, गन्ना तथा कपास में होता है। कुछ भूमियों में फसलों की अपेक्षा बरूघास का प्रकोप बहुत अधिक हो जाने से उस क्षेत्र की भूमियाँ अनुत्पादित अथवा बंजर हो जाती हैं।

शुष्क क्षेत्रों में ग्रीष्मकालीन गहरी जुताइयाँ करने से बरू घास का नियंत्रण हो जाता है परन्तु नम क्षेत्रों में ग्रीष्मकालीन जुताइयों के साथ-साथ शाकनाशी रसायनों का प्रयोग आवश्यक है। डालापान 5–7.5 किलोग्राम प्रति हैक्टेअर की दर से बरूघास पर 7–10 दिन के अन्तराल पर दो बार छिड़काव करने के पश्चात् डिस्क हैरो से जुताई कर देते हैं। एम एस एम ए, डी एस एम ए, टी सी ए, डाइयूरान, ब्रोमेसिल अथवा सोडियम क्लोरेट का छिड़काव करने के बरू घास का नियंत्रण हो जाता है। टी सी ए का 30 किलोग्राम प्रति हैक्टेअर की दर से छिड़काव करने पर बरू घास का 99 प्रतिशत नियंत्रण हो जाता है।

काँस (Kans-*Saccharum sponataneum*) : विश्व के प्रत्येक देशों में यह बहुत ही नुकसान करने वाला खरपतवार है। इसके पौधे का विकास तथा प्रकन्दों का निर्माण बड़ी ही शीघ्रता से होता है। इसके प्रकन्द भूमि के अन्दर 90 सेमी से भी अधिक गहराई तक पाये जाते हैं परन्तु अधिक मात्रा 20–30 सेमी गहराई में होती है। काँस में सफेद रंग की बालियाँ होती हैं जो शीतकालीन ऋतु में बहुत अधिक संख्या में बीज बनाती है और यह बीज 3–4 माह तक सुषुप्तावस्था में रहने के पश्चात् जमाव करते हैं। काँस से बहुत अधिक संख्या में तथा बहुत कम समय में नये पौधे विकसित हो जाते हैं। काँस का पौधा भारी भूमियों में अधिक जलधारण क्षमता तथा अच्छी जलनिकास वाली भूमि में अधिक तेजी से पनपता है। परन्तु बलुई भूमियाँ इसके पौधे की अच्छी बढ़वार के लिए उपयुक्त हैं। देश में महाराष्ट्र, मध्यप्रदेश, उत्तरप्रदेश तथा राजस्थान में लगभग 3 लाख हैक्टेअर क्षेत्रफल काँस से प्रभावित है।

1940 के शुरूआती दशक में देश में काँस के नियंत्रण के लिए कई विधियाँ जैसे हार्वर्ड विधि, इन्दौर विधि आदि विकसित की थी। इन विधियों में (1) ग्रीष्मकालीन जुताई (2) हाथ अथवा किसी कृषि यन्त्र द्वारा काँस के प्रकन्दों को इकट्ठा करना तथा (3) हरी खाद की फसल जैसे सनई को बोना। 1950 के दशक में भारत सरकार ने मध्यप्रदेश में काँस से प्रभावित क्षेत्रों का बुलडोजर की सहायता से 30–35 सेमी गहरी जुताई करके लगभग 5 लाख हैक्टेअर क्षेत्र को सुधारा था। इसके पश्चात् मध्यप्रदेश में ग्वालियर में काँस के नियंत्रण की दूसरी विधि विकसित की जिससे काँस प्रभावित क्षेत्रों में वर्षा ऋतु में 15–20 सेमी 2–3 दिन तक पानी भरा रहने से इसका नियंत्रण हो जाता है इसके पश्चात् खूँटीदार यंत्र द्वारा काँस प्रभावित पानी भरे खेत में चला देने से इसके राइजोम उखड़ जाने से इसका नियंत्रण हो जाता है। पानी के समुचित साधन होने की दशा में काँस के नियंत्रण की यह विधि बहुत ही प्रभावी है।

आजकल काँस के नियंत्रण के लिए शाकनाशी रसायन जैसे डाइयूरान अथवा डालापान 0.4–1% घोल का फूल आने के पूर्व (सितम्बर–अक्टूबर) छिड़काव किया जाना प्रभावी होता है। डाइयूरान की 10 किलोग्राम प्रति हैक्टेअर मात्रा ग्रीष्मकालीन समय में काँस के नियंत्रण के लिए उपयुक्त है। इसके अतिरिक्त ग्लाइफोसेट का प्रयोग भी काँस के नियंत्रण के लिए प्रभावी है।

जंगली जई (Wild oat) : जंगली जई की सामान्यत: तीन प्रजातियाँ जैसे एवीन फेंटुआ (*Avena fatua*), एवीना लूडोविसियाना (*Avena ludoviciana*) तथा एवीना स्ट्रेली मेक्रोकारपा अफ्रीका में पाई जाती है। जंगली जई रबी ऋतु का एक वर्षीय शाकीय पौधा है जो मार्च–अप्रैल में फसल से पहले पककर तैयार हो जाता है। इसके बीज जमीन पर गिरकर दूसरी वर्ष जम आते हैं। एक पौधे से लगभग 6000 बीज बनने की क्षमता होती है। इसके बीजों में भूमि में कई वर्षों तक पड़े रहने के पश्चात् भी जमने की क्षमता बनी रहती है। जंगली जई, गेहूँ तथा जौ की फसल के अतिरिक्त अन्य रबी

की फसलों में बहुत ही हानिकारक खरपतवार है। इस खरपतवार का दाना बहुत ही छोटा होता है इसलिए फसलों के बीजों के साथ मिश्रित हो जाता है। जंगली जई का पौधा गेहूँ तथा जौ के पौधे के समान होता है। जिसको पहचानना काफी कठिन होता है।

जंगली जई के प्रभावी नियंत्रण के लिए खाद्यान्न फसलों के पश्चात् दलहनी अथवा तिलहनी फसलों का फसल चक्र अपनाना चाहिए। उपयुक्त फसल चक्र से जंगली जई की संख्या में काफी कमी हो जाती है। गेहूँ अथवा जौ की फसल में बालियाँ निकलने की अवस्था में हाथ से उखाड़ देने से इसके बीज नहीं बनने पाते जिससे आगामी फसल में इसका प्रकोप कम हो जाता है। जंगली जई के नियंत्रण के लिए खरपतवारनाशी रसायन जैसे डाईफेनजोक्वेट, डाइलेट, ट्राइलेट, बारबान, बेन्जोइल प्रोप इथाइल, टरबूट्रिन आदि का छिड़काव करना उपयुक्त होता है।

गेहूँ का मामा (Canary grass-*Phalaris minor*) : विश्व के गेहूँ उत्पादक क्षेत्रों में गेहूँ का मामा एक वर्षीय घासकुल का सबसे अधिक फैलने वाला तथा हानिकारक खरपतवार है। जंगली जई के समान गेहूँ का मामा गेहूँ तथा जौ की फसल के समान ही होता है। इस खरपतवार में पौधों की ऊँचाई तथा बीज बनने का समय गेहूँ तथा जौ की फसल के पकने के समय ही होता है। गेहूँ के मामा के काले रंग के छोटे-छोटे 300-400 बीज प्रति पौधा बनते हैं।

गेहूँ तथा जौ के बीजों में गेहूँ के मामा के बीज चलनी की सहायता से आसानी से अलग किये जा सकते हैं। एक वर्ष गेहूँ की फसल उगाने के पश्चात् दसूरी वर्ष दलहनी अथवा तिलहनी फसलों को उगाने से इस खरपतवार को फैलने से आसानी से रोका जा सकता है। गेहूँ के मामा के पौधे से बालियाँ निकलने के पश्चात् पौधों को हाथों से उखाड़कर नष्ट कर देते हैं जिससे पौधे में बीज नहीं बनने पाते और आगामी फसल में इसका प्रकोप कम हो जाता है। गेहूँ के मामा के नियंत्रण के लिए मेथाबेन्जाथियाजुरान, मेटोक्जुरान, आइसोप्रोटूरान, टरबूट्रिन, नाइट्रोफेन, सल्फोसल्यूरान आदि शाकनाशी रसायनों का छिड़काव किया जाता है।

हिरनखुरी (Field bind weed-*Convolvulus arvensis*) : हिरनखुरी फसलों में लिपटकर चढ़ने वाला यह एक बहुवर्षीय खरपतवार है। इसका प्रजनन बीजों अथवा जड़ों द्वारा होता है। यह खरपतवार सदैव हरा रहता है परन्तु अधिक सूखे की स्थिति में यह सुषुप्तावस्था में चला जाता है। इसके बीजों में बहुत अधिक समय तक सुषुप्तावस्था होती है। हिरनखुरी अर्द्धशुष्क क्षेत्रों की कृष्य, अकृष्य तथा बागानों में मुख्यत: पाया जाता है। कृष्य भूमियों में गेहूँ, जौ, जई, आलू तथा गन्ना में अत्यधिक हानिकारक खरपतवार है। इस खरपतवार के प्रकोप से फसलों के पौधे एक दूसरे से लिपट जाने के कारण फसल की कटाई में काफी असुविधा होती है।

हिरनखुरी का नियंत्रण रबी फसल की कटाई के पश्चात् ग्रीष्म कालीन जुताई, चारा आधारित फसल पद्धतियाँ तथा अच्छी कृष्य क्रियाओं द्वारा किया जा सकता है। जब हिरनखुरी का पौधा 10-15 सेमी लम्बा हो जाए तब 2,4-डी का छिड़काव खरपतवार की वृद्धि अवस्थाओं जैसे कल्ले निकलते समय, दानों के कड़ा होने के समय तथा फसल की कटाई के पश्चात् करना चाहिए। फसल की कटाई के पश्चात् 2,4-डी तथा सिल्वेक्स का (2:1) छिड़काव करने से प्रभावी नियंत्रण हो जाता है। फिनोक्सी समूह के खरपतवारनाशी का ईस्टर रूप साल्ट की अपेक्षा अधिक क्रियाशील है। आलू की फसल में पाराक्वाट का सीधा छिड़काव करने से हिरनखुरी का पौधा मर जाता है। बागानों में हिरनखुरी की फल की अवस्था में ग्लाइफोसेट (3-4 किलोग्राम/हैक्टेअर) का छिड़काव करने से यह नियंत्रित हो जाता है। कभी-कभी ग्रीष्मकालीन ऋतु में हिरनखुरी का प्रकोप बहुत अधिक हो जाने से खरपतवारनाशी रसायन जैसे ट्राईलूरेलिन, नाट्रेलिन, प्रोमीट्रिन तथा 2,4-डी+डाइकाम्बा का छिड़काव करने से प्रभावी नियंत्रण हो जाता है। चरागाहों में 2,4-डी के साथ डाइकाम्वा (0.5 किलोग्राम/हैक्टेअर) अथवा पिक्लोरम (0.25 किलोग्राम प्रति हैक्टेअर की दर से) कली निकलने की अवस्था में छिड़काव करने से इस खरपतवार का नियंत्रण हो जाता है। अकृष्य भूमियों में पिक्लोरम, डाइकाम्बा 2,3,6-टी बी ए तथा सिल्वेक्स का पर्णीय छिड़काव करने से इस खरपतवार का नियंत्रण हो जाता है।

कनाडा थिस्टल (Canada thistle-*Cirsium arvense*) : कनाडा थिस्टल कृष्य तथा अकृष्य दोनों प्रकार की भूमियों में पाया जाने वाला एक प्रमुख खरपतवार है। इस खरपतवार की जड़ें क्षैतिजिक तथा लम्बवत दोनों तरफ फैलती हैं जिससे इसका प्रजनन होता है। परन्तु बीजों द्वारा इस खरपतवार का प्रजनन बहुत कम होता है। इस खरपतवार के पौधों की ऊँचाई 0.5 से 1.2 मीटर तथा पत्तियों के किनारे कटे फटे होते हैं। शीतकालीन ऋतु में इस खरपतवार की वृद्धि एवं विकास अच्छा होता है। परन्तु ग्रीष्मकालीन मौसम में यह सुषुप्तावस्था में रहता है। इस खरपतवार की जड़ें तथा सन्धियों द्वारा नया पौधा विकसित हो जाता है। यह खरपतवार उच्च जल स्तर वाले क्षेत्रों में अधिक चराई वाले चरागाह, शीतकालीन खाद्यान्न फसलें तथा परती खेतों में बहुतायत से पाया जाता है।

बरसीम तथा रिजका की फसलें उगाने से इस खरपतवार का नियंत्रण हो जाता है क्योंकि इन फसलों की लगातार कटाई करने से इस खरपतवार की बढ़वार रूक जाती है। गेहूँ, जौ तथा मटर की फसल में इसके नियंत्रण के लिए 2,4-डी तथा एम सी पी बी का छिड़काव किया जाता है। जौ तथा गेहूँ में इसके नियंत्रण के लिए 2,4-डी शाकनाशी का पहला छिड़काव कल्ले निकलते समय तथा दूसरा छिड़काव दाने कड़े होने के समय किया जाना चाहिए। 2,4-डी तथा मोनोप्रोप के साथ मिश्रित करके छिड़काव करने से अधिक प्रभावी नियंत्रण हो जाता है। मटर की फसल में इस खरपतवार के नियंत्रण के लिए एम सी पी बी शाकनाशी का प्रयोग करना उपयुक्त होता है।

इस खरतपवार का प्रकोप खेत की मेड़ों तथा नालियों में हो तो एमीट्रोल, पाराक्वाट, 2,4,5-टी + 2,4-डी (1:2) आदि शाकनाशी रसायनों का प्रयोग करने से नियंत्रण हो जाता है। अकृष्य भूमियों तथा चरागाहों में इसके प्रभावी नियंत्रण के लिए पिकलोरम का छिड़काव करना बहुत ही उपयुक्त है। चरागाहों में पिकलोरम 0.5 किलोग्राम प्रति हैक्टेअर जबकि अकृष्य भूमियों में 1-3 किलोग्राम प्रति हैक्टेअर की दर से छिड़काव किया जाता है। डाइकाम्बा तथा टी आई बी ए (4-8 किलोग्राम प्रति हैक्टेअर) शाकनाशियों का प्रयोग अकृष्य भूमियों में करके इस खरपतवार का नियंत्रण किया जा सकता है। हेल्टिका कारडयूरम (*Heltica carduorum*) तथा लिया बीटल (*Flea beetle*) जैव इस खरपतवार के नियंत्रण के लिए बहुत प्रभावी है।

लेन्टाना (*Lantana camara*) : लेन्टाना एक बहुवर्षीय तथा सदैव हरा रहने वाला खरपतवार है। बीजों के द्वारा शीघ्रता से नये स्थान पर उग आता है। सर्वप्रथम इसका प्रयोग शोभाकारी रूप में चरागाहों, बाग एवं बगीचों में जगलों, जलाशयों तथा नदियों के किनारे, परती भूमियों में किया गया लेकिन बाद में यह फसलों में तथा कृष्य भूमियों में उगकर खरपतवार का रूप धारण कर लिया है। इसके पौधों में कई तरह के रंग बिरंगे फूल पाये जाते हैं। इस खरपतवार के बीजों का प्रसारण मैना तथा चिड़ियों द्वारा बहुत तेजी से होता है।

लेन्टाना के नियंत्रण की जैविक विधियाँ बहुत ही प्रभावकारी है। हवाई देश में क्रोसीडोसीमा लेन्टाना (*Crocidosema lantana*) कीट का लारवा इस खरपतवार के फूलों तथा बीजों को खाता है। हाइपीना जूसेलिस (*Hypena jussalis*) लेन्टाना की पत्तियों को खूब खाता है। आस्ट्रेलिया में लेन्टाना के नियंत्रण के लिए तीन कीटों की प्रजातियाँ जैसे हिस्पिन बीटन (*Hispine beetle*), ओक्टोटोमा स्क्रेब्रिपेनिस (*Octotoma scabripennis*) तथा टिनजिड बग (लेन्टाना बग) प्रमुख हैं।

2,4,5-टी+2,4-डी (1:2) का 0.4 प्रतिशत घोल का पर्णीय छिड़काव लेन्टाना के पौधों पर करने पर इसका नियंत्रण हो जाता है। कृष्य भूमियों में लेन्टाना का नियंत्रण करने के लिए पौधे के तनों को काटकर इन शाकनाशी रसायनों का कटे हुए भाग पर छिड़काव करके आसानी से किया जा सकता है।

गाजर घास (Carrot grass-*Parthenium hysterophorus*) : गाजर घास सामान्यत: परती, बंजर तथा अकृष्य भूमियों में एक बहुत ही हानिकारक खरपतवार है। परन्तु कभी-कभी यह कृष्य भूमियों में सिंचाई के पानी के साथ आकर फसल को बहुत अधिक नुकसान करता है। इस खरपतवार के कारण मनुष्यों में एलर्जी तथा दिमागी क्षति भी पहुँचती है। इसमें पार्थिनिन (Parthenin) नामक विषैला पदार्थ पाया जाता है। गाजर घास एक वर्षीय पौधा है जिसका

प्रजनन मुख्यत: बीज अथवा कलियों द्वारा होता है। इसके पौधे से छोटे-छोटे आकार के बीज बहुत अधिक संख्या में खेत में ही झड़ जाते हैं जो ग्रीष्म कालीन मौसम में जमते हैं। बीज जमने के एक माह बाद ही पौधों से फूल निकलना शुरू हो जाते हैं और यह फूल 6 से 8 माह तक लगातार आते रहते हैं।

गाजर घास को हाथों से उखाड़ना ही प्रभावी नियंत्रण है। यह कार्य पौधे में फूल आने के समय अथवा बीज बनने के पूर्व ही कर लेना चाहिए। अकृष्य भूमियों में गाजर घास के नियंत्रण के लिए डाइक्वाट, 2,4-डी (ईथाइल इस्टर), एम एस एम ए तथा ग्लाईफोसेट आदि का छिड़काव करना बहुत ही प्रभावी है।

मोंथा (Nutsedges-*Cyperus* sp) : विश्व में मोंथा 10 प्रमुख हानिकारक खरपतवारों में से एक है। मोंथा की दो प्रमुख प्रजातियाँ जैसे पीला मोंथा (*Cyperus esculentus*) तथा बैंगनी मोंथा (*Cyperus rotundus*) पाई जाती हैं। बैंगनी मोंथा में जमीन के नीचे एक बल्ब होता है। इस बल्ब में गांठों की एक चेन बनी होती है जो भूमि के अन्दर 60 सेमी की गहराई तक पाई जाती है। परन्तु पीला मोथा में बल्ब के स्थान पर एक क्राउन कली (*Crown bud*) भूमि के अन्दर होती है जिसमें छोटे-छोटे प्रकन्द (*Rhizomes*) होते हैं। इस मोंथा का तना नष्ट देने से क्राउन कली द्वारा नये पौधे विकसित हो जाते हैं जबकि बैंगनी मोंथा से नये पौधों का विकास गाँठों (tuburs) द्वारा होता है। पीला मोंथा का प्रजनन मुख्यत: गांठो (Nuts) द्वारा होता है जो 90-95 प्रतिशत तक जीवित रहती हैं। मोंथा की गांठे छोटी-छोटी तथा इनका जमाव धीरे-धीरे होता है। जबकि बैंगनी मोंथा का प्रजनन बीजों द्वारा बहुत कम (2-10%) होता है परन्तु इसके पौधे का विकास गाँठों द्वारा होता है जो बहुत ही शीघ्रता से जमते हैं। प्रथम माह तक बैंगनी मोंथा की मुख्य गांठ से चार गांठे विकसित होती हैं परन्तु 3 माह तक एक गाँठ से 100 गाँठे बन जाती हैं। इस प्रकार बैंगनी मोंथा पीले मोंथा की अपेक्षा बहुत ही समस्याकारक है।

इस प्रकार विश्व की उपोष्ण तथा अर्द्ध उपोष्ण क्षेत्रों की नम भूमियों में मोंथा एक बहुवर्षीय हानिकारक खरपतवार है। मोंथा द्वारा सब्जियों की फसलों में सबसे अधिक नुकसान होता है इसके अतिरिक्त मक्का, गन्ना, कपास, धान, ज्वार आदि फसलों का यह एक प्रमुख खरपतवार है। शीतकालीन ऋतु में यह सुषुप्तावस्था में रहता है परन्तु कभी-कभी आलू, गेहूँ, दलहनी तथा तिलहनी फसलों में मुख्यत: हानि पहुँचाता है।

मोंथा का नियंत्रण भूपरिष्करण की क्रियाओं द्वारा बहुत ही प्रभावी होता है। शुष्क क्षेत्रों में ग्रीष्मकालीन जुताई करने से मोंथा की गाँठे सूख जाती हैं। ग्रीष्मकालीन जुताई के अतिरिक्त मानसून शुरू होने के पूर्व 2,4-डी का छिड़काव कर देने से मोंथा का प्रभावी नियंत्रण हो जाता है। ग्रीष्मकालीन जुताई का प्रमुख उद्देश्य मोंथा की गांठों को सुखाकर नष्ट करना होता है।

अधिक मँहगी सब्जियों तथा शोभाकारी फसलों में काली पॉलीथीन को दो पंक्तियों के मध्य बिछा देने से मोंथा के पौधों को प्रकाश न मिल पाने के कारण इनकी वृद्धि प्रभावित हो जाती है तथा नई गाँठे भी नहीं बनने पाती हैं। शाकनाशी रसायन जैसे 2,4-डी, एमीट्रोल-टी, एट्राजिन, बेन्टाजोन, एम ए ए का साल्ट रूप, पाराक्वाट, प्रोपेनिल, लिनूरान आदि का छिड़काव करने से 1-2 सप्ताह में मोंथा नष्ट हो जाता है। शाकनाशी रसायन जैसे ई पी टी सी, ब्यूटाइलेट, बरनोलेट, पेबूलेट का छिड़काव खड़ी फसल में करने से इस खरपतवार का प्रभावी नियंत्रण हो जाता है।

बागानों में फोर्टिफाइड तेल, डाइक्लोबेनिल, ब्रोमेसिल तथा टरबेसिल आदि काफी समय तक क्रियाशील रहने के कारण मोंथा के नियंत्रण के लिए उपयुक्त हैं। सोयाबीन की फसल में बेन्टाजोन (0.5-1.0 किलोग्राम प्रति हैक्टेअर) का छिड़काव काफी प्रभावी है। मीथेम अथवा मिथाइल ब्रोमाइड का छिड़काव नर्सरी में करने से इसका नियंत्रण हो जाता है। कुछ वृद्धि नियंत्रक हार्मोन्स जैसे ए बी ए, काइटिनिन तथा जिब्रेलिक एसिड आदि का छिड़काव करने से पीला मोंथा की गांठे जमीन के पास बनने से इसका नियंत्रण आसानी से किया जा सकता है।

जलकुम्भी (Water hycienth-*Eichhornia crassipus*) : जलकुम्भी एक बहुवार्षिक तैरने वाला जलीय खरपतवार है। पौधे की जड़ें पानी में तैरती रहती हैं तथा भूमि से खाद्य पदार्थों की आपूर्ति करती रहती है। इस खरपतवार

का बीजों तथा पौधे की जड़ों द्वारा प्रजनन होता है। पौधों की जड़ों द्वारा कम समय में शीघ्रता से वृद्धि करता है। यह खरपतवार 5 कुन्टल प्रति हैक्टेअर प्रतिदिन के हिसाब से वानस्पतिक वृद्धि करता है। इस खरपतवार की पानी की सतह पर एक कड़ी परत के रूप में बन जाती है जिससे जहाज तथा नावों के संचालन में बाधा होती है।

तालाबों आदि से जलकुभी को चेन के सहायता से खींच कर निकाल कर बाहर कर देना चाहिए। यांत्रिक विधि द्वारा इस खरपतवार का नियंत्रण करना प्रभावी होता है। 2,4-डी शाकनाशी रसायन का छिड़काव करके इस खरपतवार का नियंत्रण हो जाता है। खरपतवार की सघनता को ध्यान में रखकर 1.0 से 8.0 किलोग्राम प्रति हैक्टेअर की दर से छिड़काव किया जाना उपयुक्त है। इसके अतिरिक्त पैराक्वाट (1 किलोग्राम प्रति हैक्टेअर) तथा एमीट्रोल (3 से 5 किलोग्राम प्रति हैक्टेअर) के प्रयोग से जलकुम्भी का प्रभावी नियन्त्रण हो जाता है। एमीट्रोल (1.5 किलोग्राम प्रति हैक्टेअर) तथा फिनेक (0.1 किलोग्राम प्रति हैक्टेअर) का मिश्रित प्रयोग करना जलकुम्भी के नियंत्रण के लिए लाभदायक है।

बथुआ (Bathua-*Chenopodium album*) : शीतकालीन ऋतु में उगने वाला यह एक वर्षीय चौड़ी पत्ती वाला सबसे ज्यादा नुकसान करने वाला खरपतवार है। यह खरपतवार लगभग सभी फसलों तथा सभी जगहों में पाया जाता है। इसका प्रजनन केवल बीजों द्वारा ही होता है। इस खरपतवार के हजारों की संख्या में प्रति पौधा बीज बनते हैं। जिनके बीजों की जमाव क्षमता कई वर्षों तक रहती है। गेहूँ, जौ, सरसों, चना, मटर आलू आदि फसलों में इस खरपतवार का बहुत अधिक प्रकोप होता है। इस खरपतवार से कभी कभी 50-70 प्रतिशत तक उपज में नुकसान हो जाता है।

फसल की प्रारम्भिक अवस्था में बथुआ का प्रकोप होने पर हाथ से खुरपी द्वारा निराई करके नियंत्रित किया जा सकता है परन्तु अधिक प्रकोप होने एवं अधिक वृद्धि होने की दशा में खरपतवारनाशी का छिड़काव करना चाहिए। पेन्डीमिथालिन (1.5-2.0 ली. सक्रिय तत्व/है.) तथा फ्लूक्लोरेलिन 0.75 से 1.0 ली. सक्रिय तत्व/है.) की दर से क्रमश: फसल बोने के तुरन्त पश्चात परन्तु बीजों के जमाव के पूर्व तथा बोने के पूर्व छिड़काव कर देने से इस खरपतवार का नियंत्रण हो जाता है। 2,4-डी 1.0 से 1.5 किग्रा सक्रिय तत्व प्रति हैक्टेअर की दर से खड़ी फसल में छिड़काव करके बथुआ का प्रभावी नियंत्रण हो जाता है।

✦

14

कृषि-वानिकी
(AGRO-FORESTRY)

देश में मानव जनसंख्या तथा पशुओं की संख्या क्रमश: 125 तथा 60 करोड़ से भी अधिक है। भारत का भौगोलिक क्षेत्र संसार के कुल भौगोलिक क्षेत्र का 2 प्रतिशत है जबकि हमारे देश की जनसंख्या विश्व की जनसंख्या की 16 प्रतिशत है जिनके लिए खाद्यान्न तथा अन्य आवश्यकताओं की पूर्ति करने के साथ-साथ पशुओं के लिए भी चारा प्रदान करने की आवश्यकता है। इस प्रकार मानव तथा पशुधन की आवश्यकताओं की पूर्ति के लिए 25 करोड़ टन खाद्यान्न, 210 करोड़ टन हरा तथा सूखा चारा, 34 करोड़ टन जलाऊ लकड़ी तथा 6.5 करोड़ घन फीट इमारती लकड़ी की प्रतिवर्ष आवश्यकता है जिसकी पूर्ति करना एक कठिन कार्य है। जलाऊ तथा इमारती लकड़ी की माँग की पूर्ति के लिए जंगलों की अन्धाधुन्ध कटाई होने के परिणामस्वरूप भूमि का क्षरण होता जा रहा है जिसके कारण नदियों, बाँध आदि उथले होते जा रहे हैं जिससे प्रतिवर्ष बाढ़ अथवा सूखे की स्थिति का सामना करना पड़ रहा है।

हमारे देश में कुल कृष्य क्षेत्र का लगभग 15 प्रतिशत क्षेत्र वनों के अन्तर्गत है जो प्रति व्यक्ति 0.5 हैक्टेअर से भी कम है जबकि विश्व का औसत वन क्षेत्र 1.6 हैक्टेअर प्रति व्यक्ति है। देश में जलाऊ लकड़ी की कमी तथा मूल्य अधिक होने के कारण लगभग 10 करोड़ टन प्रतिवर्ष गोबर के उपले – कन्डे आदि बनाकर जलाते हैं। यदि इसी गोबर का प्रयोग कृषि में किया जाए तो मृदा में कार्बनिक पदार्थ/जीवांश पदार्थ की मात्रा में वृद्धि होने से फसलों की उपज में भी वृद्धि होगी। कार्बनिक खाद का महत्व हमारे देश में शुष्क तथा बारानी क्षेत्रों में सबसे अधिक है क्योंकि इसके अन्तर्गत सबसे अधिक क्षेत्रफल है इसके विपरीत भारतीय मृदाओं में कार्बनिक पदार्थ की मात्रा कम है।

उपरोक्त परिस्थितियों को ध्यान में रखकर बहुउद्देश्यीय कृषि वानिकी पद्धतियों को अपनाकर अधिक से अधिक लाभ प्राप्त किया जा सकता है। इन कृषि वानिकी पद्धतियों का महत्व बारानी क्षेत्रों में और अधिक बढ़ जाता है जहाँ पर फसल, फल, चारा, ईधन, लकड़ी आदि की पूर्ति एक साथ की जाती है।

इस प्रकार कृषि-वानिकी एक इकाई क्षेत्रफल पर भूमि उपयोग पद्धति जिसमें वृक्षों/पेड़ों के साथ फसलें तथा / अथवा पशुओं के साथ उगाने / पालने का एक सामूहिक नाम है, इसके अन्तर्गत –

1. प्राकृतिक संसाधनों के संरक्षण के साथ बहुउद्देश्य कारकों का उत्पादन।
2. बहुउद्देश्यीय पेड़ों तथा झाड़ियों को स्थान की उपयुक्तता के साथ प्रयोग करना।
3. कम संसाधन तथा खराब वातावरणीय दशाओं में विशेष रूप से उपयुक्त हो।
4. अन्य भूमि उपयोग प्रणाली की अपेक्षा सामाजिक-सांस्कृतिक रूप से अधिक उपयोगी हो।
5. एक फसली पद्धति के अपेक्षा संरचनात्मक तथा क्रियात्मक रूप से जटिल एवं सुदृढ़ हो।

कृषि वानिकी का तात्पर्य

देश में कृषि-वानिकी का प्रचलन बहुत पहले से चला आ रहा है। उदाहरण स्वरूप कुछ परम्परागत कृषि-वानिकी पद्धतियाँ जैसे चाय, कॉफी आदि की रोपाई रोपण पेड़ जैसे नारियल, ताड़ आदि के साथ बहुत पहले से की जा रही है। आजकल कृषि-वानिकी शब्द इतना साधारण हो गया है कि जिनकी व्याख्या की कोई विशेष आवश्यकता नहीं है। संक्षेप में कृषि-वानिकी को निम्न प्रकार से परिभाषित कर सकते हैं -

''कृषि-वानिकी भूमि प्रबन्ध की एक ऐसी पद्धति है जिसके अन्तर्गत एक ही भूखण्ड पर कृषि फसलों एवं बहुउद्देश्यीय पेड़ों/झाड़ियों के उत्पादन के साथ-साथ पशुपालन को भी लगातार या क्रमबद्ध तरीकों से किया जाता है तथा भूमि की उपजाऊ शक्ति को बढ़ाया जाता है जिससे मनुष्यों की पारिस्थितिकी, सामाजिक तथा आर्थिक आवश्यकताओं की पूर्ति की जा सके''।

कृषि-वानिकी में तीन प्रमुख बातों को ध्यान में रखा जाता है -

1. भूमि का प्रबन्ध ऐसा हो जिससे भूमि की उपजाऊ शक्ति बनी रहे।
2. प्रत्यक्ष अथवा परोक्ष रूप से बहुउद्देश्यीय पेड़ों का फसल/चरागाह तथा पशुधन के उत्पादन पर हानिकारक प्रभाव न पड़े।
3. इससे स्थानीय लोगों की पारिस्थितिकीय, सामाजिक तथा आर्थिक आवश्यकताओं की पूर्ति हो सके। कृषि-वानिकी एक समन्वित बहुउद्देश्यीय पद्धति है जिससे लकड़ी, चारा तथा खाद्यान्न का उत्पादन मिलता है साथ ही साथ वातावरण का भी संरक्षण होता है।

प्राकृतिक संसाधनों तथा पर्यावरण को बचाने के लिए जैव उर्वरक, जैविक तथा हरी खाद, कम्पोस्ट तथा रासायनिक उर्वरकों का समुचित प्रयोग, वर्षा जल का संरक्षण, बेकार पानी को सुधार कर उसका प्रयोग करना तथा सिंचाई पानी की उपयोग क्षमता बढ़ाना, कृषि-वानिकी तथा चरागाह का विकास करना आदि मुख्य हैं। ये सभी तकनीकें आर्थिक विकास और पारिस्थितिकी टिकाऊपन तथा पर्यावरण बचाने की दृष्टि से अत्यन्त महत्वपूर्ण हैं।

कृषि-वानिकी की परिभाषा (Definitions of Agro-Forestry)

भूमि उपयोग प्रणाली एवं प्रौद्योगिकी के सामूहिक नामकरण को ही कृषि-वानिकी कहा जाता है जिसमें बहुउद्देश्यीय एवं बहुवर्षीय वृक्षों के साथ-साथ विभिन्न प्रकार की फसलें उगाई जाती हैं। इस पद्धति से फसलोत्पादन से सम्बन्धित समस्त क्रियाएं भी एक साथ की जाती हैं। इस पद्धति में फसलोत्पादन से ईंधन के लिए लकड़ी, इमारती लकड़ी, रेशा, खाद्यान्न, चारा, फल आदि एक समय में ही उपलब्ध हो जाते हैं जिससे भूमि की महत्ता बढ़ती जाती है तथा जोखिम भी कम होता जाता है।

कृषि-वानिकी को निम्न प्रकार से परिभाषित कर सकते हैं -

''कृषि-वानिकी के अन्तर्गत वृक्षों एवं झाड़ियों के साथ कृषि फसलें, चरागाह अथवा पशुपालन किया जाता है जो पारिस्थितिकी तथा आर्थिक रूप से वृक्षों एवं अन्य कारकों के साथ सही ढंग से साबित हो''।

कृषि-वानिकी के अन्तर्गत एक ही भूमि पर वृक्षों के साथ-साथ फसलों का भी उत्पादन किया जाता है इन फसलों में चारे, दलहन, खाद्यान्न, तिलहन आदि हो सकते हैं''।

''कृषि-वानिकी एक दीर्घकालीन-एकीकृत भूमि प्रबन्ध प्रणाली है, जिसमें पौधों की काष्ठीय प्रजातियों की खेती के विविध घटक, चरागाह, पशुओं के साथ, एक साथ या एक क्रम में एक ही भूखण्ड पर पारिस्थितिकीय सन्तुलन बनाये रखने एवं मनुष्यों की आर्थिक आवश्यकताओं की पूर्ति के लिए उगाया जाता है अथवा बनाए रखा जाता है''।

कृषि-वानिकी के उद्देश्य (Objectives of Agro-Forestry)

कृषि-वानिकी के अन्तर्गत कृषि योग्य भूमि में वृक्षों के साथ उन फसलों की खेती करना सम्मिलित है जिससे पर्यावरण एवं भूमि सुधार के साथ-साथ सकल उत्पादन में वृद्धि हो। इस पद्धति में वृक्ष उचित दूरी पर तथा पंक्तियों में उगाये जाते हैं तथा बीच में खाली पड़े स्थान पर फसलों को उगाने में काम आता है। कृषि-वानिकी पद्धति के निम्नलिखित उद्देश्य हैं -

(i) वर्षा का प्रभावकारी उपयोग करके अधिक से अधिक उत्पादन होना।

(ii) जलवायु, पारिस्थितिकी तथा पर्यावरण को सुव्यवस्थित ढंग से सुरक्षा देना।

(iii) पोषक तत्वों को पुन: उपयोगी बनाकर भूमि सुधार करना।

(iv) समस्याग्रस्त भूमियों जैसे बंजर, मृदा अपरदन से प्रभावित भूमियों आदि में वैकल्पिक भूमि का उपयोग करना।

(v) बेरोजगार व्यक्तियों को रोजगार के अवसर प्रदान करना।

कृषि-वानिकी से लाभ (Advantages of Agro-Forestry)

कृषि-वानिकी पद्धति से निम्नलिखित लाभ हैं -

1. इस पद्धति को अपनाने से भूमि की दशा में सुधार होता है जैसे मृदा क्षरण कम होना, कार्बनिक पदार्थों में वृद्धि तथा नत्रजन स्थिरीकरण होने से मृदा में पोषक तत्वों में वृद्धि होना।
2. उन स्थानों में जहाँ अधिक वर्षा के कारण अथवा मरु क्षेत्रों में शुष्क जलवायु के कारण मृदा क्षरण की समस्या बनी रहती है। इस प्रणाली को अपनाने से वानस्पतिक हरियाली, मृदा एवं नमी को अधिक मात्रा में संचित रखने की क्षमता बनी रहती है।
3. फसलों की उत्पादन क्षमता में सुधार होता है क्योंकि मृदा की उर्वरा शक्ति में वृद्धि होने तथा सूक्ष्म जलवायु (Micro Climate) में परिवर्तन हो जाता है।
4. पशुओं के स्वास्थ्य एवं उत्पादन में वांछित सुधार हो जाता है क्योंकि पशुओं को उत्तम किस्म का पौष्टिक हरा चारा तथा चारे की कमी के समय भी चारा मिलता रहता है।
5. वृक्षों से फल तथा इमारती लकड़ी प्राप्त होने से कुल आमदनी में वृद्धि हो जाती है।
6. वैकल्पिक कृषि प्रणाली अपनाने से मौसम अथवा अन्य किसी प्रकार की हानि होने की सम्भावना कम हो जाती है।
7. वृक्षों से इमारती लकड़ी प्राप्त होने से मकानों में तथा बाड़ आदि के रूप में प्रयोग किया जाता है।
8. ईंधन को एकत्रित करने के समय तथा लागत में कमी हो जाने से ईंधन की उपलब्धता में वृद्धि हो जाती है।
9. किसी भूमि को चिन्हित करने तथा जीवित बाड़ के रूप में भी प्रयोग किया जा सकता है।
10. कृषि-वानिकी द्वारा मृदा में गहराई वाले स्तर से पोषक तत्वों में वृद्धि कर पुन: उपयोगी बनाया जा सकता है।
11. कृषि-वानिकी से हवा का बचाव होने से वायु क्षरण तथा फसल गिरने से बच जाती है।
12. कृषि-वानिकी, मृदा तापमान को नियंत्रित करने में बहुत ही उपयोगी सिद्ध हुई है जिसके फलस्वरूप लाभदायक जीवाणुओं तथा वनस्पति को सुरक्षा प्रदान करती है।
13. भूमि की दशा के अनुसार वृक्षों तथा घासों को उगाने से वह क्षेत्र सुन्दर तथा आकर्षक हो जाता है।
14. वृक्षों को फसलों के साथ उगाने से कीटों एवं जानवरों का प्रकोप कम हो जाता है।
15. कृषि-वानिकी का वन एक अंग है जिसमें बहुवर्षीय पेड़ों को उगाया जाता है, उस स्थान की जलवायु को पारिस्थितिकी एवं पर्यावरण को सुधारने में सहायक होती है। आवश्यकता की पूर्ति घर के आसपास पर ही हो जाने के कारण घने जंगलों की कटाई में कमी आने की सम्भावना बढ़ सकती है।

16. कृषि–वानिकी पद्धति में पेड़ों की जड़ों द्वारा मृदा को गहराई तक बाँधे रहती है तथा पत्तियाँ आदि झड़ते रहने से मृदा कटाव कम होने से भूमि एवं जल संरक्षण होता है।
17. कृषि–वानिकी से प्राकृतिक वनों पर कम दबाव पड़ता है।
18. प्रतिकूल परिस्थितियों में एक फसल पद्धति में फसल के नष्ट हो जाने का खतरा रहता है जबकि कृषि–वानिकी पद्धति में एक फसल नष्ट होने की दशा में दूसरी फसल से उत्पादन प्राप्त हो जाता है।
19. यह पद्धति अपनाने से मनुष्यों को रोजगार के अधिक सुअवसर प्राप्त होते हैं जिससे कुल आमदनी में वृद्धि हो जाने से जीवन–स्तर में सुधार होता है।
20. विभिन्न प्रकार के फसल उत्पाद प्राप्त होने से मनुष्यों को पोषक तत्व युक्त खाद्य पदार्थ प्राप्त होने से उनका स्वास्थ्य अच्छा रहता है।

कृषि–वानिकी से मुख्यत: मृदा क्षरण में कमी आने से मृदा की उर्वरा शक्ति तथा मृदा उत्पादकता के स्तर में वृद्धि हो जाती है जबकि इसके संयोगी प्रभाव से मृदा में कार्बनिक पदार्थ में कमी, मृदा की भौतिक दशा में कमी, मृदा में पोषक तत्वों की कमी आदि के कारण मृदा की उर्वरा शक्ति में कमी हो जाती है। तालिका 14.1 में यह दर्शाया गया है कि परती भूमि में मृदा में उपलब्ध पोषक तत्वों की मात्रा में कमी सबसे अधिक जबकि कृषि–वानिकी पद्धति से मृदा में पोषक तत्वों की हानि सबसे कम होती है।

तालिका 14.1 : विभिन्न उत्पादन पद्धतियों का कुल क्षार, नत्रजन, फासफोरस तथा पोटास की हानि (किग्रा./हैक्टेअर)

उत्पादन पद्धतियाँ	**कुल हानि**			
	कुल क्षार	**नत्रजन**	**फासफोरस**	**पोटास**
परती भूमि	11.12	1.48	0.0024	0.85
प्राकृतिक चरागाह	3.14	0.26	0.0009	0.27
उन्नतशील चरागाह	3.66	0.20	0.0010	0.27
बोई गई घास	1.93	0.15	0.0004	0.18
कृषि–वानिकी	3.04	0.20	0.0006	0.30

कृषि–वानिकी पद्धतियों का वर्गीकरण

जैव, भौतिक, पारिस्थितकीय एवं सामाजिक–आर्थिक घटकों के अनुरूप एवं विभिन्न स्थानों में कई प्रकार की कृषि–वानिकी पद्धतियाँ प्रचलित हैं। भूमि के विभिन्न घटकों के अनुरूप कृषि–वानिकी को निम्न प्रकार से वर्गीकृत किया गया है –

(1) मृदा उर्वरता के आधार पर –

मृदा उर्वरता के आधार पर कृषि–वानिकी की निम्न पद्धतियाँ अपनाई जाती हैं–

- उन्नतशील पेड़ परती
- फसलों के साथ पेड़
- झाड़ियों को फसलों के साथ
- गृह वाटिका
- वीथिका सस्योत्पादन

- भूमि क्षरण को रोकने के लिए वृक्ष
- वायु अवरोधी एवं छायादार
- कुल अवशेष के स्थानान्तरण
- चरागाह में वृक्ष
- विभिन्न प्रबन्धन के लिए वृक्ष
- विभिन्न प्रकार के प्रयोग के लिए वृक्षों में सुधार

(2) मृदा उर्वरता का प्राकृतिक अथवा कुछ धनात्मक प्रभाव –

- वृक्षों को फार्म के किनारे रोपण
- चरागाहों में झाड़ीदार फसलों का रोपण

(3) मृदा उर्वरता पर प्राकृतिक अथवा ऋणात्मक प्रभाव –

- टोन्या

(4) मृदा उर्वरता पर धनात्मक अथवा ऋणात्मक प्रभाव –

- स्थानान्तरीय कृषि

विभिन्न प्रकार की कृषि-वानिकी पद्धतियों में मृदा उर्वरता की वृद्धि पर भिन्न-भिन्न प्रभाव पड़ता है। नत्रजन स्थिरीकरण करने वाला वृक्ष *Inga* sp. को उगाने से 35-47 किलोग्राम / हैक्टेअर प्रतिवर्ष मृदा में नत्रजन का स्थिरीकरण करता है। कभी-कभी यह भी देखा गया है कि नत्रजन, फासफोरस, पोटास तथा कैल्शियम की मात्रा कुल उर्वरक देने से भी अधिक पाई जाती है। इसी प्रकार वीथिका सस्योत्पादन पद्धति में अर्द्ध गर्म तर क्षेत्रों में 2000 से 5000 किग्रा. शुष्क पदार्थ/हैक्टेअर प्रतिवर्ष जबकि नम क्षेत्रों में 1000 किलोग्राम शुष्क पदार्थ/हैक्टेअर/वर्ष प्राप्त होता है। सुबबूल का वीथिका सस्योत्पादन में उगाने पर 06 माह में 75 से 120 किलोग्राम नत्रजन प्रतिवर्ष स्थिरीकरण करता है। इन झाड़ियों एवं वृक्षों की कटाई/छंटाई से प्राप्त फसल अवशेष (पत्तियों) का शीघ्रता से सड़ान होकर पोषक तत्त्व प्राप्त हो जाते हैं। सुबबूल की पत्तियों का सड़ाव होकर 50 प्रतिशत पोषक तत्वों की प्राप्यता 25 दिनों तक फसल को उपलब्ध रहती है। इस प्रकार वानस्पतिक भागों से प्राप्त पोषक तत्वों की उपलब्धता शीघ्रता से होने पर मृदा उर्वरता को काफी समय तक बनाये रखा जा सकता है।

कृषि-वानिकी पद्धतियों से मृदा अपरदन से मृदा की हानि बहुत कम हो जाती है। वृक्षों एवं झाड़ियों को फसलों के साथ उगाने से पौधों एवं फसलों की जड़ें मृदा कणों को बाँधे रखती हैं तथा भूमि पर गिरी हुई सूखी पत्तियाँ एवं टहनियाँ जल बहाव में रुकावट उत्पन्न करती हैं जिससे विभिन्न प्रकार की पद्धतियों मृदा तथा जल बहाव की दशा को तालिका 14.2 में दर्शाया गया है।

तालिका 14.2 : विभिन्न प्रकार की उत्पादन पद्धतियों द्वारा मृदा की हानि एवं जल बहाव की दशा

उत्पादन पद्धति	जल बहाव (%)	मृदा हानि (टन/है.)	उत्पादन पद्धति	जल बहाव (%)	मृदा हानि (टन/है.)
परती भूमि	38.08	23.92	बोई गई घास	8.86	1.93
प्राकृतिक चरागाह	13.77	4.36	कृषि-वानिकी	9.93	2.11
उन्नतशील चरागाह	12.68	3.01			

इस प्रकार कृषि–वानिकी पद्धतियों में उगाये गये वृक्षों के भिन्न–भिन्न उद्देश्य होते हैं। कुछ वृक्षों का मुख्य उद्देश्य मृदा क्षरण को रोकना होता है जबकि अन्य बातें द्वितीयक उद्देश्य के रूप में होती है। वीथिका सस्योत्पादन जल अपवाह के नियंत्रण एवं मृदा उर्वरता की हानि को रोकने के लिए बहुत ही प्रभावी है।

(2) संरचना के आधार पर (Based on Structure) :

फसलों के संगठन एवं आयाम (Composition and dimension of crops) के आधार पर कृषि–वानिकी निम्न प्रकार की होती है –

(i) कृषि–वानिकी प्रणाली (Agri-Silviculture System) : इस पद्धति में फसलों एवं वृक्षों को एक ही भूमि पर मिला जुलाकर एकान्तर रूप में पंक्तियों में उगाया जाता है। इस प्रणाली में कृषि फसलों को सिंचित दशाओं में दो वर्षों तक जबकि बारानी दशाओं में चार वर्षों तक उगाने से लाभ अधिक प्राप्त होता है। इस प्रकार इस प्रणाली से लकड़ी, भोजन, चारा आदि एक ही समय में प्राप्त हो जाता है।

(ii) वन चरागाह प्रणाली (Silvi-pastoral system) : इस पद्धति में लकड़ी (ईंधन) के उत्पादन के लिए भूमि पर वृक्ष तथा पशुओं को चारे के लिए पेड़ों के मध्य घासें उगाई जाती हैं। इसमें पेड़ों तथा झाड़ियों को मुख्यत: पशुओं के लिए चारे अथवा इमारती लकड़ी, ईंधन, फल आदि के लिए उगाते हैं। इस प्रणाली को पुन: तीन वर्गों में वर्गीकृत किया गया है –

(अ) प्रोटीन बैंक (Protein Bank) : इस पद्धति में मुख्यत: बबूल (*Acacia nilotica*), नीम (*Azadiracta indica*), सेंवरी (*Sesbania grandiflora*), सबबूल (*Leucaena leucocephala*) आदि को उगाते हैं।

(ब) चारे वाले वृक्षों एवं झाड़ियों की बाड़ (Live fence of fodder trees and shrubs) : इस पद्धति में मुख्यत: *Gliricidia septium, Sesbania grandiflora, Erythrina* sp., *Acacia* sp. आदि को उगाते हैं।

(स) चरागाह में पेड़ एवं झाड़ियाँ (Trees and shrubs on pasture) : इस प्रणाली में मुख्यत: *Acacia nilotica, Acacia leucophloea, Tamarindus indica, Azadiracta indica* आदि को उगाया जाता है।

(iii) कृषि–वानिकी पद्धति (Agro Silvopastoral System) : इस पद्धति में फसलों के साथ पेड़ों तथा चरागाह के लिए घासों को उगाया जाता है। इसको दो वर्गों में विभक्त किया गया है –

(अ) गृह वाटिका (Home garden) : इस पद्धति में पेड़ों, झाड़ियों, सब्जियों, फलों आदि को एकान्तर क्रम में पंक्तियों में घर के पास खाली पड़ी भूमियों में उगाया जाता है। यह पद्धति गर्म तर जलवायु वाले क्षेत्रों जैसे केरल तथा तमिलनाडु में बहुत अधिक प्रचलित है। गृह वाटिका अधिक उपजाऊ, टिकाऊ तथा अधिक प्रयोग की जाने वाली पद्धति है जिसका प्राथमिक उद्देश्य अन्न उत्पादन करना है।

(ब) काष्ठीय बाड़ (Woody Hedge rows) : इस पद्धति में काष्ठीय प्रजातियाँ जैसे आम (*Mangifera indica*), अमरुद (*Psidium guajava*), नीम (*Azadirecta indica*), नींबू प्रजाति (*Citrus* spp.) आदि शाकीय प्रजातियाँ जैसे भिण्डी, प्याज, पातगोभी, शकरकन्द, कद्दू, केला, सेम आदि तथा काष्ठीय बाड़ के रूप में सबबूल, सेंवरी आदि को उगाने से ईंधन, फल, सब्जियाँ, पलवार, हरी खाद, मृदा संरक्षण आदि के रूप में प्रयोग किया जा सकता है।

(iv) **बहुउद्देश्यीय वानिकी पद्धति (Multipurpose forestry system) :** इस प्रणाली के अन्तर्गत बहुउद्देश्यीय वन जिसमें इमारती लकड़ी, जलाऊ लकड़ी, चारा, फल–फूल, गोंद, शहद, वनौषधि आदि प्राप्त होती है। यह पद्धति पर्वतीय आदिवासी क्षेत्रों के लिए सर्वोत्तम है।

(v) **कृषि उद्यानिकी पद्धति (Agri-horticulture system) :** इस प्रणाली में फसलों के साथ–साथ फलदार वृक्ष एकान्तर क्रम में पंक्तियों में उगाये जाते हैं। इस पद्धति द्वारा अधिक आय प्राप्त होती है।

(3) घटकों की सामयिक व्यवस्था के आधार पर :

घटकों की सामयिक व्यवस्था के आधार पर कृषि–वानिकी को निम्न प्रकार से वर्गीकृत किया गया है –

(i) **सम्पाती (Cocident) :** इस प्रणाली में विभिन्न प्रकार की फसलों को वृक्षों की दशा के अनुसार भूमि पर एक साथ उगाया जाता है जैसे पेड़ों की छाया में कहवा, अदरक, हल्दी, अनन्नास आदि।

(ii) **अन्तर्वेषित (Interpolated) :** इस प्रणाली में इस प्रकार की व्यवस्था की जाती है कि समय और स्थान दोनों ही समान रूप में महत्वपूर्ण माने जाते हैं जैसे गृह उद्यानों में विभिन्न प्रकार की फसलों द्वारा विभिन्न प्रकार की फसलों द्वारा विभिन्न प्रकार से विभिन्न समय में स्थान का उपयोग किया जाता है।

(iii) **सहवर्ती (Concomittent) :** इस प्रणाली में घटक कुछ समय तक एक साथ रहते हैं जैसे वृक्षों के साथ फसलें कुछ समय तक एक साथ रहती हैं। इस प्रकार वृक्षों के विकास पर दूसरे घटक के साथ प्रतिस्पर्धा नहीं होती है।

(iv) **विरायी (Intermittent) :** इस प्रणाली में फसल द्वारा प्रयोग किये गये स्थान को प्रमुख माना जाता है जैसे बहुवर्षीय फसलों के साथ वार्षिक फसलें उगाना।

(4) घटक प्रभाविता के आधार पर (Based on Dominance of Components) :

घटक प्रभाविता के आधार पर कृषि–वानिकी को निम्न प्रकार से वर्गीकृत करते हैं –

(i) **सस्य वानिकी (Agro-Silviculture) :** इस प्रणाली में फसलें मुख्य तथा पेड़ गौण घटक होते हैं जैसे ऐले क्रॉपिंग आदि।

(ii) **वृक्ष–फसल–चरागाह (Silvo-agri-pasture) :** इस प्रणाली में वृक्ष महत्वपूर्ण घटक जबकि घासें एवं फसलें द्वितीयक घटक होती हैं।

(iii) **चरागाह–वानिकी (Pastoral - Silviculture) :** इस प्रणाली में चरागाह प्राथमिक तथा वृक्ष द्वितीयक घटक होते हैं।

(iv) **वानिकी–सस्य (Silvo-agriculture) :** इस प्रणाली में वन मुख्य तथा फसलें द्वितीयक घटक साथ–साथ उगाये जाते हैं जैसे स्थानान्तरी कृषि, टुंग्या आदि।

(v) **सस्य–वृक्ष–चरागाह (Agro-silvo-pastoral system) :** इस प्रणाली में फसल, वृक्ष तथा चरागाह मिश्रित रूप में उगाये जाते हैं जैसे गृह वाटिका, जहाँ पर झाड़ियाँ, वृक्ष, घासें, अवरोही तथा आरोही पौधे एक साथ एक ही भूमि पर उगाये जाते हैं।

(vi) **वानिकी–चरागाह (Silvo-pastoral system) :** इस प्रणाली में वृक्ष प्राथमिक घटक जबकि घासें द्वितीयक घटक होती हैं। इस विधि में पशु चराई के लिए छोड़े जाते हैं।

(4) समवर्गी घटकों के आधार पर (Based on Allied components) :

समवर्गी घटकों के आधार पर कृषि–वानिकी को निम्न प्रकार से वर्गीकृत करते हैं –

(i) **कृषि–वानिकी के साथ मत्स्य पालन (Agro-forestry cum pissiculture) :** इस पद्धति में फसल तथा पेड़ों के साथ–साथ मत्स्य पालन किया जाता है।

(ii) **कृषि–वानिकी के साथ लाख उत्पादन (Agro-forestry cum lacculture) :** इस पद्धति में फसल तथा पेड़ों के साथ–साथ लाख उत्पादन किया जाता है।

(iii) **कृषि–वानिकी के साथ रेशम पालन (Agro-forestry cum sericulture) :** इस पद्धति में फसल तथा पेड़ों के साथ–साथ रेशम पालन किया जाता है।

(iv) **कृषि–वानिकी के साथ मधुमक्खी पालन (Agro-forestry cum apiculture) :** इस पद्धति में फसल तथा पेड़ों के साथ–साथ मधुमक्खी का पालन किया जाता है।

(5) कृषि–वानिकी की प्रचलित पद्धतियों के आधार पर (Based on prominent Agro-forestry system) :

प्रचलित पद्धतियों के आधार पर कृषि–वानिकी को निम्न प्रकार से वर्गीकृत किया गया है –

(i) **कृषि–वानिकी (Agro-forestry) :** फसल + पेड़

(ii) **वन चरागाह (Silvi-pastoral) :** पेड़ + चरागाह + पशुधन

(iii) **कृषि उद्यानिकी (Agro-horticulture) :** फसल + फलदार वृक्ष

(iv) **कृषि वन चरागाह (Agri-silvi-pastoral) :** फसल + पेड़ + चरागाह + पशुधन

(v) **कृषि उद्यानिकी वन (Agri-horti-silviculture) :** फसल + फलदार पेड़ + बहुउद्देश्यीय पेड़

(vi) **उद्यानिकी चरागाह (Horti-pastoral) :** फलदार पेड़ + चरागाह + पशुधन

(vii) **कृषि–मत्स्य वन (Agri-pissi-silviculture) :** फसल + मछली + वन

(viii) **वन–मधुमक्खी (Silvi-apiculture) :** बहुउद्देश्यीय पेड़ + मधुमक्खी

(ix) **गृह वाटिका (Homestead agro-forestry) :** घर के आसपास पेड़ + सब्जियाँ

(x) **वीथिका सस्योत्पादन (Alley cropping) :** झाड़ियाँ + फसल

कृषि–वानिकी के लिए वृक्षों एवं फसलों का चुनाव (Selection of crops and trees for agro-forestry system)

1. शीघ्र वृद्धि करने वाली फसलों एवं वृक्षों की जातियों एवं उनकी प्रजातियों का चयन करना चाहिए।
2. पेड़ों एवं फसलों की वृद्धि सीधे ऊपर की तरफ हो तथा उनका फैलाव बहुत कम हो।
3. फसल प्रबन्धन जैसे पोषक तत्वों, सिंचाई आदि की आवश्यकता बहुत कम होनी चाहिए।
4. वृक्षों का किसी भी फसल विशेष से नमी, प्रकाश, पोषक तत्वों आदि से किसी भी प्रकार की प्रतिस्पर्धा नहीं होनी चाहिए।
5. फसलों तथा वृक्षों में कम से कम शाखायें निकले अथवा भूमि पर से अधिक घनी न हो।
6. फसलें तथा वृक्ष प्रतिकूल परिस्थितियों में भी सफलतापूर्वक अच्छी वृद्धि कर सके।

7. पेड़ों तथा फसलों से अधिक से अधिक वानस्पतिक भाग होने से भूमि पर पत्तियाँ अधिक मात्रा में गिरने से पोषक तत्व पर्याप्त मात्रा में प्रदान कर सके।
8. पौधों का प्रत्येक भाग किसी न किसी रूप में उपयोगी हो।
9. फसलें एवं वृक्ष विभिन्न प्रकार की बीमारियों एवं कीटों के प्रति प्रतिरोधी हो।
10. फसलों में वृक्षों की छाया सहन करने की क्षमता हो।
11. वृक्षों से प्राप्त सह उत्पाद जैसे लकड़ी, पत्तियाँ, टहनियाँ, फल, फूल आदि उपयोगी एवं लाभकारी हो।
12. फसलों एवं वृक्षों की जड़ें एवं उनकी वृद्धि की विशेषताएँ ऐसी होनी चाहिए जिससे भूमि की विभिन्न सतहों से पोषक तत्व ग्रहण कर सके।

विभिन्न जलवायुवीय दशाओं में उपयुक्त घासें, दलहनी घासें, पेड़ तथा झाड़ियाँ :

(I) कृषि-पारिस्थितिकीय स्थितियाँ –

(1) आर्द्र उष्ण कटिबन्धीय क्षेत्र :

घास– फुलवा घास, रोडस घास, केल, सेव, मछोरी, लम्पा, ब्लूपेनिक, सिटेरिया, ग्वाटेमाला घास आदि।

दलहनी घास– वनकुल्थी, अपराजिता, सिराट्रो, स्टाइलो, ग्लाइसीन।

पेड़ एवं झाड़ियाँ – सिरिस, बड़हल, नीम, कचनार, सेंजन, शहतूत, बबूल, हल्दू, वेलिएन्ड्रा आदि।

(2) अर्द्ध-शुष्क उष्ण कटिबन्धीय क्षेत्र :

घास– अंजन, धामन, केल, ब्लूपेनिक घास

दलहनी घास– डेस्मोडियम, सिराट्रो, स्टाइलो

पेड़ एवं झाड़ियाँ– देशी बबूल, इजराइली बबूल, अरडू, सिरिस, नीम, चाइनीज लैन्टर्न, सबबूल, पार्किन्सोनिया, विलायती बबूल।

(3) शुष्क उष्ण कटिबन्धीय क्षेत्र :

घास– अंजन, धामन, फुलवा, केल, लम्पा, सेन घास

दलहनी घास– वनकुल्थी, कुल्थी, डेस्मोडियम, सिराट्रो, स्टाइलो, केसिया रोटन्डीफोलिया

पेड़ एवं झाड़ियाँ– देशी बबूल, विलायती बबूल, इजराइली बबूल, अरडू, सिरिस, खेजड़ी, कचनार, केसुरियाना, चायनीज लैन्टर्न।

(4) शीत तथा समशीतोष्ण क्षेत्र :

घास– डेक्टाइलिस, लोलियम, लीअम, पोआ, स्टीया

दलहनी घास– रेडक्लोवर, सफेद क्लोवर, लोटस, ल्यूपिन

पेड़ तथा झाड़ियाँ– बेटला, सेल्टिस, मोरस, रोबीनिया

(II) अन्य स्थितियाँ –

1. गर्म मरुस्थल :

घास– धामन, अंजन, सेन घास

दलहनी घास– वनकुल्थी, कुल्थी, सिराट्रो, केसिया रोटन्डीफोलिया

पेड़ तथा झाड़ियाँ– केसिया, आरीकुलेटा, इन्डिगोफेरा, देशी बबूल, इजराइली बबूल, विलायती बबूल, नीम, चायनीज लैन्टर्न, बोरडी, खेजड़ी, बेर।

2. **अर्द्ध शुष्क पथरीली भूमि :**

घास– धामन, अंजन, फुलवा, केल, ब्लूपेनिक

दलहनी घास– डेस्मोडियम, सिराट्रो, अपराजिता, स्टाइलो स्केब्रा

पेड़ एवं झाड़ियाँ– खैर, अरडू, सिरिस, शीशम, केसिया, बाँस, विलायती बबूल, चायनीज लैन्टर्न, हार्ड विकिया, जंगल जलेबी।

3. **ठण्डा मरुस्थल क्षेत्र :**

घास– एग्रोस्टिक, एलीमस, एग्रोपाइरान

दलहनी घास– रेडलोवर, सफेद क्लोवर, मेडिकागो फालकेटा

पेड़ एवं झाड़ियाँ– पापुलस, सैलिकस, आर्टीमिसिया

4. **बीहड़ क्षेत्र :**

घास– धामन, अंजन, दीनानाथ, फुलवा, कैल, बरमूडा

दलहनी घास– वन कुल्थी, स्टाइलो, सिराट्रो, अपराजिता, जंगली मूँगफली, स्टाइलीन, कुडाजू

पेड़ एवं झाड़ियाँ– देशी बबूल, विलायती बबूल, इजरायली बबूल, खैर, सिरिस, शीशम, नीम, बाँस, चायनीज लैन्टर्न, सफेदा, सेंजन

5. **दलदली तथा गीली भूमि क्षेत्र :**

घास– पैराघास, मद्दोरी, बहिया घास, सिगनल घास, क्वाएक्स, ग्वाटेमाला घास

दलहनी घास– सेन्ट्रोसीमा, इस्फोनोमीन, जंगली मूँगफली

पेड़ एवं झाड़ियाँ– नरकुल, बाँस, बेंत, सफेदा, केजुराना, हल्दू

6. **नदी घाटी क्षेत्र :**

घास– केल, बरमूडा, सवई, खस, दीनानाथ, एरोग्रोस्टिस, गंगेटिका, पैरा घास, सिगनल घास, बहया घास

दलहनी घास– जंगली मूँगफली, कैसिया रोटन्डीफोलिया, इंडिगोफेरा हिरसुटा, गुयेन्सिस, कुडजू

पेड़ एवं झाड़ियाँ– देशी बबूल, विलायती बबूल, इजरायली बबूल, शीशम, नीम

7. **खेती योग्य परती भूमि क्षेत्र :**

घास– धामन, अंजन, फुलवा, ग्रीन पेनिक, ब्लूपेनिक, दीनानाथ, केल, नेपियर, सेन घास

दलहनी घास– अपराजिता, सिराट्रो, जंगली मूँगफली, ग्लाइसीन, वनकुल्थी, स्टाइलो

पेड़ एवं झाड़ियाँ– देशी बबूल, शीशम, सिरिस, सुबबूल, हार्डबीकिया

8. **क्षारीय भूमि क्षेत्र :**

घास– रोडस घास, बरमूडा घास, पैरा घास, सिगनल घास, बहिया घास, पासपेलम, करनाल घास

पेड़ एवं झाड़ियाँ– देशी बबूल, इजराइली बबूल, विलायती बबूल, बबूल, ढाक, शीशम, एट्रीलेक्स

9. **अम्लीय भूमि क्षेत्र :**

घास– ऐरोग्रेस्टिस, लवघास

दलहनी घास– केसिया, टेफ्रोजिया

पेड़ तथा झाड़ियाँ– केजुरीना, इन्डिगोफेरा

10. **रेल मार्ग भूमि क्षेत्र :**

घास– मूँज, खस, कुश, दूब, फुलवा घास

दलहनी घास– वनकुल्थी, सिराट्रो

पेड़ एवं झाड़ियाँ– विलायती बबूल, शीशम, नीम, सिरस, इन्डिगोफेरा।

तालिका 14.3 : मृदा पी एच के आधार पर क्षारीय भूमियों में उपयुक्त वृक्षों की प्रजातियाँ

मृदा पी एच मान	ईंधन/चारा/इमारती वृक्षों की प्रजातियाँ	फलदार वृक्ष
10.0 पी एच मान से अधिक	*Prosopis juliflora* *Acacia nilotica* *Casuarina equisetifolia* *Tamerix articulata*	*Achras japota*
9.1 से 10.0 पी एच मान	*Pitchecellobium dulea* *Salvadora persica* *S. oleoides* *Capparis decidua* *Terminalia arjuna* *Cordia rothii* *Albizzia lebbeck* *Pongamia pinnata* *Sesbania sesban*	*Carissa carandus* *Psidium guajava* *Zigyphus mauritiana* *Aegle marmelos* *Emblica officinalis* *Punica granatum* *Phoenix dactylifera* *Tamarindus indica* *Syzygium cumini*
8.2 से 9.0 पी एच मान	*Eucalyptus tereleticornis* *Parkinsonia auleata* *Butea monosperma* *Kijellea pinnata* *Acacia auriculiformis* *Moringa olifera* *Grevillia robusta* *Azadiracta indica* *Populus deltoides* *Melia azadirach*	*Grewia asiatica* *Prunus persica* *Pyrus communis* *Vitis vinifera* *Mangifera indica* *Ficus spp* *Sapindus laurifolius*

तालिका 14.4 : कृषि-वानिकी में वृक्षों तथा घासों का उपयोग

किस्म	उपयोग
वृक्ष एवं झाड़ियाँ	
Acacia albida	इमारती, नत्रजन स्थिरीकरण, चारा
A. auriculiformis	सूखा सहनशील, नत्रजन स्थिरीकरण, ईंधन, शीघ्र वृद्धि
A. mangium	नत्रजन स्थिरीकरण, सूखा सहनशील, चारा
Albizia amara, A. chinensis, A. lebbeck, A. procera	छायादार, चरागाह, नत्रजन स्थिरीकरण

किस्म	उपयोग
Anacardium accidentalis	छायादार, मृदा संरक्षण, फलियाँ
Annona squamosa, A. muricata	फल
Areca catechu, A. triandia	फलियाँ, नमी संरक्षण के लिए पलवार
Artocarpus chaplasha, A. gomezianus	चारा, फल, सब्जी, छाया
A. heterophyllus, A. incisia	
Bambusa arundinacea, B. rutans	बाँस, छप्पर, चारा, मृदा संरक्षण
Bauhinia acuminata, B. variegata	चारा, सब्जी
Bombax insignis	ईंधन, चारा
Colliandra calothyrsus	ईंधन, इमारती, चारा
Casuarina spp.	इमारती, ईंधन, नत्रजन स्थिरीकरण
Cassia siamea	मृदा संरक्षण, नत्रजन स्थिरीकरण, चारा, पलवार
Cedrella odoreta	इमारती, चारा
Cocos rucifera	फलियाँ, रेशा, झाड़ू
Cordia alliodora, C. rothii	चारा, फल (अचार), छाया, इमारती
Dalbergia sissoo, D. latifolia	चारा, इमारती, नत्रजन स्थिरीकरण
Dendrocalamus hamitonii, D. strichus	चारा, छप्पर, मृदा संरक्षण
Erythrina abyssinica, E. indica, E. variegata	चारा, बाढ़, नत्रजन स्थिरीकरण, छाया
Gliricidia sepium	पलवार, बाड़, चारा, ईंधन, नत्रजन स्थिरीकरण
Gmelina arborea	इमारती, चारा, मृदा सुधार
Grewia optiva, G. oppasitifolia	इमारती, चारा, मृदा सुधार
Inga edulis	चारा, इमारती, नत्रजन स्थिरीकरण
Lagerstroemia hypoleuca	इमारती, छाया, मृदा संरक्षण
Leucaena leucocephala	मृदा संरक्षण, पलवार, चारा, ईंधन
Mallotus phillipnensis	नत्रजन स्थिरीकरण
Moringa oleifera	सब्जी, चारा, दवाई
Maesopnis eminii	इमारती, छाया
Myristica fragrans, M. andamanica	मसाले, छाया, इमारती, ईंधन
Mussaenda frondosa, M. macrophylla	चारा, पलवार
Oroxylum indicum	चारा, इमारती, रंग, दवाई
Psidium guajava	फल, इमारती
Samanea saman	चारा, इमारती, ईंधन, नत्रजन स्थिरीकरण
Sesbania grandiflora	ईंधन, नत्रजन स्थिरीकरण, सब्जी
Tamarandus indica	फल, चारा, नत्रजन स्थिरीकरण
Trema orientalis, T. tomentosa	चारा, ईंधन, नत्रजन स्थिरीकरण

किस्म	उपयोग
फसल प्रजातियाँ (घासों सहित)	
Andropogan gayanus	चारा, मृदा संरक्षण
Brachiaria decumbens, B. mutica, B. ruziziensis	चारा, मृदा संरक्षण
Cinnamomum verum	छाल का मसाला, ईंधन
Coffee arabica, C. robusta	काफी
Cymbopogon flexuosus	तेल, मृदा संरक्षण
Desmodium ovalifolium	चारा, नत्रजन स्थिरीकरण, पलवार
Piper nigrum	मसाले
Pueraria phaseloides	मृदा को ढकने, चारा, नत्रजन स्थिरीकरण
Setaria anceps	चारा, मृदा संरक्षण
Syzgium aromaticum	मसाले, दवाई, तेल
Thea sinensis	पेय
Theobroma cacao	पेय
Zingiber officinalis	मसाले, अचार, दवाई

कृषि-वानिकी पद्धतियाँ (Agro-forestry Systems)

कृषि-वानिकी की प्रचलित पद्धतियों का विवरण निम्नवत है –

1. कृषि-वानिकी पद्धति (Agro-Forestry System) : यह एक दीर्घकालीन एकीकृत भूमि प्रबन्ध प्रणाली है जिसके अन्तर्गत पेड़ों की काष्ठीय प्रजातियों की खेती के विभिन्न घटक, चरागाह, पशुओं के साथ अथवा एक क्रम में एक ही भूखण्ड पर पारिस्थितिकीय संतुलन बनाये रखने के लिए एवं मनुष्यों की आवश्यकता की पूर्ति के लिए उगाया जाता है।

1250 बहुउद्देश्यीय पेड़ (सुबबूल एवं सफेदा) प्रति हैक्टेअर की दर से लगाये जाते हैं तथा उनकी समयानुसार कटाई-छँटाई की जाए तो पेड़ों में पाँच वर्षों में बढ़ोतरी तथा इनके साथ उगाई जाने वाली फसलों के उत्पादन पर कोई विपरीत प्रभाव नहीं पड़ता है। इसके अतिरिक्त पेड़ों की कटाई-छँटाई द्वारा पौष्टिक हरा चारा तथा जलाऊ लकड़ी भी प्राप्त होती है। बहुउद्देश्यीय पेड़ों की कटाई-छँटाई करने से प्रतिवर्ष सबसे अधिक उत्पादन 7.5 किग्रा. प्रति पेड़ सबबूल से प्राप्त होता है। इसके साथ-साथ यदि पाँचवी वर्ष में 40 प्रतिशत पेड़ों को काट लिया जाता है जिससे सबसे अधिक उत्पादन 66.9 टन प्रति हैक्टेअर सफेदा से प्राप्त होता है।

पश्चिमी राजस्थान के बारानी क्षेत्रों में बाजरा, उर्द, अरहर आदि को खेजरी (*Prosopis cineraria*) को साथ-साथ उगाने की कृषि-वानिकी बहुत ही प्रचलित पद्धति है। इस पद्धति में 25-40 पेड़ प्रति हैक्टेअर लगाये जाते हैं। इन पेड़ों की समयानुसार कटाई-छँटाई करते रहते हैं जिससे इसकी पत्तियों से हरा चारा एवं शाखाओं से जलाऊ लकड़ी मिलती है। इसके अतिरिक्त यह भी देखा गया है कि खेजड़ी के पास फसलों को उगाने से उत्पादन अधिक प्राप्त होता है।

किसानों के खेतों के किनारे विभिन्न प्रकार के बहुउद्देश्यीय पेड़ जैसे बबूल, रामकांटी, शीशम, सुबबूल, काला सिरस आदि पद्धतियाँ बहुत ही प्रचलित हैं।

2. वन–चरागाह पद्धति (Silvi-Pastoral System) : सीमान्त एवं बंजर भूमियों में वन चरागाह बहुत ही उपयुक्त एवं कम लागत वाली कृषि–वानिकी पद्धति है। वन चरागाह पद्धति स्थापित करने से भूमि का क्षरण रोका जा सकता है। इससे चारा तथा जलाऊ लकड़ी प्राप्त होती है।

साधारणत: वन–चरागाह पद्धति में चराई चौथे वर्ष से प्रारम्भ करते हैं जिससे पौधे अच्छी तरह से स्थापित हो जाए तथा जानवरों जैसे भेड़ तथा बकरी को दूसरी वर्ष में चराने हेतु छोड़ दिया जाए तो उन्हें पर्याप्त मात्रा में खाने के लिए चारा तथा पेड़ों की हरी पत्तियाँ मिलती रहती हैं। इस पद्धति में 400 पौधे सुबबूल, 200 पौधे नूतन तथा 200 पौधे काला सिरस के एक हैक्टेअर में लगाये जाते हैं। इन पेड़ों के मध्य में धवलू घास तथा स्टाइलोजेन्थस हमाटा तथा स्टाइलोजेन्थस स्क्रेबरा भी उगाया जाता है।

वन–चरागाह के स्थापना के दूसरे वर्ष 7 टन प्रति हैक्टेअर सूखा चारा प्राप्त होता है जबकि चरागाह का उत्पादन केवल 3.6 टन हरा चारा प्रति हैक्टेअर पाया गया। इसी प्रकार 6 भेड़ों और 8 बकरों को चरने के लिए स्थापित वन–चरागाह और प्राकृतिक चरागाह में छोड़ा गया तो वन–चरागाह से भेड़ों एवं बकरी के बजन में क्रमश: 60.7 एवं 41.0 ग्राम प्रतिदिन वृद्धि हो जाती है जबकि प्राकृतिक चरागाह में चरने वाली भेड़ों एवं बकरों के वजन में क्रमश: 34.6 एवं 17.1 ग्राम प्रतिदिन वृद्धि हुई। इस प्रकार वन–चरागाह पद्धति से माँस तथा ऊन के उत्पादन के साथ–साथ जलाऊ लकड़ी भी प्राप्त होती है।

3. कृषि–उद्यानिकी पद्धति (Agri-horticulture System) : इस पद्धति में फसलों के साथ केवल फलदार वृक्ष ही लगाये जाते हैं अत: इस पद्धति से प्रति इकाई क्षेत्र में अधिक शुद्ध लाभ प्राप्त होता है जैसे आँवला के साथ मसूर, चना, मटर फसल प्रणाली कृषि–उद्यानिकी पद्धति कहलाती है।

इस पद्धति में बेर (*Zyzyphus mauriciana*), पोमग्रेनेट (*Punica granatum*), अनोना (*Anona squamosa*), आम (*Mangifera indica*) एवं आँवला (*Emblica officinalis*) आदि को शुष्क तथा अर्द्ध शुष्क क्षेत्रों में उगाया जाता है। महुआ (*Medhuca indica*), करोंधा (*Carca carduns*), जामुन (*Syzygium cumini*) आदि को बंजर भूमियों में उगाया जाना उपयुक्त होता है। इसी प्रकार क्षारीय भूमियों में फालसा, बेर, अमरुद, अनार, आँवला, जामुन, बेल, आम, करोंदा, शहतूत आदि को उगाया जा सकता है। उपरोक्त फलदार वृक्षों को शुष्क, अर्द्धशुष्क, बंजर, क्षारीय आदि भूमियों में जहाँ पर खेती करना लाभप्रद नहीं होता है वहाँ पर फलदार वृक्ष उगाये जा सकते हैं।

इस पद्धति में फलदार पेड़ों को फसलों के साथ कई विधियों द्वारा उगाया जा सकता है। फलदार वृक्षों की बाड़ जैसे करोंदा, फालसा, शहतूत को खेत की मेड़ों पर तथा खेत में फसल तथा फलदार वृक्षों को घास चारा वाली फसलों के साथ उगाया जा सकता है। इस प्रकार फसलों को फलदार पेड़ों के साथ उगाने से प्रत्येक ऋतु में कुछ न कुछ आमदनी मिल जाती है। इन वृक्षों की कटाई करने से हरा चारा तथा जलाऊ लकड़ी समय–समय पर प्राप्त होती रहती है। तराई क्षेत्रों में जहाँ पर ढलान होता है ऐसी स्थिति में खासी मेन्डरीन के साथ मूँगफली, धान, अदरक, हल्दी आदि की खेती की जाती है। रोपण फसलें जैसे नारियल के वृक्षों के साथ काली मिर्च उगाना अधिक लाभप्रद है। जम्मू–कश्मीर में सेव, आड़ू तथा आलमन्ड के साथ दलहनी फसलों एवं सब्जियों की खेती की जाती है। घरेलू बगीचे में आम, अमरुद, बेर, फालसा के साथ फूल तथा सब्जियों को उगाने से अधिक आमदनी प्राप्त हो जाती है।

4. कृषि–वन–चरागाह पद्धति (Agri-silvi-pastoral system) : पेड़, घास, दलहनी चारा एवं फसलों की एकीकृत योजना के अनुसार एक साथ उगाना और उनका प्रबन्धन जिसमें पशुधन, फल, वन एवं कृषि को वानिकी के साथ–साथ ही उगाया जा सके, उसे कृषि वन चरागाह कहते हैं। इस पद्धति में भूमि कटाव रोकने, उर्वरता बढ़ाने और भूमि एवं जल संरक्षण के अतिरिक्त लकड़ी, चारा, अन्न, फल तथा चराई के साधनों का विकास होता है।

गहरी–गहरी घाटियों में बहुपयोगी पेड़ों का चयन तथा वृक्षारोपण आवश्यक है। साथ ही घास एवं बीहड़ों की भूमियाँ कंकरीली तथा सूखी होती है। वहीं पर नीचे की घाटी में ऊसर भूमि पाई जाती है इसलिए इन सभी स्थानों पर

वानस्पतिक वर्गीकरण भूमि की विविधता के अनुरूप ही इनका विकास किया जाना चाहिए। तालिका 14.5 में बीहड़ क्षेत्रों में उपयुक्त पेड़, घास तथा दलहनी घासों की प्रजातियों का विवरण दर्शाया गया है।

तालिका 14.5 : विभिन्न बीहड़ क्षेत्रों के लिए उपयोगी पेड़, घास तथा दलहनी वर्ग की प्रजातियाँ

अर्द्ध शुष्क एवं शुष्क क्षेत्र	यमुना एवं चम्बल के बीहड़	अधिक वर्षा वाले नम क्षेत्र
पेड़	अकेसिया निलोटिका	*अकेसिया निलोटिका*
अकेसिया निलोटिका	अकेसिया टारटेलिस	*प्रोसोपिस जूलीफ्लोरा*
अकेसिया टारटेलिस	प्रोसोपिस जूलीफ्लोरा	*सेस्बेनिया सेस्बान*
प्रोसोपिस जूलीलोरा	डलबर्जिया सिस्सो	*सिजिगयम कुमिनी*
सेस्बेनिया सेस्बान	केसिया आरीकुलेटा	*अकेसिया आरीकुलीफार्मिस*
डाइक्रोस्टोकिस सिनेरिया	सेस्बेनिया सेस्बान	
घास		
घास		
सेन्क्रस सिलियेरिस	सेन्क्रस सिलियेरिस	*क्राश्रियोक्लोरा इंटरमीडिया*
डाइकेन्थियम एन्यूलेटम	क्रोसोपोगोन फलवस	*डाइकेन्थियम एन्यूलेटम*
पेनीसिटम पेडीसिलेटम	डाइकेन्थियम एन्यूलेटम	*पेनीकम एन्टीडोटेल*
क्राश्रियोक्लोआ इंटरमीडिया	यूरोक्लोआ स्पसीज	*पेनीसिटम पेडीसिलेटम*
क्लोरिस गायना	पेनीसिटम पेडीसिलेटम	*क्लोरिस गायना*
दलहनी वर्ग		
स्टाइलोजेन्थिस हमाटा	स्टाइलोजेन्थिस हमाटा	*डेसमोडियम एनूसिनेटम*
स्टाइलोजेन्थिस विसकोसा	स्टाइलोजेन्थिस विसकोसा	*स्टाइलोजेन्थिस गुआनेन्सिस*
इन्डिगोफेरा स्पसीज	इन्डिगोफेरा स्पसीज	*डालीकस लबलब*
फेजियोलस ट्राईलेक्स	फेजियोलस ट्राईलेक्स	

बीहड़ी क्षेत्रों में इस कार्य को करने के लिए समय और जन सहयोग को ध्यान में रखते हुए हवाई जहाज से बीजीकरण एक प्रभावी तकनीकी है। इसमें घासों, दलहनी तथा पेड़ों को मिट्टी, कल्चर एवं खाद के मिश्रण के साथ गोलियाँ बना लेते हैं। इस प्रकार लगभग 20 किलोग्राम बीज प्रति हैक्टेअर की दर से बुआई करते हैं। एक बार में यह जहाज 600 किलोग्राम बीज लेकर भूमि पर बिखेरते हैं और लगभग 500 हैक्टेअर क्षेत्रफल एक दिन में पूरा कर लेते हैं। इस कार्य में बीजों का चुनाव, ठीक समय पर गोलियों को बनाना एवं उचित समय पर छिड़काव करना बहुत ही आवश्यक है। इस विधि द्वारा घास के बीजों की बुआई उन स्थानों पर करना उपयुक्त है जहाँ पर घास का पौध रोपण करने पर वानस्पतिक आच्छादन बहुत ही शीघ्रता से होता है।

उन क्षेत्रों में जहाँ पर चारे की बहुत कमी रहती है वहाँ पर वन–वृक्ष–चरागाह पद्धति बहुत ही उपयोगी होती है। इस पद्धति में चारे वाले वृक्षों के नीचे घास अथवा दलहनी घासों को एक साथ उगाने से हरे चारे की समस्या का मूलभूत तरीके से समाधान किया जा सकता है। इसके अतिरिक्त जलाने के लिए पर्याप्त मात्रा में ईंधन मिलने से गोबर की खाद का प्रयोग करने पर विशेषकर शुष्क क्षेत्रों में मृदा की उर्वरता तथा जल धारण क्षमता में वृद्धि हो जाने से उत्पादन में भी वृद्धि हो जाती है। इस पद्धति में सुबबूल की सिल्वी 4 प्रजाति के वृक्षों को पाँचवें वर्ष काटे जाने के पश्चात् 31.9 किग्रा. प्रति वृक्ष

उत्पादन प्राप्त हुआ। डाइक्रोस्टेक्यस साइनेरिया, सुबबूल की के-8 किस्म, फेडरविया एल्विडा तथा मेलिया की प्रजातियों की उन्नत चरागाह में सर्वाधिक संजीवता पाई गई। बबूल युक्त वन चरागाह से प्राप्त जैव उत्पादन से भूमि की न केवल जैव उत्पादन क्षमता में वृद्धि होती है बल्कि उत्तम किस्म का हरा चारा भी प्राप्त किया जा सकता है।

5. उद्यानिकी-चरागाह पद्धति (Horti-pastoral system) : कृषि के लिए अनुपयुक्त भूमियाँ जैसे बंजर, परती, खराब पड़ी भूमियों पर फलदार पौधों को चरागाह के साथ मिश्रित रूप में बोने पर अधिक आय एवं जानवरों को पौष्टिक चारा तथा मनुष्यों को अन्न उपलब्ध होता है। इस पद्धति में ऐसे फलदार वृक्षों का चयन किया जाता है जिन्हें कृषि अयोग्य भूमियों में आसानी से उगाया जा सके। साथ ही साथ घासों एवं दलहनी घासों को इस प्रकार से उगाना चाहिए जो आपस में प्रतिस्पर्धा न करे। चरागाह के साथ बेर सर्वोत्तम फलदार वृक्ष है, क्योंकि यह शुष्क भूमियों में आसानी से उगाया जा सकता है। कुछ वृक्ष इमली, जामुन, आँवला, बेल, शरीफा आदि अधिक उपयोगी होते हैं। चरागाह के मिश्रित रूप में घासें जैसे अंजन घास, सांवा, लम्पा घास आदि को शुष्क क्षेत्रों में आसानी से उगाया जा सकता है।

6. वीथिका सस्योत्पादन (Alley cropping) : इस पद्धति में वार्षिक फसलों के साथ-साथ उपयुक्त प्रजाति के पेड़-पौधे खेत में पंक्तियों में उगाये जाते हैं। इससे फसलों की वृद्धि के लिए उपयुक्त वातावरण मिलता है वहीं साथ-साथ पेड़ों से प्राप्त उत्पादों से किसानों की आर्थिक स्तर सुदृढ़ होती है। पेड़ों की कांट-छांट समय-समय पर करते रहने से फसलों के साथ प्रतियोगिता कम हो जाती है। खेजड़ी, सुबबूल, सेंवरी, शहतूत, खैर, बहुवर्षीय ढैंचा अथवा अरहर आदि वृक्ष वीथिका सस्योत्पादन के लिए उपयुक्त हैं।

इस पद्धति का मुख्य उद्देश्य ऐसे समय में चारे की उपलब्धता सुनिश्चित कराना होता है जब चारे की कमी होती है। पौधों की कटाई-छंटाई करके हरा एवं पौष्टिक चारा प्राप्त किया जा सकता है और फसल की बढ़वार भी अच्छी होती है। इस पद्धति से शुष्क भूमियों में झाड़ियों की कटाई-छंटाई से प्राप्त वानस्पतिक भागों को पलटवार के रूप में प्रयोग करने पर मृदा में नमी का संरक्षण होता है। शुष्क भूमियों में इन झाड़ियों का प्रयोग पलवार के रूप में करने से मृदा में पत्तियाँ, टहनियाँ आदि सड़ जाने से मृदा में कार्बनिक पदार्थ की वृद्धि हो जाने से उर्वरा शक्ति में वृद्धि हो जाती है। कुछ प्रमुख वीथी सस्योत्पादन पद्धतियाँ निम्न हैं -

सुबबूल + ज्वार + ग्वार / लोबिया

यूकेलिप्टस + ज्वार/लोबिया/सेम

सेवरी + ज्वार

बहुवर्षीय अरहर + ग्वार/लोबिया/ज्वार/मूँग

7. शुष्क उद्यानीकरण (Dry Horticulture) : शुष्क क्षेत्रों की विषम परिस्थितियों में उत्पादन में स्थिरता लाने के कारण शुष्क उद्यानीकरण पद्धति बहुत ही लोकप्रिय है। इस पद्धति में शुष्क क्षेत्रों में वृक्षों, फसलों, घास, दलहनी घास, चारा फसलों, फलदार वृक्षों में विभिन्न सम्मिश्रणों को उगाया जाता है। शुष्क उद्यानीकरण द्वारा भूमि एवं अन्य संसाधनों का समुचित उपयोग किया जा सकता है।

शुष्क क्षेत्रों में सूखा पड़ने से फसलें लगभग पूर्ण रूप से नष्ट होने की सम्भावना रहती है। इस पद्धति द्वारा पूर्व वर्ष में प्राप्त वर्षा एवं संरक्षित नमी का पूर्ण सदुपयोग करके फसलों को लम्बी अवधि तक उत्पादन देने की क्षमता में भी वृद्धि होती है।

पेड़ तथा झाड़ी : कीकर, केर, नीम, बोरड़ी, स्पानेरम।

फलों द्वारा व्यक्तियों को कुछ नकदी भी मिल जाती है। इसके अतिरिक्त जानवरों के लिए चारा, लकड़ी, ईंधन आदि भी मिलता है तथा खाली मौसम में बेरोजगार युवकों को रोजगार भी मिलता है। शुष्क उद्यानीकरण पद्धतियाँ निम्न हैं -

तालिका 14.6 : शुष्क उद्यानीकरण पद्धतियाँ

क्र.सं.	फलदार वृक्ष	फसलें
1.	बेर/अमरुद + आम / इमली (4:1 अनुपात)	एम पी चरी, ज्वार
2.	अनार + आँवला	बाजरा, लोबिया
3.	शरीफा / फालसा + बेल/जामुन	ज्वार, जापानी सरसों
4.	करौंदा + फालसा + बेर/आँवला	जई, सेंजी, चना, जौ
5.	अनार / फालसा + आँवला	घासें
6.	नींबू + आँवला	

8. कृषि–वानिकी उद्यानिकी पद्धति (Agri-Silvi-horticulture System) : इस पद्धति में फलदार वृक्षों के साथ बहुउद्देश्यीय वृक्षों तथा फसलों को सम्मिलित किया जाता है। इससे फल तथा खाद्यान्न के अतिरिक्त ईंधन, चारा तथा इमारती लकड़ी प्राप्त होती है। इस पद्धति में बहुउद्देश्यीय वृक्षों को खेत की मेड़ों पर उगाते हैं खेत में लगाये गये फलदार वृक्षों तथा फसलों को गर्म हवाओं तथा जानवरों से रक्षा करते हैं। इस पद्धति में शीघ्र वृद्धि करने वाले बहुउद्देश्यीय वृक्ष जैसे सबबूल को उगाते हैं जिसकी नियमित अन्तराल पर कटाई–छँटाई आदि करने से पौष्टिक चारा तथा ईंधन प्राप्त होता रहता है।

9. प्रक्षेत्र पर बाड़ के रूप में पेड़ लगाना (Farm boundary plantations) : इस पद्धति द्वारा बहुउद्देश्यीय वृक्ष जैसे सुबबूल, खेजड़ी, नीम, यूकेलिप्टस आदि तथा फलदार वृक्ष जामुन, आम, अमरुद आदि को खेत के चारों तरफ लगाया जाता है। उत्तर भारत में खेत की मेड़ों के चारों तरफ पोपलर तथा यूकेलिप्टस वृक्षों को उगाना अति लोकप्रिय है। इस प्रकार खेत में विभिन्न प्रकार की फसलों को उगाया जाता है। इस पद्धति से ईंधन, चारा, फल, इमारती लकड़ी तथा उद्योगों के लिए कच्चा माल प्राप्त हो जाता है। खेत के चारों तरफ पेड़ लगाने से तेज हवा चलने से फसलों में नुकसान तथा जानवरों से फसल की सुरक्षा भी हो जाती है।

10. कृषि–मत्स्य पालन पद्धति (Agri-pissiculture system) : अधिक वर्षा वाले क्षेत्रों तथा जल भराव वाली भूमियों में कृषि–मत्स्य पालन विधि बहुत ही लोकप्रिय तथा उपयोगी है। पश्चिम बंगाल के तराई के क्षेत्रों में जहाँ पर 7–8 महीने लगातार वर्षा होती है वहाँ पर निचले क्षेत्रों की भूमियों में धान के खेतों में मत्स्य पालन करना आर्थिक दृष्टि से बहुत ही लाभकारी है। इसी प्रकार नदियों के किनारे की स्थिति बाढ़ प्रभावित निचली भूमियों में धान की फसल के साथ मत्स्य पालन सुगमतापूर्वक किया जा सकता है। इस पद्धति में मछलियों की शीघ्र बढ़ने वाली प्रजातियों का प्रयोग करना चाहिए।

11. स्थानान्तरी खेती (Shifting cultivation / Slash and burn system) : कृषि का विकास मुख्यत: स्थानान्तरी खेती द्वारा हुआ है। इस पद्धति के अन्तर्गत प्राचीनकाल में मनुष्य जंगलों को काटकर खेती करते थे। इस प्रकार से जब तक फसलों की भरपूर उपज मिलती रहती थी तब तक खेती करते थे। भूमि की उर्वरा शक्ति में कमी आ जाने पर वहाँ की भूमि को छोड़कर किसी अन्य स्थान पर जंगलों को साफ करके खेती करने लगते थे। पूर्व में 10–20 वर्षों तक खेती करते थे परन्तु बाद में 2–5 वर्षों तक खेती करने लगे। इसके अतिरिक्त यह पेड़ों के मध्य खाली स्थान पर फसलों की अन्त:फसल पद्धति भी अपनाते थे। जनसंख्या के अधिक दबाव के कारण धीरे–धीरे स्थानान्तरी खेती का महत्व घटता गया और स्थाई खेती का जन्म हुआ। यह पद्धति पहाड़ी क्षेत्रों तथा पूर्वोत्तर क्षेत्रों तथा पूर्वोत्तर भारत में विशेष रूप से अपनाई जा रही है।

12. टोन्या पद्धति (Taungya System) : खेती की टोन्या स्थानान्तरी खेती का सुधरा रूप है। इस पद्धति में स्थानान्तरी खेती को एक संरक्षित तथा क्रमबद्ध रूप में जंगलों में फसलें उगाई जाती है। टोन्या शब्द को बर्मा में 1850 में

अपनाया गया जिसका अर्थ टोंग (Taung) = पहाड़ी (Hill) तथा या (Ya) का अर्थ खेती (Cultivation) से है। भारतवर्ष में टोन्या का प्रचलन 1890 से उत्तरप्रदेश के पहाड़ी क्षेत्रों तथा पूर्वोत्तर भारत में किया गया। दक्षिण भारत में टोन्या खेती को कुमारी (Kumari) नाम से जाना जाता है। टोन्या पद्धति द्वारा खेती 1200–1500 मिमी. वर्षा वाले क्षेत्रों में की जाती है। इस पद्धति में फसलों को पेड़ों के मध्य क्रमबद्ध रूप में उगाया जाता है।

13. वायु रोकने की पद्धति (Wind break) : यह कृषि–वानिकी की एक पद्धति है जिसको देश में लगभग 100 वर्षों से अपनाया जा रहा है जिसका मुख्य उद्देश्य शुष्क क्षेत्रों में हवा को रोकने जिससे वायुक्षरण से फसल की सुरक्षा हो सके। जिस दिशा से हवा का प्रवाह अधिक होता है उस दिशा में शीघ्र बढ़ने वाली पेड़ों तथा झाड़ियों को उगाया जाता है जिससे इमारती लकड़ी, ईंधन, अन्न, चारा, फल आदि मिलता है।

14. शेल्टर बेल्ट (Shelter Belt) : इस पद्धति में खेत के चारों तरफ वृक्षों तथा झाड़ियों को उगाया जाता है जिससे वायु प्रवाह, बर्फ, शीत आदि से फसलों की सुरक्षा हो जाती है।

✦

15

शुष्क कृषि
(DRYLAND AGRICULTURE)

शुष्क खेती का तात्पर्य फसल उगाने की ऐसी विधि जहाँ पर संरक्षित मृदा नमी पर फसलें उगाई जाती हैं। शुष्क कृषि में फसल को उगाने के समय मृदा में नमी की कमी रहती है। देश के कुल 142.2 मिलियन हैक्टेअर क्षेत्रफल पर खेती की जाती है जिसमें से 94.8 मिलियन क्षेत्र सिंचित है। ऐसा अनुमान है कि देश में सिंचाई के साधनों का भरपूर विकास कर दिया जाए फिर भी 50 प्रतिशत क्षेत्र असिंचित ही रहेगा। इस प्रकार देश के कुल खाद्यान्न उत्पादन का 56 प्रतिशत भाग वर्षाधीन/असिंचित क्षेत्रों द्वारा उत्पन्न किया जाता है। वर्षाधीन क्षेत्रों पर देश की कुल आबादी का 40 प्रतिशत जनसंख्या का भरण पोषण का भार है। देश में 91 प्रतिशत मोटे अनाज, 80 प्रतिशत दलहनी तथा 65 प्रतिशत क्षेत्र में कपास असिंचित/वर्षाधीन क्षेत्रों में पैदा किया जाता है। देश में उपलब्ध कुल पशु संख्या का दो-तिहाई (458 मिलियन) पशु वर्षाधीन फसलों द्वारा पोषित किये जाते हैं। अत: भारतीय अर्थव्यवस्था एवं खाद्यान्न की उपलब्धता में शुष्क/बारानी कृषि का महत्वपूर्ण योगदान है।

देश की बारानी क्षेत्रों की समस्याएं अनेक एवं जटिल हैं-

1. देश की लगातार बढ़ती जनसंख्या के लिए खाद्यान्न की उपलब्धता।
2. इस क्षेत्र के अधिकांश कृषकों की आर्थिक स्थिति खराब है। जनसंख्या के अधिक दबाव तथा लगातार खेती के कारण बारानी क्षेत्रों की भूमियों की उत्पादकता कम हो गई है जिसके कारण कृषक खादों तथा रासायनिक उर्वरकों का प्रयोग नहीं कर पाते हैं।
3. इन क्षेत्रों की वर्षा सीमित, अनियमित तथा अपर्याप्त होती है। कभी-कभी इन क्षेत्रों में वर्षा इतनी कम होती है कि अनाज के साथ-साथ चारा भी नहीं पैदा होता है जिससे अकाल की स्थिति उत्पन्न हो जाती है।

भारत में शुष्क खेती की अवधारणा का विकास
(Conceptual development of dryland agriculture in India)

भारत में बारानी/शुष्क खेती के विकास का अध्ययन करने से पता चलता है कि पहले अकाल अथवा सूखा पड़ने की समस्या का कोई समाधान नहीं था, सिवाय यह कि अकाल पड़ने वाले क्षेत्रों में राहत सामग्री पहुँचा दी जाए। परन्तु वर्तमान समय में सूखा सहिष्णु प्रजातियाँ एवं उन्नत तकनीकों से इस समस्या का काफी हद तक निदान किया जा सकता है। इस प्रकार बारानी खेती उन्नत तकनीकों, प्राकृतिक सम्पदाओं तथा विशेषकर मृदा नमी के सर्वोत्तम उपयोग पर आधारित है।

भारत में शुष्क क्षेत्रों की कृषि समस्याओं का निराकरण करने के लिए सन् 1923 में मुम्बई प्रान्त के कृषि निदेशक डॉ. एच.एस. मान ने इस दिशा में अनुसंधान का बीड़ा उठाया। इसके पश्चात् यह कार्य मृदा भौतिकी वैज्ञानिक

डॉ. बी.ए. ताम्हने द्वारा पूना स्थित मंजरी फार्म पर किया। सन् 1926 में डॉ. एन.वी. कानितकर ने इस फार्म को आगे बढ़ाया। ताम्हने से प्राप्त परिणामों के आधार पर उन्होंने कहा कि यह एक बड़ी जटिल समस्या है जिसमें वर्षा के पानी का विकास, मृदा के गुणों, पौधों को जल की आवश्यकता आदि समस्याएं निहित हैं इन्होंने एक बड़े पैमाने पर परियोजना को सलाह दी जिसको भारतीय कृषि अनुसंधान परिषद् ने स्वीकार करते हुए शुष्क खेती पर अनुसंधान के लिए पाँच केन्द्रों शोलापुर तथा बीजापुर (1933 में), हगारी तथा रायचूर (1934 में) तथा रोहतक (1935 में) बारानी खेती पर कार्य प्रारम्भ किया। इन अनुसंधान केन्द्रों के दस वर्ष के अनुसंधान परिणामों के आधार पर इस क्षेत्र के लिए बारानी खेती की उन्नत विधियाँ जैसे मृदा तथा जल संरक्षण की तकनीक, हर तीन वर्ष में एक गहरी जुताई तथा समोच्च रेखा में मेड़ बनाना, प्रत्येक तीन वर्षों में गोबर की खाद का प्रयोग, अधिक उपज देने वाली उन्नतशील प्रजातियों का प्रयोग, कम बीज दर, खरपतवार नियंत्रण के लिए निराई-गुड़ाई करना, पंक्तियों की दूरी बढ़ाना, मिश्रित खेती करना तथा उचित फसल चक्र अपनाना आदि तकनीकें सुझाई गई। इन उन्नत तकनीक को अपनाने से फसलों की उपज में 15-20 प्रतिशत की वृद्धि हुई। इसके पश्चात् भी बारानी खेती की उपज क्षमता सिंचित क्षेत्रों की उपज से बहुत कम थी। देश की स्वतंत्रता के पश्चात् 1954 में 8 जगहों पर मृदा संरक्षण केन्द्र बनाये गये जो कि देहरादून, आगरा, चंडीगढ़, कोटा, बासद, बिलारी, इब्राहिम पटनम तथा उटकमन्ड में स्थित थे। इन केन्द्रों की स्थापना से शुष्क खेती पर अनुसंधान के लिए काफी बल मिला। तीसरी पंचवर्षीय योजना में शुष्क कृषि की एक विस्तृत कार्य योजना बनाई गई जिसका क्रियान्वयन चौथी पंचवर्षीय योजना में शुरु हुआ। 18 जून, 1970 को अखिल भारतीय बारानी खेती अनुसंधान परियोजना के 23 केन्द्रों पर अनुसंधान कार्य शुरु किया गया। इसके पश्चात् 1972 में अन्तर्राष्ट्रीय शुष्क तथा अर्द्ध शुष्क फसल अनुसंधान संस्थान की हैदराबाद में स्थापना हुई। सन् 1985 में केन्द्रीय बारानी कृषि अनुसंधान संस्थान की भी हैदराबाद में स्थापना हुई, यहाँ पर किये गये अनुसंधान से कई तकनीक उभर कर आई जो शुष्क कृषि की उपज बढ़ाने में काफी लाभदायक सिद्ध हुई। शुष्क खेती से सम्बन्धित कुछ प्रमुख घटनायें निम्न हैं-

1920	रॉयल कमीशन ऑन एग्रीकल्चर द्वारा समस्याग्रस्त क्षेत्रों के विकास पर बल
1923	मंजरी में शुष्क खेती अनुसंधान केन्द्र की स्थापना
1933	शोलापुर तथा बीजापुर में शुष्क कृषि अनुसंधान केन्द्र की स्थापना
1934	हगारी एवं रायचुर में शुष्क कृषि अनुसंधान केन्द्र की स्थापना
1935	रोहतक में शुष्क कृषि अनुसंधान केन्द्र की स्थापना
1944	श्री के.वी. कानित्कर द्वारा शुष्क कृषि पर विस्तृत लेख प्रकाशित
1953	केन्द्रीय भूमि संरक्षण परिषद् की स्थापना
1970	अखिल भारतीय बारानी कृषि अनुसंधान परियोजना (ICRIPDA) की स्थापना तथा 23 शुष्क कृषि अनुसंधान केन्द्रों की स्थापना
1972	शुष्क खेती के लिए अन्तर्राष्ट्रीय अनुसंधान केन्द्र (ICRISAT) की हैदराबाद में स्थापना
1976	शुष्क कृषि परिचालन अनुसंधान परियोजना (ORP's) की स्थापना
1983	अखिल भारतीय समन्वित मौसम अनुसंधान परियोजना, हैदराबाद में स्थापित तथा इसके अन्तर्गत 25 केन्द्र कार्यरत है।
1984	विश्व बैंक के सहयोग से चार राज्यों में शुष्क भूमि विकास परिषद् की स्थापना
1985	केन्द्रीय बारानी कृषि अनुसंधान संस्थान की हैदराबाद में स्थापना
1998	वर्षाधीन कृषि पारिस्थितिकी प्रणाली के उत्पादन वृद्धि हेतु राष्ट्रीय परियोजना (NATP) की स्थापना।

शुष्क खेती की परिभाषा (Definitions of dryland agriculture)

शुष्क कृषि को निम्नलिखित रूप से परिभाषित किया गया है –

अराकेरी के अनुसार – ''शुष्क कृषि एक उन्नत पद्धति है जिसके अन्तर्गत आर्थिक दृष्टि से फसलों की अधिक उपज प्राप्त करने के लिए, उन क्षेत्रों में जहाँ पर वर्षा कम एवं असमय होती है, भूमि पर उपलब्ध संचित नमी के आधार पर की जाती है।''

आनन्द के अनुसार – ''शुष्क खेती एक भूखण्ड विशेष पर भूमि व फसल प्रबन्ध का एक कार्यक्रम है जिसके अन्तर्गत मृदा नमी का अधिकतम संरक्षण किया जाता है।''

''शुष्क खेती उत्तम भूमि प्रबन्ध एवं उन्नतशील कृषि क्रियाओं को अपनाने का एक कार्यक्रम है जो भूमि में अधिकतम नमी को संचित करने में सहायक है जिससे सफल फसलोत्पादन प्राप्त किया जा सके।''

''फसल उत्पादन की वह विधि, जो फसल अवधि में वर्षा के पानी से पूर्णतया अथवा 800 मिमी से कम वर्षा वाले क्षेत्रों में नमी संचय से है एवं फसल अपने जीवन चक्र में कम से अत्यधिक नमी की कमी को सहन करती है, शुष्क कृषि कहलाती है।''

''वर्षा पर आधारित फसलों को उगाने की वह तकनीक जहाँ पर वर्षा को विभिन्न प्रकार से उपयोग अथवा संरक्षित करके की जाती है, शुष्क खेती कहलाती है''।

''ऐसी भूमियों पर जहाँ कि वार्षिक वर्षा 20 इंच या इससे कम हो, बिना सिंचाई के उपयोगी फसलों से आर्थिक उत्पादन लेना ही शुष्क कृषि कहलाता है।''

प्राय: शुष्क खेती (Dry farming), शुष्क भूमि कृषि (Dry land agriculture) तथा वर्षाधीन खेती (Rainfed agriculture) एक समान स्थिति को व्यक्त करते हैं परन्तु इन शब्दों में समानता इतनी है कि यह तीनों समानार्थी शब्द में सिंचाई की कोई व्यवस्था नहीं होती है। इस प्रकार तीन शब्दों की अवस्थाएं निम्न हैं –

शुष्क खेती (Dry farming)

750 मिमी. से कम वार्षिक वर्षा वाले क्षेत्रों में अपनाई जाने वाली कृषि पद्धति को शुष्क खेती कहते हैं। इस प्रकार की परिस्थिति मरुस्थलीय क्षेत्रों में फसलों के लिए 75 दिन से कम वृद्धि काल उपलब्ध रहता है। फसल के जीवनकाल में फसलों का सूख जाना एक सामान्य घटना है। इन क्षेत्रों में सफल फसलोत्पादन के लिए मृदा नमी संरक्षण करना अत्यन्त आवश्यक होता है।

शुष्क भूमि कृषि (Dryland agriculture)

शुष्क भूमि कृषि के अन्तर्गत वह क्षेत्र आता है जहाँ पर औसत वार्षिक वर्षा 750–1150 मिमी के मध्य होती है। इन क्षेत्रों में भी फसल अपरिपक्व अवस्था में सूख जाती है। इनमें अर्द्ध शुष्क (Semi-arid) क्षेत्र आते हैं जहाँ पर फसलों के पकने के लिए 75 से 120 दिन का समय मिलता है। इन क्षेत्रों में कम समय में पकने वाली फसलों का उगाकर अधिकतम फसलोत्पादन प्राप्त किया जा सकता है। इन क्षेत्रों में वर्षा जल का संचयन करके एक जीवनदायी सिंचाई (Life saving) करके अधिक उपज प्राप्त की जा सकती है। इसके अतिरिक्त नमी संरक्षण की विधियों को अपनाने से भी सफलतापूर्वक फसलें उगाई जा सकती हैं।

वर्षाधीन खेती (Rainfed agriculture)

जिन क्षेत्रों में वर्षा 1150 मिमी से अधिक होती है वहाँ पर वर्षाधीन खेती की जाती है। इन क्षेत्रों में फसलों को उगाने से फसल सूखती नहीं है। इन क्षेत्रों में वर्षा की उपयुक्त मात्रा सफल फसलोत्पादन के लिए उपलब्ध होती रहती है। वर्षाधीन खेती के अन्तर्गत मुख्यत: समुद्र के किनारे तथा उत्तर-पूर्वी भारत के क्षेत्र आते हैं।

इस प्रकार उपरोक्त तीनों प्रकार की कृषि पद्धतियों में सिंचाई का कोई स्थान नहीं है। शुष्क खेती तथा शुष्क भूमि कृषि में सफल फसलोत्पादन के लिए मृदा जल संरक्षण, खादों एवं उर्वरकों का उचित मात्रा एवं समय पर प्रयोग, फसलों की किस्म तथा प्रजातियाँ, फसल प्रणाली आदि प्रमुख हैं जबकि वर्षाधीन खेती में मृदा अपरदन, उत्पादन के उपादानों का सही प्रयोग तथा उचित जलनिकास द्वारा अधिक से अधिक उत्पादन प्राप्त किया जा सकता है।

इस प्रकार शुष्क क्षेत्रों की निम्न विशेषताएँ होती हैं –

- वर्षा कम तथा असमान वितरण।
- वाष्पीकरण की अधिक (200–250 सेमी वार्षिक) मात्रा।
- वर्षा की अनिश्चितता तथा वर्षा के मध्य में काफी अन्तराल।
- जल अपवाह (Runoff) की अधिकता।

बारानी खेती के विशेषताएँ (Characteristic of dryland agriculture)

बारानी खेती में निम्न विशेषताएँ हैं –

1. अनियमित तथा कम वार्षिक वर्षा।
2. वृहद जलवायु से नुकसान।
3. मृदा सतह ऊँची–नीची अथवा ऊबड़ खाबड़।
4. विरली कृषि।
5. अपेक्षाकृत खेतों का आकार बड़ा।
6. एक ही प्रकार की फसलों की कम वृद्धि एवं विकास।
7. बहुत कम उपज।
8. कृषि उपज का खराब विपणन।
9. कृषकों की आर्थिक स्थिति तथा जानवरों का खराब स्वास्थ्य।
10. मनुष्यों को खाने के लिए अनाज की कमी।

बारानी खेती की समस्याएं (Constraints associated with dryland agriculture)

इस प्रकार की खेती में काफी अधिक परेशानियाँ होने के कारण मुख्यत: चार वर्गों जैसे जलवायुवीय, मृदा, तकनीकी तथा सामाजिक एवं आर्थिक कारकों के रूप में विभक्त किया गया है, जो निम्न हैं –

(अ) जलवायुवीय कारक (Climatic factors) :

1. वर्षा की बहुत कम मात्रा : सामान्यत: फसलोत्पादन के लिए एक अथवा दो बार सूखा पड़ता है।
2. अधिक वाष्पो–उत्स्वेदन – 2430 मिमी
3. अत्यधिक तापमान – 49 डिग्री सेन्टीग्रेड तक तापमान
4. अधिक सौर किरणें।
5. अधिक तेज हवा जिसके कारण वायु क्षरण अधिक होता है।
6. कम सापेक्ष आर्द्रता।
7. वृहद जलवायु नुकसान जैसे सूखा, पाला, चक्रवात, लू आदि।

(ब) भूमि सम्बन्धी कारक (Edaphic factors)

1. खराब तथा सीमान्त भूमि जिनकी भूमि की उर्वरता तथा उत्पादकता में बहुत कमी।
2. ऊँची–नीची सतह जिससे भूमि क्षरण अधिक होना।

तालिका 15.1 : शुष्क भूमि कृषि तथा वर्षाधीन कृषि में तुलनात्मक अध्ययन

तत्व	शुष्क भूमि कृषि	वर्षाधीन कृषि
वर्षा (मिमी)	800 से कम	800 से अधिक
फसलों की नमी की उपलब्धता	कम	पर्याप्त
फसल अवधि (दिनों)	200 से कम	200 से अधिक
क्षेत्र	शुष्क/अर्ध शुष्क	आर्द्र / अर्द्ध आर्द्र
फसल पद्धति	एक फसल/अन्त:फसल पद्धति	अन्त:/बहु फसली पद्धति
कमी	वायु एवं जल क्षरण	जलक्षरण
उपज	उपज कम	अधिक उपज
उपादानों का प्रयोग	मृदा उर्वरता के लिए उपादानों का कम प्रयोग	मृदा उर्वरता के लिए उपादानों का अधिक प्रयोग
राज्य	राजस्थान, गुजरात, उत्तरप्रदेश, मध्यप्रदेश, आन्ध्र प्रदेश तथा हरियाणा के कुछ क्षेत्र	पूर्वोत्तर भारत, आन्ध्र प्रदेश, तमिलनाडु, केरल तथा कर्नाटक के कुछ भाग

3. उथली अथवा बहुत अधिक गहराई – अत्यधिक रिसाव।
4. कम जल संचयन तथा जल उपलब्ध दक्षता।
5. मृदा जल में क्षारों की उपस्थिति।
6. समस्याग्रस्त मृदाओं में पी एच मान तथा क्षारों की सान्द्रता अधिक।
7. मृदा क्षरण अधिक।
8. मृदा की अधोसतह में कड़ी परत होना।
9. मृदा में कड़ापन, सघनीकरण तथा निक्षालन में कमी।
10. समतल क्षेत्रों में जलभराव, बाढ़ तथा मेड़ें एवं बाँध टूट जाने से मृदा नमी का संचयन कम।

(स) तकनीकी कारक (Technological factors)

1. कम समय में तैयार होने वाली प्रजातियों की कम उपलब्धता।
2. उपयुक्त फसल प्रणाली के चुनाव में परेशानी।
3. शुद्ध एवं अनुकूल तकनीकियों के अपनाने में कठिनाई।
4. सामान्यत: मनुष्य एवं पशुओं पर आधारित खेती।
5. उर्वरकों का सीमित मात्रा में प्रयोग तथा कार्बनिक पदार्थ की बहुत कम उपलब्धता।
6. भूमि की उत्पादन क्षमता बहुत कम।
7. मृदा में संचित नमी तथा पोषक तत्वों के उपयोग की सीमित सम्भावना।
8. समय से उपयोग करने के लिए नमी को संचित करने में परेशानी।
9. समस्याग्रस्त मृदाओं के सुधार में परेशानी।
10. हल्के तथा उच्च क्षमता वाले कृषि यंत्रों की कमी।
11. खरपतवारों, कीटों एवं बीमारियों का अधिक प्रकोप।

12. मृदा सुधार की बहुत कम सम्भावनाएँ।
13. अधिक कृषि निवेश आधारित तकनीक।
14. भूमि क्षरण से प्रभावित भूमियों के सुधार में अधिक कृषि निवेश की आवश्यकता।

(द) सामाजिक तथा आर्थिक कारक (Socio-Economic factors)

1. जल्दी-जल्दी फसल नष्ट हो जाने से कृषकों की आर्थिक स्थिति खराब।
2. फसल गहनता कम।
3. कम प्रक्षेत्र आमदनी।
4. जनसंख्या का घनत्व अधिक तथा कृषि जोत का आकार छोटा।
5. कृषि उत्पादों की गुणवत्ता खराब होने से बाजार में कम कीमत मिलना।
6. विपणन के लिए क्रियाओं की कमी, कम संसाधन तथा कम रोजगार।
7. कुपोषण तथा खराब किस्म का पीने का पानी।
8. कृषकों की अशिक्षा, जागरुकता तथा ऋण आदि की सुविधा में कमी।

बारानी खेती के लिए वैज्ञानिक सुझाव
(Scientific recommendation for dryland agriculture)

बारानी खेती में अधिक एवं सफल फसलोत्पादन के लिए वैज्ञानिक सुझाव अपनाने से न केवल अधिक उत्पादन प्राप्त होगा बल्कि फसल में होने वाले नुकसान को भी कम किया जा सकता है।

1. मानसून प्रारम्भ होने से पूर्व ढाल के आसपास खेत को समतल करना तथा मेड़बन्धी कर देना चाहिए।
2. ग्रीष्मकालीन समय (मई-जून) में खेत की गहरी जुताई कर देने से मानसून के समय वर्षा का पानी मृदा में खूब सोखता है तथा अधिक गर्मी एवं धूप के कारण खरपतवार, बीमारियों के परजीवी, कीटों के अण्डे आदि नष्ट हो जाते हैं।
3. कार्बनिक पदार्थ जैसे गोबर की खाद या कम्पोस्ट 15-20 टन प्रति हैक्टेअर की दर से अथवा हरी खाद का प्रयोग फसल बोने के 15-20 दिन पूर्व करके खेत में अच्छी तरह से मिला देना चाहिए। खेत में कार्बनिक खादों के प्रयोग से मृदा की जल ग्रहण क्षमता में वृद्धि हो जाती है।
4. उर्वरकों का प्रयोग मुख्यत: बोने के समय 5.0 से 7.5 सेमी की गहराई में कूँड़ों में करना चाहिए। इसके पश्चात् बीज की बुआई उसी कूँड़ में करनी चाहिए जिसमें उर्वरकों का प्रयोग किया गया है। बीजों की बुआई उर्वरक देने से लगभग 3 सेमी ऊपर करनी चाहिए। यूरिया का 2 प्रतिशत घोल का पर्णीय छिड़काव के रूप में खड़ी फसल में प्रयोग करना लाभदायक होता है। आवश्यकतानुसार सूक्ष्म तत्वों का प्रयोग भी बुआई के समय किया जाना चाहिए।
5. दीमक के नियंत्रण के लिए फसल बोने के पूर्व 10 प्रतिशत बी एच सी धूल 25-30 किलोग्राम प्रति हैक्टेअर की दर से जबकि सफेद कीट के नियंत्रण के लिए थीमेट 10 जी 15 किलोग्राम प्रति हैक्टेअर की दर से प्रयोग करना चाहिए।
6. कम पानी चाहने वाली उपयुक्त फसलें एवं उनकी प्रजातियों का चुनाव करना चाहिए।
7. बीजों को बोने के पूर्व कवकनाशी रसायन से उपचारित करना चाहिए।
8. दलहनी फसलों में बीजों को बोने से पूर्व राइजोबियम कल्चर से उपचारित करने से फसल की वृद्धि एवं विकास अच्छा होता है।
9. बारानी क्षेत्रों में उपयुक्त फसलचक्र अपनाना चाहिए।

10. मृदा में बीज–मृदा–नमी सम्पर्क करने के लिए बुआई के पश्चात् अच्छी तरह से पाटा लगा देना चाहिए अथवा बेलन (रोलर) से मिट्टी को अच्छी तरह से दबा देना चाहिए।
11. खरीफ ऋतु की फसल नष्ट होने की दशा में कम समय में तैयार होने वाली फसलें जैसे उर्द अथवा तोरिया की बुआई कर देनी चाहिए।
12. ज्वार, बाजरा तथा मक्का के साथ दलहनी तथा तिलहनी फसलों को अन्त: फसल पद्धति के रूप में उगाना चाहिए। अन्त:फसल पद्धति अपनाने से कुल उत्पादन में ही वृद्धि नहीं होती बल्कि दो पंक्तियों के मध्य खाली पड़े स्थान तथा मृदा नमी का समुचित उपयोग हो जाता है।
13. बारानी क्षेत्रों में बुआई सदैव पंक्तियों में ही करना चाहिए तथा बीज की गहराई 5.0 से 7.5 सेमी अथवा अधिक (बुआई एवं नमी की दशा के अनुसार) रखनी चाहिए।
14. इन क्षेत्रों में बीज की दर 25 प्रतिशत अधिक रखनी चाहिए। फसल बोने के 2–3 सप्ताह पश्चात् आवश्यकतानुसार पौध विन्यास बनाने के लिए अधिक पौधों को उखाड़ देना चाहिए।
15. चूँकि इन क्षेत्रों में मृदा नमी की बहुधा कमी रहती है और खरपतवार, मृदा नमी का बहुत अधिक मात्रा में अवशोषण करते हैं जिसके परिणामस्वरूप फसलों को उनकी आवश्यकतानुसार मृदा जल उपलब्ध नहीं हो पाता है। इसलिए प्रभावी खरपतवार नियंत्रण के लिए फसल बोने के 20–25 दिन उपरान्त खुरपी से निराई तथा पहली निराई के 5–10 दिन पश्चात् हेन्ड हो से गुड़ाई तथा उपयुक्त शाकनाशी रसायनों का प्रयोग करना चाहिए।
16. पलवार जैसे घास, पुआल, पॉलीथीन आदि का प्रयोग करने से वाष्पोत्सर्जन क्रिया द्वारा मृदा से जल की हानि रूक जाती है जिससे अधिक से अधिक मात्रा में जल फसलों को उपलब्ध हो जाता है।
17. वर्षा के जल का संग्रह (Water harvesting) खेतों की उपस्थिति तालाब आदि में करके फसलों को जब बहुत अधिक जल की आवश्यकता होती है उस समय जीवन रक्षक सिंचाई के रूप में फसल को नष्ट होने से बचाया जा सकता है।
18. आवश्यकतानुसार फसल सुरक्षा उपाय की विधियाँ अपनानी चाहिए।
19. फसल की कटाई पूर्ण रूप से पकने के पश्चात् ही करनी चाहिए।
20. कपास, मिर्च आदि में साइकोसिल (CCC) तथा मूँगफली में प्लानोफिक्स (Planofix) का प्रयोग करने से फसल की वृद्धि तथा सूखा प्रतिरोधी क्षमता बढ़ जाने से फसल की उपज में काफी वृद्धि हो जाती है।
21. जहाँ पर फसल उगाना सम्भव न हो वहाँ पर वैकल्पिक मृदा उपयोग पद्धतियाँ (Alternate land use systems) जैसे वीथिका सस्योत्पादन (Alley cropping), घासवाड़ी (Lay farming), शुष्क कृषि उद्यानीकरण, वन–चरागाह पद्धतियाँ आदि अपनानी चाहिए।

सूखा (Drought)

सूखा वर्षा की वह स्थिति जब एक निश्चित समय में वर्षा की औसत मात्रा से आधी अथवा कम होती है, तब उसे सूखा कहते हैं। दूसरे शब्दों में किसी निश्चित समय में वाष्पीकरण की औसत मात्रा वर्षा की औसत मात्रा से बराबर अथवा अधिक हो जाए तो उसे सूखाग्रस्त मौसम कहा जाता है।

1. मौसम विज्ञान सम्बन्धी सूखा (Meteorological drought)
2. जल विज्ञान सम्बन्धी सूखा (Hydrological drought)
3. कृषि विज्ञान सम्बन्धी सूखा (Agricultural drought)
4. सामाजिक – आर्थिक सूखा (Socio-Economic drought)

1. मौसम विज्ञान सम्बन्धी सूखा : मौसम विज्ञान सम्बन्धी सूखा का वर्गीकरण मुख्य रूप से वर्षा की मात्रा पर निर्भर करता है। किसी क्षेत्र विशेष में सामान्य वर्षा की मात्रा की अपेक्षा वर्षा कम होती है। इस मौसम की समय सीमा एक सप्ताह, एक माह, एक मौसम अथवा एक वर्ष तक हो सकती है। मौसम विज्ञान विभाग के अनुसार किसी क्षेत्र विशेष में फसल की वृद्धि के समय दक्षिण–पश्चिमी मानसून की वर्षा 75 प्रतिशत से कम होती है तो वह क्षेत्र सूखाग्रस्त मौसम के रूप में घोषित कर दिया जाता है। इस स्थिति में फसलों की वाष्पोत्सर्जन की माँग मृदा से पूर्ण नहीं होने पाती है।

2. जल विज्ञान सम्बन्धी सूखा : जल विज्ञान सम्बन्धी सूखे के अन्तर्गत जब वर्षा सामान्य से कम होती है तो जलस्रोतों, जलाशयों, झीलों, तालाबों, कुओं तथा प्रवाहित जल की मात्रा घट जाती है इसके साथ–साथ जल विज्ञान सूखे की वह स्थिति है जिसमें सिंचाई साधनों, जल विद्युत उत्पादन तथा उद्योगों को चलाने हेतु जल की कमी हो जाती है।

3. कृषि सम्बन्धी सूखा : कृषि सम्बन्धी सूखा वह होती है जब वर्षा की कमी के कारण फसलों की वृद्धि एवं परिपक्वता के लिए फसलों की जलमाँग की आवश्यकता से कम मात्रा में पानी उपलब्ध हो पाता है जिसके फलस्वरूप फसलोत्पादन प्रभावित होता है। इस प्रकार फसलों के लिए मृदा नमी के अभाव की अवधि एवं सूखे के स्थिति को व्यक्त करते हैं। राष्ट्रीय कृषि आयोग (1976) ने सूखा की उस स्थिति का माना है जब फसल की वृद्धिकाल में वर्षा तथा मृदा नमी की मात्रा फसलों की वृद्धि एवं परिपक्वता के लिए अपर्याप्त हो तथा जल की कमी के कारण फसल सूखने लगे।

शुष्क भूमि कृषि में सूखा को निम्न प्रकार से वर्गीकृत कर सकते हैं –

1. प्रारम्भिक सूखा – इस स्थिति में वर्षा देर से होने के कारण फसल की बुआई देर से होती है।
2. मध्य मौसम में सूखा – पौधों की वृद्धिकाल के समय सूखा पड़ना।
3. विलम्ब से सूखा – फसल के पकने के समय सूखा पड़ना।
4. स्थाई सूखा – इनमें वर्षा तथा फसलों को स्थाई जल उपलब्धता के असंतुलन को कहते हैं।

जलवायु के आधार पर शुष्क खेती के क्षेत्रों के विभाजन की निम्न पद्धतियाँ हैं –

1. वाष्पोत्सर्जन (Evapotranspiration)
2. वृष्टि प्रभाव सूचकांक
3. आर्द्रता सूचकांक

थोर्नथवेट (Thornthwaite) की पद्धति के अनुसार भारत की जलवायु को 06 आर्द्रता क्षेत्रों में बाँटा गया है जो कि अति शुष्क, अर्द्ध शुष्क, शुष्क–आर्द्र तथा अति आर्द्र हैं। पेनमैन (1948) द्वारा उद्वाष्पोत्सर्जन का अनुमान लगाने के उपरान्त आर्द्रता सूचकांक तथा औसत तापमान पर आधारित 08 खण्ड सुझाये गये हैं, जो निम्न हैं –

खण्ड	आर्द्रता सूचकांक	जलवायु किस्म	खण्ड	आर्द्रता सूचकांक	जलवायु किस्म
1.	–80 से भी कम	अत्यधिक शुष्क	5.	0 से 20	कुछ आर्द्र
2.	–60 से –80	शुष्क	6.	20 से 50	आर्द्र
3.	–40 से –60	अर्द्ध शुष्क	7.	50 से 100	अति आर्द्र
4.	–20 से –40	कुछ शुष्क	8.	100 से अधिक	अत्यधिक आर्द्र

यह आर्द्रता सूचकांक निम्न सूत्र पर आधारित था –

$$\text{एम आई} = \frac{\text{पी} - \text{पीई}}{\text{पीई}} \times 100$$

एम आई = आर्द्रता सूचकांक

पी = वर्षा

पीई = उद्वाष्पोत्सर्जन (वाष्पो–उत्सर्जन)

इन खण्डों पर पाँच खण्ड वाले तापमान पर आधारित विभाजन को समायोजित किया गया है, ये पाँच खण्ड निम्न हैं –

1. 28 डिग्री सेन्टीग्रेड से अधिक
2. 25–28 डिग्री सेन्टीग्रेड
3. 20–25 डिग्री सेन्टीग्रेड
4. 10–20 डिग्री सेन्टीग्रेड
5. 10 डिग्री सेन्टीग्रेड से कम

आर्द्रता सूचकांक पर आधारित आठ खण्डों के क्षेत्रों का विवरण निम्नवत है –

खण्ड 1 : यह सबसे अधिक शुष्क क्षेत्र है। इसके अन्तर्गत दो क्षेत्र आते हैं –

1. लद्दाख का अति शुष्क तथा ठण्डा क्षेत्र। 2. राजस्थान का पश्चिमी तथा कच्छ का गर्म क्षेत्र

खण्ड 2 : दक्षिण पंजाब तथा हरियाणा से सौराष्ट्र तक फैला हुआ यह क्षेत्र रायलसीमा, बेल्लारी तथा बीजापुर तक है।

खण्ड 3 : उत्तर पंजाब से आन्ध्रप्रदेश के अनन्तपुर जिले तक इस क्षेत्र में पश्चिमी उत्तर प्रदेश, पूर्वी राजस्थान, गुजरात तथा दक्षिणी पठार आदि क्षेत्र हैं।

खण्ड 4 : पूर्वी पंजाब, पूर्वी हरियाणा, पश्चिमी उत्तर प्रदेश, पश्चिमी मध्यप्रदेश, उत्तर–पूर्वी महाराष्ट्र, पूर्वी आन्ध्रप्रदेश तथा दक्षिणी उड़ीसा आदि क्षेत्र हैं।

खण्ड 5 : मध्यवर्ती मध्यप्रदेश, दक्षिणी बिहार, उड़ीसा तथा पश्चिमी बंगाल तक फैला है। इसके अतिरिक्त तमिलनाडु के तन्जोर तथा दक्षिणी अरकाट जिले भी आते हैं।

खण्ड 6 : पहला मध्य प्रदेश का नरसिंहपुर से बस्तर तक, दूसरा छोटा नागपुर के पठार तथा मध्य आसाम क्षेत्र आते हैं।

खण्ड 7 : रत्नागिरि से तिरूअनन्तपुरम तक का पश्चिमी तट, उत्तर भारत की पहाड़ियाँ तथा आसाम का कुछ क्षेत्र इसके अन्तर्गत आते हैं।

खण्ड 8 : यह सबसे आर्द्र खण्ड है। इसमें आसाम की दक्षिणी तथा उत्तरी पहाड़ियाँ, पूर्वी उत्तर प्रदेश, जम्मू–कश्मीर, हिमाचल प्रदेश की पहाड़ियाँ तथा पश्चिमी घाट के कुछ क्षेत्र आते हैं।

योजना आयोग के अनुसार देश के सम्पूर्ण क्षेत्र को वर्षा, तापमान, मृदा तथा फसलों के आधार पर 15 कृषि जलवायु क्षेत्रों में विभाजित किया गया है, यह क्षेत्र निम्न हैं –

1. पश्चिमी हिमालय क्षेत्र
2. पूर्वी हिमालय क्षेत्र
3. निचला गंगा का मैदान
4. मध्य गंगा का मैदान
5. उत्तरी गंगा का मैदान
6. गंगा का पश्चिमी मैदान
7. पूर्वी पठार एवं पहाड़ियाँ
8. मध्य पठार एवं पहाड़ियाँ
9. पश्चिमी पठार एवं पहाड़ियाँ
10. दक्षिणी तटवर्ती मैदान एवं पहाड़ियाँ
11. पूर्वी तटवर्ती मैदान एवं पहाड़ियाँ
12. पश्चिमी तटवर्ती मैदान एवं पहाड़ियाँ
13. गुजरात के मैदान व पहाड़ियाँ
14. पश्चिमी शुष्क क्षेत्र
15. द्वीप समूह क्षेत्र

उपरोक्त विभाजन से स्पष्ट है खण्ड 5 से 10, 13 तथा 14 बारानी खेती पर बहुत निर्भर है। इनका विस्तृत विवरण अध्याय 2 में दिया गया है।

शुष्क भूमियों की मृदाएं (Soils of dryland areas)

शुष्क भूमि क्षेत्रों की मृदाओं को सामान्यत: दो भागों में विभाजित किया जाता है–

1. हल्की मृदाएं (Light Soil)
2. भारी मृदाएं (Heavy Soil)

बारानी क्षेत्रों में मृदाएं भूखी ही नहीं प्यासी भी हैं इस प्रकार यह भी कह सकते हैं कि इन क्षेत्रों की मृदाओं में नमी की ही कमी नहीं है बल्कि इनकी उर्वरा शक्ति में भी कमी है। सामान्यत: इन मृदाओं में नत्रजन तथा फासफोरस की कमी पाई जाती है। कुछ भूमियों में पोटास की कमी होती है। हल्की भूमियों में जिंक की भी कमी पाई जाती है। इसके अतिरिक्त जो मृदाएं अम्लीय हैं उनमें कैल्सियम की कमी भी होती है।

तालिका 15.2 : बारानी क्षेत्रों की हल्की तथा भारी मृदाओं के गुण

गुण	हल्की मृदा	भारी मृदा
1. गहराई	उथली से हल्की	सामान्य से अधिक गहरी मटियार
2. गठन (संरचना)	बलुई से दोमट	दोमट से मटियार
3. नमी सोखना	शीघ्र	धीरे
4. नमी की उपलब्धता	निम्न से मध्यम	मध्यम से अधिक
5. रासायनिक प्रभाव	साधारण से अम्लीय	क्षारीय
6. जलनिकास	उत्तम	खराब
7. भूमि कटाव	मध्यम	बहुत अधिक
8. लवणीयता	बहुत कम	मध्यम से अधिक
9. उपज क्षमता	कम	मध्यम
10. ढाल का स्तर	मध्यम	सामान्य से अधिक

बारानी क्षेत्रों में विभिन्न प्रकार की मृदाएं पाई जाती हैं, जो निम्न हैं –

1. अल्फीसोल (Alfisols)
2. आक्सीसोल (Oxysols)
3. इनसेप्टीसोल (Inceptisols)
4. वर्टीसोल (Vertisols)
5. एरिडीसोल (Aridisols)
6. वर्टी–इन्सेप्टीसोल (Verti-inceptisols)

इस प्रकार इन क्षेत्रों की मृदाएं काली मृदाएं (Black soils-vertisols) मुख्य रूप से अकोला, बेल्लारी, शोलापुर तथा उदयपुर क्षेत्रों में पाई जाती हैं। लाल मृदाएं (Red soils-Alfisols) अनन्तपुर, भुवनेश्वर, बंगलौर, हैदराबाद, झाँसी तथा राँची मंडलों में मुख्य रूप से मिलती हैं। जलोढ़ मृदाएं (Alluvial soils-Inceptisols) उत्तरप्रदेश के मैदानी भाग, पंजाब, राजस्थान तथा दक्षिणी–पश्चिमी मध्यप्रदेश में पाई जाती हैं। सिरोजेम मृदाएं हरियाणा तथा राजस्थान के जोधपुर क्षेत्र में मिलती हैं जबकि पर्वत घाटियों की मृदाएं हिमालय की तलहटी में पाई जाती हैं।

तालिका 15.3 : शुष्क मृदाओं के गुण

मृदावर्ग (कि.है.)	पी एच मान	कार्बनिक पदार्थ (%)	फासफोरस (कि./है.)	पोटास	अन्य पोषक तत्वों की कमी
अल्फीसोल	6.0–7.0	0.25–0.30	10–15	150–200	जिंक
आक्सीसोल	5.0–6.0	0.30–0.45	10–25	200–435	कैल्सियम
इन्सेप्टीसोल	7.5–8.0	0.20–0.38	15–25	250–300	–
वर्टीसोल	7.8–8.5	0.20–0.35	20–24	500–800	–
एरिडीसोल	8.0–8.5	0.15–0.22	12–18	280–400	जिंक
वर्टि–इन्सेप्टिसोल	7.5–8.5	0.40–0.60	8–15	500–650	सल्फर

उपरोक्त तालिका 15.3 से स्पष्ट है कि बारानी क्षेत्रों की मृदाओं में कार्बनिक पदार्थ तथा फासफोरस की मात्रा कम जबकि पोटास की मात्रा मध्यम होती है। इन मृदाओं का पी एच मान सामान्य जबकि जिंक, सल्फर तथा कैल्सियम की कमी होती है।

मृदा–जल–पौध सम्बन्ध (Soil-water-plant relationship)

पौधों की वृद्धि एवं विकास के लिए पानी अति आवश्यक है। बिना पानी के किसी भी वनस्पति तथा जीवधारी का जीवन असम्भव है। मृदा से पौधों को पानी की प्राप्ति होती है तथा इसके साथ–साथ पोषक तत्व पानी में घुलकर पौधों की जड़ों द्वारा शोषित किये जाते हैं। मृदा की अवस्था, गठन, रासायनिक प्रक्रिया तथा अन्य गुणों पर पौधों की वृद्धि निर्भर करती है। इस प्रकार पानी तथा मृदा संयुक्त रूप से पौधों पर प्रभाव डालते हैं। यह प्रभाव एक तरफ ही नहीं है बल्कि वनस्पतियों का प्रभाव भी उस क्षेत्र के वातावरण जैसे वायु में नमी, तापमान तथा वर्षा इत्यादि पर पड़ता है। इस प्रकार मृदा जल तथा पौध सम्बन्धों का चक्रीय जुड़ाव रहता है।

तालिका 15.4 : विभिन्न बारानी क्षेत्रों में मुख्य फसलें

	कृषि जलवायु क्षेत्र	मुख्य फसलें
क्षेत्र 5 –	ऊपरी गंगा के मैदान	गेहूँ, दलहन तथा तिलहन
क्षेत्र 6 –	गंगा का पश्चिमी मैदान	जौ, बाजरा, अरहर, मूँग, चना, उर्द, लोबिया, ज्वार, सरसों, अलसी, तिल, मोटे अनाज
क्षेत्र 7 –	पूर्वी पठार एवं पहाड़ियाँ	ज्वार, सोयाबीन, गेहूँ, अरहर
क्षेत्र 8 –	मध्य पठार एवं पहाड़ियाँ	ज्वार, अंडी, मूँगफली, मक्का, कपास, तिल
क्षेत्र 9 –	पश्चिमी पठार एवं पहाड़ियाँ	ज्वार, चना, कुसुम
क्षेत्र 10 –	दक्षिणी पठार एवं पहाड़ियाँ	ज्वार, चना, मूँगफली
क्षेत्र 13 –	गुजरात के मैदान एवं पहाड़ियाँ	मूँगफली, बाजरा, ज्वार, कपास, जौ, चना, अन्डी, अरहर, उर्द, मूँग
क्षेत्र 14 –	पश्चिमी शुष्क क्षेत्र	बाजरा, ग्वार, मोंठ, चना, गेहूँ, सरसों

(1) पौधों द्वारा मृदा में उपलब्ध जल का शोषण

(i) बीजों का अंकुरण : बीजों के अंकुरण के लिए जल की अधिक मात्रा की आवश्यकता होती है। कुछ बीज अपने वजन के बराबर मृदा से जल शोषित करते हैं जिसके कारण बीजों के आसपास मृदा नमी की कमी हो जाती है। बीजों का मृदा में नमी का शोषण फसल की किस्म पर निर्भर करता है। कुछ फसलें ज्वार, बाजरा तथा मोटे अनाजों की फसलों के बीज कम मात्रा में जल का शोषण करते हैं तथा शीघ्र ही अंकुरित हो जाते हैं जबकि बड़े बीजों वाली फसलें जैसे अन्डी, सेम आदि के बीज अधिक मात्रा में पानी का शोषण करते हैं तथा उनका देर से अंकुरण होता है।

बीजों द्वारा जल ग्रहण तथा अंकुरण बीज एवं जल सम्पर्क क्षेत्र या मृदा के जलीय चालकता पर निर्भर करता है। इनमें से किसी एक की कमी से बीजों का अंकुरण प्रभावित हो जाता है। जल–बीज सम्पर्क बढ़ाने के लिए खेती की अच्छी तैयारी करनी पड़ती है जिससे मिट्टी भुरमुरी हो जाये, बुआई के पश्चात् अच्छी तरह से पाटा लगाना तथा मृदा पलवार द्वारा मृदा नमी के ास को रोकना आवश्यक कृष्य क्रियाएं हैं।

(ii) जड़ों की बढ़वार (Growth of roots) : पौधों की जड़ों की दशा, संख्या तथा बढ़वार मृदा वातावरण से बहुत अधिक प्रभावित होती है। जब मृदा में नमी की कमी होती है तब पौधों की जड़ें पानी खोजती हुई उसी दिशा में बढ़ने लगती हैं जिस दशा में नमी की उपलब्धता होती है। फसल की बुआई के समय मृदा में नमी की उपयुक्त मात्रा होने से जड़ों

की वृद्धि एवं विकास अच्छा होता है। यदि इस समय मृदा में पानी की कमी होती है तो पौधों की जड़ें अच्छी तरह से विकसित नहीं हो पाती जिससे अधिक गहराई से पानी का शोषण नहीं कर पाती। पूर्ण विकसित जड़ तन्त्र वाले पौधों में सूखा सहने की क्षमता अधिक होती है।

जड़ों की बढ़वार पर मृदा घनत्व का काफी प्रभाव पड़ता है। 1.9 ग्राम प्रति घन सेमी से अधिक घनत्व वाली मृदाओं में जड़ें पूर्ण रूप से नहीं फैल पाती हैं। इस प्रकार चिकनी भूमियों में जड़ों की बढ़वार 1.6 से 1.7 ग्राम घन सेमी मृदा घनत्व होने पर जड़ों की बढ़वार रूक जाती है।

(iii) फसल द्वारा जल का उपयोग : विभिन्न फसलों में जल के उपयोग की क्षमता भिन्न-भिन्न है। बारानी फसलें जैसे बाजरा, ज्वार, अन्डी, सरसों, अरहर, ज्वार, लोबिया आदि में जल की कमी के सहने की क्षमता अधिक होती है। उद्वोष्पोत्सर्जन की गति तथा फसल की अवधि में संतुलन बनाये रखने से बारानी फसलों की अधिक उपज प्राप्त की जा सकती है।

विभिन्न प्रकार की फसलों में मृदा नमी की कमी होने पर भिन्न-भिन्न प्रकार से अनुकूलन का प्रयास करती हैं जैसे जड़ों का अधिक गहराई तक बढ़ना, उत्सर्जन कम करना, पत्तियों के रन्ध्र छिद्रों को नियंत्रित करना आदि। चना की फसल में नमी को सहने की क्षमता अधिक होती है। गेहूँ में कुछ गुण जैसे पौधों की तेजी से बढ़वार, तनों के बराबर बढ़ना तथा पकना, बाली निकलने तक की अवधि तथा बाली की लम्बाई, आर्द्रता की कमी सहने की क्षमता आदि पाई जाती है। पानी की कमी के समय कुछ फसलों और प्रजातियों में पार्श्व जड़ों की बढ़वार अधिक हो जाती है जिसके कारण नमी की कमी सहने में अधिक सक्षम होती हैं। ज्वार की अपेक्षा बाजरा में सूखा सहने की शक्ति बहुत अधिक होती है क्योंकि बाजरा की फसल बढ़वार के समय सूखा पड़ने से बाली जल्दी निकल आती है जिससे कुछ उत्पादन प्राप्त हो जाता है जबकि ज्वार में पानी की कमी के कारण पौधों में बालियाँ नहीं निकलती हैं।

(2) उद्वोष्पोत्सर्जन (Evapotranspiration) : मृदा-जल-पौध सम्बन्ध के अन्तर्गत वाष्पोत्सर्जन (Evaporation) से अभिप्राय यह है कि मृदा द्वारा वाष्प के रूप में पानी की हानि जबकि उत्सर्जन (Transpiration) में पौधों की विभिन्न क्रियाओं द्वारा पानी की हानि से है। इन दोनों क्रियाओं के सम्मिलित रूप को उद्वाष्पोत्सर्जन कहते हैं। शवम उद्वावाष्पोत्सर्जन (Potential evapotranspiration) जल की राशि को कहते हैं जो मृदा में उचित जल तथा उस स्थान के पूर्णत: वनस्पति से ढकी होने की स्थिति में मृदा में विलीन हो सकती है। ''सही उद्वाष्पोत्सर्जन'' जल की उस राशि को कहते हैं जो एक निश्चित समय में भूमि से वायु में विलीन हुई होती है।

(i) वाष्पोत्सर्जन का जलवायु पर प्रभाव : जलवायु जैसे सूर्य का प्रकाश, वायु का तापमान तथा आर्द्रता का उद्वाष्पोत्सर्जन पर प्रभाव पड़ता है। जल के वाष्पीकरण के लिए सूर्य की ऊर्जा की आवश्यकता होती है अत: सूर्य का तेज प्रकाश तथा अधिक गर्मी के कारण वाष्पोत्सर्जन की दर ज्यादा हो जाती है। इसी प्रकार तेज हवा के चलने से वाष्पोत्सर्जन तथा उत्सर्जन की दर बढ़ जाती है। हवा में नमी का अभाव होने की दशा में यह दोनों क्रियाएं अधिक मात्रा में तथा तेजी से सम्पन्न होती हैं।

(ii) उद्वाष्पोत्सर्जन में पौधों व मृदा की मात्रा का महत्व : वाष्पीकरण की गति भूमि के जलीय गुणों तथा मौसम पर आधारित होती है। यदि वाष्पोत्सर्जन द्वारा उत्पन्न जल की कमी की पूर्ति मृदा में उपलब्ध जल द्वारा नहीं हो पाती तो पौधे मुरझा जाते हैं। यदि यह आवश्यकता से अधिक समय तक रहती है तो पौधे सूख जाते हैं। विभिन्न फसलों की प्रजातियों के पौधों की जड़ों के विन्यास का अन्तर ही उन्हें नमी की उपलब्धता वाले क्षेत्रों के लिए उपयुक्त बनाता है। इस प्रकार फसलों की कई प्रजातियाँ मृदा की काफी गहराई से नमी प्राप्त करके सूखा की स्थिति सहन कर लेती हैं।

(3) मृदा के गठन तथा नमी धारण में सम्बन्ध : हल्की मृदाओं (बलुई) में कार्बनिक पदार्थ तथा नत्रजन भारी मृदाओं (मटियार) की अपेक्षा कम होते हैं। मृदा में बारीक या महीन कण होने से जल धारण क्षमता अधिक होती है। इसी प्रकार मृदा में जैविक पदार्थों की मात्रा बढ़ने से मृदा में जल धारण क्षमता बढ़ जाती है।

इस प्रकार भिन्न-भिन्न मृदा गठन तथा रन्ध्रावकाश (Pore space) वाली मृदाओं की जलधारण क्षमता में अन्तर होता है। मृदा में जल धारण क्षमता मृदा में विभिन्न बल जैसे परासरणी बल (Osmotic force) तथा पिण्ड (Body force) पर निर्भर करता है। मृदा में मृदा कणों पर जल सम्पर्क के फलस्वरूप आसंजन (Adhesive force) तथा वायु जल अन्तरा पृष्ठ के फलस्वरूप पृष्ठ तनाव के कारण जल बन्धन होता है। पृष्ठ तनाव के कारण जल मृदा आधात्री के द्वारा केशिकाओं पर चढ़ता है।

(4) पौधों में जल की कमी का प्रभाव : जब पौधों में जलग्रहण की अपेक्षा उत्सर्जन अधिक होता है तो पौधों में जल की कमी हो जाती है जिससे पौधे मुरझान बिन्दु तक पहुँच जाते हैं। शुष्क क्षेत्रों में दोपहर के समय प्राय: पौधे मुरझा जाते हैं जो शाम होते-होते ठीक हो जाते हैं। इससे अधिक मुरझान होने पर पत्तियाँ नीचे की तरफ झुक जाती हैं और पौधों की बढ़वार रूक जाती है। फसल को पानी देने से पौधे पुन: पूर्वरूप से आ जाये तो यह अस्थाई मुरझान होती है यदि न आने पाये तो यह स्थाई मुरझान होती है।

पौधों में होने वाली कुछ क्रियाओं पर जल की कमी का प्रभाव अधिक तथा कुछ क्रियाओं में कम पड़ता है।

(i) प्रकाश संश्लेषण पर प्रभाव : पौधों में जल की कमी होने से प्रकाश संश्लेषण की क्रिया पर प्रतिकूल प्रभाव पड़ता है। प्रत्यक्ष रूप से यह प्रभाव प्रकाश संश्लेषण की समस्त जैविक क्रियाओं पर जबकि अप्रत्यक्ष रूप से कार्बन डाईऑक्साइड के ग्रहण पर पड़ता है क्योंकि जल की कमी से पत्तियों के पर्ण रंध्र (Stomata) बन्द हो जाते हैं।

(ii) श्वसन पर प्रभाव : पौधों में जल की कमी होने से पहले श्वसन की गति बढ़ जाती है तथा बाद में जल की अधिक कमी हो जाती है तो श्वसन की क्रिया धीमी हो जाती है। जल की कमी से पर्ण रन्ध्र बन्द हो जाने के कारण ऑक्सीजन तथा कार्बन ऑक्सीजन तथा कार्बन डाईऑक्साइड के ग्रहण तथा निकास में बाधा होती है। सूखे की कमी से कार्बन ऑक्साइड की मात्रा बढ़ने से श्वसन की क्रिया बढ़ती है परन्तु अधिक कमी के साथ-साथ श्वसन भी घटता जाता है।

(iii) कोशिकाओं तथा तन्तुओं पर प्रभाव : जल की कमी से कोशिकाओं का आकार छोटा हो जाता है तथा अन्तर-कोशिकीय स्थान भी सिकुड़ जाता है। कोशिकाओं की दीवारें मोटी हो जाती हैं तथा यान्त्रिक तन्तुओं का विकास बढ़ जाता है। जल की कमी से कोशिकाओं के विभाजन तथा वृद्धि पर प्रतिकूल प्रभाव पड़ता है। प्रोटोप्लाज्म के निर्जलीकरण से एन्जाइमों की क्रिया तथा उनकी प्रतिक्रिया प्रभावित होती है।

(iv) चयापचय पर प्रभाव : जल की कमी से पौधों की सभी चयापचय क्रियाएं प्रभावित होती हैं। मक्का में जल की कमी से नाइट्रेट रिडक्टेज तथा आक्सीडेज प्रक्रियाएं बढ़ जाती हैं, स्टार्च का जल अपघटन शर्कराओं के रूप में हो जाता है। शर्करा की मात्रा बढ़ जाने से परासरण दाब बढ़ जाता है और कोशिकाओं की दीवारों की पारगम्यता कम हो जाती है। जल की कमी से आर एन ए का अवक्रमण संश्लेषण की अपेक्षा बढ़ जाता है जिससे एन्जाइमों का उत्पादन तथा बढ़वार कम हो जाती है। प्रोटीन का संश्लेषण भी कम हो जाता है इसी प्रकार प्रोटीन का अमीनो अम्ल में अपघटन हो जाता है।

(v) जड़ तथा पौधे की बढ़वार पर प्रभाव : पानी की कमी से पौधों की जड़ों के वजन में कमी हो जाती है। पौधों में जल की कमी का प्रभाव उनकी क्रियात्मक आयु, जल की कमी का स्तर तथा पौधों की प्रजाति पर निर्भर करता है।

(vi) जनन भागों तथा दानों पर प्रभाव : कुछ फसलों के पौधों में पानी की कमी के कारण फूल शीघ्र आ जाते हैं परन्तु दाने कम बनते हैं। फसल में फूल की अवस्था पर पानी की कमी हो जाये तो दानों की वृद्धि एवं विकास पर प्रतिकूल प्रभाव पड़ता है। परागण की अवस्था में पानी की थोड़ी सी भी कमी से फूलों की संख्या में कमी आ जाती है तथा बीज एवं दाने भी कम बनते हैं। कपास की फसल में फूल आने के समय पानी की कमी हो जाने से फूल गिर जाते हैं।

(5) पौधों में जल की कमी का अनुमान : पौधों में पानी की कमी का अनुमान लगाने के लिए कई तकनीक विकसित हो चुकी हैं जिनकी सहायता से पौधों में जल की मात्रा, सम्पूर्ण जल विभव, परासरणी दबाव आदि का पता लगाया जाता है। इन विधियों के अन्तर्गत दिखाई देने वाले मुरझाये पत्तों के रंग में परिवर्तन, पत्तों का मुड़ना, पत्तों का

तापमान, पत्तों की मोटाई, रन्ध्र चालकता, प्रकाश संश्लेषण गति तथा पत्तों की पारगम्यता आदि का उपयोग होता है इन्फ्रारेड थर्मामीटर से फसल में तापमान से नमी स्तर का पता लगाया जा सकता है।

(6) जल की कमी की अवस्था में पौधों का अनुकूलन : जल की कमी होने से पौधे अपनी रक्षा स्वयं कर लेते हैं।

(i) सूखे से बचाव : वह पौधे जो सूखा पड़ने की कमी से पूर्व ही अपना जीवन चक्र पूर्ण कर लेते हैं।

(ii) सूखे को सहने की शक्ति : जब पौधा पानी के अभाव में जिंदा रहे तथा तन्तुओं में उच्च जल स्तर बनाये रखे। इसके विपरीत जब पौधा पानी के अभाव में जिंदा रहे तथा साथ ही साथ तन्तुओं में निम्न जल स्तर को भी सह ले।

(7) उद्वाष्पोत्सर्जन द्वारा जल की हानि कम करने के उपाय : उद्वाष्पोत्सर्जन कम करने के लिए कई विधियाँ प्रयोग की जाती हैं।

(i) तेलीय अल्कोहल तथा डाई मिथाइल : आक्टा डेकाइल अमोनियम क्लोराइड (ओ डी ए सी) का उपयोग मृदा में वाष्पीकरण को कम करने के लिए किया जाता है।

(ii) पलवार जैसे भूसा, पुआल, फसल के अवशेष आदि का प्रयोग करके मृदा में होने वाली नमी के ास को कम किया जा सकता है।

(iii) उत्सर्जन कम करने के लिए तेलीय अल्कोहल का प्रयोग पौधे में जल की चालकता कम करने के लिए किया जाता है।

(iv) पत्तियों में रन्ध्रों को बन्द करने के लिए फिनाइल मरक्यूरिक एसीटेट, एट्राजिन, डाइयूरोन, सीमाजिन आदि का प्रयोग किया जाता है।

(v) केओलीन का छिड़काव पौधों पर कर देने से सूर्य की ऊर्जा को परावर्तित करने के लिए प्रभावकारी है।

शुष्क भूमियों का प्रबन्धन (Management of dryland soils)

शुष्क कृषि केवल मानसूनी वर्षा पर निर्भर होती है इसलिए इन भूमियों में सफल फसलोत्पादन के लिए वर्षा का समुचित उपयोग तथा वर्षा की दशा के अनुसार कृषि तकनीक अपनाना आवश्यक है। देश के विभिन्न भागों में वर्षा 3 से 5 महीने तक क्रियाशील रहती है। वर्षा का असमान वितरण तथा कम मात्रा में होने के कारण फसलों की जलमाँग के अनुरूप नमी की उपलब्धता न होना एक प्रमुख समस्या है। देश के सबसे बड़े क्षेत्रफल पर की जाने वाली खेती में उचित एवं प्रभावी तकनीक पद्धतियों के द्वारा एक से अधिक फसलें उगाकर उत्पादन में वृद्धि की जा सकती है। विभिन्न फसल तकनीक की पद्धतियाँ अपनाकर इन क्षेत्रों में दो फसलें लेना तो सम्भव हो गया है परन्तु इन क्षेत्रों की औसत उत्पादकता अभी भी बहुत कम है।

बारानी क्षेत्रों में उपयुक्त फसल एवं उनकी प्रजातियाँ, भूपरिष्करण क्रियाएं, खादों एवं उर्वरकों का प्रयोग, रासायनिक उपचार करना, कीट एवं बीमारियों का प्रभावी नियंत्रण आदि का प्रयोग करना अत्यन्त आवश्यक है। शुष्क भूमि में फसलों से अधिक उत्पादन प्राप्त करने के लिए निम्न तकनीक/उपाय अपनाये जाने चाहिए।

(1) मृदा जल संरक्षण (Soil water conservation) : शुष्क भूमियों में मृदा तथा जल संरक्षण बहुत महत्वपूर्ण है। इन क्षेत्रों में वर्षा की अवधि बहुत ही कम होती है तथा वर्षा का वेग इतना अधिक होता है जो एक साथ सम्पूर्ण जल की मात्रा को मृदा में नहीं सोख पाता जिसके कारण पानी खेत से बाहर बहने लगता है। पानी के बहने के कारण यह अपने साथ उपजाऊ मिट्टी भी बहा ले जाता है। इन क्षेत्रों में पानी की कमी होने तथा हल्की भूमियों में वायु भी मृदा की ऊपरी सतह की उपजाऊ मिट्टी उड़ा ले जाती है। देश में लगभग 8.5 करोड़ हैक्टेअर भूमि वायु तथा जल क्षरण से प्रभावित है।

''जल, वायु एवं गुरुत्व के प्रभाव से मृदा कणों या ढेर के एक स्थान से दूसरे स्थान पर स्थानान्तरण को भूक्षरण कहते हैं। कृषि योग्य भूमियों में भूमि संरक्षण का महत्व सबसे अधिक होता है।

भूमि में मृदा तथा जल संरक्षण निम्न विधियों द्वारा किया जाता है –

(i) उपयुक्त फसलों को उगाना : जल तथा वायु अपरदन से प्रभावित भूमियों में उपयुक्त फसलें उगाकर सूखे के प्रभाव को कम किया जा सकता है। जब भूमि खुली रहती है तो मूसलाधार वर्षा के कारण मृदा के कण एक दूसरे से अलग होते रहते हैं जिसके कारण वर्षा का जल अपने साथ मृदा कणों को बहा ले जाता है। इस प्रकार मूसलाधार वर्षा से भूमि को बचाने के लिए फसलें जैसे लोबिया, मूँग, उर्द आदि को उगाने से पौधों के वानस्पतिक आच्छादन द्वारा भूमि की सतह को ढक देती हैं जिसके कारण वर्षा की बूँदों का प्रभाव सीधे रूप में भूमि पर नहीं पड़ता जिससे मृदा को कटाव कम होता है। इसके अतिरिक्त इन क्षेत्रों में मृदाओं में घास अथवा चरागाह के रूप में विकसित करना भी लाभदायक होता है क्योंकि यह मृदा कणों को बाँधे रखती हैं तथा वर्षा की बूँदों का सीधा प्रभाव भूमि पर नहीं पड़ता है।

जिन फसलों के जड़ें अधिक गहराई तक जाती हैं साथ ही साथ अधिक तथा घना जड़ विन्यास होने से मृदा कटाव कम होता है। जिन फसलों की पत्तियाँ फसल की वृद्धि के साथ-साथ मृदा की सतह पर गिरती रहती हैं वह भी वर्षा के जल प्रवाह को रोकने में मदद करती हैं।

इस प्रकार जब मृदा में भूमि क्षरण कम होता है तब मृदा की ऊपरी सतह की उपजाऊ भूमि नष्ट होने से बच जाती है तथा खेत में पानी अधिक समय तक रूकने के कारण भूमि द्वारा वर्षा का पानी अधिक से अधिक मात्रा में सोख लिया जाता है जिसके फलस्वरूप मृदा की जल धारण क्षमता बढ़ जाती है। अधिक मात्रा में मृदा में जल फसलों को प्राप्त हो जाता है जिसके कारण फसलोत्पादन में वृद्धि हो जाती है।

शुष्क क्षेत्रों में वायुक्षरण की रोकथाम करना बहुत आवश्यक होता है। इस प्रकार वायुक्षरण को निम्न विधियाँ अपनाकर कम किया जा सकता है –

1. हवा की दिशा में समकोण पर 5 से 10 सेमी ऊँची मेड़ें बनाकर।
2. हवा की दिशा में समकोण पर घने वृक्ष लगाकर।
3. हवा की दिशा में अन्य रूकावटें खड़ी करके।
4. हवा की दिशा के समकोण पर घने पौधों का आवरण बिछाकर।

(ii) फसलों की पलवार का प्रयोग करके (Use of crop residue mulches) : फसलों की पलवार (Mulches) का प्रयोग करके भूमि पर सीधी धूप नहीं पड़ती जिसके कारण भूमि की सतह से वाष्पोत्सर्जन द्वारा होने वाली पानी की हानि कम हो जाती है। पलवार से मृदा में जल अधिक सोखता है। इस प्रकार पलवार मृदा में पानी की हानि कम होने से मृदा में नमी का संरक्षण अधिक होता है। पलवार का प्रयोग करने से फसल के अवशेष मृदा में सड़ जाते हैं जिसके कारण मृदा में जीवांश पदार्थ की मात्रा में बढ़ोतरी हो जाती है। ये जीवांश पदार्थ मृदा में जल शोषण शक्ति को बढ़ाता है जिससे मृदा की भौतिक तथा रासायनिक संरचना में सुधार होता है।

(iii) भूमि संरक्षण (Soil Conservation) : जिन मृदाओं में ढाल अधिक होता है वहाँ पर फसलों को उगाने से मृदा क्षरण की रोकथाम नहीं हो पाती है अर्थात् इन क्षेत्रों में मृदा क्षरण की रोकथाम के लिए निम्न उपाय करने चाहिए –

1. समोच्च मेड़ बन्धी (Contour bunding)
2. ढाल के अनुसार टेरेस बनाना (Terressing)
3. गड्ढे खोदना (Trenching)
4. क्यारी कूँड प्रणाली (Bed furrow method)

मृदा क्षरण प्रभावित भूमियों में उपरोक्त विधियाँ अपनाने से मृदा का कटाव कम होता है तथा अधिक से अधिक मात्रा में वर्षा का पानी भूमि के अन्दर सोखता है। क्यारी कूँड प्रणाली द्वारा वर्षा के पानी के बहाव में कमी आ जाती है जिससे मृदा में पानी सोख लिया जाता है। इस प्रकार खेत में छोटे-छोटे गड्ढे खोदने से वर्षा का पानी इन गड्ढों में भर जाता है जिससे मृदा में नमी अधिक से अधिक मात्रा में संचित हो जाती है।

(iv) नालियों का स्थाईकरण : मृदा की ढाल के अनुसार समोच्च रेखा पर नालियों का विन्यास तथा उनका स्थाईकरण करने से वर्षा के जल के बहाव को कम किया जाता है। इन नालियों को सीमेन्ट से पक्का करके अथवा किनारे पर वनस्पति उगाकर बनाया जा सकता है।

(2) मृदा नमी संरक्षण : उपरोक्त प्रकार से मृदा में जल बहाव को कम करके मृदा क्षरण को कम करने में सहायता मिलती है इसके अतिरिक्त अन्य विधियाँ अपनाकर मृदा में जल संरक्षण किया जा सकता है, जो निम्न हैं –

1. शुष्क मृदाओं में सम्पूर्ण वाह्य क्षेत्र (Catchment area) का मृदा की उपयोगिता के अनुसार प्रयोग करना।
2. खेत की मेड़ बन्दी या ढाल के विपरीत दिशा में जुताई करके वर्षा के बहाव को कम करके मृदा में नमी का अधिक से अधिक संचय करना।
3. जीवांश खादें जैसे हरी खाद तथा जीवांश पदार्थों का प्रयोग करके मृदा में नमी की मात्रा तथा जलधारण क्षमता को बढ़ाया जा सकता है।
4. इन क्षेत्रों में खरपतवार नियंत्रण करके मृदा में अधिक मात्रा में नमी को संग्रहण करना।
5. इन भूमियों में पौधों से पौधों तथा पंक्ति से पंक्ति की दूरी इस प्रकार रखना जिससे मृदा में उपस्थिति नमी का उपयोग पूर्ण रूप से हो सके। सामान्यत: शुष्क क्षेत्रों में नमी की कम मात्रा तथा वाष्पोत्सर्जन से अधिक हानि होने के कारण प्रति इकाई क्षेत्रफल में कम पौध संख्या रखी जाती है।
6. वर्षा के अतिरिक्त पानी को किसी तालाब अथवा जलाशय में एकत्रित करके उसको भविष्य में अधिक नमी की कमी समय प्रयोग करना।
7. बुआई के समय मृदा को अच्छी प्रकार से दबा देने से मृदा से नमी की हानि कम होती है जिससे बीजों का अंकुरण अधिक मात्रा में होता है तथा पौधों को मृदा नमी काफी समय तक उपलब्ध होती रहती है।

कृषि क्षेत्रों में मृदा जल का समुचित उपयोग करने के लिए निम्न उपाय अपनाये जाने चाहिए –

1. कम समय में तैयार होने वाली फसलों एवं उनकी प्रजातियों को उगाने से पौधों को नमी की कमी नहीं होने पाती है।
2. उन फसलों को उगाना चाहिए जिनकी जड़ें मृदा की गहराई से अधिक से अधिक मात्रा में नमी का अवशोषण करें।
3. उन फसलों तथा प्रजातियों को उगाना चाहिए जिनमें सूखा सहने की शक्ति अधिक हो।
4. मिश्रित / अन्त: फसल पद्धति अपनाने से मृदा में उपस्थिति नमी का पूर्ण उपयोग हो जाता है।
5. उन फसलों को उगाना चाहिए जिनमें नमी शोषित करने की क्षमता अधिक हो।
6. मृदा में उपलब्ध नमी की दशा के अनुसार उपयुक्त फसल चक्र को अपनाना चाहिए।

(3) भूपरिष्करण क्रियाएं (Tillage operation) : जिन क्षेत्रों में पानी की कमी होती है वहाँ पर भूपरिष्करण की क्रियाओं पर बहुत अधिक महत्व होता है। भूपरिष्करण की क्रियाओं का महत्व उस दिशा में और अधिक हो जाता है जब मृदा बहुत अधिक ढालू, बहुत हल्की अथवा खराब संरचना हो। इन क्रियाओं की सहायता से वर्षा के जल का बहाव कम करना ही नहीं होता बल्कि मृदा में अधिक से अधिक मात्रा में जल का संचय करने से भी होता है। मृदा में नमी का संचय होने से बीजों का अंकुरण ही अच्छा नहीं होता है बल्कि पौधों की वृद्धि एवं विकास भी अच्छी होती है जिसके परिणामस्वरूप अधिक उपज प्राप्त होती है। विभिन्न मौसम में की जाने वाली भूपरिष्करण क्रियाओं का महत्व निम्नवत है –

(i) ग्रीष्मकालीन भूपरिष्करण क्रियाएं (Summer tillage practices) : रबी फसलों की कटाई के पश्चात् अप्रैल–मई के महीने में मिट्टी पलटने वाले हल से एक गहरी जुताई करने में निम्न लाभ होते हैं –

1. ग्रीष्मकालीन गहरी जुताई करने से भूमि में पनपने वाली बीमारियों के परजीवी, कीटों के अण्डे तथा लारवा एवं सूत्रकृमी तेज धूप तथा गर्मी के कारण मर जाते हैं।

2. खेत में उग रहे खरपतवार के पौधे तथा उनके बीज एवं जड़ें तेज धूप से सूख जाती हैं जिससे आगामी फसल में इनका प्रकोप बहुत कम हो जाता है। गहरी जुताई करने से खरपतवारों के बीज भूमि की गहराई में चले जाते हैं जिससे अगली फसल में उनके जमाव के लिए उपयुक्त वातावरण नहीं मिलता।
3. पूर्व फसल के अवशेष मृदा में दबकर सड़ जाने से मृदा में जीवांश पदार्थ की मात्रा में वृद्धि हो जाती है।
4. मानसून की पहली वर्षा का सम्पूर्ण पानी मृदा में सोख लिया जाता है जिससे मृदा की जलशोषण क्षमता बढ़ जाने से मृदा की जलधारण क्षमता में भी वृद्धि हो जाती है।
5. खरीफ फसलों की बुआई के पूर्व गोबर की खाद का प्रयोग करने के पश्चात् ग्रीष्मकालीन जुताई करने से खेत में अच्छी प्रकार से मृदा में गहराई तक मिल जाती है।

(ii) खरीफ में भूपरिष्करण क्रियाएं : खरीफ ऋतु में भूपरिष्करण की क्रियाएं करने से वर्षा के जल का पूर्ण रूप से उपयोग होता है जिसके कारण मृदा की जल शोषण क्षमता में वृद्धि हो जाती है। खेत को समतल करके वर्षा का जल खेत में एक समान तथा अधिक समय तक बना रहे इसलिए मेड़ बन्दी करना आवश्यक होता है। खरीफ ऋतु में भूपरिष्करण क्रियाएं करते समय निम्न सावधानियाँ रखनी चाहिए –

1. खेत की जुताई सदैव ढाल के विपरीत दिशा में करने से जल अपवाह में कमी होने पर मृदा क्षरण कम होता है।
2. खरीफ ऋतु में जुताई करके खेत में पाटा नहीं लगाना चाहिए। खेत की जुताई के पश्चात् कूँड खुला छोड़ने से प्रत्येक मृत कूँड (Dead furrow) वर्षा के जल के बहाव को कम करता है जिससे अधिक मात्रा में जल का अवशोषण होता है।
3. खरीफ ऋतु में खेत को परती नहीं छोड़ना चाहिए। यदि सम्भव हो तो प्रत्येक वर्षा के बाद खेत की जुताई कर देने से मृदा में वर्षा का पानी खूब सोखता है।

खरीफ ऋतु में कृषि क्रियाएं करने से निम्न लाभ होते हैं –

1. मृदा की जुताई कर देने से भूमि में वायु संचार बढ़ जाता है जिसके कारण मृदा में पनपने वाले लाभदायक जीवाणुओं की संख्या एवं उनकी क्रियाशीलता बढ़ जाती है। मृदा में जीवाणुओं की क्रियाशीलता बढ़ने से जीवांश पदार्थों का विघटन शीघ्रता से होता है तथा पौधों को पोषक तत्वों की उपलब्धता अधिक हो जाती है।
2. जुताई कर देने से मृदा में पनपने वाली बीमारियों के परजीवी, कीटों के अण्डे तथा लारवा एवं सूत्रकृमि अधिक तेज धूप एवं गर्मी से मर जाते हैं जिससे फसल में इनका प्रकोप कम हो जाता है।
3. जुताई करने से खेत में उपस्थिति खरपतवार सूख जाते हैं अथवा मिट्टी में दबकर सड़ गल जाते हैं जिससे फसल में इनका प्रकोप कम होता है।
4. वर्षा ऋतु में की जाने वाली भूपरिष्करण की क्रियाओं द्वारा भूक्षरण से होने वाली मृदा तथा पोषक तत्वों की हानि को कम किया जा सकता है।
5. भूपरिष्करण की क्रियाएं करने से मृदा की भौतिक तथा रासायनिक संरचना में सुधार होता है।
6. जुताई करने से मृदा में वायुसंचार बढ़ने के साथ–साथ मृदा तापमान में बढोत्तरी होती है जिसके कारण मृदा में पानी खूब सोखता है।

(iii) रबी ऋतु में भूपरिष्करण क्रियाएं : शुष्क क्षेत्रों में खरीफ की अपेक्षा रबी ऋतु में भूपरिष्करण की क्रियाओं का महत्व बहुत अधिक है क्योंकि खरीफ ऋतु की समाप्ति के पश्चात् जो भी पानी भूमि के अन्दर सोखता है उसको संरक्षित रखना तथा उसका फसल के लिए पूर्ण रूप से उपयोग करना भूपरिष्करण की क्रियाओं पर निर्भर करता है। इस मौसम में भूपरिष्करण की निम्न क्रियाओं को सावधानीपूर्वक प्रयोग करने से मृदा में नमी अधिक संरक्षित रहती है –

1. खरीफ की फसल की कटाई के तुरन्त पश्चात् खेत की जुताई करके अच्छी प्रकार से पाटा लगा देने से मृदा नमी संरक्षित हो जाती है।
2. खेत की बार–बार नियमित अन्तराल पर जुताई करते रहने से मृदा से नमी का ह्रास हो जाता है।
3. इस मौसम में कम संख्या में तथा गहरी जुताई कल्टीवेटर अथवा हैरो से करनी चाहिए। इसका मुख्य उद्देश्य खरपतवारों को नष्ट करना तथा भूमि में केशिकीय सम्पर्क को समाप्त करके जल के वाष्पीकरण को रोकना।
4. इस मौसम में जुताई सदैव धूप निकलने के पूर्व करने से मृदा नमी का ह्रास कम होता है अथवा जुताई शाम के समय करके खेत को रात्रि भर खुला रखने से वायुमण्डल की ओस पड़ जाने के पश्चात् दूसरे दिन धूप के निकलने के पूर्व अच्छी प्रकार से पाटा लगा कर ढक देना चाहिए।
5. रबी की फसल की बुआई करने से एक–दो दिन पूर्व खेत की अच्छी प्रकार जुताई करके पाटा लगा देना चाहिए तथा तुरन्त बुआई कर देनी चाहिए।
6. खेत में खरपतवार नहीं पनपने देना चाहिए।
7. दीमक के बचाव के लिए अन्तिम जुताई के समय खेत में कीटनाशी रसायन का छिड़काव करके अच्छी तरह से मृदा में मिला देना चाहिए।

(4) फसलों का चुनाव एवं उन्नत किस्में (Selection of crops and varieties) : शुष्क क्षेत्रों में फसलों तथा उनकी उपयुक्त प्रजातियों का चुनाव करना बहुत ही आवश्यक है। इन क्षेत्रों में ऐसी फसलों को उगाना चाहिए जो कम मृदा नमी में भी पौधों की वृद्धि करके अधिक से अधिक उत्पादन प्रदान कर सकें। फसलों के अतिरिक्त कुछ ऐसी प्रजातियाँ भी विकसित की जा चुकी हैं जो शुष्क क्षेत्रों के लिए विशेष रूप से उपयुक्त होती हैं। शुष्क क्षेत्रों में ऐसी फसलें तथा प्रजातियाँ उगानी चाहिए जो कम समय में पककर तैयार हो जाये, जिनकी जड़ें अधिक से अधिक गहराई में जाकर मृदा की निचली सतह से नमी का अधिक से अधिक अवशोषण कर ले तथा उनमें सूखा सहने की शक्ति भी अधिक से अधिक हो। असिंचित दशाओं में फसल की बुआई समय से करना बहुत महत्वपूर्ण है क्योंकि फसलें निर्धारित समय से अपना जीवनकाल समाप्त कर लेती हैं।

फसलों में सूखे से प्रतिरोध करने की क्षमता होनी चाहिए। फसल की ऐसी किस्में बोनी चाहिए जो सूखे के प्रभाव को सहन कर उनका प्रतिरोध कर सके। सूखे की हालत में पौधों की बढ़वार तथा जिन्दा रहने की क्षमता दो तरह की होती है –

(i) सूखे से बच निकलना (Drough avoidance) ; (ii) सूखे का प्रतिरोध (Drought resistance)

(i) सूखे से बच निकलना : कुछ फसलें एवं उनकी प्रजातियाँ भूमि में नमी की कमी की अवस्था आने से पूर्व ही पककर तैयार हो जाती हैं। कुछ फसलों में नमी की कमी शुरु होते ही फूल आ जाते हैं तथा फल बन जाते हैं। इस प्रकार की किस्में सूखे से बच निकलती है तथा अप्रत्यक्ष रूप से सूखे का प्रतिरोध करती है जैसे बाजरा।

तालिका 15.5 : शुष्क क्षेत्रों के लिए उपयुक्त फसलें तथा उनकी प्रजातियाँ

शुष्क क्षेत्रों के लिए उपयुक्त फसलें	प्रजातियाँ
ज्वार	सी एस एच 5, सी एस एच 9, एस पी एच 196, सी एस वी 10, सी एस वी 11
बाजरा	एच बी 3, बीजे 104, बीके 560, बीडी 763
मक्का	जौनपुरी, गंगा सफेद 2, डेक्कन 101, साठा
रागी	एच आर 37, इन्डाफ 1, इन्डाफ 3, इन्डाफ 9, पूरना, शक्ति, शारदा, गोदावरी, कल्याणी, सिम्हादरी, द्वित्या सिंगा

शुष्क क्षेत्रों के लिए उपयुक्त फसलें	प्रजातियाँ
गेहूँ	सी 306, के 8027, डब्लू एल 410, कल्याण सोना, सुजाता, मुक्ता, मेघदूत, के 65
जौ	डी एल 100, आर डी 31, के 125, के 141, पी 147, डी एल 200, रत्ना, के 252, के 273
अरहर	यू पी ए एस 120, पूसा अगेती, पूसा बिहार, मुक्ता, बसन्त, ग्वालियर 3, नरेन्द्र अरहर–1, नरेन्द्र अरहर – 2, आई पी ए 203
सूर्यमुखी	ई सी 68414, ई सी 68415, ई सी 69874, बी एस एच–1, के–2, सरनियाका 66
लोबिया	एफ एस 68, चारोडी, टी वी एक्स 944–2, एस 488, के–1, को 20, पूसा फाल्गुनी, पूसा दो मौसमी, पूसा असीम
कुल्थी	मधु, मरुकुल्थी 1, पी जी एम 1, डी एस 2–1, मान, के बी, आर–1, डी वी–1, डी बी – 2, डी वी – 6
चना	चाफा, उज्जैन, उज्जैन 24, बी जी 1, बी जी 203, एच 208, सी 214, सी 234, न 21, डी सी पी 92–3
तिल	टाइप 13, टाइप 4, टाइप 12, प्रताप, आर टी 54, कनक, कालिका, फूले तिल 1, माहवी, गुजरात तिल 1, पंजाब तिल – 1
सोयाबीन	ब्रैग, ली, यू पी एस एम 19, अन्कुर, जे एस 2, जे एस 22–280, जे एस 72–44, इम्प्रूव्ड पेलीकान, हार्डी, डैविस
सरसों	बरूणा, वैभव, पूसा कल्याणी, सीता, शेखर, पूसा बोल्ड, दुर्गामणि, आर एस 819
कुसुम	भीमा, मन्जीरा, ए 1, टाइप 65, एन 7, एन 300, ए पी आर आर 3
धान	नगीना 22, काबेरी, आकाशी, बाला, डी आर 92, पारिजात, महावारी
उर्द	टाइप 9, पूसा 1, पी डी यू 71–2, माश 1, माश 8, खरगौन 3, को 1, को 3, पी यू 31
अलसी	टी 7397
मूँग	पूसा वैसाखी, पी एम 7, पी एम 16, डी 44, जवाहर 46, गुजरात 2, जी 65, एस 8, के 851, एस 9, कोपर गाँव, खरगाँव–1, नरेन्द्र मूँग–1, सम्राट, आई पी एम 02–3

(ii) सूखे का प्रतिरोध (Drought resistance) : फसलों में सूखे से प्रतिरोध दो प्रकार से होता है –

(अ) सूखे के प्रभाव को टालना (Drought escape)

(ब) सूखे के प्रभाव को सहना (Drought hardiness)

(अ) सूखे के प्रभाव को टालना : सूखे के प्रभाव को टालने की क्षमता का अभिप्राय यह है कि सूखा पड़ने की दशा में भी जल संतुलन तथा स्फीति बनाये रखे जाने में सक्षम हो। सूखे के प्रभाव को टालने की क्षमता मुख्यत: पौधों की आकारिकी तथा संरचना पर निर्भर करती है। सूखा पड़ने की स्थिति में कई फसलें तथा उनकी किस्में अपनी अकारिकी व संरचना में इस प्रकार का परिवर्तन करने की क्षमता रखती हैं जिससे कि सूखे के प्रभाव को कुछ सप्ताह अथवा दिनों के लिए टाला जा सके। इसी बीच ये पौधे अपनी जननात्मक क्रिया पूर्ण कर लेते हैं तथा फूल एवं दाना बना कर उत्पादन करने में सक्षम हो जाते हैं।

(ब) सूखे के प्रभाव को सहने की क्षमता : जब पौधे में जल की कमी हो जाती है परन्तु फिर भी इसको सहने की क्षमता रखता है। तब हम कह सकते हैं कि पौधे अथवा फसल में सूखे के प्रति सहन शक्ति है। यह प्रतिरोध पौधे के कुछ

यांत्रिक गुणों जैसे जल की कमी का प्रतिरोध, पत्तियों को मुरझाने न देने का गुण, प्रोटीन की कमी न होने की शक्ति आदि के कारण सम्भव होती है।

फसलों में सूखे की स्थिति का सामना करने के लिए निम्न कारकों का होना आवश्यक है –

1. शीघ्र पककर तैयार होना।
2. जड़ों की अधिक वृद्धि एवं विकास।
3. रन्ध्रों का नियंत्रण एवं कम संख्या में होना।
4. उपत्वचीय प्रतिरोधक शक्ति।
5. केशिका स्फीति।
6. रासायनिक गुणों जैसे कि प्रोटीन का संचय, स्वतंत्र एबसीसिक अम्ल की मात्रा का बढ़ना, नाइट्रेट रिडक्टेज प्रक्रिया में बदलाव आदि सूखा प्रतिरोधक शक्ति को बढ़ाते हैं। फसलों में सूखा सहने की शक्ति के तीन मानक इस प्रकार हैं –
   (i) पौधों में पत्तों का जल विभव अधिक रख पाने की क्षमता के लिए जड़ों की वृद्धि तथा विकास अच्छा हो।
   (ii) पर्णरन्ध्र जल की कमी को नियंत्रित कर पाने में सक्षम हो।
   (iii) पौधों में गर्मी तथा निर्जलन सहने की क्षमता हो।

(5) बीज तथा बुआई (Seed and sowing) : शुष्क भूमियों में बीजों का चुनाव एवं बुआई का अपना एक प्रमुख स्थान है। इन भूमियों में नमी की कमी के कारण बीजों का अंकुरण होने में कठिनाई होती है। जिन बीजों को जमाव के लिए कम मात्रा में पानी की आवश्यकता होती है तथा उनकी अंकुरण क्षमता भी अधिक हो उन्हें शुष्क भूमियों में उगाने पर फसलोत्पादन में वृद्धि हो जाती है। बीज सदैव प्रमाणित, स्वस्थ्य तथा बीमारी रहित होना चाहिए साथ ही साथ उनका अंकुरण प्रतिशत भी अधिक होना आवश्यक है।

शुष्क भूमियों में बुआई की विधि का बहुत महत्व है। बीजों के जमाव के लिए नमी की मूलभूत आवश्यकता होती है। इसलिए बीजों की बुआई उपयुक्त मृदा नमी में करने से बीजों का अंकुरण शीघ्र तथा भली भाँति होता है। कम नमी वाले क्षेत्रों में छिड़कवाँ विधि द्वारा बुआई कदापि नहीं करनी चाहिए बल्कि सदैव पंक्तियों में तथा उचित गहराई पर बुआई करनी चाहिए।

शुष्क भूमियों में सिंचित भूमियों की अपेक्षा बीज दर सदैव कम रखी जाती है तथा प्रति इकाई क्षेत्रफल में कम पौध संख्या होती है। इसका प्रमुख कारण यह है कि इन क्षेत्रों में पानी की कमी होती है यदि पौधों की संख्या अधिक होगी तो पौधों में मृदा नमी के साथ अधिक प्रतिस्पर्धा होने के कारण फसल की उपज प्रभावित हो जाती है। फसलों की वृद्धिकाल के समय सूखा पड़ने की स्थिति में फसल की दो पंक्तियों में से एक पंक्ति काटकर पशुओं को चारे के रूप में खिला देते हैं। इसका तात्पर्य यह होता है कि प्रति इकाई क्षेत्रफल में पौध संख्या कम करके भविष्य में होने वाली मृदा नमी की प्रतिस्पर्धा को कम करना।

शुष्क क्षेत्रों में बीजों को बोने के पूर्व बीजोपचार करने से अंकुरण अच्छा होता है तथा बीजों में सूखा सहने की शक्ति में भी वृद्धि हो जाती है। प्रत्येक फसल के लिए बीजोपचार के लिए रसायन तथा विधि अलग-अलग होती है। बीजों को 6-8 घण्टे तक पानी में भिगोने से बीजों का अंकुरण शीघ्र तथा अधिक एवं सूखा सहने की शक्ति बढ़ जाती है। बीजों को वृद्धि नियंत्रक रसायनों के घोल में डुबोने से बीजों में सूखा सहने की शक्ति में वृद्धि हो जाती है। कपास के बीजों को 1 प्रतिशत सुसिनिक अम्ल के घोल में डुबोने से पौधे स्वस्थ जमते हैं जबकि 100 पी पी एम जिब्रेलिक अम्ल तथा 150 पी पी एम पोटेशियम नाइट्रेट के घोल में 6-8 घण्टे भिगोने से बीजों का जमाव अधिक होता है। सूर्यमुखी के बीजों को जिब्रेलिक अम्ल तथा एस्कार्बिक अम्ल में डुबोने के पश्चात् बुआई करने से बीजों का अंकुरण अच्छा होता है, पौधों की वृद्धि अधिक होती है, फूल जल्दी आते हैं तथा दाने अधिक पड़ने से कुल उत्पादन में वृद्धि हो जाती है। चने के बीजों को

5 प्रतिशत पोटेशियम क्लोराइड के घोल में 12 घण्टे तक भिगोने से बीजों का जमाव बढ़ जाता है, पौधों की वृद्धि तथा विकास अच्छा होने से फसल की उपज में वृद्धि हो जाती है। रागी के बीजों को ट्राईबेसिक फासफेट के घोल में 6 से 12 घण्टे भिगोने से फसल में सूखा सहने की शक्ति बढ़ जाती है। बाजरा के बीजों को सी सी सी तथा काइनेटिन के घोल में 12 घण्टे तक भिगोने से जमाव शीघ्र तथा सूखा सहन करने की क्षमता में वृद्धि हो जाती है।

फसलों की बुआई उचित समय में करनी चाहिए। शुष्क क्षेत्रों में मानसून के शुरु होते ही खरीफ फसलों की बुआई कर देने से फसल समय से पकती है। इस प्रकार रबी फसलों की बुआई वर्षा समाप्त होते ही कर देने से बीजों के जमाव तथा फसल की वृद्धि के लिए पर्याप्त मात्रा में नमी की उपलब्धता रहने से उपज में वृद्धि हो जाती है। अत: फसलों की बुआई सबसे पहले की जाए तथा कम समय में पकने वाली फसलों एवं उनकी प्रजातियों को उगाने से उपज में वृद्धि हो जाती है।

देश में सामान्यत: वर्षा जून के तीसरे सप्ताह से शुरु होकर सितम्बर के अन्त तक समाप्त हो जाती है। इस प्रकार खरीफ ऋतु में फसल उगाने के लिए वर्षा काल 100–120 दिन का होता है। इस प्रकार इस मौसम में फसल के पकने की अवधि 100–110 दिन होनी चाहिए। शरद ऋतु में वर्षा की अनिश्चितता रहती है परन्तु कभी–कभी दिसम्बर के अन्तिम सप्ताह से फरवरी के मध्य तक 50–60 मिमी वर्षा हो जाती है यह वर्षा शुष्क क्षेत्रों में उगाई जाने वाली फसलों को बहुत अधिक लाभप्रद होती है क्योंकि इस समय लगभग सभी फसलों में फूल तथा दाने पड़ने का समय होता है। रबी ऋतु की फसलों की बुआई वर्षा समाप्त होने के पश्चात् खेत की अच्छी तरह तैयारी करके नमी को संरक्षित करने के पश्चात् अक्टूबर के मध्य तक कर दी जाती है।

अधिक ढाल वाली मृदाओं में समोच्च रेखा पर बनी नालियों और मेड़ों पर फसलों की बुआई की जाती है। इससे खरीफ के मौसम में वर्षा के पानी को रोककर भूमि में शोषित होने अथवा जल निकास में सहायता मिलती है। इस प्रकार कन्टूर विधि से खरीफ की फसलों को मेड़ों पर जबकि रबी के मौसम की फसलों को नालियों पर बोया जाता है। कुछ क्षेत्रों में चौड़ी क्यारी तथा नाली विधि (Furrow method) से बुआई की जाती है। इस विधि में नालियाँ तथा क्यारियाँ भूमि के धरातल से 100–200 मीटर लम्बी बनाई जाती है। क्यारी के दोनों किनारों पर अधिक दूरी पर बोई जाने वाली फसलें जैसे मक्का, ज्वार, कपास आदि बोई जाती हैं तथा मध्य में अरहर, मूँग, उर्द तथा गहरी जड़ वाली फसलों को बोया जाता है। इस प्रकार से इस विधि द्वारा बुआई करने पर मृदा कटाव तथा जल अपवाह कम होने से मृदा नमी का अवशोषण अधिक होता है।

(6) खाद एवं उर्वरक प्रबन्ध (Manures and Fertilizer management) : सामान्यत: शुष्क भूमियों में खादों तथा उर्वरकों का सही मात्रा तथा विधि से प्रयोग करके उत्पादन में बहुत अधिक वृद्धि की जा सकती है फसल की बुआई के पूर्व इन भूमियों में कार्बनिक खादें जैसे गोबर की खाद, कम्पोस्ट तथा हरी खाद का प्रयोग करने से भूमि की उर्वरा शक्ति में वृद्धि के साथ–साथ मृदा में जल शोषण तथा जलधारण क्षमता में वृद्धि हो जाती है। शुष्क क्षेत्रों में सभी प्रकार की मृदाओं में नत्रजन तथा फासफोरस पोषक तत्व की कमी पाई जाती है। जिन क्षेत्रों की मृदाएं हल्की होती हैं तथा सघन खेती की जाती है वहाँ पर पोटास की भी कमी पाई जाती है। इसके अतिरिक्त सूक्ष्म तत्वों जैसे जिंक, गन्धक, बोरोन आदि की कमी भी पाई जाती है।

शुष्क क्षेत्रों में फसलों में उर्वरकों का प्रयोग करना लाभकारी है जितना कि सिंचित क्षेत्रों वाली फसलों को। जिन मृदाओं में फासफोरस की कमी होती है उन मृदाओं में पौधे नत्रजन का उपयोग पूर्णरूप से नहीं कर पाते हैं। अत: नत्रजन तथा फासफोरस का आपस में बहुत घनिष्ठ सम्बन्ध है। फासफोरस के प्रयोग से पौधों की जड़ों में वृद्धि एवं विकास अच्छा होता है। जो मृदा नमी का शोषण अच्छी तरह से करने में सक्षम होती है। फासफोरस का प्रयोग करने से फसलें 6–10 दिन पहले पक जाती हैं क्योंकि फसलें अपनी पानी की आवश्यकता को शीघ्र ही पूरा कर लेती हैं। दलहनी फसलों में फासफोरस उर्वरक का प्रयोग करना ज्यादा लाभप्रद होता है क्योंकि इनके प्रयोग से जड़ ग्रन्थियों में उपस्थिति राइजोबियम

जीवाणुओं की संख्या तथा क्रियाशीलता बढ़ जाती है जिससे वायुमण्डल की स्वतंत्र नत्रजन का अधिक से अधिक मृदा में स्थिरीकरण करके मृदा की उर्वरा शक्ति में वृद्धि हो जाती है।

शुष्क तथा अर्द्ध शुष्क क्षेत्रों में उगाई जाने वाली फसलों में पोटास का जितना महत्व है उतना नत्रजन एवं फासफोरस उर्वरकों का भी नहीं है। एक तो कम वर्षा वाले क्षेत्रों में फसलों की पैदावार कम होने के कारण पौधों को पोटास की माँग कम होती है। दूसरे पोटास धारी खनिज प्रचुर मात्रा में पोटास को पौधों के लिए उपलब्ध कराते रहते हैं। अर्द्ध शुष्क क्षेत्रों की जिन मृदाओं का पी एच मान 8 या उससे अधिक होने की दशा में सूक्ष्म तत्वों जैसे लोहा, मैगनीज, सल्फर तथा जिंक की उपलब्धता कम हो जाती है। इन क्षेत्रों में गन्धक की कमी का मुख्य कारण नत्रजन तथा फासफोरस युक्त उर्वरकों में गन्धक नहीं होता है जो मुख्यत: प्रयोग की जाती हैं।

शुष्क क्षेत्रों में भूमि की नमी को ध्यान में रखकर फसल की विभिन्न अवस्थाओं के समय नत्रजन देने से अधिक लाभ होता है। जिन मृदाओं में नमी की कमी होती है वहाँ पर नत्रजन की सम्पूर्ण मात्रा बुआई के समय प्रयोग कर देना चाहिए। जबकि जिन मृदाओं में नमी की पर्याप्त मात्रा उपलब्ध होती है वहाँ पर नत्रजन की आधी अथवा दो-तिहाई मात्रा बुआई के समय तथा शेष मात्रा फसल की बुआई के 25 से 45 दिन उपरान्त प्रयोग करनी चाहिए। फासफोरस, पोटास तथा अन्य सूक्ष्म पोषक तत्वों का प्रयोग बुआई के समय ही किया जाता है। मृदा में नमी की कम मात्रा होने पर उर्वरकों का प्रयोग बीजों से 2-3 सेमी की गहराई में कूंडों में किया जाना अधिक लाभप्रद होता है। ज्वार की फसल में काली मिट्टियों में किये गये प्रयोग से यह निष्कर्ष निकला है कि नत्रजन का प्रयोग स्पलिट बैंड प्लेसमेंट विधि द्वारा करने से नत्रजन की हानि 5.8 प्रतिशत हुई जबकि छिड़कवाँ विधि द्वारा प्रयोग करने पर 27.7 तथा मृदा में मिलाने पर 25.9 प्रतिशत की हानि हो जाती है। नत्रजन तथा सूक्ष्म तत्वों का प्रयोग खड़ी फसल में छिड़कवाँ विधि से करने से फसल की उपज में 20-25 प्रतिशत वृद्धि हो जाती है। शुष्क क्षेत्रों में 2 प्रतिशत यूरिया के घोल का छिड़काव फसल की बुआई के 30-35 दिन पश्चात् करना बहुत लाभकारी होता है। उर्वरकों को पर्णीय छिड़काव के रूप में प्रयोग करना उस समय उपयुक्त होता है जब उर्वरकों का प्रयोग बुआई के समय न किया गया हो।

तालिका 15.6 : शुष्क भूमियों में विभिन्न फसलों में पोषक तत्वों का प्रयोग

फसल का नाम	पोषक तत्वों की मात्रा (किग्रा/है.)			
	नत्रजन	फासफोरस	पोटास	सूक्ष्म तत्व
गेहूँ (देशी प्रजातियाँ)	60-70	30-40	30-40	-
गेहूँ (बौनी किस्म)	80-100	30-40	30-40	-
जौ	50-60	20-30	20-30	-
ज्वार	40-50	30-40	20-30	-
बाजरा	40-50	20-30	20-30	-
चना	20-25	40-50	30-40	सल्फर 10
सरसों	40-60	30-40	30-40	बोरोन 10 + सल्फर 20
अलसी	40-60	20-30	20-30	सल्फर 20
अरहर	25-25	40-50	40-50	सल्फर 10

शुष्क क्षेत्रों में उच्च विश्लेषण उर्वरकों (High analysis fertilizers) का प्रयोग करना अच्छा होता है। फासफोरस उर्वरकों का इन मृदाओं में चूर्ण के रूप में प्रयोग करना दानेदार की अपेक्षा अच्छा होता है क्योंकि दानेदार उर्वरकों को पौधों की उपलब्धता के लिए पानी की अधिक आवश्यकता होती है। नाइट्रो फासफेट में जल में घुलनशील फासफोरस की अधिक मात्रा होती है। उन उर्वरकों की सम्पूर्ण मात्रा पौधों को उपलब्ध नहीं हो पाती अत: उर्वरकों की आधी मात्रा ही प्रयोग करनी चाहिए।

मृदाओं में जल निकास की सुविधा न होने पर, अम्लीय, क्षारीय तथा कंकरीली मृदाओं में उर्वरकों की आधी मात्रा ही प्रयोग करनी चाहिए। मृदा में नमी की कमी होने पर उर्वरकों की उपयोग क्षमता (Fertilizer use efficiency) कम हो जाती है।

(7) खरपतवार नियंत्रण एवं निराई–गुड़ाई (Weed control and intercultural operations) : शुष्क भूमियों में फसलों की कम पैदावार का प्रमुख कारण खेत में खरपतवारों का प्रकोप होना। खरपतवार न केवल पोषक तत्वों का ग्रहण करते हैं बल्कि ये मृदा नमी, सूर्य के प्रकाश तथा स्थान के साथ भी प्रतिस्पर्धा करते हैं। चूंकि इन क्षेत्रों की मृदा में नमी की बहुत कम मात्रा होती है अत: खरपतवार नियंत्रण एक बहुत ही आवश्यक क्रिया है। फसलों में खरपतवार नियंत्रण यांत्रिक, कृष्य क्रियाओं तथा रासायनिक विधियों द्वारा किया जा सकता है। हाथ से खुरपी की सहायता से निराई तथा गुड़ाई करके खरपतवार नियंत्रित हो जाते हैं। इन क्षेत्रों में गुड़ाई करने से मृदा की अधो सतह का केशिका सम्पर्क ऊपरी सतह से समाप्त हो जाता है जिससे मृदा में नमी का ह्रास बहुत कम होता है। इन क्षेत्रों में रबी ऋतु में रासायनिक विधियों द्वारा खरपतवार नियंत्रण लाभकारी होता है क्योंकि ज्यादा संख्या में निराई–गुड़ाई करने से मृदा नमी का ास भी अधिक होता है। पलवार जैसे घास, फसलों के अवशेष, प्लास्टिक आदि को मृदा सतह पर फैला देने से मृदा नमी संरक्षण के साथ–साथ खरपतवारों का भी नियंत्रण हो जाता है।

(8) कृषि रसायनों का प्रयोग (Use of Chemicals) : शुष्क भूमियों में कृषि रसायन फसलों को विभिन्न परिस्थितियों के अनुकूल तथा जीवित रखकर फसलोत्पादन करने की क्षमता को विकसित करने के लिए उपयोगी होते हैं। इन रसायनों को विभिन्न प्रकार की क्रियाओं के अनुसार निम्न प्रकार से वर्गीकृत किया जाता है –

(अ) वाष्पोत्सर्जक अवरोधी रसायन (Anti evaporants) : यह वह रसायन होते हैं जिनका प्रयोग मृदा में अथवा जलाशयों में करने पर वाष्पोत्सर्जन से होने वाली पानी की हानि को कम किया जा सकता है, ये रसायन निम्न हैं –

(i) प्रक्षेत्र जलाशयों में संचित किये गये जल का वाष्पीकरण रोकने के लिए आक्टा डिकैनाल, हैक्टाडिकैनाल, बिटूमिन, सेटाइल एल्कोहल, स्टेयेराइल एल्कोहल आदि का प्रयोग किया जाता है।

(ii) मृदा सतह से जल के वाष्पीकरण को कम अथवा रोकने के लिए इनकैपएस्सो, प्लास्टिक इमल्सन, केओलीन आदि का प्रयोग किया जाता है।

(iii) मृदा जल के अन्त:स्यन्दन कम करने के लिए बेन्टोनाइट क्ले, सोडियम कार्बोहाइड्रेट, सीमेन्ट एवं प्लास्टिक की चादरों का प्रयोग किया जाता है।

(ब) उत्सर्जन अवरोधी रसायन (Anti-transpirants) : यह वह रसायन हैं जिनका प्रयोग पौधों पर करने से पौधों में होने वाली उत्सर्जन क्रिया द्वारा पानी की हानि को कम किया जाता है। उत्सर्जन अवरोधी रसायन जैसे फिनाइल मरक्यूरिक एसीटेट (पी एम ए), हाइड्रोक्सिल अमाइन, सिलिकान, हाडड्रोक्लोराइड, सेटाइल अल्कोहल, एलाक्लोर, स्टेयेरिक अम्ल, क्लोरमेक्वेट क्लोराइड आदि हैं। उत्सर्जन अवरोधी रसायनों को निम्न प्रकार से वर्गीकृत किया जाता है –

(i) परत चढ़ाने वाले रसायन (Film forming type) : पौधों की सतह विशेष रूप से पत्तियों द्वारा पानी की हानि सबसे अधिक होती है। वह रसायन जो पौधों पर छिड़काव करने से पौधों एवं पत्तियों की सतह पर परत चढ़ जाने से उत्स्वेदन द्वारा नमी का ास रूक जाता है जैसे पेट्रोलियम पदार्थ, गोंद (Wax) आदि।

(ii) पर्णरन्ध्र बन्द करने वाले रसायन (Stomata closing type) : पौधों की पत्तियों की सतह पर पर्णरन्ध्र पाये जाते हैं जिनसे उत्स्वेदन क्रिया के फलस्वरूप पानी का ास होता है। वह रसायन जिनका छिड़काव पौधों पर कर देने से पर्णरन्ध्र बन्द हो जाने से उत्स्वेदन क्रिया द्वारा पानी की हानि कम हो जाती है जैसे पी एम ए आदि।

(iii) विकिरण ऊर्जा को प्रभावित करने वाले रसायन (Reflective type) : पौधों पर विकिरण ऊर्जा के प्रभाव से उत्स्वेदन की क्रिया सम्पन्न होती है। अत: वह रसायन जिनका छिड़काव पौधों पर कर देने से विकिरण ऊर्जा का प्रभाव प्रत्यक्ष रूप से पौधों पर नहीं पड़ता है जिससे उत्स्वेदन क्रिया द्वारा पानी की हानि बहुत कम

हो जाती है जैसे केओलिन आदि।

(iv) **पेट्रोलियम पदार्थ (Petroleum Anti-transpirants) :** यह वह पेट्रोलियम पदार्थ होते हैं जिनकी बहुत कम मात्रा का छिड़काव पौधों पर कर देने से उत्स्वेदन क्रिया द्वारा पानी का ह्रास रूक जाता है।

(स) फसल पकाने वाले रसायन (Crop ripeners) : यह वह रसायन होते हैं जिनके प्रयोग से फसल पक जाती है। फसल पकाने वाले रसायन जैसे पिक्लोरम, ब्रोमेसिल, कार्बोनिल यूरिया, टेट्रा हाइड्रोजन बेजोंइक अम्ल, राइनेन्थाल, डिसयूग्रान, पैराक्वेट, आइसो ब्यूटानाल, अमोनियम आइसोब्यूटाइलेट, 2, 3-6 टी बी ए, एनिसोमाइसिन आदि हैं।

(द) वृद्धि अवरोधक (Growth retardants) : यह वह रसायन होते हैं जिनका प्रयोग करने से फसलों में होने वाली वृद्धि को रोका जा सकता है तथा पौधों में फूल-फल बनना शीघ्रता से शुरु हो जाता है। इस प्रकार इन रसायनों के प्रयोग से कम पानी की आवश्यकता में फसल पककर तैयार हो जाती है। वृद्धि नियंत्रक रसायन जैसे - एस्कार्बिक अम्ल, मिथाइल इस्टर आदि का छिड़काव किया जाता है।

(य) पत्तियाँ झाड़ने वाले रसायन (Defoliant chemicals) : यह वह रसायन होते हैं जिनका प्रयोग फसलों पर करने से पौधों की समस्त पत्तियाँ झड़ जाती हैं। इस प्रकार के रसायन का प्रयोग करने का उद्देश्य जिन फसलों के पौधों की वृद्धि, पत्तियाँ बनना, फूल तथा फलियाँ लगातार जारी रहती हैं जिसके कारण नीचे की फलियाँ झड़ती रहती हैं जैसे अरहर, मूँग, सरसों आदि फसलों में इस प्रकार के गुण होते हैं। इन फसलों में पत्तियाँ झाड़ने वाले रसायन जैसे 2, 4-डी, पेराक्वेट, डाइक्वेट, डिनोसेब, मेटाक्सूरान, ग्लाइफोसेट, एमेट्रीन, सी सी सी, टी सी ए, सोडियम क्लोरेट, इथेफोन, आर्सेनिक अम्ल, मैगनीशियम क्लोरेट आदि का प्रयोग किया जाता है।

(र) पलवार का प्रयोग (Use of mulches) : शुष्क क्षेत्रों में पलवार का प्रयोग करने का उद्देश्य मृदा में पानी के वाष्पीकरण को रोकना अथवा कम करना होता है। पलवार मृदा में पड़ने वाली सूर्य की तीव्र ऊष्मा के प्रभाव को बचाकर जल के वाष्पीकरण को रोकती है तथा प्रकाश को भूमि पर न पड़ने देने से खरपतवारों की वृद्धि को प्रभावित करके उनका नियंत्रण होता है। फसल अवशेष की पलवार का प्रयोग करने से जल अपवाह (Run off) कम हो जाता है, मृदा में जल का शोषण अधिक होता है तथा मृदा में जीवांश पदार्थ की मात्रा में वृद्धि हो जाती है। इस प्रकार शुष्क भूमियों में पलवार का प्रयोग करना बहुत ही उपयोगी होता है। मृदा में पलवार निम्न रूपों में प्रयोग की जाती है-

1. खेत की गुड़ाई करके मृदा की ऊपरी सतह का केशिका सम्बन्ध मृदा की अधोसतह से समाप्त हो जाने से मृदा से वाष्पीकरण की क्रिया कम हो जाती है। इस प्रकार से मृदा नमी की हानि को रोकने को प्राकृतिक पलवार (Natural mulches) कहते हैं।
2. फसल के अवशेष जैसे भूसा, पुआल, सूखी पत्तियाँ, डंठल, धान की भूसी, बाजरा तथा ज्वार की भूसी आदि को मृदा सतह पर फसल की दो पंक्तियों के मध्य में बिछा दिया जाता है। इन पदार्थों को मृदा सतह पर बिछा देने से मृदा में नमी का ह्रास कम हो जाता है। इस प्रकार की पलवार को फसल अवशेष पलवार (Crop residue mulch) भी कहते हैं।
3. कम अन्त:सरण वाली मृदाओं में 40 सेमी गहरी तथा 15 सेमी चौड़ी खाई खोदकर उसमें ज्वार, बाजरा, मक्का के डंठल तथा पत्तियों को अथवा स्थानीय रूप से उपलब्ध फसल अवशेष को मृदा सतह से 10 सेमी की ऊँचाई तक भर दिया जाता है। इस विधि द्वारा पलवार का प्रयोग करने को क्षैतिज पलवार (Vertical mulch) कहते हैं। बेल्लारी (कर्नाटक) में किये गये प्रयोग के आधार पर क्षैतिज पलवार से मृदा नमी में 4-5 सेमी की वृद्धि हुई तथा सूखे के समय में 40 से 50 प्रतिशत उत्पादन में वृद्धि हुई।
4. 20 मिमी माइक्रान वाली काली पॉलीथीन का प्रयोग पलवार के रूप में करने से मृदा नमी का ह्रास सबसे कम होता है। काले रंग की पॉलीथीन से मृदा में तापमान बढ़ने नहीं पाता जिससे मृदा से नमी का वाष्पीकरण द्वारा ह्रास कम होता है।

5. शुष्क भूमि में फसल की बुआई के पश्चात् रोलर, सीमेन्ट के ह्यूम पाइप, पाटा लगाकर आदि विधियों द्वारा मृदा को अच्छी तरह से दबा दिया जाता है जिससे मृदा में वाष्पीकरण की क्रिया कम हो जाती है। इस विधि द्वारा पलवार का प्रयोग करने को मृदा सघनीकरण (Soil compaction) कहते हैं।
6. फसलों की बुआई के बाद अच्छी तरह से पाटा लगा देने से मृदा सतह पर वाष्पीकरण अवरोधकों का छिड़काव करके मृदा से नमी की हानि को रोका जा सकता है।

मृदा सतह से होने वाली जल की हानि को रोकने के लिए जिन पदार्थों का प्रयोग किया जाता है वह पलवार कहलाते हैं। पलवार को निम्न प्रकार से वर्गीकृत किया जाता है–

(i) **कार्बनिक पलवार (Organic mulches) :** इस प्रकार के पलवार में कार्बनिक पदार्थ जैसे पेड़ों अथवा झाड़ियों की पत्तियाँ, कम्पोस्ट, गोबर की खाद आदि को फसलों की पंक्तियों के मध्य सतह पर फैला दिया जाता है। इस प्रकार यह पलवार वाष्पोत्सर्जन द्वारा होने वाली नमी की हानि को रोकती हैं तथा इन पदार्थों के सड़ जाने से मृदा की उर्वरता में वृद्धि हो जाती है।

(ii) **फसल अवशेष पलवार (Crop residue mulches) :** फसल अवशेष जैसे भूसा, पुआल, जड़ें एवं टहनियों को फसलों के मध्य मृदा सतह पर फैला दिया जाता है जिससे मृदा सतह से नमी ास रूक जाता है तथा फसल अवशेषों के सड़ने से मृदा की भौतिक, रासायनिक तथा जैविक गुणवत्ता में सुधार हो जाता है।

(iii) **प्लास्टिक पलवार (Polyetheline mulches) :** पलवार के रूप में पॉलीथीन का प्रयोग मुख्यत: नकदी फसलों, सब्जियों, फलों, फूलों आदि में किया जाता है। पॉलीथीन पलवार में सफेद रंग की अपेक्षा काले रंग की पलवार का प्रयोग करना ज्यादा लाभकर है। पॉलीथीन पलवार का प्रयोग करने से उत्पादन लागत में वृद्धि हो जाती है परन्तु नमी की हानि को रोकने में बहुत अधिक प्रभावशाली है।

(iv) **बालू पलवार (Sand mulches) :** भारी मटियार भूमियों में फसल बोने के समय मृदा सतह पर बालू की एक पतली परत के रूप में बिछा दिया जाता है जिससे मृदा का सम्पर्क बालू की सतह होने से समाप्त हो जाने के कारण वाष्पोत्सर्जन द्वारा होने वाली नमी का ास रूक जाता है।

(v) **कागज का पलवार (Paper mulches) :** नकदी, फलों, फूलों, सब्जियों, नर्सरी आदि में मृदा सतह से होने वाली नमी का ास को रोकने के लिए फसलों की पंक्तियों के मध्य अखबार अथवा अन्य कागज को आसानी से बिछा दिया जाता है। इस प्रकार की पलवार का प्रयोग करने से फसल उत्पादन लागत में वृद्धि हो जाती है।

(9) सिंचाई जल संरक्षण में जीरो टिलेज (शून्य भूपरिष्करण) तकनीक : धान–गेहूँ फसल पद्धति में गेहूँ की बुआई जीरो टिलेज मशीन से करने पर उसे 7 कुन्टल प्रति हैक्टेअर की पैदावार में वृद्धि हो जाती है तथा बुआई भी 15 दिन पूर्व सम्पन्न हो जाती है। इस विधि द्वारा बुआई करने से खेत की तैयारी आदि से लगभग रूपया 5000 हैक्टेअर की बचत हो जाती है। गेहूँ का मामा खरपतवार की संख्या में कमी के साथ–साथ सिंचाई जल में भी 40 से 50 प्रतिशत की बचत हो जाती है।

शुष्क क्षेत्रों में फसल पद्धतियाँ (Cropping systems under dryland conditions)

सामान्यत: शुष्क भूमियों में केवल एक ही फसल उगाई जाती है जिन क्षेत्रों में खरीफ ऋतु में फसल उगाई जाती है वहाँ पर रबी ऋतु में कोई फसल नहीं उगाते। जिन क्षेत्रों में रबी की फसल उगाते हैं वहाँ पर खरीफ ऋतु में फसल नहीं उगाते हैं। इन भूमियों में नमी तथा भूमि का समुचित उपयोग करने के लिए दोहरी अथवा मिश्रित फसल पद्धतियों को अपनाना आवश्यक है। शुष्क भूमियों में निम्न फसल पद्धतियाँ अपनाई जाती हैं –

(अ) मिश्रित/अन्त:फसल पद्धति (Mixed / Intercropping system) : जब दो फसलों को छिड़कवाँ अथवा पंक्तियों में बोया जाता है, उसे मिश्रित फसल पद्धति कहते हैं। दूर–दूर बोई जाने वाली फसलों के बीच में खाली

स्थान की पूर्ति के लिए जब दूसरी फसल पंक्तियों में उगाई जाती है, उसे अन्त:फसल पद्धति कहते हैं। इस प्रकार की फसल पद्धति द्वारा पानी की कमी से अथवा बीमारी के कारण जब एक फसल लगभग समाप्त हो जाती है तब दूसरी फसल से उत्पादन प्राप्त हो जाने से प्रक्षेत्र पर होने वाली हानि को कम किया जा सकता है। इस फसल पद्धति में एक फसल देर से पकने वाली तथा दूसरी फसल जल्दी पकने वाली होने के कारण मृदा नमी का समुचित उपयोग हो जाता है। मुख्य फसल बाद में पकने के कारण पर्याप्त मात्रा में नमी भी प्राप्त हो जाती है। उदाहरणत: लम्बी अवधि वाली अरहर के साथ कम अवधि वाली बाजरा, ज्वार, उर्द, मूँग, लोबिया आदि की मिलवाँ/अन्त:फसल पद्धति काफी लोकप्रिय तथा उपयोगी है।

ज्वार + अरहर/उर्द/मूँग
बाजरा + अरहर/उर्द/मूँग
कपास + अरहर
चना + अलसी / कुसुम
मक्का + अरहर
मूँगफली + अरहर/अन्डी
सूर्यमुखी + अरहर
कुसुम + धनिया
अरहर + तिल
गेहूँ + सरसों

(ब) दोहरी फसल पद्धति (Double cropping system) : जिन क्षेत्रों में वर्षा की अवधि अपेक्षाकृत लम्बी होती है अथवा वर्षा 750 मिमी से अधिक होती है वहाँ पर वर्ष में दो फसलें उगाई जा सकती हैं। इस फसल पद्धति में खरीफ की फसल कम समय में पककर तैयार हो जाने के पश्चात् रबी की फसल की बुआई वर्षा के संरक्षित नमी में आसानी से की जा सकती है। इसके लिए यह भी आवश्यक है कि खरीफ ऋतु की बुआई जल्दी हो जिससे वर्षा ऋतु के समय ही फसल की कटाई हो जाये तथा रबी की फसल की बुआई के लिए पर्याप्त समय भी मिल जाये।

लोबिया/सोयाबीन – रागी
उर्द/मूँग – गेहूँ/जौ
बाजरा – मटर/चना/मसूर/जौ
मूँगफली – चना
मूँग/उर्द – चना/मसूर
उर्द – सोयाबीन
लोबिया – गेहूँ/जौ
सोयाबीन – सरसों/कुसुम/सूर्यमुखी
ज्वार – चना/मसूर/कुसुम
तिल – चना/मसूर
मक्का – चना/मसूर/सरसों/अलसी
मूँग/उर्द – सरसों/अलसी
मक्का – गेहूँ/जौ

(स) शुष्क क्षेत्रों में भूमि का वैकल्पिक उपयोग (Alternate land use management) : शुष्क क्षेत्रों की सभी भूमियाँ खेती करने योग्य नहीं होती हैं। इनमें काफी भूमियाँ सीमान्त हैं और उन पर उगाई जाने वाली फसलों की पैदावार बहुत कम होती है। यहाँ तक कभी-कभी बोया गया बीज भी वापस नहीं मिलता है। अत: इन भूमियों में फसल उगाने के अतिरिक्त पेड़, घास, फल, चारा आदि फसलें उगाने के काम में लाई जाती हैं उन्हें वैकल्पिक भूमि उपयोग विधियाँ कहते हैं। अनाज, चारा, ईंधन तथा लकड़ी की माँग को पूरा करने के लिए आवश्यक है कि भूमि उपयोग की वैकल्पिक विधियाँ अपनाई जाये। इन विधियों में से जिनसे प्रति इकाई भूमि एवं जल का उपयोग अधिक से अधिक जैविक पदार्थ करने में होता है तो उन्हें अपनाने की आवश्यकता होती है। वैकल्पिक भूमि उपयोग से उत्पादन स्थिर होता है तथा अतिरिक्त आय भी प्राप्त होती है।

वैकल्पिक भूमि उपयोग की निम्न पद्धतियाँ हैं –

1. **कृषि योग्य भूमियाँ**
   (i) सस्य-वन विधियाँ-वीथिका सस्योत्पादन
   - सस्य-फल उत्पादन विधि
   - फसल-चारा उत्पादन विधि
   - पेड़-फसल अन्त: पद्धति।

(ii) घासवाड़ी (ले फार्मिंग)

2. **सीमान्त भूमियाँ**

(i) अनुवन विधि (ii) चरण/गोचर विधि (iii) वन वर्धनिक पशुपालन विधि

(iv) टिमफिब (टिम्बर और फाइबर)

सीमान्त बारानी भूमि में उत्पादन प्राय: कम, अस्थिर एवं अल्प लाभदायक होता है। शुष्क कृषि का अर्थ न केवल कम वर्षा से ही है बल्कि इसका अभिप्राय ऐसे क्षेत्रों से भी है जहाँ सामान्य दशाओं में उत्पादन लेना सम्भव नहीं होता है और भूमि की उत्पादन क्षमता में किसी न किसी प्रकार से ह्रास होता है। जनसंख्या वृद्धि को ध्यान में रखते हुए इस प्रकार की भूमियों को उपयोग में लाना एक बहुत बड़ी चुनौती है। इन भूमियों में उत्पादन कम लाभदायक होने से खेती नहीं की जाती, जिससे वानस्पतिक आच्छादन में निरन्तर कमी होती जाती है। इसके कारण पर्यावरण का संतुलन भी बिगड़ता है। अत: कृषि के अतिरिक्त अन्य उपयोगी वैकल्पिक भूमि उपयोग पद्धतियों को अपनाने से शुष्क भूमि में न केवल कुल कृषि उत्पादन में वृद्धि होगी बल्कि राजस्थान जैसे शुष्क क्षेत्रों में हरा चारा भी पैदा किया जा सकता है।

कृषि अयोग्य एवं शुष्क भूमियों में एवं सस्य वानिकी अथवा वैकल्पिक भूमि उपयोग पद्धतियाँ जैसे घासवाड़ी, वीथिका सस्योत्पादन, शुष्क उद्यानीकरण, वृक्षारोपण, कृषि-वानिकी, उद्यान चरागाह, कृषि वन चरागाह आदि को अपनाने से कृषकों को अतिरिक्त आय मिलेगी, भूमि का समुचित उपयोग होगा तथा कृषकों को रोजगार के अवसर भी बढ़ेंगे।

1. घासवाड़ी (Ley farming) : शुष्क क्षेत्रों में कृषक सामान्य परिस्थितियों की तुलना में उन्नतशील सस्य क्रियाओं का प्रयोग करके 5 से 10 गुना अधिक उत्पादन प्राप्त कर सकते हैं। वर्षा की अनिश्चितता के कारण कृषक महंगे उर्वरकों एवं तकनीकी का प्रयोग करने का साहस ही नहीं कर पाते हैं अत: घासवाड़ी जैसे कम लागत प्रबन्ध की प्रौद्योगिकी अपनाकर इस समस्या को सुलझाया जा सकता है। चरागाहों में दलहनी चारा फसलों को गैर दलहनी चारा फसलों के साथ एक निश्चित अन्तराल में क्रमबद्ध रूप में उगाना ही घासबाड़ी कहलाती हे। यह पद्धति कम लागत व कम हानि वाली है और बारानी क्षेत्रों के लिए उपयुक्त है। घासवाड़ी के अन्तर्गत चरागाहों की दलहनी चारा फसलों एवं गैर दलहनी फसलों के सम्मिश्रण से मृदा की उर्वरा शक्ति तथा मृदा की भौतिक एवं रासायनिक दशा को सुधारा जा सकता है। इस पद्धति में मृदा की जलधारण क्षमता में भी बढ़ोतरी होती है। दलहनी चारा फसलों के मिश्रण से उत्तम किस्म का पौष्टिक चारा भी प्राप्त किया जा सकता है। घास चराई के रूप में अथवा सीधे काट कर भी खिलाया जा सकता है।

चारा एवं दलहनी चारा के मिश्रण को विभिन्न खाद्यान्न फसलों के साथ उगाने से हरे चारे के साथ-साथ खाद्यान्न की समस्या का भी समाधान हो जाता है। झाँसी में किये गये प्रयोगों के आधार पर ज्ञात हुआ कि चारे को दलहनी चारे के साथ उगाने से 20-25 प्रतिशत अतिरिक्त हरा चारा प्राप्त हो जाता है।

तालिका 15.7 : विभिन्न घास वाडी पद्धति का हरे चारे की उपज पर प्रभाव

फसलें/घासें	हरा चारा (किग्रा. प्रति है.)	फसलें/घासें	हरा चारा (किग्रा. प्रति है.)
दीनानाथ घास	30.70	अंजन घास	14.77
लोबिया	26.20	स्टाइलो	10.37
दीनानाथ घास + लोबिया	41.50	अंजन + स्टाइलो	17.57

रासायनिक परीक्षण के आधार पर यह भी ज्ञात हुआ कि घासवाडी से भूमि की अम्लीयता एवं जैव कार्बन में परिवर्तन नहीं हुआ। मृदा में उपलब्ध नत्रजन (1996 कि.ग्रा./है.) एवं पोटास (45.57 कि.ग्रा. प्रति हैक्टेअर) की मात्रा अंजन घास + स्टाइलो के मिश्रण में सर्वाधिक पाई गई।

2. वीथी अथवा वीथिका सस्योत्पादन (Alley cropping) : वीथी सस्योत्पादन से भोजन, ईंधन, खाद एवं चारा आदि की आपूर्ति होती है। इस पद्धति में वृक्षों अथवा झाड़ियों को कतारों के बीच में रिक्त स्थान में फसलों को बोया जाता है। शुष्क/बारानी क्षेत्रों में कृषि उत्पादन में स्थिरता एवं आर्थिक स्थिति में सुधार हेतु ''पेड़ों के साथ फसल'' कृषि पद्धति अति उत्तम रहती है। इस पद्धति में पौधों की कटाई/छंटाई कर पशुओं को खिलाते रहते हैं जिससे फसलों की वृद्धि एवं बढ़वार पर कोई प्रभाव नहीं पड़ता है एवं पोषक तत्वों, मृदा नमी आदि में प्रतिस्पर्धा भी नहीं होती है।

इस पद्धति का मुख्य उद्देश्य ऐसे समय में जब चारा उपलब्ध नहीं होता है तब पौधों की कटाई छँटाई कर हरा एवं पौष्टिक चारा प्राप्त हो जाता है। इससे घासों की बढ़वार भी अच्छी होती है। इसके अतिरिक्त इस तरह की कटाई में पत्तियों को भूमि पर ऐसे छोड़ देने से मृदा में नमी का संरक्षण भी होता है। वीथी सस्योत्पादन निम्न हैं –

सुबबूल + ज्वार/ग्वार/लोबिया — यूकेलिप्टस + ज्वार/लोबिया/सेम

सेवरी + ज्वार — बहुवार्षिक अरहर + ज्वार/लोबिया/मूँग

3. शुष्क उद्यानीकरण (Dry Horticulture) : शुष्क क्षेत्रों की विषम परिस्थितियों में उत्पादन में स्थिरता लाने के कारण शुष्क उद्यानीकरण पद्धति अत्यधिक लोकप्रिय है। इस पद्धति में शुष्क क्षेत्रों में वृक्षों, फसलों, घासें, दलहनी चारा, चारा फ़सलों, फलदार वृक्षों आदि के द्वारा भूमि एवं अन्य संसाधनों का सदुपयोग किया जा सकता है।

कुछ क्षेत्रों में सूखा पड़ने से फसलों के पूर्ण रूप से नष्ट होने की सम्भावना रहती है। इस पद्धति द्वारा पूरे वर्ष में प्राप्त वर्षा एवं संरक्षित नमी का पूर्ण सदुपयोग होता है जिससे लम्बी अवधि तक फसलों की उत्पादन क्षमता में भी वृद्धि होती है।

फलदार पेड़ों में कृषकों को कुछ नकद राशि भी मिल जाती है। इसके अतिरिक्त पौष्टिक फलों के साथ-साथ जानवरों के लिए चारा, लकड़ी, ईंधन आदि भी मिलती है। खाली मौसम में बेरोजगार युवकों को रोजगार भी मिल जाता है। शुष्क उद्यानीकरण में निम्न मिश्रण ज्यादा लोकप्रिय हैं।

तालिका 15.8 : विभिन्न शुष्क उद्यानीकरण पद्धतियाँ

फलदार वृक्ष	फसलें
1. बेर – अमरूद + आम/इमली (4.1 अनुपात)	एम पी चरी, ज्वार
2. अनार, आँवला	बाजरा, लोबिया
3. शरीफा/फालसा + बेल/जामुन	ग्वार, जापानी सरसों
4. करौंदा/फालसा + बेर/आँवला	जई, सेंजी, चना, जौ
5. अनार/फालसा + आँवला	चना, मसूर, सरसों
6. करौंदा + अमरूद/आँवला	घास एवं दलहनी
7. नींबू + आँवला	घास आदि

4. वृक्षारोपण (Forestation) : पर्यावरण की दृष्टि से अनुरक्षण तथा मानव जीवन में वृक्षों का बहुत बड़ा योगदान है अत: वृक्षों को मानवता का हरा खून भी कहा जाता है। पहाड़ी, बंजर भूमि तथा शुष्क भूमि में जहाँ पर कृषि की सम्भावना कम रहती है, वहाँ पर वृक्षों को उगाया जा सकता है। वृक्ष मृदा एवं जलवायु की विषम परिस्थितियों को सहन कर लेते हैं। शुष्क परिस्थितियों में फसल उत्पादन तथा पशुपालन प्राय: अनुत्पादक एवं अनिश्चित होता है लेकिन वृक्षों से अधिक उत्पादन प्राप्त किया जा सकता है। वृक्षों से न केवल हरा चारा प्राप्त किया जा सकता है बल्कि उत्तम किस्म की इमारती लकड़ी, फल, फूल, सब्जियाँ आदि का भी उत्पादन किया जा सकता है।

5. कृषि वानिकी पद्धति (Agro-forestry system) : देश की बढ़ती हुई पशुधन संख्या का कृषि की आर्थिक दशा में बहुत बड़ा योगदान है। देश में 130 लाख हैक्टेअर क्षेत्रफल पर स्थाई चरागाह हैं। इतने अधिक क्षेत्र के होते हुए भी

पशुओं को साल भर हरा चारा उपलब्ध नहीं हो पाता है। मिश्रित खेती में फसलों को वृक्षों के साथ उगाने से फसलों के पूर्णतया नष्ट हो जाने का खतरा कम हो जाता है। इस पद्धति द्वारा चारे वाली फसलों को वर्षा ऋतु में वृक्षों की कतारों के बीच बोने से काफी मात्रा में हरा चारा प्राप्त होता है। विभिन्न प्रयोगों के आधार पर ज्ञात हुआ कि सुबबूल को ज्वार, बाजरा और मक्का के साथ बोने से 10–15 टन अतिरिक्त पौष्टिक हरा चारा प्राप्त होता है।

6. उद्यान चरागाह पद्धति (Hortipastoral system) : कृषि अनुपयुक्त भूमि जैसे बंजर, परती तथा बेकार पड़ी भूमि के फलदार पौधों को चारा फसलों एवं सब्जियों के साथ बोने पर अधिक आय एवं जानवरों तथा मनुष्यों को पौष्टिक आहार उपलब्ध होता है। इस पद्धति में ऐसे फलदार वृक्षों का चयन किया जाए जिन्हें कृषि अयोग्य भूमि में आसानी से उगाया जा सके, साथ ही दलहनी चारे एवं गैर दलहनी चारे में आपस में स्पर्धा न हो। चरागाह के साथ बेर सर्वोत्तम फलदार वृक्ष है क्योंकि यह शुष्क भूमि में आसानी से उगाया जा सकता है। कुछ वृक्ष जैसे– इमली, जामुन, आँवला, बेल, शरीफा अधिक उपयोगी हैं, घासें जैसे अंजन घास, सांवा घास, लम्पा घास आदि शुष्क क्षेत्रों में आसानी से उगाई जा सकती हैं।

तालिका 15.9 : विभिन्न क्षेत्रों में कृषि–वानिकी पद्धति में हरा चारा (टन प्रति है.)

	राहुरी	झांसी	कोयम्बटूर		राहुरी	झांसी	कोयम्बटूर
सुबबूल	6.25	13.33	0.12	सुबबूल + ज्वार	18.32	16.20	4.83
ज्वार	22.75	17.48	6.16	सुबबूल + बाजरा	17.50	24.12	12.50
बाजरा	19.22	26.00	15.35	सुबबूल + मक्का	19.33	14.20	20.50
मक्का	11.00	7.72	23.83				

7. कृषि–वन–चरागाह पद्धति (Agri-silvi-pastoral system) : मुख्य रूप से उन क्षेत्रों में जहाँ पर चारे की बहुत कमी रहती है वहाँ पर कृषि–वन–चरागाह पद्धति विशेष रूप से उपयोगी होती है। इस पद्धति के अन्तर्गत चारे वाले वृक्षों के नीचे गैर दलहनी चारे व दलहनी चारे को एक साथ उगा कर हरे चारे की कमी की समस्या का समाधान किया जा सकता है। वृक्षों से ईंधन की समस्या का भी समाधान होता है। भारतीय चरागाह एवं चारा अनुसंधान संस्थान, झाँसी में किये गये प्रयोगों के आधार पर सुबबूल की सिलवी–4 किस्म के वृक्षों को प्रति पांचवें वर्ष काटे जाने पर अधिकतम उत्पादन (31.9 कि.ग्रा./वृक्ष) मिला। डाइक्रोस्टेक्यस साइनेरिया, सुबबूल की किस्म के–8, फेडरविया एल्विडा तथा मेलिया की प्रजातियों की उन्नत चरागाह में जीवित रहने की क्षमता सर्वाधिक पाई गई। बबूल युक्त वन चरागाह से प्राप्त जैव उत्पादन से भूमि की न केवल जैव उत्पादन क्षमता में वृद्धि होती है बल्कि उत्तम किस्म का हरा चारा भी प्राप्त किया जा सकता है।

8. सस्य–उद्यान उत्पादन विधि (Agri-horticulture system) : इस विधि में फलदार पेड़ पंक्तियों में उगाये जाते हैं और पंक्तियों के मध्य में दलहनी अथवा सब्जियों वाली फसलें उगाई जाती हैं। बेर की दो पंक्तियों के रिक्त स्थान में फसल उगाने के लिए भूमि को अधिक उपयोगी बनाया जाता है। इस विधि में फसल उगाने के लिए बेर की डालियों को काटना या छाँटना पड़ता है जिससे प्रतिवर्ष 6–10 किलोग्राम लकड़ी प्रति पेड़ मिल जाती है तथा इनकी पत्तियों में प्रोटीन की मात्रा बहुत अधिक होती है जो भूमि की उर्वरा शक्ति को बढ़ाने का काम करती है। बेर के साथ मूँग, ज्वार तथा कुल्थी आदि फसलें उगाई जा सकती हैं। इस विधि में फलों के वृक्ष जैसे आँवला, करोंधा, शरीफा, अमरूद, आम, जामुन, इमली आदि को भी उगाया जा सकता है।

9. फल–चारा उत्पादन विधि (Fruit-fodder production system) : इस विधि में फलों के वृक्षों की दो पंक्तियों के मध्य में चारे वाली फसल या घासों को उगाया जाता है। पेड़ों की दो पंक्तियों के मध्य चारे वाली फसल उगाने से फलों की पैदावार पर कोई प्रतिकूल प्रभाव नहीं पड़ता बल्कि प्रति हैक्टेअर शुद्ध लाभ में बढ़ोतरी हो जाती है।

10. पेड़–फसल अन्त: फसल पद्धति (Tree-crop intercropping system) : शुष्क क्षेत्रों की भूमियों में सामान्यत: नत्रजन की कमी पाई जाती है। नत्रजन स्थिरीकरण करने वाले पेड़ वायुमण्डल की नत्रजन को भूमि में स्थिरीकरण करते हैं। ऐसे पेड़ों के नीचे फसल उगाने से फसल अथवा पेड़ों की पैदावार में कोई अन्तर नहीं पड़ता। राजस्थान में खेजड़ी (*Prosopis cineraria*) के नीचे उगाई गई बाजरा की अधिक उपज प्राप्त हुई। इस प्रकार –

(1) एकेशिया एल्बीडा (*Acacia albida*) के साथ अन्डी तथा ज्वार की एकाकी फसल उगाने से क्रमश: 23 एवं 13 प्रतिशत अधिक उपज प्राप्त हुई।

(2) सुबबूल के साथ ज्वार तथा बाजरा को चारे के लिए उगाने पर 54 प्रतिशत अधिक चारा प्राप्त हुआ।

(स) अकृष्य और सीमान्त भूमियाँ (Non-cultivable and marginal land) :

1. अनुवन विधियाँ : शुष्क क्षेत्रों की सीमान्त भूमियों में जहाँ पर फसल पैदा करना सम्भव नहीं होता है वहाँ पर अनुवन लगाना लाभदायक होता है। अनुवन लगाने से चारे की समस्या का बहुत कुछ हद तक समाधान हो जाता है क्योंकि इन वृक्षों की टहनियों का प्रयोग चारे के रूप में किया जा सकता है। एकेशिया टोरटोलिस में 12 प्रतिशत, एकेशिया लेब्बेक में 29 प्रतिशत, प्रोसोपिस साइनेरेरिया में 14 प्रतिशत, जिजीफस में 12 प्रतिशत और सुबबूल में 27–34 प्रतिशत क्रुड प्रोटीन होती है। इस पद्धति द्वारा ईंधन, भूमि एवं जल संरक्षण तथा जलवायु की असमानता को भी कम किया जा सकता है।

2. चारण गोचर विधि : यह विधि कम वर्षा वाले क्षेत्रों तथा कम उपजाऊ वाली भूमियों के लिए उपयुक्त है इसलिए घास और धान्य गोचर फसलों की किस्मों का चयन करके उगाया जाता है। एक अच्छा चरागाह जिसमें उन्नतशील घासों तथा धान्य गोचर फसलें (अंजन तथा स्टाइला) लगी हो, 6 भेड़ें प्रतिवर्ष लगातार चराई विधि से पाली जा सकती हैं। देशी चरागाह के मुकाबले एक उन्नतशील चरागाह पर पली हुई भेड़ों का वजन तथा बच्चे पैदा करने की क्षमता अधिक होती है।

3. वन वर्धनिक पशुपाल्य विधि : यह विधि कम लागत वाली है। इससे न केवल चारा उपलबध होता हे बल्कि ईंधन के लिए लकड़ी तथा अन्य पदार्थ भी प्राप्त होते हैं। इस विधि में चारे वाले पेड़ों के नीचे चारे वाली फसलें पैदा की जाती हैं उदाहरण सुबबूल, अंजन घास तथा स्टाइलो को एक साथ उगाने से प्रति हैक्टेअर सूखे चारे की पैदावार में वृद्धि हो जाती है।

4. टिमफिब विधि : इस प्रणाली में टिम्बर (Timber) तथा फाइबर (Fibre) वाले पेड़ों को एक साथ खेत में उगाते हैं। यह पद्धति 500–600 मिमी वार्षिक वर्षा वाले क्षेत्रों में जहाँ उथली तथा मध्यम मृदाएं पाई जाती हैं। इस विधि में सुबबूल को 2 मी × 2 मी की दूरी पर रोपण किया जाता है और इन पंक्तियों के मध्य में सीसल (Agave) को लगा दिया जाता है। इससे सुबबूल का कोई हानिकारक प्रभाव सीसल पर देखने को नहीं मिला। इसी प्रकार सीसल के रेशे की पैदावार 189 किलोग्राम प्रति हैक्टेअर से 516 किलोग्राम प्रति हैक्टेअर बढ़ गई।

असामान्य मौसम में आकस्मिक फसल योजना
(Contingent crop planning for abberant weather)

शुष्क क्षेत्रों में वर्षा की उपयुक्त मात्रा तथा वितरण की पूर्व कल्पना करना बड़ा कठिन होता है। आजकल मौसम वेधशालाओं द्वारा पूर्व में की गई भविष्यवाणी भी गलत साबित हो जाती है। ऐसी स्थिति में कभी मानसून देर से शुरू होता है तो कृषक उसी अनुसार फसलों को उगाता है और यदि फसल उगाने के मध्य अथवा अन्तिम समय वर्षा न होना अथवा सूखा पड़ने की स्थिति में कृषक असहाय हो जाता है। अत: असामान्य मौसम में सूखा पड़ने से विभिन्न कृष्य क्रियाओं द्वारा फसलोत्पादन किया जाना भी सम्भव है। सूखा पड़ने की दशा को निम्न तीन प्रकार से वर्गीकृत किया गया है –

1. मानसून का विलम्ब से प्रारम्भ होना अथवा फसल बोने से पूर्व सूखा पड़ना।
2. फसल के मध्य सूखा पड़ना।
3. फसल के पकने के समय सूखा पड़ना।

1. फसल बोने के पूर्व सूखा पड़ना : फसल बोने के पूर्व सूखा पड़ने की स्थिति में कृषक वर्षा अथवा सूखे की दशा के अनुसार फसल प्रणाली में परिवर्तन कर लेता है। यदि वर्षा विलम्ब से शुरू होती है तो कृषक उन्हीं फसलों को उगाता है जिनसे कुछ उपज मिलना सम्भव हो। इस स्थिति में निम्न कृष्य क्रियाएं करनी चाहिये –

(i) वर्षा विलम्ब से शुरू होने की दशाओं में ऐसी फसलों की-किस्म तथा प्रजातियों का चुनाव करना चाहिए, जो कम समय में तैयार होने वाली फसलें हो तथा जिसकी जलमाँग बहुत कम हो, उगाना चाहिए।

(ii) उचित समय पर खरपतवारों का नियंत्रण करना आवश्यक होता है क्योंकि खरपतवार मृदा से नमी आदि का शोषण बहुत अधिक मात्रा में करते हैं।

(iii) फसलों की बीज दर तथा अन्तरण आवश्यकता के अनुरूप रखने से पौधों में पानी की कमी नहीं होने पाती है।

(iv) फसल की बुआई के पश्चात् सूखा पड़ने से बीजों का जमाव प्रभावित होता है जिसके कारण प्रति इकाई क्षेत्रफल पर पौध संख्या कम हो जाती है।

(v) फसल बोने के कुछ समय पश्चात् सूखा पड़ने से आवश्यकतानुसार एक या दो गुड़ाइयाँ करके मृदा की अन्त: सतह का सम्पर्क खत्म कर देने से मृदा नमी की वाष्पोत्सर्जन द्वारा हानि को कम कर देना चाहिए। अधिक संख्या में तथा गहरी गुड़ाइयाँ कदापि नहीं करनी चाहिए। अधिक गहरी गुड़ाई करने से मृदा नमी का ह्रास बहुत अधिक होता है।

(vi) अन्त:/मिश्रित फसल पद्धति को अपनाने से मृदा नमी का समुचित उपयोग हो जाता है तथा प्रक्षेत्र की सकल आय में वृद्धि हो जाती है।

(vii) अल्पकालीन समय में पककर तैयार होने वाली फसलों तथा प्रजातियों को ही उगाना चाहिए।

(viii) कूँड तथा नाली विधि द्वारा नालियों में फसलों को बोने से पौधों को नमी अधिक मात्रा में तथा देर तक उपलब्ध रहती है।

2. फसल के मध्य में सूखा पड़ना : इस स्थिति में जब फसल की बुआई आदि हो जाती है तब सूखा पड़ने से फसल की पैदावार प्रभावित होती है। अत: ऐसी स्थिति में निम्न कृष्य क्रियाएं करने से फसल की कुछ न कुछ उपज प्राप्त की जा सकती है –

(i) बुआई करने के 10 दिनों के अन्दर ही सूखा पड़ने से बीजों का अंकुरण प्रभावित होने पर उपयुक्त पौध संख्या न हो पाने से फसल की पुन: बुआई कर देनी चाहिए।

(ii) यदि फसल की वृद्धि काल के समय सूखा पड़ता है तो एक पंक्ति को एकान्तर क्रम में काटकर पशुओं को खिला देना चाहिए। इस प्रकार से प्रति इकाई क्षेत्रफल में कम पौध संख्या हो जाने के कारण मृदा में उपस्थिति नमी की आवश्यकता कम हो जाने से कुछ उपज प्राप्त हो जाती है।

(iii) फसल की पलवार का प्रयोग करके मृदा में वाष्पोत्सर्जन द्वारा होने वाली नमी की हानि को कम किया जा सकता है।

(iv) उत्सर्जन अवरोधी रसायनों जैसे केओलिन, फिनाइल मरक्यूरिक एसीटेट, हाइड्रोक्सिल अमाइन आदि का छिड़काव करने से मृदा से पौधों द्वारा होने वाली हानि को कम करके सफल फसलोत्पादन प्राप्त किया जा सकता है।

(v) जल संचयन (Water harvesting) विधि द्वारा प्रक्षेत्र में एकत्रित किये गये वर्षा जल को सूखे की स्थिति में एक जीवन रक्षक सिंचाई करके फसल को बचाया जा सकता है।

(vi) फसल में आवश्यकतानुसार निराई-गुड़ाई करके मृदा में उपस्थिति नमी की हानि को रोका जा सकता है।

(vii) मौसम की पूर्व में जानकारी के अनुसार प्रक्षेत्र पर कम समय में पककर तैयार होने वाली फसलों तथा प्रजातियों को उगाना चाहिए।

3. फसल के पकने के समय सूखा पड़ना : फसल के पकने के समय सूखा पड़ने की स्थिति बहुत भयानक होती है क्योंकि इस समय फसल में फूल तथा बालियाँ आ जाती हैं। इस समय फसल के सामान्य उत्पादन के लिए नमी की पर्याप्त मात्रा का होना आवश्यक है। इस समय सूखा पड़ने से रबी फसलों की बुआई भी प्रभावित हो जाती है अर्थात् इस स्थिति में सूखा पड़ने से खरीफ के साथ-साथ रबी मौसम में उगाई जाने वाली फसलों की पैदावार में भी बहुत नुकसान हो जाता है।

(i) फसल पकने के अन्तिम समय में सूखा पड़ने पर प्रति इकाई क्षेत्रफल में पौध संख्या को कम कर देने से पानी की माँग कम हो जाती है जिससे फसल के पकने के लिए पर्याप्त मात्रा में नमी उपलब्ध रहती है।

(ii) प्रक्षेत्र जलाशयों में एकत्रित किये गये वर्षा के पानी का प्रयोग एक जीवन रक्षक सिंचाई के रूप में करने पर फसल आसानी से पककर तैयार हो जाती है।

(iii) पानी के साथ-साथ पोषक तत्वों का एक सप्ताह के अन्तराल पर दो-तीन बार छिड़काव करके पौधों को पोषक तत्वों के साथ-साथ पानी की आवश्यकता की भी आपूर्ति की जा सकती है।

(iv) खरीफ फसलों की उनकी बाह्य कार्यिकी के आधार पर कटाई कर लेनी चाहिए तथा रबी फसलों की बुआई के लिए मृदा नमी को वैज्ञानिक विधियों द्वारा संरक्षित करके करनी चाहिए।

(v) मृदा पलवार का प्रयोग करके मृदा नमी की हानि को कम किया जा सकता है जिसमें फसलों को अधिक समय तक मृदा नमी की उपलब्धता को सुनिश्चित किया जा सकता है।

जल सम्भरण अथवा वाह-क्षेत्र प्रबन्ध (Watershed management)

जल सम्भरण अथवा वाह-क्षेत्र प्रबन्ध का तात्पर्य वर्षा का अतिरिक्त पानी जो किसी जल प्रवाह मार्ग से जितने क्षेत्र का पानी इकट्ठा होकर बहता है, उसे एकत्रित करके फसलों में सिंचाई के लिए उपयोग करना होता है। शुष्क भूमियों में फसलोत्पादन के लिए यह एक मात्र सीमाकारक प्राकृतिक घटना है।

ऊँची नीची भूमियों में अथवा पहाड़ी क्षेत्रों में वर्षा के पानी का सही प्रयोग नहीं हो पाता है और पानी का अधिकांश भाग बहकर नालों, नदियों तथा समुद्र में चला जाता है। इस जल की कुछ मात्रा को एकत्रित करके फसलों में सिंचाई हेतु प्रयोग किया जाये तो निश्चय ही फसलोत्पादन में काफी वृद्धि हो सकती है। इस प्रकार इस पानी का उपयोग न होकर कृषि में मुख्यत: तीन प्रकार से हानि पहुँचाता है -

1. वर्षा का पानी भूमि में न सोखने के कारण भूमि में सदैव नमी की कमी बनी रहती है जिससे फसलों को पानी की उपलब्धता कम होने से फसलोत्पादन पर प्रतिकूल प्रभाव पड़ता है।
2. वर्षा का अतिरिक्त पानी जब मृदा से बहता है जो अपने साथ बहुत अधिक मात्रा में मिट्टी भी बहा ले जाता है। मृदा अपरदन होने से भूमि की भौतिक तथा रासायनिक दशा खराब हो जाती है।
3. जब वर्षा का अतिरिक्त पानी बहकर नालों तथा नदियों में जाता है तो समीपवर्ती क्षेत्रों के खेतों में पानी भर जाने से उस क्षेत्र की सम्पूर्ण फसलें नष्ट हो जाती हैं। इस प्रकार बाढ़ से जन तथा धन की भी हानि हो जाती है।

एक अनुमान के अनुसार देश में औसत वार्षिक वर्षा लगभग 1120 मिमी अथवा 400 मिलियन हैक्टो मीटर होती है। इस मात्रा का लगभग 70 मिलियन हैक्टेअर (अर्थात् 17-18%) वाष्पीकरण द्वारा ह्रास हो जाता है, 115 मिलियन

हैक्टेअर (30%) नदियाँ आदि में बहकर चला जाता है तथा 165 मिलियन हैक्टेअर (30%) जल रिसाव विधि द्वारा मृदा की अधो सतह में चले जाने से मृदा में जलस्तर की वृद्धि करने में सहायक होता है।

शुष्क क्षेत्रों को अधिक उपजाऊ तथा उपयोगी बनाने के लिए जल संग्रह तथा उसका पुन: उपयोग करना है। जल संग्रह कोई ऐसी तकनीक नहीं होती बल्कि एक विचारधारा है जिसमें एकीकृत नमी संरक्षण, प्रबन्धन तथा वर्षा जल का बजटिंग सम्मिलित है जो एक सरल लेकिन पृथक अनवरत एक हाइड्रोलोजिकल इकाई है। अत: जल संचयन एक पूर्ण रूप ढाँचा है जिसका अर्थ भूमि, जल और वनस्पति (फसल की किस्म, खेती की पद्धति, सस्य प्रबन्धन) का आपसी समन्वयन कृष्य तथा अकृष्य भूमियों से है। अत: जल सम्भरण (संचयन) विकास प्रबन्ध (Watershed Development Programme) ग्राम पंचायतों द्वारा श्रमिकों को आपसी सहभागिता से चलाया जाना चाहिए। इस प्रकार अधिक वर्षा वाले क्षेत्रों (1000 मिमी से अधिक) में सोयाबीन, मध्यम वर्षा (700-1000 मिमी) वाले क्षेत्रों में कपास तथा कम वर्षा (700 मिमी) वाले क्षेत्रों में दलहनी तथा तिलहनी फसलों को उगाया जाना चाहिए।

जल सम्भरण के उद्देश्य (Objectives of watershed management)

जल सम्भरण के निम्न उद्देश्य होते हैं :-

1. प्रभावकारी एवं टिकाऊ फसलोत्पादन के लिए भूमि संसाधनों का सुरक्षित तथा संरक्षित प्रयोग करना।
2. बहे हुए जल से होने वाली हानि अर्थात् मृदा क्षरण की रोकथाम, निचले क्षेत्रों में बाढ़ से होने वाली हानि को रोकना अथवा कम करना।
3. वर्षा के अतिरिक्त पानी का समुचित उपयोग तथा प्रबन्ध करके भूमिगत पानी के स्तर को बढ़ाना।
4. वर्षा के अतिरिक्त पानी का संरक्षण/संचित करके फसलों को सिंचाई व्यवस्था में वृद्धि करके सूखा को कम करना।
5. व्यक्तियों के सामाजिक एवं आर्थिक स्थिति में सुधार करके कृषि तथा कुटीर उद्योग धन्धों की प्रगति के लिए प्राकृतिक संसाधनों का समुचित उपयोग करना।

जल संचयन की विधियाँ (Methods of watershed)

जल संचयन प्रबन्ध कार्यान्वयन के निम्न तीन मूलभूत तत्व होते हैं -

1. मृदा क्षरण की रोकथाम, नमी संरक्षण तथा अपवाह जल संचय के लिए आवश्यक मृदा उपचार (मेड़ बन्दी, जलधारा को मोड़ना) करना।
2. फसल एवं प्रक्षेत्र पशु प्रबन्ध के कार्यकलापों का अनुसरण करना जिससे भूमि सुधार में सहयोग हो सके।
3. भूमि के वैकल्पिक उपयोग की स्थानीय रूप से आवश्यक एवं टिकाऊ व्यवस्था करना।

वर्षा के जलबहाव की दो प्रमुख प्रणालियाँ हैं -

(i) अणु जल गृह क्षेत्र संचयन व्यवस्था।

(ii) अपधावन खेती संचयन व्यवस्था।

(i) अणु जल गृह क्षेत्र संचयन व्यवस्था : इस व्यवस्था में एक जल देने वाला तथा दूसरा उसका साथ लगा (100 मीटर के फासले से कम) जल प्राप्त करने वाला क्षेत्र होता है जिसमें पौधों के उपयोग के लिए पानी इकट्ठा किया जाता है। जल प्राप्त करने वाले एक क्षेत्र में एक पेड़, झाड़ी और पंक्तियों में उगाई गई फसल भी हो सकती है। यह कई प्रकार का हो सकता है। जल ग्रहण क्षेत्र जितना छोटा होगा उतना ही उससे अपधावन (प्रतिशत) मात्रा अधिक प्राप्त होगी। छोटे जल गृह क्षेत्रों से वार्षिक वर्षा का 10-15 प्रतिशत अपधावन के रूप में प्राप्त होता है। जल ग्रहण क्षेत्र में अनुदान देने (सी ए)

और अनुदान प्राप्त करने वाले (आई ए) क्षेत्र का महत्वपूर्ण अनुपात है जो जलवायु, भूमि अवस्था और फसल की पानी की माँग पर निर्भर करता है। सामान्यत: यह अनुपात 1:1 तथा 6:1 के मध्य रखा जाता है।

(ii) अपधावन खेती संचयन व्यवस्था : यह वह व्यवस्था है, जिसमें अपधावन एक जल गृह क्षेत्र से नालियों, बाँध या व्यपवर्तन द्वारा प्राप्त करके एक सतह पर बने जलाशय में इकट्ठा किया जाता है या खेती किये जाने वाले क्षेत्र में सीधे पौधों के उपयोग के लिए काम में लाया जाता है। इस जलाशय में इकट्ठा किया हुआ पानी जानवरों के पीने अथवा फसलों की सिंचाई के लिए प्रयोग में भी लाया जाता है।

शुष्क क्षेत्रों में वर्षा के पानी की कमी के कारण सामान्यत: फसलें नष्ट हो जाती हैं अत: अन्तरा भूखण्ड और अन्तरा पंक्ति विधियों द्वारा फसल पैदा करने के लिए अपधावन बढ़ाया जा सकता है जिससे फसलों को सूखने से बचाया जा सके।

प्रक्षेत्र तालाब (Farm pond)

मृदा नमी संरचना की विधियों में विशेष रूप से हल्की भूमियों में प्रक्षेत्र तालाब बहुत ही उपयोगी होते हैं। भारी भूमियों में अधिक मात्रा में पानी के रूकने से फसल की वृद्धि एवं विकास पर हानिकारक प्रभाव पड़ता है अत: इन भूमियों में जलनिकास की आवश्यकता होती है। प्रक्षेत्र तालाब का निर्माण पर्वतीय क्षेत्रों में जलप्रवाह मार्ग रोककर, बाँध बनाकर अथवा जलप्रवाह मार्ग में खाई खोदकर बनाए जाते हैं। परन्तु मैदानी भागों में समतल स्थलाकृति वाली भूमियों में तालाब बनाने का मुख्य उद्देश्य उक्त स्थान पर होने वाली मात्रा का अधिक से अधिक जल संचित हो सके और इस जल का उपयोग फसलों में सूखे के समय किया जा सके। परन्तु इन तालाबों से भी 20 प्रतिशत जल विभिन्न क्रियाओं द्वारा नष्ट हो जाता है। इस जल की हानि को रोकने के लिए तालाब के चारों तरफ एवं तलहटी पर अन्त: सरण अवरोधी पदार्थों का प्रयोग करना चाहिए। इसी प्रकार जल के वाष्पीकरण को रोकने के लिए वाष्पीकरण अवरोधी पदार्थों का प्रयोग किया जाता है। इस विधि द्वारा संचित वर्षा के अतिरिक्त जल को पुन: खेतों तक पहुँचाने की क्रिया को वर्षा जल का पुनर्चक्रण (Recycling of runoff water) कहते हैं।

जल–संग्रह एवं पुनर्चक्रण (Water harvesting and recycling)

अनुरूप स्थानिक (*in situ*) जल संचयन के अतिरिक्त प्राकृतिक अथवा मानव द्वारा निर्मित संरचना में जल का एकत्रित करके उसका प्रयोग फसलोत्पादन के लिए सिंचाई के रूप में करने की विधि को जल संग्रह (Water harvesting) कहते हैं। जल संग्रह का मुख्य उद्देश्य जिन क्षेत्रों में सफल फसलोत्पादन के लिए वर्षा की मात्रा आवश्यकता से भी कम होती है वहाँ पर जल संग्रह की विधियाँ प्रयोग में लाई जाती हैं। जल संग्रह की विधियों को निम्न प्रकार से वर्गीकृत किया गया है –

1. छोटे–छोटे जल सम्भरण में प्रक्षेत्र के बाहर के क्षेत्र से अपवाह से नष्ट होने वाली पानी को एकत्रित करना।
2. बाढ़ के समय पानी को एकत्रित करके फसलों को उगाने के लिए उसका प्रयोग करना।
3. प्रक्षेत्र के अन्दर ही जल संग्रह करके उसका प्रयोग जीवन रक्षक सिंचाई के रूप में करना।

छोटे स्तर पर वर्षा के पानी का संग्रह करने का बहुत ही विस्तृत क्षेत्र है। सामान्यत: कुल भौगोलिक क्षेत्रफल का जल संग्रह संरचना 5 प्रतिशत क्षेत्र पर ही बनाई जाती है। उदाहरणत: 15 मिलियन हैक्टेअर क्षेत्र पर 5 मीटर गहराई पर पानी को संचित करने पर लगभग 375 मेट्रिक हैक्टेअर पानी की आपूर्ति होती है। प्रक्षेत्र पर संचित पानी का उपयोग खाद्यान्न फसलों की अपेक्षा सब्जियों की फसलों में करने पर अधिक लाभ प्राप्त होता है इसके साथ ही साथ इस पानी का प्रयोग एक कूँड छोड़कर करने से ज्यादा क्षेत्रफल पर सिंचाई की जा सकती है।

जल उपयोग क्षमता (Water use efficiency) : फसलोत्पादन में प्रति इकाई पानी का प्रयोग उत्सर्जन तथा वाष्पोत्सर्जन के रूप में होने को जल उपयोग क्षमता कहते हैं। जल उपयोग क्षमता को निम्न सूत्र की सहायता से ज्ञात

किया जाता है –

$$WUE = \frac{\text{फसल की उपज}}{\text{उद्वाष्पोत्सर्जन (ET)}} \times 100$$

जल उपयोग क्षमता मुख्य रूप से फसल एवं भूमि के प्रबन्धन से प्रभावित होती है। जिन क्षेत्रों में वाष्पोत्सर्जन की दर अधिक होती है वहाँ पर वाष्पोत्सर्जन कम करने की कई विधियों को अपनाया जाना चाहिए। किसी प्रबन्ध विधि द्वारा पर्ण क्षेत्र गुणांक (LAI) को प्रभावित करने पर भूमि पर प्रकाश का आना बढ़ जाता है तब वाष्पोत्सर्जन (Evaporation) घट जाता है जिसके कारण जल उपयोग क्षमता बढ़ जाती है। प्रमुख सस्य विधियों द्वारा जल उपयोग क्षमता बढ़ाने को तालिका 15.10 में दर्शाया गया है।

जल अपवाह का नियंत्रण हो जाने पर जलक्षरण में वृद्धि हो जाने के फलस्वरूप जल उपयोग क्षमता में भी वृद्धि हो जाती है। इसके साथ–साथ फसल प्रबन्ध में सुधार करने से जल उपयोग क्षमता सदैव अधिक होती है।

तालिका 15.10 : सस्य विधियों द्वारा जल उपयोग क्षमता बढ़ाने के उपाय

मृदा सतह से वाष्पोत्सर्जन कम करना	पौधों में पानी की आपूर्ति अधिक करना
पलवार	वर्षा के जल का संचयन
पौधों की संख्या तथा अन्तरण में फेरबदल	जीवन रक्षक सिंचाई
कम समय में पककर तैयार होने वाली फसलों की प्रजातियाँ	जल का अन्तःश्रवण में सुधार तथा जल अपवाह को कम करने वाली कृष्य विधियाँ खरपतवार नियंत्रण एवं उर्वरकों का प्रयोग
जल्दी बुआई	सघन फसल पद्धति में गहरी जड़ वाली फसल की प्रजातियों का चयन
उर्वरकों का प्रयोग	

समेकित वाह्य क्षेत्र प्रबन्ध (Integrated watershed management)

शुष्क क्षेत्रों में बाह्य क्षेत्र प्रबन्धन एक समेकित प्रक्रिया है जिसके अन्तर्गत भूमि को उसकी दशा के अनुसार इस प्रकार से विकसित किया जाता है जिससे भूमि की पारिस्थिकीय संतुलन तथा टिकाऊ उत्पादकता की वापसी की जा सके। समेकित बाह्य क्षेत्र प्रबन्धन निम्न प्रकार से होता है –

1. सफल फसलोत्पादन में बाह्य क्षेत्र प्रबन्धन एक अति महत्वपूर्ण प्रक्रिया है जिसमें जल संचयन के लिए स्थानिक नमी संरक्षण करना आवश्यक होता है।
2. फसलोत्पादन में अन्तः/मिलवाँ फसल पद्धति को अधिक महत्व देना चाहिए।
3. मृदा की स्थिति के अनुरूप परम्परागत फसलों को उगाने पर अधिक महत्व देना चाहिए।
4. वातावरण तथा मृदा की दशा के अनुसार ही फसलोत्पादन की विधियों का ही प्रयोग किया जाना चाहिए।
5. मृदा उपयोग क्षमता के वर्गीकरण के अनुसार ही फसलें उगानी चाहिए जैसे बेकार एवं बंजर पड़ी हुई भूमियों में वन–चरागाह आदि को विकसित करना चाहिए। सीमान्त तथा बारानी क्षेत्रों में शुष्क उद्यानीकरण में बेर, आँवला, सपोटा आदि फलदार वृक्षों को उगाना चाहिए।
6. फसलोत्पादन के अनुपयुक्त भूमियों में चारा, जलावनी लकड़ी, इमारती लकड़ी के लिए शीशम, सुबबूल, बबूल आदि पेड़ों को लगाना चाहिए जिससे पशुओं को चारे के साथ–साथ ईंधन तथा इमारती लकड़ी को आपूर्ति हो सके।

7. जल संसाधनों की उपलब्धता के अनुसार ही फसलों को उगाना चाहिए तथा उसका समुचित उपयोग करना चाहिए।
8. फसलोत्पादन के साथ-साथ भेड़, बकरी, रेशम, मधुमक्खी, दुग्ध उत्पादन को भी बढ़ावा देना चाहिए।
9. कृषि तथा उद्यानिकी द्वारा उत्पादित पदार्थों का प्रसंस्करण एवं उनसे अधिक मूल्यवान उत्पादों के बनने से कृषकों के खाली समय का सदुपयोग हो जाता है तथा अतिरिक्त आमदनी भी प्राप्त हो जाती है।
10. प्रक्षेत्र पर संसाधनों के समुचित उपयोग की दिशा में व्यावसायिक स्तर पर दुग्ध उत्पादन को बढ़ावा देना चाहिए।
11. प्रक्षेत्र पर उपलब्ध समस्त कृषि यन्त्रों का समुचित उपयोग होना चाहिए।
12. कृषि प्रौद्योगिकी के प्रसार तथा प्रशिक्षण द्वारा कृषकों को वर्तमान कृषि प्रणाली की जटिलता से भी परिचित कराया जाना चाहिए जिसमें वातावरण एवं पारिस्थितिकी पर पड़ने वाले प्रभाव को कम किया जा सके।

पठारों पर मृदा एवं नमी संरक्षण

भारत एक कृषि प्रधान देश है जिसका प्रमुख व्यवसाय कृषि एवं पशुपालन है। कृषि पर निर्भर जनसंख्या की आर्थिक स्थिति कुछ अच्छी नहीं है जिसका प्रमुख कारण खेती की अनुपयुक्तता है। इसका तात्पर्य यह है कि 60 से 80 प्रतिशत कृषि योग्य भूमि पर सिंचाई के साधनों की कमी, खेती योग्य भूमि का ढालू होना, समुचित खाद एवं उन्नत किस्म के बीजों का समय पर उपलब्ध न होना, वर्षा की अनियमितता आदि। सामान्यत: शुष्क दशाओं में तथा विशेष कर सीमान्त बारानी क्षेत्रों में प्राय: कम, अस्थिर और लाभहीन उत्पादन होता है। इस प्रकार की भूमि की उत्पादन क्षमता का किसी न किसी तरह से ह्रास होता है। जनसंख्या वृद्धि के कारण ऐसी भूमि को उपयोग में लाना बहुत आवश्यक हो गया है जहाँ पर किसी कारणवश फसलोत्पादन नहीं हो पा रहा है। पेड़ों की निरन्तर कटाई से वनस्पति में कमी हो रही है जिससे भूमि के कटाव के साथ-साथ पर्यावरण का संतुलन भी बिगड़ रहा है।

शुष्क क्षेत्रों में पथरीली, बंजर तथा पठारों आदि पर फलदार वृक्ष जैसे नींबू, बेर, आंवला, अमरूद, अनार आदि आसानी से उगाए जा सकते हैं क्योंकि इनकी जल माँग भी अधिक नहीं होती। इस तरह की परती भूमि को उपयोग में लाने के लिए उद्यानीकरण आवश्यक है। ढालू भूमि पर मृदा एवं जल संरक्षण की उपयुक्त विधियाँ अपनाकर ऐसी भूमियों का समुचित उपयोग नहीं होगा बल्कि फलों की पैदावार करके पठारी क्षेत्र फलों को पैदा करने में आत्मनिर्भर भी बनेगा। पठारों में मृदा व जल संरक्षण को मुख्यत: दो भागों में बांटा जा सकता है।

(अ) यांत्रिक विधि द्वारा मृदा एवं जल संरक्षण

ऊबड़-खाबड़ एवं पथरीली भूमि का यथा सम्भव समतलीकरण करना आवश्यक होता है क्योंकि वर्षा का जल अपने साथ पर्याप्त मात्रा में मिट्टी आदि को बहा ले जाता है। ढाल की प्रतिशत की अपेक्षा जल दो गुना तेजी से बहता है जिससे मृदा की ऊपरी सतह को बहा ले जाने के साथ-साथ खेतों में बड़े-बड़े खड्डे आदि बन जाते हैं। कभी-कभी तो यह इतना विकराल रूप धारण कर लेता है कि बागों के पेड़ पौधे उखड़ कर गिर जाते हैं हालांकि पठारी क्षेत्रों में जमीन पथरीली होने से समतलीकरण समान रूप से नहीं हो पाता।

(1) मेड़बन्दी करना : समतलीकरण के पश्चात् यह बहुत ही आवश्यक है कि खेत के चारों ओर मजबूत मेड़ बना दी जाए ताकि भूक्षरण रोका जा सके। मेड़ों के बनाने से वर्षा का जल भूमि के अन्दर अधिक से अधिक मात्रा में सोख लिया जाता है और इस नमी का प्रयोग पौधे आसानी से कर सकते हैं। मेड़बन्दी करने से न केवल वर्षा के जल को रोकने में सफलता मिलती है बल्कि पठारों में प्रचलित छुट्टा जानवरों के प्रकोप का समाधान भी इस विधि द्वारा काफी हद तक हो जाता है। मेड़ों के ऊपर बाढ़ या कांटेदार पौधों, फसलों व पेड़ों को उगाकर उन्हें छुट्टा जानवरों से बचाया जा सकता है।

पहाड़ों के निचले किनारे पर विभिन्न नालियों को बनाना अत्यन्त आवश्यक है जिससे कि वर्षा का एकत्रित जल बिना कटाव किए जल सम्भरण के निचले भाग में पहुँच सके। साथ ही साथ ढाल के विपरीत दशा में बहाव होने से वर्षा जल अधिक देर तक नाली में रहता है और जमीन में पर्याप्त मात्रा में सोख लिया जाता है। इससे सूखे एवं जल के नष्ट होने की समस्या का समाधान आसानी से हो सकता है।

(2) कन्टूर पर स्टेगर्ड ट्रेन्चेज बनाना/खोदना : जो स्थान बहुत अधिक ढलान वाले होते हैं और उन्हें समतल करना भी आसान नहीं है, वहाँ कंटूर पर स्टेगर्ड से गड्ढे खोदने चाहिए। गड्ढों के निचले हिस्से में फलदार वृक्षों का रोपण करना चाहिए। इस विधि से निम्नलिखित लाभ प्राप्त होते हैं –

(i) अधिक ढाल वाली पहाड़ी छोटे–छोटे हिस्सों में बंट जाती है तथा स्टेगर्ड ट्रेन्चेज लघु संचयन तालाब का काम करती है।

(ii) खोदी हुई मिट्टी गड्ढे के निचले हिस्से पर रखने से उसमें काफी समय तक नमी बनी रहती है जो पौधों को मिलती रहती है।

(iii) स्टेगर्ड ट्रेन्चेज खुद जाने से बरसात का पानी तीव्र गति से बहने की बजाय मंदगति से बहता है जिससे मृदा का कटाव रूक जाता है और जल का संरक्षण होता है।

(iv) उपरोक्त प्रकार की क्रियाओं में पौधे लगाने से उनकी तीव्र वृद्धि होती है जोकि ढालू पहाड़ियों पर वानस्पतिक रोक (वेजिटेटिव बैरियर) का काम करती है तथा मृदा के कटाव को स्थाई रूप से रोकती है।

कम वर्षा तथा उसकी अनियमितता को देखते हुए वर्षा जल को तालाब अथवा गकों में इकट्ठा करने की प्रक्रिया को जल एकत्रीकरण कहते हैं। एकत्रित हुए जल का प्रयोग सूखे के समय अथवा रबी के मौसम में किया जा सकता है। एक जलाशय में 6 हैक्टेअर मीटर जल इकट्ठा होने पर लगभग 10–15 हैक्टेअर भूमि में कम से कम दो सिंचाईयाँ की जा सकती हैं। जल के बहाव पर नियंत्रण रखने के लिए नालियों में छोटे–छोटे बाँध बना देना चाहिए। निचले स्थानों में जल इकट्ठा करने की विधि को 'सबमरजेंस बंधीज' कहते हैं। इस पद्धति द्वारा भूमि एवं जल संरक्षण के साथ–साथ जल इकट्ठा करके तथा उसका उचित समय में उपयोग करके कृषि उत्पादन को बढ़ाया जा सकता है। इस विधि से फसलों में बरसात में इकट्ठे किए हुए जल के उपयोग से होने वाली उपज के अन्तर को तालिका 15.11 में दर्शाया गया है।

तालिका 15.11 : फसलों की उपज पर वर्षा जल के एकत्रीकरण एवं उसके उपयोग का प्रभाव

फसल	उपज (कु./है.)	
	असिंचित	सिंचित
ज्वार	14.7	17.0
मक्का	22.7	30.4
अरहर	3.9	6.3

तालिका 15.12 : विभिन्न विधियों द्वारा जलसंरक्षण

जल संरक्षण विधियाँ	कुल जल बहाव (मि.मी.)	जल बहाव का रोक (प्रतिशत)	उपज (टन/है.)
1. यांत्रिक विधि	58.6	46.1	2.40
2. सुबबूल	67.8	37.6	2.20
3. वीपिंग लब घास	79.1	27.2	0.62
4. खस घास	63.6	41.5	0.84
5. बिना नियन्त्रण	108.7	–	0.11

(3) वानस्पतिक रोक (वेजिटेटिव बैरियर) : वानस्पतिक रोक द्वारा मृदा में वर्षा जल को रोकना एक आधुनिक तकनीक है। इसके अन्तर्गत मेड़ों के बगल में व ऊपर घास लगाने से जल के बहाव को कम किया जा सकता है। इससे भूमि की ऊपरी परत बहने से बच जाती है। मेड़ों पर लगी घास को काटकर पशुओं को खिलाया जा सकता है। इससे चारे के साथ-साथ मृदा एवं जल संरक्षण भी होता है। प्रयोगों के आधार पर यह ज्ञात हुआ है कि घासों की वानस्पतिक रोक मृदा एवं जल संरक्षण की अन्य विधियों से उपयुक्त पाई गई है।

(ब) सस्य क्रियाओं द्वारा मृदा एवं जल संरक्षण

(1) मिश्रित खेती (Mixed farming) : इस पद्धति में फलदार पौधों के साथ उपयुक्त फसलों को उगाने से न केवल भूमि का समुचित उपयोग होता है बल्कि भूमि कटाव भी कम होता है क्योंकि शुरूआत के तीन-चार वर्षों तक पेड़ों की वृद्धि दर भी कम रहती है जिससे फसलों पर कोई बुरा प्रभाव नहीं पड़ता है। इस पद्धति में कम समय में तैयार होने वाली फसलों एवं घासों को उगाया जा सकता है। जैसा कि तालिका 15.12 में दर्शाया गया है परती रहने से 11.7 टन प्रति हैक्टेअर मृदा बह जाती है एवं 200.7 मि.मी. जलहानि होती है। कुल वर्षा की हानि का प्रतिशत भी परती पड़ी भूमि में अधिक होता है। घास उगाने से यह सभी हानियाँ कम होती है।

(2) अन्त:फसल पद्धति (Inter-cropping) : इस पद्धति के अन्तर्गत फलदार पेड़ों को फसलों के साथ उगाने से न केवल भूमि एवं जल का संरक्षण होता है बल्कि खाली पड़ी भूमि का भी सदुपयोग होगा। जिन क्षेत्रों में सिंचाई संसाधनों की कमी है वहाँ सूखा सहन करने वाली तथा कम समय में पकने वाली चारे की फसलों को अन्त:फसल पद्धति के रूप में उगाने से फल, चारा, ईंधन, ऊन आदि प्राप्त किया जा सकता है।

तालिका 15.13 : विभिन्न विधियाँ द्वारा जलसंरक्षण

फसल पद्धति	मृदा हानि (टन/ हैक्टेअर)	जलहानि (मि.मी.)	कुल वर्षा के जल की हानि (%)
घास (डाइकेन्थियम एनूलेटम)	0.11	12.26	1.5
उर्द-कुसुम	6.43	150.45	19.0
सोयाबीन-कुसुम	7.94	215.90	23.2
लोबिया-कुसुम	2.39	76.70	10.4
ज्वार-अरहर	3.62	220.45	16.6
परती	11.68	220.69	27.1

(3) जलधारक रसायन : कुछ जलधारक रसायन जैसे जलशक्ति, एग्रोलाइट-400, ग्रोसोक आदि का प्रयोग मृदा में करने से भूमि की जल धारण क्षमता बढ़ जाती है जिससे पौधों को उनकी आवश्यकतानुसार जल मिलता रहता है। इन रसायनों को रिफिल मिक्चर में मिलाकर फलदार वृक्षों के रोपण के समय गड्ढों में डालने से पौधों के लिए काफी समय तक जल संरक्षित रहता है। इस प्रकार के जल धारक रसायनों के प्रयोग से निम्न लाभ होते हैं –

तालिका 15.14 : विभिन्न फलदार वृक्षों के साथ फसल की अन्त:फसल पद्धति

फलदार पेड़ पौधे	फसल
बेर/आँवला/अमरूद	खरीफ में ज्वार, मक्का, चरी, लोबिया, ग्वार की अन्त:फसल
बेर/आँवला/अमरूद/अनार	रबी में चना, मसूर, जई, सरसों आदि
नींबू प्रजाति	घासें, दलहनी घासें, ज्वार, लोबिया, चरी, उर्द, मूँग, जौ आदि

1. भूमि की जलधारण क्षमता में सुधार होता है तथा पौधों को लम्बे समय तक जल उपलब्ध रहता है।
2. इन रसायनों के प्रयोग से जल पूर्ति क्षमता में भी सुधार होता है।
3. मृदा की भौतिक एवं रासायनिक क्षमता में भी सुधार होता है।
4. इनका प्रयोग 'सीड फ्लेटिंग' में भी हो सकता है।

(4) पट्टीदार खेती : इस विधि में ढलान के विपरीत पतली-पतली पट्टी बना ली जाती हैं और सबसे ऊपर वाली पट्टी में दलहनी फसलें जैसे लोबिया, मोंठ, कुल्थी, सेम तथा घासें (कटाव नियन्त्रक फसलें) उगाई जाती हैं। दूसरी पट्टी में लाईन में बोई जाने वाली फसलें जैसे मक्का, ज्वार, बाजरा और अरहर आदि (कटाव उकसाने वाली फसलें) उगानी चाहिए। इस प्रकार एकान्तर क्रम में दोनों तरह की फसलों को उगाने से निम्नलिखित लाभ होते हैं –

1. वर्षा जल के साथ बहने वाली मिट्टी कटाव नियंत्रक फसलों वाली पट्टी में रूक जाती है।
2. इस प्रकार बरसात का जल अपेक्षाकृत धीमी गति से छन-छन कर निचली जगहों में बिना कटाव किया जाता है।
3. भूमि को जल सोखने का अधिक समय मिलता है जिससे फसलों के लिए आवश्यक नमी भूमि में संरक्षित हो जाती है।
4. खेतों के कोनों पर घासों व फलदार पौधों की बफर स्ट्रिप लगाने से भूमि का कटाव रूक जाता है।

(5) घासवाड़ी (Lay farming) : घासों तथा दलहनी घासों को दाने वाली फसलों के साथ क्रमबद्ध रूप से लम्बे समय तक एक ही खेत में उगाने को घासवाड़ी कहते हैं। इसका मुख्य उद्देश्य चारे के साथ-साथ अन्न प्राप्त करना होता है जिसमें अन्न एवं चारे की समस्या का समाधान एक ही पद्धति द्वारा किया जा सकता है। इसमें घासों तथा दलहनी घासों का मिश्रण भूमि को पूर्णतः आच्छादित किए रहता है। इससे वर्षा की बूँदों का सीधा प्रभाव भूमि पर नहीं पड़ता और भूमि का कटाव होने से बचाया जा सकता है। घासों की जड़ें मृदा कणों को मजबूती से बाँधे रखती हैं जिससे कटाव कम होता है और साथ ही इनकी जड़ों से भूमि से जीवांश पदार्थ भी प्राप्त होते हैं।

(6) वीथिका सस्योत्पादन (Alley cropping) : वीथिका सस्योत्पादन में अन्न, ईंधन, खाद, चारा आदि की पूर्ति एक साथ होती है क्योंकि इस पद्धति में वृक्षों अथवा झाड़ियों के बाद में बनाई गई वीथियों में फसलों को उगाया जाता है। शुष्क/बारानी क्षेत्रों में कृषि उत्पादन में स्थिरता एवं आर्थिक स्थिति में सुधार के लिए पेड़ों अथवा झाड़ियों की नियमित अन्तराल पर कटाई/छंटाई करके हरे चारे के रूप में पशुओं को खिलाते हैं जिससे फसलों की वृद्धि पर कोई कुप्रभाव भी नहीं पड़ता तथा भूमि में उपस्थित पोषक तत्वों, नमी, प्रकाश आदि से भी कोई प्रतिस्पर्धा नहीं होती। पेड़ों तथा झाड़ियों की पत्तियों सहित छोटी-छोटी टहनियों को पलवार के रूप में प्रयोग करने से फसलों के लिए मृदा नमी संरक्षित होती है। कुछ प्रमुख वीथिका सस्योत्पादन तकनीकी निम्न हैं –

1. सुबबूल + ज्वार/बाजरा/उर्द/मूँग/अरहर/घासें एवं दलहनी घासें।
2. यूकेलिप्टस + ज्वार/लोबिया/अरहर/घासें/जौ/जई/चना।
3. बहुवर्षीय अरहर + मूँगफली/ सोयाबीन/ ज्वार/ बाजरा/ सरसों/ जौ/ चना/ मसूर /अलसी।

(7) ढाल के अनुसार भूमि उपयोग : कुछ महत्वपूर्ण वैज्ञानिक विधियों द्वारा ढलान वाली भूमियों का सही मूल्यांकन करके एवं उपयुक्त विधियों द्वारा जल एकत्रीकरण से भूमि के अन्दर नमी के स्तर को बदला जा सकता है। भूमि की निचली सतह में उपस्थित जल एवं पोषक तत्वों को भूमि में संरक्षित किया जा सकता है। ढलवाँ पहाड़ी युक्त क्षेत्रों में आसानी से प्रयोग में लाए जाने वाले सुझाव निम्न प्रकार हैं –

(i) **ऊपरी सतह (चोटी पर) :** इस सतह पर मृदा एवं जल संरक्षण (पत्थरों की मेड़े, गड्ढे खोदना), जल बहाव की दिशा में परिवर्तन (ढाल के विपरीत दिशा में बाँध/नालियाँ), विभिन्न कृषि क्रियाएं, समान ढाल पर गड्ढे

खोदना, थाला बनाना/पेड़ों को लगाना, यांत्रिक विधि से मृदा संरक्षण, वानस्पतिक विधि द्वारा मृदा संरक्षण तथा घास एवं फलीदार पौधों एवं पेड़ों का एक साथ रोपण आदि किया जा सकता है।

(ii) **मध्यवर्ती सतह :** इस सतह पर मुख्य रूप से मृदा में नमी का संरक्षण, विभिन्न कर्षण क्रियाएं, भूमि पर वानस्पतिक परत लगाना, जलधारक रसायनों का उपयोग, उपयुक्त फसलों एवं प्रजातियों का चुनाव, दलहनी फसलें, तेल वाली फसलें, सब्जियाँ, अन्न-चारा ईंधन पद्धति, कृषि वानिकी, वीथी सस्योत्पादन, घासवाड़ी एवं चारा वाली फसलों का फसल पद्धति में समावेश आदि।

(iii) **निचली सतह :** निचली सतह में मुख्यत: चरागाह को विकसित करना, संसाधनों का समुचित उपयोग, चरागाह एवं उनकी चराई, बाँधों एवं जल संसाधनों के किनारों आदि को सुदृढ़ करना आदि कार्य किए जाते हैं।

शुष्क क्षेत्रों में जल से खाद्य सुरक्षा

शुष्क क्षेत्रों में जल ही जीवन है, जहाँ पर निर्धनतम व्यक्ति भी कहता है कि तुम मुझे जल दो बाकी मुझ पर छोड़ दो। इन्हीं कारणों से पचास के दशक में सिंचाई और खाद को उच्च प्राथमिकता दी गई, साठ के दशक में भूमि नीति, सत्तर के दशक में फसलों की संकर प्रजातियाँ, अस्सी के दशक में तकनीकी विकास तथा नब्बे के दशक में इन सभी के समन्वित विकास के चलते खाद्यान्न उत्पादन बढ़ा और इसी कारण हमारे पास आज अतिरिक्त खाद्यान्न का भण्डार है।

देश की लगभग 70 प्रतिशत कृषि वर्षा जल पर निर्भर रहती है जहाँ पर वर्षा की अनियमितता तथा अनिश्चितता रहती हैं जिसके कारण किसी क्षेत्र में एक ही समय में सूखा पड़ता है। इस प्रकार शुष्क क्षेत्रों में स्थाई खाद्य सुरक्षा हेतु उपयुक्त भू-उपयोग नीति के साथ उचित जल संरक्षण एवं प्रबन्धन की प्रमुख भूमिका है। कृषि उत्पादकता के लिए जल की उपलब्धता खाद्य सुरक्षा की कुंजी है। कृषि क्षेत्र तथा अन्य क्षेत्रों में पानी की बढ़ती माँग के साथ भारत में पानी की कमी के बारे में जागरूकता आ रही है। एक अनुमान के अनुसार कृषि क्षेत्र के लिए पानी की उपलब्धता 1996 में 89 प्रतिशत से घटकर सन् 2020 में 75 प्रतिशत रह जाएगी। इस बढ़ती हुई आबादी के लिए खाद्य उत्पादन पर विपरीत प्रभाव के साथ-साथ जल की उपलब्धता पर गम्भीर संकट की आशंका है। वैज्ञानिकों का ऐसा मानना है कि विश्व की बढ़ती जनसंख्या और जल की घटती उपलब्धता से अगला विश्वयुद्ध पानी के लिए होगा।

भारतीय शुष्क क्षेत्र जिसका विस्तार 32 करोड़ हैक्टेअर है, राजस्थान में 62 प्रतिशत, गुजरात में 19 प्रतिशत, पंजाब तथा हरियाणा में 9 प्रतिशत तथा आन्ध्रप्रदेश एवं कर्नाटक में 10 प्रतिशत क्षेत्र में फैला हुआ है। यहाँ की जनसंख्या जल की उपलब्धता पर निर्भर है और पानी का मुख्य स्रोत वर्षा जल ही है जोकि अनिश्चित, परिवर्तनीय तथा भरोसेमन्द नहीं है। उत्तर भारत में शुष्क क्षेत्रों में औसत वार्षिक वर्षा का वितरण 150 मिमी से लेकर दक्षिणी पूर्वी भारत में 450 मिमी है। वर्षा का विचलन गुणांक -40 से -60 प्रतिशत है। वार्षिक वर्षा का लगभग 85 प्रतिशत भाग जुलाई से सितम्बर माह में दक्षिण- पश्चिमी मानसून से प्राप्त होता है। यहाँ लगातार सूखा पड़ने से जलतंत्र प्रभावित होता है जिससे जल संसाधनों की कमी हो जाती है जिसके परिणामस्वरूप वर्षा पर आधारित फसलें प्रभावित होती हैं। विगत शताब्दी में पश्चिमी राजस्थान के विभिन्न भागों में 43 से 68 बार विभिन्न प्रकार के सूखे का सामना करना पड़ा।

जनसंख्या में वृद्धि से खाद्यान्न सुरक्षा हेतु सतही तथा भूजल संसाधनों का उचित प्रबन्धन मूल रूप से आवश्यक है। खाद्यान्न उत्पादन में जल की उचित मात्रा को कृषि में उपयोग में लाने के लिए विशेष रूप से जल प्रबन्ध को अपनाना ही होगा। वर्तमान में जल प्रबन्धन की कई तकनीकों का विकास हुआ है। ग्रामीण क्षेत्रों में स्थायित्व के लिए जल संसाधनों का आबादी के निकट होना आवश्यक है। इससे समय तथा ऊर्जा दोनों की बचत होती है। शुष्क दशाओं में ग्रामीण क्षेत्रों में जल संग्रह की निम्न विधियाँ मुख्य रूप से प्रचलित हैं -

(1) टांका व नाड़ी विधि : राजस्थान के ग्रामीण क्षेत्रों में वर्षा जल भण्डारण पारम्परिक टांका और नाड़ी विधि ने अपनी उपयोगिता को इस समय उच्च तकनीकी विधि के रूप में सिद्ध कर दिया है। जल संग्रह की यह विधि सामाजिक

रूप से भी मान्य है। पश्चिमी राजस्थान में टांका और नाड़ी ग्रामीण क्षेत्रों में समन्वित जल वितरण व्यवस्था का मुख्य अंग हैं। राजस्थान के पाली, बाड़मेर, जैसलमेर और जोधपुर जिलों में कुल जल की आवश्यकता का 42 प्रतिशत नाड़ियों से, 35 प्रतिशत टांकों से, 15 प्रतिशत कुँओं से तथा 8 प्रतिशत अन्य स्रोतों से पूरा होता है।

केन्द्रीय शुष्क क्षेत्र अनुसंधान संस्थान, जोधपुर ने 1000 से 60000 लीटर क्षमता के उन्नत टांकों का प्रारूप तैयार किया है। हाल के वर्षों में बागवानी, नर्सरी और टीबों के स्थिरीकरण के लिए बागानों में पेड़ उगाने के लिए बहुत से टांकों से पूरक सिंचाई के फलस्वरूप बेर की खेती में 45-125 प्रतिशत तथा अनार की खेती में 70 से 200 प्रतिशत तक की वृद्धि हो जाती है।

नाड़ियों के संचित जल का उपयोग सामुदायिक आधार पर घरेलू और पशुओं के उपयोग के लिए होता है। जिन स्थानों पर जल की आपूर्ति पाइप द्वारा पर्याप्त मात्रा में होती है, वहाँ पर इन नाड़ियों का उपयोग खेती में सिंचाई के लिए किया जाता है। जिन स्थानों में मृदा में जल की निक्षालन द्वारा हानि कम होती है, इस प्रकार की नाड़ियों से पूरक सिंचाई उपयोगी सिद्ध हुई है। इस प्रकार के पानी का प्रयोग नर्सरी आदि में भी किया जाता है। नाड़ियों में निकाली गई मिट्टी का उपयोग उत्पादकता बढ़ाने के लिए खेती में डालकर किया जाता है। इस विधि द्वारा लम्बे समय तक जल संरक्षण के लिए इसकी दीवारों और तल में प्लास्टिक (एल.डी.पी.ई.) की चादर लगानी चाहिए। जल बहाव के साथ आने वाली मिट्टी को रोकने के लिए अन्दर पानी आने वाली जगह पर मिट्टी के रोधक बन्ध बनाना चाहिए। इस प्रकार जल का संग्रह करके मरूस्थल में जैविक वातावरण को बढ़ाया जा सकता है।

(2) छत द्वारा जल संग्रहण : पश्चिमी राजस्थान में छतों से जल को संग्रहण करके शताब्दियों से पीने के पानी को इकट्ठा करने के लिए होता रहा है। घरों की छतें अछिद्रित होने के कारण जल बहाव दोहन के लिए अत्यन्त उपयुक्त होती हैं और इस प्रकार एकत्रित जल को मुख्यत: पीने के काम में लाया जाता है। विगत कुछ वर्षों से बड़े भवनों की छतों से जल दोहन कर उसे भू-जल पुर्नभरण के काम में लिया जाने लगा है इस प्रकार एकत्रित जल की मात्रा छत के लिए उपयोग में लाये गये भवन निर्माण के सामान पर निर्भर करती है। इस तरह से सर्वाधिक 85 प्रतिशत बहाव लोहे की चादरों से बनी छतों से होता है, चूने की बनी छतों से 81 प्रतिशत, मिट्टी की टाइलों की बनी छत से 56 प्रतिशत और घास पात से बनी छतों से लगभग 40 प्रतिशत जल वर्षा ऋतु में संग्रह किया जाता है।

(3) खडीन विधि द्वारा जल बहाव खेती : इस प्रकार की खेती से अत्यन्त शुष्क प्रदेशों में जहाँ वर्षा की औसत 150-350 मिमी होता है भूमि में नमी को संरक्षित करते हैं। यह विधि पथरीले तथा उच्च स्थानों से जल बहाव के द्वारा निचले स्थानों पर चिकनी मिट्टी सहित जल एकत्रित हो जाता है। ज्यादातर क्षेत्रों में ऐसी स्थिति में जमीन का आधार पथरीला होता है जोकि जल रिसाव को रोकता है। इस प्रकार के स्थानों की भूमि को खेती के लिए विकसित किया जा सकता है। इसके लिए उस स्थान के निचले भाग में उचित जल निकास के साथ मिट्टी का बाँध बनाना होता है। इस प्रकार से विकसित भूमि को ही खडीन कहते हैं। खडीन का निर्माण सर्वप्रथम पालीवाल एवं ब्राह्मणों ने जैसलमेर में किया था और यह उचित वैज्ञानिक आधार भी रखती है। उन्होंने उपलब्ध जल ग्रहण क्षेत्रों को एक साथ जोड़कर खडीन को आपस में जोड़ दिया था जिससे ऐसे क्षेत्रों में जहाँ औसत वर्षा 150 मिमी से भी कम होती है, खेती करना सम्भव कर दिखाया। खडीन की मिट्टी से खारे पानी के रिसने के कारण ही जमीन में खारेपन में काफी कमी हो जाती है। इस प्रकार खडीन में उपलब्ध मिट्टी का खारापन, खडीन के बाहर की मिट्टी से 2 से 16 गुना हो जाता है। खडीन की मिट्टी भूमि की नमी को फसल के पकने के समय तक रोके रखती है। इस प्रकार खडीन से गेहूँ की औसत उपज 20-30 कुन्टल/हैक्टेअर तथा चना की औसत उपज 20-25 कु./है. तक प्राप्त होती है। काजरी, जोधपुर ने खडीन के विकास के लिए विभिन्न कृषि जलवायु कटिबन्ध क्षेत्र में स्थाई कृषि विकास के लिए खडीन बन्ध की उचित बनावट, रूपरेखा, अधिक जल की व्यवस्था, जलग्रहण क्षेत्र का निर्धारण किया है।

(4) जल संग्रहण और नमी संरक्षण : असिंचित भूमियों पर खरीफ की फसल को उगाने का प्रथम उद्देश्य यह है कि भूमि में नमी में सुधार हो, मृदा क्षरण को कम किया जाये तथा वर्षा के पानी का सुव्यवस्थित प्रबन्धन किया जाये। इसको

प्राप्त करने के लिए पानी के बड़े क्षेत्र से छोटे क्षेत्र की तरफ मोड़ा जाये, बाँध बनाये जाये, खेत की बाह्य रेखा पर वनस्पति आदि उगाई जाये, छोटे-छोटे जल ग्रहण स्थान बनाये जाये, नालियाँ तथा मेड़ें आदि बनाई जायें। इससे वर्षा ऋतु में पानी का बहाव कम होता है जिससे मृदा में नमी बनी रहती है तथा पौधों की जड़ों के नीचे तक नमी बनी रहती है। मृदा में जल संरक्षण जैसे बन्ध, बाह्य बन्ध, खेत के बाहर की तरफ वनस्पति अवरोधक लगाने से मृदा में 56 से 86 प्रतिशत तक जल के अपधावन में कमी आती है तथा 62 से 88 प्रतिशत तक भूमि का कटाव कम होता है। मैदानी क्षेत्रों में मृदा तथा जल प्रबन्धन तकनीक उपयोग में लाने से सूखे की स्थिति में भी काफी अच्छा उत्पादन हुआ जबकि इस क्षेत्र की फसलें नमी की कमी के कारण उपज नहीं दे पाती हैं।

(5) जल संसाधनों का उचित संरक्षण और प्रबन्ध : पृथ्वी पर जल संसाधनों का केवल 2.7 प्रतिशत ही जल उपयोग के लिए उपयुक्त है परन्तु उसका सिर्फ एक तिहाई हिस्सा ही जल उपयोग की समस्त आवश्यकता की पूर्ति के लिए उपलब्ध हो पाता है। इसी जल से कृषि के अतिरिक्त समस्त घरेलू आवश्यकताएँ, औद्योगिक विकास, बिजली उत्पादन एवं अन्य आवश्यकताओं की पूर्ति करनी पड़ती है। बढ़ती आबादी और विकास के साथ जुड़ी अन्य वस्तुओं के कारण, जल की उपलब्धता प्रति इकाई दिन पर दिन कम होती जा रही है। सन् 1950 में 5300 घन मीटर जल की उपलब्धता थी और अनुमानत: 2025 तक यह घटकर लगभग 1500 मीटर ही रह जायेगी। आगामी दो-तीन दशकों में कृषि को मिलने वाले जल की उपलब्धता के अनुपात में 10-15 प्रतिशत कमी आने की आशंका है। उद्योग और अन्य अनुभागों के कारण जल की गुणवत्ता में कमी आयेगी जिससे प्रदूषण में वृद्धि होगी। इस प्रकार बढ़ती आबादी से जल संसाधन का उचित संरक्षण और प्रबन्धन बहुत ही आवश्यक है। सिंचाई के समस्त जल संसाधनों के सम्पूर्ण विकास के पश्चात् भी लगभग 50 प्रतिशत भूमि वर्षा पर आधारित रहेगी। भारतीय महाद्वीप में औसतन वर्षा लगभग 1170 मिमी होती है। इस प्रकार इतने विशाल क्षेत्र में इतनी वर्षा का यदि सही तरह से उपयोग किया जाये तो जल सम्बन्धी समस्त समस्याओं का समाधान आसानी से हो सकता है परन्तु यह एक दुर्भाग्य है कि यह सारी वर्षा कुछ ही दिनों में (एक अनुमान के अनुसार 70-80 प्रतिशत वर्षा केवल 100 घण्टों में ही पूर्ण हो जाती हैं। दूसरा यह भी कारण है कि वर्षा अनियमित रूप से होती है जिसका केवल 30 प्रतिशत भाग ही उपयोग में लाया जा सकता है। शेष वर्षा का जल व्यर्थ में चला जाता है और साथ ही मिट्टी समेत, बाढ़ के रूप में कई आवश्यक तत्व बाहर ले जाता है।

जलग्रहण क्षेत्र के प्रबन्ध से यह आशय है कि जो पानी वर्षा के रूप में जिस स्थान पर प्राप्त होता है उसका भरपूर लाभ उस स्थान पर उठाया जाये। प्राकृतिक वनस्पतियों से आच्छादित भूमि पर जब वर्षा होती है तो पेड़ पौधे आदि अपने में ही बहुत सारा वर्षा का जल रोक लेती हैं जिससे जल संसाधनों का संरक्षण होता है। इस बहुमूल्य संसाधन को बचाने की पूर्ण कोशिश करनी चाहिए। वर्षा पर आधारित खेती की उत्पादकता उचित तकनीकी के प्रयोग से 50 प्रतिशत तक बढ़ायी जा सकती है। जल के संरक्षण से यदि एक या दो सिंचाई भी फसल को उपलब्ध करा दी जाये तो उत्पादकता में बहुत वृद्धि हो सकती है जैसा कि तालिका 15.15 में दर्शाया गया है।

तालिका 15.15 : सिंचाई का फसलों की उपज पर प्रभाव

फसल	उपज (कु. प्रति हैक्टेअर)		
	असिंचित	एक सिंचाई	दो सिंचाई
गेहूँ	18.4	34.7	38.8
जौ	21.2	36.0	38.2
सरसों	13.4	20.0	33.4
अलसी	5.6	13.6	16.9
चना	19.3	28.2	31.1
मसूर	4.8	7.3	11.9
कुसुम	11.8	15.1	21.2

पृथ्वी पर जल का मुख्य स्रोत वर्षा है इसलिए वर्षा जल का समुचित उपयोग करके पानी की समस्या का काफी हद तक समाधान किया जा सकता है। चण्डीगढ़ में सूखोमाझरी तथा महाराष्ट्र में रालेगण सिद्धि में वर्षा का जल का समुचित उपयोग किया गया है। इन स्थानों पर होने वाली औसत वार्षिक वर्षा 700–800 मिमी है जहाँ पर भूगर्भीय संरचना ऐसी है कि पानी भूगर्भीय जलाशय में रूक नहीं पाता ऐसी अवस्था में सतही जल को ही जगह–जगह तालाबों में रोककर पानी की समस्या का समाधान करना पड़ता है।

वर्षा जल संरक्षण की कई विधियों को स्थानीय आवश्यकता को ध्यान में रखकर अपनाया जा सकता है। जल ग्रहण क्षेत्र में वर्षा संरक्षण के आर्थिक सूचकों में हुई वृद्धि को तालिका 15.16 में दर्शाया गया है।

आर्थिक सूचक	जल ग्रहण क्षेत्र	सामान्य क्षेत्र
फसलों के क्षेत्रफल में कमी (है.)		
मक्का	9.80	22.70
बाजरा	11.00	16.10
ज्वार	19.90	36.60
गेहूँ	17.00	40.00
दालें	19.90	69.60
तिलहन फसलें	15.50	53.60
उत्पादकता (कु./हैक्टेअर) में वृद्धि		
मक्का	10.00	2.60
गेहूँ	13.90	3.10
दालें	3.90	1.30
तिलहनी फसलें	2.10	0.50
उर्वरकों का प्रयोग (किग्रा./है.)		
रबी की फसलों में	76.00	30.00
खरीफ की फसलों में	126.00	46.00
पशु आहार मात्रा (किग्रा./पशु/दिन)		
हरा चारा/घास	19.60	8.20
सूखा चारा	4.60	2.90
अनाज	0.80	0.50
औसत दुग्ध उत्पादन (लीटर प्रतिदिन)		
प्रति गाय	1.90	1.00
प्रति भैंस	3.50	2.20

भारत में हरित क्रान्ति लाने में नई प्रजातियों के अतिरिक्त जल संसाधनों के विकास में भी बहुत महत्वपूर्ण भूमिका निभाई है और आज भारत में 57 मिलियन हैक्टेअर सिंचित क्षेत्र हैं। परन्तु भारत में लगभग सभी फसलों की उत्पादकता विश्व के कई देशों से काफी कम है। फसलों की उत्पादकता कम होने का प्रमुख कारण जल का अकुशल प्रयोग है। जल के अकुशल प्रयोग से जलाक्रान्त तथा लवणीय क्षारीय भूमियों के बढ़ने के बावजूद भी इनसे लगभग 29 प्रतिशत घरेलू उत्पाद में योगदान है। देश में जनसंख्या के बढ़ने से भोजन, चारा, ईंधन और रेशे की आवश्यकता दिन प्रतिदिन बढ़ती जा रही है। प्रति इकाई भूमि की उपलब्धता और प्रति व्यक्ति जल उपलब्धता घटने से प्रत्येक जल इकाई के प्रयोग से उत्पादन बढ़ाना आवश्यक है और इसके लिए जल प्रबन्धन की समन्वित सूझबूझ की आवश्यकता है।

जल संसाधन का एक बहुत बड़ा हिस्सा सिंचाई वितरण प्रणालियों से रिसाव के कारण नष्ट हो जाता है (तालिका 15.16) इसलिए नहरों, नालियों, रजवाहों, गूलों आदि की लाइनिंग पानी को नुकसान से बचाने के लिए अति आवश्यक है। इस प्रकार पानी का वितरण पाइप द्वारा करके भी पानी की बचत की जा सकती है। इस तरह शेष बचे पानी से अधिक से अधिक क्षेत्र में सिंचाई करके उत्पादन बढ़ाया जा सकता है।

तालिका 15.17 : विभिन्न सिंचाई पद्धति में जल हानि

पद्धति का प्रकार	नहर	वितरक	जल कोर्स	क्षेत्र में हानि	कुल हानि
लाइनिंग रहित पद्धति	15	7	22	27	71
केवल नहर में लाइनिंग	4	7	25	30	66
नहर एवं वितरिका में लाइनिंग	4	2	26	32	64
सम्पूर्ण पद्धति में लाइनिंग	4	2	6	42	54

(6) सतही सिंचाई प्रणाली : भारत में सामान्यत: सतही सिंचाई पद्धति प्रचलित है इसमें मुख्य नालियों द्वारा खेत में पानी का वितरण किया जाता है तथा एक किनारे से खेत में पानी फैलाया जाता है। इस पद्धति में खेत सही ढंग से तैयार न होने पर पानी का बहुत नुकसान होता है। यदि खेत को सही तरह से समतल कर दिया जाये तो इस प्रणाली द्वारा 10-15 प्रतिशत जल की बचत की जा सकती है। आजकल खेतों को समतल करने के लिए लेज़र तकनीक का प्रयोग किया जा रहा है इससे जल उपयोग दक्षता के साथ-साथ उर्वरक क्षमता में काफी वृद्धि हो जाती है।

सतही सिंचाई प्रणाली के अन्तर्गत खेतों को सीमान्त पट्टी (Border), चैक या क्यारी और कूँड बनाकर सिंचाई की जाती है तब बार्डर, चैक तथा क्यारी को उपयुक्त रूप से बनाया जाये तो काफी पानी की बचत की जा सकती है। इस प्रणाली द्वारा भी फसलों से अधिक उत्पादन प्राप्त किया जा सकता है। सतही सिंचाई की प्रणाली में कूँड प्रणाली का उपयोग करके पानी की बचत की जा सकती है। मक्का तथा कपास में एकान्तर कूँड में पानी देने से लगभग 30 प्रतिशत जल की बचत की जा सकती है।

(7) फव्वारा सिंचाई : फव्वारा सिंचाई बहुत ही प्रचलित विधि है जिसके द्वारा पानी की लगभग 30-70 प्रतिशत तक की बचत की जा सकती है। यह विधि बलुई मिट्टी, ऊबड़-खाबड़ तथा पानी कम उपलब्धता वाले क्षेत्रों में मुख्यत: प्रयोग की जाती है। इस विधि के द्वारा गेहूँ, कपास, मूँगफली, तम्बाकू तथा अन्य फसलों में मुख्यत: सिंचाई की जाती है। इस विधि द्वारा फव्वारे के रूप में पानी का छिड़काव किया जाता है जो भूमि पर कृत्रिम वर्षा के रूप में गिरता है। इस विधि द्वारा सिंचाई करने पर कम लागत तथा कीटों एवं बीमारियों का प्रकोप कम होता है। सिंचाई की प्रमुख प्रणालियों की उपयोग दक्षता तालिका 15.18 में दर्शायी गयी है।

तालिका 15.18 : सिंचाई की विभिन्न प्रणालियों द्वारा फसलों का उत्पादन तथा जल उपयोग दक्षता

सिंचाई प्रणाली	उत्पादन (कु./है.)	जल उपयोग दक्षता (किग्रा./है./सेमी)
मूँगफली		
बार्डर (सीमान्त पट्टी)	23.1	25.85
चैक (क्यारी)	23.8	26.45
फव्वारा	28.9	46.80
मिर्च		
कूँड	18.9	45.03
फव्वारा	25.2	81.57

(8) टपक सिंचाई प्रणाली : इस विधि द्वारा लगभग 30–75 प्रतिशत तक पानी की बचत की जा सकती है। सिंचाई की यह विधि दोमट, उथली, ऊँची–नीची भूमि तथा पहाड़ी क्षेत्रों में विशेष रूप से प्रयोग की जाती है। इस विधि के द्वारा सिंचाई मुख्यत: अंगूर, नींबू, गन्ना, पपीता, अनार, अमरूद के अतिरिक्त अन्य फलों एवं सब्जियों के लिए उपयुक्त है। सिंचाई हेतु पानी के प्रयोग की यह एक ऐसी तकनीक है जिससे बूँद–बूँद पानी और खाद पौधों की जड़ों तक पहुँचाया जाता है। इस प्रणाली में पानी का रिसाव तथा वाष्पन बहुत ही न्यूनतम होता है। सिंचाई की इस विधि में अन्य सिंचाई की विधियों की तुलना में बहुत कम पानी खर्च होता है जबकि फसल की पैदावार अधिक होती है। इस विधि के द्वारा 60–80 प्रतिशत श्रम की भी बचत की जा सकती है तथा खारे पानी का भी उपयोग किया जा सकता है। इस विधि द्वारा फसल उत्पादन में 30–50 प्रतिशत तक उर्वरक उपयोग दक्षता में वृद्धि हो जाती है तथा खरपतवारों के प्रकोप को भी रोका जा सकता है।

यदि प्रत्येक कृषक इस अमूल्य पानी को व्यर्थ में नष्ट न होने दे तथा इस पानी की एक–एक बूँद का समुचित उपयोग अपने कृषि कार्यों के लिए करें तो हम अपने लक्ष्य को प्राप्त करने में पूर्णतया समर्थ होंगे।

✦

16

टिकाऊ खेती
(SUSTAINABLE AGRICULTURE)

टिकाऊ खेती का अभिप्राय कृषि को इस रूप में उपयोग किया जाए जिससे भविष्य में प्राकृतिक संसाधनों को बिना हानि पहुँचाये वर्तमान पीढ़ी की आवश्यकताओं की पूर्ति काफी समय तक की जा सके। टिकाऊ कृषि, वन्य प्राणी, फसल, मत्स्य पालन, पशु पालन, वन संरक्षण, पौध आनुवांशिकी तथा पारिस्थितिकी के समुचित प्रबन्धन द्वारा पर्यावरण को प्रदूषित होने से बचाकर वर्तमान तथा अगली पीढ़ी के लिए भोजन एवं उनके जीविकोपार्जन की व्यवस्था के साथ-साथ दीर्घकालीन समय तक उत्पादकता को बनाये रखने की एक पद्धति है। यह पद्धति अल्पकालीन ही नहीं वरन दीर्घकालीन आर्थिक समस्याओं के दृष्टिकोण से भी उपयोगी है। टिकाऊ खेती को स्थाई कृषि (Permanent agriculture), पारिस्थितिकीय कृषि (Eco-farming), जीवांशमय कृषि (Organic farming), प्राकृतिक कृषि (Natural farming), तथा परमा कल्चर (Permaculture) आदि नामों से भी जाना जाता है। टिकाऊ खेती कम लागत तथा अधिक उत्पादकता की एक समन्वित पद्धति है। टिकाऊ खेती को भिन्न-भिन्न वैज्ञानिकों ने भिन्न-भिन्न प्रकार से परिभाषित किया है।

टिकाऊ खेती की परिभाषा

डॉ. एम.एस. स्वामिनाथन के अनुसार (1993)-

''बदलते पर्यावरण में पृथ्वी का तापमान बढ़ना, समुद्र के स्तर में बढ़ोत्तरी, ओजोन की परत में क्षति आदि प्रभाव सम्मिलित हैं। इन सभी विषमताओं के होने के बावजूद कृषि के टिकाऊ स्वरूप के अनुरूप परिवर्तित करके विश्व की बढ़ती जनसंख्या के लिए खाद्यान्न उत्पादन को बढ़ाना अथवा बराबर रखना ही टिकाऊ खेती है।''

खाद्य एवं कृषि संगठन के अनुसार-

''टिकाऊ खेती में कृषि संसाधनों का समुचित प्रबन्ध होना चाहिए जिससे मनुष्य की आवश्यकताओं की पूर्ति हो सके साथ ही साथ पर्यावरण का सुधार हो और प्राकृतिक संसाधनों की रक्षा हो सके।''

''कृषि का वह स्वरूप जिसमें आगामी पीढ़ी के लिए संसाधनों में क्षति पहुँचाये बिना वर्तमान पीढ़ी की आवश्यकताओं की पूर्ति हो, टिकाऊ खेती कहलाता है।''

टिकाऊ खेती के सिद्धान्त (Principles of sustainable agriculture)

टिकाऊ खेती का मूलभूत सिद्धान्त यह है कि सभी कृषकों को एक साथ समान रूप में आमदनी बढ़ाने के अवसर प्रदान किये जायें साथ ही साथ पर्यावरण सुरक्षा की भी सही व्यवस्था हो। टिकाऊ खेती के निम्नलिखित मूलभूत सिद्धान्त हैं -

1. भूमि (Land) : भूमि का संरक्षण, सुधार तथा टिकाऊ सघनीकरण इन तीन क्षेत्रों में बाँटा जा सकता है। टिकाऊ सघनीकरण का तात्पर्य उपजाऊ भूमि को अन्य कार्यों में प्रयोग करने के खिलाफ कानून बनाया जाए। इस प्रकार की भूमियों की दशा पर बराबर निगरानी रखी जाए। इसी प्रकार बंजर तथा ऊबड़-खाबड़ भूमियों का सुधार करके जैविक संभावना का पुनरूद्धार आवश्यक है। जैविक सम्पदा से भूमियों को संरक्षित कर विकसित करनी चाहिए।

2. जल (Water) : भूमि की सतह में उपस्थित जल संसाधनों का टिकाऊ खेती के लिए पानी का समुचित प्रयोग, समान जल वितरण, जलवहन तथा उपयोग दक्षता को बढ़ाना नितान्त आवश्यक है। जल संसाधन का एक बहुत बड़ा भाग सिंचाई वितरण प्रणालियों से रिसाव की वजह से नुकसान होता है। इसलिए नहरों, नालियों, रजवाहों, गूलों आदि की लाइनिंग अथवा पक्की बनाकर पानी के रिसाव को कम करना बहुत ही आवश्यक है। वर्षा जल, नदी, भूजल और समुद्र के जल का सही एवं सुनिश्चित उपयोग के साथ ही मल-मूत्र और औद्योगिक अपजल को शुद्ध करके पुनः प्रयोग के लिए उपयुक्त बनाना चाहिए।

3. पोषक तत्व (Nutrition) : अधिक उपज प्राप्त करने के लिए मृदा में पोषक तत्वों के संतुलित प्रयोग की आवश्यकता होती है। वर्तमान समय में फसलों की उपज बढ़ाने के लिए लगातार अकार्बनिक उर्वरकों का प्रयोग बहुत अधिक किया जा रहा है जिससे मृदा का स्वास्थ्य खराब हो रहा है। मृदा में विभिन्न प्रकार के विषैले तत्वों की वृद्धि होने के कारण अधिक उर्वरकों का प्रयोग करने के बावजूद भी फसल की उत्पादकता में निरन्तर गिरावट होती जा रही है। अकार्बनिक उर्बरकों के प्रयोग में मृदा में उपस्थिति लाभदायक जीवाणुओं की संख्या में भी कमी हो रही है जो मृदा में उपस्थिति पोषक तत्वों को पौधों का समावेश, गोबर की खाद, कम्पोस्ट, हरी खाद एवं जैविक उर्वरकों का अधिक से अधिक प्रयोग किया जाए। टिकाऊ खेती में कार्बनिक खादों के प्रयोग से मृदा की संरचना, स्वस्थ्य तथा उर्वराशक्ति में वृद्धि होने से मृदा फसल उत्पादन के लिए अनुकूल बनी रहती है।

4. ऊर्जा (Energy) : प्रकृति में उपस्थिति परम्परागत तथा गैर-परम्परागत ऊर्जा का समुचित तथा सही रूप में प्रयोग करके फसल की उपज का वांछित स्तर प्राप्त किया जा सकता है।

5. आनुवांशिक विविधता (Genetic variability) : फसलों की किस्में एवं उनकी आनुवांशिक विविधता किसी फसल की उत्पादकता को टिकाऊ बनाने के लिए बहुत ही आवश्यक है। परम्परागत खेती में कृषक अपनी पूर्व फसल के बीज को संभाल कर रख देते हैं और आगामी फसल की बुआई भी इसी बीज से कर दी जाती है जिसके कारण फसलों की आनुवांशिक विविधता बनी रहती है। आजकल आनुवांशिक समानता को बढ़ावा देने के लिए अधिक उपज देने वाली आधुनिक प्रजातियों का प्रचलन है। सामान्यत: ऐसा देखा गया है कि कृषक एक समान आनुवांशिक गुण वाली फसलों की प्रजातियों को उगाता है जिससे यदि किसी बीमारी का प्रकोप होता है तो उस क्षेत्र की सम्पूर्ण फसल नष्ट हो जाती है।

टिकाऊ खेती के लिए फसल की अति आधुनिक प्रजातियाँ जो उस क्षेत्र के लिए अनुकूल हो, अधिक से अधिक पोषक तत्वों तथा पानी का ग्रहण कर सके, कीटों एवं बीमारियों का प्रकोप बहुत कम हो तथा उनकी उत्पादन क्षमता अधिक हो को उगाना चाहिए। इस प्रकार किसानों के साथ तालमेल स्थापित करके पौध प्रजनन के कार्यक्रम चलाये जाये जिससे परम्परागत तथा नवीनतम तकनीकों का आपस में तालमेल स्थापित हो सके तथा उस क्षेत्र विशेष के लिए उपयोगी हो जिससे सभी फसलों एवं किस्मों की आनुवांशिक समानता कायम रखी जा सकती है। जिसके फलस्वरूप सकल उत्पादकता के लिए एक टिकाऊ आधार बनाया जा सकता है।

6. कृषि प्रणालियाँ : प्रक्षेत्र पर उपलब्ध भूमि, जल, श्रम, मशीनरी आदि पूर्णरूप से एवं सही ढंग से उपयोग करने के लिए उपयुक्त कृषि प्रणाली ही फसलोत्पादन का एक टिकाऊ आधार है। कृषि प्रणाली अपनाते समय यह ध्यान रखना चाहिए कि उपरोक्त संसाधन एक दूसरे के प्रतिस्पर्धात्मक न हो बल्कि पूरक हो इसलिए प्रणालीगत दृष्टिकोण विकसित करने की आवश्यकता है। क्षेत्र विशेष की आवश्यकता तथा भूमि की स्थिति के अनुसार फसलोत्पादन के साथ-साथ

पशुपालन, कुक्कुट पालन, मछलीपालन, मधुमक्खी पालन, कृषि उद्यानिकी आदि पद्धतियों का समावेश होना चाहिए जिससे प्रत्येक फसल उत्पाद का पूर्णरूप से तथा समुचित उपयोग हो सके। कृषि प्रणालियों को अपनाने से प्रक्षेत्र पर उपलब्ध संसाधनों का समुचित इस्तेमाल हो सकेगा साथ ही साथ कृषकों की सकल आय में वृद्धि एवं मनुष्यों को रोजगार भी मिलेगा। इन कृषि प्रणालियों के अपनाने से विभिन्न माध्यमों द्वारा प्रदत्त कार्बनिक पदार्थों का प्रयोग मृदा में करने से भूमि की भौतिक एवं रासायनिक संरचना में वृद्धि होगी जो टिकाऊ खेती का एक प्रमुख आधार है।

7. फसल सुरक्षा प्रबन्ध (Crop protection measures) : उष्ण कटिबन्धीय तथा समशीतोष्ण जलवायु में कीटों, बीमारियों तथा खरपतवारों का फसल में प्रकोप अधिक होता है जिसकी रोकथाम करना एक सबसे बड़ी चुनौती है। विभिन्न कीटनाशी रसायनों का प्रयोग करना आसान है परन्तु इनके प्रयोग से पर्यावरण, जल, भूमि एवं कृषि उत्पादन पर प्रतिकूल प्रभाव पड़ता है अतः समेकित कीट प्रबन्धन को अपनाना अत्यन्त आवश्यक है। समेकित कीट प्रबन्ध की प्रणालियों को अपनाने से कीटनाशी रसायनों का प्रयोग ही कम नहीं होगा बल्कि कीटों के प्राकृतिक शत्रुओं को भी संरक्षण मिलेगा। जलाशयों तथा तालाबों में जलकुम्भी के नियंत्रण के लिए वियोचेटिरना बीविल का प्रयोग किया जा सकता है। बीटी-बैसीलस थुरिंजेंसिस को कई फसलों में प्रयोग करने पर फसलों को कीट रोधी बनाने में सफलता मिली है। इसी प्रकार चने में फली भेदक कीट के नियंत्रण के लिए न्यूक्लियर पॉली-हाइड्रोसिस वायरस (NPV) 250 शिशु समतुल्य की दर से प्रयोग बहुत ही सफल पाया गया है।

8. कटाई के उपरान्त की तकनीकी (Post harvest technology) : फसल की अधिक एवं गुणवत्ता युक्त उपज के साथ-साथ कटाई के उपरान्त की जाने वाली तकनीकी के द्वारा मनुष्यों को अपनी मन पसन्द व्यंजन प्राप्त करने के लिए खेती से उपलब्ध सामग्री को अनेक रूपों में प्रयोग किया जा सकता है। इसके लिए यह आवश्यक है कि उत्पादन तथा कटाई के उपरान्त की तकनीकी के मध्य बेहतर तालमेल हो। इस तकनीकी के विकसित होने पर कृषि पदार्थों को सुखाने, भन्डारण, विपणन आदि की भी व्यवस्था ऐसी होनी चाहिए जो ऊर्जा के परम्परागत साधनों पर अधिक प्रभाव न डाले तथा कृषि उत्पादन की गुणवत्ता एवं मात्रा में किसी भी प्रकार की गिरावट न हो।

टिकाऊ खेती के घटक (Components of sustainable agriculture)

उपरोक्त परिभाषाओं को ध्यान में रखते हुए टिकाऊ खेती के मुख्य घटक निम्न हैं -

1. खाद्यान्नों तथा अन्य कृषि पदार्थों का आवश्यक मात्रा में उत्पादन।
2. खेत में ट्रैक्टर तथा अन्य कृषि उपकरणों का कम से कम उपयोग।
3. रासायनिक उर्वरकों, कीटनाशकों, खरपतवार नाशकों आदि का कम से कम उपयोग।
4. प्राकृतिक संसाधनों (मृदा, वन, पानी, जलवायु) का उचित संरक्षण।
5. वातावरण की शुद्धता को बनाये रखना।
6. समाज के विभिन्न वर्गों और पुरूष व महिला में कम से कम अन्तर करना।

टिकाऊ खेती की आवश्यकता

सृष्टि के प्रारम्भ से मनुष्य या तो शिकार करके अथवा अन्य प्रकार के खाद्य पदार्थों को यहाँ-वहाँ से इकट्ठा करके अपनी भूख मिटाता था। इसके लिए वह एक स्थान से दूसरे स्थान पर घूमता रहता था। परन्तु जब अधिक वर्षा अथवा अधिक शीत के कारण वह दूर तक नहीं जा पाता था तब उसने आस पास उग रहे पौधों में अपना भोजन ढूँढ़ने का प्रयास किया और तभी से कृषि का जन्म हुआ। भोजन योग्य पौधों की खोज में और उनके चयन, बीज संग्रह तथा उगाने में महिलाओं का विशेष योगदान रहा। अच्छा मौसम होने पर पुरूष कई-कई दिनों तक अपने परिवार से दूर शिकार को निकल जाते थे। उस समय महिलायें अपना और बच्चों का पोषण वन्य पदार्थों तथा पौधों से किया करते थे।

जैसे-जैसे जनसंख्या बढ़ती गई और शिकार कम होता गया, वैसे ही वैसे मनुष्यों ने कृषि का विस्तार किया। कृषि के लिए पानी की आवश्यकता थी इसलिए उसने नदियों के किनारे एक समूह में रहना प्रारम्भ किया जिससे गाँवों और नगरों का निर्माण हुआ। भोजन पूर्ति के लिए मनुष्यों ने जगलों को काटना और साफ करना प्रारम्भ किया और यहाँ से प्रारम्भ हुई कृषि और प्राकृतिक या वन प्रणाली में प्रतिस्पर्धा जो समय और जनसंख्या के साथ बढ़ती गई जिससे वनों के अन्तर्गत क्षेत्रफल घटता गया। वन सम्पदा (मकानों और फर्नीचर के लिए लकड़ी, ईधन, चारा, फल-फूल, औषधियों आदि) के अतिरिक्त वनों का वातावरण से गहरा सम्बन्ध है। वृक्ष वायुमण्डल से कार्बन डाई आक्साइड को कम करते हैं तथा वायुमण्डल में अन्य दूषित पदार्थो को साफ रखने में सहायता करते हैं। वृक्षों की जड़ें मृदा को बाँधे रखने के कारण भूमि के कटाव और बहाव को रोकती हैं जिससे भूक्षरण कम होता है। वनों के इन समस्त गुणों को जानते हुए भी मनुष्य इनको काटता गया और अधिक से अधिक क्षेत्र में कृषि करता गया।

विस्थापन कृषि (Shifting cultivation)

विस्थापन कृषि भारत के पूर्वांचल राज्यों में आज भी प्रचलित है, मनुष्य जंगल साफ करके दो-तीन वर्ष खेती करता है और जब भूमि की उर्वरा शक्ति कम हो जाती है अथवा उपज घटने लगती है तब उसे छोड़कर नया जंगल काटता है इस प्रकार वृक्षविहीन भूमि वर्षा से कटती और बहती रहती है और भूक्षरण होता रहता है।

बीसवीं शताब्दी में विज्ञान के चमत्कार के साथ-साथ मशीनों, रासायनिक उर्वरकों, खरपतवार नाशी तथा कीटनाशी एवं रोग निरोधक रसायनों का विकास हुआ और विकासशील देशों में इनके भरपूर प्रयोग से आधुनिक कृषि का सूत्रपात हुआ। आधुनिक खेती से फसलों की उपज शीघ्रता से बढ़ी और इसका पूरा लाभ विकास शील देशों ने उठाया। परन्तु धीरे-धीरे आधुनिक कृषि के हानिकारक प्रभाव की एक लम्बी सूची बन गई। इस प्रकार इसके हानिकारक प्रभाव को निम्न तीन भागों में विभक्त किया गया है –

(क) भूमि पर प्रभाव (Effect on soil) –

(i) **भूक्षरण (Soil erosion) :** भारत में प्रतिवर्ष लगभग 60000 लाख टन मिट्टी का क्षरण होता है। इससे भूमि की उपजाऊ ऊपरी परत बहकर नष्ट हो जाती है साथ में वह मिट्टी नदियों एवं नालों में जमा होकर आसपास के क्षेत्रों में बाढ़ उत्पन्न करती है। बाढ़ के कारण बहुत अधिक क्षेत्रफल में खड़ी फसलें नष्ट हो जाती हैं इसके साथ-साथ जान व माल की भी अपार क्षति होती है। भूक्षरण से ऊपरी उर्वर परत में एकत्रित पोषक तत्व भी नष्ट हो जाते हैं। भारत में लगभग 80 लाख टन प्रतिवर्ष पोषक तत्वों का ह्रास हो जाता है।

(ii) **भूमि की उत्पादन शक्ति में कमी (Reduction in soil producing capacity) :** आधुनिक कृषि में रासायनिक उर्वरकों के अधिकाधिक प्रयोग से और लगातार अधिक उपज देने वाली प्रजातियों के उगाने के फलस्वरूप भूमि में पोषक तत्वों की कमी हो जाने से उपज में निरन्तर कमी हो जाती है। ऐसा अनुमान है कि उर्वरकों के असंतुलित मात्रा में प्रयोग से कुछ वर्षो के पश्चात् फसल की उपज शून्य के बराबर हो जायेगी। संतुलित उर्वरकों के साथ कार्बनिक खादों जैसे गोबर की खाद, कम्पोस्ट तथा हरी खाद के प्रयोग करने से काफी समय तक मृदा से उत्पादन प्राप्त होता रहता है।

(iii) **पोषक तत्वों की कमी (Reduction in plant nutrients) :** पंजाब तथा अन्य राज्यों में जहाँ आधुनिक खेती को भरपूर अपनाया गया वहाँ पर कई आवश्यक सूक्ष्म तत्वों जैसे जस्ता तथा गन्धक की कमी हो गई है।

(iv) **घटक उत्पादकता में कमी (Reduction in factor productivity) :** लगातार आधुनिक खेती से उत्पन्न आवश्यक तत्वों की कमी के कारण तथा भूमि की उत्पादकता में गिरावट के कारण घटक उत्पादकता (Factor productivity) में कमी उत्पन्न हो रही है अर्थात इस पैदावार को पाने के लिए कृषकों को अधिक उर्वरकों का प्रयोग करना पड़ता है।

(v) **भूमिगत जल में कमी (Reduction in under groundwater) :** आधुनिक कृषि की विधियों को अपना कर विशेषत: धान जैसी फसल में अधिक उपज प्राप्त करने के लिए आवश्यकता से अधिक पानी दिये जाने के कारण भूमिगत पानी की कमी हो रही है। एक अनुमान के अनुसार पंजाब में प्रतिवर्ष 0.3 मीटर तथा हरियाणा में 0.5 से 0.8 मीटर भूमिगत जल तल नीचे जा रहा है। इसका बुरा प्रभाव पेड़ों तथा समस्त पादप समुदाय पर पड़ सकता है।

(ख) पादप सम्पदा पर प्रभाव (Effect on plant)

आधुनिक कृषि का पादप सम्पदा पर निम्न प्रभाव पड़ता है –

(i) पादप सम्पदा की जातियों का विनाश।

(ii) आर्थिक कीट एवं जैवनाशी रसायनों के उपयोग से प्राकृतिक शत्रुओं का विनाश।

(iii) नई प्रजाति के कीटों तथा जीवाणुओं की बढ़ोत्तरी तथा उनसे हानि।

(iv) कीटों तथा बीमारी फैलाने वाले जीवाणुओं में रसायनों के प्रति प्रतिरोधिता में बढ़ोत्तरी।

(ग) वातावरण पर प्रभाव (Effect on climate)

आधुनिक कृषि से वातावरण पर निम्न प्रभाव पड़ता है –

(i) तापमान में वृद्धि (Increase in temperature) : वनों की लगातार कटाई होने से वायुमन्डल में कार्बन डाई ऑक्साइड में वृद्धि होने से तापमान में वृद्धि हो रही है। यदि इसे रोकने का उपाय न किया गया तो अगली शताब्दी के अन्त तक वायुमन्डल के तापमान में 1–3.5 डिग्री सेन्टीग्रेड की वृद्धि हो सकती है। इससे बीमारी तथा जल हानि की सम्भावना बढ़ जायेगी इसके अतिरिक्त तापमान बढ़ने से समुद्र तल में पानी 15–90 सेमी तक की ऊँचाई बढ़ने की सम्भावना है। जिसके फलस्वरूप बहुत अधिक भूमि पानी में डूब जायेगी वहाँ रहने वाले मनुष्यों तथा पशुओं के जान व माल का खतरा उत्पन्न हो सकता है। वायुमण्डल का तापमान बढ़ने से वर्षा और वर्षा पर आधारित कृषि पर भी विपरीत प्रभाव पड़ेगा।

(ii) भूमिगत जल में नाइट्रेट की बढ़ोत्तरी (Increase in nitrate content in groundwater) : 70 से 90 प्रतिशत जनसंख्या सीधे अथवा अन्य माध्यमों से पीने के लिए भूमिगत पानी का उपयोग करता है। विकासशील देशों में अधिक नत्रजन धारी उर्वरक के उपयोग से भूमिगत जल में नाइट्रेट की मात्रा बहुत बढ़ रही है। पीने के पानी में नाइट्रेट की मात्रा अधिक होने से नवजात शिशुओं को मीथोहीमोग्लोबीनिमिया या नीला शिशु की बीमारी हो जाती है। पशुओं को भी यह बीमारी हो सकती है। बकरियों पर विशेषत: अंगोरा नस्ल पर इसका अधिक प्रभाव होता है। यद्यपि भारत वर्ष में आमतौर से अभी नत्रजन उर्वरक का इतना अधिक उपयोग नहीं हो रहा है परन्तु पंजाब में जहाँ इसका अधिक उपयोग होता है वहाँ पर भूमिगत जल में नाइट्रेट की मात्रा धीरे–धीरे बढ़ रही है।

(iii) ओजोन परत पर प्रभाव (Effect on ozone layer) : जिन फसलों में पानी अधिक समय तक रहता है वहाँ पर भूमि में कार्बनिक पदार्थों तथा नत्रजन उर्वरक द्वारा उत्पन्न नाइट्रेट्स का डिनाइट्रीफिकेशन हो जाता है। जिसके फसलस्वरूप नाइट्रोजन या नाइट्रस ऑक्साइड जैसी गैसें बनती हैं जो सीधे वायुमण्डल में चली जाती हैं। इस प्रकार नत्रजन का विनाश तो होता ही है और यह गैसें वायुमण्डल में जाकर ओजोन परत का भी विनाश करती हैं। संयुक्त राज्य अमेरिका के जलवायु आघात निर्धारण कार्यक्रम ने नाइट्रोजन आक्साइड गैसों के बढ़ने और ओजोन परत की कमी होने में गहरा सम्बन्ध बताया है। ओजोन परत की कमी होने से भूमि तल पर इन्फ्रारेड प्रकाश अधिक मात्रा में आयेगा जिससे विशेषकर श्वेत चमड़ी वाले मनुष्यों की त्वचा कैंसर तथा कई अन्य रोग होने का भय हो सकता है।

आधुनिक कृषि के हानिकारक प्रभाव से बचाव

विकासशील देशों में जहाँ जनसंख्या अति तीव्र गति से बढ़ रही है जिनके उदर पूर्ति के लिए अधिक खाद्यान्न तथा अन्य खाद्य पदार्थों का उत्पादन करने की अति आवश्यकता है जो कि आधुनिक कृषि को अपनाकर ही प्राप्त की जा सकती है। क्योंकि हमारे देश में कृषि क्षेत्रफल बढ़ाने की कोई सम्भावना नहीं है। फिर भी आधुनिक कृषि से होने वाली हानि को यथा सम्भव नियंत्रण करना आवश्यक है। कृषि शोध से प्राप्त परिणामों के आधार पर कुछ उपाय निम्न हैं –

1. संस्तुत किये गये पोषक तत्वों की पूर्ति के लिए उर्वरकों के साथ-साथ कार्बनिक खादें जैसे गोबर की खाद, कम्पोस्ट, हरी खाद आदि का प्रयोग करना चाहिए। हरी खाद के पश्चात् उगाई जाने वाली फसल में लगभग 60 किलोग्राम प्रति हैक्टेअर की दर से नत्रजन की बचत हो जाती है। हरी खाद की फसलें जैसे सनई, ढैंचा, लोबिया, मूँग आदि नत्रजन स्थिरीकरण करने का एक जीवित कारखाना है।
2. फसल चक्र में दलहनी फसलों का समावेश करने से आधुनिक कृषि के हानिकारक प्रभाव को काफी हद तक कम किया जा सकता है जैसे धान-गेहूँ फसल चक्र में ग्रीष्म ऋतु में कम समय में तैयार होने वाली मूँग की फसल का समावेश करना। इससे अधिक लाभ प्राप्त करने के लिए मूँग की फलियों तोड़कर शेष हरे भाग को खेत में हरी खाद के रूप में प्रयोग करें तो 40-60 किलोग्राम प्रति हैक्टेअर की दर से नत्रजन धान की फसल को उपलब्ध हो जाती है।
3. पौधों को आवश्यक समस्त पोषक तत्वों का प्रयोग करना चाहिए।
4. फसल उगाते समय जैविक खाद का प्रयोग करना आवश्यक है जैसे दलहनी फसलों में राइजोबियम का प्रयोग जबकि अन्य फसलों में एजोटोबैक्टर का उपयोग करें।
5. लगातार कई वर्षों तक खाद्यान्न फसलें जैसे धान, मक्का, ज्वार, गेहूँ आदि न उगायें। बीच-बीच में दलहन की एक फसल अवश्य उगायें जैसे धान-गेहूँ फसल चक्र के स्थान पर धान-चना/मसूर फसल चक्र अपनाये। कुछ क्षेत्रों में धान के बाद गेहूँ की जगह बरसीम बोकर पशुओं के लिए पौष्टिक चारा उगा सकते हैं और साथ ही साथ भूमि की उर्वरा शक्ति बढ़ा सकते हैं।
6. मृदा परीक्षण के आधार पर यदि सिफारिश हो तो आवश्यक सूक्ष्म तत्व जैसे बोरान, जस्ता, लोहा आदि का प्रयोग अवश्य करें।
7. कुछ उर्वरकों में मुख्य पोषक तत्वों के अतिरिक्त अन्य सूक्ष्म तत्व उपलब्ध रहते हैं उनका प्रयोग करना चाहिए जैसे सुपर फासफेट में फासफोरस के अतिरिक्त गन्धक भी उपस्थित रहता है।
8. खरपतवारों को हाथ से अथवा यंत्रों द्वारा नियंत्रित करे और आवश्यकतानुसार ही खरपतवारनाशी रसायनों का प्रयोग करें।
9. बीमारी रहित स्वस्थ एवं प्रामाणित बीजों का ही प्रयोग बुआई के लिए करें जिससे कवकनाशी रसायनों का प्रयोग न करना पड़े। बीजों को राइजोबियम कल्चर तथा कवकनाशी रसायनों से उपचारित करने के पश्चात् ही बुआई करनी चाहिए।
10. कीटों के प्रकोप से बचने के लिए खेत की मुंडेरों की घास की सफाई करें, खेत में कूड़े-कबाड़ को न रहने दे अथवा जला दें। जहाँ कीटों का अधिक प्रकोप हो वहाँ रात को लालटेन जलायें। ऐसा करने से कीड़े लालटेन के पास इकट्ठा होकर मर जाते हैं। आवश्यकता होने पर ही संस्तुति कीटनाशी रसायनों का सही मात्रा में प्रयोग करें।
11. फसलों को उगाने में की जाने वाली कृष्य क्रियाएं ट्रैक्टर तथा अन्य उपकरणों का कम से कम और सही उपयोग करें।

टिकाऊ खेती के मूलभूत आधार (Components of sustainable agriculture)

टिकाऊ खेती के मूलभूत आधार निम्न हैं –

(i) एकीकृत भूमि प्रबन्धन (Integrated soil management)
(ii) एकीकृत पोषक तत्व प्रबन्धन (Integrated nutrient management)
(iii) एकीकृत जल प्रबन्धन (Integrated water management)
(iv) एकीकृत फसल प्रबन्धन (Integrated cropping systems management)
(v) टिकाऊ खेती में सस्य मॉडलिंग (Crop modelling in sustainable agriculture)
(vi) एकीकृत खरपतवार प्रबन्धन (Integrated weed management)
(vii) एकीकृत कीट प्रबन्धन (Integrated pest management)
(viii) आनुवांशिक विविधता (Genetic variability)
(ix) तकनीक मूल्यांकन एवं सुधार (Technology assessment and refinement)
(x) कृषकों की सहभागिता (Participation of farmers)
(xi) संसाधनों का उचित प्रबन्धन (Management of resources)

1. एकीकृत भूमि प्रबन्धन : एकीकृत भूमि प्रबन्धन एक ऐसी पद्धति है जिसमें प्राकृतिक घटक जैसे भूमि का संरक्षण एवं उसकी उर्वरा शक्ति में बिना क्षति पहुँचाये भूमि की क्षमता के अनुसार निरन्तर उत्पादन लेने में सहायक हो। इस प्रकार समस्याग्रस्त भूमियों को निम्नलिखित भागों में वर्गीकृत करके उनके सुधार कार्यक्रम को अधिक सरल एवं प्रभावी किया जा सकता है। जिसके फलस्वरूप अनेक जटिल तथा विभिन्न जोखिम भरे क्षेत्रों में भूमि उपयोग की विभिन्न प्रणालियों को अपनाकर उसे पर्यावरण के अनुकूल बनाया जा सकता है।

(i) अधिक वर्षा वाले क्षेत्रों में भूमि क्षरण से प्रभावित भूमियाँ
(ii) तेज हवा तथा आँधी वाले क्षेत्रों की शुष्क भूमियों में मृदा क्षरण से प्रभावित भूमियाँ
(iii) समस्याग्रस्त जंगलों की भूमियाँ
(iv) अम्लीय तथा क्षारीय भूमियाँ
(v) निम्न स्तर के बारानी क्षेत्रों की भूमियाँ
(vi) दियारा भूमियाँ
(vii) बालू के टीले तथा पठारों वाली भूमियाँ
(viii) निचले स्तर की भूमियाँ जहाँ पर पानी भरता हो
(ix) चारागाह वाली भूमियाँ

विगत 50 वर्षों से लगातार वृक्षों की कटाई एवं जंगलों को साफ करके कृषि योग्य भूमि विकसित की जा रही है जिसके परिणामस्वरूप मृदा क्षरण की समस्या बढ़ती जा रही है वहीं पर पर्यावरण का संतुलन भी बिगड़ता जा रहा है। विश्व खाद्य संगठन के अनुमान से विश्व में प्रतिवर्ष 60 लाख हैक्टेअर भूमि खेती के योग्य नहीं रहती है।

भूमि की उर्वरा शक्ति तथा संरचना के अनुरूप कृषि प्रणाली अपनाने से जो भूमियाँ अनुपजाऊ हैं वह उपजाऊ भूमियों में बदल सकती हैं इसका तात्पर्य यह है कि भूमि की दशा के अनुसार उपयुक्त फसलों का चुनाव करके अधिक से अधिक उत्पादन प्राप्त किया जा सकता है। समस्याग्रस्त भूमियों को मृदा सुधारक विधियों द्वारा सुधार करना अति आवश्यक है इस कार्य को करने के लिए अधिक लागत एवं व्यय आता है इसलिए मृदा सुधार के कार्य को सामूहिक रूप

से करने के लिए सरकारी संस्थाओं तथा कृषकों का सहयोग आवश्यक है। भूमि की उर्वरा शक्ति को बनाये रखने के लिए कुछ बातें ध्यान में रखकर निम्न उपाय अपनाये जाने चाहिए –

(i) ढ़ाल वाली भूमियों में ढ़ाल के विपरीत दिशा में अथवा समोच्च रेखा पर मेड़बन्दी, जुताई, बुआई, कृष्य क्रियाएं आदि करनी चाहिए। इस विधि द्वारा कृष्य क्रियाएं करने से मृदा का कटाव कम होता है जिससे उपजाऊ भूमि मृदाक्षरण होने से बच जाती हैं तथा भूमि के अन्दर अधिक मात्रा में जल सोखने से मृदा की जल धारण क्षमता बढ़ने से अधिक समय तक नमी फसल को उपलब्ध होती रहती है। इस प्रकार मृदा की उत्पादकता में काफी वृद्धि हो जाती है।

(ii) वर्षा ऋतु में खड़ी फसलों के मध्य ढ़ाल के विपरीत दिशा में कूँड़ बनाकर वर्षा का जल अधिक समय तक खेत में सुरक्षित रहता है। फसलों की बुआई के पश्चात् कूँड़ों को खुला छोड़ देने से वर्षा का जल अधिक समय तक खेत में रहने से मृदा में नमी की अधिक मात्रा संचित हो जाती है जिससे मृदा की उर्वरता तथा उत्पादकता दोनों ही काफी समय तक बनाये रखी जा सकती है।

(iii) ढालू भूमि पर समोच्च रेखा पर मेड़ बन्दी करने से मृदा क्षरण कम होता है। यदि खेत समतल हो तो खेतों के चारों तरफ मेड़ बनाकर जल निकास का समुचित प्रबन्ध भी आवश्यक है। जलनिकास का समुचित प्रबन्ध होने की दशा में आवश्यकता से अधिक पानी से फसलों को हानि कम पहुँचती है।

(iv) प्रत्येक 2 वर्षों के पश्चात् खेत की ट्रैक्टर द्वारा मिट्टी पलटने वाले हल से गहरी जुताई कर देने से मृदा की अधो सतह में उपस्थिति कठोर परत न बनने पाये अथवा टूट जाए। मृदा में अधो परत न बनने अथवा टूट जाने से मृदा में वर्षा का पानी सोखकर भूमि की निचली सतह में चला जाता है जिसका प्रयोग सूखा जैसी प्रतिकूल परिस्थितियों में किया जा सकता है। इसके अतिरिक्त मृदा क्षरण भी कम होता है। गहरी जुताई करने से मृदा की उर्वरा शक्ति तथा उत्पादकता में वृद्धि अधिक समय तक बनी रहती है।

(v) मृदा उर्वरता को ध्यान में रखकर मृदा में कार्बनिक खादें जैसे हरी खाद, गोबर की खाद, कम्पोस्ट, जैविक खाद आदि का प्रयोग करते रहना चाहिए। ऐसा करने से मृदा में कार्बनिक पदार्थ की मात्रा बढ़ जाती है तथा फसलों के लिए आवश्यक पोषक तत्वों की उपलब्धता भी सुनिश्चित हो जाती है। कार्बनिक पदार्थ मिलाने से मृदा में उपस्थिति अप्राप्य पोषक तत्व भी प्राप्य पोषक तत्वों के रूप में परिवर्तित हो जाते हैं। इसके अतिरिक्त मृदा की संरचना, भौतिक एवं रासायनिक गुण, जल शोषण क्षमता तथा जल धारण क्षमता में वृद्धि होने से मृदा की उर्वरा शक्ति तथा उत्पादकता अधिक समय तक बनी रहती है।

(vi) समस्याग्रस्त भूमियों में भूमि सुधारक रसायनों का प्रयोग करना अति आवश्यक होता है। क्षारीय भूमियों में पायराइट तथा जिप्सम का प्रयोग करने से मृदा का पी एच मान कम होने से मृदा में उपस्थिति अप्राप्य पोषक तत्व प्राप्य पोषक तत्वों के रूप में परिवर्तित होकर फसलों को उपलब्ध हो जाते हैं।

2. एकीकृत पोषक तत्व प्रबन्धन

एकीकृत पोषक तत्व प्रबन्धन का तात्पर्य व्यापक है जिसमें फसलों की आवश्यकता के अनुरूप सभी पोषक तत्व संतुलित मात्रा में उपलब्ध हो। इनकी पूर्ति के लिए कार्बनिक खादें जैसे गोबर की खाद, कम्पोस्ट, हरी खाद, फसल अवशेष तथा जैव उर्वरक के साथ संतुलित मात्रा में तथा आवश्यकता के अनुरूप प्रयोग किये जाए। पौधों के पोषक तत्वों में यदि किसी एक तत्व की कमी रह जाती है तो उस फसल विशेष से अधिकतम उपज प्राप्त करना अथवा उसके वर्तमान उत्पादन स्तर को बनाये रखना बहुत ही कठिन है। समन्वित पोषक तत्व प्रबन्धन का उद्देश्य यह है कि कम से कम रासायनिक उर्वरकों का प्रयोग करके तथा अधिक से अधिक कार्बनिक खादें एवं जैव उर्वरकों का प्रयोग करके अधिक समय तक उत्पादन क्षमता को स्थिर रखा जा सकता है साथ ही साथ मृदा स्वास्थ्य को एक लम्बे समय तक टिकाऊ बनाये रखा जा सकता है जो इस प्रबन्धन द्वारा ही सम्भव है। कार्बनिक खादों के प्रयोग से मृदा में अप्राप्य पोषक तत्व प्राप्य

पोषक तत्वों में परिवर्तित होकर पौधों को उपलब्ध हो जाते हैं जिसके कारण मृदा में इन पोषक तत्वों का स्थिरीकरण नहीं होने पाता इसके अतिरिक्त मृदा की संरचना, भौतिक एवं रासायनिक गुण तथा जलधारण क्षमता में भी वृद्धि हो जाती है। जैव उर्वरकों के प्रयोग से भूमि में लाभदायक जीवाणुओं की संख्या तथा उनकी क्रियाशीलता में वृद्धि हो जाती है जिससे मृदा में उपस्थिति पोषक तत्व पौधों को अधिक से अधिक मात्रा में उपलब्ध हो जाते हैं। एकीकृत पोषक तत्व प्रबन्धन के अन्तर्गत स्थाई फसलोत्पादन के लिए उपयुक्त किस्म का चयन तथा अनुकूलतम फसल, भूमि एवं जल प्रबन्ध भी आवश्यक है। प्रबन्ध पद्धतियों के अतिरिक्त उर्वरक, फार्म में तैयार खाद (गोबर की खाद/कम्पोस्ट/बायोडायमिक खाद) फसलों के अवशेष, हरी खाद, हरी पत्ती की खाद, राइजोबियम, एजेटोबैक्टर, फासफोबैक्टीरिया आदि प्रमुख हैं। मिश्रित फसल पद्धति और सघन फसल पद्धति में एक से अधिक खादों के मिश्रित प्रयोग के साथ जैव उर्वरकों के प्रयोग से उत्पादन में काफी वृद्धि हो जाती है। साथ ही साथ मृदा का स्वास्थ्य भी अच्छा रहता है एवं रासायनिक उर्वरकों के लगातार प्रयोग से बढ़ रहे मृदा एवं प्रदूषण की समस्या से भी निजात पाई जा सकती हैं।

टिकाऊ कृषि उत्पादन में समन्वित पोषक तत्व प्रबन्धन बहुत ही महत्वपूर्ण है। इसमें रासायनिक उर्वरकों का कम से कम उपयोग बल्कि गोबर की खाद, कम्पोस्ट, बायोडाइमिक कम्पोस्ट, वर्मी कम्पोस्ट, हरी खाद, फसल अवशेष, जैव उर्वरकों का अधिक से अधिक प्रयोग करने से पोषक तत्व उपयोग क्षमता में भी वृद्धि हो जाती है। इसके साथ ही साथ यह भी आवश्यक है कि एक ही फसल में सम्पूर्ण उर्वरकों का प्रयोग न करके सम्पूर्ण फसल चक्र में पोषक तत्वों का प्रयोग करना चाहिए। फार्म पर पशुपालन, कृषि वानिकी तथा उगाई जाने वाली सभी फसलों आदि का आपस में सामंजस्य स्थापित करके अधिक समय तक टिकाऊ उत्पादन प्राप्त किया जा सकता है।

समन्वित पोषक तत्व प्रबन्धन के प्रमुख चरण निम्न हैं –

(i) फसल तथा फसल पद्धतियों में समन्वित पोषक तत्व प्रबन्धन बहुत ही उपयोगी एवं उत्पादक है। इस प्रकार के प्रबन्धन से पोषक तत्व उपयोग क्षमता बढ़ जाने से कुल उत्पादन में वृद्धि हो जाती है साथ ही साथ उत्पादन लागत कम हो जाने से सकल आय में वृद्धि हो जाती है।

(ii) मृदा में जिस पोषक तत्व की कमी हो उसी की पूर्ति करके उपज में वृद्धि की जा सकती है तथा अनावश्यक उर्वरक के प्रयोग से भी बचा जा सकता है। उदाहरण के लिए जिन मृदाओं में पोटास की कमी हो वहाँ पर अधिक मात्रा में नत्रजन का प्रयोग करना भी लाभकर नहीं होता परन्तु नत्रजन तथा पोटास के संयुक्त प्रयोग से ही फसल की उपज में वृद्धि होगी। इसी प्रकार सूक्ष्म तत्वों की कमी होने पर अकार्बनिक उर्वरक की अधिक से अधिक मात्रा भी उत्पादन स्तर को नहीं बढ़ाती अत: सूक्ष्म तत्वों की कमी को दूर करके ही अधिक से अधिक स्थिर एवं टिकाऊ उत्पादन प्राप्त किया जा सकता है।

(iii) उर्वरकों की सम्पूर्ण मात्रा एक बार में न प्रयोग करके कई बार में प्रयोग करनी चाहिए जिससे मृदा में होने वाली पोषक तत्वों की हानि को कम करके पोषक तत्व उपयोग क्षमता में वृद्धि की जा सकती है। इसी प्रकार आलेपित (Coated) तथा दानेदार उर्वरकों का प्रयोग धूल उर्वरकों की अपेक्षा अधिक प्रभावी होता है क्योंकि इसमें पौधों के लिए प्राप्य पोषक तत्वों की मात्रा अधिक होती है। इसके अतिरिक्त फसलों में प्रयोग करने पर पौधों को पोषक तत्व अधिक से अधिक मात्रा में उपलब्ध हो जाते हैं तथा इनकी हानि भी कम होती है।

(iv) समस्याग्रस्त भूमियों में भूमि की दशा के अनुरूप हरी पत्ती की खाद अथवा हरी खाद का प्रयोग उपयुक्त होता है। अम्लीय तथा क्षारीय भूमियों में भूमि सुधारक रसायनों का प्रयोग करने से फसलों की उपज में स्थाई वृद्धि की जा सकती है।

(v) भूमि में फसल अवशेष के सम्मिलित प्रयोग करने से दीर्घावधि तक सुनिश्चित उत्पादकता को स्थायित्त्व प्रदान करने के लिए आवश्यक है। फसल अवशेष को मृदा में मिलाने पर मृदा की भौतिक तथा रासायनिक गुणों में आशातीत वृद्धि हो जाने से मृदा उत्पादकता में स्थाई वृद्धि होना सम्भव हो सकती है।

(vi) उचित सिंचाई प्रबन्धन तकनीक अपनाने से फसलों को पोषक तत्वों की उपलब्धता अधिक होती है क्योंकि मृदा में पर्याप्त मात्रा में नमी होने से पोषक तत्वों की घुलनशीलता में वृद्धि हो जाती है जो समन्वित पोषक तत्व प्रबन्धन का एक महत्वपूर्ण अंग है।

3. एकीकृत सिंचाई प्रबन्धन

भारत में हरित क्रान्ति में नई प्रजातियों तथा पोषक तत्व प्रबन्धन के साथ-साथ जल संसाधनों के विकास ने भी एक महत्वपूर्ण भूमिका निभाई है। इसके बावजूद भारत में लगभग सभी फसलों की उत्पादकता विश्व के कई देशों की अपेक्षा बहुत कम है। इसका एक प्रमुख कारण जल का अकुशल प्रयोग है। जल के अकुशल प्रयोग से जलाक्रान्त और लवणीय-क्षारीय भूमि के बढ़ने के कारण सिंचित क्षेत्रों में धीरे-धीरे पैदावार में कमी होती जा रही है। जनसंख्या के निरन्तर बढ़ने से भोजन, चारा, ईंधन और कपड़े की आवश्यकता भी बढ़ रही है। प्रति इकाई भूमि की उपलब्धता के घटने की सम्भावना से प्रत्येक जल इकाई का उचित इस्तेमाल करके उपज बढ़ाना अत्यन्त आवश्यक हो गया है। इसके लिए जल प्रबन्ध के समन्वित प्रयोग की आवश्यकता है।

सिंचित कृषि में दो बिन्दुओं पर विचार करना आवश्यक है –

1. जलाशय अथवा जल स्रोतों से किसानों के खेतों तक जल का वितरण।
2. सिंचाई की विधि, समय तथा जल की मात्रा का निर्धारण करना।

उपरोक्त बिन्दुओं को तकनीक रूप से कृषि में जल प्रबन्धन भी कह सकते हैं। जल संसाधनों के एक बहुत बड़े हिस्से का सिंचाई वितरण प्रणालियों से रिसाव की वजह से नुकसान होता है इसलिए नहरों, नालियों, रजवाहों, गूलों आदि की लाइनिंग (Linning) अथवा पक्का करके पानी को रिसाव से बचाने के लिए बहुत आवश्यक है। पानी का वितरण प्लास्टिक के पाइपों द्वारा करके भी पानी की बचत की जा सकती है। इस बचे हुए पानी से ज्यादा से ज्यादा क्षेत्र में सिंचाई करके उपज बढ़ाई जा सकती है।

सिंचाई की विभिन्न पद्धतियाँ अपनाने से जहाँ पर पानी की बचत की जा सकती है साथ ही साथ मृदा पर होने वाले हानिकारक प्रभाव को भी कम किया जा सकता है। जल की विभिन्न प्रणालियों का प्रबन्धन निम्नवत है –

(अ) सतही सिंचाई प्रणाली : भारतवर्ष के अधिकतर क्षेत्रों में सिंचाई की सतही विधि प्रचलित है। इस विधि में जलस्रोत से नालियों द्वारा खेत में पानी का वितरण किया जाता है तथा एक किनारे से खेत में पानी फैलाया जाता है। इस विधि में खेत के सही ढंग से तैयार न होने पर पानी का बहुत बड़ा नुकसान होता है। सिंचाई की यह पद्धति मुख्यत: सभी फसलों में अपनाई जाती है। यदि खेत सही तरह से समतल हो तो इस प्रणाली से भी पानी की बचत की जा सकती है। आजकल लेजर तकनीक से कृषक अपना खेत समतल कर सकते हैं जिससे फसल की उपज में वृद्धि के साथ-साथ जल उपयोग दक्षता में काफी वृद्धि की जा सकती है। इस पद्धति में खेतों को सीमान्त पट्टी (Border), चैक या क्यारी और कूँड बनाकर भी सिंचाई की जाती है। यदि बोर्डर, चैक या क्यारी को उपयुक्त रूप से बनाया जाये तो पानी की बचत की जा सकती है। सतही सिंचाई में कूँड़ प्रणाली का प्रयोग करके पानी की बचत की जा सकती है। मक्का तथा कपास में प्रत्येक दूसरी कूण्ड में पानी लगाकर बिना उपज कम किये पानी की लगभग 30 प्रतिशत तक बचत की जा सकती है।

(ब) फव्वारा सिंचाई प्रणाली : फव्वारा सिंचाई एक बहुत ही प्रचलित विधि है जिसके द्वारा पानी की लगभग 30 से 50 प्रतिशत तक की बचत की जा सकती है। देश में सिंचाई की इस विधि का प्रयोग लगभग 7 लाख हैक्टेअर क्षेत्रफल पर हो रहा है। यह विधि बलुई मृदा, ऊँची-नीची जमीन तथा जहाँ पर पानी की बहुत कम उपलब्धता है वहाँ पर विशेष रूप से उपयोगी है। इस विधि द्वारा गेहूँ, कपास, मूँगफली, तम्बाकू, लॉन तथा अन्य फसलों में सिंचाई की जा सकती है। इस विधि द्वारा हवा में फव्वारे के रूप में पानी का छिड़काव किया जाता है जो कि भूमि पर कृत्रिम वर्षा के रूप में गिरता है। इस विधि द्वारा सिंचाई करने पर लागत कम आती है तथा बीमारियों का भी प्रकोप कम होता है।

(स) टपक सिंचाई प्रणाली : टपक सिंचाई एक आधुनिक तथा बहुत ही प्रचलित विधि है। देश में टपक सिंचाई से लगभग 25 लाख हैक्टेअर क्षेत्रफल पर सिंचाई की जाती है। सिंचाई की यह विधि दोमट भूमि, उथली, ऊँची-नीची तथा पहाड़ी क्षेत्रों में काफी लोकप्रिय है। इस विधि द्वारा सिंचाई मुख्यत: अंगूर, नींबू, गन्ना, पपीता, केला, अनार, अमरूद तथा अन्य फलों एवं सब्जियों के लिए उपयुक्त है। सिंचाई के पानी के समुचित प्रयोग की यह एक नई विधि है जिससे बूँद-बूँद रूप में पानी, खाद एवं रसायन को पौधों की जड़ों तक सीधा पहुँचाया जाता है जिससे रिसाव तथा वाष्पन न्यूनतम होता है। सिंचाई की इस विधि से अन्य सिंचाई की विधियों की तुलना में सिर्फ एक-तिहाई पानी खर्च होता है अत: 30-75 प्रतिशत तक पानी की बचत की जा सकती है। इसके अतिरिक्त 30-80 प्रतिशत श्रम की बचत की जा सकती है तथा सिंचाई के लिए अनुपयुक्त खारे पानी का भी प्रयोग इस विधि द्वारा किया जा सकता है। इस विधि द्वारा फसल उत्पादन में 30-50 प्रतिशत वृद्धि के साथ-साथ गुणवत्ता में वृद्धि की जा सकती है। इस विधि द्वारा सिंचाई का प्रयोग करने से खरपतवारों का भी प्रकोप कम हो जाता है। इस विधि से पानी के इस्तेमाल पर नियंत्रण रहता है। इस सिंचाई पद्धति के द्वारा उन उर्वरकों को डालने की व्यवस्था होती है जो पानी में घुलनशील हैं। सिंचाई की इस विधि में जो तकनीक विकसित की गई है उसके अनुसार टपक पद्धति सिस्टम में बैनचुरी या टैंक में घुलनशील खाद डाल दिया जाता है जिससे नत्रजन, फासफोरस तथा पोटास आदि तत्व सीधे जड़ों में पहुँचते हैं। इस विधि द्वारा लगभग 20 प्रतिशत उर्वरकों की भी बचत की जा सकती है।

इस प्रकार जल के अकुशल प्रयोग से सिंचित क्षेत्र का बहुत बड़ा भाग जलमग्नता से ग्रसित हो गया है। जलमग्नता के साथ-साथ काफी क्षेत्र की जमीन क्षारीय हो गई है। पूरे देश में लगभग 80 लाख हैक्टेअर भूमि जलमग्नता के साथ-साथ काफी क्षेत्र में जमीन क्षारीय हो गई है। पूरे देश में लगभग 80 लाख हैक्टेअर भूमि जलमग्नता से प्रभावित है और सिंचित क्षेत्र में लगभग 25 लाख हैक्टेअर में इसका प्रकोप फैल चुका है। यह बहुत ही उपजाऊ भूमि थी जो अब बेकार हो चुकी है। इस तरह के क्षेत्र को बचाने का केवल समुचित जलनिकास ही एक उपाय है परन्तु इसमें कोई सन्देह नहीं कि जल निकास बहुत ही खर्चीला उपाय है और इस खर्च को बचाने के लिए जल का सही मात्रा में सदुपयोग टपक सिंचाई पद्धति अपनाकर ही सम्भव है।

इस तरह सिंचाई के समस्त जल संसाधनों के पूर्ण विकास के बाद भी लगभग 50 प्रतिशत से भी अधिक कृषि वर्षा पर निर्भर है। भारतीय महाद्वीप में औसत वर्षा 1170 मिमी होती है अत: वर्षा का सही उपयोग किया जाए तो फसलों में जल सम्बन्धी समस्त सुविधाओं का समाधान हो सकता है। परन्तु वर्षा के असमान एवं अनियमित वितरण के कारण केवल 30 प्रतिशत से कम वर्षा के जल को उपयोग में लाया जाता है। शेष जल बेकार हो जाता है और साथ में इस तरह उपजाऊ मिट्टी भी नष्ट हो जाती है। इस बहुमूल्य संसाधन को बचाने की पूरी कोशिश करनी चाहिए। वर्षा पर निर्भर कृषि तकनीकों के प्रयोग से 50 प्रतिशत तक उत्पादकता बढ़ाई जा सकती है। इस प्रकार जल संरक्षण से फसल को एक दो सिंचाई उपलब्ध करा दी जाये तो उत्पादकता में बहुत अधिक वृद्धि हो सकती है।

यदि कृषक इस अमूल्य प्राकृतिक संसाधन की एक-एक बूँद का समुचित इस्तेमाल अपने कृषि कार्यों के लिए करे तो देश की खाद्यान्न सम्बन्धी आवश्यकताओं को आसानी से पूरा किया जा सकता है और टिकाऊ कृषि उत्पादन प्राप्त करने में काफी मदद मिलेगी।

4. एकीकृत फसल पद्धति प्रबन्धन

(अ) फसल प्रणाली में फलीदार फसलों का समावेश

किसी फसल प्रणाली को सफल बनाने में सिंचाई के लिए भूमिगत जल और उर्वरकों के उपयोग का महत्वपूर्ण योगदान है। परन्तु अब इन फसल प्रणालियों की उत्पादकता में ठहराव आ गया है और निरन्तर धान्य फसलों के बाद धान्य फसलें उगाये जाने से इस प्रणाली के टिकाऊपन पर प्रश्न चिन्ह लग गया है। जैसे धान-गेहूँ प्रणाली औसतन 800 किलोग्राम प्रति हैक्टेअर की दर से नत्रजन, फासफोरस तथा पोटास का मृदा से अवशोषण करती है। इस प्रकार सूक्ष्म

पोषक तत्वों का भी अपेक्षाकृत अधिक मात्रा में अवशोषण होता है। अतः विभिन्न फसल प्रणालियों से प्राकृतिक संसाधनों जल और मृदा का भारी दोहन हो रहा है जिसके दूरगामी परिणाम जैसे पर्यावरण प्रदूषण के रूप में सामने आ सकते हैं। इसके अतिरिक्त प्रति व्यक्ति भूमि और सिंचाई हेतु जल संसाधनों की उपलब्धता घट रही है जिसमें जैविक तथा अजैविक तनाव बढ़ रहा है। देश में बढती जनसंख्या के कारण हमें खाद्यान्नों की उत्पादकता प्रति इकाई बढ़ानी होगी। जिसका एक मात्र विकल्प यह रहा है कि धान-गेहूँ की उत्पादकता दर मजबूत रही परन्तु अन्य कारक इसकी उत्पादकता को और अधिक प्रभावित कर रहे हैं -

(i) उत्पादन दर में कमी : धान-गेहूँ फसल प्रणाली मुख्यतः पंजाब, हरियाणा तथा उत्तर प्रदेश में अपनाई जाती है। इन क्षेत्रों में इस प्रणाली की उत्पादन क्षमता में कमी हुई है। सन् 1972 से 1985 तक इन राज्यों में धान की उत्पादकता में वृद्धि दर 3.7-4.0 प्रतिशत वार्षिक थी जो 1985 से 1995 तक घटकर 0.8-0.9 प्रतिशत रह गई है। धान की अपेक्षा गेहूँ की उत्पादकता दर मजबूत रही परन्तु अन्य कारक इसकी उत्पादकता को और प्रभावित कर रहे हैं।

(ii) उत्पादन लागत में बढ़ोत्तरी : पोषक तत्वों के सस्ते स्रोतों जैसे गोबर की खाद, कम्पोस्ट, हरी खाद आदि की अपेक्षा रासायनिक उर्वरकों के प्रयोग से फसल की उपज में गुणोत्तर वृद्धि हुई हैं। धान-गेहूँ प्रणाली में औसतन 260 किलोग्राम प्रति हैक्टेअर की दर से रासायनिक उर्वरकों का प्रयोग किया जाता है। पंजाब राज्य में तो औसतन 400 किलोग्राम प्रति हैक्टेअर तक इन पोषक तत्वों का प्रयोग किया जा रहा है। इसी प्रकार पीड़क जीवों की रोकथाम हेतु पीड़कनाशी रसायनों के प्रयोग में काफी वृद्धि हुई है। इसके अतिरिक्त इन फसलों के अन्तर्गत कुल क्षेत्र का 90 प्रतिशत उन्नतशील प्रजातियों तथा 80 प्रतिशत क्षेत्र सिंचाई के अन्तर्गत आता है। इन सभी लागतों पर व्यय काफी बढ़ गया है। जिसके परिणामस्वरूप औसत उत्पादन लागत भी बढ़ रही है। इसी कारण प्रति इकाई अधिक लागत होने पर लागत के अनुपात में शुद्ध लाभ घट रहा है।

(iii) पोषक तत्वों का खनन : उर्वरकों के निरन्तर बढ़ते प्रयोग तथा उत्पादकता में ठहराव स्वयं इस बात का पक्का प्रमाण है कि मृदा की उर्वरता में गिरावट आ रही है। इस बात का भी प्रमाण है कि धान-गेहूँ फसल प्रणाली से भूमि में गंधक तथा जस्ता की कमी के लक्षण भी प्रकट हो रहे हैं। एक अनुमान के अनुसार धान एवं गेहूँ फसलें 800 किलोग्राम नत्रजन, फासफोरस तथा पोटास, 1-12 किग्रा जस्ता, 6-8 किग्रा लोहा, 1.2- 1.4 किग्रा मैंगनीज तथा 0.6-0.8 किलोग्राम ताँबा प्रति हैक्टेअर की दर से ग्रहण करती है। जबकि देश में सर्वाधिक पोषक तत्वों का प्रयोग पंजाब प्रान्त में 410 किलोग्राम/ हैक्टेअर है। इस प्रकार शेष पोषक तत्वों की मृदा में मौलिक तत्वों का अवशोषण करके पूर्ति करती है। इसकी अतिरिक्त मृदा में कार्बनिक पदार्थ की मात्रा में निरन्तर गिरावट भी हो रही है।

(iv) मृदा लवणता और जलमग्नता : सिंचाई के जल का दक्षता पूर्वक प्रयोग न होने के कारण मृदा लवणता और जलमग्नता जैसी समस्यायें निरन्तर बढ़ रही हैं। जल के असमय और आवश्यकता से अधिक उपयोग के कारण हमारे देश में लगभग 8.5 मिलियन हैक्टेअर भूमि जलमग्नता और 9.4 मिलियन हैक्टेअर मृदा लवणता से प्रभावित है।

(v) भूमिगत जल स्तर : देश में धान-गेहूँ प्रणाली अपनाये जाने वाले उत्तर-पश्चिमी राज्यों में सिंचाई के लिए भूमिगत पानी का आवश्यकता से अधिक शोषण हो रहा है। इसके फलस्वरूप पंजाब, हरियाणा तथा पश्चिमी उत्तरप्रदेश में प्रतिवर्ष जल का स्तर 0.2-0.5 मीटर नीचे जा रहा है। कुछ क्षेत्रों में तो यह स्थिति आ गई है कि नलकूप पानी को उठा ही नहीं पा रहे हैं जिसके फलस्वरूप आसपास के कुँओं में पानी सूखने की भी स्थित आ गई है।

(vi) भूमिगत जल की गुणवत्ता : धान-गेहूँ प्रणाली में सर्वाधिक मात्रा में अकार्बनिक उर्वरकों का प्रयोग होता है। धान के खेत में सदैव पानी भरा रहने के कारण नत्रजन नाइट्रेट के रूप में रिसकर मृदा की निचली सतह में चला जाता है जिसके फलस्वरूप भूमिगत जल में नाइट्रेट की मात्रा में वृद्धि हो रही है। जिससे भूमिगत जल की गुणवत्ता पर बुरा प्रभाव पड़ता है। भूमिगत जल में नाइट्रेट का स्तर बढ़ने से जल के प्रदूषण की समस्या बढ़ रही है।

(vii) जैव विविधता : देश में उगाई जाने वाली प्रजातियों में 90 प्रतिशत क्षेत्र में गेहूँ और 60 प्रतिशत से अधिक क्षेत्र में अधिक उपज देने वाली धान की प्रजातियाँ उगाई जाती हैं। इसका तात्पर्य यह है कि उस क्षेत्र में लोकप्रिय प्रजातियाँ धीरे-धीरे विलुप्त होती जा रही हैं। कीट एवं रोगरोधी किस्मों में व्यापक आनुवांशिक विविधता एवं उन्नतशील प्रजातियों के कारण समापन की तरफ बढ़ रही हैं। अब उन प्रजातियों की आनुवांशिक विविधता का उपयोग आज की प्रचलित उन्नतशील प्रजातियों में टिकाऊपन लाने के लिए किया जा सकता है।

(viii) नये पीड़क जीवों का पनपना : फसलों की अधिक उपज देने वाली उन्नतशील प्रजातियाँ कीट एवं बीमारियों के प्रति रोधिता बहुत कम है। मृदा जनित रोग पनप रहे हैं। फसलों में नये खरपतवारों का प्रकोप अधिक मात्रा में हो रहा है। उदाहरणस्वरूप गेहूँ में गेहूँ का मामा तथा जई में जंगली जई जैसे खरपतवारों की समस्या का उन्नत प्रजातियों के साथ ही जन्म हुआ है।

सघन फसल प्रणालियों जैसे धान-गेहूँ प्रणाली के टिकाऊपन से जुड़े इन मुद्दों का अवलोकन करने से स्थिति के भयावह होने को सहज ही अनुमान लगाया जा सकता है। यदि इन फसल प्रणालियों में टिकाऊपन लाने के लिए अभी से प्रयास न किये गये तो भविष्य में हम अपनी खाद्यान्न की आपूर्ति करने में सक्षम नहीं होंगे बल्कि प्राकृतिक संसाधनों का हनन करके पर्यावरण के प्रदूषण सम्बन्धी पहलुओं को बढ़ावा देगे। ऐसी स्थिति में इन फसल प्रणालियों में दलहनी फसलों का समावेश कर महत्वपूर्ण भूमिका निभा सकती है।

(ब) दलहनी फसलों का योगदान :

हरित क्रान्ति से पहले दलहनी फसलों को फसल क्रम में उगाया जाता था परन्तु अब प्रमुख खाद्यान्न फसलों ने इनका स्थान ले लिया है और दलहनी फसलें सीमान्त तथा बारानी खेतों तक सिमट कर रह गई हैं। आज के युग में उर्वरकों के बढ़ते मूल्य के कारण इन फसलों द्वारा वायुमन्डल की मृदा स्थिरीकरण के कारण महत्व अधिक बढ़ रहा है और फसल प्रणाली में दलहनी फसलों को किसी न किसी रूप में सम्मिलित करने पर बल दिया जा रहा है। दलहनी फसलों में वैसे तो लगभग 300 किलोग्राम प्रति हैक्टेअर की दर से नत्रजन स्थिरीकरण करने की क्षमता होती है परन्तु इन फसलों से लाभ अलग-अलग परिस्थितियों में अलग-अलग होता है। फसल क्रम में दलहनी फसलें उगाये जाने से अन्य फसलों में नत्रजन की बचत होती है जैसे गेहूँ की जितनी उपज ज्वार के बाद 120 किलोग्राम/है. नत्रजन के प्रयोग करने से मिलती है ज्वार के बाद उतनी ही उपज 40 किलोग्राम नत्रजन/हैक्टेअर तथा सोयाबीन एवं अरहर के बाद 80 किलोग्राम नत्रजन प्रति हैक्टेअर देने से प्राप्त होती है। इससे यह सिद्ध होता है कि गेहूँ की फसल में विभिन्न प्रकार की दलहनी फसलें उगाने से 40-80 किलोग्राम नत्रजन/प्रति हैक्टेअर की बचत की जा सकती है। दलहनी फसलों को उगाने से मृदा में जैविक पदार्थ, परिवर्तनीय लोहा तथा जलीय चालकता में सुधार होता है। मृदा में जैविक पदार्थ की वृद्धि से सूक्ष्म जीवों की क्रियाशीलता बढ़ती है। जिससे पोषक तत्वों की उपलब्धता बढ़ती है। मृदा में भौतिक गुणों में सुधार होने से फसलों की जल उपयोग क्षमता बढ़ती है। दलहनी फसलें अपनी विकसित तथा गहरी जड़ तन्त्र के कारण मृदा की निचली सतह से भी पोषक तत्व आसानी से ग्रहण कर लेती हैं। फासफोरस जैसे तत्वों की उपलब्धता बढ़ाकर ये फसलें आगामी फसलों को लाभ पहुँचाती हैं। लगातार धान्य के बाद धान्य फसलें उगाने से एक ही प्रकार के कीटों एवं बीमारियों को पनपने में सहायता मिलती है। जबकि दलहनी फसलें उगाने से इनके पनपने में अवरोध पैदा होता है।

देश की निरन्तर बढ़ती आबादी से खाद्यान्न की आवश्यकता की पूर्ति के लिए फसल प्रणाली को टिकाऊ बनाना नितान्त आवश्यक है। इसके लिए दलहनी फसलों को किसी न किसी रूप में इन फसल प्रणाली में सम्मिलित करना ही होगा।

1. हरी खाद के रूप में : हरी खाद के लिए दलहनी फसलें जैसे लोबिया, मूँग, उर्द, ढैंचा, सनई आदि उगाकर खेत में पलटने की परम्परा बहुत पुरानी है। परन्तु सघन खेती के प्रचलन से कृषक हरी खाद के लिए पूरे खरीफ के मौसम की एक फसल को समर्पित नहीं कर पाते। खरीफ की फसल के रूप में हरी खाद उगाना कृषकों को लाभकारी नहीं होता है इसलिए इस मौसम में कोई न कोई फसल ही उगाई जाती है। परन्तु ऐसी स्थिति में खरीफ की फसल के स्थान पर गेहूँ की

कटाई के पश्चात् ग्रीष्म ऋतु में शीघ्र बढ़ने वाली दलहनी फसलें जैसे ढैंचा, सनई, लोबिया, ग्वार आदि उगाकर धान की रोपाई के पूर्व खेत में पलट दिया जाये तो हरी खाद का पूरा लाभ प्राप्त किया जा सकता है। हरी खाद उगाने से मृदा में कार्बनिक पदार्थ की मात्रा में वृद्धि हो जाती है जिससे पोषक तत्वों की प्राप्यता बढ जाती है।

2. **ग्रीष्मकालीन उर्द/मूँग की फसल :** रबी की फसलों की कटाई के उपरान्त कम समय में तैयार होने वाली मूँग तथा उर्द की फसलें उगाई जा सकती हैं। ग्रीष्म कालीन उर्द अथवा मूँग उगाने के लिए सिंचाई के समुचित साधन होने चाहिए इसके साथ ही साथ खरीफ तथा रबी की ऐसी फसलें चुनी जाये जो ग्रीष्म कालीन मूँग की खेती को सफल बनाने में सहायक हो। मूँग तथा उर्द के पकने पर फलियाँ तोड़ ली जाती हैं और शेष बचे फसल अवशेष को मृदा में पलट दिया जाता है। इस प्रकार इन फसलों से आर्थिक उत्पादन के साथ-साथ हरी खाद के रूप में प्रयोग किया जा सकता है। ग्रीष्मकालीन मूँग एवं उर्द की फसल उगाने से उपज के रूप में अतिरिक्त लाभ प्राप्त हो जाता है।

3. **अन्त:फसल के रूप में :** धान्य फसलों के साथ दलहनी फसलों को अन्त:फसल के रूप में उगाया जा सकता है। खरीफ फसलें जैसे ज्वार, बाजरा, मक्का में दलहनी फसलें जैसे उर्द, मूँग, अरहर, लोबिया आदि को तथा रबी ऋतु में धान्य फसलें जैसे गेहूँ, जौ तथा तिलहनी फसलें जैसे सरसों, अलसी के साथ चना, मटर, मसूर आदि को अन्त:फसल पद्धति के रूप में उगाया जाना लाभप्रद होता है। इन दलहनी फसलों को उगाने से खरीफ तथा रबी फसलों की उत्पादकता तो अवश्य प्रभावित होगी परन्तु कुल लाभ में कमी नहीं होगी। इन फसलों के उगाने से दलहन के उत्पादन के साथ-साथ फसल प्रणाली के टिकाऊपन लाने में अवश्य लाभ मिलेगा।

4. **बाड़ के रूप में :** फसल प्रणाली में शीघ्र बढ़ने वाले वृक्ष सुबबूल को बाड़ के रूप में खेत के चारों तरफ या बीच-बीच में उगाया जा सकता है। सुबबूल तेजी से बढ़ता है तथा शाखायें भी अधिक निकलती हैं। आवश्यकतानुसार सुबबूल की टहनियों की कटाई-छँटाई करके हरी खाद अथवा चारे के रूप में इनका प्रयोग किया जा सकता है।

5. **वृक्षों की टहनियाँ हरी खाद के रूप में :** कुछ फलीदार वृक्षों जैसे साजन या सुबबूल आदि को खेत से अलग किसी खाली स्थान में उगाकर इसकी टहनियों की कटाई-छंटाई करके खेत में डाला जा सकता है। ऐसा करने से भी हरी खाद जैसा लाभ प्राप्त किया जा सकता है।

6. **फसल क्रम में सम्मिलित करके :** धान्य फसल प्रणाली को अधिक टिकाऊ बनाने के लिए यह आवश्यक है कि किसी न किसी रूप में फलीदार फसलों को फसल चक्र में शामिल किया जाये। कम से कम दो वर्ष में एक बार खरीफ की दलहनी फसलें जैसे उर्द, मूँग, अरहर, लोबिया, ग्वार आदि फसलें उगानी चाहिए। इस प्रकार रबी में दलहनी फसलें जैसे चना, मटर, मसूर या दलहनी चारे की फसलें जैसे बरसीम, रिजका अथवा सब्जी वाली फसलें जैसे मेंथी आदि उगाई जा सकती हैं। अत: धान-गेहूँ प्रणाली के स्थान पर धान - गेहूँ-उर्द/मूँग/लोबिया, धान-चना/मटर/मसूर, अरहर/उर्द/मूँग/लोबिया/ग्वार- गेहूँ फसल पद्धति अपनाना चाहिए।

अत: फसल प्रणाली द्वारा अधिक दोहन के कारण मृदा तथा जल जैसे प्राकृतिक संसाधनों की क्षति हो रही है। ऐसी स्थिति में इन दलहनी फसलों को फसल प्रणाली में सम्मिलित करके फसलों के उत्पादन में बढ़ोत्तरी ही नहीं की जा सकती है बल्कि फसल प्रणाली में टिकाऊपन भी लाया जा सकता है।

(स) फसल विविधीकरण

फसल विविधीकरण एकल तथा सतत कृषि के दुष्प्रभावों को कम करने के साथ-साथ संसाधनों के समुचित उपयोग, आय अर्जन तथा पोषण एवं आर्थिक सुरक्षा के लिए फसल विविधीकरण मूलत: सीमान्त तथा लघु कृषकों के साथ समन्वय स्थापित करती है। फसल विविधीकरण के अन्तर्गत अन्त:फसली पद्धति अधिक आय, कम जोखिम युक्त और कम अवधि वाली फसलों को लगातार उगाने से मृदा की उत्पादन क्षमता बढ़ाने, उत्पादन लागत कम करने एवं उत्पादन पद्धति को टिकाऊ बनाये रखने में महत्वपूर्ण योगदान सम्भव है। इस प्रकार उपलब्ध स्रोतों का समुचित उपयोग कर सीमान्त एवं लघु कृषकों का आर्थिक स्तर बढ़ाया जा सकता है। फसलों द्वारा शोषित तथा भूमि क्षरण द्वारा स

मिलाकर वर्तमान में प्रतिवर्ष कुल 28 मिलियन टन पोषक तत्वों का ह्रास होता है। जबकि रासायनिक उर्वरकों द्वारा केवल 17 मिलियन टन पोषक तत्वों की पूर्ति हो पाती है। अत: मृदा में प्रतिवर्ष 11 मिलियन टन पोषक तत्वों की कमी बनी रहती है जोकि मृदा स्वास्थ्य के लिए ही नहीं बल्कि खेती के टिकाऊपन में बहुत बड़ी बाधा है। विगत वर्षों में विभिन्न कारणों से फसल प्रणाली में कुछ पारिस्थितिकीय असंतुलन आया है। देश में धान तथा गेहूँ अधिक क्षेत्रफल पर उगाई जाने वाली फसलें हैं। देश में विगत कई वर्षों से चना एवं जौ के अन्तर्गत क्षेत्रफल में कमी आई है। धान के क्षेत्रफल में वृद्धि मक्का तथा दलहनी फसलों की कमी के कारण हुई है जबकि धान-गेहूँ तथा धान-धान पद्धतियों के क्षेत्रफल में वृद्धि सिंचाई तथा उर्वरकों की प्रचुर मात्रा में उपलब्धता से हुई है। इन समस्त कारणों से फसल उत्पादकता और मृदा की उर्वरा शक्ति से सम्बन्धित निम्न नई समस्याएं खड़ी हुई हैं-

1. भूमिगत पानी के अधिकाधिक दोहन से जल उपयोग क्षमता में कमी।
2. मृदा स्वास्थ्य का ह्रास।
3. कीटों, बीमारियों एवं खरपतवारों का प्रकोप तथा इनका विस्तारीकरण।
4. अनियोजित ऊर्जा खपत (रसायन, बिजली तथा पेट्रो उत्पाद)।
5. आर्थिक दृष्टि से मूल्यवान फसलों के क्षेत्रफल में कमी।
6. वातावरण तथा जल संसाधनों का दूषित होना।

इस प्रकार फसल विविधीकरण अधिक उत्पादन देने वाली फसलों तथा फसल पद्धतियों को बढ़ावा देने की दिशा में एक आवश्यक एवं वांछित बदलाव है, जिससे खाद्यान्न फसलों के अतिरिक्त दलहनी, तिलहनी, चारा, रेशा, ईंधन, मसाले, औषधीय तथा व्यावसायिक उत्पाद की बढ़ती आवश्यकताओं की पूर्ति होना सम्भव हो सकता है।

विविधीकरण की सम्भावनाएं

विविधीकरण के अन्तर्गत परिवर्तित उद्यम, मुख्य उद्यमों के लिए सम्पूरक होते हैं। इस प्रकार विविधीकरण की निम्न सम्भावनाएं हैं -

1. कृषि प्रक्षेत्र में अकृष्य क्रियाओं की तरफ झुकाव।
2. कम लाभ वाली फसल या अधिक लाभ वाली फसल का उद्यम की तरफ झुकाव।
3. विभिन्न सम्पूरक प्रक्रियाओं में विविधीकृत संसाधनों का प्रयोग।

फसल विविधीकरण में अन्त:फसल पद्धति का विशेष योगदान है। दलहनी फसलों का फसल पद्धतियों में समावेश करने से कुल उत्पादकता बढ़ती है जैसे लगातार धान-गेहूँ पद्धति में गेहूँ की उपज 30 कुन्टल प्रति हैक्टेअर जबकि धान के बाद बरसीम समावेश करने पर 50 कुन्टल प्रति हैक्टेअर हो जाती है। इसी प्रकार धान, कपास तथा गन्ना के साथ दलहनी फसल उगाने से फसल पद्धति की कुल उत्पादकता में काफी वृद्धि हो जाती है। साथ ही साथ मृदा की भौतिक, रासायनिक तथा जैविक गुणवत्ता में अभूतपूर्व सुधार हो जाता है। दलहनी फसलों की अन्त:फसली खेती मुख्यत: सिंचित क्षेत्रों में गन्ना के साथ तथा बारानी क्षेत्रों में मोटे अनाजों के साथ की जाती है। धान-गेहूँ फसल पद्धति वाले क्षेत्रों में कपास, बरसीम, गन्ना, ज्वार, सूर्यमुखी आदि फसलों को फसल क्रम में समावेश करने से गेहूँ की फसल के प्रमुख खरपतवार गेहूँ का मामा का प्रभावी नियंत्रण हो जाता है जिससे उपज में वृद्धि हो जाती है।

गन्ना आधारित फसल विविधीकरण

उत्तर भारत में गन्ना की बुआई मुख्यत: अक्टूबर (शरदकालीन) तथा फरवरी (बसन्तकालीन) माह में की जाती है। शरदकालीन गन्ने की उपज बसन्तकालीन गन्ने की तुलना में 15-20 प्रतिशत तथा चीनी की मात्रा 0.5 इकाई अधिक

होने के बावजूद भी इसका क्षेत्रफल सीमित है। शरदकालीन गन्ना की दो पंक्तियों के मध्य काफी रिक्त स्थान (90 सेमी या अधिक) होता है और प्रारम्भिक अवस्था में फसल की वृद्धि भी बहुत धीमी होती है। ऐसी स्थिति में रिक्त स्थान का उपयोग करने के लिए अन्त:फसल उगाकर तथा संसाधनों का समुचित उपयोग करके शरदकालीन गन्ना की खेती अधिक लाभदायक बनाकर इसके क्षेत्रफल में वृद्धि की जा सकती है। मिश्रित खेती प्रणाली में गन्ना आधारित विविधीकरण द्वारा सहफसल उत्पाद से कृषकों की बहु आयामी आवश्यकताओं की पूर्ति होती है। गन्ना आधारित फसल प्रणाली में सस्य क्रियाएं जैसे सिंचाई, गुडाई तथा मिट्टी चढ़ाना आदि कृष्य क्रियायें करने से गन्ने में अधिक कल्ले निकलने, उनकी एक समान वृद्धि तथा मिल योग्य गन्ना की संख्या में वृद्धि हो जाती है। इसी प्रकार राजमा की अन्त:फसल से अधिक मात्रा में पत्तियाँ गिरने से मृदा में कार्बनिक पदार्थ की मात्रा में वृद्धि हो जाती है। आलू तथा राजमा की अन्त:फसल में नत्रजन उर्वरकों की अधिक आवश्यकता होती है परन्तु यह फसलें जल्दी तैयार हो जाने के कारण शेष बचे हुए पोषक तत्व लम्बी अवधि तक गन्ने की फसल को प्राप्त होते रहने से उपज में वृद्धि हो जाती है।

बसन्त कालीन गन्ने में दलहनी फसलें जैसे लोबिया या मूँग की फलियाँ तोड़ने के पश्चात् शेष बचे हरे पौधे को उसी खेत में पलट दिया जाता है जिसके कारण अन्त:फसल से उपज प्राप्त हो जाने के साथ-साथ पौधे का शेष भाग मृदा में मिलकर हरी खाद के रूप में मृदा की उर्वरा शक्ति में वृद्धि करता है। लोबिया तथा मूँग की अन्त:फसल पद्धति से क्रमश: रूपया 46629 तथा 43707 प्रति हैक्टेअर का लाभ तथा 70.9 एवं 48.1 किलोग्राम प्रति हैक्टेअर नत्रजन का योगदान हो जाता है। इसी प्रकार अन्त:फसल के रूप में ढैंचा को पलटने से सूक्ष्म एवं जैव पदार्थ नत्रजन की मात्रा में सर्वाधिक वृद्धि (58.56 से 79.9 किलोग्राम प्रति हैक्टेअर) हुई जबकि लोबिया के अन्त:फसल के अवशेषों को पलटने से नत्रजन में वृद्धि 78.8 से 97.3 किलोग्राम/प्रति हैक्टेअर पाई जाती है। शीतकालीन पेड़ी गन्ने के साथ बरसीम तथा शफतल की अन्त: फसल से अधिक उपज के साथ-साथ कार्बनिक पदार्थ बढ़ने से मृदा को स्थूल घनत्व (मृदा घनत्व 1.3 से घटकर 1.28 ग्राम प्रति घन सेमी) में कमी हो जाती है।

विविधीकरण से दलहनी फसलों के क्षेत्रफल में वृद्धि

सघन कृषि पद्धति को अधिक टिकाऊ बनाने के लिए दलहनी फसलों की विविधीकरण बहुत महत्वपूर्ण है। दलहनी फसलें उगाने से दालों की बढ़ती माँग की पूर्ति की जा सकती है। दलहनी फसलें मृदा को आच्छादित करने का कारण मृदा क्षरण कम करने में सक्षम है तथा वायुमण्डलीय नत्रजन को भूमि में स्थिरीकरण कर संचित करती हैं जिसके फलस्वरूप उर्वरकों की बचत हो जाती है। दलहनी फसलों की कम समय में पकने वाली प्रजातियों की उपलब्धता होने पर आर्थिक रूप से लाभकारी फसल पद्धतियाँ विकसित करने में सफलता मिली है। एक अनुमान के अनुसार विविधीकरण द्वारा दलहनी फसलों के क्षेत्रफल में 2.5 मिलियन हैक्टेअर की वृद्धि की जा सकती है।

उत्तर भारत में धान-गेहूँ फसल चक्र में गेहूँ की कटाई के पश्चात् ढैंचा अथवा सनई की हरी खाद अथवा मूँग या लोबिया जैसी दलहनी फसलों की खेती करना मृदा के लिए लाभकारी है। दलहनी फसलों के अवशेष से खेत में 24-134.4 किलोग्राम नत्रजन प्रति हैक्टेअर का योगदान करती हैं जोकि फसल पद्धति में उगाई जाने वाली फसल के उत्पादन वृद्धि में कारक का काम करती हैं। दलहनी फसलों को हरी खाद के रूप में प्रयोग करने से मृदा में काफी अधिक मात्रा में नत्रजन प्राप्त होती है।

असिंचित क्षेत्रों में फसल विविधीकरण

असिंचित क्षेत्रों में फसल विविधीकरण फसलों की उत्पादकता बढ़ाने की कुंजी है क्योंकि ऐसी स्थिति में कोई न कोई फसल कुछ न कुछ उत्पादन अवश्य दे जाती है। इन क्षेत्रों में फसलों की खेती संस्तुति ढाल पर निर्धारित होती है जैसे पहाड़ियों के ऊपरी भागों पर पेड़ तथा घासें, ऐसे क्षेत्र जहाँ 6 प्रतिशत ढ़लान पर खेत में जिनकी मृदा उथली हो वहाँ पर घासें, ऐसे क्षेत्र जहाँ 6 प्रतिशत ढलान के खेत जिनकी मृदा काफी गहरी हो सीढ़ीनुमा खेती, गहरी मृदा और 1-3 प्रतिशत

ढलान पर अन्त: फसलीकरण या द्विफसलीकरण और गहरी मृदा वाली भूमि में 1 प्रतिशत् ढलान के साथ-वर्षा ऋतु में परती छोड़कर संचित नमी पर रबी में फसल उगाना या द्विफसलीकरण अपनाना चाहिए।

वैकल्पिक भूमि उपयोग द्वारा विविधीकरण

उपयोग क्षमता के आधार पर विभिन्न भूमि वर्गों के लिए भिन्न-भिन्न कृषि पद्धतियाँ विकसित की गई हैं जिसमें फसलें, फलदार पेड़, इमारती लकड़ी वाले पेड़, झाड़ियाँ तथा घासें सम्मिलित होती हैं। वैकल्पिक भूमि उपयोग पद्धति में कृषि वानिकी बहुत महत्वपूर्ण है जिसमें बहुवर्षीय पेड़ों के साथ-साथ विभिन्न फसलें उगाई जाती हैं। असिंचित क्षेत्रों में घास तथा वृक्ष आधारित पद्धतियाँ जेसे घासवाड़ी तथा वीथिका सस्योत्पादन पद्धतियों से फसल उत्पादकता को टिकाऊ बनाने, जल संसाधनों को संरक्षित करने तथा पशुपालन उद्यम को सुदृढ़ करने में सहायक होती हैं।

घासवाड़ी पद्धति में अन्न वाली फसल चक्रों में घासीय तथा दलहनी अथवा दोनों ही प्रकार की चारे की फसलें उगाई जाती हैं जिससे भूमि की उर्वरा शक्ति में वृद्धि होती है जैसे स्टाइलों को तीन वर्षों तक लगातार उगाने के पश्चात् ज्वार के दाने (1.17 टन प्रति है.) तथा कड़वी (7.3 टन है.) की उपज में वृद्धि हो जाती है। इसी प्रकार अंजन घास+स्टाइलो की फसल तीन वर्षों तक लगातार उगाने के पश्चात ज्वार की फसंल उगाने पर 1.09 टन/है. दाना तथा 7.24 टन/हैक्टेअर कड़बी की उपज प्राप्त हुई। इसके अतिरिक्त भूमि में नत्रजन तथा जीवांश पदार्थ की मात्रा भी अन्य पूर्ववर्ती फसल की अपेक्षा बढ़ जाती है। छिड़काव पद्धति से खाद्यान्न फसलों में मक्का, ज्वार तथा बाजरा में स्टाइलो बोने (Overseeding) से उपज में 6 से 26 प्रतिशत की वृद्धि हो जाती है। साथ ही स्टाइलो से प्राप्त कुल चारा उत्पादन में 6-16 प्रतिशत का योगदान रहता है।

वीथिका सस्योत्पादन के अन्तर्गत फसलों के साथ दलहनी पेड़ अथवा झाड़ियाँ उगाकर मृदा की भौतिक तथा रासायनिक गुणवत्ता में वृद्धि की जा सकती है। वीथिका फसल पद्धति (Alley cropping) भी एक प्रमुख भूमि उपयोगिता का विकल्प है जिसके द्वारा सूखाग्रस्त क्षेत्र के किसानों की बहुआयामी आवश्यकताओं की पूर्ति की जा सकती है। बीथिका फसलीकरण में पेड़ों की कटाई एक समयान्तराल पर करके फसलों के साथ प्रतिस्पर्धा कम हो जाती है तथा पेड़ों से प्राप्त टहनियों को चारे के रूप में प्रयोग किया जाता है अथवा मृदा नमी के संरक्षण के लिए प्रयोग करने के साथ-साथ मृदा में कार्बनिक पदार्थ की मात्रा में वृद्धि होने से मृदा उर्वरता में वृद्धि हो जाती है।

5. टिकाऊ खेती में सस्य मॉडलिंग

प्राकृतिक मौसम फसलों की उपज में 100 प्रतिशत तक की कमी कर सकते हैं। इस समस्या के समाधान के लिए सस्य मॉडलिंग तकनीक का प्रयोग एक अच्छे यंत्र के रूप में किया जा रहा है। सस्य मॉडलिंग द्वारा कम समय में प्राथमिकताओं के अनुसार सस्य तंत्र को प्रभावित करने वाले अनेक कारकों का सुगमतापूर्वक अध्ययन करके प्रभावी कारकों की पहचान, प्रबन्ध तथा योजनाओं के क्रियान्वयन द्वारा फसलों की उत्पादन क्षमता का निर्धारण करके कृषि उत्पादन में टिकाऊपन लाया जा सकता है।

सस्य मॉडलिंग का महत्व (Importance of crop modelling)

सस्य मॉडलिंग का टिकाऊ खेती में महत्व निम्न हैं-

1. अनुसंधान से सम्बन्धित प्राथमिकताओं का निर्धारण
2. कृषि तकनीकों का स्थानान्तरण
3. फसलों की उत्पादन क्षमता का निर्धारण
4. कृषि सम्बन्धी योजनाओं का क्रियान्वयन
5. कृषि पर जलवायु परिवर्तन के प्रभाव का अध्ययन
6. कृषि अनुसंधान में पूँजी, श्रम और समय की बचत
7. फसलों के हानिकारक कीटों तथा रोगों का प्रबन्ध
8. सस्य तंत्र में प्रभावी कारकों की पहचान
9. सस्य तन्त्र का पर्यावरण पर प्रभाव और प्रबन्ध

1. **अनुसंधान से सम्बन्धित प्राथमिकताएं :** भविष्य में खाद्यान्न की आपूर्ति सुनिश्चित करने हेतु वैज्ञानिकों को सर्वप्रथम अनुसंधान की प्राथमिकता का निर्धारण करना होगा। उत्तर भारत जो देश के कुल खाद्यान्न उत्पादन में प्रमुख भूमिका निभाता था वहाँ पर प्राप्य और वास्तविक उपज में अन्तराल कम था लेकिन अब वहाँ फसलों की उपज स्थिर हो गई है अथवा घट रही है। इसके विपरीत देश के कुछ भागों में प्राप्य उपज तथा वास्तविक उपज में बड़ा अन्तर है। अत: इन समस्याओं के निदान के लिए मौसम कारकों के अनुरूप अधिक उपज देने वाली प्रजातियों का विकास, पुरानी प्रजातियों की उत्पादन क्षमता में वृद्धि तथा वर्तमान उपज अवरोधों को समाप्त करने के लिए आवश्यक सस्य प्रबन्धन जैसे बुआई, सिंचाई, उर्वरक तथा कृषि रसायनों के प्रयोग का समय और सही विधि का निर्धारण करके फसल की उत्पादकता में निरन्तरता बनाये रखने हेतु विशेष ध्यान देने की आवश्यकता है। सस्य मॉडलिंग इसके लिए एक उत्तम यंत्र के रूप में प्रयोग किया जा सकता है। इस प्रणाली का प्रयोग करके अधिक उपज देने वाली आदर्श–वायुमण्डल तन्त्र के सभी कारकों को भी ध्यान में रखा जाता है अत: इसकी सहायता से विभिन्न स्तर के कृषि उपादानों की आपूर्ति की दशा में फसल की उत्पादन क्षमता तथा इस पर विभिन्न जैविक और अजैविक कारकों के प्रभाव का अध्ययन अल्पावधि में विस्तृत क्षेत्रों के लिए किया जा सकता है। कृषि उत्पादन की वृद्धि के लिए सस्य मॉडलिंग द्वारा पर्यावरण सुरक्षा को ध्यान में रखकर प्राकृतिक संसाधनों के उचित उपयोग के लिए प्रबन्ध उपायों की पहचान की जा सकती है। आज देश में कृषि उत्पादन की अस्थिरता मुख्यत: जैविक तथा अजैविक कारकों के मिश्रित प्रभावों के कारण उत्पन्न हुई है इसका निदान केवल सस्य मॉडलिंग द्वारा ही सम्भव है।

2. **कृषि तकनीकों का स्थानान्तरण :** सस्य मॉडलिंग द्वारा किसी स्थान की मृदा, जलवायु तथा सस्य प्रबन्धन तकनीकों की दशाओं को ध्यान में रखकर फसल या प्रजाति की वृद्धि एवं उत्पादकता के लिए सस्य मॉडल का सत्यापन होने के पश्चात् विस्तृत क्षेत्र में इसका प्रयोग, विभिन्न दशाओं में उगाई गई फसल या प्रजाति की वृद्धि और उपज की गणना हेतु सुगमतापूर्वक किया जा सकता है। सस्य मॉडलिंग की सहायता से विभिन्न भौगोलिक और जलवायु दशाओं में कृषि तकनीकों की उपयोगिता का मूल्यांकन करके तथा उनका उचित प्रयोग करके उच्चतम उत्पादन प्राप्त किया जा सकता है। इस प्रकार विभिन्न जैविक तथा अजैविक कारकों के प्रभाव में गेहूँ की उपज की गणना हेतु "WTGROWS-MODEL" का विकास किया गया है। यह मॉडल देश के विभिन्न कृषि पारिस्थितिकीय भागों में शोध प्रक्षेत्रों और कृषकों के खेत के लिए अच्छी तरह से सत्यापित किया जा चुका है। इस मॉडल के प्रयोग से बुआई का उचित समय, प्रयोग का समय, उपज अन्तराल की गणना, उपज पूर्वानुमान तथा जलवायु परिवर्तनों के प्रभाव का अध्ययन करने के लिए सफलतापूर्वक किया जा चुका है। इसके अतिरिक्त सभी प्रमुख फसलों के लिए "INFOCROP-MODEL" विकसित किया गया है। जिसकी सहायता से टिकाऊ खेती को प्रभावित करने वाले कारकों का अध्ययन करने के साथ–साथ सुदूर संवेदी उपकरण और भौगोलिक सूचना तन्त्र के आंकड़ों के साथ मॉडल को जोड़कर उपज का पूर्वानुमान भी लगाया जा सकता है।

3. **फसलों की उत्पादन क्षमता का निर्धारण :** फसल की उत्पादकता और उसकी वृद्धि तथा विकास के दौरान होने वाली विभिन्न भौतिक तथा पादप शारीर क्रियाओं के समन्वित प्रभाव द्वारा निर्धारित होते हैं। उपरोक्त क्रियाएं मौसम, मृदा तथा फसल कारकों द्वारा प्रभावित होती हैं। इन कारकों में मौसम सम्बन्धी कारक जैसे वर्षा की मात्रा तथा वितरण, तापमान एवं सौर विकिरण सबसे अधिक अस्थिर तथा अनियंत्रित हैं। इन समस्त कारकों का कृषि उत्पादन क्षमता पर पड़ने वाले प्रभावों का अध्ययन करना एक कठिन कार्य है। परन्तु सस्य मॉडलिंग द्वारा इस कार्य को सरलतापूर्वक कम समय में किया जा सकता है। फसलों की अधिकतम उत्पादकता जलवायु तथा प्रजाति की क्षमता पर निर्भर होती है एवं प्राप्य उपज उपरोक्त के अतिरिक्त मृदा की दशा पर निर्भर होती है जबकि वास्तविक उपज विभिन्न कारकों के सम्मिलित प्रभावों द्वारा निर्धारित होती है। सस्य मॉडलिंग की सहायता से विभिन्न जलवायु, मृदा तथा संसाधनों की दशा में प्राप्य तथा वास्तविक उपज के बीच के अन्तराल के कारकों की पहचान करके उचित प्रबन्धन उपायों द्वारा उपज अन्तराल को कम करके फसलों के उत्पादन क्षमता का निर्धारण करके उसमें वृद्धि की जा सकती है और इसके द्वारा कृषि उत्पादकता में भी टिकाऊपन लाया जा सकता है।

उत्तर भारत में प्रचलित धान–गेहूँ फसल पद्धति की उत्पादकता में अस्थिरता आ गई है। भूमिगत जल स्तर में कमी, गेहूँ की बुआई में देरी, मृदा में 25–30 सेमी की गहराई पर कठोर परत का बनना, पोषक तत्वों का लगातार दोहन एवं नये कीटों एवं बीमारियों का सस्य तंत्र में प्रवेश इसके प्रमुख कारण हैं। धान–गेहूँ फसल पद्धति की उत्पादकता को बढ़ाना तथा इसको टिकाऊ बनाये रखना एक जटिल समस्या है इसके अन्तर्गत विभिन्न कृषि– पारिस्थितिकीय और सस्य प्रबन्धन क्रियाएं सम्मिलित हैं।

4. कृषि सम्बन्धी योजनाओं का क्रियान्वयन : सस्य मॉडलिंग तकनीक के प्रयोग से उत्पादकता को प्रभावित करने वाले कारकों का कम समय में अध्ययन किया जा सकता है तथा उसी के अनुसार योजना बनाकर और सही समय पर क्रियान्वयन करके उच्चतम स्तर पर उत्पादन प्राप्त किया जा सकता है। मॉडलिंग की सहायता से बुआई में हुई एक–एक दिन की देरी तथा पोषक तत्वों की प्रति इकाई प्रयोग दर का फसल की उपज पर पड़ने वाले प्रभाव का आंकलन किया जा सकता है। इसके अतिरिक्त उपयुक्त उर्वरक और जल प्रबन्ध तथा विभिन्न जैविक व अजैविक कारकों के साथ इनके सम्बन्धों का अध्ययन केवल सस्य मॉडलिंग द्वारा ही सम्भव है।

5. कृषि पर जलवायु परिवर्तन के प्रभाव का अध्ययन : देश के विभिन्न क्षेत्रों में वर्षा की मात्रा में भिन्नता होने के साथ–साथ तापमान तथा सौर विकरण भी बहुत अधिक परिवर्तनीय है। इन दशाओं में उपयुक्त कृषि तकनीकों के विकास तथा उनके प्रयोग द्वारा मौसमी कारकों के साथ सामंजस्य बैठाना कृषि उत्पादन तंत्र का एक महत्वपूर्ण अंग है। इस प्रकार भविष्य में मौसमी कारकों की दशा में होने वाले परिवर्तनों का फसलों की वृद्धि, विकास तथा उपज पर पड़ने वाले प्रभावों का अध्ययन सस्य मॉडलिंग द्वारा किया जा सकता है तथा इसी के अनुरूप आवश्यक योजनायें भी बनाई जा सकती हैं। कभी–कभी मौसम कारकों में होने वाले विशेष परिवर्तनों जैसे अधिक दिनों तक कोहरा रहना, पाला पड़ने या सूखा पड़ने का फसलों की वृद्धि, विकास तथा उपज पर पड़ने वाले प्रभाव का अध्ययन करने के लिए सस्य मॉडलिंग सर्वोत्तम यंत्र है। देश के विभिन्न भागों में उगाई जाने वाली फसलों की उपज का पूर्वानुमान लगाने के लिए विभिन्न सांख्यिकी मॉडल विकसित किये गये हैं। जिसके आधार पर कृषकों को मौसम आधारित कृषि परामर्श दिया जाता है।

6. कृषि अनुसंधान में पूँजी, श्रम तथा समय की बचत : प्रक्षेत्र स्तर पर अनुसंधान करने के लिए पूँजी, श्रम तथा समय की अधिक आवश्यकता होती है। नई प्रजातियों के विकास के लिए विभिन्न क्षेत्रों में परीक्षणों की आवश्यकता होती है क्योंकि नई प्रजातियों की गुणवत्ता का निर्धारण विभिन्न तथा प्रबन्ध दशाओं में परीक्षण करने के पश्चात् ही पता लगता है कि इसके लिए पूँजी, श्रम तथा समय की अधिक आवश्यकता होती है। सस्य मॉडलिंग की सहायता से प्रक्षेत्र प्रयोगों की संख्या तथा प्रयोगों की पुनरावृत्तियों को कम किया जा सकता है तथा प्रयोग से प्राप्त आंकड़ों के आधार पर शीघ्र एवं सही परिणाम प्राप्त हो जाते हैं जिसे भू–उपग्रह के आंकड़ों के साथ संयोजित करके प्रबन्ध उपायों को विस्तृत क्षेत्र में प्रयोग किया जा सकता है। इससे समय की बचत के साथ–साथ श्रम तथा पूँजी की कम आवश्यकता होती है।

7. फसलों के हानिकारक कीटों एवं बीमारियों का प्रबन्ध : सस्य मॉडलिंग में रोग कारकों द्वारा फसलों को क्षति पहुँचाने की प्रक्रिया का अध्ययन तथा इससे फसल की वृद्धि एवं उपज पर पड़ने वाले प्रभावों की गणना भी सफलतापूर्वक की जा सकती है। समेकित जैवनाशी प्रबन्धन में सस्य मॉडलिंग का महत्व और भी अधिक बढ़ जाता है क्योंकि सस्य मॉडलिंग द्वारा ही हम समेकित कीट एवं रोग प्रबन्ध के सभी पहलुओं का आर्थिक विश्लेषण करके इनके द्वारा उपज में होने वाली कमी की गणना भी की जा सकती है।

8. सस्य तंत्र में प्रभावी कारकों की पहचान : फसल की वृद्धि तथा उपज विभिन्न जैविक तथा अजैविक कारकों के द्वारा प्रभावित होती है। मुख्य रूप से फसल की उपज का निर्धारण करने वाले कारक जैसे तापमान, सौर विकिरण/सिंचाई, जल तथा पादप पोषक तत्व उपज को सीधे प्रभावित करने वाले जैविक कारकों की श्रेणी में विभाजित किये जा सकते हैं। साथ ही साथ कुछ और कारक जैसे फसल की प्रजाति तथा उसकी कायिकी तथा फसल प्रबन्ध, जो मौसम और मृदा के साथ मिलकर फसल की उत्पादकता को प्रभावित करते हैं। सिंचित क्षेत्रों में अच्छे प्रबन्धन के साथ

उगाई गई फसल की उत्पादकता मुख्यत: तापमान और सौर विकिरण द्वारा प्रभावित होती है। जबकि बारानी दशाओं में उगाई गई फसल की उत्पादकता मुख्यत: वर्षा की मात्रा और मृदा की नमी धारण क्षमता द्वारा निर्धारित होती है। प्रक्षेत्र स्तर पर उपरोक्त सभी कारकों के प्रभावों का अध्ययन तथा प्रभावी कारकों की पहचान करना अत्यन्त कठिन कार्य है परन्तु सस्य मॉडलिंग द्वारा इसे सुगमतापूर्वक विश्लेषण किया जा सकता है।

9. **सस्य तंत्र का पर्यावरण पर प्रभाव तथा प्रबन्ध :** सस्य तन्त्र बहुत सी कृषि क्रियाओं द्वारा संचालित होता है जो फसल की उत्तम वृद्धि तथा अधिक उपज प्राप्त करने हेतु प्रयोग की जाती है। फसलों की अच्छी बढ़वार तथा बीमारियों एवं कीटों से बचाव के लिए अधिक मात्रा में रासायनिक उर्वरकों तथा कृषि रसायनों का प्रयोग हो रहा है। मृदा में प्रयोग किये जाने वाले उर्वरकों का जितना भाग शोषित किया जाता है। लगभग उससे अधिक भाग या तो रिस कर भूगर्भ जल में मिलकर उसे दूषित करता है अथवा गैसीय रूप में वायुमण्डल में जाकर गैसीय असंतुलन पैदा करता है। कृषि रसायनों के अवशेष मृदा तथा पौधों में अधिक समय तक बने रहते हैं अथवा भूगर्भ जल में मिलकर उसे दूषित करते हैं। इसके अतिरिक्त रासायनिक उर्वरकों और कृषि रसायनों के अधिक प्रयोग से कृषि योग्य भूमि दूषित होकर लवणीय, क्षारीय तथा अम्लीय भूमि में परिवर्तित हो रही है। सस्य मॉडलिंग की सहायता से फसलों या प्रजाति के अनुसार अधिकतम उत्पादन के लिए रासायनिक उर्वरकों तथा कृषि रसायनों की वास्तविक आवश्यकता की गणना की जा सकती है साथ ही इनके प्रभावों का मात्रात्मक अध्ययन किया जा सकता है जिससे उर्वरकों और रसायनों की बचत होगी साथ ही साथ मृदा एवं पर्यावरण को प्रदूषित होने से बचाया जा सकता है।

सस्य मॉडलिंग के प्रयोग (Uses of Crop modelling)

सस्य मॉडलिंग के निम्न प्रयोग हैं –

1. प्राप्य तथा वास्तविक उपज के बीच के अन्तराल की गणना और इसे कम करने हेतु आवश्यक सुझाव दिये जाते हैं।
2. विभिन्न फसल चक्रों के अन्तर्गत फसलों की बुआई, उर्वरक प्रयोग तथा सिंचाई के उपयुक्त समय का निर्धारण किया जा सकता है।
3. पर्यावरण के अनुकूल फसलों की उन्नतशील प्रजातियों का विकास किया जाता है।
4. कृषि के विभिन्न विषयों और उनके बीच में आपसी सम्बन्धों का व्यापक अध्ययन किया जाता है।
5. जैविक तथा अजैविक कारकों के बीच सम्बन्ध तथा उनका सस्य तंत्र पर प्रभाव का अध्ययन सफलतापूर्वक किया जा सकता है।
6. जलवायु परिवर्तन और वर्ष के अन्दर व विभिन्न वर्षों के बीच जलवायु की विभिन्नता तथा उसके प्रभावों का निर्धारण करना सम्भव है।
7. सुदूर संवेदी तथा भौगोलिक सूचना तन्त्र से प्राप्त आंकड़ों का प्रयोग करके क्षेत्रीय स्तर पर उसके प्रभावों का निर्धारण करना सम्भव है।
8. पर्यावरण को सुरक्षित रखते हुए टिकाऊ उपज प्राप्त करने हेतु संसाधनों का उचित प्रबन्धन और दूषित पर्यावरण में टिकाऊ खेती के उपायों की जानकारी दी जाती है।
9. कृषि के अन्य प्रमुख विषयों के साथ सह सम्बन्ध स्थापित किया जाता है।

6. एकीकृत खरपतवार प्रबन्धन

खरपतवार प्रबन्धन में कृष्य, यांत्रिक, रासायनिक तथा जैविक विधियाँ प्रयोग में लाई जाती हैं, परन्तु एकीकृत खरपतवार प्रबन्धन के अन्तर्गत कृष्य, यांत्रिक तथा जैविक विधियों को ही विशेष महत्व दिया जाता है जो स्थाई कृषि प्रणाली के लिए बहुत ही आवश्यक है। एक अनुमान के अनुसार देश में खरपतवारों से प्रतिवर्ष लगभग 200 करोड़ रूपये

की हानि होती है। खरपतवारों से गेहूँ की उपज में 30–35 प्रतिशत, दलहनों तथा तिलहनों में 20 से 80 प्रतिशत तक हानि हो जाती है। इसके अतिरिक्त खरपतवार मृदा से 30–40 किलोग्राम नत्रजन, 10–15 किलोग्राम फासफोरस तथा 20–30 किलोग्राम पोटास प्रति हैक्टेअर तथा मृदा जल का बहुत अधिक मात्रा में उपयोग करते हैं। खरपतवारों से पशुओं तथा मनुष्यों में विभिन्न प्रकार की बीमारियों का प्रकोप हो जाता है तथा यह फसल की गुणवत्ता को भी भारी क्षति पहुँचाते हैं।

उत्पादकता में वृद्धि तथा पर्यावरण को सुरक्षित रखने के लिए प्रभावी तथा उपयुक्त खरपतवार नियंत्रण की विधियों का प्रयोग करना चाहिए। एकीकृत खरपतवार प्रबन्धन में निम्न विधियाँ प्रयोग की जानी चाहिए –

(अ) कृष्य विधियों द्वारा (Cultural practices)

- ग्रीष्म कालीन जुताई
- खेत में पानी भरना अथवा सूखा रखना
- समय पर निराई–गुड़ाई करना
- उपयुक्त फसल चक्र अपनाना
- उचित सिंचाई जल प्रबन्ध
- बोने की विधि, बीज की मात्रा तथा उपयुक्त अंतरण
- परती छोड़ना
- उचित मात्रा में खादों एवं उर्वरकों का प्रयोग

(ब) यांत्रिक विधियों द्वारा (Mechanical method)

- हाथ से उखाड़ना
- भूपरिष्करण क्रियाएं
- जलाना
- खरपतवारों को काटना
- खींचना

(स) जैविक विधियाँ (Biological methods)

- कीट पतंगों जैसे डिप्टेरा, हैमीप्टेरा, एग्रीमाइजा, क्रोसीडोसेमा आदि का प्रयोग।
- रोग जनक विषाणु, जीवाणु, फफूँदी आदि का प्रयोग।
- वानस्पतिक जैसे सनई की फसल से काँस, तिल की फसल से मोंथा तथा बास्केट घास से कांस का नियंत्रण हो जाता है।
- पशुओं द्वारा चराई करके।

(द) जैविक रसायन

जैव शाकनाशी खरपतवारों के जैविक नियंत्रण के निम्न अभिकर्ता होते हैं –

- सरकोसपोरा रोडमेनी (*Cercospora rodmanii*) द्वारा जलकुम्भी (*Echhornia crassipes*) खरपतवार का नियन्त्रण हो जाता है।
- फाइटोथोरा पालमीवोरा (*Phytophthora palmivora*) द्वारा मोरीनिया ओडेरटा (*Morrenia odorata*) खरपतवार का नियन्त्रण हो जाता है।

कुछ पौधों में द्वितीय उपापचयज, पादप रसायन (*Allelochemicals*), फफूँद जनित तथा जीवाणविक विष में खरपतवार नियंत्रण क्षमता पाई जाती है।

7. समन्वित कीट प्रबन्धन :

स्थाई कीट प्रबन्धन का पर्याय एकीकृत कीट प्रबन्धन (IPM) से है। फसलों में कीट नियंत्रण की एक से अधिक विधियों का एकीकरण ही एकीकृत (समन्वित) कीट प्रबन्धन कहा जाता है। समन्वित कीट प्रबन्धन सर्वाधिक प्रभावशाली, कम लागत वाली, सबसे अधिक सुरक्षित, पारिस्थितिकी के अनुकूल तथा सामाजिक रूप से स्वीकार्य है जो भौतिक, रासायनिक एवं जैविक विधियों का सम्मिश्रण है, जिससे फसलों को कीटों से होने वाले हानि को नियंत्रित रखा जाता है। एकीकृत कीट प्रबन्धन का उद्देश्य समग्र आर्थिक, सामाजिक और पर्यावरण विषयक मूल्यों के संदर्भ में कीटों का अधिकतम नियंत्रण ही नहीं है बल्कि अनुकूलतम नियंत्रण है। जिसके द्वारा रसायनों का प्रयोग कम करके पर्यावरण को सुरक्षित रखते हुए निरन्तर टिकाऊ स्तर पर उत्पादन बढ़ाने में सहायक हो सके।

विश्व खाद्य संगठन (FAO) के अनुसार समन्वित कीट प्रबन्धन एक ऐसी प्रणाली है जिसमें कीटों की प्रजातियों की संख्या में और उससे सम्बद्ध वातावरण के सन्दर्भ में सभी उपयुक्त तकनीकों और पद्धतियों का उपयोग यथासम्भव तथा

युक्ति संगत विधि द्वारा किया जाता है जिसमें कीटों की संख्या इतनी कम रखी जाती है कि वे आर्थिक क्षति से नीचे ही रहे।

समन्वित कीट प्रणाली में उत्पादन को स्थिर रखने में विभिन्न फसल प्रणाली को निम्न चार समूहों में विभक्त किया गया है –

1. कीटों के प्रसार को रोकने के लिए स्वस्थ पौध रोपण एवं बीजों की बुआई करना।
2. कृष्य एवं भौतिक विधियाँ जिसमें रसायनों का उपयोग न करके फसल चक्र में समावेश करना।
3. प्राकृतिक अथवा जैविक विधियों द्वारा कीटों का नियंत्रण करना।
4. पूर्व प्रचलित फसल पद्धतियों के स्थान पर सघन फसल पद्धतियों का समावेश करना तथा उनकी प्रजातियाँ जो कीट अवरोधी हो का चुनाव करना।

एकीकृत कीट प्रबन्ध प्रणाली में कीट नियंत्रण की निम्न विधियों का समन्वित प्रयोग करना चाहिए –

(अ) सस्य विधियों द्वारा (Agronomic practices)

- बीज एवं भूमि उपचार
- कीट अवरोधी प्रजातियों का चयन
- उचित खरपतवार नियंत्रण जिससे कीटों को पनपने तथा उनको संरक्षण न मिले।
- उचित एवं आवश्यक निराई–गुड़ाई करना
- उचित फसल चक्र एवं फसल पद्धतियाँ अपनाना
- सिंचाई के लिए गुणवत्तायुक्त पानी का प्रबन्ध
- उचित जल निकास
- खेत को परती छोड़ना
- ट्रेप फसलों का चुनाव
- कार्बनिक पदार्थो/खादों का समुचित उपयोग
- ग्रीष्मकालीन गहरी जुताई

(ब) यांत्रिक विधियों द्वारा (Mechanical methods)

- फेरोमोन कन्दों (ट्रेप) का उपयोग
- प्रकाश प्रपंच (Light trap) का उपयोग
- सूंड़ियों को पकड़कर नष्ट करना
- कीट/रोग ग्रसित पत्तियों एवं पौधों को उखाड़ कर नष्ट करना

(स) जैविक विधियों द्वारा (Biological methods)

- मित्र कीटों का संरक्षण
- परजीवी कीटों का संरक्षण
- ट्राइकोडरमा का उपयोग
- एन पी वी वायरस का प्रयोग

(द) वनस्पति औषधि द्वारा (Bio-pesticides)

- नीम का तेल (75 मिलीग्राम) + सेन्डोविट (20 मिली) को 10 लीटर पानी में घोलकर प्रयोग करें।
- करंज का तेल 60–80 मिली प्रति 10 लीटर पानी में घोलकर प्रयोग करें।
- नीम की निबोली अथवा नीम की पत्ती का रस 50–60 मिली प्रति 10 लीटर पानी में घोल के साथ प्रयोग करें।
- तम्बाकू के पत्ते 1.5 प्रति 2 लीटर पानी में उबालकर इसका रस 75 मिली प्रति 10 लीटर पानी में घोल कर छिड़काव करें।
- पलास की छाल 1.5 किलोग्राम को 3 लीटर पानी में उबालकर इस रस का 50–60 मिली प्रति 10 लीटर पानी में घोलकर फसल पर छिड़काव करें।
- मिर्च, पोदीना, मैंथी, गोमूत्र आदि भी जैव कीटनाशी हैं।

8. आनुवांशिक विविधता

आनुवांशिक विविधता एवं विशिष्ट स्थानीय प्रजातियों द्वारा फसलों की उत्पादकता में स्थाई वृद्धि का लक्ष्य प्राप्त करने के लिए अनिवार्य है। आधुनिक कृषि प्रजातियाँ जैविक दशाओं के प्रति आनुवांशिक संवदेनशीलता को ध्यान में रखते हुए आनुवांशिक एकरूपता स्थापित करती हैं। जबकि परम्परागत कृषि की असंख्य प्रजातियों के रूप में आनुवांशिक विविधता के संरक्षण (Conservation) पर अधिक निर्भर थी। इस प्रकार नई फसल प्रजातियों की विविधता से स्थानीय प्रजातियों के साथ पौध प्रजनन के संयुक्त प्रयास को बल मिलता है जिससे फसलों की उत्पादकता में स्थिरता आ सकेगी।

आनुवांशिक विविधता में फसलों की प्रजातियाँ जो किसी क्षेत्र विशेष जलवायु तथा मृदा के अनुरूप होने के कारण अधिक से अधिक उत्पादन प्राप्त होता है। आजकल संकर प्रजातियाँ को उगाने पर अधिक जोर दिया जा रहा है जिनकी उत्पादन क्षमता अन्य प्रजातियों की अपेक्षा काफी अधिक है।

9. तकनीकी मूल्यांकन एवं सुधार

उन्नत कृषि प्रौद्योगिकियाँ आकार के अनुसार उदासीन होती हैं लेकिन इनमें से कुछ संसाधनों के प्रति भी उदासीन होती है। अत: उत्पादन में कमी किये बिना खेती की लागत में कमी लाने पर संभावित वित्तीय निवेश, समेकित कीट नियंत्रण, समेकित पोषक तत्त्व प्रबन्ध, जल कटाव, फसल चक्र आदि कम लागत वाली प्रौद्योगिकियों तथा प्राकृतिक और जुटाए गये संसाधनों के प्रयोग में बेहतर प्रभावशीलता पर अधिक बल दिया जाना चाहिए तथाकथित आधुनिक प्रौद्योगिकियों के साथ देशी अथवा पारंपरिक किसान प्रौद्योगिकी के मिलाने पर भी अधिक ध्यान दिये जाने की आवश्यकता है।

प्रौद्योगिकी मूल्यांकन एवं सुधार प्रक्रिया में कृषकों की सहभागिता बढ़ाने के उद्देश्य को ध्यान में रखते हुए भारतीय कृषि अनुसंधान परिषद ने 1995 में संस्थान ग्राम सम्पर्क कार्यक्रम की शुरूआत की। इस कार्यक्रम का मुख्य उद्देश्य कृषक समुदाय की समस्याओं को सुलझाने के लिए अनुसंधानकर्ताओं, किसानों तथा प्रसार कार्यकर्ताओं के बीच पारस्परिक सम्बन्ध विकसित करना, पर्यावरण विशेषताओं पर आधारित नई तकनीकों के लिए विशेष क्षेत्र की पहचान करना, मेहनत में कमी लाने के लिए समुचित तकनीकों को अपनाने की सुविधा प्रदान करना, साथ ही प्रभावशीलता में वृद्धि और किसानों की आय में वृद्धि करना है। इस परियोजना का यह भी उद्देश्य है कि तकनीकियों की एक केफेटेरिया विकसित करने में अनुसंधान प्रणाली की मदद करना जो कि कहीं ज्यादा लाभदायक और किसानों की जरूरतों के अनुरूप हो। यह तकनीक क्षेत्र विशेष के लिए उपयोगी हो और क्षेत्र विशेष की कृषि पारिस्थितिकी स्थितियों में सही बैठती हो। मूल्यांकन एवं सुधार प्रक्रिया का एक अन्य मुख्य दायरा किसान परिवार की आश्यकताओं के अनुसार घरेलू स्तर पर तकनीकों का समेकन है। सहभागिता अनुसंधान की मजबूती वैज्ञानिकों, प्रसार कार्यकर्ताओं तथा कृषकों द्वारा एक जुट होकर अनुसंधान की रूपरेखा तैयार करने तथा उसके क्रियान्वयन और मूल्यांकन करने से है। अत: चित्र 14.10 में दर्शाये गये सहभागिता मॉडल का व्यापक रूप में उपयोग कर खेती हेतु नवीन प्रौद्योगिकियों के विकास में वृद्धि की जा सकती है।

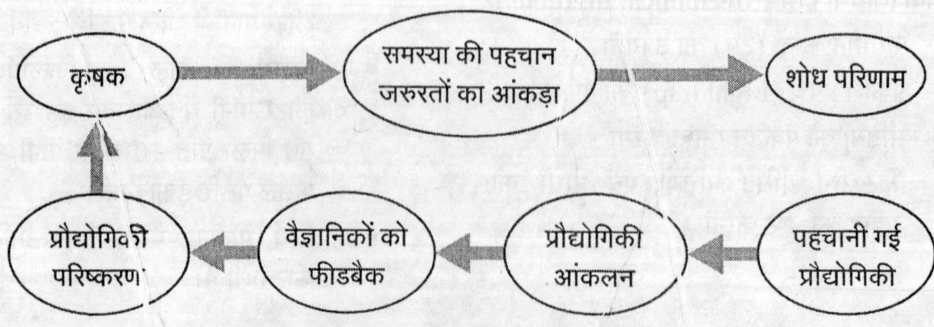

चित्र 16.1 : सहभागिता मॉडल

1990 के दशक की शुरूआत से ही अपने प्रसार कार्यक्रम में कहीं अधिक सहभागिता पर बल दिया जा रहा है। जिसका उद्देश्य निचले स्तर पर सहभागिता को बढ़ावा देना है। 1947 में प्रारम्भ किये गये कृषि विज्ञान केन्द्र जो कि आधार रूप में कृषकों को खेती सम्बन्धी प्रशिक्षण और परामर्श उपलब्ध कराते थे, 1992 में उनका अध्यादेश बदल कर इनमें इस प्रकार का बदलाव लाया गया ताकि उनके कार्यक्रमों में किसानों की सहभागिता का अधिक अवसर प्रदान किया जा सके।

किसी भी प्रौद्योगिकी को विकसित करने के पूर्व भलीभाँति यह जाँच कर लेनी चाहिए कि वह उस क्षेत्र विशेष के लिए उपयुक्त एवं उपयोगी हो। आजकल विकसित नई कृषि प्रौद्योगिकी किसी विशेष जलवायु क्षेत्र तथा कृषि की दशाओं के अनुरूप ही निकाली जा रही है। इसलिए यह आवश्यक है कि किसी प्रौद्योगिकी को विकसित करने के पश्चात् उसकी भली-भाँति विभिन्न क्षेत्रों आदि में हर दृष्टि से परीक्षण अथवा जाँच हो और कृषकों की समस्याओं को ध्यान में रखकर ही किसी प्रौद्योगिकी को उस क्षेत्र में लागू किया जाऐ। यदि किसी भी दृष्टि से आवश्यकता के अनुरूप अथवा जरूरतों को पूरा करने में सक्षम नहीं है तो उसक पुन: परीक्षण करने के पश्चात ही कृषकों को जानकारी देनी चाहिए। कुछ अत्यधिक लोकप्रिय तकनीकों की भी समय-समय पर जाँच परीक्षण करते रहना चाहिए क्योंकि मौसम में परिवर्तन अथवा अन्य कारणों से यदि किसी सुधार की आवश्यकता हो तो उसमें सुधार करके ही कृषकों को तकनीकी का हस्तान्तरण करना चाहिए।

कृषि के क्षेत्र में स्थानीय विविधता के साथ-साथ मौसम विविधता का भी बहुत बड़ा योगदान है। कोई भी परिष्कृत प्रौद्योगिकी को विभिन्न स्थानों/क्षेत्रों में परीक्षण करने का तात्पर्य यह है कि वह उस क्षेत्र तथा मौसम विशेष की दृष्टि से उपयुक्त है। जिस क्षेत्र के लिए प्रौद्योगिकी उपयुक्त हो वह उसी क्षेत्र विशेष में ही लागू/अपनाई जानी चाहिए। कृषि क्षेत्र में कोई भी प्रौद्योगिकी नई अथवा पुरानी हो सकती है। पूर्व समय में केवल पुरानी तकनीकों के अनुसार ही कृषि हुआ करती थी परन्तु पिछले दो-तीन दशकों से नई प्रौद्योगिकियाँ विकसित करके कृषि उत्पादन में वृद्धि की जा रही है। वर्तमान कृषि पद्धति में कोई भी प्रौद्योगिकी एवं तकनीक वैज्ञानिक पहलू की हर दृष्टि से सर्वोत्तम होनी चाहिए तथा पर्यावरण आदि पर कोई दुष्प्रभाव न डाले। लोकप्रिय कृषि प्रौद्योगिकियों को भी पुन: परीक्षण करके और उसमें आवश्यकतानुसार सुधार करके वर्तमान समय के अनुसार ही बनाया जाना चाहिए।

किसी प्रौद्योगिकी को विकसित करने के लिए वैज्ञानिकों, प्रसार कार्यकर्ताओं तथा कृषकों का सहयोग किस स्तर पर कैसा होगा यह तालिका 16.1 में दर्शाया गया है।

तालिका 16.1 : विभिन्न चक्र में किसानों की सहभागिता

चक्र (Phase)	कार्य (Role)	परिणाम (Output)
प्रौद्योगिकी की रूपरेखा	वैज्ञानिक टीम (विभिन्न विषयक)	अस्थाई रूप से प्रौद्योगिकी का विकास
प्रौद्योगिकी का मूल्यांकन (विभिन्न क्षेत्रों में परीक्षण)	वैज्ञानिक-प्रमुख प्रसारकार्यकर्त्ता-सहयोगी कृषक-भागीदारी	प्रौद्योगिकी मूल्यांकन एवं उपयुक्तता
प्रौद्योगिकी की क्षेत्रीय अनुकूलता (कृषक प्रक्षेत्र परीक्षण)	प्रसारकार्यकर्त्ता-प्रमुख वैज्ञानिक-सहयोगी कृषक-सहायक	क्षेत्रीय उपयुक्कता के अनुसार प्रौद्योगिकी
प्रौद्योगिकी का प्रदर्शन	प्रसारकार्यकर्त्ता-प्रमुख कृषक-भागीदार वैज्ञानिक-निगरानी	नई प्रौद्योगिकी का प्रदर्शन एवं ग्रहण
तकनीक का हस्तांतरण	कृषक-प्रमुख प्रसारकार्यकर्त्ता-सलाहकार	प्रौद्योगिकी का प्रसार

10. कृषकों की सहभागिता

आज विश्व में कृषि का मुख्य उद्देश्य बढ़ी हुई उत्पादकता को काफी समय तक बनाये रखना है। आज इस बात को महसूस किया जा रहा है कि अनुसंधान एवं प्रौद्योगिकी विकास में केवल किसानों की भागीदारी से ही सतत् उत्पादन को प्राप्त किया जा सकता है क्योंकि कृषक ही प्रौद्योगिकी के वास्तविक उपयोगकर्ता है। अनुसंधान प्रणाली द्वारा विकसित उन्नत उत्पादन प्रौद्योगिकी को बहुत कम अपनाया है। अब वर्तमान जटिल खेती प्रणाली तथा वैज्ञानिकों द्वारा सुझाई गई बहुत सी तकनीकों को नहीं अपनाए जाने सम्बन्धी कृषकों द्वारा लिए गये निर्णयों को समझाने एवं उनकी विचारधारा बदलने की ओर ज्यादा ध्यान दिया जा रहा है। समुचित प्रौद्योगिकियों के बढ़ावे के लिए प्रौद्योगिकी प्रबन्धन प्रक्रिया में कृषकों की सहभागिता पर ज्यादा ध्यान दिया जा रहा है।

संस्थान-ग्राम सम्पर्क के अन्तर्गत भारतीय कृषि अनुसंधान संस्थान, नई दिल्ली ने खरीफ 2000 वर्ष के दौरान हरियाणा के झज्जर जिले के कुछ गाँवों में किसानों की सामाजिक-आर्थिक स्थिति संसाधनों और जरूरतों पर ग्रामीण सहभागिता आंकलन (पी.आर.ए.) कार्यक्रम चलाया गया। स्थानीय बासमती चावल की कम पैदावार तथा कीटनाशी जीवों का प्रकोप कृषकों की प्रमुख समस्या थी। किसानों के समक्ष तकनीकों को व्यापक रूप में प्रस्तुत किया गया और अपनी जरूरतों के अनुसार समुचित तकनीक का चयन करने के लिए कहा गया। किसानों ने निम्न प्रौद्योगिकियों का चयन किया –

1. पूसा बासमती (उच्च पैदावार वाली प्रजाति)
2. स्थानीय बासमती में कीट जटिलता नियंत्रण
3. नील हरित शैवाल का प्रयोग

इन प्रौद्योगिकियों के साथ वैज्ञानिकों द्वारा किसानों के खेत में परीक्षण हेतु पूसा बासमती-1 में अंगमारी नियंत्रण से सम्बन्धित प्रौद्योगिकी का सुझाव दिया गया। अतः इन प्रौद्योगिकियों पर निम्न 4 बाधायें तैयार की गई तथा इनका किसान के खेत पर ही निदान (स्थानीय तकनीक) के साथ परीक्षण किया गया।

(क) उच्च मूल्य और उच्च पैदावार वाली पूसा बासमती-1 के प्रयोग द्वारा लाभ में सुधार

(ख) पूसा बासमती में अंगमारी का नियंत्रण

(ग) स्थानीय बासमती में कीट जटिलता का नियंत्रण

(घ) स्थानीय बासमती में नील हरित शैवाल का उपयोग

इस प्रकार खेत में किये गये परीक्षण से पता चला कि किसानों ने स्थानीय बासमती की तुलना में पूसा बासमती-1 की खेती करके 82 प्रतिशत अधिक उपज प्राप्त हुई। अंगमारी का नियंत्रण करके किसानों द्वारा उगाई जा रही किस्म की अपेक्षा पूसा बासमती-1 से 43.8 प्रतिशत अधिक उपज प्राप्त हुई। कीट जटिलता नियंत्रण से स्थानीय बासमती की पैदावार में लगभग 30 प्रतिशत की वृद्धि हुई। इस प्रकार स्थानीय बासमती में नील हरित शैवाल के उपयोग से उपज में 9.8 प्रतिशत की वृद्धि हुई। इस प्रकार के परिणामों से कृषक बेहद संतुष्ट थे तथा वे अनुवर्ती फसल मौसमों में भी इन प्रौद्योगिकियों को नियमित रूप से अपना रहे हैं।

इस प्रकार सतत् ग्रामीण विकास का लक्ष्य केवल तभी प्राप्त किया जा सकता है जब कृषक स्वयं विकास कार्यक्रमों के सहभागी बने। अतः कृषकों के ज्ञान का उपयोग समस्याओं की पहचान करने में किया जाए तथा अनुसंधान मुद्दों को प्राथमिकता दी जाए। उसके बाद खेती की जानकारी को किसानों की सहभागिता के माध्यम से समुचित प्रौद्योगिकियों के डिजाइन, परीक्षण तथा अनुकूलन में प्रयोग किया जाए। अंततः ऐसी जानकारी को किसान ने किसान के स्तर पर प्रौद्योगिकी हस्तान्तरण के जरिये प्रभावी रूप से बाँटा जाए। प्रौद्योगिकी की विकास प्रक्रिया में किसानों की सहभागिता निष्क्रिय न हो इसके लिए यह आवश्यक है कि वैज्ञानिक तकनीकी जानकारी और सिद्धान्तों को कृषकों के अनुभव और अभ्यासगत जानकारी के साथ मिलाना, सामुदायिक जरूरतों, समस्याओं और अपेक्षाओं को प्राथमिकता

देने के लिए निचले स्तर पर सम्बन्ध, किसानों पर चालित परीक्षण फार्म-प्रशिक्षण केन्द्रों के माध्यम से किसानों द्वारा अनुसंधान एवं प्रशिक्षण पर जोर, किसानों के स्तर पर प्रौद्योगिकी हस्तान्तरण और सतत् वास्तविक सुधारों तथा किसानों को प्रभावित करने वाले अन्य मुद्दों का समर्थन।

11. संसाधनों का उचित प्रबन्धन

देश की बढ़ती जनसंख्या की वृद्धि के लिए अतिरिक्त उत्पादन प्राप्त करने के लिए प्रति इकाई क्षेत्रफल की उत्पादकता बढ़ानी होगी जो कि संसाधनों और लागतों के न्यायसंगत प्रयोग द्वारा ही सम्भव है। बड़े-बड़े शहरों के आस पास उपजाऊ जमीन का एक बहुत बड़ा हिस्सा प्रतिवर्ष भवन निर्माण तथा सामाजिक कार्यों के चलते खेती के लिए अयोग्य होता जा रहा है। भू-क्षरण बढ़ने के साथ-साथ पानी की गुणवत्ता में भी ह्रास हो रहा है। ग्रीन हाउस गैसें जैसे कार्बन डाई आक्साइड, सल्फर डाईआक्साइड, नाइट्रस आक्साइड, मीथेन आदि एकत्रित हो रही हैं और अपना प्रभाव डाल रही हैं। इसके अतिरिक्त बढ़ती एकल खेती तथा जैव विविधता का संकीर्णन कृषि में जोखिम को बढ़ा रहे हैं। बढ़ती जनसंख्या और पानी की बढ़ती माँग आने वाले समय में पानी की मात्रा और गुणवत्ता उत्पादन में मुख्य बाधा है। गंगा के मैदानी भागों में धान-गेहूँ एक प्रमुख फसल चक्र है, इसकी सिंचाई की आवश्यकताओं की पूर्ति करने के लिए बहुत बड़ी मात्रा में ट्यूबवेल के माध्यम से भूमि जल का दोहन किया जा रहा है। जिसके फलस्वरूप जल स्तर दिन-प्रतिदिन गिरता जा रहा है। गिरते हुए भूमिगत जल स्तर को संतुलित करने के लिए वर्षा से प्राप्त बहुमूल्य जल का संरक्षण, धान जैसी फसलों के स्थान पर कम पानी चाहने वाली फसलों की खेती, बेहतर सिंचाई और सस्य प्रबन्धन तकनीक सम्मिलित हैं। पंजाब में काण्डी क्षेत्र तथा उत्तरप्रदेश के मध्य गंगा नहर क्षेत्र में भूमि जल क्षति पूर्ति पर किये गये प्रयोगों के आधार पर यह स्पष्ट हुआ है कि यदि उपयुक्त मृदा और जल संरक्षण के उपाय अपनाये जाये तो भूमि में जल की पुन: पूर्ति सम्भव है। काण्डी क्षेत्र में इन उपायों जैसे (1) नहरी क्षेत्र के ऊपरी क्षेत्रों में 45000 हैक्टेअर में वनीकरण (2) 19 जल एकत्रीकरण बाँध एवं 7 मध्यम क्षमता के सिंचाई बाँधों का निर्माण (3) प्रक्षेत्र स्तरीय विकास सम्भव हो पाया।

(i) बढ़ते भूजल स्तर की समस्या : बढ़ता भूजल स्तर एक प्रमुख समस्या है। अप्रभावी जल संवहन प्रणाली के कारण प्रमुख नहरी क्षेत्रों में विभिन्न दशाओं के अन्तर्गत जल स्तर बढ़ने की दर 0.29 मीटर से 1.20 मीटर प्रति वर्ष है। कई स्थानों पर बढ़ते भूजल के कारण मृदा में लवणता बढ़ रही है तथा काफी अधिक उपजाऊ भूमि फसलोत्पादन के लिए अनुपयुक्त होती जा रही है। जल सम्बन्धी असंतुलन को दूर करने के लिए निम्न उपाय करने चाहिए –

1. जल संवहन प्रणाली की लाइनिंग।
2. जल रिसाव रोकने के लिए उच्च वाष्पोत्सर्जन क्षमता वाले वृक्षों एवं घासों का रोपण जैसे यूकेलिप्टस तथा पोपलर।
3. बढ़ते जल स्तर वाले क्षेत्रों में यूकेलिप्टस तथा पोपलर जैसे पौधों को फसल चक्र में शामिल करना।
4. आवश्यकता से अधिक पानी निकालने के लिए उचित जलनिकास का प्रबन्ध करना।

(ii) पोषक तत्वों का उपयोग : पोषक तत्वों की उपयोग क्षमता में वृद्धि के लिए उर्वरकों का अलग-अलग रूप में प्रयोग, उर्वरकों का भूमि में उचित स्थापन, नत्रजन, उर्वरकों का गन्धक पदार्थ द्वारा लेपन एवं उर्वरक प्रयोग की विधियों तथा समय का समायोजन आदि हैं। जैव उर्वरकों का सल्फर एवं अन्य अकार्बनिक स्रोतों के साथ मिलाकर उपयोग करने से उपज के साथ-साथ नत्रजन की उपयोगिता में विशेष रूप से सुधार होता है। दलहनी फसलों में जैव उर्वरकों के प्रयोग से उपज में 15-20 प्रतिशत तक की वृद्धि के साथ-साथ 30-40 किलोग्राम नत्रजन प्रति हैक्टेअर की बचत हो जाती है।

(iii) वृक्षों की कटाई : देश में एक बहुत बड़ा भूभाग वनों की कटाई के कारण भूक्षरण की समस्या का सामना कर रहा है। वनों के क्षेत्रफल में कमी तथा आरक्षित वनों की सघनता कम होने के कारण वातावरण में ग्रीन हाउस गैसों का प्रभाव बढ़ता जा रहा है। पारिस्थितिकीय संतुलन बनाये रखने के लिए कुल भौगोलिक क्षेत्र का एक तिहाई हिस्सा वनों के

अन्तर्गत होना आवश्यक है। वनों का विकास करने के लिए तथा विविधीकरण एवं वनोत्पादक आधारित निर्यात बढ़ाने के लिए क्षेत्र विशेष आधारित सस्य वानिकी मॉडल विकसित करने की आवश्यकता है। सस्य वानिकी के अन्तर्गत निम्नलिखित उपाय करने की आवश्यकता है –

1. सभी प्रकार की परती एवं खाली पड़ी भूमि में इमारती लकड़ी वाले फल वृक्षों एवं घासों को उगाना।
2. देश के सभी क्षेत्रों में वाणिज्यक खेती के लिए आर्थिक रूप से सक्षम सस्य वानिकी मॉडलों का विकास।
3. मृदा में जैव कार्बन की वृद्धि हेतु सस्य वानिकी का उपयोग।
4. सूखा एवं बाढ़ के दौरान जोखिम से बचाव
5. सीवेज जल और औद्योगिक कचरा और भारी धातु प्राप्त जल से मुक्ति हेतु आर्थिक रूप से सक्षम एवं उपयोगी विकल्प।

आर्थिक लाभ के अतिरिक्त वृक्ष आधारित प्रणाली से जैव पदार्थों तथा पोषक तत्वों द्वारा मृदा उर्वरता में सुधार होता है। शुष्क परिस्थितियों में वृक्षों को सम्मिलित किये बिना मृदा में अच्छी मात्रा में कार्बनिक पदार्थ का एकत्रित होना सम्भव नहीं है। अत: शुष्क क्षेत्रों में सस्य वानिकी बहुत लाभप्रद है। टिकाऊ उत्पादन के लिए प्राकृतिक संसाधनों में सुधार के लिए सस्य वानिकी द्वारा बेहतर क्षमता प्राप्त की जा सकती है। भविष्य में सस्य वानिकी अनुसंधान एवं विकास निम्न प्रकार से होने चाहिए –

1. देश के विभिन्न क्षेत्रों में बड़ी पौधशालाओं की स्थापना जिसमें सस्य वानिकी हेतु उत्तम किस्म की पौध की उपलब्धता हो सके।
2. सस्य वानिकी उत्पादों के विलय हेतु विशेष मार्गदर्शक बिन्दुओं और न्यूनतम समर्थन मूल्य का सुनिश्चय
3. मूल्यसंवर्द्धन हेतु विपणन तथा कटाई के उपरान्त की क्रियाओं का विकास।
4. ऐसे कृषकों के लिए जो अपने खेतों में वृक्ष उगाते हैं इसके बदले में उसको कुछ आय प्राप्त हो सके, ऐसी नीति का निर्धारण होना चाहिए।

गंगा के मैदानी भागों में सामान्य फसलों की खेती के मुकाबले पोपलर आधारित सस्य वानिकी पद्धति ज्यादा लाभप्रद पाई गई है। नदियों के किनारे रोपित किये गये पाँच वर्ष की आयु के पोपलर पौधों से लगभग 240 टन प्रति हैक्टेअर इमारती लकड़ी प्राप्त हुई जिसकी बाजार में कीमत लगभग रूपया 480000 है।

(iv) पर्यावरण प्रदूषण : ग्रीन हाउस गैसों के कारण पिछले दो दशकों से मौसम में परिवर्तन तथा भूमण्डलीय तापमान में वृद्धि एक महत्वपूर्ण विषय बन कर उभरा है। भूमण्डलीय तापमान में वृद्धि के लिए मुख्य रूप से कार्बन डाई आक्साइड, मीथेन, नाइट्रस आक्साइड, हाइड्रोक्लोरो कार्बन आदि गैसें मुख्य हैं। एक अनुमान के अनुसार सन् 2012 तक 0.1 से 0.3 डिग्री सेन्टीग्रेड तथा 2070 तक 0.4 से 2.0 डिग्री सेंटीग्रेड तापमान में वृद्धि हो सकती है। इसके अतिरिक्त अगली शताब्दी तक समुद्र तल में 0.15 से 0.94 मीटर तक वृद्धि होने का अनुमान है। इसी प्रकार से स्टैटोफेरिक ओजोन में 300 उत्तर तथा 64.60 उत्तर के बीच जाड़े के महीने में 1669 से 1988 की गिरावट हो सकती है। ओजोन परत में इस प्रकार की कमी के कारण पराबैंगनी विकिरण में वृद्धि के परिणामस्वरूप पृथ्वी के वातावरण तथा मानव एवं पशुओं की संख्या पर हानिकारक प्रभाव पड़ सकता है। मौसम परिवर्तन की भविष्यवाणी में हल्के परिवर्तनों के समस्त विकल्पों का उत्पादकता पर पड़ने वाले प्रभाव शामिल हैं, मौसम की भविष्यवाणी का ऋतु की भविष्यवाणी से सम्बन्ध कायम करना। भूमि उपयोग में परिवर्तन ऐसी प्रजातियों का विकास जो इन परिवर्तनों के साथ सामंजस्य स्थापित कर सके, सस्य क्रियाओं से सम्बन्धित व्यावहारिक परिवर्तन, कार्बन डाई आक्साइड नियंत्रण आदि हैं।

(v) जैव विविधता : जैव विविधता सामान्य रूप से आनुवांशिक, प्रजाति और पारिस्थितिकीय स्तर पर पहचानी जा सकती है। मानव मात्र की सन्तति निरन्तर बनी रहे इसके लिए जैव विविधता का संरक्षण अत्यन्त महत्वपूर्ण है। पौधों

की जंगली प्रजातियों में आनुवांशिक विविधता के मुख्य क्षेत्र मालाबार प्रायद्वीप (पेनिन्सुला), दक्षिणी क्षेत्र तथा पूर्वी हिमालय हैं जिसमें क्रमश: 113, 96 तथा 51 प्रजातियाँ मौजूद हैं। हिमालय क्षेत्र में 1800 से 3599 मीटर की ऊँचाई पर किये गये एक सर्वेक्षण के अनुसार 1970 से 1990 के मध्य 85 से 85 प्रतिशत तक की जैव विविधता में गिरावट दर्ज की गई है। जैव विविधता के क्षरण के जिम्मेदार कारकों में एकल खेती और अपरम्परागत क्षेत्रों में परम्परागत फसलों की शुरूआत, रेगिस्तानी क्षेत्रों में सिंचाई की शुरूआत, मृदा अपरदन, लवणता, अम्लता आदि का बढ़ना, अकार्बनिक लागतों का बढ़ना, असंगत प्रयोग जैसे व्याधिनाशियों का प्रयोग तथा वनों की कटाई आदि शामिल हैं। जैव विविधता का संरक्षण मुख्यत: दो सिद्धान्तों पर आधारित है –

1. रहन सहन की विविधता के लिए प्रजातियों के बदलाव की आवश्यकता।
2. उत्पाद विविधता द्वारा प्राप्त उच्च आर्थिक क्रिया के साथ बेहतर संसाधन उपयोग।

इस प्रकार भविष्य में टिकाऊ उत्पादन के लिए सक्षम संसाधन प्रबन्ध के अन्तर्गत जैव विविधता का संरक्षण होना चाहिए।

(vi) कृषि पद्धति : भविष्य में किसी भी प्रकार की पहल में जैव, भौतिक तथा सामाजिक आर्थिक पहलुओं का समावेश हो तथा जिसका उद्देश्य अन्तर्शैक्षिक तथा अन्तर्संस्थानिक समन्वय पर आधारित होता है। अनुसंधान की यह अवधारणा कृषि पद्धति के समस्त पहलुओं में एकीकृत विकास की तरफ इशारा करती है। इसके पीछे आधारभूत तथ्य यह है कि समस्त प्रभागों का उचित एवं सक्षम उपयोग के साथ वृद्धि क्षमता का दोहन किया जा सके। कृषि पद्धतियों का भारतीय कृषक पहले से ही प्रयोग करते आ रहे हैं। पशुपालन, मुर्गीपालन, सुअर पालन, मत्स्य पालन और वृक्षारोपण आदि सभी कुछ कृषि पद्धति में एकीकृत अंगों के रूप में मौजूद रहे हैं। आज भी यह सभी व्यवसाय किसी न किसी रूप में फसल उत्पादन के रूप में जुड़े हुए हैं। केवल फसलोत्पादन के मुकाबले मिश्रित खेती में जोखिम में कमी के साथ-साथ ज्यादा आमदनी होती है इससे वर्ष भर रोजगार के अवसर भी उपलब्ध होते हैं विगतकाल में दो अति महत्वपूर्ण मुद्दे इस प्रकार रहे हैं –

1. आय उत्पादन के वैकल्पिक स्रोतों पर ध्यान देना
2. कृषि पद्धति के माध्यम से स्रोतों के असक्षम और गैर टिकाऊ उपयोग के मुद्दे को ज्यादा गम्भीरता से उठाया जा सकता है।

(vii) विविधीकरण : गंगा के मैदानी क्षेत्रों में पिछले तीन दशकों से धान-गेहूँ फसल चक्र अपनाये जाने के कारण प्राकृतिक संसाधनों में मुख्य रूप से मृदा तथा जल की कमी के लक्षण प्रकट होने लगे हैं। अति आवश्यक लागतों के अधिक प्रयोग के बावजूद इन फसलों की उत्पादकता में या तो ठहराव आ गया है अंथवा ास हो रहा है। उपज स्तर को कायम रखने के लिए लागतों का उच्च मात्रा में प्रयोग उपज की वृद्धि में सहायक सिद्ध नहीं हो पा रहा है परन्तु इससे भूमि, जल तथा वातावरणीय प्रदूषण जैसी समस्याएं उत्पन्न हो रही हैं जिसके कारण हमें लाभदायक फसल पद्धति के लिए सोचना पड़ रहा है। अन्य फार्म व्यवस्थाओं जैसे आधुनिक फसलों की खेती, सस्य वानिकी, पशु, मुर्गी, मत्स्य पालन तथा अधिक नकदी देने वाली औषधीय एवं सुगंध वाली फसलों की तरफ ध्यान देना पड़ रहा है। बदलती उपयोग पद्धति और माँग प्रवृत्ति तथा नये व्यापारिक मौके हमें विविधीकरण के लिए बेहतर आयाम उपलब्ध करा रहे हैं।

टिकाऊ खेती को प्रभावित करने वाले कारक (Factors affecting sustainable agriculture)

टिकाऊ खेती को प्रभावित करने वाले प्रमुख कारकों में मुख्य रूप से प्रौद्योगिकी, सामाजिक, आर्थिक, राजनैतिक तथा पर्यावरण सम्बन्धी कारक हैं। यह कारक निम्न हैं।

1. प्रौद्योगिकी की उपयुक्तता (Suitability of technology) : इसके अन्तर्गत कोई भी कृषि प्रौद्योगिकी को कृषकों को देने के पूर्व वह उस क्षेत्र विशेष में समाजिक तथा बुनियादी स्थिति के अनुकूल होनी चाहिए। जिससे उस प्रौद्योगिकी से अधिक से अधिक लाभ तथा काफी समय तक स्थाई रूप से कृषि उत्पादन प्राप्त किया जा सके।

2. भौतिक स्थायित्व (Physical stability) : किसी भी नई प्रौद्योगिकी को अपनाने के पूर्व यह अध्ययन कर लेना चाहिए कि उसका रचनात्मक आयाम चिरस्थाई हो तथा उस क्षेत्र विशेष के लिए लाभकारी हो।

3. स्थानीय स्वीकार्यता (Local acceptability) : नई प्रौद्योगिकी को संस्तुत करने के पूर्व यह भलीभाँति समझ लेना चाहिए कि वह कृषकों की स्थानीय स्थिति में कितना स्वीकार्य होगी। कृषकों की स्थानीय स्वीकार्यता से ही किसी प्रौद्योगिकी का भविष्य टिका होता है।

4. आर्थिक सम्भाव्यता (Economic feasibility) : नई कृषि प्रौद्योगिकीं कृषकों की आर्थिक स्थिति को ध्यान में रखकर ही विकसित की जाए जिससे कृषक आसानी से प्रौद्योगिकी को ग्रहण कर सके। यदि कोई प्रौद्योगिकी आर्थिक दृष्टि से अनुरूप नहीं है तो वह कृषकों में ज्यादा लोकप्रिय नहीं हो पायेगी अथवा समस्त कृषकों द्वारा स्वीकार्य नहीं होगी।

5. आर्थिक व्यवहारिता (Economic acceptability) : नई विकसित कृषि प्रौद्योगिकी आर्थिक रूप से लाभकारी होनी चाहिए क्योंकि कृषक जितना व्यय उस तकनीक के प्रयोग करने में लगाता है उसे उतना अधिक लाभ मिलना चाहिए अन्यथा वह उस तकनीक को कभी भी स्वीकार्य नहीं करेगा।

6. पर्यावरण के प्रति अनुकूलता (Suitability to environment) : नई विकसित प्रौद्योगिकी अपनाने से पूर्व यह सुनिश्चित कर लेना चाहिए कि वह उस क्षेत्र विशेष के पर्यावरण मौसम के अनुकूल हो तथा पर्यावरण सम्बन्धी परिस्थितियों को हानि पहुँचाने वाली न हो। पर्यावरण की अनुकूलता से नई प्रौद्योगिकी स्थाई कृषि उत्पादन देने में सक्षम भी होगी।

7. संसाधन उपयोग क्षमता (Resource use efficiency) : संसाधन उपयोग क्षमता का तात्पर्य यह है कि वह प्रौद्योगिकी किसी क्षेत्र विशेष में उपलब्ध संसाधनों का भली भाँति उपयोग कर रही है अथवा नहीं। इसी प्रकार किसी प्रक्षेत्र पर उपलब्ध संसाधनों का भली भाँति उपयोग होने से लाभ-व्यय के अनुपात को बढ़ाया जा सकता है जो स्थाई उपज के लिए आवश्यक है।

8. सामाजिक स्वीकार्यता तथा स्थायित्व (Social acceptability and stability) : नई विकसित प्रौद्योगिकी की सामाजिक स्वीकार्यता का तात्पर्य है कि वह समाज के विभिन्न वर्गों द्वारा अपनाई जाए जबकि स्थायित्व का अर्थ यह है कि वह समाज के स्थानीय/घरेलू आवश्यकता की पूर्ति करने वाली हो। सामाजिक स्वीकार्यता/स्थायित्व के अभाव में कोई भी प्रौद्योगिकी अधिक लाभ देने के बावजूद भी कृषको/समाज के विभिन्न वर्गों द्वारा स्वीकार्य नहीं होती।

9. राजनैतिक स्वीकार्यता (Political acceptability) : नई विकसित प्रौद्योगिकी को कृषकों मे हस्तांतरण से पूर्व यह देख लेना चाहिए कि यह राजनैतिक जटिलताओं तथा अन्य परेशानियों से मुक्त हो तथा निर्विवाद रूप से स्वीकार्य कर ली जाए।

10. प्रशासनिक कार्यान्वय (Administrative execution) : प्रौद्योगिकी को वर्तमान परिप्रेक्ष्य में नौकरशाही के ढाँचे में व्यावहारिक रूप से लागू किया जाये अथवा नहीं। प्रशासनिक रूप से स्वीकार्य नई उन्नत प्रौद्योगिकी का भविष्य भी अच्छा होता है।

11. सांस्कृतिक वांछनीयता (Cultural desirability) : नई विकसित प्रौद्योगिकी की उपयुक्तता उस क्षेत्र में व्याप्त सामाजिक मूल्यों और संस्कृति से सम्बद्ध हो जिसके लिए उसे विकसित किया गया है।

12. सतत् प्रयोग (Continuous use) : टिकाऊ उन्नत प्रौद्योगिकी वह है जिसका प्रयोग कई वर्षों तक लगातार बिना अतिरिक्त निवेश के बराबर किया जाता रहे।

13. समानता (Uniformity) : नई प्रौद्योगिकी को विकसित करने के पूर्व यह ध्यान रखना चाहिए जिसमें स्थानीय उत्पादों तथा उपभोक्ताओं के मध्य कृषि पारिस्थितिकी प्रणाली से प्राप्त उत्पादों का वितरण समान रूप से हो सके।

14. उत्पादकता (Productivity) : किसी परिष्कृत प्रौद्योगिकी का भविष्य उसकी उत्पादकता पर निर्भर रहता है। पारिस्थितिकीय प्रणाली की भाषा में उत्पादन का अर्थ उपज या पैदावार और उत्पादकता का अर्थ अन्तिम उत्पाद को प्राप्त करने की प्रक्रिया से है। अधिक समय तक लगातार अधिक उपज देने वाली कृषि प्रौद्योगिकी को टिकाऊ प्रौद्योगिकी के रूप में जाना जाता है तथा वह प्रौद्योगिकी प्रतिकूल मौसम में भी अधिक से अधिक पैदावार प्रदान कर सके।

कृषि उत्पादन में कम लागत वाले कारक

देश में सीमान्त तथा लघु कृषकों की संख्या 70 प्रतिशत है जो अपनी खेती में खाद-पानी, कृषि रसायनों, मशीनरी आदि पर अधिक खर्च करने में सक्षम नही हैं इसलिए कम लागत वाली कृषि तकनीक पर विशेष रूप से जोर देने की आवश्यकता है। कम लागत की तकनीकी जिसमें फसल उत्पादन के लिए आवश्यक सभी संभव घटकों को इस तरह से समायोजित किया जाये जिससे बिना किसी व्यय अथवा कम से कम लागत में अधिक से अधिक उत्पादन प्राप्त किया जा सके, वह पद्धतियाँ कम व्यय तथा बिना लागत वाली कृषि पद्धतियाँ कहलाती हैं। कृषि वैज्ञानिकों के निरन्तर प्रयासों से कुछ ऐसी पद्धतियाँ विकसित की गई हैं जिसको अपनाकर कम खर्च में फसलों के उत्पादन में डेढ़-दो गुना की वृद्धि करना सम्भव हो सका है। कम लागत वाली प्रमुख सस्य क्रियाओं में जैसे ग्रीष्मकालीन जुताई करके पूर्व फसलों के अवशेषों, खरपतवारों, कीटों एवं बीमारियों को नष्ट करना, खेत में बनी मेड़ों को तोड़ना, खेत की उचित तैयारी, समतल करना, समय पर स्वस्थ एवं उपयुक्त विधि द्वारा बीजों की बुआई करना, उचित फसल पद्धतियाँ आदि अपनाकर फसल में लगने वाले कीटों एवं बीमारियों के प्रकोप को कम करने में सहायता मिलती है। इस प्रकार पौध सुरक्षा रसायनों, उपकरणों एवं मजदूरी पर होने वाले खर्च की अधिक से अधिक बचत की जा सकती है। इसके अतिरिक्त मनुष्यों पर पड़ने वाले दुष्प्रभाव तथा पर्यावरण के असंतुलन को भी बचाया जा सकता है। कृषि उत्पादन में कम लागत वाले कारक निम्न हैं –

1. उपयुक्त फसल एवं प्रजातियों का चुनाव (Selection of suitable crops and varieties) : उन्नत उत्पादन तकनीक में उपयुक्त फसल एवं उनकी प्रजातियों का चुनाव करना सर्वाधिक महत्वपूर्ण है। उन्नत प्रजातियों की समय से बुआई करने से न केवल उत्पादकता में ही वृद्धि होती है बल्कि सही समय से अगली फसल की बुआई के लिए खेत खाली हो जाता है। विगत वर्षों में प्रमुख फसलों की अधिक उपज देने वाली, कीट एवं बीमारियों के प्रति अवरोधी, कम समय में पकने वाली, सूखा सहिष्णु, अलग-अलग जलवायु एवं क्षेत्र के अनुसार प्रजातियाँ विकसित की गई हैं। इस प्रकार से इन प्रजातियों के प्रयोग से कुल खाद्यान्न उत्पादन में 15-20 प्रतिशत तक वृद्धि की जा सकती है। शीघ्र पकने वाली दलहनी फसलों की उपयुक्त प्रजातियों का समावेश करके सम्पूर्ण फसल चक्र की उत्पादकता बढ़ाने के साथ-साथ मृदा की उर्वरा शक्ति को अधिक समय तक बनाये रखा जा सकता है। नई उन्नतशील प्रजातियों को अपनाकर दलहनी फसलों की खेती परम्परागत क्षेत्रों के अतिरिक्त ऐसे क्षेत्रों में भी करना सम्भव हो सका है जहाँ पर पहले से ही इनकी खेती करना सम्भव नहीं था। उत्तर-पश्चिमी मैदानी क्षेत्रों में कम अवधि में तैयार होने वाली अरहर की प्रजातियों के विकास से अरहर-गेहूँ फसल चक्र काफी प्रचलित हो गया है। इसी तरह शीघ्र पकने वाली मूँग/उर्द की प्रजातियों के विकसित होने से इनकी खेती ग्रीष्म/बसन्त ऋतु में सम्भव हो सकी है। बारानी क्षेत्रों में जहाँ केवल एक ही फसल लेना सम्भव था वहाँ पर कम अवधि में तैयार होने वाली प्रजातियों को अपनाकर वर्ष में दो फसलें आसानी से उगाई जा सकती हैं।

2. बीज शोधन (Seed treatment) : फसलों में लगने वाले मृदा एवं बीज जनित रोग जैसे उकठा, गेरूई, जड़ गलन, जड़ मूल संधि विगलन, लाल सड़न आदि का प्रकोप अधिक मात्रा में होने पर फसल को काफी क्षति हो जाती है और कभी-कभी सम्पूर्ण फसल ही नष्ट हो जाती है। इन रोगों को बीजोपचार द्वारा नियंत्रित किया जा सकता है। बीज बोने के पूर्व किसी एक कवकनाशी रसायन जैसे केप्टान अथवा थीरम अथवा बेविस्टीन अथवा ब्रेसीकोल 2-3 ग्राम/किलोग्राम बीज की दर से बीजों को उपचारित करके बोने से इस बीमारियों का आसानी से तथा कम व्यय पर नियंत्रण किया जा सकता है। बीजों को किसी भी कवकनाशी से उपचारित करने पर मामूली व्यय आता है।

3. बीजोपचार (Seed treatment) :

(अ) नत्रजन की आपूर्ति के लिए (To supply nitrogen) : दलहनी फसलों की जड़ों में जड़ ग्रन्थियाँ पाई जाती हैं जिसके अन्दर राइजोबियम जीवाणु मौजूद रहते हैं। यह जीवाणु वायुमन्डल में नत्रजन का स्थिरीकरण करके पौधों को नत्रजन की आपूर्ति सुनिश्चित करते हैं। इन ग्रन्थियों द्वारा नत्रजन का भूमि में स्थिरीकरण जड़ों में उपस्थित राइजोबियम जीवाणुओं की संख्या एवं विकास पर निर्भर करती है। ऐसी भूमि जहाँ पर पहले दलहनी फसल नहीं उगाई गई हैं, इन भूमियों में जीवाणुओं की संख्या बहुत ही कम होती है। अत: ऐसी भूमियों में फसलों की बुआई के पूर्व फसल की किस्म के अनुसार उपयुक्त राइजोबियम कल्चर से बीजों को उपचारित करने से उपज में 15-20 प्रतिशत की वृद्धि की जा सकती है। राइजोबियम कल्चर से उपचारित बीजों से पौधों की वृद्धि एवं विकास तेजी से होती है जिससे पौधे पर्याप्त मात्रा में वायुमन्डलीय नत्रजन का स्थिरीकरण करने में समर्थ होते हैं। जिसका उपयोग उस फसल द्वारा तो होता ही है, साथ-साथ कुछ मात्रा अगली फसल के लिए बच जाती है। जिसके फलस्वरूप अगली फसल में भी नत्रजन उर्वरक पर होने वाला व्यय तथा मात्रा में कमी हो जाती है।

(ब) फासफोरस की पूर्ति के लिए (To supply phosphorus) : दलहनी फसलों की वृद्धि एवं विकास के लिए फासफोरस की प्रचुर मात्रा में आवश्यकता होती है। प्रयोग की गई फासफोरस उर्वरक की सम्पूर्ण मात्रा का पौधे उपयोग नहीं कर पाते हैं। जिसके कारण फासफोरस की शेष मात्रा मृदा के विभिन्न रासायनिक क्रियाओं द्वारा अघुलनशील यौगिक के रूप में मृदा कणों से चिपक जाती है जो पौधों के लिए अप्राप्य हो जाती है। मृदा में उपस्थित अनेक जीवाणु जैसे बैसीलस एवं स्यूडोमोनास, फफूँदी जैसे पेनीसिलियम, एस्परजिलस आदि अपनी जैविक क्रियाओं द्वारा अकार्बनिक/कार्बनिक अम्लों जैसे मेलिक, यूमरिक, साइट्रिक, टारटेरिक, फार्मिक, एसीटिक, लेक्टिक, प्रोपायनिक आदि का विसर्जन करके फासफोरस की अघुलनशील अवस्था को घुलनशील अवस्था में परिवर्तित कर देते हैं जो पौधों को प्राप्य हो जाता है। जिन्हें हम फासफेट घोलक सूक्ष्म जीवाणु या जैव उर्वरक कहते हैं। इसके अतिरिक्त पी एस बी द्वारा बीजों को बोने के पूर्व उपचारित करके बोने से फसलों द्वारा फासफोरस की ग्रहण क्षमता में काफी वृद्धि हो जाती है। इस प्रकार मृदा में उपस्थित इन सूक्ष्म जीवाणुओं की सहायता से पर्याप्त मात्रा में फासफोरस घुलनशील अवस्था में तीव्रता से परिवर्तित होकर पौधों को उपलब्ध हो जाती है। पी एस बी का प्रयोग करने से फासफोरस की अप्राप्य मात्रा का प्राप्य अवस्था में परिवर्तित हो जाने से चना की उपज में 10-15 प्रतिशत की वृद्धि हो जाती है।

(स) रोग नियंत्रण के लिए (To control diseases) : फसलों में बीज एवं मृदा जनित बीमारियों के नियंत्रण के लिए जैव नियंत्रक जैसे ट्राइकोडर्मा (Trichoderma), बेसीलस (Bacillus), ग्लाइकोक्लैडियम (Glicocladium), स्यूडोमोनास (Pseudomonas) आदि का प्रयोग बहुत ही प्रभावशाली पाया गया है। इनके प्रयोग से पर्यावरण पर बिना कोई हानिकारक प्रभाव डाले बीमारियों पर नियंत्रण रखने में मदद तो मिलती ही है साथ ही साथ इनके प्रयोग से पौधों की ऊँचाई, शाखाओं की संख्या, पत्तियों का क्षेत्रफल एवं संख्या, फलियों की संख्या तथा विकास आदि में भी वृद्धि होती है। मसूर में उकठा रोग के नियंत्रण के लिए बीजों को ट्राइकोडर्मा हरजियानम तथा बीटावैक्स से उपचारित करके फसल की बुआई की जाये तो इस फसल पर रोग का प्रकोप 60 प्रतिशत से भी कम हो जाता है। इस प्रकार जैव नियंत्रक+फफूँदीनाशी से बीज उपचारित करने पर फसल में रोगों का प्रकोप बहुत कम हो जाता है साथ ही साथ उपज में 200 प्रतिशत तक वृद्धि हो जाती है (तालिका 16.2)

तालिका 16.2 : जैव नियंत्रक एवं फफूँदीनाशी रसायनों द्वारा बीज उपचार का मसूर की उकठा बीमारी एवं उपज पर प्रभाव

उपचार	मात्रा (ग्राम प्रति किग्रा बीज)	उकठा नियंत्रण (प्रतिशत)	उपज (किग्रा/है.)	अनुपचारित बीजों के सापेक्ष में उपज वृद्धि (%)
ट्राइकोडमा बिरडी	4.0	26.9	1679	170
ट्रा. हरजियानम	4.0	60.7	1862	200

उपचार	मात्रा (ग्राम प्रति किग्रा बीज)	उकठा नियंत्रण (प्रतिशत)	उपज (किग्रा/है.)	अनुपचारित बीजों के सापेक्ष में उपज वृद्धि (%)
बैसीलिस सबटिलिस	6.0	238	1746	181
स्यूडोमोनास फ्लोरेसेन्स	6.0	39.5	1508	143
ट्रा. बिरडी+विटावेक्स	4.0+2.0	60.1	1583	155
बै. हरजियानम+विटावेक्स	4.0+2.0	63.1	1883	155
बै. सबटिलीस+विटावेक्स	6.0+2.0	60.9	1525	145
विटावेक्स	2.0	42.1	1508	143
बिना उपचारित	–	–	631	–

(द) कीट नियंत्रण के लिए (To control insects/pest) : रासायनिक विधि द्वारा कीट नियंत्रण से होने वाली विभिन्न प्रकार की हानियों एवं दुष्परिणामों से बचने के लिए जैव रसायनों का प्रयोग किया जा सकता है साथ ही साथ वायुमंडल को प्रदूषित होने से बचाया जा सकता है। कीट नियंत्रण के लिए प्रयोग किये जा रहे विभिन्न प्रकार के रसायनों का फसल उत्पादों पर कुछ प्रभाव शेष रह जाता है। जिससे मनुष्यों में विभिन्न प्रकार की खतरनाक बीमारियों का प्रकोप हो जाता है। इस प्रकार फसलों में लगने वाले कीटों एवं सूत्रकृमियों के प्रभावी नियंत्रण के लिए प्राकृतिक कीटनाशी एवं सूत्रकृमिनाशी जिन पर बहुत कम व्यय होता है, के द्वारा बीज उपचारित करके किया जा सकता है। चना की फसल में नीम के विभिन्न उत्पादों द्वारा उपचारित बीज का प्रभाव सूत्रकृमि नियंत्रण का तालिका 16.3 में दर्शाया गया है।

तालिका 16.3 : नीम उत्पादों का छिड़काव करके चना के जड़ गांठ सूत्रकृमि का प्रभाव

नीम उत्पाद	मात्रा	अनुपचारित बीज के सापेक्ष में जड़गाँठ गाल्स में कमी	अनुपचारित बीज के सापेक्ष मृदा में सूत्रकृमि की संख्या में कमी
अचूक	10	36	36
	20	67	64
निर्माक	2	30	26
	10	60	54
निम्बीसीडिन	2	29	27
	10	64	60
निबौली	10	35	31
	20	66	61

(य) बीज कठोरीकरण उपचार (Seed hardening treatment) : कठोरी कृत उपचार विधि द्वारा बीज का शीघ्र एवं एक समान अंकुरण होने से प्रति इकाई क्षेत्रफल में पौधों की उपयुक्त संख्या सुनिश्चित की जा सकती है। जिससे फसलों की अधिक से अधिक उपज प्राप्त की जा सकती है। बीजों को पानी या कुछ रसायन निश्चित सान्द्रता के घोल में कुछ घंटे भिगोकर छाया में सुखाने के बाद बुआई करने से फसल में सूखा सहन करने की शक्ति बढ़ जाती है तथा बीजों का जमाव एवं पौधे की वृद्धि तेजी से होती है। जिसके फलस्वरूप अधिक उपज प्राप्त होती है। बीजों को सक्सीनिक अम्ल से उपचारित करने पर मूँग के बीजों का जमाव 73 प्रतिशत, सोडियम फासफेट के 50 पी पी एम घोल से उपचारित करने पर 70.2 प्रतिशत, पोटेसियम क्लोराइड (100 पी पी एम) से 65.4 प्रतिशत तथा केवल पानी से बीजों को उपचारित करने पर 65 प्रतिशत बीज़ों का जमाव हो जाता है। इसके विपरीत बीजों को बिना उपचारित करके बोने से

केवल 55.7 प्रतिशत तक ही जमाव हेाता है। धान की पौध शाला में बुआई करने के लिए बीजों को 12 घंटे तक पानी में भिगोने के पश्चात् बुआई करने पर बीजों का जमाव शीघ्रता से तथा अधिक मात्रा में होता है।

4. समय से बुआई (Timely sowing) : कृषि उत्पादन के समस्त कारकों में समय से बुआई करना सबसे अधिक महत्वपूर्ण कारक है। समय से बुआई न करने से अन्य कारकों को समुचित मात्रा में उपलब्ध करा देने के बावजूद भी उपज में कमी हो जाती है। इसका प्रमुख कारण यह है कि वायुमण्डल का उचित तापक्रम न मिलना, कीटों एवं बीमारियों का अधिक प्रकोप आदि प्रमुख हैं। इस प्रकार बिना व्यय वाली कृषि पद्धतियों में समय से बुआई सबसे अधिक महत्वपूर्ण है क्योंकि उपयुक्त समय पर बुआई न करने से फसल के स्थानीय वातावरण, मृदा जल, पोषक तत्वों की उपलब्धता, खरपतवारों का प्रकोप आदि में परिवर्तन आ जाने से बीजों का जमाव कम होने से उत्पादन प्रभावित होता है। फसल की उपयुक्त समय से पूर्व अथवा देर से बुआई करने पर न केवल पौधों की वृद्धि और विकास पर प्रतिकूल प्रभाव पड़ता है बल्कि कीटों एवं बीमारियों का प्रकोप भी बढ़ जाता है। उत्तर भारत में शीघ्र पकने वाली अरहर की बुआई जून के प्रथम सप्ताह में करने पर सर्वाधिक उपज प्राप्त होती है और आगामी फसल जैसे गेहूँ की बुआई भी समय से की जा सकती है जबकि विलम्ब से बुआई करने पर अरहर की उपज भी कम प्राप्त होती है जिसके परिणामस्वरूप शुद्ध आय में कमी हो जाती है। इसलिए अगेती अरहर की बुआई जून के प्रथम पखवाड़े तक अवश्य कर देनी चाहिए। असिंचित दशाओं में खरीफ ऋतु की दलहनी फसलों की बुआई मानसून प्रारम्भ होने के तुरन्त पश्चात् अवश्य कर देनी चाहिए। इस प्रकार मध्यम तथा देर से पकने वाली अरहर, उर्द तथा मूँग की बुआई जुलाई के प्रथम पखवाड़े तक कर देने से अधिक उपज प्राप्त होती है साथ ही साथ रबी फसलों की बुआई भी समय से की जा सकती है। रबी अरहर की बुआई का उपयुक्त समय सितम्बर का प्रथम पखवाड़ा है।

असिंचित क्षेत्रों में रबी फसलों की बुआई खरीफ फसलों की कटाई के पश्चात् संरक्षित नमी में की जाती है अत: ऐसी स्थिति में रबी फसलों की बुआई उत्तरी मैदानी क्षेत्रों में अक्टूबर के द्वितीय पखवाड़े में तथा दक्षिण भारत में अक्टूबर के प्रथम पखवाड़े में कर देनी चाहिए। सिंचित दशाओं में रबी फसलों की बुआई का उपयुक्त समय अक्टूबर के अन्तिम सप्ताह तक तथा गेहूँ की बुआई का उपयुक्त समय मध्य नवम्बर से मध्य दिसम्बर तक है। उत्तर भारत में चना की बुआई विलम्ब से करने पर 30–40 किलोग्राम प्रति हैक्टेअर प्रतिदिन की कमी होती जाती है। इसके अतिरिक्त चना की फसल में फली भेदक कीट का प्रकोप भी अधिक मात्रा में हो जाता है। इसी प्रकार जल्दी बोई गई मूँग एवं मटर की फसल में चूर्णी कवक (Powdery mildew) तथा मूँग में पीत चितेरी विषाणु (Yellow mosaic virus) का प्रकोप अधिक हो जाता है। रबी में बोई गई फसलों की पछेती बुआई करने पर फसल में फूल आने की अवस्था में पाला तथा असामयिक वर्षा होने से उपज में काफी नुकसान हो जाता है।

5. बुआई की विधि (Methods of sowing) : बुआई की विधि का फसल की उपज से सीधा सम्बन्ध होता है। देर से बोई गई फसल की बुआई छिड़कवाँ विधि से कदापि नहीं करनी चाहिए अर्थात पंक्तियों में कूँड बनाकर बुआई करने से पौधों की जड़ों की वृद्धि एवं विकास अच्छा होने पर पौधे मृदा जल तथा पोषक तत्वों का उपयोग अधिक गहराई से कर लेते हैं। देर से पकने वाली अरहर की खेती सामान्यत: उत्तर–पूर्वी राज्य जैसे पूर्वी उत्तर प्रदेश, बिहार तथा पश्चिम बंगाल में की जाती है। इन क्षेत्रों में वर्षा अधिक होने के कारण खेत में पौधों की प्रति इकाई संख्या कम हो जाती है। अत: अरहर की फसल में प्रति इकाई क्षेत्रफल में पौधों की उपयुक्त संख्या सुनिश्चित करने के लिए बुआई सदैव मेड़ों पर करनी चाहिए। इस विधि द्वारा बुआई करने पर फसलोत्पादन में वृद्धि हो जाती है तथा फसल में बीमारियों का प्रकोप भी कम होता है। ढालू भूमियों में फसल की बुआई सदैव ढ़ाल के विपरीत दिशा में करने से वर्षा के जल का बहाव कम हो जाने से मृदा क्षरण कम होता है तथा जल भी अधिक मात्रा में संचित हो जाता है।

उत्तर भारत में सूर्य का प्रकाश पूर्व से दक्षिण दिशा में अधिक रहता है अत: सूर्य के प्रकाश का अधिकतम उपयोग करने के लिए फसलों की बुआई उत्तर–दक्षिण दिशा में करने से बिना किसी अतिरिक्त व्यय से उपज में वृद्धि हो जाती है।

6. पौध विन्यास (Plant population) : फसलों की कम उपज प्राप्त होने का एक सबसे प्रमुख कारण प्रति इकाई क्षेत्र में पौधों की उपयुक्त संख्या का न होना है। अगेती अरहर में वांछित पौध संख्या के लिए पंक्ति से पंक्ति की दूरी 45-50 सेमी तथा पौधे से पौधे की दूरी 20 सेमी जबकि मध्यम तथा पछेती अरहर के लिए पंक्ति से पंक्ति की दूरी 60 सेमी तथा पौधे से पौधे की दूरी 20 सेमी रखते हैं। इस प्रकार चना, उर्द, मूँग, राजमा तथा रबी अरहर के लिए पंक्ति से पंक्ति की दूरी 30 सेमी तथा पौधे से पौधे की दूरी 10 सेमी, मसूर के लिए पंक्ति से पंक्ति की दूरी 25 सेमी तथा पौधे से पौधे की दूरी 5 सेमी एवं मटर के लिए पंक्ति से पंक्ति की दूरी 45 सेमी तथा पौधे से पौधे की दूरी 10 सेमी रखनी चाहिए। इसी प्रकार से तिलहनी फसलों को उचित अन्तरण पर बोने से अधिक उपज प्राप्त होती है।

विलम्ब से बुआई करने की स्थिति में सभी फसलों की अधिक उपज प्राप्त करने के लिए 25 प्रतिशत अधिक पौध घनत्व रखना उपयुक्त होता है। ग्रीष्मकालीन उर्द तथा मूँग बुआई 25 × 5 सेमी (80 पौधे प्रति वर्ग मीटर) रखने से अधिक उपज प्राप्त होती है।

7. उर्वरकों का पर्णीय छिड़काव (Foliar spray of fertilizers) : फसल चक्र में अधिक उत्पादन वाली फसलों के समायोजन एवं फसल गहनता बढ़ने से मृदाओं में प्रमुख पोषक तत्वों के साथ-साथ सूक्ष्म तत्वों जैसे जिंक, बोरान, मालिब्डेनम आदि की कमी हो जाती है जिसके कारण फसल की उपज पर प्रतिकूल प्रभाव पड़ता है। मृदा में सूक्ष्म तत्वों की कमी होने पर फसल की वृद्धि एवं विकास रूक जाता है तथा फसलों में विभिन्न प्रकार की बीमारियों का प्रकोप हो जाता है। असिंचित दशाओं में उर्वरकों का पर्णीय छिड़काव करने पर फसल की उपज में 15-20 प्रतिशत तक की वृद्धि हो जाती है। उर्वरकों को पर्णीय छिड़काव पर किये गये शोध परिणामों को तालिका 16.4 में दर्शाया गया है।

तालिका 16.4 : असिंचित क्षेत्रों में चना की उपज पर पर्णीय छिड़काव का प्रभाव

उपचार	उपज (किग्रा/है.)			
	राहुरी	सिहोर	मिदनापुर	औसत
बिना छिड़काव	729	954	936	873
जल का छिड़काव	737	1005	958	900
2% यूरिया का छिड़काव	1215	1153	1146	1171
3% यूरिया का छिड़काव	1189	1093	1261	1181
2% डी ए पी का छिड़काव	1170	1157	1244	1190
3% पोटेसियम क्लोराइड का छिड़काव	995	1000	1000	998
उर्वरकों की आधारीय मात्रा के साथ	1211	1251	13666	1273
उर्वरकों के बिना प्रयोग से	801	869	826	832

कानपुर में चना की विभिन्न प्रजातियों पर बोरॉन एवं मॉलिब्डेनम के पर्णीय छिड़काव का भी उपज पर अच्छा प्रभाव देखा गया (तालिका 16.5)।

तालिका 16.5 : बोरोन एवं मॉलिब्डेनम के पर्णीय छिड़काव का पानी उपज (किलोग्राम/है) पर प्रभाव

उपचार	चना की प्रजातियाँ			
	बीजी 267	बीजी 1003	एच के 89-96	एल 550
जल छिड़काव	1258	1058	1042	1368
0.1% प्रतिशत अमोनियम मॉलीबिडेट	1658	1592	1475	1517
0.2% बोरेक्स	1758	1642	1733	1942

8. समन्वित फसल सुरक्षा (Integrated plant protection measures) : खाद्यान्न फसलों की अपेक्षा दलहनी फसलों में कीटों एवं बीमारियों का प्रकोप अधिक होता है अत: इन कीटों एवं बीमारियों की रोकथाम उचित समय पर सही विधि द्वारा किया जाना आवश्यक है। अधिकांश फसलों में कीटों का प्रकोप बीजों के जमाव के पश्चात् अथवा पौधों की प्रारम्भिक वृद्धि काल के साथ ही प्रारम्भ हो जाता है परन्तु आर्थिक क्षति फसल की पुष्पावस्था या उसके पश्चात् लगने वाले कीटों से होती है। कीट नियंत्रण के लिए आवश्यक है कि फसल की बुआई समय से की जाए। इस सस्य तकनीक को अपनाने से कोई अतिरिक्त व्यय भी नहीं होता तथा कीटों का प्रकोप भी कम हो जाता है। चना की फसल में फली भेदक कीट की सामयिक जानकारी हेतु यौन आकर्षक जाल, 4–5 जाल/हैक्टेअर की दर से लगाये जाते हैं और जब 4–5 पतंगे प्रति जाल मिले तो कीट नियंत्रण का उपाय शुरू कर देना चाहिए। इसके अतिरिक्त जब एक गिडार प्रति पौधा मिले तो प्रभावी कीट नियंत्रण का उपाय शुरू कर देना चाहिए। इस कीट के नियंत्रण के लिए इन्डोसल्फान 0.07 प्रतिशत तथा इसके 15 दिन के उपरान्त डाइमिथोएट 0.03 प्रतिशत का छिड़काव करने से कीटों का प्रभावी नियंत्रण किया जा सकता है। निबौली के सत का प्रयोग भी कीट नियंत्रण के लिए किया जा सकता है जो अन्य कीटनाशी रसायनों से काफी सस्ता तथा प्रदूषण की दृष्टि से सर्वथा उपयुक्त है।

पूर्व फसल में बीमारियों के प्रकोप की जानकारी के अनुसार बीमारियों के रोकथाम हेतु रोग रोधी प्रजातियों की बुआई समय से करनी चाहिए। बीज एवं मृदा जनित बीमारियों की रोकथाम हेतु किसी कवकनाशी रसायन द्वारा बीजों का उपचार अवश्य करना चाहिए। इसके अतिरिक्त रोग ग्रसित पौधों को उखाड़कर नष्ट कर देना चाहिए।

जैविक कारकों में सूत्रकृमि (गांठ रोग) का दलहनी फसलों की उपज कम करने में बहुत बड़ा योगदान है। यह रोग अरहर, उर्द, मटर, चना, राजमा आदि की जड़ों में लग जाता है। इस रोग के प्रकोप होने पर इन फसलों की उपज में 15–20 प्रतिशत की कमी हो जाती है। इस रोग के निदान के लिए ग्रीष्म ऋतु में गहरी जुताई करना तथा उपयुक्त फसल चक्र अपनाना चाहिए। ग्रीष्म ऋतु में गहरी जुताई करने से अधिक धूप तथा गर्मी से सूत्रकृमि तथा बीमारियों के परजीवी एवं कीटों के अंडे तथा लारवा नष्ट हो जाते हैं।

9. ग्रीष्मकालीन जुताई (Summer ploughing) : रबी फसलों की कटाई के पश्चात् अप्रैल–मई माह में ट्रैक्टर द्वारा ग्रीष्म ऋतु में एक–दो गहरी जुताइयाँ कर देनी चाहिए। खेत की ग्रीष्म कालीन जुताई करने का तात्पर्य यह होता है कि खेत में उग रहे खरपतवारों के बीज जमीन की निचली सतह में चले जाते हैं जिससे आगामी मौसम में इनका जमाव न हो पाने से फसल में इनका प्रकोप कम हो जाता है। खेत में उगे हुए बहुवार्षिक तथा वार्षिक खरपतवार तेज धूप के कारण सूख जाते हैं। कीटों के लारवा तथा अंडे, बीमारियों तथा सूत्रकृमि के परजीवी अधिक गर्मी एवं तेज धूप के कारण नष्ट हो जाते हैं। ग्रीष्म कालीन जुताई करने से मानसून के समय होने वाली वर्षा का पानी खूब सोखता है जिससे मृदा की जल धारण क्षमता में वृद्धि हो जाती है तथा मृदा की भौतिक तथा रासायनिक दशा में भी सुधार हो जाता है।

10. सूखा पड़ने पर पलवार का प्रयोग (Use of mulches) : सूखा पड़ने की दशा में फसलों को बचाने के लिए फार्म पर उपस्थित घास, पात, पुआल, भूसा आदि का प्रयोग पलवार के रूप में करना चाहिए। पलवार को फसल की पंक्तियों में खाली स्थान पर डाल दिया जाता है जिससे मृदा से वाष्पीकरण द्वारा होने वाली जल की हानि को रोका जा सकता है। पलवार का प्रयोग करने पर फसल सूखे का सामना करने में सक्षम हो जाती है तथा उपज पर प्रतिकूल प्रभाव नहीं पड़ता है। इसके अतिरिक्त कुछ विशेष प्रकार की फसलों अथवा वाणिज्यिक फसलों में पलवार के रूप में पॉलीथिन का प्रयोग भी किया जाता है। पलवार के रूप में फसल अवशेषों का प्रयोग करने के पश्चात् यह मृदा में सड़कर कार्बनिक पदार्थ की मात्रा में भी वृद्धि कर देते हैं।

11. उत्सर्जन रोकने वाले रसायनों का प्रयोग (Use of antitranspirants) : उत्सर्जन रोकने वाले रसायन वह होते हैं जिनका प्रयोग पौधों पर करने पर उत्स्वेदन की क्रिया द्वारा जल की हानि को कम किया जा सकता है। इन रसायनों का प्रयोग असिंचित दशाओं में सूखा पड़ने पर किया जाता है। उत्स्वेदन रोकने वाले रसायन निम्न हैं –

- परत बनाने वाले रसायन–गोंद, वैक्स
- पर्णरंध्र बंद करने वाले रसायन–पी एम ए (Phenyl mercuric acitate), सायकोसिल
- विकिरण को रोकने वाले रसायन–केओलिन

बारानी क्षेत्रों में इन रसायनों का प्रयोग करके अधिक से अधिक उत्पादन प्राप्त किया जा सकता है। जिससे शुद्ध लाभ में वृद्धि की जा सकती है।

12. पौध संख्या कम करना (To reduce plant population) : असिंचित अथवा सूखा पड़ने की दशा में फसलों की प्रति इकाई क्षेत्रफल पर पौध संख्या कम कर देने से मृदा द्वारा नमी का उपयोग कम हो जाता है जिससे खेत में शेष पौधों द्वारा मृदा में उपलब्ध नमी का उपयोग करके फसलोत्पादन सम्भव हो सकता है। इस प्रकार फसल की एक पंक्ति को काटकर पशुओं को चारे के रूप में भी प्रयोग किया जा सकता हैं।

टिकाऊ खेती में दलहनी फसलों का योगदान (Role of legumes in sustainable agriculture)

देश की बढ़ती हुई जनसंख्या को ध्यान में रखते हुए खाद्यान्न उत्पादन बढ़ाने के लिए रासायनिक उर्वरकों एवं पादप सुरक्षा रसायनों का अधिक से अधिक प्रयोग हुआ जिसके परिणामस्वरूप उत्पादन में तो वृद्धि हुई, परन्तु इनके अनियोजित प्रयोग से पर्यावरण असन्तुलन, मृदा उर्वरा शक्ति का ास होना, भूमि में लाभदायक जीवाणुओं का नष्ट होना, मृदा विकार, मृदा क्षरण तथा मानव स्वास्थ्य सम्बन्धी समस्याएं उत्पन्न हो गई हैं। रासायनिक उर्वरकों के अधिकाधिक प्रयोग ने जैविक खादों के उपयोग को महत्वहीन बना दिया है जिससे मृदा में जीवांश पदार्थों की मात्रा कम होने के साथ–साथ सूक्ष्म पोषक तत्वों जैसे जस्ता, गंधक, बोरान, मॉलीब्डेनम की भी कमी हो गई है। जिसके फलस्वरूप रासायनिक उर्वरकों का असंतुलित मात्रा में प्रयोग के बावजूद वांछित उपज प्राप्त नहीं हो रही है। उपरोक्त कारणों के अतिरिक्त उर्वरकों का असंतुलित प्रयोग, सूक्ष्म तथा गौण पौषक तत्वों का अभाव, उर्वरकों के प्रयोग की गलत विधि तथा समय, असंतुलित मात्रा में जल प्रबन्ध, पौध सुरक्षा रसायनों का अधिकाधिक प्रयोग और उपयुक्त फसलचक्र न अपनाना आदि हैं। जैविक अथवा जैव खादों के कम प्रयोग से मृदा की भौतिक संरचना खराब होने से फसलों की उत्पादकता में ही गिरावट नहीं आई है परन्तु पर्यावरण दिनोदिन असंतुलित होता जा रहा है। प्राकृतिक रूप से मृदा में पाये जाने वाले लाभदायक/मित्र कीटों एवं सूक्ष्म जीवों का भूमि में दिनों दिन विनाश होता जा रहा है। देश की बढ़ती जनसंख्या की खाद्य आवश्यकता की पूर्ति को ध्यान में रखते हुए उत्पादन में बढ़ोत्तरी के क्रम को बनाये रखते हुए मृदा की भौतिक तथा रासायनिक दशा एवं पर्यावरण के संतुलन को सुधारने के लिए टिकाऊ खेती करने का समय आ गया है टिकाऊ खेती के लिए अच्छी मृदा, अच्छा पानी, अच्छी खाद एवं उर्वरक, अच्छा पोषक तत्व तथा अच्छा मौसम आधारभूत आवश्यकताएं हैं। भिन्न–भिन्न वैज्ञानिकों ने टिकाऊ खेती को अपने–अपने प्रकार से परिभाषित किया है। कृषि वैज्ञानिकों ने उपलब्ध कृषि संसाधनों का बेहतर एवं समन्वित उपयोग कर अधिक आर्थिक उत्पादन के साथ उर्वरता स्तर में वांछित सुधार की अवधारणा व्यक्त की है। इसके दूसरे तरफ पर्यावरणविदों एवं समाज शास्त्रियों ने पर्यावरण संतुलन, प्राकृतिक संसाधनों का उचित दोहन एवं संरक्षण के साथ–साथ सामाजिक संतुलन एवं समाज के विभिन्न वर्गों की आवश्यकताओं के अनुरूप खेती की नई तकनीक के विकास के रूप में परिभाषित किया है।

इस प्रकार टिकाऊ खेती के निम्नलिखित बिन्दु हैं –

1. कृषि उत्पादन में वांछित वृद्धि एवं आर्थिक लाभ।
2. उर्वरकों के संतुलित उपयोग के साथ–साथ जीवांश खादों का मृदा में आवश्यक समावेश।
3. मृदा जल एवं सिंचाई जल का भरपूर उपयोग।
4. वर्षा के जल का मृदा में अधिक मात्रा में संरक्षण।
5. कृषि रसायनों का कम से कम उपयोग एवं पौध संरक्षण में सस्य विधियों एवं जैविक नियंत्रण को बढ़ावा देना।

6. भूमि कटाव रोककर उपलब्ध मृदा पोषक तत्वों के ह्रास को रोकना।
7. समुचित भूमि प्रबन्धन।
8. प्राकृतिक संसाधनों (मृदा, जल, वायु, वन आदि) का बेहतर एवं समन्वित उपयोग तथा इनका समुचित संरक्षण।
9. पर्यावरण की शुद्धता को बनाये रखना।

पौध पोषण (Plant nutrition)

उर्वरकों द्वारा दिये जाने वाले पोषक तत्वों के अतिरिक्त फसलों द्वारा लगभग 80-90 लाख टन प्रति वर्ष उपयोग किये जाते हैं। इसके अतिरिक्त इतनी ही पोषक तत्व की मात्रा भूमि के क्षरण द्वारा नष्ट हो जाती है। इस प्रकार पोषक तत्वों का ऋणात्मक संतुलन टिकाऊ खेती के लिए विचारणीय है। सघन फसल पद्धति के विकास के कारण मृदा से उपयोगी पोषक तत्वों का अंधाधुंध दोहन हुआ है। सघन फसल पद्धति तथा फसलों की उन्नतशील प्रजातियों की अधिक उत्पादन क्षमता के कारण पोषक तत्वों की माँग अधिक होने के कारण भूमि से उपलब्ध पोषक तत्वों का लगातार ास होता जा रहा है। विभिन्न फसलों द्वारा निर्धारित उपज के लिए पोषक तत्वों की माँग भी एक निर्धारित मात्रा में होती है। उदाहरण के लिए 1 कुन्टल मूँगफली के उत्पादन के लिए 5-8 किग्रा नत्रजन, 2.0 किग्रा फासफोरस, 3.0 किग्रा पोटास, 2.8 किग्रा कैल्सियम, 0.57 किग्रा सल्फर, 13.3 ग्राम बोरान, 2.8 ग्राम जिंक तथा 0.4 ग्राम मॉलीब्डेनम की आवश्यकता होती है। धान-गेहूँ पसल चक्र के निरन्तर अपनाये जाने के कारण मृदा पोषक तत्वों का सबसे अधिक ह्रास हुआ है तथा इस फसल चक्र के प्रयोग किये जाने वाले क्षेत्रों की उत्पादकता कम हुई है। कुछ प्रमुख फसल चक्रों द्वारा पोषक तत्वों को दोहन तालिका 16.6 में दर्शाया गया है।

तालिका 16.6 : विभिन्न फसल चक्रों द्वारा आवश्यक पोषक तत्वों का दोहन

फसल चक्र	उर्वरक प्रयोग (किग्रा/ है.)			कुल उपज (टन/ है.)	उर्वरक उपयोग (किग्रा/है.)		
	नत्रजन	फासफोरस	पोटास		नत्रजन	फासफोरस	पोटास
मक्का-गेहूँ	240	60	75	7.60	245	40	4243
मक्का-गेहूँ-मूँग	260	80	50	8.21	305	30	335
धान-गेहूँ	260	50	85	8.80	235	40	280
धान-गेहूँ-मूँग	270	80	50	11.55	320	35	300
अरहर-गेहूँ	140	50	100	4.82	220	30	170
बाजरा-गेहूँ-लोबिया	250	70	70	9.22	500	50	480
बाजरा-गेहूँ-मूँग	250	70	70	10.02	280	40	284
सोयाबीन-गेहूँ	150	60	50	7.74	260	40	170
मक्का-तोरिया-गेहूँ	335	70	70	8.63	250	40	200

मृदा सैकड़ों वर्षों से लगातार पौधों को पोषक तत्व प्रदान कर रही है लेकिन अब पौधों द्वारा पोषक तत्वों का लगातार दोहन व उपयुक्त बाह्य स्रोतों द्वारा इनकी आपूर्ति कम होने के कारण मृदाओं में सामान्यत: पोषक तत्वों की कमी आ गई है। फसल अवशेषों, ईधन तथा चारा के रूप में प्रयोग होने की वजह से कार्बनिक उर्वरकों की उपलब्धता भी एक समस्या है। इसके अतिरिक्त कार्बनिक खादों द्वारा पोषक तत्व भी बहुत कम मात्रा में पाये जाते हैं परन्तु इन कार्बनिक खादों में पाये जाने वाले पोषक तत्व संतुलित मात्रा में पाये जाते हैं। पोषक तत्वों के असंतुलित प्रयोग के कारण मृदाओं में

सामान्यत: पोषक तत्वों की कमी आ गई है। फसल अवशेषों, ईधन तथा चारा के रूप में प्रयोग होने की वजह से कार्बनिक उर्वरकों की उपलब्धता भी एक समस्या है। पोषक तत्वों के असंतुलित प्रयोग के कारण नत्रजन, फासफोरस तथा पोटास के उपयोग का अनुपात सन् 1991-92 में 5:9.2:4.1 से बढ़कर 1997-98 में 9:9.2:8.1 हो गया है।

पौधों के लिए आवश्यक पोषक तत्व

पौधों के सम्पूर्ण पोषण तथा आवश्यक क्रियाओं की पूर्ति के लिए 17 पोषक तत्वों की आवश्यकता होती है। आवश्यक पोषक तत्व वह होते हैं जिसकी कमी को किसी अन्य तत्व द्वारा पूर्ति नहीं की जा सकती है, जिसकी कमी से पौधे अपना जीवन चक्र पूरा नहीं कर पाते तथा यह तत्व पौधे की विभिन्न क्रियाओं के लिए आवश्यक होते हैं। इन आवश्यक पोषक तत्वों में से 9 मुख्य पोषक तत्व तथा 8 सूक्ष्म पोषक तत्व हैं।

समन्वित पोषक तत्व प्रबन्धन (Integrated nutrients management)

समन्वित पोषक तत्व प्रबन्धन का उद्देश्य रासायनिक उर्वरकों के प्रयोग को कम करना तथा पोषक तत्वों की आवश्यकता की पूर्ति अन्य स्रोतों से करना है। इसके अतिरिक्त मृदा से उर्वरता को बढ़ाने अथवा लम्बे समय तक बनाए रखने के लिए आवश्यक पादप पोषक तत्वों के सभी उपलब्ध स्रोतों से मृदा में पोषक तत्वों का इस प्रकार से सामंजस्य रखा जाये कि मृदा से निरन्तर अधिक आर्थिक उत्पादन प्राप्त किया जा सके। पोषक तत्वों के विभिन्न स्रोतों जैसे रासायनिक उर्वरक, कार्बनिक खाद, फसल अवशेष तथा जैव उर्वरकों के इस तरह के प्रयोग से है जिससे मृदा की भौतिक तथा रासायनिक संरचना तथा पर्यावरण पर बिना कोई क्षति पहुँचाये कृषि उत्पादन प्राप्त किया जा सके। समन्वित पोषक तत्व प्रबन्धन में किसी भी फसल पद्धति में फसल की आवश्यकतानुसार पोषक तत्वों की संतुलित एवं वांछित मात्रा में आपूर्ति हो सके।

इस प्रकार समन्वित पोषक तत्व प्रबन्धन में दलहनी फसलों का विशेष महत्व है क्योंकि दलहनी फसलें वायुमण्डल की स्वतन्त्र नत्रजन के स्थिरीकरण के अतिरिक्त भूमि की भौतिक, रासायनिक तथा जैविक दशा में मूलभूत सुधार करती हैं। धान्य-धान्य फसल चक्र की अपेक्षा फसलचक्र में दलहनी फसलों के समावेश से मृदा में कार्बनिक पदार्थ में वृद्धि होती है जो उत्पादकता में सर्वाधिक महत्वपूर्ण भूमिका निभाती हैं। इससे पौधों को पोषक तत्वों की उपलब्धता तथा उत्पादकता में भी वृद्धि होती है। विभिन्न फसल चक्रों का मृदा उर्वरता पर प्रभाव तालिका 16.7 में दर्शाया गया है।

तालिका 16.7 : मृदा उर्वरता पर विभिन्न फसल चक्रों का प्रभाव

फसल चक्र (आवश्यक पोषक तत्वों की संस्तुति मात्रा प्रतिशत में)	कार्बनिक पदार्थ (प्रतिशत)	उपलब्ध पोषक तत्व (किग्रा/है.)		
		नत्रजन	फासफोरस	पोटास
धान (100) - गेहूँ (100)	0.34	338.2	82.3	95.0
धान (75) - मटर (100)	0.74	337.9	58.4	83.4
धान (100) - मसूर (100)	0.49		41.4	177.9
धान (75) - चना (100)	0.42	–	18.6	196.4
धान (75) - उर्द (100)	0.73	–	–	230.0
प्रारम्भिक मान	0.39	348.0	14.6	168.0

कम समय में पककर तैयार होने वाली दलहनी फसलें जैसे मूँग, उर्द, लोबिया की पकी हुई फलियाँ तोड़ने के पश्चात् शेष बचे हुए अवशेष मृदा में मिला देने पर मृदा में कार्बनिक पदार्थ की मात्रा में वृद्धि हो जाती है। इसी प्रकार

धान–गेहूँ–लोबिया/मूँग फसल चक्र में गेहूँ की कटाई के पश्चात् जायद में मूँग तथा लोबिया की खेती की जाती है। मूँग तथा लोबिया की पकी हुई फलियाँ तोड़ने के बाद, दाने की अतिरिक्त उपज के साथ पौधों को मृदा में हरी खाद के रूप में पलट देने से आगामी धान की उपज में काफी वृद्धि हो जाती है।

धान–गेहूँ फसल पद्धति को टिकाऊ बनाने के लिए यह नितान्त आवश्यक है कि दलहनी फसलों को फसल चक्र में एकान्तर क्रम में सम्मिलित किया जाये। धान या गेहूँ दोनों धान्य फसलें देश की खाद्यान्न की आवश्यकता की पूर्ति के लिए इन दोनों फसलों की खेती छोड़ नहीं सकते हैं। अत: ऐसी स्थिति में फसल विविधीकरण की अन्य विधियों को अपनाना उत्तम होगा। दलहनी फसलों को फसल चक्र में सम्मिलित करके उपज तथा शुद्ध लाभ में वृद्धि की जा सकती है। विभिन्न फसल विविधीकरण से उपज में वृद्धि करके अधिक लाभ प्राप्त किया जा सकता है साथ ही साथ भूमि की उर्वरा शक्ति में वृद्धि की जा सकती है (तालिका 16.8)

तालिका 16.8 : विभिन्न फसल चक्रों में धान की उपज तथा शुद्ध लाभ में दलहनी फसलों के समावेश का प्रभाव

फसल चक्र	औसत धान तुल्यांक उपज (कु/है.)	शुद्ध लाभ (रू/है.)	लागत: बचत अनुपात
धान–गेहूँ, धान–गेहूँ, धान–गेहूँ,	115	37704	2.03
धान–चना, धान–चना, धान–चना,	92	24730	1.91
धान–मटर, धान–मटर, धान–मटर	112	36411	2.38
धान–गेहूँ, धान–चना, धान–गेहूँ	112	36077	2.06
धान–चना, धान–गेहूँ, धान–गेहूँ	109	31027	2.02
धान–गेहूँ, धान–मटर, धान–गेहूँ	117	35376	2.19
धान–मटर, धान–गेहूँ, धान–गेहूँ	118	36243	2.21

विभिन्न फसल पद्धतियों में दलहनी फसलों का समावेश करके निम्न प्रकार से मृदा की दशा में सुधार करके उपज क्षमता को टिकाऊ बनाये रखने में मदद करती है।

(अ) उत्पादन में वृद्धि (Increase in production) : देश की धान एवं गेहूँ दो प्रमुख खाद्यान्न फसलों का कुल खाद्यान्न उत्पादन में एक तिहाई का योगदान था परन्तु आज इन फसलों का योगदान कृषि उपज में लगभग 80 प्रतिशत है। धान–गेहूँ फसल पद्धति को लगभग 115 लाख हैक्टेअर क्षेत्रफल पर उगाया जाता है परन्तु इस फसल प्रणाली के निरन्तर प्रयोग से उपज में एक ठहराव आ गया है अर्थात लगातार धान्य के बाद धान्य फसलें उगाये जाने से इस प्रणाली के टिकाऊपन पर एक प्रश्नचिन्ह लग गया है। धान–गेहूँ फसल प्रणाली आवश्यक पोषक तत्वों का लगभग 700–800 किलोग्राम/हैक्टेअर की दर से शोषण करती हैं। अत: इस फसल प्रणाली से प्राकृतिक संसाधनों (जल एवं मृदा) का भारी दोहन हो रहा है। जिसके फलस्वरूप पर्यावरण प्रदूषण बहुत तेजी से बढ़ रहा है। प्रति व्यक्ति भूमि एवं सिंचाई हेतु संसाधनों की उपलब्धता घट रही है तथा जैविक एवं अजैविक दबाव बढ़ रहे हैं। इसके विपरीत दलहनी फसलों से लगभग 35 से 75 किग्रा प्रति हैक्टेअर तक नत्रजन स्थिरीकरण की क्षमता होती है। विभिन्न दलहनी फसलों में वायुमण्डलीय स्वतन्त्र नत्रजन को मृदा में स्थिर करने की क्षमता तालिका 16.9 में दर्शायी गई है।

दलहन आधारित फसल चक्र मृदा उर्वरता पोषक फसल चक्र होता है। इन फसल चक्रों का मृदा की उर्वरा शक्ति पर अनुकूल प्रभाव पड़ता है। दलहन आधारित फसल चक्र अपनाने से कुल उपज में वृद्धि ही नहीं होती है बल्कि मृदा उर्वरता में भी काफी सुधार होता है।

तालिका 16.9 : विभिन्न दलहनी फसलों द्वारा मृदा में नत्रजन स्थिरीकरण

फसल	मृदा में नत्रजन का स्थिरीकरण (किलोग्राम/है.)
सनई	75
ढैंचा	69
मटर	60
बरसीम	54
उर्द	38
मूँग	35
खेसारी	55
लोबिया	50
मसूर	33
ग्वार	56
सेंजी	80

(ब) मृदा की उर्वरा शक्ति में सुधार (Improvement in soil fertility) : दलहनी फसलें मृदा में कार्बनिक पदार्थ की मात्रा को तो बढ़ाती ही हैं, साथ ही इनकी जड़ों में पाई जाने वाली ग्रन्थियों में उपस्थित राइजोबियम जीवाणुओं द्वारा वायुमन्डलीय नत्रजन का भी मृदा में स्थिरीकरण करती हैं। जिसका प्रयोग अगली फसल द्वारा कर लेने से कुल नत्रजन की आवश्यकता कम हो जाती है साथ ही साथ अधिक उत्पादन भी प्राप्त होता है। दलहनी फसलों का प्रयोग हरी खाद के रूप में करने पर भूमि की उर्वरा शक्ति में काफी सुधार होता है।

(स) भूमि एवं जल संरक्षण (Soil and water conservation) : दलहनी फसलों की जड़ें गहरी होने के साथ-साथ सघन भी होती हैं जिनमें मृदा को बाँधने की क्षमता होती है जिससे जल तथा वायु द्वारा भूमि का कटाव कम होता है। इसके अतिरिक्त इनकी वानस्पतिक वृद्धि भी अधिक तथा शीघ्रता से होती है जिससे मृदा की सतह को पूर्ण रूप से ढके रहती हैं जिसके कारण वर्षा के पानी की बूँदों का सीधा प्रभाव नहीं पड़ता है साथ ही साथ भूमि से वाष्पीकरण के द्वारा होने वाली नमी की हानि भी कम होती है। इस प्रकार दलहनी फसलें भूमि एवं जल संरक्षण में महत्वपूर्ण योगदान करती है।

(द) खरपतवार नियन्त्रण (Weed control) : दलहनी फसलें कम समय में पककर तैयार होने के कारण इनकी वानस्पतिक वृद्धि शीघ्र तथा तेजी से होती है। जिसके फलस्वरूप ये शीघ्र ही मृदा की ऊपरी सतह को आच्छादित कर लेती हैं और खरपतवारों की वृद्धि को रोकती हैं। अत: फसलानुक्रम पद्धतियों में दलहनी फसलों का समावेश करने से खरपतवारों का प्रकोप कम हो जाता है। अलसी की फसल की अन्त: फसल पद्धति अपनाने से खरपतवारों का जमाव प्रभावित हो जाने से फसल में भी इनका प्रकोप कम हो जाता है। इसी प्रकार लोबिया की फसल उगाने से खेत में खरपतवारों की बहुत कम संख्या हो जाती है क्योंकि यह फसलें भूमि को पूर्णरूप से आच्छादित कर देती हैं।

(य) फसलचक्र में दलहनी फसलों द्वारा उर्वरकों की बचत (Saving of fertilizers) : दलहनी फसलों को विभिन्न फसल चक्रों में उगाने पर उसके बाद उगाई जाने वाली धान्य फसलों में उर्वरकों की काफी मात्रा में बचत की जा सकती है। दलहनी फसलें मृदा में नत्रजन की मात्रा बढ़ाती हैं जिससे उसी अनुपात में धान्य फसलों में नत्रजन की बचत की जा सकती है। दलहनी फसलों को फसलचक्र में सम्मिलित करने से नत्रजन की 30 से 70 किलोग्राम प्रति हैक्टेअर तक बचत की जा सकती है जैसा कि तालिका 16.10 दर्शाया गया है।

तालिका 16.10 : विभिन्न दलहनी फसलों का फसल चक्र में उगाने पर नत्रजन की बचत

फसलचक्र	नत्रजन की बचत (किग्रा/है.)
अरहर+मूँग+गेहूँ	40
अरहर+उर्द-गेहूँ	45
अरहर-गेहूँ	30
अरहर+लोबिया-गेहूँ	40
मटर-मक्का	35
चना-मक्का	60-70
मसूर-मक्का	30
खेसारी-मक्का	30-50
मटर-बाजरा	40
चना-बाजरा	40

इस प्रकार विभिन्न क्षेत्रों में किये गये परीक्षणों द्वारा यह सिद्ध हो गया है कि संस्तुत की गई उर्वरकों की मात्रा को धान-मटर फसल चक्र द्वारा 11690 किलोग्राम गेहूँ समतुल्य/है. उपज प्राप्त हुई जबकि धान में संस्तुत उर्वरक की 75 प्रतिशत मात्रा देने पर धान-मटर फसलचक्र द्वारा 11250 किलोग्राम गेहूँ समतुल्य/है. उपज प्राप्त हुई (तालिका 16.11)। इससे यह सिद्ध होता है कि दलहनी फसलों का फसल चक्र में प्रयोग करके 25 प्रतिशत नत्रजन की बचत की जा सकती है।

तालिका 16.11 : दलहनी फसलों का फसल चक्र की कुल उत्पादकता पर प्रभाव

फसल चक्र	उर्वरकों की संस्तुत मात्रा (%)		उपज (किग्रा/है.)		गेहूँ समतुल्य उपज (किग्रा/है.)
लुधियाना	**खरीफ**	**रबी**	**खरीफ**	**रबी**	
धान-गेहूँ	100	100	6330	4970	10970
धान-मटर	100	100	6700	2380	11690
धान-मटर	75	100	6440	2400	11250
अरहर-गेहूँ	100	100	1240	5060	7900
अरहर-गेहूँ	100	75	1210	4970	7680
खड़गपुर					
धान-गेहूँ	100	100	5290	3130	7930
धान-चना	100	100	5610	980	7820
धान-चना	75	100	5370	980	7590
मूँग-गेहूँ	100	100	980	3180	4900
मूँग-गेहूँ	100	75	1380	2790	6420

टिकाऊ खेती की भविष्य में सम्भावनाएं (Future scope of sustainable agriculture)

प्रथम संयुक्त राष्ट्र सम्मेलन मानव पर्यावरण पर सन् 1972 में स्टॉकहोम (स्वीडन) में सम्पन्न हुआ था ताकि उस समय समस्त विश्व के विकास के सभी प्रयासों को परिस्थितिकी के बुनियादी तत्वों से जोड़ा जाए। इस सम्मेलन में यह भी तथ्य उभर कर आया कि विश्व में फैली हुई गरीबी तथा भुखमरी से निपटना बड़ा मुश्किल है जब तक कि मानव एवं प्रकृति के बीच तारतम्य स्थापित न हो जाए। इसके पश्चात् 1992 में ब्राजील में रियो में ''पृथ्वी चार्टर'' के नाम से एक पृथ्वी सम्मेलन (Earth summit) हुआ जिसमें 21 वीं सदी के लिए जलवायु, जैविक विविधता, वनों का संरक्षण तथा पर्यावरण के बारे में एक अन्तर्राष्ट्रीय कार्यक्रम तय किया गया। संयुक्त राष्ट्र संघ द्वारा आयोजित पर्यावरण और विकास सम्मेलन की एक बहुत बड़ी उपलब्धि रही।

इस सम्मेलन में 21 वीं सदी में कृषि अनुसंधान के जिन विषयों को प्रमुखता दी गई, वह निम्न हैं –

1. फसलों की उत्पादकता में वृद्धि, कटाई के उपरान्त की कृषि प्रौद्योगिकी में सुधार, प्रबन्ध को प्रोत्साहन देने तथा प्रौद्योगिकी हस्तान्तरण के लिए पारिस्थितिकी के सभी परिवेशों को संरक्षण देना। इसके लिए कृषि प्रणालियों की तरफ रूख करना, ग्रामीण क्षेत्रों में बायोमास आधारित उद्योग धन्धों तथा जैव विविधता का उपयोग जैव-औद्योगिक विकास के रूप में किया जाए। भारत में ग्रामीण तथा शहरी क्षेत्रों में इसका बहुत महत्व है तथा विश्व में जैव विविधता का अपार भण्डार है।
2. उत्पादकता केा टिकाऊ बनाने के लिए एक वैज्ञानिक रणनीति तैयार करने हेतु विशेषकर छोटी जोतों के मामले में अन्तर-विषयी अनुसंधान कार्यक्रम बनाए जाए तथा युवा पीढ़ी को इसमें सक्षम बनाने के लिए प्रशिक्षित किया जाए।
3. टिकाऊ खेती के लिए एक ठोस आधार विकसित किया जाये तथा इस उद्देश्य की पूर्ति के लिए जैविक खेती, जैव प्रौद्योगिकी आदि पर विशेष जोर दिया जाना चाहिए।
4. टिकाऊ खेती के लिए तीन प्रमुख स्रोतों जैसे सौर ऊर्जा, जल तथा मानव संसाधन को इस प्रकार से संगठित करना, जिससे वे एक-दूसरे के लिए उपयोगी सिद्ध हो।
5. जलवायु आधारित फसलों की रोगरोधी उन्नत प्रजातियाँ, कृषि प्रौद्योगिकी विकसित की जाए जिससे प्रक्षेत्र पर उपलब्ध संसाधनों के लिए बेहतर उपयोगी हो तथा अधिक से अधिक उत्पादन प्राप्त किया जा सके।
6. कृषकों को कृषि के सम्बन्ध में इस प्रकार से प्रशिक्षित किया जाए जिससे वह प्रतिकूल परिस्थिति में भी उत्पादन लेने में सक्षम हो।

■ ■ ■